Andreas Ebert/Karlgeorg Stork (Hrsg.)
Praxiskommentar zur HOAI 2013
De Gruyter Kommentar

Praxiskommentar zur HOAI 2013

Die Modernisierung der Leistungsbilder

Herausgegeben von
Dr. iur. Andreas Ebert, Rechtsanwalt, Justiziar der Bayerischen Ingenieurekammer-Bau, München;
Dr. iur. Karlgeorg Stork, Rechtsanwalt und Fachanwalt für Bau- und Architektenrecht, Partner, Glock Liphart Probst & Partner Rechtsanwälte mbB, München

Bearbeitet von
Franz Aschenbrenner, Vorsitzender Richter am Landgericht beim Landgericht München II; **Anja Binder**, Rechtsanwältin und Fachanwältin für Bau- und Architektenrecht, Mediatorin (DAA), Kanzlei Dr. Kainz & Partner mbB, München; **Christian Burkhart**, Dipl.-Ing., öffentlich bestellter und vereidigter Sachverständiger, Akustikbüro Schwartzenberger und Burkhart, Pöcking; **Johannes Dragomir**, Dipl.-Ing. Architekt, Stadtplaner ByAK SRL, Regierungsbaumeister, München; **Dr. iur. Andreas Ebert**, Rechtsanwalt, Justiziar der Bayerischen Ingenieurekammer-Bau, München; **Fritz Erhard**, Dipl.-Ing. (FH) Landschaftsarchitekt, öffentlich bestellter und vereidigter Sachverständiger für Honorare der Landschaftsarchitekten und für Landschaftsbau (Herstellung/Unterhalt), Lenggries/Obb; **Thomas Fernkorn**, Dipl.-Ing. (Univ.), Prüfsachverständiger für Vermessung im Bauwesen, Assessor für Katastervermessung, Ingenieurbüro für Vermessung und Geoinformation – Fernkorn & Sohn, Ottobrunn; **Dr. iur. Alexander Herrmann**, Rechtsanwalt, GRONEFELD Rechtsanwälte, München; **Andreas Koch**, Rechtsanwalt und Fachanwalt für Bau- und Architektenrecht, Seufert Rechtsanwälte Partnerschaft, München; **Ralf M. Leinenbach**, Rechtsanwalt und Fachanwalt für Bau- und Architektenrecht sowie Fachanwalt für Steuerrecht, Leinenbach Wirtschaftskanzlei, Magdeburg; **Alexander Lyssoudis**, Dipl.-Ing. (FH), Versorgungstechnikingenieur, öffentlich bestellter und vereidigter Sachverständiger für Heizungstechnik, Sachverständigenbüro Lyssoudis, München; **Christoph Mischok**, LL.M., Rechtsanwalt und Fachanwalt für Bau- und Architektenrecht, Leinemann Partner Rechtsanwälte, Berlin; **Thomas Schmidl**, Dipl.-Ing. (Univ.), Architekt und Stadtplaner, öffentlich bestellter und vereidigter Sachverständiger für Honorare für Architektenleistungen, Architekten Schmidl + Schmidl, Weißenhorn/München; **Dr. iur. Karlgeorg Stork**, Rechtsanwalt und Fachanwalt für Bau- und Architektenrecht, Partner, Glock Liphart Probst & Partner Rechtsanwälte mbB, München; **Dr. Dr. Stefanie Theis**, LL.M., Rechtsanwältin und Fachanwältin für Bau- und Architektenrecht, Kunz Rechtsanwälte mbB, Koblenz/Mainz/Bonn

DE GRUYTER

Zitiervorschlag: Ebert/Stork/*Bearbeiter*, Teil 1 Kap. 2 Rn 25
oder Teil 2 HOAI § 33 Rn 6

Hinweis:
Alle Angaben in diesem Werk sind nach bestem Wissen unter Anwendung aller gebotenen Sorgfalt erstellt worden. Trotzdem kann von dem Verlag und den Autoren keine Haftung für etwaige Fehler übernommen werden.

ISBN 978-3-11-027518-6
e-ISBN (PDF) 978-3-11-027530-8
e-ISBN (EPUB) 978-3-11-038127-6

Bibliografische Information der Deutschen Nationalbibliothek
Die Deutsche Nationalbibliothek verzeichnet diese Publikation in der Deutschen Nationalbibliografie; detaillierte bibliografische Daten sind im Internet über http://dnb.d-nb.de abrufbar.

Datenkonvertierung und Satz: jürgen ullrich typosatz, Nördlingen
Druck und Bindung: Hubert & Co. GmbH & Co. KG, Göttingen
♾ Gedruckt auf säurefreiem Papier
Printed in Germany

www.degruyter.com

Vorwort

Das Honorarrecht der Architekten und Ingenieure berührt den Lebensnerv derer, die von den Honoraren ihrer Planungs- und Überwachungstätigkeit leben müssen. Gleichermaßen lässt es die Gemüter derer nicht kalt, welche diese Honorare aus ihren Haushalten und Budgets bedienen müssen. Dass manche Diskussion zur Auslegung der HOAI mit großer Emotion und nicht immer mit der gebotenen Objektivität geführt wird, lässt sich deshalb rasch begreifen, führt aber nur selten zu Ergebnissen, die von beiden Seiten als zutreffend empfunden werden. Das Preisrecht der HOAI trägt daran selbst ein gerüttelt Maß Verantwortung, weil es genügend Grundlagen für unterschiedliche Sichtweisen bietet. Oftmals liegt die Lösung im Verborgenen und erhellt sich erst durch nähere Befassung mit Rechtsprechung, Literatur, den Verordnungsmaterialien und den Gepflogenheiten der Baupraxis. Grund genug also, denjenigen, die mit berufsethischer Entschlossenheit oder auch nur nolens volens das Honorarrecht anwenden, eine praxisorientierte Anwendungshilfe für die erst 2013 novellierte HOAI an die Hand zu geben.

Hierzu ist es gelungen, ein großes Team aus versierten, erfahrenen Praktikern zusammenzustellen, das den Lesern Fahrwege durch die an Stromschnellen und mitunter verborgenen Klippen reiche Verordnung weisen will. Um diese Lotsenfunktion zu betonen, haben die Autoren auf historische Darstellungen und akademische Abhandlungen verzichtet, wenn sie – wie in der Regel – für das Verständnis der zu erläuternden Materie verzichtbar sind. Die unumgänglichen Rechtsprechungsnachweise werden nach Möglichkeit mit Aktenzeichen zum schnellen Auffinden im Internet angegeben, und im Übrigen auf die bei Architekten, Ingenieuren, Sachverständigen und Baujuristen geläufigsten Zeitschriften beschränkt. Außerdem werden die Erläuterungen durch optisch hervorgehobene Praxisbeispiele, Tipps und Hinweise unterlegt, die auch denjenigen ein leichteres Verständnis des kommentierten Stoffes ermöglichen, die im Lesen juristischer Literatur weniger geübt sind. Nicht zuletzt kommt der enge Praxisbezug des Kommentars darin zum Ausdruck, dass die Autoren als Architekten, Ingenieure, Sachverständige, Rechtsanwälte und Richter selbst mit den Fragen des Baurechts bestens vertraut sind.

Literatur und Rechtsprechung konnten bis einschließlich Juni 2015 berücksichtigt werden.

Unser Dank gilt dem Verlag, der sich bereit erklärt hat, den vorliegenden Kommentar in sein Programm aufzunehmen, der Juristischen Verlagsagentur Berlin für die hervorragende und unermüdliche Betreuung des Projektes und – nicht zuletzt – den Autorinnen und Autoren selbst, deren Engagement neben der beruflichen Arbeit das Gelingen dieses Kommentars überhaupt erst ermöglicht hat.

Die Herausgeber freuen sich auf Anregungen aus der Leserschaft, die gern über die nachstehend mitgeteilten E-Mail-Kontakte oder über den Verlag kommuniziert werden können.

München, im Juli 2015

Dr. Andreas Ebert
a.ebert@bayika.de

Dr. Karlgeorg Stork
k.stork@glock-liphart-probst.de

Inhaltsübersicht

Teil 1
Einleitung

Teil 2
Verordnung über die Honorare für Architekten- und Ingenieurleistungen (Honorarordnung für Architekten und Ingenieure – HOAI)

Inhaltsverzeichnis

Kapitel 5
Abgrenzung zu anderen Vergütungsregelungen und zu nicht erfassten Leistungen

Kapitel 6
Arten der Beauftragung

Kapitel 7
Bedeutung der HOAI für VOF-Vergabeverfahren und Wettbewerb

Kapitel 8
HOAI und unlauterer Wettbewerb

Kapitel 9
Außervertragliche Ansprüche nach HOAI

Teil 2
Verordnung über die Honorare für Architekten- und Ingenieurleistungen (Honorarordnung für Architekten und Ingenieure – HOAI)

Teil 1
Allgemeine Vorschriften

Teil 4
Fachplanung
Abschnitt 1
Tragwerksplanung

Teil 5
Übergangs- und Schlussvorschriften

Teil 3
Unverbindliche Beratungsleistungen

Anlage 1.2
Bauphysik

Anlage 1.3
Geotechnik

Anlage 1.4
Ingenieurvermessung

Abkürzungsverzeichnis

€	Euro
§	Paragraph
a.A.	anderer Ansicht
a.F.	alte Fassung
Abs.	Absatz
abzgl.	abzüglich
AF	Abminderungsfaktor
AHO	Ausschuss der Verbände und Kammern der Ingenieure und Architekten für die Honorarordnung e.V.
AKS	Anlagenkennzeichnungssystem; Anweisung zur Kostenberechnung von Straßenbaumaßnahmen
AKZ	Anlagenkennzeichnungssystem
AMEV	Arbeitskreis Maschinen- und Elektrotechnik staatlicher und kommunaler Verwaltungen
ÄndVO	Änderungsverordnung
Anm.	Anmerkung
AO	Abgabenordnung
ArchLG	Gesetz zur Regelung von Ingenieur- und Architektenleistungen
Art.	Artikel
ATV	Allgemeine technische Vertragsbedingungen
Aufl.	Auflage
Az.	Aktenzeichen
BauGB	Baugesetzbuch
BauNVO	Baunutzungsverordnung
BauR	Baurecht (Zeitschrift)
BaustellV	Baustellenverordnung
BayBO	Bayerische Bauordnung
BayGO	Bayerische Gemeindeordnung
BayObLG	Bayerisches Oberstes Landesgericht
BayStrWG	Bayerisches Straßen- und Wegegesetz
Beschl. v.	Beschluss vom
BGB	Bürgerliches Gesetzbuch
BGBl.	Bundesgesetzblatt
BGF	Brutto-Grundfläche
BGH	Bundesgerichtshof
BGHZ	Entscheidungssammlung des Bundesgerichtshof in Zivilsachen
BHKW	Blockheizkraftwerk
BIM	Building Information Modeling
BImSchG	Bundesimmisionsschutzgesetz
BKI	Baukosteninformationszentrum
BMF	Bundesministerium der Finanzen
BMI	Bundesinnenministerium
BMVBS	Bundesministerium für Verkehr, Bau und Stadtentwicklung
BMWi	Bundeswirtschaftsministerium
BMZ	Baumassenzahl
BNatSchG	Bundesnaturschutzgesetz
B-Plan	Bebauungsplan
BR-Drucks.	Bundesrats-Drucksache
BRI	Brutto-Rauminhalt
BT-Drucks.	Bundestags-Drucksache

BVerfG	Bundesverfassungsgericht
BVerfGE	Bundesverfassungsgerichtsentscheidung
BW LHO	Landeshaushaltsordnung für Baden-Württemberg
bzw.	beziehungsweise
CAD	Computer-aided design
CAFM	Computer-Aided Facility Management
DAB	Deutsches Architektenblatt (Zeitschrift)
DAB Regional	Deutsches Architektenblatt Regional (Zeitschrift)
DB	Deutsche Bahn
DGM	Digitales Geländemodell
DGNB	Deutsche Gesellschaft für Nachhaltiges Bauen
DIB	Deutsches Ingenieurblatt (Zeitschrift)
DIN	Deutsches Institut für Normung
EDV	Elektronische Datenverarbeitung
EGBGB	Einführungsgesetz zum Bürgerlichen Gesetzbuch
Einl.	Einleitung
EMV	Elektromagnetische Verträglichkeit
EnEV	Energieeinsparverordnung
etc.	et cetera
EuG	Gericht der Europäischen Union
f./ff.	folgend/-e
FFH	Flora-Fauna-Habitat
Fn	Fußnote
FNP	Flächennutzungsplan
FS	Festschrift
FStrG	Bundesfernstraßengesetz
GA	Gebäudeautomation
GAEB	Gemeinsamer Ausschuss Elektronik im Bauwesen
GbR	Gesellschaft bürgerlichen Rechts
GEFMA	German Facility Management
gem.	gemäß
GewO	Gewerbeordnung
GFZ	Geschossflächenzahl
GG	Grundgesetz
GHV	Gütestelle Honorar- und Vergaberecht
GmbH	Gesellschaft mit beschränkter Haftung
GMBl	Gemeinsames Ministerialblatt
GNSS	Global Navigation Satellite System
GO NRW	Gemeindeordnung für das Land Nordrhein-Westfalen
GOA	Gebührenordnung für Architekten
GoA	Geschäftsführung ohne Auftrag
GRZ	Grundflächenzahl
GU	Generalunternehmer
GVBl.	Gesetz- und Verordnungsblatt
GWB	Gesetz gegen Wettbewerbsbeschränkungen
h	Stunde
ha	Hektar
HessGO	Hessische Gemeindeordnung
HGrG	Haushaltsgrundsätzegesetz

HOAI	Honorarordnung für Architekten und Ingenieure
Hs.	Halbsatz
HZ	Honorarzone
i.d.F.	in der Fassung
i.E.	im Ergebnis
i.S.d.	im Sinne des
IBR	Immobilien & Baurecht (Zeitschrift)
IBRRS	Immobilien- und Baurecht Rechtsprechung (Datenbank)
ILEK	Integriertes ländliches Entwicklungskonzept
IngALG	Ingenieur- und Architektenleistungengesetz
inkl.	inklusive
ISEK	Integriertes Stadtentwicklungskonzept
JVEG	Justizvergütungs- und -entschädigungsgesetz
Kap.	Kapitel
KfW	Kreditanstalt für Wiederaufbau
Kfz	Kraftfahrzeug
KG	Kammergericht; Kostengruppe
KKS	Kraftwerk-Kennzeichensystem
km	Kilometer
LBauO	Landesbauordnung
LBO	Landesbauordnung
LEP	Landesentwicklungsprogramm/-plan
LF	Leistungsfaktor
LG	Landgericht
LHO	Landeshaushaltsordnung
LPH	Leistungsphase
LSA	Land Sachsen-Anhalt
m.w.N.	mit weiteren Nachweisen
m^2	Quadratmeter
m^3	Kubikmeter
MBO	Musterbauordnung
mind.	mindestens
Mio.	Million
MIV	Motorisierter Individualverkehr
MLC	Military Load Class
MRVG	Mietrechtsverbesserungsgesetz
mvB	mitzuverarbeitende Bausubstanz
MwSt.	Mehrwertsteuer
n. rkr.	nicht rechtskräftig
n.F.	neue Fassung
NAW	Normenausschuss Wasserwesen
Nieders. KomVG	Niedersächsisches Kommunalverfassungsgesetz
Nr.	Nummer
NRW	Nordrhein-Westfalen
NZB	Nichtzulassungsbeschwerde
NZBau	Neue Zeitschrift für Baurecht und Vergaberecht
o.a.	oben angegeben
o.ä.	oder ähnlich

OG	Obergeschoss
OLG	Oberlandesgericht
ÖPNV	Öffentlicher Personennahverkehr
p.a.	per anno
PartGmbB	Partnerschaftsgesellschaft mit beschränkter Berufshaftung
PKH	Prozesskostenhilfe
Pkte/ha	Punkte pro Hektar
PlanZV	Planzeichenverordnung
PreisV	Preisverordnung
PrüfVBau	Verordnung über die Prüfingenieure, Prüfämter und Prüfsachverständigen im Bauwesen
resp.	respektive
RifT	Richtlinien für die Beteiligung freiberuflich Tätiger
Rn	Randnummer
Rpfleger	Rechtspfleger (Zeitschrift)
RPW	Richtlinie für Planungswettbewerbe
Rspr.	Rechtsprechung
RVG	Rechtsanwaltsvergütungsgesetz
RVP	Richtlinie zur Vergütung für die statische und konstruktive Prüfung von Ingenieurbauwerken für Verkehrsanlagen
RWB	Richtlinien für die wegweisende Beschilderung
Rz.	Randziffer
S.	Seite; Satz
s.o.	siehe oben
s.u.	siehe unten
saP	spezielle artenschutzrechtliche Prüfung
SchwarzArbG	Schwarzarbeitsgesetz
SektVO	Sektorenverordnung
SiGe	Sicherheits- und Gesundheitsschutz
SiGeKo	Sicherheits- und Gesundheitsschutzkoordinator
StGB	Strafgesetzbuch
StVO	Straßenverkehrsordnung
TA	Technische Ausrüstung
TGA	Technische Gebäudeausrüstung
u.Ä.	und Ähnlichem
u.a.	unter anderem
u.v.m.	und viele mehr
UrhG	Urheberrechtsgesetz
Urt. v.	Urteil vom
USt.	Umsatzsteuer
UStG	Umsatzsteuergesetz
usw.	und so weiter
UVP	Umweltverträglichkeitsprüfung
UVS	Umweltverträglichkeitsstudie
UWG	Gesetz gegen den unlauteren Wettbewerb
v.H.	von Hundert
VBI	Verband Beratender Ingenieure
VBV	Vermögen- und Bau-Verwaltung
VDE	Verband der Elektrotechnik

VDI	Verein Deutscher Ingenieure
VE	Verrechnungseinheit
VEP	Vorhaben- und Erschließungsplan
VergabeR	Vergaberecht (Zeitschrift)
VGH	Verfassungsgerichtshof
vgl.	vergleiche
VgV	Vergabeverordnung
VHF	Vergabehandbuch freiberufliche Dienstleistungen Bayern
VK	Vergabekammer
VOB/A	Vergabe- und Vertragsordnung für Bauleistungen Teil A
VOB/B	Vergabe- und Vertragsordnung für Bauleistungen Teil B
VOB/C	Vergabe- und Vertragsordnung für Bauleistungen Teil C
VOF	Vergabeordnung für freiberufliche Leistungen
VPR	Vergabepraxis & -recht (Zeitschrift)
VwGO	Verwaltungsgerichtsordnung
WE	Wohneinheit
WoFlV	Wohnflächenverordnung
z.B.	zum Beispiel
ZF	Zustandsfaktor
ZfBR	Zeitschrift für deutsches und internationales Bau- und Vergaberecht
zit.	zitiert
ZVEnEV	Zuständigkeits- und Durchführungsverordnung Energieeinsparverordnung
ZVgR	Zeitschrift für deutsches und internationales Vergaberecht
zzgl.	zuzüglich

Literaturverzeichnis

AHO, Abgrenzung der Vergütung von Objektplanungsleistungen der Freianlagen zu Ingenieurbauwerken und Verkehrsanlagen nach Teil 3 der HOAI 2009, Heft Nr. 20, 2. Aufl., Köln 2011 (zit.: AHO, Heft Nr. 20)

AHO, Fachingenieurleistungen für die Fassadentechnik – Leistungsbild und Honorierung, Heft Nr. 28, Köln 2012 (zit.: AHO, Heft Nr. 28)

AHO, Leistungsbild und Honorierung: Leistungen für Brandschutz, Heft Nr. 17, 2. Aufl., Köln 2009 (zit.: AHO, Heft Nr. 17)

AHO, Leistungsbild und Honorierung: Leistungen nach der Baustellenverordnung, Heft Nr. 15, 2. Aufl., Köln 2011 (zit.: AHO, Heft Nr. 15)

AHO, Leistungsbild und Honorierung: Projektmanagementleistungen in der Bau- und Immobilienwirtschaft, Heft Nr. 9, 4. Aufl., Köln 2014 (zit.: AHO, Heft Nr. 9)

Ahrens, Hans/Bornkamm, Joachim/Hallenstein, Hans, Festschrift für Eike Ullmann, Saarbrücken 2006 (zit.: *Bearbeiter* in: FS Ullmann)

Bayerlein, Walter, Praxishandbuch Sachverständigenrecht, 5. Aufl., München 2015 (zit.: Bayerlein/*Bearbeiter*)

Berger, Andreas/Fuchs, Heiko, Einführung in die HOAI, 4. Aufl., Köln 2013 (zit.: *Berger/Fuchs*)

Eich, Rainer, HOAI 2013, 5. Aufl., Köln 2013 (zit.: *Eich*)

Eschenbruch, Klaus, Projektmanagement und Projektsteuerung für die Immobilien- und Bauwirtschaft, 3. Aufl., Köln 2009 (zit.: *Eschenbruch*)

Franke, Horst/Kemper, Ralf/Zanner, Christian/Grünhagen, Matthias, VOB-Kommentar, 5. Aufl., Köln 2013 (zit.: Franke/Kemper/Zanner/Grünhagen/*Bearbeiter*)

Greb, Klaus/Müller, Hans-Peter, Kommentar zur SektVO, Köln 2010 (zit.: *Greb/Müller*)

Hattig, Oliver/Maibaum, Thomas, Praxiskommentar Kartellvergaberecht, 2. Aufl., Köln 2014 (zit.: Hattig/Maibaum/*Bearbeiter*)

Heinlein, Klaus/Hilka, Matthias, HOAI, Köln 2014 (zit.: Heinlein/Hilka/*Bearbeiter*)

Hodulak, Martin/Schramm, Ulrich, Nutzerorientierte Bedarfsplanung, Berlin 2013 (zit.: *Hodulak/Schramm*)

Ingenstau, Heinz/Korbion, Hermann, VOB – Teile A und B, 18. Aufl., Köln 2013 (zit.: Ingenstau/Korbion/*Bearbeiter*)

Irmler, Henning, HOAI – Praktikerkommentar, Köln 2011 (zit.: Irmler/*Bearbeiter*)

Jochem, Rudolf/Kaufhold, Wolfgang, HOAI-Kommentar, 5. Aufl., Wiesbaden 2012 (zit.: *Jochem/Kaufhold*)

Kapellmann, Klaus/Franke, Horst/Grauvogl, Josef, Geheimnisse des Baugrunds: Festschrift für Klaus Englert zum 65. Geburtstag, München 2014 (zit.: *Bearbeiter* in: FS Englert)

Kleiber, Wolfgang, Verkehrswertermittlung von Grundstücken, 7. Aufl., Köln 2014 (zit.: Kleiber/*Bearbeiter*)

Kniffka, Rolf/Koeble, Wolfgang, Kompendium des Baurechts, 4. Aufl., München 2014 (zit.: Kniffka/Koeble/*Bearbeiter*)

Kniffka, Rolf/Locher, Ulrich, Festschrift für Wolfgang Koeble zum 65. Geburtstag, München 2010 (zit.: *Bearbeiter* in: FS Koeble)

Koeble, Wolfgang/Zahn, Alexander, Die neue HOAI 2013, 2. Aufl., Köln 2013 (zit.: *Koeble/Zahn*)

Kollmer, Norbert, Baustellenverordnung, 2. Aufl., München 2004 (zit.: *Kollmer*)

Korbion, Hermann/Mantscheff, Jack/Vygen, Klaus, Honorarordnung für Architekten und Ingenieure: HOAI, 8. Aufl., München 2013 (zit.: Korbion/Mantscheff/Vygen/*Bearbeiter*)

Kuffer, Johann/Wirth, Alex, Handbuch des Fachanwalts Bau- und Architektenrecht, 4. Aufl., Köln 2013 (zit.: Kuffer/Wirth/*Bearbeiter*)

Kulartz, Hans-Peter/Kus, Alexander/Portz, Norbert, Kommentar zum GWB-Vergaberecht, 3. Aufl., Baden-Baden 2014 (zit.: *Kulartz/Kus/Portz*)

Lechner, Hans/Stifter, Daniela, Kommentar zum Leistungsbild Architektur (HOAI 2009–20xx), 2. Aufl., Graz 2012 (zit.: *Lechner/Stifter*)

Locher, Ulrich/Koeble, Wolfgang/Frik, Werner, Kommentar zum HOAI, 12. Aufl., Köln 2014 (zit.: Locher/Koeble/Frik/*Bearbeiter*)

Löffelmann, Peter/Fleischmann, Gundram, Architektenrecht, 6. Aufl., Köln 2012 (zit.: *Löffelmann/Fleischmann*)

Messerschmidt, Burkhard/Niemöller, Christian/Preussner, Mathias, HOAI, München 2015 (zit.: Messerschmidt/Niemöller/Preussner/*Bearbeiter*)

Messerschmidt, Burkhard/Voit, Wolfgang, Privates Baurecht, 2. Aufl., München 2012 (zit.: Messerschmidt/Voit/*Bearbeiter*)
Morlock, Andreas/Meurer, Karsten, Die HOAI in der Praxis, 9. Aufl., Köln 2014 (zit.: *Morlock/Meurer*)
Motzke, Gerd/Wolff, Rainer, Praxis der HOAI, 3. Aufl., München 2004 (zit.: *Motzke/Wolff*)
Müller-Wrede, Malte, Kommentar zur VOF, 5. Aufl., Köln 2014 (zit.: *Müller-Wrede*)
Münchener Kommentar zum Bürgerlichen Gesetzbuch, 6. Aufl., München 2012 (zit.: MüKo-BGB/*Bearbeiter*)
Neuenfeld, Klaus/Baden, Eberhard/Dohna, Inge Gräfin/Groscurth, Eberhard, Handbuch des Architektenrechts, 3. Aufl., Stuttgart 2014 (zit.: Neuenfeld/Baden/Dohna/Groscurth/*Bearbeiter*)
Palandt, Otto, Bürgerliches Gesetzbuch, 74. Aufl., München 2015 (zit.: Palandt/*Bearbeiter*)
Pott, Werner/Dahlhoff, Willi/Kniffka, Rolf/Rath, Heike, HOAI – Honorarordnung für Architekten und Ingenieure, 9. Aufl., Köln 2011 (zit.: *Pott/Dahlhoff/Kniffka/Rath*)
Preißing, Werner, Wertermittlung von Architektur- und Ingenieurbüros, 2. Aufl., Leonberg 2005 (zit.: *Preißing*)
Pünder, Hermann/Schellenberg, Martin, Vergaberecht, Baden-Baden 2011 (zit.: *Pünder/Schellenberg*)
Rixner, Florian/Biedermann, Robert/Steger, Sabine, Systematischer Praxiskommentar BauGB/BauNVO, 2. Aufl., Köln 2014 (zit.: *Rixner/Biedermann/Steger*)
Scholtissek, Friedrich-Karl, HOAI, 2. Aufl., München 2014 (zit.: *Scholtissek*)
Schulze-Hagen, Alfons/Brößkamp, Marcus, Bauen – Planen – Recht, Festschrift für Klaus Vygen zum 60. Geburtstag, Köln 1999 (zit.: *Bearbeiter* in: FS Vygen)
Seifert, Werner/Preussner, Mathias, Baukostenplanung, 4. Aufl., Köln 2013 (zit.: *Seifert/Preussner*)
Siemon, Klaus/Averhaus, Ralf, Die HOAI 2013 verstehen und richtig anwenden, 3. Aufl., Berlin 2014 (zit.: *Siemon/Averhaus*)
Staudinger, Julius von, BGB, 15. Aufl. 2013 (zit.: Staudinger/*Bearbeiter*)
Steeger, Frank, Praxiskommentar HOAI, Stuttgart 2009 (zit.: *Steeger*)
Stemmer, Michael, Praxishinweise zur Anwendung der HOAI, Stuttgart 2009 (zit.: *Stemmer*)
Tepasse, Rainer, Handbuch Sicherheits- und Gesundheitsschutz-Koordination auf Baustellen, 3. Aufl., Berlin 2001 (zit.: *Tepasse*)
Thode, Wirth/Wirth, Alex/Kuffer, Johann, Praxishandbuch Architektenrecht, München 2004 (zit.: Thode/Wirth/Kuffer/*Bearbeiter*)
von Berchem, Sabine, Die neue Baustellenverordnung, Köln 2000 (zit.: *v. Berchem*)
von Wietersheim, Mark/Noebel, Thomas, Baustellenverordnung, München 2001 (zit.: *v. Wietersheim/Noebel*)
Voppel, Reinhard/Osenbrück, Wolf/Bubert, Christoph, VOF, 3. Aufl., München 2012 (zit.: *Voppel/Osenbrück/Bubert*)
Werner, Ulrich/Pastor, Walter, Der Bauprozess, 15. Aufl., Köln 2015 (zit.: Werner/Pastor/*Bearbeiter*)
Westermann, Harm/Rosener, Wolfgang, Festschrift für Karlheinz Quack zum 65. Geburtstag am 3. Januar 1991, Berlin 1991 (zit.: *Bearbeiter* in: FS Quack)
Weyand, Rudolf, Vergaberecht, 4. Aufl., München 2013 (zit.: *Weyand*)
Ziekow, Jan/Völlink, Uwe-Carsten, Vergaberecht, 2. Aufl., München 2013 (zit.: Ziekow/Völlink/*Bearbeiter*)

Bearbeiterverzeichnis

Franz Aschenbrenner, Jg. 1956; Studium der Rechtswissenschaft an der Universität Regensburg; Richter am Amtsgericht bis 2008, 2008 bis 2013 Vorsitzender Richter am Landgericht München II als Vorsitzender der für Architektenrecht zuständigen Kammer, nebenamtlicher Leiter einer Arbeitsgemeinschaft für Rechtsreferendare; Prüfer in der Ersten und Zweiten Juristischen Staatsprüfung.

Anja Binder, Jg. 1969; Studium der Rechtswissenschaften an den Universitäten Bonn und Freiburg/Br.; Rechtsanwältin und Fachanwältin für Bau- und Architektenrecht sowie Mediatorin (DAA) in München; 1997 bis 2002 Justiziarin der Bayerischen Ingenieurekammer-Bau, seither anwaltlich tätig in allen Bereichen des privaten Baurechts, Architekten-/Ingenieurrechts und Vergaberechts; Spezialgebiet: Architektenurheberrecht, Fachbuchautorin (Binder/Messer: „Urheberrecht für Architekten und Ingenieure").

Christian Burkhart, Dipl.-Ing., Jg. 1964; Studium der Nachrichtentechnik an der TU München; seit 1990 im Bereich der Akustik tätig; seit 2000 öffentlich bestellter und vereidigter Sachverständiger für Bauakustik, Raumakustik und Beschallungstechnik; Mitglied in verschiedenen Normenausschüssen; Beratender Ingenieur; Verantwortlicher Sachverständiger EnEV (Energieeinsparverordnung).

Johannes Dragomir, Dipl.-Ing., Architekt und Stadtplaner ByAK SRL, Regierungsbaumeister, Jg. 1947; Studium der Architektur an der TU München; Studium Urban Design and Regional Planning an der University of Edinburgh; zehn Jahre Verwaltungserfahrung in London und im Referat für Stadtplanung und Bauordnung in München; 1990 Gründung des Büros DRAGOMIR STADTPLANUNG in München; seit 2009 Mitglied der Fachkommission Stadtplanung im AHO; seit 2013 Vorsitzender des Vorstands der SRL (Vereinigung für Stadt-, Raum- und Landesplanung e.V., Deutschlands größter Stadtplanerverband).

Andreas Ebert, Dr. iur., Jg. 1967; Rechtsanwalt, Justiziar und stellvertretender Geschäftsführer der Bayerischen Ingenieurekammer-Bau in München. Dr. Ebert berät Auftraggeber und Auftragnehmer zu allen Fragen des Honorar- und Vergaberechts, ist Mitautor im HOAI-Praktikerkommentar von Irmler, im Planerrechts-Report sowie im Deutschen Ingenieurblatt und hält Seminare an der Ingenieurakademie Bayern.

Fritz Erhard, Dipl.-Ing. (FH) Landschaftsarchitekt, Jg. 1944; von der IHK München/Oberbayern öffentlich bestellter und vereidigter Sachverständiger für Honorare der Landschaftsarchitekten und für Landschaftsbau (Herstellung/Unterhalt), Lenggries/Obb.; freiberuflich tätig 1975 bis 2015; Mitglied in Ausschüssen der Bayerischen Architektenkammer sowie der Fachkommission Freianlagen beim AHO (2000 bis 2014); Seminartätigkeit und Veröffentlichungen.

Thomas Fernkorn, Dipl.-Ing. (Univ.), Jg. 1960; Ingenieurbüro für Vermessung und Geoinformation Fernkorn & Sohn, Ottobrunn. Prüfsachverständiger für Vermessung im Bauwesen, Assessor für den höheren Fortführungsvermessungsdienst und Flurbereinigungsdient in Bayern. Freiberuflich tätig seit 1988. Beratender Ingenieur im Fachbereich Vermessung, Mitglied der Delegiertenversammlung der Bayerischen Ingenieurekammer-Bau und des Ausschusses für Baurecht und Sachverständigenwesen, Mitglied der Fachkommission Vermessung im AHO, Lehrbeauftragter der TU München, Seminartätigkeit.

Alexander Herrmann, Dr. iur., Jg. 1971; Rechtsanwalt bei GRONEFELD Rechtsanwälte in München; berät und vertritt seit über 15 Jahren öffentliche Auftraggeber im Vergabe-, privaten Bau- und im Architektenrecht.

Andreas Koch, Jg. 1968; Rechtsanwalt und Fachanwalt für Bau- und Architektenrecht; Seufert Rechtsanwälte Partnerschaft in München seit 2003, vorher Baurechtskanzleien in Köln und Frankfurt; zahlreiche Veröffentlichungen im privaten Baurecht, Schulungen von Architekten und Ingenieuren, Begleitung großer Bauprojekte, insbesondere Firmenzentralen und Kliniken für Auftraggeber, aber auch Architekten, sehr häufig forensische Tätigkeit, Schiedsrichter.

Ralf M. Leinenbach, Jg. 1962; Rechtsanwalt und Fachanwalt für Bau-, Architekten- und Steuerrecht bei der Leinenbach Wirtschaftskanzlei in Magdeburg sowie Justiziar der Ingenieurkammer Sachsen-Anhalt; spezialisiert auf das juristische Projektmanagement für Immobilien-, Energie-, Wasser- und Infrastrukturvorhaben; zu den Mandanten zählen Unternehmen, Konzerne und Kommunen aus ganz Deutschland; regelmäßige Fachseminartätigkeit zur HOAI sowie zum Vergabe- und Vertragsrecht und regelmäßige Veröffentlichung von Fachbeiträgen hierzu.

Alexander Lyssoudis, Dipl.-Ing. (FH), Jg. 1973; Studium der Versorgungstechnik an der FH München; seit 1999 selbstständig im Bereich der Haustechnikplanung tätig; seit 2011 öffentlich bestellter und vereidigter Sachverständiger für Heizungstechnik; Mitglied des Vorstandes in der Bayerischen Ingenieurekammer-Bau, u.a. dort zuständig für die Schulungen rund um das Thema Energieeinsparverordnung und baulichen Wärmeschutz; Vorsitzender des Arbeitskreises Energie an der Bundesingenieurkammer; Beratender Ingenieur; Verantwortlicher Sachverständiger nach ZVEnEV.

Christoph Mischok, LL.M., Jg. 1979; Rechtsanwalt und Fachanwalt für Bau- und Architektenrecht; Studium der Rechtswissenschaften in Rostock, Master of Laws im Internationalen Wirtschaftsrecht; von 2005–2006 wissenschaftlicher Mitarbeiter beim Justizministerium Mecklenburg-Vorpommern; seit 2008 Rechtsanwalt bei Leinemann Partner Rechtsanwälte in Berlin, dort spezialisiert auf die projektbegleitende Beratung von Infrastruktur- und Kulturbauvorhaben, das Architekten- und Ingenieurrecht sowie Vergaberecht.

Thomas Schmidl, Dipl.-Ing. Univ., Jg. 1962; Freier Architekt und Stadtplaner, Architekturstudium an der Technischen Universität München; von der Industrie- und Handelskammer Schwaben öffentlich bestellter und vereidigter Sachverständiger für Honorare für Architektenleistungen; Büros in München und Weißenhorn.

Karlgeorg Stork, Dr. iur., Jg. 1973; Studium der Rechtswissenschaft an der LMU München, Rechtsanwalt seit 1999, Fachanwalt für Bau- und Architektenrecht, Mediator; Partner bei der Kanzlei Glock Liphart Probst & Partner Rechtsanwälte mbB, München; Spezialgebiete: Architekten-/Ingenieurrecht, privates und öffentliches Baurecht und Vergaberecht; Mandanten sind hauptsächlich private und öffentliche Auftraggeber, Auftragnehmer und Versicherungen; Referent an der Akademie für Fort- und Weiterbildung der Bayerischen Architektenkammer; Lehrbeauftragter an der Technischen Universität München.

Stefanie Theis, Dr. Dr., LL.M., Jg. 1956; Rechtsanwältin und Fachanwältin für Bau- und Architektenrecht, Kunz Rechtsanwälte, Kanzleistandort Mainz; von Beginn der anwaltlichen Tätigkeit an Spezialisierung auf das Architekten- und Ingenieurrecht sowie das Bau- und Vergaberecht; seit über 20 Jahren Referententätigkeit in diesen Rechtsbereichen für verschiedene Fortbildungsinstitute; von 1996–2001 Lehrbeauftragte an der FH Karlsruhe für Europäisches Baurecht; seit 2010 ständige Rechtsberaterin der Ingenieurkammer Rheinland-Pfalz; mehrere Buchpublikationen zum Architekten- und Ingenieurvertragsrecht, regelmäßige Veröffentlichungen in verschiedenen Fachzeitschriften.

Teil 1
Einleitung

Kapitel 1
Rechtsgrundlage der HOAI

A. Das Gesetz zur Regelung von Ingenieur- und Architektenleistungen

Die HOAI ist kein Gesetz, sondern Rechtsverordnung der Bundesregierung (vgl. 1
Art. 80 Abs. 1 GG) und bedarf deshalb für eine verfassungsmäßige Legitimation einer gesetzlichen **Ermächtigungsgrundlage**. Diese findet sich im „Gesetz zur Verbesserung des Mietrechts und zur Begrenzung des Mietanstiegs sowie zur Regelung von Ingenieur- und Architektenleistungen" (MRVG), einem Artikelgesetz, welches mehrere Einzelgesetze umfasst, darunter in Art. 10 das „**Gesetz zur Regelung von Ingenieur- und Architektenleistungen**" (ArchLG).[1]

Dieses Gesetz umfasst in seinem § 1 Abs. 1 S. 1 die Ermächtigungsgrundlage an die 2
Bundesregierung, mit Zustimmung des Bundesrates eine Honorarordnung für Leistungen der **Ingenieure** zu erlassen. In § 1 Abs. 1 S. 2 wird zur inhaltlichen Ausrichtung vorgegeben, dass darin Honorare für Leistungen bei der Beratung des Auftraggebers, bei der Planung und Ausführung von Bauwerken und technischen Anlagen, bei der Ausschreibung und Vergabe von Bauleistungen sowie bei der Vorbereitung, Planung und Durchführung von städtebaulichen und verkehrstechnischen Maßnahmen zu regeln sind. § 1 Abs. 2 ArchLG schreibt die Festlegung von Mindest- und Höchstsätzen vor, wobei den berechtigten Interessen der Ingenieure und der zur Zahlung der Honorare Verpflichteten Rechnung zu tragen sei, Honorarsätze an der Art und dem Umfang der Aufgabe sowie an der Leistung des Ingenieurs auszurichten seien und für rationalisierungswirksame Besondere Leistungen des Ingenieurs, die zu einer Senkung der Bau- und Nutzungskosten führen, besondere Honorare festgesetzt werden könnten. § 1 Abs. 3 legt ferner fest, dass die HOAI die Unterschreitung der Mindestsätze durch schriftliche Vereinbarung in Ausnahmefällen zulassen muss, dass die Höchstsätze nur bei außergewöhnlichen oder ungewöhnlich lange dauernden Leistungen überschritten werden dürfen und dass die Mindestsätze als vereinbart gelten, sofern nicht bei Erteilung des Ingenieurauftrages etwas anderes schriftlich vereinbart ist. Mit diesen inhaltlichen Vorgaben wird dem **verfassungsrechtlichen Konkretisierungsgebot** aus Art. 80 Abs. 1 S. 2 GG Rechnung getragen.

Dieselben Regelungen finden sich nahezu wortgleich in § 2 ArchLG für Leistungen 3
der **Architekten** einschließlich der Garten- und Landschaftsarchitekten. Dass Innenarchitekten in der Ermächtigung des § 2 Abs. 1 nicht ausdrücklich genannt werden, bedeutet nicht, dass hinsichtlich ihrer Leistungen die für **Innenräume** geltenden Regelungen der HOAI in §§ 33 ff. von der Ermächtigungsgrundlage nicht gedeckt wären. Innenarchitekten werden über den Begriff des Architekten in § 2 miterfasst. Dabei handelt es sich nicht um die gesetzlich geschützte Berufsbezeichnung im engeren Sinn, sondern um die zusammenfassende Beschreibung der gesamten Architektenschaft, welche die § 2 Abs. 1 S. 2 ArchLG geregelten Leistungen erbringt. Nur so lässt sich im Übrigen die Wendung *„einschließlich der Garten- und Landschaftsarchitekten"* sinnvoll einordnen, welche nach den landesspezifischen Architektengesetzen eben keine Architekten, sondern Landschaftsarchitekten sind. In die Terminologie des Berufsbezeichnungsrechts der Länder

1 BGBl. I 1971 S. 1745, 1749, zuletzt geändert durch Art. 1 des Gesetzes v. 12.11.1984 (BGBl. I S. 1337).

kann und will das ArchLG mangels Gesetzgebungskompetenz (Art. 74 Nr. 11 GG)[2] nicht eingreifen.

4 § 3 ArchLG enthält das sog. **Koppelungsverbot**, wonach eine Vereinbarung unwirksam ist, durch die sich der Erwerber eines Grundstücks im Zusammenhang mit dem Erwerb verpflichtet, bei der Planung oder Ausführung eines Bauwerks auf dem Grundstück die Leistungen eines bestimmten Ingenieurs oder Architekten in Anspruch zu nehmen (Einzelheiten dazu unten unter C, Rn 22ff.).

5 Sowohl § 1 für Ingenieur- als auch § 2 für Architektenleistungen begründen in ihrem jeweiligen Abs. 1 S. 1 eine an die Bundesregierung gerichtete Ermächtigung zum Erlass einer Honorarordnung, jedoch mit der Beschränkung, dass die Verordnung der **Zustimmung des Bundesrates** bedarf. Auf diese Weise werden die Interessen der Bundesländer als bedeutsame Auftraggeber von Ingenieur- und Architektenleistungen berücksichtigt. Dagegen ist der Bundestag nicht zu beteiligen, mit der Verabschiedung des MRVG hat er sich seiner Gesetzgebungszuständigkeit begeben. Eine durch ein fachlich zuständiges Bundesministerium beschlossene Honorarordnung wäre unwirksam. Erforderlich ist daher stets ein Kabinettsbeschluss der Bundesregierung, wobei die Vorlage in der Regel durch das zuständige Ministerium erarbeitet wird. Nicht ausgeschlossen ist aber auch die Verabschiedung einer Honorarordnung auf Zuleitung einer Vorlage durch den Bundesrat (vgl. Art. 80 Abs. 3 GG).

B. Ausschöpfung der Ermächtigungsgrundlage

I. Beschränkung auf das Bauwesen

6 Während Tätigkeiten von Architekten ohne Weiteres mit dem Bauwesen assoziiert werden, erbringen Ingenieure Leistungen auch in Bereichen des **Maschinenbaus**, der sich wiederum in wichtige Gebiete wie Luft- und Raumfahrttechnik, Verfahrenstechnik oder Fahrzeugtechnik unterteilt. Dass darauf bezogene Leistungen nicht Gegenstand des ArchLG sind, ergibt sich aus der Beschreibung der für den Erlass einer Honorarordnung zugelassenen Regelungsgegenstände in § 1 Abs. 1 S. 2 ArchLG, der eine abgrenzbare **Fokussierung auf das Bauwesen** zu entnehmen ist. Das kommt hinreichend deutlich in der Nennung von „Bauwerken und (technischen) Anlagen“ und „Bauleistungen“ zum Tragen. Auch städtebauliche und verkehrstechnische Maßnahmen können durch die Honorarordnung geregelt werden.

II. Grenzen der Ermächtigungsgrundlage

7 Die auf das Bauwesen konzentrierte Ermächtigung hat der Verordnungsgeber bei Verabschiedung der HOAI in der Fassung vom 10.7.2013 (BGBl. I S. 2276) beachtet. Die in den Teilen 3 und 4 der HOAI behandelten Objekt- und Fachplanungen beziehen sich unproblematisch auf Bauwerke und Anlagen, die städtebaulichen Leistungen finden sich im mit Flächenplanung überschriebenen Teil 2. Lediglich verkehrstechnische Maßnahmen, soweit man sie nicht schon als Teil der Bauwerke nach §§ 45ff. verstehen will, finden sich in der Umsetzung nicht wieder. Noch bis zum Inkrafttreten der HOAI 2009 (BGBl. I S. 2732) enthielt die Honorarordnung das Leistungsbild „Verkehrsplanerische Leistungen“, welches insbesondere das Vorbereiten und Erstellen von Ausarbeitungen

2 Zur auf die Berufsbezeichnung beschränkten Regelungskompetenz der Länder vgl. BVerfG, Entscheidung v. 25.6.1969 – 2 BvR 128/66 – BVerfGE 26, 246.

und Planfassungen für Gesamt- und Teilverkehrspläne zum Gegenstand hatte, ohne allerdings ein verbindliches Honorar festzulegen.

Die Bedingung, dass in der Honorarordnung Mindest- und Höchstsätze festzusetzen sind (§1 Abs. 2, §2 Abs. 2 ArchLG), ist durch §7 Abs. 1 beherzigt worden. Auch die in §1 Abs. 3 bzw. §2 Abs. 3 ArchLG enthaltenen Vorgaben finden sich in der Verordnung wieder. Die zuzulassende Unterschreitung der Mindestsätze in Ausnahmefällen (Nr. 1) wird in §7 Abs. 3 geregelt, die Überschreitung der Höchstsätze bei außergewöhnlichen oder ungewöhnlich lange dauernden Leistungen (Nr. 2) ist in §7 Abs. 4 eingeflossen, und die Vorgabe, dass mangels anderer schriftlicher Vereinbarung bei Auftragserteilung die Mindestsätze gelten (Nr. 3), wird in §7 Abs. 5 berücksichtigt. Dass dort nicht der gesetzliche Terminus „gelten als vereinbart" verwendet wird, sondern die Formulierung „wird unwiderleglich vermutet", kann keine Zweifel an der ermächtigungskonformen Umsetzung begründen. 8

Auch wenn es die §§ 1, 2 ArchLG nahelegen, lässt sich dem Auftrag an die Bundesregierung nicht entnehmen, dass sie jeweils zwei getrennte Honorarordnungen verabschieden müsse. Insofern begegnet es also keinen Bedenken, dass es nur eine Verordnung gibt, welche die Honorare beider Berufsgruppen regelt. Aufgrund der zahlreichen Parallelen im Aufbau der Honorarbestimmungen erscheint diese Zusammenlegung durchaus sachgerecht.[3] 9

Auch wenn die Praxis es nicht immer wahrhaben will, beschränkt sich die Befugnis zum Erlass einer Honorarordnung nur darauf, die Vergütung der Leistungen von Architekten und Ingenieuren zu regeln, nicht aber auch vertragliche Inhalte zu definieren.[4] Die HOAI regelt keine normativen Leitbilder, sondern stellt **bloßes Preisrecht** dar.[5] Dass die Parteien im Vertrag zur Beschreibung der übertragenen Leistungen auf die Leistungsbilder Bezug nehmen können,[6] ist dadurch nicht ausgeschlossen, ändert aber nichts an der gesetzlichen Beschränkung der Verordnung auf das Preisrecht. Damit bewegt sich die Verordnung in den Grenzen, die ihr durch das ArchLG gesteckt sind, denn dass auch Vertragsinhalte geregelt werden sollten, ist weder dem Gesetzeswortlaut noch der Zwecksetzung (dazu näher unten Rn 15) zu entnehmen. 10

Dem scheint der Umstand zu widersprechen, dass § 15 eine Regelung enthält, die sowohl die **Fälligkeit** als auch **Abschlagszahlungen** betrifft, und damit nach verbreiteter Ansicht **in das materielle Werkvertragsrecht eingreift**.[7] Demgegenüber hat der BGH stets die Rechtmäßigkeit auch dieser Bestimmungen betont und sich dabei auf die enge Verknüpfung von Honorar und dessen Zahlungsmodalitäten gestützt.[8] Dieser Haltung ist schon deshalb der Vorzug zu geben, weil auch die Verordnung von Honorarsätzen in das Werkvertragsrecht eingreift und tatsächlich nicht zu erkennen ist, weshalb eine Honorarordnung nicht auch Fragen der Fälligkeit und der Abschlagszahlung abweichend vom allgemeinen Werkvertragsrecht soll regeln können.[9] Mit der erstmaligen 11

3 Ebenso Korbion/Mantscheff/Vygen/*Kuffer*, Einl. vor § 1 Rn 9.

4 Zutreffend Irmler/*Irmler*, Einf. Rn 55; *Pott/Dahlhoff/Kniffka/Rath*, Einl. Rn 4.

5 BGH, Urt. v. 22.10.1998 – VII ZR 91/97 – IBR 1999, 170; BGH, Urt. v. 24.10.1996 – VII ZR 283/95 – IBR 1997, 110; OLG Celle, Urt. v. 26.10.2011 – 14 U 59/11 – IBR 2012, 672; OLG Hamm, Urt. v. 14.2.2008 – 23 U 4/05 – BauR 2008, 1480.

6 Vgl. BGH, Urt. v. 26.7.2007 – VII ZR 42/05 – IBR 2007, 564; OLG Celle, Urt. v. 4.10.2012 – 13 U 234/11 – BauR 2013, 1289.

7 Locher/Koeble/Frik/*Koeble*, § 15 Rn 8 m.w.N. auch zur älteren Literatur; *Scholtissek*, § 15 Rn 3; Korbion/Mantscheff/Vygen/*Wirth*, § 15 Rn 6.

8 BGH, Beschl. v. 22.12.2005 – VII ZB 84/05 – IBR 2006, 212; BGH, Urt. v. 9.7.1981 – VII ZR 139/80 – BauR 1981, 582, 584.

9 Ebenso Neuenfeld/Baden/Dohna/Groscurth/*Baden*, Bd. 2 HOAI, § 15 Rn 17; Irmler/*Hoffmann*, § 15 Rn 4; *Jochem/Kaufhold*, § 15 Rn 1.

Aufnahme der Abnahme als Fälligkeitsvoraussetzung haben sich die Unterschiede zum Werkvertragsrecht des BGB weiter abgeschwächt, sodass diese Streitfrage künftig ohnehin nur noch eine marginale Praxisrelevanz haben dürfte.

III. Mangelnde Ausschöpfung der Ermächtigung

12 Hat der Verordnungsgeber den durch die Ermächtigungsgrundlage gesteckten Rahmen also nicht überschritten, so stellt sich aber die Frage, ob es umgekehrt einen Verstoß gegen das MRVG darstellt, wenn die Verordnung die **Ermächtigung nicht vollständig ausschöpft**. Denn immerhin sieht der Verordnungsgeber durchaus Leistungen den planenden Berufen zugeordnet, ohne aber die darauf entfallenden Honorare verbindlich zu regeln, insbesondere die in der Anlage 1 dargestellten sog. **Beratungsleistungen**. Deren Honorare werden ausdrücklich in § 3 Abs. 1 S. 2 als nicht verbindlich geregelt. Bis zum Inkrafttreten der HOAI 2009 gehörten auch diese Leistungen noch zum verbindlichen Preisrecht.

13 Die Auffassung, welche den Adressaten der Ermächtigungsgrundlage verpflichtet sieht, alle denkbaren Leistungsbilder und damit auch die Beratungsleistungen verbindlich zu regeln, stützt sich auf die Formulierung in § 1 Abs. 1 S. 2 ArchLG bzw. in § 2 Abs. 1 S. 2 ArchLG, wonach auch für Leistungen bei der Beratung des Auftraggebers Honorare zu regeln „sind".[10] Damit werde ein Auftrag erteilt, der keinem Ermessen unterliege. Zu Recht wird dieser Meinung jedoch entgegengehalten, dass diese Wortwahl in der Ermächtigung nicht bedeutet, es müssten alle denkbaren Leistungen verbindlich geregelt werden. Dazu hätte es einer **ausdrücklichen Anordnung durch den Gesetzgeber** bedurft.[11] Es wäre deshalb kein Verstoß gegen das ArchLG gewesen, wenn die Bundesregierung überhaupt keine Honorarordnung erlassen hätte. Erst recht kann es dann aber auch nicht schon per se als fehlerhaft betrachtet werden, wenn sie von der Ermächtigung nicht in dem möglichen Umfang Gebrauch macht.

14 Das wird auch deutlich an anderen Grenzen des Preisrechts. So wird ersichtlich kein Anstoß daran genommen, dass bei anrechenbaren Kosten unter- und oberhalb der in den jeweiligen Honorartafeln definierten Kostengrenzen ebenfalls keine gebundene Honorarfestlegung entsteht (§ 7 Abs. 2). Auch Besondere Leistungen unterliegen keinerlei Verbindlichkeit (§ 3 Abs. 3 S. 3).

15 Dennoch sind dem Verordnungsgeber Grenzen in seiner Entscheidung darüber gesetzt, in welchem Maße er von der Ermächtigung Gebrauch macht. Auszugehen ist dabei von der **Zielsetzung der Ermächtigung** zum Erlass von Honorarordnungen. Einerseits geht es um den Schutz des Auftraggebers vor überhöhten Honoraren als Beitrag zu der mit dem Gesetz zur Verbesserung des Mietrechts und zur Begrenzung des Mietanstiegs sowie zur Regelung von Ingenieur- und Architektenleistungen (MRVG) insgesamt bezweckten **Begrenzung des Anstiegs der Baukosten**.[12] Andererseits dient speziell die Vorgabe von Mindesthonoraren der **Vermeidung eines ruinösen Preiswettbewerbs** zwischen Architekten bzw. Ingenieuren, der die Qualität der Planungstätigkeit gefährden würde.[13]

16 Ob das Ziel der Kostendämpfung dadurch gefährdet wird, dass einzelne Leistungsbereiche keiner geregelten Preisbildung mehr unterliegen, hängt von den Marktverhältnissen ab. Seit Jahren ist der Markt für Planungsleistungen von der **Dominanz der**

---

10 Vgl. etwa *Motzke* in: FS Koeble, S. 417 ff.
11 Korbion/Mantscheff/Vygen/*Kuffer*, § 2 IngALG Rn 4.
12 BVerfG, Urt. v. 20.10.1981 – 2 BvR 201/80 – BauR 1982, 74, 76.
13 BVerfG, Urt. v. 26.9.2005 – 1 BvR 82/03 – BauR 2005, 1946, 1948.

Nachfrageseite gekennzeichnet, weshalb überhöhte Honorare derzeit die Ausnahme bilden. Das mag sich ändern, wenn die Berufsstände von Architekten oder Ingenieuren durch geringe Honorare keinen ausreichenden Nachwuchs finden und die Nachfrage langfristig nicht mehr genügend bedient wird und infolgedessen die Preise erneut steigen. Der Bundesregierung steht insoweit ein Beurteilungsermessen zu, ab wann der Zweck der Kostensenkung erneut zur Einbeziehung auch der Beratungsleistungen zwingt.

Anders sieht es bei dem Zweck der Vermeidung des ruinösen Preiswettbewerbs aus. **17** Gerade dann, wenn die Leistungen auf einen Nachfragemarkt treffen, der die Honorare auf den untersten Maßstab senkt, den die HOAI noch zulässt, **kann die Freigabe von Teilen dieser Leistungen das gesetzte Ziel gefährden.** Das ergibt sich schon aus der Rechtsauffassung, wonach es für die Einhaltung des Mindestsatzes auf das gesamte vertraglich vereinbarte Honorar ankommt.[14] Solange Besondere Leistungen zu den Grundleistungen in einem untergeordneten Verhältnis stehen, mag man es hinnehmen, wenn diese im Wege freier Vereinbarung mit 0 € vergütet und die Grundleistungen auf der Basis des für sie geltenden Mindesthonorars honoriert werden. Anders sieht es jedoch aus, wenn zu den preislich geregelten Leistungen solche hinzutreten, die für die Vertragserfüllung einen erheblichen Aufwand auf Auftragnehmerseite auslösen, ohne dass sie ebenfalls einem Mindesthonorar unterworfen wären. Je höher der Anteil der ungeregelten Leistungen an der gesamten Vertragsleistung ist, umso eher wird das Ziel, im Interesse der Planungsqualität einen ruinösen Preiskampf zu verhindern, ad absurdum geführt. Das wird bereits deutlich an der gewichtigen Besonderen Leistung der **Örtlichen Bauüberwachung** für Ingenieurbauwerke und Verkehrsanlagen (vgl. Leistungsphase 8 zu Anlage 12 und 13). Selbst wenn für die Grundleistungen der betroffenen Leistungsbilder das Mindesthonorar regelkonform vereinbart wird, führt allein die zusätzliche Beauftragung mit der Örtlichen Bauüberwachung zu dem gerade nicht erwünschten Preiswettbewerb. Aufgrund der wirtschaftlichen Bedeutung dieser Besonderen Leistung innerhalb des Gesamtauftrags schlägt der Preiswettbewerb mittelbar auch auf die geregelten Grundleistungen durch.

Noch stärker gilt dies für die **Beratungsleistungen** der Anlage 1. Hierbei handelt es **18** sich überwiegend um Leistungen, die auch im Verbund mit Grundleistungen aus den geregelten Leistungsbildern vergeben werden, wobei es insoweit nicht darauf ankommt, ob sie der Auftragnehmer selbst oder durch Subunternehmer erbringt. Allein der Umstand, dass Beratungsleistungen in der Praxis häufig zusammen mit Grundleistungen vergeben werden, bewirkt unvermeidlich eine Mischkalkulation aufseiten der Auftragnehmer mit der Folge, dass die durch das Mindestsatzgebot bezweckte Auskömmlichkeit des Honorars nicht mehr gewährleistet werden kann. Dadurch, dass die Rechtsprechung die vertragliche Verschiebung von Honorarbestandteilen zulässt, indem sie – dogmatisch durchaus folgerichtig – keine Bindung an den von der HOAI vorgezeichneten Weg der Honorarermittlung sieht und nur das Ergebnis der Vereinbarung betrachtet,[15] fördert sie die Durchmischung der bepreisten und der unbepreisten Vergütungselemente einer Vereinbarung. Im Ergebnis muss die **Eignung der Verordnung**, das gesetzte Ziel der Vermeidung eines ruinösen Preiswettbewerbs zu erreichen, nach der Freigabe der Honorare für die Örtliche Bauüberwachung und die Beratungsleistungen **bezweifelt werden**.[16]

14 BGH, Urt. v. 9.2.2012 – VII ZR 31/11 – IBR 2012, 206.

15 BGH, Urt. v. 17.4.2009 – VII ZR 164/07 – IBR 2009, 334; BGH, Urt. v. 16.12.2004 – VII ZR 16/03 – IBR 2005, 213.

16 Ebenso *Stemmer*, S. 20.

19 Hinzu kommt auch die Besorgnis, dass durch die **Beschränkung auf Inländer** jedenfalls in den grenznahen Gebieten die Ziele des ArchLG deshalb nicht mehr erreicht werden können, weil gerade dort ein Preiswettbewerb auch unterhalb der Mindestsätze in legaler Weise durch EU-Dienstleistungserbringer geführt werden kann. Auch wenn man in der damit verbundenen Inländerdiskriminierung noch keinen Verstoß gegen das Gleichheitsgebot nach Art. 3 GG herleiten kann, darf nicht übersehen werden, dass in Grenzregionen tätige Planer sich gedrängt sehen, ebenfalls unterhalb der Schwelle des Mindestsatzes anzubieten, sodass allein aus der Zulassung von Unterangeboten durch EU-Ausländer die **Eignung** der Mindestsatzvorgabe zur Zweckerreichung infrage steht.[17]

20 Freilich folgt daraus nicht, dass die Leistungsbilder, die seit der HOAI 2009 ungeregelt sind, ohne Weiteres in das verbindliche Preisrecht wieder einzubeziehen wären. Sofern man die HOAI 2013 aufgrund ihres stark beschnittenen Regelungsgegenstands als nicht mehr geeignet erachtet, die Ziele der Ermächtigungsgrundlage zu erreichen, wäre die Verordnung verfassungswidrig. Denn durch die Beschränkung in der Preisgestaltung bewirkt sie einen Eingriff in das Grundrecht der freien Berufsausübung nach Art. 12 Abs. 1 S. 2 GG, der mangels Eignung nicht mehr verhältnismäßig wäre. Vielmehr wäre bei angenommener Verfassungswidrigkeit die Verordnung selbst unwirksam mit der Folge, dass auch ihr § 58, der das Außerkrafttreten der HOAI 2009 regelt, gegenstandslos würde. Die dann wieder geltende HOAI 2009 würde indes an denselben Mängeln leiden und käme deshalb als ebenfalls verfassungswidrige Norm genauso wenig zum Tragen. Folglich würde dann die Honorarordnung von 1996 in der zuletzt am 10.11.2001 geänderten Fassung[18] aufleben – allerdings mit längst nicht mehr brauchbaren und den aktuellen Vertragsbedürfnissen entsprechenden Leistungsbildern und zu Honoraren, die schon zu Zeiten ihres Geltungsbereichs als nicht mehr leistungsgerecht betrachtet wurden. Das würde weitere Zweifel an der Eignung begründen, die Planungsqualität durch auskömmliche Honorare zu sichern.

21 Will der Verordnungsgeber diese Konsequenz vermeiden, führt an der **Rückführung** der Örtlichen Bauüberwachung und der Beratungsleistungen in das verbindliche Preisrecht kein Weg vorbei, dies jedenfalls für die Fälle, in denen diese Leistungen nicht isoliert vergeben werden, sondern **Teil eines auch Grundleistungen umfassenden Vertragspakets** sind.

C. Das Koppelungsverbot

22 Als weitere Vorschrift umfasst das ArchLG in seinem § 3 das Verbot einer Vereinbarung, *„durch die der Erwerber eines Grundstücks sich im Zusammenhang mit dem Erwerb verpflichtet, bei der Planung oder Ausführung eines Bauwerks auf dem Grundstück die Leistungen eines Ingenieurs oder Architekten in Anspruch zu nehmen“*. Auch wenn diese Regelung keinen Bezug zur Honorarbemessung besitzt, soll sie hier zumindest in den Grundzügen dargestellt werden, weil sie immerhin die Unwirksamkeit einer abweichenden Vereinbarung begründet und damit auch den Honoraranspruch insgesamt infrage stellt.

23 **Ziel des Koppelungsverbotes** ist es, die freie Auswahl unter Architekten und Ingenieuren dadurch zu behindern, dass ein Planer den Erwerb von Bauland an den gleichzeitigen Abschluss eines Planungsvertrages mit ihm knüpft. Der dadurch befürchteten Monopolstellung bei einem knappen Angebot an Baugrundstücken müsse im Interesse

---

17 Vgl. die Bedenken des BVerfG, Beschl. v. 5.12.2005 – 1 BvR 1730/02 – NVwZ 2006, 328 gegen die Erforderlichkeit des Meisterzwangs angesichts der wachsenden Konkurrenz aus dem EU-Ausland.

18 BGBl. I S. 2992.

eines funktionierenden Wettbewerbs begegnet werden.[19] Die Regelung wurde in den letzten Jahren zunehmend als **antiquiert** und nicht mehr verfassungsgemäß empfunden.[20] Doch allen Kassandrarufen zum Trotz haben sowohl der BGH als auch das BVerfG an der Regelung festgehalten.[21] Allerdings wird sie zunehmend enger ausgelegt, um Konflikte mit Art. 3 bzw. 12 GG zu vermeiden.

Das drückt sich etwa in der höchstrichterlichen Meinung aus, dass keine Unwirk- 24
samkeit des Architektenvertrages eintritt, wenn ein Bauwilliger an einen Architekten mit der Bitte herantritt, ein passendes Grundstück für ein bestimmtes Projekt zu vermitteln, und er dem Architekten gleichzeitig in Aussicht stellt, ihn im Erfolgsfall mit den Architektenleistungen zu beauftragen. Das gilt sogar dann, wenn der Architekt zu einem späteren Zeitpunkt die Vermittlung des Grundstücks davon abhängig macht, dass ihm der zuvor in Aussicht gestellte Architektenauftrag erteilt wird.[22] Allerdings kann der so ausgeübte **psychologische Zwang** dazu führen, dass die Verbindung mit einem Grundstücksgeschäft den Vertrag hinsichtlich der Leistungsphasen 1 bis 4 unberührt lässt, jedoch die Beauftragung auch mit den Leistungsphasen 5 bis 9 nichtig ist.[23]

Das Kopplungsverbot greift auch nicht ein, wenn ein Käufer ein Grundstück von ei- 25
nem Architekten erwirbt und sich ein Dritter aus Eigeninteresse an dem Verkaufsgeschäft verpflichtet, Honorar an den Architekten zu zahlen, selbst wenn erst die Honorarzahlungsverpflichtung die Bereitschaft des Architekten zum Grundstücksverkauf begründet.[24] Da sich der Erwerber selbst in keiner Drucksituation befand, kam § 3 ArchLG nicht zur Anwendung. Eine analoge Anwendung in Hinblick auf die Drucksituation, in der sich der Dritte befindet, der auf einen umfassenden Planungsauftrag nach Erwerb durch den Käufer hofft, lehnt der BGH ab.

Ebenfalls liegt kein Verstoß gegen das Koppelungsverbot vor, wenn der Veräußerer 26
des Grundstücks einem Architekten verspricht, darauf hinzuwirken, dass der Erwerber die im Rahmen der Bebauung zu vergebenden Architektenleistungen dem Architekten in Auftrag geben wird.[25]

Unerheblich ist hingegen, ob es zwischen dem Grundstücksgeschäft und dem Archi- 27
tekten- oder Ingenieurvertrag zu einer rechtlichen Verbindung kommt. Auch eine **tatsächliche Verknüpfung** beider Geschäfte reicht für die Annahme eines Verstoßes gegen das Koppelungsverbot aus, solange nur die freie Willensentscheidung des Bauherrn bei der Auswahl des Architekten beeinflusst wird.[26]

Das Koppelungsverbot soll nur **berufsstandsbezogen** zu verstehen sein, also nur Ar- 28
chitekten und Ingenieure berühren.[27] Nicht betroffen sind damit Generalübernehmer, Baubetreuer und Bauträger, deren Kerngeschäft gerade aus der Verbindung von Grund-

19 BGH, Urt. v. 22.7.2010 – VII ZR 144/09 – BauR 2010, 1772, 1774; BGH, Urt. v. 27.4.2006 – VII ZR 291/04 – IBR 2006, 451; BGH, Urt. v. 22.12.1983 – VII ZR 59/82 – BauR 1984, 192.

20 *Christiansen-Geiss*, BauR 2009, 421; *Hesse*, BauR 1985, 30, 37; Korbion/Mantscheff/Vygen/*Kuffer*, § 3 IngALG Rn 2; *Pauly*, BauR 2006, 769, 771; *Vygen*, BauR 2008, 730, 731; *Weise*, NJW-Spezial 2010, 492; *Werner*, BauR 2006, 1606 ff.

21 BVerfG, Beschl. v. 16.6.2011 – 1 BvR 2394/10 – IBR 2011, 591; BGH, Urt. v. 22.7.2010 – VII ZR 144/09 – IBR 2010, 572.

22 BGH, Urt. v. 25.9.2008 – VII ZR 174/07 – IBR 2008, 741.

23 BGH, Urt. v. 22.7.2010 – VII ZR 144/09 – BauR 2010, 1772, 1774.

24 BGH, Urt. v. 27.4.2006 – VII ZR 291/04 – IBR 2006, 451.

25 BGH, Urt. v. 6.4.2000 – VII ZR 455/98 – IBR 2000, 385.

26 BGH, Urt. v. 10.4.1975 – VII ZR 254/73 – BauR 1975, 288; OLG Bamberg, Urt. v. 28.5.2003 – 3 U 71/02 – IBR 2003, 546; Korbion/Mantscheff/Vygen/*Kuffer*, § 3 IngALG Rn 30.

27 Zutreffend stellt Korbion/Mantscheff/Vygen/*Kuffer*, § 3 IngALG Rn 15, heraus, dass es nicht auf das Recht zur Führung einer der beiden Berufsbezeichnungen ankommt, sondern darauf, ob die Leistung ihrer Art nach im Wesentlichen in das Berufsbild des Architekten oder Ingenieurs einzuordnen ist.

stücksveräußerung und Bautätigkeit nach eigener Planung besteht.[28] Daher bleiben auch Architekten und Ingenieure dann vom Verbot verschont, wenn sie eine entsprechende Gewerbeerlaubnis nach § 34c GewO besitzen.[29] Hierauf können sie sich jedoch dann nicht berufen, wenn sie nur isoliert Architektenleistungen erbringen und demnach von der Gewerbeerlaubnis keinen Gebrauch machen.[30] Gilt für sie § 3 ArchLG nicht, werden Architekten und Ingenieure ihnen gegenüber benachteiligt.[31] Dennoch hat sich die Rechtsprechung bislang nicht dazu durchgerungen, hierin einen Verstoß gegen Art. 3 GG zu erkennen.

29 Die in der Verknüpfung mit einem Grundstücksgeschäft verbotenen Leistungen beziehen sich auf „**Planung oder Ausführung eines Bauwerks** auf dem Grundstück". Welcher Art diese Planungsleistungen sind, spielt keine Rolle. In der Praxis geht es meist um die in der HOAI geregelten Leistungen, ohne dass sich aber aus der Einordnung des Koppelungsverbotes und der Ermächtigungsgrundlage in dasselbe Gesetz ableiten ließe, dass nur HOAI-Leistungen vom Verbot betroffen wären. Auch die Leistungen, welche nicht in der HOAI verbindlich geregelt sind, obwohl sie ebenfalls von der Ermächtigung der §§ 1, 2 ArchLG umfasst wären, gehören hierher, also nicht zuletzt auch Besondere Leistungen und die sog. Beratungsleistungen aus der Anlage 1 der HOAI.[32] Hinsichtlich der **Bauwerksausführung** ist, da es sich um Architekten- und Ingenieurleistungen handelt, in erster Linie die Bauüberwachung gemeint. Allerdings unterliegt auch die Bautätigkeit auf eigene Rechnung dem Koppelungsverbot, solange keine Gewerbeerlaubnis nach § 34c GewO besteht, sondern freiberufliche Architekten oder Ingenieure wie Bauträger auftreten.[33] Dass der Bauwerksbegriff in § 3 ArchLG anders als in den §§ 1, 2 ArchLG zu verstehen sein sollte, lässt sich nicht erkennen, sodass eine Beschränkung auf Bauwerke des Hochbaus abzulehnen ist. Mithin werden auch **Erschließungsmaßnahmen** wie Straßen, Versorgungsleitungen oder Kanalisationen von der Regelung erfasst.[34]

30 Liegt ein Verstoß gegen § 3 ArchLG vor, so ist der Architekten- bzw. Ingenieurvertrag oder ein hierauf gerichteter Vorvertrag[35] gem. § 134 BGB **nichtig**.[36] In diesem Fall kann jedoch ein Anspruch aus **ungerechtfertigter Bereicherung** in Betracht kommen, wenn gleichwohl Planungsleistungen erbracht und verwertet wurden.[37] Umgekehrt steht dem Grundstückserwerber ein **Rückforderungsanspruch** für geleistete Abschlagszahlungen zu, wenn es zu keiner Verwertung gekommen ist.[38] Die Nichtigkeit des Vertrages hindert den Besteller nicht daran, Mängelansprüche wegen unzureichender Bauüberwachung geltend zu machen.[39] Für Planungsmängel kann nichts anderes gelten. Von der Nichtigkeitsfolge hingegen verschont wird das Grundstücksgeschäft. § 139 BGB ist selbst dann nicht einschlägig, wenn es sich um einen einheitlichen Vertrag handelt. § 3 S. 2 ArchLG lässt nämlich die Wirksamkeit des auf den Grundstückserwerb gerichteten Vertrages ausdrücklich unberührt.

---

28 BGH, Urt. v. 18.3.1993 – VII ZR 176/92 – BauR 1993, 490, 491; BGH, Urt. v. 22.12.1983 – VII ZR 59/82 – BauR 1984, 192.
29 BGH, Urt. v. 29.9.1988 – VII ZR 94/88 – BauR 1989, 95, 96.
30 OLG Hamm, Urt. v. 21.2.2014 – 12 U 88/13 – IBR 2014, 282 – n. rkr.
31 *Werner*, BauR 2006, 1606, 1608.
32 A.A. Locher/Koeble/Frik/*Koeble*, § 3 MRVG Rn 10.
33 BGH, Urt. v. 27.9.1990 – VII ZR 324/89 – BauR 1991, 114.
34 Locher/Koeble/Frik/*Koeble*, § 3 MRVG Rn 11; a.A. Korbion/Mantscheff/Vygen/*Kuffer*, § 3 IngALG Rn 23.
35 BGH, Urt. v. 10.4.1975 – VII ZR 254/73 –; *Berger/Fuchs*, Rn 18; Locher/Koeble/Frik/*Koeble*, § 3 MRVG Rn 9.
36 BGH, Urt. v. 5.11.1981 – VII ZR 216/80 – BauR 1982, 83, 85; Korbion/Mantscheff/Vygen/*Kuffer*, § 3 IngALG Rn 34.
37 BGH, Urt. v. 5.11.1981 – VII ZR 216/80 – BauR 1982, 83, 84; vgl. ausführlich unten Kap. 9 Rn 2 ff.
38 Locher/Koeble/Frik/*Koeble*, § 3 MRVG Rn 22; Irmler/*Walter*, ArchLG Rn 10.
39 OLG Köln, Urt. v. 30.7.2014 – 11 U 133/13 –.

Kapitel 2
Änderungen der HOAI 2013 gegenüber der HOAI 2009

A. Stationen der Entstehung

Die Weiterentwicklung der HOAI 2009[1] binnen einer Legislaturperiode geht auf die Forderung des Bundesrates in seinem Zustimmungsbeschluss zur Novellierung 2009 zurück, die Verordnung weiter zu modernisieren und redaktionell zu überarbeiten und dabei *„unter dem Blickwinkel des Wandels der Berufsbilder, der Umweltbelange und der Regeln der Technik zu untersuchen"*, ob Leistungsbilder modernisiert und vereinheitlicht, die sog. Beratungsleistungen der Anlage 1 wieder in den verbindlichen Teil der Verordnung aufgenommen, die Honorarstruktur überprüft und die Verordnung weiter verschlankt werden kann.[2] Hinsichtlich der mit der HOAI 2009 ebenfalls erstmals aus dem verbindlichen Regelungsteil gestrichenen Honorare für Leistungen der örtlichen Bauüberwachung bei Ingenieurbauwerken und Verkehrsanlagen hatte der Bundesrat der Einschätzung der Bundesregierung widersprochen, es bestünde kein Allgemeininteresse für eine auf diese Leistungen bezogene verbindliche Honorarregelung. Er hielt verbindliche Preisregelungen auch insoweit unter dem Gesichtspunkt für erforderlich, dass diese Leistungsbilder *„den Regeln der Technik und geltenden öffentlich-rechtlichen Anforderungen entsprechend ausgeführt werden"*.[3] 1

Bereits kurz nach Inkrafttreten der HOAI-Novelle am 18.8.2009 sind deshalb Arbeitsgruppen unter Federführung des damaligen Bundesministeriums für Verkehr, Bau und Stadtentwicklung eingerichtet worden, die innerhalb von nicht einmal zwei Jahren alle **Leistungsbilder** der HOAI **baufachlich überarbeitet** und Vorschläge für die angestrebte weitere Novellierung entwickelt haben. Deren Ergebnisse mündeten in den **Abschlussbericht** vom September 2011.[4] Ihm folgte Ende 2012 ein im Auftrag des Bundesministeriums für Wirtschaft und Technologie erstelltes **Gutachten** über den Aktualisierungsbedarf zur Honorarstruktur der HOAI.[5] In weiten Teilen auf diesen beiden Materialien aufbauend wurde im März 2013 der **Referentenentwurf** zur HOAI 2013 verfasst, der nach der darauffolgenden Ressortabstimmung innerhalb der Bundesregierung mit einigen weiteren Änderungen Ende April 2013 durch das Kabinett beschlossen und dem Bundesrat zugeleitet wurde.[6] Der **Bundesrat** stimmte am 7.6.2013 mit der denkbar knappsten Mehrheit von 35:34 Stimmen zu, bevor die Verordnung am 16.7.2013 im **Bundesgesetzblatt** veröffentlicht wurde[7] und am folgenden Tag (§ 58) in Kraft trat. 2

B. Der Aufbau der HOAI 2013

Die **Struktur** der novellierten HOAI deckt sich **nahezu unverändert** mit jener der Vorgängerfassung, gliedert sich also in den **Teil 1** mit allgemeinen Vorschriften, welche für sämtliche anderen Teile auch gelten, und in die **Teile 2 bis 4**, in denen sich nacheinander die Leistungsbilder für die Flächenplanung, die Objektplanung und die Fachplanung finden lassen. Den Abschluss bildet mit **Teil 5** ein kurzes Kapitel zu Übergangs- und 3

1 BGBl. I Nr. 53 v. 17.8.2009 S. 2732.
2 Beschl. v. 12.6.2009, BR-Drucks. 395/09(B), S. 2.
3 BR-Drucks. 395/09(B), S. 3.
4 Als PDF-Dokument abrufbar beispielsweise unter http://www.aho.de unter Aktuelles.
5 Abrufbar unter http://www.bmwi.de > Themen > Mittelstand > Mittelstandspolitik > Freie Berufe > Honorarordnung für Architekten und Ingenieure (HOAI).
6 BR-Drucks. 334/13.
7 BGBl. I Nr. 37 S. 2276.

Schlussvorschriften. Erst hieran schließen sich die unverbindlichen „Beratungsleistungen" der **Anlage 1** an, ihnen folgen in den **Anlagen 2 bis 15** die Grundleistungen der einzelnen Leistungsbilder, in Anlage 9 sind die Besonderen Leistungen zur Flächenplanung gebündelt enthalten, ab Anlage 10 werden die Objektlisten dargestellt.

4 Strukturell ergeben sich damit die augenscheinlichsten Änderungen nur in den Anlagen. Waren in der HOAI 2009 in der Anlage 2 noch alle Besonderen Leistungen und in der Anlage 3 noch alle Objektlisten sämtlicher Leistungsbilder gebündelt und die einzelnen Grundleistungen[8] in den Anlagen 4 bis 14 untergebracht, hat die Novellierung **alle Grund- und Besonderen Leistungen sowie die Objektlisten**, die jeweils zu einem Leistungsbild gehören, **in eine einzige Anlage für jedes Leistungsbild** zusammengeführt. Gleichzeitig wurden die Objektlisten in eine tabellarische Form gebracht und nach Objektgruppen sortiert. Diese lediglich redaktionellen Änderungen haben gegenüber der Vorgängernorm einen spürbaren Gewinn in der praktischen Handhabung erzielt, weil das umständliche Blättern in mehreren Anlagen entfallen ist und das Auffinden der passenden Honorarzone nach den übersichtlicher gestalteten Objektlisten leichter fällt. Zu den in den Teilen 2 bis 4 geregelten Leistungsbildern gehört künftig nur noch eine spezifische Anlage.

5 Die HOAI 2013 behält damit den Aufbau aus der HOAI 2009 grundlegend bei, was deshalb zu begrüßen ist, weil die Voranstellung der prinzipiell für alle Leistungsbilder geltenden allgemeinen Vorschriften systematisch überzeugender ist als die umständliche Verweisung in den Leistungsbildern auf Einzelregelungen des Leistungsbilds Gebäude, wie sie noch in der HOAI 1996/2002[9] praktiziert wurde. Gegenüber der Fassung 2009 hat die HOAI 2013 den **Verzicht auf Binnenverweise** auch im Leistungsbild Verkehrsanlagen konsequent weiterentwickelt. Noch in der HOAI 1996/2002 aufgrund der zahlreichen Parallelen mit den Ingenieurbauwerken in einem gemeinsamen Leistungsbild beheimatet, hat die HOAI 2009 erstmals beide Leistungsbilder voneinander getrennt. Erst die HOAI 2013 hat aber eine vollständige Loslösung bewirkt, indem die bisherigen Verweisungen im Teil 3 Abschnitt 4 (Verkehrsanlagen) auf Vorschriften im Teil 3 Abschnitt 3 (Ingenieurbauwerke) zugunsten eigener Regelungen entfallen sind.

6 Aus der strukturellen Beibehaltung des Aufbaus der HOAI 2009 ergibt sich aber auch, dass die Neufassung keine weiteren Leistungsbilder in die Verordnung aufgenommen hat. Insbesondere kennt auch die HOAI 2013 **kein** separates Kapitel für ein **Leistungsbild zum Planen und Bauen im Bestand**. Auch die Idee, die HOAI insgesamt so zu strukturieren, dass die Honorarvorschriften den in der Praxis zunehmend im Vordergrund stehenden Fall der Planung am und mit dem Bestand als Regelauftrag umfassen und Abschläge für den Fall der Neuerrichtung eines Objektes vorsehen, wurde nicht aufgegriffen. Dazu hätte es umfassender Untersuchungen bedurft, um die vielfältigen Erscheinungsformen des Bauens im Bestand besser greifen zu können. Immerhin hat die Einbeziehung des Bestands in die Planung dadurch wieder stärkere Bedeutung erlangt, dass die Anrechenbarkeit der **Kosten vorhandener und mitverarbeiteter Bauteile** wieder zu den bestimmenden Parametern für die Honorierung zählt, nachdem die Kompensation dieser anrechenbaren Kosten über den Umbauzuschlag gemäß der HOAI 2009

---

8 In der HOAI 2009 war der Begriff der Grundleistungen nahezu komplett gestrichen und schlicht durch „Leistungen" ersetzt worden. Da eine inhaltlich geänderte Ausrichtung mit der allgemeineren Begrifflichkeit nicht verbunden war, wird an dieser Stelle auch bezüglich der Altfassung weiter von Grundleistungen gesprochen, um die Abgrenzung zu Besonderen Leistungen auch sprachlich hervorzuheben.

9 Verordnung v. 17.9.1976, BGBl. I S. 2805, geändert durch Verordnung v. 21.9.1995, BGBl. I S. 1174, in der Fassung des Neunten Euro-Einführungsgesetzes v. 10.11.2001, BGBl. I S. 2992.

in der Praxis nicht durchsetzbar war.[10] Im Übrigen hat die Neufassung die bislang im Leistungsbild Gebäude verankerte Zentralregelung für Umbauten, Modernisierungen, Instandsetzungen und Instandhaltungen (§§ 35, 36 HOAI 2009) ebenfalls in den Allgemeinen Teil vorgezogen, sodass auch die hierauf bezogenen Binnenverweise eingespart werden konnten. Die entsprechenden Regelungen finden sich nunmehr in § 6 Abs. 2 (Umbauten, Modernisierungen) und in § 12 (Instandsetzungen, Instandhaltungen).

Weitere strukturelle Änderungen, die sich auf einzelne Leistungsbilder beziehen, wie die Reduzierung von fünf auf drei Honorarzonen bei der Flächenplanung und der dortigen Umstellung der Bezugsgröße von Verrechnungseinheiten auf Flächen in Hektar, können hier nicht im Einzelnen dargestellt werden, insoweit ist auf die nachfolgende Kommentierung im Anschluss an diese Einführung zu verweisen. 7

C. Inhaltliche Änderungen der HOAI 2013

Die nachfolgende Übersicht beschränkt sich auf die Skizzierung der für die Praxis bedeutsamsten Änderungen der Novellierung gegenüber der HOAI 2009. Weitere Detailänderungen sind den ausführlichen Kommentierungen der einzelnen Vorschriften vorbehalten.[11] 8

I. Anhebung der Tafelwerte

Zu den monetär spürbarsten Änderungen gehört die deutliche Anhebung der Tafelwerte um durchschnittlich 17%,[12] wobei die einzelnen Veränderungen in Abhängigkeit von der Höhe der anrechenbaren Kosten und der anzuwendenden Honorarzone teilweise stark schwanken. Am deutlichsten schlägt die Steigerung in der Flächenplanung zu Buche und bewegt sich dort nominal zwischen 26,14% (niedrigste Veränderung bei Pflege- und Entwicklungsplänen) und 214,07% (höchste Veränderung bei Bebauungsplänen), während sie in der Objekt- und Fachplanung eine Bandbreite von –3,48% (Freianlagen) bis 45,83% (Gebäude/Innenräume) einnimmt.[13] 9

Die sich aus den Steigerungen ergebenden Mehrbelastungen für die öffentlichen Haushalte wurden durchaus gesehen[14] und waren wohl auch der Grund für die nur knappe Zustimmung des Bundesrates (oben Rn 2). Freilich ist in den Untersuchungen auch deutlich geworden, dass die mitunter extremen Erhöhungen auf die jahrelange Stagnation zwischen 1996 und 2013 zurückzuführen sind, welche mit der HOAI 2009 nur pauschal um 10% abgemildert worden war. Gleichzeitig wird beim Vergleich der nackten Zahlen häufig übersehen, dass der in den Grundleistungen verankerte Leistungsanteil gegenüber den früheren Fassungen der HOAI erhöht wurde, sodass ein Teil der Anhebungen durch damit verbundene Mehrleistungen kompensiert wird. Bedingt durch strukturelle Änderungen sind die Honorarwerte nicht zuletzt der Flächenplanung nur eingeschränkt vergleichbar. 10

Ebenfalls – und gegenüber den zuvor dargestellten Anhebungen teilweise noch spürbarer – sind die Honorare auch für die Beratungsleistungen der Anlage 1 erhöht 11

10 Vgl. BR-Drucks. 334/13, S. 140.

11 Kurzdarstellungen bieten auch *Fuchs/Berger/Seifert*, NZBau 2013, 729 ff. und NZBau 2014, 9 ff.; *Messerschmidt*, BauR 2014, 359 ff.; *Pauly*, MDR 2014, 198 ff.; *Voppel*, BauR 2013, 1758 ff.; *Werner/Siegburg*, BauR 2013, 1499 ff.

12 BR-Drucks. 334/13, S. 135.

13 Zu Einzelheiten siehe die detaillierten Tabellenwerte im Gutachten des BMWi v. Dezember 2012 ab S. 47, vgl. oben Fn 5.

14 Vgl. Gutachten des BMWi v. Dezember 2012, S. 501 ff., vgl. oben Fn 5; *Troidl*, NVwZ 2014, 174 ff.

worden. Allerdings wirkt sich der Anstieg für diese Leistungen deshalb nicht unmittelbar aus, weil die dort vorgeschlagenen Honorarsätze nach § 3 Abs. 1 S. 2 unverbindlich sind, also über den Charakter von Empfehlungen nicht hinauskommen. Die mitunter extremen Erhöhungen für Leistungen zu Wärmeschutz und Energiebilanzierung sind zusätzlich auch deshalb zu relativieren, weil die Referenzwerte nach HOAI 2009 mit dem umfassend modernisierten Leistungsbild nur mehr wenig gemein haben, nicht zuletzt sind erst mit der HOAI 2013 die Anforderungen durch die Energie-Einsparverordnung (EnEV) eingearbeitet worden. Die deutlichen Anstiege im Leistungsbild Ingenieurvermessung werden sogar auf Berechnungsfehler zurückgeführt (dazu unten Anlage 1.4 Rn 7).

II. Planen und Bauen im Bestand

12 Als eine „Rolle rückwärts“[15] werden vielfach die Regelungen zum Bauen im Bestand empfunden, die sich im Wesentlichen aus den ergänzenden Berechnungsfaktoren Umbauzuschlag[16] und anrechenbare Kosten aus vorhandener Bausubstanz zusammensetzen. Beide Faktoren orientieren sich weitgehend an den bereits aus der HOAI 1996/2002 bekannten Vorschriften. Das gilt sowohl für die vorgesehenen Spannen des **Umbauzuschlags** der jeweiligen Leistungsbilder als auch für den Zuschlag von 20% für den Fall, dass ein solcher nicht schriftlich vereinbart wurde (§ 6 Abs. 2 S. 4). Dass die Verordnung von einer gesetzlichen Vermutung und nicht mehr von einer Fiktion wie noch in der Fassung 1996/2002 spricht, hat keine praktisch spürbaren Auswirkungen.[17]

13 War es im Anwendungsbereich der HOAI 2009 noch umstritten, ob die Vertragsparteien auch einen unter 20% liegenden Zuschlag vereinbaren dürfen, hat die HOAI 2013 alle Zweifel an der Zulässigkeit auch niedrigerer Zuschläge beseitigt.[18] Zu den künftigen Zankäpfeln wird dagegen die Frage zählen, ob der **Umbauzuschlag schriftlich bei Auftragserteilung** vereinbart werden muss, wie dies die Begründung zum Regierungsentwurf[19] nahelegt.[20] Der Verordnungstext enthält auf diese Einschränkung jedoch keinen Hinweis, auch spricht die Systematik des Honorargefüges gegen die Sichtweise der amtlichen Begründung. Zurück zu den bis 2009 geltenden Regelungen ist die Verordnung auch bei der Definition des Begriffs Umbau gegangen, wonach zwar weiterhin Umgestaltungen eines vorhandenen Objekts mit Eingriffen in Konstruktion oder Bestand verlangt werden, diese Eingriffe aber jetzt wieder wesentlich sein müssen (§ 2 Abs. 5). Erstmals regelt die HOAI ausdrücklich auch für **Freianlagen** die Möglichkeit, einen Umbauzuschlag zu vereinbaren (§ 40 Abs. 6 i.V.m. § 36 Abs. 1).

14 Auch die Regelungen über **anrechenbare Kosten aus vorhandener und mitverarbeiteter Bausubstanz**, in der HOAI 2009 vollständig aus der Verordnung eliminiert, knüpfen ersichtlich an die frühere Vorschrift des § 10 Abs. 3a der HOAI 1996/2002 an. Damit werden freilich auch die Probleme wiederbelebt, welche sich bereits früher im Umgang mit den Begriffen der angemessenen Berücksichtigung (vgl. § 4 Abs. 3) und der technischen oder gestalterischen Mitverarbeitung (vgl. § 2 Abs. 7) gestellt haben. Daher liegt es nahe, auch die bisherige Rechtsprechung zu § 10 Abs. 3a HOAI 1996/2002 wieder heranzuziehen, nicht zuletzt die des BGH zu der nach Leistungsphasen differenzierten

15 *Werner/Siegburg*, BauR 2013, 1499, 1506; ähnlich *Voppel*, BauR 2013, 1758 ff. „Kehrtwende“.
16 Soweit hier verkürzend nur vom Umbauzuschlag gesprochen wird, ist gleichzeitig der Modernisierungszuschlag gemeint (vgl. § 6 Abs. 2).
17 *Voppel*, BauR 2013, 1758, 1764.
18 So ausdrücklich die amtliche Begründung, BR-Drucks. 334/13, S. 141.
19 BR-Drucks. 334/13, S. 141; ihr folgend *Pauly*, MDR 2014, 198, 200; *Schmidt*, NJW-Spezial 2014, 44.
20 Vgl. die Zweifel bei *Fuchs/Berger/Seifert*, NZBau 2013, 729, 735; *Weber*, BauR 2013, 1747, 1754.

Berücksichtigung der Kosten aus vorhandener Bausubstanz.[21] Umso mehr mag man es bedauern, dass der Verordnungsgeber sich nicht dazu hat entschließen können, dem Vorschlag des Abschlussberichts 2011[22] zu folgen, wonach für jedes Leistungsbild ein individueller **Abminderungsfaktor** festzulegen sei, um den der Neuwert der mitverarbeiteten vorhandenen Bauteile zu reduzieren ist. Auf diese Weise hätte man zu einer zwar pauschalen, dafür aber im System der über alle Leistungsphasen einheitlichen anrechenbaren Kosten verbleibenden Abrechnungsweise gelangen können. Die pauschalierende Wirkung wäre zwar sicher auf Kosten der Einzelfallgerechtigkeit gegangen, hätte aber ebenso sicher streithemmendes Potenzial besessen.

Stattdessen umfasst die Wiedereinführung eine Neuerung, die schon jetzt zu Dis- **15**
kussionen führt.[23] Denn die Höhe der anrechenbaren Kosten aus vorhandener Bausubstanz soll *„zum **Zeitpunkt der Kostenberechnung** oder, sofern keine Kostenberechnung vorliegt, zum Zeitpunkt der Kostenschätzung“* ermittelt und schriftlich vereinbart werden. Das wirft die Frage auf, ob die Verordnung damit einen festen Zeitpunkt für die Festlegung der angemessenen Höhe regeln will, was angesichts der oftmals erst während der Vertragsdurchführung erkennbaren Brauchbarkeit der Bausubstanz problematisch erscheint.

Instandsetzungen und Instandhaltungen werden erstmals als allgemeine Rege- **16**
lung in § 12 behandelt, sodass die bis dahin üblichen Verweisungen der Leistungsbilder auf § 36 HOAI 2009 entbehrlich geworden sind. Hervorzuheben ist, dass mit der ausdrücklichen Erwähnung auch der **Bauoberleitung** klargestellt wird, dass die Erhöhung ebenso für das Honorar der Leistungsphase 8 bei Ingenieurbauwerken und Verkehrsanlagen vereinbart werden kann. Im Geltungsbereich der HOAI 2009 war der Instandsetzungszuschlag auf die Bauüberwachung beschränkt, welche bei Ingenieurbauwerken und Verkehrsanlagen als Besondere Leistung ohnehin keiner preislichen Beschränkung unterliegt. Ob die davon abgeschichtete Bauoberleitung nur aufgrund eines Redaktionsversehens in § 36 HOAI 2009 unerwähnt geblieben ist,[24] kann jetzt dahingestellt bleiben, weil § 12 insoweit unmissverständlich ist.

III. Änderungs- und Zusatzleistungen

Die HOAI 2009 kannte mehrere Ansatzpunkte, um auf die nicht selten geänderten **17**
Anforderungen an die Aufgabenstellung nach Vertragsschluss reagieren zu können, angefangen bei den nebulösen „anderen Leistungen“ nach § 3 Abs. 2 S. 2 HOAI 2009 über die Anpassungsregel des § 7 Abs. 5 HOAI 2009 bis hin zu § 10 HOAI 2009, der ersichtlich aus § 20 HOAI 1996/2002 hervorgegangen ist. Das Verhältnis dieser drei Normen zueinander und ihr Anwendungsbereich in Abgrenzung zu den jeweils anderen Vorschriften sind nicht abschließend geklärt. Insofern kann es als Fortschritt betrachtet werden, dass Änderungs- und Zusatzleistungen nunmehr in der **zentralen Norm des § 10** gebündelt und neu gefasst sind. § 10 Abs. 1 kann als Nachfolger des früheren § 7 Abs. 5 verstanden

21 BGH, Urt. v. 27.2.2003 – VII ZR 11/02 – IBR 2003, 255; ebenso *Messerschmidt*, BauR 2014, 359, 363 f. Dagegen halten *Fuchs/Berger/Seifert*, NZBau 2013, 729, 733 und *Voppel*, BauR 2013, 1758, 1761 f. diese Entscheidung insoweit nicht mehr für anwendbar, weil es nicht mehr auf die Leistung des Auftragnehmers ankomme.
22 Als PDF-Dokument abrufbar beispielsweise unter http://www.aho.de unter Aktuelles.
23 Vgl. *Messerschmidt*, BauR 2014, 359, 364; *Voppel*, BauR 2013, 1758, 1760; *Werner/Siegburg*, BauR 2013, 1499, 1509.
24 § 60 HOAI 1996/2002 hat den Instandsetzungszuschlag ausdrücklich auch auf die Bauoberleitung bezogen. Die amtliche Begründung zur HOAI 2009 lässt nicht erkennen, dass bewusst auf deren Nennung im dortigen § 36 verzichtet wurde.

werden,[25] während Abs. 2 den Regelungsbereich aus § 10 HOAI 2009 weiterentwickelt. § 3 Abs. 2 S. 2 HOAI 2009 ist dagegen gänzlich fallengelassen worden.[26] Welcher der beiden Absätze des neuen § 10 zur Anwendung kommt, wird nicht selten allein davon abhängen, ob der geänderte Leistungsumfang zu geänderten anrechenbaren Kosten führt (dann Abs. 1) oder dies nicht der Fall ist (dann Abs. 2).[27]

18 Zu den bedeutsamen Neuerungen zählt dabei das Erfordernis einer **Einigung**, während nach HOAI 2009 noch auf die Anordnung oder Veranlassung durch den Auftraggeber abgestellt worden ist. Das wirft naturgemäß die Frage auf, wie mit Anordnungen des Auftraggebers künftig preisrechtlich umzugehen ist, die der Auftragnehmer befolgt hat[28] und ob der Auftragnehmer eine Anordnung zurückweisen kann.[29] Wird eine Einigung nicht erzielt, etwa weil sich die Parteien über die Höhe des Zusatzhonorars nach § 10 nicht einigen können, und erbringt der Auftragnehmer die verlangte Änderungsleistung eingedenk des den Planungsverträgen innewohnenden Kooperationsgebots gleichwohl, wäre eine Tatbestandsvoraussetzung der Vorschrift nicht erfüllt.[30] Dass die Anpassung der Honorarvereinbarung schriftlich zu vereinbaren ist, ersetzt nicht die auf die Erbringung der geänderten Leistung gerichtete Einigung, sondern setzt diese voraus. Das Fehlen der schriftlichen Einigung[31] über die Honoraranpassung ist deshalb nur dann unschädlich, wenn überhaupt eine Einigung zur Leistungserbringung erzielt wird.

19 Angesichts der in den beiden Absätzen des § 10 beschriebenen unterschiedlichen Tatbestandsvoraussetzungen und Anpassungsrechtsfolgen wird auch zu diskutieren sein, wie sich diese Rechtsfolgen zueinander verhalten, wenn die **Tatbestände beider Absätze** gleichermaßen erfüllt sind, etwa dann, wenn zu einer kostenneutralen Wiederholung von Grundleistungen eine Auftragserweiterung mit Auswirkung auf die anrechenbaren Kosten hinzutritt.

IV. Erweiterter Leistungsumfang

20 Die höheren Honorare der HOAI 2013 werden auch damit begründet, dass die in den Leistungsphasen beschriebenen Grundleistungen ausgeweitet wurden. Tatsächlich lässt die Gegenüberstellung der Grundleistungskataloge neue Leistungen erkennen, welche so bis dahin nicht aufgelistet waren. Das betrifft vor allem die Kostenverfolgung, die Terminplanung und die Dokumentationspflichten.

---

25 *Motzke*, BauR 2014, 1839, 1849; *Werner/Siegburg*, BauR 2013, 1499, 1513; ähnlich wohl auch *Fuchs/Berger/Seifert*, NZBau 2013, 729, 737.

26 Demgegenüber nimmt *Motzke* in BauR 2014, 1839, 1849 an, dass § 3 Abs. 2 S. 2 HOAI 2009 in § 10 Abs. 2 aufgegangen ist.

27 *Fuchs/Berger/Seifert*, NZBau 2013, 729, 737, sehen nur einen eingeschränkten Anwendungsbereich für § 10 Abs. 2; ähnlich wohl auch *Messerschmidt*, NZBau 2014, 3, 7.

28 *Messerschmidt*, BauR 2014, 359, 365 schlägt die Annahme einer konkludenten Einigung vor; *Messerschmidt*, NZBau 2014, 3, 5. Die damit verbundene fehlende Schriftform ist nach *Fuchs/Berger/Seifert*, NZBau 2013, 729, 738, unschädlich.

29 Streitig ist insoweit bereits die Frage, wie weit das Anordnungsrecht des Auftraggebers überhaupt reicht, vgl. dazu *Fischer* in FS Koeble, S. 327 ff.; *Fuchs/Berger/Seifert*, NZBau 2013, 729, 738; *Messerschmidt*, BauR 2014, 359, 366; *Messerschmidt*, NZBau 2014, 3, 6; *Motzke*, NZBau 2010, 137, 139; *Motzke*, BauR 2014, 1839, 1850 f.; *Pauly*, MDR 2014, 198, 200; *Preussner* in: FS Koeble, S. 465 ff.

30 Für diesen Fall will *Pauly*, MDR 2014, 198, 200, Ansprüche aus Geschäftsführung ohne Auftrag zulassen.

31 Nach überwiegender Meinung handelt es sich bei der Schriftformvorgabe des § 10 um keine konstitutive Regelung, vgl. *Fuchs/Berger/Seifert*, NZBau 2013, 729; Locher/Koeble/Frik/*Koeble*, § 10 Rn 16; *Messerschmidt*, BauR 2014, 359, 366; *Messerschmidt*, NZBau 2014, 3; *Werner/Siegburg*, BauR 2013, 1499, 1514; a.A. *Rohrmüller*, BauR 2015, 19, 27.

Die Verantwortlichkeit des Objektplaners für die **Kostenverfolgung** zeigt sich bereits in der Leistungsphase 2, welche neben der Kostenschätzung auch einen „Vergleich mit den finanziellen Rahmenbedingungen“ erwartet, was denknotwendig eine Erkundung dieser finanziellen Rahmenbedingungen bereits in der Grundlagenermittlung (Leistungsphase 1) voraussetzt. Allerdings sollte nicht verkannt werden, dass Architekten und Ingenieure schon immer die Pflicht hatten, im Rahmen der Grundlagenermittlung die Kostenvorstellungen des Auftraggebers abzuklären.[32] Dagegen sind die erweiterten Aufgaben in Zusammenhang mit der Kostenentwicklung echte neue Grundleistungen, wie nicht zuletzt auch das **bepreiste Leistungsverzeichnis** und deren Abgleich mit der Kostenberechnung in der Leistungsphase 6 zeigen. Während in der Leistungsphase 7 der Architekt seine Kostenkontrolle auf den Vergleich der Ausschreibungsergebnisse mit der Kostenberechnung oder dem bepreisten Leistungsverzeichnis beschränken kann (vgl. Anlage 10.1, LPH 7, Buchstabe g: „oder“), obliegt dem Objektplaner von Ingenieurbauwerken oder Verkehrsanlagen der Vergleich mit beiden Kostenermittlungsarten (vgl. Anlage 12.1 und 13.1, LPH 7, Buchstabe g: „und“). 21

Auch die höhere **Terminverantwortlichkeit** drückt sich in zusätzlichen Grundleistungen aus. So verlangt die Leistungsphase 2 im Leistungsbild Gebäude erstmals das „Erstellen eines Terminsplans mit den wesentlichen Vorgängen des Planungs- und Bauablaufs“ (Anlage 10.1, LPH 2 Buchstabe h). Bislang war dort nur das „Aufstellen eines Zeit- und Organisationsplans“ als Besondere Leistung verankert (vgl. Anlage 2.6.2 zur HOAI 2009). Die Terminplanung ist zudem in den Leistungsphasen 3, 5 und 8 kontinuierlich fortzuschreiben. Die Leistungsphase 6 der Anlage 10.1 nennt erstmals das Aufstellen eines Vergabeterminplanes. Im Leistungsbild Technische Ausrüstung gelten vielfach entsprechende Pflichten, in der Tragwerksplanung wird die Mitwirkung verlangt. Dagegen sucht man die Terminplanung bei Ingenieurbauwerken und Verkehrsanlagen vergebens. Weil hier häufig mehrere Objektplanungen parallel laufen, sei es nicht sachgerecht, die dazu notwendig werdende übergreifende terminliche Planung auf Basis der anrechenbaren Kosten einer Objektplanung zu honorieren,[33] weshalb diese Leistung dort als Besondere Leistung gefasst wurde. Tatsächlich aber kennt auch die Bauoberleitung von Ingenieurbauwerken und Verkehrsanlagen eine Terminplanung (vgl. Anlage 12.1 und 13.1, LPH 8, Buchstabe b), die aber schon aus früheren Fassungen der HOAI bekannt ist. 22

Was die neuen **Dokumentationspflichten** betrifft, so ist zwar die erstmalige Erwähnung der Grundleistung „Zusammenstellen, Erläutern und Dokumentieren der Ergebnisse“ eine Neuerung im Katalog der Grundleistungen der Leistungsphasen 1 bis 3. Allerdings gehörte das Zusammenfassen der Ergebnisse schon bisher zu den ersten drei Leistungsphasen, und die Erläuterung dieser Ergebnisse ist ebenfalls nicht neu, sondern war bislang allgemeingültig für alle Leistungsbilder in § 3 Abs. 8 HOAI 2009 verortet, dort im Übrigen nicht auf die ersten Leistungsphasen beschränkt. Tatsächlich neu erwähnt ist deshalb nur das Dokumentieren, womit sich zwangsläufig die Frage verbindet, worin sich die Dokumentation von der Zusammenstellung und Erläuterung unterscheiden soll. Eine echte Ausdehnung lässt sich jedenfalls für die Mitwirkung bei der Vergabe konstatieren, wo die Dokumentation des Vergabeverfahrens eine zusätzliche Aufgabe beschert. Ob es sich dabei um die Dokumentationspflicht handelt, welcher für öffentliche Auftraggeber insbesondere oberhalb der EU-Schwellenwerte (§ 2 VgV) erhebliche 23

32 BGH, Urt. v. 21.3.2013 – VII ZR 230/11 – IBR 2013, 284; BGH, Urt. v. 11.11.2004 – VII ZR 128/03 – BauR 2005, 400, 402.
33 BR-Drucks. 334/13, S. 155.

Bedeutung zukommt,[34] oder es sich insoweit um eine Mitwirkungsfunktion in Hinblick auf technische Unterlagen handelt, wird noch geklärt werden müssen.

V. Abnahme als Fälligkeitsvoraussetzung

24 Über lange Jahre war die Fälligkeit einer Honorarschlussrechnung nicht davon abhängig, ob die Leistung des Architekten oder Ingenieurs abgenommen worden ist. § 15 Abs. 1 HOAI 2009 ebenso wie § 8 Abs. 1 HOAI 1996/2002 beschränkten sich auf die Bedingung der vertragsgemäßen Leistungserbringung und die Prüffähigkeit. Dadurch wich die Verordnung von § 641 Abs. 1 BGB ab, was zu Zweifeln daran geführt hatte, ob diese Vorschriften der HOAI wirksam waren.[35]

25 Dieser Diskussion hat der Verordnungsgeber ein Ende bereitet[36] und die Abnahme erstmals als Zahlungsvoraussetzung auch für abschließende Honorarforderungen begründet, wenngleich unter dem Vorbehalt, dass nichts anderes vertraglich vereinbart wurde. Dass die Abnahmevoraussetzung über das bislang genügende Erbringen der vertragsgemäßen Leistung hinausgeht und deshalb als Verschärfung wahrgenommen werden kann,[37] sollte den Blick jedoch nicht darauf verstellen, dass auch bisher schon die Abnahme eine wesentliche Bedingung für den Beginn der Gewährleistungsfrist war und die Verschärfung im Honorarrecht deshalb **als Chance zu verstehen** ist, dieser Abnahme die Bedeutung beizumessen, die ihr das Werkvertragsrecht zuweist. Die Verknüpfung mit dem Honorar sollte deshalb künftig bei Ingenieuren und Architekten eine ausgeprägtere Bereitschaft hervorrufen, auf eine Abnahmeerklärung durch den Auftraggeber hinzuwirken. Der damit klarer als bislang zu bestimmende Zeitpunkt der Abnahme führt dann auch zu leichter bestimmbaren Abläufen der Gewährleistungsphase, ohne dass mühsam nach Anhaltspunkten für eine konkludente Abnahme[38] gesucht werden muss. Dennoch setzt § 15 Abs. 1 nicht voraus, dass die Abnahme förmlich erklärt werden müsste, sodass auch weiterhin **konkludente Abnahmen** möglich sind.[39]

34 Dazu Hattig/Maibaum/*Maibaum*, § 97 Rn 88 ff.; *Weyand*, § 97 GWB Rn 226 ff.

35 Bedenken zuletzt bei Locher/Koeble/Frik/*Koeble*, § 15 Rn 8; Korbion/Mantscheff/Vygen/*Wirth*, § 15 Rn 7; *Scholtissek*, § 15 Rn 3, denen der BGH indes nie gefolgt ist, vgl. BGH, Beschl. v. 22.12.2005 – VII ZB 84/05 – IBR 2006, 212; BGH, Urt. v. 9.7.1981 – VII ZR 139/80 – BauR 1981, 582, 587.

36 Zweifel äußert jetzt aber *Pauly*, MDR 2014, 198, 201, der die Neuregelung nicht von der Verordnungsermächtigung gedeckt sieht.

37 Kritisch äußern sich *Pauly*, MDR 2014, 198, und *Werner/Siegburg*, BauR 2013, 1499, 1515.

38 Dazu BGH, Urt. v. 20.2.2014 – VII ZR 26/12 – IBR 2014, 216; BGH, Urt. v. 26.9.2013 – VII ZR 220/12 – IBR 2013, 749; BGH, Urt. v. 25.2.2010 – VII ZR 64/09 – IBR 2010, 279.

39 *Fuchs/Berger/Seifert*, NZBau 2013, 729, 741; *Messerschmidt*, BauR 2014, 359, 362.

Kapitel 3
Rechtsnatur des Architekten- und Ingenieurvertrags

A. Einordnung als Dienst- oder Werkvertrag

Vereinbarungen mit Architekten und Ingenieuren werden heute im Allgemeinen ohne Weiteres als **Werkverträge** betrachtet. Schon früh hatte der BGH zunächst den **Architektenvertrag** als werkerfolgsbezogen eingestuft, wenn er alle Leistungen von der Planung über die Vergabe bis hin zur örtlichen Bauüberwachung einschließt.[1] Hinsichtlich der Planungsleistungen sind die erstellten Baupläne für sich genommen ein Werk i.S.v. § 631 BGB und stellen letzthin doch nur ein Hilfsmittel für den eigentlich geschuldeten Erfolg dar, nämlich die Errichtung des Bauwerks. Das bedeutet freilich nicht, dass der Architekt das Bauwerk selbst als körperliche Sache schuldet, vielmehr hat er durch zahlreiche ihm obliegende Einzelleistungen dafür zu sorgen, dass das Bauwerk plangerecht und frei von Mängeln entsteht und zur Vollendung kommt.[2] Dieser Ansatz wird heute durchweg geteilt, auch wenn einige der damit verbundenen Folgen wie insbesondere die gesamtschuldnerische Haftung oder das Abnahmeerfordernis für den Gewährleistungsbeginn häufig als unbillig empfunden werden. Der werkvertraglichen Einordnung kann der Architekt nicht dadurch entgehen, dass der Vertrag ausdrücklich als Dienstvertrag bezeichnet wird. 1

Obliegt dem Architekten nur die **Bauüberwachung**, ohne dass er selbst die Entwurfs- oder Ausführungspläne zu erstellen hätte, handelt es sich ebenfalls um einen Werkvertrag.[3] Dagegen sollen Leistungen der **Objektbetreuung** gemäß Leistungsphase 9 dienstvertraglich einzuordnen sein.[4] Dasselbe gilt für einen Auftrag, der auf bloße Informationsbeschaffung und -weitergabe gerichtet ist wie beispielsweise die Einholung einer behördlichen Auskunft über die bauplanungsrechtliche Zulässigkeit eines bestimmten Vorhabens.[5] 2

Die Rechtsprechung zum Architektenvertrag wurde alsbald auf den **Ingenieurvertrag** übertragen. Das gilt sowohl für die **Tragwerksplanung**[6] als auch für die **technische Ausrüstung**.[7] Auch Leistungen für **Ingenieurbauwerke**[8] und **Verkehrsanlagen**[9] unterliegen dem Werkvertragsrecht. Nichts anderes gilt für die **Baugrundbeurteilung**[10] und für **Vermessungsleistungen** an Grundstücken.[11] Auch **Brandschutzplanungen** wer- 3

---

1 BGH, Urt. v. 26.11.1959 – VII ZR 120/58 – NJW 1960, 431; BGH, Urt. v. 29.6.1989 – VII ZR 330/87 – BauR 1989, 626, 628; OLG Saarbrücken, Urt. v. 28.3.2001 – 1 U 437/00 – NZBau 2002, 98, 99.

2 BGH, Urt. v. 26.11.1959 – VII ZR 120/58 – NJW 1960, 431; kritisch zur werkvertraglichen Einordnung *Reichert*, BauR 2014, 626, 631.

3 BGH, Urt. v. 22.10.1981 – VII ZR 310/79 – BauR 1982, 79; OLG Brandenburg, Urt. v. 28.3.2013 – 12 U 96/12 – BauR 2013, 1478 f.; OLG Naumburg, Urt. v. 29.5.2006 – 1 U 27/06 – IBR 2006, 574.

4 OLG Hamm, Urt. v. 11.10.1994 – 28 U 26/94 – IBR 1995, 531.

5 OLG Düsseldorf, Urt. v. 22.11.2013 – 22 U 57/13 – NZBau 2014, 299.

6 BGH, Urt. v. 15.5.2013 – VII ZR 257/11 – BauR 2013, 1468, 1469; BGH, Urt. v. 18.9.1967 – VII ZR 88/65 – NJW 1967, 2259; OLG Köln, Urt. v. 19.10.1990 – 20 U 109/90 – BauR 1991, 649.

7 OLG Stuttgart, Urt. v. 4.5.1979 – 2 U 179/78 – BauR 1980, 82; OLG München, Urt. v. 5.4.1974 – 19 U 3354/73 – NJW 1974, 2238.

8 Vgl. etwa BGH, Urt. v. 17.12.1992 – VII ZR 45/92 – BauR 1993, 219, 220 „Gasleitungsnetz"; BGH, Urt. v. 16.9.1971 – VII ZR 5/70 – WM 1971, 1417 „Rohrbrunnen"; OLG Brandenburg, Urt. v. 25.1.2012 – 4 U 112/08 – NZBau 2012, 302 f. „Rohrleitungsplanung"; OLG Karlsruhe, Urt. v. 26.6.2001 – 8 U 122/98 – juris Rn 143 „Deponieplanung".

9 Locher/Koeble/Frik/*Locher*, Einl. Rn 317.

10 BGH, Urt. v. 26.10.1978 – VII ZR 249/77 – BauR 1979, 76, 77.

11 BGH, Beschl. v. 29.11.2012 – III ZR 21/12 – IBR 2013, 85; BGH, Urt. v. 9.3.1972 – VII ZR 202/70 – NJW 1972, 901; OLG Köln, Urt. v. 15.6.2012 – 19 U 116/11 – IBR 2014, 490; OLG Hamm, Urt. v. 25.11.2005 – 26 U 14/05 – NZBau 2006, 788, 789.

den dem Werkvertragsrecht zugeordnet.[12] Selbst Leistungen der **Bauphysik** einschließlich der Erstellung der **Energiebedarfsausweise** sind erfolgsbezogen und deshalb werkvertraglicher Art.[13]

4 Seit der Schuldrechtsreform hat der Gesetzgeber die Rechtsprechung kodifiziert und in § 634a Abs. 1 Nr. 2 BGB ausdrücklich die Erbringung von Planungs- und Überwachungsleistungen als Werk bezeichnet. Dennoch wird auch die Meinung vertreten, Architekten- und Ingenieurverträge seien **typengemischte Verträge**, weil sie Elemente des Dienst-, des Werk- wie auch des Geschäftsbesorgungsvertrages beinhalten würden unter Hinweis auf die Sachwalterstellung des Planers.[14]

5 Nicht ganz so klar einzuordnen ist der **Projektsteuerungsvertrag**. Weil der Begriff der Projektsteuerung keinem einheitlichen Verständnis unterliegt, muss jeweils geprüft werden, welche Leistungspflichten mit dem Vertrag übertragen wurden. Ob Dienst- oder Werkvertragsrecht anwendbar ist, bedarf der Auslegung der vertraglichen Vereinbarung. Ein Werkvertrag liegt dann vor, wenn die erfolgsorientierten Aufgaben dermaßen überwiegen, dass sie den Vertrag prägen.[15]

6 Die Erfolgsbezogenheit eines Vertrags über die Projektsteuerung ist etwa dann anzunehmen, wenn die übertragenen Aufgaben die Prüfung aller Ausführungszeichnungen, Leistungsverzeichnisse, Montagepläne, Berechnungen und andere Ausführungsunterlagen umfasst, wenn technische Kontrollen durchgeführt werden sollen oder wenn bei der Abnahme festgestellte Mängel zu kontrollieren und die Mängelbeseitigungsmaßnahmen voranzutreiben sind.[16] In der Praxis lässt sich eine starke, auf die mängelfreie Errichtung bezogene Mitwirkung des Projektsteuerers beobachten, sodass die Annahme eines Dienstvertrages als Ausnahme zu betrachten ist.[17]

B. Auswirkung der Einordnung auf das Honorar

7 Entgegen vielfach verbreiteter Meinung ist die Anwendung der HOAI nicht davon abhängig, dass der geschlossene Vertrag dem Werkvertragsrecht unterliegt. Zwar bedarf es grundsätzlich eines wirksamen Vertrages, um überhaupt die Honoraransprüche aus der HOAI ableiten zu können,[18] **die Rechtsnatur spielt** dagegen **für die Geltung der HOAI keine Rolle**, insbesondere bliebe auch eine dienstvertragliche Einordnung ohne Einfluss.[19] Dass die in den Leistungsbildern der HOAI beschriebenen Leistungen, soweit beauftragt, dem Vertrag nach den schon für die Projektsteuerung beschriebenen Abgrenzungskriterien (oben Rn 5) schwerpunktmäßig eine erfolgsbezogene Ausrichtung geben und ihn damit in aller Regel dem Werkvertragsrecht zuordnen, steht auf einem anderen Blatt. Da es auf die Zuordnung zu einem bestimmten Vertragstyp des Schuldrechts nicht ankommt, bleibt es für die Frage der Honorarabrechnung auch ohne Belang, ob in der Gesamtheit aller beauftragten Leistungen ein typengemischter Vertrag gesehen werden kann (oben Rn 4).

---

12 OLG Frankfurt a.M., Urt. v. 2.7.2008 – 1 U 28/07 – IBR 2011, 346.
13 Locher/Koeble/Frik/*Locher*, Einl. Rn 318.
14 Irmler/*Irmler*, Einf. Rn 3; Thode/Wirth/Kuffer/*Schwenker*, § 4 Rn 23.
15 BGH, Urt. v. 10.6.1999 – VII ZR 215/98 – IBR 1999, 423; OLG Düsseldorf, Urt. v. 23.6.2009 – 23 U 140/08 – IBR 2009, 594; OLG Naumburg, Urt. v. 14.3.2008 – 10 U 64/07 – IBR 2009, 43.
16 BGH, Urt. v. 10.6.1999 – VII ZR 215/98 – IBR 1999, 423.
17 OLG Düsseldorf, Urt. v. 23.6.2009 – 23 U 140/08 – IBR 2009, 594; Korbion/Mantscheff/Vygen/*Korbion*, Einf. Rn 690.
18 Dazu ausführlich unten Kap. 4 Rn 1, zur Anwendbarkeit der HOAI auf außervertragliche Ansprüche siehe unten Kap. 9.
19 BGH, Urt. v. 18.5.2000 – VII ZR 125/99 – IBR 2000, 437.

Handelt es sich bei dem jeweiligen Auftrag um einen Werkvertrag, stellen die Mindestsätze der HOAI die **„Taxe"** i.S.v. § 632 Abs. 2 BGB dar.[20] Taxen bezeichnen auf Bundes- oder Landesrecht beruhende Gebühren- oder Kostenregelungen,[21] zu denen auch die HOAI zählt. Dasselbe ergibt sich bei einer allenfalls ausnahmsweise vorstellbaren dienstvertraglichen Wertung[22] aus § 612 Abs. 2 BGB. Daraus folgt, dass anders als nach den allgemein geltenden rechtsgeschäftlichen Grundsätzen der Vertrag auch dann zustande kommen kann, wenn keine Einigung über die Vergütung erzielt wurde, sie zählt bei HOAI-gebundenen Leistungen nicht zu den sog. **essentialia negotii**, also den Hauptpunkten, auf die sich die übereinstimmenden Willenserklärungen der Parteien nach §§ 145 ff. BGB beziehen müssen.[23] Greift das Preisrecht der HOAI nicht ein, so etwa bei den sog. **Beratungsleistungen**, und liegt keine Einigung über die Honorarhöhe vor, entsteht der Anspruch auf die **übliche Vergütung** i.S.v. § 632 Abs. 2 BGB. Die unverbindlichen Honorargrundsätze der Anlage 1 aus der HOAI können nicht als Taxe verstanden werden. Ob die übliche Vergütung wiederum dem Honorierungsvorschlag der Anlage 1 der HOAI entspricht, hängt von den tatsächlichen Verhältnissen des Marktes ab und unterliegt den sich ändernden Usancen. Im Zweifel bedarf es dazu einer sachverständigen Beurteilung. 8

Ebenso stellt die HOAI keine Taxe für **Besondere Leistungen** bereit,[24] was sich schon daraus erklärt, dass sie die Vergütung für Besondere Leistungen ausdrücklich der freien Vereinbarung unterwirft und damit eben keine taxmäßige Regelung trifft. 9

Fehlt es bei Abschluss des Architekten- oder Ingenieurvertrags an einer Vereinbarung über die Höhe der Vergütung und besteht weder eine Taxe noch eine feststellbare übliche Vergütung, verlangt der BGH die Schließung der Vertragslücke nach den Regeln über die **ergänzende Vertragsauslegung**. Gelingt auch das nicht, ist die Gegenleistung gem. § 316 BGB nach billigem Ermessen zu bestimmen. Hierbei sind der Gegenstand und die Schwierigkeit der Werkleistung ebenso zu berücksichtigen wie der Vertragszweck und die Interessenlage der Parteien.[25] 10

Sind die bis hierher skizzierten Vergütungsregelungen nach Dienst- oder Werkvertrag vergleichbar, ergeben sich spürbar unterschiedliche Auswirkungen auf das Honorar im Falle der **vorzeitigen Vertragsbeendigung**. Während der Auftragnehmer bei dienstvertraglicher Einordnung nur den der erbrachten Leistung entsprechenden Teil der vereinbarten Vergütung verlangen kann und darüber hinaus allenfalls Schadensersatz (§ 628 BGB), gewährt das Werkvertragsrecht dem Unternehmer die gesamte vereinbarte Vergütung, wenngleich unter Abzug ersparter Aufwendungen und anderweitigen Erwerbs (§ 649 S. 2 BGB). 11

---

20 Anders Werner/Pastor/*Werner*, 14. Aufl. 2013, Rn 821, wonach die Mindestsätze (nur) der üblichen Vergütung entsprechen.
21 Staudinger/*Peters*, § 632 Rn 6; MüKo-BGB/*Soergel*, § 632; Palandt/*Sprau*, § 632 Rn 7.
22 So etwa bei wirtschaftlicher Beratung (OLG Celle, Urt. v. 11.7.2002 – 14 U 225/01 – BauR 2004, 1800), der Mitwirkung bei der Finanzierung (Werner/Pastor/*Werner*, 14. Aufl. 2013, Rn 680) oder bei bloßer Informationsbeschaffung und -weiterleitung (OLG Düsseldorf, Urt. v. 22.11.2013 – 22 U 57/13 – IBR 2014, 93).
23 Messerschmidt/Voit/*Schwenker*/*Wessels*, Kap. Q Rn 69.
24 BGH, Urt. v. 5.6.1997 – VII ZR 124/96 – IBR 1997, 463.
25 BGH, Urt. v. 4.4.2006 – X ZR 80/05 – IBR 2006, 459.

Kapitel 4
Das Verhältnis zwischen BGB und HOAI

A. Einfluss der HOAI auf die Vertragspflichten

1 Die HOAI stellt **öffentliches Preisrecht** dar, enthält jedoch keine normativen Leitbilder, regelt also nicht, welche Leistungen geschuldet werden.[1] Insofern bedarf es stets einer **vertraglichen Vereinbarung** darüber, welche Leistungen der Architekt oder Ingenieur zu erbringen hat. Wie der zugrunde liegende Vertrag rechtlich zu qualifizieren ist, bleibt für die Anwendbarkeit der HOAI hingegen ohne Bedeutung.[2] Daran ändert sich nichts dadurch, dass die Praxis vielfach auf die Leistungsphasen mit ihren Grund- und Besonderen Leistungen zurückgreift, um mit deren Hilfe das Pflichtenprogramm festzulegen. Die Zulässigkeit der **Adaption der rein preisrechtlich verankerten HOAI-Leistungen durch den Architekten- oder Ingenieurvertrag** steht außer Streit,[3] wenngleich die Meinungen darüber auseinandergehen, ob eine solche Inkorporation ratsam ist oder nicht. Auch wenn keine ausdrückliche Bezugnahme des Vertrags auf die HOAI-Leistungsbilder besteht, kommt ihnen als **Auslegungshilfe** hohe praktische Bedeutung bei.[4]

2 Die mögliche vertragliche Orientierung an den Leistungsbildern der HOAI berührt bereits die Schnittstelle zwischen dem öffentlichen Preisrecht der Verordnung und dem privaten Schuldrecht des BGB. Sie tritt auch darin erkennbar zutage, dass ein über die HOAI begründeter Vergütungsanspruch des Planers stets einen wirksamen **schuldrechtlichen Vertrag** voraussetzt.[5] Allein dass die in der HOAI beschriebenen Leistungen erbracht wurden, lässt keinen vertraglichen Vergütungsanspruch entstehen.[6] Aus diesem Grund scheitern nicht wenige Honorarklagen daran, dass es den Planern nicht gelingt, einen Vertragsschluss nachzuweisen und sich der als Auftraggeber Beklagte erfolgreich auf rein akquisitorisches Tätigwerden des Planers beruft. Schon allein dieses Spannungsfeld zwischen Auftragserteilung und **Akquisition** sollte jeden Architekten und Ingenieur im eigenen Interesse dazu veranlassen, stets auf klare vertragliche Vereinbarungen hinzuwirken und sich jedenfalls des Risikos bewusst zu bleiben, seine Leistungen schlussendlich nutzlos erbracht zu haben.

B. Rechtsfolgen der Orientierung vertraglicher Leistungspflichten an der HOAI

3 Die Baupraxis hat es sich zur Angewohnheit gemacht, die Leistungsbilder der HOAI nicht nur für die Zwecke der Honorarfindung, sondern auch zur **Beschreibung der vertraglich übertragenen Leistungen** heranzuziehen. Dieser Weg liegt insofern durchaus nah, als damit ein Gleichlauf zwischen der Beschreibung der Leistungspflichten und der nach HOAI zu zahlenden Vergütung besteht, ohne dass darüber zu streiten wäre, ob die geschuldete Leistung tatsächlich dem entspricht, was nach HOAI zu vergüten ist. Jede andere Leistungsbeschreibung hat demgegenüber den Nachteil, dass sie gewissermaßen

---

1 BGH, Urt. v. 22.10.1998 – VII ZR 91/97 – IBR 1999, 170; BGH, Urt. v. 24.10.1996 – VII ZR 283/95 – IBR 1997, 110; OLG Celle, Urt. v. 26.10.2011 – 14 U 59/11 – IBR 2012, 93.

2 BGH, Urt. v. 18.5.2000 – VII ZR 125/99 – IBR 2000, 437; vgl. oben Kap. 3 Rn 7.

3 Vgl. BGH, Urt. v. 26.7.2007 – VII ZR 42/05 – IBR 2007, 564; OLG Celle, Urt. v. 4.10.2012 – 13 U 234/11 – BauR 2013, 1289; Irmler/*Irmler*, Einf. Rn 56.

4 BGH, Urt. v. 26.7.2007 – VII ZR 42/05 – IBR 2007, 564; OLG Düsseldorf, Beschl. v. 14.10.2014 – 22 U 104/14 – IBR 2015, 146; Locher/Koeble/Frik/*Koeble*, Einl. Rn 111 m.w.N.

5 Werner/Pastor/*Werner*, Rn 624.

6 OLG Düsseldorf, Urt. v. 20.12.2011 – 21 U 41/10 – IBR 2013, 155; zur Anwendbarkeit der HOAI auf außervertragliche Schuldverhältnisse unten Kap. 9.

zunächst in die Terminologie der HOAI konvertiert werden muss, was bereits Streitpotenzial begründet, noch bevor über die Richtigkeit der behaupteten Honorarparameter gerungen wird.

Aber auch die Adaption der Leistungsbilder zur Beschreibung der übertragenen Aufgaben hat Nachteile. Insbesondere die durch die Rechtsprechung entwickelte **„Teilerfolgshaftung“** ist hervorzuheben.[7] Sie beruht auf der Grundannahme, dass der vom Architekten geschuldete Gesamterfolg im Regelfall nicht auf die Wahrnehmung von Aufgaben beschränkt ist, die für die mangelfreie Errichtung des Bauwerks erforderlich sind.[8] Nach dem Grundsatz einer interessengerechten Auslegung seien die durch den konkreten Vertrag begründeten Interessen des Auftraggebers an den Arbeitsschritten zu berücksichtigen, die für den vom Architekten geschuldeten Werkerfolg erforderlich sind. Der Auftraggeber werde im Regelfall ein Interesse an den Arbeitsschritten haben, die als Vorgaben aufgrund der Planung des Architekten für die Bauunternehmer erforderlich sind, damit diese die Planung vertragsgerecht umsetzen können. Auch werde er regelmäßig ein Interesse an den Arbeitsschritten haben, die es ihm ermöglichen, zu überprüfen, ob der Architekt den geschuldeten Erfolg vertragsgemäß bewirkt hat, und die ihn in die Lage versetzen, etwaige Gewährleistungsansprüche gegen Bauunternehmer durchzusetzen bzw. die erforderlich sind, die Maßnahmen zur Unterhaltung des Bauwerkes und dessen Bewirtschaftung zu planen.[9] Damit deckt sich die Tatsache, dass auch die Leistungsbilder der HOAI Aufgaben beschreiben, die nicht allein auf die technisch mängelfreie Umsetzung des Bauvorhabens gerichtet sind, sondern darüber hinausgreifen, wie etwa die gesamten Leistungen zur Finanzierung und Kostenkontrolle oder zur Dokumentation. Dennoch schuldet der Planer auch diese Grundleistungen als Teilerfolg des geschuldeten Gesamterfolges, wenn sich die vertragliche Vereinbarung an dem Leistungsbild orientiert, das sie enthält. Der Architekt oder Ingenieur kann sich danach nicht auf die fehlerfreie Bauwerkserrichtung oder -sanierung berufen, wenn er diese **Teilleistungen nicht erbracht** hat. Seine ihm vertraglich übertragene Leistung ist dann **unvollständig und damit mangelhaft.**[10] 4

Die Neigung von Auftraggebern, in solchen Fällen ohne Weiteres das Honorar zu kürzen, beruht auf dem Gedanken, dass es kein Honorar für eine geschuldete und gleichwohl nicht erbrachte Leistung geben könne. Dass es so einfach jedoch nicht geht, hat der BGH bereits in seinem „Teilerfolgeurteil“ deutlich gemacht.[11] Danach genügt es nicht, wenn eine vereinbarte Leistung objektiv fehlt. Vielmehr entfällt der Honoraranspruch des Architekten ganz oder teilweise nur dann, wenn der Tatbestand einer Regelung des allgemeinen **Leistungsstörungsrechts** des BGB oder des **werkvertraglichen Gewährleistungsrechts** erfüllt ist, die den Verlust oder die **Minderung der Honorarforderung** als Rechtsfolge vorsieht.[12] Wie bei allen mangelhaften Leistungen steht dem Auftragnehmer im Werkvertragsrecht bei Sachmängeln zunächst der Nacherfüllungsanspruch des §§ 634 Nr. 1, 635 BGB zu. Eine Honorarkürzung, also eine Minderung nach §§ 634 Nr. 3, 638 BGB, ist deshalb nur dann möglich, wenn die gesetzlichen Voraussetzungen dazu vorliegen oder wenn die **Nacherfüllung** ihren **Zweck nicht mehr errei-** 5

7 BGH, Urt. v. 11.11.2004 – VII ZR 128/03 – IBR 2005, 96; BGH, Urt. v. 24.6.2004 – VII ZR 259/02 – IBR 2004, 512; OLG Düsseldorf, Urt. v. 23.1.2007 – 23 U 115/06 – BauR 2007, 1767, 1770.

8 BGH, Urt. v. 24.6.2004 – VII ZR 259/02 – IBR 2004, 512.

9 BGH, Urt. v. 24.6.2004 – VII ZR 259/02 – IBR 2004, 512.

10 *Motzke*, NZBau 2005, 361, spricht insoweit von der „Mankohaftung“.

11 BGH, Urt. v. 24.6.2004 – VII ZR 259/02 – IBR 2004, 513.

12 BGH, Urt. v. 24.6.2004 – VII ZR 259/02 – IBR 2004, 513; OLG Schleswig, Urt. v. 24.4.2009 – 1 U 76/04 – IBR 2009, 340; OLG Düsseldorf, Urt. v. 23.1.2007 – 23 U 115/06 – BauR 2007, 1767; OLG Frankfurt a.M., Urt. v. 17.8.2006 – 26 U 20/05 – IBR 2007, 496.

chen kann. Insbesondere in folgenden Fällen kann deshalb der Auftraggeber das Honorar mindern:

- Die Nacherfüllung ist nur mit **unverhältnismäßigen Kosten** möglich und berechtigt den Auftragnehmer dazu, sie zu verweigern (§ 635 Abs. 3 BGB).
- Der Auftragnehmer lässt die ihm **gesetzte Frist** zur Nacherfüllung ergebnislos verstreichen (zur Notwendigkeit der Fristsetzung vgl. §§ 636, 637 Abs. 1 BGB).
- Der Planer holt die fehlende Leistung zwar nach, jedoch **schlägt** die Nacherfüllung **fehl** (vgl. 637 Abs. 2 BGB).
- Der Planer holt die fehlende Leistung zwar nach, jedoch kann sie zu diesem Zeitpunkt den ihr zugedachten Zweck nicht mehr erreichen, hat also für den **Auftraggeber kein Interesse mehr**. In diesem Fall muss der Auftraggeber auch keine Frist zur Nacherfüllung mehr setzen.[13]

6 Der letztgenannte Fall erweist sich in der Praxis als der häufigste. Er zeichnet sich dadurch aus, dass der ausstehende **Teilerfolg objektiv noch geleistet werden kann**, für den Auftraggeber jetzt aber **keine Bedeutung mehr** besitzt. Will der Auftraggeber seine Honorarminderung hierauf stützen, muss jeweils sorgfältig geprüft werden, ob diese Leistung tatsächlich verspätet erbracht wurde.

Beispiel

Die in den Leistungsphasen 2, 3, 6, 7 und 8 vorgesehenen und vertraglich übertragenen Kostenermittlungen und Kostenkontrollen erbringt der Planer nicht. Als der Auftraggeber deshalb das Honorar kürzt, holt er kurzerhand Kostenschätzung, Kostenberechnung und Kostenfeststellung nach und fertigt auch die Kostenvergleiche nachträglich an. Da weder Kostenschätzung noch Kostenberechnung im Nachhinein den Zweck der Kostensteuerung erfüllen können, hat der Auftraggeber an ihnen und den Kostenvergleichen kein Interesse mehr und darf das Honorar deshalb anteilig mindern.[14] Anders dagegen bei der Kostenfeststellung: Sie dient der Übersicht der tatsächlich angefallenen Kosten und nicht mehr als Grundlage für die Kostensteuerung des Bauvorhabens. Sie ist im Regelfall also nachholbar.

7 Zu den Teilleistungen, die objektiv noch erbracht werden können, auch wenn deren Nachholung für den Auftraggeber kein Interesse mehr hat, gesellen sich auch solche Leistungen, die zwar zu einem früheren Zeitpunkt hätten erbracht werden können, deren **Nachholung durch Zeitablauf aber objektiv unmöglich geworden** ist. Auch in diesen Fällen bedarf es für eine Honorarminderung keiner Nachfristsetzung mehr, sondern der Auftraggeber kann die Vergütung unmittelbar mindern.

Beispiel

Dem Planer oblag auch die (Vor-)Verhandlung über die Genehmigungsfähigkeit des Vorhabens, der er jedoch nicht nachgekommen ist. Die Genehmigung wurde dennoch erteilt, weil die Behörde einzelne Fragen mit dem Bauherrn selbst geklärt hat.

8 Schließlich treten nicht selten auch die Fälle auf, dass zu den übertragenen Teilleistungen auch solche zählen, die weder bei Vertragsschluss noch zu einem späteren Zeitpunkt durch irgendwen erbracht werden können – hier als **„entbehrliche Leistungen“**

13 BGH, Urt. v. 11.11.2004 – VII ZR 128/03 – IBR 2005, 96; OLG Celle, Urt. v. 11.10.2005 – 14 U 68/04 – IBR 2005, 600.

14 Vgl. BGH, Urt. v. 11.11.2004 – VII ZR 128/03 – IBR 2005, 96; OLG Karlsruhe, Urt. v. 24.5.2006 – 9 U 113/05 – BauR 2007, 1770; OLG Hamm, Urt. v. 24.1.2006 – 21 U 139/01 – IBR 2006, 506.

bezeichnet –, weil sie **objektiv nicht erfüllt werden können**. Eine Kürzung wegen Nichterbringens dieser Teilleistungen lässt sich nicht begründen.

Beispiel
Gegenstand eines Architektenauftrags ist ein Vorhaben mit einem Tragwerk, das durchschnittliche Planungsanforderungen stellt. Beauftragt wird die Objektüberwachung aus Anlage 10.1 der HOAI. Die dort genannte Grundleistung „Überwachen der Ausführung von Tragwerken mit sehr geringen und geringen Planungsanforderungen auf Übereinstimmung mit dem Standsicherheitsnachweis" kommt deshalb nicht zum Tragen. Ist der Auftraggeber aus diesem Grund zur anteiligen Kürzung des Honorars berechtigt?

Da die HOAI selbst die einzelnen Grundleistungen nicht bewertet, sondern als **kleinste rechnerische Einheit** nur die Leistungsphase selbst kennt,[15] sind die Werte der Grundleistungen innerhalb einer Leistungsphase von Auftrag zu Auftrag veränderlich, auch deshalb, weil die Leistungsphasen die Grundleistungen umfassen, die zur ordnungsgemäßen Erfüllung eines Auftrags „im Allgemeinen" erforderlich sind, wie § 3 Abs. 2 S. 1 ausdrücklich hervorhebt. Würde man auch einer solchen Grundleistung, welche im Einzelfall überhaupt nicht erbracht werden kann, einen festen Wert zuweisen, müsste eine Kürzung immer vorgenommen werden, weil diese Leistung naturgemäß nicht erbracht werden kann. Damit verlöre die feste Vorgabe der Leistungsphasen-Bewertung in den jeweiligen Leistungsbildern ihren Sinn. **Eine Grundleistung, die objektiv durch niemanden erbracht werden kann, muss innerhalb der Leistungsphase den Wert Null erhalten**, womit die übrigen Leistungen einen entsprechenden Wertzuwachs erfahren. Mit diesem Lösungsansatz ist es auch müßig darüber zu diskutieren, ob für eine solche Leistung wegen Nichterfüllung eine Kürzung gerechtfertigt ist, die dann denknotwendig auch nur den Wert Null umfassen kann, oder ob eine solche Kürzung wegen der objektiven Entbehrlichkeit der Leistung schon im Grundsatz ausscheidet. **9**

Richtigerweise kann eine Kürzung für solche entbehrlichen Leistungen schon deshalb nicht begründet werden, weil es bereits an einem Sachmangel fehlt. Denn die Annahme, der Architekt oder Ingenieur sei auch zur Erbringung entbehrlicher Leistungen verpflichtet, geht daran vorbei, dass **Umfang und Inhalt der geschuldeten Leistung** des Architekten oder Ingenieurs **durch Auslegung zu ermitteln** sind.[16] Maßstab einer interessengerechten Auslegung sind §§ 133, 157 BGB. Es kann nicht angenommen werden, dass die Parteien, auch wenn der Vertrag ausdrücklich entbehrliche Leistungen einschließt, tatsächlich Leistungen beauftragen wollten, welche auch für sie erkennbar durch niemanden erbracht werden können. Die Vertragsauslegung wird deshalb zu dem Ergebnis kommen, dass entbehrliche Leistungen auch dann nicht beauftragt sind, wenn sie im Vertrag global mit anderen Grundleistungen aufgeführt sind. Liegt aber keine Beauftragung mit diesen entbehrlichen Grundleistungen vor, stellt sich deren Nichterbringung auch **nicht als Sachmangel** dar, sodass für eine Minderung schon im Ansatz kein Raum ist.[17] Aus demselben Grund ist die „Herausnahme" einer entbehrlichen Grundleis- **10**

---

15 Vgl. BR-Drucks. 270/76, S. 5 („*die kleinsten rechnerischen Bausteine der Honorierung*"); BGH, Urt. v. 16.12.2004 – VII ZR 174/03 – BauR 2005, 588, 590; OLG Bamberg, Urt. v. 26.8.2009 – 3 U 290/05 – IBR 2011, 597.
16 BGH, Urt. v. 24.6.2004 – VII ZR 259/02 – IBR 2004, 512.
17 Zutreffend deshalb die Entscheidung des OLG Oldenburg, wonach der Leistungskatalog der Anlage 11 zur HOAI 2009 derart umfassend ist, dass nahezu bei keinem Bauvorhaben alle Leistungen zu erbringen sind (Urt. v. 6.9.2012 – 8 U 96/12 – IBR 2013, 125). Diese Meinung lässt sich auf die Leistungsbilder der HOAI 2013 ohne Weiteres übertragen. In diese Richtung auch OLG Celle, Urt. v. 12.2.2014 – 14 U 103/13 – BauR 2014, 1029, 1034; *Rodemann*, IBR 2014, 280.

tung aus dem Leistungsumfang nach § 8 Abs. 2 zum Zwecke der Honorarersparnis unbehelflich, weil sie nur eine anteilige Kürzung um den Wert Null erlaubt.

11 Daher greift es auch zu kurz, wenn die Praxis ohne nähere Differenzierung zu Honorarkürzungen nach den einschlägigen Bewertungstabellen kommt. Dass im Fall einer zulässigen Minderung auf diese **Bewertungs- oder Splittingtabellen** zurückgegriffen werden kann, ist grundsätzlich anerkannt.[18] Dennoch darf sich keine Vertragspartei dazu verleiten lassen, die Vorschläge der jeweiligen Tabellen unreflektiert zu übernehmen. Da sie *„in der Regel auf dem Durchschnitt der Erfahrungswerte von sachverständigen Praktikern beruhen“*,[19] vermögen sie nicht die Besonderheiten des jeweiligen Vertragsverhältnisses widerzuspiegeln. Es bedarf also stets einer **Anpassung an die konkreten Vertragsinhalte und -umstände**, weil die Bedeutung der einzelnen Teilleistungen innerhalb derselben Leistungsphase von Fall zu Fall schwanken kann.[20] Nicht zuletzt mit den vorstehend beschriebenen entbehrlichen Leistungen, denen der Wert Null zukommt, verschiebt sich die Gewichtung zugunsten der verbleibenden Grundleistungen, die in der Summe immer den Vomhundertsatz ihrer Leistungsphase erreichen müssen.

Praxistipp

Weichen die Empfehlungen der verschiedenen Bewertungstabellen nicht nur unerheblich voneinander ab, ist dies ein Indiz dafür, dass den vorgeschlagenen Werten keine durchschnittlichen Erfahrungswerte zugrunde liegen und sie deshalb nicht als grundsätzlich taugliche Bewertungsbasis verwendbar sind.

---

12 Zu den entbehrlichen Grundleistungen können über das oben (Rn 8) genannte Beispiel hinaus auch folgende Fälle gerechnet werden:

- Formulieren der Entscheidungshilfen für die Auswahl anderer an der Planung fachlich Beteiligter (z.B. Anlage 10.1 Leistungsphase 1d), wenn das Vorhaben keine anderen Planer benötigt, z.B. nach einer Generalplanervergabe;
- Untersuchen, Darstellen und Bewerten von Varianten nach gleichen Anforderungen (z.B. Anlage 10.1, Leistungsphase 2c), wenn für das Vorhaben keine solche Varianten ersichtlich sind;
- Koordination und Integration der Leistungen anderer an der Planung fachlich Beteiligter (z.B. Anlage 10.1 Leistungsphase 2e), wenn das Vorhaben keine anderen Planer benötigt, z.B. nach einer Generalplanervergabe;[21]
- Vorverhandlungen und Verhandlungen über die Genehmigungsfähigkeit (z.B. Anlage 10.1, Leistungsphasen 2f und 3d), wenn die Maßnahme keinem Genehmigungsverfahren unterliegt;
- Mitwirken beim Erläutern des Planungskonzepts gegenüber Dritten (vgl. Anlage 12.1, Leistungsphase 2h), wenn keine Erläuterungstermine stattfinden;
- Ermitteln und Begründen der zuwendungsfähigen Kosten (Anlage 12.1 und 13.1, Leistungsphase 3d), wenn das Vorhaben nicht förderfähig ist;

---

18 BGH, Urt. v. 16.12.2004 – VII ZR 174/03 – IBR 2005, 159; OLG Bamberg, Urt. v. 26.8.2009 – 3 U 290/05 – IBR 2011, 597; OLG Hamm, Urt. v. 12.5.2006 – 12 U 44/05 – BauR 2007, 1773; OLG Celle, Urt. v. 16.6.2005 – 14 U 247/04 – IBR 2005, 493.

19 BGH, Urt. v. 16.12.2004 – VII ZR 174/03 – IBR 2005, 159; OLG Hamm, Urt. v. 12.5.2006 – 12 U 44/05 – BauR 2007. Angesichts der Divergenzen in den existierenden Teilleistungs- oder Splittingtabellen ist allerdings fraglich, ob der von der Rechtsprechung angenommene durchschnittliche Erfahrungswert tatsächlich zugrunde liegt.

20 Ebenso *Brückl*, NZBau 2006, 491, 493.

21 Anders dagegen OLG Brandenburg, Urt. v. 13.3.2014 – 12 U 136/13 –, wonach es für eine Minderung schon genügt, wenn der Architekt nicht darlegt, dass er die von ihm selbst erstellte Statik in die weitere Planung eingearbeitet hat.

- Überarbeiten des Planungskonzepts oder des Entwurfs aufgrund von Bedenken und Anregungen (vgl. Anlage 12.1, Leistungsphasen 2i und 3e), wenn Bedenken und Anregungen nicht vorgetragen wurden;
- überschlägige Festlegung der Abmessungen von Ingenieurbauwerken (Anlage 13.1, Leistungsphase 3h), wenn die Verkehrsanlage keine Ingenieurbauwerke umfasst;
- Erstellen des Grunderwerbsplanes und des Grunderwerbsverzeichnisses (Anlage 12.1 und 13.1, Leistungsphase 4b), wenn der Maßnahmenträger keinen zusätzlichen Baugrund erwerben muss;
- Erfassen von normalen Bauzuständen (Anlage 14.1, Leistungsphase 4b), wenn die Maßnahme kein Ingenieurbauwerk betrifft;
- Vervollständigen und Berichtigen der Berechnungen und Pläne (Anlage 14.1, Leistungsphase 4f), wenn die Prüfung der Unterlagen keine Beanstandungen ergeben hat;
- Vervollständigen der Ausführungsplanung während der Objektausführung (z.B. Anlage 12.1, Leistungsphase 5d), wenn die Pläne bereits von Anfang an vollständig waren und keiner Ergänzung durch Fabrikatsanforderungen bedurften;
- Prüfen und Werten der Angebote zusätzlicher oder geänderter Leistungen der ausführenden Unternehmen und der Angemessenheit der Preise (z.B. Anlage 10.1, Leistungsphase 7c), wenn keine Nachtragsangebote eingehen;
- Aufsicht über die örtliche Bauüberwachung (Anlage 12.1 und 13.1, Leistungsphase 8a), wenn Bauoberleitung und örtliche Bauüberwachung durch denselben Auftragnehmer in Personalunion geleistet werden;[22]
- Veranlassen und Mitwirken beim Inverzugsetzen der ausführenden Unternehmen (Anlage 12.1 und 13.1, Leistungsphase 8c), wenn keine Verzugslage eintritt;
- fachliche Bewertung der innerhalb der Verjährungsfristen für Gewährleistungsansprüche festgestellten Mängel (z.B. Anlage 10.1, Leistungsphase 9a), wenn solche Mängel nicht auftreten.

22 Vgl. näher Irmler/*Ebert*, § 43 Rn 117 m.w.N. auch zur Gegenmeinung.

Kapitel 5
Abgrenzung zu anderen Vergütungsregelungen und zu nicht erfassten Leistungen

A. Andere Vergütungsregelungen

I. Vergütungsansprüche nach JVEG

1 Zu den außerhalb der HOAI geregelten Honoraren gehört die Vergütung für im Auftrag der Justiz tätige **Sachverständige** gemäß Justizvergütungs- und -entschädigungsgesetz (vgl. § 1 Abs. 1 Nr. 1 JVEG). Das Gesetz regelt nicht nur die Höhe des Vergütungsanspruchs (insbesondere in § 9 Abs. 1), sondern auch Fristen für die Beanspruchung und das Erlöschen der Vergütung (§ 2 JVEG), den Vorschuss (§ 3) und die Nebenkosten (§§ 5ff.). In besonderen Fällen kann der Vergütungsanspruch entfallen oder beschränkt werden, insbesondere bei Unverwertbarkeit etwa infolge erfolgreicher Ablehnung des Sachverständigen (vgl. § 8a JVEG). Die dazu ergangene Rechtsprechung ist umfangreich und kann hier nicht im Detail dargestellt werden, insoweit muss auf die einschlägige Fachliteratur verwiesen werden.[1] Nicht unter das JVEG fallen hingegen Leistungen von Sachverständigen, die privatrechtlich beauftragt wurden, und zwar auch dann nicht, wenn das Privatgutachten in ein Gerichtsverfahren einbezogen wird. Das JVEG bleibt selbst dann unanwendbar, wenn es einen prozessualen Erstattungsanspruch für die Kosten des Privatgutachtens gibt.[2] Auch eine analoge Anwendung der JVEG-Stundensätze scheidet nach der Rechtsprechung aus,[3] jedoch sollen sie als Orientierungsgrundlage anzusehen sein, auf deren Grundlage der privatrechtlich vereinbarte Stundensatz einer Plausibilitätsprüfung zu unterziehen ist und bei einer Abweichung von bis zu 20% keiner besonderen Darlegung durch den Anspruchsteller bedarf.[4]

II. Prüfingenieure, Prüfsachverständige und öffentlich bestellte Vermessungsingenieure

2 In den meisten Bundesländern bestehen Regelungen über die Prüfpflicht von Bauwerken. Unterschiede ergeben sich bei der Qualifizierung der Prüftätigkeit dahin, ob sie hoheitlich im Auftrag der Bauverwaltung oder nicht-hoheitlich infolge öffentlich-rechtlich erzwungener privatrechtlicher Beauftragung durch den Bauherrn selbst erfolgt. In beiden Fällen handelt es sich nicht um Leistungen aus der HOAI.[5] Die Vergütung für diese bauordnungsrechtlich vorgeschriebene Prüftätigkeit richtet sich nach den landesrechtlichen Regelungen, die überwiegend der **Muster-Verordnung über die Prüfingenieure und Prüfsachverständigen** folgen.[6] Anders als bei der Sachverständigentätigkeit nach JVEG wird die im Auftrag des Bauherrn erbrachte Tätigkeit des **Prüfsachverständigen** für die Standsicherheit nach denselben Regelungen vergütet wie die der hoheitlich tätigen

1 Z.B. Bayerlein/*Bleutge*, § 41.
2 BGH, Beschl. v. 25.1.2007 – VII ZB 74/06 – IBR 2007, 287.
3 BGH, Beschl. v. 25.1.2007 – VII ZB 74/06 – IBR 2007, 287.
4 KG Berlin, Beschl. v. 20.2.2012 – 1 Ws 72/09 – Rpfleger 2012, 583; VGH München, Beschl. v. 23.3.2011 – 1 M 09.2344 –; OLG Zweibrücken, Beschl. v. 12.11.2007 – 1 W 54/07 – IBR 2008, 119.
5 Irmler/*Ebert*, § 49 Rn 8 m.w.N.
6 §§ 26ff. der Muster-Verordnung über die Prüfingenieure und Prüfsachverständigen nach § 85 Abs. 2 MBO in der Fassung von April 2009, abrufbar unter http://www.is-argebau.de, sowie die entsprechende Umsetzung in den Ländern, z.B. in Bayern §§ 28ff. der Verordnung über die Prüfingenieure, Prüfämter und Prüfsachverständigen im Bauwesen (PrüfVBau).

Prüfingenieure. Überschneidungen mit Leistungen der HOAI, insbesondere nach dem Leistungsbild für Tragwerksplanung, gibt es nicht, weil Gegenstand der Aufgabe gerade nicht die Entwicklung des Tragwerks, sondern die Überprüfung der darauf gerichteten Planung ist. Auch Lösungsvorschläge, die der Prüfingenieur im Rahmen der Prüfung des Standsicherheitsnachweises anregt, unterliegen nicht dem Preisrecht der HOAI.[7] Das Gebührenrecht der Prüfingenieure und Prüfsachverständigen, die in manchen Ländern auch die Bezeichnung **Staatlich anerkannter Sachverständiger** tragen, stellt anders als die HOAI keinen Rahmen zur Verfügung, innerhalb dessen sich die Vertragsparteien frei bewegen können, sondern legt eine verbindliche Vergütung fest. Dabei wird teilweise die Struktur der HOAI mit festen Vergütungsparametern wie Bauwerksklassen (analog zur Honorarzone), anrechenbaren Bauwerten und Gebühren- bzw. Honorartafeln verwendet, teilweise erfolgt die Vergütung über die Berechnung des Zeitaufwands auf Basis festgesetzter Stundensätze.[8] Als Mindestvergütung ist der zweifache Stundensatz zu berechnen.[9] Je nachdem, ob es um die Tätigkeit des Prüfingenieurs oder die des Prüfsachverständigen geht, spricht die Muster-Verordnung von einer Gebühr oder vom Honorar. Für einzelne Fachrichtungen von Prüfsachverständigen wird keine Gebühr geregelt, sondern auf den Zeitaufwand abgestellt, der mit einem fest definierten Stundensatz vergütet wird.

Auch für die Tätigkeit von **öffentlich bestellten Vermessungsingenieuren** beste- 3
hen in allen Bundesländern mit Ausnahme Bayerns gesetzliche Regelungen, in denen die Vergütung der Tätigkeit bestimmt wird.[10] Dabei handelt es sich nicht um Honorare, sondern um **Vermessungsgebühren**.

III. Statische und konstruktive Prüfung von Ingenieurbauwerken für Verkehrsanlagen

Während die zuvor unter II. beschriebene Prüftätigkeit Maßnahmen betreffen, die 4
unter das Bauordnungsrecht fallen, greifen die Prüfpflichten der Landesbauordnungen nicht für Vorhaben, die den Anlagen des öffentlichen Verkehrs zuzuordnen sind.[11] Zu diesen gehören auch **Brückenbauwerke**, im Sprachgebrauch der HOAI als konstruktive Ingenieurbauwerke für Verkehrsanlagen bezeichnet (§ 41 Nr. 7). Die **Prüfung der Standsicherheitsnachweise** dieser Bauwerke fällt nicht unter die HOAI, unterliegt aber auch nicht den oben behandelten Regelungen der Prüfverordnungen im Bauwesen.[12] Daher kann das Honorar für diese Prüftätigkeit frei vereinbart werden. Im Interesse einer einheitlichen Handhabung hat der Bund eine Richtlinie erlassen, die eine angemessene Vergütung gewährleisten soll, die „Richtlinie zur Vergütung für die statische und konstruktive Prüfung von Ingenieurbauwerken für Verkehrsanlagen (RVP)".[13] Ihr kommt kein gesetzlicher Charakter zu. Im Bereich von Maßnahmen des Bundesfernstraßenbaus

---

7 Irmler/*Ebert*, § 49 Rn 8 m.w.N.

8 § 29 Abs. 5 S. 3 bis 5 der Muster-Verordnung (vgl. Fn 6).

9 § 29 Abs. 6 der Muster-Verordnung (vgl. Fn 6).

10 Z.B. für Nordrhein-Westfalen in der Vermessungs- und Wertermittlungsgebührenordnung (FermWertGebO); in Rheinland-Pfalz in der Landesverordnung über die Gebühren der Vermessungs- und Katasterbehörden und der Gutachterausschüsse.

11 § 1 Abs. 2 Nr. 1 der Musterbauordnung mit entsprechender Umsetzung in den Bundesländern, z.B. Art. 1 Abs. 2 Nr. 1 Bayerische Bauordnung.

12 Jedoch können die Straßen- und Wegegesetze der Länder diese Prüfverordnungen in Bezug nehmen, so z.B. § 10 Abs. 2 BayStrWG, was freilich nicht auch die dortigen Vergütungsregelungen einschließt, vgl. beispielhaft die Bekanntmachung der Obersten Baubehörde im Bayer. Staatsministerium des Innern v. 28.2.2008, Allgemeines Ministerialblatt 2008, S. 172.

13 Richtlinie des Bundesministeriums für Verkehr, Bau und Stadtentwicklung, Ausgabe 2006.

entfaltet sie jedoch für den Kostenausgleich zwischen Bund und Ländern aufgrund des Allgemeinen Rundschreibens 13/2006 des Bundesministeriums für Verkehr, Bau und Stadtentwicklung vom 17.5.2006 verwaltungsinterne Bindungswirkung, die direkt oder doch zumindest mittelbar auf die einzelvertragliche Vergütung der Prüfingenieure durchschlägt.

5 Das Honorar richtet sich ähnlich wie bei der HOAI nach anrechenbaren Kosten und Schwierigkeitsklassifizierungen, hier Bauwerksklassen genannt. Parallelen zeigen sich auch bei den Regelungen für die Beauftragung von Prüfungen mehrerer Brücken, die ersichtlich an den Vorgängernormen des heutigen § 11 orientiert sind, insbesondere was die Abminderungsfaktoren für Wiederholungen betrifft.[14] Der Anwendungsbereich der RVP ist ihrer Bezeichnung nach nicht auf Brücken des Straßenverkehrs beschränkt, dürfte aufgrund der dort vorherrschenden Zuständigkeit des Bauministeriums aber seinen Schwerpunkt bei Straßenbrücken in der Zuständigkeit des Bundes und der Länder haben. Für andere Brückenmaßnahmen, seien es solche der Kommunen oder des Schienenverkehrs, ist die Anwendbarkeit nicht ausgeschlossen. Dort bedarf es jedenfalls einer die RVP einbeziehenden vertraglichen Vereinbarung, weil nicht davon ausgegangen werden kann, dass die RVP als übliche Vergütung für Prüfleistungen bei Brücken außerhalb des Bundesfernstraßenbaus gelten können.

IV. Leistungen i.S.d. Verordnung PR Nr. 30/53

6 Mit der **Verordnung PR Nr. 30/53** (PreisV) über die Preise bei öffentlichen Aufträgen[15] existiert eine Regelung über die Vergütung von Aufträgen der öffentlichen Hand, die nach ihrer Eingangsformel das Ziel verfolgt, marktwirtschaftliche Grundsätze auf dem Gebiet des öffentlichen Auftragswesens verstärkt durchzusetzen. Während deshalb § 1 Abs. 1 PreisV anordnet, dass bei der Vereinbarung von Preisen grundsätzlich Marktpreisen der Vorzug vor Selbstkostenpreisen zu geben ist, regelt § 1 Abs. 3 zugleich das Verbot, für Leistungen aufgrund öffentlicher Aufträge höhere Preise zu fordern, zu versprechen, zu vereinbaren, anzunehmen oder zu gewähren, als es nach den Bestimmungen der PreisV zulässig ist. Insoweit bezweckt die Verordnung den Schutz der öffentlichen Hand vor überhöhten Preisen. Die Verletzung des Höchstpreisprinzips führt zur Teilnichtigkeit der Preisabrede, soweit der Höchstpreis überschritten wird.[16] In diesem Umfang kann dem öffentlichen Auftraggeber ein Rückforderungsanspruch zustehen.[17] Eine solche Verletzung liegt vor, wenn die Vergütung das nach § 4 PreisV zu beurteilende marktgängige Maß überschreitet oder wenn ein höherer als der nach §§ 5 bis 8 PreisV anzusetzende Selbstkostenpreis vereinbart wird. § 9 eröffnet den für die Preisbildung und Preisüberwachung zuständigen Behörden ein weitreichendes Einsichtsrecht in die Kalkulation des angebotenen Preises.[18]

7 Erfasst werden von der Verordnung nur Aufträge des Bundes, der Länder, der Gemeinden und Gemeindeverbände und der sonstigen juristischen Personen des öffentlichen Rechts, § 2 Abs. 1 PreisV. Vom Geltungsbereich ausgenommen bleiben jedoch ausdrücklich Bauleistungen, zu denen indessen nur die **Bauausführungsarbeiten** rechnen

---

14 Vgl. Ziff. 3.2 RVP.

15 BAnz. 1953 Nr. 244, zuletzt geändert durch Art. 70 des Gesetzes v. 8.12.2010 (BGBl. I S. 1864), nachfolgend als PreisV bezeichnet.

16 VG München, Urt. v. 19.6.2012 – M 16 K 11.3887 –.

17 VG München, Urt. v. 19.6.2012 – M 16 K 11.3887 –; *Berstermann/Petersen*, ZfBR 2008, 22.

18 Zur Kritik an der VO PR 30/53 vgl. *Brüning*, VergabeR 2012, 833; *Schafft*, ZVgR 2000, 245; dagegen *Greiffenhagen*, VergabeR 2013, 415; *Müller*, NZBau 2011, 720.

(vgl. § 2 Abs. 5 PreisV), also nicht auch die zugrunde liegenden Planungsleistungen. Letztere unterliegen deshalb grundsätzlich den Regelungen der Verordnung, sodass sich die Frage nach dem Verhältnis der Verordnung zur HOAI stellt. Da nach § 3 PreisV öffentliche Aufträge den allgemeinen und besonderen Preisvorschriften unterliegen und sich das Honorarrecht der HOAI als lex specialis gegenüber der PreisV erweist, beschränkt sich der Geltungsbereich der PreisV auf die Architekten- und Ingenieurleistungen, die nach § 1 nicht von der HOAI erfasst werden.

B. Von der HOAI nicht erfasste Leistungen

I. Einleitung

Leistungen, die in der HOAI nicht geregelt werden, fallen nicht unter deren verbindliches Preisrecht. § 1 beschränkt den Geltungsbereich ausdrücklich auf Grundleistungen. Dennoch werden auch **Besondere Leistungen** in den Anlagen 9 ff. genannt, wobei diese durch § 3 Abs. 3 S. 3 der freien Vereinbarkeit unterworfen sind. Dass es über Besondere Leistungen hinaus auch weitere Leistungen gibt, die keinen Leistungsbildern der HOAI zuzuordnen sind, wird dabei nicht erkennbar. Im Unterschied zu früheren Fassungen der HOAI kommt es seit der HOAI 2009 auf eine Abgrenzung dieser nicht von der Honorarordnung erfassten Leistungen und Besonderen Leistungen nicht mehr an. Denn in beiden Fällen gilt das Grundprinzip der Vertragsfreiheit. Dagegen kann aus praktischer Sicht eine Abgrenzung von Bedeutung sein, wenn nämlich in den einzelnen Verträgen Vergütungsregelungen für den Fall der zusätzlichen Beauftragung von Besonderen Leistungen getroffen sind. Eine derartige Vertragsregelung gilt damit nicht für solche Leistungen, die sich keinem Leistungsbild zuordnen lassen und eben auch nicht als Besondere Leistung einzustufen sind. 8

Beispiel
In einem Architektenvertrag wird geregelt, dass die nach Vertragsschluss vereinbarte Übertragung Besonderer Leistungen zu den im selben Vertrag geregelten Stundensätzen nach Zeitaufwand abgerechnet wird. Von der HOAI nicht erfasste Leistungen fallen nicht unter diese Bestimmung.

Für übertragene werkvertragliche Leistungen von Architekten und Ingenieuren, die nicht von der HOAI erfasst werden und für welche keine vertragliche Honorarregelung getroffen wurde, entsteht die für diese Leistung **übliche Vergütung** nach § 632 Abs. 2 BGB. Umfasst die Leistung dienstvertragliche Pflichten, so verweist auch § 612 Abs. 2 BGB auf die übliche Vergütung. 9

Ebenfalls nicht geregelt ist das Honorar für die Leistungen, die zwar in Leistungsbildern enthalten sind, aber in der Anlage 1 aufgeführt werden. Denn auch für diese Leistungen – in der HOAI als **Beratungsleistungen** bezeichnet – wird die Vertragsfreiheit nicht eingeschränkt. Die nachfolgend behandelten Leistungen beziehen diese sog. Beratungsleistungen nicht ein, sie werden im Kommentarteil zur Anlage 1 ausführlich behandelt. 10

II. Leistungen nach der Baustellenverordnung

11 Basierend auf der EU-Richtlinie zur Baustellensicherheit[19] regelt die **Verordnung über Sicherheit und Gesundheitsschutz auf Baustellen**[20] im Wesentlichen Pflichten zur Bestellung eines Koordinators, wenn mehrere Arbeitgeber auf der Baustelle tätig werden, die Erarbeitung des Sicherheits- und Gesundheitsschutzplanes bei größeren Baustellen und besonders gefährlichen Arbeiten sowie die Vorankündigung der Baumaßnahme gegenüber den zuständigen Behörden. **Vergütungsfragen** werden dagegen nicht behandelt. Das hat anfangs zu einer kontroversen Diskussion geführt, ob es sich bei den in der Baustellenverordnung enthaltenen Aufgaben um solche handelt, die der Architekt oder Ingenieur im Rahmen der Bauüberwachung ohnehin leisten muss und die deshalb bereits mit dem Grundhonorar abgegolten sind.[21] Dem wurde zurecht entgegengehalten, dass die Baustellenverordnung **zusätzliche Leistungspflichten** begründet, die nicht bereits über den Katalog der Grundleistungen erfasst sind.[22] Dieser Haltung hat sich die herrschende Meinung durchweg angeschlossen,[23] sodass die Diskussion darüber, ob der Baustellenkoordinator eine gesonderte Vergütung über das für die Bauüberwachung vereinbarte Honorar hinaus verlangen kann, als abgeschlossen zu betrachten ist, nicht zuletzt auch bestärkt durch ein Urteil des OLG Celle, das ausdrücklich die HOAI für nicht anwendbar erklärt hat.[24] An dieser Rechtslage hat sich durch die HOAI 2013 nichts geändert. Hinsichtlich der Höhe hat das OLG Celle zudem geäußert, dass eine Vergütung von 0,4% der Nettobausumme im Rahmen des Üblichen liege, wobei nicht übersehen werden darf, dass diese Entscheidung summarisch auf einen PKH-Antrag ergangen ist und deshalb nicht überbewertet werden sollte.[25] Tatsächlich ist es weitverbreitet, das Honorar für Leistungen nach der Baustellenverordnung mit einem Anteil an den Baukosten zu bestimmen. Die hierzu vereinzelt erarbeiteten **Vergütungsvorschläge** weichen mitunter deutlich voneinander ab. Größte Resonanz hat die Veröffentlichung des Ausschusses der Verbände und Kammern der Ingenieure und Architekten für die Honorarordnung e.V. (AHO) gefunden, die auf der Basis einer vorangegangenen Befragung eine Honorartafel bereitstellt, die nicht allein an Baukosten orientiert ist, sondern auch nach Gefährdungszonen differenziert.[26] Da die Breite der Umfrage nicht mitgeteilt wird, lässt sich keine Aussage darüber ableiten, ob es sich bei dem Vergütungsvorschlag um ein Modell handelt, das als übliche Vergütung i.S.v. § 612 Abs. 2 bzw. § 632 Abs. 2 BGB gelten kann. Neben der an Baukosten ausgerichteten Honorierung haben sich in der Praxis auch Vergütungen nach Zeitaufwand wie auch Pauschalvereinbarungen etabliert. Breit angelegte Untersuchungen darüber, welche dieser Formen am Häufigsten angewandt wird, liegen bislang nicht vor.

---

19 Richtlinie 92/57/EWG v. 24.6.1992 über die auf zeitlich begrenzte oder ortsveränderliche Baustellen anzuwendenden Mindestvorschriften für die Sicherheit und den Gesundheitsschutz, ABl. EG Nr. L 245 S. 6.
20 Baustellenverordnung v. 10.6.1998 (BGBl. I S. 1283), geändert durch Verordnung v. 23.12.2004 (BGBl. I S. 3758).
21 So *Wingsch*, BauR 2001, 314; *Wingsch*, BauR 2002, 1168.
22 *Quack*, BauR 2002, 541.
23 *Kollmer*, § 3 Rn 33; Locher/Koeble/Frik/*Koeble*, Einl. Rn 377; *Portz*, BauR 2002, 1160; *Schmidt*, ZfBR 2000, 5; *Tepasse*, S. 218; *v. Berchem*, S. 63f.; *v. Wietersheim/Noebel*, Rn 153; Werner/Pastor/*Werner*, Rn 610.
24 OLG Celle, Beschl. v. 5.7.2004 – 14 W 63/03 – BauR 2004, 1649.
25 Worauf *Mayer*, BauR 2006, 597, 602f. zutreffend hingewiesen hat.
26 AHO, Heft Nr. 15, einschließlich des zur Honorartafel gehörenden Leistungsbilds mit Grund- und Besonderen Leistungen.

III. Projektsteuerung

Zu den nicht mehr von Preisrecht der HOAI erfassten Leistungen gehört die Projektsteuerung. Noch unter der HOAI 1996 in § 31 a.F. verordnet, hat bereits die HOAI 2009 auf eine Regelung des Honorars für Projektsteuerungsleistungen verzichtet, woran sich durch die Novellierung 2013 nichts geändert hat. Allerdings galt auch schon für die Altregelung das Prinzip der freien Vereinbarkeit (§ 31 Abs. 2 Hs. 2 HOAI 1996). Soweit ein Honoraranspruch von einer schriftlichen Vereinbarung bei Auftragserteilung abhing (so § 31 Abs. 2 Hs. 1 HOAI 1996), war diese Vorgabe mangels hinreichender Ermächtigung durch Art. 10 §§ 1, 2 MRVG nichtig[27] mit der Folge, dass schon seit jeher Honorare für Leistungen der Projektsteuerung frei vereinbart werden konnten. **12**

Ordnet man die Projektsteuerung, auch zuweilen als Projektmanagement bezeichnet,[28] den Bauherrnfunktionen zu, stellen sich scheinbar keine bedeutsamen Abgrenzungsfragen zu den von der HOAI erfassten Grundleistungen. Tatsächlich sind die Grenzen aber unscharf.[29] Zusätzlich hat nun auch die HOAI 2013 zu der Abgrenzungsverwirrung beigetragen, indem typische Bauherrnverantwortungen zumindest weitreichend auch in die Hände der Objektplaner verlagert wurden. Das spiegelt sich in der ausdrücklich gesteigerten Verantwortung für die Kostenverfolgung und die Einhaltung von Terminen wider.[30] Welche Leistungen der Projektsteuerung zuzuordnen sind, sollte deshalb der Projektsteuerungsvertrag abgrenzbar festlegen. **13**

Praxistipp
Eine Hilfestellung dazu wie auch für die Vergütung dieser Leistung bietet die Untersuchung zum Leistungsbild, zur Honorierung und zur Beauftragung von Projektmanagementleistungen in der Bau- und Immobilienwirtschaft des AHO.[31]

IV. Wertermittlungen, Gutachten

Bis zum Inkrafttreten der Fassung 2009 hat die HOAI den Gutachten und Wertermittlungen noch ein eigenes Kapitel gewidmet (Teil IV mit §§ 33, 34 HOAI 1996). Mit dessen Wegfall gilt das Prinzip der freien Vereinbarkeit auch für diese Leistungen. Soweit es um Gutachten geht, die sich auf Leistungen ausführender Unternehmen beziehen, herrschte die Vertragsfreiheit seit jeher vor. Seit 2009 gilt sie nunmehr auch für solche Gutachten, die sich auf in der HOAI erfasste Leistungen beziehen, also Gutachten über Planung, Ausschreibung, Vergabe und Objektüberwachung. An der Freigabe der Honorare für solche Gutachten hat die HOAI 2013 unverändert festgehalten. Das bezieht sich unterschiedslos auf Privat- und Schiedsgutachten. Beschränkt wird die Vergütung für Gutachten damit nur noch im Rahmen des **JVEG** bei gerichtlicher Beauftragung (dazu oben Rn 1). Die für Gerichtssachverständige vorgeschriebene Vergütung lässt sich jedoch nicht ohne Weiteres als übliche Vergütung auch für Privatgutachten i.S.v. § 632 Abs. 2 BGB[32] ansehen, was sich schon allein daraus ergibt, dass das Vergütungsrecht für Gerichtssachverständige einen Abschlag dafür vorsieht, dass die Justiz als öffentlicher Auftrag- **14**

---

27 BGH, Urt. v. 9.1.1997 – VII ZR 48/96 – IBR 1997, 245.
28 Beide Begriffe sind indessen nicht deckungsgleich, vgl. näher *Eschenbruch*, Rn 42.
29 Locher/Koeble/Frik/*Locher*, Einl. Rn 413 m.w.N.
30 BR-Drucks. 334/13, S. 154 f.
31 Erschienen als Heft 9 der AHO-Schriftenreihe, 3. Aufl. 2009.
32 Zur Einordnung von Gutachten unter die werkvertraglichen Bestimmungen vgl. zuletzt BGH, Urt. v. 17.1.2013 – III ZR 10/12 – BauR 2013, 828; BGH, Urt. v. 4.4.2006 – X ZR 80/05 – NZBau 2007, 169.

geber ein solventer Schuldner ist und auf dem Markt als „Großauftraggeber“ auftritt.[33] Aber auch die verbreitete Praxis der Gerichtssachverständigen, auf eine Besondere Vergütung i.S.v. § 13 JVEG zu drängen, zeigt auf, dass die in § 9 Abs. 1 geregelten Stundensätze nicht den üblichen Zeithonoraren entsprechen. Welche Vergütung für die gutachterliche Tätigkeit üblich ist, wird sich vielfach nicht schematisch feststellen lassen.[34]

15 Bei **Wertermittlungen** handelt es sich um eine besondere Form von Gutachten, welche den aktuellen Wert von Immobilien und Geschäftseinheiten bestimmt. Der häufigste Fall stellt die Ermittlung des Verkehrswerts von Grundstücken dar.[35] Zu den zu bewertenden Geschäftseinheiten gehören vor allem Arztpraxen, aber auch Büros der wirtschaftsprüfenden, steuer- und rechtsberatenden Berufe. Weniger häufig, für die planenden Berufe aber umso relevanter, ist die Unternehmensbewertung der Architektur- und Ingenieurbüros.[36] Hinsichtlich der üblichen Vergütung kann auf die vorstehenden Ausführungen zu Gutachten verwiesen werden.

V. Bedarfsplanung

16 Die in DIN 18205 geregelte Bedarfsplanung dient der grundlegenden Klärung dessen, was der Bauherr überhaupt braucht und wünscht.[37] Sie darf nicht mit der Grundlagenermittlung verwechselt werden,[38] die als Leistungsphase 1 der Leistungsbilder dem verbindlichen Preisrecht unterliegt. Während Letztere darauf zielt, dass sich der Auftragnehmer über die Ziele des Auftraggebers, die Rand- und Rahmenbedingungen im Klaren ist, richtet sich die Bedarfsplanung darauf, diese Ziele zunächst zu erarbeiten, also etwa erforderliche Räume und Flächen zu sondieren, Erwartungen an Ausstattung oder Qualität zu ermitteln, Nutzungswünsche abzuklären etc.[39] Besondere Aufmerksamkeit ist in vergütungstechnischer Frage angeraten, wenn der Architekt oder Ingenieur den Auftraggeber auch bei der Bedarfsplanung unterstützt. Soll das Risiko vermieden werden, dass diese Leistung als honorarfreie Akquisition gewertet wird, wird an einer klaren und ausdrücklichen Honorarabrede kein Weg vorbeiführen. Dasselbe gilt auch dann, wenn eine Beauftragung mit der Bedarfsplanung *und* der Grundlagenermittlung Vertragsgegenstand sein soll. Um der Gefahr zu begegnen, dass die Vertragsauslegung (§§ 133, 157 BGB) eine vergütungslose Mitwirkung bei der Bedarfsplanung zusammen mit der vergüteten Grundlagenermittlung ergibt, ist darauf zu achten, dass ein Honorar ausdrücklich auch für die Bedarfsplanung vertraglich verankert wird. Im Übrigen führt die Beauftragung zum Anspruch auf die übliche Vergütung.[40]

---

33 Vgl. BT-Drucks. 17/11471, S. 145; von *Bleutge* als „Justizrabatt“ bezeichnet (in: Der Bausachverständige 2012, Heft 6, 52 ff.).

34 Zur Bedeutung von Sachverständigenbefragungen für die übliche Vergütung vgl. BGH, Urt. v. 4.4.2006 – X ZR 80/05 – NZBau 2007, 169, 170.

35 Dazu ausführlich *Kleiber*.

36 Vgl. hierzu instruktiv *Preißing*.

37 Vgl. ausführlich *Preussner*, BauR 2009, 415.

38 Hierzu grundlegend *Neuenfeld*, NZBau 2000, 405.

39 Vereinzelt wird die Bedarfsplanung auch als „Leistungsphase 0“ bezeichnet, vgl. *Hodulak/Schramm*, S. 15; *Simmendinger*, Deutsches Ingenieurblatt 5/2011, S. 45 f.

40 Uneinigkeit besteht darüber, ob die Bedarfsplanung dienst- oder werkvertraglich einzuordnen ist. Für die Anwendung von § 612 Abs. 2 BGB: *Scholtissek*, NJW 2009, 3057, 3060; für § 632 Abs. 2 BGB: Locher/Koeble/Frik/*Zahn*, § 43 Rn 20; *Preussner*, BauR 2009, 415, 420.

VI. Sonstige Leistungen

Der abschließende Charakter der von der Verordnung erfassten Leistungsbilder lässt eine Fülle von weiteren Aufgaben preisrechtlich unberührt, die ebenfalls häufig von Architekten und Ingenieuren wahrgenommen werden. Nicht immer ist aber klar, ob es sich um völlig außerhalb der HOAI liegende Leistungen handelt oder um solche Aufgaben, die eher dem Katalog der Besonderen Leistungen zuzuordnen sind. In Hinblick auf die Honorarhöhe kann dieser Aspekt dahinstehen, weil in beiden Fällen die Vertragsfreiheit der Beteiligten nicht beschränkt wird (vgl. aber die Einschränkung oben Rn 8). **17**

Keine preislich gebundene Leistung ist die **Mitwirkung in selbstständigen Beweisverfahren** nach §§ 485ff. ZPO aufseiten einer der Prozessparteien. Ist der Architekt oder Ingenieur aber schon mit Leistungen der Bauüberwachung oder der Objektbetreuung (Leistungsphase 9) für das streitgegenständliche Objekt beauftragt und bezieht sich das selbstständige Beweisverfahren auf dieselbe Bauleistung, liegt eine Zuordnung zu den ungenannten Besonderen Leistungen nahe.[41] **18**

Davon begrifflich zu unterscheiden sind **Beweissicherungsgutachten**, welche der Dokumentation des Istzustands von Bauwerken im Vorfeld von beabsichtigten Baumaßnahmen in der Nachbarschaft gelten. Diese Beweissicherung hat den Zweck, den Anscheinsbeweis für den kausalen Zusammenhang für einen am Bestand aufgetretenen Schaden durch die nachbarliche Baustelle zu erschüttern. Diese Gutachten unterliegen ebenso wenig der Preisbindung der HOAI wie solche Sicherungsgutachten, mit denen im Nachgang aufgetretene Schäden festgestellt werden. **19**

Leistungen für die **Zustandsuntersuchung** von Bauwerken sind ebenfalls keine von der HOAI geregelten Tätigkeiten. Das gilt gleichermaßen für die häufig als **wiederkehrende Bauwerksprüfung** bezeichneten Untersuchungen von Gebäuden, insbesondere öffentlicher oder öffentlich zugänglicher. Hierbei kann es sich um einfache Sichtprüfungen oder um sog. handnahe Untersuchungen handeln.[42] Auch wenn das Ziel dieser Untersuchung in erster Linie die Standsicherheit des Bauwerks betrifft, handelt es sich um keine dem Leistungsbild der Tragwerksplanung zugeordnete Tätigkeit, insbesondere nicht um die in der dortigen Leistungsphase 9 aufgeführte Besondere Leistung der Baubegehung.[43] Soweit die Bauwerksprüfung sich auf Straßenbrücken bezieht, sind die Anforderungen aus der DIN 1076 zu beachten, in der sich allerdings keine Vergütungsregelungen finden. Für diese **Brückenprüfungen** gibt es keine verbindlichen Honorierungsregeln, lediglich das Land Brandenburg verfügt mit der Richtlinie für Leistungen zur Erfassung von Bauwerksdaten und -zuständen der Straßenbrücken[44] eine Vergütungsleitlinie, welche angesichts der seitherigen inflationsbedingten Preissteigerungen kaum mehr zu empfehlen sein dürfte. Ähnlich wie für die Vergütung der Prüfung von Standsicherheitsnachweisen der Brücken nach RVP (oben Rn 4) sollte auch für die Zustandsuntersuchung von Brückenbauwerken eine einheitliche, den regelmäßigen Aufwand widerspiegelnde Honorarrichtlinie geschaffen werden.[45] **20**

---

41 So auch *Löffelmann/Fleischmann*, Rn 293.

42 Vgl. die Hinweise der Bauministerkonferenz für die Überprüfung der Standsicherheit von baulichen Anlagen durch den Eigentümer/Verfügungsberechtigten, Stand: September 2006, abrufbar unter http://www.is-argebau.de.

43 Irmler/*Ebert*, § 51 Rn 125.

44 Richtlinie 8/94 des Landes Brandenburg mit Anpassung auf Euro-Beträge von 2002.

45 Entsprechende Bestrebungen einiger Länderingenieurkammern gibt es, lassen aber keine kurzfristigen Ergebnisse erwarten.

21 Werden Planungsleistungen für den **Abbruch von Bauwerken** notwendig, richtet sich deren Vergütung ebenfalls nicht nach den Vorschriften der HOAI.[46] Das gilt freilich nur unter der Bedingung, dass es sich um einen Komplettabbruch handelt, weil Teilabbrüche, etwa in Verbindung mit Umbauten, zu den von der Verordnung erfassten Maßnahmen im Bestand gehören. Wird ein **einheitlicher Auftrag** über die Planung des vollständigen Abbruchs mit anschließender Errichtung eines Neubaus erteilt, so unterliegt der gesamte Vertrag dem Preisrecht.[47] Das ergibt sich daraus, dass die Anrechnungsregeln in § 33 Abs. 3, § 42 Abs. 3 und § 46 Abs. 3 für das Herrichten des Grundstücks, dem der Totalabriss zuzuordnen ist, eine Vergütungsfolge vorsehen, mit der gerade die auf den Abbruch bezogene Planung oder Überwachung abgegolten ist.

22 Zu den in der Vergangenheit mitunter heftig diskutierten Fragen zählte jene nach der Einordnung der Leistungen für den **Brandschutz**. Da es seit jeher kein eigenes Leistungsbild Brandschutz in der HOAI gab,[48] lag die Annahme nahe, dass diese Leistungen demnach der freien Vereinbarung unterlagen.[49] Die Gegenauffassung vertrat demgegenüber die Meinung, beim Brandschutznachweis handele es sich um eine Leistung, die bauordnungsrechtlich unverzichtbar und gerade deshalb vom Architekten zu leisten sei.[50] Ein erst im Jahr 2012 ergangenes Urteil des BGH zur Einordnung des Brandschutznachweises bezog sich noch auf die HOAI von 1996 und hat die Streitfrage nicht beantwortet.[51] Ob man die jetzt in der Leistungsphase 2 der Anlage 10.1 bei der Auflistung der Besonderen Leistungen getroffene Abgrenzung als rein deklaratorisch oder aber als erstmals geschaffene konstitutive Trennregel begreift, kann dahinstehen, weil jedenfalls im Geltungsbereich der HOAI 2013 zwischen standardisierten Nachweisen oder solchen mit Abweichungen von der Bauordnung zu unterscheiden ist. Damit sieht die Verordnung jetzt die einfachen Brandschutznachweise als Teil der Grundleistungen an.

23 Ebenfalls umstritten ist die Einordnung der **Fassadenplanung**. Die zunehmend spezialisierten Anforderungen an die Fassadentechnik verlangen ein disziplinübergreifendes Planen, das sich mit den Leistungsbildern der HOAI nicht darstellen lässt. Stellt die Fassade die nach außen abschließende Gebäudehülle dar, ohne Teil der tragenden Konstruktion des Gebäudes zu sein, wird die Planung der Fassade als Besondere Leistung eingestuft.[52] Tatsächlich werden aber Leistungen notwendig, die sich aus Leistungsausschnitten einzelner Leistungsbilder der HOAI darstellen lassen, insbesondere der Objektplanung, der Tragwerksplanung und der Bauphysik.[53] Letztere gehört der Anlage 1 der HOAI und damit den frei zu vereinbarenden Leistungen an. Auch die Tragwerksplanung von Fassaden unterliegt nicht dem verbindlichen Preisrecht, sondern ist eine Besondere Leistung.[54] Auch zahlreiche Anforderungen an Fassaden, die dem Leistungsbild Gebäude zugeordnet werden können, erweisen sich als Besondere Leistung. Was im Übrigen noch den Grundleistungen zugerechnet werden kann, wird in der Bewertung der angemessenen Vergütung nicht den Ausschlag geben, sodass letztlich eine Festlegung,

---

46 Locher/Koeble/Frik/*Koeble*, § 33 Rn 15; Korbion/Mantscheff/Vygen/*Seifert*, § 32 Rn 67; Werner/Pastor/*Werner*, Rn 608.
47 Irmler/*Petri*, § 4 Rn 2.
48 Vgl. aber das Leistungsbild Brandschutz, welches der AHO in seiner Schriftenreihe als Heft 17 veröffentlicht hat.
49 So *Quack/Seifert*, BauR 2011, 915.
50 *Rohrmüller*, BauR 2011, 1078.
51 Vgl. BGH BauR 2012, 979; dazu *Budiner/Blomeyer*, NZBau 2012, 278; *Scholtissek*, NJW 2012, 1577; *Schweer/Mauruschat*, BauR 2013, 153.
52 AHO, Heft Nr. 28, S. 2.
53 Irmler/*Irmler*, § 1 Rn 21; Locher/Koeble/Frik/*Koeble*, § 1 Rn 5.
54 Irmler/*Ebert*, § 51 Rn 89.

welche Teilaufgaben der Fassadenplanung dem verbindlichen Preisrecht unterliegen und welche nicht, müßig erscheint. Jedenfalls würde sich aus dem auf die Grundleistungen entfallenden Honorar bei Weitem keine leistungsgerechte Vergütung ableiten lassen.[55]

55 Ein Vergütungsvorschlag findet sich in AHO, Heft Nr. 28, S. 13 ff.

Kapitel 6
Arten der Beauftragung

A. Bedingte Beauftragung

1 Verträge können nach § 158 Abs. 1 BGB unter einer **aufschiebenden Bedingung** geschlossen werden. Das kann etwa zu dem Zweck sinnvoll sein, dass sich der Auftraggeber einerseits noch nicht absolut binden will, andererseits er dem Auftragnehmer doch schon eine so starke Rechtsposition gewähren will, dass bei Eintritt der Bedingung jedenfalls ein wirksamer Vertrag ohne weitere Rechtshandlungen besteht. Von der Bedingung kann der gesamte Vertrag oder nur ein Teil desselben erfasst sein. Wird der gesamte Vertrag unter eine aufschiebende Bedingung gestellt, liegt das Risiko dafür, dass erbrachte Planungsleistungen mangels eintretender Bedingung keine Vertragsgrundlage finden, beim auftragnehmenden Architekten oder Ingenieur. Insoweit handelt es sich um vergütungslose **Akquisitionsleistungen.**[1] Das kann so weit reichen, dass als Bedingung der erfolgreiche Verkauf der geplanten Häuser vor Baubeginn vereinbart wird.[2] Weitere typische Bedingungen sind die **Gewährung von Fördermitteln**[3] oder die **Erteilung der Baugenehmigung.**[4] Ähnliche Konstellationen sind in der Praxis auch für Erschließungsmaßnahmen anzutreffen.

2 Die **Beweislast** dafür, dass der Vertrag zustande gekommen ist, liegt im Honorarprozess beim Auftragnehmer. Wendet der Auftraggeber substantiiert ein, der Vertrag sei unter einer aufschiebenden Bedingung geschlossen werden, trägt der Auftragnehmer auch die Beweislast dafür, dass es sich um einen unbedingten Vertragsschluss gehandelt hat.[5]

3 Die Bedingung kann auch in der Weise aufgestellt werden, dass nicht der Vertrag insgesamt betroffen ist, sondern nur einzelne Leistungsbereiche. Dabei wird ein Leistungsteil unbedingt beauftragt, während der weitere Teil vom Bedingungseintritt abhängt. Die oben genannten Beispiele der Erteilung einer Baugenehmigung oder der Förderfähigkeit können etwa als Bedingungen dafür vereinbart werden, dass über die unbedingt beauftragten Leistungsphasen 1 bis 4 hinaus auch die weiteren Leistungsphasen 5 bis 9 Vertragsinhalt werden sollen. In diesem Fall kann sich der Architekt einer Beauftragung nur bis einschließlich der Genehmigungsplanung sicher sein. Ob die anschließenden Leistungsphasen auch Vertragsinhalt werden, hängt von den genannten Umständen der Genehmigungserteilung bzw. der Förderzusage ab. Ebenso kann vereinbart werden, dass Leistungen für ein abgrenzbares Bauwerk bereits endgültig beauftragt werden und die Leistungen für weitere Bauwerke nur dann erbracht werden sollen, wenn diese Bauwerke nach der vom **Vermarktungserfolg** abhängigen Entschließung des Auftraggebers errichtet werden.[6]

4 Von der bedingten Beauftragung ist der Fall zu unterscheiden, dass der Vertrag selbst keiner aufschiebenden Bedingung unterworfen ist, jedoch der **Anspruch auf Vergütung** an Bedingungen geknüpft wird.[7]

---

1 BGH, Urt. v. 28.3.1985 – VII ZR 180/84 – BauR 1985, 467.

2 OLG Braunschweig, Beschl. v. 27.3.2012 – 8 U 188/11 – IBR 2013, 217; OLG Frankfurt a.M., Urt. v. 27.8.2008 – 3 U 125/07 – IBR 2009, 215.

3 OLG Brandenburg, Urt. v. 6.11.2007 – 11 U 137/05 –.

4 OLG Hamm, Urt. v. 15.8.2006 – 24 U 125/05 – IBR 2008, 393.

5 BGH, Urt. v. 10.6.2002 – II ZR 68/00 – IBR 2002, 670; OLG Braunschweig, Beschl. v. 27.3.2012 – 8 U 188/11 – IBR 2013, 217; OLG München, Urt. v. 15.4.2008 – 9 U 4609/07 – IBR 2009, 394; OLG Jena, Urt. v. 18.5.1999 – 8 U 1592/98 – BauR 2000, 151.

6 BGH, Urt. v. 18.12.2008 – VII ZR 189/06 – IBR 2009, 214.

7 BGH, Urt. v. 18.12.2008 – VII ZR 189/06 – IBR 2009, 214; BGH, Urt. v. 19.2.1998 – VII ZR 236/96 – IBR 1998, 211; OLG Hamburg, Urt. v. 21.12.2007 – 10 U 1/07 – IBR 2009, 1407 (online).

B. Stufenweise Beauftragung

Unter einer **stufenweisen Beauftragung**, auch **Stufenvertrag** genannt, versteht man eine Vertragsregelung, bei der aus einem umfassenden Leistungspaket nur ein Teil unmittelbar beauftragt wird, während ein oder mehrere weitere Teile erst zu einem späteren Zeitpunkt beauftragt werden sollen. Zuweilen wird geregelt, dass diese weiteren Leistungsteile „abgerufen" werden sollen. Der Begriff des Abrufens sagt für sich gesehen noch nichts darüber aus, ob die weiteren Leistungsteile bereits unmittelbar beauftragt sind oder erst später zur Vertragsschuld des Auftragnehmers werden sollen. 5

Beispiel
Ein Planervertrag sieht vor, dass die Leistungsphasen 1 bis 4 beauftragt werden. Die weiteren Leistungsphasen 5 bis 9 beabsichtigt der Auftraggeber durch schriftlichen Abruf zu beauftragen.

Über die **Rechtsnatur** des Stufenvertrags bestehen verschiedene Meinungen, die von einem Vorvertrag hinsichtlich der künftigen Leistungen[8] über einen gemischten Haupt- und Vorvertrag[9] bis hin zu einer Kombination aus Architekten-Hauptvertrag und rahmenbezogenen Bauherrn-Optionsvertrag[10] reichen. Weitgehende Einigkeit besteht darin, dass es sich bei den jeweiligen Stufen um **Einzelverträge** handelt.[11] 6

Ein solcher Stufenvertrag kann in verschiedenen Varianten gestaltet werden. Die in der Praxis am häufigsten anzutreffende Konstellation ist dadurch gekennzeichnet, dass sich der Auftraggeber vollkommen offenhält, ob und unter welchen Voraussetzungen er die weiteren Stufen abruft, während der Auftragnehmer umgekehrt über eine festgelegte Dauer verpflichtet bleibt, die abgerufenen Leistungen zu erbringen, hier als **echter Stufenvertrag** bezeichnet. Trotz dieser einseitigen Bindung erhält der Auftragnehmer keinen Rechtsanspruch auf weitere Beauftragung. In einer seltener verwendeten Variante unterliegt auch der Auftragnehmer keiner Bindung hinsichtlich der weiteren Stufen, insoweit ähnelt die Vereinbarung einem unverbindlichen Rahmenvertrag. 7

Bindet sich auch der Auftraggeber in der Form, dass er die weitere Beauftragung an denselben Auftragnehmer verspricht, wenn bestimmte Voraussetzungen vorliegen, handelt es sich um einen **unechten Stufenvertrag**. Er weist Ähnlichkeiten zur bedingten Beauftragung vor, unterscheidet sich von dieser aber darin, dass bei der Bedingung die Rechtsfolge ohne Weiteres eintritt, während beim unechten Stufenvertrag der Leistungsabruf des Auftraggebers erforderlich wird. Bleibt er aus, obwohl die Voraussetzung für die weitere Beauftragung vorliegt, hat der Auftragnehmer einen einklagbaren Anspruch auf weitere Beauftragung und kann, wenn sie aus tatsächlicher Sicht nicht möglich ist, Schadensersatz wegen Vertragsverletzung verlangen. 8

Beispiel
Ein Planervertrag mit Architekt A sieht vor, dass die Leistungsphasen 1 bis 4 beauftragt werden. Die weiteren Leistungsphasen 5 bis 9 beabsichtigt der Auftraggeber durch schriftlichen Abruf zu beauftragen, wenn die Baugenehmigung erteilt wird. Nach erteilter Genehmigung beauftragt der Auftraggeber Architekt B mit den Leistungsphasen 5 bis 9.

8 *Löffelmann/Fleischmann*, Rn 874.
9 *Schmidt*, BauR 1999, 538, 543.
10 *Messerschmidt* in: FS Quack, S. 147, 151; *Rauch* in: FS Englert, S. 343, 350.
11 OLG Dresden, Urt. v. 17.6.2010 – 10 U 1648/08 – IBR 2011, 475; *Armbrüster/Bickert*, NZBau 2006, 153, 158; *Berger/Fuchs*, Rn 63; *Schmidt*, BauR 1999, 538, 542; Werner/Pastor/*Werner*, Rn 802; a.A. Irmler/*Irmler*, § 55 Rn 7 ff.: einseitiges Leistungsbestimmungsrecht des Auftraggebers aus einheitlichem Vertrag.

9 Ob im Einzelfall ein echter oder unechter Stufenvertrag geschlossen wurde, ist von der **Auslegung** der jeweiligen Vereinbarung abhängig. Wird ein Rechtsanspruch auf weitere Beauftragung ausdrücklich ausgeschlossen,[12] handelt es sich um einen echten Stufenvertrag. Fehlt es an der klaren Vertragsregelung, ist der Wille der Vertragsparteien nach §§ 133, 157 BGB zu erforschen.

10 Der **Abrufvertrag** stellt eine Form des unechten Stufenvertrags dar. Er liegt vor, wenn alle vorgesehenen Leistungen bereits unmittelbar beauftragt sind und der Auftraggeber es in der Hand behalten will, festzulegen, zu welchem Zeitpunkt er die Leistung verlangt. Da der Auftragnehmer nach § 271 Abs. 1 BGB ohne anderslautende Regelung die von ihm geschuldete Leistung „sofort" zu leisten hat und im Zweifel auch bei einer Leistungszeitbestimmung nach § 271 Abs. 2 BGB vorher leisten darf, würden bereits Planungsschritte vorliegen, die der Auftraggeber noch nicht nutzen kann und die sich unter Umständen für ihn als wertlos erweisen. Die Rechtsprechung hat es deshalb als treuwidrig betrachtet, wenn der Auftragnehmer einseitig „vorprescht", und dem Planer deshalb das Risiko der Unbrauchbarkeit der **verfrühten Planung** auferlegt.[13] Dennoch kann es für den Auftraggeber ratsam sein, bestimmte Leistungsintervalle zu definieren und dazu festzulegen, welche Intervalle erst nach einem Abruf durch den Auftraggeber zu erbringen sind. **Mit dem Abrufvertrag wird daher nur die Fälligkeit der Leistung geregelt.**[14]

11 Beim Stufenvertrag stellt sich die Frage nach dem **Zeitpunkt der Auftragserteilung** hinsichtlich der weiteren Stufen. Dieser ist nach § 7 Abs. 1 maßgeblich dafür, ob von den Mindestsätzen wirksam abgewichen werden kann. Da die Verordnung die schriftlich vereinbarte Abweichung „bei Auftragserteilung" verlangt und der Leistungsabruf in der Regel erst weit nach Vertragsschluss erfolgt, könnte erwogen werden, die Schriftform für jede abgerufene Stufe gesondert zu fordern. Dem hat der BGH jedoch eine Absage erteilt.[15] Eine wirksam vereinbarte Abweichung des Honorars vom Mindestsatz für später beauftragte Stufen liegt deshalb auch dann vor, wenn sie schon mit dem Ausgangsvertrag schriftlich vereinbart wurde. Daher ist die Wendung „bei Auftragserteilung" als „spätestens bei Auftragserteilung" zu lesen; eine schriftliche Vereinbarung vor Auftragserteilung also unschädlich.

Beispiel
Im Januar 2014 vereinbaren die Parteien für die zunächst übertragenen Leistungsphasen 1 bis 4 eine Vergütung nach HOAI und optional als Stufenvertrag für die Leistungsphasen 5 bis 9 ein Pauschalhonorar. Die zweite Stufe ruft der Auftraggeber mündlich im Juni 2014 ab. Die Pauschalvereinbarung ist wirksam.

12 Besondere Schwierigkeiten bereitet die Frage, welche Fassung der HOAI anzuwenden ist, wenn zwischen Vertragsschluss und Stufenabruf eine **Novellierung** in Kraft getreten ist (dazu § 57 Rn 18ff.).

---

12 Vgl. OLG Dresden, Urt. v. 15.4.1999 – 9 U 3211/98 – IBR 2001, 26.
13 BGH, Urt. v. 26.7.2007 – VII ZR 42/05 – BauR 2007, 1761, 1765; OLG Koblenz, Beschl. v. 29.9.2011 – 5 U 224/11 – IBR 2011, 643; OLG Düsseldorf, Urt. v. 22.3.1994 – 21 U 172/93 – BauR 1994, 534.
14 *Armbrüster/Bickert*, NZBau 2006, 153, 158; *Motzke*, NZBau 2013, 742, 745; Werner/Pastor/*Werner*, Rn 802.
15 BGH, Urt. v. 27.11.2008 – VII ZR 211/07 – IBR 2009, 144.

C. Vorvertrag

Mit dem Vorvertrag wird noch kein Architekten- oder Ingenieurvertrag geschlossen, sondern lediglich die **Verpflichtung** begründet, einen solchen **Hauptvertrag** demnächst abzuschließen.[16] Er muss in der Weise hinreichend bestimmt sein, dass das herzustellende Werk und die zu zahlende Vergütung einschließlich der von den Vertragsparteien für wesentlich angesehenen Nebenpunkte geregelt sind oder sich bestimmen lassen,[17] ohne dass dabei bereits alle Einzelheiten vorweg geregelt worden sein müssten. Der Annahme eines Vorvertrages soll es aber entgegenstehen, wenn für die Errichtung von Schulbauten noch keine Angaben zur Gestaltung vorliegen, sei es zur Größe des umbauten Raums oder zur Aufgliederung.[18] Damit werden freilich zu hohe Anforderungen an die Bestimmtheit gestellt, denn bei gestalterischen Festlegungen handelt es sich um Planungsinhalte, die zumeist selbst bei Abschluss des Hauptvertrages noch nicht feststehen, sondern mit der Grundlagenermittlung erst sondiert werden. Tatsächlich lässt die jüngere Rechtsprechung des BGH erkennen, dass **nicht alle regelungsbedürftigen Punkte** bereits im Vorvertrag geklärt sein müssen.[19] Weil die späteren hauptvertraglichen Leistungen gerade noch nicht beauftragt sind, lassen sich aus einem Vorvertrag selbst dann noch keine vertraglichen Honoraransprüche herleiten, wenn der Architekt oder Ingenieur bereits Leistungen erbracht hat. Zu prüfen wäre dann allerdings, ob der Hauptvertrag bereits durch konkludentes Verhalten zustande gekommen ist. Die aus dem Vorvertrag sich ergebenden Ansprüche sind allein auf den Abschluss des späteren Hauptvertrags gerichtet, sodass der Auftraggeber, der abredewidrig keinen Vertrag schließt, zum Schadensersatz verpflichtet sein kann.[20] 13

Die praktische Bedeutung der ausdrücklich als Vorvertrag qualifizierten Vereinbarung ist gering. Eine Vorfestlegung kann sinnvoll sein, wenn beide Seiten grundsätzlich über die Zusammenarbeit einig sind, aus verschiedenen Gründen aber noch offen ist, ob das ins Auge gefasste Projekt tatsächlich realisiert wird. Auch der Fall, dass der konkrete Auftraggeber für das Projekt noch nicht feststeht, kann zu einem Vorvertrag führen, etwa dann, wenn eine Gemeinde die örtlichen Entwässerungsanlagen erweitern möchte, für deren Betrieb aber ein noch zu gründender Abwasserzweckverband Auftraggeber werden soll.[21] Häufiger kann sich ein Vorvertrag, ohne dass er als solcher bezeichnet ist, aus der Auslegung der Vertragsinhalte ergeben, wenn sich die Parteien noch nicht endgültig hinsichtlich der tatsächlichen Durchführung binden wollten. Vielfach wird dabei eine **Abgrenzung** zu anderen Vertragsformen notwendig werden, sei es zum bedingten Vertrag,[22] zum Stufenvertrag[23] oder zum Rahmenvertrag.[24] 14

Es spricht nicht gegen einen Vorvertrag, wenn nur eine Seite zunächst gebunden ist,[25] typischerweise der Architekt oder Ingenieur. Dennoch wird auch der künftige Auf- 15

16 BGH, Urt. v. 30.4.1992 – VII ZR 159/91 – BauR 1992, 531, 532.
17 BGH, Urt. v. 30.4.1992 – VII ZR 159/91 – BauR 1992, 531, 532; OLG Koblenz, Urt. v. 12.5.2005 – 5 U 1408/04 – IBR 2005, 428.
18 OLG Koblenz, Urt. v. 12.5.2005 – 5 U 1408/04 – IBR 2005, 428.
19 Vgl. ausdrücklich BGH, Urt. v. 18.12.2008 – VII ZR 189/06 – BauR 2009, 523, 525.
20 *Morlock/Meurer*, Rn 19; Korbion/Mantscheff/Vygen/*Wirth*, Einf. Rn 164.
21 OLG Brandenburg, Urt. v. 11.2.2004 – 4 U 26/03 –.
22 Vgl. BGH, Urt. v. 18.12.2008 – VII ZR 189/06 – IBR 2009, 214; *Grams/Weber*, NZBau 2010, 337, 340.
23 BGH, Urt. v. 17.12.1987 – VII ZR 307/86 – BauR 1988, 234; OLG Naumburg, Urt. v. 31.8.2000 – 7 U 40/98 – IBR 2001, 551.
24 *Schmidt*, BauR 1999, 538, 542.
25 *Steeger*, Einl. Rn 21.

traggeber zumindest in der Form verpflichtet, dass er nicht ohne sachlichen Grund von Vertragsverhandlungen mit dem Architekten oder Ingenieur absehen darf, um den Auftrag einem Dritten zu erteilen.[26]

16 Werden im Vorvertrag bereits **Festlegungen zur Honorierung** getroffen, müssen sie mit dem Hauptvertrag nicht wiederholt werden, um wirksam zu bleiben. Eine Honorarvereinbarung, die für den Fall getroffen wird, dass die ihr zugrunde liegenden Leistungen zu einem späteren Zeitpunkt beauftragt werden, ist nach Auffassung des BGH jedenfalls dann wirksam, wenn die auszuführenden Leistungen und das dafür zu beanspruchende Honorar von den Vertragsparteien schriftlich festgelegt werden und der Auftraggeber das Angebot des Architekten zur Erbringung dieser Leistungen später annimmt.[27] Sie ist damit **„bei Auftragserteilung“** geschlossen. Auch wenn es beim Vorvertrag nicht darum geht, dass ein Angebot des Auftragnehmers anzunehmen wäre, unterscheidet sich die Sachlage gegenüber der vom BGH für den Stufenvertrag (oben Rn 5ff., 11) entschiedenen Situation nicht wesentlich. Die Vereinbarung des Mittelsatzes im Vorvertrag gilt deshalb auch für den Hauptvertrag, wenn die Vertragsparteien im Hauptvertrag nichts anderes vereinbaren.[28] Umgekehrt hindert die Festlegung des Mindestsatzes im Vorvertrag nicht, sich nach weiteren Verhandlungen noch mit dem Hauptvertrag auf den Mittelsatz zu einigen.[29]

D. Rahmenvertrag

17 Streben die Vertragsparteien eine auf Dauer angelegte Geschäftsverbindung an, die regelmäßig eine Zusammenarbeit für mehrere künftige Bauprojekte umfasst, können sie mit einem Rahmenvertrag einzelne Eckpunkte dieser Zusammenarbeit vorab regeln. Anders als beim Vorvertrag enthält der Rahmenvertrag **keine Verpflichtung** auf Abschluss eines Einzel- bzw. Hauptvertrages. Daher steht es dem Auftraggeber frei, ein unter das Rahmenabkommen zu fassendes Vorhaben auch mit einem Dritten zu projektieren. Allerdings kann das Nichtabschließen von Einzelverträgen eine zum Schadensersatz verpflichtende Vertragsverletzung der Rahmenvereinbarung sein, wenn der Auftraggeber Verhandlungen mit dem Rahmenvertragspartner nicht erst aufnimmt. Denn die rahmenvertragliche Bindung begründet jedenfalls die **Pflicht zur Verhandlung** über den Einzelvertrag.[30] Der Verzicht auf Verhandlungen bedarf eines sachlichen Grundes, um Schadensersatzansprüche zu vermeiden. Liegt ein Konkurrenzangebot vor, welches die Mindestsätze in unzulässiger Weise unterschreitet, darf der Auftraggeber daran die Verhandlungen mit dem Rahmenvertragspartner nicht scheitern lassen.[31]

18 Die im Rahmenvertrag regelbaren Inhalte können auch **Honorarparameter** betreffen, bei strenger Anwendung der Berechnungswege in der HOAI jedoch nur, sowie sie sich nicht aus dem künftigen Einzelprojekt ergeben. Damit wären anrechenbare Kosten und Honorarzonen dem späteren Einzelvertrag vorbehalten. Dennoch kann die Festlegung der Honorarparameter bereits im Rahmenvertrag vereinbart werden. Da es zulässig ist, auch von der HOAI abweichende Berechnungsfaktoren zu vereinbaren,[32] können

---

26 *Schmidt*, BauR 1999, 538, 540.
27 BGH, Urt. v. 27.11.2008 – VII ZR 211/07 – IBR 2009, 144.
28 Ähnlich auch *Morlock/Meurer*, Rn 508.
29 So wohl auch *Schmidt*, BauR 1999, 538, 541; a.A. *Löffelmann/Fleischmann*, Rn 945.
30 BGH, Urt. v. 30.4.1992 – VII ZR 159/91 – BauR 1992, 531, 533; *Grams/Weber*, NZBau 2010, 337, 340; Locher/Koeble/Frik/*Koeble*, Einl. Rn 88; *Löffelmann/Fleischmann*, Rn 883.
31 BGH, Urt. v. 30.4.1992 – VII ZR 159/91 – BauR 1992, 531, 533.
32 BGH, Urt. v. 17.4.2009 – VII ZR 164/07 – IBR 2009, 334; BGH, Urt. v. 16.12.2004 – VII ZR 16/03 – IBR 2005, 213.

Festlegungen im Rahmenvertrag nicht von vornherein als unzulässig bewertet werden. Eine Anpassung an die tatsächlichen Verhältnisse kann entweder schon mit dem späteren Einzelvertrag erfolgen oder im Nachhinein durch den Auftragnehmer beansprucht werden, wenn sich sonst eine unzulässige Mindestsatzunterschreitung ergeben würde. Zulässig sind auch andere Formen der Honorarermittlung wie eine pauschale Herleitung der anrechenbaren Kosten mit einem Festbetrag pro Quadratmeter Bruttogeschossfläche.[33]

Wird im späteren Einzelvertrag zur Frage der Honorierung nichts mehr geregelt, ändert das an der Verbindlichkeit der Festlegungen nichts, denn auch für den Rahmenvertrag kann auf die Rechtsprechung des BGH zur Bedeutung des **Zeitpunkts der Auftragserteilung** zurückgegriffen werden.[34] Danach genügt es, wenn im Rahmenvertrag die anzuwendenden Honorarparameter schriftlich festgehalten werden, auch wenn der spätere Einzelvertrag sie nicht mehr wiederholt. 19

Dass der Rahmenvertrag eine auf Dauer angelegte Geschäftsverbindung begründet, macht eine etwaige **Unterschreitung des Mindesthonorars nicht** nach § 7 Abs. 3 **zulässig**. Zwar hat der BGH einen Ausnahmefall i.S.v. § 7 Abs. 3 bei engen Beziehungen wirtschaftlicher Art für möglich gehalten,[35] aber später deutlich gemacht, dass von einer Ausnahme noch keine Rede sein kann, wenn der Auftragnehmer über längere Zeit eine Vielzahl von Aufträgen zu einem unter dem Mindestsatz liegenden Pauschalhonorar ausführt.[36] 20

E. Optionsvertrag

Der Optionsvertrag soll einer Vertragspartei, in der Regel dem Auftraggeber, die Möglichkeit zur einseitigen Rechtsausübung einräumen. Dazu kann es zahlreiche Fallgestaltungen geben, weshalb es einen feststehenden Begriff des Optionsvertrags strenggenommen nicht gibt. Steht dem Auftraggeber etwa das Recht zu, bereits beauftragte Leistungsschritte einzeln und getrennt nacheinander abzurufen, so handelt es sich um einen **Abrufvertrag** (oben Rn 10).[37] Wird ein erster Leistungsteil beauftragt und dem Auftraggeber das Recht eingeräumt, weitere Leistungsteile nach freier Entscheidung abzurufen, handelt es sich der Sache nach um einen **Stufenvertrag** (oben Rn 5ff.).[38] Wird der Auftraggeber verpflichtet, die Option der weiteren Beauftragung auszuüben, wenn bestimmte Voraussetzungen vorliegen, handelt es sich um den unechten Stufenvertrag, der für die weiteren Stufen vorvertragliche Bindungen begründet. Der Optionsvertrag kann deshalb als **Oberbegriff** für Abruf-, Stufen- und Vorvertrag verstanden werden. Welcher Fall jeweils gemeint ist, muss sich aus der Auslegung des Optionsvertrages ergeben. Dagegen kann der Optionsvertrag nicht als aufschiebend bedingter Vertrag verstanden werden, auch wenn man die Ausübung der Option durch den Auftraggeber als sog. Potestativbedingung definieren könnte. Denn die bei Architekten- und Ingenieurverträgen übliche einseitige Bindung des Auftragnehmers bei gleichzeitig im freien Belieben des Auftraggebers stehender Optionsausübung wird bei der im Rahmen der Vertragsauslegung 21

33 *Schmidt*, BauR 1999, 538, 539.
34 BGH, Urt. v. 27.11.2008 – VII ZR 211/07 – IBR 2009, 144.
35 BGH, Urt. v. 22.5.1997 – VII ZR 290/95 – IBR 1997, 287.
36 BGH, Urt. v. 27.10.2011 – VII ZR 163/10 – IBR 2012, 88 mit Anm. *Scholtissek*, NZBau 2012, 150; *Schwenker/Wessel*, ZfBR 2012, 437.
37 *Schmidt*, BauR 1999, 538, 544.
38 BGH, Urt. v. 18.12.2008 – VII ZR 189/06 – IBR 2009, 214; OLG Düsseldorf, Urt. v. 21.5.1996 – 12 U 116/95 – IBR 1997, 23.

zu berücksichtigenden Interessenlage beider Seiten nur als **Angebot mit verlängerter Bindungswirkung** zu werten sein,[39] wobei die vertraglich bestimmte Dauer der Bindung an das Angebot bei **vorformulierten Verträgen** zu AGB-rechtlichen Problemen führen kann.[40]

39 *Grams/Weber*, NZBau 2010, 337, 340; Palandt/*Ellenberger*, Einf. vor § 158 Rn 10.
40 *Berger/Fuchs*, Rn 64.

Kapitel 7
Bedeutung der HOAI für VOF-Vergabeverfahren und Wettbewerb

1 Die Bestimmungen der HOAI spielen für Vergabeverfahren, die nach den Regelungen der VOF durchzuführen sind, eine bedeutende Rolle.

2 Die Regelungen der VOF verweisen sowohl **direkt** (etwa §§ 18 Abs. 2, 20 Abs. 3 VOF) als auch **indirekt** (§§ 11 Abs. 5 S. 3, 13 Abs. 3 S. 2 VOF – gesetzliche Gebühren- oder Honorarordnung)[1] in verschiedenen Bestimmungen auf die HOAI. Für die Vergabe von Architekten- und Ingenieurleistungen enthält die VOF zudem ein eigenes Kapitel mit zusätzlich geltenden Vorschriften (Kapitel 3, §§ 18–20 VOF). Seit dem 17.7.2013 darf keine Vergabe mehr auf der Grundlage der HOAI 2009 erfolgen.[2]

3 Auch wenn die Bestimmungen der HOAI preisrechtlichen Charakter haben, kommt ihnen für verschiedene Aspekte des VOF-Vergabeverfahrens eine **nicht zu unterschätzende Bedeutung** zu. Dies steht zunächst im Zusammenhang mit der **Schätzung des Auftragswertes** und der damit verbundenen Entscheidung, ob die Schwellenwerte für eine europaweite Vergabe erreicht oder überschritten werden. Ebenso reglementiert die HOAI den Inhalt und die Grenzen der **Verhandlungsmöglichkeiten** und der Spielräume des Auftraggebers für die **Zuschlagsentscheidung**. Im Bereich europaweiter Ausschreibungen von Architekten- und Ingenieurleistungen stellt sich daneben die **Frage**, ob die HOAI aus **europarechtlichen Gründen nur eingeschränkt** anwendbar ist. Schließlich stehen die Fragen über die Bedeutung der HOAI bei der Vergütung von Wettbewerbsbeiträgen und Lösungsvorschlägen erst am Anfang der Klärung.

4 Diese Aspekte, ein kurzer Abriss über die aktuellen Verfahrensprobleme bei der Vergabe von Architekten- und Ingenieurleistungen sowie eine vergleichende Betrachtung zu den Regelungen über die Durchführung von Planungswettbewerben nach der RPW 2013 werden im Folgenden aus praktischer Sicht dargestellt. Damit wird der notwendige Aus- und Einblick in die Anwendungsfelder der HOAI sichergestellt, der zur Abrundung einer Kommentierung der HOAI erforderlich ist.

5 Für eine vollständige Darstellung der Abläufe von Vergabeverfahren, die nach den Regelungen der VOF durchgeführt werden, wird auf die hierzu einschlägigen Kommentare verwiesen.[3] Ebenso wird für die Fragen des persönlichen Anwendungsbereiches der Bestimmungen der VOF durch öffentliche Auftraggeber i.S.v. § 98 GWB auf die einschlägigen Erläuterungen zum GWB verwiesen.[4]

A. Bedeutung der HOAI für die Ermittlung der Schwellenwerte

I. Grundsätze und Bedeutung der Schwellenwertermittlung

6 Gemäß § 5 VgV haben öffentliche Auftraggeber bei der Vergabe von Dienstleistungen **oberhalb des Schwellenwertes**, die im Rahmen freiberuflicher Tätigkeit oder im Wettbewerb mit freiberuflichen Leistungen erbracht werden, die Regelungen der VOF 2009 anzuwenden. Dies ist der Fall, wenn der geschätzte Auftragswert (ohne Umsatzsteuer) einen **Betrag von 207.000 €** erreicht oder überschreitet, § 2 Abs. 1 VgV. Die Höhe

1 Neben der HOAI existieren jedoch noch andere Gebühren- und Honorarverordnungen, etwa das Rechtsanwaltsvergütungsgesetz – RVG.
2 KG, Beschl. v. 1.9.2014 – Verg 18/13 – VPR 2014, 291.
3 Beispielhaft: *Voppel/Osenbrück/Bubert*; *Ziekow/Völlink*; *Müller-Wrede*; *Pünder/Schellenberg*.
4 Etwa: *Kulartz/Kus/Portz*; *Ziekow/Völlink*.

des Schwellenwertes ergibt sich direkt aus der einschlägigen EU-Verordnung.[5] Der Schwellenwert von 207.000,00 € gilt in gleicher Weise für Auslobungsverfahren, welche den Ausschreibungen von Architektenleistungen vorgeschaltet werden können. Für einzelne Lose beträgt der Schwellenwert 80.000 €. Ein Kontingent von bis zu 20% aller Lose aus dem gesamten Auftragswert ist von der Anwendungspflicht des europäischen Vergaberechtes und damit auch vom Anwendungsbereich der VOF befreit. § 1 Abs. 2 VOF wiederholt deklaratorisch die Maßgeblichkeit der Schwellenwerte.

7 Für **Sektorenauftraggeber gilt die VOF nicht.** Sie haben ausschließlich die Bestimmungen der SektVO anzuwenden, §§ 1 SektVO, 2 Abs. 2 VgV.

8 In die Schätzung des Auftragswertes sind **sämtliche Kosten** einzubeziehen, die ein **wirtschaftlich denkender Auftraggeber** unter Berücksichtigung aller einschlägigen Informationen für die vorgesehenen Leistungen in Ansatz bringen würde. Es ist also von der geschätzten **Gesamtvergütung** auszugehen. Ausschlaggebender **Zeitpunkt** für die Schätzung ist der **Tag, an dem die Bekanntmachung** der beabsichtigten Auftragsvergabe abgesendet oder das Vergabeverfahren auf andere Weise eingeleitet wird, § 3 Abs. 9 VgV. Altverträge können dabei zwar einen Anhalt dafür geben, ob bei der aktuellen Vergabe der Schwellenwert erreicht wird; der Auftraggeber darf jedoch keine gewichtigen Kostenfaktoren außer Acht lassen, wenn solche entweder bislang angefallen sind oder durch eine Erweiterung des Leistungsspektrums zu erwarten sind.[6] Dem Auftraggeber steht bei der Schätzung ein **Beurteilungsspielraum** zu.

9 Die der Schätzung zugrunde liegende **Prognoseentscheidung** kann von den Nachprüfungsinstanzen nur **eingeschränkt** daraufhin **überprüft werden**, ob die Grenzen des Beurteilungsspielraumes eingehalten worden sind.

10 Dies ist der Fall, wenn die Vergabestelle bei der Schätzung

- von einem **vollständig ermittelten und zutreffenden Sachverhalt** ausgegangen ist,
- ihre Entscheidung **nicht nach sachfremden** Erwägungen getroffen hat,
- sich **innerhalb** des gesteckten **Rahmens der Beurteilungsermächtigung** und der gebildeten Beurteilungsmaßstäbe gehalten hat und
- das **vorgeschriebene Verfahren zur Ermittlung** des Auftragswertes eingehalten wurde.[7]

11 Wird die zu vergebende Leistung in mehrere **Teilaufträge** aufgeteilt, sind die Werte bei der Schätzung des Gesamtwertes zu **addieren.** Dies gilt auch dann, wenn die Leistungen nicht an einen Auftragnehmer vergeben, sondern in Teilaufträge aufgeteilt werden soll. Maßgeblich ist, ob es sich um dieselbe freiberufliche Leistung handelt.[8]

12 In die Schätzung des Auftragswertes sind **auch diejenigen Leistungen einzubeziehen**, die nach Auffassung des Auftraggebers noch nicht sicher vergeben werden sollen, sondern lediglich **optional** vorgesehen sind, § 3 Abs. 1 S. 2 VgV. Unterschiedliche freiberufliche Leistungen, die verschiedene Auftragnehmer ausführen sollen, sind jeweils für sich zu betrachten und nach den einzelnen Schwellenwerten zu differenzieren. Dies gilt auch, wenn sie sich auf ein Objekt beziehen. Dies ist insbesondere bei Aufträgen

5 Derzeit ist maßgeblich die EU-Verordnung 1336/2013 zur Änderung der Richtlinien 2004/17/EG, 2004/18/EG und 2009/81/EG des Europäischen Parlaments und des Rates vom 14.12.2013, ABl. EU 13 Nr. L 335 S. 17.

6 OLG München, Beschl. v. 11.4.2013 – Verg 3/13 – VPR 2013, 88.

7 OLG München, Beschl. v. 31.1.2013 – Verg 31/12 – IBR 2013, 365; OLG München, Beschl. v. 31.10.2012 – Verg 19/12 – IBR 2013, 40; OLG Dresden, Beschl. v. 24.7.2012 – Verg 2/12 – IBR 2012, 721.

8 OLG München, Beschl. v. 28.4.2006 – Verg 6/06 – IBR 2006, 520.

für verschiedene Fachlose (etwa unterschiedliche Leistungsbilder nach der HOAI) der Fall.[9]

Die Werte von Leistungen aus **verschiedenen Fachplanungsbereichen** sind damit grundsätzlich **nicht zusammenzurechnen**. Handelt es sich bei den vorgesehenen Leistungen um Planungsleistungen, die verschiedene Anlagengruppen des Leistungsbildes Technische Ausrüstung betreffen (§ 53 Abs. 1 der HOAI), sind die Gruppen Maschinenwesen (§ 53 Abs. 2 Nr. 1, 2, 3, 6 und 7 der HOAI) und Elektrowesen (§ 53 Abs. 2 Nr. 4, 5 und 8 der HOAI) zu unterscheiden. Die geschätzten Kosten von Planungen innerhalb einer Gruppe sind zusammenzurechnen. Betreffen die Planungsleistungen verschiedene Gruppen, sind getrennte Schätzungen durchzuführen. 13

Gestufte Teilaufträge, die (noch) unter Finanzierungsvorbehalt stehen, sind **zusammenzurechnen**, wenn zwischen ihnen eine Verbundenheit in einer Weise besteht, dass ein **einheitlicher Auftrag** angenommen werden muss. Dafür kommt es auf eine **funktionale und wirtschaftliche** Betrachtungsweise an. Erfüllen die verschiedenen Teilaufträge eines Gesamtauftrages dieselbe wirtschaftliche und technische Funktion, sind deren jeweilig geschätzten Auftragswerte zu addieren.[10] 14

Gegen die zusammengefasste Schätzung des Auftragswertes sprechen auch nicht technische oder haushaltsrechtliche Erwägungen, die (zunächst) eine Gesamtvergabe nicht zulassen.[11] Deshalb sind auch **stufenweise Planungsaufträge** in der Regel vergaberechtlich als **ein Auftrag** anzusehen, soweit darin hinreichend der Wille des Auftraggebers zum Ausdruck kommt, das Gesamtprojekt zu verwirklichen.[12] Etwas anderes gilt nur, wenn ein Gesamtauftrag in Lose aufgeteilt wird und gleichzeitig in der Ausschreibung angekündigt wird, dass die Vergabe späterer Lose unter einen Finanzierungsvorbehalt gestellt werden muss. 15

Praxistipp
Bei der Schätzung des Auftragswertes sollte ein Sicherheitszuschlag einbezogen werden.

II. Die Relevanz der HOAI bei der Schwellenwertermittlung

Für die Schätzung des Auftragswertes von Planungsleistungen hat der Auftraggeber – soweit ihm das mit vertretbarem Aufwand möglich ist – **sämtliche relevante Honorarparameter** zu ermitteln, die für die Berechnung der voraussichtlichen Vergütung zum Tragen kommen. Dies betrifft grundsätzlich auch die **Honorarzone**, in die das zu planende Objekt einzuordnen ist. Dazu sind zwar die Grundsätze aus § 5 zu beachten. Eine verbindliche Festlegung kann jedoch für die Schätzung des Auftragswertes und vor dem Hintergrund des bestehenden Beurteilungsspielraumes nicht verlangt werden. Eine bestimmte Honorarzone hat der Auftraggeber nach der zurzeit überwiegenden Sichtweise in der Rechtsprechung auch nicht mit den Vergabeunterlagen anzugeben.[13] Ebenso 16

9 OLG München, Beschl. v. 28.4.2006 – Verg 6/06 – IBR 2006, 520; VK Nordbayern, Beschl. v. 27.4.2005 – Verg 13/05 – IBR 2005, 443.
10 EuGH, Urt. v. 15.3.2012 – C-574/10 – IBR 2012, 1140; IBR 2012, 288; OLG München, Beschl. v. 31.1.2013 – Verg 31/12 – IBR 2013, 365; KG Berlin, Beschl. v. 28.9.2012 – Verg 10/12 – IBR 2013, 41.
11 Zu einer solchen Konstellation: OLG München, Beschl. v. 5.11.2009 – Verg 15/09 – IBRRS 2010, 2665.
12 Ziekow/Völlink/*Schabel*, § 1 VOF Rn 28.
13 OLG Koblenz, Beschl. v. 29.1.2014 – 1 Verg 14/13 – IBR 2014, 167; OLG Düsseldorf, Beschl. v. 12.6.2013 – VII Verg 7/13 – IBR 2013, 487. A.A. noch: VK Nordbayern, Beschl. v. 1.2.2008 – 53/07 – IBR 2008, 474; VK Sachsen, Beschl. v. 20.10.2011 – 039-11 – IBR 2012, 109.

sind die **anrechenbaren Kosten** (zumindest grob) zu ermitteln.[14] Auch ggf. notwendig werdende **Umbauzuschläge** sind bei der Schätzung des Auftragswertes von Planungsaufträgen einzubeziehen.[15] Diese Einzelaspekte sind für die Schätzung des Auftragswertes von Planungsaufträgen anhand der Honorarparameter der HOAI einer ersten wertenden Betrachtung durch den Auftraggeber zu unterziehen, um den Auftragswert zu schätzen.

17 Methodik, Ablauf und Grundlagen dieser Schätzung sind im Rahmen des Vergabevermerkes[16] zu **dokumentieren.** Eine nachvollziehbare Herleitung und Begründung der einzelnen Annahmen sowie der Aufgliederung der einzelnen Kostenparameter anhand der einschlägigen DIN 276, Ausgabe 12/2008, empfiehlt sich. Dadurch wird den Nachprüfungsinstanzen die Einschätzung erleichtert, dass die Schätzung des Auftragswertes unter Berücksichtigung sämtlicher einschlägiger Parameter mit vertretbaren Annahmen innerhalb des Beurteilungsspielraums getroffen worden ist.

18 Auch wenn § 12 Abs. 2 VOF eine Dokumentation nicht als Mindestanforderung verlangt, ist sie zur Begründung vor allem dann von erheblicher Bedeutung, wenn die Schätzung ergeben hat, dass mangels Erreichen oder Überschreiten der einschlägigen Schwellenwerte ein europaweites Ausschreibungsverfahren unter Geltung der Bestimmungen der VOF nicht durchgeführt werden muss.

Praxistipp

Je näher der geschätzte Auftragswert am Schwellenwert liegt, desto genauer sollte die Dokumentation erfolgen.

B. Die Bedeutung der HOAI im Zusammenhang mit der Vergütungspflicht für Entwürfe bzw. Lösungsvorschläge

19 Verlangt der Auftraggeber über die Bewerbungs- und Angebotsunterlagen hinaus die Ausarbeitung von Entwürfen, Pläne, Zeichnungen, Berechnungen und andere Unterlagen, so hat er für alle Bewerber eine **angemessene Vergütung** festzusetzen. Die gesetzlichen Gebühren- und Honorarordnungen sowie der Urheberrechtsschutz bleiben unberührt, § 13 Abs. 3 VOF. Ebenso hat der Auftraggeber, wenn er im Zusammenhang mit der angestrebten Vergabe von Architekten- und Ingenieurleistungen außerhalb eines Planungswettbewerbes Lösungsvorschläge für die Planungsaufgabe verlangt, diese nach den **Honorarbestimmungen der HOAI zu vergüten,** § 20 Abs. 3 VOF.

20 Unabhängig von der dogmatischen Fragestellung, ob diese Bestimmungen eigene Anspruchsgrundlagen enthalten, auf die ein Bieter oder Bewerber Zahlungsansprüche stützen kann,[17] stellt sich die praktische Frage, auf welche Weise die Bewerber und Bieter die Einhaltung dieser Bestimmungen (Aufnahme angemessener und HOAI-konformer Vergütungsregelungen in den Vergabeunterlagen) im Vergabeverfahren durchsetzen

14 OLG Düsseldorf, Beschl. v. 7.7.2004 – Verg 15/04 – IBR 2004, 588 (jedoch zu einer Konstellation, in der eine Baukostenobergrenze als Beschaffenheitsvereinbarung vorgesehen war, was nach der neuen Rechtsprechung des OLG Koblenz, Urt. v. 5.6.2013 – 5 U 1481/12 – IBR 2013, 298, problematisch sein dürfte).

15 VK Nordbayern, Beschl. v. 13.7.2012 – 11/12 – IBR 2013, 173.

16 Der Vergabevermerk kann auch in einer fortlaufenden Dokumentation bestehen, wenn daraus der Ablauf des Verfahrens, die getroffenen Feststellungen und die Begründungen der getroffenen Entscheidungen nachvollziehbar wiedergegeben werden, OLG München, Beschl. v. 25.7.2013 – Verg 7/13 – IBR 2013, 645.

17 Hierzu zuletzt: OLG München, Beschl. v. 20.3.2013 – Verg 5/13 – IBR 2013, 304; LG München I, Urt. v. 21.3.2013 – 11 O 17404/12 – IBR 2013, 435; OLG Koblenz, Urt. v. 6.7.2012 – 8 U 45/11 – IBR 2012, 602.

können. Nach der Rechtsprechung des Vergabesenates beim Oberlandesgericht München bedarf es dazu entsprechender (rechtzeitiger) **Rügen.**[18] Auf der Grundlage des derzeitigen Standes der Rechtsprechung ist für die Behandlung von geforderten Entwürfen und Lösungsvorschlägen von folgenden Grundsätzen auszugehen:

- Mangels ausreichender Ermächtigung stellt **weder** § 13 Abs. 3 VOF **noch** § 20 Abs. 3 VOF eine **eigene Anspruchsgrundlage** dar. Beide Bestimmungen gelten nur in europaweiten Vergabeverfahren. Die Verpflichtung zur Anwendung der VOF ergibt sich dabei aus der VgV, die ihrerseits auf den Ermächtigungsgrundlagen in § 97 Abs. 6 GWB und § 127 Nr. 1 GWB beruht. Da § 97 Abs. 6 GWB lediglich zum Erlass einer Rechtsverordnung für die Regelung näherer Bestimmungen über das bei der Vergabe einzuhaltende Verfahren ermächtigt, deckt die Norm den Erlass von zivilrechtlichen Anspruchsgrundlagen nicht ab. Das Gleiche gilt für § 127 Nr. 1 GWB, der allein den Erlass einer Rechtsverordnung zur Umsetzung der vergaberechtlichen Schwellenwerte der Richtlinien der Europäischen Union in ihrer jeweils geltenden Fassung zulässt;
- § 13 Abs. 3 VOF und § 20 Abs. 3 VOF sind (nur) Bestimmungen über das Vergabeverfahren. Der Auftraggeber ist durch **Rügen** und ggf. durch **Nachprüfungsverfahren** zur Einbeziehung angemessener Vergütungsbestimmungen in die Vergabeunterlagen anzuhalten;
- § 20 Abs. 3 VOF reicht weiter als § 13 Abs. 3 VOF. Jener wird durch § 20 Abs. 3 VOF jedoch nicht vollständig verdrängt. Zur Abgrenzung ist das Verlangen des Auftraggebers daraufhin zu prüfen, welche Qualität der Leistungen verlangt wird (Lösungsvorschläge für die Planungsaufgabe oder Entwürfe, Pläne, Zeichnungen, Berechnungen oder andere Unterlagen). Als **Lösungsvorschläge** sind **systematische Tätigkeiten** im Sinne einer alle Wechselwirkungen und Belange durchdringenden Planung zu verstehen, nicht lediglich punktuelle Tätigkeiten (welche als Eignungsnachweise anzusehen sind).[19]

Ungeklärt ist darüber hinaus bislang die Frage, welche Vergütungshöhe als **angemessen** anzusehen ist und auf welche Weise die Bestimmungen der HOAI zum Maßstab der Vergütungshöhe für Lösungsvorschläge nach § 20 Abs. 3 VOF gemacht werden können. Dabei ist der **Beurteilungsspielraum** des Auftraggebers bei der Festlegung einer angemessenen Vergütung für einzelne, punktuelle Leistungsbestandteile der abgefragten Leistung als Bewerbung- und/oder Angebotsunterlage nach § 13 Abs. 3 VOF in weiterem Umfang anzuerkennen, als die Vergütungspflicht bzw. die Pflicht zur Aufnahme einer angemessenen Vergütungsregelung unter Beachtung der HOAI für Lösungsvorschläge in § 20 Abs. 3 VOF. 21

Für die Konstellationen des § 20 Abs. 3 VOF ist den Auftraggebern zu empfehlen, in den Ausschreibungsunterlagen **ausdrücklich** vorzugeben, dass **keine ausgearbeiteten Planungen** unter Berücksichtigung aller für eine vollständige HOAI-honorarfähige Planung beachtenden Gesichtspunkte verlangt werden, sondern nur ein Planungsrudiment bestehend aus Ideenskizzen, Lösungsansätzen und Einzelaspekten. Dadurch sollte deutlich werden, dass der verlangte Lösungsansatz keinesfalls die Tiefe und den Aufwand 22

18 OLG München, Beschl. v. 20.3.2013 – Verg 5/13 – IBR 2013, 304; dort hatten die betroffenen Antragsteller jedoch selbst aus „berufsständigen“ Gründen vom weiteren Verfahren Abstand genommen, weshalb ihr Nachprüfungsantrag als unbegründet angesehen worden war. Auch die Absage eines Verhandlungstermins lässt den Bieter aus dem Verfahren ausscheiden, VK Südbayern, Beschl. v. 9.9.2014 – Z3-3-3194-1-35-08/14 – VPR 2014, 297.

19 Ebenso überzeugend: LG München I, Urt. v. 21.3.2013 – 11 O 17404/12 – IBR 2013, 435.

einer Planungsleistung entsprechend einzelnen Leistungsphasen aus bestimmten Leistungsbildern erreichen soll. Gegebenenfalls kann zur Konkretisierung auf einzelne Teilleistungen aus den Leistungsphasen der Grundleistungen nach den Anhängen der HOAI 2013 Bezug genommen werden. Selbst wenn sodann Lösungsvorschläge unterbreitet werden, die über die geforderte Planungstiefe hinausgehen, darf dies nicht berücksichtigt werden und für den entsprechenden Bieter keine bessere Bewertung zum Ergebnis haben.[20]

C. Besonderheiten beim VOF-Vergabeverfahren und Bedeutung der HOAI-Vergütung für die Auswahlentscheidung

23 Auftragsvergaben nach den Bestimmungen der VOF erfolgen in der Regel im Verhandlungsverfahren nach vorheriger öffentlicher Aufforderung zur Teilnahme (Teilnahmewettbewerb), § 3 Abs. 1 VOF. Die ausgewählten Bewerber werden in Textform zu Verhandlungen aufgefordert. Die Verhandlungen können sowohl über den **Gegenstand der Leistung** als auch über die im Rahmen der Verhandlung abgeforderten **Angebote** geführt werden, § 11 Abs. 1 VOF. Neben den allgemeinen Grundsätzen, die für Vergabeverfahren gelten, treten bei VOF-Vergaben bestimmte Besonderheiten regelmäßig auf.

24 Schwierigkeiten bietet vor allem die Bestimmung der Kriterien, nach denen die Zuschlagsentscheidung getroffen werden soll.

I. Überschneidung von Zuschlags- und Eignungskriterien

25 Problematisch ist zunächst die Einhaltung der grundsätzlich auch für VOF-Vergaben vorgeschriebenen **Trennung von Zuschlags- und Eignungskriterien.**[21] Sie verlangt zumindest, dass Aspekte, die für die Prüfung der Eignung der Bewerber und Bieter abgefragt wurden, nicht erneut als Zuschlagskriterien verwertet werden können. Eine „bessere" Eignung darf kein ausschlaggebendes Kriterium für die Auswahl des Vertragspartners sein.[22] Die Abgrenzung, ob es sich bei einzelnen Kriterien um Eignungs- oder Zuschlagskriterien handelt, erfolgt danach, ob diese Kriterien schwerpunktmäßig – also im Wesentlichen – mit der Beurteilung der fachlichen Eignung der Bieter für die **Ausführung des betreffenden Auftrages** oder mit der Ermittlung des **wirtschaftlich günstigsten Angebotes** zusammenhängen.[23] Danach dürfen als Zuschlagskriterien nur solche Kriterien zur Anwendung kommen, die mit dem Gegenstand des Auftrages zusammenhängen, sich also auf die Leistung und nicht die Qualifikation des Bewerbers/Bieters beziehen.[24] Gerade im Zusammenhang mit freiberuflichen Leistungen und insbesondere für die Vergabe von Architekten- und Ingenieurleistungen (vgl. dazu: § 20 Abs. 1 S. 1 VOF) erfolgt die Auswahl des Bieters anhand einer Prognose, welcher der Konkurrenten am ehesten die Gewähr für eine sachgerechte und qualitätsvolle Leistungserfüllung bietet. Bei einer solchen Prognose lässt sich jedoch die Frage der Qualifikation des Bieters (eigentlich ein Eignungskriterium) nur schwer ausklammern.

20 Ziekow/Völlink/*Stolz*, § 20 VOF Rn 6.

21 OLG Karlsruhe, Beschl. v. 21.12.2012 – 15 Verg 10/12 – IBR 2013, 237; OLG München, Beschl. v. 25.7.2013 – Verg 7/13 – IBR 2013, 645.

22 Hiervon zu trennen ist die Durchführung eines Teilnahmewettbewerbes und die dabei festgelegte Verfahrensweise zur Ermittlung geeigneter Bewerber und (sollte die Höchstteilnehmerzahl überschritten sein) der auszuwählenden Bewerber (Ranking).

23 OLG Düsseldorf, Beschl. v. 17.1.2013 – Verg 35/12 – IBR 2013, 234.

24 EuGH, Urt. v. 24.1.2008 –C-532/06 – IBR 2008, 170.

Dennoch ist grundsätzlich auch im VOF-Vergabeverfahren weiterhin darauf Wert zu legen, dass eine Vermengung von Eignungs- und Zuschlagskriterien zu vermeiden ist.[25] Die in Teilen der Rechtsprechung bereits angedeutete Sichtweise, dass in solchen oder ähnlichen Konstellationen eine trennscharfe **Abgrenzung** zwischen Zuschlags- und Eignungskriterien nicht mit letzter Genauigkeit durchgeführt werden kann, sodass in gewissen Grenzen (vor allem dann, wenn diese Aspekte nicht bereits zuvor bei der Eignungsprüfung abgefragt worden waren) **Qualitätsgesichtspunkte** zum Gegenstand der **Auswahlentscheidung** für den Auftraggeber herangezogen werden dürfen,[26] kann daher bei Ausschreibungsverfahren nur mit äußerster Vorsicht zugrunde gelegt werden. Allerdings haben in jüngster Zeit sowohl der EuGH[27] als auch das OLG Düsseldorf[28] eine Berücksichtigung der Qualität des vorgesehenen Projektteams zugelassen. Zulässig ist es jedoch, die Zuschlagsentscheidung von den Eindrücken einer Präsentation abhängig zu machen.[29] 26

Praxistipp

Bis auf Weiteres ist vorsorglich weiter streng auf die Trennung von Eignungs- und Zuschlagskriterien auch bei VOF-Vergaben zu achten.

Unterdessen ist die Vergabeverordnung novelliert worden.[30] Danach können nun auch in **engen Grenzen** und für bestimmte Leistungen Eignungsgesichtspunkte zum Gegenstand der Zuschlagsentscheidung gemacht werden, wenn dies nicht bereits bei der Eignungsprüfung Gegenstand der Auswahlentscheidung war.[31] Die strikte Trennung von Eignungs- und Zuschlagskriterien wird mit der **Revision der Vergabekoordinierungsrichtlinie**[32] noch weitergehend aufgegeben. Nach Art. 67 Abs. 2b der Richtlinie kann nunmehr der Zuschlag auch unter Berücksichtigung der Organisation, der Qualifikation oder der Erfahrung des zur Ausführung vorgesehenen Personals beim Bieter erfolgen. 27

II. Bedeutung des Angebotspreises

Problematisch im Verhandlungsverfahren zur Vergabe von Architekten- und Ingenieurleistungen ist weiter, dass gem. § 11 Abs. 5 S. 3 VOF der Preis der anzubietenden Leistung nur im vorgeschriebenen Rahmen zu berücksichtigen ist, wenn die verlangte Leistung nach einer gesetzlichen Gebühren- oder Honorarordnung zu vergüten ist. 28

Damit kann der **Angebotspreis** solcher Leistungen nur im Rahmen der Bandbreite der zulässigen Vergütungsspielräume nach der HOAI (also im **Rahmen** der von der Verordnung vorgegebenen **Mindest- und Höchstsätze**, Besonderen Leistungen, Umbauzuschlag, Nebenkosten) gewertet werden. Nur das unter Einhaltung der HOAI günstigste 29

25 OLG München, Beschl. v. 21.11.2013 – Verg 9/13 – IBR 2014, 105; OLG München, Beschl. v. 25.7.2013 – Verg 7/13 – IBR 2013, 645; OLG Düsseldorf, Beschl. v. 12.6.2013 – VII Verg 7/13 – IBR 2013, 487; OLG Karlsruhe, Beschl. v. 21.12.2012 – 15 Verg 10/12 – IBR 2013, 237.

26 Vgl. insbesondere: OLG Düsseldorf, Beschl. v. 5.5.2008 – Verg 5/08 – IBR 2008, 681; hierzu auch die Anmerkung von *Kus* zu OLG Düsseldorf, Beschl. v. 3.8.2011 – Verg 16/11 – VergabeR 2012, 227, 233.

27 EuGH, Urt. v. 26.3.2015 – C 601/13 – VergabeR 2015, 540.

28 OLG Düsseldorf, Beschl. v. 29.4.2015 – Verg 35/14 – VPR 2015, 177.

29 OLG München, Beschl. v. 25.9.2014 – Verg 9/14 – VergabeR 2015, 93; OLG München, Beschl. v. 2.11.2012 – Verg 26/12 – IBR 2012, 730; OLG München, Beschl. v. 25.7.2013 – Verg 7/13 – IBR 2013, 645.

30 7. ÄndVO zur VgV v. 15.10.2013, BGBl. I S. 3854.

31 §§ 4 Abs. 2 Nr. 2, 5 Abs. 2 Nr. 2 VgV n.F., vgl. dazu die Begründung in: BR-Drucks. 610/13.

32 Richtlinie 2014/24/EU des Europäischen Parlaments und des Rates vom 26.2.2014 über die öffentliche Auftragsvergabe und zur Aufhebung der Richtlinie 2004/18/EG, ABl. EU Nr. L 94, S. 65 ff.

Honorarangebot erhält für dieses Wertungskriterium die maximale Bewertung. Im Bereich der VOF kommt dem Kriterium „Angebotspreis“ aus diesen Gründen im Allgemeinen nicht die gleiche hohe Bedeutung zu wie in anderen Vergabebereichen. Eine Gewichtung dieses Kriteriums als Ausdruck der wirtschaftlichen Seite des Angebotes von 10% ist zulässig.[33] Die Restriktionen für den Bieter bei der Angebotskalkulation führen umgekehrt zu der Frage, ob und inwieweit der Auftraggeber seinerseits die Grundlagen der Honorarberechnung vorzugeben hat. § 6 Abs. 1 VOF verlangt, dass der Auftraggeber die ausgeschriebene Leistung klar und eindeutig beschreibt. Eine zwingende Vorgabe der Honorarzone ist jedoch damit nicht gefordert[34] und auch europarechtlich problematisch.[35] Nur eine Abänderung von zulässig festgelegten Honorarparametern, etwa durch eigenmächtige Reduzierung der anzusetzenden Teilleistungssätze, führt aber als (auch im VOF-Verhandlungsverfahren unzulässige) Änderung an den Vergabeunterlagen zum Angebotsausschluss.[36] Im Übrigen hat der Architekt bzw. Ingenieur eigenverantwortlich dafür zu sorgen, dass er HOAI-konforme Angebote abgibt.[37] Der Auftraggeber hat nur im Rahmen der Prüfung des § 11 Abs. 5 S. 3 VOF die Aufgabe zu prüfen, ob der Bieter dieser Verantwortung gerecht geworden ist. Zweifel sind durch Nachfragen aufzuklären.

30 Enthält das Angebot des Bieters eine Preisangabe, welche die HOAI-Mindestsätze unterschreitet, ist es nicht schon deshalb als vergaberechtswidrig zu behandeln und auszuschließen.[38] Es muss vielmehr in einer solchen Konstellation der Auftraggeber mit dem Bieter **Verhandlungen** über den Preis mit dem Ziel aufnehmen, eine mit dem gesetzlichen Preisrecht konforme Preisvereinbarung zu erzielen. Dies bedeutet, dass derartige Unterangebote ggf. durch Verhandlungen auf den gesetzlichen Rahmen hin **anzuheben** und zu erhöhen sind. Ein Angebotsausschluss kommt dabei nur dann in Betracht, wenn auch die Nachverhandlungen scheitern und der Bieter trotz eines entsprechenden Hinweises an seinem zu geringen Preisangebot festhält. Damit signalisiert er, dass er für sich beansprucht, als günstigster Anbieter auf ein Angebot beauftragt zu werden, welches unterhalb der Mindestsätze liegt. Dies stellt sein gesetzeskonformes Verhalten infrage und ermöglicht es, ihn als unzuverlässig anzusehen.[39] Im Übrigen ist der Auftraggeber nicht generell dazu verpflichtet, über die Angebotspreise zu verhandeln.[40] Eine andere Frage zur Reichweite des Anwendungsbereiches der HOAI in diesem Zusammenhang betrifft die Problematik, ob auch ausländische Architekten und Ingenieure an die Mindestsätze der HOAI gebunden sind und, sollte dies nicht der Fall sein, ob und auf welche Weise eine daraus möglicherweise folgende **„Inländerdiskriminierung“** von deutschen, der HOAI unterworfenen, Architekten und Ingenieure vermieden werden kann.[41]

---

33 BayObLG, Beschl. v. 20.8.2001 – Verg 9/01 – IBR 2001, 634; VK Nordbayern, Beschl. v. 20.12.2011 – 38/11 – IBR 2012, 170.
34 Sie wird überdies auch als unzulässig angesehen, *Summa*, IBR 2014, 2001.
35 Die EU-Kommission hat am 18.6.2015 mitgeteilt, aus diesem Grund ein Vertragsverletzungsverfahren gegen die Bundesrepublik Deutschland vorzubereiten (IP/15/5199). OLG Koblenz, Beschl. v. 29.1.2014 – 1 Verg 14/13 – IBR 2014,167; OLG Düsseldorf, Beschl. v. 12.6.2013 – VII Verg 7/13 – IBR 2013, 487. A.A. noch: VK Nordbayern, Beschl. v. 1.2.2008 – 53/07 – IBR 2008, 474; VK Sachsen, Beschl. v. 20.10.2011 – 039-11 – IBR 2012, 109.
36 VK Brandenburg, Beschl. v. 3.4.2012 – VK 5/12 – IBR 2012, 416.
37 BGH, Urt. v. 11.11.2004 – I ZR 156/02 – IBR 2005, 92.
38 OLG Brandenburg, Beschl. v. 8.1.2008 – Verg W 16/07 – IBR 2008, 179 mit Besprechung *Kratzenberg/Wönicker*, NZBau 2008, 491; OLG Frankfurt a.M., Beschl. v. 28.2.2006 – 11 Verg 15/05 und 16/05 – IBR 2006, 294; zur Frage der Behandlung bei Angeboten mit zu niedrigen HOAI-Prozentsätzen: OLG Frankfurt a.M., Beschl. v. 9.8.2007 – 11 Verg 6/07 – IBR 2008, 761.
39 OLG Brandenburg, Beschl. v. 8.1.2008 – Verg W 16/07 – IBR 2008, 179.
40 OLG Dresden, Beschl. v. 14.4.2014 – Verg 3/13 – VPR 2015, 22.
41 Zu diesem Komplex vgl. die Erläuterungen zu § 1 HOAI.

D. Abgrenzung des VOF-Verfahrens zu Wettbewerben nach der RPW 2013

Am 31.1.2013[42] hat das Bundesministerium für Verkehr, Bau und Stadtentwicklung **31** die Richtlinie für Planungswettbewerbe (**RPW 2013**) in ihrer neuen Fassung im Bundesanzeiger bekanntgegeben. Die RPW 2013 ist an die Stelle der RPW 2008 getreten. Die im Bundesanzeiger bekanntgemachte Fassung der RPW 2013 bindet zunächst nur **Bundesbehörden.** Die RPW 2013 im Bundesbereich sind zum 1.3.2013 in Kraft getreten. Eine Inkraftsetzung in den einzelnen Bundesländern ist unterdessen erfolgt.[43]

Die RPW ist eine **einheitliche Richtlinie** zur Regelung von Vorbereitung und Durch- **32** führung von Wettbewerben i.S.v. § 15 Abs. 2 VOF.[44] Wettbewerbe dienen dem Ziel, alternative Vorschläge für Planungen, insbesondere auf dem Gebiet der Raumplanung, des Städtebaus und des Bauwesens auf der Grundlage veröffentlichter einheitlicher Richtlinien zu erhalten (**Planungswettbewerbe**). Sie können jederzeit vor, während oder ohne Verhandlungsverfahren ausgelobt werden. Hat ein Wettbewerb stattgefunden, nach dem gemäß den einschlägigen Bestimmungen (etwa § 8 RPW 2013) an den Gewinner oder an einen Preisträger des Wettbewerbes der Auftrag vergeben werden muss, kann ein **Verhandlungsverfahren ohne Teilnahmewettbewerb** durchgeführt werden, § 3 Abs. 4b VOF. Dabei müssen alle Preisträger des Wettbewerbes zur Teilnahme an den Verhandlungen aufgefordert werden, wenn nicht der Auftrag an den ersten Preisträger erteilt werden soll. Der Wettbewerb dient in diesen Konstellationen als eine Art vorweggenommene Eignungsprüfung (ähnlich dem – dann obsoleten – Teilnahmewettbewerb).

Die RPW 2013 unterscheidet den **Ideenwettbewerb** (ohne Realisierungsabsicht) **33** vom **Realisierungswettbewerb**, der eine Realisierung des zu planenden Objektes beabsichtigt. Die Wettbewerbe können als **offener** oder als **nichtoffener** Wettbewerb durchgeführt werden. Beim offenen Wettbewerb (§ 3 Abs. 2 RPW) wird der Wettbewerb öffentlich ausgeschrieben, sodass interessierte Fachleute daran teilnehmen können. Der nichtoffene Wettbewerb (§ 3 Abs. 3 RPW) beschränkt die möglichen Teilnehmer anhand bekannt zu machender Nachweise oder anhand bereits vorausgewählter Teilnehmer.

Die Wettbewerbe können einphasig oder zweiphasig durchgeführt werden. Beim **34** zweiphasigen Wettbewerb wird nach der Abgabe eines „grundsätzlichen Lösungsansatzes“ eine Auswahl derjenigen Teilnehmer vorgenommen, die für eine zweite Phase zur Abgabe einer endgültigen Lösung aufgefordert werden. Die endgültige Lösung wird sodann durch das Preisgericht beurteilt.

§ 16 VOF regelt ergänzend die Auswahl der Wettbewerbsteilnehmer und bestimmt **35** auch, welche Personen von der Teilnahme an Wettbewerben ausgeschlossen sind, § 16 Abs. 2 VOF. Soweit dabei § 16 Abs. 2 S. 2 VOF den Ausschluss auch auf Personen erstreckt, die sich durch Angehörige oder ihnen wirtschaftlich verbundene Personen einen entsprechenden Vorteil oder Einfluss verschaffen können, ist die Bestimmung europarechtskonform dahingehend auszulegen, dass ihnen der Nachweis zu gestatten ist, dass eine Beeinträchtigung des Wettbewerbes trotz der **Vorbefasstheit** bzw. trotz des Verwandtschaftsverhältnisses nicht erfolgt ist.[45] Strukturell steht die Auswahl der Wettbewerbsteilnehmer nach § 16 VOF vor der Durchführung des eigentlichen Wettbewerbes, welcher mit der Preisgerichtssitzung und der Auswahl der Preisträger endet. Im Anschluss an den Wettbewerb hat ein Verhandlungsverfahren nach § 3 Abs. 4b, §§ 11 ff. VOF

42 Veröffentlicht im Bundesanzeiger am 22.2.2013, S. 1 ff.
43 In Bayern etwa durch die Mitteilung der Obersten Baubehörde im Bayerischen Staatsministerium des Innern vom 1.10.2013.
44 Zum Verhältnis von RPW und VOF: *Stolz*, VergabeR 2014, 295.
45 OLG München, Beschl. v. 11.4.2013 – Verg 2/13 – IBR 2013, 375.

stattzufinden. § 9 Abs. 1 RPW stellt insoweit klar, dass die Vorschriften der VOF maßgeblich bleiben, sofern die Schwellenwerte nach der Vergabeverordnung erreicht oder überschritten werden.

36 Ungeklärt ist bislang, welche Bedeutung dem Ergebnis des Wettbewerbes im Rahmen des Verhandlungsverfahrens zukommen muss. Dabei ist zu berücksichtigen, dass die Zielsetzung des Wettbewerbsverfahrens und des VOF-Vergabeverfahrens voneinander abweichen. Dient das **Wettbewerbsverfahren** dazu, die beste **Lösung** zu ermitteln, soll das VOF-Vergabeverfahren den besten **Partner** für den ausgeschriebenen **Vertrag** ermitteln.[46] Zur Vermeidung von rechtlichen Grauzonen wird empfohlen, in den Vergabeunterlagen von vornherein festzulegen, dass die Preisträger eines durchgeführten Realisierungswettbewerbes mit feststehenden Punktezahlen in die Abschlusswertung des Verhandlungsverfahrens eingehen. Dabei besteht keine Notwendigkeit, das Wettbewerbsergebnis so hoch zu gewichten, dass der Wettbewerbsgewinner den Zuschlag erhalten muss.[47] Überdies kann festgelegt werden, dass im Planungswettbewerb erbrachte Leistungen honorarmindernd wirken.[48] Die Suche nach der besten Lösung durch den Wettbewerb könnte für das VOF-Vergabeverfahren ebenfalls dadurch relativiert werden, dass es grundsätzlich zulässig sein dürfte, auch die Wettbewerbsbeiträge im Verhandlungsverfahren nach der VOF, welches vor allem dazu dient, denjenigen Bieter zu ermitteln, der am ehesten die Gewähr für eine sachgerechte und qualitätsvolle Leistungserfüllung bietet, § 20 Abs. 1 S. 1 VOF, nochmals zu überarbeiten.

46 Zu dieser Problematik auch: OLG Koblenz, Beschl. v. 16.2.2011 – 1 Verg 2/10 – IBR 2011, 360; a.A.: OLG Düsseldorf, Beschl. v. 31.3.2004 – VII Verg 4/04 – IBR 2004, 455.

47 VK Südbayern, Beschl. v. 13.10.2014 – 37-08/14 – VPRS 2015, 0048.

48 VK Lüneburg, Beschl. v. 29.9.2014 – VgK-36/2014 – VPR 2015, 23.

Kapitel 8
HOAI und unlauterer Wettbewerb

A. Unlauterer Wettbewerb durch Unterschreitung des Mindesthonorars

I. Einleitung

Verlangt ein Architekt oder Ingenieur ein Honorar, welches das nach HOAI vorgeschriebene Mindesthonorar nicht erreicht, liegt zunächst einmal ein Verstoß gegen das bindende Preisrecht nach § 7 Abs. 3 vor (dazu im Einzelnen unten § 7). Erfolgt dieser Verstoß zeitlich in einer **Phase der Auftragsanbahnung**, so liegt wettbewerbliche Relevanz vor, die eine Haftung nach Lauterkeitsrecht begründet.[1] 1

§ 7 Abs. 3 stellt eine Norm mit wettbewerbsbezogener **Schutzfunktion** dar, weil sie einen ruinösen Preiswettbewerb zwischen Architekten und Ingenieuren verhindern und gleiche rechtliche Voraussetzungen für die auf dem fraglichen Markt tätigen Wettbewerber schaffen soll. Das hat der BGH für die Regelung des § 4 Abs. 2 HOAI in der Fassung von 1996 entschieden.[2] Daran hat sich durch die Novellierung von 2009 nichts geändert,[3] auch § 7 Abs. 3 der nunmehr gültigen Fassung bleibt eine wettbewerbsbezogene Norm. Damit handelt es sich bei § 7 Abs. 3 um eine Vorschrift, die dazu bestimmt ist, im Interesse der Marktteilnehmer das Marktverhalten zu regeln (§ 4 Nr. 11 UWG), ist also eine **Marktverhaltensregelung.**[4] 2

Steht ein Verstoß gegen § 7 Abs. 3 fest, also eine Unterschreitung des Mindesthonorars, die nicht durch einen Ausnahmefall legitimiert ist,[5] kommen deshalb Wettbewerbsansprüche nach §§ 3, 4 Nr. 11 UWG in Betracht. Dem steht nicht entgegen, dass eine Honorarvereinbarung, die gegen das Mindestsatzgebot verstößt, nach § 134 BGB unwirksam ist und der betroffene Planer deshalb das gesetzliche Mindesthonorar verlangen kann.[6] Denn der bewirkte **Vorsprung durch Rechtsbruch** wird durch die mögliche Einforderung des Mindesthonorars nicht beseitigt. Aufgrund der durch die Rechtsprechung gezogenen zeitlichen Schranke des Anwendungsbereichs der Preisvorschriften der HOAI scheiden UWG-Ansprüche hingegen aus, wenn die Vertragsparteien im Anschluss an eine Auftragserledigung das Honorar abweichend von der HOAI festlegen, z.B. durch **Vergleich.**[7] 3

II. Einfluss der HOAI auf die vorvertragliche Wettbewerbslage

Obwohl die HOAI als Berechnungsgrundlage nur zur Anwendung kommt, wenn ein wirksamer Vertrag geschlossen wurde, bleibt sie gleichwohl auch in den Fällen **Maßstab zur Beurteilung wettbewerbskonformen Verhaltens**, wenn es um die Bewertung von Honorarangeboten geht. In der Vertragsanbahnungsphase besteht typischerweise noch 4

---

1 Mit Ausnahme der Ansprüche von Mitbewerbern hält *Köhler*, NJW 2004, 2121, 2122 ein Wettbewerbsverhältnis für nicht mehr erforderlich.

2 BGH, Urt. v. 15.5.2003 – I ZR 292/00 – IBR 2003, 609.

3 OLG Hamburg, Urt. v. 27.10.2010 – 5 U 178/08 – IBR 2011, 29.

4 OLG Hamburg, Urt. v. 27.10.2010 – 5 U 178/08 – IBR 2011, 29.

5 Beweispflichtig für das Vorliegen eines Ausnahmefalles ist der wettbewerbsrechtlich in Anspruch Genommene, BGH, Urt. v. 23.6.2005 – I ZR 194/02 – NJW 2005, 2705.

6 Zutreffend *Kniffka* in: FS Ullmann, S. 669, 671.

7 BGH, Urt. v. 21.6.2001 – VII ZR 435/99 – IBR 2001, 493; OLG Koblenz, Urt. v. 16.9.2010 – 2 U 712/06 – IBR 2012, 460; KG, Urt. v. 13.12.2007 – 10 U 256/01 – BauR 2009, 676; OLG Saarbrücken, Urt. v. 3.4.2007 – 4 U 587/05 – IBR 2007, 437.

kein Vertragsverhältnis, dennoch liefe es den Zielen der Verordnung zuwider, wenn sich ein auf Unterlassung in Anspruch Genommener damit verteidigen könnte, mangels Vertragsschlusses greife die HOAI nicht und er könne gegen das Mindesthonorargebot nicht verstoßen. Der Vertragsschluss wird für die Durchsetzung der auf die HOAI gegründeten Vergütungsansprüche vorausgesetzt.[8] Für die Verfolgung von wettbewerbsrechtlichen Ansprüchen genügt bereits eine Wettbewerbshandlung, mit der gegen eine Marktverhaltensregelung wie § 7 Abs. 3 verstoßen wird. Daher entfaltet das Mindestsatzgebot gerade in Fällen der Bewerbung um einen Auftrag entscheidende Bedeutung.

5 Grundlage ist das auf einen Vertragsabschluss gerichtete Angebot an einen potenziellen Auftraggeber, die von der HOAI verbindlich bepreisten Leistungen zu einem bestimmten vorgeschlagenen Honorar erbringen zu wollen. Deshalb liegt kein UWG-Verstoß vor, wenn ein Architekt oder Ingenieur sog. **Akquisitionsleistungen** erbringt, also außerhalb einer vertraglichen Beziehung Voruntersuchungen, erste Skizzen und Pläne erstellt in der Hoffnung, daraufhin einen Vertrag zu erhalten. Das Erbringen dieser Leistungen ist zwar wegen der werblichen Zielsetzung eine Wettbewerbshandlung, führt für sich betrachtet aber nicht allein deshalb zu einem unlauteren Verhalten, weil er hierfür kein Honorar verlangt. Da ein Honoraranspruch in Fällen der erfolglosen Akquisition gerade nicht besteht,[9] kann einem Architekten oder Ingenieur schlechterdings auch nicht vorgeworfen werden, gegen das Mindesthonorargebot der HOAI verstoßen zu haben.

6 Lauterkeitsrechtlich nicht mehr unbedenklich sind hingegen Vereinbarungen zwischen Planern und Bauwilligen, in denen sich der Planer zur **unentgeltlichen Erbringung von Leistungen** verpflichtet und es dem Leistungsempfänger frei steht, danach einen Vertrag zu schließen,[10] sofern die so gewählte Konstruktion dazu dienen soll, nicht das gesetzlich vorgesehene Honorar zahlen zu müssen.

7 Jedenfalls darf aus dem anfänglich akquisitorischen Tätigwerden nicht der Schluss gezogen werden, diese in der Erwartung einer Beauftragung vertragslos erbrachten Leistungen müssten auch dann nicht mehr vergütet werden, wenn es tatsächlich zum Vertragsschluss kommt. Mit dem Abschluss eines Architekten- oder Ingenieurvertrages oder auch nur der Übertragung von Nutzungsrechten an den akquisitorisch bewirkten Leistungen **greift rückwirkend das gesetzliche Preisrecht ein.**[11] Denn würde man jetzt nur noch die weiteren Leistungen dem Preisrecht unterwerfen, wäre es für jeden Auftragnehmer ein Leichtes, sich den verbindlichen Mindestsätzen zu entziehen, indem ein Großteil erbrachter Leistungen, die nach teilweise vertretener Auffassung bis hin zur Leistungsphase 4 reichen können,[12] akquisitorisch erbracht wird. Ausreichend für das Vorliegen eines Lauterkeitsverstoßes ist beispielsweise das objektive Auslassen der Leistungsphasen 1 und 2 im Angebot bzw. die Nichtberücksichtigung einzelner Leistungsphasen in einem Vertrag nur deshalb, weil diese Leistungen bereits als Ergebnis aus der Akquisitionsphase vorliegen.

---

8 BGH, Urt. v. 6.12.2007 – VII ZR 157/06 – IBR 2008, 161; BGH, Urt. v. 28.3.1985 – VII ZR 180/84 – BauR 1985, 467.

9 Ständige Rechtsprechung, vgl. BGH, Urt. v. 5.6.1997 – VII ZR 124/96 – IBR 1997, 462; aus der obergerichtlichen Judikatur zuletzt OLG Celle, Urt. v. 26.10.2011 – 14 U 54/11 – IBR 2012, 210; OLG Brandenburg, Urt. v. 23.6.2011 – 12 U 22/11 – IBR 2011, 702; OLG Naumburg, Urt. v. 21.4.2010 – 5 U 54/09 – IBR 2011, 528.

10 Vgl. *Kniffka* in: FS Ullmann, S. 669, 681.

11 So auch BVerfG, Beschl. v. 26.9.2005 – 1 BvR 82/03 – IBR 2005, 688 bei Aufträgen im Anschluss an einen Planungswettbewerb, dazu unten Rn 20 ff.

12 OLG Celle, Urt. v. 26.10.2011 – 14 U 54/11 – IBR 2012, 210, zustimmend *Kesselring/Hennig*, NJW 2013, 2164.

Demgegenüber verneint die ältere Rechtsprechung einen Wettbewerbsverstoß, wenn ein Bewerber **einzelne Leistungsphasen** nicht in seine Offerte aufnimmt.[13] Das deckt sich scheinbar mit der Auffassung des BGH, wonach ein Auftrag über die Leistungsphase 4 nicht auch eine Beauftragung mit den vorangehenden Leistungsphasen 1 bis 3 einschließt.[14] Allerdings hat der BGH insoweit lediglich konsequent seine Rechtsprechung umgesetzt, nach der es für die vertragliche Beanspruchung eines Honorars eine entsprechende Beauftragung braucht. Aussagen wettbewerbsrechtlicher Art stehen damit nicht in Verbindung. Für die lauterkeitsrechtliche Betrachtung genügt es, dass sich der Bewerber einen **Wettbewerbsvorsprung** verschafft, indem er **einzelne Leistungsphasen oder auch einzelne Grundleistungen** nicht in sein Angebot aufnimmt, obwohl sie durch ihn selbst zu erbringen sind. Ein hierauf gerichtetes Bewusstsein ist nach dem seit 2004 geltenden UWG nicht mehr erforderlich.[15] Der Verzicht auf einzelne Leistungsphasen stellt nur dann kein unlauteres Verhalten dar, wenn der Anbieter annehmen darf, dass sie vom Auftraggeber selbst oder einem Dritten beigesteuert werden und deshalb der in Aussicht gestellte Auftrag gem. § 8 Abs. 1 von vornherein gegenständlich beschränkt bleibt.[16] 8

III. Erscheinungsformen der Verletzung des Mindesthonorargebots

Der Wettbewerbsverstoß tritt in den vorbeschriebenen Fällen nicht offen zutage, was an der Unredlichkeit freilich nichts ändert, sondern Erschwernisse denjenigen bereitet, die den Anbieter auf Unterlassung in Anspruch nehmen, da sie die Beweislast für das Vorliegen des Verstoßes tragen.[17] Neben einer scheinbaren Beschränkung des angebotenen Leistungsumfanges[18] treten **verdeckte Unterschreitungen** des Mindesthonorars in der Angebotsphase auch in anderer Gestalt auf: 9

1. Unterschreitung durch zu niedrig angesetzte anrechenbare Kosten. Wird bei der Kalkulation des Angebotshonorars eine Kostengröße gewählt, die unter den Kosten bleibt, welche sich mit den in § 4 Abs. 1 bestimmten Ermittlungsmethoden errechnen lassen, kann sich daraus eine Unterschreitung des anzubietenden Mindesthonorars ergeben.[19] Im Zeitpunkt der Wettbewerbsverletzung liegen aber regelmäßig weder Kostenschätzung noch Kostenberechnung vor, sodass sich ein lauterkeitsrechtlicher Vorwurf nur ergeben kann, wenn auch eine grobmaschige Kostenannahme über die im Honorarangebot ausgewiesene Kostengröße hinausgeht. Diese Kostenannahmen müssen **nachprüfbar und realistisch**[20] sein. Im Hochbau können die BKI-Baukosten[21] eine Orientierung bieten. Nichts anderes gilt für Planungsleistungen, die nicht auf der Basis von 10

---

13 OLG München, Urt. v. 20.10.2005 – 6 U 2537/04 – IBR 2006, 503.
14 BGH, Urt. v. 6.12.2007 – VII ZR 157/06 – IBR 2008, 161; BGH, Urt. v. 23.11.2006 – VII ZR 110/05 – IBR 2007, 139.
15 BGH, Urt. v. 23.6.2005 – I ZR 194/02 – NJW 2005, 2705; *Kniffka* in: FS Ullmann, S. 669, 672; *Köhler*, GRUR 2004, 381, 386 f.
16 Vgl. OLG Karlsruhe, Beschl. v. 17.2.2010 – 8 U 143/09 – IBR 2010, 275; OLG München, Urt. v. 20.10.2005 – 6 U 2537/04 – IBR 2006, 503.
17 OLG München, Urt. v. 20.11.2003 – 29 U 3416/03 – IBR 2004, 207.
18 Häufig durch Verzicht auf die Leistungsphase 1 zu beobachten, dazu Locher/Koeble/Frik/*Koeble*, § 34 Rn 28; *Löffelmann/Fleischmann*, Rn 981.
19 *Jochem/Kaufhold*, § 7 Rn 166; Korbion/Mantscheff/Vygen/*Galda*, § 7 Rn 12; *Löffelmann/Fleischmann*, Rn 981; Locher/Koeble/Frik/*Koeble*, § 7 Rn 100; Werner/Pastor/*Werner*, Rn 737.
20 Zutreffend *Kniffka* in: FS Ullmann, S. 669, 674.
21 Statistische Kostenkennwerte für Gebäude, herausgegeben vom Baukosteninformationszentrum Deutscher Architektenkammern, abrufbar unter http://www.bki.de.

anrechenbaren Kosten, sondern von Flächengrößen oder Verrechnungseinheiten zu kalkulieren sind.[22]

11 **2. Unterschreitung durch zu niedrige Honorarzone.** Basiert ein Honorarangebot auf einer objektiv zu niedrigen Honorarzone, kann darin ebenfalls ein Verstoß gegen das Verbot unlauteren Wettbewerbs liegen.[23] Probleme bereitet aber bereits vielfach die Feststellung, welche Honorarzone objektiv die richtige ist. Schon auf dieser Ebene sind die in der HOAI verankerten Beurteilungsspielräume zu beachten, sodass bereits keine unzutreffende Honorarzone angenommen werden kann, wenn die gewählte Einstufung als vertretbar anzusehen ist, selbst wenn die nächsthöhere Honorarzone ebenfalls vom Beurteilungsspielraum gedeckt wäre.[24] Daher fehlt es bei vertretbarer Festlegung auf eine Honorarzone auch an einer Verletzung des § 7 Abs. 3 und damit einer Marktverhaltensregelung.[25]

12 **3. Unterschreitung durch unzutreffende Bewertung von Leistungsphasen.** Das Anerbieten, bestimmte Leistungsphasen mit einem geringeren als dem in den einzelnen Leistungsbildern vorgesehenen Prozentsatz zu bewerten, kann ebenfalls auf eine unzulässige Unterschreitung hinauslaufen.[26] Zwar schreibt § 8 Abs. 2 vor, die jeweiligen Prozentsätze nur anteilig zu berechnen, wenn nicht alle Grundleistungen oder diese nicht vollständig übertragen werden. Findet eine solche **Teilbeauftragung** indessen nicht statt, bleibt es bei den vollen Vomhundertsätzen. Wie schon bei der Herausnahme ganzer Leistungsphasen kommt es auf die objektive Sachlage an. In der Regel wird ein Anbieter nicht ohne objektiv feststellbare konkrete Vorgaben des nachfragenden Auftraggebers davon ausgehen können, dass einzelne Leistungen nicht beauftragt werden sollen.

13 **4. Weitere Fälle verdeckter Wettbewerbsverstöße.** Daneben kennt die Praxis weitere spezielle Formen einer verdeckten Unterschreitung des Mindesthonorars. Zu den prominenteren gehören die **überproportionale Bewertung von Eigenleistungen**[27] oder die **Zusammenlegung getrennt abzurechnender Objekte** zu einer Abrechnungseinheit.[28] Die letztgenannte Variante hat seit der HOAI 2009 verstärkt Auftrieb durch extensiven Rückgriff auf die Möglichkeit der Zusammenfassung anrechenbarer Kosten nach § 11 Abs. 1 S. 2 und 3 a.F. erlangt, der nunmehr von § 11 Abs. 2 n.F. abgelöst wurde. Aber auch bei der Frage nach der Zahl getrennt zu betrachtender Objekte wird man nicht umhin können, einen Beurteilungsspielraum anzuerkennen und von einer Verletzung des § 4 Nr. 11 UWG erst auszugehen, wenn die Grenzen dieses Spielraums überschritten sind,

---

22 Verabredung einer zu geringen Planfläche in der Bauleitplanung: OLG Koblenz, Urt. v. 30.9.2004 – 5 U 559/04 – IBR 2004, 627.

23 BGH, Urt. v. 13.11.2003 – VII ZR 362/02 – IBR 2004, 78; LG Regensburg, Urt. v. 22.10.2002 – 1 HKO 153/02 – IBR 2003, 200; *Jochem/Kaufhold*, § 7 Rn 166; Korbion/Mantscheff/Vygen/*Galda*, § 7 Rn 12; *Löffelmann/Fleischmann*, Rn 981; Locher/Koeble/Frik/*Koeble*, § 7 Rn 100; Werner/Pastor/*Werner*, Rn 737.

24 BGH, Urt. v. 13.11.2003 – VII ZR 362/02 – IBR 2004, 78.

25 Anders *Kniffka* in: FS Ullmann, S. 669, 675, der den objektiven Tatbestand des Wettbewerbsverstoßes gegen § 4 Nr. 11 UWG noch als erfüllt betrachtet, jedoch eine „spürbare Beeinträchtigung" des Marktverhaltens i.S.v. § 3 Abs. 1 UWG verneint.

26 OLG Frankfurt a.M., Beschl. v. 9.8.2007 – 11 Verg 6/07 – IBR 2008, 761; *Löffelmann/Fleischmann*, Rn 981; Locher/Koeble/Frik/*Koeble*, § 7 Rn 100.

27 *Löffelmann/Fleischmann*, Rn 981; Werner/Pastor/*Werner*, Rn 737.

28 *Jochem/Kaufhold*, § 7 Rn 166; Locher/Koeble/Frik/*Koeble*, § 7 Rn 100; *Löffelmann/Fleischmann*, Rn 981; Werner/Pastor/*Werner*, Rn 737.

wie etwa bei der Frage, ob zwei Straßen in einer Gemeinde zwei Objekte bilden oder eines.[29]

IV. Maßgeblicher Zeitpunkt zur Feststellung eines Wettbewerbsverstoßes

Während die Forderung nach Zahlung des höheren Mindesthonorars im Wege der Schlussrechnung auf einer ex post-Betrachtung der tatsächlich zutage getretenen Umstände beruht,[30] kann bei der Frage nach dem Vorliegen eines Wettbewerbsverstoßes nur der **Zeitpunkt der Angebotslegung** maßgeblich sein. Können einzelne Abrechnungsfaktoren bei Vertragsschluss noch nicht sicher eingeschätzt werden und stellen sie sich nachträglich als unzutreffend mit der Folge eines höheren Honoraranspruchs heraus, liegt zwar ein objektiver Verstoß gegen § 7 Abs. 3 und damit auch gegen § 4 Nr. 11 UWG vor, da es auf ein Bewusstsein der Rechtswidrigkeit im Lauterkeitsrecht nicht mehr ankommt. Dennoch scheidet eine wettbewerbsrechtliche Verfolgbarkeit aus, weil dieser Verstoß keine spürbaren Auswirkungen auf das Marktverhalten hat.[31] § 3 Abs. 1 UWG ordnet eine geschäftliche Handlung nur dann als unlauter ein, wenn sie geeignet ist, die Interessen der Mitbewerber spürbar zu beeinträchtigen. Erweist sich die Angebotsgrundlage erst aus der ex post-Betrachtung als unzutreffend und mindestsatzunterschreitend, hätte für jeden Mitbewerber zur selben Zeit nichts anderes gegolten, sodass deren Interessen nicht nachteilig tangiert sein konnten. Für die Beurteilung des Wettbewerbsverstoßes kommt es deshalb auf die Umstände an, die im Zeitpunkt der Angebotslegung die objektive Anknüpfungsbasis bilden. 14

V. Einfluss rechtlicher Streitfragen auf den Wettbewerbsverstoß

Zutreffend wird in der Literatur darauf hingewiesen, dass es jenseits der tatsächlichen Umstände zuweilen auch Schwierigkeiten auf der rechtlichen Ebene der HOAI gibt.[32] Bestehen zu einer **Rechtsfrage unterschiedliche Auffassungen**, kann es einem Anbieter nicht vorgehalten werden, sich für die eine statt der anderen Meinung entschieden zu haben. Anders als auf der Tatsachenebene lässt sich insoweit nicht von einem Beurteilungsspielraum sprechen, sodass ggf. ein objektiver Wettbewerbsverstoß vorliegt. Der Ausgleich muss über § 3 Abs. 1 UWG gesucht werden, weil berechtigte Interessen der Mitbewerber, die derselben Unsicherheit ausgeliefert sind, nicht bestehen und deshalb der objektive Verstoß gegen die Marktverhaltensnorm als unerheblich einzustufen ist.[33] Für die HOAI 2009 kann exemplarisch die Streitfrage angeführt werden, ob der nach § 35 Abs. 1 a.F. vorgesehene Umbauzuschlag über einen Mindestzuschlag von 20% verfügt, eine Diskussion, die sich mit der HOAI 2013 erübrigt hat. 15

VI. HOAI-Verstoß bei gemischten Leistungen

Eine weitere Schwierigkeit für die Feststellung eines objektiven Verstoßes gegen das Verbot unlauteren Wettbewerbs ergibt sich aus der BGH-Rechtsprechung über die Gesamtbetrachtung hinsichtlich der Frage, ob ein Verstoß gegen das Mindesthonorar vorliegt. § 7 Abs. 3 bindet das Honorar zwar an den Rahmen zwischen Mindest- und 16

29 OLG München, Urt. v. 20.10.2005 – 6 U 2537/04 – IBR 2006, 503.
30 Für die Honorarzone vgl. OLG Koblenz, Urt. v. 14.6.2006 – 6 U 994/05 – IBR 2008, 276.
31 *Kniffka* in: FS Ullmann, S. 669, 674.
32 *Kniffka* in: FS Ullmann, S. 669, 675.
33 *Kniffka* in: FS Ullmann, S. 669, 675.

Höchstsatz, schreibt aber nicht vor, dass die Honorarermittlung exakt den in der HOAI beschriebenen Wegen folgen muss, sodass Pauschalhonorare grundsätzlich ebenso zulässig sind[34] wie etwa die Abrechnung der gesamten HOAI-Leistungen ausschließlich als Zeithonorar.[35] Die Beurteilung nur einzelner Abrechnungsfaktoren genügt für die Feststellung eines unter den Mindestsätzen liegenden Honorars deshalb nicht.[36]

17 Das zwingt folglich zu einer **Gesamtbetrachtung aller Bestandteile, die sich auf das Honorar auswirken**. Hierzu gehören auch die Leistungen, die vom verbindlichen Preisrecht nicht mehr erfasst werden, weil deren anrechenbare Kosten außerhalb der Honorartafeln liegen (vgl. § 7 Abs. 2).[37] Das führt in letzter Konsequenz dazu, dass bei der beabsichtigten **Beauftragung gemischter Leistungen**, also solcher, die sich auf verbindlich bepreiste wie auch preislich ungeregelte Leistungen beziehen, eine an den Maßstäben der BGH-Rechtsprechung orientierte Verletzung des Mindestsatzgebots kaum noch feststellen lässt. Angesichts der umfangreichen, nicht mehr dem verbindlichen Teil der HOAI unterfallenden Leistungen wie der Bauphysik, Geotechnik, Ingenieurvermessung oder auch der örtlichen Bauüberwachung von Ingenieurbauwerken und Verkehrsanlagen wird die gemeinsame Beauftragung der unter die HOAI fallenden und der frei zu vereinbarenden Leistungen die Regel bilden, sodass ein etwaiges Manko aus zu niedrig bemessenen Honorarberechnungsfaktoren durch Honorarteile der freien Leistungen **kompensiert** werden kann. Bei rein wirtschaftlicher Betrachtung mag es auch keinen Unterschied machen, ob Leistungen aus dem preisgebundenen Teil der HOAI korrekt angeboten werden und bei den freien Leistungen am Honorar eingespart wird, oder ob Letztere höher bewertet und die verbindlich geregelten Leistungen unter dem Mindesthonorar angeboten werden. Insoweit bleibt allenfalls die Frage nach den Grenzen zulässiger **Mischkalkulation** zu stellen. Als problematisch erweist sich die auf die Gesamtvereinbarung abstellende Rechtsprechung aber in Hinblick auf die Ziele der HOAI. Denn je leichter sich in wirtschaftlicher Hinsicht das Mindesthonorargebot der HOAI durch Gegenrechnung mit frei zu vereinbarenden Leistungen umgehen lässt, desto weniger können die Ziele der Verordnung noch erreicht werden. Das lässt sich nur umgehen, indem nur die tatsächlich verbindlich geregelten Leistungen betrachtet werden. Dann wäre nicht mehr auf „die für den Gesamtauftrag vereinbarte Vergütung"[38] abzustellen, sondern nur noch auf die Vergütung, welche die Parteien ausdrücklich für die verbindlich bepreisten Leistungsteile definiert haben. Nur dann kann auch das Ziel, einen ruinösen Wettbewerb unter Architekten und Ingenieuren zu verhindern, wirklich noch erreicht werden. Hier ist der BGH aufgerufen, seine Rechtsprechung nachzujustieren.

18 Bis dahin bleibt kein anderer Weg, als bei der Prüfung eines Wettbewerbsverstoßes das angebotene Honorar insgesamt unter Einbeziehung aller Besonderen Leistungen und aller nicht mehr von der HOAI erfassten und deshalb frei zu vereinbarenden Beratungsleistungen (vgl. § 3 Abs. 1 S. 2) mit dem Honorar zu vergleichen, dass sich nach der HOAI mindestens ergeben müsste. Nur dann, wenn sich aus dieser **Vergleichsberechnung** ein Mindesthonorar ergibt, das über dem angebotenen Honorar liegt, steht ein Verstoß gegen § 7 Abs. 3 HOAI i.V.m. § 4 Nr. 11 UWG fest.

---

34 BGH, Urt. v. 8.3.2012 – VII ZR 195/09 – IBR 2012, 268; *Jochem/Kaufhold*, § 7 Rn 101; Locher/Koeble/Frik/*Koeble*, § 7 Rn 37; *Pott/Dahlhoff/Kniffka/Rath*, § 7 Rn 59.

35 BGH, Urt. v. 17.4.2009 – VII ZR 164/07 – IBR 2009, 334.

36 BGH, Urt. v. 16.12.2004 – VII ZR 16/03 – IBR 2005, 213; BGH, Urt. v. 9.2.2012 – VII ZR 31/11 – IBR 2012, 206; OLG Jena, Urt. v. 3.2.2010 – 4 U 431/02 – BauR 2010, 1641.

37 BGH, Urt. v. 8.3.2012 – VII ZR 195/09 – IBR 2012, 268, dazu *Boldt*, NZBau 2012, 482.

38 BGH, Urt. v. 9.2.2012 – VII ZR 31/11 – IBR 2012, 206.

Die **Nebenkosten** müssen, da sie kein Honorarbestandteil sind[39] und deshalb am Mindestsatzgebot nicht teilnehmen, bei der Vergleichsberechnung ausgeklammert werden. 19

VII. Besonderheiten bei Planungswettbewerben

Planungswettbewerbe sind darauf angelegt, den für den Bauherrn am besten geeigneten Lösungsentwurf zu finden, indem mehrere Architekten bzw. Ingenieure gegeneinander mit ihren Ideen und Ansätzen um den ersten Platz wetteifern.[40] Während in den früheren „Grundsätzen und Richtlinien für Wettbewerbe auf den Gebieten der Raumplanung, des Städtebaus und des Bauwesens", kurz GRW 1995 genannt, die Wettbewerbssumme noch ein Mehrfaches dessen war, was üblicherweise nach der entsprechenden Honorarordnung für die geforderte Wettbewerbsleistung vergütet wird (so Ziff. 4.1 GRW 1995), wird mit den nunmehr in fast allen Bundesländern eingeführten Richtlinien für Planungswettbewerbe, in der aktuellen Fassung als **„RPW 2013"** abgekürzt, nur noch das einfache Honorar als Mindestgröße der Wettbewerbssumme definiert (vgl. § 7 Abs. 2 S. 3 RPW). Da diese einfache Summe auf alle Preise und Anerkennungen aufgeteilt wird, erhält jeder Wettbewerbsteilnehmer weniger Honorar, als er nach vertragsgemäßer Beauftragung für dieselbe Leistung hätte beanspruchen dürfen. 20

Darin liegt indessen kein Verstoß gegen das Preisrecht der HOAI. Die RPW sind Verwaltungsvorschriften und als solche nicht geeignet, gesetzliches Preisrecht außer Kraft zu setzen. Das Bundesverfassungsgericht hält das **Mindestsatzgebot** der HOAI, wie es jetzt in § 7 Abs. 3 zum Ausdruck kommt, **bei Architektenwettbewerben jedoch nicht** für **einschlägig**. Anknüpfend an den Zweck der HOAI, einen ruinösen Wettbewerb unter Architekten bzw. Ingenieuren zu vermeiden, der die Qualität der Planungstätigkeit gefährden würde, geht das Gericht davon aus, dass die Gefahr einer Qualitätsminderung beim Planungswettbewerb vernachlässigt werden könne.[41] Weil das Mindestsatzgebot seinen Zweck bei Planungswettbewerben verfehlt, ist es auch nicht mehr als zulässige Beschränkung der Berufsausübungsfreiheit anzuerkennen, sodass eine grundrechtsgeleitete Interpretation von § 7 Abs. 3 daher zu dem Ergebnis führen müsse, dass das Verbot der Unterschreitung der Mindestsätze grundsätzlich nicht für die Vergütung von Wettbewerbsbeiträgen gilt.[42] 21

Diese Rechtsprechung hat das Bundesverfassungsgericht ausdrücklich nicht auf geregelte Wettbewerbe wie jene nach RPW 2013 beschränkt, sodass auch bei **ungeregelten Wettbewerben**[43] oder sog. **Gutachterverfahren**[44] die Mindesthonorare der HOAI nicht gelten. Damit stellt sich auch nicht die Frage, ob in Planungswettbewerben ein Ausnahmefall i.S.v. § 7 Abs. 3 gesehen werden kann. Auch kommt es nicht darauf an, ob Wettbewerbsgegenstand eine tatsächlich anstehende Bauaufgabe ist und sich an die Teilnahme die Aussicht auf anschließende Beauftragung knüpft (**Realisierungswettbewerb**) oder ob der Veranstalter ohne konkrete Bauabsicht nur Geldpreise auslobt (**Ideenwettbewerb**).[45] 22

---

39 BGH, Urt. v. 25.9.2003 – VII ZR 13/02 – IBR 2004, 23.
40 Zu Einzelheiten und Grundlagen siehe oben Kap. 7 Rn 31 ff.
41 BVerfG, Beschl. v. 26.9.2005 – 1 BvR 82/03 – IBR 2005, 688.
42 BVerfG, Beschl. v. 26.9.2005 – 1 BvR 82/03 – IBR 2005, 688.
43 Auch „schwarze Wettbewerbe" genannt, vgl. *Schabel*, IBR 2005, 688. Hierunter fallen auch „Workshops zur Ideenfindung" für Bauvorhaben, vgl. *Kniffka* in: FS Ullmann, S. 669, 679.
44 BVerwG, Urt. v. 13.4.1999 – 1 C 11/98 – IBR 1999, 422.
45 *Kniffka* in: FS Ullmann, S. 669, 678.

23 Ob bei der Durchführung von Planungswettbewerben Verträge mit den jeweiligen Teilnehmern geschlossen werden, wie es die Vorinstanzen der verfassungsgerichtlichen Entscheidung angenommen hatten, darf bezweifelt werden. Bei einer Bewertung nach dem Lauterkeitsrecht kommt es darauf jedoch nicht an. Bereits das Anerbieten einer Leistung zu Konditionen, die bei Angebotsannahme zwangsläufig zu einem Verstoß gegen die HOAI führen, reicht unter dem Gesichtspunkt der Erstbegehungsgefahr (§ 8 Abs. 1 S. 2 UWG) für Unterlassungsansprüche aus. Erreichen Planungswettbewerbe aber schon den Anwendungsbereich des § 7 Abs. 3 nicht, fehlt es auch an einem Verstoß gegen eine Marktverhaltensregelung, sodass insoweit auch kein unlauteres Verhalten darin gesehen werden kann, dass ein Architekt oder Ingenieur sich bereiterklärt, sich gegen eine **geringe Vergütung** oder **Entschädigung**[46] mit einer eigenen Lösung an einem Wettbewerb zu beteiligen.

24 Der Unterschied zum reinen Preiswettbewerb liegt darin, dass bei Letzterem nur die Honorarvorstellung des Planers abgefragt wird, während der Planungswettbewerb die **Auftragserteilung** in der Regel **von der vorgeschlagenen Lösung abhängig** macht. Die Grenze zwischen beiden Wettbewerbsarten ist fließend, sodass es im Zweifel neben den Einzelheiten des jeweiligen Falles auch darauf ankommt, ob die Qualitätssicherung dadurch erfolgt, dass alle Teilnehmer davon ausgehen dürfen, dass die beste Lösung zum Auftrag führt und nicht – auch – das niedrigste Honorar.

25 **Mündet ein Wettbewerbsbeitrag in einen Auftrag** zur weiteren Fortführung und Umsetzung, **greift das Mindesthonorargebot der HOAI wieder ein.** Das gilt auch dann, wenn **nur die Nutzungsrechte übertragen werden**, und zwar auch für jene Leistungen, die zur Wettbewerbsaufgabe gehörten.[47] Der so lautende Hinweis des Bundesverfassungsgerichts erscheint nicht ganz konsequent, wenn er den Zweck des § 7 Abs. 3 bereits durch das Wettbewerbsverfahren selbst als gesichert betrachtet. Aus welchem Grund nun nachträglich auch die Leistungen aus dem Wettbewerb noch des Mindesthonorars allein deshalb bedürfen, weil sich ein Vollauftrag anschließt, wird nicht begründet. Das macht nur Sinn, wenn der Zweck der HOAI, einen ruinösen Preiswettbewerb zu verhindern, auch dahin verstanden wird, potenziellen Auftraggebern den Anreiz zu nehmen, über die Durchführung von Planungswettbewerben Honorareinsparungen zu erzielen. Aus diesem Blickwinkel betrachtet hätte es freilich näher gelegen, Wettbewerbsverfahren dem Geltungsbereich der HOAI nicht erst zu entziehen.

B. Unlauterer Wettbewerb durch Ausschreibung von HOAI-Leistungen

I. Einleitung

26 Neben den oben in Kap. 7 dargestellten Anforderungen an Ausschreibungen von Architekten- und Ingenieurleistungen oberhalb des Schwellenwertes begegnet die Praxis einem häufig zu beobachtenden Bestreben, für diese Leistungen selbst dann mehrere Angebote einzuholen, wenn dazu keine gesetzliche Notwendigkeit besteht.

27 Während für Bauleistung öffentlicher Auftraggeber die öffentliche Ausschreibung bei der Vergabe durch die VOB grundsätzlich vorgegeben wird (§ 3 Abs. 2 VOB/A), gibt es eine vergleichbare Regelung für die Vergabe von Leistungen der Architekten und Ingenieure nicht. Entscheidet sich ein öffentlicher Auftraggeber für ein bestimmtes Ingenieur-

46 Zu Aufwandsentschädigungen für akquisitorisch erbrachte Leistungen unter den Mindestsätzen der HOAI vgl. OLG Dresden, Urt. v. 22.5.2008 – 9 U 2062/05 – BauR 2008, 1654; OLG München, Urt. v. 25.1.2005 – 28 U 2235/03 – IBR 2006, 213.

47 BVerfG, Beschl. v. 26.9.2005 – 1 BvR 82/03 – Ziff. 2b ee) der Entscheidungsgründe.

büro, **ohne vorher konkurrierende Angebote einzuholen**, kann ihm kein Verstoß gegen geltendes Vergaberecht vorgeworfen werden. Allerdings legen **haushaltsrechtliche Bestimmungen** es nahe, vor der Beauftragung von Planungsleistungen mehrere Bewerber zur Angebotsabgabe aufzufordern. So fordern etwa § 6 Abs. 1 des Haushaltsgrundsätzegesetzes (HGrG) und die Bestimmungen der Landesgemeindeordnungen[48] und Landeshaushaltsordnungen[49] auf, die **Gebote der Wirtschaftlichkeit und Sparsamkeit** zu beachten. Der daraus abzuleitende Vorrang der öffentlichen Ausschreibung kommt darüber hinaus deutlich in § 30 HGrG und den landesrechtlichen Bestimmungen wie den Kommunalhaushaltsverordnungen zum Ausdruck. Auch die Landeshaushaltsordnungen schreiben vor, dass dem Abschluss von Verträgen über Lieferungen und Leistungen eine öffentliche Ausschreibung vorausgehen muss, sofern nicht die **Natur des Geschäfts** oder besondere Umstände eine Ausnahme rechtfertigen.[50] Die Vergabe freiberuflicher Leistungen, die stets geistig-schöpferischer Natur sind und sich dadurch regelmäßig einer schlicht auf fiskalische Aspekte reduzierten Sichtweise entziehen, sollte deshalb von der haushaltsrechtlichen Ausschreibungspflicht unberührt bleiben, sodass Aufträge unterhalb des Schwellenwertes nach VgV und bei fehlender Binnenmarktrelevanz[51] **freihändig** an den Architekten oder den Ingenieur des Vertrauens vergeben werden können. Freilich gibt es andererseits auch kein Verbot, freiberuflich geprägte Leistungen öffentlich oder beschränkt auszuschreiben.

Da für Architekten- und Ingenieurleistungen die Bindung an die HOAI zu beachten ist, gibt es **für deren Ausschreibung nur begrenzte Gestaltungsmöglichkeiten** in Hinblick auf die Grundsätze der Wirtschaftlichkeit und Sparsamkeit. Der öffentliche Auftraggeber hat ein berechtigtes Interesse zu erfahren, ob und ggf. wie hoch die Spanne zwischen Mindest- und Höchstsatz der jeweiligen Honorartafel ausgeschöpft wird, wie etwaige Besondere Leistungen angeboten werden, welche Spanne bei Umbauzuschlägen verlangt wird oder welcher Nebenkostenansatz vorgeschlagen wird. Auch wenn die Schwankungen der unterschiedlichen Honorarangebote bei korrekter Anwendung der HOAI nur marginal ausfallen dürfen, begründen sie gleichwohl ein nachvollziehbares Interesse des öffentlichen Bauherrn, vor Vertragsschluss mehrere Offerten einzuholen. Werden Leistungen, die von der Verordnung verbindlich geregelt werden, mit solchen Leistungen gemeinsam ausgeschrieben, die nicht unter das Preisdiktat der HOAI fallen (siehe dazu oben Kap. 5 Rn 8 ff.), sog. **gemischte Leistungen** (oben Rn 17), ergeben sich potenziell größere Angebotsunterschiede, die ein Bedürfnis nach Ausschreibung der Leistungen begründen können. Gleichwohl bleibt festzuhalten, dass eine Pflicht zur öffentlichen Ausschreibung nicht besteht. **28**

II. Angabe der Honorarparameter

Während die Rechtsprechung lange Jahre davon ausgegangen ist, dass bereits eine **Angebotsaufforderung** wettbewerbsrechtlich unzulässig ist, wenn nicht alle zur Bestimmung des Honorars notwendigen Honorarparameter oder Berechnungsfaktoren mitgeteilt werden,[52] hat der BGH später eine Kurswendung vollzogen und den ausschrei- **29**

---

48 Vgl. etwa Art. 61 Abs. 2 der BayGO; § 92 Abs. 2 HessGO; § 110 Abs. 2 Nieders. KomVG; § 75 Abs. 1 S. 2 GO NRW.
49 Z.B. Art. 7 Abs. 1 S. 1 BayHO; § 7 Abs. 1 S. 1 BW LHO; § 7 Abs. 1 LHO Sachsen-Anhalt.
50 So etwa Art. 55 Abs. 1 BayHO; § 55 Abs. 1 LHO Rheinland-Pfalz; § 55 Abs. 1 Thüringer LHO.
51 Hierzu vgl. EuG, Urt. v. 20.5.2010 – T-258/06 – IBR 2010, 406; BGH, Urt. v. 30.8.2011 – X ZR 55/10 – IBR 2011, 708; *Deling*, NZBau 2011, 725; *Deling*, NZBau 2012, 17.
52 BGH BauR 1991, 638; OLG München, BauR 1996, 283; OLG Düsseldorf, BauR 2001, 274.

benden Auftraggeber von einer Haftung als Störer praktisch befreit, indem er die Verantwortung, die Bestimmungen der HOAI einzuhalten, auf die Auftragnehmerseite beschränkt hat.[53]

30 Diese Rechtsprechung steht freilich mit den Anforderungen in Widerstreit, welche sich aus den europarechtlichen Vergabegrundsätzen ergeben. So fordert es das Gleichheitsgebot, allen Bewerbern öffentlicher Aufträge dieselben Angebotsgrundlagen zu vermitteln, da anderenfalls die eingereichten Angebote nicht miteinander vergleichbar und somit nicht wertbar sind. Als Konsequenz dessen fordert die vergaberechtliche Rechtsprechung, dass ein Auftraggeber, der auch das Honorar zum Vergabekriterium erhebt, allen Bewerbern die Honorarparameter nach HOAI mitteilen muss.[54] Dies soll sogar auch unterhalb des Schwellenwertes gelten.[55]

31 Aus diesen im Vergaberecht wurzelnden Anforderungen lässt sich aber nicht auch ein lauterkeitsrechtlicher Vorwurf gegen den Auftraggeber konstruieren, der die notwendigen **Berechnungsfaktoren** der HOAI nicht mitteilt, weil die Zielsetzungen von Vergaberecht einerseits und Wettbewerbsrecht andererseits auseinanderfallen. Eine Verletzung vergaberechtlicher Bestimmungen stellt nicht ohne Weiteres eine unlautere geschäftliche Handlung dar, welche des Schutzes durch das Gesetz gegen den unlauteren Wettbewerb (UWG) bedarf. Kommen bei der **Nichtangabe der Honorarparameter** vergaberechtlich nur die durch das Gesetz gegen Wettbewerbsbeschränkungen (GWB) vorgesehenen Rechtsschutzmöglichkeiten und unterhalb der Schwellenwerte nur unter engen Voraussetzungen[56] Primärschutzziele in Betracht, verlangt das Wettbewerbsrecht die Erfüllung weiterer Merkmale, um zu einer lauterkeitsrechtlichen Haftung ausschreibender Auftraggeber zu kommen.

III. Aufgabe der Störerhaftung

32 Anfangs war die Rechtsprechung noch von dem Ziel geprägt, Wettbewerbsverstößen bereits im Ansatz zu begegnen, weshalb auch **Auftraggeber** in die **Störerhaftung** einbezogen wurden, die selbst keinen Wettbewerbsverstoß begangen, sondern das eigenverantwortliche Handeln eines Dritten lediglich unterstützt oder ausgenutzt haben. Gefordert wurde nur, dass der in Anspruch genommene Auftraggeber die rechtliche Möglichkeit hatte, die Handlung des Dritten zu verhindern,[57] und dass überhaupt eine wettbewerbswidrige Beeinträchtigung bestand.[58] Nach den so umrissenen Merkmalen waren Auftraggeber wettbewerbsrechtlich bereits haftbar, wenn sie dadurch zu einer Unterschreitung des Mindesthonorars beitrugen, dass sie die zur Ermittlung des HOAI-konformen Honorars notwendigen Berechnungsfaktoren nicht zur Verfügung stellten.

---

53 BGH, Urt. v. 15.5.2003 – I ZR 292/00 – IBR 2003, 609; BGH, Urt. v. 11.11.2004 – I ZR 156/02 – IBR 2005, 92.

54 OLG Frankfurt a.M., Beschl. v. 28.11.2006 – 11 Verg 4/06 – NZBau 2007, 804, 806 f.; VK Sachsen, Beschl. v. 20.10.2011 – 1/SVK/039-11 – IBR 2012, 109; VK Nordbayern, Beschl. v. 1.2.2008 – 21.VK-3194-53/07 – IBR 2008, 474; *Weyand*, § 6 VOF Rn 63 ff. m.w.N.; dagegen aber jüngst OLG Koblenz, Beschl. v. 29.1.2014 – 1 Verg 14/13 – IBR 2014, 167.

55 LG Potsdam, Urt. v. 20.11.2009 – 4 O 371/09 – IBR 2010, 55.

56 Vgl. aus der umfangreichen Rechtsprechung und Literatur zu diesem Thema etwa OLG Brandenburg, Beschl. v. 17.12.2007 – 13 W 79/07 – IBR 2008, 106; OLG Düsseldorf, Urt. v. 13.1.2010 – 27 U 1/09 – IBR 2010, 160; OLG Jena, Urt. v. 8.12.2008 – 9 U 431/08 – IBR 2009, 101; OLG Schleswig, Beschl. v. 8.1.2013 – 1 W 51/12 – IBR 2013, 166; *Braun*, NZBau 2008, 160; *Burgi*, NVwZ 2011, 1217; *Krist*, VergabeR 2011, 163; *Scharen*, VergabeR 2011, 653.

57 BGH, Urt. v. 10.10.1996 – I ZR 129/94 – IBR 1997, 424.

58 BGH, Urt. v. 2.5.1991 – I ZR 227/89 – BauR 1991, 638, 640.

Eine spürbare Einschränkung dieser den Auftraggeber treffenden Störerhaftung begründete der BGH mit der Forderung, dass dem in Anspruch Genommenen die erforderliche Prüfung des Verhaltens desjenigen, der die rechtswidrige Beeinträchtigung unmittelbar vorgenommen hat – insbesondere angesichts dessen Eigenverantwortung – zuzumuten ist. Die **Einhaltung der HOAI obliegt** danach **den Architekten und Ingenieuren,** die selbstständig und in eigener Verantwortung die Rechnung für ihre Leistungen zu erstellen haben, nicht aber ihren jeweiligen Auftraggebern. Diese müssten eine Ausschreibung nicht derart vornehmen, dass sie bereits alle die für die Ermittlung des Mindesthonorars nach HOAI erforderlichen Angaben enthält. Auftraggeber dürften vielmehr darauf vertrauen, dass die von ihnen angeschriebenen Architekten und Ingenieure die für die Ermittlung ihres nach der HOAI zulässigen Honorars erforderlichen Grundlagen in eigener Verantwortung prüfen und den Ausschreibenden ggf. um die ergänzende Mitteilung solcher in der Ausschreibung fehlenden Angaben bitten würden, die sie für die ordnungsgemäße Berechnung ihres Honorars nach der HOAI etwa noch benötigten.[59] Daran ändert sich auch dann nichts, wenn der Auftraggeber sich bei der Erstellung der Ausschreibungsunterlagen der **Mithilfe eines Dritten** bedient hat, der selbst den Regelungen der HOAI unterworfen ist.[60] 33

Offenlassen konnte der BGH dabei auch die Frage, ob die von ihm aufgestellten Grundsätze auch unter der Maßgabe gelten, dass die ausschreibende Stelle der **öffentlichen Hand** zuzurechnen ist,[61] ließe sich doch immerhin der Standpunkt einnehmen, dass der öffentlichen Hand die Einhaltung der gesetzlichen Bestimmungen vorgeschrieben ist und sie daher einer **erhöhten Sorgfaltspflicht** unterliegt.[62] Bei der Frage der Prüfungspflichten muss eine schematische Betrachtung jedoch ausscheiden, sodass die Zugehörigkeit zur öffentlichen Hand allein kein Haftungsmaßstab sein kann, vielmehr sind die Umstände des einzelnen Falles zu bewerten. Je weniger **Erfahrung mit dem Preisrecht der HOAI** ein öffentlicher Auftraggeber tatsächlich besitzt, desto weniger wird man ihm Prüfungspflichten im Sinne der Rechtsprechung des BGH auferlegen können. Gerade kleinere Gemeinden werden mithin nicht schon deshalb als wettbewerbsrechtliche Störer anzusehen sein, weil sie die zur Berechnung des vorgeschriebenen Honorars benötigten Angaben nicht ungefragt bereitgestellt haben. Anders mag dies zu werten sein, wenn eine Gemeinde über fachkundiges Personal und einen Werksausschuss verfügt.[63] 34

War mit der Einengung der Störerhaftung zumindest noch die Inanspruchnahme eines Auftraggebers als wettbewerbsrechtlicher Störer in analoger Anwendung des § 1004 BGB i.V.m. §§ 3, 4 Nr. 11 UWG dann möglich, wenn er die angeschriebenen Planer durch gezielte, von dem zwingenden Preisrecht der HOAI abweichende oder unvollständige Vorgaben zur Preisermittlung, welche diese nicht mehr als ein Versehen ansehen könnten, zu einer Unterschreitung der Mindestsätze der Honorarordnung auffordert,[64] so ging der BGH zuletzt noch weiter und **gab jegliche Störerhaftung im Lauterkeitsrecht auf.**[65] 35

---

59 BGH, Urt. v. 15.5.2003 – I ZR 292/00 – IBR 2003, 609; siehe auch *Jergolla*, WRP 2004, 655.
60 BGH, Urt. v. 11.11.2004 – I ZR 152/02 – IBR 2005, 92.
61 Danach differenzierend LG Mannheim, Urt. v. 1.4.2005 – 7 O 404/04 – IBR 2005, 506.
62 So ausdrücklich LG Freiburg, Urt. v. 17.5.2002 – 12 O 29/02 – WRP 2002, 1016, 1018; *Morlock/Meurer*, Rn 522; *Jochem/Kaufhold*, § 7 Rn 119.
63 Vgl. OLG Koblenz, Urt. v. 16.9.2010 – 2 U 712/06 – juris Rn 38, dort jedoch im Zusammenhang mit der Beurteilung des Vertrauensschutzes bei nachträglicher Einforderung des Mindesthonorars.
64 BGH, Urt. v. 15.5.2003 – I ZR 292/00 – IBR 2003, 609.
65 BGH, Urt. v. 22.7.2010 – I ZR 139/08 – GRUR 2011, 152.

IV. Aktuelle Grundlagen der wettbewerbsrechtlichen Haftung durch Ausschreibungen

36 An die Stelle der bisherigen Störerhaftung ist eine Haftung unter dem Gesichtspunkt der **Verletzung einer wettbewerbsrechtlichen Verkehrspflicht** getreten. Ihr liegt der Gedanke zugrunde, dass derjenige, der in seinem Verantwortungsbereich eine Gefahrenquelle schafft oder andauern lässt, die ihm zumutbaren Maßnahmen und Vorkehrungen treffen muss, die zur Abwendung der daraus Dritten drohenden Gefahren notwendig sind.[66] Wer gegen eine wettbewerbsrechtliche Verkehrspflicht verstößt, ist insoweit selbst **Täter** einer unlauteren geschäftlichen Handlung.[67]

37 Eine **wettbewerbsrechtliche Haftung** kann sich **für ausschreibende Auftraggeber** daneben auch aus der Teilnahme an einer unlauteren Handlung ergeben, insbesondere kommt eine **Verantwortlichkeit als Mittäter, Anstifter oder Gehilfe** in Betracht. **Mittäterschaft** erfordert eine gemeinschaftliche Begehung, also ein bewusstes und gewolltes Zusammenwirken.[68] Für die Haftung als **Anstifter** wird entsprechend § 26 StGB[69] Vorsatz des Anstifters in Bezug auf eine vorsätzliche Rechtsverletzung durch den Angestifteten zu verlangen sein. Demgegenüber genügt für die sog. **Gehilfenhaftung** neben einer objektiven Beihilfehandlung ein bedingter Vorsatz in Bezug auf die Haupttat, der freilich auch das Bewusstsein der Rechtswidrigkeit einschließen muss.[70]

38 Im Preisrecht der HOAI lässt sich eine Haftung des ausschreibenden Auftraggebers nach den neuen Vorgaben der Rechtsprechung nur mühsam belegen. Die Verletzung einer wettbewerbsrechtlichen Verkehrspflicht setzt ihrerseits **Prüfungspflichten** voraus, die wie dargestellt aufgrund der fehlenden Adressateneigenschaft der Auftraggeber praktisch nicht besteht.[71]

39 Eine zur Mittäterschaft führende **gemeinschaftliche Begehung** zwischen einem Auftraggeber und einem Bewerber wiederum ist zwar vorstellbar, gerade auch zulasten eines Mitbewerbers, der nicht zum Zuge kommen soll, wird sich aber in der Praxis nur schwer dokumentieren lassen. Dasselbe gilt für eine **Anstiftung**, die sich so darstellt, dass die Erteilung eines Auftrages nur dann in Aussicht gestellt wird, wenn der Bewerber das gesetzliche Mindesthonorar unterschreitet. Ungeachtet der schwierigen Beweislage ist auch der Fall schon weniger klar als Wettbewerbsverstoß des Auftraggebers einzuordnen, dass dieser die Auftragserteilung davon abhängig macht, dass der Bewerber eine bestimmte, meist nur behauptete Honorargröße eines namentlich nicht benannten Konkurrenten unterbietet. Denn in diesem Fall steht nicht zwangsläufig fest, dass die Unterbietung eines Konkurrenzangebotes zur Unterschreitung der Mindesthonorare führt.

40 Verfolgbar bleiben deshalb vor allem jene Fälle, in denen sich die **positive Kenntnis** eines Auftraggebers von der Unterschreitung des Mindesthonorars aufgrund von Honorarparametern nachweisen lässt, die unterhalb der objektiv festzustellenden und unter Berücksichtigung bestehender Beurteilungsspielräume liegenden Berechnungsfaktoren liegen, wie einer zu niedrigen Honorarzone oder zu geringer anrechenbarer Kosten.

---

66 BGH, Urt. v. 12.7.2012 – I ZR 54/11 –; BGH, Urt. v. 22.7.2010 – I ZR 139/08 – GRUR 2011, 152.
67 BGH, Urt. v. 12.7.2012 – I ZR 54/11 –; BGH, Urt. v. 12.7.2007 – I ZR 18/04 – NJW 2008, 758.
68 BGH, Urt. v. 22.7.2010 – I ZR 139/08 – GRUR 2011, 152.
69 Zum Rückgriff der zivilrechtlichen Haftungstatbestände der deliktischen Teilnahme auf das Strafrecht vgl. BGH, Urt. v. 22.7.2010 – I ZR 139/08 – GRUR 2011, 152.
70 BGH, Urt. v. 12.7.2012 – I ZR 54/11 –; BGH, Urt. v. 22.7.2010 – I ZR 139/08 – GRUR 2011, 152; BGH, Urt. v. 22.6.2011 – I ZR 159/10 – GRUR 2011, 1018.
71 BGH, Urt. v. 15.5.2003 – I ZR 292/00 – IBR 2003, 609; BGH, Urt. v. 10.10.1996 – I ZR 129/94 – IBR 1997, 424.

Auch dann bedarf es des weiteren Nachweises, dass tatsächlich ein Wettbewerbsverstoß eines Bewerbers besteht. Am **Erfordernis der sog. Akzessorietät**[72] hat sich nichts geändert. Da sich der Unterlassungskläger insoweit meist in einem Beweisnotstand befinden wird, obliegt die Darlegungs- und Beweislast dafür, dass keiner der anbietenden Ingenieure unter den Mindestsätzen geblieben ist, dem beklagten Auftraggeber.[73]

Klagebefugt sind neben den selbst betroffenen Mitbewerbern insbesondere Architekten- und Ingenieurkammern als „Verbände" i.S.v. § 8 Abs. 3 Nr. 2 UWG.[74] **41**

72 BGH, Urt. v. 10.10.1996 – I ZR 129/94 – IBR 1997, 424; BGH, Urt. v. 4.10.1990 – I ZR 299/88 – BauR 1991, 99; OLG Köln, Urt. v. 18.3.2005 – 6 U 163/04 – BauR 2005, 1522.

73 OLG München, Urt. v. 20.3.1997 – 29 U 4695/96 –.

74 BVerfG, Beschl. v. 26.10.2004 – 1 BvR 981/00 – NJW 2004, 3765; BGH, Urt. v. 6.4.2006 – I ZR 272/03 – NJW 2006, 2481; BGH, Urt. v. 10.10.1996 – I ZR 129/94 – IBR 1997, 424.

Kapitel 9 Außervertragliche Ansprüche nach HOAI

1 Während die HOAI grundsätzlich in ihrer verbindlichen Geltung das Bestehen eines Architekten- oder Ingenieurvertrags voraussetzt,[1] wird sie zur Ermittlung der an den Planer zu leistenden Zahlung auch bei einzelnen außervertraglichen Anspruchsgrundlagen herangezogen. In Betracht kommen folgende gesetzliche Ansprüche:

A. Ungerechtfertigte Bereicherung

2 Erbringt der Architekt oder Ingenieur seine berufliche Leistung, ohne dass er dazu aufgrund eines wirksamen Werkvertrags verpflichtet wäre, kommt ein Leistungsausgleich nach den Bestimmungen der §§ 812ff. BGB über die ungerechtfertigte Bereicherung in Betracht.

I. Rechtsgrundlos erbrachte Leistung

3 Die Gründe dafür, dass eine Architekten- oder Ingenieurleistung rechtsgrundlos erbracht wurde, sind mannigfaltig. In der Praxis überwiegen die unerkannt **formnichtigen Verträge** (§§ 125ff. BGB),[2] die etwa dann vorliegen, wenn die Parteien eine durch Gesetz vorgeschriebene **Schriftform** nicht eingehalten haben, wie sie etwa für kommunale Auftraggeber gelten.

Beispiel

Der Gemeinderat beschließt, das Ingenieurbüro A mit der Ertüchtigung der Kläranlage nach dessen Angebot zu beauftragen. Das teilt der Bürgermeister dem Ingenieur mündlich mit, eine Vertragsausfertigung mit Unterschrift des Bürgermeisters unterbleibt.

4 Weitere Nichtigkeitsgründe ergeben sich aus sog. **Scheingeschäften** (§ 117 BGB),[3] Verstößen gegen gesetzliche Verbote (§ 134 BGB), zu denen nicht zuletzt das **Koppelungsverbot** aus Art. 10 § 3 MRVG[4] oder Schwarzgeld- bzw. „Ohne-Rechnung"-Abreden[5] zählen, oder aus Verstößen gegen die guten Sitten (§ 138 BGB).[6]

5 Rechtsgrundlos erbracht ist eine Leistung auch dann, wenn nicht der Auftraggeber, sondern ein Dritter den Auftrag in dessen Namen erteilt, **ohne** dazu **bevollmächtigt** zu sein. Nur dann, wenn der vermeintlich Vertretene die in seinem Namen abgegebene Erklärung genehmigt, ist sie Basis für einen wirksamen Vertragsschluss, § 177 Abs. 1 BGB. Verweigert er die Genehmigung, ist zwischen ihm und dem Planer kein Vertrag zustande gekommen.

---

1 Näher oben Kap. 4 Rn 2; zu den wettbewerbsrechtlichen Auswirkungen des Preisrechts auf die Vertragsanbahnung vgl. oben Kap. 8 Rn 4ff.

2 Vgl. etwa OLG Brandenburg, Urt. v. 13.7.2010 – 11 U 7/10 – IBR 2012, 153.

3 OLG Hamm, Urt. v. 21.6.1995 – 12 U 176/94 – IBR 1996, 159.

4 Vgl. BGH, Urt. v. 6.4.2000 – VII ZR 455/98 – IBR 2000, 385; BGH, Urt. v. 5.11.1981 – VII ZR 216/80 – BauR 1982, 83; OLG Frankfurt a.M., Urt. v. 17.12.2009 – 3 U 247/08 – NJW-RR 2010, 1394; OLG Hamm, Urt. v. 17.12.1991 – 26 U 59/91 – BauR 1993, 494; zum Koppelungsverbot oben Kap. 1 Rn 22ff.

5 BGH, Urt. v. 10.4.2014 – VII ZR 241/13 –; BGH, Urt. v. 1.8.2013 – VII ZR 6/13 – IBR 2013, 609; hierzu näher *Jerger*, NZBau 2014, 415; *Stamm*, NJW 2014, 2145.

6 Bei Vorliegen besonderer Umstände etwa wegen Bestechung vgl. BGH, Urt. v. 6.5.1999 – VII ZR 132/97 – IBR 1999, 375; OLG Brandenburg, Urt. v. 25.8.2011 – 12 U 39/11 – IBR 2011, 644; Locher/Koeble/Frik/*Koeble*, Einl. Rn 98.

Beispiel
Der zwischen einem Architekten und einer Bauträgergesellschaft geschlossene Planungsvertrag zur Errichtung einer Wohnanlage ist nicht vom Geschäftsführer der Gesellschaft unterschrieben, sondern vom insoweit nicht bevollmächtigten Technischen Leiter. Als sich wenig später politischer Widerstand gegen das Vorhaben regt, lehnt der Geschäftsführer die Genehmigung ab.

Allerdings muss in solchen Fällen stets geprüft werden, ob sich eine vertragliche 6
Bindung nicht aus den Grundsätzen der **Anscheins- oder Duldungsvollmacht** ergibt. Zur Fallgestaltung rechtsgrundloser Leistung wegen fehlender Bevollmächtigung eines Dritten gehört auch die Erteilung eines Auftrags durch den Objektplaner an einen Fachplaner. Unerheblich ist insoweit, ob sich der Objektplaner irrig für bevollmächtigt gehalten oder angenommen hat, im Interesse des Bauherrn zu handeln. Bei Genehmigungsverweigerung durch den Bauherrn kommt kein Vertrag zwischen Bauherrn und Fachplaner zustande. Allerdings soll sich die Genehmigung durch den Bauherrn daraus ergeben können, dass der Bauherr sein Vorhaben aufgrund einer Baugenehmigung durchführen lässt, deren Bestandteil die Fachplanung ist.[7]

Beispiel
Der Architekt beauftragt im Namen des Bauherrn einen Tragwerksplaner mit statischen Berechnungen für einen Umbau. Tatsächlich hat der Bauherr dem Architekten dazu keine Anweisung erteilt. Gleichwohl legt er die statischen Unterlagen der Baugenehmigungsbehörde vor und lässt nach Erteilung der Baugenehmigung das geplante Vorhaben durchführen.

Fehlt es an einem wirksamen Vertragsverhältnis mit dem vermeintlich Vertretenen 7
mangels dessen Genehmigung, ist der Vertretene als Leistungsempfänger wertersatzpflichtig. Dass bei verweigerter Genehmigung zugleich Ansprüche auf **Schadensersatz gegen den Vertreter ohne Vertretungsmacht** nach § 179 BGB bestehen, steht dem bereicherungsrechtlichen Anspruch nicht entgegen. Erst dann, wenn der vollmachtlose Vertreter Schadensersatz geleistet hat, ist es ausgeschlossen, gegen den Vertretenen noch Bereicherungsansprüche durchzusetzen.[8]

Ohne Rechtsgrund ist eine Leistung ferner dann erbracht, wenn zwar zunächst ein 8
wirksamer Vertrag bestanden hat, dieser aber später rückwirkend entfallen ist, namentlich durch **Anfechtung** (§§ 119 ff., § 142 BGB). Dagegen stellt die Ausübung eines vertraglichen oder gesetzlichen **Rücktrittsrechts** keinen nachträglichen Wegfall des Rechtsgrundes für die erbrachte Leistung dar,[9] sodass bereicherungsrechtliche Ansprüche nach §§ 812 ff. BGB nicht bestehen. Ersatzansprüche nach einem Rücktritt, etwa aufgrund mangelhafter Leistung gem. § 634 Nr. 3 BGB, richten sich nach den Vorschriften der §§ 346 ff. BGB.

Zudem wird unter die §§ 812 ff. auch der Fall einer nicht genehmigten **mehrfachen** 9
Verwendung einer Architekten- oder Ingenieurleistung gefasst.[10]

Nicht zuletzt sind all jene **Leistungen** rechtsgrundlos erbracht, die **in einem ge-** 10
schlossenen Vertrag nicht enthalten sind. Das trifft auch für solche Leistungsphasen zu, die durchlaufen werden müssen, um die beauftragte Leistung erbringen zu können. Erbringt sie der Auftragnehmer zusätzlich, steht ihm hierfür jedenfalls kein vertraglicher

7 OLG Celle, Urt. v. 17.12.1998 – 22 U 265/97 – IBR 2000, 282.
8 BGH, Urt. v. 26.4.2001 – VII ZR 222/99 – BauR 2001, 1412, 1414.
9 Palandt/*Grüneberg*, vor § 346 Rn 6.
10 Für den Fall einer statischen Berechnung: LG Arnsberg, Urt. v. 4.5.2011 – 3 S 1/11 – BauR 2012, 521 mit Anm. *Sangenstedt*, BauR 2012, 523.

Honoraranspruch zu. Der anderslautenden langjährigen Rechtsprechung der Instanzgerichte ist der BGH entgegengetreten.[11]

Beispiel
Im Vertrag über Leistungen der Tragwerksplanung werden die Leistungsphasen 3 bis 6 nach § 51 vergeben. Über die vorangehenden Leistungsphasen 1 und 2 finden sich keine Angaben. Erbringt der Ingenieur die Leistungen der Grundlagenermittlung und Vorplanung dennoch, erfüllt er insoweit keine Vertragspflicht.

11 Allerdings wird in solchen Fällen eher ein Anspruch aus Geschäftsführung ohne Auftrag (dazu unten Rn 23ff.) denn aus ungerechtfertigter Bereicherung entstehen.

II. Umfang des Anspruchs

12 In erster Linie sieht das Gesetz die Herausgabe des Erlangten vor. Hierbei würde es zu kurz greifen, etwaige dem Leistungsempfänger überlassene Pläne oder Berechnungen zurückzugeben, weil diese lediglich das Ergebnis einer geistig-schöpferischen Leistung darstellen, welche den eigentlichen Wert der Leistung ausmacht. Daher wird zu Recht angenommen, dass für rechtsgrundlos erbrachte Leistungen von Architekten und Ingenieuren **Wertersatz** nach § 818 Abs. 2 BGB zu leisten ist.[12] Das gilt freilich nur dann, wenn der Leistungsempfänger die erbrachte Leistung nutzt und **verwertet.**[13] Geschieht dies nicht, kann der Planer nur die Rückgabe der ausgehändigten technischen Unterlagen verlangen, Wertersatz findet dann nicht statt.

13 Die vorausgesetzte **Verwertung** kann in der Form stattfinden, dass der Bauherr die erbrachten Planungsleistungen einem anderen Architekten oder Ingenieur zu dem Zweck zur Verfügung stellt, mit den weiteren Planungen auf den Leistungen des Erstplaners aufzubauen.[14] Nichts anderes gilt, wenn er Pläne oder Berechnungen Bauhandwerkern überlässt, damit diese nach den Unterlagen das geplante Bauwerk errichten. Auch die Vorlage von Architekten- und Ingenieurleistungen im Baugenehmigungs- und anderen öffentlich-rechtlichen Verfahren stellt sich als Verwertung der Leistung dar. Die Realisierung der Baumaßnahme kann jedoch dann nicht als Verwertung begriffen werden, wenn der Bauherr sich dazu der **Pläne eines anderen Architekten oder Ingenieurs** bedient, der wiederum mit seiner Leistung nicht lediglich an die rechtsgrundlos erbrachten Vorarbeiten anknüpft. Ebenfalls fehlt es an der Verwertung, wenn der Bauherr seine **Bauabsichten aufgibt.** Hat eine Verwertung durch Einreichung von Plänen bei Behörden stattgefunden und wird dennoch das Vorhaben sodann aufgegeben, entfällt die Bereicherung nach § 818 Abs. 3 BGB und damit der Anspruch auf Wertersatz. Lediglich aus den Grundsätzen von Treu und Glauben (§ 242 BGB) kann sich etwas anderes ergeben.[15]

14 Ist Wertersatz zu leisten, sind grundsätzlich die Kosten zu erstatten, die bei vertraglicher Vergabe für die Durchführung der Arbeit hätten aufgewendet werden müssen und die er sich deshalb erspart hat.[16] Bei wirksam beauftragten Planungsleistungen, die von

11 BGH, Urt. v. 23.11.2006 – VII ZR 110/05 – IBR 2007, 139.
12 BGH, Urt. v. 23.11.2006 – VII ZR 110/05 – IBR 2007, 143; OLG Brandenburg, Urt. v. 27.5.2010 – 5 U 193/08 – IBR 2010, 401.
13 BGH, Urt. v. 23.11.2006 – VII ZR 110/05 – IBR 2007, 143.
14 OLG Düsseldorf, Urt. v. 20.12.2011 – 21 U 41/10 – IBR 2013, 155.
15 OLG Celle, Urt. v. 27.3.2006 – 14 U 237/05 – IBR 2006, 338.
16 BGH, Urt. v. 4.4.2002 – VII ZR 26/01 – BauR 2002, 1245, 1247; BGH, Urt. v. 23.6.1994 – VII ZR 167/93 – BauR 1994, 651.

der HOAI erfasst werden, hätte der Bauherr deshalb ein Honorar jedenfalls **in Höhe der Mindestsätze** zahlen müssen. Daher überzeugt es, wenn Rechtsprechung und Literatur den Wertersatz nach den Mindestsätzen der HOAI bemessen.[17] Sind von dem Anspruch Leistungen betroffen, die in der HOAI nicht geregelt sind (vgl. dazu oben Kap. 5 Rn 8ff.) oder deren Honorare in der Verordnung der freien Vereinbarung überlassen werden, so richtet sich der Wertersatz nach der **üblichen Vergütung**, die bei wirksamer Beauftragung zu leisten wäre (§ 632 Abs. 2 BGB).[18] Die konkrete Höhe des Wertersatzes bestimmt sich danach, welche konkreten Leistungen der Architekt oder Ingenieur rechtsgrundlos erbracht hat, insofern ist zu prüfen, welche Leistungsbilder und Leistungsphasen daraus betroffen sind. Auszugleichen sind nur die tatsächlich erbrachten Leistungsphasen, wofür dem Planer die **Beweislast** trifft. Wurden nur **Teile von Leistungsphasen** erbracht, so können auch nur die darauf entfallenden Grundleistungen betrachtet werden, soweit eine Reduzierung auch nach § 8 Abs. 2 hätte erfolgen müssen.

Trotz prinzipieller Geltung der Mindestsätze auch im Bereicherungsrecht kann der Ausgleichsanspruch aber dann geringer ausfallen oder gänzlich entfallen, wenn die erbrachte Leistung **mängelbehaftet**[19] oder gar unbrauchbar ist.[20] Auch ein dem Bauherrn entstandener Schaden mindert den Anspruch auf Wertersatz oder schließt ihn aus. **15**

Ebenfalls können nicht die vollen Mindestsätze verlangt werden, wenn der Bereicherte die Leistung **anderweitig zu geringeren Kosten** bekommen hätte.[21] Das kann angesichts der Beschränkung des § 7 Abs. 3 nur dann zutreffen, wenn es sich um einen zugelassenen Ausnahmefall handelt, etwa Erbringung der Planung durch nahe Verwandte.[22] Bei Nichtigkeit aufgrund Verstoßes gegen das Koppelungsverbot könnte der Einwand gegen das Mindesthonorar auch auf die fehlende Preisbindung von Bauträgern und Bauunternehmern[23] gestützt werden. Allerdings obliegt es dann dem Bereicherten, den Nachweis zu führen, dass diese Option tatsächlich bestanden hätte und die Planungsleistung objektiv zu einem geringeren Kostenanteil erbracht worden wäre. **16**

III. Ausschluss des Wertersatzes

Keinen Wertausgleich kann der Leistende verlangen, der **in Kenntnis der fehlenden Leistungspflicht** gehandelt hat, § 814 BGB. Daher scheitert ein bereicherungsrechtlicher Anspruch immer dann, wenn der Leistende **bewusst** über den Umfang seiner vertraglichen Pflicht hinaus leistet, ganz gleich, ob es sich um notwendige vorangehende Leistungsschritte oder um zusätzlich erbrachte Leistungen handelt.[24] Freilich wird in diesen Fällen stets auch zu prüfen sein, ob eine **mündliche oder konkludente Auftragserteilung** vorliegt. Der Einwand aus § 814 BGB soll auch dann nicht erhoben werden können, wenn der Leistungsempfänger trotz Kenntnis des Leistenden vom Nichtbe- **17**

---

17 OLG Düsseldorf, Urt. v. 20.12.2011 – 21 U 41/10 – IBR 2013, 155; OLG Brandenburg, Urt. v. 13.7.2010 – 11 U 7/10 – IBR 2012, 153; OLG Celle, Urt. v. 17.12.1998 – 22 U 265/97 – IBR 2000, 282; OLG Hamm, Urt. v. 8.6.1984 – 25 U 188/83 – BauR 1986, 710; *Löffelmann/Fleischmann*, Rn 872; *Morlock/Meurer*, Rn 354; *Motzke/Wolff*, S. 122; Werner/Pastor/*Pastor*, Rn 2422.

18 OLG Naumburg, Urt. v. 11.2.2010 – 1 U 84/09 – BauR 2010, 1277.

19 OLG Naumburg, Urt. v. 11.2.2010 – 1 U 84/09 – BauR 2010, 1277; Korbion/Mantscheff/Vygen/*Kuffer*, § 3 MRVG Rn 36; *Löffelmann/Fleischmann*, Rn 872.

20 BGH, Urt. v. 5.11.1981 – VII ZR 216/80 – BauR 1982, 83, 86.

21 *Löffelmann/Fleischmann*, Rn 872.

22 Vgl. OLG Hamm, Urt. v. 20.3.1985 – 26 U 120/84 – BauR 1986, 711, 712.

23 Siehe BGH, Urt. v. 22.5.1997 – VII ZR 290/95 – BauR 1997, 677.

24 Für die Kenntnis spricht bei schriftlicher Vereinbarung der Umstand, dass die fragliche Leistung nicht erwähnt wird, so zutreffend *Scholtissek*, NZBau 2007, 229, 231.

stehen der Verbindlichkeit nicht darauf vertrauen darf, das Empfangene behalten zu dürfen.[25]

18 Grundsätzlich sind bereicherungsrechtliche Ansprüche ausgeschlossen, wenn sich die Tätigkeit des Planers als **Akquisition** darstellt. Wer in der Hoffnung auf einen umfassenden Vertragsschluss bereits Leistungen erbringt, ist sich des **Risikos** bewusst, dass die Hoffnung trügt und die Auftragserteilung unterbleibt.[26] Strenggenommen handelt es sich in den Akquisitionsfällen ebenfalls um Fälle des § 814 BGB.

19 Ausgleichsansprüche scheiden auch dann aus, wenn sie sich mit anderen gültigen Rechtsnormen in Widerspruch setzen würden. Bis zum Inkrafttreten der HOAI 2009 galt etwa für die Honorierung von **Besonderen Leistungen** das Erfordernis einer schriftlichen Vereinbarung (§ 5 Abs. 4 HOAI 1996). Diese Bedingung konnte nicht durch Berufung auf Bereicherungsrecht umgangen werden.[27] Nach Wegfall der Schriftform für den Honoraranspruch aus Besonderen Leistungen gilt dieses Prinzip nicht mehr. Allerdings muss auch jetzt genau hinterfragt werden, worauf der Anspruch sachlich gestützt werden kann. Geht es um eine Besondere Leistung, die nicht beauftragt, aber objektiv unentbehrlich ist, um den Vertragszweck zu erfüllen, kommen Ansprüche aus Geschäftsführung ohne Auftrag infrage, wenn nicht schon eine konkludente Auftragserteilung anzunehmen ist. Ist die **Leistung tatsächlich schon beauftragt**, ohne dass dem Vertrag eine gesonderte Vergütungsregelung zu entnehmen ist, scheidet der Anspruch nach §§ 812ff. BGB deshalb aus, weil ein Rechtsgrund für die Leistungserbringung gegeben ist. Ob ein Honorar verlangt werden kann, hängt von der Auslegung des Vertrages ab, insbesondere hinsichtlich der Frage, ob eine zusätzliche **Vergütung stillschweigend ausgeschlossen** wurde.

20 Die zum Ausschluss des Wertersatzes bei Besonderen Leistungen nach HOAI 1996 ergangene Rechtsprechung kann auf die Regelungen der HOAI 2013 übertragen werden, in denen die **preisrechtlich vorgeschriebene Schriftform** nicht eingehalten ist, allerdings unter der entscheidenden Einschränkung, dass diese **Schriftform Anspruchsvoraussetzung** ist und nicht lediglich deklaratorischen Charakter hat. Die HOAI 2013 hat an mehreren Stellen zusätzliche Schriftformvorgaben eingeführt, die jedoch ganz überwiegend nicht so einzuordnen sind, dass sie auch für die Anspruchsbegründung konstitutiv wirken. So gehört das Erfordernis der schriftlichen Vereinbarung bei der Festlegung anrechenbarer Kosten aus vorhandener Bausubstanz nach § 4 Abs. 3 ebenso wenig zu den Anspruchsvoraussetzungen[28] wie die schriftliche Vereinbarung des Honorars in den von § 8 genannten besonderen Fällen. Nur für die Vergütung des zusätzlichen Koordinierungs- und Einarbeitungsaufwands (§ 8 Abs. 3) soll anderes gelten.[29] Nicht konstitutiv ist ferner die Schriftformvorgabe in § 10 für den Fall von Änderungen des Leistungsumfangs.[30] Dagegen ist von einer Anspruchsvoraussetzung bei den Regelungen auszugehen, in denen eine abweichende Honorarbewertung optional zugelassen wird, wie etwa in

---

25 BGH, Urt. v. 18.1.1979 – VII ZR 165/78 – NJW 1979, 763; OLG München, Urt. v. 10.11.2009 – 5 U 5130/08 – NJW 2011, 80.

26 OLG Celle, Urt. v. 17.2.2010 – 14 U 138/09 – juris Rn 43; OLG Celle, Urt. v. 27.3.2006 – 14 U 237/05 – BauR 2006, 1030.

27 OLG Oldenburg, Urt. v. 30.3.2007 – 2 U 1/07 – IBR 2007, 312; ähnlich schon OLG Schleswig, Urt. v. 13.11.1996 – 9 U 14/96 – IBR 1997, 379 für die künstlerische Oberleitung nach § 15 Abs. 3 HOAI 1996.

28 Vgl. schon zur nahezu gleichlautenden Vorgängernorm des § 10 Abs. 3a HOAI 1996 BGH, Urt. v. 27.2.2003 – VII ZR 11/02 – IBR 2003, 256; ebenso *Werner/Wagner*, BauR 2014, 1386, 1390f.; *Troidl*, NVwZ 2014, 174, 175.

29 *Fuchs/Berger/Seifert*, NZBau 2013, 729, 738; Locher/Koeble/Frik/*Koeble*, § 8 Rn 14; *Messerschmidt*, BauR 2014, 359, 366; *Werner/Siegburg*, BauR 2013, 1499, 1512.

30 Locher/Koeble/Frik/*Koeble*, § 10 Rn 29; *Werner/Siegburg*, BauR 2013, 1499, 1514.

§§ 6, 9, 12 oder einzelnen fachspezifischen Regelungen. Überall dort, wo die **Schriftform als Anspruchsvoraussetzung** einzuordnen ist, kann ihr Fehlen nicht auf dem Weg der ungerechtfertigten Bereicherung substituiert werden.

Ebenfalls kann ein Anspruch auf Wertersatz nach § 818 Abs. 2 BGB dann nicht erhoben werden, wenn es sich bei der fraglichen Leistung um eine berechtigte **Geschäftsführung ohne Auftrag** (GoA) handelt (§§ 677 ff. BGB; dazu nachfolgend unter Rn 23).[31] Als Voraussetzung einer berechtigten GoA wird verlangt, dass der Leistende im wirklichen oder mutmaßlichen Interesse desjenigen gehandelt hat, den er auf Honorarzahlung in Anspruch nimmt. Insbesondere in den Fällen der unerkannt nichtigen Verträge, namentlich bei fehlender gesetzlicher Schriftform (oben Rn 3) liegt die Annahme einer GoA nahe. **21**

Beruht die Vertragsnichtigkeit auf einem Verstoß gegen das **Schwarzarbeitsbekämpfungsgesetz**, scheitert ein Wertersatz außerdem an § 817 S. 2 BGB, weil auch die Bewirkung der Planungsleistung gegen das Verbot aus § 1 Abs. 2 Nr. 2 SchwarzArbG verstößt.[32] **22**

B. Geschäftsführung ohne Auftrag

I. Anwendungsbereich

Die §§ 677 ff. BGB regeln ein Rechtsverhältnis, in denen zwischen dem Leistenden – Geschäftsführer genannt – und dem Leistungsempfänger – als Geschäftsherr definiert – keine Vertragsbeziehungen bestehen. Der für den leistenden Planer bedeutsame Ausgleichsanspruch findet seine Rechtsgrundlage bei einer **berechtigten Geschäftsführung ohne Auftrag** (GoA) in § 683 BGB. Danach können Architekten und Ingenieure *„wie ein Beauftragter* ***Ersatz ihrer Aufwendungen*** *verlangen"*. **23**

Um zu diesem Anspruch zu kommen, ist es erforderlich, dass der Geschäftsführer die Leistung im ***„Interesse*** *des Geschäftsherrn mit Rücksicht auf dessen* ***wirklichen oder mutmaßlichen Willen"*** erbringt (§ 677 BGB). Bei Leistungen von Architekten und Ingenieuren wird man dabei die Frage nach dem Anlass der Tätigkeit zu stellen haben. Insbesondere dann, wenn die Beteiligten zunächst von einer wirksamen Vertragsbeziehung ausgegangen waren, können keine ernsthaften Zweifel daran bestehen, dass erbrachte Planungsleistungen dem Interesse des Geschäftsherrn und seinem tatsächlichen Willen entsprochen haben. In der Praxis geht es dabei häufig um **unerkannt nichtige Verträge**. Gegen diese Auffassung wird zugunsten von Auftraggebern, die **gesetzlichen Schriftformanforderungen** unterliegen, geltend gemacht, dass dem mutmaßlichen Willen des Leistungsempfängers gerade die fehlende Schriftform entgegenstehe. Weiß der Geschäftsherr, dass bei mangelnder Schriftform kein wirksamer Auftrag erteilt werden kann, könne nicht vermutet werden, dass die gleichwohl erbrachte Leistung seinem Interesse entspreche.[33] Diese Position vermag deshalb nicht zu überzeugen, weil sie verkennt, dass gerade der fehlenden Schriftform wegen kein wirksamer Auftrag vorliegt und überhaupt deshalb erst der Anwendungsbereich der §§ 677 ff. BGB eröffnet wird. Die gesetzlich vorgeschriebene Schriftform kann nichts daran ändern, dass der Auftraggeber auch ohne Vertragsverhältnis in der Lage ist, einen Willen zu äußern oder vermuten zu **24**

31 BGH, Urt. v. 30.9.1993 – VII ZR 178/91 – BauR 1994, 110; Werner/Pastor/*Pastor*, Rn 2420.
32 Vgl. BGH, Urt. v. 10.4.2014 – VII ZR 241/13 – IBR 2014, 327.
33 OLG Frankfurt a.M., Urt. v. 8.3.2011 – 5 U 48/10 – IBR 2011, 568.

lassen.[34] So wäre es etwa nicht vermittelbar, weshalb eine Planung nicht dem Willen des Bauherrn entsprechen soll, der eben diese Planung in Baubesprechungen vorantreiben lässt. Beruht die fehlende Vertragsbindung gerade auf der Formunwirksamkeit, liegt deshalb in aller Regel eine berechtigte GoA vor. Daran ändert sich auch nichts dadurch, dass der Leistende glaubt, eine vermeintlich bestehende Pflicht erfüllen zu müssen.[35]

25 Stimmt die Geschäftsführung **mit dem Interesse und dem Willen des Geschäftsherrn nicht überein**, so handelt es sich nicht mehr um eine berechtigte GoA mit der Folge, dass ein Aufwendungsersatz nach § 683 BGB ausscheidet. In diesem Fall kommt die Vorschrift des § 684 BGB zum Tragen. Bei dieser **unberechtigten GoA** ist der Geschäftsherr zur Herausgabe dessen verpflichtet, was er durch die Geschäftsführung erlangt hat. Dazu verweist die Vorschrift auf die Regelungen über die ungerechtfertigte Bereicherung (dazu oben Rn 2ff.). Ansprüche der Planer scheitern also nicht dann, wenn eine Geschäftsführung interessenwidrig und aufgedrängt war.[36] Daher kann etwa ein **entgegenstehender Beschluss eines Kommunalorgans** nur den Aufwendungsersatzanspruch nach § 683 BGB, nicht aber den Anspruch auf Wertersatz nach § 818 Abs. 2 i.V.m. § 684 S. 1 BGB verhindern. Allerdings können auch dem Geschäftsherrn bei unberechtigter GoA Ersatzansprüche zustehen (vgl. § 678 BGB).

II. Fehlender Auftrag

26 Zu Ansprüchen aus der Geschäftsführung ohne Auftrag gelangt man nur, wenn ein Geschäft ohne Beauftragung erbracht wird. Dass es an einem Auftrag fehlt, kann verschiedene Gründe haben.

27 Zu den Fällen der berechtigten GoA zählen die Handlungen, die auf der Grundlage eines vermeintlich bestehenden Vertrages erbracht werden, der sich aber als nichtig erwiesen hat. In der Praxis zählen hierzu häufig die Planungsverträge, welchen wegen nicht eingehaltener Schriftform, so vor allem des Kommunalrechts, die Wirksamkeit versagt bleibt (dazu schon oben Rn 22ff.).

28 Nichtig kann ein Vertrag auch deshalb sein, weil eine als Gesellschaft auftretende vermeintliche **Vertragspartei tatsächlich nicht existiert.**[37]

29 Ebenfalls hierher gehören die nicht seltenen Fälle, in denen ein Auftrag nicht mit der Leistungsphase 1, sondern einer der späteren Leistungsphasen beginnt. Erbringt der Auftragnehmer eines solchermaßen **beschränkten Leistungsumfangs** auch die vorausgehenden Leistungsschritte, ohne insoweit nachträglich beauftragt worden zu sein, stellt sich die Frage, ob er hierfür ein zusätzliches Honorar begehren kann.

Beispiel

Ein Ingenieurvertrag über die Tragwerksplanung eines Wohnhaus-Neubaus umfasst die Leistungsphasen 2 bis 5. Der Tragwerksplaner erbringt auch die Grundlagenermittlung und verlangt mit der Schlussrechnung das darauf entfallende anteilige Honorar nach § 51 Abs. 1 Nr. 1.

---

30 Der in früheren Jahren vertretenen Auffassung, die den unstreitig beauftragten Leistungsphasen vorangehenden Planungsschritte gehörten ebenfalls zum vertraglich ge-

34 *Bolz*, IBR 2011, 568 weist zutreffend darauf hin, dass der mutmaßliche Wille nach objektiven Kriterien zu beurteilen ist.

35 BGH, Urt. v. 30.9.1993 – VII ZR 178/91 – BauR 1994, 110; OLG Düsseldorf, Urt. v. 20.12.2012 – 5 U 50/12 – BauR 2013, 1682, 1686; OLG Rostock, Urt. v. 19.6.2008 – 3 U 12/08 – IBR 2009, 194.

36 BGH, Urt. v. 26.4.2001 – VII ZR 222/99 – BauR 2001, 1412, 1414.

37 OLG Dresden, Urt. v. 14.5.2003 – 11 U 2152/01 – IBR 2003, 424.

schuldeten Umfang,[38] hat der BGH eine Absage erteilt.[39] Erbringt der Planer gleichwohl die erforderlichen Vorarbeiten, wird er meist im objektiven Interesse des Auftraggebers handeln. Hiergegen lässt sich nicht einwenden, die notwendigen Vorleistungen würden wegen des Eigeninteresses des Planers zur Vorbereitung der beauftragten weitergehenden Leistungen GoA-Ansprüche ausschließen.[40] Denn steht schon die Annahme, eine vermeintlich bestehende Pflicht erfüllen zu müssen, einer berechtigten GoA nicht entgegen,[41] kann dies auch nicht für die Annahme gelten, die fehlende Leistung deshalb erbringen zu müssen, weil sie notwendiger Zwischenschritt zur eigenen Vertragsleistung ist. Zu einer unberechtigten GoA käme man, wenn der Auftraggeber deshalb kein Interesse an den vorangehenden Leistungsphasen hat, weil er selbst oder ein Dritter sie bereits erbracht hat.[42]

Praxistipp
Erkennt der Auftragnehmer, dass er auf nicht beauftragte Leistungen zurückgreifen muss, sollte er seinen Auftraggeber hierauf hinweisen und ihn nach § 642 BGB zur Mitwirkung auffordern. Entweder kommt es dadurch zur Beauftragung auch der fehlenden Leistungen oder der Auftraggeber stellt diese nunmehr als Grundlage für die weitere Vertragserfüllung durch den Auftragnehmer zur Verfügung.

Nichts anderes gilt für **additive Leistungen**, die im Vertrag nicht enthalten sind, **31** aber im objektiven Interesse des Auftraggebers liegen und vom Auftragnehmer zusätzlich erbracht werden.[43]

III. Umfang von GoA-Ansprüchen

Im Falle der **berechtigten GoA** steht dem Geschäftsführer der **Ersatz von Aufwen-** **32** **dungen** „wie ein Beauftragter" nach § 683 BGB zu. Aus der Gesetzesformulierung kann zunächst abgeleitet werden, dass die übliche Vergütung Maßstab für den Aufwendungsersatz jedenfalls dann ist, wenn die Leistung im Rahmen des Berufs oder des Gewerbes des Geschäftsführers erbracht wird.[44] Dass dies bei Leistungen von Architekten und Ingenieuren im Regelfall ebenfalls zutrifft, kann nicht bezweifelt werden. Die übliche Vergütung entspricht insoweit den Mindestsätzen der HOAI.[45] Daher verdient es Zustimmung, dass der Ersatzanspruch bei Leistungen, deren Honorare in der HOAI gesetzlich geregelt sind, auf die jeweiligen **Mindestsätze** gerichtet werden kann.[46] Geht es um Leistungen, deren Honorare von der HOAI nicht verbindlich geregelt werden, so ist auf die **übliche Vergütung** abzustellen (vgl. § 632 Abs. 2 BGB).

Bei einer **unberechtigten GoA** ist der Geschäftsherr zur Herausgabe dessen ver- **33** pflichtet, was er durch die Geschäftsführung erlangt hat. Hierbei verweist § 684 S. 1 BGB

---

38 So zuletzt noch OLG Düsseldorf, Urt. v. 30.11.2004 – 23 U 73/04 – NZBau 2005, 402; OLG Bamberg, Urt. v. 16.4.2003 – 8 U 90/02 – NZBau 2004, 160.
39 BGH, Urt. v. 23.11.2006 – VII ZR 110/05 – IBR 2007, 139.
40 So aber *Weber/Kesselring/Hennig*, NJW 2008, 1713, 1716.
41 BGH, Urt. v. 30.9.1993 – VII ZR 178/91 – BauR 1994, 110; OLG Düsseldorf, Urt. v. 20.12.2012 – 5 U 50/12 – BauR 2013, 1682, 1686; OLG Rostock, Urt. v. 19.6.2008 – 3 U 12/08 – IBR 2009, 194.
42 Vgl. KG, Urt. v. 17.7.2001 – 4 U 4252/96 – IBR 2002, 592.
43 OLG München, Urt. v. 25.1.2011 – 9 U 1953/10 – BauR 2011, 895.
44 BGH, Urt. v. 26.1.2005 – VIII ZR 66/04 – NJW-RR 2005, 639, 641; BGH, Urt. v. 7.1.1971 – VII ZR 9/70 – NJW 1971, 609, 912; OLG Rostock, Urt. v. 19.6.2008 – 3 U 12/08 – IBR 2009, 258.
45 OLG Naumburg, Urt. v. 10.2.2012 – 10 U 2/11 – IBR 2014, 92.
46 OLG Dresden, Urt. v. 14.5.2003 – 11 U 2152/01 – IBR 2003, 424; *Morlock/Meurer*, Rn 356; *Motzke/Wolff*, S. 122.

auf die Vorschriften über die Herausgabe einer ungerechtfertigten Bereicherung, also §§ 812ff. BGB. Auf die Erläuterungen oben in Abschnitt A (Rn 2ff.) kann Bezug genommen werden. Auch danach kann bei HOAI-gebundenen Leistungen der Anspruch auf das **Mindesthonorar** gehen, wenn die erbrachte Leistung verwertet wurde.

Beispiel
Auf Bitte des Geschäftsführers einer Investoren-GmbH erbringt ein Ingenieur Planungsleistungen für die Errichtung eines Yachthafens, obwohl noch ein vergaberechtliches Nachprüfungsverfahren wegen derselben Leistungen gegen die Stadt läuft. Dem Ingenieur ist bekannt, dass die Gesellschafterversammlung der Auftragserteilung zustimmen muss, was indessen nicht geschieht. Die erarbeitete Planung des Ingenieurs wird später nicht weiter verfolgt. Mangels Zustimmung der Gesellschafterversammlung liegt keine dem mutmaßlichen Willen der Gesellschaft entsprechende Leistung vor. Die demnach unberechtigte GoA löst auch keinen Anspruch auf Wertersatz aus, weil es an der Verwertung der Planung fehlt.[47]

IV. Ausschluss von GoA-Ansprüchen

34 Auf den Ersatz seiner Aufwendungen nach § 683 BGB oder Wertersatz nach § 684 S. 1 BGB kann sich nicht berufen, wer seine **Leistungen akquisitorisch** erbringt,[48] also in der Hoffnung auf einen umfassenderen Auftrag. Kennzeichnend für GoA-Ansprüche ist der Umstand, dass der Geschäftsführer jedenfalls auch mit Fremdgeschäftsführerwillen handelt, also nicht nur im eigenen Interesse tätig wird. Leistungen, die dem Bereich der Akquisition zuzuordnen sind, dienen jedoch allein dem eigenen Zweck der Auftragserlangung.[49]

35 Ebenfalls kann ein Architekt oder Ingenieur keinen Aufwendungsersatz nach den Regeln der GoA beanspruchen, wenn er Leistungen für ein Bauvorhaben erbringt, das nicht im Eigentum seines Auftraggebers, sondern eines **Dritten** steht.[50] Auch wenn im Verhältnis zwischen dem Leistenden und dem Eigentümer keine Vertragsbeziehung besteht, besorgt der Leistende dem Eigentümer gegenüber kein Geschäft. Vielmehr stellt sich die Geschäftsführung als Vertragserfüllung dem eigenen Auftraggeber gegenüber dar. Daher fehlt es am erforderlichen Fremdgeschäftsführerwillen. Das hat Bedeutung insbesondere in Fällen der **Insolvenz** des Auftraggebers, wenn Architekten bzw. Ingenieure als dessen **Subplaner** tätig werden.

36 Schließlich scheiden GoA-Ansprüche aus, wenn vertragliche Ansprüche aufgrund gesetzlicher Formanforderungen gesperrt sind. Das gilt nicht zuletzt für die **anspruchsbegründende Schriftform.**[51] Zu Einzelheiten dieser Thematik kann auf die Ausführungen oben (Rn 20) zur entsprechenden Beschränkung bei Ansprüchen aus ungerechtfertigter Bereicherung verwiesen werden.

C. Verschulden bei Vertragsschluss

37 Lässt sich ein Vertragsschluss zwischen den Beteiligten nicht feststellen und kommen auch die zuvor behandelten Ansprüche aus ungerechtfertigter Bereicherung und Geschäftsführung ohne Auftrag nicht in Betracht, kann in Einzelfällen eine Honorarfor-

---

47 OLG Rostock, Urt. v. 27.2.2008 – 2 U 35/07 – IBR 2008, 1247 (nur online).
48 OLG Düsseldorf, Urt. v. 21.11.1991 – 12 U 254/90 – BauR 1992, 413; 414; *Scholtissek*, NZBau 2007, 229, 231.
49 Vgl. etwa OLG Düsseldorf, Urt. v. 20.12.2012 – 5 U 50/12 – BauR 2013, 1682, 1686; OLG Nürnberg, Urt. v. 22.9.2011 – 13 U 613/11 – IBR 2013, 156.
50 OLG Hamm, Urt. v. 15.7.2003 – 21 U 42/03 – BauR 2004, 865, 866.
51 OLG Oldenburg, Urt. v. 30.3.2007 – 2 U 1/07 – IBR 2007, 312.

derung von Architekten und Ingenieuren im Wege des Schadensersatzes nach §§ 311 Abs. 2, 280 BGB in Betracht kommen. Voraussetzung ist das sog. **Verschulden bei Vertragsschluss** (culpa in contrahendo, c.i.c.) aus der Verletzung eines **vertragsähnlichen Vertrauensverhältnisses**, welches zur gegenseitigen Rücksichtnahme verpflichtet und auf beiden Seiten Sorgfaltspflichten erzeugt.[52]

Allerdings können sich Schadensersatzansprüche für Planungsleistungen, die in der Hoffnung auf den erfolgreichen Abschluss von Vertragsleistungen erbracht werden, im Regelfall schon deshalb nicht auf §§ 311 Abs. 2, 280 BGB stützen, weil gerade aus der Tatsache der noch nicht abgeschlossenen Vertragsverhandlungen heraus keine Erwartung dahin begründet werden kann, es werde zwingend zum Vertragsschluss kommen. Deshalb lassen sich auch **akquisitorisch erbrachte Leistungen** im Normalfall nicht auf dem Umweg über das Rechtsinstitut des Verschuldens bei Vertragsschluss in entschädigungspflichtige Leistungen umdeuten. Denn grundsätzlich steht es einer Partei frei, bis zum endgültigen Vertragsschluss weitere Verhandlungen zu beenden.[53] 38

Der klassische Fall der Haftung wegen Verschuldens bei Vertragsschluss ist deshalb der **Abbruch von Vertragsverhandlungen ohne triftigen Grund**, obwohl der Auftraggeber in zurechenbarer Weise Vertrauen auf das Zustandekommen des Vertrages erweckt hat.[54] Um Schadensersatz nach §§ 311 Abs. 2, 280 BGB geltend machen zu können, muss eine **besondere Vertrauensbasis** durch den Auftraggeber erzeugt worden sein, die eine hinreichend gefestigte Erwartungshaltung zugunsten eines baldigen Vertragsabschlusses begründet hat. Wird das so hervorgerufene Vertrauen enttäuscht, kann der andere Teil Schadensersatz verlangen. 39

Beispiel

Der Auftraggeber sichert nach mehreren Gesprächen die Auftragserteilung für den Fall zu, dass der Investor sich an den Planungskosten beteiligt. Obwohl der Investor eine entsprechende Zusage macht, wird der Auftrag plötzlich einem anderen Büro erteilt.

Da sich Schadensersatzansprüche wegen Verschuldens bei Vertragsschluss an die Verletzung von Sorgfaltspflichten anknüpfen, kommen sie auch zulasten von **juristischen Personen des öffentlichen Rechts** in Betracht. Das gilt selbst dann, wenn gesetzliche Kompetenzvorschriften es den Organen dieser juristischen Personen untersagen, Verpflichtungen ohne Beschlussfassungen bestimmter Gremien einzugehen.[55] 40

Weitere typische Anwendungsfälle ergeben sich aus der **Verletzung von Vergabevorschriften**. Anknüpfungspunkt ist dabei nicht mehr das besondere Vertrauen auf die Einhaltung der einschlägigen Regelungen über die Vergabe eines Auftrags, sondern es genügt die Verletzung von Rücksichtnahmepflichten durch **Missachtung der Vergabevorschriften**.[56] Soweit es um Rechtspositionen von Architekten und Ingenieuren geht, kommen in diesem Zusammenhang nur Verstöße gegen die Rechtsvorschriften der Vergabeordnung für freiberufliche Leistungen (VOF) in Betracht, die für Auftragswerte oberhalb der jeweils gültigen EU-Schwellenwerte gilt.[57] Unterhalb der Schwellenwerte 41

52 BGH, Urt. v. 20.3.2001 – X ZR 63/99 – BauR 2001, 1421, 1424; BGH, Urt. v. 3.3.1966 – III ZR 123/64 – VersR 1966, 630.

53 So zuletzt BGH, Urt. v. 7.12.2000 – VII ZR 360/98 – IBR 2001, 101; OLG Celle, Urt. v. 8.2.2012 – 14 U 139/11 – IBR 2012, 547.

54 BGH, Urt. v. 29.3.1996 – V ZR 332/94 – IBR 1996, 305.

55 OLG Düsseldorf, Urt. v. 20.12.2012 – 5 U 50/12 – IBR 2013, 418; OLG Frankfurt a.M., Urt. v. 30.4.2012 – 24 U 63/11 – IBR 2012, 397.

56 BGH, Urt. v. 9.6.2011 – X ZR 143/10 – IBR 2011, 534.

57 Zum Verhältnis von HOAI und VOF vgl. oben Einl. Kap. 7.

bestehen keine bindenden Vergabevorschriften, deren Verletzung schadensersatzträchtig werden könnte, es sei denn, der Auftraggeber gäbe sich selbst bestimmte Vergaberegeln vor und teilte dies den Bewerbern mit.

42 Im Übrigen geht es zumeist um die Besonderheiten der jeweiligen Einzelfälle, aus denen sich ein Ersatzanspruch ableiten lässt. So stellt es einen Verstoß gegen das Gebot der Rücksichtnahme dar, wenn der **Bürgermeister** einer Gemeinde den Planer **veranlasst, auf eine schriftliche Fixierung des Vertrages zu verzichten**, und ihn über einen längeren Zeitraum immer wieder um Leistungen für mehrere Projekte bittet.[58] Kommt ein Beschluss des Gemeinderats nicht zustande, kann ein Vertrag nicht mehr wirksam geschlossen werden. Dem Bürgermeister obliegt es angesichts dieser internen Beschränkung der Vertretungsmacht, die Einhaltung der gesetzlichen Bestimmungen sicherzustellen oder den Erklärungsempfänger auf die entsprechenden Rechtsfolgen hinzuweisen.[59] Unterlässt er dies und fordert zugleich immer weitere Leistungen an, kann sich daraus ein Anspruch auf Schadensersatz für den Planer ergeben.

43 Eine andere Frage ist allerdings, welche **Höhe des Schadensersatzes** geltend gemacht werden kann. Im Regelfall ist der Anspruch auf den Ersatz der Aufwendungen begrenzt, die der Betroffene nach der Entstehung des Vertrauenstatbestands getätigt hat.[60] Erbringt der Planer weitere Leistungen auch dann, wenn er das Risiko des Scheiterns der Vertragsbemühungen erstmals erkennen konnte, steht ihm für diese weiteren Leistungen keine Entschädigung zu. Soweit erbrachte Leistungen zu entschädigen sind, stellt sich die Frage, ob nur der sog. Vertrauensschaden oder weitergehend das sog. positive Interesse zu ersetzen ist. Im ersteren Fall könnte der Planer nur verlangen, so gestellt zu werden, wie er stehen würde, hätte er die abgeforderten Leistungen nicht erbracht. Im zweiten Fall dagegen könnte er eine Vergütung in der Höhe verlangen, wie sie bei erfolgtem Vertragsschluss zu zahlen wäre. Für Bauvertragsleistungen hat der BGH die Möglichkeit anerkannt, auch das **positive Interesse** ersetzen zu müssen, wenn es einem Auftraggeber anzulasten ist, dass er nicht auf das Erfordernis einer bestehenden Gesamtvertretung hingewiesen hat.[61] Im entschiedenen Fall ging es um eine Gesamtvertretung von Bürgermeister und dem Leiter eines kommunalen Eigenbetriebes. Da es dem Verhandlungspartner nicht zuzumuten war, dieses Erfordernis selbst zu erkennen, gehörte die Offenlegung der Gesamtvertretung zu den Sorgfaltspflichten der Kommune. Nichts anderes kann gelten, wenn ein Bürgermeister einen Vertrag unterschreibt und damit die Schriftform des Kommunalrechts wahrt, aber nicht auch offenlegt, dass er den dazu notwendigen Gemeinderatsbeschluss nicht besitzt, jedenfalls dann nicht, wenn der darauf gerichtete Tagesordnungspunkt in nichtöffentlicher Sitzung behandelt wurde. Richtet sich der Ersatzanspruch in solchen Fällen auf das positive Interesse, schließt er den entgangenen Gewinn ein (§ 252 BGB) und entspricht deshalb bei von der HOAI erfassten Leistungen dem jeweiligen **Mindesthonorar**. Dazu wird der Planer jedoch darlegen müssen, dass er bei Kenntnis der nicht entstehenden Leistungspflicht einen mindestens gleichwertigen anderen Auftrag übernommen hätte.[62]

44 Kann nur das **negative Interesse**, also der Vertrauensschaden, Gegenstand des Ersatzanspruchs sein, so sind die Aufwendungen zu ersetzen, welche anderenfalls nicht entstanden wären. Diese können nicht ohne Weiteres mit dem Mindesthonorar nach

---

58 OLG Frankfurt a.M., Urt. v. 30.4.2012 – 24 U 63/11 – IBR 2012, 397.
59 BGH, Urt. v. 22.9.2005 – VII ZR 34/04 – IBR 2006, 10; BGH, Urt. v. 10.6.1999 – IX ZR 409/97 – NJW 1999, 3335; OLG Düsseldorf, Urt. v. 20.12.2012 – 5 U 50/12 – IBR 2013, 418.
60 BGH, Urt. v. 29.3.1996 – V ZR 332/94 – IBR 1996, 305.
61 BGH, Urt. v. 22.9.2005 – VII ZR 34/04 – IBR 2006, 10.
62 Vgl. BGH, Urt. v. 22.9.2005 – VII ZR 34/04 – IBR 2006, 10.

HOAI gleichgesetzt werden. Auch wenn bei geistig-schöpferischen Leistungen wie die in der HOAI beschriebenen kein nennenswerter Materialaufwand entsteht und es deshalb in der Hauptsache um Personalaufwand geht, steht der in der HOAI-Vergütung enthaltene Gewinnanteil einer Gleichsetzung entgegen. Abzulehnen ist indessen die Ansicht, es sei nur der Aufwand von freien Mitarbeitern zu ersetzen, nicht aber jener der fest angestellten und auch nicht der eigene Zeitaufwand.[63] Allerdings kann auch in Einzelfällen der Personalaufwand, der wiederum nicht mit den üblichen Stundensätzen identisch ist, das Mindesthonorar nach HOAI erreichen oder übersteigen, weil die Bemessungsvorschriften der Honorarordnung nicht den tatsächlichen Aufwand berücksichtigen. In diesem Fall wäre es nicht vertretbar, dem Planer Schadensersatz in Höhe des negativen Interesses zu ersetzen, wenn er bei pflichtgemäßen Verhalten des Auftraggebers in dieser Höhe auch keinen vertraglichen Anspruch bekommen hätte. In diesen Fällen wäre der Ersatzanspruch ebenfalls auf das jeweilige Mindesthonorar begrenzt. Dass der geltend gemachte Schaden in diesem Fall gleichzeitig auch dem an sich nicht zu ersetzenden positiven Interesse entspricht, schließt den Anspruch jedoch nicht aus.[64]

63 So *Retzlaff*, BauR 2013, 515, 523.
64 BGH, Urt. v. 10.6.1999 – IX ZR 409/97 – NJW 1999, 3335, 3338.

Teil 2
HOAI

Verordnung über die Honorare für Architekten- und Ingenieurleistungen (Honorarordnung für Architekten und Ingenieure – HOAI)

In der Fassung vom 10.7.2013 (BGBl. I S. 2276)

Teil 1
ALLGEMEINE VORSCHRIFTEN

§ 1
Anwendungsbereich

Diese Verordnung regelt die Berechnung der Entgelte für die Grundleistungen der Architekten und Architektinnen und der Ingenieure und Ingenieurinnen (Auftragnehmer oder Auftragnehmerinnen) mit Sitz im Inland, soweit die Grundleistungen durch diese Verordnung erfasst und vom Inland aus erbracht werden.

Übersicht

A. Inhalt und Zweck der Regelung

I. Inhalt der Regelung

§ 1 ist durch die am 17.6.2013 in Kraft getretene HOAI 2013 nicht geändert worden. In der Begründung[1] wird dies damit gerechtfertigt, dass die Beschränkung des Anwendungsbereiches sowohl an der grundrechtlich geschützten Berufsausübungsfreiheit als auch an dem allgemeinen Gleichheitssatz zu messen ist. Im Wesentlichen mit den gleichen Erwägungen, die bereits für die 6. HOAI-Novelle im Jahr 2009 angeführt worden waren,[2] hat der Gesetzgeber die **Beeinträchtigungen** der betroffenen grundrechtlichen Schutzbereiche weiter als **sachlich gerechtfertigt** angesehen. 1

Die HOAI soll einen angemessenen **Interessenausgleich** zwischen Auftraggebern und Auftragnehmern bei der vertraglichen Vereinbarung des Honorars gewährleisten und dabei auch die sog. Informationsasymmetrie zwischen Anbietern und Nachfragern am Markt bei den Planungs- und Beratungsleistungen berücksichtigen. Damit soll zugleich ein Beitrag zur Sicherstellung einer hohen **Bauqualität sowie zum Verbraucherschutz** geleistet werden. 2

Die Einschränkung von Wettbewerbschancen inländischer Architekten und Architektinnen durch die Beschränkung des Anwendungsbereiches auf Berufsträger mit Sitz 3

1 Gesetzesbegründungen, BR-Drucks. 334/13.
2 Vgl. dazu: BR-Drucks. 395/09, S. 146 ff.

im Inland und die Erbringung von Grundleistungen vom Inland aus wird vor diesem Hintergrund weiterhin als zumutbar erachtet. Überdies hätten sich außerhalb von Grenzregionen und abgesehen von Großprojekten – auf die die HOAI wegen einer Überschreitung der Honorartafelwerte ohnehin nicht anwendbar sei – keine Anhaltspunkte dafür ergeben, dass ein realer Wettbewerb durch ausländische, unternehmerisch tätige Anbieter statistisch messbar geworden wäre. Dem stehe im Regelfall schon vor allem die Sprachbarriere entgegen, die sich insbesondere bei der für die Bewältigung von Planungsaufgaben erforderlichen intensiven Kommunikation zwischen Auftraggeber und Auftragnehmer auswirke. Weiter wird in der Begründung auf die Besonderheiten der deutschen Rechtsordnung, insbesondere das nationale Bauordnungsrecht und die Gestaltung des Vertragsverhältnisses zwischen Auftraggeber und Auftragnehmer nach dem Werkvertragsrecht des Bürgerlichen Gesetzbuches als Begründung für die weiterhin als angemessen empfundene Beschränkung der Wettbewerbschancen inländischer Architektinnen und Architekten gegenüber EU-ausländischen Berufsträgern verwiesen.

4 Praktisch soll – nach der Einschätzung des Gesetzgebers –, bezogen auf Ausschreibungsverfahren, trotz EU-weiter Ausschreibungen und Vergaben über elektronische Plattformen der Anteil der grenzüberschreitenden Vergaben durch öffentliche Auftraggeber weiterhin nach wie vor sehr gering sein.[3] Weder aus rechtlichen noch aus faktischen Gründen sprächen Anhaltspunkte dafür, dass – auch unter Zugrundelegung der angestrebten Änderungen der HOAI – künftig mit einer bedeutsamen Änderung der Wettbewerbssituation gerechnet werden müsste.[4]

II. Zweck der Regelung

5 Die HOAI stellt eine **„Honorarordnung“** dar und gibt im Rahmen ihres Anwendungsbereiches reines **Preisrecht** vor. Vertragliche Regelungen werden von der HOAI nicht ersetzt, vorgegeben oder gestaltet. Im Rahmen ihrer preisrechtlichen Zielsetzung verfolgt die HOAI im Inland den Zweck, einen sog. ruinösen Preiswettbewerb zwischen Architekten/Architektinnen zu vermeiden. Zu diesem Zweck legt sie **Mindestsätze und Höchstsätze** fest. Ausgangspunkt dafür ist die Befürchtung, dass ein Preiswettbewerb die Qualität der Planungstätigkeit beeinträchtigen könne.[5]

6 Entsprechend ihrer preisrechtlichen Zielsetzung stellt die HOAI grundsätzlich bindende Grundsätze nur insoweit auf, als ihre Bestimmungen die Ermittlung des Entgeltes der Höhe betreffen. Die **Vertragsfreiheit** der Parteien wird darüber hinaus **nicht beeinträchtigt**. In § 3 kommt diese Differenzierung zum Ausdruck. § 3 Abs. 1 S. 1 betrifft die Bereiche, für die verbindliche Vorgaben gemacht werden (Honorare für Grundleistungen der Flächen-, Objekt- und Fachplanung aus den Teilen 2 bis 4). Satz 2 betrifft solche Bereiche, für die keine verbindliche Regelung getroffen wird (Honorare für Beratungsleistungen der Anlage 1).

---

3 In der Gesetzesbegründung wird davon gesprochen, dass ein eigener Anteil insoweit „statistisch nicht mehr messbar“ sei.

4 Vgl. BR-Drucks. 334/13, S. 136.

5 Umgekehrt reglementieren die Höchstsätze ebenfalls preisrechtlich. So gelten die Höchstsätze der HOAI auch für sog. (bzw. selbsternannte) Stararchitekten, OLG Stuttgart, Urt. v. 29.5.2012 – 10 U 142/11 – IBR 2012, 400.

B. Der Anwendungsbereich im Einzelnen

I. Persönlicher Anwendungsbereich

Der Wortlaut von § 1 eröffnet den **persönlichen Anwendungsbereich** der HOAI für Architekten und Architektinnen sowie Ingenieure und Ingenieurinnen. **Anknüpfungspunkt** für die Eröffnung des Anwendungsbereiches ist jedoch nicht allein die berufliche Qualifikation der handelnden Person, sondern der Charakter der erbrachten **Tätigkeit**. Damit werden auch Berufsfremde, die gelegentlich oder vereinzelt Architekten- und Ingenieurleistungen erbringen, an die Höchst- und Mindestsätze gebunden. Dies entspricht der Zielrichtung der HOAI zur Sicherung der Qualität der erfassten Leistungsspektren.[6] Das ergibt sich bereits aus dem Inhalt der für den Erlass der HOAI maßgeblichen Ermächtigungsgrundlage (Art. 10 §§ 1 und 2 MRVG). Die Mindest- und Höchstsätze der HOAI sind danach auf natürliche und juristische Personen (nur) unter der Voraussetzung anwendbar, dass diese Architekten- und Ingenieurtätigkeiten erbringen, die als Leistungen in der HOAI beschrieben werden.[7] Ob der Anwendungsbereich der HOAI eröffnet ist, ist nicht personenbezogen, sondern **leistungsbezogen** zu bestimmen. 7

Praxistipp
Zur Klärung der Anwendbarkeit der HOAI ist eine Durchsicht ihrer Anlagen hilfreich. Für Tätigkeiten, die in der Anlage 1 umschrieben sind, enthält die HOAI kein bindendes Preisrecht. Die Vergütung dafür kann frei vereinbart werden.

Erfasst wird dabei jede Architekten- und Ingenieurleistung, selbst wenn sie nicht von einem Architekten oder Ingenieur erbracht wird. Für Angehörige anderer Berufsgruppen, wie etwa Handwerker oder Bauunternehmer, gilt die HOAI jedoch nur dann, wenn sie die Architekten- und Ingenieurtätigkeit selbstständig und isoliert erbringen.[8] Dafür spielt es auch keine Rolle, ob sich ein (Star-)Architekt in erster Linie als Künstler versteht.[9] Ein Bauunternehmen, das neben Bauleistungen zugleich auch die für das konkrete Projekt erforderlichen Architekten- bzw. Ingenieurleistungen (als Generalübernehmer) erbringt, unterliegt dagegen nicht der HOAI.[10] 8

Die Sichtweise, dass Bauunternehmer, die nicht nur Planungs- und Beratungsleistungen nach der HOAI, sondern auch Ausführungs- und insbesondere Bauleistungen, erbringen, etwa im Rahmen des Fertighausbaus, des schlüsselfertigen Bauens, bei Bauträger-, Baubetreuungs-, Generalübernehmer-, aber auch bei Generalunternehmerverträgen, vom Anwendungsbereich der HOAI ausgenommen sein sollen, ist allerdings nicht unumstritten. 9

Dagegen wird insbesondere vorgebracht, die HOAI könne in solchen Konstellationen einfach ausgehebelt werden, weil Architekten und Ingenieure den Anwendungsbereich durch die formale Übernahme zusätzlicher Ausführungsleistungen vermeiden könnten. **Umgehungsmöglichkeiten** würden insbesondere dann eröffnet, wenn solche Ausführungsleistungen sogar tatsächlich von Subunternehmern ausgeführt werden. 10

---

6 Korbion/Mantscheff/Vygen/*Wirth*, § 1 Rn 49.
7 BGH, Urt. v. 22.5.1997 – VII ZR 290/95 – IBR 1997, 286.
8 Messerschmidt/Voit/*Schwenker*/*Wessel*, Teil B HOAI, § 1 Rn 16.
9 OLG Stuttgart, Urt. v. 29.5.2012 – 10 U 142/11 – IBR 2012, 400.
10 BGH, Urt. v. 4.12.1997 – VII ZR 177/96 – IBR 1998, 64; BGH, Urt. v. 22.5.1997 – VII ZR 290/95 – IBR 1997, 286; OLG Hamm, Urt. v. 23.6.2014 – 17 U 114/13 – IBR 2014, 4203; OLG Frankfurt a.M., Urt. v. 13.3.2012 – 5 U 116/10 – IBR 2013, 2451.

Ebenso müsse berücksichtigt werden, dass selbst Architekten und Ingenieure oder freiberuflich angestellte Planer, die bei Generalunternehmern und Bauträgern angestellt sind, die HOAI zu beachten hätten. Deshalb sei es nicht einzusehen, wenn dies bei einer Tätigkeit im Rahmen eines Generalunternehmer-Pakets oder einer Bauträgerleistung nicht der Fall ist.[11]

11 Die Kritik übersieht jedoch den für die Entscheidung des BGH ausschlaggebenden Aspekt: § 1 beschränkt zugleich den Anwendungsbereich der HOAI auf die Maßgeblichkeit für die Berechnung der Entgelte für die Grundleistungen der Architekten und Architektinnen bzw. Ingenieure und Ingenieurinnen. Entgelte für Leistungen, die als „Komplettleistungen" – bestehend aus Planung und Ausführung – darüber hinausgehen, werden gerade nicht erfasst.[12] Dies vermeidet zugleich Abgrenzungsprobleme, die entstehen würden, wenn die Schwerpunkte der jeweiligen einbezogenen Leistungsspektren (Planung oder Ausführung) für die Klärung des Anwendungsbereiches ermittelt werden müssten. Ob die Schwerpunkte inhaltlich oder monetär gesetzt werden müssten, würde jeweils eine Fülle von Abgrenzungsfragen aufwerfen. Die befürchtete Umgehungsmöglichkeit wäre erneut gegeben.

12 Die gleiche Abgrenzungsproblematik besteht bei der Beurteilung, ob ein Architekt als Unterauftragnehmer (Subplaner) oder als Mitarbeiter in einem arbeitnehmerähnlichen Vertragsverhältnis mit Planungsleistungen beauftragt wird. Nur im ersteren Fall gelten die honorarrechtlichen Vorgaben der HOAI.[13]

13 Nach dem **Schwergewicht** der vertraglichen Tätigkeit ist jedoch zu entscheiden, ob die Leistung eines **„Paketanbieters"** (Generalunternehmer, Projektsteuerer, Projektentwickler, Baubetreuer etc.) vorliegt oder ein Architekten- und/oder Ingenieurvertrag betroffen ist, für den lediglich zusätzliche Besondere Leistungen vorgesehen worden sind.[14] Vor diesem Hintergrund ist die Tätigkeit von Architekten und Ingenieuren bei technischen Baubetreuungsleistungen, neben denen nur einzelne wirtschaftliche Leistungen erbracht werden, der HOAI zu unterwerfen, da in der Regel Grundleistungen mit Besonderen Leistungen kombiniert werden und das Schwergewicht auf Architekten- oder Ingenieurleistungen liegt.[15] Das Gleiche gilt für einen sonst als Generalunternehmer Tätigen, der am konkreten Fall ausschließlich Planungs- oder Vorplanungsleistungen erbringt.[16]

II. Sachlicher Anwendungsbereich

14 Der sachliche Anwendungsbereich ergibt sich ebenfalls aus § 1. Er betrifft die Berechnung der Entgelte für die Leistungen der Architekten und Architektinnen und der Ingenieure und Ingenieurinnen. Der sachliche Geltungsbereich wird konkret durch die Bezugnahme auf **bestimmte Leistungen** eröffnet. Dafür wird die hierfür im Gegenzug zu beanspruchende Vergütung (das Entgelt) bestimmt.

15 **1. Erfasste Leistungen.** Die vom Anwendungsbereich der HOAI erfassten Leistungen, für die die HOAI verbindliche Geltung beansprucht, werden in den **Leistungsbildern** der Teile 2 bis 4 geregelt, § 3 Abs. 1 S. 1. Es handelt sich um die Leistungsbilder der

---

11 Insbesondere: Korbion/Mantscheff/Vygen/*Wirth*, § 1 Rn 53f.

12 In diese Richtung auch: Locher/Koeble/Frik/*Koeble*, § 1 Rn 10.

13 BGH, Urt. v. 6.5.1985 – VII ZR 320/84 – BauR 1985, 582. Einen Katalog von Abgrenzungskriterien enthält: Korbion/Mantscheff/Vygen/*Wirth*, § 1 Rn 60.

14 Vgl. OLG Celle, Urt. v. 30.1.2003 – 8 U 67/02 – IBR 2003, 311.

15 Locher/Koeble/Frik/*Koeble*, § 1 Rn 10.

16 OLG Jena, Urt. v. 21.5.2002 – 3 U 28/02 – BauR 2002, 1724; OLG Düsseldorf, Urt. v. 21.6.2011 – 21 U 129/10 – IBR 2011, 529.

Bauleitplanung, der Landschaftsplanung, der Objektplanung für die Gebäude und Innenräume, für Freianlagen, für Ingenieurbauwerke, für Verkehrsanlagen sowie um die Fachplanung (Tragwerksplanung oder technische Ausrüstung). Soweit bezogen auf Objekte i.S.v. § 2 Abs. 1 Leistungen erbracht werden, die unter die in Teil 2–Teil 4 beschriebenen Leistungsbilder und die hierzu in den Anlagen 2–15 aufgenommenen Grundleistungen fallen, beansprucht die HOAI **verbindliche Geltung** für die dafür zu verlangenden Vergütungen und Honorare. Auf die Frage, ob die Leistungserbringung zivilrechtlich durch einen Dienst- oder Werkvertrag vereinbart wird, kommt es nicht an.[17] Es reicht aus, wenn Teilleistungen aus einem Leistungsbild erbracht werden.[18]

Für Tätigkeiten, die von den Leistungsbildern (und Teilleistungsbildern) in den Teilen 2–4 der HOAI nicht erfasst werden, wird der verbindliche Regelungsbereich der HOAI **nicht eröffnet**. Dies betrifft insbesondere die in der Anlage 1 zur HOAI geregelten Beratungsleistungen, § 3 Abs. 1 S. 2. Darüber hinaus werden auch andere reine Beratungstätigkeiten, wie z.B. die Erstellung von Gutachten, Leistungen des Sicherheits- und Gesundheitskoordinators (SiGeKo) oder hoheitlich ausgeführte Vermessungsaufträge nicht von der HOAI reglementiert. Zu den von der HOAI nicht erfassten reinen Beratungstätigkeiten zählen auch die Unterstützung und Hinzuziehung eines Architekten zur Hausbesichtigung im Vorfeld einer möglichen Kaufentscheidung,[19] die Beratung des Bauherrn zu einem von diesem ausgearbeiteten Baukonzept, die Vorbereitung und Teilnahme an Behördengesprächen und Gesprächen mit den Bauunternehmern,[20] die allgemeine wirtschaftliche und technische Beratung und Betreuung in Form einer Projektentwicklung[21] oder vergleichbare Leistungen.[22] Auch die örtliche Bauüberwachung bei Ingenieurbauwerken ist von der HOAI 2013 nicht in die geregelten Leistungsbilder aufgenommen worden. 16

Dies gilt ebenfalls weiterhin für die **Fassadenplanung**. Auch sie ist nicht als eigenes Leistungsbild (oder eigene Leistung im Rahmen der Objektplanung für Gebäude nach § 34) aufgenommen worden. Es wird sich dabei im Regelfall um Planungsleistungen für ein Gebäude handeln, die als Querschnittsleistung von Elementen der Objektplanung, der Tragwerksplanung und/oder der Bauphysik geprägt wird.[23] 17

Weiterhin sind Altlastenplanungen (Sanierungsplanungen etc.) sowie Projektentwicklungen nicht erfasst.[24] Projektentwicklungsleistungen unterfallen auch nicht dadurch der HOAI, dass einzelne, im Gesamtzusammenhang untergeordnete Tätigkeiten Teilleistungen aus einem Leistungsbild der HOAI enthalten.[25] 18

Ausgenommen sind ebenfalls **Akquiseleistungen**, die ein Architekt oder Ingenieur im Vorfeld der eigentlich angestrebten Vertragserfüllung erbringt, um die Neigung des Auftraggebers zum Vertragsabschluss mit ihm zu erhöhen oder erst zu wecken.[26] Zur Abgrenzung von bereits nach der HOAI vergütungspflichtigen Leistungen existiert eine Fülle von Entscheidungen, die unterschiedliche Abgrenzungsschwerpunkte heranziehen. Sie 19

---

17 BGH, Urt. v. 18.5.2000 – VII ZR 125/99 – IBR 2000, 437.
18 Locher/Koeble/Frik/*Koeble*, § 1 Rn 2.
19 OLG Hamm, Urt. v. 22.6.1999 – 21 U 155/98 – IBR 1999, 488.
20 OLG Nürnberg, Urt. v. 16.3.2001 – 6 U 1330/00 – IBR 2002, 81.
21 OLG Celle, Urt. v. 11.7.2002 – 14 U 30/03 – BauR 2004, 1800.
22 Weitere Beispiele bei: Locher/Koeble/Frik/*Koeble*, § 1 Rn 4.
23 Locher/Koeble/Frik/*Koeble*, § 1 Rn 5.
24 BGH, Urt. v. 4.12.1997 – VII ZR 177/96 – IBR 1998, 64.
25 Locher/Koeble/Frik/*Koeble*, § 1 Rn 7.
26 Vgl. zur Abgrenzung: OLG Frankfurt a.M., Urt. v. 27.8.2008 – 3 U 125/07 – IBR 2009, 215; OLG Stuttgart, Urt. v. 17.12.1996 – 10 U 130/96 – IBR 1998, 66.

können nur schwer einheitlich strukturiert werden.[27] Ein Honoraranspruch nach HOAI soll etwa dann nicht bestehen, wenn der Bauwillige zu erkennen gibt, dass er sich nicht vertraglich binden will, aber dennoch die Planungsleistungen des Architekten entgegennimmt und verwertet.[28] Die **Entgegennahme** als solche **reicht** zur Annahme eines Abschlusses eines Architekten- oder Ingenieurvertrages **auch dann nicht** aus, wenn der Planer in diesem Fall zunächst ausschließlich im eigenen Interesse tätig wird, etwa zu einem Zeitpunkt, zu dem der spätere Bauwillige sich noch nicht mit dem Vorhaben befasst hatte.[29] Beruft sich der Bauwillige darauf, er habe mit dem Architekten einen (mündlichen) Architektenvertrag (nur) unter der aufschiebenden Bedingung der Realisierung des Bauvorhabens geschlossen, hat der Architekt darzulegen und zu beweisen, dass der Vertrag ohne eine solche Bedingung zustande gekommen ist.[30]

Praxistipp
Es sollte darauf geachtet werden, dass nach Möglichkeit eigene Tätigkeiten „auf Zuruf" des Auftraggebers vermieden werden, um nachträglichen Streitigkeiten über den (Akquise-)Charakter der Leistungen vorzubeugen.

---

20 Nicht dem Geltungsbereich der HOAI unterfällt auch eine Begleitvereinbarung zwischen den Parteien eines Architektenvertrages, mit der der Architekt eine **Baukostengarantie** übernimmt und bei Kostenunterschreitungen die Minderkosten als Prämie erhalten soll. Diese Vereinbarung steht deshalb außerhalb des Anwendungsbereiches der HOAI, da weder Grundleistungen noch Besondere Leistungen nach Maßgabe der Leistungsbilder der HOAI vergütet werden sollen.[31]

21 **2. Entgelt.** Die Bestimmungen der HOAI enthalten nahezu ausschließlich Preisrecht. Die Verordnungsermächtigung aus §§ 1, 2 des Gesetzes zur Regelung von Ingenieur- und Architektenleistungen (MRVG)[32] ermächtigt die Bundesregierung zum Erlass einer Hono-

---

27 Vgl. nur: KG Berlin, Urt. v. 28.5.2004 – 7 U 250/03 – IBR 2005, 26 (Planung von Ausstattung von Nebenanlagen von Verkehrsanlagen); OLG Celle, Urt. v. 30.1.2003 – 8 U 67/02 – IBR 2003, 311 (Planungsleistungen eines Einrichtungshauses); OLG Celle, Urt. v. 6.2.2003 – 14 U 38/01 – IBR 2003, 202 (GU-Vergabe an Planer beabsichtigt); OLG Jena, Urt. v. 21.5.2002 – 3 U 28/02 – IBR 2003, 27 (Beauftragung eines Generalunternehmers ausschließlich mit Planungsleistungen); OLG Oldenburg, Urt. v. 19.9.2001 – 2 U 170/01 – IBR 2002, 200 (Planungsleistungen eines Bauunternehmers); OLG Köln, Urt. v. 10.12.1999 – 19 U 19/99 – IBR 2000, 281 (Planungsleistungen durch den Bauträger).

28 Je nach Einzelfall kann aber ein konkludenter Vertragsschluss vorliegen, dazu auch Korbion/ Mantscheff/Vygen/*Wirth*, § 1 Rn 26. Die Behauptung der Entgegennahme reicht im Honorarprozess als schlüssiger Vortrag aus, OLG Düsseldorf, Urt. v. 21.6.2011 – 21 U 129/10 – IBR 2011, 529.

29 OLG Nürnberg, Urt. v. 22.9.2011 – 13 U 613/11 – (Nichtzulassungsbeschwerde vom BGH zurückgewiesen, Beschl. v. 22.11.2012 – VII ZR 214/11 –) IBR 2013, 156. Allerdings kann die Erbringung der Leistungsphasen 1 und 2 für einen (konkludenten) Vertragsschluss sprechen, OLG Dresden, Urt. v. 16.2.2001 – 1 U 2611/10 – IBR 2013, 86. Umgekehrt können selbst Arbeiten über die Leistungsphase 3 hinaus noch als (kostenlose) Akquiseleistung anzusehen sein, OLG Hamm, Urt. v. 9.9.2008 – 19 U 23/08 – IBR 2009, 278. Maßgeblich ist in jedem Fall die konkrete Einzelfallsituation.

30 OLG Braunschweig, Beschl. v. 24.5.2012 – 8 U 188/11 – IBR 2013, 2017. Das Gleiche gilt dann, wenn zur Bedingung des Honoraranspruches gemacht wird, dass die Einwerbung von Drittmitteln für die Realisierung des Projektes gelingt, OLG Naumburg, Urt. v. 21.4.2010 – 5 U 54/09 – (Nichtzulassungsbeschwerde vom BGH zurückgewiesen, Beschl. v. 20.4.2011 – VII ZB 89/10 –) IBR 2011, 1275.

31 BGH, Urt. v. 22.11.2012 – VII ZR 200/11 – IBR 2013, 84; a.A. (Besondere Leistung i.S.v. § 2 Abs. 3 HOAI a.F.) Locher/Koeble/Frik/*Koeble*, § 2 Rn 25.

32 Vollständig: Art. 10 des „Gesetzes zur Verbesserung des Mietrechtes und zur Begrenzung des Mietanstieges sowie zur Regelung von Ingenieur- und Architektenleistungen vom 4.11.1971 (BGBl. I,

rarordnung für Ingenieure (§ 1) bzw. Architekten (§ 2), in der Mindest- und Höchstsätze festgesetzt sind und Art und Umfang der Aufgabe sowie der erbrachten Leistung berücksichtigt werden. Diese **Ermächtigungsgrundlage** zum Erlass einer Honorarordnung geht aber nach Auffassung des BGH über die bloße Befugnis zur Festsetzung von Preisen hinaus und gestattet die Regelung aller **Honorarfragen.**[33] Deshalb wurde auch die Bestimmung des § 15 HOAI 2009 (§ 8 HOAI a.F.) als von der Verordnungsermächtigung gedeckt angesehen, obwohl darin eine Bestimmung über die Fälligkeit von Zahlungen und Zahlungsmodalitäten getroffen, von der zivilrechtlichen, werkvertraglichen Konzeption abgewichen und die Fälligkeit von Vergütungsansprüchen aus Werkverträgen von einer Abnahme abhängig gemacht wird. Diese Problematik hat sich nunmehr durch die in § 15 Abs. 1 aufgenommene Änderung, dass das Honorar (erst) fällig wird, wenn die Leistung abgenommen und eine prüffähige Honorarschlussrechnung überreicht worden ist, soweit nicht etwas anderes schriftlich vereinbart wurde, relativiert.

Als Preisrecht legt die HOAI – wie von der Verordnungsermächtigung vorgegeben – 22
für die Grundleistung die Honorargrenzen sowohl durch Mindest- als auch durch Höchstsätze fest. Von diesen Rahmenvorgaben kann nur unter engen Voraussetzungen abgewichen werden, die in der HOAI im Einzelnen ausdrücklich benannt sein müssen (vgl. etwa § 7 Abs. 4). Die HOAI weicht auch in anderen Bereichen von dem Grundsatz ab, dass sie nur die Höhe der Honoraransprüche regeln, aber keine selbstständigen Anspruchsgrundlagen schaffen kann. Hierzu gelten etwa die Bestimmungen über die **Nebenkosten** (§ 14) und die **Umsatzsteuer** (§ 16).[34] Im Übrigen wird für das Entstehen eines Honoraranspruches jedoch ein wirksamer, nach den Grundsätzen des Bürgerlichen Gesetzbuches zustande gekommener Vertrag vorausgesetzt.

Erweisen sich Honorarvereinbarungen als preisrechtlich unzulässig, weil etwa die in 23
der HOAI vorgegebenen Mindestsätze unterschritten worden sind und kein Fall vorliegt, der dies ausnahmsweise gerechtfertigt hat, **gelten** als zwingende preisliche Vorgabe die jeweiligen **Honorarmindestsätze** als vereinbart, § 7 Abs. 5. Nur in Einzelfällen kann es einem Architekten oder Ingenieur aus Treu und Glauben verwehrt sein, nach diesen HOAI-Mindestsätzen abzurechnen, wenn er durch sein vorheriges Verhalten ein besonderes Vertrauen des Auftraggebers erweckt hat und dieses Vertrauen schutzwürdig ist.[35] Eine Vereinbarung, durch die die vorgegebenen Höchstsätze überschritten werden, kann ggf. in eine wirksame Vereinbarung der Höchstsätze umgedeutet werden, § 140 BGB.[36]

III. Räumlicher Anwendungsbereich

Nach dem Wortlaut von § 1 ist der räumliche Anwendungsbereich der Honorarord- 24
nung in zweifacher Hinsicht an eine **inländische** Tätigkeit, also eine Tätigkeit, die aus dem Gebiet der Bundesrepublik Deutschland heraus erbracht wird, gekoppelt. Einmal knüpft die HOAI dafür an den **Sitz der leistenden Personen** (Architekten und Architektinnen oder Ingenieure und Ingenieurinnen) an. Als Zweites knüpft die HOAI an den **Ort der Leistungserbringung** an, und zwar insoweit, als die Leistung „vom Inland" aus erbracht werden muss.

S. 1745, 1749), zuletzt geändert durch Gesetz zur Änderung des Gesetzes zur Regelung von Ingenieur- und Architektenleistungen vom 12.11.1984 (BGBl I S. 1337)".

33 BGH, Urt. v. 9.7.1981 – VII ZR 139/80 – BauR 1981, 582, 588; a.A.: Locher/Koeble/Frik/*Koeble*, § 15 Rn 8.

34 Korbion/Mantscheff/Vygen/*Wirth*, § 1 Rn 23.

35 BGH, Urt. v. 27.10.2011 – VII ZR 163/10 – IBR 2012, 88, 89. Dies dürfte bei öffentlichen Auftraggebern nicht der Fall sein.

36 OLG Düsseldorf, Urt. v. 9.8.2013 – 22 U 4/13 – IBR 2014, 91, zur HOAI a.F.

25 Ein Sitz im Inland wird bereits dann angenommen, wenn ein Architekt oder Ingenieur seine Tätigkeit faktisch mittels einer festen Einrichtung auf unbestimmte Zeit in Deutschland ausübt. Befinden sich Niederlassungen sowohl im Inland als auch in einem anderen EU-Mitgliedsstaat, ist jeweils auf den Sitz abzustellen, von dem aus die Dienstleistung tatsächlich erbracht wird. Ein Sitz im Inland i.S.v. § 1 liegt in diesem Fall nur dann vor, wenn die vereinbarte Leistung aus dem Inland erbracht wird.[37] Umgehungsmöglichkeiten, die daraus resultieren, dass ein Büro Sitz im Ausland und Inland hat und dieses Büro mit dem ausländischen Standort nicht an die HOAI gebunden ist, mit dem inländischen dagegen schon, sollen von der HOAI hinzunehmen sein.[38] Die Untersuchung, von welchem Sitz aus die Leistung schwerpunktmäßig erbracht wird, wird oftmals schwierige Ermittlungstätigkeiten nach sich ziehen, sodass insoweit keine praktikable Abgrenzung möglich ist. Dazu wird zum Teil angenommen, dass es ausreicht, wenn ein „beträchtlicher Teil" der Leistungen aus Deutschland erbracht wird, obwohl auch die Definition eines „beträchtlichen Teils" nicht eindeutig möglich ist.[39] Eine genaue Ermittlung des Umfanges der Tätigkeit wird jedoch nicht erforderlich sein, wenn nur das Kriterium der Beträchtlichkeit auf ein gewisses Gewicht und einen gewissen, nicht zu vernachlässigenden, also nennenswerten Umfang verallgemeinert wird. Möglicherweise erscheint vor diesem Hintergrund eine umgekehrte Abgrenzung griffiger, die darauf abstellt, dass **nicht lediglich untergeordnete** und für die Leistungserbringung unbedeutende Tätigkeiten aus dem im Inland bestehenden Sitz erbracht werden dürfen, wenn die Leistungen der HOAI unterworfen sein sollen.

26 Tätigkeiten für Bauvorhaben im **Ausland** unterfallen nicht ohne Weiteres der HOAI. Voraussetzung dafür ist, dass auf diese Leistungen deutscher Architekten und Ingenieure im Ausland das **deutsche Recht** (gesetzlich oder durch vertragliche Vereinbarung) anwendbar ist. Ist deutsches Recht vereinbart worden, was ausdrücklich oder konkludent erfolgen kann, ist auch für die Erbringung von Planungsleistungen durch eine deutsche Ingenieurgesellschaft für ein ausländisches Bauvorhaben die HOAI anzuwenden.[40] Ob die Vereinbarung der Geltung deutschen Rechtes zugleich über die Geltung des deutschen Schuldvertragsrechtes hinaus auch die Anwendbarkeit der HOAI enthält, wird unter Bezugnahme auf die Rechtsprechung des BGH[41] zum Teil angezweifelt. Bestandteil des deutschen Schuldvertragsrechtes ist jedoch auch § 632 Abs. 2 BGB. Danach ist selbst dann, wenn die Höhe der Vergütung nicht ausdrücklich bestimmt wurde, bei dem Bestehen einer Taxe die taxmäßige Vergütung und wenn eine Taxe nicht besteht, die übliche Vergütung als vereinbart anzusehen. Die – allein auf die Ermittlung der Höhe der Honoraransprüche gerichtete – HOAI kann daher als Regularium für die Ermittlung der üblichen, wenn nicht der taxmäßigen Vergütung angesehen werden. Bei einer während der Leistungserbringung erfolgenden Verlegung des Sitzes dürfte ebenfalls danach zu beurteilen sein, ob die HOAI zur Anwendung kommt, ob nach einer Gesamtwürdigung der vereinbarten Leistungen der Schwerpunkt der Leistungen, die den Gesamtcharakter des Vertrages prägen, (noch bzw. schon) im Inland erbracht worden ist.[42] Auf Planungsleistungen für ein im Ausland gelegenes Grundstück ist die HOAI ebenfalls nicht ohne Weiteres anzuwenden.[43]

37 Messerschmidt/Voit/*Schwenker*/*Wessel*, § 1 HOAI Rn 4.
38 Locher/Koeble/Frik/*Koeble*, § 1 Rn 26; *Messerschmidt*, NZBau 2009, 568, 569.
39 Korbion/Mantscheff/Vygen/*Wirth*, § 1 Rn 67.
40 OLG Brandenburg, Urt. v. 25.1.2012 – 4 U 112/08 – IBR 2012, 277.
41 BGH, Urt. v. 27.2.2003 – VII 169/02 – IBR 2003, 253.
42 Vgl. dazu BGH, Urt. v. 4.12.1997 – VII ZR 177/96 – IBR 1998, 98.
43 OLG Düsseldorf, Beschl. v. 13.8.2008 – Verg 28/08 – IBR 2009, 1182.

Praxistipp
Im Zweifelsfall ist bei Verträgen mit Auslandsbezug zu empfehlen, die Geltung der HOAI für die Abrechnung von Architekten- und Ingenieurleistungen ausdrücklich zu vereinbaren.

Problematisch ist der Anwendungsbereich der HOAI auch in öffentlichen **Vergabeverfahren** oberhalb der Schwellenwerte. § 11 Abs. 5 S. 3 VOF verlangt grundsätzlich, dass ein Preisangebot des Bieters die Vorgaben und Grenzen der geltenden Honorarordnungen einzuhalten hat. Eine solche Honorarordnung ist insbesondere die HOAI. Da ihr Anwendungsbereich sich jedoch auf Architekten und Architektinnen mit Sitz im Inland beschränkt, erfasst er nicht zugleich Architekten, die sich aus dem europäischen Ausland auf die entsprechenden Ausschreibungen bewerben. Dies führt dazu, dass Teilnehmer am Wettbewerb aus dem Inland im Hinblick auf die Preisbindung an die Mindest- und Höchstsätze der HOAI im Vergleich zu ihren europäischen Wettbewerbern **ungleich** behandelt werden. 27

Auch wenn der Gesetzgeber (weiterhin) davon ausgeht, dass die damit bewirkte Einschränkung der Wettbewerbschancen inländischer Architekten und Architektinnen sowie Ingenieure und Ingenieurinnen zumutbar ist, weil – außerhalb von Grenzregionen und Großprojekten, auf die die HOAI wegen einer Überschreitung der Honorartafelwerte nicht anwendbar ist – keine Anhaltspunkte dafür vorliegen sollen, dass ein realer Wettbewerb durch ausländische, unternehmerisch tätige Anbieter im Bereich der HOAI statistisch messbar wäre,[44] bleibt die Frage offen, ob der im Vergaberecht selbstständig verankerte Gleichbehandlungsgrundsatz für europaweite Ausschreibungen etwas anderes gebietet. Nach § 97 Abs. 7 GWB haben die Bieter Anspruch darauf, dass die Bestimmungen über das Vergabeverfahren eingehalten werden. Hierzu gehört auch die Einhaltung des **Gleichbehandlungsgrundsatzes**, § 97 Abs. 2 GWB sowie (mittels Verweisung durch die VgV) einschlägigen Bestimmungen der VOF (etwa § 11 Abs. 5 S. 3 VOF). 28

Das Preisrecht der HOAI verstößt grundsätzlich weder gegen primäres Europarecht. Es stellt auch keine unzulässige Einschränkung der Dienstleistungsfreiheit dar, weil Gründe des Verbraucherschutzes und der damit verbundene Sinn und Zweck der Mindestsätze, die Qualität der Tätigkeit von Architekten zu sichern, verfassungsrechtlich bereits gebilligt worden sind.[45] Der Gleichbehandlungsgrundsatz ist bei der Wertung von Angeboten im Rahmen europaweiter Ausschreibung aber für sich genommen zu beachten. Eine Ungleichbehandlung kann dabei nicht durch Regelungen des MRVG legitimiert werden, da der Gleichbehandlungsgrundsatz insoweit als höherrangiger Rechtsgrundsatz im Rahmen der Normenhierarchie vorrangig zu beachten ist.[46] 29

Bei europaweiten Vergaben erscheint es daher angezeigt, aufgrund des Gleichbehandlungsgrundsatzes, der in § 97 Abs. 2 GWB normiert ist, § 11 Abs. 5 S. 3 VOF einschränkend dahingehend auszulegen, dass der unterschiedliche persönliche Anwendungsbereich der HOAI bei der Beurteilung der preislichen Angebote nicht zum Tragen kommt und sonach die HOAI als zwingende Preisverordnung bei europaweiten Verfahren nach VOF keinen Maßstab mehr für die Beurteilung der Zulässigkeit von Honorarangeboten darstellt.[47] In diesem Zusammenhang ist insbesondere zu empfehlen, die Gleichbehandlung und Vergleichbarkeit der eingehenden Angebote im Rahmen von 30

44 BR-Drucks. 334/13, S. 136.
45 BVerfG, Beschl. v. 26.9.2005 – 1 BvR 82/03 – IBR 2005, 688. Die EU-Kommission hat jedoch am 18.6.2015 mitgeteilt, ein Vertragsverletzungsverfahren gegen die Bundesrepublik Deutschland einleiten zu wollen (IP/15/5199).
46 Vgl. dazu: *Stolz*, VergabeR 2011, 326, 331 f.
47 *Stolz*, VergabeR 2011, 326, 332.

VOF-Verfahren dadurch herbeizuführen, dass die von den Vergabestellen aufzustellenden Wertungskriterien präzise Vorgaben über die Aufschlüsselung des Honorarangebotes machen und die von der HOAI normierten Parameter (anrechenbare Kosten, Honorarzone, Honorarsatz, Prozentsätze, Zuschläge etc.) dabei möglichst unberücksichtigt bleiben, also „HOAI-neutrale" Wertungskriterien aufgestellt werden.[48] Eine eindeutige obergerichtliche Entscheidung zu dieser Thematik steht jedoch nach wie vor aus.[49]

IV. Zeitlicher Anwendungsbereich

31 Der zeitliche Anwendungsbereich der HOAI 2013 wird von § 57 geregelt.[50] Danach sind alle bis zum Inkrafttreten der Novellierung beauftragten Leistungen nach dem Recht der HOAI 2009 zu beurteilen.[51]

§ 2
Begriffsbestimmungen

(1) Objekte sind Gebäude, Innenräume, Freianlagen, Ingenieurbauwerke, Verkehrsanlagen. Objekte sind auch Tragwerke und Anlagen der Technischen Ausrüstung.

(2) Neubauten und Neuanlagen sind Objekte, die neu errichtet oder neu hergestellt werden.

(3) Wiederaufbauten sind Objekte, bei denen die zerstörten Teile auf noch vorhandenen Bau- oder Anlagenteilen wiederhergestellt werden. Wiederaufbauten gelten als Neubauten, sofern eine neue Planung erforderlich ist.

(4) Erweiterungsbauten sind Ergänzungen eines vorhandenen Objekts.

(5) Umbauten sind Umgestaltungen eines vorhandenen Objekts mit wesentlichen Eingriffen in Konstruktion oder Bestand.

(6) Modernisierungen sind bauliche Maßnahmen zur nachhaltigen Erhöhung des Gebrauchswertes eines Objekts, soweit diese Maßnahmen nicht unter Absatz 4, 5 oder 8 fallen.

(7) Mitzuverarbeitende Bausubstanz ist der Teil des zu planenden Objekts, der bereits durch Bauleistungen hergestellt ist und durch Planungs- oder Überwachungsleistungen technisch oder gestalterisch mitverarbeitet wird.

(8) Instandsetzungen sind Maßnahmen zur Wiederherstellung des zum bestimmungsgemäßen Gebrauch geeigneten Zustandes (Soll-Zustandes) eines Objekts, soweit diese Maßnahmen nicht unter Absatz 3 fallen.

---

48 *Schattenfroh*, IBR 2010, 1471 (nur online).

49 Die Anregung des BGH im Urt. v. 27.2.2003 – VII 169/02 – IBR 2003, 254 gegenüber dem KG Berlin, die Frage der HOAI-Europarechtswidrigkeit in Deutschland durch den EuGH überprüfen zu lassen, ist erfolglos geblieben, vgl. Korbion/Mantscheff/Vygen/*Wirth*, § 1 Rn 8 ff.

50 Vgl. zur Anwendbarkeit bei stufenweiser Beauftragung (noch zu § 55 HOAI 2009): BGH, Urt. v. 18.12.2014 – VII ZR 350/13 – IBR 2015, 144 und *Motzke*, Stellungnahme zur Überleitungsregelung in § 57 HOAI 2013 für den BDA v. Oktober 2013, abrufbar unter http://www.bda-bund.de/uploads/media/Stellungnahme_HOAI_2013_UEberleitungsregelung.pdf.

51 Vgl. im Einzelnen die Erläuterungen zu § 57 HOAI. Problematisch ist die Behandlung stufenweiser Beauftragungen; für eine ergänzende Vertragsauslegung: *Kalte*/*Wiesner*, IBR 2013, 1335 (nur online). Seit dem 18.7.2013 ist auch keine Vergabe mehr auf der Grundlage der HOAI 2009 zulässig, KG Berlin, Beschl. v. 1.9.2014 – Verg 18/13 – VPR 2014, 291.

(9) Instandhaltungen sind Maßnahmen zur Erhaltung des Soll-Zustandes eines Objekts.

(10) Kostenschätzung ist die überschlägige Ermittlung der Kosten auf der Grundlage der Vorplanung. Die Kostenschätzung ist die vorläufige Grundlage für Finanzierungsüberlegungen. Der Kostenschätzung liegen zugrunde:

1. **Vorplanungsergebnisse,**
2. **Mengenschätzungen,**
3. **erläuternde Angaben zu den planerischen Zusammenhängen, Vorgängen sowie Bedingungen und**
4. **Angaben zum Baugrundstück und zu dessen Erschließung.**

Wird die Kostenschätzung nach § 4 Absatz 1 Satz 3 auf der Grundlage der DIN 276 in der Fassung vom Dezember 2008 (DIN 276-1:2008-12) erstellt, müssen die Gesamtkosten nach Kostengruppen mindestens bis zur ersten Ebene der Kostengliederung ermittelt werden.

(11) Kostenberechnung ist die Ermittlung der Kosten auf der Grundlage der Entwurfsplanung. Der Kostenberechnung liegen zugrunde:

1. **durchgearbeitete Entwurfszeichnungen oder Detailzeichnungen wiederkehrender Raumgruppen,**
2. **Mengenberechnungen und**
3. **für die Berechnung und Beurteilung der Kosten relevante Erläuterungen.**

Wird die Kostenberechnung nach § 4 Absatz 1 Satz 3 auf der Grundlage der DIN 276 erstellt, müssen die Gesamtkosten nach Kostengruppen mindestens bis zur zweiten Ebene der Kostengliederung ermittelt werden.

Übersicht

A. Änderungen und Anpassungen von § 2 in der HOAI (Fassung 2013)

Die Bestimmung des § 2 ist durch die neue HOAI 2013 in einigen Bereichen angepasst und geändert worden. 1

Die zuletzt in § 2 Nr. 2 aufgenommene Definition der Gebäude ist wegen der vom Gesetzgeber erkannten Abgrenzungsschwierigkeiten zu den Ingenieurbauwerken und 2 deshalb, weil die preisrechtliche Zuordnung eine Definition des Gebäudebegriffes nicht erforderlich gemacht haben soll, aus dem Katalog der Begriffsbestimmungen herausgenommen worden.[1]

3 Der Begriff der raumbildenden Ausbauten aus § 2 Nr. 8 HOAI 2009 ist nicht mehr in den Begriffsbestimmungen enthalten. Die raumbildenden Ausbauten werden nunmehr vom Begriff der „Innenräume" erfasst. Die neue Begrifflichkeit „Innenräume" greift die HOAI auch in § 34 Abs. 2 auf.

4 In § 2 Abs. 7 wird der Begriff der mitzuverarbeitenden Bausubstanz neu definiert.

5 Die in § 2 Nr. 11 HOAI 2009 bislang enthaltene Definition für Freianlagen ist in der Neufassung von § 2 nicht mehr enthalten. Freianlagen werden nun am Anfang des Abschnittes 1 des Teils 3 in § 39 Abs. 1 definiert. Der erste Teil dieser Definition deckt sich mit dem bisherigen Wortlaut aus § 2 Nr. 11 HOAI 2009. Die Definition umfasst nun ergänzend auch landschaftspflegerische Freianlagenplanungen in Verbindung mit Objekten.

6 Die in § 2 Nr. 12 HOAI 2009 noch enthaltene Definition der „fachlich allgemein anerkannten Regeln der Technik" ist in der HOAI 2013 nicht mehr Gegenstand der Begriffsbestimmungen von § 2. Nach Auffassung der Gesetzesbegründung dient dies der Klarstellung, dass sich im fachkundigen Sprachgebrauch in der Praxis die Bezeichnung „allgemein anerkannte Regeln der Technik" durchgesetzt hat und eine statische Definition in der Honorarordnung als sachlich weder erforderlich noch praxisgerecht empfunden wurde.[2]

7 Die noch in § 2 Nr. 15 HOAI 2009 enthaltene Bezugnahme auf die Honorarzonen ist vom Verordnungsgeber vor dem Hintergrund der Regelung des § 5 nunmehr als entbehrlich empfunden worden.[3]

8 Ohne dass dies ausdrücklich zum Gegenstand einer im Wortlaut der Neufassung erkennbaren Änderung gemacht worden wäre, sind vom Begriffsverständnis der HOAI die Leistungsbegriffe Grundleistungen und Besondere Leistungen wieder auf den Stand des Verständnisses von 1996 zurückversetzt worden. Dies ergibt sich aus dem Wortlaut der Anlagen zu den einzelnen Leistungsbildern.

B. Die Begriffsbestimmungen im Einzelnen

I. Objekte (Abs. 1)

9 § 2 Abs. 1 und die darin enthaltene Definition des Begriffes der Objekte ist im Vergleich zur Fassung aus der HOAI 2009 nahezu unverändert geblieben. Die Ersetzung des Begriffs der „raumbildenden Ausbauten" durch den Begriff der „Innenräume" soll nach dem Inhalt der Gesetzesbegründung dem allgemeinen Sprachgebrauch geschuldet sein. Die HOAI 2013 soll an dieser Stelle „verbraucherfreundlicher" sein, weil die Formulierung nunmehr für baufachtechnische Laien verständlich ist.[4]

10 **1. Systematische Grundlagen.** Tatsächlich enthält die Begriffsbestimmung für Objekte in § 2 Abs. 1 keine Definition im eigentlichen Sinne, sondern zählt einzelne mögliche **Gegenstände von Planungsleistungen** oder Teile hieraus auf und ordnet sie dem Objektbegriff zu. Anlagen der Technischen Ausrüstung sind zumindest zugleich auch Gegenstände eines anderen Objektes (eines Gebäudes, eines Ingenieurbauwerkes oder

1 Gesetzesbegründung, BR-Drucks. 334/13, S. 136.
2 BR-Drucks. 334/13, S. 137.
3 BR-Drucks. 334/13, S. 137.
4 *Werner/Siegburg*, BauR 2013, 1499.

einer Verkehrsanlage).[5] Mehrere Anlagen der Technischen Ausrüstung bilden ein Objekt, wenn sie einer Anlagengruppe oder funktional gleichartiger Anlagen innerhalb der Anlagengruppe gem. § 53 Abs. 2 zuzuordnen sind.[6] In diesem Sinn entspricht der Objektbegriff gegenständlich nicht dem Begriff Bauwerk, sondern ist als Umschreibung einer honorarrechtlich relevanten **„Abrechnungseinheit"** zu verstehen.[7]

Generell nehmen die Begrifflichkeiten in § 2 Abs. 1 Bezug auf die einzelnen Abschnitte der Teile 3 und 4 der HOAI mit den darin geregelten Leistungsbildern. **11**

Die in Satz 1 verwendeten Begriffe Gebäude, Innenräume, Freianlagen, Ingenieurbauwerke und Verkehrsanlagen nehmen Bezug auf den Inhalt des Teils 3, Abschnitte 1 bis 4. Die in Satz 2 benannten Objekte beziehen sich auf die in Teil 4 genannten Leistungsbilder der Fachplanung für die Tragwerksplanung (Abschnitt 1) und die Technische Ausrüstung (Abschnitt 2). **12**

Die Unterscheidung von Objektplanung (Teil 3) und Fachplanung (Teil 4) soll die besonderen Grundlagen des Honorars für die Technische Ausrüstung hervorheben. Nach § 54 Abs. 1 richtet sich das Honorar für Grundleistungen bei der Technischen Ausrüstung für das jeweilige Objekt i.S.d. § 2 Abs. 1 S. 1 nach der Summe der anrechenbaren Kosten der Anlagen jeder Anlagengruppe. **13**

Mehrere gleiche Objekte sind danach abzugrenzen, ob eine konstruktive und funktionale Selbstständigkeit besteht.[8] Dies gilt auch für mehrere Anlagen der Technischen Ausrüstung. Hier liegt das Trennungsmerkmal dann vor, wenn sie getrennt an das öffentliche Netz angeschlossen und alleine betrieben werden können. Ob die Leistung für mehrere Gebäude erbracht wurde, ist nicht ausschlaggebend; entscheidend ist hier die funktionelle und technische Zusammengehörigkeit.[9] Dieses Abgrenzungskriterium gilt der Sache nach auch bei Ingenieurbauwerken. Es kommt auf die konstruktive und funktionale Selbstständigkeit an. Regenrückhaltebecken und Lärmschutzwälle sind deshalb auch bei einer Baumaßnahme verschiedene Ingenieurbauwerke, die getrennt voneinander abzurechnen sind.[10] **14**

Umfasst der Auftrag für unterschiedliche Objekte i.S.d. § 2 Abs. 1 S. 1 mehrere Anlagen, die unter funktionalen und technischen Kriterien eine Einheit bilden, werden die anrechenbaren Kosten der Anlagen jeder Anlagengruppe zusammengefasst. Diese Sonderregelungen gelten nicht für die in § 2 Abs. 1 S. 2 genannten Tragwerke und Anlagen der Technischen Ausrüstung selbst.[11] **15**

2. Gebäude

a) Begriffsinhalt. Auch wenn die noch in § 2 Nr. 2 HOAI 2009 enthaltene Einbeziehung des Begriffes „Gebäude" in die Begriffsbestimmungen nunmehr entfallen ist, also als eigenständige Begriffsbestimmung der Begriff des Gebäudes nicht mehr näher bestimmt wird, setzt die HOAI den Gebäudebegriff für die Objektdefinition in § 2 Abs. 1 weiterhin voraus. **16**

Über den Objektbegriff spielt der Gebäudebegriff zugleich eine Rolle für die Begriffsbestimmungen aus §§ 2 Abs. 2, 2 Abs. 3, 2 Abs. 4, 2 Abs. 5, 2 Abs. 6, 2 Abs. 7, 2 Abs. 8 und 2 **17**

5 Sie können aber durchaus selbstständige Objekte sein und dürften nicht zwangsläufig nur als Bestandteile anderer Objekte anzusehen sein, so aber: Locher/Koeble/Frik/*Koeble*, § 2 Rn 2.
6 BR-Drucks. 334/13, S. 137.
7 *Fischer/Krüger*, BauR 2013, 1176.
8 BGH, Urt. v. 9.2.2012 – VII ZR 31/11 – IBR 2012, 206.
9 BGH, Urt. v. 12.1.2006 – VII ZR 293/04 – IBR 2006, 209.
10 BGH, Urt. v. 30.9.2004 – VII ZR 192/03 – IBR 2004, 702.
11 BR-Drucks. 334/13, S. 137.

Abs. 9. Die Begriffsbestimmung für die Objektart Gebäude spielt weiterhin eine **bedeutsame Rolle** im Rahmen des Preisrechtes der HOAI und für die Bildung der erforderlichen **„Abrechnungseinheiten"**.[12]

18 Unabhängig vom Fortbestand einer eigenen „Definition" des Gebäudebegriffes als Grundlage und Hauptanwendungsfall der Objektdefinition kann weiterhin auf den Gebäude- bzw. Bauwerksbegriff der Musterbauordnung (MBO) zurückgegriffen werden. Danach handelt es sich bei Gebäuden um **unbewegliche** und durch die Verwendung von Arbeit und Material in **Verbindung mit dem Erdboden** hergestellte Sachen, die nach ihrem Zweck dazu dienen soll, von Menschen betreten zu werden und darüber hinaus geeignet oder bestimmt ist, dem Schutz von Menschen, Tieren oder Sachen zu dienen.[13] Wohnwagen und Baucontainer weisen die erforderliche feste Verbindung mit dem Boden nicht auf. Bei ihnen handelt es sich nicht um Gebäude.[14] Etwas anderes kann dann gelten, wenn Container mit dem Erdboden verbunden und etwa als Bürogebäude langfristig genutzt werden.[15]

19 **b) Abgrenzungsfragen.** Weiterhin bedeutsam ist die Unterscheidung von **Gebäuden** einerseits und **Ingenieurbauwerken** andererseits.[16] Dies ergibt sich schon daraus, dass die Regelungen über die Honorarhöhe für Grundleistungen bei Gebäuden (und Innenräumen) einerseits in § 35 und für Ingenieurbauwerke in § 44 andererseits unterschiedliche Honorarhöhen festlegen. Bereits der Umstand, dass die HOAI in Teil 3 unter Abschnitt 3 eigene Bestimmungen über die Vergütung von Leistungen für Ingenieurbauwerke neben den in Teil 3 Abschnitt 1 enthaltenen Bestimmungen über die Vergütung von Leistungen im Zusammenhang mit Gebäuden und Innenräumen normiert, zeigt auf, dass der Normgeber von der Relevanz der Unterscheidung ausgegangen ist. Dies wird zudem dadurch deutlich, dass § 34 Abs. 1 das Leistungsbild der Objektplanung nur auf Leistungen bezüglich der Gebäude und Innenräume bezieht, nicht aber auch auf Ingenieurbauwerke. Inhaltlich ist die Abgrenzung anhand der vorgesehenen Funktion des Objektes vorzunehmen. Auf die Möglichkeit oder den Zweck, zum Betreten durch Menschen geeignet zu sein, kommt es aber nicht (alleine) an.[17]

3. Innenräume

20 **a) Begriffsinhalt.** Der neu aufgenommene Begriff der Innenräume (§ 2 Abs. 1 S. 1) beschreibt inhaltlich das Gleiche wie die ursprünglich in § 2 Nr. 8 HOAI 2009 enthaltene Begriffsbestimmung der „raumbildenden Ausbauten". Es handelt sich bei den Innenräumen um im Zusammenhang mit Neubauten und Neuanlagen, Wiederaufbauten, Erweiterungsbauten, Umbauten oder Modernisierungen von Bauwerken anfallende innere Gestaltungen oder Erstellungen ohne wesentliche Eingriffe in Bestand oder Konstruktion.

21 Innenräume können in zweifacher Hinsicht abrechnungstechnisch als Objekt in Erscheinung treten. Sie können einmal mit Gebäuden zusammengefasst als ein Objekt gel-

---

12 Für preisrechtlich irrelevant halten die – weggefallene – Gebäudedefinition: *Werner/Siegburg*, BauR 2013, 1499, 1510. Abgesehen davon, dass diese Ansicht nicht näher begründet wird, erscheint ihre Richtigkeit auch zweifelhaft, vgl. auch Rn 18.

13 Insoweit zu § 2 Nr. 2 HOAI (2009): Locher/Koeble/Frik/*Koeble*, § 2 Rn 5, 8.

14 *Fischer/Krüger*, BauR 2013, 1176.

15 Locher/Koeble/Frik/*Koeble*, § 2 Rn 7.

16 A.A. *Werner/Siegburg*, BauR 2013, 1499, 1510.

17 Locher/Koeble/Frik/*Koeble*, § 2 Rn 7.

ten. Als Einrichtungsplanung (raumbildender Ausbau im ursprünglich verstandenen Sinne) können sie daneben ein eigenes Objekt darstellen.[18]

b) Abgrenzungsfragen. Die Abgrenzung zwischen Planungsleistungen für das Leistungsbild Gebäudeplanung und/oder Innenräume ist weiterhin bedeutsam. Sie wirkt sich sowohl bezüglich der Teilleistungssätze in § 34 Abs. 3 als auch für die Zuordnung der Grundleistungen zu den verschiedenen Honorarzonen in § 35 Abs. 2 und 3 aus. Sie betrifft überdies die Frage, welche anrechenbaren Kosten zum Objekt „Gebäude" oder zum Objekt „Innenräume" gehören. 22

Praktisch ist die Abgrenzung schwierig. Die Planung von Innenräumen gilt dabei zunächst als Gegenstück zur Umgestaltung eines Objektes, welche mit **wesentlichen Eingriffen in die Konstruktion** verbunden und unter dem Begriff des Umbaus zu erfassen ist. Die Planung von Innenräumen kann jedoch auch im Zusammenhang mit einem Neubau vorkommen und sich auf unterschiedliche Bereiche erstrecken. 23

Die Planung von Innenräumen kann die Formgebung (Proportionierung) unter technischen Gesichtspunkten betreffen oder funktionelle oder ästhetische Zwecke verfolgen. Insbesondere fallen die Gestaltung und der Ausbau von Räumen, Sälen und Hallen in Gaststätten, Hotels, Theatern, Kongresshallen, Flughäfen und Bahnhöfen darunter. Soweit der Architekt – wie üblich – mit seiner Planung die Raumaufteilung des Gebäudes vornimmt und die Veränderung der Raumaufteilung in der Regel dem Begriff des Umbaus unterfällt, stellt dies üblicherweise keine Planung von Innenräumen dar. Etwas anderes gilt nur dann, wenn innerhalb eines vorhandenen Raumes ein Innenraum geschaffen wird. Danach können als Planungen zu Innenräumen etwa Vorschläge für die Raumaufteilung, für den Ausbau von Räumen, einer Treppenanlage, von Duschen oder der Innenhofgestaltung sowie die Planung zum Ausbau eines Raumes zu einer Badelandschaft oder die Gestaltung von Gymnastikräumen oder des Zutrittssystems angesehen werden.[19] 24

4. Freianlagen

a) Begriffsinhalt. Der Begriff der Freianlagen kann ebenfalls weiterhin unter Bezugnahme auf die in § 2 Nr. 11 HOAI 2009 enthaltene Umschreibung definiert werden. Danach handelt es sich um planerisch gestaltete Freiflächen und Freiräume sowie entsprechend gestaltete Anlagen in Verbindung mit Bauwerken oder in Bauwerken. Zugleich ist diese Definition in § 39 Abs. 1 enthalten. Aus welchem Grund der Verordnungsgeber nicht konsequent einer einheitlichen Systematik gefolgt ist und die in der HOAI verwendeten Begriffe, soweit sie honorarrechtliche Relevanz aufweisen, einheitlich zum Gegenstand der Begriffsbestimmungen in § 2 gemacht, sondern teilweise auf Definitionen in den einzelnen Bestimmungen über die Leistungsbilder Bezug genommen hat, ist nicht recht nachvollziehbar. 25

b) Abgrenzungsfragen. Problematisch ist die Abgrenzung der Freianlagen zu Ingenieurbauwerken und zu Verkehrsanlagen. Maßgebendes Abgrenzungskriterium ist die **gestalterische Prägung der „Anlagen"**. Dies ergibt sich auch aus der mehrfachen Bezugnahme auf die gestalterischen Elemente als Bestandteile von Planungsleistungen für 26

18 BR-Drucks. 334/13, S. 137.
19 OLG Dresden, Urt. v. 16.2.2011 – 1 U 261/10 – IBR 2013, 157; auf diese Entscheidung verweisen auch: *Fischer/Krüger*, BauR 2013, 1176, 1178.

Freianlagen in § 38 Abs. 1 (etwa in Nr. 1, Nr. 3, Nr. 4, Nr. 5, Nr. 6 und Nr. 8).[20] Freianlagen verlangen, dass planerische Gestaltungselemente in der Anlage zum Ausdruck kommen. Bei Verkehrsanlagen steht die Nutzung zu einem bestimmten Verkehrszweck im Vordergrund. Ingenieurbauwerke haben im Wesentlichen die Funktionalität zum Zweck.[21]

5. Ingenieurbauwerke

27 **a) Begriffsinhalt.** Auch für den Begriffsinhalt der Ingenieurbauwerke ist auf § 41 und die dortige Aufzählung einzelner Bauwerke, die dem Begriff der Ingenieurbauwerke unterfallen sollen, zurückzugreifen. Eine (auch nur schwer mögliche) allgemeine Definition wird nicht angegeben.[22]

28 **b) Abgrenzungsfragen.** Die Abgrenzung zwischen Gebäuden und Ingenieurbauwerken vollzieht sich – wie bereits an anderer Stelle dargelegt (Rn 19) – anhand der geforderten **Funktionalität** des Bauwerkes für eine der im Leistungsbild Ingenieurbauwerke in den Vordergrund gesetzten Zweckbestimmung. Im Zweifel soll ein Gebäude vorliegen.[23]

29 Ingenieurbauwerke sind ebenfalls von Verkehrsanlagen abzugrenzen. Eine gemeinsame Abrechnung kann nicht bereits dann erfolgen, wenn die Verkehrsanlagen mit den Ingenieurbauwerken in einem engen funktionalen Zusammenhang stehen. Vielmehr ist eine getrennte Honorierung vorzunehmen, wenn unterschiedliche Leistungsbilder mit unterschiedlichen Honorartafeln betroffen sind. Auch ein für eine Autobahn errichtetes Rückhaltebecken und die dafür gedachten Lärmschutzwände stellen gesonderte Ingenieurbauwerke neben der Verkehrsanlage dar und sind dementsprechend getrennt von der Verkehrsanlage abzurechnen.[24]

30 Die Abgrenzung von Ingenieurbauwerken zu Technischen Anlagen kann ebenfalls notwendig werden. Betreffen Technische Ausrüstungen Fachplanungen für Objekte, die als Bezugspunkt dieser Ausrüstung anzusehen sind, sind die Fachplanungsleistungen, die für diese Art der Objekte erbracht werden, unter dem Objekt Technische Ausrüstung abzurechnen.[25] Dagegen sind Entwässerungsanlagen, die der Zweckbestimmung der Verkehrsanlage dienen, bei den anrechenbaren Kosten den Verkehrsanlagen zuzurechnen und nicht als Anlagen der Technischen Ausrüstung anzusehen, § 46 Abs. 1 S. 2.[26]

31 **6. Verkehrsanlagen.** Der Inhalt des Begriffes der Verkehrsanlagen ergibt sich aus der in § 45 enthaltenen Aufzählung verschiedener Anlagen, § 45 Nr. 1 bis 3. Selbstständige Rad-, Geh- und Wirtschaftswege sowie Freianlagen i.S.v. § 39 Abs. 1 sind davon ausgenommen.[27]

32 **7. Tragwerke.** Die Bezugnahme auf „Tragwerke" als Erscheinungsform eines Objektes in § 2 Abs. 1 S. 2 erfolgt, obwohl eine Definition in § 49 Abs. 2 enthalten ist. Als Trag-

20 Locher/Koeble/Frik/*Locher*, § 39 Rn 11.
21 *Fischer/Krüger*, BauR 2013, 1176, 1179.
22 Auf die Erläuterungen zu § 41 HOAI darf für die Einzelheiten Bezug genommen werden.
23 *Fischer/Krüger*, BauR 2013, 1176, 1180. In die gleiche Richtung: OLG Bamberg, Beschl. v. 12.8.2002 – 1 U 73/02 –. Kritisch dazu: *Kalte/Wiesner*, IBR 2013, 1029.
24 BGH, Urt. v. 30.9.2004 – VII ZR 192/03 – IBR 2004, 702.
25 *Fischer/Krüger*, BauR 2013, 1176, 1180; auf die Erläuterungen bei den Leistungsbildern Technische Ausrüstung und Ingenieurbauwerke wird für die weiteren Einzelheiten Bezug genommen.
26 Vgl. zugleich: BR-Drucks. 334/13, S. 161 f.
27 Auf die Erläuterungen zu § 45 HOAI darf hierzu im Einzelnen verwiesen werden.

werk wird dabei das **statische Gesamtsystem** der miteinander verbundenen, lastabtragenden Konstruktionen, die für die Standsicherheit von Gebäuden, Ingenieurbauwerken und Traggerüsten bei Ingenieurbauwerken maßgeblich sind, verstanden.[28] Die darauf bezogenen Planungsleistungen der Tragwerksplanung werden in § 49 Abs. 1 als statische Fachplanung für die Objektplanung Gebäude und die Ingenieurbauwerke konkretisiert.[29]

8. Anlagen der Technischen Ausrüstung. Die Objekte, die als Anlagen der Technischen Ausrüstung den entsprechenden Bestimmungen der Fachplanung unterworfen werden, sind in Anlagengruppen zusammengefasst und werden in § 53 aufgezählt.[30] **33**

II. Neubauten und Neuanlagen (Abs. 2)

Als Neubauten und Neuanlagen werden Objekte bezeichnet, die **neu errichtet oder** **34**
neu hergestellt werden. Dabei handelt es sich um solche Objekte, die nicht auf vorhandenen Bau- oder Anlagenteilen aufbauen. Sofern Wiederaufbauten eine neue Planung erforderlich machen, gelten sie ebenfalls als Neubauten, § 2 Abs. 3 S. 2. Für Neubauten und Neuanlagen ist charakteristisch, dass die betreffenden Objekte auch tatsächlich **neu geplant** werden müssen. Dies gilt etwa für eine neue Heizungsanlage eines bestehenden Gebäudes, das zuvor keine derartige Anlage hatte.[31]

III. Wiederaufbauten (Abs. 3)

1. Begriffsinhalt. Wiederaufbauten sind nach § 2 Abs. 3 S. 1 Objekte, bei denen die **35**
zerstörten Teile auf noch vorhandenen Bau- oder Anlagenteilen wiederhergestellt werden. Vorausgesetzt wird, dass das betroffene Objekt vorhanden war, jedoch zumindest teilweise zerstört worden ist und eine neue, möglicherweise geänderte Planung erforderlich wurde.[32]

Im Vergleich zur ursprünglichen Definition in § 2 Nr. 4 HOAI 2009 sind lediglich **36**
sprachliche Überarbeitungen vorgenommen worden. Inhaltlich ist die Definition nicht geändert worden.

Wie bereits dargestellt wurde, gelten Wiederaufbauten als Neubauten, sofern eine **37**
neue Planung erforderlich ist, § 2 Abs. 3 S. 2. Voraussetzung für ein Objekt, welches das Merkmal eines Wiederaufbaus erfüllt, ist, dass ein vorhandenes Objekt ganz oder teilweise zerstört worden ist, also die Bausubstanz erheblich beeinträchtigt und in ihrer Funktionsfähigkeit stark eingeschränkt ist. Jedoch müssen dabei noch alte Bau- oder Anlagenteile vorhanden sein (etwa Fundamente, Keller etc.).

2. Abgrenzungsfragen. Die Abgrenzung zur Instandsetzung ist dort zu ziehen, wo **38**
der Umfang eine nur teilweise Erneuerung nicht mehr vorhandener Bausubstanz nicht mehr zulässt. Der Ersatz von Innenwänden ist dabei zu unterscheiden von der Wiedererrichtung eingestürzter Mauern.[33] Weil die Grenzziehung insgesamt nur unscharf ist, muss anhand des Einzelfalls entschieden werden.[34] Im Gegensatz zur HOAI 2009, bei der

---

28 Das Dach eines Hauses stellt damit kein eigenes Objekt in Form eines Tragwerkes dar, vgl. schon: Korbion/Mantscheff/Vygen/*Wirth*, § 2 Rn 5.
29 Auf die Erläuterungen zu § 49 HOAI wird für die Einzelheiten Bezug genommen.
30 Auf die Erläuterungen zu § 53 HOAI wird für die Einzelheiten Bezug genommen.
31 Locher/Koeble/Frik/*Koeble*, § 2 Rn 9.
32 Locher/Koeble/Frik/*Koeble*, § 2 Rn 10; Messerschmidt/Voit/*Schwenker*/*Wessel*, § 2 HOAI Rn 5.
33 Beispiel nach Korbion/Mantscheff/Vygen/*Wirth*, § 2 Rn 12.
34 Messerschmidt/Voit/*Schwenker*/*Wessel*, § 2 HOAI Rn 5.

die Bedeutung der Abgrenzung zwischen Wiederaufbau und Instandsetzung deshalb wenig bedeutsam war, weil die Methodik zur Anrechnung der wiederverwendeten Bausubstanz bzw. der mitzuverarbeitenden Bausubstanz aus den ursprünglichen Fassungen der HOAI weggefallen war, ist die Relevanz durch die HOAI 2013 wieder eingetreten. In § 4 Abs. 3 S. 1 ist eine „angemessene Berücksichtigung" der mitzuverarbeitenden Bausubstanz vorgesehen.

IV. Erweiterungsbauten (Abs. 4)

39 Erweiterungsbauten sind nach § 2 Abs. 4 Ergänzungen des vorhandenen Objekts. Diese Definition entspricht der bisher in § 2 Nr. 5 HOAI 2009 enthaltenen Vorgabe.

40 Im Einzelnen handelt es sich bei Erweiterungsbauten um **ergänzende Anbauten** an ein vorhandenes Objekt, etwa Aufstockungen oder Anbauten. Erweiterungsbauten müssen in unmittelbarer körperlicher Verbindung mit einem bereits vorhandenen Objekt hergestellt werden, wobei es stets auch zu einer **räumlichen Ausdehnung** kommen muss, auch wenn dies den Ergänzungen selbst nicht immanent sein muss.[35]

41 Abzugrenzen sind Erweiterungsbauten von Umbauten (§ 2 Abs. 5). Auch wenn zum Teil Aufstockungen, vor allem im Dachbereich, aus statischen Gründen nicht ohne erhebliche Eingriffe in Konstruktion und Bausubstanz möglich sind, gelten sie dennoch weiterhin (nur) als Erweiterungen und noch nicht als Umbauten, wenn das Ergebnis der Leistung in der Ergänzung bzw. Vergrößerung der bisherigen Bausubstanz besteht.[36]

42 Ebenso sind Erweiterungsbauten von Wiederaufbauten abzugrenzen bzw. können mit diesen im Zusammenhang stehen. Fallen beide Teilaspekte in einem Projekt zusammen, ist nach Maßgabe der Umstände des Einzelfalls auf den Schwerpunkt der planerischen Tätigkeit abzustellen.

V. Umbauten (Abs. 5)

43 Umbauten sind nach § 2 Abs. 5 Umgestaltungen eines vorhandenen Objekts mit wesentlichen Eingriffen in Konstruktion oder Bestand. Im Vergleich zur Formulierung von § 2 Nr. 6 HOAI 2009, bei dem die Umschreibung der Eingriffe mit dem Adjektiv **„wesentlich"** entfallen war, ist diese Verstärkung für die HOAI 2013 wieder aufgenommen worden.

44 Die Wiedereinführung des Wesentlichkeitserfordernisses der zur Qualifikation als Umbauten notwendigen Eingriffe in Konstruktion oder Bestand steht nach der Gesetzesbegründung im Zusammenhang mit der ebenfalls wieder eingeführten Abrechnungsmethodik unter Berücksichtigung der mitzuverarbeitenden Bausubstanz (§ 2 Abs. 7, 4 Abs. 3 HOAI 2013). Nur für solche Eingriffe, die wesentlich in Konstruktion oder Bestand eingreifen, soll ein Umbauzuschlag in Anspruch genommen werden können, der neben der mitzuverarbeitenden Bausubstanz zu berücksichtigen ist. Bei unwesentlichen Eingriffen im Rahmen von „Erweiterungsbauten", „Instandsetzungen" oder „Instandhaltungen" soll lediglich die mitzuverarbeitende Bausubstanz nach § 4 Abs. 3 angemessen zu berücksichtigen sein.[37]

---

35 Korbion/Mantscheff/Vygen/*Wirth*, § 2 Rn 14.

36 Vgl. dazu: OLG Düsseldorf, Urt. v. 20.8.2001 – 23 U 6/01 – IBR 2002, 147, 201, 263; Korbion/Mantscheff/Vygen/*Wirth*, § 2 Rn 15.

37 BR-Drucks. 334/13, S. 137 f.

VI. Modernisierungen (Abs. 6)

1. Begriffsinhalt. Nach § 2 Abs. 6 sind Modernisierungen bauliche Maßnahmen zur nachhaltigen Erhöhung des Gebrauchswertes eines Objekts, soweit diese Maßnahmen nicht unter Abs. 4 (Erweiterungsbauten), 5 (Umbauten) oder 8 (Instandsetzungen) fallen. Mit diesem Inhalt entspricht § 2 Abs. 6 der Definition aus § 2 Nr. 7 HOAI 2009. Gemäß § 6 Abs. 2 S. 1 Nr. 5, S. 2–4 ist auf Modernisierungen in gleicher Weise wie auf Umbauten ein Umbau- oder Modernisierungszuschlag auf das Honorar aufzuschlagen. 45

Die für eine Modernisierung erforderliche **nachhaltige Erhöhung des Gebrauchswerts** eines Objekts kann etwa in der Verbesserung des bisherigen Zustandes der Wohnqualität durch bessere Raumausnutzung, Grundrisszuschnitt, funktionelle Abläufe, Belichtung, Belüftung, bauliche Maßnahmen zur Verbesserung der Verkehrswege, wie Aufzüge, insbesondere verbessernde Maßnahmen für ältere Menschen oder Behinderte liegen. Derartige Erhöhungen des Gebrauchswertes können nicht nur für Gebäude, sondern auch für andere Objekte eintreten. Bezugspunkt der Verbesserung ist der **Gebrauchswert**. Die wirtschaftliche Verwertbarkeit ist dafür nicht (jedenfalls nicht alleine) maßgeblich. Gestalterisch-ästhetische Verbesserungen können, müssen aber nicht den Gebrauchswert erhöhen.[38] Soweit Erweiterungs- und Umbauten zu Modernisierungen führen, bleibt ihr Charakter als Erweiterungs- oder Umbau erhalten. Das Gleiche gilt für Instandsetzungen zur Wiederherstellung des Soll-Zustandes, bei denen die Verwendung modernerer Baustoffe oder neuartiger Installationsgegenstände auch zu einer Modernisierung führt.[39] Maßgeblich dafür, ob eine bauliche Maßnahme zur nachhaltigen Erhöhung des Gebrauchswerts führt, ist die **objektive Betrachtungsweise**. Ob diese Folge auch subjektiv beabsichtigt wurde, spielt keine Rolle. Demnach handelt es sich auch um eine Modernisierung, wenn die baulichen Voraussetzungen für die Installation einer Zentralheizung geschaffen werden, selbst wenn der Einbau der Heizung, der erst zu der Gebrauchswerterhöhung führt, selbst nicht Gegenstand des Planungs- und/oder Überwachungsauftrages ist.[40] Dem Erfordernis der Nachhaltigkeit steht eine nur vorübergehende Erhöhung des Gebrauchswertes entgegen. 46

2. Abgrenzungsfragen. Die Abgrenzung zwischen **Modernisierung und Umbau** ist anhand der **Umstände des Einzelfalls** zu treffen und nicht von vornherein für jede denkbare Konstellation anzugeben. Bei dem Merkmal der Modernisierung kommt es darauf an, dass das Objekt als Ganzes bereits besteht, aber nicht mehr den aktuellen Ansprüchen an bestimmte Qualitätsmerkmale für Bausubstanz, Ausstattung und/oder Umfeld bzw. Schutz vor Umwelteinflüssen genügt.[41] 47

Von der **Instandsetzung** unterscheidet sich die Modernisierung dadurch, dass bei objektiver Betrachtungsweise **Mängel oder bauliche Substanzschwächen** oder Funktionseinbußen im Vergleich zu den ursprünglich mit dem Einbau oder der Errichtung des Objekts verfolgten Funktionsanforderungen **noch nicht zu beklagen** sind. Das modernisierte Objekt war demnach auch vor Beginn der Arbeiten zur Modernisierung im allgemeinen Sprachgebrauch „**intakt**". 48

Erweiterungsbauten sind von **Modernisierungen** durch ihre zunehmende **räumliche Erstreckung** der Ausdehnung eines Objekts im Vergleich zum vorherigen Zustand, **Umbauten und Umgestaltungen** durch die damit verbundenen zusätzlichen Funktio- 49

38 Locher/Koeble/Frik/*Koeble*, § 2 Rn 14.
39 Korbion/Mantscheff/Vygen/*Wirth*, § 2 Rn 19.
40 Korbion/Mantscheff/Vygen/*Wirth*, § 2 Rn 21.
41 Locher/Koeble/Frik/*Koeble*, § 2 Rn 15.

nalitäten, Nutzbarkeiten, Ansichten und räumlichen Wirkungen des betroffenen Objekts zu unterscheiden.

VII. Mitzuverarbeitende Bausubstanz (Abs. 7)

50 Mitzuverarbeitende Bausubstanz ist nach § 2 Abs. 7 der **Teil des zu planenden Objekts**, der bereits durch Bauleistungen hergestellt ist und durch Planungs- oder Überwachungsleistungen technisch oder gestalterisch mitverarbeitet wird.

51 Diese Definition ist durch die HOAI 2013 **neu aufgenommen** worden. Gemäß § 4 Abs. 3 ist die mitzuverarbeitende Bausubstanz bei der Ermittlung der anrechenbaren Kosten angemessen zu berücksichtigen. Eine ähnliche Bestimmung war bereits zuvor (vor Inkrafttreten der HOAI 2009) in § 10 Abs. 3a HOAI a.F. enthalten.

52 Begrifflich setzt sich die Begriffsbestimmung aus den Elementen der **Bausubstanz** einerseits und dem Umstand, dass diese im Rahmen einer Planung **„mitzuverarbeiten"** sein muss, zusammen. Der Begriff der Bausubstanz bezieht sich auf die Teile der Konstruktion oder Installation und setzt eine feste Verbindung mit dem Bauwerk voraus. Durch den Hinweis in der Definition, dass es sich um „durch Bauleistungen hergestellte" Substanz handeln muss, wird klargestellt, dass unbearbeitete Substanzen wie Vegetation grundsätzlich nicht einzubeziehen sind. Dies gilt nur dann nicht, wenn sie in die Bausubstanz eingebunden und zu gestalterischen Zwecken oder aus funktionalen Gründen (etwa für Flachdächer mit Begrünung) verwendet werden. Unbearbeitete Bausubstanz kann danach auch vorliegen, wenn sie weder planerisch oder konstruktiv bearbeitet wird. Bei der Erneuerung von Deckschichten eines Fahrbahnoberbaus stellen danach die Binder- und Tragschichten keine mitzuverarbeitende Bausubstanz dar.[42]

VIII. Instandsetzungen (Abs. 8)

53 Als **Instandsetzungen** definiert § 2 Abs. 8 Maßnahmen zur **Wiederherstellung** des zum bestimmungsgemäßen Gebrauch geeigneten Zustandes (Soll-Zustandes) eines Objektes, soweit diese Maßnahmen nicht unter Abs. 3 (Wiederaufbau) fallen.

54 Nach dem allgemeinen Sprachgebrauch betreffen sonach Instandsetzungen die Wiederherstellung (**Reparatur**) eines **beschädigten Objekts**. Dies gilt lediglich dann nicht, wenn das Objekt fast vollständig zerstört ist und deshalb wieder aufgebaut werden muss. In diesem Fall wäre von einem Wiederaufbau i.S.v. § 2 Abs. 3 auszugehen.[43] Die Bezugnahme auf den wiederherzustellenden **„Soll-Zustand"** setzt die Definition eines solchen, für jeden Einzelfall festzulegenden Zustandes voraus. Die Notwendigkeit zur Wiederherstellung eines abhandengekommenen Soll-Zustandes verlangt damit einen in irgendeiner Weise festzustellenden **Schaden**, der die Funktionsfähigkeit beeinträchtigt. Insoweit kann auch auf den funktionalen Mangelbegriff des Werkvertragsrechtes abgestellt werden, nach dem ein Mangel dann vorliegt, wenn die für die gewöhnliche Verwendung geeignete und übliche Beschaffenheit eines Objekts nicht mehr gegeben ist.[44] Aus welchem Grund der danach festzustellende Schaden eingetreten ist (Abnutzung, Witterungen, Naturereignisse, menschliche Einwirkungen etc.), spielt keine Rolle.

---

42 BR-Drucks. 334/13, S. 138.

43 Messerschmidt/Voit/*Schwenker*/*Wessel*, § 2 HOAI Rn 10.

44 Darauf nehmen auch § 633 BGB und § 13 Abs. 1 VOB/B Bezug.

IX. Instandhaltungen (Abs. 9)

Nach § 2 Abs. 9 sind Instandhaltungen Maßnahmen zur **Erhaltung** des Soll-Zustandes eines Objekts. 55

Die Instandhaltungen betreffen Tätigkeiten, die **vor Eintritt eines Schadens** ergriffen werden, damit Instandsetzungen nicht erforderlich werden und der bestimmungsgemäße Gebrauch (Soll-Zustand) eines Objektes aufrechterhalten bleibt. Neben der Gesamtheit aller Maßnahmen zur **Bewahrung** und Wiederherstellung des Soll-Zustandes sind auch Maßnahmen zur Feststellung und Beurteilung des Ist-Zustandes einzubeziehen. Hierzu dienen etwa statische Prüfungen und darauf basierende konservierende und vorbeugende Maßnahmen. Ebenso sind Wartungstätigkeiten, Inspektionen und Überprüfungen erfasst.[45] 56

Honorare für Grundleistungen bei Instandsetzungs- und Instandhaltungsmaßnahmen von Objekten sind unter Beachtung der Vorschrift aus § 12 zu ermitteln. Auf die dortigen Erläuterungen wird Bezug genommen. 57

X. Kostenschätzung (Abs. 10)

Nach § 2 Abs. 10 handelt es sich bei einer Kostenschätzung um die **überschlägige Ermittlung der Kosten** auf der Grundlage der Vorplanung, der Vorplanungsergebnisse, von Mengenschätzungen, erläuternden Angaben zu den planerischen Zusammenhängen, Vorgängen und Bedingungen sowie der Angaben zum Baugrundstück und zu dessen Erschließung. 58

Die Kostenschätzung dient nach § 2 Abs. 10 S. 2 u.a. als **vorläufige Grundlage für Finanzierungsüberlegungen** des Auftraggebers und Bestellers. Sie stellt damit die Grundlage für eine **wichtige Zäsur** dar, nämlich die Entscheidung, ob das Projekt weiterverfolgt oder aus Kostengründen aufgegeben wird. Nach § 6 Abs. 1 Nr. 1 sind die für die Honorarberechnung maßgeblichen anrechenbaren Kosten des Objekts (§ 4) auf der Grundlage der Kostenschätzung zu ermitteln, sofern keine Kostenberechnung nach § 2 Abs. 11 vorliegt. 59

Die Kostenschätzung ist anhand der § 2 Abs. 10 S. 3 Nr. 1–4 beispielhaft vorgegebenen Parameter zu ermitteln und hat zugleich die mit dem angestrebten Leistungserfolg zusammenhängenden **Aufwendungen** nach Maßgabe der **allgemein anerkannten Regeln der Technik** bzw. den einschlägigen Verwaltungsvorschriften, Kostenvorschriften und der ortsüblichen Preise zugrunde zu legen, § 4 Abs. 1 S. 2. Wird die Kostenschätzung auf der Grundlage von § 4 Abs. 1 S. 3 erstellt, also unter Bezugnahme auf die **DIN 276**, so definiert die HOAI 2013, dass diese Norm in der Fassung vom **Dezember 2008** maßgeblich sein soll (ebenso § 4 Abs. 1 S. 3). Die der Kostenschätzung zugrunde zu legenden Beträge sind sonach anhand der darin festgelegten Kostengruppen und Kostengliederung zu ermitteln und darzustellen. 60

Im Vergleich zur HOAI 2009 ist nun festgelegt, dass die Kosten „mindestens" bis zur ersten Ebene der Kostengliederung zu ermitteln und darzustellen sind. Damit soll nach dem Inhalt der Gesetzesbegründung den Anforderungen im Leistungsbild Technische Ausrüstung Rechnung getragen werden, nach denen die Gesamtkosten im Rahmen der Kostenschätzung sogar bis zur zweiten Ebene zu ermitteln sind.[46] Die vorgesehene Neustrukturierung dient der besseren Übersichtlichkeit. Auf die Erläuterungen in § 4 und § 6, aus denen sich die honorarspezifischen Anwendungsfelder und Anwendungskonse- 61

45 Korbion/Mantscheff/Vygen/*Wirth*, § 2 Rn 33.
46 BR-Drucks. 334/13, S. 138.

quenzen der Kostenschätzung für die Honorarhöhe ergeben, wird ergänzend Bezug genommen.

XI. Kostenberechnung (Abs. 11)

62 Nach § 2 Abs. 11 ist die Kostenberechnung die **Ermittlung der Kosten auf der Grundlage der Entwurfsplanung**. Unter Bezugnahme auf die im entsprechenden Leistungsbild für die Entwurfsplanung verlangten Tätigkeiten haben der Kostenberechnung nach § 2 Abs. 11 S. 2 durchgearbeitete Entwurfszeichnungen oder Detailzeichnungen wiederkehrender Raumgruppen, Mengenberechnungen und die für die Berechnung und Beurteilung der Kosten relevante Erläuterungen zugrunde zu liegen. Auch diese Kostenermittlungsart wird in § 6 Abs. 1 Nr. 1 als wesentliche und hauptsächliche Grundlage für die Ermittlung des geschuldeten Honorars und die dafür zugrunde zu legenden anrechenbaren Kosten nach § 4 aufgegriffen. Ebenso wie für die Kostenschätzung gibt die HOAI in § 2 Abs. 11 S. 3 für die Kostenberechnung vor, bis zu welcher Tiefe der in der **DIN 276** differenzierten Kostengruppen und Kostenaufgliederungen die Gesamtkosten ermittelt und dargestellt werden müssen.

63 Die neu aufgenommene Vorgabe, dass dabei „mindestens" die Ermittlung bis zur **zweiten Ebene** der Kostengliederung reichen muss, verfolgt den gleichen Zweck wie bei der entsprechenden Vorgabe für die Kostenschätzung in § 2 Abs. 10.[47]

§ 3
Leistungen und Leistungsbilder

(1) Die Honorare für Grundleistungen der Flächen-, Objekt- und Fachplanung sind in den Teilen 2 bis 4 dieser Verordnung verbindlich geregelt. Die Honorare für Beratungsleistungen der Anlage 1 sind nicht verbindlich geregelt.

(2) Grundleistungen, die zur ordnungsgemäßen Erfüllung eines Auftrags im Allgemeinen erforderlich sind, sind in Leistungsbildern erfasst. Die Leistungsbilder gliedern sich in Leistungsphasen gemäß den Regelungen in den Teilen 2 bis 4.

(3) Die Aufzählung der Besonderen Leistungen in dieser Verordnung und in den Leistungsbildern ihrer Anlagen ist nicht abschließend. Die Besonderen Leistungen können auch für Leistungsbilder und Leistungsphasen, denen sie nicht zugeordnet sind, vereinbart werden, soweit sie dort keine Grundleistungen darstellen. Die Honorare für Besondere Leistungen können frei vereinbart werden.

(4) Die Wirtschaftlichkeit der Leistung ist stets zu beachten.

Übersicht

47 Ob und inwieweit es rechtsstaatlich zulässig ist, in der HOAI auf private Normwerke verbindlich zu verweisen, welche nur gegen entsprechendes Entgelt zu beschaffen sind und auf welche Weise dies dem in der amtlichen Begründung wiederholt hervorgehobenen Verbraucherschutz dient, wird zu Recht angezweifelt, vgl. etwa Messerschmidt/Voit/*Schwenker*/*Wessel*, § 2 HOAI Rn 14. Die öffentlichen Institutionen können das Privileg des § 54 UrhG für sich in Anspruch nehmen und kostenfreie Ablichtungen der Normen anfertigen.

A. Vergleich mit der HOAI 2009 (a.F.)

Die Vorschrift wurde auf vier Absätze verschlankt und erheblich umgestaltet. Zunächst wurden die Spezialregelungen zur Tragwerksplanung (§ 3 Abs. 5 HOAI a.F.) und Flächenplanung (§ 3 Abs. 6 S. 1 HOAI a.F.) gestrichen. Diese waren ohnehin überflüssig, weil sich deren Begrenzung auf seinerzeit sechs (Tragwerksplanung) bzw. fünf Leistungsphasen (Flächenplanung) bereits aus der jeweiligen Anlage ergab, sie mithin nur informatorischen Charakter hatten. 1

Wieder eingeführt wurde der Begriff der Grundleistung, wie er bis zur HOAI 2002 verwendet wurde. Grundleistungen sind von den Besonderen Leistungen des § 3 Abs. 3 abzugrenzen. Da die – vom Preisrecht nach wie vor nicht erfassten – Besonderen Leistungen wieder in die Anlagen mit der Aufzählung der jeweiligen Grundleistungen eines Leistungsbildes aufgenommen wurden, konnte insoweit ein Verweis auf die Anlage 2 der HOAI a.F. (Besondere Leistungen) entfallen. In dieser sind nun die Grundleistungen im Leistungsbild Flächennutzungsplan aufgezählt. 2

Beibehalten wurde die nicht verbindliche Regelung in § 3 Abs. 1 S. 2 zu den Beratungsleistungen. Diese sind nach wie vor – und nicht abschließend – in Anlage 1 der HOAI aufgeführt. Ebenfalls beibehalten wurde die Regelung des § 3 Abs. 6 S. 2 HOAI a.F., wonach die Wirtschaftlichkeit der Leistungen stets zu beachten ist. Sie ist in § 3 Abs. 4 verschoben worden. 3

Entfallen ist hingegen die Regelung des § 3 Abs. 2 S. 2 HOAI a.F., die sog. „anderen Leistungen" resultierend aus einer Änderung des Leistungsziels, des -umfangs, des -ablaufs oder anderer Anordnungen des Auftraggebers. Deren Behandlung ist nunmehr in § 10 geregelt. Entfallen ist auch § 3 Abs. 8 HOAI a.F., nach der das Ergebnis jeder Leistungsphase mit dem Auftraggeber zu erörtern war. Diese Regelung war – da der Verordnungsgeber nicht befugt ist, Leistungspflichten zu normieren – vertragsrechtlich allerdings sowieso unerheblich. Klargestellt ist damit aber, dass zukünftig keine Honorarabzüge drohen, wenn die Erörterung nicht erfolgt. 4

Insgesamt ist zu konstatieren, dass insbesondere durch die Wiederaufnahme der Besonderen Leistungen in die Anlagen der jeweiligen Grundleistungen eines Leistungsbildes eine erhebliche Vereinfachung bei der Handhabung der HOAI erreicht wurde. Es ist nun (wieder) deutlich einfacher, Grund- und Besondere Leistungen in einen fachlichen Zusammenhang zu bringen. 5

B. Systematik

In § 3 Abs. 1 werden zunächst die preisrechtlich **verbindlichen** Leistungen (Teile 2 bis 4 der HOAI) sowie die preisrechtlich **unverbindlichen** Leistungen (Beratungsleistungen, Anlage 1 der HOAI) bestimmt. 6

In § 3 Abs. 2 findet sich die Vermutung des Verordnungsgebers, dass Grundleistungen, die zur ordnungsgemäßen Erfüllung eines Auftrages im Allgemeinen erforderlich sind, in den Leistungsbildern der HOAI erfasst sind und sich diese in Leistungsphasen gliedern. 7

Aus § 3 Abs. 3 geht hervor, dass die Aufzählung der Besonderen Leistungen in der HOAI inklusive der Anlagen nicht abschließend ist und Inhalt sowie Honorar frei vereinbart werden können. 8

9 Schließlich ist in § 3 Abs. 4 niedergelegt, dass die Wirtschaftlichkeit der Leistungen stets zu beachten ist.

C. Kommentierung

I. Verbindlicher/unverbindlicher Anwendungsbereich (Abs. 1)

10 In § 3 Abs. 1 wird klargestellt, dass – wie schon bei der HOAI 2009 – nur (noch) die Kernbereiche und **Grundleistungen** (§ 3 Abs. 1 S. 1) der
- Flächenplanung (Teil 2),
- Objektplanung (Teil 3),
- Gebäude und Innenräume (bisher: raumbildende Ausbauten),
- Freianlagen,
- Ingenieurbauwerke,
- Verkehrsanlagen,
- Fachplanung (Teil 4),
- Tragwerksplanung und
- Technischen Ausrüstung

vom verbindlichen Teil der HOAI erfasst werden.

11 Alle anderen Leistungen, d.h. insbesondere die sog. **Beratungsleistungen** (§ 3 Abs. 1 S. 2), nämlich
- Umweltverträglichkeitsstudie,
- Bauphysik,
- Geotechnik und
- Ingenieurvermessung,

werden vom preisrechtlich verbindlichen Teil der HOAI nicht erfasst, d.h. deren Honorar kann **frei** vereinbart werden. Die Anlage 1 der HOAI dient daher weiterhin nur als Orientierungshilfe für entsprechende Vereinbarungen. Es spricht zudem – und hier liegt ein weiterer **praktischer Nutzen** der Anlage 1 – vieles dafür, dass es sich bei den unverbindlichen Honorarvorschlägen für Beratungsleistungen um deren **„übliche Vergütung"** i.S.v. § 632 Abs. 2 BGB handelt. Das ist dasjenige Honorar, welches der Auftraggeber von Beratungsleistungen zu zahlen hat, wenn keine Einigung über eine bestimmte **Höhe des Honorars** erfolgt ist bzw. nachgewiesen werden kann.

II. Grundleistungen und Gliederung in Leistungsbilder/Leistungsphasen

12 **1. Grundleistungen (Abs. 2 S. 1).** Grundleistungen sind diejenigen Leistungen, die zur ordnungsgemäßen Erfüllung eines Auftrages im Allgemeinen erforderlich sind (§ 3 Abs. 2 S. 1).

13 In § 3 Abs. 2 S. 1 ist eine auf Erfahrung basierende Wertung des Verordnungsgebers enthalten, welche Leistungen üblicherweise erforderlich sind, um ein Objekt zu planen bzw. in der Ausführung zu überwachen. Diese Leistungen werden als Grundleistungen bezeichnet.

14 Aus der Formulierung in § 3 Abs. 2 S. 1 folgt allerdings sogleich, dass es durchaus Objekte geben kann, zu deren Realisierung es außer den Grundleistungen noch weiterer Leistungen des Architekten/Ingenieurs bedarf (beispielsweise Besonderer Leistungen bzw. Beratungsleistungen). Umgekehrt wird es häufig Fälle geben, in denen sich die Planungsaufgabe auch ohne Erbringung aller genannten Grundleistungen lösen lässt. Dies wiederum bestätigt, dass nicht stets ein Honorarabzug erfolgen muss, wenn nicht alle Grundleistungen anlässlich eines Auftrages erbracht werden, etwa weil sie schlicht

nicht erforderlich sind.[1] Beispielsweise wird es nicht notwendig sein, bei der Planung eines landesrechtlich unzweifelhaft genehmigungsfreien Saunahauses „Verhandlungen über die Genehmigungsfähigkeit“ (§ 34 i.V.m. Anlage 10 Nr. 10.1, LPH 3, d) zu führen.

Da sich der HOAI nur preisrechtliche Bestimmungen, jedoch **keine werkvertraglichen Leistungsbeschreibungen** entnehmen lassen,[2] kommt eine Minderung des Honorars nur dann in Betracht, wenn werkvertragliche Mängelansprüche gegeben sind oder einer der Tatbestände des allgemeinen Leistungsstörungsrechts erfüllt ist. 15

2. Gliederung in Leistungsbilder und Leistungsphasen (Abs. 2 S. 2). Die Gruppierung der Grundleistungen in einzelne Leistungsbilder und dieser sodann in Leistungsphasen der Teile 2–4 der HOAI dient maßgeblich dazu, den (oft bauunkundigen) Auftraggeber darüber aufzuklären, welche Leistungen er vom Auftragnehmer erwarten kann.[3] Sie bauen mit wenigen Ausnahmen – wie z.B. der Fortschreibung der Ausführungsplanung aufgrund der gewerkeweisen Bearbeitung während der Bauausführung (§ 34 i.V.m. Anlage 10 Nr. 10.1, LPH 5, e) – systematisch aufeinander auf und orientieren sich insoweit an einem **üblichen Planungsablauf**. 16

III. Besondere Leistungen (Abs. 3)

Die in § 3 Abs. 3 geregelten Besonderen Leistungen sind ebenso wie die Beratungsleistungen aus dem verbindlichen Teil der HOAI herausgenommen. Das heißt, dass entsprechende Honorare völlig **frei vereinbart** werden können. Ob und in welcher Höhe der Architekt/Ingenieur ein Honorar für die Erbringung von Besonderen Leistungen verlangen kann, richtet sich nach der vertraglichen Vereinbarung zwischen ihm und dem Auftraggeber. Die Einhaltung der Schriftform ist hierzu nicht erforderlich, aus Beweisgründen jedoch zu empfehlen. 17

Praxistipp
Sofern Besondere Leistungen vom Auftraggeber gewünscht werden, sollte seitens des Architekten/Ingenieurs zumindest ein Hinweis auf den Anfall eines zusätzlichen Honorars erfolgen. Auch wenn dann eine Einigung über die Höhe des Honorars nicht erfolgt, schuldet der Auftraggeber zumindest die übliche Vergütung, d.h. diejenige Vergütung, die für die Ausführung der in Rede stehenden Besonderen Leistung am Ort der Leistungserbringung gezahlt wird.

Wie schon in der HOAI 1996 sind die Besonderen Leistungen wieder in die rechte Spalte der Anlagen mit der Aufzählung der jeweiligen Grundleistungen eines Leistungsbildes aufgenommen worden. Dies erleichtert die fachliche Zuordnung zu den Leistungsphasen erheblich. Es ist jedoch auch möglich, Besondere Leistungen für Leistungsbilder bzw. Leistungsphasen zu vereinbaren, denen sie systematisch nicht zugeordnet sind (§ 3 Abs. 3 S. 2). 18

Der Katalog der Besonderen Leistungen wurde insoweit aktualisiert und erweitert. Nach wie vor ist die Aufzählung jedoch nicht abschließend, d.h. die Parteien können die Erbringung weiterer, nicht aufgezählter Besonderer Leistungen vereinbaren. In Betracht kommen beispielsweise die 19
- fachtechnische Unterstützung des Auftraggebers in einem Mängelprozess gegen das bauausführende Unternehmen oder die

1 Vgl. Locher/Koeble/Frik/*Koeble*, § 3 Rn 10 m.w.N.
2 BGH, Urt. v. 24.6.2004 – VII ZR 259/02 – IBR 2004, 512.
3 Vgl. Korbion/Mantscheff/Vygen/*Vygen*, 7. Aufl., § 2 Rn 3.

- ersatzweise Aufstellung einer Schlussrechnung des Bauunternehmers gem. § 14 Abs. 4 VOB/B.

IV. Beachtung der Wirtschaftlichkeit der Leistungen (Abs. 4)

20 Unverändert ist in § 3 Abs. 4 das Gebot der Wirtschaftlichkeit der Leistungen des Architekten/Ingenieurs enthalten. Abgesehen davon, dass der Verordnungsgeber keine Kompetenzen dazu besitzt, diese Regelung von unzweifelhaft schuldrechtlicher Natur aufzustellen, stellt sie den Architekten/Ingenieur jedenfalls nicht schlechter als die einschlägige Rechtsprechung.[4] Die Vorschrift ist als Hinweis auf die mögliche Mangelhaftigkeit einer unwirtschaftlichen Planung zu verstehen.[5] Denn das Wirtschaftlichkeitsgebot stellt sowieso einen entscheidenden Beurteilungsparameter für die Qualität der Planungsleistungen und damit für die **Mängelfreiheit** von Architekten- bzw. Ingenieurleistungen dar.[6]

21 Ansprüche des Auftraggebers gegen den Architekten/Ingenieur wegen Verletzung des Wirtschaftlichkeitsgebots lassen sich regelmäßig nur schwer durchsetzen, insbesondere weil meist schwer zu eruieren ist, an welchem Bezugspunkt sich die „Wirtschaftlichkeit" der Leistungen des Architekten/Ingenieurs messen lassen muss und er sich zudem in einem stets zu berücksichtigenden Spannungsfeld zwischen angemessenen **Qualitätsstandards** und möglichst **niedrigen Kosten** befindet. Nicht ausreichend dürfte z.B. die bloße Vorlage eines kostengünstigeren Angebots für eine alternative Ausführungsart sein, weil dieses aus ganz unterschiedlichen Gründen kostengünstiger sein mag. Tatsächlich müsste eine Analyse der gesamten aktuellen Marktsituation erfolgen, um dann anhand der so gewonnenen Erkenntnisse die Wirtschaftlichkeit der Leistungen des Architekten/Ingenieurs zu bewerten.[7]

22 Gleichwohl ist es die Pflicht jeden Architekten/Ingenieurs, ihm bekannte Kostenvorstellungen des Auftraggebers zu berücksichtigen und dessen **wirtschaftlichen Interessen** zu beachten. Der mit der Grundlagenermittlung beauftragte Architekt/Ingenieur hat diese im Rahmen seiner diesbezüglichen Leistungen sogar **aktiv** zu erfragen, da er bereits in diesem frühen Planungsstadium gehalten ist, den wirtschaftlichen Rahmen für ein Bauvorhaben abzustecken.[8] Zu denken ist dabei insbesondere an die Beachtung vertretbarer Kosten für den **Betrieb** eines Gebäudes (Energiekosten, Wartungskosten etc.).

§ 4
Anrechenbare Kosten

(1) Anrechenbare Kosten sind Teil der Kosten für die Herstellung, den Umbau, die Modernisierung, Instandhaltung oder Instandsetzung von Objekten sowie für die damit zusammenhängenden Aufwendungen. Sie sind nach allgemein anerkannten Regeln der Technik oder nach Verwaltungsvorschriften (Kostenvorschriften) auf der Grundlage ortsüblicher Preise zu ermitteln. Wird in dieser Verordnung im Zusammenhang mit der Kostenermittlung die DIN 276 in Bezug genommen, so ist die Fassung vom Dezember 2008 (DIN 276-1:2008-12) bei der Ermittlung der an-

4 Vgl. nur zuletzt BGH, Urt. v. 21.3.2013 – VII ZR 230/11 – IBR 2013, 284.
5 *Siemon/Averhaus*, S. 31 m.w.N.
6 Korbion/Mantscheff/Vygen/*Wirth*, § 3 Rn 57 m.w.N. aus der Rspr.
7 So auch Locher/Koeble/Frik/*Koeble*, § 3 Rn 24.
8 Vgl. BGH, Urt. v. 24.6.1999 – VII ZR 196/98 – IBR 1999, 478.

rechenbaren Kosten zugrunde zu legen. Umsatzsteuer, die auf die Kosten von Objekten entfällt, ist nicht Bestandteil der anrechenbaren Kosten.

(2) Die anrechenbaren Kosten richten sich nach den ortsüblichen Preisen, wenn der Auftraggeber

1. **selbst Lieferungen oder Leistungen übernimmt,**
2. **von bauausführenden Unternehmen oder von Lieferanten sonst nicht übliche Vergünstigungen erhält,**
3. **Lieferungen oder Leistungen in Gegenrechnung ausführt oder**
4. **vorhandene oder vorbeschaffte Baustoffe oder Bauteile einbauen lässt.**

(3) Der Umfang der mitzuverarbeitenden Bausubstanz im Sinne des § 2 Absatz 7 ist bei den anrechenbaren Kosten angemessen zu berücksichtigen. Umfang und Wert der mitzuverarbeitenden Bausubstanz sind zum Zeitpunkt der Kostenberechnung oder, sofern keine Kostenberechnung vorliegt, zum Zeitpunkt der Kostenschätzung objektbezogen zu ermitteln und schriftlich zu vereinbaren.

Übersicht

A. Vergleich mit der HOAI 2009 (a.F.)

1 § 4 Abs. 1 und 2 sind weitgehend unverändert geblieben. § 4 Abs. 2 wurde lediglich sprachlich überarbeitet. „Neu" ist in § 4 Abs. 3 eine Regelung zur angemessenen Berücksichtigung der mitzuverarbeitenden Bausubstanz bei den anrechenbaren Kosten aufgenommen worden. Tatsächlich orientiert sich diese Regelung an § 10 Abs. 3a der HOAI 1996.

B. Systematik

2 Bei den anrechenbaren Kosten handelt es sich neben dem Leistungsbild (§ 3), der Honorarzone (§ 5) und der Honorartafel (§ 6 Abs. 1 Nr. 4) um eine wesentliche Komponente zur Ermittlung des Honorars.

3 Die in § 4 verwendeten Begriffe werden u.a. durch die Definitionen in § 2 Abs. 7 (mitzuverarbeitende Bausubstanz), § 2 Abs. 10 (Kostenschätzung) und § 2 Abs. 11 (Kostenberechnung) konkretisiert. Darüber hinaus wird § 4 um die besonderen Bestimmungen zu

den anrechenbaren Kosten im Rahmen der jeweiligen Planungsbereiche ergänzt bzw. verdrängt. Besondere Bestimmungen existieren u.a. in § 33 für den Bereich Gebäude und Innenräume, in § 38 für den Bereich Freianlagen, in § 42 für den Bereich Ingenieurbauwerke, in § 46 für den Bereich Verkehrsanlagen, in § 50 für den Bereich Tragwerksplanung und in § 54 für den Bereich Technische Ausrüstung.

C. Kommentierung

I. § 4 Abs. 1 S. 1

4 Nach § 4 Abs. 1 S. 1 sind anrechenbare Kosten ein Teil der Kosten zur Herstellung, zum Umbau, zur Modernisierung, Instandhaltung oder Instandsetzung von Objekten sowie den damit zusammenhängenden Aufwendungen.

5 **1. Berücksichtigungsfähige Kosten und Aufwendungen.** Aus dieser Formulierung geht zunächst hervor, dass nicht alle, sondern nur ein Teil der insgesamt anfallenden Kosten und Aufwendungen zu berücksichtigen ist. Um welche Kosten und Aufwendungen es sich hierbei im konkreten Fall handelt, geht insbesondere aus den besonderen Bestimmungen der jeweiligen Objekt- und Fachplanung hervor. Im Rahmen der Gebäudeplanung sind beispielsweise die Kosten der Kostengruppen 300 DIN 276 voll, die Kosten der Kostengruppe 400 DIN 276 dagegen nur beschränkt anrechenbar (vgl. § 33 Abs. 2). Darüber hinaus können auch die Kostengruppen 200, 230 und 600 DIN 276 anrechenbar sein, wohingegen die Kostengruppen 110, 120 und 130 ausgeschlossen sind. Hinsichtlich der weiteren Einzelheiten wird an dieser Stelle auf die Kommentierung zu den jeweiligen besonderen Bestimmungen in den einzelnen Leistungsbildern verwiesen.

6 Neben den in § 4 Abs. 1 S. 1 unmittelbar genannten Kosten gehören zu den anrechenbaren Kosten auch alle „damit zusammenhängenden **Aufwendungen**". Die Formulierung wurde mit der HOAI 2009 erstmals eingeführt. Zum Umfang der so anrechenbaren Kosten fehlen allerdings nähere Angaben; schon die Begründung zur HOAI 2009 verhielt sich hierüber nicht. Aufgrund der objekt- und leistungsbezogenen Ermittlung der anrechenbaren Kosten sowie des gesamten Honorars wird man jedoch davon ausgehen müssen, dass die Aufwendungen in einem engen Zusammenhang mit der Realisierung des Projekts bzw. der Durchführung der Maßnahme stehen müssen und nicht bereits im Rahmen der Kosten berücksichtigt werden.

7 Die in Ansatz gebrachten anrechenbaren Kosten müssen **nachvollziehbar** sein, ansonsten ist die darauf basierende Honorarrechnung nicht **prüffähig** und kann bereits aus diesem Grund vom Auftraggeber zurückgewiesen werden. Mithin muss der Kostenermittlung zu entnehmen sein, welche Kosten voll, beschränkt, bedingt oder nicht anrechenbar sind.[1] Der Umfang und die Differenzierung der für die Prüffähigkeit erforderlichen Angaben werden allerdings durch die individuellen **Informations- und Kontrollinteressen** des Auftraggebers begrenzt.[2] Entscheidend ist, dass der jeweilige Auftraggeber in der Lage ist, die vom Architekten/Ingenieur ermittelten Angaben zu überprüfen. Das ist ohne Weiteres anzunehmen (und der Einwand der mangelnden Prüffähigkeit somit ausgeschlossen), wenn der Bauherr dem Architekten/Ingenieur die für die Honorarberechnung maßgeblichen Kosten gemäß DIN 276 mitgeteilt hat und dieser die vom Bauherrn übermittelten Kosten in seine Honorarrechnung übernimmt.

1 BGH, Urt. v. 8.7.1999 – VII ZR 194/98 – IBR 1999, 483; BGH, Urt. v. 18.6.1998 – VII ZR 189/97 – IBR 1998, 440.

2 BGH, Urt. v. 18.6.1998 – VII ZR 189/97 – IBR 1998, 440.

Können die anrechenbaren Kosten mangels entsprechender Informationen nicht ermittelt werden, kann ein entsprechender **Auskunftsanspruch** gegenüber dem Auftraggeber in Betracht kommen.[3] Ein solcher Auskunftsanspruch ist regelmäßig zu bejahen, wenn der Auftraggeber selbst über die einschlägigen Kenntnisse, Rechnungen oder sonstigen Unterlagen verfügt oder sich diese ohne größere Mühe beschaffen kann.[4] Hält der Auftraggeber die für eine ordnungsgemäße Abrechnung erforderlichen Unterlagen zurück, kann auch deren **Herausgabe** beansprucht werden.[5] Verweigert der Auftraggeber die Auskunft oder die Herausgabe der Unterlagen, können die anrechenbaren Kosten ggf. geschätzt werden.[6] Diese Grundsätze gelten auch im Verhältnis zwischen einem Generalplaner und seinem Subplaner.[7] 8

Praxistipp

Leidet eine bereits übermittelte Honorarrechnung an Fehlern (z.B. fehlende Prüffähigkeit, unvollständige oder unzutreffende Abrechnung), kann sie in aller Regel auch zu einem späteren Zeitpunkt – ggf. sogar während eines bereits fortgeschrittenen Gerichtsverfahrens[8] – noch korrigiert werden. Eine Honorarrechnung, insbesondere in einer Schlussrechnung, beinhaltet keinen Verzicht auf darüber hinausgehende Forderungen. Eine neue Abrechnung ist grundsätzlich nur dann ausgeschlossen, wenn der Auftraggeber auf eine abschließende Berechnung des Honorars vertrauen durfte und wenn er sich darüber hinaus im berechtigten Vertrauen auf die Gültigkeit der Rechnung in schutzwürdiger Weise so eingerichtet hat, dass ihm eine Nachforderung nicht mehr zugemutet werden kann.[9] Das wird nur selten zu bejahen sein.

---

2. Erfasste Objekte und Maßnahmen bzw. Tätigkeiten. Für welche Objekte § 4 gelten soll, geht nicht unmittelbar aus der Vorschrift, mittelbar jedoch aus ihrer Stellung im Allgemeinen Teil hervor. Erfasst sind demnach Gebäude und Innenräume, Freianlagen, Ingenieurbauwerke und Verkehrsanlagen.[10] 9

Die erfassten Maßnahmen bzw. Tätigkeiten werden weitgehend in § 2 definiert (Umbau in § 2 Abs. 5, Modernisierung in § 2 Abs. 6, Instandhaltung in § 2 Abs. 9 und Instandsetzung in § 2 Abs. 8). Eine Definition für das **Herstellen** fehlt; es ist jedoch davon auszugehen, dass das Herstellen als Synonym für alle im Zusammenhang mit Neubauten und Neuanlagen (§ 2 Abs. 2), Wiederaufbauten (§ 2 Abs. 3), Erweiterungsbauten (§ 2 Abs. 4), Umbauten (§ 2 Abs. 5) und Modernisierung (§ 2 Abs. 6) anfallenden Tätigkeiten verwendet wurde. Mithin gilt § 4 Abs. 1 S. 1 für alle in der HOAI enthaltenen Objekte bzw. Planungsleistungen und im Hinblick auf alle von ihr erfassten Maßnahmen.[11] Für alle übrigen Leistungen (z.B. Abbruchtätigkeiten) ist § 4 Abs. 1 dagegen nicht anzuwenden.[12] 10

---

3 Vgl. hierzu detailliert und mit zahlreichen weiteren Nachweisen: Werner/Pastor/*Werner*, Rn 980 ff.
4 BGH, Urt. v. 27.10.1994 – VII ZR 217/93 – IBR 1995, 64; OLG Köln, Beschl. v. 19.12.2012 – IBR 2013, 219; OLG München, Urt. v. 7.8.2012 – 9 U 2829/11 – IBR 2013, 31.
5 KG, Urt. v. 21.12.2006 – 27 U 182/05 – IBR 2007, 202; OLG Oldenburg, Urt. v. 7.3.2006 – 12 U 81/05 – IBR 2007, 1123.
6 BGH, Urt. v. 17.9.1998 – VII ZR 160/96 – BauR 1999, 265; Urt. v. 27.10.1994 – VII ZR 217/93 – BauR 1995, 126; OLG Düsseldorf, Urt. v. 14.5.2009 – 5 U 131/08 – IBR 2009, 1375.
7 OLG Düsseldorf, Urt. v. 22.3.1996 – 22 U 219/05 – BauR 1996, 742.
8 BGH, Urt. v. 6.10.2005 – VII ZR 229/03 – IBR 2005, 717; BGH, Urt. v. 9.10.2003 – VII ZR 335/02 – IBR 2003, 705; OLG Karlsruhe, Urt. v. 24.5.2006 – 9 U 113/05 – IBR 2008, 1197.
9 BGH, Urt. v. 22.4.2010 – VII ZR 48/07 – IBR 2010, 395; OLG München, Beschl. v. 29.6.2012 – 9 U 1410/12 Bau – IBR 2013, 91.
10 Locher/Koeble/Frik/*Koeble*, § 4 Rn 7.
11 Locher/Koeble/Frik/*Koeble*, § 4 Rn 8.
12 Irmler/*Fett*, § 4 Rn 3.

11 **3. Besonderheiten bei Teilobjekten und Kündigung.** Lange Zeit war umstritten, wie der Begriff „Objekt" – früher i.S.d. § 10 HOAI 1996, nun i.S.d. § 4 HOAI – zu verstehen ist. Praktische Auswirkungen hatte dies vor allem auf die Ermittlung der anrechenbaren Kosten (und in der Folge auf die Höhe des Honorars), wenn der Planer nicht mit dem gesamten Objekt, sondern nur mit einzelnen Teilen beauftragt wurde. Einerseits wurde (und wird) vertreten, es müssten zunächst die anrechenbaren Kosten für das gesamte Objekt ermittelt und anschließend entsprechende Abzüge für die nicht erbrachten Leistungen vorgenommen werden.[13] Andere vertraten die Ansicht, der Begriff des Objekts werde durch den **Vertragsgegenstand** bestimmt und beschränkt, sodass die anrechenbaren Kosten nur anhand des Werts der beauftragten **Teilleistungen** zu ermitteln seien.[14] Der BGH hat diese Frage inzwischen in mehreren Entscheidungen geklärt und sich der letzten Ansicht angeschlossen.[15]

12 Das Objekt wird und die anrechenbaren Kosten werden durch den Vertragsgegenstand bestimmt und beschränkt. Ist der Planer nur mit Teilleistungen eines Objekts beauftragt, kann er folglich bei den anrechenbaren Kosten nur die Baukosten der von ihm geplanten Leistungen in Ansatz bringen. Diese Grundsätze gelten auch, wenn der Planervertrag vorzeitig beendet wird. Auch hier wird das Objekt durch den Vertragsgegenstand bestimmt. Wurde der Planer mit dem gesamten Objekt beauftragt, muss er die anrechenbaren Kosten zunächst anhand der **Baukosten** für alle beauftragten Leistungen ermitteln. Erst danach erfolgt die weitere Abrechnung unter Berücksichtigung der kündigungsbedingten Besonderheiten.

II. § 4 Abs. 1 S. 2

13 Die anrechenbaren Kosten sind nach den allgemein anerkannten Regeln der Technik oder nach Verwaltungsvorschriften (Kostenvorschriften) auf der Grundlage ortsüblicher Preise zu ermitteln. Durch die Bezugnahme auf die allgemein anerkannten Regeln der Technik bzw. auf Kostenvorschriften wird nur festgelegt, wie die Kosten strukturell zu ermitteln sind. Auf die Höhe der anrechenbaren Kosten hat diese Bezugnahme dagegen keinen Einfluss. Der Höhe nach sind die anrechenbaren Kosten folglich, dem ausdrücklichen Wortlaut von § 4 Abs. 1 S. 2 entsprechend, stets „auf Grundlage ortsüblicher Preise zu ermitteln". Im Einzelnen:

14 **1. Allgemein anerkannte Regeln der Technik.** Die bisher in § 2 Nr. 12 enthaltene Definition der „(fachlich) allgemein anerkannten Regeln der Technik" ist gestrichen worden, und zwar, um den Begriff wieder an den allgemeinen Sprachgebrauch anzupassen.[16] Das macht Sinn, denn der Begriff der **„anerkannten Regeln der Technik"** ist in der Baubranche ein Terminus technicus; eine gesonderte Definition ist für den Planungsbereich nicht erforderlich. Danach sind die allgemein anerkannten Regeln der Technik diejenigen Regeln für den Entwurf und die Ausführung baulicher Anlagen, die in der technischen Wissenschaft als **theoretisch richtig** erkannt sind und feststehen sowie insbesondere in dem Kreis der für die Anwendung der betreffenden Regeln maßgeblichen, nach dem neuesten Erkenntnisstand vorgebildeten Techniker durchweg **bekannt** und aufgrund fortdauernder praktischer Erfahrung als **technisch geeignet, angemes-**

---

13 Locher/Koeble/Frik/*Koeble*, § 4 Rn 39 ff.
14 *Löffelmann/Fleischmann*, Rn 1136; *Motzke/Wolff*, S. 202.
15 BGH, Urt. v. 12.1.2006 – VII ZR 2/04 – IBR 2006, 637; BGH, Urt. v. 23.1.2003 – VII ZR 362/01 – IBR 2003, 203; BGH, Urt. v. 6.5.1999 – VII ZR 379/97 – IBR 1999, 324.
16 BR-Drucks. 334/13, S. 140.

sen und notwendig anerkannt sind.[17] Das bedeutet in diesem Zusammenhang, dass insbesondere Verfahren anzuwenden sind, die nach herrschender Auffassung der beteiligten Fachleute, Verbraucher und der öffentlichen Hand geeignet sind, die korrekte Ermittlung der anrechenbaren Kosten nach der HOAI zu ermöglichen, und die sich in der Praxis allgemein bewährt haben.

Das ist im Regelfall die **DIN 276.** Nur wenn in bestimmten Planungsbereichen keine anerkannten Regeln der Technik existieren, sprich: die DIN 276 nicht anwendbar ist, soll auf die Verwaltungs- bzw. Kostenvorschriften zurückgegriffen werden.[18] **15**

2. Verwaltungsvorschriften (Kostenvorschriften). Neben den allgemein anerkannten Regeln der Technik können die anrechenbaren Kosten auch nach **Verwaltungsvorschriften** (Kostenvorschriften) ermittelt werden. **16**

Den Parteien steht – entgegen dem insoweit missverständlichen Wortlaut, der eine Anwendung der allgemein anerkannten Regeln der Technik „oder" der Verwaltungsvorschriften vorsieht – hinsichtlich der Basis der Kostenermittlung allerdings kein Wahlrecht zu.[19] § 4 Abs. 1 S. 2 beinhaltet vielmehr eine Rangfolge, d.h. es sind grundsätzlich die allgemein anerkannten Regeln der Technik anzuwenden und es kann nur, wenn solche fehlen, auf Verwaltungsvorschriften zurückgegriffen werden. Eine andere Sichtweise würde dem Sinn und Zweck der HOAI widersprechen, weil ihre preisrechtlichen Bestimmungen (durch den Erlass und die vertragliche Vereinbarung von Kostenvorschriften) zumindest mittelbar außer Kraft gesetzt werden können.[20] **17**

Da sich die HOAI nur auf den Teil 1 DIN 276 bezieht, also den Hochbau, ist beispielsweise für den Straßen- und Brückenbau grundsätzlich die sog. **Anweisung zur Kostenberechnung von Straßenbaumaßnahmen** (AKS) einschlägig, die durch das BMVBS verbindlich eingeführt wurde.[21] **18**

Praxistipp
Die im vorstehenden Zusammenhang angesprochenen Probleme können und sollten durch vertragliche Regelungen klargestellt werden. Anzugeben ist insbesondere, dass und aus welchem Grund die anrechenbaren Kosten im konkreten Fall ausnahmeweise nicht nach der DIN 276, sondern anhand von Verwaltungsvorschriften zu ermitteln sind und nach welcher konkreten Verwaltungsvorschrift dies erfolgen soll.

3. Auf Grundlage ortsüblicher Preise. Die anrechenbaren Kosten sind darüber hinaus auf der Grundlage **ortsüblicher Preise** zu ermitteln. Der Begriff der ortsüblichen Preise im Sinne der HOAI entspricht demjenigen in § 15 VOB/B und es kann darüber hinaus auf die „übliche Vergütung" i.S.d. § 632 Abs. 2 BGB zurückgegriffen werden. Vor diesem Hintergrund sind unter den ortsüblichen Preisen diejenigen Kosten zu verstehen, die zum Zeitpunkt des Vertragsschlusses nach allgemeiner Auffassung der beteiligten Kreise am Ort der Werkleistung zu zahlen sind.[22] **Vergleichsmaßstab** sind Leistungen gleicher Art, gleicher Güte und gleichen Umfangs, wobei eine Anerkennung der Üblichkeit gleiche Verhältnisse in zahlreichen Einzelfällen voraussetzt.[23] **19**

17 Vgl. OLG Bamberg, Urt. v. 20.11.1998 – 6 U 19/98 – BauR 99, 650; OLG Hamm, Urt. v. 17.8.1990 – 26 U 180/89 – BauR 91, 247; Ingenstau/Korbion/*Oppler*, VOB/B, § 4 Abs. 2 Rn 48.
18 BR-Drucks. 334/13, S. 140.
19 Locher/Koeble/Frik/*Koeble*, § 4 Rn 11 f.; Irmler/*Petri*, § 4 Rn 5.
20 Irmler/*Petri*, § 4 Rn 11 f. (auch zu der – zu verneinenden – Frage, ob ein solches Vorgehen rechtlich zulässig wäre).
21 BR-Drucks. 334/13, S. 140.
22 BGH, Urt. v. 26.10.2000 – VII ZR 239/98 – IBR 2001, 5; Locher/Koeble/Frik/*Koeble*, § 4 Rn 44.
23 BGH, Urt. v. 15.2.1965 – VII ZR 194/63 – NJW 1965, 1134.

20 Bereits aus der **Ortsüblichkeit** und darüber hinaus aus den vorstehenden Definitionen ergibt sich, dass sich die Höhe der ortsüblichen Preise nach **objektiven Kriterien** richtet. Für die Höhe der anrechenbaren Kosten kommt es folglich grundsätzlich auf den Wert der geplanten und auszuführenden Bauleistung an.[24]

21 **4. Alternative Honorarermittlung.** Die HOAI lässt die Vertragsfreiheit der Parteien grundsätzlich unberührt.[25] Die Parteien können das Honorar von der Form her ganz grundsätzlich frei vereinbaren. Möglich ist z.B. die Vereinbarung der bekannten **Zeit- und Pauschalhonorare.** Entscheidend ist nur, ob das Honorar im Rahmen der durch die HOAI vorgegebenen Mindest- und Höchstsätze liegt.

22 Ob dies der Fall ist, wird – so der BGH wörtlich –

> *„durch einen Vergleich des für einen Auftrag vereinbarten Honorars mit dem sich aus der Honorarordnung ergebenden Honorar ermittelt. [...] Liegt das für einen Auftrag bei Auftragserteilung schriftlich vereinbarte Honorar in dem Rahmen, der sich unter Zugrundelegung der Mindest- und Höchstsätze aus der HOAI ergibt, so ist die Vereinbarung auch dann wirksam, wenn von den Honorarbemessungsgrundlagen der HOAI abgewichen wird oder diese ganz außer Kraft gesetzt werden (BGH, 17. April 2009 – VII ZR 164/07, BGHZ 180, 235 Rn 24 m.w.N.) [...] Kommt es danach für den Honorarvergleich nicht darauf an, wie sich das Honorar nach der Honorarordnung im Einzelnen zusammensetzt, so ist es auch nicht zulässig, den Vergleich auf einzelne Honorarbestandteile zu reduzieren und insoweit die Prüfung so vorzunehmen, ob ein nach der Honorarordnung berechnetes Teilhonorar für bestimmte Leistungen die Mindestsätze unterschreitet."*[26]

Mit anderen Worten: Ob einzelne in der HOAI vorgesehene Abrechnungseinheiten unterhalb der Mindest- oder oberhalb der Höchstsätze honoriert werden, ist für die Wirksamkeit der Honorarvereinbarung irrelevant. Entscheidend ist allein, dass sich das **insgesamt** vereinbarte Honorar im Rahmen der durch die HOAI vorgegebenen Mindest- und Höchstsätze befindet.

23 Abweichend von der Honorarermittlung auf Grundlage der anrechenbaren Kosten soll das Honorar auch auf Grundlage einer sog. Baukostenvereinbarung ermittelt werden können, vgl. § 6 Abs. 3. Der BGH hat mittlerweile allerdings die Vorgängerregelung des § 6 Abs. 2 HOAI a.F. für unwirksam erklärt.[27] Es besteht kein Zweifel, dass dies auch für die wortgleiche Regelung des § 6 Abs. 3 gilt. Honorarvereinbarungen, die auf Basis einer Baukostenvereinbarung getroffen wurden, und die zu einer Unterschreitung des Mindestsatzes führen, sind damit nichtig. Für den Fall, dass keine Mindestsatzunterschreitung vorliegt, bleibt die auf Basis der Baukostenvereinbarung getroffene Honorarvereinbarung allerdings wirksam (vgl. § 6 Rn 32). Mit einer solchen – wenn wirksamen – Baukostenvereinbarung einigen sich die Parteien allerdings nur auf eine verbindliche Honorarbemessungsgrundlage (nachprüfbare Baukosten). Die – wirksame – Baukostenvereinbarung beinhaltet daher (noch) keine Vereinbarung über ein bestimmtes **Kostenlimit**[28] oder gar eine **Kostengarantie.**[29] Hierfür müssen sich aus den vertraglichen Vereinbarungen wei-

---

24 Vgl. insoweit auch BR-Drucks. 395/09, S. 163.
25 BGH, Urt. v. 22.11.2012 – VII ZR 200/10 – IBR 2013, 84; BGH, Urt. v. 8.3.2012 – VII ZR 195/09 – IBR 2012, 268.
26 BGH, Urt. v. 9.2.2012 – VII ZR 31/11 – IBR 2012, 206.
27 BGH, Urt. v. 24.4.2014 – VII ZR 164/13 – IBR 2014, 352.
28 Vgl. insoweit die ausführliche Darstellung in Werner/Pastor/*Werner*, Rn 2281.
29 Zu den besonders hohen Anforderungen an eine solche Baukostengarantie vgl. insbesondere: OLG Naumburg, Urt. v. 17.7.2007 – 9 U 164/06 – IBR 2010, 640 (BGH, Beschl. v. 8.7.2010 – VII ZR 158/07 – Nichtzulassungsbeschwerde zurückgewiesen); OLG Köln, Urt. v. 30.4.2008 – 17 U 51/07 – IBR 2009, 38;

tere Anhaltspunkte ergeben, wie beispielsweise eine verbindliche Vorgabe des Bauherrn und eine entsprechende Einverständniserklärung des Planers.

Praxistipp
Übernimmt der Planer eine Baukostengarantie und erhält er hierfür im Gegenzug eine Prämie für die Unterschreitung der zugesicherten Baukostengrenze, bezieht sich diese Prämie nicht auf die preisrechtlich von der HOAI geregelten Tätigkeitsbereiche und unterliegt somit auch nicht deren preisrechtlichen Vorgaben.[30] In diesem Zusammenhang ist jedoch Vorsicht geboten, weil die Vereinbarung auch als Erfolgshonorar gewertet werden kann und in diesem Fall die Vorgaben des § 7 Abs. 7 einzuhalten sind.[31]

III. § 4 Abs. 1 S. 4 – Umsatzsteuer

Nach § 4 Abs. 1 S. 4 ist die auf die Kosten von Objekten entfallende Umsatzsteuer nicht Bestandteil der anrechenbaren Kosten. Diese Regelung ist darauf zurückzuführen, dass nur die anfallenden Baukosten (**Material und Leistungen**) und die hiermit zusammenhängenden Aufwendungen, nicht aber die hierauf entfallende Umsatzsteuer unmittelbar auf die Leistung des Planers zurückzuführen ist. Bei der Ermittlung der anrechenbaren Kosten sollen jedoch nur die unmittelbaren Faktoren berücksichtigt werden und sind daher nur die **Netto-Preise** in Ansatz zu bringen. 24

Bei den Kostenermittlungen nach der DIN 276 ist eine differenzierte Betrachtung notwendig. Teil 1 Abschnitt 1 der DIN 276/04.81 definierte die Kosten als „Aufwendungen für Güter, Leistungen und Abgaben einschließlich Umsatzsteuer“, sodass die Umsatzsteuer bei der Kostenermittlung nach der DIN 276/04.81 zwingend zu berücksichtigen und bei der Ermittlung der anrechenbaren Kosten wieder herauszurechnen waren (vgl. insoweit § 9 Abs. 2 HOAI 1996). Demgegenüber sieht Ziff. 3.3.11 der DIN 276-1:2008-12 vor, dass die Umsatzsteuer „entsprechend den jeweiligen Erfordernissen“ berücksichtigt werden kann; entweder kann die Umsatzsteuer in den Kostenangaben enthalten („Brutto-Angabe“) oder nicht enthalten sein („Netto-Angabe“) oder nur in einzelnen Kostenangaben (z.B. bei übergeordneten Kostengruppen) ausgewiesen werden. Allerdings ist in der Kostenermittlung und bei Kostenkennwerten immer anzugeben, in welcher Form die Umsatzsteuer berücksichtigt wurde. 25

IV. § 4 Abs. 2

Bereits aus § 4 Abs. 1 ergibt sich, dass für die anrechenbaren Kosten grundsätzlich der **objektiv zu ermittelnde Wert** der geplanten und auszuführenden Bauleistung maßgeblich ist. § 4 Abs. 2 dehnt diesen Grundsatz aus: Für die Berechnung der anrechenbaren Kosten gelten nicht die tatsächlichen, sondern die ortsüblichen Preise auch dann, wenn der Auftraggeber Lieferungen und Leistungen selbst übernimmt (Nr. 1), von bauausführenden Unternehmen oder von Lieferanten sonst nicht übliche Vergünstigungen erhält (Nr. 2), Lieferungen und Leistungen in Gegenrechnung ausführt (Nr. 3) oder vorhandene oder vorbeschaffte Baustoffe oder Bauteile einbauen lässt (Nr. 4). 26

OLG Karlsruhe, Urt. v. 25.2.1999 – 9 U 30/97 – (BGH, Beschl. v. 26.10.2000 – VII ZR 80/99 – Revision nicht angenommen) IBR 2003, 260; Werner/Pastor/*Werner*, Rn 2281.

30 BGH, Urt. v. 22.11.2012 – VII ZR 200/10 – IBR 2013, 84.

31 OLG München, Urt. v. 6.7.1993 – 13 U 6075/92 (BGH, Beschl. v. 6.4.1995 – VII ZR 183/93 – Revision nicht angenommen) IBR 1995, 344; OLG Frankfurt a.M., Urt. v. 20.10.1980 – 9 U 97/79 – BauR 1982, 88; Korbion/Mantscheff/Vygen/*Vygen*, § 1 Rn 5 und § 4 Rn 9, 54 f.

27 Die Sonderregelung des § 4 Abs. 2 beinhaltet folglich Konstellationen, in denen der tatsächliche Preis für die Bauleistungen wegen **subjektiver Möglichkeiten** des Bauherrn niedriger ist als es nach objektiven Maßstäben eigentlich der Fall wäre. Im Gegensatz hierzu sieht die HOAI jedoch gerade eine Honorarermittlung auf Basis des **tatsächlichen**, anhand von **objektiven Kriterien** ermittelten Bauwertes vor. Es ist daher nur konsequent, die infolge subjektiver Möglichkeiten realisierte Reduzierung der Baukosten bei der Honorarermittlung **nicht** zu berücksichtigen.

28 **1. Übernahme von Lieferungen und Leistungen.** § 4 Abs. 2 Nr. 1 erfasst die „Übernahme" von Lieferungen und Leistungen durch den Auftraggeber. Von dem Begriff der Übernahme werden nicht nur die direkten „Eigenleistungen" des Auftraggebers, sondern darüber hinaus auch sog. **Freundschaftsdienste** ihm nahestehender Personen erfasst. Entscheidend ist, dass der Auftraggeber in den Genuss nicht allgemeiner, sondern in seiner persönlichen Sphäre liegender Vergünstigungen kommt.[32]

Praxistipp

Gerade Eigenleistungen des Bauherrn führen häufig zu erheblichen Problemen und immensem Mehraufwand. Der Planer muss die (oft unfachmännisch ausgeführten) Arbeiten wie auch das verwendete Material besonders argwöhnisch überprüfen und darüber hinaus nicht selten Hilfe leisten. Ein zusätzlicher Honoraranspruch ist hiermit jedoch nicht per se verbunden, sodass eine angemessene Erhöhung des Honorars (etwa über einen Honorarsatz oberhalb der Mindestsätze) unbedingt vereinbart werden sollte.

---

29 **2. Erhalt sonst nicht üblicher Vergünstigungen.** Die ortsüblichen Preise sind auch in Ansatz zu bringen, wenn der Auftraggeber **sonst nicht übliche Vergünstigungen** erhält. Unter den Begriff der Vergünstigungen fallen grundsätzlich alle dem Auftraggeber zugutekommenden Vergünstigungen (soweit sie nicht ohnehin bereits von den Nr. 1, 3 und 4 erfasst werden). § 4 Abs. 2 Nr. 2 kann daher durchaus auch als **Auffangvorschrift** verstanden werden.

30 Die Vergünstigungen müssen allerdings einen Bezug zu den Bauleistungen haben und sich unmittelbar auf die Baukosten auswirken.[33] Das ist insbesondere bei kaufmännischen Zahlungsmodalitäten (z.B. Skonti oder dergleichen) nicht der Fall; der Eintritt solcher Vergünstigungen hängt nicht von den Bauleistungen, sondern nur von der Liquidität und dem Zahlungsverhalten des Bauherrn ab. Kaufmännische Zahlungsmodalitäten sind daher im Rahmen der Kostenermittlung von vornherein **nicht** zu berücksichtigen.[34]

31 Als Vergünstigung kommt aber jede Art von **Nachlässen**, Mengenrabatten, Boni, Provisionen und dergleichen in Betracht. Ob sie sich auf einzelne Vertragspreise oder den Gesamtpreis beziehen, ist ebenso unerheblich wie die Form, in der sie gewährt werden. Aufgrund des eindeutigen Wortlauts darf die jeweilige Vergünstigung aber „sonst nicht üblich" sein; das kann sich sowohl aus der Art als auch aus dem Umfang der Vergünstigung ergeben.[35] Auch namentlich nicht genannte oder nicht als solche ausgewiesene Vergünstigungen (z.B. **„Kampfpreise"** des Bauunternehmers[36] oder Kostenvorteile bei Leistungen ohne Rechnung)[37] können daher eine Vergünstigung i.S.d. § 4 Abs. 2 Nr. 2

---

32 Korbion/Mantscheff/Vygen/*Seifert*, § 4 Rn 70; Locher/Koeble/Frik/*Koeble*, § 4 Rn 45.
33 Korbion/Mantscheff/Vygen/*Seifert*, § 4 Rn 73.
34 OLG Köln, Urt. v. 16.12.2005 – 20 U 204/03 – IBR 2006, 679; *Koeble*, BauR 1983, 323.
35 Korbion/Mantscheff/Vygen/*Seifert*, § 4 Rn 74.
36 Korbion/Mantscheff/Vygen/*Seifert*, § 4 Rn 75.
37 Irmler/*Petri*, § 4 Rn 27.

darstellen. Maßgeblich ist folglich allein eine ungewöhnliche Besserstellung des Auftraggebers.

Von § 4 Abs. 2 Nr. 2 nicht erfasst werden dagegen Einbehalte (z.B. für die Gewährleistung), Rechnungskürzungen (z.B. wegen Mängelansprüchen oder nicht erbrachten Leistungen) oder realisierte Gegenansprüche des Auftraggebers (z.B. Aufrechnung mit einer verwirkten Vertragsstrafe oder anderen Gegenforderungen). Derartige Konstellationen betreffen nur die Höhe des Vergütungsanspruchs des Bauunternehmers; die Baukosten werden dagegen nicht tangiert, sodass sich bei den anrechenbaren Kosten von vornherein keine Veränderungen ergeben können. 32

3. Lieferungen und Leistungen in Gegenrechnung. § 4 Abs. 2 Nr. 3 erfasst die sog. Kompensations- bzw. **Tauschgeschäfte**, bei denen der Auftraggeber für die Leistung oder Lieferung des Auftragnehmers anstelle von Geld eine andere Gegenleistung erbringt. Gerade im unternehmerischen Bereich kann der Wert des Austauschgeschäfts deutlich unter dem tatsächlichen Wert der Gegenleistung liegen (z.B. günstige Beschaffungsmöglichkeiten, **Großkundenrabatte** des Herstellers oder dergleichen). Anstelle des Wertes des Austauschgeschäfts sind daher für die Ermittlung der anrechenbaren Kosten auch hier die ortsüblichen Preise heranzuziehen. 33

4. Einbau vorhandener oder vorbeschaffter Baustoffe oder Bauteile. Das gilt nach § 4 Abs. 2 Nr. 4 auch, wenn die zur Realisierung des Bauvorhabens erforderlichen Baustoffe oder Bauteile bereits vorhanden sind oder vorbeschafft wurden. Der Begriff Baustoff bezeichnet alle Arten von Material für die Herstellung eines Bauwerks oder seiner Teile inklusive der insoweit benötigten bzw. verwendeten Hilfsmittel; Bauteile sind dagegen bereits aus Baustoffen hergestellte Sachen, die bei der Herstellung eines Bauwerks oder seiner Teile verwendet werden.[38] Vorhanden oder vorbeschafft bedeutet, dass die Stoffe und Bauteile bereits „da sind“;[39] der Auftraggeber muss über sie verfügen und sie dem ausführenden Bauunternehmen bei Bedarf zur Verfügung stellen können. 34

V. § 4 Abs. 3

In der Praxis der HOAI 2009 hat sich gezeigt, dass das Ziel einer angemessenen Honorierung für das Planen und Bauen im Bestand nicht allein durch die Gewährung eines Zuschlags (§ 35 HOAI 2009) erreicht werden konnte. Deshalb wurde § 4 Abs. 3 „neu“ eingeführt, nach der die mitzuverarbeitende Bausubstanz bei den anrechenbaren Kosten wieder angemessen zu berücksichtigen ist. Im Einzelnen: 35

1. Mitzuverarbeitende Bausubstanz. Was unter mitzuverarbeitender Bausubstanz zu verstehen ist, lässt sich § 2 Abs. 7 entnehmen. Danach ist die mitzuverarbeitende Bausubstanz *„der Teil des zu planenden Objekts, der bereits durch Bauleistungen hergestellt ist und durch Planungs- und Überwachungsleistungen technisch oder gestalterisch mitverarbeitet wird.“* Das heißt, dass die vorhandene Bausubstanz nicht entfernt (abgebrochen), sondern erhalten und in die Planung und die darauf beruhende Bauausführung miteinbezogen wird.[40] Die bloße zeichnerische Darstellung ist keine technische oder ge- 36

38 Korbion/Mantscheff/Vygen/*Seifert*, § 4 Rn 80; Locher/Koeble/Frik/*Koeble*, § 4 Rn 49.
39 Korbion/Mantscheff/Vygen/*Seifert*, § 4 Rn 80.
40 Korbion/Mantscheff/Vygen/*Seifert*, 7. Aufl., § 10 Rn 34b.

stalterische Mitverarbeitung,[41] ebenso die reine Bestandsaufnahme.[42] Ebenfalls keine mitzuverarbeitende Bausubstanz stellt die vorhandene Bausubstanz dar, die von den Planungen bzw. Bauleistungen nicht tangiert wird, beispielsweise weil sie sich in anderen Geschossen oder Bereichen befindet.

37 **2. Angemessene Berücksichtigung.** Die mitzuverarbeitende Bausubstanz ist sodann „angemessen" bei den anrechenbaren Kosten zu berücksichtigen. Die „Angemessenheit" bezieht sich auf die reine Höhe des Wertes der mitanzurechnenden Bausubstanz. Zwar hatte der BGH bereits zur HOAI 1996 entschieden, dass es zudem auf die Leistung des Architekten/Ingenieurs bei der Mitverarbeitung ankommen soll, mithin darum, inwieweit die vorhandene Bausubstanz von der Planung adressiert wird.[43] Dies gilt auf Basis der Verordnungsbegründung zur HOAI 1996, aus der sich ergab, dass der Umfang der Anrechnung insbesondere von der Leistung des Auftragnehmers abhängen soll. Diese Entscheidung ist durch die Umformulierung von „vorhandener" in „mitzuverarbeitende" Bausubstanz nunmehr in Verordnungsform „gegossen" worden. Denn durch die Formulierung „mitzuverarbeitende" ist klargestellt, dass Bausubstanz, die nicht im Planungs- bzw. Baubereich liegt, mithin nicht Teil der Architekten/Ingenieurleistung ist, nicht angerechnet wird. Konsequenterweise findet sich in der Verordnungsbegründung zur HOAI 2013 die Formulierung „vorhandene Bausubstanz" auch nicht (mehr). Vielmehr ist die „mitzuverarbeitende" Bausubstanz nach dieser *„entsprechend ihrem Umfang, z.B. über die Parameter Fläche, Volumen, Bauteile oder Kostenanteile zu berücksichtigen";*[44] hinzugedacht werden muss also stets eben nur der Zusatz: Soweit sie mit von der Planung „berührt" wird.

38 Gleichwohl steht der Architekten/Ingenieur bei der Berechnung der Werthöhe vor Schwierigkeiten, insbesondere wenn künstlerische oder historische Gründe für die Mitverarbeitung maßgeblich sind und/oder der technische bzw. wirtschaftliche Wert der mitzuverarbeitenden Bausubstanz sich nicht ohne Weiteres ermitteln lässt. In der Praxis wurden allerdings bereits verschiedene Verfahren zur Ermittlung der Angemessenheit des Werts ermittelt, z.B. die sog. **Einwertmethode** (nach Rauminhalt oder Flächen), die dem Qualitätsstandard einer Kostenschätzung entspricht, folglich auch keine große Genauigkeit aufweisen kann. Diese erscheint jedoch dann ungeeignet, wenn nur einzelne Bauteile als mitverarbeitet anzusehen sind, wie z.B. Wände oder Fundamente bei einem Anbau. Dann ist eine sog. **Elementmethode** zweckmäßig. Hierbei können Mengen und Kostenkennwerte detaillierter ermittelt werden. Insofern erreicht diese den Genauigkeitsgrad einer Kostenberechnung. Schließlich können über eine **Vergleichswertmethode** Kostenanteile für Feinelemente (z.B. Deckenkonstruktionen, Deckenbeläge usw.) ermittelt werden, sodass damit eine differenzierte Betrachtung der Mitverarbeitung von Bausubstanz möglich ist.

39 **3. Zeitpunkt der Ermittlung.** Nach § 4 Abs. 3 S. 2 sind Umfang und Wert der mitzuverarbeitenden Bausubstanz zum Zeitpunkt der Kostenberechnung oder, sofern keine Kostenberechnung vorliegt, zum **Zeitpunkt der Kostenschätzung** objektbezogen zu ermitteln und schriftlich zu vereinbaren.

---

41 BGH, Urt. v. 27.2.2003 – VII ZR 11/02 – IBR 2003, 256; Korbion/Mantscheff/Vygen/*Seifert*, 7. Aufl., § 10 Rn 34b.
42 Korbion/Mantscheff/Vygen/*Seifert*, 7. Aufl., § 10 Rn 34b.
43 BGH, Urt. v. 27.2.2003 – VII ZR 11/02 – IBR 2003, 256.
44 BR-Drucks. 334/13, S. 140.

Das Erfordernis der schriftlichen Vereinbarung bedeutet jedoch **nicht**, dass die mitzuverarbeitende Bausubstanz dann nicht anzurechnen ist, wenn darüber keine schriftliche Vereinbarung getroffen wird. Nach zutreffender Auffassung bezieht sich das Erfordernis nur auf den Umfang der anzurechnenden Bausubstanz, also deren Höhe, nicht auf den Ansatz als solchen.[45] Die schriftliche Vereinbarung ist nicht Anspruchsvoraussetzung dem Grunde nach,[46] sie kann zudem jederzeit nachgeholt werden.[47] 40

Grundsätzlich ist der Umfang der Anrechnung **nicht frei verhandelbar**. Sowohl Umfang als auch Angemessenheit müssen vielmehr mit dem tatsächlichen Vertragsgegenstand korrespondieren,[48] anderenfalls kann es zu einer Über- bzw. Unterschreitung der zulässigen Mindest- bzw. Höchstsätze kommen.[49] 41

Praxistipp
Hinsichtlich der konkreten Kriterien bei der Bestimmung der Angemessenheit von mitzuverarbeitender Bausubstanz liegt eine wegweisende Gerichtsentscheidung (noch) nicht vor. Unangemessen ist eine Vereinbarung jedoch nur dann, wenn dadurch im Ergebnis die Mindest- bzw. Höchstsätze unter- bzw. überschritten werden. Ein einmal vereinbarter Betrag für die Höhe des zu berücksichtigenden Wertes kann also nicht ohne Weiteres „wieder aufgemacht" werden. Es ist daher zu empfehlen, einen Berechnungsmodus bereits vertraglich zu vereinbaren.

---

§ 5
Honorarzonen

(1) Die Objekt- und Tragwerksplanung wird den folgenden Honorarzonen zugeordnet:
1. **Honorarzone I: sehr geringe Planungsanforderungen,**
2. **Honorarzone II: geringe Planungsanforderungen,**
3. **Honorarzone III: durchschnittliche Planungsanforderungen,**
4. **Honorarzone IV: hohe Planungsanforderungen,**
5. **Honorarzone V: sehr hohe Planungsanforderungen.**

(2) Flächenplanungen und die Planung der Technischen Ausrüstung werden den folgenden Honorarzonen zugeordnet:
1. **Honorarzone I: geringe Planungsanforderungen,**
2. **Honorarzone II: durchschnittliche Planungsanforderungen,**
3. **Honorarzone III: hohe Planungsanforderungen.**

(3) Die Honorarzonen sind anhand der Bewertungsmerkmale in den Honorarregelungen der jeweiligen Leistungsbilder der Teile 2 bis 4 zu ermitteln. Die Zurechnung zu den einzelnen Honorarzonen ist nach Maßgabe der Bewertungsmerkmale und gegebenenfalls der Bewertungspunkte sowie unter Berücksichtigung der Regelbeispiele in den Objektlisten der Anlagen dieser Verordnung vorzunehmen.

---

45 Korbion/Mantscheff/Vygen/*Seifert*, 7. Aufl., § 10 Rn 34 f.
46 Vgl. BGH, Urt. v. 27.2.2003 – VII ZR 11/02 – IBR 2003, 256.
47 Korbion/Mantscheff/Vygen/*Seifert*, 7. Aufl., § 10 Rn 34 f. m.w.N.
48 Vgl. BGH, Urt. v. 6.5.1999 – VII ZR 379/97 – IBR 1999, 324; Korbion/Mantscheff/Vygen/*Seifert*, 7. Aufl., § 10 Rn 34 f.
49 Vgl. *Steeger*, BauR 2003, 794, 798 f.

Übersicht

A. Vergleich mit der HOAI 2009 (a.F.)

1 § 5 Abs. 1 ist unverändert geblieben. § 5 Abs. 2 sieht für die technische Ausrüstung und nunmehr neu auch für die Leistungsbilder der Flächenplanung einheitlich drei Honorarzonen vor. Auch § 5 Abs. 3 entspricht weitgehend der Fassung der HOAI 2009. Allerdings ist durch die neue Strukturierung der Anlagen der Hinweis auf die Objektlisten der Anlage 3 entfallen. Die Objektlisten sind je nach Leistungsbild in die Anlagen 10 bis 15 aufgenommen worden. In Abs. 3 S. 2 wurde klargestellt, dass sich die Zuordnung zu einer Honorarzone im Einzelfall nach den Bewertungsmerkmalen und ggf. nach der Punktebewertung richtet.

B. Regelungsgehalt

2 In § 5 Abs. 1 wird die Honorarzoneneinordnung für die Objekt- und Tragwerksplanung beschrieben, in § 5 Abs. 2 erfolgt dies für die Flächenplanungen und die Planung der Technischen Ausrüstung.

3 In § 5 Abs. 3 wird bestimmt, wie die Ermittlung der einschlägigen Honorarzone ermittelt wird.

C. Kommentierung

I. Honorarzone als (zweite) Berechnungsgrundlage des Honorars

4 Die Honorarzone ist neben den anrechenbaren Kosten der zweite Parameter der Honorarberechnung. Während bei der Ermittlung der Höhe der anrechenbaren Kosten der Umfang der Planungsaufgabe entscheidend ist, ist die Honorarzone Ausdruck des Schwierigkeitsgrades einer Planungs- bzw. Bauaufgabe. Diese Definition war noch in § 2 Nr. 15 HOAI a.F. enthalten, ist aber nun entfallen, weil sie auf Grundlage der Konkretisierung in § 5 HOAI 2013 für entbehrlich gehalten wurde.[1]

5 Grundsätzlich gilt, dass die Einordnung in eine Honorarzone **objektspezifisch** vorzunehmen ist, d.h. bei der Honorarzonenbestimmung alle Anforderungen zu berücksichtigen sind, die sich aus der Planung des Objekts ergeben.[2] Das zur Honorarberechnung maßgebliche Objekt stellt jedoch nicht etwa das insgesamt zu realisierende Vorhaben dar, sondern bestimmt sich allein durch den **konkreten Vertragsgegenstand,**[3] d.h. anhand desjenigen Teils, der tatsächlich Gegenstand der Architekten-/Ingenieurleistungen ist. Damit wird dem Grundsatz Rechnung getragen, dass sich der Wert und damit die Honorarwürdigkeit der Architektenleistung in den konkreten anrechenbaren Kosten wi-

1 BR-Drucks. 334/13, S. 137.
2 Korbion/Mantscheff/Vygen/*Seifert*, § 5 Rn 2.
3 BGH, Urt. v. 12.1.2006 – VII ZR 2/04 – IBR 06/208.

derspiegelt.[4] Nichts anderes jedoch gilt hinsichtlich der Einordnung eines Objekts in eine Honorarzone.[5] Denn die Systematik der Honorarberechnung dient dem Ziel, das Honorar in ein angemessenes Verhältnis zum Wert der Leistung des Ingenieurs zu bringen.[6] Es wäre aber nicht leistungsangemessen, wenn ein Architekt/Ingenieur, der nur mit leichten Aufgaben (eines Gesamtvorhabens) betraut ist, davon profitieren würde, dass das Gesamtobjekt höhere Planungsanforderungen stellt. Ebenso unangemessen wäre es, wenn ein Architekt/Ingenieur, der sehr schwierige Aufgaben zu bewältigen hat, nur deshalb ein niedriges Honorar erhielte, weil das Objekt im Übrigen, sprich: das Gesamtvorhaben, nur geringe Planungsanforderungen stellt.

II. Objektive Einordnung und Verbindlichkeit der Honorarzone

Die Einordnung eines Objektes in eine Honorarzone ist den Parteien nicht freigestellt, also **nicht** „frei verhandelbar". Vielmehr ist die Honorarzone nach objektspezifischen, nicht: subjektiven,[7] Gesichtspunkten über den festzustellenden Schwierigkeitsgrad der Planungsaufgabe anhand der Bewertungsmerkmale in den Honorarregelungen der jeweiligen Leistungsbilder der Teile 2–4 der HOAI objektiv zu ermitteln (§ 5 Abs. 3).[8] 6

Die Einordnung in eine Honorarzone erfolgt gem. § 5 Abs. 3 folgerichtig in drei Schritten, nämlich: 7

- nach Maßgabe der **Bewertungsmerkmale** und ggf.
- der **Bewertungspunkte** sowie
- unter Berücksichtigung der **Regelbeispiele** der Objektlisten (jeweils Anlage der Leistungsbilder).

Die **konkreten Bewertungsmerkmale** einer Planungsaufgabe sind in den einzelnen Leistungsbildern genannt (vgl. beispielsweise § 28 Abs. 3, § 34 Abs. 3, § 44 Abs. 2 usw.). Die daraus folgende Einordnung genießt gegenüber der Honorarzoneneinordnung nach Objektlisten **Vorrang.**[9] Dies gilt schon deshalb, weil die Objektlisten lediglich **Regelbeispiele** bereithalten, also auf Besonderheiten eines spezifischen Objekts keine Rücksicht nehmen. Gleichwohl ist die mögliche Einordnung nach der Objektliste rechtlich nicht folgenlos. Denn lässt sich ein Objekt einem Regelbeispiel der Objektliste ohne Weiteres zuordnen und sind die Bewertungsmerkmale erfüllt, so ist eine Punktbewertung nach dem jeweiligen Leistungsbild der HOAI nicht mehr erforderlich.[10] Daraus folgt, dass diejenige Partei, welche die Abrechnung der Architekten-/Ingenieurleistungen in einer abweichenden Honorarzone vornehmen will, die Darlegungs- und Beweislast trägt, dass die Abrechnung trotz zutreffender Einordnung in die Objektliste in einer von dieser abweichenden Honorarzone zu erfolgen hat. 8

Praxistipp
Ist die Einordnung des Objekts in ein Regelbeispiel der Objektlisten problemlos möglich, bedarf es im Regelfall keiner weiteren Einordnungsbemühungen mehr.

4 BGH, Urt. v. 12.1.2006 – VII ZR 2/04 – IBR 06/208.
5 BGH, Urt. v. 11.12.2008 – VII ZR 235/06 – IBR 2009, 146.
6 BGH, Urt. v. 30.9.2004 – VII ZR 192/03 – IBR 2004, 702.
7 *Jochem/Kaufhold*, § 5 Rn 4.
8 Vgl. Korbion/Mantscheff/Vygen/*Seifert*, § 5 Rn 3 m.w.N. aus der höchstrichterlichen Rechtsprechung.
9 Vgl. Korbion/Mantscheff/Vygen/*Seifert*, § 5 Rn 16.
10 Vgl. OLG Frankfurt a.M., Urt. v. 24.3.1982 – 17 U 164/81 – BauR 82, 602.

9 Einen Bewertungsspielraum dahingehend, in welche Honorarzone ein Objekt eingeordnet wird, haben die Parteien nach der soeben dargestellten Systematik nicht,[11] obwohl dieser Grundsatz nicht darüber hinwegtäuschen kann, dass auch die geforderte „objektive" Einordnung letztlich über recht „weiche Kriterien" erfolgt, die durchaus einem gewissen **Interpretationsspielraum** unterliegen. Die Parteien, deren Vorfestlegung zu einem bestimmten Grad auch eine **Indizwirkung** zukommt,[12] müssen sich lediglich darüber bewusst sein, dass die Einordnung in eine Honorarzone **gerichtlich voll überprüfbar** ist, da sie letztlich eine Rechtsfrage darstellt, die in der Praxis allerdings regelmäßig durch Sachverständige und im Hinblick auf die Anknüpfungstatsachen (Anforderungen an die Einbindung in die Umgebung etc.) vorzuklären ist.

10 Folge dessen, dass objektiv eine **unzutreffende Honorarzone** gewählt wurde, ist nicht, dass die Honorarvereinbarung „automatisch" unwirksam ist. Zwar wird dies regelmäßig der Fall sein, wenn die Parteien die Abrechnung nach Mindestsatz vereinbart haben, weil dann bei Berücksichtigung der zu niedrigen Honorarzone eine Unterschreitung der Mindestsätze vorliegt. Entscheidend ist aber, ob bei Berücksichtigung sämtlicher Honorarberechnungsparameter (also beispielsweise auch der anrechenbaren Kosten) eine preisrechtlich unzulässige Unterschreitung bzw. Überschreitung der Mindest- bzw. Höchstsätze vorliegt. Erst dann ist die Preisvereinbarung unwirksam.

11 In der honorarrechtlichen Folge ist zwischen dem Fall einer honorarzonenindizierten Über- und Unterschreitung der Mindest- bzw. Höchstsätze zu differenzieren: Liegt wegen der Einordnung in eine zu niedrige Honorarzone eine Mindestsatzunterschreitung vor, so ist das Mindestsatzhonorar der objektiv zutreffenden Honorarzone zu zahlen. Haben die Parteien bei Auftragserteilung schriftlich die Anwendung des Höchstsatzes vereinbart, ist die nach der HOAI zulässige Höchstvergütung in der tatsächlich einschlägigen Honorarzone zu zahlen.

III. Exkurs: Honorarzone im Vergaberecht

12 In einem vergaberechtlichen Verfahren müssen die zwingenden Vorgaben der HOAI vom öffentlichen Auftraggeber beachtet werden. Dies gilt auch im Anwendungsbereich der **Sektorenverordnung** und ergibt sich bereits aus § 29 Abs. 3 SektVO, wonach Gebühren- und Honorarordnungen für bestimmte Dienstleistungen – wozu auch die HOAI zählt[13] – unberührt bleiben, d.h. diese zwingend sind und nicht abbedungen werden können.

13 Im Rahmen einer öffentlichen Ausschreibung im Anwendungsbereich der HOAI hat der Auftraggeber nach der bisherigen Rechtsprechung der Gerichte bzw. Spruchpraxis der Vergabekammern u.a. auch die Honorarzone der einzelnen Objekte vorzugeben, auf deren Basis Angebote abzugeben sind.[14] Denn da es sich insoweit um **zwingendes Preisrecht** handelt, darf ein Wettbewerb über diesen preisbildenden Faktor zwischen den einzelnen Bietern nicht stattfinden.[15] Nur über die Vorgabe einer Honorarzone ist es letztlich möglich, vergleichbare Angebote zu erhalten. Wird daher in den Ausschreibungsunterlagen keine Honorarzone genannt, berechtigt dies die Bieter – nach der bisherigen

---

11 Vgl. BGH, Urt. v. 13.11.2003 – VII ZR 362/02 – IBR 2004, 78.
12 Vgl. BGH, Urt. v. 13.11.2003 – VII ZR 362/02 – IBR 2004, 78.
13 Vgl. *Greb/Müller*, § 29 Rn 20.
14 Vgl. VK Sachsen, Beschl. v. 18.4.2013 – 1/SVK/009-13 – IBR 2013, 491; VK Nordbayern, Beschl. v. 1.2.2008 – 21 VK-3194-53/07 – IBR 2008, 474.
15 Vgl. VK Lüneburg, Beschl. v. 26.6.2012 – VgK-18/2012 – IBR 2012, 668; vgl. zur VOF auch *Voppel/Osenbrück/Bubert*, § 11 Rn 48.

Rechtslage – zu einer vergaberechtlichen **Rüge** und, wenn dieser durch Vorgabe einer Honorarzone an die Bieter nicht abgeholfen wird, zur Einleitung eines **Nachprüfungsverfahrens.**

Mittlerweile liegt allerdings eine bislang vereinzelt gebliebene Entscheidung des OLG Koblenz vor, nach welcher die Vergabestellen nicht verpflichtet sein sollen, die Honorarzone vorzugeben.[16] Eine derartige Verpflichtung der Vergabestelle folge nach Ansicht des OLG Koblenz weder aus § 6 VOF noch aus den allgemeinen Grundsätzen des Vergaberechts. Es sei nach Auffassung des Gerichts sogar davon auszugehen, dass die verbindliche Vorgabe der Honorarzone einen Vergaberechtsverstoß darstelle. Die entsprechenden Erwägungen des OLG Koblenz waren für den dort entschiedenen Fall allerdings nicht entscheidungserheblich. Ob die Erwägungen des OLG Koblenz daher in zukünftigen Entscheidungen eine Rolle spielen, bleibt abzuwarten. **14**

Etwas anderes muss allerdings dann gelten, wenn den Bietern zwar eine Honorarzone vorgegeben wird, diese jedoch zu niedrig ist.[17] Die Honorarzone ist nicht verhandelbar[18] bzw. einer freien Bestimmung durch die Parteien entzogen. Folgerichtig kommt mit Zuschlagserteilung auf das auf Basis einer zu niedrigen Honorarzone berechnete Honorarangebot des Bieters auch keine Vereinbarung über die Anwendung dieser „zu niedrigen" Honorarzone zustande. Vielmehr ist der auf Basis einer zu niedrigen Honorarzone beauftragte Architekt/Ingenieur berechtigt, seiner Abrechnung die objektiv zutreffende (höhere) Honorarzone zugrunde zu legen. **15**

§ 6
Grundlagen des Honorars

(1) Das Honorar für Grundleistungen nach dieser Verordnung richtet sich
1. **für die Leistungsbilder des Teils 2 nach der Größe der Fläche und für die Leistungsbilder der Teile 3 und 4 nach den anrechenbaren Kosten des Objekts auf der Grundlage der Kostenberechnung oder, sofern keine Kostenberechnung vorliegt, auf der Grundlage der Kostenschätzung,**
2. **nach dem Leistungsbild,**
3. **nach der Honorarzone,**
4. **nach der dazugehörigen Honorartafel.**

(2) Honorare für Leistungen bei Umbauten und Modernisierungen gemäß § 2 Absatz 5 und 6 sind zu ermitteln nach
1. **den anrechenbaren Kosten,**
2. **der Honorarzone, welcher der Umbau oder die Modernisierung in sinngemäßer Anwendung der Bewertungsmerkmale zuzuordnen ist,**
3. **den Leistungsphasen,**
4. **der Honorartafel und**
5. **dem Umbau- oder Modernisierungszuschlag auf das Honorar.**

Der Umbau- oder Modernisierungszuschlag ist unter Berücksichtigung des Schwierigkeitsgrads der Leistungen schriftlich zu vereinbaren. Die Höhe des Zuschlags auf das Honorar ist in den jeweiligen Honorarregelungen der Leistungsbilder der Teile 3 und 4 geregelt. Sofern keine schriftliche Vereinbarung getroffen

16 OLG Koblenz, Beschl. v. 29.1.2014 – 1 Verg 14/13 – IBR 2014, 167.
17 A.A. Irmler/*Fett*, § 5 Rn 8.
18 Vgl. VK Bund, Beschl. v. 22.8.2001 – VK 2-24/01 – IBR 2002, 38.

wurde, wird unwiderleglich vermutet, dass ein Zuschlag von 20 Prozent ab einem durchschnittlichen Schwierigkeitsgrad vereinbart ist.

(3) Wenn zum Zeitpunkt der Beauftragung noch keine Planungen als Voraussetzung für eine Kostenschätzung oder Kostenberechnung vorliegen, können die Vertragsparteien abweichend von Absatz 1 schriftlich vereinbaren, dass das Honorar auf der Grundlage der anrechenbaren Kosten einer Baukostenvereinbarung nach den Vorschriften dieser Verordnung berechnet wird. Dabei werden nachprüfbare Baukosten einvernehmlich festgelegt.

Übersicht

A. Vergleich mit der HOAI 2009 (a.F.)

1 § 6 ist inhaltlich weitgehend unverändert geblieben, wurde jedoch neu strukturiert. Die Regelung des § 6 Abs. 1 Nr. 5 ist infolge der Streichung der §§ 35 und 36 der HOAI a.F. entfallen. § 6 Abs. 2 ersetzt als Regelung zur Honorierung beim Planen im Bestand die Vorgängerregelung des § 35 HOAI a.F. § 6 Abs. 3 ist unverändert geblieben und entspricht inhaltlich § 6 Abs. 2 der HOAI a.F.

B. Systematik

2 In § 6 werden sowohl Prinzip als auch die wesentlichen Grundlagen der HOAI-konformen **Honorarermittlung** beschrieben. So wird zunächst klargestellt, dass sich das Honorar für die Leistungsbilder des Teils 2 der HOAI nach der „Größe der Fläche" und für die Leistungsbilder der Teile 3 und 4 der HOAI nach den „anrechenbaren Kosten" richtet, wobei über § 6 Abs. 3 die Möglichkeit eröffnet wird, die anrechenbaren Kosten auf der Basis einer Baukostenvereinbarung zu ermitteln (vgl. hierzu aber Rn 28 ff.). Damit steht im Umkehrschluss fest, dass die in der Anlage 1 aufgeführten Beratungsleistungen von den Honorarermittlungsvorgaben der HOAI nicht erfasst sind, d.h. deren Honorare frei vereinbart werden können. Gleiches gilt für die in den jeweiligen Anlagen zu den Leistungsbildern aufgeführten Besonderen Leistungen. Auch für diese ist das Preisrecht der HOAI nicht einschlägig.

Darüber hinaus trägt § 6 Abs. 2 dem Umstand Rechnung, dass Umbauten und Modernisierungen, d.h. das Planen im Bestand, erhebliche Mehraufwendungen für den Architekten/Ingenieur bereithält und deshalb auch ein Mehrhonorar gerechtfertigt ist. Zuvor systemfremd bei der Objektplanung in § 35 HOAI a.F. enthalten wurde die Regelung zum Umbau- bzw. Modernisierungszuschlag zutreffend in den „Allgemeinen Teil" der HOAI rückintegriert, zumal die Vorschrift auch im Geltungsbereich der HOAI a.F. schon für Freianlagen, Ingenieurbauwerke, Verkehrsanlagen sowie Tragwerksplanung und Technische Gebäudeausrüstung galt.[1] 3

C. Kommentierung

I. Honorarermittlung für Grundleistungen (Abs. 1)

§ 6 Abs. 1 ist für Honorarermittlungen für Grundleistungen nach der HOAI einschlägig. Das Honorar für Grundleistungen wird anhand folgender **Berechnungsfaktoren** ermittelt: 4

- nach den **anrechenbaren Kosten des Objekts** für die Leistungsbilder der Teile 3 und 4 (Objekt- und Fachplanungen) bzw. nach der Größe der **Fläche** für die Leistungsbilder des Teils 2 der HOAI (vgl. § 4),
- nach dem jeweiligen **Leistungsbild** (vgl. § 3),
- nach der **Honorarzone** (vgl. § 5) und
- der jeweils dazugehörigen **Honorartafel** (vgl. beispielsweise § 20 Abs. 1, § 35 Abs. 1, § 44 Abs. 1).

Beim Planen im Bestand (Umbauten und Modernisierungen gem. § 2 Abs. 5 und 6) ist die Honorarermittlung nach § 6 Abs. 2 zu berücksichtigen. 5

1. Kostenberechnungsmodell. Um dem erklärten Ziel des Verordnungsgebers Rechnung zu tragen, das Honorar des Architekten/Ingenieurs von den tatsächlichen Kosten (Kostenfeststellung) abzukoppeln, hatte dieser schon mit der HOAI 2009 das sog. **Kostenberechnungsmodell** eingeführt. Danach richtet sich das Honorar für Grundleistungen der Teile 3 und 4 der HOAI grundsätzlich nach den anrechenbaren Kosten bzw. Flächengrößen des Objekts auf der Grundlage der Fertigstellung der zeitlich vorgelagerten Kostenberechnung (Grundleistung der Leistungsphase 3). Bei dieser erheblichen Vereinfachung im Gegensatz zur noch unter der HOAI 1996 geltenden Dreistufigkeit der Honorarermittlung (Kostenberechnung, Kostenanschlag, Kostenfeststellung) ist es geblieben. Somit richtet sich das Honorar für alle Leistungsphasen ausschließlich nach der Kostenberechnung, es sei denn, diese liegt noch nicht vor (dann Kostenschätzung) oder die Parteien haben eine (selten wirksame) Vereinbarung gem. § 6 Abs. 3 getroffen (vgl. Rn 32). 6

Wegen ihrer zentralen Bedeutung als **„Dreh- und Angelpunkt"** für die Honorarermittlung des Architekten/Ingenieurs wird die Kostenberechnung in der Praxis immer häufiger Streitpunkt zwischen den Parteien. Fallen nämlich später höhere oder niedrigere tatsächliche Kosten an, so steht stets der Vorwurf im Raum, die Kostenberechnung und das daraus abgeleitete Honorar seien entweder zu niedrig oder zu hoch berechnet. 7

1 Locher/Koeble/Frik/*Locher*, § 35 Rn 4.

Praxistipp
Es bietet sich an, den Fall von etwaigen Meinungsverschiedenheiten über die Höhe der Kostenberechnung bereits vertraglich vorsorglich zu regeln. In Betracht kommt insoweit eine Schiedsgutachterklausel, nach der bei Meinungsverschiedenheiten ein beiderseits anerkannter Gutachter mit der bindenden Vornahme der Kostenberechnung beauftragt wird.

8 **2. Kostenberechnung.** Eine **Legaldefinition** der Kostenberechnung und welche Daten/Unterlagen ihr zugrunde liegen enthält § 2 Abs. 11 (vgl. hierzu § 2 Rn 62f.). Insoweit wurde die Definition der Kostenberechnung des § 2 Nr. 14 HOAI a.F. bis auf redaktionelle Änderungen übernommen. Die Kosten sind nun „mindestens" bis zur zweiten Ebene der Kostengliederung zu ermitteln. Damit wird sprachlich der Anforderung zum Leistungsbild Technische Gebäudeausrüstung Rechnung getragen, bei der die Kosten bis zur dritten Ebene zu ermitteln sind.[2] Zeitlich hat die Kostenberechnung am **Ende der Leistungsphase 3** zu erfolgen.[3]

9 Ausgehend von § 4 ist der Architekt/Ingenieur nicht verpflichtet, stets die DIN 276 zur Kostenberechnung heranzuziehen. Gegebenenfalls kann und muss sie nach den anerkannten Regeln der Technik bzw. nach Verwaltungsvorschriften erfolgen, beispielsweise den AKS (vgl. hierzu § 4 Rn 17).

10 **3. Auffangkostenermittlungsart: Kostenschätzung.** Die Kostenschätzung ist als **„Auffangkostenermittlungsart"** maßgeblich, wenn eine Kostenberechnung „nicht vorliegt". Auch zur Kostenschätzung hält die HOAI in § 2 Abs. 10 eine Legaldefinition bereit und in ihr eine Beschreibung, welche Daten/Unterlagen ihr zugrunde liegen (vgl. hierzu § 2 Rn 58ff.). Ausgehend von § 4 gilt bei der Kostenschätzung ebenfalls, dass der Architekt/Ingenieur nicht verpflichtet ist, stets die DIN 276 zur Kostenberechnung heranzuziehen. Gegebenenfalls kann und muss sie nach den anerkannten Regeln der Technik bzw. nach **Verwaltungsvorschriften** erfolgen, beispielsweise den AKS (vgl. hierzu § 4 Rn 17). Zeitlich hat die Kostenschätzung am **Ende der Vorplanungsphase** zu erfolgen.[4]

11 **4. Kostenschätzung oder Kostenberechnung.** Fraglich ist, in welchem Fall das „Nichtvorliegen" einer Kostenberechnung bejaht und wann stattdessen auf die eigentlich **subsidiäre** Kostenermittlungsart „Kostenschätzung" zurückgegriffen werden kann bzw. muss. Nach der einhelligen Auffassung in Rechtsprechung und Literatur ist dies jedenfalls dann der Fall, wenn der Architekt/Ingenieur nur mit den Leistungsphasen 1 und 2 beauftragt ist.[5] Die Kostenschätzung ist auch dann allein maßgeblich, wenn der Auftrag einvernehmlich oder durch Kündigung zu einem Zeitpunkt beendet wird, an dem der Architekt/Ingenieur die Kostenberechnung noch nicht erstellt haben muss. Eine Kostenberechnung muss in den Fällen, in denen die Leistungsphase 3 oder weitergehende Leistungsphasen nicht bzw. nicht mehr vollständig erbracht werden, nämlich nicht gesondert erstellt werden.[6] Gleiches gilt für den Fall, dass der Architekt/Ingenieur erst ab Leistungsphase 4 beauftragt wird.[7] Denn dann gehört die Kostenberechnung

---

2 Vgl. BR-Drucks. 334/13, S. 138f.
3 Irmler/*Matuschak*, § 6 Rn 8.
4 Irmler/*Matuschak*, § 6 Rn 9.
5 Vgl. BGH, Urt. v. 8.7.1999 – VII ZR 194/98 – IBR 1999, 484; BGH, Urt. v. 16.4.1998 – VII ZR 176/96 – IBR 1998, 388; Locher/Koeble/Frik/*Koeble*, § 6 Rn 16 m.w.N.
6 Korbion/Mantscheff/Vygen/*Koeble*, § 6 Rn 11; OLG Schleswig, Urt. v. 9.9.2008 – 3 U 76/07 – IBR 2009, 1295 (BGH, Beschl. v. 4.6.2009 – VII ZR 193/08 – Nichtzulassungsbeschwerde zurückgewiesen).
7 Korbion/Mantscheff/Vygen/*Koeble*, § 6 Rn 13.

nicht zu seinem vertraglich geschuldeten **Leistungsumfang**, d.h. er kann auf Basis einer Kostenschätzung abrechnen.

Existiert jedoch die Kostenberechnung eines ggf. beauftragten Vorgängers (beispielsweise eines „reinen“ Entwurfsplaners), dann stellt sich die Frage, ob der erst ab Leistungsphase 4 beauftragte Architekt/Ingenieur sein Honorar anhand der Kostenberechnung des Vorgängers berechnen muss. Dies ist grundsätzlich zu bejahen. Dem Architekten/Ingenieur steht gegen den Auftraggeber insoweit ein **Auskunftsanspruch** bzw. **Herausgabeanspruch** zu für den Fall, dass dieser die Kostenberechnung des Vorgängers bzw. entsprechende Unterlagen/Informationen nicht oder nur ungenügend zur Verfügung stellt.[8] Dieser Anspruch besteht auch dann, wenn der Architekt/Ingenieur alternativ hätte selbstständig schätzen können.[9] Gibt der Auftraggeber die Kostenberechnung bzw. deren Grundlagen auch nach Geltendmachung des Herausgabeanspruchs nicht oder nur ungenügend heraus, so kann der Architekt/Ingenieur auf Kosten des Auftraggebers eine **eigene Kostenberechnung** erstellen.[10] Ein Anspruch auf Abrechnung nach einer eigenen Kostenberechnung besteht darüber hinaus auch dann, wenn die Kostenberechnung des Vorgängerarchitekten fehlerhaft war. In diesem Fall kann der Architekt/Ingenieur die Kostenberechnung seines Vorgängers **korrigieren** und seiner Honorarabrechnung zugrunde legen.[11] 12

II. Honorarermittlung bei Umbauten und Modernisierungen (Abs. 2)

Das **Planen im Bestand** hat bereits jetzt eine außerordentliche Bedeutung und sie wird in Zukunft noch weiter zunehmen. Dies betrifft nicht nur Wohnungsbauten, sondern ist in hohem Maße auch durch den Sanierungsstau bei Ingenieurbauwerken wie z.B. Verkehrsbrücken begründet. Allerdings war das Planen im Bestand mit der HOAI-Novelle 2009 für den Architekten/Ingenieur deutlich unattraktiver geworden. Zwar war der – nicht einfach zu verhandelnde – Umbauzuschlag gestiegen, eine Berücksichtigung der vorhandenen Bausubstanz konnte wegen der Streichung des § 10 Abs. 3a jedoch nur über § 4 Abs. 2 HOAI a.F. erfolgen, wenn vorhandene oder vorbeschaffte Bauteile eingebaut bzw. wieder eingebaut wurden. Dies hatte in der Praxis zu einer deutlichen Honorarminderung beim Planen im Bestand geführt. Nun hat der Verordnungsgeber die additive Berücksichtigung von mitzuverarbeitender Bausubstanz und Umbau- bzw. Modernisierungszuschlag wieder eingeführt. War es bislang zudem umstritten, ob es auch bei der Freianlagenplanung einen Umbauzuschlag geben kann, ist dies nun über die Verweisungsvorschrift in § 40 Abs. 6 positiv klargestellt worden (*„§ 36 Abs. 1 ist für Freianlagen entsprechend anzuwenden.“*). 13

Was der Verordnungsgeber unter Umbauten bzw. Modernisierungen versteht, ist der jeweiligen Definition in § 2 Abs. 5 bzw. 6 zu entnehmen. Danach sind Umbauten Umgestaltungen eines vorhandenen Objekts mit wesentlichen Eingriffen in die Konstruktion oder den Bestand (§ 2 Abs. 5; vgl. hierzu im Einzelnen § 2 Rn 43f.) und Modernisierungen bauliche Maßnahmen zur nachhaltigen Erhöhung des Gebrauchswertes eines Objekts, soweit diese Maßnahmen nicht unter Abs. 4, 5 oder 8 fallen (§ 2 Abs. 6; vgl. hierzu im Einzelnen § 2 Rn 45ff.). 14

8 BGH, Urt. v. 16.4.1998 – VII ZR 176/96 – IBR 1998, 388; Locher/Koeble/Frik/*Koeble*, § 6 Rn 27 m.w.N.
9 OLG Düsseldorf, Urt. v. 22.3.1996 – 22 U 219/95 – IBR 1996, 337.
10 Locher/Koeble/Frik/*Koeble*, § 6 Rn 29.
11 Locher/Koeble/Frik/*Koeble*, § 6 Rn 29; Irmler/*Matuschak*, § 6 Rn 13.

15 **1. Honorarberechnungsparameter.** Die Berechnungsfaktoren entsprechen zunächst im Wesentlichen denjenigen des § 6 Abs. 1. So richtet sich das Honorar für Leistungen bei Umbauten und Modernisierungen nach

- den anrechenbaren Kosten,
- der Honorarzone, welcher der Umbau oder die Modernisierung in sinngemäßer Anwendung der Bewertungsmerkmale zuzuordnen ist,
- den Leistungsphasen,
- der Honorartafel und
- dem Umbau oder Modernisierungszuschlag auf das Honorar.

16 **a) Anrechenbare Kosten.** Erste Berechnungsgrundlage bilden die anrechenbaren Kosten. Bei der Ermittlung dieser besteht keine Abweichung zur Ermittlung bei Neubauten, wobei im Falle von Umbauten und Modernisierungen die Vorschrift des § 4 Abs. 3 besondere Bedeutung erlangt, nach der die mitzuverarbeitende Bausubstanz bei den anrechenbaren Kosten wieder angemessen zu berücksichtigen ist (vgl. hierzu § 4 Rn 36). Zu beachten ist hierbei, dass sich die für Umbau und Modernisierung anzusetzenden anrechenbaren Kosten nicht zwingend mit denjenigen des gesamten Objekts decken müssen. Vielmehr sind bei Umbauten und Modernisierungen nur diejenigen anrechenbaren Kosten zu berücksichtigen, die durch den Vertragsgegenstand bestimmt und begrenzt sind.[12] Mithin sind nur die Kosten derjenigen vorhandenen Bausubstanz maßgeblich, die auch von der Planung **adressiert** wird (vgl. hierzu § 4 Rn 11). Ebenfalls können anrechenbare Kosten aus vorhandenen oder vorbeschafften Baustoffen oder Bauteilen zu berücksichtigen sein (vgl. hierzu § 4 Rn 34).

17 **b) Honorarzone.** Bei der Ermittlung der zutreffenden Honorarzone gilt, dass diese unter **„sinngemäßer Anwendung der Bewertungsmerkmale“** zu erfolgen hat. Nach wie vor ist allerdings ungeklärt, wie genau diese sinngemäße Anwendung auszusehen hat. So treten schon und insbesondere beim ersten Bewertungsmerkmal der Honorarzoneneinordnung von Gebäuden, nämlich den „Anforderungen an die Einbindung in die Umgebung“ (§ 34 Abs. 2 Nr. 1) Schwierigkeiten auf. Dies jedenfalls dann, wenn das Objekt (Gebäude) im äußeren Erscheinungsbild nicht geändert wird und deshalb schlicht keine planerische Leistung zur Einbindung in die Umgebung erfolgt. Zutreffend stellt die überwiegende Meinung in Rechtsprechung und Literatur unter Maßgabe der geforderten „sinngemäßen Anwendung“ des Bewertungsmerkmals darauf ab, welche Anforderungen sich für die Planung nicht aus der Einbindung in die Umgebung, sondern aus der **Einbindung in die mitzuverarbeitende Bausubstanz** ergeben.[13] Dem liegt die Überlegung zugrunde, dass sich die Schwierigkeit der planerischen Leistung im qualitativen Sinn regelmäßig in der Honorarzoneneinordnung widerspiegelt, mithin bei dieser auch die besonderen Schwierigkeiten der planerischen Leistung berücksichtigt werden müssen. Diese ergeben sich beim Planen im Bestand richtigerweise in besonderem Maße aus dem Umgang mit bzw. der Einbindung der mitzuverarbeitenden Bausubstanz, weshalb eine sinnhafte Umdeutung des „Einbindens in die Umgebung“ in „Einbinden in die mitzuverarbeitende Bausubstanz“ gerechtfertigt erscheint. Gleichwohl darf dies nicht darüber hinwegtäuschen, dass es insbesondere bei kleineren Umbau-/Modernisierungsmaßnahmen trotz der Einordnung des Gesamtobjektes in die Honorarzone V zur Anwendung sehr viel niedrigerer Honorarzonen kommen kann, jedenfalls wenn nur ein kleiner

---

12 Vgl. BGH, Urt. v. 11.12.2008 – VII ZR 235/06 – IBR 2009, 146.

13 OLG Düsseldorf, Urt. v. 20.6.1995 – 21 U 237/09 – IBR 1995, 480; *Löffelmann/Fleischmann*, Rn 1220; *Jochem/Kaufhold*, § 24 Rn 13; Korbion/Mantscheff/Vygen/*Seifert*, § 35 Rn 29.

Teil des Gesamtobjekts und auch dieser nur in wenig anspruchsvoller Weise tangiert ist. Selbstverständlich ist auch der umgekehrte Fall einer höheren Honorarzoneneinordnung denkbar.

c) Leistungsphasen. Statt der bei Neubauten maßgeblichen „Leistungsbilder" (vgl. § 6 Abs. 1 Nr. 2) ist bei der Honorarberechnung für Umbauten und Modernisierungen auf die „Leistungsphasen" abzustellen. Dies trägt dem (angeblichen) Umstand Rechnung, dass bei Neubauten grundsätzlich alle Leistungsphasen zu erbringen sind, mithin das komplette Leistungsbild für die Honorarberechnung maßgeblich ist; beim Planen im Bestand jedoch im Einzelfall festgestellt werden muss, welche Leistungsphasen tatsächlich erbracht werden müssen. Das ist so nicht recht nachzuvollziehen, denn regelmäßig wird es auch beim Planen im Bestand so sein, dass sämtliche Leistungsphasen zu erbringen sind und damit das komplette Leistungsbild abzurufen ist. 18

d) Honorartafel. Keine Besonderheiten gibt es zwischen Neubauten und Umbauten bzw. Modernisierungen bei der Anwendung der einschlägigen Honorartafel. 19

2. Umbauzuschlag. Auf das Honorar ist schließlich der Umbau- oder Modernisierungszuschlag zu berücksichtigen (§ 6 Abs. 2 Nr. 5). Mit der Einfügung der Formulierung „auf das Honorar" ist nunmehr zugunsten des „Honorars" auch die Ungewissheit beseitigt, ob sich der Zuschlag auf das Honorar oder auf die anrechenbaren Kosten[14] beziehen soll. Somit steht fest, dass für die Honorarberechnung zunächst die anrechenbaren Kosten zu ermitteln sind, das Honorar vorläufig berechnet und sodann die so ermittelten Honorare um den Zuschlag erhöht werden. 20

a) Schriftliche Vereinbarung (Abs. 2 S. 2). § 6 Abs. 2 S.2 bestimmt zunächst, dass der Umbau- oder Modernisierungszuschlag **schriftlich** zu vereinbaren ist. Hinsichtlich des Zeitpunktes der Vereinbarung macht die HOAI keinerlei Vorgaben. Insoweit scheint dem Verordnungsgeber bei Abfassung der amtlichen Begründung ein Fehler unterlaufen zu sein. Denn in der amtlichen Begründung ist davon die Rede, dass ein Erfordernis zur schriftlichen Vereinbarung bei Auftragserteilung besteht und dies aus § 7 Abs. 1 folge.[15] In § 7 Abs. 1 wird aber der Umbau- bzw. Modernisierungszuschlag gar nicht erwähnt. Insbesondere mit Blick auf die seitens des BGH[16] ergangene Rechtsprechung zum Begriff „bei Auftragserteilung", in der klargestellt wurde, dass auch eine frühere Honorarvereinbarung „vor Auftragserteilung" wirksam ist, wird in der Literatur einhellig vertreten, dass die Vereinbarung nicht bei Auftragserteilung geschlossen werden muss, d.h. jederzeit zwischen den Parteien geschlossen bzw. nachgeholt werden kann.[17] 21

Praxistipp
Bevor die Rechtslage zum Zeitpunkt der Vereinbarung geklärt ist, ist es für die Praxis vorsorglich anzuraten, diese schon bei Auftragserteilung zu schließen.

14 So beispielsweise noch OLG Düsseldorf, Urt. v. 2.10.2001 – 5 U 163/00 – IBR 2002, 202.
15 BR-Drucks. 334/13, S. 141.
16 BGH, Urt. v. 27.11.2008 – VII ZR 211/07 – IBR 2009, 144.
17 Locher/Koeble/Frik/*Locher*, § 35 Rn 18; *Pott/Dahlhoff/Kniffka/Rath*, § 35 Rn 17; Korbion/Mantscheff/Vygen/*Seifert*, § 35 Rn 19.

22 **b) Höhe je nach Schwierigkeitsgrad der Leistung und Regelung in den jeweiligen Honorarregelungen der Leistungsbilder (Abs. 2 S. 2 und 3).** Nachdem in der HOAI a.F. der **Schwierigkeitsgrad** der Leistung bei der Höhe des Zuschlags jedenfalls rechtsformal keine Rolle mehr spielte, greift die Neuregelung nun dieses Kriterium aus § 24 Abs. 1 S. 2 HOAI 1996 wieder auf. Der Schwierigkeitsgrad der Leistung wird grundsätzlich schon bei der Ermittlung der Honorarzone berücksichtigt. Insoweit besteht kein Anlass, bei der Ermittlung der Zuschlagshöhe auf andere Kriterien zurückzugreifen, als sie bei der Honorarzoneneinordnung maßgebend sind, d.h. gem. § 5 Abs. 3 (vgl. hierzu § 5 Rn 6)

- nach Maßgabe der **Bewertungsmerkmale** und ggf.
- der **Bewertungspunkte** sowie
- unter Berücksichtigung der **Regelbeispiele** der Objektlisten (jeweils Anlage der Leistungsbilder).[18]

23 Zu beachten ist, dass § 6 Abs. 2 S. 3 zwar bestimmt, dass bei einem durchschnittlichen Schwierigkeitsgrad und ohne besondere schriftliche Vereinbarung von einem Zuschlag in Höhe von 20% auszugehen ist. Gleichwohl kann hieraus **keine Mindestzuschlagshöhe** abgeleitet werden. Dies deshalb, weil die Parteien durch schriftliche Vereinbarung diesen Wert jederzeit **unterschreiten** können,[19] d.h. bei Vorliegen einer schriftlichen Vereinbarung über einen geringeren Prozentwert auch bei durchschnittlichen Planungsanforderungen keine Mindestsatzunterschreitung vorliegt. Vielmehr werden über die bei den jeweiligen Leistungsbildern niedergelegten Prozentsätze bei durchschnittlichem Schwierigkeitsgrad (beispielsweise § 36 Abs. 1: bis 33%; § 36 Abs. 2: bis 50%; § 44 Abs. 6: bis 33%) lediglich **Höchstwerte** festgelegt, d.h. dass bei deren Überschreiten durch schriftliche Vereinbarung im Ergebnis eine Höchstsatzüberschreitung beim Honorar vorliegen kann.

24 Eine solche Höchstsatzüberschreitung ist jedoch nicht anzunehmen für den Fall, dass bei **überdurchschnittlichen Planungsanforderungen** ein höherer Prozentsatz vereinbart wird. Eine Obergrenze für Zuschläge bei überdurchschnittlichen Planungsanforderungen enthält die HOAI nicht.[20]

25 Ebenfalls ungeregelt ist die Zuschlagshöhe bei **unterdurchschnittlichem Schwierigkeitsgrad.** Es ist aber davon auszugehen, dass in einem solchen Fall die Obergrenze nicht höher liegt als der Höchstwert für durchschnittliche Planungsanforderungen, d.h. beispielsweise bei der Objektplanung der Höchstsatz bei unterdurchschnittlichen Planungsanforderungen bei 33% liegt.[21]

26 **c) Zuschlagsfiktion (Abs. 2 S. 4).** Laut § 6 Abs. 2 S.4 wird unwiderleglich vermutet, dass, wenn keine schriftliche Vereinbarung getroffen wurde, ein Zuschlag von 20% ab einem durchschnittlichen Schwierigkeitsgrad vereinbart ist. Voraussetzung für die Geltendmachung des 20%igen Zuschlags ist demnach,

- dass **keine schriftliche Vereinbarung** über den Zuschlag erfolgt ist und
- dass die Planungsaufgabe mindestens einen **durchschnittlichen Schwierigkeitsgrad** aufweist.

---

18 So auch Korbion/Mantscheff/Vygen/*Seifert*, 7. Aufl., § 24 Rn 12; Locher/Koeble/Frik/*Koeble*, 8. Aufl., § 24 Rn 17.

19 Vgl. BR-Drucks. 334/13, S. 141.

20 So für die Vor-Vorgängerregelung in § 24 HOAI 1996 auch: Korbion/Mantscheff/Vygen/*Seifert*, 7. Aufl., § 24 Rn 15.

21 So auch Korbion/Mantscheff/Vygen/*Seifert*, 7. Aufl., § 24 Rn 16; Locher/Koeble/Frik/*Koeble*, 8. Aufl., § 24 Rn 14.

Ob ein mindestens durchschnittlicher Schwierigkeitsgrad vorliegt, richtet sich wiederum nach den Kriterien der Honorarzoneneinordnung (vgl. Rn 17). 27

Praxistipp
Ist das Objekt in die Honorarzone III einzuordnen und kein Zuschlag vereinbart, so kann jedenfalls ein 20%iger Zuschlag auf das Honorar ohne Weiteres verlangt werden.

III. Baukostenvereinbarung (Abs. 3)

Textlich unverändert wurde in § 6 Abs. 3 die über § 6 Abs. 2 HOAI a.F. eröffnete Möglichkeit übernommen, für Leistungen der Teile 3 und 4 der HOAI (Objekt- und Fachplanung) das Honorar auf Basis einer Baukostenvereinbarung zu regeln. Danach sollen die Parteien die Baukosten bereits bei Auftragserteilung festschreiben und daraus die anrechenbaren Kosten ermitteln können.[22] 28

1. § 6 Abs. 3 ist unwirksam. Schon bei Einführung des § 6 Abs. 2 HOAI a.F. regten sich ernste Zweifel an der Wirksamkeit der Regelung.[23] Dass diese Bedenken berechtigt waren, zeigte die Praxis. Von der in § 6 Abs. 2 HOAI a.F. eröffneten Möglichkeit, die Honorarberechnung von den tatsächlichen Baukosten zu entkoppeln, wurde reger Gebrauch gemacht; allerdings vielfach nicht „im Sinne des Erfinders“. Vielmehr wurde das Baukostenvereinbarungsmodell häufig sowohl von privaten als auch von öffentlichen Auftraggebern dazu genutzt, um auf Basis geschätzter (zu niedriger) Baukosten Honorare unterhalb der Mindestsätze zu vereinbaren. 29

Mittlerweile hat der BGH entschieden, dass § 6 Abs. 2 HOAI a.F. unwirksam ist, weil die Regelung von der Ermächtigungsgrundlage in Art. 10 §§ 1, 2 MRVG nicht gedeckt ist.[24] Konkret monierte der BGH, dass über die Baukostenvereinbarung eine Unterschreitung der Mindestsätze möglich sei, ohne dass einer der von § 7 Abs. 3 erfassten zulässigen Ausnahmefälle vorliegt (vgl. hierzu § 7).Die untere Honorargrenze stünde nicht zur Disposition. Dies auch nicht dann, wenn die Parteien „nachprüfbare“ Baukosten vereinbart hätten, da sich diese gleichwohl unterhalb der sich aus der Kostenberechnung ergebenden tatsächlichen anrechenbaren Kosten bewegen könnten. 30

Es besteht kein Zweifel daran, dass mit dem Urteil des BGH auch die Regelung des § 6 Abs. 3 obsolet geworden ist. Als entsprechender Hinweis des BGH ist der unter Rz. 14 des Urteils enthaltene Hinweis zu verstehen, nachdem § 6 Abs. 2 HOAI a.F. § 6 Abs. 3 in der seit Juli 2013 geltenden Fassung entspricht. 31

2. Folgen für bereits geschlossene oder zukünftige Honorarvereinbarungen. Eine bestehende oder zukünftige Honorarvereinbarung auf Grundlage eines Baukostenvereinbarungsmodells wird zwar in aller Regel nichtig sein. Das muss aber nicht „automatisch“ so sein. Insoweit gilt das Gleiche wie für die (zulässige) Vereinbarung von Pauschal-, Zeithonoraren oder Honorarvereinbarungen, die gänzlich von den Abrechnungsgrundsätzen der HOAI abweichen. Ob ein Verstoß gegen den Mindestpreischarakter vorliegt, entscheidet sich nämlich nicht danach, dass einzelne Parameter (beispielsweise Honorarzone, Prozentsatz für erbrachte Leistungen, Honorartafel etc.) für die (vertraglich vereinbarte) Honorarberechnung verändert sind.[25] In all diesen Fällen liegt 32

22 *Siemon/Averhaus*, S. 43.
23 Korbion/Mantscheff/Vygen/*Wirth*, § 6 Rn 41; *Averhaus*, NZBau 2009, 473.
24 BGH, Urt. v. 24.4.2014 – VII ZR 164/13 – IBR 2014, 353 m. Anm. *Fuchs*.
25 Locher/Koeble/Frik/*Koeble*, § 7 Rn 25.

eine Unwirksamkeit der Honorarvereinbarung vielmehr nur dann vor, wenn das vertraglich vereinbarte Gesamthonorar unter dem auf Basis der objektiv „richtigen" Parameter berechneten Mindestsatzhonorar liegt. Denn nur in diesem Fall stellt eine durch die Parteien getroffene Honorarvereinbarung den Mindestsatz zur Disposition und widerspricht damit dem gesetzgeberischen Willen.

Praxistipp
Eine Honorarvereinbarung auf Basis einer vertraglichen Vereinbarung über die Höhe der Baukosten bzw. die daraus zu ermittelnden anrechenbaren Kosten dürfte in der Regel nichtig sein, weil die anrechenbaren Kosten maßgeblicher Faktor der Honorarberechnung sind.
Liegt Ihrer Honorarvereinbarung eine Baukostenvereinbarung zugrunde, so ist eine Vergleichsrechnung auf Basis der tatsächlichen anrechenbaren Kosten angezeigt. Ergibt die Vergleichsrechnung, dass die geschlossene Honorarvereinbarung die Mindestsätze unterschreitet, so sollte rechtlich geprüft werden, ob auf Basis der Mindestsätze abgerechnet werden kann.

33 **3. Alternative: Vereinbarung einer Baukostenobergrenze.** Neben der Entscheidung, dass § 6 Abs. 2 HOAI a.F. unwirksam ist, bestätigt der BGH[26] seine schon bisherige Rechtsprechung,[27] dass die Vereinbarung einer Bausumme als Obergrenze der anrechenbaren Kosten für die Honorarermittlung als Beschaffenheitsvereinbarung unbedenklich sei, auch wenn die tatsächlichen Baukosten die vereinbarte Bausumme überschreiten. Die damit einhergehende (indirekte) Regulierung des Honorars ist nach Auffassung des BGH nicht zu beanstanden. Dem liegt die Überlegung zugrunde, dass das vereinbarte Honorar die Gegenleistung für das vertragsgerecht erstellte Werk ist. Ist das Werk deshalb mangelhaft, weil die vereinbarten Kosten überschritten werden, kann der Architekt/Ingenieur die Differenz, um die die tatsächlichen die vereinbarten Kosten übersteigt, nicht zusätzlich als anrechenbare Kosten seiner Honorarberechnung zugrunde legen. Deren Berücksichtigung würde dazu führen, dass der Architekt oder Ingenieur aufgrund der Mangelhaftigkeit seines Werkes eine höhere Vergütung erhalten würde, als sie ihm für eine vertragsgerechte Leistung zustünde. Die Überschreitung der vereinbarten Baukostenobergrenze begründet zunächst einmal nur Mängelrechte des Auftraggebers, d.h. es besteht grundsätzlich ein Nachbesserungsrecht des Architekten bzw. Ingenieurs. Hat diese jedoch entweder keinen Erfolg oder ist sie von vornherein aussichtlos, kann der Architekt/Ingenieur das aus einer Überschreitung der vereinbarten Baukostenobergrenze resultierende Honorar nach Treu und Glauben nicht geltend machen, weil er diesen Betrag aufgrund des Minderungsanspruches des Auftraggebers sogleich wieder herausgeben müsste.[28]

34 In der Praxis ermöglicht die vom BGH vorgenommene Stärkung der Baukostenobergrenze gleichwohl Mindestsatzunterschreitungen. Das Problem wird vom BGH nur auf eine andere rechtliche Ebene verlagert. Gut beratene Auftraggeber werden nur Verträge schließen, in denen eine Baukostenobergrenze enthalten ist. Da diese jedoch regelmäßig zu Beginn der Planung, d.h. zu einem Zeitpunkt festgelegt wird, an dem noch keine seriöse Schätzung der tatsächlichen Baukosten möglich ist und „Wunschvorstellungen" des Auftraggebers einfließen werden, wird es, beispielsweise wegen steigender Baupreise, vielfach Fälle geben, in denen die früh geschätzte Bausumme nicht ausreicht, um das Projekt zu realisieren, und zwar auch dann, wenn sie noch so sorgfältig ermittelt wurde.

---

26 BGH, Urt. v. 24.4.2014 – VII ZR 164/13 – IBR 2014, 353.
27 BGH, Urt. v. 23.1.2003 – VII ZR 362/06 – IBR 2003, 203.
28 BGH, Beschl. v. 10.11.2005 – VII ZR 105/05 – IBRRS 2005, 3399; OLG Köln, Urt. v. 21.12.2012 – 19 U 181/11 – IBR 2013, 220.

§ 7
Honorarvereinbarung

(1) Das Honorar richtet sich nach der schriftlichen Vereinbarung, die die Vertragsparteien bei Auftragserteilung im Rahmen der durch diese Verordnung festgesetzten Mindest- und Höchstsätze treffen.

(2) Liegen die ermittelten anrechenbaren Kosten oder Flächen außerhalb der in den Honorartafeln dieser Verordnung festgelegten Honorarsätze, sind die Honorare frei vereinbar.

(3) Die in dieser Verordnung festgesetzten Mindestsätze können durch schriftliche Vereinbarung in Ausnahmefällen unterschritten werden.

(4) Die in dieser Verordnung festgesetzten Höchstsätze dürfen nur bei außergewöhnlichen oder ungewöhnlich lange dauernden Grundleistungen durch schriftliche Vereinbarung überschritten werden. Dabei bleiben Umstände, soweit sie bereits für die Einordnung in die Honorarzonen oder für die Einordnung in den Rahmen der Mindest- und Höchstsätze mitbestimmend gewesen sind, außer Betracht.

(5) Sofern nicht bei Auftragserteilung etwas anderes schriftlich vereinbart worden ist, wird unwiderleglich vermutet, dass die jeweiligen Mindestsätze gemäß Absatz 1 vereinbart sind.

(6) Für Planungsleistungen, die technisch-wirtschaftliche oder umweltverträgliche Lösungsmöglichkeiten nutzen und zu einer wesentlichen Kostensenkung ohne Verminderung des vertraglich festgelegten Standards führen, kann ein Erfolgshonorar schriftlich vereinbart werden. Das Erfolgshonorar kann bis zu 20 Prozent des vereinbarten Honorars betragen. Für den Fall, dass schriftlich festgelegte anrechenbare Kosten überschritten werden, kann ein Malus-Honorar in Höhe von bis zu 5 Prozent des Honorars schriftlich vereinbart werden.

Übersicht

A. Allgemeines

I. Überblick

1 § 7 ist die zentrale Vorschrift im Rahmen der Honorarermittlung: Sie regelt, welches Honorar für Grundleistungen zu welchem Zeitpunkt und in welchem Umfang rechtswirksam vereinbart werden kann. Aus Abs. 1 i.V.m. Abs. 5 ergibt sich der Grundsatz, dass von den Mindestsätzen nur „schriftlich" und nur bis zu einem gewissen Zeitpunkt – „bei Auftragserteilung" – abgewichen werden kann. Sind diese Voraussetzungen nicht eingehalten, gelten automatisch die Mindestsätze. Dieser Grundsatz gilt nach Abs. 2 jedoch nur innerhalb der Honorartafel. Unterhalb des Einstiegstabellenwertes und oberhalb des höchsten Tabellenwertes können die Honorare völlig frei vereinbart werden. Abs. 3 und 4 regeln Sonderfälle, bei denen ausnahmsweise die Mindestsätze unterschritten bzw. die Höchstsätze überschritten werden dürfen. Abs. 6 regelt den Sonderfall der Vereinbarung von Erfolgs- bzw. Malus-Honoraren.

II. Anwendungsbereich

2 § 7 ist eine rein honorarrechtliche Vorschrift und gilt nur für Leistungen, die dem zwingenden Honorarrecht unterfallen, also deren anrechenbare Kosten innerhalb des Anwendungsbereichs der Honorartafeln liegen. Damit ist die Vorschrift **nur für Grundleistungen innerhalb des zwingenden Preisrechts anwendbar**. Für sonstige Honorarregelungen außerhalb des räumlichen, persönlichen und sachlichen Geltungsbereichs der HOAI (vgl. § 1) ist § 7 nicht anwendbar. Als Beispiel für eine derartige fehlende Anwendbarkeit von § 7 in Bezug auf eine „Honorarvereinbarung" kann die Entscheidung des BGH vom 22.11.2012 (Az. VII ZR 200/10) herangezogen werden: Übernimmt der Architekt eine Garantie für die Nichtüberschreitung einer bestimmten Baukostensumme und erhält er für die Unterschreitung dieses Betrages eine Prämie, so ist dieses Entgelt kein „Honorar", das der HOAI unterfällt, da es nicht eine Gegenleistung für Architektenleistungen darstellt, sodass auf diese Prämien § 7 keine Anwendung findet. Der BGH begründet dies damit, dass die Übernahme einer Baukostengarantie keine Grundleistung sei.

III. Sachverhalte außerhalb des Anwendungsbereiches

3 § 7 findet in den Bereichen keine Anwendung, in denen eine freie Honorarvereinbarung zulässig ist. Dies gilt insbesondere für die Fälle, in denen die anrechenbaren Kosten **außerhalb der Honorartafeln** liegen, d.h. beim Gebäudeplaner unter 25.000 € und über 25 Mio. €. Das Honorar ist dann frei vereinbar.

4 Ebenfalls frei vereinbar ist das Honorar für die **Besonderen Leistungen** (vgl. § 3 Abs. 3 S. 3).

Die Honorare für **Beratungsleistungen** der Anlage 1 sind gleichfalls frei vereinbar, da sie gem. § 3 Abs. 1 S. 2 ausdrücklich nicht mehr verbindlich geregelt sind. 5

Die Vorschrift findet auch keine Anwendung für Leistungen der Architekten/Ingenieure, die im Rahmen eines **Arbeitsverhältnisses bzw. eines freien Mitarbeiterverhältnisses** erbracht werden, das arbeitnehmerähnlich ausgestaltet ist. Maßgebliches Kriterium hierbei ist das Weisungsrecht des Auftraggebers. 6

Auch nicht erfasst sind Leistungen, die aufgrund eines **gesellschaftsvertraglichen Verhältnisses** erbracht werden. Hierfür ist ausreichend, dass die Leistungen im Hinblick auf eine erst noch zu gründende bzw. zu vereinbarende Gesellschaft erbracht werden. Die Erbringung gesellschaftsrechtlicher Beiträge unterfällt – unabhängig von der Rechtsnatur der Gesellschaft – nicht der HOAI. Dies gilt insbesondere für das Innenverhältnis einer Planungsarbeitsgemeinschaft (ARGE). 7

IV. Sinn und Zweck der Vorschrift

§ 7 Abs. 1 stellt den Grundsatz auf, dass sich das Honorar nach der Honorarvereinbarung der Vertragsparteien richtet. Da es sich bei der HOAI ganz allgemein um **öffentliches Preisrecht** handelt, dient die Vorschrift im Wesentlichen dazu, die **Preisgrenzen der HOAI** durchzusetzen. Dies geschieht durch die drei Kriterien des § 7 Abs. 1: 8

- schriftlich,
- bei Auftragserteilung,
- im Rahmen der Mindest- und Höchstsätze.

Alle drei Voraussetzungen müssen **kumulativ** vorliegen. Fehlt eine der Voraussetzungen, so liegt eine wirksame Honorarvereinbarung nicht vor mit der Folge, dass sich das Honorar nicht nach der Honorarvereinbarung der Parteien richtet, sondern ausschließlich nach den Grundsätzen der HOAI (insbesondere dem Mindestsatz). 9

§ 7 Abs. 1 ist für die Bau- und Rechtspraxis der Dreh- und Angelpunkt. Die meisten Honorarvereinbarungen der Parteien scheitern an dem Fehlen einer dieser drei in der Honorarordnung vorgegebenen Voraussetzungen. Abs. 5 enthält die Rechtsfolge, wenn die Voraussetzungen des Abs. 1 nicht eingehalten sind. Danach gelten die jeweiligen **Mindestsätze** als vereinbart (unwiderlegliche Vermutung), wenn bei Auftragserteilung nicht etwas anderes schriftlich vereinbart wurde. Durch die Kombination dieser beiden Vorschriften setzt der Gesetzgeber den Mindestpreischarakter der HOAI formal und auch in der Rechtspraxis durch. 10

V. Architekten-/Ingenieurvertrag – Honorarvereinbarung

Zwischen dem Architekten-/Ingenieurvertrag einerseits und der Honorarvereinbarung andererseits ist strikt und grundsätzlich streng zu unterscheiden. Der Architekten-/Ingenieurvertrag ist die nur nach dem BGB zu beurteilende vertragliche Grundlage der Parteien. Ihm wesentlich („essentialia negotii") ist die Festlegung der Vertragsparteien, des Leistungsumfangs (einschließlich der näheren Ausgestaltung) sowie der Entgeltlichkeit der Leistungen. Diese Fragen sind grundsätzlich und ausschließlich im BGB und nicht in der HOAI geregelt. In der „Honorarvereinbarung" des § 7 Abs. 1 legen die Parteien die Honorarparameter bzw. das Honorar für die im Architekten-/Ingenieurvertrag bestimmten Leistungen fest. Die **Unterscheidung** zwischen dem **Architekten-/Ingenieurvertrag** und der Honorarvereinbarung ist gerade wegen der Voraussetzungen des § 7 Abs. 1 wesentlich: Diese Voraussetzungen gelten nur für die **Honorarvereinbarung**, 11 nicht jedoch für den Architekten-/Ingenieurvertrag. Dessen Voraussetzungen bestimmen sich ausschließlich nach dem BGB.

12 Der Architekten-/Ingenieurvertrag ist (nur in Teilbereichen bestritten) ein **Werkvertrag** i.S.v. § 631 Abs. 1 BGB. Dies deswegen, weil der Architekt/Ingenieur einen Erfolg schuldet. Dessen Beschreibung und Festlegung erfolgt durch die Parteien im Rahmen des Abschlusses des Architekten-/Ingenieurvertrages.

13 Dagegen regelt die HOAI die Leistungspflicht und den Leistungsumfang des Architekten/Ingenieur gerade nicht. Allerdings können die Parteien zur Beschreibung der Leistungspflicht und des vom Auftragnehmer herbeizuführenden Erfolges auf die in der HOAI beschriebenen Leistungen **Bezug nehmen**. Die Bezugnahme auf die jeweiligen Leistungsphasen bzw. der in ihnen enthaltenen einzelnen Grundleistungen führt im Regelfall dazu, dass **die einzelnen Grundleistungen der Leistungsphasen** als **(Teil-) Erfolg vom Auftragnehmer geschuldet** werden. Der BGH gelangt zu diesem Ergebnis durch die Auslegung des Architektenvertrages nach §§ 133, 157 BGB. Er merkt hierbei an, dass eine an den Leistungsphasen der HOAI orientierte vertragliche Vereinbarung im Regelfall die Pflicht des Architekten begründe, *„die vereinbarten Arbeitsschritte als Teilerfolg des geschuldeten Gesamterfolges“* zu erbringen.[1]

14 Im Gegensatz zur Honorarvereinbarung ist der Architekten-/Ingenieurvertrag selbst grundsätzlich **formfrei wirksam**. Er kann schriftlich, mündlich oder auch konkludent abgeschlossen werden. Das Merkmal „bei Auftragserteilung“ in § 7 Abs. 1 bezieht sich auf diesen Architekten-/Ingenieurvertrag. Schon aus diesem Grunde ist der Zeitpunkt des Abschlusses des Architektenvertrages wesentlich auch für die Frage der Wirksamkeit der Honorarvereinbarung.

15 Die Frage, **ob** dem Auftragnehmer überhaupt für seine Leistungen **eine Vergütung zustehen soll**, ist **ausschließlich im BGB** und nicht in der HOAI geregelt. Die **HOAI ist reines Preisrecht**. Es stellt sich im Einzelfall die Frage, ob die vom Architekten/Ingenieur erbrachten Leistungen aufgrund eines die Vergütungspflicht begründenden und insoweit eine Willensübereinstimmung der Parteien voraussetzenden **Vertrages** erfolgte oder im Rahmen der **„honorarfreien“ Akquisitionstätigkeit**. Diese Akquisitionsleistungen des Architekten erfolgen also noch nicht aufgrund eines abgeschlossenen Vertrages, sondern in Erwartung des Abschlusses eines solchen. Der Auftragnehmer hat demgemäß auch die Darlegungs- und Beweislast für den Abschluss des Architekten-/Ingenieurvertrages, der Auftraggeber dagegen für seine Behauptung der Unentgeltlichkeit der Leistungen (zur Frage der Entgeltlichkeit vgl. auch § 632 Abs. 1 BGB).

B. Honorarvereinbarung (§ 7 Abs. 1 und 2)

I. Wirksamkeitsvoraussetzungen der Honorarvereinbarung

16 **1. „Bei Auftragserteilung“.** Der Zweck dieses Merkmals liegt in der Klarstellungs- und Schutzfunktion zugunsten des Auftraggebers. Zudem sollen nachträgliche Streitigkeiten über Einzelheiten und Höhe des Honorars vermieden werden.

17 Aufgrund dieses Zwecks ergibt sich auch die von der herrschenden Meinung favorisierte **enge Auslegung**. Dies hat zur Konsequenz, dass Honorarvereinbarungen nur dann „bei Auftragserteilung“ geschlossen sind, wenn sie gleichzeitig mit dem Architekten-/Ingenieurvertrag oder vor diesem abgeschlossen wurden. Ein „enger zeitlicher Zu-

1 BGH, Urt. v. 24.6.2004 – VII ZR 259/02 –: Betrifft die „Zusammenstellung der Vorplanungsergebnisse“; BGH, Urt. v. 11.11.2004 – VII ZR 28/03 –: Betrifft die Kostenermittlungen; BGH, Urt. v. 28.7.2011 – VII ZR 65/10 –: Betrifft das „Führen eines Bautagebuches“.

sammenhang mit der Auftragserteilung" ist hiernach nicht ausreichend. An diesem Punkt scheitern in der Praxis nicht wenige Honorarvereinbarungen.

Den Auftragnehmer trifft grundsätzlich die **Darlegungs- und Beweislast** für das Vorliegen dieses Tatbestandsmerkmals. Macht der Auftragnehmer ein Honorar über dem Mindestsatz geltend, so hat er die Rechtzeitigkeit der Honorarvereinbarung substanziiert vorzutragen. Gelingt ihm dies nicht, so darf ihm das Gericht ein über den Mindestsätzen liegendes Honorar nicht zusprechen. Trägt der Auftragnehmer substanziiert vor, so reicht ein bloßes Bestreiten aufseiten des Auftraggebers nicht, um in die Beweisphase zu gelangen. Bestreitet der Auftraggeber substanziiert, so ist es Sache des beweisbelasteten Auftragnehmers, für seine Behauptungen Beweise anzubieten. 18

Erbringt der Auftragnehmer bereits **vor Abschluss der Honorarvereinbarung Leistungen**, so genügt dies allein noch nicht für die Annahme, die Honorarvereinbarung sei erst nach Auftragserteilung erfolgt. Das **bloße Erbringen** von Leistungen durch den Auftragnehmer lässt **nicht den Rückschluss** auf einen zwischen ihm und dem Auftraggeber abgeschlossenen Architektenvertrag zu. Notwendig für den Vertragsschluss sind **zwei inhaltlich übereinstimmende Willenserklärungen** der beiden Parteien, die **schriftlich, mündlich** oder auch **konkludent** (durch schlüssiges Verhalten, insbesondere durch Verwendung der Leistungen) abgegeben werden können. Erbringt der Auftragnehmer Leistungen, so kann es sich hierbei auch – noch – um **Akquisition** handeln, also um Leistungen, die erst in Erwartung des (späteren) Abschlusses eines Architektenvertrages erfolgen. Die Abgrenzung zwischen honorarfreien Akquisitionsleistungen des Auftragnehmers und solchen Leistungen, die schon aufgrund einer Auftragserteilung erfolgen, ist in der Praxis äußerst schwierig und kann nur im Einzelfall entschieden werden.[2] Handelt es sich bei den vom Auftragnehmer erbrachten Leistungen noch um Akquisition, so erfolgt der Vertragsschluss hinsichtlich des Architektenvertrages erst später mit der Folge, dass auch erst zu diesem Zeitpunkt die Honorarvereinbarung für die Einhaltung der Schriftform abgeschlossen sein muss. 19

Erbringt der Auftragnehmer Leistungen **vor Abschluss** des Architektenvertrages, die **nicht unter den sachlichen Anwendungsbereich** der HOAI fallen, so braucht die Honorarvereinbarung auch erst mit Abschluss des eigentlichen Architektenvertrages zu erfolgen. Als derartige Leistungen kommen insbesondere solche im Zusammenhang mit dem Erwerb des Baugrundstücks oder Besondere Leistungen – klassisch die Bestandsaufnahme oder die Bauvoranfrage – in Betracht. 20

Auch im Fall der **stufenweisen Beauftragung** ist der Zeitpunkt der Einigung der Parteien über den jeweiligen Leistungsumfang i.S.v. § 631 BGB maßgeblich. Gerade durch die öffentliche Hand als Auftraggeberin werden Architekten nicht von Anfang an mit allen Leistungsphasen beauftragt, sondern sukzessive – „stufenweise". Im Regelfall werden von Beginn an dem Architekten die Leistungen der Leistungsphasen 1 bis 4 übertragen, oft auch nur Leistungsphasen 1 und 2 oder 1 bis 3. Hinsichtlich der übrigen Leistungsphasen werden sodann einzelne zu bestimmten „Stufen" zusammengefasst. Anzahl und Umfang der Stufen ist hierbei der freien Vereinbarung der Parteien zugänglich. Sind sich die Parteien bei Übertragung der Leistungen **der ersten Stufe** darüber einig, dass der Auftraggeber berechtigt sein soll, dem Auftragnehmer durch einseitigen (ggf. schriftlichen) Abruf weitere Stufen – ganz oder teilweise – zu übertragen und der Auftragnehmer ohne weitere Erklärung seinerseits verpflichtet sein soll, diese Leistungen dann auch zu erbringen, so schließen die Parteien zunächst nur über die erste Stufe einen Architektenvertrag i.S.v. § 631 Abs. 1 BGB. Wird gleichzeitig die Honorarvereinba- 21

2 BGH, Urt. v. 9.4.1987 – VII ZR 266/86 – NJW 1987, 2742.

rung des § 7 Abs. 1 in diesem Vertragstext getroffen, so ist diese Vereinbarung im Bezug auf die erste Stufe „bei Auftragserteilung“ erfolgt.

22 Hinsichtlich der **weiteren Stufen** liegt bereits ein den Auftragnehmer bindendes Angebot i.S.v. § 145 BGB in Bezug auf die weiteren Verträge (= weiteren Stufen) i.S.v. § 631 Abs. 1 BGB vor. Ruft der Auftraggeber später eine oder mehrere weitere Stufen ab, so kommt der Vertrag nach § 631 BGB erst mit Wirksamwerden dieser Abruferklärung, also mit Zugang beim Auftragnehmer (§ 130 Abs. 1 BGB), zustande.[3] Dies gilt problemlos dann, wenn der Auftragnehmer durch schriftliche Erklärung spätere Stufen abruft. Ist zwischen den Parteien der schriftliche Abruf vereinbart, so hindert auch der mündliche Abruf durch den Auftraggeber das wirksame Zustandekommen des Architektenvertrages nicht. Denn die Parteien haben es stets in der Hand, konkludent die vereinbarte Schriftform hinsichtlich der Ausübung des Optionsrechts des Auftraggebers abzubedingen. Von einer derartigen konkludenten Abrede ist in der Regel auszugehen.[4]

23 Die Honorarvereinbarung, die in der schriftlichen Beauftragung der ersten Stufe zwischen den Parteien abgeschlossen wurde, ist auch hinsichtlich der weiteren, erst noch durch den Auftraggeber abzurufenden Stufen „bei Auftragserteilung“ vereinbart. Die Honorarvereinbarung hinsichtlich der weiteren Stufen steht unter der aufschiebenden Bedingung, dass die in Aussicht genommenen weiteren Leistungen tatsächlich in Auftrag gegeben werden, es also zum Vertragsschluss kommt. Die Bedingung tritt also mit Beauftragung der weiteren Stufe ein. Die Honorarvereinbarung wird deswegen gem. § 158 Abs. 1 BGB mit Abruf der weiteren Stufe durch den Auftraggeber wirksam. Da dieser Abruf gleichzeitig zum Vertragsschluss i.S.v. § 631 Abs. 1 BGB für die weitere Stufe führt, fallen der Zeitpunkt der Beauftragung nach § 631 BGB und der Zeitpunkt der Wirksamkeit der Honorarvereinbarung zusammen; es liegt damit eine wirksame Honorarvereinbarung vor.

24 Konstruktiv ähnlich sind die Fälle zu lösen, die oftmals unter dem Stichwort **„Distanz“** zusammengefasst werden. Haben sich die Parteien über den Leistungsumfang und weitere Vertragsmodalitäten geeinigt und ist nur einer von ihnen der Auffassung, dass über Art und Höhe des Honorars noch verhandelt werden müsse, so liegt noch keine endgültige Einigung i.S.v. § 631 Abs. 1 BGB vor. Dies gilt selbst dann, wenn der Architekt bereits vor der Einigung über das Honorar Leistungen erbringt. Dies folgt schon aus dem Wortlaut des § 154 Abs. 1 BGB.

25 Sind sich die Parteien darüber **einig** – eine konkludent erklärte Willensübereinstimmung genügt –, dass der **Architektenvertrag schriftlich abgefasst und niedergelegt werden soll**, so stellt sich stets die Frage, ob die Einhaltung der **Schriftform** nur deklaratorischen Charakter hat oder ob die Schriftform Wirksamkeitsvoraussetzung für den Architektenvertrag ist, also konstitutiven Charakter hat. Soll der Vertrag nur zu Beweiszwecken schriftlich niedergelegt werden, so hat die Schriftform nur **deklaratorischen Charakter** mit der Folge, dass bereits ein mündlich abgeschlossener Architektenvertrag als solcher wirksam ist. Die Honorarvereinbarung hat deswegen bereits zu diesem Zeitpunkt vorzuliegen. Wird sie erst mit der schriftlichen Niederlegung getroffen, so ist dies zu spät und damit nicht „bei Auftragserteilung“. **Im Zweifel** ist jedoch davon auszugehen, dass die vereinbarte Schriftform Wirksamkeitsvoraussetzung (also **konstitutiv**) für den Architektenvertrag ist mit der Folge, dass er erst mit Wirksamwerden der letzten schriftlichen Erklärung wirksam abgeschlossen ist. Für die Honorarvereinbarung bedeutet dies, dass sie auch erst zu diesem Zeitpunkt vorzuliegen braucht. In diesem Fall

3 BGH, Urt. v. 18.12.2014 – VII ZR 350/13 – über die Geltung der jeweils anzuwendenden HOAI-Fassung beim Stufenvertrag (in Bezug auf den Zeitpunkt des Abrufs der jeweiligen Stufe).

4 BGH, Urt. v. 27.11.2008 – VII ZR 211/07 –.

werden Architektenvertrag und Honorarvereinbarung gleichzeitig unterzeichnet. Damit liegt das Merkmal „bei Auftragserteilung“ vor.

Nach der Rechtsprechung des BGH[5] können wirksam getroffene Honorarvereinbarungen – bei **unverändertem Leistungsziel** – **vor Beendigung der Tätigkeit** des Architekten **nicht wirksam abgeändert** werden. Dies lässt den Rückschluss zu: Bei **Veränderung des Leistungsziels** kann eine wirksam getroffene Honorarvereinbarung **auch vor Beendigung** der Leistungen **wirksam abgeändert werden**. Fraglich und nur im Einzelfall zu entscheiden ist, wann eine „Änderung des Leistungsziels“ vorliegt. Rechtsprechung und Literatur haben dazu keine abstrakte Umschreibung der Problematik gefunden. Vielmehr werden nur Beispielsfälle aufgezählt. 26

Ein **geändertes Leistungsziel** liegt unstreitig dann vor, wenn das Objekt selbst geändert wird (beispielsweise Mehrfamilienhaus statt Einfamilienhaus), aber auch schon bei wesentlichen Veränderungen des Objektes selbst (beispielsweise Umbau statt Anbau, Umbau statt Instandsetzung, weitere Gebäude oder Geschosse). 27

Eine Änderung des Leistungsziels liegt auch vor, wenn zusätzliche Untersuchungen oder Planungen aus anderen Bereichen notwendig werden. Dies gilt beispielsweise für das Erfordernis der Prüfung der Tragfähigkeit von Decken und Wänden. Gleiches gilt auch, wenn veränderte Nutzungswünsche des Auftraggebers dazu führen, dass erhebliche planerische Änderungen vorgenommen werden müssen, beispielsweise zusätzliche/andere Belüftungsmaßnahmen, Abdichtungen etc. 28

Liegt eine Änderung des Leistungsziels vor, so kann bei Vereinbarung dieser veränderten Leistungen durch die Vertragsparteien für diese Änderungen auch eine Honorarvereinbarung „bei Auftragserteilung“ wirksam vereinbart werden. Für die **bereits erbrachten Leistungen** muss dagegen **nach der ursprünglich geschlossenen Honorarvereinbarung** bzw. dem fiktiven Mindestsatz abgerechnet werden. Es liegen dann zwei Architektenverträge und zwei Honorarvereinbarungen vor: Die Änderung des Leistungsziels erfordert also einen neuen (weiteren) Architektenvertrag, für dessen Honorierung eine neue Honorarvereinbarung wirksam getroffen werden kann. 29

2. „Schriftlich“. § 7 Abs. 1 verlangt ausdrücklich zur Wirksamkeit einer von den Mindestsätzen abweichenden Honorarvereinbarung deren Schriftlichkeit. Klarzustellen ist, dass sich dieses **Schriftlichkeitsgebot ausschließlich auf die Honorarvereinbarung** aber **nicht auf den Architektenvertrag** bezieht: Der **Architektenvertrag kann formlos** geschlossen werden. Ist die Honorarvereinbarung mangels Schriftform unwirksam, so bleibt der Architektenvertrag dennoch wirksam. 30

Der Formzweck liegt in der Beweissicherung betreffend den Abschluss der Honorarvereinbarung und ihres Inhalts sowie in dem Schutz in erster Linie des Auftraggebers. 31

Nachdem die HOAI selbst eine Definition der Schriftlichkeit nicht aufstellt, ist auf § 126 BGB zurückzugreifen. Grundsätzlich erfordert diese Vorschrift, dass die Vertragsparteien die Honorarvereinbarung **eigenhändig unterschreiben**. Hierzu ist die **Urkunde** – im Grundsatz nur eine einzige – **von beiden Vertragsparteien** oder ihren Vertretern **eigenhändig durch Namensunterschrift** oder mittels notariell beglaubigtem Handzeichen **zu unterzeichnen**. Die notarielle Beurkundung ersetzt hierbei die Schriftform, § 126 Abs. 4 BGB. Werden mehrere gleichlautende Vertragsurkunden erstellt, so ist es ausreichend, wenn **jede Partei die für die andere Partei bestimmte Urkunde unterzeichnet**, § 126 Abs. 2 S. 2 BGB. 32

5 BGH, Urt. v. 21.1.1988 – VII ZR 239/88 –.

33 Notwendig ist aber die Wahrung der Urkundeneinheit. Besteht die Vertragsurkunde aus **mehreren einzelnen Blättern**, so ist grundsätzlich eine **feste körperliche Verbindung** dieser Blätter zur Wahrung der Urkundeneinheit erforderlich. Der BGH lässt es aber auch ausreichen, wenn diese Einheit durch Paginierung, fortlaufende Paragraphenzählung, Paraphierung der einzelnen Blätter, inhaltlichen Zusammenhang oder sonstige Merkmale gewährleistet ist.[6] Diese Rechtsprechung kommt zwar der Rechtspraxis entgegen, führt aber zur Aufweichung des Grundsatzes und damit in weiten Bereichen zu Rechtsunsicherheit, was –naturgemäß – Rechtstreitigkeiten provoziert.

34 Die Schriftform ist durch das **kaufmännische Bestätigungsschreiben** nicht eingehalten: Bestätigt die eine Partei der anderen die Ergebnisse einer mündlichen Besprechung und des dort vollzogenen mündlichen Vertragsschlusses, so reicht die einseitige Auftragsbestätigung durch ein kaufmännisches Bestätigungsschreiben nicht.[7] Macht der eine Vertragspartner dem anderen ein schriftliches Angebot und wird die Annahmeerklärung des anderen Teils schriftlich auf einem unterschiedlichen Schriftstück abgegeben, so genügt dies nicht dem Schriftlichkeitsgebot.[8]

35 Erstellt der eine Vertragspartner eine schriftliche, von ihm unterzeichnete Vertragsurkunde und schickt diese per **Fax** an den anderen Vertragspartner, so genügt dieser dem Schriftlichkeitsgebot nach herrschender Meinung dann, wenn er das erhaltene Fax unterzeichnet und an den Anbietenden zurückschickt.[9] Allerdings genügen auch hier zwei Unterschriften auf unterschiedlichen Schriftstücken nicht der Schriftform. Die Auffassung, dass ein Telefax der Schriftform genüge, ist jedoch wegen § 126 BGB bedenklich, da es sich bei einem Telefax gerade um kein Original, sondern nur um eine (Fern-)Kopie handelt. Vor diesem Hintergrund ist Vertragsparteien, insbesondere Architekten dringend zu empfehlen, auf die **Übergabe des Originals** zu bestehen und dieses sich unterschreiben zu lassen. So muss gem. § 126 Abs. 2 S. 2 BGB jeder Vertragsteil das für den anderen bestimmte Vertragsexemplar unterschreiben, sodass auch dieses Original dem Vertragspartner übergeben werden muss.

36 Wurde eine wirksame schriftliche Vereinbarung getroffen, so setzt die **Übernahme des Architektenvertrages** durch einen Dritten nicht nochmals eine schriftliche Vereinbarung voraus.[10]

37 Macht der Architekt ein Honorar geltend, das nicht den Mindestsätzen entspricht, so hat er im Rechtstreit eine wirksame schriftliche Honorarvereinbarung schlüssig vorzutragen. Die **Darlegungslast** – ebenso wie die daraus folgende **Beweislast** – obliegt dem **Architekten.**[11]

38 **3. „Im Rahmen der durch diese Verordnung festgesetzten Mindest- und Höchstsätze“.** Den Parteien steht eine Honorarvereinbarungsmöglichkeit nur im Rahmen der Mindest- und Höchstsätze der HOAI zu. Eine Ausnahme für die Mindestsatzunterschreitung ist in § 7 Abs. 3 und die Möglichkeit einer Höchstsatzüberschreitung in § 7 Abs. 4 geregelt. Die Unterschreitung der Mindestsätze durch die Honorarvereinbarung ist in der gerichtlichen Praxis der wichtigste Fall.

---

6 BGH, Urt. v. 30.6.1999 – XII ZR 55/97 –.
7 BGH, Urt. v. 24.11.1988 – VII ZR 313/87 – BauR 1989, 222.
8 BGH, Urt. v. 28.10.1993 – VII ZR 192/92 – BauR 1994, 131.
9 Locher/Koeble/Frik/*Koeble*, § 7 Rn 50; Korbion/Mantscheff/Vygen/*Vygen*, 6. Aufl. 2004, § 4 HOAI 2002 Rn 11.
10 BGH, Urt. v. 16.12.1999 – VII ZR 392/96 – BauR 2000, 592.
11 BGH, Urt. v. 24.11.1988 – VII ZR 313/87 –.

Ob der **Mindestsatz unterschritten ist**, ist an einer zutreffenden, hypothetischen Honorarberechnung entsprechend der HOAI zu ermitteln. Durch welche einzelnen Parameter es letztlich zu einer Unterschreitung des Mindestsatzes kommt, ist hierbei unerheblich. Dementsprechend kommt hierfür eine Vielzahl von Faktoren in Betracht. Diese sind beispielsweise: 39
- die Gewährung eines Nachlasses (unabhängig davon, ob als fixer Betrag oder als Prozentsatz des vereinbarten Honorars oder des Mindestsatzes);
- die Vereinbarung eines Skontos bei Zahlung des Honorars innerhalb bestimmter Frist;
- die Vereinbarung eines Pauschalhonorars;
- die Vereinbarung über die Berechnung der anrechenbaren Kosten, die der Honorarberechnung zugrunde zu legen ist;
- die Vereinbarung über die Einordnung des Objekts in eine bestimmte, zu niedrige Honorarzone (Ausnahme: Die Parteien bewegen sich hierbei im Rahmen des ihnen von der Rechtsprechung eingeräumten Beurteilungsspielraumes).[12]

Umstände, die bei der Prüfung der Frage der Mindestsatzunterschreitung **nicht berücksichtigt** werden, sind: 40
- Vereinbarung eines Umbauzuschlags;[13]
- Übernahme Besonderer Leistungen, ohne dass die Parteien hierfür eine Honorarvereinbarung getroffen hätten;
- Leistungen im Rahmen eines Architektenwettbewerbs;
- Leistungen, deren anrechenbare Kosten außerhalb der Honorartafeln liegen.[14]

Auch eine **Überschreitung der Höchstsätze** kann durch die unterschiedlichsten Faktoren, wie sie im Rahmen der Mindestsatzunterschreitung angeführt sind, verursacht werden. Auch hier ist der Höchstsatz durch eine hypothetische Vergleichsberechnung nach den Grundlagen der HOAI zu ermitteln. 41

Eine Unterschreitung der Mindestsätze bzw. Überschreitung der Höchstsätze liegt **nicht** schon dann vor, wenn die Parteien in ihrer Honorarvereinbarung **einzelne Honorarparameter** im Vergleich zu denen der HOAI abgeändert haben. Eine Mindestsatzunterschreitung bzw. Höchstsatzüberschreitung kommt dagegen vielmehr erst in Betracht, wenn die **gesamte vertragliche Vereinbarung** bei der Berechnung der Höhe des Honorars berücksichtigt wird. Diese Gesamthöhe des Honorars muss nach der Honorarvereinbarung insgesamt berechnet und dem zutreffend nach der HOAI berechneten Mindestsatzhonorar gegenübergestellt werden.[15] Es ist also eine **„Gesamtbetrachtung"** der Bestandteile der Honorarvereinbarung vorzunehmen und nicht auf einzelne Parameter der Honorarvereinbarung abzustellen, die ggf. deutlich von denjenigen der HOAI abweichen.[16] 42

II. Rechtsfolgen bei Fehlen der Wirksamkeitsvoraussetzungen

Zur eindeutigen Klarstellung ist nochmals festzuhalten, dass eine Honorarvereinbarung der Parteien **nur** unter den in § 7 Abs. 1 genannten Voraussetzungen **wirksam** ist: 43

12 BGH, Urt. v. 13.11.2003 – VII ZR 362/02 –.
13 BGH, Urt. v. 27.11.2008 – VII ZR 211/07 –.
14 BGH, Urt. v. 8.3.2012 – VII ZR 195/09 –.
15 BGH, Urt. v. 16.12.2004 – VII ZR 16/03 –.
16 Locher/Koeble/Frik/*Koeble*, § 7 Rn 101.

schriftlich, bei Auftragserteilung, im Rahmen der durch die HOAI festgesetzten Mindest- und Höchstsätze. Liegen diese Voraussetzungen kumulativ vor, so dürfen die Parteien völlig losgelöst von den Berechnungsgrundlagen der HOAI das Honorar vereinbaren. Dies gilt insbesondere für die Vereinbarung eines Stundenhonorars.[17] So kann beispielsweise ein gesamtes Bauvorhaben auch auf Stundenbasis abgerechnet werden, wenn das am Ende angefallene Honorar zwischen Mindest- und Höchstsatz liegt, was durch eine Vergleichsberechnung (aus ex post-Sicht) zu ermitteln ist.[18]

44 Liegt dagegen eine der Voraussetzungen des § 7 Abs. 1 nicht vor, stellt sich die Frage nach den Rechtsfolgen.

45 **1. Nicht „schriftlich".** Die Einhaltung der Schriftform ist Wirksamkeitsvoraussetzung für die Honorarvereinbarung. Ermangelt es der Honorarvereinbarung an der Schriftform, so ist sie gem. § 125 S. 1 BGB nichtig und unwirksam. Die in § 7 Abs. 1 genannte ist eine „durch Gesetz" angeordnete Schriftform, da es sich bei der HOAI um eine materielle Rechtsnorm handelt. Eine solche genügt für die Anwendung des § 125 BGB (gem. Art. 2 EGBGB). Dem Architekten steht bei Nichteinhaltung dieser Schriftform nur ein Honorar entsprechend den Mindestsätzen der HOAI zu, § 7 Abs. 5.

46 Haben die Parteien die Honorarvereinbarung und den Architektenvertrag im Rahmen derselben Urkunde geschlossen, so bleibt der Architektenvertrag trotz § 139 BGB, der den Grundsatz der Gesamtnichtigkeit normiert, wirksam, da in der Regel davon auszugehen ist, dass die Parteien diesen Vertrag auch ohne die unwirksame Honorarvereinbarung geschlossen hätten.

47 Jeder Vertragspartei kann das **Berufen auf die fehlende Schriftform** nach Treu und Glauben (§ 242 BGB) **im Ausnahmefall verboten** sein. Zu dieser Frage existiert im Wesentlichen nur Rechtsprechung der Landes- und Obergerichte, da es sich stets um Ausnahmefälle und Einzelfälle handelt. Die Formulierungen, unter denen eine Berufung auf § 242 zugelassen (bzw. in der Regel gerade nicht zugelassen) wird, weichen nur in Nuancen und in der Wortwahl voneinander ab.

48 Ausgangspunkt hierbei ist stets, dass eine **Durchbrechung der Formnichtigkeit**, um dem Einzelfall gerecht zu werden, nur dann geboten ist, wenn die Unwirksamkeit des formnichtigen Vertrages für die betreffende Partei ein **schlechthin untragbares Ergebnis** auslöst. Das Gebot der Rechtssicherheit bedeutet, dass bloße Billigkeitserwägungen nicht zu einer Aushebelung des gesetzlichen Formgebotes führen dürfen. Ausnahmen sind deswegen nur in ganz besonders gelagerten Fällen zulässig.

49 Ein Ausnahmefall kommt dann in Betracht, wenn es nach den zwischen den Vertragsparteien bestehenden Beziehungen und den Gesamtumständen mit Treu und Glauben völlig unvereinbar wäre, die vertragliche Abrede an einem Formmangel scheitern zu lassen. Hierfür genügt jedoch der Umstand, dass die Folgen der Unwirksamkeit für die betroffene Vertragspartei „nur hart" sind, noch nicht; sie müssen darüber hinausgehend **schlechthin als „untragbar"** erscheinen.

50 Dies dürfte – auch nach allgemeinen Regeln – zumindest dann der Fall sein, wenn die eine Partei die andere arglistig von der Einhaltung der Form abgehalten hat, um sich im Nachhinein auf den Formmangel zu berufen.

51 Ein weiterer Ausnahmefall kommt darüber hinaus in Betracht, wenn durch die Unwirksamkeit der Honorarvereinbarung die wirtschaftliche Existenz einer Partei, die gut-

17 BGH, Urt. v. 17.4.2009 – VII ZR 164/07 –.
18 BGH, Urt. v. 17.4.2009 – VII ZR 164/07 – BGHZ 180, 235.

gläubig auf die Wirksamkeit des Rechtsgeschäfts vertraut hat, gefährdet oder vernichtet wird.

Schon allein die Aufzählung dieser allgemeinen Kriterien zeigt, dass eine Berufung auf dem Formmangel nicht schon dann treuwidrig ist, wenn die von der Rechtsprechung entwickelten Voraussetzungen zum Verbot der Berufung auf die Mindestsatzunterschreitung vorliegen. 52

Zu erwähnen bleibt noch, dass schon nach allgemeinen Voraussetzungen das Berufen auf den Formmangel nur dann an § 242 BGB zu messen ist, wenn das Rechtsgeschäft – die Honorarvereinbarung – im Übrigen wirksam ist. Dies bedeutet, dass die übrigen Wirksamkeitsvoraussetzungen des § 7 Abs. 1 für die Honorarvereinbarung erfüllt sein müssen, wenn überhaupt der Anwendungsbereich des § 242 BGB für den Fall der möglichen Unwirksamkeit des Berufens auf die Formnichtigkeit eröffnet sein soll. Es darf also nicht auch noch an einer weiteren Voraussetzung des § 7 Abs. 1 fehlen. Fehlt neben der Schriftform eine weitere Voraussetzung, ist § 242 BGB nicht anwendbar. 53

2. Nicht „bei Auftragserteilung". Dieses Tatbestandsmerkmal ist Wirksamkeitsvoraussetzung für die Honorarvereinbarung. Hieraus folgt, dass eine schriftliche Honorarvereinbarung, die erst **nach** wirksamem Abschluss eines – mündlichen oder konkludenten – Architektenvertrages erfolgt, **unwirksam** ist. 54

Eine bei Auftragserteilung versäumte Honorarvereinbarung kann nicht mehr nachgeholt werden.[19] Auch ein vor Beendigung der Architektentätigkeit abgeschlossener Vergleich der Parteien ist unwirksam.[20] Während die höchstrichterliche Rechtsprechung zu diesem Problembereich zurzeit noch eindeutig ist, werden in der Literatur teilweise differenzierte Lösungen vertreten. 55

Verlangt der Architekt ein über den Mindestsätzen liegendes Honorar, so trifft ihn die Darlegungs- und Beweislast dafür, dass die Honorarvereinbarung „bei Auftragserteilung" getroffen wurde. Da es sich um eine Wirksamkeitsvoraussetzung der Honorarvereinbarung handelt, gehört der Vortrag insoweit zur Schlüssigkeit des Klagevorbringens des Architekten, sodass ihn die Darlegungslast trifft. Im Rahmen der Beweislast spricht zu seinen Gunsten das Prinzip der Vollständigkeit und Richtigkeit der Vertragsurkunde. Dieser Grundsatz gilt auch für die Frage des Zeitpunkts des Wirksamwerdens der Erklärungen der Honorarvereinbarung. 56

Praxistipp
Falls der Architekt in der sog. **Akquisitionsphase** bereits **erhebliche Leistungen erbracht** hat und deshalb nicht mehr eindeutig ist, ob bereits ein (durch schlüssiges Handeln entstandenes) Vertragsverhältnis vorliegt, sollte das bisher eventuell bestehende Vertragsverhältnis im Einvernehmen mit dem Bauherrn **beendet** und das Honorar für die **bisher erbrachten Leistungen abgerechnet** werden. Sodann sollte ein **neuer Vertrag** für die **weiteren, noch nicht erbrachten Leistungen schriftlich** abgeschlossen werden. Hierbei kann für die weiteren, noch nicht erbrachten Leistungen dann eine von den Mindestsätzen abweichende Honorarvereinbarung geschlossen werden, weil diese Honorarvereinbarung **„bei Auftragserteilung" des zweiten Architektenvertrages** und somit rechtzeitig abgeschlossen wurde.

3. Unterschreitung der Mindestsätze. Unterschreitet das Honorar, das die Parteien in der Honorarvereinbarung vereinbart haben, die Mindestsätze, so verstößt diese Honorarvereinbarung gegen ein gesetzliches Verbot i.S.v. § 134 BGB und ist unwirksam. Da es sich bei der HOAI um öffentliches Preisrecht handelt und § 7 Abs. 1 nur eine Honorarver- 57

19 BGH, Urt. v. 6.5.1985 – VII ZR 320/84 –.
20 BGH, Urt. v. 9.7.1987 – VII ZR 282/86 –.

einbarung über den Mindestsätzen gestattet, ist die Norm ein Verbotsgesetz nach § 134 BGB. Ziel des Gesetzgebers ist es, Vereinbarungen, die der gesetzlichen Vorgabe nicht entsprechen, unwirksam zu machen. Auch hier gilt:

Praxistipp
Die Unwirksamkeit betrifft nur und ausschließlich die Honorarvereinbarung, nicht jedoch den Architektenvertrag. Für das Honorar wird dann nach § 7 Abs. 5 unwiderleglich vermutet, dass die Mindestsätze als zwischen den Parteien vereinbart gelten.

---

58 Im Prozess hat diejenige Partei die **Darlegungs- und** auch **Beweislast** für einen Verstoß der Honorarvereinbarung gegen die HOAI, die sich hierdurch auf eine für sie günstige Rechtsfolge beruft.[21] Verlangt der Architekt mit der Klage das Mindestsatzhonorar, obwohl das in der Honorarvereinbarung vereinbarte Honorar die Mindestsätze unterschreitet, so hat er die Höhe des Mindestsatzes darzulegen und ggf. zu beweisen. Dagegen bleibt es dem Architekten unbenommen, das die Mindestsätze unterschreitende Honorar gemäß Vereinbarung einzuklagen. In diesem Fall hat er nicht darzulegen und zu beweisen, dass die Vereinbarung nicht gegen die HOAI verstößt und unwirksam ist.[22]

59 In der gerichtlichen Praxis gibt es eine Vielzahl von Klagen auf Honorarzahlung, bei denen der Architekt behauptet, die Honorarvereinbarung verstoße gegen die Mindestsätze der HOAI und sei deswegen unwirksam, sodass er den Mindestsatz nach § 7 Abs. 5 verlangen könne. Hiergegen wird der typische Einwand des Auftraggebers geführt, dass der Architekt über § 242 BGB an die – unwirksame – die Mindestsätze unterschreitende Honorarvereinbarung gebunden sei.

60 Der **BGH bejaht** in seiner Grundsatzentscheidung vom 22.5.1997[23] **eine Bindung** des Architekten an eine unwirksame, den Mindestsatz unterschreitende Honorarvereinbarung und bejaht demzufolge die Möglichkeit des Auftraggebers, sich auf § 242 BGB zu berufen, nur dann, **wenn kumulativ fünf Voraussetzungen vorliegen:**

61 **a) Widersprüchliches Verhalten des Auftragnehmers.** Ein derartiges widersprüchliches Verhalten des Auftragnehmers ist in der Regel gegeben. Es liegt nur dann nicht vor, wenn besondere Umstände gegeben sind, die ein Abweichen von der Honorarvereinbarung rechtfertigen. Hat der Auftragnehmer selbst die unwirksame Vereinbarung vorgeschlagen und – in der Praxis oft üblich – das unter dem Mindestsatz liegende Honorar selbst berechnet, so liegt ein späteres widersprüchliches Verhalten des Auftragnehmers deutlich näher, als wenn der Auftraggeber das Honorar ermittelt und die Vereinbarung von sich aus vorschlägt. Auch Umstände, die sich nach Abschluss der Honorarvereinbarung verändert haben, können in diesem Zusammenhang bedeutsam werden. Dies gilt beispielsweise für Planungsänderungen, die Erhöhung der anrechenbaren Kosten oder eine unerwartete Verlängerung der Bauzeit.

62 Auf die Widersprüchlichkeit des Verhaltens des Auftragnehmers kann sich der Auftraggeber nicht berufen, wenn er selbst Einwände gegen die Honorarvereinbarung bringt, sich also **selbst widersprüchlich** verhält.[24]

63 Da die Geltendmachung des Mindestsatzhonorars schon per se ein widersprüchliches Verhalten gegenüber dem Abschluss der Honorarvereinbarung durch den Auftrag-

---

21 BGH, Urt. v. 13.9.2001 – VII ZR 380/00 –.
22 BGH, Urt. v. 13.9.2001 – VII ZR 380/00 –.
23 BGH, Urt. v. 22.5.1997 – VII ZR 290/95 – BGHZ 136, 1–11.
24 Locher/Koeble/Frik/*Koeble*, § 7 Rn 115.

nehmer darstellt, ist der **Auftragnehmer** für Umstände, die gegen eine Wertung als widersprüchliches Verhalten sprechen, **darlegungs- und beweispflichtig.**

b) Vertrauen des Auftraggebers auf die Wirksamkeit der Honorarvereinbarung. Maßgeblich hierfür sind sämtliche Umstände des einzelnen Falles, insbesondere solche im Zusammenhang mit dem Abschluss der Honorarvereinbarung. Derartiges Vertrauen des Auftraggebers wird aber nicht bereits durch den bloßen Abschluss der Honorarvereinbarung erweckt. Gleiches gilt für den Umstand, dass der Auftragnehmer den Auftrag – zunächst – nach der getroffenen, den Mindestsatz unterschreitenden Honorarvereinbarung abrechnet.[25] Derartiges Vertrauen des Auftraggebers kann aber dadurch entstehen, dass die Parteien in ständiger Geschäftsbeziehung bereits eine Vielzahl von Honorarvereinbarungen unter den Mindestsätzen abgeschlossen haben.[26] 64

Darlegungspflichtig hinsichtlich derartiger Umstände, die ein Vertrauen des Auftraggebers begründen, ist der **Auftraggeber** selbst. Ihn trifft insoweit die primäre **Darlegungslast.** Die gegen ein Vertrauen des Auftraggebers sprechenden Umstände hat im Rahmen einer sekundären Darlegungslast dann der Auftragnehmer vorzutragen. 65

c) Schutzwürdigkeit des Vertrauens des Auftraggebers. Dieses subjektive und gleichzeitig wertende Element ist dann problematisch, wenn der Auftraggeber das zwingende Preisrecht der HOAI kennt: Wie soll ein Auftraggeber Vertrauen in die Honorarvereinbarung entwickeln, wenn er die Unterschreitung des Mindestsatzes und die rechtliche Folge „Unwirksamkeit" kennt? Dies gilt insbesondere für Auftraggeber, die Wohnungsbauunternehmen, öffentliche Auftraggeber mit sachkundigen Abteilungen oder selbst Architekten und Ingenieure (in ihrem Verhältnis zum Subunternehmer) sind. 66

Allerdings hat der BGH in seinem Urteil vom 27.10.2011[27] dezidiert und eindeutig festgestellt, 67

„dass allein der Umstand, dass dem Auftraggeber das zwingende Preisrecht der Honorarordnung für Architekten und Ingenieure bekannt ist, nicht zwingend zu der Annahme führt, er habe kein schützenswertes Vertrauen darauf entwickeln dürfen, dass die Preisvereinbarung wirksam ist."

Derartiges schützenswertes Vertrauen eines solchen (fachkundigen) Auftraggebers kann sich nach dem BGH beispielsweise dann entwickeln, wenn der Auftraggeber eine vertretbare Rechtsauffassung einnimmt, die Preisvereinbarung sei wirksam, auch wenn diese Auffassung auf einem Rechtsirrtum beruht. Dass diese These in der Praxis von kundigen Parteivertretern schlüssig und substanziiert vorgetragen und oft nicht zu widerlegen sein wird, wird also den Anwendungsbereich des § 242 BGB nicht wirklich stringent beschränken. 68

Praxistipp

Der „private" Bauherr als Auftraggeber wird in der Regel HOAI-unkundig sein und somit eher schutzwürdig sein als professionelle Auftraggeber mit HOAI-Kenntnissen.

Inwieweit der Architekt im Rahmen von Vertragsverhandlungen mit einem derartigen Bauherrn diesen „bösgläubig" machen kann, sodass auch dieser Bauherr schutzwürdiges Vertrauen nicht entwickeln kann, ist höchstrichterlich noch nicht entschieden. 69

25 BGH, Urt. v. 27.10.2011 – VII ZR 163/10 –.
26 BGH, Urt. v. 27.10.2011 – VII ZR 163/10 –.
27 BGH, Urt. v. 27.10.2011 – VII ZR 163/10 –.

Denkbar wäre dies aber, wenn der Architekt den Bauherrn explizit und ausdrücklich darauf hinweist, dass das von ihm errechnete und zur Grundlage der Vereinbarung zu machende Honorar nicht wirksam vereinbart werden kann, da es den Mindestsatz der HOAI unterschreitet.

70 **d) Auftraggeber hat sich auf die Wirksamkeit der Honorarvereinbarung eingerichtet.** Dies kann insbesondere dann der Fall sein, wenn der Bauherr als Bauträger das vereinbarte Honorar in den Verkaufspreis des Gebäudes oder Teile davon oder deren Weiterverwertung durch Verpachtung oder Vermietung „eingepreist" hat.[28] Gleiches gilt für den „privaten Bauherrn", der das vereinbarte Honorar zur Grundlage seiner Baufinanzierung gemacht und darauf aufbauend bereits weitere Entscheidungen getroffen hat. Dies gilt außerdem für den privaten und den öffentlichen Bauherrn, soweit dieser das vereinbarte Honorar zur Grundlage für Förderanträge gemacht hat.[29] Darlegungs- und beweispflichtig für das Vorliegen dieser Umstände ist der Auftraggeber.

71 Diese Voraussetzungen entfallen nicht schon dadurch, dass der Auftraggeber ankündigt, er werde die Rechnung des Architekten rechtlich überprüfen lassen. Hat der Auftraggeber die Schlussrechnung des Architekten sofort zurückgewiesen, so kann dies gegen sein „Einrichten auf die Wirksamkeit der Honorarvereinbarung" sprechen. Inwieweit die Zahlung von Abschlagsrechnungen hierbei relevant und zu berücksichtigen ist, ist bislang höchstrichterlich noch nicht geklärt.

72 **e) Zahlung des Differenzbetrages ist dem Auftraggeber nicht zumutbar.** Einhellig wird davon ausgegangen, dass die Differenz zwischen dem zutreffenden Mindestsatzhonorar und dem vereinbarten Honorar maßgeblich ist. Wann die Zumutbarkeit gegenüber dem Auftraggeber fehlt, wird – naturgemäß – unterschiedlich beurteilt. Teilweise wird angenommen, dass auch Steigerungen bis zu 85% noch zumutbar seien.[30] Ein strikter Prozentsatz lässt sich jedoch nicht angeben. Abstrakt formuliert genügt es nicht, dass die Folgen für den Auftraggeber nur hart sind; sie müssen **„schlechthin untragbar"** sein.[31] Viel gewonnen wird allerdings durch diese Umschreibung nicht.

73 **4. Überschreitung der Höchstsätze.** Auch die Überschreitung von Höchstsätzen führt – wie bei der Unterschreitung der Mindestsätze – dazu, dass die Honorarvereinbarung gegen ein gesetzliches Verbot i.S.v. § 134 BGB verstößt. Damit ist die Honorarvereinbarung unwirksam. Dies gilt – wie bei der unzulässigen Mindestsatzunterschreitung – jedoch nur für die Honorarvereinbarung und nicht auch für den Architektenvertrag: Die Parteien haben in der Regel den Willen, den Architektenvertrag auch dann abzuschließen und durchzuführen, wenn die Honorarvereinbarung unwirksam ist. Nach der Rechtsprechung des BGH[32] führt der Verstoß gegen das Verbotsgesetz jedoch nicht zur Nichtigkeit der gesamten Preisabrede, sondern in Anwendung der in § 134 Hs. 2 BGB normierten Ausnahmeregelung nur zu deren Teilnichtigkeit: Was das Gesetz nicht verbietet, ist rechtmäßig und kann daher nicht der Nichtigkeitsfolge anheimfallen.

74 Die weitere Frage, welches Honorar gilt, wenn die Honorarvereinbarung gegen das Höchstsatzgebot verstößt, beantwortet der BGH lapidar: An die Stelle der preisrechtlich

28 BGH, Urt. v. 22.5.1997 – VII ZR 290/95 – BGHZ 136, 1–11; OLG Dresden, Urt. v. 28.10.2003 – 9 U 2083/01 –; OLG Düsseldorf, Urt. v. 23.11.2010 – 23 U 215/09 – BauR 2012, 284.

29 OLG Köln, Urt. v. 12.12.2006 – 3 U 191/05 –.

30 *Scholtissek*, NZBau 2009, 24, 26.

31 Locher/Koeble/Frik/*Koeble*, § 7 Rn 119.

32 BGH, Urt. v. 11.10.2007 – VII ZR 25/06 –.

unzulässigen Vergütung tritt der **(noch) zulässige Preis, also der Höchstsatz**, der damit Vertragspreis ist.[33] Eine schlüssige Begründung für dieses Ergebnis gibt der BGH in der genannten Entscheidung jedoch nicht. Der BGH nimmt Bezug auf ein Urteil vom 4.8.2000,[34] das sich mit unangemessen hohen ärztlichen Wahlleistungsentgelten befasst. Weiter nimmt er Bezug auf die Entscheidung vom 5.12.1968,[35] die sich mit einer Überschreitung des Richtlinienpreises nach der Baupreisverordnung befasst. Beide Entscheidungen können zur Lösung des vorliegenden Problems nur wenig hilfreich sein. In ähnlich lapidarer Weise bestimmt der BGH dann in der Folge den „noch" zulässigen Preis: **Das Honorar bestimme sich nach dem gerade noch zulässigen Höchstsatz**. In Betracht käme auch der Mindestsatz, da eine wirksame Honorarvereinbarung – wegen des Verstoßes gegen das Verbotsgesetz infolge von § 134 BGB – gerade nicht vorliegt, es also an einer wirksamen Honorarvereinbarung fehlt. Der BGH ist der Ansicht, dass § 134 BGB die Honorarvereinbarung nicht insgesamt unwirksam mache (s.o.), sondern dass das vom Architekten *„zu beanspruchende Honorar lediglich auf das nach den Höchstsätzen berechnete Honorar reduziert"* werde. Denn § 7 Abs. 1 verbiete nur eine Abweichung vom preisrechtlichen Rahmen. Dieser Rahmen darf nicht unzulässig unter- bzw. überschritten werden. Die Begründung des BGH ist zwar nicht zwingend, aber praxisgerecht.

III. Honorare außerhalb der Honorartafel (§ 7 Abs. 2)

Die Parteien sind in der Vereinbarung eines Honorars dann frei, wenn die anrechenbaren Kosten oder Flächen **unterhalb oder oberhalb der Tabellenwerte der Honorartafeln** liegen. Die Grenzwerte der anrechenbaren Kosten bei der Planung von Gebäuden und Innenräumen liegen nach § 35 Abs. 1 bei 25.000 € und 25 Mio. €. 75

Die **„freie Vereinbarkeit"** bedeutet, dass die Grundsätze für Honorarvereinbarungen, die § 7 aufstellt, hier gerade nicht gelten. Die Honorarvereinbarung braucht also nicht schriftlich zu erfolgen, sondern kann auch **mündlich** oder nur **konkludent** geschehen. Auch das Merkmal **„bei Auftragserteilung"** muss für deren Wirksamkeit **nicht** erfüllt sein. 76

Andererseits bedeutet die Regelung des § 7 Abs. 2 aber nicht, dass die HOAI grundsätzlich und in allen Teilen nicht anwendbar wäre. So gilt beispielsweise § 15 über die Voraussetzungen von Zahlungen auch im Rahmen des § 7 Abs. 2, also auch außerhalb der Tabellenwerte.[36] 77

Ob die Kosten oder Flächen außerhalb der Honorartafeln liegen, ist nach den Kriterien zu entscheiden, die die HOAI vorgibt. So ist beispielsweise zu berücksichtigen, ob es sich um ein Objekt oder um mehrere Objekte nach der HOAI handelt. Gleiches gilt für die Frage, ob eine oder mehrere Anlagengruppen nach § 53 Abs. 2 vorliegen. Liegen mehrere Objekte oder mehrere Anlagengruppen vor, so sind die maßgeblichen anrechenbaren Kosten für jedes Objekt oder jede Anlagegruppe gesondert zu ermitteln. Liegen die anrechenbaren Kosten für das einzelne Objekt bzw. die einzelne Anlagengruppe über den Tafelhöchstwerten, so ist das Honorar für dieses Objekt bzw. diese Anlagengruppe frei vereinbar. Dies gilt jedoch nur für das Honorar dieses Objekts oder dieser Anlagengruppe und nicht für Honorare weiterer Objekte oder weiterer Anlagengruppen. Dies hat der BGH in seinem Urteil vom 8.3.2012[37] für die HOAI 1996 entschieden. Die Problematik hat 78

33 BGH, Urt. v. 11.10.2007 – VII ZR 25/06 –.
34 BGH, Urt. v. 4.8.2000 – III ZR 158/99 – BGHZ 145, 66–83.
35 BGH, Urt. v. 5.12.1968 – VII ZR 92/66 – BGHZ 51, 174–184.
36 BGH, Beschl. v. 22.12.2005 – VII ZB 84/05 – BGHZ 165, 332–342.
37 BGH, Urt. v. 8.3.2012 – VII ZR 195/09 – BGHZ 192, 360–371.

sich insofern zur HOAI 2013 nicht verändert. Damit können die Parteien das Honorar nur für das Objekt (bzw. die Anlagengruppe) frei vereinbaren, dessen anrechenbare Kosten die Tafelhöchstwerte überschreiten. Hinsichtlich der übrigen beauftragten Objekte oder Anlagengruppen sind die Parteien durch die Regularien der HOAI gebunden.

79 Vereinbaren die Parteien – wie im Fall des BGH-Urteils vom 8.3.2012[38] – ein Pauschalhonorar für mehrere Objekte oder Anlagengruppen, so ist eine Mindestsatzunterschreitung hinsichtlich der preisgebundenen Leistungen ohne Berücksichtigung des Honorars des nicht preisgebundenen Objektes bzw. der nicht preisgebundenen Anlagengruppe zu beurteilen. Dies kann zur Folge haben, dass rechnerisch der Honoraranteil des nicht preisgebundenen Objektes bzw. der nicht preisgebundenen Anlagengruppe unterhalb des Mindestsatzes des höchsten Tabellenwertes liegt. Der BGH meint, dass der Verordnungsgeber eine entsprechende Regelung getroffen hätte, wenn er einen Mindestsatz für die Leistungen gewollt hätte, deren anrechenbare Kosten die Tabellenhöchstwerte überschreiten. Für Billigkeitserwägungen wäre in diesem Zusammenhang kein Raum.

80 Liegen die Voraussetzungen des § 7 Abs. 2 vor und treffen die Parteien keine Honorarvereinbarung, so besteht Einigkeit darüber, dass eine bloße Extrapolation der Honorartafel nicht in Betracht kommt. Sind sich die Parteien über die Vergütungspflicht als solche einig, so ist nach dem Vertragsrecht eine ausdrückliche Vereinbarung der Parteien über den Werklohn nicht notwendig, da diese „Lücke“ durch § 632 Abs. 2 BGB geschlossen wird.

81 Da für Architektenleistungen gerade eine „taxmäßige“ Vergütung nicht vorliegt, ist die „übliche Vergütung“ als vereinbart anzusehen. Diese „übliche Vergütung“ ist im Rechtsstreit durch ein Sachverständigengutachten zu klären. Eine Orientierung des Gutachtens an den von öffentlichen Auftraggebern fortgeschriebenen Honorartafeln bietet sich an. Denn bei anrechenbaren Kosten jenseits der Tafelhöchstwerte muss von „Großprojekten“ gesprochen werden. In den Bundesländern sind unterschiedliche Tabellen entwickelt worden. Diese waren beispielsweise in den sog. RifT (Richtlinien für die Beteiligung freiberuflich Tätiger) der **staatlichen Hochbauverwaltung Baden-Württemberg,**[39] der **Runderlass des Ministeriums Bauen und Wohnen in Nordrhein-Westfalen** oder der **Obersten Baubehörde im Bayerischen Staatsministerium des Innern** enthalten. In der aktuellen Fassung 2014 sind die fortgeschriebenen Honorartafeln aus den RifT der staatlichen Hochbauverwaltung Baden-Württemberg herausgenommen worden mit dem lapidaren Hinweis, dass das Honorar frei vereinbart werden könne – was im Zweifel keinem der Parteien weiterhilft.

IV. Honorarvereinbarung – Baukostenvereinbarung (§ 6 Abs. 3)

82 Nach der Entscheidung des BGH vom 24.4.2014[40] zur HOAI 2009 ist § 6 Abs. 2 HOAI 2009 unwirksam, da die Vorschrift nicht von der gesetzlichen Ermächtigungsgrundlage des Art. 10 §§ 1, 2 MRVG gedeckt ist. Zur Begründung führt der BGH an, dass die Vorschrift eine Unterschreitung der Mindestsätze zulasse, ohne dass ein Ausnahmefall nach Art. 10 § 1 Abs. 3 Nr. 1 MRVG oder § 2 Abs. 3 Nr. 1 MRVG vorliege.

83 Diese Grundsätze des BGH zur HOAI 2009 sind auf § 6 Abs. 3 vollumfänglich übertragbar, sodass auch **§ 6 Abs. 3 als unwirksam** anzusehen ist. In der Tat würde § 6 Abs. 3 S. 1 ermöglichen, sowohl die Mindestsätze zu unterschreiten als auch die Höchst-

---

38 BGH, Urt. v. 8.3.2012 – VII ZR 195/09 – BGHZ 192, 360–371.
39 Vgl. http://www.vbv.baden-wuerttemberg.de/pb/,Lde/Startseite/Service/RifT.
40 BGH, Urt. v. 24.4.2014 – VII ZR 164/13 – BGHZ 201, 32–45.

sätze zu überschreiten, denn insoweit war § 6 Abs. 3 S. 1 lex specialis zu § 7. Zutreffend ist auch, dass die Vorschrift schon vom Ansatz her ein „Fremdkörper" im Honorarrecht war. Aber dies ist zwischenzeitlich nur noch Rechtsgeschichte, nachdem der BGH die identische Vorgängervorschrift für unwirksam erklärt hat.

C. Unterschreitung der Mindestsätze (§ 7 Abs. 3)

Im Ausnahmefall kann der Mindestsatz durch eine schriftliche Vereinbarung unterschritten werden. Der Leitsatz Nr. 2 des Urteils des BGH vom 22.5.1997[41] lautet: **84**

> *„Ein Ausnahmefall, in dem die Unterschreitung der Mindestsätze zulässig ist, liegt vor, wenn aufgrund der besonderen Umstände des Einzelfalls unter Berücksichtigung des Zwecks der Mindestsatzregelung ein unter den Mindestsätzen liegendes Honorar angemessen ist."*

In den Entscheidungsgründen nimmt der BGH eine Auslegung anhand der Entstehungsgeschichte der Norm vor. Hierbei findet der BGH die eine Grenze für die Annahme eines Ausnahmefalls darin, dass der Zweck der Mindestsatzregelung – einen ruinösen Preiswettbewerb unter den Architekten zu verhindern – nicht gefährdet wird. Die andere Grenze sieht er darin, dass alle Umstände relevant sind, die das Vertragsverhältnis deutlich von den üblichen Vertragsverhältnissen unterscheidet, sodass ein unter den Mindestsätzen liegendes Honorar angemessen ist. **85**

Der BGH nennt Beispiele: **86**
- ein besonders geringer Aufwand des Architekten;
- bei engen Beziehungen, rechtlicher, wirtschaftlicher, sozialer oder persönlicher Art oder sonstigen besonderen Umständen (die etwa in der mehrfachen Verwendung der Planung liegen könnten).

Zwar hat der BGH mit seinen Kriterien – rechtlich, wirtschaftlich, sozial, persönlich – ein Tor zur Unterschreitung des Mindestsatzes aufgestoßen. Andererseits ist festzustellen, dass dieses Tor in der Praxis in der Regel verschlossen bleibt. Die Kriterien gerade der sozialen und persönlichen Art der Beziehung zwischen Auftraggeber und Auftragnehmer lassen sich oft nicht hinreichend sicher nachweisen oder finden ein vernünftiges Ende in einem Vergleich der Parteien. **87**

Häufiger ist das Kriterium der „wirtschaftlichen Art" in Form einer andauernden Geschäftsbeziehung. Allerdings hat der BGH in der bereits zitierten Entscheidung vom 24.10.2011[42] dieses Merkmal sehr eng ausgelegt und eine mehrere Jahre dauernde Zusammenarbeit von Tragwerkplanern in der Form von Unternehmer und Subunternehmer selbst dann nicht ausreichen lassen, wenn sie bereits 17 Objekte durchgeführt haben. Lapidar stellt der BGH fest, dass diese *„wiederkehrende Zusammenarbeit [...] keine ungewöhnliche Zusammenarbeit, sondern eine übliche Vertragsgestaltung"* zwischen Tragwerkplanern sei. Die Zahl der Ausnahmefälle aufgrund der „besonderen wirtschaftlichen Beziehung" dürfte damit nicht groß sein. **88**

---

41 BGH, Urt. v. 22.5.1997 – VII ZR 290/95 – BGHZ 136, 1–11.
42 BGH, Urt. v. 27.10.2011 – VII ZR 163/10 –.

D. Überschreitung der Höchstsätze (§ 7 Abs. 4)

I. Ermittlung des Höchstsatzes – schriftliche Vereinbarung

89 § 7 Abs. 4 ist das Pendant zu § 7 Abs. 3 am oberen Ende der Honorarskala. Der Grundsatz, dass sich die Honorarvereinbarung im Rahmen der Mindest- und Höchstsätze zu halten hat, ist schon in § 7 Abs. 1 klar geregelt.

90 § 7 Abs. 4 lässt eine Überschreitung dieser Höchstsätze im Ausnahmefall zu. Um in einem ersten Schritt entscheiden zu können, ob ein vereinbartes Honorar über dem Höchstsatz liegt, ist eine Vergleichsermittlung anzustellen: zwischen dem zutreffend bestimmten Höchstsatz(-honorar) nach der HOAI und dem vereinbarten Honorar.

91 Der Höchstsatz bestimmt sich hierbei nicht nur nach den Höchstbeträgen der Honorartafeln. Vielmehr sind auch andere Regelungen der HOAI zur Bestimmung des Höchstsatzes zu berücksichtigen (ebenso wie beim Mindestsatz). Gleiches gilt für den Umstand, dass einzelne Parameter der HOAI keinen Maßstab für die Überschreitung des Höchstsatzes darstellen. Vielmehr ist maßgeblich, ob das **sich nach der Honorarvereinbarung ergebende Honorar höher** liegt als die Bestimmung des **Höchstsatzes anhand der Kriterien der HOAI**. Auch hier ist – wie beim Mindestsatz – nicht auf einzelne Honorarparameter der HOAI abzustellen, sondern auf das jeweilige Gesamthonorar. Der BGH stellt im Urteil vom 16.12.2004[43] hierzu fest:

> *„Orientiert sich die Honorarvereinbarung an den nach der HOAI maßgeblichen Abrechnungsfaktoren, kann die Zulässigkeit der Honorarvereinbarung nicht isoliert für einen einzelnen Abrechnungsfaktor festgestellt werden. Die Zulässigkeit einer Honorarvereinbarung kann nur bei ihrer vollständigen Anwendung beurteilt werden."*

92 Macht der Auftragnehmer im Rechtsstreit das durch die Honorarvereinbarung bestimmte Honorar geltend, so trifft den **Auftraggeber** die **Darlegungs- und Beweislast** dafür, dass das vereinbarte Honorar gegen den HOAI-Höchstsatz verstößt. Weder hat der Auftragnehmer von sich aus Umstände dafür vorzutragen, dass sich das von ihm geltend gemachte Honorar unterhalb des Höchstsatzes bewegt, noch muss das Gericht diesen Umstand von Amts wegen ermitteln. Das Gericht hat zwar den Einwand des Auftraggebers, die Honorarvereinbarung sei wegen Höchstsatzüberschreitung unwirksam, von Amts wegen zu beachten. Den Auftraggeber trifft jedoch die Darlegungslast (und Beweislast) für die insoweit relevanten Tatsachen; diese ermittelt das Gericht nicht von sich, sondern der Auftraggeber hat hier Sachvortrag zu leisten: Derjenige, der sich auf einen Verstoß gegen preisrechtliche Vorschriften beruft, hat deren Voraussetzungen darzulegen und zu beweisen.[44]

93 Eine **Überschreitung der Höchstsätze** der HOAI ist nach § 7 Abs. 4 S. 1 dann möglich, wenn die Grundleistungen **außergewöhnlich** sind oder **ungewöhnlich lange dauern** und eine **schriftliche Vereinbarung** vorliegt. Diese Vereinbarung hat nach dem eindeutigen Wortlaut der Vorschrift „schriftlich" zu erfolgen. Hierbei gelten die gleichen Voraussetzungen des § 126 BGB wie bei Abs. 1, sodass auf obige Kommentierung verwiesen wird.

94 Nach der – von der herrschenden Meinung – bestrittenen Auffassung des BGH[45] hat auch diese Vereinbarung **bereits „bei Auftragserteilung"** zu erfolgen. Der BGH be-

---

43 BGH, Urt. v. 16.12.2004 – VII ZR 16/03 –.
44 BGH, Urt. v. 13.9.2001 – VII ZR 380/00 –; BGH, Urt. v. 13.1.2005 – VII ZR 353/03 –.
45 BGH, Urt. v. 30.9.2004 – VII ZR 456/01 –.

gründet dies lapidar damit, dass die HOAI die Parteien anhalte, das Honorar schon bei Auftragserteilung schriftlich zu vereinbaren. Dies gelte insbesondere auch für die Berücksichtigung der Länge der Bauzeit. Andererseits stellt der BGH dann fest, dass diese Grundsätze nur gelten würden *„soweit die Parteien die für die Honorarvereinbarung maßgebenden Voraussetzungen bei der ursprünglichen Vergütungsvereinbarung erkennen und bedenken konnten"*. **Unvorhersehbare Ereignisse** mit ungewisser Dauer könnten nicht berücksichtigt werden und die HOAI würde hierfür auch keinen Regelungstatbestand vorsehen. Die Folge sei der Rückgriff auf die Grundsätze des Wegfalls der Geschäftsgrundlage bzw. auf einen Preisanpassungsanspruch. Diese Thesen sind zwar für die Rechtspraxis und insbesondere die Vertragspraxis nicht wirklich geeignet und stellen die Parteien, die gerade durch die Vereinbarung eines Honorars Rechtssicherheit zwischen sich herstellen wollen, faktisch vor unlösbare Schwierigkeiten. Denn hierbei ist gerade auch zu berücksichtigen, dass Voraussetzungen und Rechtsfolge bei dem Institut „Wegfall der Geschäftsgrundlage" realistisch durch die Parteien nicht kalkuliert werden können. Ähnliches gilt für einen Preisanpassungsanspruch. Letztlich bleibt den Parteien bei Beachtung der Rechtsprechung des BGH nur noch der Weg, die **Möglichkeiten der Honorarpassung** bereits **bei Abschluss des Architektenvertrages**, also bei Auftragserteilung, **in der Honorarvereinbarung im Einzelnen selbst zu regeln.**

II. Außergewöhnliche Grundleistungen

Dieser Begriff wird gemeinhin wie folgt umschrieben: überdurchschnittliche Leis- **95**
tungen auf künstlerischem, technischen oder wirtschaftlichem Gebiet. Soll es sich um eine künstlerisch überdurchschnittliche Leistung handeln, wird wohl zumindest die Urheberrechtsschutzfähigkeit des Werks des Architekten erforderlich sein müssen.[46] Notwendig hierfür ist eine persönliche geistige Schöpfung mit individueller Prägung, deren ästhetischer Gehalt einen solchen Grad erreicht, dass nach Auffassung der für Kunst empfänglichen und mit Kunstanschauungen einigermaßen vertrauen Kreise von einer „künstlerischen" Leistung gesprochen werden kann.[47] Die Planung muss demnach eine Individualität aufweisen und darf nicht nur das Ergebnis rein handwerklichen oder routinemäßigen Schaffens sein.

Nicht ausreichend sind allein die Größe und der Umfang des Objekts oder die Höhe **96**
der anrechenbaren Kosten.

III. Ungewöhnlich lange dauernde Grundleistungen

Diese Voraussetzung liegt vor, wenn die Durchführung des Objekts einen Zeitauf- **97**
wand erfordert, der erheblich über das übliche und normale hinausgeht. Hierbei dürfen Bauzeitverzögerungen nicht berücksichtigt werden, die der Architekt selbst zu vertreten hat. Die über das gewöhnliche Maß hinausgehende Dauer muss aus dem Risikobereich des Auftraggebers kommen. Den Parteien ist auch hier anzuraten, die Bauzeit schriftlich zu fixieren und selbst Regularien in die Honorarvereinbarung und den Architektenvertrag aufzunehmen, die für den Fall der Überschreitung dieser Bauzeit zwischen ihnen gelten sollen.

Nach § 7 Abs. 4 S. 2 sind Umstände, die für die Einordnung in die Honorarzone oder **98**
für die Einordnung in den Rahmen der Mindest- und Höchstsätze mitbestimmend waren,

46 OLG Stuttgart, Urt. v. 29.5.2012 – 10 U 142/11 –.
47 BGH, Urt. v. 12.5.2011 – I ZR 53/10 –.

bei der Prüfung der Voraussetzungen „außergewöhnlich“ oder „ungewöhnlich lange dauernd“ nicht zu berücksichtigen. Hierdurch fallen erhebliche Umstände zur Begründung der Voraussetzungen des § 7 Abs. 4 S. 1 weg.

99 Liegen die Voraussetzungen des § 7 Abs. 4 S. 1 vor, so regelt die HOAI die Höhe des Honorars, das die Parteien vereinbaren dürfen, nicht. Die Parteien sind hierbei frei.

E. Geltung der Mindestsätze (§ 7 Abs. 5)

100 § 7 Abs. 5 bildet zusammen mit Abs. 1 das Kernstück zur Honorarvereinbarung in der gesamten HOAI. Im Zusammenspiel beider Vorschriften setzt der Gesetzgeber seinen Willen der preisrechtlichen Regulierung durch: In Abs. 1 zwingt der Gesetzgeber den Parteien erhebliche und oft nicht zu erfüllende, da an den tatsächlichen Gegebenheiten vorbeigehende Voraussetzungen für die Wirksamkeit einer Honorarvereinbarung auf, während er in Abs. 5 faktisch die Rechtsfolge regelt, wenn die Parteien seine Voraussetzungen des Abs. 1 nicht erfüllt haben.

101 Der Wortlaut dieser Vorschrift wurde im Verhältnis zu § 7 Abs. 6 S. 1 HOAI 2009 verändert. Während in der HOAI 2009 die Formulierung zu finden war, dass im Fall des Fehlens einer schriftlichen Honorarvereinbarung die jeweiligen Mindestsätze „als vereinbart“ gelten, hat sich der Gesetzgeber nun dazu entschlossen, eine „unwiderlegliche Vermutung“ hinsichtlich der Vereinbarung der jeweiligen Mindestsätze zu normieren. Eine inhaltliche Änderung hat hierdurch nicht stattgefunden. Nach § 292 S. 1 ZPO ist gegenüber einer vom Gesetz aufgestellten Vermutung der Beweis des Gegenteils zulässig, sofern nicht das Gesetz etwas anderes vorschreibt. Dies ist hier gerade der Fall: In § 7 Abs. 5 wird eine „unwiderlegliche Vermutung“ aufgestellt. Damit ist der Beweis des Gegenteils nicht zulässig. Bei einer Fiktion, wie sie der Rechtslage der HOAI 2009 entsprach, ist der Beweis des Gegenteils gleichfalls ausgeschlossen. Eine sachliche Änderung liegt demnach nicht vor.[48]

F. Bonus-/Malus-Honorar (§ 7 Abs. 6)

102 Diese Vorschrift ersetzt § 7 Abs. 7 HOAI 2009. Eine inhaltliche Änderung ist damit nicht verbunden. Der Gesetzgeber hat lediglich die sprachlich weitgehend missglückte Formulierung in § 7 Abs. 7 S. 1 HOAI 2009 in zwei Sätze aufgeteilt und dem deutschen Sprachgebrauch angepasst. In § 7 Abs. 7 S. 1 HOAI 2009 war die völlig missglückte Formulierung enthalten: *„Für Kostenunterschreitungen, die [...] zu einer wesentlichen Kostensenkung [...] führen [...]“*. Dass eine Kostenunterschreitung zu einer Kostensenkung führt, ist ein sprachliches Ungetüm. Dies ist nunmehr durch § 7 Abs. 6 S. 1 zumindest in eine sprachlich akzeptable Form dahingehend gebracht worden, dass „für *Planungsleistungen*“, die *„zu einer wesentlichen Kostensenkung“* führen, ein Erfolgshonorar schriftlich vereinbart werden kann.

103 Einvernehmen besteht dahingehend, dass diese schriftliche Vereinbarung nicht „bei Auftragserteilung“ zu erfolgen hat, sondern auch noch während der Durchführung des Architektenvertrages wirksam möglich ist. Dies gilt für beide Sätze des § 7 Abs. 6.

104 Der Begriff „Kostensenkung“ beinhaltet die Bildung einer Differenz bzw. eines Vergleichs: Durch die Planungsleistung des Architekten müssen die Kosten eines bestimmten Bezugswertes unterschritten werden. Eine Baukostenvereinbarung nach § 6 Abs. 3 kann jedenfalls nicht als Bezugswert herangezogen werden, da der BGH in seiner Ent-

48 Locher/Koeble/Frik/*Koeble*, § 7 Rn 169.

scheidung vom 24.4.2014[49] das Konstrukt der Baukostenvereinbarung für unwirksam erklärt hat. Die „anrechenbaren Kosten" scheiden ebenfalls aufgrund des Wortlauts und der Verwendung des Begriffs in § 7 Abs. 6 S. 2 als Bezugsgröße aus. Hätte der Gesetzgeber auch die „anrechenbaren Kosten" als Maßstab in § 7 Abs. 6 S. 1 verwendet wissen wollen, so hätte es nahe gelegen, auch diesen Begriff zu benutzen. Da in § 7 Abs. 6 S. 2 der Begriff der „anrechenbaren Kosten" nicht verwendet wird, kann geschlossen werden, dass die anrechenbaren Kosten nicht Beurteilungsmaßstab sein sollen. Denn letztlich sind auch nicht die anrechenbaren Kosten, sondern die faktischen Baukosten für den Auftraggeber der entscheidende Umstand: Gelingt es dem Auftragnehmer, diese Baukosten durch bestimmte Planungsleistungen zu senken, so soll ihm ein Bonus-Honorar zustehen.

In jedem Fall liegt es nahe, dass die Parteien, wenn sie schon ein Bonus-Honorar **105**
vereinbaren wollen, die Bezugsgrößen selbst definieren. Allerdings sind die Voraussetzungen für die Vereinbarung eines Bonus-Honorars eher als komplex zu bezeichnen und sicher streitanfällig. Denn notwendig ist, dass der Architekt durch technisch-wirtschaftliche oder umweltverträgliche Lösungsmöglichkeiten, die er in seine Planung einbaut, zu einer Kostensenkung beiträgt, ohne jedoch den vertraglichen Standard zu vermindern. Denn hierbei ist auch zu berücksichtigen, dass der Architekt schon aufgrund seiner Stellung gegenüber dem Bauherrn diesem stets verpflichtet ist, umfassend über die Kostenfolgen einer Planung und kostenmäßige Alternativen zu beraten und zu informieren. Bislang hat diese Vorschrift in der gerichtlichen Praxis noch keine wirkliche Rolle gespielt. Gleiches gilt auch für die Vor-Vorgänger-Vorschrift des § 5 Abs. 4a HOAI 1996 (die lediglich im Urteil des KG vom 30.10.2009[50] Gegenstand näherer Betrachtung war).

Zu der Frage, wann eine **„wesentliche Kostensenkung"** vorliegt, gibt es bislang, **106**
soweit ersichtlich, noch keine Rechtsprechung. Die Höhe des Bonushonorars hat der Gesetzgeber auf 20% des vereinbarten Honorars beschränkt (§ 7 Abs. 6 S. 2).

In § 7 Abs. 6 S. 3 hat der Gesetzgeber das **Malus-Honorar** geregelt. Er hat, nachdem **107**
in § 7 Abs. 7 S. 2 HOAI 2009 die Schriftform für das Malus-Honorar nicht enthalten war, dies nunmehr im Gleichlauf mit dem Bonushonorar eingeführt. Gleiches gilt auch für die durch die Parteien vereinbarten anrechenbaren Kosten.

Fraglich bleibt, wie schon die Regelung in § 7 Abs. 7 S. 2 HOAI 2009, ob eine hinrei- **108**
chende Ermächtigung durch das MRVG vorliegt. Teile der juristischen Literatur halten die Regelung für eine Art Vertragsstrafe. Diese ist aber keine Honorarregelung nach der HOAI, sondern nach dem BGB; der Gesetzgeber wäre damit über seine Kompetenz hinausgegangen. Allerdings setzt der Anfall einer Vertragsstrafe Verschulden voraus. Dies müsste, um Wirksamkeit zu erlangen, zwischen den Parteien vereinbart werden. Denn anderenfalls würde der Auftragnehmer durch Umstände, die er nicht zu vertreten hat, eine Honorarkürzung erleiden.

Weitere Probleme treten dann auf, wenn es sich bei den Parteivereinbarungen um **109**
AGB handelt. Die Klausel könnte dann einmal wegen Verstoßes gegen § 307 Abs. 2 Nr. 2 BGB unwirksam sein. Darüber hinaus könnte die Klausel im Zusammenhang mit dem Honorar auch überraschend i.S.v. § 305c Abs. 1 BGB sein. Jedenfalls bleibt festzuhalten, dass diese Regelung bislang in der gerichtlichen Praxis keine Rolle gespielt hat.

49 BGH, Urt. v. 24.4.2014 – VII ZR 164/13 – BGHZ 201, 32–45.
50 KG Berlin, Urt. v. 30.10.2009 – 6 U 182/08 –.

§ 8
Berechnung des Honorars in besonderen Fällen

(1) Werden dem Auftragnehmer nicht alle Leistungsphasen eines Leistungsbildes übertragen, so dürfen nur die für die übertragenen Phasen vorgesehenen Prozentsätze berechnet und vereinbart werden. Die Vereinbarung hat schriftlich zu erfolgen.

(2) Werden dem Auftragnehmer nicht alle Grundleistungen einer Leistungsphase übertragen, so darf für die übertragenen Grundleistungen nur ein Honorar berechnet und vereinbart werden, das dem Anteil der übertragenen Grundleistungen an der gesamten Leistungsphase entspricht. Die Vereinbarung hat schriftlich zu erfolgen. Entsprechend ist zu verfahren, wenn dem Auftragnehmer wesentliche Teile von Grundleistungen nicht übertragen werden.

(3) Die gesonderte Vergütung eines zusätzlichen Koordinierungs- oder Einarbeitungsaufwands ist schriftlich zu vereinbaren.

Übersicht

A. Übertragung einzelner Leistungsphasen (Abs. 1)

1 § 8 Abs. 1 regelt die Voraussetzungen und die Rechtsfolgen, wenn einem Auftragnehmer **nicht alle Leistungsphasen** eines Leistungsbildes übertragen werden.

I. „Werden ... übertragen"

2 Dieser Begriff des „Übertragens" knüpft an den Architektenvertrag i.S.v. § 631 BGB an. Der zu erbringende Leistungsumfang des Architekten wird aber nicht durch die HOAI, sondern nur und ausschließlich durch den abgeschlossenen Vertrag i.S.v. § 631 Abs. 1 BGB bestimmt. § 8 Abs. 1 bestimmt, dass der Auftragnehmer **nur die übertragenen Leistungen vergütet erhält**. Dies entspricht dem allgemeinen Grundsatz des Werkvertragsrechts und wird durch die HOAI nicht verändert. Die Beschreibung des Leistungsumfangs im Rahmen des Werkvertrages bestimmt damit zwingend den Anwendungsumfang der HOAI für das hierfür zu zahlende Honorar. § 8 Abs. 1 ist nur ein Beispiel dafür, dass die eigentliche Relevanz dem Vertrag nach § 631 Abs. 1 BGB zukommt und die Honorarvereinbarung nur das für die übertragenen Leistungen zu ermittelnde Honorar regeln

kann: Dem Architektenvertrag kommt gewissermaßen ein „Vorrang" vor der Honorarvereinbarung zu.

3 Die Anwendung des § 8 Abs. 1 setzt in jedem Fall voraus, dass die Parteien in dem Werkvertrag eine differenzierte Beschreibung der Leistungspflicht des Auftragnehmers – ausdrücklich oder durch Auslegung ermittelt – vorgenommen haben und danach nicht alle Leistungsphasen, sondern nur einzelne übertragen werden.

4 Haben die Parteien im Rahmen des Werkvertrages – wie zwischenzeitlich häufiger – zur Beschreibung der Leistungspflicht des Architekten auf die **Leistungsphasen der HOAI Bezug genommen** und diese als zu erbringende Leistung im Einzelnen aufgelistet, so erhält der Architekt auch **nur für diese Leistungsphasen ein Honorar**. Erbringt er Leistungen aus Leistungsphasen, die ihm nicht übertragen wurden, fehlt es an einer vertraglichen Grundlage zwischen ihm und dem Auftraggeber. Er erhält hierfür dann auch keine Honorierung, selbst wenn diese notwendige Vorleistungen für die beauftragte Leistungsphase sind. Plastisch hat dies der BGH in seinem Urteil vom 6.12.2007[1] in folgender Weise ausgedrückt:

> *„Wird ein Architekt beauftragt, so ist Umfang und Inhalt der Beauftragung nicht, soweit dies nicht vereinbart wird, nach der HOAI zu bemessen. Denn die HOAI enthält keine normativen Leitbilder für den Inhalt von Architektenverträgen. Die Auslegung des Werkvertrages und der Inhalt der vertraglichen Verpflichtung des Architekten kann nicht in einem Vergleich der Gebührentatbestände der HOAI und der vertraglich vereinbarten Leistung bestimmt werden."*

5 Haben die Parteien die **Leistungspflicht** des Architekten **nicht näher beschrieben**, sondern **nur den von ihm zu erreichenden Erfolg bestimmt**, so ist der Vertrag hinsichtlich der einzelnen Leistungspflichten **auszulegen**: Haben die Parteien keine nähere Vereinbarung über die einzelnen zu erbringenden Leistungen getroffen, sondern diese Leistungspflicht des Auftragnehmers nur als Ergebnis und Funktion beschrieben, so ist die Auslegung des Vertrages zur Ermittlung des Leistungsumfangs gem. §§ 133, 157 BGB bedeutend schwieriger. Es ist zu ermitteln, welche Pflichten im Einzelnen der Auftragnehmer erbringen sollte. Ist diese Auslegung dann erfolgt, so steht fest, welche Leistungen der Auftragnehmer nach dem nunmehr genau bestimmten Vertragsinhalt erbringen muss.

6 Wird beispielsweise der Architekt nur mit der **„Genehmigungsplanung"** des Leistungsbildes Gebäude und Innenräume nach § 34 Abs. 3 beauftragt, so stellt sich materiell-rechtlich zunächst die Frage, ob er mit den Leistungsphasen 1 bis 4 des § 34 Abs. 3 beauftragt ist oder nur mit der LPH 4. Im ersteren Fall erhält er – natürlich – das Honorar für die Leistungsphasen 1 bis 4 und im zweiten Fall nur das Honorar für die übertragene LPH 4. Diese Frage wurde durch die genannte Entscheidung des BGH vom 6.12.2007[2] nicht beantwortet, da gerade zur Frage der Auslegung des übertragenen Leistungsumfangs das Oberlandesgericht keine hinreichenden Feststellungen getroffen hatte. Dem Urteil kann nur entnommen werden, dass in jedem Fall schon allein durch die Beschreibung der Leistungspflicht des Auftragnehmers – „Genehmigungsplanung" – auf den übertragenen Leistungsumfang nicht sicher geschlossen werden kann und der honorarrechtliche Schluss, in einem derartigen Fall seien die Leistungsphasen 1 bis 4 zu vergüten, nicht gezogen werden darf. Allein aus dem Umstand, dass bestimmte Leistungen einer vorhergehenden Leistungsphase zur Erbringung der Leistungen der LPH 4 not-

1 BGH, Urt. v. 6.12.2007 – VII ZR 157/06 –.
2 BGH, Urt. v. 6.12.2007 – VII ZR 157/06 –.

wendig und erforderlich sind, kann honorarrechtlich nicht der Schluss gezogen werden, dann seien sie auch notwendigerweise zu vergüten. Gerade darin zeigt sich der Vorrang des Vertragsrechts i.S.v. § 631 BGB gegenüber dem Honorarrecht: Es kann nur vergütet werden – unter Anwendung der HOAI –, was auch vertraglich beauftragt worden ist.

II. Rechtsfolge: Nur die für die übertragenen Phasen vorgesehene Prozentsätze dürfen berechnet und vereinbart werden

7 Mit „vereinbart“ meint der Verordnungsgeber die Honorarvereinbarung i.S.v. § 7 Abs. 1. Man wird § 8 Abs. 1 S. 1 als Verbotsgesetz i.S.v. § 134 BGB auslegen müssen mit der Folge, dass bei einem Verstoß die Honorarvereinbarung unwirksam ist. Es darf damit die Honorarvereinbarung des § 7 Abs. 1 nicht vom vereinbarten Leistungsumfang des Werkvertrages abweichen. Mit anderen Worten: Wird eine Vergütung für Leistungsphasen vereinbart (= Vereinbarung i.S.v. § 7 Abs. 1), die dem Auftragnehmer im Rahmen des Werkvertrages zu leisten nicht aufgetragen worden ist, so können die Parteien hierfür nicht wirksam ein Honorar vereinbaren. Macht der Architekt dennoch ein derartiges Honorar gegenüber dem Bauherrn geltend, ist dieser Anspruch nicht begründet. Dieses Ergebnis ergibt sich bereits daraus, dass die Voraussetzungen des Werkvertragsrechts nach § 631 Abs. 1 BGB nicht vorliegen: Soweit dem Architekten Leistungen nicht im Rahmen des Werkvertrages übertragen sind, kann ihm auch kein Werklohnanspruch zustehen.

III. Schriftform (Abs. 1 S. 2)

8 Der Gesetzgeber hat in die HOAI 2013 bei § 8 Abs. 1 S. 2 die Schriftform neu aufgenommen und zur Wirksamkeitsvoraussetzung der Honorarvereinbarung bei nur teilweise übertragenen Leistungsphasen gemacht. Dieses war in der HOAI 2009 noch nicht enthalten.

9 Zunächst ist aber – nur zur Verdeutlichung – nochmals der **rechtliche Ausgangspunkt** klarzustellen: § 8 Abs. 1 S. 1 regelt nicht die „Anspruchsvoraussetzungen“ für den Werklohnanspruch des Architekten, sondern setzt einen solchen Anspruch, gegründet auf den Werkvertrag und § 631 Abs. 1 BGB, voraus. § 8 Abs. 1 und Abs. 2 regeln nur die Höhe des Honorars und dessen Berechnung. Dem Architekt steht in jedem Fall stets ein Werklohnanspruch für übertragene (und erbrachte) Leistungen aufgrund des abgeschlossenen Architektenvertrages zu. Die **HOAI regelt nicht den Wegfall oder das Erlöschen dieses Anspruchs**: auch dies regelt einzig und ausschließlich das BGB. Die HOAI regelt lediglich die Berechnung der Höhe dieses Anspruchs. Dies verkennen wohl *Werner/Siegburg*[3] zumindest in Bezug auf § 8 Abs. 1 und Abs. 2. Soweit dort das Schriftformgebot des § 8 als „Anspruchsvoraussetzung“ erörtert wird, geht dies schon aus den oben angeführten Gründen fehl: Die HOAI regelt keine „Anspruchsvoraussetzungen“, sondern die Höhe des Anspruchs. Ist ein Schriftformgebot der HOAI nicht eingehalten, so führt dies nicht zur Unwirksamkeit des Werkvertrages und hat auf den Werklohnanspruch dem Grunde nach keinerlei Auswirkung, sondern allenfalls auf die Höhe.

10 § 8 Abs. 1 S. 2 wirft damit aber erhebliche Fragen auf. Dass nur diejenigen Prozentsätze nach der HOAI für die übertragenen Leistungsphasen abgerechnet werden können, ergibt sich unmittelbar aus dem Wortlaut des § 8 Abs. 1 S. 1. Ein höherer Prozentsatz darf nach dem eindeutigen Wortlaut nicht vereinbart werden. Würde dies – schriftlich und

3 *Werner/Siegburg*, BauR 2013, 1499 ff.

bei Auftragserteilung unterstellt – vereinbart, so würde gegen das gesetzliche Verbot des § 8 Abs. 1 S. 1 i.V.m. § 134 BGB verstoßen und die Vereinbarung wäre unwirksam.

Übertragen die Parteien dem Auftragnehmer nur einzelne Leistungsphasen im Architektenvertrag und vereinbaren hinsichtlich des Honorars **nichts**, so kann der Architekt für die übertragenen Leistungsphasen den Mindestsatz mit den gesetzlichen Prozentsätzen auch ohne jede weitere ausdrückliche Honorarvereinbarung abrechnen. 11

1. Bei Auftragserteilung? Haben die Parteien dem Auftragnehmer nur einzelne Leistungsphasen übertragen und treffen bei Abschluss des Architektenvertrages keine Honorarvereinbarung, sondern **erst später** (schriftlich), so wäre dies nach dem Wortlaut des § 8 Abs. 1 – in Abweichung zu § 7 Abs. 1 – zulässig. Dies schon nach dem Grundsatz, dass § 8 Abs. 1 lex specialis zu § 7 Abs. 1 ist. Die Parteien wären damit an das Kriterium „bei Auftragserteilung" im Rahmen von § 8 Abs. 1 nicht gebunden, da es in der Vorschrift des § 8 Abs. 1 gerade nicht erwähnt ist. 12

Eine Auslegung von § 8 Abs. 1 dahingehend, dass die dortige Vereinbarung auch den Voraussetzungen „bei Auftragserteilung" und „im Rahmen der Mindest- und Höchstsätze" genügen muss, würde an dem Umstand scheitern, dass der Verordnungsgeber die Schriftform explizit in § 8 Abs. 1 S. 2 geregelt hat. Wieso sollte der Verordnungsgeber das Schriftlichkeitsgebot, das auch in § 7 Abs. 1 enthalten ist, nochmals in § 8 Abs. 1 wiederholen und die Merkmale „bei Auftragserteilung" und die „Mindest- und Höchstsätze" nicht erwähnen? Wohl nur deswegen, weil er anordnen wollte, dass zwar die Vereinbarung schriftlich erfolgen muss, aber **nicht** „bei Auftragserteilung" und **nicht** „im Rahmen der Mindest- und Höchstsätze". § 8 Abs. 1 wäre demnach lex specialis zu § 7 Abs. 1 und würde diesen im Anwendungsbereich des § 8 Abs. 1 S. 1 verdrängen. Die Vereinbarung des § 8 Abs. 1 S. 1 müsste dann nicht „bei Auftragserteilung" erfolgen. Dieser Schluss erscheint jedoch nur zwingend, wenn der Verordnungsgeber sich bei dieser Änderung tatsächlich auch entsprechende Gedanken gemacht hat. So erscheint es unwahrscheinlich, dass dieses Ergebnis das Ziel des Verordnungsgebers war, weil damit durch eine bloße Reduzierung des Leistungsumfangs das Merkmal „bei Auftragserteilung" nachträglich umgangen werden könnte. 13

2. Im Rahmen der Mindest- und Höchstsätze? Fraglich ist, ob die Parteien hinsichtlich ihrer schriftlich getroffenen Honorarvereinbarung i.S.v. § 8 Abs. 1 auch an die Mindest- und Höchstsätze gebunden sind. 14

Aus der **systematischen Stellung** des § 8 als lex specialis zu § 7 insgesamt und auch aus der vom Gesetzgeber gewählten Überschrift – *„Berechnung des Honorars in besonderen Fällen"* – könnte folgen, dass für diesen besonderen Fall nur die in dieser Norm enthaltenen Vorrausetzungen für die Wirksamkeit einer Honorarvereinbarung erfüllt sein müssen. Dies würde bedeuten, dass die Parteien bei Übertragung nur einzelner Leistungsphasen beliebig die Mindestsätze unterschreiten bzw. die Höchstsätze überschreiten könnten. 15

Auch der **Wortlaut** spricht für diese Lösung: § 8 Abs. 1 enthält keine Einschränkung hinsichtlich der schriftlichen Vereinbarung: Weder in Bezug auf den Zeitpunkt des Abschlusses dieser Vereinbarung noch auf die Einhaltung der Mindest- und Höchstsätze. 16

Nach dem **Sinn und Zweck** der Vorschrift (Auslegungskriterium des Telos) stellt sich die Frage, ob dieses Ergebnis tatsächlich sinnhaft ist und vom Gesetzgeber wirklich so gewollt war. Dies mag folgendes Beispiel verdeutlichen: Dem Objektplaner, der Leistungen nach §§ 33, 34 erbringen soll, werden ausdrücklich nur die Leistungsphasen 2 bis 9 übertragen. Die LPH 1 wird ausgeklammert, da diese bereits vor etlicher Zeit durch einen anderen Planer oder den Bauherrn selbst erbracht worden ist und nicht nochmals 17 erbracht werden soll. Damit werden dem Architekten nicht alle Leistungsphasen des § 34 Abs. 3 übertragen. Dies bedeutet, dass der Anwendungsbereich § 8 Abs. 1 eröffnet ist. Nach der wörtlichen Auslegung des § 8 Abs. 1 hätten die Parteien die Möglichkeit, durch eine schriftliche Vereinbarung auch noch nach Abschluss des Architektenvertrages ohne Bindung an die Mindest- und Höchstsätze das Honorar zu vereinbaren, so lange sie nur die für die übertragenen Leistungsphasen in der HOAI vorgesehenen Prozentsätze (in dem genannten Fall 98%) beachten. Dieselbe Problematik ergäbe sich auch für die stufenweise Beauftragung, da dort zunächst auch nur einzelne Leistungsphasen „übertragen" werden und damit gleichfalls der Anwendungsbereich des § 8 Abs. 1 eröffnet ist.

18 Jedem in der Baupraxis Erfahrenen wird schlagartig bewusst, dass damit einer **Umgehung der Voraussetzungen des § 7 Abs. 1** Tür und Tor geöffnet wäre. Die Ursache hierfür ist – wenn dies nicht der wirkliche Wille des Gesetzgebers gewesen sein sollte – das fast wahllose Verwenden des Wortes „schriftlich" in der HOAI 2013. *Weber*[4] nennt dies *„nicht nachvollziehbar"* in Bezug auf § 8 Abs. 1 und Abs. 2. Dem kann nur zugestimmt werden.

19 In der HOAI 2009 gab es die nunmehr aufgetretene Problematik nicht, da für die Vereinbarung i.S.v. § 8 Abs. 1 HOAI 2009 keine weiteren Voraussetzungen aufgestellt worden waren, sodass in jedem Fall die allgemeine Vorschrift des § 7 Abs. 1 insgesamt eingriff: Die Vereinbarung nach § 8 Abs. 1 HOAI 2009 musste schriftlich und bei Auftragserteilung vorgenommen sein und im Rahmen der Mindest- und Höchstsätze liegen.

20 Wenn dieses Ergebnis, dass in weiten Bereichen Honorarvereinbarungen möglich würden, die den Voraussetzungen des § 7 Abs. 1 nicht mehr genügen müssen, als unbefriedigend und nicht mit dem Gesamtwillen des Verordnungsgebers übereinstimmend angesehen wird, so bleibt die Lösung über eine – ggf. teilweise – **teleologische Reduktion** des Anwendungsbereichs des § 8 Abs. 1:

21 Diese Einschränkung des Anwendungsbereichs der Vorschrift kann sich sowohl auf das Merkmal „bei Auftragserteilung" als auch auf die Forderung der Einhaltung der Mindest- und Höchstsätze beziehen oder nur auf eines von beiden. So könnte man es als hinnehmbar ansehen, dass Vereinbarungen nach § 8 Abs. 1 auch **nach Auftragserteilung**, also losgelöst von diesem Kriterium des § 7 Abs. 1, noch wirksam getroffen werden können. Eine Reduktion hat jedenfalls hinsichtlich des Kriteriums der **Einhaltung der Mindest- und Höchstsätze** zu erfolgen. Dies schon deswegen, weil die Mindest- und Höchstsätze zum Kernbereich des Regelungsgehalts der HOAI als öffentlichem Preisrecht gehören. Würde das Kriterium der Mindest- und Höchstsätze für den Fall, dass dem Auftragnehmer nicht alle Leistungsphasen eines Leistungsbildes übertragen werden, aufgegeben, so würde der überwiegende Teil der Honorarvereinbarungen dem Anwendungsbereich und Maßstab des § 7 Abs. 1 entzogen. Damit aber würde sich die HOAI selbst infrage stellen: Würde die überwiegende Anzahl der Beauftragung von Architekten- und Ingenieurleistungen nicht mehr von einem wesentlichen und zentralen Grundgedanken – den Mindest- und Höchstsätzen – erfasst, so verliert die HOAI ihr Ziel, die Honorare für Architekten und Ingenieure in Bezug auf Bauleistungen zu reglementieren, aus dem Auge. Es wäre den Parteien ein Leichtes, sich auch ohne Umgehungsabsicht dem Anwendungsbereich der HOAI in weiten Bereichen zu entziehen. Damit würde aber der Sinngehalt der HOAI als solches insgesamt infrage gestellt.

22 Soweit in der amtlichen Begründung zur HOAI (BR-Drucks. 334/13, S. 142) zu § 8 Abs. 1 lapidar darauf hingewiesen wird, dass *„nunmehr klargestellt [werde], dass auch*

4 *Weber*, BauR 2013, 1747, 1754, 1755.

die Beauftragung mit einzelnen Leistungsphasen dem Schriftformerfordernis genügen" müsse, trifft dies nicht den oben beschriebenen Kern des Problems. Von einer „Klarstellung" kann gerade keine Rede sein. Klar wäre es gewesen, wenn der Gesetzgeber sich in § 8 Abs. 1 darauf beschränkt hätte, die **Rechtsfolgen** hinsichtlich des Honorars bei Übertragung nur einzelner Leistungsphasen zu regeln, und im Übrigen die **Voraussetzungen** für Honorarvereinbarungen nach § 7 Abs. 1 unberührt gelassen hätte.

Der Gesetzgeber ist auch den Formulierungsvorschlägen des Abschlussberichts im Rahmen der Studie zum Aktualisierungsbedarf zur Honorarstruktur der HOAI (Anlagenband 2, Anlage 12.1, S. 13) nicht gefolgt. Dort findet sich eine Anordnung des Schriftlichkeitsgebots in § 8 Abs. 1 gerade nicht. 23

B. Herausnahme einzelner Grundleistungen (Abs. 2)

I. Nicht alle Grundleistungen einer Leistungsphase werden übertragen

§ 8 Abs. 2 S. 1 setzt die Regelung des § 8 Abs. 1 S. 1 für die **Grundleistungen einer (einzelnen) Leistungsphase** fort. Die Vorschrift ist anwendbar, wenn alle oder nur einzelne Leistungsphasen dem Auftragnehmer übertragen werden. Werden im Rahmen einer übertragenen Leistungsphase einzelne Grundleistungen nicht übertragen, so greift § 8 Abs. 2 S. 1 ein. 24

II. Rechtsfolge: Nur ein Honorar, das dem Anteil der übertragenen Grundleistungen an der gesamten Leistungsphase entspricht, darf berechnet und vereinbart werden

Da der Gesetzgeber in der Anlage 10 zu § 34 Abs. 4 den einzelnen Grundleistungen keinen Anteil an der jeweiligen Leistungsphase zugeordnet hat, müssen die Parteien diesen Anteil selbst bewerten. Einen Anhaltspunkt hierfür geben die auf dem Markt befindlichen **„Teilleistungstabellen"**, auch **„Splitting-Tabellen"** genannt. Halten sich die Parteien im Wesentlichen in dem durch diese Tabellen vorgegebenen Rahmen, so wird das Gericht diese Bewertung als grundsätzlich wirksam hinzunehmen haben. Zulässiges Bewertungskriterium kann – auch entsprechend den Teilleistungstabellen – nur ein prozentualer Anteil der Grundleistung an dem Prozentsatz der gesamten Leistungsphase sein. 25

Dass in diesem Zusammenhang andere Parameter der HOAI – insbesondere die anrechenbaren Kosten oder die Honorarzone – abgeändert werden dürfen, ist dem § 8 Abs. 2 S. 1 nicht zu entnehmen. Eine Veränderung dieser Parameter, um den Anteil der übertragenen Grundleistungen an der Leistungsphase zu bewerten, ist ausgeschlossen. § 8 Abs. 2 S. 1 ist insoweit als Verbotsgesetz aufzufassen. Dagegen verstoßende Vereinbarungen sind über § 134 BGB nichtig. 26

III. Schriftform

Auch die Vorschrift des § 8 Abs. 2 S. 2 ist neu in die HOAI 2013 aufgenommen worden. In der bereits zitierten Anlage 12.1 des Anlagenbandes 2 der Studie zur HOAI ist dies nicht vorgeschlagen. Auch bezüglich dieser Schriftformanordnung ist in der amtlichen Begründung zur HOAI (BR-Drucks. 334/13, S. 142) wiederum nur lapidar von „Klarstellung" die Rede. 27

Wie bereits bei § 8 Abs. 1 ist auch vorliegend die Frage, ob die Vereinbarung „bei Auftragserteilung" geschlossen werden muss und sich im Rahmen der Mindest- und 28

Höchstsätze zu halten hat. Die Problemstellung ist parallel und identisch zu § 8 Abs. 1, sodass auf die diesbezüglichen obigen Ausführungen verwiesen wird.

29 Allerdings ist aus der gerichtlichen Praxis heraus die Relevanz derartiger Vereinbarungen eher gering. Nur in den wenigsten Fällen werden nicht alle Grundleistungen einer Leistungsphase übertragen.

IV. Nicht alle wesentlichen Teile einer Grundleistung werden übertragen

30 Der Gesetzgeber zoomt die Honorarvereinbarung noch unter das Niveau der Grundleistung herab, obwohl dieser Begriff in der HOAI weder definiert noch geregelt ist. Sowohl die Sinnhaftigkeit als auch die Relevanz dieser Regelung darf mit Recht bezweifelt werden, da schon die Vorgängerregelung keine Bedeutung bei Gericht hatte.

31 Man wird den Parteien im Einzelfall einen erheblichen Beurteilungsspielraum hinsichtlich des Merkmals „wesentlich" einräumen müssen. Gleiches gilt für die dann eingreifende Rechtsfolge, die die Höhe des Abzugs betrifft. Zu erwähnen bleibt noch, dass auch diese Vereinbarung *„schriftlich"* zu erfolgen hat.

C. Zusätzlicher Koordinierungs- oder Einarbeitungsaufwand (Abs. 3)

32 Durch die Einführung eines eigenen Absatzes 3 für den Einarbeitungs- und Koordinierungsaufwand hat der Gesetzgeber klargestellt, dass sich dieser sowohl auf § 8 Abs. 1 als auch auf § 8 Abs. 2 bezieht. Diese Frage war, nachdem in der HOAI 2009 der Einarbeitungs- und Koordinierungsaufwand nur in § 8 Abs. 2 S. 3, also nur als Teil von Absatz 2 geregelt war, unklar und streitig.

33 Eine Änderung in Bezug auf die HOAI 2009 ergibt sich dadurch, dass die Vergütung für den zusätzlichen Koordinierungs- oder Einarbeitungsaufwand nunmehr ausdrücklich **schriftlich zu vereinbaren** ist. Liegt dies nicht vor, so erhält der Architekt für den zusätzlichen Koordinierungs- oder Einarbeitungsaufwand keinerlei Vergütung. In der HOAI 2009 war ein zusätzlicher Koordinierungs- und Einarbeitungsaufwand „zu berücksichtigen". Dies bedeutete, dass dieser Aufwand „automatisch", also auch ohne – ausdrückliche oder konkludente – Vereinbarung der Parteien, im Rahmen der Honorierung zu beachten war. Diesen Automatismus hat der Gesetzgeber nun aufgegeben und die zusätzliche Vergütung im Anwendungsbereich des § 8 Abs. 1 und Abs. 2 der **freien Vereinbarung der Parteien** überlassen.

34 Vereinbaren die Parteien für einen zusätzlichen Koordinierungs- oder Einarbeitungsaufwand **keine Vergütung**, so erhält der Architekt hierfür auch keine, da eine automatische Berücksichtigung dieses zusätzlichen Aufwandes nicht mehr vorgesehen ist. Haben die Parteien für den zusätzlichen Koordinierungs- oder Einarbeitungsaufwand schriftlich eine bestimmte Vergütung vereinbart, so hat der Architekt Anspruch auf diese.

35 Haben die Parteien für den zusätzlichen Koordinierungs- oder Einarbeitungsaufwand zwar vereinbart, dass dem Architekten eine Vergütung zustehen soll, deren **Höhe** aber weder ausdrücklich (auch nicht nach Auslegung des Vertrages ermittelbar) noch konkludent bestimmt, ergibt sich die Höhe dieser Vergütung auch nicht aus der HOAI, sondern aus §§ 631 Abs. 1, 632 Abs. 2 BGB. Dies lässt sich schon aus dem Wortlaut des § 8 Abs. 3 eindeutig daraus entnehmen, dass der Verordnungsgeber von *„gesonderter Vergütung"* und nicht von „Honorar" spricht. Nur das Honorar ist in der HOAI geregelt, nicht aber anderweitige „Vergütungen". Damit unterfällt diese „Vergütungsvereinbarung" schon deswegen nicht den weiteren Voraussetzungen des § 7 Abs. 1. Die besondere Vergütung für den zusätzlichen Koordinierungs- und Einarbeitungsaufwand kann also auch **nach Auftragserteilung** und **ohne Bindung an die Mindest- und Höchstsätze** verein-

bart werden. Gegenteilige Überlegungen von *Werner/Siegburg*[5] gehen wohl schon wegen des eindeutigen Wortlauts der Normen – auch des § 5 Abs. 4 HOAI 1996 – an der Rechtslage vorbei.

Diese besondere Vergütung für den zusätzlichen Koordinierungs- oder Einarbeitungsaufwand ist auch im Rahmen der Bestimmung der Mindest- und Höchstsätze nicht zu berücksichtigen. 36

Maßgeblich für die Höhe der Vergütung ist demnach die **Vereinbarung der Parteien**, § 631 Abs. 1 BGB. Die Höhe ist damit der freien Vereinbarung der Parteien – ohne Bindung an die HOAI – zugänglich. Haben die Parteien zur Höhe keine Vereinbarung getroffen, so gilt § 632 Abs. 2 BGB. Eine „taxmäßige Vergütung" gibt es aber nicht. Denn ein hoheitlicher, nach Bundes- oder Landesrecht festgelegter Preis, existiert nicht. Damit ist die „übliche Vergütung" maßgeblich („*als vereinbart anzusehen*"). Dies ist die Vergütung, die nach allgemeiner Auffassung des Verkehrskreises am Ort der Werkleistung gewährt zu werden pflegt. Ob sich hier eine „Auffassung der Verkehrskreise" herausgebildet hat, muss bezweifelt werden, zumal auch erstmals mit der HOAI 2009 Koordinierungs- und Einarbeitungsaufwand eingeführt wurde. 37

Nach den Gepflogenheiten zum Architektenhonorar können mehrere Kriterien in Betracht kommen: dies ist einmal ein **prozentualer, pauschaler Zuschlag** zu den Prozentsätzen der übertragenen Leistungsphasen und Grundleistungen sowie eine **stundenmäßige – pauschale oder konkrete – Abgeltung** des Zusatzaufwandes. Denkbar wäre auch, dass die Parteien die Höhe des Zusatzaufwandes nach §§ 315, 316 BGB festlegen, indem die Parteien vereinbaren, dass eine der Parteien die Leistung bzw. die Gegenleistung nach billigem Ermessen bestimmen kann. 38

D. Nicht von § 8 erfasste Sachverhalte

Nicht von der HOAI geregelt sind die Fälle, in denen dem Auftragnehmer eine bestimmte Leistung übertragen wird, er aber einzelne übertragene Leistungsphasen, **einzelne Grundleistungen oder Teile von Grundleistungen trotz Übertragung nicht erbringt**. Der Ausgangspunkt des BGH in seiner sog. **Teilleistungs- bzw. Teilerfolgsrechtsprechung**, die auch unter § 34 Rn 19 ff. kommentiert ist, ist so eindeutig wie problematisch. In seiner Entscheidung vom 24.6.2004,[6] die als „Teilleistungsurteil" Eingang in die Literatur und übrige Rechtsprechung gefunden hat, stellt er als Ausgangspunkt – mehr oder weniger apodiktisch – fest: 39

> *„Erbringt der Architekt eine vertraglich geschuldete Leistung teilweise nicht, dann entfällt der Honoraranspruch des Architekten ganz oder teilweise nur dann, wenn der Tatbestand einer Regelung des allgemeinen Leistungsstörungsrechts des BGB oder des werkvertraglichen Gewährleistungsrechts erfüllt ist, die den Verlust oder die Minderung der Honorarforderung als Rechtsfolge vorsieht."*

Zur Begründung dieser Ausgangsthese verweist die Entscheidung auf einen Aufsatz von *Knifka*[7] und die Ausführungen von *Preussner*.[8] Eine weitere Herleitung oder Begründung dieses Ansatzes erfolgt nicht. Dies soll in diesem Rahmen schon deswegen nicht infrage gestellt werden, weil sich faktisch die gesamte unter- und obergerichtliche Rechtsprechung auf diesen Ausgangspunkt eingestellt hat. 40

---

5 *Werner/Siegburg*, BauR 2013, 1499 ff.
6 BGH, Urt. v. 24.6.2004 – VII ZR 259/02 –.
7 *Knifka* in: FS Vygen, S. 24.
8 Thode/Wirth/Kuffer/*Preussner*, § 9 Rn 37, 47.

41 Damit verweist der BGH die Frage von übertragenen aber nicht erbrachten Leistungen aus der HOAI in das BGB. Dem Verordnungsgeber der HOAI dürfte zumindest auch die Kompetenz zur Regelung dieser Frage fehlen, da es sich um Vertragsrecht und nicht um Honorarrecht handelt. Der zentrale Ausgangspunkt sowohl der genannten Entscheidung des BGH als auch in der täglichen Gerichtspraxis ist, die **„vertraglich geschuldete Leistung"**, die dem Auftragnehmer zur Erbringung übertragen worden ist, zu ermitteln. Dies führt zentral in das BGB-Vertragsrecht und die Auslegung von Vertragsklauseln und mündlichen Willenserklärungen hinein.

42 Der BGH hat den Kern seiner Entscheidung in weiteren Entscheidungen bestätigt und präzisiert. Es handelt sich hierbei um die Urteile vom 11.11.2004,[9] 16.12.2004[10] und der neueren Entscheidung vom 28.7.2011.[11] Ausgangspunkt für die Ermittlung der vertraglich geschuldeten Leistung ist der Ansatz, dass **Umfang und Inhalt dieser geschuldeten Leistung sich ausschließlich und nur nach dem Vertragsrecht des BGB,** nicht aber nach den Leistungsbildern und Leistungsphasen der HOAI richten. Der BGH verweist darauf, dass der vom Architekten geschuldete Gesamterfolg im Regelfall gerade nicht darauf beschränkt ist, dass er nur die Aufgaben erledigt, die für die mangelfreie Errichtung des Bauwerks erforderlich sind. Haben die Parteien einzelne Leistungen des Architekten, die für den geschuldeten Erfolg erforderlich sind, als selbstständige Teilerfolge vereinbart, so hat der Auftragnehmer diese einzelnen Leistungen auch zu erbringen. Erbringt er eine der übertragenen Leistungen nicht, so ist sein Werk mangelhaft mit der Folge, dass dem Auftraggeber Gewährleistungsansprüche nach dem BGB zustehen.

43 Haben die Parteien aber keine Leistungen als selbstständige Teilerfolge ausdrücklich vereinbart, so muss zur Ermittlung von Umfang und Inhalt der geschuldeten Leistung die vertragliche Vereinbarung der Parteien ausgelegt werden. Maßgebliches Kriterium nach dem BGH ist der Grundsatz der interessengerechten Auslegung. Das Gericht hat sich im Streitfall auf die Suche nach den durch den konkreten Vertrag begründeten Interessen des Auftraggebers an einzelnen Arbeitsschritten der Architektenleistungen zu begeben. Der BGH gibt der Praxis eine Hilfestellung dahingehend, dass er Regelfälle der Interessen des Auftraggebers an einzelnen Arbeitsschritten des Architekten abstrakt bestimmt. Insbesondere hat er hierbei folgende Regelfälle festgestellt:

- Vorgaben aufgrund der Planung des Architekten, die für die Bauunternehmer erforderlich sind, um die Planung des Architekten vertragsgerecht umsetzen zu können;
- Leistungen des Architekten, die es dem Bauherrn ermöglichen zu überprüfen, ob der Architekt den geschuldeten Erfolg vertragsgemäß erbracht hat;
- Leistungen des Architekten, die den Bauherrn in die Lage versetzen, etwaige Gewährleistungsansprüche gegen die Bauunternehmer durchzusetzen;
- Leistungen des Architekten, die erforderlich sind, um die Maßnahmen zur Unterhaltung des Bauwerks und dessen Bewirtschaftung planen zu können.

44 Ein Architektenvertrag, der also keine nähere Bestimmung einzelner Arbeitsschritte des Architekten enthält, wird im Regelfall dahingehend auszulegen sein, dass der Architekt die oben angeführten Leistungen als Teilerfolge zu erbringen hat, da an ihrer Erbringung der Bauherr im Regelfall ein objektiviertes, im Vertrag zum Ausdruck gekommenes Interesse hat. Damit wird in der Praxis eine Auslegung von Verträgen konkretisiert, in denen sich bestimmte Teilleistungserfolge gerade nicht finden lassen.

---

9 BGH, Urt. v. 11.11.2004 – VII ZR 128/03 – BauR 2005, 400.
10 BGH, Urt. v. 16.12.2004 – VII ZR 174/03 – BauR 2005, 588.
11 BGH, Urt. v. 28.7.2011 – VII ZR 65/10 –.

Die andere Vertragsvariante, die die Rechtsprechung in erheblichem Umfang beschäftigt, ist diejenige, bei der in den – in der Regel schriftlich abgefassten Verträgen – zur Beschreibung der Leistungspflicht des Architekten auf die Leistungsphasen und die Grundleistungen der HOAI Bezug genommen worden ist. Diese Bezugnahme der Parteien im Rahmen ihrer Vereinbarung des § 631 BGB ist grundsätzlich zulässig und möglich. Dies ist deswegen erwähnenswert, weil das BGB nur die Voraussetzungen für den Vertragsschluss und damit die Voraussetzungen für das Entstehen des Werklohnanspruchs bzw. dessen Wegfall oder Herabsetzung regelt, während die HOAI daneben die Frage der Bestimmung und der Höhe des Honorars obliegt. Die Parteien können aber Kraft ihrer Privatautonomie zur Beschreibung der Leistungspflicht, also eines Bestandteils des Werkvertragsschlusses, die Kautelen und Kriterien der HOAI hierfür verwenden. Nachdem eine Norm diese Bezugnahme nicht verbietet, ist sie aufgrund der Privatautonomie zulässig. 45

In der Entscheidung vom 24.6.2004[12] hat der BGH ausgesprochen, dass eine an den Leistungsphasen der HOAI orientierte vertraglich Vereinbarung im Regelfall begründe, dass der Architekt die **vereinbarten Arbeitsschritte als Teilerfolg des geschuldeten Gesamterfolges** schulde. Erbringe der Architekt einen derartigen Teilerfolg nicht, so sei sein geschuldetes Werk **mangelhaft**. In seinem Urteil vom 11.11.2004[13] stellt er – präzisierend – fest, dass bei Bezugnahme der Parteien auf die Leistungsphasen der HOAI zur Beschreibung der Leistungspflicht des Architekten eine Vertragsauslegung *„dahin möglich und naheliegend"* sei, dass dem Architekten damit auch die Verpflichtung auferlegt werde, die Kostenermittlungen dem Bauherrn vorzulegen. 46

Entschieden hat der BGH in seinem Urteil vom 24.6.2004[14] die **„Zusammenstellung der Vorplanungsergebnisse"** (letzte Grundleistung der LPH 2) als zu erbringende teilerfolgsfähige Leistung. Gleiches gilt für die Entscheidung vom 11.11.2004[15] in Bezug auf die **Kostenermittlungen** (Kostenschätzung, Kostenberechnung und Kostenanschlag). Die Entscheidung vom 28.7.2011[16] bezieht sich auf das **Führen eines Bautagebuchs**. In seiner Entscheidung vom 26.7.2007[17] befasst er sich mit einem Vertrag zwischen dem Bauherrn und einem Tragwerkplaner und die Bezugnahme des Vertrages auf die Leistungen nach § 64 Abs. 3 HOAI 1996. 47

Haben die Parteien in dem Architektenvertrag zur Bestimmung der Leistungspflicht **pauschal auf die Leistungsphasen des § 34 Abs. 3** Bezug genommen, stellt sich die Frage, ob der Architekt alle Grundleistungen der einzelnen Leistungsphasen nach **Anlage 10** zu § 34 Abs. 4 als Teilerfolge zu erbringen hat. Diese Frage wird man nur unter Rückgriff auf die oben dargestellte Rechtsprechung des BGH zur Auslegung des Vertrages und Bestimmung des Leistungsumfangs ermitteln können. Maßgeblich sind die **objektiven Interessen des Auftraggebers.** Dieser hat **nicht an allen einzelnen Grundleistungen ein objektives Interesse** an deren Erbringung. Eine Differenzierung nach „dienstvertraglichen Grundleistungen" und „werkvertraglichen Grundleistungen" wird schon vom Ansatz her nicht möglich sein und ist unter Berücksichtigung der Prämisse auch nicht zielführend. Der Architekt hat – unabhängig von der Frage, ob die einzelne Leistungspflicht als dienstvertraglich oder werkvertraglich einzuordnen ist – alle diejenigen Grundleistungen zu erbringen, die zur vertragsgerechten Umsetzung seiner Planung 48

12 BGH, Urt. v. 24.6.2004 – VII ZR 259/02 –.
13 BGH, Urt. v. 11.11.2004 – VII ZR 128/03 – BauR 2005, 400.
14 BGH, Urt. v. 24.6.2004 – VII ZR 259/02 –.
15 BGH, Urt. v. 11.11.2004 – VII ZR 128/03 – BauR 2005, 400.
16 BGH, Urt. v. 28.7.2011 – VII ZR 65/10 –.
17 BGH, Urt. v. 26.7.2007 – VII ZR 42/05 – BGHZ 173, 314 ff.

in ein reales Bauwerk erforderlich sind. Gleiches gilt für die Überprüfungsmöglichkeit des Bauherrn in Bezug auf die Architektenleistung selbst, mögliche Gewährleistungsansprüche gegen die am Bau beteiligten Handwerker sowie alle Grundleistungen, die für die Planung der Unterhaltung und Bewirtschaftung des Bauwerks erforderlich sind.

49 So kann es beispielsweise unerheblich sein, dass der Architekt keine Kostenschätzung, aber dafür eine Kostenberechnung zeitgerecht erstellt hat. Allein aus dem Umstand, dass eine Kostenschätzung fehlt, wird der Auftraggeber kein objektives Interesse an deren Erstellung haben und auch nicht gehabt haben. Gewährleistungsansprüche insoweit würden ausscheiden. Dieser Schluss kann aber nur die Folge der Auslegung des Vertrages und Bestimmung der Leistungspflichten anhand der objektivierten Bauherrninteressen sein.

50 So ist aber auch denkbar, dass der Bauherr ein objektives Interesse an der Erbringung der Grundleistung f) der LPH 2 – „Vorverhandlungen über die Genehmigungsfähigkeit“ – hat. Dies ist beispielsweise dann denkbar, wenn gerade durch diese Vorverhandlungen Zeitverzögerungen durch notwendige Umplanungen, weil die spätere Baugenehmigung nicht wie beantragt erteilt werden kann, erfolgen. So hat der Auftraggeber dann möglicherweise auch einen Anspruch wegen der Zeitverzögerung gegenüber dem Architekten. Zudem kann er aber auch das Honorar des Architekten um die nicht erbrachte Grundleistung f) kürzen, da der Architekt zur Erbringung verpflichtet war, sie aber nicht erbracht hat. Die Grundleistung f) wird aber eindeutig als „dienstvertraglich“ zu qualifizieren sein. Wird dagegen ein Vorbescheid oder die Baugenehmigung erteilt, hat der Bauherr nachträglich kein Interesse mehr an diesen „Vorverhandlungen über die Genehmigungsfähigkeit“ dieser Grundleistung f), weil der Erfolg – die Genehmigung – auch ohne diese Vorverhandlungen eingetreten ist.

51 Ist das Architektenwerk durch Nichterbringung einzelner Leistungsphasen oder einzelner Grundleistungen mangelhaft, so stehen dem Besteller die Gewährleistungsrechte nach § 634 BGB zu. Realistisch in Betracht kommen werden jedoch nur die Gewährleistungsrechte **Minderung** und **Schadensersatz** nach § 634 Nr. 3 und Nr. 4 BGB. Soweit das Setzen einer Frist zur Nacherfüllung Voraussetzung ist, wird eine solche dann nicht erforderlich sein, wenn der Besteller das Interesse an der nicht erbrachten Leistung deshalb verloren hat, weil die Leistung ihren vertraglich vorgesehen Zweck nicht mehr erfüllen kann. Dies ist insbesondere bei den **Kostenermittlungen** der Fall. Diese sind nach der Rechtsprechung des BGH (Urteil vom 11.11.2004)[18] grundsätzlich in den Leistungsphasen zu erbringen, denen sie in der HOAI zugeordnet sind. Erbringt sie der Architekt erst später, hat der Auftraggeber in der Regel an dieser verspäteten Erbringung kein Interesse mehr. Will er den Honoraranspruch des Architekten deswegen mindern, so hat er zuvor keine Frist zur Nacherfüllung zu setzen. Allgemein kann man formulieren, dass der Bauherr an der Erbringung der einzelnen Grundleistung nur dann – noch – ein Interesse hat, wenn diese sinnvoll in den Bauablauf eingebracht werden kann. Ist dies aufgrund Zeitablaufs nicht mehr möglich, so hat der Bauherr kein objektives Interesse mehr an deren Erbringung. Dann ist aber auch eine Fristsetzung zur Nacherfüllung unsinnig und deswegen nicht mehr notwendig.

52 Da es sich bei dem Einwand des Bauherrn, der Architekt habe nicht alle beauftragten Grundleistungen erbracht, um eine **„Mängeleinrede“** handelt, ist der **Bauherr** grundsätzlich **darlegungs- und beweispflichtig** für deren Vorliegen. Geht man von der üblichen prozessualen Situation aus, dass der Architekt seinen Restwerklohn gegen den Bauherrn einklagt und wendet der Bauherr die teilweise Nichterbringung aller beauf-

18 BGH, Urt. v. 11.11.2004 – VII ZR 128/03 – BauR 2005, 400.

tragten Leistungen ein, so hängt die Verteilung der Darlegungs- und Beweislast in Bezug auf den Mängeleinwand des Bauherrn davon ab, ob die Architektenleistung bereits abgenommen ist oder nicht. Dies gilt zumal unter Berücksichtigung des nunmehrigen Wortlauts des § 15 Abs. 1, der die Abnahme als Fälligkeitsvoraussetzung für den Honoraranspruch normiert. Ist die Abnahme der Architektenleistung erfolgt, so trifft den Bauherrn gem. § 363 BGB die Darlegungs- und Beweislast für die Nichterbringung einzelner beauftragter Leistungen. Soweit sich diese **einzelnen Leistungen** – üblicherweise in **Papierform** – **verkörpern lassen**, wird der Bauherr hinsichtlich seines Vortrags aber auch hinsichtlich der Beweisbarkeit seines Vortrags keine wirklichen Probleme haben. Behauptet der Bauherr beispielsweise, dass die Kostenberechnung nicht im Rahmen der LPH 3 erbracht worden ist, so dürfte es ihm ein Leichtes sein, dies auch vorzutragen und bei Bestreiten zu beweisen. Gleiches wird für die zeichnerische Darstellung von Entwurfsplänen nach 3a) gelten. Schwieriger ist die Situation des Bauherrn hinsichtlich solcher Grundleistungen, deren Erbringung sich **nicht als körperliche Form** ergibt. Dies gilt für alle Grundleistungen, zu deren Erbringung der Architekt **bloße Tätigkeiten** zu entfalten hat. Plastisch wird dies für alle Grundleistungen, die „Verhandlungen" beinhalten. Dass tatsächlich durch den Architekten mit anderen Baubeteiligten oder Behörden verhandelt worden ist, muss sich nicht notwendig in körperlicher Form darstellen lassen. Schon der Vortrag der Nichterbringung dieser Leistungen ist für den Auftraggeber mit Schwierigkeiten verbunden. So hat er in der Regel keine Kenntnis hiervon. Hier kann wohl nur mit einer **sekundären Darlegungslast des Architekten** geholfen werden. Da sich die Verhandlungen und die übrigen Tätigkeiten, die Grundleistungen darstellen, ausschließlich in seinem Machtbereich abspielen, ist es für ihn zwar immer noch schwierig, aber zumindest möglich, das Stattfinden und den Ablauf derartiger Verhandlungen und Tätigkeiten darzustellen. Erst wenn dies im Rechtsstreit erfolgt ist, hat der **Auftraggeber die Beweislast** dafür, dass diese **Behauptungen des Auftragnehmers nicht zutreffen**.

Hat eine **Abnahme** der Architektenleistung noch nicht stattgefunden, so verbleibt es in Bezug auf den Mangeleinwand des Bauherrn – Nichterbringung einzelner übertragener Grundleistungen – dabei, dass der **Architekt** die Erbringung dieser Leistungen **vorzutragen und ggf. zu beweisen** hat. 53

Als Rechtsfolge bei Vorliegen eines Mangels stehen dem Bauherrn als Werkbesteller die Gewährleistungsrechte des § 634 BGB zu. Realistischerweise kommen nur Schadensersatz und/oder Minderung in Betracht. 54

Ein denkbarer **Schadensersatzanspruch** ergibt sich als Schadensersatz statt der Leistung gem. §§ 634 Nr. 4, 280 Abs. 1 S. 1, Abs. 3, 281 BGB. Wie bereits oben festgestellt ist eine Fristsetzung zumindest gem. § 281 Abs. 2 BGB wegen „besonderer Umstände" vor Geltendmachung des Anspruchs nicht erforderlich. Der Schaden des Bauherrn liegt in der Belastung mit dem anteiligen Werklohnanspruch, der dem Wert der nicht erbrachten Grundleistungen entspricht. Zur Bewertung und zur Höhe dieses Anspruchs vgl. die Ausführungen zur Minderung. 55

Gemäß §§ 634 Nr. 3, 638 Abs. 1, Abs. 3, Abs. 4 BGB kann der Bauherr aber auch **Minderung** geltend machen. Ist noch ein vermeintlicher Restanspruch des Architekten auf Zahlung von Honorar offen, so kann der Bauherr durch Erklärung gegenüber dem Architekten den Werklohn mindern. Hat der Bauherr bereits den gesamten vermeintlichen Anspruch des Architekten beglichen, so steht dem Bauherrn ggf. der Erstattungsanspruch des § 638 Abs. 4 BGB zu. 56

Problematisch ist die **Höhe der Minderung** (und auch des Schadensersatzes statt der Leistung). Denn grundsätzlich bestimmt sich die Minderung gem. § 638 Abs. 3 BGB. Der Minderungsbetrag wird dabei nicht durch einen einfachen prozentualen Abschlag 57 vom gesamten, vereinbarten Honorar bestimmt, sondern nach dem Verhältnis, in dem *„zur Zeit des Vertragsschlusses der Wert des Werkes in mangelfreiem Zustand zu dem wirklichen Wert gestanden haben würde"*. Diese Norm wird zurzeit jedoch von der Rechtsprechung ohne jede weitere Erwähnung übergangen. Der BGH lässt es zu, dass der Minderungsbetrag als bloßer prozentualer Anteil an dem Prozentsatz der jeweiligen Leistungsphase bestimmt wird. In seiner Entscheidung vom 16.12.2004[19] hat er hierzu ausdrücklich ausgeführt:

> *„Es ist nicht erforderlich, wenn auch naheliegend, die Abrechnung in diesen Fällen nach der Steinfort-Tabelle oder ähnlichen Berechnungswerken vorzunehmen. Die Steinfort-Tabelle oder ähnliche Berechnungsvorschläge beruhen in der Regel auf dem Durchschnitt der Erfahrungswerte von sachverständigen Praktiken, so dass sie sich als Orientierungshilfe auch für die Bewertung nicht erbrachter Leistungen eignen. Allerdings kann eine Abrechnung im Einzelfall auch auf hiervon abweichenden Berechnungsmaßstäben beruhen, wobei es dann maßgeblich auf die im Einzelfall geschuldeten, aber nicht erbrachten Leistungen ankommt."*

58 Mit der Bezugnahme auf die Steinfort-Tabelle hat sich der Sachverständige *Seifert* kritisch auseinandergesetzt.[20] Festzuhalten ist jedoch, dass der 7. Zivilsenat des BGH billigt, den Minderungsbetrag anhand der auf dem Markt befindlichen Tabellen zu bestimmen.[21]

§ 9
Berechnung des Honorars bei Beauftragung von Einzelleistungen

(1) Wird die Vorplanung oder Entwurfsplanung bei Gebäuden und Innenräumen, Freianlagen, Ingenieurbauwerken, Verkehrsanlagen, der Tragwerksplanung und der Technischen Ausrüstung als Einzelleistung in Auftrag gegeben, können für die Leistungsbewertung der jeweiligen Leistungsphase

1. **für die Vorplanung höchstens der Prozentsatz der Vorplanung und der Prozentsatz der Grundlagenermittlung und**
2. **für die Entwurfsplanung höchstens der Prozentsatz der Entwurfsplanung und der Prozentsatz der Vorplanung herangezogen werden. Die Vereinbarung hat schriftlich zu erfolgen.**

(2) Zur Bauleitplanung ist Absatz 1 Satz 1 Nummer 2 für den Entwurf der öffentlichen Auslegung entsprechend anzuwenden. Bei der Landschaftsplanung ist Absatz 1 Satz 1 Nummer 1 für die vorläufige Fassung sowie Absatz 1 Satz 1 Nummer 2 für die abgestimmte Fassung entsprechend anzuwenden. Die Vereinbarung hat schriftlich zu erfolgen.

(3) Wird die Objektüberwachung bei der Technischen Ausrüstung oder bei Gebäuden als Einzelleistung in Auftrag gegeben, können für die Leistungsbewertung der Objektüberwachung höchstens der Prozentsatz der Objektüberwachung und

19 BGH, Urt. v. 16.12.2004 – VII ZR 174/03 – BauR 2005, 588.
20 *Werner Seifert*, IBR 2005, 159 (Besprechung des BGH, Urt. v. 16.12.2004 – VII ZR 174/03 –).
21 Zur HOAI 2013 haben *Siemon* (IBR 2013, 1286 ff.) und *Werner/Siegburg* (BauR 2013, 1499 ff.) Bewertungstabellen veröffentlicht. Im Kommentar von Locher/Koeble/Frik ist in Anhang 3 der 12. Aufl. eine neue Tabelle zur HOAI 2013 enthalten; ebenso ist in diesem Kommentar unter § 34 Rn 45 ff. eine entsprechende Tabelle von *Schmidl.*

die Prozentsätze der Grundlagenermittlung und Vorplanung herangezogen werden. Die Vereinbarung hat schriftlich zu erfolgen.

Übersicht

A. Gebäude und Technische Ausrüstung

Nach § 9 kann für Einzelleistungen ein erhöhtes Honorar unter bestimmten Voraussetzungen verlangt werden. Während bei der Planung von Innenräumen, Freianlagen, Ingenieurbauwerken, Verkehrsanlagen oder der Tragwerksplanung diese Vergütung für Einzelleistungen auf die Vor- oder Entwurfsplanung begrenzt ist, kann bei der Planung für Gebäude und Technische Ausrüstung darüber hinaus auch ein Mehrhonorar vereinbart werden für die Objektüberwachung. 1

I. Vor- oder Entwurfsplanung

Nach Abs. 1 kann ein höheres Honorar entweder für die Vor- **oder** die Entwurfsplanung vereinbart werden. Wird die eine oder andere dieser Leistungen beauftragt, so kann für die Vorplanung (LPH 2) neben dem Prozentsatz für diese Leistung noch der Prozentsatz für die Grundlagenermittlung (LPH 1) und in dem Fall, wo nur die Entwurfsplanung (LPH 3) beauftragt wird, kann der Prozentsatz für diese Leistung sowie die Vorplanung (LPH 2) als Honorar vereinbart werden. Wird die Vor- **und** Entwurfsplanung beauftragt, ist die Regelung des § 9 nicht betroffen. Dort geht es nur um die Einzelbeauftragung. Gleiches gilt, wenn zur Vor- oder Entwurfsplanung noch andere Leistungsbilder aus weiteren Leistungsphasen vereinbart werden. 2

Sinn der Regelung ist es, einen Mehraufwand des Planers zu vergüten, soweit er nur mit der Vor- oder Entwurfsplanung beauftragt wird. So können beispielsweise bei der singulären Beauftragung mit einer Vorplanung für ein Gebäude bei der Abrechnung neben dem Leistungsanteil von 7% für diese Leistungsphase noch weitere 2% der Grundlagenermittlung gemäß der LPH 2 abgerechnet werden. Damit kann bei einer singulären Beauftragung eine Vergütung von 9% der Gesamtleistung erfolgen. Für das Beispiel der Entwurfsplanung heißt dies, dass statt des bei Gebäuden in der LPH 3 festgelegten Höchstsatzes von 15% insgesamt 22% der Gesamtleistung vergütet werden dürfen. Damit ist § 9 eine Bestimmung, die den Höchstsatz i.S.v. § 7 Abs. 4 bestimmt. Es liegt also bei dem vorangegangenen Beispiel mit der Abrechnung von 22% für die singulär beauftragte Entwurfsplanung bei Gebäuden keine Höchstsatzüberschreitung vor. 3

Entscheidend, ob durch § 9 der Höchstsatz bestimmt wird, ist immer der Zeitpunkt der Beauftragung. Kommen nach der Beauftragung weitere Leistungen nach den Leistungsbildern der HOAI dazu, so bleibt es bei der vereinbarten Erhöhung. Die von vorneherein so vereinbarte Erhöhung bleibt also bestehen. Sinn der Regelung ist es, nur die jeweilige Einzelleistung zu beauftragen. Kommt es später zu einer Erweiterung des Auftrages, können die Parteien immer noch eine Regelung für die Vergütung finden. Lässt sich aus der vertraglichen Vereinbarung nichts anderes entnehmen, so wird man im Zweifel annehmen müssen, dass die Vergütung für die Einzelleistung nach § 9 erhöht ist und die später zusätzlich vereinbarten Leistungen auch zusätzlich vergütet werden müssen. 4

5 Anders liegt der Fall, wenn von vorneherein eine stufenweise Beauftragung vorgesehen war. Es ist dann von vorneherein mehr als die Beauftragung der Einzelleistung beabsichtigt, auch, wenn ein über die Einzelleistung hinaus bestehendes Vertragsverhältnis noch nicht besteht. Mit anderen Worten kann bei einer von vorneherein vorgesehenen stufenweisen Beauftragung und deren Ausweitung nicht das erhöhte Honorar i.S.v. § 9 verlangt werden.

6 Ausreichend für die Erhöhungswirkung des § 9 ist sicherlich nicht, wenn nur Teilleistungen der Leistungsbilder beauftragt werden. Umgekehrt führen nichtbeauftragte geringfügige Teilleistungen aus den Leistungsbildern, wie sie für Gebäude beispielsweise in der Anlage 10 für die Grundleistungen dargestellt sind, nicht dazu, dass § 9 keine Anwendung findet. Die wesentlichen Teilleistungen der jeweiligen Einzelleistungsbilder müssen vereinbart werden. Hierzu gehören sicherlich die charakteristischen Teilleistungen der jeweiligen Leistungsphase und die Vereinbarung der weit überwiegenden weiteren Teilleistungen. Wenn von diesen weiteren Teilleistungen mehr als ein Unterpunkt fehlt, dürfte die Wesentlichkeitsgrenze schnell erreicht sein. Ansonsten ließen sich die Erhöhungen aus § 9 kaum mehr rechtfertigen. Der Wortlaut lässt keine Teilerhöhung zu.

7 Werden für ein Bauvorhaben mehrere Vor- oder Entwurfsplanungen erbracht, so ist wiederum zu differenzieren, was die Parteien vereinbaren wollten. War beabsichtigt, dass die Einzelleistung, ohne das Teile dieser Leistung wiederholt werden sollten, erbracht werden muss, so berechnet sich das Honorar nach § 9 mit der Erhöhung nach § 9 Abs. 1 Nr. 1 oder Nr. 2. Jede wiederholte Vor- oder Entwurfsplanung wird dann nach den Grundsätzen des § 10 für Wiederholungsleistungen vergütet. Werden von vorneherein mehrere Vor- oder Entwurfsplanungen beauftragt, so ist mehr als nur eine Einzelleistung i.S.v. § 9 Abs. 1 beauftragt. Das Honorar berechnet sich dann nach der Grundleistung der Vor- oder Entwurfsplanung zuzüglich ggf. dem Wiederholungshonorar nach § 10. Andere Auffassungen[1] meinen, dass es dann zwar für die zweite Vorplanung – etwa bei Gebäuden – trotz desselben Aufwandes einen geringeren Honoraranteil gebe. Dies widerspricht jedoch der Systematik, wie sie im Zusammenhang mit weitergehenden Beauftragungen neben der Vor- oder Entwurfsplanung aus der Gesetzesbegründung und den in dieser Hinsicht übereinstimmenden Literaturmeinungen gesehen wird. Danach kommt es, wie oben dargelegt,[2] zu einer Erhöhung nach § 9, wenn von vorneherein nur diese Einzelleistung beauftragt werden sollte und zu keiner Erhöhung, soweit erst später weitere Leistungen beauftragt werden. Gleiches gilt im Übrigen für die stufenweise Beauftragung.[3]

II. Objektüberwachung

8 Nach Abs. 3 gibt es bei Gebäuden und der technischen Ausrüstung auch für die Objektüberwachung als zu beauftragende Einzelleistung eine Erhöhung. Danach kann neben der Vergütung für die Objektüberwachung auch die Vergütung für die Grundlagenermittlung und Vorplanung zusätzlich vereinbart und berechnet werden. Für Gebäude heißt dies, dass nach § 34 Abs. 1 Nr. 8 der Prozentsatz von 32% mit den Prozentsätzen aus der LPH 8 von 2% und aus der LPH 2 von 7%, insgesamt also mit 9% beaufschlagt werden kann. Insgesamt können so dann 41% des Leistungsanteils bei Gebäuden abgerechnet werden. Bei der technischen Ausrüstung nach § 55 Abs. 1 Nr. 8 gilt Entsprechendes hinsichtlich der Erhöhung. Hier können für die LPH 1 2% und für die LPH 2 9% sowie

1 Locher/Koeble/Frik/*Locher*, § 9 Rn 8.
2 Siehe Rn 2.
3 Siehe Rn 5.

für die LPH 8 35%, insgesamt also 46% abgerechnet werden. Die übrigen Ausführungen zur Vor- und Entwurfsplanung bei Gebäuden und der technischen Ausrüstung gelten hier entsprechend.

Die anrechenbaren Kosten richten sich für den gesamten § 9 nach § 6 Abs. 1 Nr. 1. 9
Danach ist auch für die einzeln vergebene Objektüberwachung die Kostenberechnung aus der LPH 3 zugrunde zu legen bzw. auf die Kostenschätzung der LPH 2 abzustellen, soweit die Kostenberechnung nicht vorliegt. Soweit in der Kommentarliteratur teilweise auf die Kostenfeststellung der LPH 8 zur Bestimmung der anrechenbaren Kosten abgestellt werden soll, lässt sich hierfür keine Grundlage in der Honorarordnung und insbesondere in § 9 finden. Die Anwendung wäre auch systemfremd. Auch außerhalb der Beauftragung von Einzelleistungen wird für die Objektüberwachung immer auf die Grundlagen des Entwurfsplaners abgestellt.

B. Innenräume, Freianlagen, Ingenieurbauwerke, Verkehrsanlagen und Tragwerksplanung

Hinsichtlich Innenräumen, Freianlagen, Ingenieurbauwerken, Verkehrsanlagen und 10
der Tragwerksplanung gilt lediglich hinsichtlich der Vor- oder Entwurfsplanung das Gleiche wie bei Gebäuden und der technischen Ausrüstung. Auch hier erhöht sich das Honorar für die LPH 2 für die Innenräume auf der Basis von § 34, für die Freianlagen auf der Basis von § 39, für die Ingenieurbauwerke auf der Basis von § 43, für die Verkehrsanlagen auf der Basis von § 47 und für die Tragwerksplanung auf der Basis von § 51, die Vorplanungsanteile genauso wie die nach § 34 für die Gebäude bzw. § 55 für die technische Ausrüstung um die Honoraranteile der Grundlagenermittlung. Im Unterschied zu der Honorierung für Gebäude und die technische Ausrüstung gilt diese Regelung jedoch bei der vorgenannten Gruppe nicht für die Objektüberwachung. Dort gibt es kein Erhöhungshonorar für die Leistungsanteile der LPH 1 und 2. Ansonsten richten sich die übrigen Voraussetzungen danach, wie sie für die Vor- und Entwurfsplanung für Gebäude und technische Ausrüstung hier kommentiert sind.

C. Bauleit- und Landschaftsplanung

§ 9 Abs. 2 gilt nur für die Flächenplanung des Teils 2 der HOAI, die Abschnitte Bau- 11
leitplanung (§§ 17–21) und die Landschaftsplanung (§§ 22–32). Auch hier kann bei einer Beauftragung von Einzelleistungen ein erhöhtes Honorar wirksam, d.h. im Rahmen der Höchstsatzbegrenzung nach § 7 Abs. 4, vereinbart werden. Die Auswirkungen der Erhöhung sind jedoch weitgehender, da es bei der Flächenplanung nur drei bzw. vier Leistungsphasen gibt und die Leistungsanteile der einzelnen Leistungsphasen entsprechend höher sind.

Bei der Bauleitplanung, d.h. der Flächennutzung- und Bebauungsplanung, schreibt 12
§ 9 Abs. 2 für den Entwurf zur öffentlichen Auslegung (LPH 2 i.S.v. § 18 Abs. 1 Nr. 2 bzw. § 19 Abs. 1 Nr. 2) lediglich die entsprechende Anwendung von § 9 Abs. 1 S. 1 Nr. 2 vor. Verwiesen wird also auf die zusätzliche Vergütung des Vorentwurfs für die frühzeitigen Beteiligungen nach §§ 18 Abs. 1 S. 1 Nr. 1 bzw. 19 Abs. 1 S. 1 Nr. 1. Danach können zu den 30% der LPH 2 noch die 60% des Leistungsanteils der LPH 1 bei der Vereinbarung der Vergütung herangezogen werden.

Bei der Landschaftsplanung verweist § 9 Abs. 2 für die vorläufigen Fassungen (LPH 3) 13
entweder auf die entsprechende Anwendung von § 9 Abs. 1 S. 1 Nr. 1 oder für die abgestimmten Fassungen (LPH 4) auf die entsprechende Anwendung von § 9 Abs. 1 S. 1 Nr. 2. Betroffen sind hiervon alle Formen der Landschaftsplanung (Landschafts-, Grünord-

nungs-, Landschaftsrahmen-, landschaftspflegerische Begleit- und Pflege- und Entwicklungsplan). Für die vorläufige Fassung der Landschaftsplanung heißt dies, dass neben den 50% des Leistungsanteils der LPH 3 auch die Prozentsätze der Grundlagenermittlung herangezogen werden können.

14 Bei der Landschaftsplanung unterteilt sich die Grundlagenermittlung in das Klären der Aufgabenstellung und Ermitteln des Leistungsumfangs (LPH 1) und der Ermittlung der Planungsgrundlagen (LPH 2). Für die Vergütung können also die Leistungsanteile der LPH 1–3 herangezogen werden. Es ergibt sich dann ein Leistungsanteil von 90% (50% + 37% + 3%).

15 Zum Honorar der abgestimmten Fassung der Landschaftsplanung der LPH 4 können die Leistungsanteile der Vorplanung herangezogen werden. Bei der Landschaftsplanung heißt dies, dass die Leistungsanteile der vorläufigen Fassung als zusätzliche Vergütung vereinbart werden können. Danach kommt zum Leistungsanteil von 10% der abgestimmten Fassung noch der Leistungsanteil von 50% der vorläufigen Fassung hinzu. Insgesamt kann also bei dieser Beauftragungslage ein Honoraranteil von 60% vereinbart werden.

D. Schriftformerfordernis

16 Jedem Absatz des § 9 ist als Satz 2 hinzugefügt, dass die Vereinbarung der Erhöhung des Honoraranteils schriftlich zu erfolgen hat. Den aus vorherigen Fassungen der HOAI bekannten Streit, ob die Schriftlichkeit nur eine deklaratorische oder eine konstitutive Voraussetzung für die Wirksamkeit der vertraglichen Vereinbarung ist, hat der Verordnungsgeber im Text und gemäß den Motiven[4] zur Erstellung der neuen HOAI ausdrücklich zugunsten der Notwendigkeit der Erfüllung dieses Tatbestandsmerkmals zum Ausdruck gebracht. Alle Vereinbarungen über eine Honorarerhöhung nach § 9 bedürfen also der Schriftform für ihre Wirksamkeit.

17 Im Unterschied zu § 7, in dem die generellen Regelungen zur Schriftlichkeit der Honorarvereinbarung enthalten sind, fehlt bei den Regelungen zur Schriftlichkeit des § 9 die Notwendigkeit, bei Auftragserteilung die Erhöhung des Honorars zu vereinbaren. § 9 ist diesbezüglich gegenüber § 7 eine speziellere Regelung. Die Vereinbarung eines höheren Honoraranteils im Sinne der Regelung von § 9 kann also auch noch nach Auftragserteilung vereinbart werden.

§ 10
Berechnung des Honorars bei vertraglichen Änderungen des Leistungsumfangs

(1) Einigen sich Auftraggeber und Auftragnehmer während der Laufzeit des Vertrags darauf, dass der Umfang der beauftragten Leistung geändert wird, und ändern sich dadurch die anrechenbaren Kosten oder Flächen, so ist die Honorarberechnungsgrundlage für die Grundleistungen, die infolge des veränderten Leistungsumfangs zu erbringen sind, durch schriftliche Vereinbarung anzupassen.

(2) Einigen sich Auftraggeber und Auftragnehmer über die Wiederholung von Grundleistungen, ohne dass sich dadurch die anrechenbaren Kosten oder Flächen

4 Siehe auch Kommentierung zu § 7.

ändern, ist das Honorar für diese Grundleistungen entsprechend ihrem Anteil an der jeweiligen Leistungsphase schriftlich zu vereinbaren.

Übersicht

A. Grundlagen von Leistungs- und Vergütungsanpassungen

Für das Verständnis von § 10 ist in Erinnerung zu rufen, dass die HOAI lediglich preisrechtliche Schranken setzt. Die Parteien müssen auch nach dem Wortlaut des § 10 den Leistungsumfang und die Vergütung vereinbaren. 1

I. Abgrenzung geschuldete Leistung zur Änderung des Leistungsumfangs

Kernfrage, ob eine geänderte Leistung vorliegt, ist zunächst, was die Parteien vertraglich vereinbart haben. Dies muss, wie bei allen Verträgen, durch die Auslegung des Vertrags ermittelt werden. Der Planervertrag ist ein Werkvertrag und daher nach den vertraglichen Regelungen der §§ 631 ff. BGB zu bewerten. Geschuldet ist nach den vertraglichen Regelungen das versprochene Werk. Mit anderen Worten soll der werkvertragliche Erfolg hergestellt werden. § 633 BGB legt fest, dass das Werk frei von Mängeln herzustellen sei. Dies ist dann der Fall, wenn das Werk die vereinbarte Beschaffenheit hat, also insbesondere den Festlegungen oder gemeinsamen Annahmen bezüglich Inhalt, Art und Umfang entspricht. 2

Nun ist beim Architekten- und Ingenieurvertrag zu bestimmen, was die vereinbarte Beschaffenheit ist. Das Wesen eines solchen Planervertrages ist, dass zwar der Erfolg am Ende mehr oder weniger bekannt, jedoch abhängig von Kosten, Funktionalität, Bedarf, Ästhetik und vielen anderen Dingen ist, die erst noch festgelegt oder ermittelt werden müssen. Von daher ist der Planungsprozess iterativ zu verstehen, was bedeutet, dass eine schrittweise Annäherung von ursprünglichen Bauzielen an die Machbarkeit erfolgen muss. Diese dynamische Annäherung ist also Teil der Leistungsverpflichtung. Festgelegt wird dies im Planervertrag, auch zur Vereinfachung der Abrechnung, durch die Übernahme der Beschreibung der Leistungsbilder aus der HOAI als Grundlage der Leistungsverpflichtung. Die Leistungsbilder sind daher Auslegungshilfe zur Bestimmung der vertraglich geschuldeten Leistung.[1] Dort findet sich über die Grundlagenermittlung, Vorentwurfsplanung, Entwurfsplanung usw. das Gerüst dieser dynamischen Annäherung, die sich von Leistungsbild zu Leistungsbild immer mehr konkretisiert. Im Ergebnis sind diese Konkretisierungen Teil der Leistungsverpflichtung und entwickeln gleichzeitig die 3

1 BGH, Urt. v. 26.7.2007 – VII ZR 42/05 – Rn 25.

Beschaffenheitsvereinbarungen fort. Genau genommen wird der werkvertragliche Erfolg erst im Rahmen des Planungsvorhabens genauer festgelegt.

4 Die Festlegung der geschuldeten Leistungsverpflichtung hat also von vornherein erst noch zu klärende Inhalte zum Gegenstand. Die Abgrenzung, wann eine Leistungsänderung vorliegt, muss diesen iterativen Prozess also berücksichtigen.

5 Zu Beginn der Planungssaufgabe wird man bei der Auslegung der Leistungsverpflichtung einen weiten Maßstab anlegen müssen. Dementsprechend sind auch die Leistungsbilder konfiguriert. Nimmt man die Leistungsbilder der Anlage 10 für die Grundleistungen bei Gebäuden als Beispiel, so beinhaltet das „Klären der Aufgabenstellung auf der Grundlage der Vorgaben des Auftraggebers" sich ändernde Ansätze im Rahmen der Erarbeitung der Grundlagenermittlung. Gleiches gilt für das „Beraten zum gesamten Leistungs- und Untersuchungsbedarf". Erst mit der Zusammenfassung der Ergebnisse endet die Leistungsphase. Da die Auslegung der Leistung regelmäßig zu einer weiten Leistungsverpflichtung führt, sind Änderungen – zumindest in Form von Wiederholungen – erst nach der abgeschlossenen Leistung anzunehmen.

6 Im Rahmen der LPH 2 ist die dynamische Annäherung an das Planungsziel vor allem durch das „Untersuchen, Darstellen und Bewerten von Varianten" in das Leistungsbild mitaufgenommen. Soweit die Anforderungen im Wesentlichen gleich bleiben, gehören die Varianten zur Leistungsverpflichtung. Wie viele Varianten dies sein müssen, ist nicht festgelegt. Entscheidend bei der Auslegung, ob es hier eine Grenze gibt, wird wiederum das Erreichen des vereinbarten Beschaffenheitsziels sein. Grundsätzlich wird es hier aber keine feststehenden Zahlen an geschuldeten Varianten geben. Dieses Ziel wäre durch eine konkrete vertragliche Vereinbarung zu formulieren. Eine Abgrenzung stellt das als Besondere Leistung in der Anlage 10 beschriebene „Untersuchen alternativer Lösungsansätze nach verschiedenen Anforderungen" dar. Auch die LPH 2 schließt das Leistungsbild der Grundleistungen mit einem „Zusammenfassen, Erläutern und Dokumentieren der Ergebnisse" ab. Erst nach vertragsgemäßer Erbringung der geschuldeten Leistung kommen dann Änderungen – insbesondere in Form von Wiederholungen – in Betracht.

7 In der LPH 3 werden die „Beiträge anderer an der Planung fachlich Beteiligter" zusammengeführt und mit dem Ergebnis der Vorentwurfsplanung verglichen. Auch hier sind bei den anderen fachlich Beteiligten verschiedene Lösungsansätze denkbar, die dann auch vom Architekten berücksichtigt werden müssen. Eine mehrfache Anpassung der Entwurfsplanung aufgrund der Fachplanungen gehört also zur geschuldeten Grundleistung dazu. Ist dieser Schritt durch das „Zusammenfassen, Erläutern und Dokumentieren der Ergebnisse" abgeschlossen und wird womöglich erst in viel späteren Leistungsphasen erneut die Erbringung dieser Leistungsbilder der Planung ganz oder teilweise gefordert, liegt eine Änderung oder Wiederholung der Leistung vor.

8 In der LPH 4 stehen die Grundlagen der Erbringung der Leistung weitgehend fest. Eine geänderte Leistung kommt vornehmlich bei einer Änderung der Wünsche des Auftraggebers in Betracht. Eine darauf beruhende Tektur stellt dann eine Änderungsleistung dar. Abzugrenzen davon sind Nacherfüllungsleistungen aufgrund von Mängeln. Sie betreffen die ursprünglich geschuldete Leistung.

9 In der LPH 5 stellt das „Erarbeiten ausführungsreifer Lösungen" auf der Grundlage der Entwurfs- und Genehmigungsplanung von der Leistungsverpflichtung her ebenfalls – wie in der LPH 3 – einen mehrfachen Anpassungsprozess dar. Auch eine „Fortschreibung der Ausführungsplanung aufgrund der gewerkeorientierten Bearbeitung während der Objektausführung" kommt definitionsgemäß bis zum Abschluss der Ausführungsarbeiten vor. Soweit nicht tiefgreifende und umfangreiche Änderungen der Planung vorgenommen werden, ist die Anpassung von der Leistungsverpflichtung der Grundleistung mitumfasst. Werden systematische Änderungen beim Material vorgenom-

men, kommt es auf den Umfang der notwendigen Planungsänderungen an, um ggf. eine Änderung bzw. Wiederholung der Leistung annehmen zu können. Wird beispielsweise eine nachträgliche Änderung der Fassadenform vorgenommen, so fällt dies nicht unter die ursprünglich geschuldete Leistung. Meistens sind dann ohnehin weitergehende Änderungen, beispielsweise an Fenstern oder Balkonen und deren Abdichtungen, vorzunehmen.

Die LPH 6 beinhaltet keine zu wiederholenden Schritte einer Leistungsverpflich- 10
tung. Eine mit der Grundleistung sich ergebende Leistungsverpflichtung ist allerdings denkbar, soweit sich dies aus anderen Leistungsphasen, wie beispielsweise die gewerkeorientierte Bearbeitung aus der LPH 5, ergibt. Darüber hinaus kommt eine Wiederholung nur bei einer Änderung der Leistungsziele in Betracht bzw. als Nacherfüllung.

Nach den Grundleistungen der LPH 7 wird der Architekt zum „Prüfen und Werten 11
der Angebote zusätzlicher und geänderter Leistungen der ausführenden Unternehmer und der Angemessenheit der Preise" verpflichtet. In Abgrenzung dazu steht die Besondere Leistung des „Prüfens und des Wertens von Nebenangeboten mit Auswirkungen auf die abgestimmte Planung" und als weitere Abgrenzung zur Grundleistung gibt es die weitere Besondere Leistung des „Mitwirkens bei der Prüfung von bauwirtschaftlich begründeten Nachtragsangeboten". Nach der BR-Drucks. 334/13, S. 195, fallen danach unter die Grundleistung beispielsweise Änderungen hinsichtlich des beauftragten Produkts und Materials, soweit dies nicht zu einem geänderten Leistungsumfang führt. Von daher sei das Prüfen und Bewerten von Nebenangeboten mit Auswirkungen auf die abgestimmte Planung als Besondere Leistung aufgenommen worden. Da es beispielsweise bei einer Insolvenz eines Auftragnehmers und der Ablehnung der Erfüllung durch den Insolvenzverwalter nicht zu einem geänderten Leistungsumfang kommt, ist dann das Prüfen und Bewerten neuer Angebote vom ursprünglichen Leistungsumfang umfasst.

Bei den LPH 8 und 9 ergeben sich keine Besonderheiten für eine Abgrenzung zu 12
wiederholten Grundleistungen.

II. Einigung über Änderungen des Leistungsumfangs

Sowohl § 10 Abs. 1 als auch Abs. 2 fordern eine Einigung der Parteien über die Ände- 13
rung von Leistungen. Das Preisrecht der HOAI schränkt den Vertragsschluss nicht ein. Von daher ist auch die Änderung von Leistungen mündlich, schriftlich oder konkludent möglich und wirksam. Lediglich die Wirksamkeit der Vereinbarung einer Honorarhöhe wird durch die HOAI bestimmt.

Die in § 10 festgelegte Einigung ist in Abgrenzung zu den Regelungen der HOAI 2009 14
zu sehen, die in den §§ 3 Abs. 2 und 7 Abs. 5 nach überwiegender Auffassung eine einseitige Anordnung von Leistungsänderungen sah. Die bewusste Änderung der Formulierungen im jetzigen § 10 spricht zumindest dafür, dass es in der HOAI 2013 kein solches einseitiges Anordnungsrecht geben sollte.

Vom Grundsatz her sind Verträge einzuhalten und nicht einseitig änderbar. Jedoch 15
macht es gerade der Planervertrag, der eine schrittweise Annäherung von ursprünglichen Bauzielen an die Machbarkeit darstellt, erforderlich, die jeweiligen Interessen der Vertragsparteien zu berücksichtigen. Dies ist Ausfluss der auch für diese Vertragsparteien bestehenden Kooperationspflicht. Hierbei werden die jeweiligen Interessen zu berücksichtigen sein. Die Vertragsauslegung kann ergeben, dass beispielsweise die Wirtschaftlichkeit aufgrund eines renditebezogenen Vorhabens im Vordergrund steht. So stellt sich die berechtigte Frage, ob es ein begrenztes Anordnungsrecht oder einen Anspruch auf Anpassung gibt und Gestaltungsfragen demgegenüber zurücktreten müssen.

Beispielsweise bei einem Museumsbau mit hohem gestalterischem Anspruch wird eine Auslegung der Interessen sicherlich nicht zu einem Anpassungsanspruch führen. In den frühen Leistungsphasen, wie der Vorplanung, wird der Planer schwerlich Änderungen aufgrund anderer Anforderungen ablehnen können. Die Fragen sind in der Rechtsprechung nicht abschließend geklärt. Am wahrscheinlichsten wird der Auftraggeber einen Anspruch auf Anpassung des Vertrags haben, wenn dies das Ergebnis einer Interessenabwägung ist und nur damit auch der werkvertraglich vereinbarte Erfolg eintritt.

III. Schriftliche Einigung über Honoraranpassung

16 Sowohl § 10 Abs. 1 als auch Abs. 2 setzen gemäß dem Wortlaut eine schriftliche Anpassung des Honorars bei Änderungsleistungen für das Entstehen eines Vergütungsanspruchs voraus. Da die Anpassung der Leistung jederzeit während der Laufzeit des Vertrages erfolgen kann, gilt dies auch für die Honoraranpassung. Kommt es nun zu keiner schriftlichen Vereinbarung, weil beispielsweise die Parteien unterschiedlicher Auffassung hinsichtlich der Berechtigung der Anpassung sind, so gibt § 10 in beiden Absätzen vor, dass bei Änderungsleistungen die Honorare anzupassen sind. Es besteht mit anderen Worten ein Anspruch auf Anpassung des Honorars, wenn auf vertraglicher Seite eine Änderungsleistung – durchaus auch konkludent oder auf andere Weise – vereinbart ist. Auf die Schriftlichkeit kommt es dann nicht mehr an. Der Planer muss also nicht erst auf Zustimmung der Honoraranpassung klagen, sondern kann direkt ein Änderungshonorar geltend machen.

B. Anwendungen von Abs. 1 im Unterschied zu Abs. 2

17 Durch die einfache Lektüre von § 10 lässt sich der Inhalt der Anwendungsbereiche nicht entnehmen. Die Wiederholungsleistungen scheinen darauf beschränkt zu sein, dass sich die anrechenbaren Kosten oder Flächen nicht ändern. Diese praxisferne Regelung wollte sicherlich niemand.

I. Wiederholung von Grundleistungen ohne Änderung von anrechenbaren Kosten oder Flächen (Abs. 2)

18 Vom Wortlaut her ist einzig und allein in § 10 Abs. 2 von einer Wiederholung von Grundleistungen die Rede. Dies ist jedoch nicht der einzige Anwendungsfall, wie die Ausführungen zu § 10 Abs. 1 darlegen werden. Grundvoraussetzung der Wiederholung ist, dass die Leistung zuvor bereits vereinbart und erbracht wurde. Zudem stellt die Vorschrift klar, dass es sich nur um eine Regelung für die Wiederholung von Grundleistungen handelt.

19 Weiteres Tatbestandsmerkmal von § 10 Abs. 2 ist, dass sich bei der Wiederholungsleistung nicht die anrechenbaren Kosten oder Flächen ändern. Nun kommt in der Praxis die Wiederholung von Grundleistungen eigentlich nur dann vor, wenn sich die vorgesehene Ausführung ändert. Mit solchen Änderungen dürften jedoch fast immer auch Änderungen der anrechenbaren Kosten verbunden sein. Werden beispielsweise kurz vor Ausführung nun doch Holz-Alufenster statt Kunststofffenster vom Bauherrn beauftragt, liegt zwar eine Wiederholungsleistung vor, es ändern sich aber die anrechenbaren Kosten. Eine Änderungsleistung, die keine Veränderung der anrechenbaren Kosten bewirkt, ist am ehesten denkbar, wo sich nur Standorte von Bauleistungen verändern. War also beispielsweise die Lage der Fenster in der Fassade versetzt und nicht übereinander und sollen sie kurz vor Ausführung nun doch übereinander liegen, so geschieht dies bei glei-

cher Fenstergröße ohne eine Veränderung der anrechenbaren Kosten. Insgesamt ist der Anwendungsbereich von § 10 Abs. 2 sehr eingeschränkt.

II. Wiederholung und Änderung von Grundleistungen mit Änderung von anrechenbaren Kosten oder Flächen (Abs. 1)

Hauptunterschied von § 10 Abs. 1 und Abs. 2 ist, dass sich mit der geänderten Leistung auch die anrechenbaren Kosten oder Flächen ändern. Der Wortlaut von § 10 Abs. 1 nimmt nur Bezug auf die geänderte Leistung. Der Begriff der geänderten Leistung ist hier weiter zu sehen, als beispielsweise der Begriff im Allgemeinen in § 2 Abs. 5 VOB/B verstanden wird. So umfassen geänderte Leistungen des § 10 Abs. 1 auch die zusätzlich zu erbringenden Leistungen. Darüber hinaus ist unter dem Begriff der geänderten Leistung auch die Wiederholungsleistung zu verstehen.[2] Dies ergibt sich vor allem in Abgrenzung zu § 10 Abs. 2, wo das Honorar der Wiederholungsleistung bei sich nicht ändernden anrechenbaren Kosten geregelt ist. Erst recht muss die Wiederholungsleistung vergütet werden, wenn sich durch die Änderung der Leistung die anrechenbaren Kosten verändern. Da der Wortlaut von § 10 Abs. 2 insofern eindeutig ist, verbleibt nur eine Subsumtion der Wiederholungsleistung mit veränderten anrechenbaren Kosten unter § 10 Abs. 1, was aber ohne Weiteres unter dem allgemeinen Sprachgebrauch fassbar ist. 20

III. Vorgaben der Honoraranpassung

Das Honorar ist anzupassen nach § 10. Es besteht also ein Anspruch des Planers auf Anpassung. Im Fall des § 10 Abs. 1 ändern sich dabei die anrechenbaren Kosten. Die geänderte oder wiederholte Leistung ist dann nach dem Sinn des § 10 Abs. 1 auch auf der Basis der neuen anrechenbaren Kosten zu berechnen. Dies betrifft alle Leistungen, die auf der Basis der Leistungsänderung erbracht werden. § 6 Abs. 1 Nr. 1 fordert für die Honorarberechnung für Grundleistungen, die anrechenbaren Kosten des Objekts auf der Grundlage der Kostenberechnung oder, sofern keine Kostenberechnung vorliegt, auf der Grundlage der Kostenschätzung zu berechnen. Dies bedeutet, dass die anrechenbaren Kosten in der LPH 3 bzw. mangels Vorlage in der LPH 2 abschließend bestimmt werden. Kommt es bei einer Leistungsänderung nach der Kostenberechnung, beispielsweise im Rahmen der Ausführung, zu erhöhten anrechenbaren Kosten, so ist nach dem Wortlaut und Sinn des § 10 Abs. 1 das Honorar auf Basis dieser späteren Kostenermittlung zu berechnen. § 10 Abs. 1 stellt also eine Ausnahme zu § 6 Abs. 1 Nr. 1 dar. Es stellt im Ergebnis daher eine in der HOAI festgelegte Ausnahme einer Kostenfortschreibung dar. Dies gilt zumindest für die Änderungsleistung sowie deren Folgeleistungen und ist nicht dafür gedacht, gestiegene Baukosten fortzuschreiben. Sind Leistungen bereits bis zur Vereinbarung über die Änderungsleistung erbracht, so werden diese i.S.v. § 6 Abs. 1 Nr. 1 nach den anrechenbaren Kosten der Kostenberechnung (ggf. Kostenschätzung) berechnet. Kommt es dann aufgrund der Änderung der Leistung und der anrechenbaren Kosten zu einer Wiederholungsleistung vorangegangener Leistungsphasen, so müssen die wiederholten Teilleistungen festgestellt werden, deren Leistungsanteil des Leistungsbildes der Grundleistung ermittelt werden und die geänderten anrechenbaren Kosten zugrunde gelegt werden. Die Bestimmung des Leistungsanteils des Leistungsbildes der jeweiligen Grundleistung ist notwendig, da in der Regel nicht alle Teilleistungen des Leistungsbil- 21

2 BGH, Urt. v. 26.7.2007 – VII ZR 42/05 – Rn 28; erneut zu erbringende Leistung = erneute Grundleistung = gesondert zu vergüten.

des noch einmal erbracht werden müssen. Der Planer muss also auf der Basis von unterschiedlichen anrechenbaren Kosten abrechnen.

22 Der Leistungsanteil ist nach der HOAI nicht so einfach zu ermitteln. Hierbei helfen in der Literatur entwickelte Teilleistungstabellen, bei denen die einzelnen Leistungsbilder der jeweiligen Leistungsphase kleinteiliger bewertet werden. Ergibt sich beispielsweise für die Objektplanung Gebäude in der LPH 5 ein Anteil für die gesamte Leistungsphase an der Gesamtleistung von 25%, so stellt die „zeichnerische Darstellung des Objekts mit allen für die Ausführung notwendigen Einzelangaben“ den Hauptanteil dieser Leistungsphase dar. Hierfür werden 14% als Leistungsanteil der Gesamtleistung als angemessene Bewertung betrachtet. Werden aufgrund der Leistungsänderung in einem Detail nun die Hälfte der zeichnerischen Darstellungen erneut erstellt, so werden 7% als Wiederholungsleistung nach den neuen anrechenbaren Kosten zusätzlich berechnet.

23 Kommt es zu einer Reduzierung der anrechenbaren Kosten im Verhältnis zur Kostenberechnung bzw. Kostenschätzung, so ist auch dies zu berücksichtigen. Die wiederholte Grundleistung ist dann auf der Basis der geringeren anrechenbaren Kosten zu berechnen. Eine Einschränkung ergibt sich aus § 10 Abs. 1 nicht. Da sich auch die bis zur Änderung noch nicht erbrachten Leistungen auf der Basis der neu ermittelten anrechenbaren Kosten berechnen, kommt es insofern zu einer Reduzierung der Vergütung für noch nicht erbrachte Leistungen. In der Leistungsminderung ist eine Teilkündigung i.S.v. § 649 BGB zu sehen. Dem Planer steht dann die vereinbarte Vergütung abzüglich ersparter Aufwendungen und durch anderweitige Verwendung seiner Arbeitskraft erworbene Vergütungen unter den Bedingungen des § 649 S. 2 BGB zu.

24 § 10 Abs. 1 stellt eine zu beachtende Grundlage bei der Ermittlung des Mindest- und Höchstsatzes i.S.v. § 7 Abs. 1 dar. Jede hiervon abweichende Vereinbarung stellt daher einen Verstoß gegen das zwingende Preisrecht dar. Dies gilt daher auch, soweit es nach der Leistungsänderung zu keiner Einigung über die Höhe des angepassten Honorars kommt. Auf der anderen Seite sind auch von vornherein vertraglich vereinbarte Regelungen, wie diese, dass alle Änderungsleistungen vom ursprünglichen Honorar mitumfasst seien, an dem zwingende Preisrecht zu messen und führen ggf. zu einer unwirksamen Vereinbarung hinsichtlich der Honorarhöhe.

IV. Berechnungsbeispiel der Honoraranpassung

25 Der Bauträger eines Architektenhauses merkt nach der Errichtung der Bodenplatte, dass sich das Gebäude mit Satteldach nicht zu dem von ihm gewünschten hohen Preis verkaufen lässt. Er vereinbart daher mit dem Architekten, nun ein ca. 20.000,00 € teures Walmdach zu planen und genehmigen zu lassen.

26 Der Architekt kann auf der Basis der ursprünglichen bei der Kostenberechnung in der LPH 3 festgestellten anrechenbaren Kosten seine bisher erbrachten Leistungen abrechnen. Darüber hinaus kann er Wiederholungsleistungen abrechnen. Es müssen (unstreitig nur) Teile der Grundleistungen der LPH 3–7 wiederholt werden. Eine Anwendung von § 10 Abs. 2 scheidet aufgrund der erhöhten anrechenbaren Kosten aus. Anwendbar ist § 10 Abs. 1. Es sind die Leistungsbilder der Anlage 10 für die Objektplanung Gebäude vereinbart. In der LPH 3 müssen Teile der Entwurfsplanung wiederholt werden. Für die neue Entwurfsplanung werden 2%, für das Bereitstellen der Arbeitsergebnisse 0,5%, für die Objektbeschreibung 0,25%, für die Verhandlungen über die Genehmigungsfähigkeit 1% und für die Kostenberechnung 0,25% als Beispiel angesetzt. Das Erarbeiten und Zusammenstellen der Genehmigungsplanung und deren Einreichung kann mit 1% angesetzt werden. Von der Ausführungsplanung werden aufgrund weiterer Details, die erneut gezeichnet werden müssen, 3% und für den Fortschreibungsaufwand noch einmal

0,25% angesetzt. In der Ausschreibung der LPH 6 müssen noch einmal Leistungsverzeichnisse angepasst werden, 1%, sowie Kosten ermittelt und kontrolliert werden, 0,5%. Die geänderten Kostenangebote für das Dach müssen geprüft, bewertet und ein Gespräch mit den Handwerkern geführt werden, 1%. Insgesamt ergibt sich ein Änderungsaufwand bei diesem Beispiel von 10,75%. Auf der Basis von anrechenbaren Kosten von 20.000 € im Verhältnis zur Ursprungsplanung und unter Zugrundelegung der übrigen Parameter für das Honorar aus dem Vertrag vereinbaren die Parteien nun eine Honorarerhöhung.

C. Flächenplanung

§ 10 Abs. 1 nimmt auch Bezug auf die Änderung von Flächen. Soweit es keine Spezialregelungen für die geänderten Flächen gibt, gelten die Kommentierungen entsprechend. Ändert sich die Größe des Plangebiets, halten die §§ 21 Abs. 5, 29 Abs. 6, 30 Abs. 6, 31 Abs. 6 und 32 Abs. 6 Spezialregelungen bereit. Gleiches gilt für Änderungen nach §§ 20 Abs. 6 und 28 Abs. 6, bei denen bei bereits aufgestellten Flächennutzungs- oder Landschaftsplänen das Honorar frei vereinbart werden kann. 27

§ 11
Auftrag für mehrere Objekte

(1) Umfasst ein Auftrag mehrere Objekte, so sind die Honorare vorbehaltlich der folgenden Absätze für jedes Objekt getrennt zu berechnen.

(2) Umfasst ein Auftrag mehrere vergleichbare Gebäude, Ingenieurbauwerke, Verkehrsanlagen oder Tragwerke mit weitgehend gleichartigen Planungsbedingungen, die derselben Honorarzone zuzuordnen sind und die im zeitlichen und örtlichen Zusammenhang als Teil einer Gesamtmaßnahme geplant und errichtet werden sollen, ist das Honorar nach der Summe der anrechenbaren Kosten zu berechnen.

(3) Umfasst ein Auftrag mehrere im Wesentlichen gleiche Gebäude, Ingenieurbauwerke, Verkehrsanlagen oder Tragwerke, die im zeitlichen oder örtlichen Zusammenhang unter gleichen baulichen Verhältnissen geplant und errichtet werden sollen, oder mehrere Objekte nach Typenplanung oder Serienbauten, so sind die Prozentsätze der Leistungsphasen 1 bis 6 für die erste bis vierte Wiederholung um 50 Prozent, für die fünfte bis siebte Wiederholung um 60 Prozent und ab der achten Wiederholung um 90 Prozent zu mindern.

(4) Umfasst ein Auftrag Grundleistungen, die bereits Gegenstand eines anderen Auftrags über ein gleiches Gebäude, Ingenieurbauwerk oder Tragwerk zwischen den Vertragsparteien waren, so ist Absatz 3 für die Prozentsätze der beauftragten Leistungsphasen in Bezug auf den neuen Auftrag auch dann anzuwenden, wenn die Grundleistungen nicht im zeitlichen oder örtlichen Zusammenhang erbracht werden sollen.

Übersicht

A. Regelungsbereich des § 11

1 § 11 regelt, dass mehrere Objekte getrennt zu berechnen sind. Wichtig ist dies, da die Tafelwerte der HOAI degressiv die Höhe des Honorars bestimmen. Mehrere Objekte mit aufgeteilten anrechenbaren Kosten ergeben so ein höheres Honorar, als das Honorar zusammengefasster anrechenbarer Kosten für ein Objekt. Die getrennte Berechnung bei mehreren Objekten[1] ist der Grundsatz des § 11 Abs. 1. In den Abs. 2–4 werden Abweichungen und Sonderregelungen bei bestimmten Objektarten geregelt. Dies betrifft vergleichbare oder im Wesentlichen gleiche bestimmte Objektarten. Diese Regelungen stellen ein Korrektiv des Degressiveffekts der HOAI bei mehreren Objekten dar.

I. Grundsatz bei mehreren Objekten (Abs. 1)

2 **1. Ein Auftrag.** Nach § 11 Abs. 1 muss „ein Auftrag" für die getrennte Berechnung nach dem Wortlaut der Vorschrift gegeben sein. Im Umkehrschluss gilt bei mehreren Aufträgen aber erst recht das Prinzip der für jedes Objekt getrennten Berechnung.

3 **2. Objekte.** Der Auftrag muss „mehrere Objekte" umfassen. Was Objekte sind, definiert die HOAI in § 2 Abs. 1 selbst. Danach sind Objekte Gebäude, raumbildende Aus-

1 Siehe auch Beispielrechnung Rn 48 ff.

bauten, Freianlagen, Ingenieurbauwerke, Verkehrsanlagen, Tragwerke und Anlagen der Technischen Ausrüstung. Zumindest in § 2 werden die einzelnen Objektarten nicht weiter definiert. Die noch in § 2 Abs. 2 HOAI 2009 enthaltene Definition des Gebäudebegriffs ist entfallen.[2] Was Leistungen für Innenräume sind, lässt sich aus § 34 Abs. 2 entnehmen. Freianlagen sind in § 39 Abs. 1 definiert. Was Ingenieurbauwerke sind, ergibt sich aus § 41. Eine Definition der Verkehrsanlagen ergibt sich aus § 45. Leistungen der Tragwerksplanung ergeben sich aus § 49 Abs. 1. Welche Anlagengruppen zu den Anlagen der Technischen Ausrüstung gehören, wird in § 53 Abs. 2 bestimmt.

3. Mehrere Objekte. Kernfrage des § 11 Abs. 1 ist, wann „mehrere" Objekte abzu- 4
rechnen sind.

a) Gebäude. Bei Gebäuden nimmt die Rechtsprechung des BGH[3] eine getrennte Be- 5
rechnung vor, wenn zwei Bauteile errichtet werden, die konstruktiv, etwa durch einen Zwischenraum, voneinander getrennt sind. Dies ist vorrangig zu bewerten. Andersherum ausgedrückt ist das entscheidende Abgrenzungskriterium somit die Selbstständigkeit der Gebäude in konstruktiver wie funktioneller Hinsicht.[4] Ein Gebäude liegt danach vor, wenn die Bauteile nach funktionalen und technischen Kriterien zu einer Einheit zusammengefasst sind.[5]

Andererseits kann im Ausnahmefall trotz konstruktiver Trennung ein Gebäude vor- 6
liegen, wenn durch einen räumlichen und funktionellen Zusammenhang der Gebäude eine Verknüpfung geschaffen werden kann.[6] Ist eine Eigenfunktionalität des Bauteils gegeben, liegt eine funktionale Selbstständigkeit vor. Allerdings bedeutet eine gemeinsame technische Ausrüstung von mehreren Bauteilen nicht, dass nicht mehrere Gebäude vorliegen können. Bei der Funktionalität wird vielmehr betrachtet, ob gemeinsame Versorgungsanlagen, über die gemeinsame Trennwand hinausgehende gemeinschaftliche Bauteile oder eine konstruktive Verbundenheit vorliegen.[7] Danach sind starke Indizien für lediglich ein Gebäude, wenn einzelne Etagen über ein Treppenhaus, eine gemeinsame Heizung, eine gemeinsame Stromversorgung und eine gemeinsame Wasseranlage betrieben werden.[8] Jedoch können auch trotz gemeinsamer funktioneller Vorrichtungen, wie gemeinsamer Heizungsanlage, gemeinsame EDV-Anlage und einer gemeinsamen Haustechnik mehrere Gebäude vorliegen, wenn sie sich aus der Natur des betreffenden Bauvorhabens nach Lage, Aufbau und Zweck zwangsläufig ergeben, ohne dabei dem jeweiligen Gebäude den Charakter der Eigenständigkeit zu nehmen.[9] Dementsprechend ordnete das OLG Köln[10] zwei Flügel eines Bettenhauses als einen Baukörper ein, d.h. ein Gebäude i.S.v. § 11 Abs. 1, da ein zentrales Treppenhaus und beide Gebäude durch zentrale Versorgungsanlagen erschlossen seien. Das OLG Jena sah in seiner Entscheidung[11] das Bauteil als drei Gebäude. Hier ging es um den Umbau und die Erweiterung einer Sparkasse, die trotz dreier Gebäudekomplexe eine gemeinsame Heizungsanlage und ge-

2 Zur Definition des Gebäudebegriffs siehe Kommentierung zu § 2 HOAI.
3 BGH, Urt. v. 9.2.2012 – VII ZR 31/11 – Rn 13.
4 OLG Jena, Urt. v. 4.11.2003 – 5 U 1099/01 – IBR 2005, 265.
5 OLG Köln, Urt. v. 19.9.2013 – 24 U 15/10 – IBR 2015, 260.
6 BGH, Urt. v. 9.2.2012 – VII ZR 31/11 – Rn 14.
7 OLG Köln, Urt. v. 19.9.2013 – 24 U 15/10 – IBR 2015, 260.
8 BGH BauR 1980, 282.
9 OLG Jena, Urt. v. 4.11.2003 – 5 U 1099/01 – IBR 2005, 265.
10 OLG Köln, Urt. v. 19.9.2013 – 24 U 15/10 – IBR 2015, 260.
11 OLG Jena, Urt. v. 4.11.2003 – 5 U 1099/01 – Nichtzulassungsbeschwerde mit Beschl. d. BGB v. 24.2.2005 – VII ZR 337/03 – zurückgewiesen, IBR 2005, 265.

meinsame Haustechniken besaß. In diesem Fall sah das Gericht dies vor allem deshalb, da bei der Möglichkeit der separaten Erschließung der Gebäude primär auf die äußerliche und konstruktive Selbstständigkeit abzustellen war. In einer Entscheidung des BGH[12] ging es darum, ob es sich bei einer Feuerwehrgerätehalle um zwei Gebäude handele. Nicht entscheiden musste der BGH, ob trotz konstruktiver Trennung durch einen engen räumlichen und funktionellen Zusammenhang der Gebäude eine Verknüpfung geschaffen wurde. Dem Gericht fehlte von vorneherein der funktionelle Zusammenhang. Danach diene eine Garage einer anderen Funktion als eine Feuerwehrgerätehalle und eine dazu noch gehörige Hausmeisterwohnung.

7 **b) Ingenieurbauwerken, Verkehrsanlagen und Freianlagen.** Ähnlich wie die von der Rechtsprechung zum Gebäude entwickelten Abgrenzungskriterien, ob ein Gebäude oder mehrere Gebäude vorliegen, verhält es sich mit Ingenieurbauwerken, Verkehrsanlagen und Freianlagen. Auch hier ist auf die konstruktive Selbstständigkeit des jeweiligen Objekts abzustellen.

8 Hinsichtlich einer Kläranlage sah das OLG Koblenz[13] durch die vielfältigen funktionellen Verflechtungen der Gesamtanlage eine funktionelle Einheit, die als ein Objekt zu werten war. Dies galt, obwohl die Kläranlage aus einer Abwasser- und einer Schlammbehandlung bestand. Dies war ein Ingenieurbauwerk. Nur die Betriebsgebäude waren weitere Objekte.

9 **c) Technische Ausrüstung.** Bei der technischen Ausrüstung erfolgt die Abrechnung nach den Anlagengruppen, wie sie in § 53 Abs. 2 dargelegt sind. Maßgebend für das Honorar sind demnach die Tafelwerte für die einzelnen Anlagengruppen.[14]

10 Danach richtet sich das Honorar für Grundleistungen nach einer der vorgenannten Anlagengruppen. Eine getrennte Abrechnung muss erfolgen, wenn der Auftrag mehrere Anlagen umfasst. Allerdings liegen mehrere Anlagen in diesem Sinne nicht allein deshalb vor, weil sie selbstständig von anderen Anlagen einer Anlagengruppe funktionieren und getrennt an das öffentliche Netz angeschlossen werden.[15] Danach spielt es keine Rolle, ob Leistungen für mehrere Gebäude erbracht werden. Vielmehr ist darauf abzustellen, ob die Anlagenteile nach funktionellen und technischen Kriterien zu einer Einheit zusammengefasst sind.[16]

11 § 54 Abs. 2 formuliert zudem eine Ausnahme zu § 11 Abs. 1. Umfasst ein Auftrag für unterschiedliche Objekte i.S.v. § 2 Abs. 1 S. 1 mehrere Anlagen, die unter funktionalen und technischen Kriterien eine Einheit bilden, werden die anrechenbaren Kosten der Anlagen jeder Anlagengruppe zusammengefasst. Dies gilt für nutzungsspezifische Anlagen nur, wenn diese Anlagen funktional gleichartig sind. Unter dieser Prämisse ist § 11 Abs. 1 nicht anzuwenden.

12 In einer Entscheidung des BGH[17] ging es um die Planung der Wärmeversorgungs-, Wassererwärmungs- und Raumlufttechnik einer gesamten Kasernenanlage. Das Vorhaben bestand aus 66 Gebäuden. Die Heizungsanlagen der einzelnen Gebäude wurden über Unterstationen mit einem Heizungsnetz verbunden. Unter Anwendung der funktio-

12 BGH, Urt. v. 9.2.2012 – VII ZR 31/11 –.
13 OLG Koblenz, Urt. v. 16.9.2010 – 2 U 712/06 –; BGH, Beschl. v. 24.5.2012 – VII ZR 167/10 – Nichtzulassungsbeschwerde zurückgewiesen, IBR 2013, 30.
14 BGH, Urt. v. 8.3.2012 – VII ZR 195/09 – Rn 10, IBR 2012, 268 f.
15 BGH, Urt. v. 20.12.2007 – VII ZR 114/07 – IBR 2008, 1044, auch 162–163.
16 BGH, Urt. v. 12.1.2006 – VII ZR 293/04 – IBR 2006, 209.
17 BGH, Urt. v. 12.1.2006 – VII ZR 293/04 – IBR 2006, 209.

nalen und technischen Kriterien verneinte der BGH aufgrund der Tatsache, dass mehrere Gebäude vorliegen, eine Anlage. Bei den einzelnen Gebäuden ohne Unterstation lägen nur unselbstständige Teile einer Anlage und nicht selbstständige Teilanlagen vor. Dies machte der BGH insbesondere daran fest, dass diese nicht ohne erhebliche konstruktive Änderungen an das Heizungsnetz oder andere Wärmeerzeuger angeschlossen werden könnten. Nicht entscheidend seien die Planungsanforderungen an jedes einzelne Gebäude. Vielmehr müssten von einer Unterstation mehrere Gebäude versorgt werden. Diese Kosten müssten entsprechend zusammengefasst werden.

d) Verschiedene Tragwerke. Auch hinsichtlich der Frage, ob verschiedene Trag- 13
werke vorliegen, kommt es auf die funktionale und konstruktive Selbstständigkeit an. Dies ist grundsätzlich unabhängig davon zu betrachten, ob nun unterschiedliche Gebäude oder Ingenieurbauwerke vorliegen. Dies bedeutet, dass beispielsweise mehrere Tragwerke in einem Ingenieurbauwerk vorhanden sein können und dementsprechend auch u.a. mit den jeweiligen anrechenbaren Kosten abgerechnet werden.

II. Ausnahmen des Abs. 2

§ 11 Abs. 2 erlaubt bei bestimmten Voraussetzungen, das Honorar nach der Summe 14
der anrechenbaren Kosten zu berechnen. Dies ist insbesondere dann der Fall, wenn vergleichbare Gebäude, Ingenieurbauwerke, Verkehrsanlagen oder Tragwerke mit weitgehend gleichartigen Planungsbedingungen vorliegen.

1. Ein Auftrag. Wie bei § 10 Abs. 1 ist auch in § 11 Abs. 2 ein Auftrag Voraussetzung. 15

2. Nur bestimmte Objekte. Bei der Honorarberechnung nach § 11 Abs. 2 kommt die 16
Ausnahme der Privilegierung, anrechenbare Kosten zusammen zu berechnen, nur für die Objektarten Gebäude, Ingenieurbauwerke, Verkehrsanlagen oder Tragwerke in Betracht. Im Umkehrschluss bedeutet dies, dass von den weiteren Objekten i.S.v. § 2 Nr. 1 Innenräume, Freianlagen und Anlagen der technischen Ausrüstung von der Anwendung des § 11 Abs. 2 ausgeschlossen sind.

3. Mehrere Gebäude, Ingenieurbauwerke, Verkehrsanlagen oder Tragwerke. 17
Hinsichtlich der Unterscheidung, ob mehrere Gebäude, Ingenieurbauwerke, Verkehrsanlagen oder Tragwerke vorliegen, ergibt sich kein Unterschied zu § 11 Abs. 1. Die Begrifflichkeiten werden in gleicher Weise verwendet.

4. Vergleichbarkeit. Was vergleichbare Gebäude, Ingenieurbauwerke, Verkehrsan- 18
lagen oder Tragwerke sind, wird in der HOAI nicht definiert. Die einzige Abgrenzungsmöglichkeit bietet sich zu § 11 Abs. 3 an, wo Honorarminderungen bei im Wesentlichen gleichen Gebäuden, Ingenieurbauwerken, Verkehrsanlagen oder Tragwerken geregelt sind. Dies hat der Gesetzgeber in der amtlichen Begründung so gesehen.[18] Die amtliche Begründung sieht des Weiteren einen Zusammenhang zwischen dem weiteren Merkmal des § 11 Abs. 2, nämlich der weitgehend gleichartigen Planungsbedingungen. Im Ergebnis seien „gleichartige Objekte" wie „vergleichbare Objekte" zu verstehen. Danach ist im Ergebnis die Regelung in § 11 Abs. 3, wo im Wesentlichen gleiche Gebäude, Ingenieurbauwerke, Verkehrsanlagen oder Tragwerke vorliegen müssen, enger als die Regelung in

18 Amtliche Begründung, BR-Drucks. 334/13, S. 144.

§ 11 Abs. 2, wo nur vergleichbare Gebäude, Ingenieurbauwerke, Verkehrsanlagen oder Tragwerke vorliegen müssen. Gibt es also nur leichte Veränderung der unterschiedlichen vorgenannten Objekte im Hinblick auf die bauliche Ausführung und deren Planung, so ist noch § 11 Abs. 3 anzuwenden. Gibt es erhebliche Abweichungen, sind die Gebäude aber immer noch vergleichbar, ist der Anwendungsbereich des § 11 Abs. 2 einschlägig. So sollen die Fälle in dem Anwendungsbereich des § 11 Abs. 2 erfasst werden, die früher gänzlich aus den Wiederholungsleistungen herausgefallen sind, wenn nur ein Erker anders war. Der Erkerfall würde bei ansonsten im Wesentlichen gleichen Grundrissen heute unter § 11 Abs. 2 fallen.

19 Eine scharfe Abgrenzung der beiden Anwendungsfälle wird es nicht geben können. Im Einzelfall wird sicherlich der tatsächliche Aufwand für die Anwendung des § 11 Abs. 2 oder Abs. 3 entscheidend sein.

20 **5. Weitgehend gleiche Planungsbedingungen.** Die weitgehend gleichen Planungsbedingungen sind im Zusammenhang mit den vergleichbaren Gebäuden, Ingenieurbauwerken, Verkehrsanlagen oder Tragwerken zu sehen. Dies lässt sich auch aus der amtlichen Begründung erkennen, nach der die in § 11 Abs. 2 gewährte Zusammenrechnung der anrechenbaren Kosten mit einem geminderten Planungsaufwand insgesamt zu rechtfertigen sei.[19] Als Beispiel nennt die amtliche Begründung für gleiche Planungsbedingungen den Baugrund, Nutzungsart oder die bauliche Gestaltung. Wie zum Merkmal der Vergleichbarkeit bereits ausgeführt, ist das Merkmal aufgrund des geminderten Planungsaufwands zu bestimmen. Muss der Planer die Planung nicht vollständig neu entwickeln und kann einen Großteil der Planungsleistung aus dem vorherigen Objekt übernehmen, so liegen weitgehend gleiche Planungsbedingungen vor.

21 **6. Honorarzone.** Für die Anwendung von § 11 Abs. 2 müssen die vergleichbaren Gebäude, Ingenieurbauwerke, Verkehrsanlagen oder Tragwerke einer gleichen Honorarzone zugeordnet werden. Ob dies der Fall ist, ist nach § 5 zu bewerten.

22 **7. Zeitlicher und örtlicher Zusammenhang.** § 11 Abs. 2 fordert zudem einen zeitlichen und örtlichen Zusammenhang der Planung und Errichtung als Teil einer Gesamtbaumaßnahme. Die Definition des zeitlichen und örtlichen Zusammenhangs ergibt sich weitgehend aus dem weiteren Text selbst. Danach ist ein Abgrenzungskriterium, ob ein zeitlicher und örtlicher Zusammenhang besteht, eine Gesamtbaumaßnahme. Das Kriterium der Gesamtbaumaßnahme ist daher als räumliche Nähe, quasi das im gleichen Viertel errichtete Vorhaben, zu verstehen. In zeitlicher Hinsicht wird man eine kontinuierliche Abwicklung der Planungs- und Errichtungsbedingungen ansehen müssen.

23 **8. Als Teil einer Gesamtbaumaßnahme geplant und errichtet.** Wie bereits zum Merkmal zeitlicher und örtlicher Zusammenhang ausgeführt, ist das weitere Merkmal „als Teil einer Gesamtbaumaßnahme geplant und errichtet“ im Zusammenhang zu sehen. Wird also von vorneherein die Planung eines ganzen Viertels oder mehrerer Doppelhäuser oder Reihenhäuser vorgesehen, stellen die jeweiligen Gebäude Teile einer Gesamtbaumaßnahme dar, soweit sie im zeitlichen oder örtlichen Zusammenhang geplant und errichtet werden. Sinn der Planung und Errichtung als Teil einer Gesamtbaumaßnahme ist, dass Arbeitsschritte für den Planer erleichtert werden und es hierfür durch die Zusammenfassung der anrechenbaren Kosten zu einem dementsprechend geringeren

19 Amtliche Begründung, BR-Drucks. 334/13, S. 144.

Honorar kommt. Im Zweifel ist dies bei der Bewertung, ob die Planung und Errichtung noch als Teil einer Gesamtbaumaßnahme im zeitlichen und örtlichen Zusammenhang erbracht wird, zu bewerten.

9. Berechnung des Honorars nach der Summe der anrechenbaren Kosten. § 11 Abs. 2 lässt es zu, dass von mehreren Gebäuden die anrechenbaren Kosten zusammengezogen werden. Auswirkungen hat dies dahingehend, da aufgrund der Degression der Honorartafeln bei einer Zusammenfassung der anrechenbaren Kosten der Planer ein geringeres Honorar bekommt, als wenn nach einzelnen Objekten abgerechnet wird.[20] **24**

Für die verschiedenen Leistungsphasen ergibt sich aus § 11 Abs. 2 im Unterschied zu § 11 Abs. 3 keine Differenzierung. So gibt es die Ausnahme der Reduzierung des Honorars bei mehreren Gebäuden aufgrund von Wiederholungsleistungen nach § 11 Abs. 3 nur für die Leistungsphasen 1–6. Je nach Auftrag, beispielsweise für den Entwurfsarchitekten der Leistungsphasen 1–5 oder den Architekten für die Bauausführung im Rahmen der Leistungsphasen 6–9 hat die Differenzierung zwischen § 11 Abs. 2 und § 11 Abs. 3 durchaus erhebliche finanzielle Auswirkungen. Eine gleichzeitige Anwendung von § 11 Abs. 2 und, wenn dies ggf. für den Architekten oder auf der anderen Seite Auftraggeber günstiger ist, auch des Abs. 3 scheidet aus. Zu denken wäre also daran, dass zunächst die Wiederholungsleistung nach § 11 Abs. 3 erbracht werden und danach die Leistungsphasen 6–9 unter dem § 11 Abs. 2 subsummiert werden. Dies scheitert jedoch spätestens an der Frage, ob nun vergleichbare Gebäude, Ingenieurbauwerke, Verkehrsanlagen oder Tragwerke vorliegen oder eben im Wesentlichen gleiche. **25**

III. Ausnahmen des Abs. 3

1. Ein Auftrag. Das Merkmal „ein Auftrag" ist in den Absätzen 1–3 des § 11 gleich zu betrachten. **26**

2. Gebäude, Ingenieurbauwerke, Verkehrsanlagen oder Tragwerke. Wie in § 11 Abs. 2 bezieht sich die Reduzierung aufgrund von Wiederholungsmerkmalen nur auf einzelne benannte Objekte i.S.v. § 2 Nr. 1. Danach kann die Honorarreduzierung i.S.v. § 11 Abs. 3 nur für Gebäude, Ingenieurbauwerke, Verkehrsanlagen oder Tragwerke geltend gemacht werden. Andererseits heißt dies wiederum, dass Innenräume, Freianlagen und technische Anlagen nicht unter den Anwendungsbereich von § 11 Abs. 3 fallen. **27**

3. Mehrere Gebäude, Ingenieurbauwerke, Verkehrsanlagen oder Tragwerke. Die Ausführungen zu § 11 Abs. 1 und Abs. 2 gelten hier entsprechend. **28**

4. Im Wesentlichen gleiche Gebäude, Ingenieurbauwerke, Verkehrsanlagen oder Tragwerke. Nach § 11 Abs. 3 kommt es zu einer Honorarminderung, soweit im Wesentlichen gleiche Gebäude, Ingenieurbauwerke, Verkehrsanlagen oder Tragwerke beauftragt sind. § 11 Abs. 3 enthält drei Varianten für eine Honorarminderung. Neben der Variante „im Wesentlichen gleiche Gebäude, Ingenieurbauwerke, Verkehrsanlagen oder Tragwerke" gibt es noch die Variante, dass mehrere Objekte nach „Typenplanung" oder „Serienbauten" beauftragt werden. **29**

Bei der Definition, was „im Wesentlichen gleiche" Gebäude, Ingenieurbauwerke, Verkehrsanlagen oder Tragwerke sind, gibt die amtliche Begründung zur HOAI[21] vor, **30**

---

20 Siehe Beispielsrechnung Rn 48 ff.
21 Amtliche Begründung, BR-Drucks. 334/13, S. 144.

dass § 11 Abs. 3 wie bisher im Wesentlichen gleiche Gebäude, Ingenieurbauwerke, Verkehrsanlagen oder Tragwerke erfasse. Der Bezug „wie bisher" ist auf § 11 Abs. 2 HOAI 2009 gerichtet. Dort war geregelt, dass die Gebäude, Ingenieurbauwerke, Verkehrsanlagen oder Tragwerke „im Wesentlichen gleichartig" sein müssen. Dies entspricht im Ergebnis auch einer Variante des § 22 Abs. 2 HOAI 1996, wo eine Honorarminderung ebenfalls bei „im Wesentlichen gleichartigen Gebäuden" vereinbart werden konnte. Viele Entscheidungen gibt es zu dieser Begriffsbestimmung nicht. Das OLG Braunschweig urteilte in einer neueren Entscheidung,[22] dass im Wesentlichen gleichartige Gebäude dann vorliegen, wenn nur ganz nebensächliche und für die Konstruktion sowie sonstige bauliche Gestaltung unerhebliche Veränderungen gegeben sind. Maßgebend sei vielmehr, ob der Entwurf Änderungen unterworfen sei, die einen nicht nur völlig geringfügigen Planungsaufwand erfordern. In dem dortigen Fall war das Kriterium „im Wesentlichen gleichartig" nicht erfüllt, da der Eingang anders war, die Raumaufteilung verschieden, ein Fahrradkeller anders sowie ein Waschraum wesentlich größer und unterschiedliche individuelle Nutzerbedingungen auch bei der technischen Gebäudeausrüstung berücksichtigt wurden.

31 Diese Definition gilt im Ergebnis sowohl für die Neuerrichtung von Gebäuden und Anlagen als auch bei Bestandsgebäuden und Anlagen. Zu betrachten ist aber die konkrete Leistung des Planers. Zumindest theoretisch könnten diese ebenfalls im Wesentlichen gleich sein.

32 **5. Zeitlicher oder örtlicher Zusammenhang.** Inhaltlich ist hinsichtlich des zeitlichen oder örtlichen Zusammenhangs auf die Kommentierung zu § 11 Abs. 2 zu verweisen. Der Unterschied der Regelung besteht darin, dass in Abs. 2 kumulativ beide Merkmale gefordert werden. Bei § 11 Abs. 3 muss nur alternativ der zeitliche oder örtliche Zusammenhang gegeben sein. Zudem ist zu berücksichtigen, dass sich dieser zeitliche oder örtliche Zusammenhang nur auf die alternative der „im Wesentlichen gleiche Gebäude, Ingenieurbauwerke, Verkehrsanlagen oder Tragwerke" bezieht.

33 **6. Unter gleichen baulichen Verhältnissen geplant und errichtet.** Die erste Alternative des § 11 Abs. 3 legt für im Wesentlichen gleiche Gebäude, Ingenieurbauwerke, Verkehrsanlagen oder Tragwerke fest, dass die Honorarminderung u.a. nur dann zum Tragen kommt, wenn die Planung und Errichtung unter gleichen baulichen Verhältnissen erfolgt. Damit ist ein weiteres Mal das Wort „gleich" in die Vorschrift aufgenommen. Im Unterschied zur ersten Satzhälfte geht es aber nicht um „wesentlich gleiche" bauliche Verhältnisse. Mit gleichen baulichen Verhältnissen ist daher in Abgrenzung dazu nicht das Gebäude, Ingenieurbauwerk, die Verkehrsanlage oder das Tragwerk selbst gemeint. Es muss sich also um die Umgebung dieser vorgenannten Objekte handeln. Hierbei werden sich jedoch immer Unterschiede einstellen, sodass man das Wort „gleich" im Zusammenhang mit den baulichen Verhältnissen so verstehen muss, dass ganz nebensächliche oder unerhebliche Änderungen, die auch nur einen völlig geringfügigen Planungsaufwand erfordern, unter gleiche bauliche Verhältnisse zu fassen sind.

34 Hier wird man sich den Einzelfall anschauen müssen. Zeitpunkt für die Bewertung ist aber die Auftragserteilung. Kommt es jedoch im Verlauf der Planung und Errichtung zu Änderungen, die die gleichen baulichen Verhältnisse nicht mehr als begründet erscheinen lassen, so fallen ab der Änderung die Privilegierungen des § 11 Abs. 3 weg.

22 OLG Braunschweig, Urt. v. 24.8.2006 – 8 U 154/05 – IBR 2007, 83.

7. Objekte nach Typenplanung oder Serienbauten. In § 11 Abs. 3 gibt es neben der ersten Alternative der „im Wesentlichen gleichen“ Gebäude, Ingenieurbauwerke, Verkehrsanlagen oder Tragwerke noch die Privilegierungsalternativen der „Typenplanung“ oder „Serienbauten“. Im Unterschied zur ersten Alternative können unter Typenplanung oder Serienbauten alle Objekte i.S.v. § 2 Abs. 1 fallen. Zusätzlich kann die Privilegierung des § 11 Abs. 3 also auch für Innenräume, Freianlagen und Anlagen der technischen Ausrüstung verlangt werden. 35

Anders als bei im Wesentlichen gleichen Gebäuden, Ingenieurbauwerken, Verkehrsanlagen oder Tragwerken ist zudem für die Typenplanung oder Serienbauten keine Voraussetzung, dass diese im zeitlichen oder örtlichen Zusammenhang unter gleichen baulichen Verhältnissen geplant und errichtet werden müssen. 36

Die Typenplanung erfordert, dass diese von vorneherein für eine mehrfache Planung und Ausführung durchgeführt wird. Dies ist auch bei den Serienbauten der Fall. Da es hier aber eine Unterscheidung im Gesetz gibt, wird man davon ausgehen müssen, dass die Typenplanung die engere Begriffsbestimmung ist und tatsächlich gänzlich gleiche Objekte meint. Während auf der anderen Seite bei Serienbauten dies weiter zu sehen ist. Für die Serienbauten gab es in § 22 Abs. 2 HOAI 1996 eine Definition dergestalt, dass die Gebäude nach einem im Wesentlichen gleichen Entwurf ausgeführt werden müssen. Verwendet man diese Definition, so fällt die Gleichheit mit den Begriffen der ersten Alternative des § 11 Abs. 3 „im Wesentlichen gleiche“ Gebäude, Ingenieurbauwerke, Verkehrsanlagen oder Tragwerke auf. Danach liegen Serienbauten unter Anwendung der Kriterien aus der Entscheidung des OLG Braunschweig[23] nur dann vor, wenn keine ganz nebensächlichen und für die Konstruktion sowie die sonstige bauliche Gestaltung unerheblichen Veränderungen gegeben sind und die Änderungen nur einen völlig geringfügigen Planungsaufwand erfordern. 37

Letztlich spielt die Definition von Typenplanungen keine Rolle, soweit ein Serienbau mit geringen Abweichungen vorliegt. 38

8. Änderung des Honorars bei Wiederholung. Nach § 11 Abs. 3 kann das Honorar als Folge der Erfüllung der vorgenannten Tatbestandsmerkmale gemindert werden. Zu mindern sind die Prozentsätze der Leistungsphasen 1–6 für die erste bis vierte Wiederholung um 50%, für die fünfte bis siebte Wiederholung um 60% und ab der achten Wiederholung um 90%. 39

Was nun die erste Grundplanung oder Wiederholungsleistung ist, richtet sich nach der Reihenfolge der Planung und Errichtung. Ergeben sich hier unterschiedliche Reihenfolgen, ist auf die Planung abzustellen. Letztlich wird dies jedoch keinen großen Unterschied ausmachen, da grundsätzlich im Wesentlichen gleiche Objektarten erstellt werden. 40

Da § 11 Abs. 3 ausdrücklich anordnet, dass die Prozentsätze der einzelnen Wiederholungsleistungen zu kürzen sind, ist es für eine prüffähige Honorarschlussrechnung i.S.v. § 15 Abs. 1 erforderlich, die Berechnung für jedes einzelne Gebäude auch durchzuführen. Dies bedeutet, dass auch die anrechenbaren Kosten für jedes Objekt ausgewiesen sein müssen. 41

23 OLG Braunschweig, Urt. v. 24.8.2006 – 8 U 154/05 – IBR 2007, 83.

IV. Ausnahmen des Abs. 4

42 Eine weitere Ausnahme davon, grundsätzlich Objekte getrennt abzurechnen, ergibt sich aus § 11 Abs. 4. Danach gilt, dass soweit ein Auftrag Grundleistungen umfasst, die bereits Gegenstand eines anderen Auftrags über ein gleiches Gebäude, Ingenieurbauwerk oder Tragwerk zwischen den Vertragsparteien waren, so ist die Minderungsfolge des § 11 Abs. 3 auch auf den neuen Auftrag anzuwenden. Dies gilt auch dann, wenn die Grundleistungen nicht im zeitlichen und örtlichen Zusammenhang erbracht werden sollen.

43 **1. Mehrere Aufträge.** Im Unterschied zu den übrigen Regelungen in § 11 sind bei § 11 Abs. 4 notwendigerweise mehrere Aufträge zu erteilen.

44 **2. Gebäude, Ingenieurbauwerke oder Tragwerke.** Von den Objekten gem. § 2 Abs. 1 sind von der Privilegierung des § 11 Abs. 4 nur Gebäude, Ingenieurbauwerke und Tragwerke umfasst. Negativ ausgedrückt unterfallen also Innenräume, Freianlagen, Verkehrsanlagen und Anlagen der technischen Ausrüstung nicht dem Tatbestand des § 11 Abs. 4.

45 **3. Gleiche Gebäude, Ingenieurbauwerke oder Tragwerke.** Die Gebäude, Ingenieurbauwerke oder Tragwerk müssen „gleich" sein. Es heißt also nicht in § 11 Abs. 4, wie in § 11 Abs. 3, dass „im Wesentlichen gleiche" Gebäude, Ingenieurbauwerke oder Tragwerke vorliegen müssen. Danach verbleibt wenig Spielraum für Abweichungen bei der weiteren Beauftragung der Planungsleistungen. Die Gebäude müssen daher nahezu identisch sein.

46 **4. Kein zeitlicher oder örtlicher Zusammenhang.** Nicht erforderlich ist ein zeitlicher oder örtlicher Zusammenhang des weiteren Auftrags mit dem ursprünglichen Auftrag. Durch die Anforderungen, dass die Gebäude, Ingenieurbauwerke oder Tragwerke gleich sein müssen, ergibt sich darüber hinausgehend eine ausreichende Korrektur.

47 **5. Minderung des Honorars i.S.v. Abs. 3.** Wie in § 11 Abs. 3 sind die Prozentsätze der beauftragten Leistungsphasen bei Vorliegen der Voraussetzungen des § 11 Abs. 4 wie in § 11 Abs. 3 zu mindern. Keine Aussage enthält § 11 Abs. 4 darüber, ob ggf. vorausgegangene Minderungen von der Anzahl her aus dem vorherigen Auftrag berücksichtigt werden müssen. Gab es also im ersten Auftrag bereits fünf Wiederholungsleistungen, besteht die Frage, ob nun an die sechste Wiederholungsleistung anzuknüpfen ist. Vom Sinn der Regelung könnte dies zu bejahen sein, da der Aufwand für den Planer gering ist. Dagegen spricht allerdings, dass unterschiedliche Aufträge vorliegen und jeder Auftrag in Bezug zu nehmen ist und daher Wiederholungsleistungen von vorangegangenen Aufträgen nicht angerechnet werden.

B. Beispielberechnungen

48 Die Auswirkungen auf das Honorar sind je nach Anwendbarkeit der Absätze 1, 2 oder 3 des § 11 äußerst unterschiedlich. Dies wird auch bei der Planung Berücksichtigung finden müssen, soweit dies möglich ist. Danach folgende Beispielsrechnungen:

49 Es werden zehn Einfamilienhäuser erstellt. Die anrechenbaren Kosten betragen pro Gebäude 300.000 €. Alle Gebäude unterfallen der Honorarzone III. Der Honorarsatz ist

Mindestsatz. Beauftragt sind die Leistungsphasen 1–8, also 98% der Leistung. Danach ergeben sich folgende Konstellationen:

Fall 1
Die Gebäude sind so unterschiedlich, dass sie weder vergleichbare noch im Wesentlichen gleiche Gebäude sind i.S.v. § 11 Abs. 2 oder Abs. 3. Das Bruttohonorar pro Gebäude für den Architekten beträgt dann pro Haus 46.525,84 € ohne Nebenkosten. Für die zehn Einfamilienhäuser erhält der Planer dann eine Gesamtsumme von **466.258,40 €.**

Fall 2
Handelt es sich um vergleichbare Gebäude i.S.v. § 11 Abs. 2, so werden die anrechenbaren Kosten von allen zehn Gebäuden zusammengezogen. Es ergeben sich insgesamt anrechenbare Kosten in Höhe von 3 Mio. €. Das Honorar für den Architekten beträgt dann aufgrund der Degression der HOAI **357.046,12 €** brutto.

Fall 3
Es liegen im Wesentlichen gleiche Gebäude vor. Danach ist das Honorar für das erste Gebäude mit einer Summe von 46.625,84 € brutto voll zu vergüten. Für die Hauser 2–5 ergibt sich für die Leistungsphasen 1–6 eine Reduzierung der Vergütung um 50%. Die Leistungsphasen 7 und 8 müssen zu 100% vergütet werden. Pro Gebäude sind dann brutto 31.876,85 € zu bezahlen. Dies bedeutet für die vier Gebäude (Häuser 2–5) eine Gesamtvergütung von 127.507,41 € brutto. Das Honorar für die Häuser 6–8 kann bei den Leistungsphasen 1–6 um 60% gekürzt werden. Die Leistungsphasen 7 und 8 sind wiederum zu 100% zu vergüten. Daraus ergibt sich pro Gebäude eine Vergütung in Höhe von brutto 28.927,06 €. Bei drei Gebäuden macht dies 86.781,17 €. Bei den Gebäuden 9 und 10 kann das Honorar für die Leistungsphasen 1–6 um 90% gekürzt werden. Die Leistungsphasen 7 und 8 sind zu 100% zu vergüten. Daraus ergibt sich eine Vergütung pro Gebäude in Höhe von brutto 20.077,66 €. Bei zwei Gebäuden macht dies eine Summe von 40.155,31 € aus. Insgesamt erhält der Architekt für die zehn Häuser dann eine Vergütung von **301.069,73 €** brutto.

---

§ 12
Instandsetzungen und Instandhaltungen

(1) Honorare für Grundleistungen bei Instandsetzungen und Instandhaltungen von Objekten sind nach den anrechenbaren Kosten, der Honorarzone, den Leistungsphasen und der Honorartafel, der die Instandhaltungs- und Instandsetzungsmaßnahme zuzuordnen sind, zu ermitteln.

(2) Für Grundleistungen bei Instandsetzungen und Instandhaltungen von Objekten kann schriftlich vereinbart werden, dass der Prozentsatz für die Objektüberwachung oder Bauoberleitung um bis zu 50 Prozent der Bewertung dieser Leistungsphase erhöht wird.

Übersicht

A. Überblick

1 § 12 HOAI 2013 entspricht § 36 HOAI 2009 (und mit Umformulierungen ohne wesentliche inhaltliche Veränderung auch der Vorläufervorschrift des § 27 HOAI 2002). Die Reihenfolge der Absätze wurde getauscht: § 12 Abs. 1 HOAI 2013 entspricht § 36 Abs. 2 HOAI 2009 und § 12 Abs. 2 HOAI 2013 dem § 36 Abs. 1 HOAI 2009. Die Vorschrift wurde in den allgemeinen Teil verschoben, da sie nicht nur für die Objektplanung, sondern generell für Instandsetzungen und Instandhaltungen gilt, also auch für Ingenieurbauwerke und Verkehrsanlagen.

2 Wesentlichster Regelungsinhalt ist die Möglichkeit, bei Instandhaltungen und Instandsetzungen den Prozentsatz der Leistungsphase 8, also der „Objektüberwachung" bzw. „Bauoberleitung" (bei Ingenieurbauwerken und Verkehrsanlagen), um bis zu 50% zu erhöhen.

3 Einzige inhaltliche Änderung ist die neu eingeführte **Schriftform** in Abs. 2. Diese schriftliche Vereinbarung muss zeitlich jedoch nicht *„bei Auftragserteilung"* erfolgen, sondern kann auch noch später nachgeholt werden.

B. Honorarermittlungsgrundlagen (Abs. 1)

4 Die Begriffe der Instandsetzungen und Instandhaltungen sind in § 2 Abs. 8 und 9 definiert. Nach Abs. 8 sind **Instandsetzungen** *„Maßnahmen zur Wiederherstellung des zum bestimmungsgemäßen Gebrauch geeigneten Zustandes (Soll-Zustandes) eines Objekts"*, soweit diese Maßnahmen keine Wiederaufbauten darstellen. **Instandhaltungen** sind nach Abs. 9 *„Maßnahmen zur Erhaltung des Soll-Zustandes eines Objekts"*. Die Zielsetzung der beiden Maßnahmen ist die gleiche: den Sollzustand des Objekts wiederherzustellen. Der Unterschied ist lediglich, dass bei Instandsetzungen der Grad der vorangegangenen Zerstörung größer sein muss.

5 Für die Honorarermittlung bei Instandsetzungen und Instandhaltungen wird vorgegeben, dass die anrechenbaren Kosten, die Honorarzone und die Leistungsphasen zugrunde zu legen sind, denen die Instandhaltungs- und Instandsetzungsmaßnahmen zuzuordnen sind. Damit kommt es **nicht auf die Gebäudeart**, sondern auf die **Instandsetzungsmaßnahmen** an, vergleichbar den Honorarermittlungen bei Umbauten und Modernisierungen gem. § 6 Abs. 2 S. 1. Für die Ermittlung der Honorarzone sind somit nicht das Ausgangsobjekt, sondern die entsprechenden Instandhaltungs- und Instandsetzungsmaßnahmen entscheidend. Somit ist zunächst eine Ermittlung der Bewertungsmerkmale in Bezug auf die Instandhaltungs- und Instandsetzungsmaßnahmen vorzunehmen und, wenn diese zu keinem eindeutigen Ergebnis führt, eine entsprechende Punktebewertung.

C. Erhöhung des Prozentsatzes der Leistungsphase 8 (Abs. 2)

6 Abs. 2 ermöglicht, bei Instandhaltungen und Instandsetzungen den **Prozentsatz der Leistungsphase 8** „Objektüberwachung" (bei Gebäude und Innenräumen sowie Freianlagen) bzw. „Bauoberleitung" (bei Ingenieurbauwerken und Verkehrsanlagen) **um bis zu 50% zu erhöhen.** Somit können also bei der **Objektplanung bis zu 48%** (32% + 16%) für Leistungsphase 8 vereinbart werden.

7 Einzige inhaltliche Änderung ist die neu eingeführte **Schriftform**, die jedoch **nicht** auf den Zeitpunkt ***„bei Auftragserteilung"*** beschränkt ist, also die Erhöhung auch noch während der Vertragslaufzeit rechtswirksam vereinbart werden kann. § 12 Abs. 2 geht insoweit der allgemeinen Regelung des § 7 Abs. 5 vor, nach der von den Mindestsätzen

abweichende Honorarvereinbarungen nur *„bei Auftragserteilung"* schriftlich rechtswirksam vereinbart werden können. Dies hat der BGH für den vergleichbaren Fall des Umbauzuschlages zum § 24 HOAI 2002 entschieden, was auf die hiesige Konstellation übertragbar ist.[1]

D. Verhältnis zum Umbau-/Modernisierungszuschlag nach § 36

Im Bereich der Instandsetzungen und Instandhaltungen kann es Überschneidungen mit Umbauten und Modernisierungen geben. Nachdem diese Maßnahmen jeweils am gleichen Objekt i.S.v. § 2 Abs. 1 erfolgen, kann das Objekt entweder nur umgebaut bzw. modernisiert oder nur instandgesetzt bzw. instandgehalten werden. Damit schließen sich die beiden Zuschläge des § 12 und des § 36 gegenseitig aus. Es muss somit im Rahmen einer Gesamtbetrachtung des Objekts festgestellt werden, ob Umbau/Modernisierung (§ 36) oder nur eine Instandhaltung/Instandsetzung (§ 12) vorliegt. Abgegrenzt wird hier nach dem **Schwerpunkt der Maßnahme.**[2] 8

Insgesamt führt der Umbau-/Modernisierungszuschlag zu einem höheren Honorar als der Instandsetzung-/Instandhaltungszuschlag (mit Ausnahme der isolierten Beauftragung von Leistungsphase 8). 9

So kann bei der Gebäudeplanung der Prozentsatz der Leistungsphase 8 von 32% um bis zur Hälfte, also um 16%, auf 48% angehoben werden. Dies liegt jedoch unter dem Umbau-/Modernisierungszuschlag des § 36, der bei durchschnittlichem Schwierigkeitsgrad bis 33% und bei überdurchschnittlichem Schwierigkeitsgrad auch höher vereinbart werden kann. Deshalb ist für den Architekten im Regelfall der Zuschlag nach § 36 günstiger. 10

Fraglich ist, wie mit der Situation umzugehen ist, wenn **beide Zuschläge** – unzulässigerweise – kumuliert vereinbart werden. Dies stellt einen Verstoß gegen die HOAI dar, da sich die beiden Zuschläge gegenseitig ausschließen. Im Ergebnis ist die Vereinbarung nur dann (partiell) unwirksam, wenn sie insgesamt zu einer Höchstsatzüberschreitung führt, was durch eine Vergleichsberechnung zu ermitteln ist. In diesem Fall wäre das Honorar auf den Höchstsatz zu reduzieren. Würde beispielsweise bei einem Objekt mit durchschnittlichem Schwierigkeitsgrad ein Umbauzuschlag von 20% sowie die Leistungsphase 8 um die Hälfte erhöht mit 48% vereinbart werden, würde dies bei der Beauftragung aller Leistungsphasen zu einem Gesamtzuschlag von 36% führen, was bei einem Objekt mit durchschnittlichem Schwierigkeitsgrad um 3% über dem höchstzulässigen Umbauzuschlag von 33% läge. Dies würde aber nur dann zu einer Unwirksamkeit führen, wenn in einer Vergleichsberechnung auch der auf Basis des höchstmöglichen Umbauzuschlages von 33% ermittelte Höchstsatz überschritten wäre. Bei einem Objekt mit überdurchschnittlichem Schwierigkeitsgrad läge keine Höchstsatzüberschreitung vor, da in diesem Fall auch ein höherer Umbauzuschlag als 33% vereinbart werden könnte. 11

1 BGH, Urt. v. 27.11.2008 – VII ZR 211/07 – BauR 2009, 264; Locher/Koeble/Frik/*Locher*, § 12 Rn 4.
2 Korbion/Mantscheff/Vygen/*Seifert*, § 36 HOAI 2009 Rn 6, Locher/Koeble/Frik/*Locher*, § 12 Rn 6.

§ 13
Interpolation

Die Mindest- und Höchstsätze für Zwischenstufen der in den Honorartafeln angegebenen anrechenbaren Kosten und Flächen sind durch lineare Interpolation zu ermitteln.

Übersicht

A. Übersicht

1 § 13 HOAI 2013 entspricht unverändert § 13 HOAI 2009 und § 5a HOAI 2002. Die Vorschrift regelt lediglich, dass bei der Honorarermittlung Zwischenwerte gebildet werden müssen aus den beiden nächstliegenden Werten der Honorartafel, wenn – wie im Regelfall – die anrechenbaren Kosten nicht exakt einem Tabellenwert entsprechen. Aus diesen nächstliegenden Tabellenwerten wird durch eine (lineare) Durchschnittsberechnung, die sog. **lineare Interpolation**, der entsprechende Honorarwert ermittelt. Dies gilt für alle Honorartafeln.

2 Der Rechenvorgang der Interpolation muss nicht zwingend in die Schlussrechnung aufgenommen werden. Die Angabe der jeweiligen Ergebnisse reicht für die Prüfbarkeit der Rechnung aus.[1] Trotzdem ist es empfehlenswert, für eine einfachere Überprüfbarkeit die Interpolation beizulegen. Hierfür gibt es beispielsweise im Internet eine Vielzahl kostenloser HOAI-Rechner.

B. Interpolationsformel

3 Die **Formel für die lineare Interpolation** lautet:

$$h = a + \left(\frac{(b-a) \times (c-d)}{e-d} \right)$$

h = zu errechnendes Honorar
a = niedrigerer Honorarwert aus der Honorartafel
b = höherer Honorarwert aus der Honorartafel
c = anrechenbare Kosten
d = niedrigerer Tabellenwert der anrechenbaren Kosten
e = höherer Tabellenwert der anrechenbaren Kosten

Beispiel

Vereinbart ist Honorarzone III, Mindestsatz. Die anrechenbaren Kosten betragen 250.000 €. Somit ergibt sich folgende Honorarermittlung:

a = niedrigerer Honorarwert aus der Honorartafel:	27.863 €
b = höherer Honorarwert aus der Honorartafel:	39.981 €
c = anrechenbare Kosten:	250.000 €
d = niedrigerer Tabellenwert der anrechenbaren Kosten:	200.000 €
e = höherer Tabellenwert der anrechenbaren Kosten:	300.000 €

1 Locher/Koeble/Frik/*Locher*, § 13 Rn 3; OLG Düsseldorf, Urt. v. 19.4.1996 – 22 U 226/95 – BauR 1996, 893.

$$Honorar = 27.863 + \frac{(39.981 - 27.863) \times (250.000 - 200.000)}{300.000 - 200.000}$$

$$Honorar = 27.863 + \frac{(12.118) \times (50.000)}{100.000} = 27.863 + 6.059 = 33.922$$

C. Interpolation bei Honorarwerten zwischen Mindest- und Höchstsatz

Ist nicht der Mindest- oder Höchstsatz vereinbart, sondern beim Honorarsatz ein **Zwischenwert** vereinbart, sind zunächst die entsprechenden Tabellenwerte für diesen Zwischenwert zu ermitteln. Wäre in unserem Beispiel (250.000 € anrechenbare Kosten) der **Dreiviertelsatz** (d.h. +75% zwischen Mindest- und Höchstsatz) vereinbart, ergäbe sich folgende Änderung im Rahmen der Honorarermittlung: 4

a = niedrigerer Honorarwert aus der Honorartafel:
Mindestsatz: 27.863 €, Höchstsatz: 34.751 €
→ Dreiviertelsatz: 27.863 + 0,75 × (34.751 – 27.863) = 33.029 €

b = höherer Honorarwert aus der Honorartafel:
Mindestsatz: 39.981 €, Höchstsatz: 49.864 €
→ Dreiviertelsatz: 39.981 + 0,75 × (49.864 – 39.981) = 47.393 €

Diese beiden Beträge sind sodann in obiger Tabelle einzusetzen, sodass sich folgende Honorarermittlung ergibt: 5

$$Honorar = 33.029 + \frac{(47.393 - 33.029) \times (250.000 - 200.000)}{300.000 - 200.000}$$

$$Honorar = 33.029 + \frac{(14.364) \times (50.000)}{100.000} = 33.029 + 7.182 = 40.211$$

Praxistipp
Im Internet gibt es eine Vielzahl kostenloser **HOAI-Rechner**, z.B. unter **http://www.hoai.de** oder **http://www.ibr-online.de**, deren Honorarermittlung einschließlich Interpolation der Honorarrechnung als Anlage beigelegt werden kann.

D. Honorare über Höchstsatz

Die Honorartafeln der HOAI gelten nur im Rahmen ihres Anwendungsbereiches zwischen Mindest- und Höchstsatz, also beispielsweise bei der Objektplanung gem. § 35 Abs. 1 zwischen 25.000 € und 25 Mio. €. Außerhalb dieser Spanne können die Honorare gem. § 7 Abs. 2 frei vereinbart werden, sodass auch eine lineare Anpassung formlos vereinbart werden kann. 6

Durchgesetzt haben sich oberhalb des höchsten Tabellenwerts der HOAI die Honorarfortschreibungen in den **RifT-Tabellen** („*Richtlinien für die Beteiligung freiberuflich Tätiger – RifT*" der VBV (Vermögen- und Bau-Verwaltung) Baden-Württemberg), die nicht linear, sondern degressiv sind. Bei diesen RifT-Tabellen ist die Interpolation für die Ermittlung der Zwischenwerte ebenfalls anzuwenden. 7

§ 14
Nebenkosten

(1) Der Auftragnehmer kann neben den Honoraren dieser Verordnung auch die für die Ausführung des Auftrags erforderlichen Nebenkosten in Rechnung stellen; ausgenommen sind die abziehbaren Vorsteuern gemäß § 15 Absatz 1 des Umsatzsteuergesetzes in der Fassung der Bekanntmachung vom 21. Februar 2005 (BGBl. I S. 386), das zuletzt durch Artikel 2 des Gesetzes vom 8. Mai 2012 (BGBl. I S. 1030) geändert worden ist. Die Vertragsparteien können bei Auftragserteilung schriftlich vereinbaren, dass abweichend von Satz 1 eine Erstattung ganz oder teilweise ausgeschlossen ist.

(2) Zu den Nebenkosten gehören insbesondere:

1. **Versandkosten, Kosten für Datenübertragungen,**
2. **Kosten für Vervielfältigungen von Zeichnungen und schriftlichen Unterlagen sowie für die Anfertigung von Filmen und Fotos,**
3. **Kosten für ein Baustellenbüro einschließlich der Einrichtung, Beleuchtung und Beheizung,**
4. **Fahrtkosten für Reisen, die über einen Umkreis von 15 Kilometern um den Geschäftssitz des Auftragnehmers hinausgehen, in Höhe der steuerlich zulässigen Pauschalsätze, sofern nicht höhere Aufwendungen nachgewiesen werden,**
5. **Trennungsentschädigungen und Kosten für Familienheimfahrten in Höhe der steuerlich zulässigen Pauschalsätze, sofern nicht höhere Aufwendungen an Mitarbeiter oder Mitarbeiterinnen des Auftragnehmers auf Grund von tariflichen Vereinbarungen bezahlt werden,**
6. **Entschädigungen für den sonstigen Aufwand bei längeren Reisen nach Nummer 4, sofern die Entschädigungen vor der Geschäftsreise schriftlich vereinbart worden sind,**
7. **Entgelte für nicht dem Auftragnehmer obliegende Leistungen, die von ihm im Einvernehmen mit dem Auftraggeber Dritten übertragen worden sind.**

(3) Nebenkosten können pauschal oder nach Einzelnachweis abgerechnet werden. Sie sind nach Einzelnachweis abzurechnen, sofern bei Auftragserteilung keine pauschale Abrechnung schriftlich vereinbart worden.

Übersicht

1 Einigkeit besteht darüber, dass der Begriff der **Nebenkosten** gleichbedeutend ist mit dem Begriff der **Auslagen**, der bis zur 5. ÄndVO im Gesetz enthalten war. Die Begriffsumstellung diente nur der Klarstellung, dass es bei den Nebenkosten nicht um durchlaufende Posten im Sinne des Umsatzsteuergesetzes geht. Hinsichtlich der Umsatzsteuer auf die Nebenkosten ist in § 16 Abs. 2 eine Regelung enthalten.

Nach wie vor hat der Architekt/Ingenieur die **Nebenkosten getrennt vom Honorar** abzurechnen. Die Nebenkosten sind kein Teil des Honorars. Sie sind auch bei den entscheidenden Fragen wie Mindestsatzunterschreitung, Höchstsatzüberschreitung etc. nicht zu berücksichtigen. 2

§ 14 Abs. 1 S. 1 regelt die Möglichkeit der Geltendmachung entstandener Nebenkosten, soweit sie zur Ausführung des Auftrags erforderlich sind. Diese Geltendmachung kann durch Parteivereinbarung nach § 14 Abs. 1 S. 2 ganz oder teilweise ausgeschlossen sein. Im Gegensatz dazu regelt § 14 Abs. 3 S. 2 inhaltlich nur eine Vereinbarung, wie dem Grunde nach zu erstattende Nebenkosten abzurechnen sind: **pauschal** oder nach **Einzelnachweis**. 3

Haben die Parteien in Bezug auf die Nebenkosten keinerlei Vereinbarung getroffen, diese möglicherweise nicht einmal in ihren vertraglichen Abreden erwähnt, so sind sie kraft Gesetzes nach § 14 Abs. 1 S. 1 dem Auftragnehmer nach Einzelnachweis zu erstatten. 4

A. Grundsatz der Erstattungspflicht von Nebenkosten (Abs. 1 S. 1)

I. „Bei der Ausführung des Auftrags entstehende Nebenkosten"

Erstattungsfähig sind nach dem eindeutigen Wortlaut der Norm nur **tatsächlich entstandene Kosten**. Damit scheidet jede Abrechnung von fiktiven Kosten aus. Notwendig ist ein unmittelbarer Kausalbezug zwischen dem Anfall der Nebenkosten und der Durchführung des Auftrags. Allgemeinkosten wie etwa Miete für Räume oder Geräte, Personalkosten etc. können nicht separat abgerechnet werden, da ein unmittelbarer Kausalbezug gerade zu dem auszuführenden Auftrag nicht besteht. Etwas anderes gilt nur dann, wenn tatsächlich für die Durchführung gerade dieses Auftrags bestimmte Kosten anfallen. Hierzu gehört beispielsweise die Errichtung eines Büros auf der Baustelle (vgl. § 14 Abs. 2 Nr. 3). 5

Die Nebenkosten müssen zur Ausführung des Auftrags ***„erforderlich"*** gewesen sein. Maßgeblich ist eine **objektive Beurteilung** der Erforderlichkeit und nicht das subjektive Dafürhalten des Auftragnehmers. Das objektive Kriterium gilt sowohl für den Grund der Nebenkosten als auch deren Höhe. 6

Nach dem eindeutigen Wortlaut der Norm trägt der **Auftragnehmer** die **Darlegungs- und Beweislast** sowohl für das Entstehen der Nebenkosten, deren kausalen Bezug als auch deren Höhe. Dem Auftragnehmer wird schon aus diesem Grunde nichts anderes übrig bleiben, als die für jeden Auftrag anfallenden Nebenkosten separat zu erfassen. Dies dürfte bei Einsatz der EDV auch nur mit einem überschaubaren Aufwand an Zeit und personellen Ressourcen verbunden sein. Dies gilt zumal unter Berücksichtigung des Umstandes, dass andere freiberuflich Tätige, etwa Rechtsanwälte, vor demselben Problem stehen und dieses in gleicher Art und Weise meistern. 7

Im Rechtsstreit werden die vom Auftragnehmer vorgelegten und von ihm bzw. seinem Personal selbst erstellten (EDV-)Unterlagen zwar nur einen geringen Beweiswert haben; sie ermöglichen ihm jedoch in jedem Fall einen substantiierten Sachvortrag. Die von ihm bei dieser Gelegenheit vorzulegenden Unterlagen belegen zwar den unmittelbaren Anfall der Nebenkosten, den Kausalbezug und die Höhe nicht im Sinne des Strengbeweises nach § 286 ZPO. Sie stellen aber in jedem Fall ein Indiz, also eine Hilfstatsache, die auf das Bestehen einer Haupttatsache hinweist, dar. Es ist dann Sache des Auftraggebers, den Gegenbeweis anzutreten und zu führen. Dies alles gilt nur für den Fall, dass keine pauschale Abrechnung der Nebenkosten wirksam vereinbart ist. 8

Für die **Fälligkeit** des Nebenkostenanspruchs ist die Erstellung einer Abrechnung durch den Auftragnehmer erforderlich. Dies folgt aus dem Wortlaut des Gesetzes: Da- 9 nach können Nebenkosten „*berechnet*“ werden. Diese Abrechnung wird – in Anlehnung an § 259 BGB – eine systematische Zusammenstellung der einzelnen Kosten erforderlich machen. Nur hierdurch wird dem Informations- und Kontrollinteresse des Auftraggebers hinreichend gerecht.

10 Dagegen ist eine „*prüffähige*“ Abrechnung weder nach dem Wortlaut des Gesetzes noch nach seinem Sinn und Zweck erforderlich. Vielmehr reichen nach Auffassung des BGH eine geordnete Zusammenstellung der Auslagen und die Vorlage geordneter Belege aus.[1]

II. „Abzüglich der nach § 15 Abs. 1 des Umsatzsteuergesetzes abziehbaren Vorsteuern“

11 In dieser Formulierung des Gesetzes liegt eine dynamische Verweisung auf § 15 Abs. 1 UStG. Wird das Umsatzsteuergesetz geändert, so gilt die geänderte Fassung automatisch im Bereich der Nebenkosten.

12 Aus dem Wortlaut folgt, dass die **Nebenkosten** durch den Auftragnehmer **nur netto** berechnet werden können. Dies erschließt sich ohne Weiteres, da der Auftragnehmer – zumindest in der Regel – zum Vorsteuerabzug berechtigt ist und die in den Bruttonebenkosten enthaltene Umsatzsteuer als Vorsteuer von seiner eigenen Umsatzsteuerschuld abziehen kann. Natürlich schuldet der Auftraggeber **auch die Umsatzsteuer auf die (netto) berechneten Nebenkosten**.

B. Ausschluss der Erstattung von Nebenkosten (Abs. 1 S. 2)

13 Die Vorschrift regelt den **teilweisen oder vollständigen Ausschluss der Erstattungsfähigkeit der Nebenkosten**. Diese Vereinbarung hat – wie die Honorarvereinbarung des § 7 Abs. 1 – ***„schriftlich bei Auftragserteilung“*** zu erfolgen. Insoweit ist die Problematik keine andere als bei § 7 Abs. 1 dargestellt. Ist die Vereinbarung mangels Vorliegen der Voraussetzungen „*schriftlich*“ oder „*bei Auftragserteilung*“ nicht wirksam geworden, so greift der **Grundsatz des § 14 Abs. 1 S. 1** ein und die Nebenkosten sind entsprechend dem Gesetz (auf Einzelnachweis) zu erstatten.

14 Der Ausschluss der Nebenkosten kann sich sowohl auf bestimmte Arten der Auslagen als auch auf bestimmte Anteile an einzelnen Arten beziehen. Dies bedeutet, dass die einzelnen Nebenkosten des § 14 Abs. 2 jeweils in ihrer Art vollständig ausgeschlossen werden können. Beispielsweise kann die Vervielfältigung von Plänen, die nach § 14 Abs. 2 Nr. 2 erstattungsfähige Nebenkosten darstellt, ausgeschlossen oder nur mit einem Pauschalbetrag angesetzt werden.

C. Pauschalierung (Abs. 3)

15 Die Vorschrift regelt die **Art und Weise**, das **„Wie“**, der Abrechnung von berechtigten Nebenkosten des § 14 Abs. 1 S. 1, Abs. 2. Der Grundsatz ergibt sich aus § 14 Abs. 3 S. 2 dahingehend, dass Nebenkosten **nach Einzelnachweis** abzurechnen sind, es sei denn, die Parteien haben bei Auftragserteilung eine anderweitige schriftliche Vereinbarung getroffen. Nur wenn diese Vereinbarung – ***„schriftlich“*** und ***„bei Auftragserteilung“*** – wirksam ist, ist eine pauschale Abrechnung von Nebenkosten möglich. An diesem Um-

1 BGH, Urt. v. 10.5.1990 – VII ZR 45/89 – BauR 1990, 632; OLG Düsseldorf, Urt. v. 26.7.2000 – 22 U 23/00 – BauR 2000, 1889.

stand scheitern in der Praxis nicht wenige Nebenkostenabrechnungen. Dies ist für den Auftragnehmer fatal, da er, im Vertrauen auf die Wirksamkeit der Pauschalabrechnungsmöglichkeit, die Erfassung der anfallenden Nebenkosten im Wege des Einzelnachweises während der Ausführung des Auftrags in der Regel unterlassen hat. So wird ihm dann bei Abrechnung der Nebenkosten in der Regel ein schlüssiger Sachvortrag, der substantiiert genug ist, um dem Auftraggeber ein Bestreiten zu ermöglichen, nicht mehr wirklich gelingen.

Bei der Abrechnung nach Einzelnachweis hat der Auftragnehmer eine geordnete, systematische Zusammenstellung der Nebenkosten vorzunehmen[2] und – zumindest auf Verlangen des Auftraggebers – die jeweiligen Belege vorzulegen. Diese Pflichten ergeben sich zumindest aus § 259 Abs. 1 BGB. Unterlässt der Auftragnehmer dies, so steht dem Auftraggeber hinsichtlich des Zahlungsanspruchs ein Zurückbehaltungsrecht nach § 273 Abs. 1 BGB zu. Damit bleibt der Nebenkostenanspruch zwar fällig, kann aber nicht ohne Vorlage der Abrechnung und der Belege durchgesetzt werden. Der Auftraggeber kommt mit der Zahlung nicht in Verzug. 16

Haben die Parteien wirksam eine **Pauschalabrechnung** der Nebenkosten vereinbart, stellt sich die Frage nach den Grenzen der Vereinbarungsmöglichkeiten. Der BGH hat mit seiner Entscheidung vom 25.9.2003[3] klargestellt, dass die HOAI hinsichtlich der Höhe der Nebenkosten keine Regelungen enthält und damit keinen Prüfungsmaßstab darstellt. Vielmehr ist die Höhe – wie im Zivilrecht üblich – an § 138 BGB (Sittenwidrigkeit, Wucher) zu messen. Eine Unwirksamkeit der Pauschalvereinbarung hinsichtlich der Höhe wegen Verstoß gegen § 138 Abs. 1 BGB kommt dann in Betracht, wenn die Pauschale zu den im Zeitpunkt des Vertragsschlusses zu erwartenden Nebenkosten objektiv in einem auffälligen Missverhältnis steht und weitere Umstände hinzutreten, wie etwa eine verwerfliche Gesinnung des begünstigten Architekten oder Ingenieurs. Allein das Vorliegen des **groben, besonders krassen Missverhältnisses** rechtfertigt regelmäßig den Schluss auf die verwerfliche Gesinnung und damit auf einen sittenwidrigen Charakter der Vereinbarung. Zu berücksichtigen im Rahmen dieser Prüfung ist auch die Unsicherheit der Prognose der Parteien im maßgeblichen Zeitpunkt hinsichtlich der zu erwartenden Nebenkosten. 17

In dem vom BGH entschiedenen bzw. zurückverwiesenen Fall war eine Nebenkostenpauschale in Höhe von 10% des Nettohonorars vereinbart. Da die Voraussetzungen des § 138 Abs. 1 BGB nicht geklärt waren, konnte der BGH nicht selbst entscheiden, sondern hat das Verfahren an das OLG zurückverwiesen. 18

D. Regelbeispiele von Nebenkosten (Abs. 2)

Aus der Verwendung des Begriffs „*insbesondere*" ist zwanglos zu folgern, dass die **Aufzählung** des Gesetzes **nicht abschließend** ist. Es können also durchaus noch andere, nicht in Abs. 2 aufgeführte Nebenkosten als erstattungsfähig in Betracht kommen. Natürlich herrscht im Detail Streit, welche Kosten erstattungsfähige Nebenkosten sind und welche Kosten mit dem Honorar für den Architekten abgegolten sind. Als Beispiel können die EDV-Kosten beim Einsatz von Computerprogrammen gelten. Insoweit fehlt bislang noch eine höchstrichterliche Entscheidung. 19

2 BGH, Urt. v. 10.5.1990 – VII ZR 45/89 – BauR 1990, 632.
3 BGH, Urt. v. 25.9.2003 – VII ZR 13/02 –.

I. § 14 Abs. 2 Nr. 1

20 Erfasst werden alle **Portos, Telefonkosten** etc., also allgemein alle Kosten, die im Zusammenhang mit **Kommunikation** stehen.

II. § 14 Abs. 2 Nr. 2

21 Ersatzfähig sind nur die **Vervielfältigungskosten**. Dies bedeutet, dass die Kosten für die Herstellung des Originals nicht ersatzfähig sind. Diese sind mit dem Honorar abgegolten. Die Art und Weise der Vervielfältigung ist unerheblich. Die Kosten hierfür können nicht abstrakt, sondern nur am jeweiligen Einzelfall bestimmt werden.

22 Erstattungsfähig sind auch die Kosten für das Anfertigen von **Filmen** und **Fotos**. Hier ist also nicht nur die Vervielfältigung ersatzfähig. Wird für die Herstellung der Fotos ein Fotograf beauftragt, so sind die hierfür entstehenden Kosten als Nebenkosten ersatzfähig. Die Grenze zieht nur die „Erforderlichkeit". Der Architekt hat auf wirtschaftliche Betriebsführung zu achten.

III. § 14 Abs. 2 Nr. 3

23 Ersatzfähig sind alle Kosten für ein **Baustellenbüro**. Dies ist umfassend gemeint, was sich schon aus der Erforderlichkeit der Nebenkosten als solche ergibt. Jedenfalls aus der Verwendung des Begriffs „*einschließlich*" ergibt sich zwingend, dass alle mit dem Baustellenbüro zusammenhängenden Kosten Nebenkosten darstellen. Der Begriff „*einschließlich*" besagt nur, dass auch die Kosten der Einrichtung, also des Innenraums des Baustellenbüros sowie der Beleuchtung und Beheizung dazugehören. Naturgemäß gehören auch die Erstellung und der Anschluss von **Kommunikationsleitungen** dazu. Diese Kosten werden sich – zukünftig noch mehr – jedoch relativieren, da über Funkverbindungen leitungsabhängige Kommunikationssysteme immer seltener werden.

IV. § 14 Abs. 2 Nr. 4

24 Die Vorschrift betrifft die **Fahrtkosten** des Auftragnehmers bzw. seiner Mitarbeiter ganz allgemein. Die Ersatzfähigkeit setzt natürlich voraus, dass die Fahrt **erforderlich** ist und **in unmittelbarem Zusammenhang mit der Auftragsdurchführung** steht. Ersatzfähigkeit tritt ein, wenn die Fahrt über einen **Umkreis von 15 km** über den Geschäftssitz des Auftragnehmers hinausgeht. Liegt die Fahrstrecke noch im Umkreis von 15 km, so erhält der Auftragnehmer hierfür keinen Ersatz. Liegt das Fahrtziel außerhalb des Umkreises von 15 km, so ist die gesamte Fahrstrecke ersatzfähig. Unerheblich ist, ob der 15 km-Umkreis bereits innerhalb einer Kommune überschritten wird.

25 Ersatzfähig sind entweder die **steuerlichen Pauschalsätze** oder **nachgewiesene höhere Aufwendungen**. Begehrt der Auftragnehmer nur den Pauschalsatz, hat er dessen Höhe nicht nachzuweisen. Begehrt er höhere Kosten, beispielsweise für die Benutzung von Bahn oder Flugzeug, so hat er diese natürlich nachzuweisen. Dies wird ihm auch, da er ein Ticket erwerben muss, nicht schwerfallen. Streitig ist, ob die tatsächlichen Aufwendungen für die Benutzung von Kraftfahrzeugen mithilfe von Tabellen hinreichend belegt werden können.

V. § 14 Abs. 2 Nr. 5

Nebenkosten sind auch **Trennungsentschädigung** und **Kosten für Familienheimfahrten**. Maßgeblich ist grundsätzlich der steuerlich zulässige Pauschalsatz. Höhere Aufwendungen sind nur dann zu erstatten, wenn diese aufgrund von tariflichen Vereinbarungen an Mitarbeiter gezahlt werden. 26

VI. § 14 Abs. 2 Nr. 6

Voraussetzung für die Erstattungsfähigkeit von **Entschädigungen bei längeren Reisen** ist der Umstand, dass diese Entschädigung **schriftlich** vor Beginn der Reise vereinbart wurde. Liegt eine derartige Vereinbarung wirksam vor, so gehören zu den Entschädigungen insbesondere die Übernachtungskosten, Verpflegungsmehraufwand, Tagegeld etc. 27

VII. § 14 Abs. 2 Nr. 7

Nach dem Wortlaut kann es sich nur um Kosten handeln, die der Auftragnehmer durch **Auftragserteilung an Dritte in eigenem Namen** verursacht. Würde der Auftragnehmer im Namen des Auftraggebers und mit dessen Vollmacht handeln, würde unmittelbar der Auftraggeber zur Bezahlung des entsprechenden Entgelts an den Dritten verpflichtet sein. Diese Variante spielt in der Rechtspraxis keine wesentliche Rolle. In Betracht kommen aber Fälle, in denen der Auftragnehmer in Absprache mit dem Auftraggeber, aber **im eigenen Namen, Dritte als Sonderfachleute** einschaltet. Als Beispiele mögen der Vermesser oder der Baugrundgutachter dienen. Erstattungsfähig sind diese Kosten als Nebenkosten jedoch nur dann, wenn der Auftraggeber hierzu sein **Einverständnis** gegeben hat. 28

§ 15
Zahlungen

(1) Das Honorar wird fällig, wenn die Leistung abgenommen und eine prüffähige Honorarschlussrechnung überreicht worden ist, es sei denn, es wurde etwas anderes schriftlich vereinbart.

(2) Abschlagszahlungen können zu den schriftlich vereinbarten Zeitpunkten oder in angemessenen zeitlichen Abständen für nachgewiesene Grundleistungen gefordert werden.

(3) Die Nebenkosten sind auf Einzelnachweis oder bei pauschaler Abrechnung mit der Honorarrechnung fällig.

(4) Andere Zahlungsweisen können schriftlich vereinbart werden.

Übersicht

A. Fälligkeit der Schlusszahlung (Abs. 1)

1 § 15 Abs. 1 ist eine der zentralen Vorschriften für die Entstehung bzw. die Möglichkeit der Geltendmachung des Honoraranspruchs. Allerdings beschränkt sich der Anwendungsbereich auch des § 15 Abs. 1 auf den Anwendungsbereich der HOAI: Ist die HOAI nicht anwendbar, gilt naturgemäß auch § 15 Abs. 1 nicht. Die Fälligkeitsvoraussetzungen für nicht der HOAI unterliegende werkvertragliche Leistungen bestimmen sich dann – sowohl hinsichtlich einer Schlussrechnungsforderung als auch hinsichtlich einer Abschlagsrechnungsforderung – ausschließlich nach dem BGB. Dort wiederum ist der entscheidende Ansatz, dass sich die Fälligkeit nach der Vereinbarung der Parteien richtet. Im Gegensatz zu § 15 Abs. 1 HOAI 2009 ist nunmehr die **Abnahme der Leistung** Voraussetzung für die Fälligkeit. Zudem wurde der frühere Wortlaut – *„soweit nichts anderes vertraglich vereinbart ist"* – wiederum mit einer Schriftformklausel versehen – *„es sei denn, es wurde etwas anderes* ***schriftlich*** *vereinbart"*.

2 **Fälligkeit** bedeutet (§ 271 Abs. 1 BGB) für den Gläubiger die Möglichkeit, die Leistung verlangen zu können. Die Fälligkeit setzt die Entstehung des Anspruchs notwendig voraus. Der Honoraranspruch des Architekten/Ingenieurs entsteht, da es sich um Werkverträge handelt, gem. § 631 Abs. 1 BGB bereits mit Abschluss des Vertrages.

3 Die Fälligkeit ist in der Regel Voraussetzung für die Möglichkeit der Erhebung einer Leistungsklage (insbesondere Honorarklage). Fehlt es lediglich an der Fälligkeit des Anspruchs und sind die übrigen Voraussetzungen für den geltend gemachten Klageanspruch erfüllt, so kann das Gericht dennoch der Klage nicht stattgeben, sondern hat sie „als derzeit unbegründet" abzuweisen. Mit einem derartigen Urteil hat der Schuldner nur einen zeitlich auflösenden Erfolg erzielt: Der Gläubiger kann die weiteren Fälligkeitsvoraussetzungen, soweit ihm dies möglich ist, ggf. noch durch eigene Handlungen herbeiführen und hierdurch die Klage begründet machen. Dies ist ggf. auch im Rahmen

eines Berufungsverfahrens noch möglich, wenn die Voraussetzungen für die Zulassung eines neuen Angriffsmittels nach § 531 Abs. 2 ZPO vorliegen. Ansonsten kann der Gläubiger nach Eintritt des – die Klage als derzeit unbegründet abweisenden – Urteils erneut klagen, wenn er die fehlende Fälligkeitsvoraussetzung später herbeiführen kann. Die Rechtskraft des die Klage als derzeit unbegründet abweisenden Urteils bezieht sich nur auf die dem Urteil zugrunde liegenden Fälligkeitsvoraussetzungen, nicht jedoch solche, die dem Gericht nicht zur Entscheidung vorgelegt worden sind.

I. Keine andere schriftliche Vereinbarung

1. Vereinbarung. Auf den ersten Blick ist die Regelungstechnik des Gesetzgebers mehr als verwirrend: Einerseits hat er bereits in § 7 Abs. 1 die *„Vereinbarung"*, die das Honorar betrifft, hinsichtlich deren Voraussetzungen geregelt. Nunmehr erscheint erneut der Begriff der „Vereinbarung". Nach der amtlichen Überschrift von § 15 regelt diese Vorschrift jedoch nur die ***„Zahlungen"*** und nicht das Honorar als solches. Der Regelungsgehalt beschränkt sich damit auf die Art und Weise der Begleichung des Honorars, das mit der Vereinbarung des § 7 Abs. 1 geregelt wurde. Es handelt sich damit in § 15 Abs. 1 um eine andere Vereinbarung als die in § 7 Abs. 1. Dass diese Vereinbarungen wohl in aller Regel gleichzeitig und auch im Rahmen eines Schriftstücks getroffen werden, ändert nichts daran, dass ihre Wirksamkeit sich nach unterschiedlichen Kriterien bestimmt. Bekanntermaßen muss die Vereinbarung nach § 7 Abs. 1 schriftlich und bei Auftragserteilung getroffen werden. Die **Vereinbarung, die die Zahlungsweise betrifft,** hat nur **„schriftlich"** zu erfolgen. Das Kriterium ***„bei Auftragserteilung"*** gilt hier **nicht**. 4

Dieser Regelungsgehalt des § 15 Abs. 1 wird durch § 15 Abs. 4, zumindest für den Bereich der Fälligkeit des Gesamthonorars, nur nochmals – überflüssigerweise – wiederholt. 5

2. Schriftlich. Hierin liegt eine Abänderung zu den Voraussetzungen des § 15 Abs. 1 HOAI 2009. Im Hinblick auf die Fälligkeit des Honorars waren dort auch mündliche Vereinbarungen wirksam möglich. 6

Gegen die Wirksamkeit dieser Schriftformregelung werden teilweise Bedenken mit der Begründung erhoben, das Schriftformgebot habe nur Beweisfunktion und sei keine anspruchsbegründende Voraussetzung. Diese Kritik greift meines Erachtens nicht durch, da die Schriftformgebote der HOAI durchweg Beweissicherungsfunktion haben. Da die HOAI selbst die Schriftlichkeit nicht definiert, ist auf § 126 BGB zurückzugreifen. 7

Auch der Einwand, § 15 Abs. 1 ändere Regelungen des Werkvertragsrechts des BGB ab und sei deswegen nicht mehr von der Ermächtigungsvorschrift des Art. 10 § 2 MRVG gedeckt, trifft – zumindest nach der Rechtsprechung – nicht zu. So hat der BGH schon im Jahr 1986[1] entschieden, dass der damalige § 8 Abs. 1 HOAI von der Ermächtigungsnorm des Art. 10 § 2 MRVG auch insoweit gedeckt sei, als er – abweichend vom BGB – für die Fälligkeit des Honoraranspruchs die Abnahme gerade nicht voraussetzt. Nunmehr hat sich der Gesetzgeber dafür entschieden, die Fälligkeitsvoraussetzungen des Architekten-/Ingenieurhonorars wieder in Gleichklang zum BGB-Werkvertragsrecht zu bringen und von einer Abnahme als Fälligkeitsvoraussetzung abhängig zu machen. Eine davon abweichende Vereinbarung unterwirft er dem Schriftformgebot aus Gründen der Beweissicherung und zum Schutz des Auftraggebers. Da dem Gesetzgeber durch Art. 10 § 2 MRVG nicht nur die bloße Festsetzung von Preisen überlassen worden ist, sondern die Regelung aller mit dem Architekten-/Ingenieurhonorar zusammenhängenden Fragen, hat er 8

1 BGH, Urt. v. 19.6.1986 – VII ZR 221/85 – BauR 1986, 596, 598.

auch die Kompetenz, von der Verordnung abweichende Vereinbarungen der Schriftform zu unterwerfen.

9 Fehlt es an der Einhaltung der Form, so verbleibt es bei der gesetzlichen Regelung des § 15 Abs. 1.

10 **3. Dispositiv.** Dies eröffnet den weiten Spielraum sowohl für die Vereinbarung weiterer, gerade auf den Einzelfall zugeschnittener Fälligkeitsvoraussetzungen, insbesondere jedoch **Vereinbarungen über die Abnahme**. Aus Sicht des Architekten können derartige Abnahmevereinbarungen auch nur angeraten werden, da sich ansonsten – bei Verbleiben der gesetzlichen Voraussetzungen für die Fälligkeit – die Gewichte in einem Honorarprozess deutlich verschieben werden. Denn hat eine Abnahme nicht oder nur bestritten stattgefunden, so ist es Sache des Architekten als Honorarkläger, die Abnahmevoraussetzungen und damit die Mangelfreiheit des Werks vorzutragen und nachzuweisen. Denn bei der **Abnahme** handelt es sich um eine Anspruchsvoraussetzung, für deren Vorliegen der **Architekt darlegungs- und beweispflichtig** ist. War es bislang so, dass bei Überreichung einer prüfbaren Honorarschlussrechnung der Auftraggeber für von ihm im Honorarprozess behauptete Mängel darlegungs- und beweispflichtig war, so verschiebt sich diese Darlegungs- und Beweislast zulasten des Architekten für den Fall, dass eine Abnahme noch nicht stattgefunden hat.

II. Leistung abgenommen

11 Die HOAI selbst definiert den Begriff der Abnahme nicht. Zurückzugreifen ist auf § 640 Abs. 1 S. 1 BGB. Abnahme ist grundsätzlich die **körperliche Entgegennahme des geschuldeten Werks** verbunden mit der **Erklärung des Bestellers, es als im Wesentlichen vertragsgemäße Leistung anzunehmen**. Notwendig ist damit auch eine Willenserklärung des Bestellers. Die Abnahme ist Hauptpflicht des Bestellers.

12 Die Willenserklärung des Bestellers, das Werk als im Wesentlichen vertragsgerecht entgegenzunehmen, kann ausdrücklich oder auch konkludent erklärt werden. Eine **ausdrückliche Erklärung** empfiehlt sich naturgemäß, da es zur Rechtssicherheit zwischen den Parteien beiträgt. Zumindest empfiehlt sich die Textform des § 126b BGB, die beispielsweise auch durch eine E-Mail gewahrt wird.

13 Darüber hinaus kann die Erklärung des Bestellers aber auch **konkludent** erfolgen. Dies bedeutet, dass einem tatsächlichen Verhalten ein Erklärungswert beigemessen werden kann. Dieses faktische Verhalten des Bestellers kann beispielsweise darin liegen, dass das Werk **in Benutzung genommen** wird. Denkbar ist aber insbesondere auch, dass an **Honorarzahlungen** des Bestellers der Erklärungswert der Abnahme geknüpft werden kann. Allerdings ist gerade bei letzterem Umstand Vorsicht geboten. Denn die **Abnahmefähigkeit** des Werks setzt stets seine **vollständige Erbringung** voraus. Dies ist bekanntermaßen für die **LPH 9** im Rahmen der Objektplanung deswegen problematisch, weil der Ablauf der Gewährleistungsfristen der Handwerker Voraussetzung für die vollständige Erbringung der Architektenleistung ist. Damit verschiebt sich – in zeitlicher Hinsicht – die Fertigstellung und damit die Möglichkeit, überhaupt ein abnahmereifes Werk zu erstellen, bis nach dem Ablauf der Gewährleistungsfrist des letzten Gewerks. Werden hinsichtlich einer **Teilabnahme** keine Vereinbarungen getroffen, so können auch Zahlungen des Auftraggebers während des Baufortschritts keine konkludente Abnahme des Architektenwerks darstellen.[2]

2 BGH, Urt. v. 10.10.2013 – VII ZR 19/12 –.

14 Schon aus diesen Gründen erscheint es unerlässlich, dass die Parteien **Vereinbarungen über die Abnahme**, ggf. auch über eine Teilabnahme oder mehrere Teilabnahmen, treffen. Dies hat aber nicht nur Auswirkungen auf das Honorar und dessen Fälligkeit, sondern auch auf den Beginn der Verjährung von Gewährleistungsrechten für einzelne Leistungsabschnitte.

15 Möglich ist auch die **fingierte Abnahme** nach § 640 Abs. 1 S. 3 BGB. Ist das vollständig erstellte Architektenwerk abnahmefähig, so kommt es kraft Gesetzes zur Abnahme dann, wenn der Auftragnehmer dem Besteller eine angemessene Frist zur Abnahme setzt. Zur **Setzung einer angemessenen Frist** ist der Auftragnehmer in jedem Fall verpflichtet. Dies gilt selbst dann, wenn der Besteller schon vorher die Abnahmeverweigerung ausdrücklich erklärt hat. Denn § 640 Abs. 1 BGB kennt einen Entbehrlichkeitstatbestand hinsichtlich der Fristsetzung – anders als §§ 281 Abs. 1, 323 Abs. 2 BGB – gerade nicht. Weitere Voraussetzung ist der ergebnislose Fristablauf. Auf ein Verschulden des Bestellers hinsichtlich der Nichteinhaltung der Frist kommt es nicht an.

16 Gesetzlich nicht geregelt ist die **Teilabnahme**. Dies gilt sowohl für die HOAI als auch das BGB. Eine Teilabnahme ist jedoch überhaupt nur dann denkbar, wenn die Parteien dies – für den Anwendungsbereich der HOAI – schriftlich vereinbart haben. Eine derartige Teilabnahme kann wirksam auch in Allgemeinen Geschäftsbedingungen vereinbart werden.[3] Allerdings ist darauf zu achten, dass tatsächlich eine Teilabnahme und nicht lediglich eine Vereinbarung über den Beginn des Laufs der Gewährleistungsfrist vereinbart wird.

17 Der Auftraggeber handelt **konkludent**, wenn er gegenüber dem Auftragnehmer ohne ausdrückliche Erklärung erkennen lässt, dass er dessen Werk als **im Wesentlichen vertragsgerecht** billigt. Damit ist ein tatsächliches Verhalten des Auftraggebers gefordert, das geeignet ist, seinen **Abnahmewillen** dem Auftragnehmer gegenüber eindeutig und schlüssig zum Ausdruck zu bringen. Maßgeblich sind stets die Umstände des Einzelfalls.[4]

18 Möglich ist – als Ausnahme – auch eine konkludente Abnahme **ohne Vollendung des Werks**. Dies kann dann der Fall sein, wenn der Besteller zu erkennen gibt, dass er das Werk auch ohne die noch fehlende Restleistung als im Wesentlichen vertragsgerecht akzeptieren will.[5]

III. Honorarschlussrechnung

19 Tatbestandlich liegt eine Honorarschlussrechnung dann vor, wenn es sich aus Sicht des Auftraggebers als Empfänger der Schlussrechnung eindeutig um die **abschließende Abrechnung** der vom Auftragnehmer erbrachten Leistungen handelt.[6] Hierzu ist nicht notwendigerweise erforderlich, dass die Honorarschlussrechnung auch als „Schlussrechnung" bezeichnet wird. Aber natürlich wird sich eine derartige Bezeichnung empfehlen, wenn der Auftragnehmer seine Leistungen insgesamt abrechnen will.

20 Die gleichen Voraussetzungen gelten auch für eine **Teilschlussrechnung**. Eine derartige kommt vom Grundsatz her sowieso nur dann in Betracht, wenn sie zwischen den Parteien – **schriftlich** – vereinbart worden ist. Denn die Teilschlussrechnung stellt eine Honorarschlussrechnung i.S.v. § 15 Abs. 1 mit der Folge dar, dass über die Leistungen, über die teilschlussgerechnet wird, keine weitere Honorarabrechnung mehr erfolgt. Dies

3 BGH, Beschl. v. 5.4.2001 – VII ZR 161/00 –.
4 Zuletzt: BGH, Urt. v. 20.2.2014 – VII ZR 26/12 –.
5 BGH, Urt. v. 26.9.2013 – VII ZR 220/12 –.
6 BGH, Urt. v. 12.10.1995 – VII ZR 195/94 –; BGH, Urt. v. 24.10.1991 – VII ZR 81/90 –.

hat Auswirkungen auf die Fälligkeit und den Verjährungsbeginn des Honoraranspruchs, auf den Beginn der Gewährleistungsfrist sowie ggf. die Bindungswirkung. Durch eine Teilschlussrechnung scheiden die dort abgerechneten Leistungen vollständig aus den weiteren Abrechnungen aus. Wird eine Teilschlussrechnung als solche gestellt und fehlt es insoweit jedoch an einer wirksamen Parteivereinbarung – mit der Folge, dass der Auftragnehmer gerade keine Teilschlussrechnung erstellen kann –, so wird diese in eine Abschlagsrechnung umzudeuten bzw. als eine solche auszulegen sein.

IV. Prüffähigkeit

21 **1. Ausgangspunkt.** Der **Begriff der Prüffähigkeit** ist in der HOAI, aber auch in der VOB/B oder dem BGB, nicht definiert. Eine prüffähige Schlussrechnung muss diejenigen Angaben enthalten, die nach dem geschlossenen Vertrag und der HOAI objektiv unverzichtbar sind, um die **sachliche und rechnerische Überprüfung** des Honorars zu ermöglichen.[7] Maßgeblich ist das **Informations- und Kontrollinteresse** des jeweiligen Auftraggebers.[8]

22 Der BGH[9] hält die Anknüpfung an objektive Kriterien für unerlässlich mit dem Argument, es handle sich um die materiell-rechtliche Einordnung der Prüffähigkeit als Fälligkeitsvoraussetzung. Denn ohne objektive Kriterien könnten die Vertragsparteien nicht verlässlich beurteilen, welche Anforderungen an die Rechnung zu stellen sind. Der Auftragnehmer wüsste als Honorargläubiger auch nicht, ob er seine Ansprüche durchsetzen könnte. Zudem könnte auch ohne diese objektiven Kriterien die Schlüssigkeit eines Klagevorbringens im Säumnisverfahren in der Regel nicht zuverlässig beurteilt werden.

23 Demgemäß hält der BGH eine Schlussrechnung nur dann für prüffähig, wenn sie diejenigen Angaben enthält, die nach der HOAI notwendig sind, um die Vergütung zu berechnen. Dies sind beispielsweise bei einem Objektplaner Angaben zu den ermittelten anrechenbaren Kosten unter Zugrundelegung der Kostenermittlungsarten nach DIN 276, zum Umfang der Leistung und deren prozentualer Bewertung, der Honorarzone sowie den nach dem anwendbaren Honorarsatz berechneten Tafelwert.

24 Im Prozess ist aber der Parteiwille stets die Grenze für das Gericht. Das Gericht kann nicht höhere Anforderungen an die Prüffähigkeit stellen, als der Auftraggeber dies tut. Rügt der Auftraggeber die Prüffähigkeit nicht, so kann das Gericht nicht von der mangelnden Prüffähigkeit ausgehen und die Honorarklage deswegen abweisen. Allerdings ist zur Klarstellung darauf hinzuweisen, dass die Prüffähigkeit Tatbestandsvoraussetzung für die Fälligkeit des Honoraranspruchs des Auftragnehmers ist und keine Einwendung des Auftraggebers. Dies gilt auch unter Berücksichtigung des Umstandes, dass dem Auftraggeber durch den BGH Einwendungen gegen die Prüfbarkeit nach Ablauf einer Frist nicht mehr zugestanden werden.[10] Dies ändert jedoch nichts daran, dass es sich bei der Prüffähigkeit der Honorarschlussrechnung um eine Tatbestandsvoraussetzung und nicht um eine Einwendung des Auftraggebers handelt.

25 **2. Rügenotwendigkeit und Rügefrist.** Der Ausgangspunkt der Rechtsprechung des BGH besteht darin, dass er das Erfordernis der Prüffähigkeit **nicht als Selbstzweck** betrachtet. Der Auftraggeber dürfe sich **nicht auf die fehlende Prüffähigkeit der Rechnung berufen**, wenn seine **Kontroll- und Informationsinteressen auch ohne Vorlage**

---

7 BGH, Urt. v. 27.11.2003 – VII ZR 288/02 – Rn 12 zit. nach juris.
8 BGH, Urt. v. 8.10.1998 – VII ZR 296/97 –.
9 BGH, Urt. v. 27.11.2003 – VII ZR 288/02 – Rn 12 zit. nach juris.
10 BGH, Urt. v. 27.11.2003 – VII ZR 288/02 – BGHZ 157, 118, 133: Rügefrist von zwei Monaten.

einer prüffähigen Rechnung gewahrt sind. In diesem Fall handle der Auftraggeber **rechtsmissbräuchlich** und verstoße gegen § 242 BGB (hierbei handelt es sich also um eine von Amts wegen zu beachtende Einwendung des Auftraggebers). Denn dann rüge er einen Umstand als fehlend, dessen Vorhandensein er zur zuverlässigen Beurteilung aber gerade nicht benötige. Als **Beispiele** wurden in der Rechtsprechung insbesondere herausgearbeitet:

- Der Auftraggeber hat die Rechnung geprüft und beruft sich dennoch auf die fehlende Prüffähigkeit: BGH, Urt. v. 11.11.2001 – VII ZR 168/00 –.
- Der Auftraggeber bestreitet die sachliche und rechnerische Richtigkeit der Schlussrechnung nicht: BGH, Urt. v. 18.9.1997 – VII ZR 300/96 –.
- Angaben zu den anrechenbaren Kosten fehlen, jedoch zieht der Auftraggeber die anrechenbaren Kosten selbst nicht in Zweifel: BGH, Urt. v. 25.11.1999 – VII ZR 388/97 –.
- Dem Auftraggeber ist trotz fehlender Angaben zu den anrechenbaren Kosten eine Überprüfung derselben möglich: BGH, Urt. v. 8.10.1998 – VII ZR 296/97 –.
- Der Auftraggeber hat die notwendigen Kenntnisse für die Berechnung des Honorars anderweitig erlangt und deswegen wäre eine Aufnahme in die Schlussrechnung reine Förmelei: BGH, Urt. v. 27.11.2003 – VII ZR 288/02 –.

Inhaltlich stellt der BGH durchaus nicht unerhebliche **Anforderungen an die Rüge** 26 durch den Auftraggeber. Die bloße Aufstellung der Behauptungen, die Rechnung sei nicht prüffähig, genügt nicht. Abstrakt muss die Rüge den Auftragnehmer in die Lage versetzen, die fehlenden Anforderungen an die Prüffähigkeit nachzuholen. Von diesem Ansatz heraus ist eine Rüge des Auftraggebers **nur dann beachtlich**, wenn sie **die Teile der Rechnung und die Gründe bezeichnet**, die nach Auffassung des Auftraggebers die fehlende Prüffähigkeit begründen. Zudem müssen die vom Auftraggeber erhobenen Rügen dem Auftragnehmer verdeutlichen, dass der Auftraggeber nicht bereit ist, in die sachliche Auseinandersetzung über den Inhalt der Rechnung einzutreten, solange der Auftragnehmer keine prüffähige Rechnung vorlegt. Dies deswegen, weil viele Einwendungen in diesem Bereich einerseits die Prüffähigkeit der Rechnung und andererseits die **sachliche Berechtigung der Höhe der Forderung** betreffen. Letztere sind aber **unabhängig vom Einwand der Prüffähigkeit**, sodass es an dem Auftraggeber ist, eindeutig darzulegen, ob und mit welchen Gründen er sich gegen die Prüffähigkeit der Rechnung wendet oder nur gegen die sachliche Berechtigung vorgehen möchte. In der Praxis wird oftmals zwischen **Prüffähigkeit** und **inhaltlicher Richtigkeit** nicht unterschieden. So kann eine Rechnung inhaltlich falsch und trotzdem prüffähig sein. Insbesondere wenn der Bauherr inhaltliche Fehler benennt, ergibt dies im Umkehrschluss, dass er die Rechnung prüfen konnte und geprüft hat.

Mit der Entscheidung vom 27.11.2003[11] hat der BGH zudem eine **Rügefrist von zwei** 27 **Monaten** ab Zugang der Schlussrechnung statuiert. Sein Ausgangspunkt ist, dass aus Gründen der Rechtsklarheit ein Zeitraum festzulegen sei, innerhalb dessen der Auftraggeber seine Einwendungen gegen die Prüffähigkeit der Rechnung vorzubringen habe. Dass sich der BGH insoweit an § 16 Nr. 3 Abs. 1 VOB/B anlehnt und anschließt, mag dogmatisch angreifbar sein, rechtfertigt sich jedoch auch aus dem unabweisbaren Bedürfnis der Praxis nach Rechtssicherheit. Denn vor der genannten Entscheidung des BGH war es dem Auftraggeber möglich, auch noch im laufenden Rechtsstreit den Einwand der Prüffähigkeit zu erheben mit der Folge, dass – bei Berechtigung des Einwands – die Klage

11 BGH, Urt. v. 27.11.2003 – VII ZR 288/02 – BGHZ 157, 118, 133.

als derzeit unbegründet abgewiesen werden musste. Der Auftragnehmer hatte in der Folge eine prüffähige Schlussrechnung zu erstellen und ggf. erneut einzuklagen.

28 Der vom BGH statuierte Prüfungszeitraum hat zur Folge, dass in den Fällen, in denen der Auftraggeber nur sachliche oder überhaupt keine Einwendungen gegen die Schlussrechnung erhoben hat, er mit dem Einwand der fehlenden Prüffähigkeit nach Ablauf des Zeitraums ausgeschlossen ist. Die Fälligkeit der Honorarschlussforderung tritt auf der Grundlage der nicht prüffähigen Schlussrechnung dann ein, wenn der **Prüfungszeitraum** ohne Beanstandung zur Prüffähigkeit **abgelaufen ist**. Hat dagegen der Auftraggeber innerhalb der Frist Einwendungen zur Prüffähigkeit erhoben und sind diese berechtigt, so wird der Honoraranspruch nicht fällig.

29 Faktisch führt die Rechtsprechung des BGH zu einer **Ausschlussfrist** für den Auftraggeber mit Einwendungen gegenüber der Prüffähigkeit der Honorarschlussrechnung. Sind diese nicht rechtzeitig vorgebracht worden, so ist das Gericht auch dann an der Prüfung und Berücksichtigung dieser Umstände gehindert, wenn der Auftraggeber sie in der Folge im Rechtsstreit erhebt. Dagegen kann der Auftragnehmer auch noch während des Laufs des Honorarprozesses die rechtzeitig gerügten Mängel der Prüffähigkeit beheben. Denn maßgeblich für die Beurteilung der materiellen Rechtslage ist für das Gericht der Zeitpunkt des Schlusses der mündlichen Verhandlung.

3. Objektive Voraussetzungen

30 **a) Kostenermittlungsart DIN 276 Fassung 2008.** Die zutreffende Kostenermittlungsart ist in der Regel die **Kostenberechnung** und nur, wenn eine solche nicht vorliegt, die **Kostenschätzung** (§ 6 Abs. 1 Nr. 1). Ziel der Kostenermittlungsart ist es, die „anrechenbaren Kosten" zu ermitteln. Die anrechenbaren Kosten sind nach § 4 Abs. 1 S. 2 nach den allgemein anerkannten Regeln der Technik oder, soweit solche nicht vorliegen, nach den einschlägigen Verwaltungsvorschriften auf der Grundlage ortsüblicher Preise zu ermitteln. Für die Gebäudeplanung bedeutet dies, dass in der Regel die DIN 276 zur Anwendung kommt. Anerkannte Regel der Technik ist insoweit zurzeit die DIN 276 in der Fassung vom Dezember 2008. Wendet der Auftragnehmer die unzutreffende Fassung der DIN 276 an, so ist die Ermittlung der anrechenbaren Kosten in der Regel unzutreffend und führt dazu, dass die Schlussrechnung nicht prüffähig ist. Etwas anderes kann nur dann gelten, wenn es auf den Unterschied der einzelnen Fassung der DIN 276 gerade nicht ankommt.

31 Nach § 2 Abs. 10 S. 4 müssen für die **Kostenschätzung** die Gesamtkosten nach Kostengruppen mindestens **bis zur ersten Ebene** der Kostengliederung ermittelt werden. Nach § 2 Abs. 11 S. 3 gilt für die **Kostenberechnung** die Ermittlung der Gesamtkosten mindestens **bis zur zweiten Ebene** der Kostengliederung.

32 **b) Honorarzone, Honorartafel und Interpolation.** Nach § 5 ist weitere Grundlage für die Ermittlung des Honorars die **Honorarzone**. Sie ist in der Schlussrechnung anzugeben. Hat der Auftragnehmer die Honorarzone durch **Punktbewertung** ermittelt, so hat er auch die einzelnen Punkte zu den jeweiligen Bewertungsmerkmalen in der Schlussrechnung anzugeben, da nur durch deren Angabe der Auftraggeber in die Lage versetzt wird, die Richtigkeit der Honorarzone nachzuprüfen. Zusätzlich ist die **Honorartafel** zu bezeichnen, die zur Berechnung herangezogen wird. Der **Rechenvorgang der Interpolation** muss nicht dargestellt werden. Die Angabe der jeweiligen Ergebnisse reicht für die Prüfbarkeit der Rechnung aus.[12]

12 Locher/Koeble/Frik/*Locher*, § 13 Rn 3; OLG Düsseldorf, Urt. v. 19.4.1996 – 22 U 226/95 – BauR 1996, 893.

c) Umfang erbrachter Leistungen. In der Rechnung sind die exakte **Bezeichnung der Leistungsphase** und die hierfür von der Verordnung **vorgesehene Prozentzahl anzugeben**. Anzugeben ist auch, welches **Leistungsbild** der Rechnung zugrunde liegt. 33

Recht unterschiedlich beantwortet wird die Frage der weiteren notwendigen Angaben bei der Erbringung von **nur einzelnen Grundleistungen** einer Leistungsphase. Soweit gefordert wird, dass zur Prüffähigkeit der Rechnung auch in dieser angegeben wird, aus welchem Grund und in welchem Umfang nur bestimmte einzelne Grundleistungen einer Leistungsphase erbracht wurden, ist dies eindeutig zu weitgehend. Dies würde einerseits die teilweise schon ohne die Erbringung von Teilleistungen sehr umfangreichen Rechnungen noch weiter im Umfang aufblähen. Zum anderen sind diese Informationen für den Auftraggeber zur bloßen Prüfung der Rechnung nicht erforderlich und gehören deswegen nicht in den Rahmen der Prüffähigkeit. Auch ohne die Kenntnis des Warum und des Umfangs wird dem Auftraggeber in der Schlussrechnung mitgeteilt, **welche Grundleistungen der Auftragnehmer erbracht** hat. Ob dies zutreffend ist oder nicht und aus welchen Gründen gerade diese einzelnen Grundleistungen erbracht und andere Grundleistungen einer Leistungsphase nicht erbracht wurden, ist eine Frage der **sachlichen Richtigkeit** und nicht der Prüffähigkeit. Gleiches gilt für die Frage der **Bewertung der teilweise erbrachten Grundleistungen** in Bezug auf die Prozentzahl der Leistungsphase. 34

d) Besondere Leistungen. Der Auftragnehmer hat im Rahmen der Schlussrechnung seine gesamten Leistungen abzurechnen. Hierzu gehören **auch erbrachte Besondere Leistungen**. Üblicherweise werden diese in den Rechnungen am Ende angefügt. 35

Hat der Auftragnehmer auch **Leistungen** erbracht, **für die die HOAI nicht gilt**, so erscheint es äußerst fraglich, ob diese Leistungen gleichfalls im Rahmen der Schlussrechnung notwendigerweise anzugeben sind mit der Folge, dass eine Nichtangabe die fehlende Prüffähigkeit der Rechnung zur Folge hätte. Vielmehr spricht die Systematik dafür, die Leistungen, die der HOAI unterfallen, in der Schlussrechnung abzurechnen und für die Leistungen, für die die HOAI nicht greift, in einer separaten Rechnung aufzulisten (soweit denn überhaupt eine schriftliche Rechnung Voraussetzung für die Geltendmachung des insoweit gegebenen Zahlungsanspruchs ist). Häufiger wird dies für Beratungsleistungen des Auftragnehmers anzutreffen sein, die mit allen nur denkbaren Facetten der Durchführung des Gesamtobjekts in Zusammenhang stehen. 36

Anzugeben in der Schlussrechnung ist aber in jedem Fall auch der **Umbauzuschlag**. Dies schon deswegen, weil dieser seiner Grundlage in der HOAI hat. 37

e) Sonstiges. Nach der wohl überwiegenden Rechtsprechung sind auch die der Honorarrechnung zugrunde liegenden **Rechtsvorschriften der HOAI**, also die Paragraphen anzugeben.[13] Dies ist im Grundsatz für das Informations- und Kontrollinteresse des Auftraggebers notwendig. Ausnahmen sind denkbar, etwa dann, wenn bereits im Rahmen des Abschlusses des Werkvertrages bzw. der Honorarvereinbarung die Vorschriften der HOAI angeführt sind und hierdurch der Auftraggeber bereits informiert wurde. Eine Ausnahme wird auch für professionelle und damit bereits sachkundige Auftraggeber, wie den Bauträger oder ein Wohnungsbauunternehmen, zu machen sein.[14] 38

---

13 Locher/Koeble/Frik/*Koeble*, § 15 Rn 34; OLG Bamberg, Urt. v. 16.7.1997 – 8 U 77/96 –; a.A. Brandenburgisches OLG, Urt. v. 8.2.2000 – 11 U 116/99 –; OLG Hamm, Urt. v. 11.3.1994 – 12 U 9/93 –.

14 Brandenburgisches OLG, Urt. v. 8.2.2000 – 11 U 116/99 –.

39 Da mit der Schlussrechnung der **exakte Gesamtbetrag** genannt werden muss, den der Auftraggeber aufgrund dieser Rechnung noch zu zahlen hat, sind natürlich auch die von ihm **geleisteten Abschlagszahlungen** im Einzelnen anzuführen.

40 Gleiches gilt für den Ausweis der **Umsatzsteuer.** Zumindest für den gewerblich tätigen Auftraggeber ist dies wegen der Möglichkeit des Vorsteuerabzugs unerlässlich.

41 Dass der **Auftraggeber vollständig und zutreffend bezeichnet** wird, ist nur auf den ersten Blick eine Banalität. Dies gilt in erster Linie für die auf dem Bausektor zum großen Teil handelnden juristischen oder diesen gleichgestellten Personen. Es ist ganz offensichtlich ein Unterschied, ob die persönlich haftende Gesellschafterin der KG als Rechnungsadressat angegeben ist oder die KG, vertreten durch die persönlich haftende Gesellschafterin. Schwierigkeiten kann auch die Bezeichnung einer Gesellschaft bürgerlichen Rechts bereiten. Auch dort gilt, dass die Gesellschafter nicht die Gesellschaft bürgerlichen Rechts sind, sondern von dieser abzugrenzende und unabhängige (natürliche) Personen. Schwierigkeiten können auch bei der Beauftragung durch mehrere Erben entstehen, wenn fälschlich die Erbengemeinschaft als juristische Person – ähnlich der Gesellschaft bürgerlichen Rechts – behandelt wird.

42 Betrifft der Auftrag **mehrere, eigenständige Objekte**, so ist **jedes Objekt gesondert und vollkommen separat abzurechnen.** Hiergegen wird in der Praxis nicht selten verstoßen. Dies führt in aller Regel zu einem völlig wirren Sachvortrag in einer Klage und kann nur durch die beschleunigte Erstellung von ordnungsgemäßen Schlussrechnungen für jedes einzelne Objekt „geheilt" werden.

43 Selbstverständlich hat ein **Generalplaner** für die jeweilige Planung (Objektplanung, Tragwerkplanung, technische Ausrüstung u.Ä.) separat abzurechnen.

44 **Weitere Umstände** müssten dann in die Schlussrechnung aufgenommen werden, wenn sie erforderlich sind, um dem Informations- und Kontrollbedürfnis des Auftraggebers gerecht zu werden.

45 **4. Sachliche Richtigkeit der Schlussrechnung. Prüffähigkeit** einerseits und **sachliche Richtigkeit** andererseits sind grundsätzlich **strikt zu trennen.** Dies schon deswegen, weil die fehlende Prüffähigkeit zur Folge hat, dass – bei Einhaltung der Rügefrist durch den Auftraggeber – der Werklohnanspruch des Auftragnehmers nicht fällig wird. Ist die Schlussrechnung dagegen prüffähig, aber inhaltlich sachlich in Teilen nicht zutreffend, wird der – in der Höhe berechtigte – Werklohnanspruch des Auftragnehmers in jedem Fall fällig.

46 Folgende Fehler betreffen die **sachliche Richtigkeit** der Schlussrechnung:
- zutreffende Kostenermittlungsart,
- zutreffende Ermittlung der anrechenbaren Kosten (einschließlich der Frage, ob mit oder ohne Umsatzsteuer),
- Zuordnung bestimmter Kosten zu den anrechenbaren Kosten,
- zutreffende Einordnung in die Honorarzone,
- zutreffende Bestimmung des Leistungsumfangs einschließlich der Prozentsätze sowie
- zutreffender Ansatz des Umbauzuschlags.

47 Die Auflistung zeigt bereits, dass Prüffähigkeit einerseits und sachliche Richtigkeit andererseits teilweise nur schwer und teilweise gar nicht zu trennen sind, und manche Umstände beide Kategorien gleichzeitig betreffen. Der Auftraggeber ist mit Einwendungen gegen die sachliche Richtigkeit der Rechnung nicht deswegen ausgeschlossen, weil er Einwendungen gegen die Prüffähigkeit der Schlussrechnung nicht oder nicht zeitgerecht erhoben hat. Dies bedeutet andererseits, dass der Auftragnehmer bei sachlicher

(teilweiser) Unrichtigkeit keine erneute Schlussrechnung zu stellen hat. Die sachliche Richtigkeit ist im Rechtsstreit durch Beweiserhebung zu klären.

V. Überreicht

Der Begriff des **Überreichens** ist in der HOAI nicht definiert. Inhaltlich deckt er sich mit dem Begriff des **Zugangs** in § 130 Abs. 1 S. 1 BGB. Danach ist eine Erklärung und damit vorliegend die Schlussrechnung überreicht, wenn sie so **in den Bereich des Empfängers** der Erklärung gelangt ist, dass dieser unter normalen Verhältnissen die **Möglichkeit** hat, **vom Inhalt Kenntnis zu nehmen**. Damit ist eine Aushändigung oder unmittelbare Übergabe der Schlussrechnung zur Erfüllung des Tatbestandes des Überreichens nicht erforderlich. 48

Allerdings trägt der **Auftragnehmer** als Anspruchsteller die **Darlegungs- und Beweislast** für das Vorliegen dieser Anspruchsvoraussetzung. Um sich die Möglichkeit des Nachweises des Überreichens zu schaffen bzw. zu erhalten, hat der Auftraggeber deswegen eine Übermittlungsart zu wählen, die ihm dies ohne Schwierigkeiten möglich macht. Bei Versendung mit der Post empfiehlt sich ein Einschreiben mit Rückschein. Bei dem persönlichen Einwurf in einen Briefkasten empfiehlt sich die Mitnahme eines Zeugen. 49

VI. Rechtsfolge: Honorar fällig

Mit der Fälligkeit kann der Auftragnehmer auf Leistung, also Zahlung klagen. Mit der **Fälligkeit** beginnt auch die **Verjährung** nach § 199 Abs. 1 BGB mit dem Schluss des Jahres zu laufen, in dem die Fälligkeit eingetreten ist. Es gilt die regelmäßige Verjährungsfrist von drei Jahren nach § 195 BGB. 50

1. Kompetenz des Verordnungsgebers? Nach Art. 10 § 2 Abs. 1 S. 2 MRVG kann die Bundesregierung in der Honorarordnung Honorare für Leistungen und anderes bei der Planung und Ausführung von Bauwerken regeln. Der BGH hat sich zu einer weiten Auslegung der Begriffe „Honorar regeln" entschieden.[15] Danach hat die Bundesregierung nicht nur die Kompetenz, das Honorar schlicht zu bestimmen, sondern auch unmittelbar damit zusammenhängende Fragen durch die Verordnung festzusetzen. Damit korreliert die Kompetenz, abweichend von den Fälligkeitsregelungen des Werkvertragsrechts, also des BGB, eigenständige Kriterien für die Voraussetzungen der Fälligkeit von Honoraren zu bestimmen. Insofern ist § 15 sowohl hinsichtlich der Frage der Abnahme als auch hinsichtlich der Frage des Schriftlichkeitsgebots von der Ermächtigungsnorm gedeckt. 51

2. § 641 BGB. Die Bundesregierung hat sich in Bezug auf die Fälligkeit und die Notwendigkeit einer Abnahme dazu entschlossen, im Ergebnis die Regelung des BGB zu übernehmen. Davon war in dem Formulierungsvorschlag des Gutachtens zur Honorarordnung (Anlage 12.1) noch nicht die Rede. Dort ist der Text des § 15 Abs. 1 HOAI 2009 unverändert übernommen. Einen sachlichen Grund, von der bisherigen jahrzehntelangen Rechtslage abzuweichen, ist nicht ersichtlich und wird auch vom Verordnungsgeber nicht geliefert. Soweit in der Begründung zum Referentenentwurf des Bundesministeriums für Wirtschaft zu § 15 (Seite 154) die Behauptung aufgestellt wird, es werde „klargestellt", dass die Vorschriften des BGB auch hinsichtlich der Abnahme für das Architektenhonorar gelten, ist dies ganz offensichtlich unzutreffend. Denn die nunmehrige 52

15 BGH, Urt. v. 9.7.1981 – VII ZR 139/80 – BGHZ 81, 229, 247.

Regelung stellt – wie bereits festgestellt – die jahrzehntelange Rechtsprechung und Rechtspraxis auf den Kopf. Gleiches gilt für die Ausführungen der Bundesratsdrucksache 334/13 vom 25.4.2013 zu § 15 (Seite 145), soweit dort gleichfalls ausgeführt ist, dass der Wortlaut *„lediglich an die Vorschriften des Bürgerlichen Gesetzbuchs zum Werkvertragsrecht“* angepasst werde.

53 Ganz offenbar scheint die bisherige Rechtsprechung des BGH zu § 15, bis einschließlich der HOAI 2009, nicht wirklich zur Kenntnis genommen und verarbeitet worden zu sein. Dass gerade diese Regelung in der Rechtspraxis und insbesondere in der gerichtlichen Praxis deutliche und erhebliche Auswirkungen haben wird, steht außer Zweifel.

VII. Teilschlussrechnungen

54 Da der Gesetzgeber, wie bisher, davon ausgeht, dass für die gesamten vom Architekten/Ingenieur zu erbringenden Leistungen nur eine einzige Honorarschlussrechnung gestellt werden kann und muss, und **Teilschlussrechnungen** nur bei einer **ausdrücklichen anderweitigen Vereinbarung** der Parteien überhaupt denkbar sind, können derartige Teilschlussrechnungen vom Ansatz her nur bei einer **„schriftlichen“ Vereinbarung** in Betracht kommen. Dies folgt schon unmittelbar aus dem Formgebot des § 15 Abs. 1. Haben die Parteien Teilschlussrechnungen **nur mündlich oder konkludent** vereinbart, so ist eine derartige Vereinbarung **nicht formwirksam**. Die konkludente Vereinbarung könnte sich insbesondere daraus ergeben, dass die Parteien – abweichend von der tatsächlich getroffenen (schriftlichen) Zahlungsvereinbarung – eine oder mehrere Teilschlussrechnungen tatsächlich in ihrem Vertragsverhältnis gelebt und ausgeführt haben. In einem derartigen Fall wird sich die Frage stellen, ob **das Berufen auf die Formunwirksamkeit** der Teilschlussrechnungsabrede gegen **Treu und Glauben (§ 242 BGB) verstößt**. Dies dürfte eine grundsätzliche Konsequenz der wahllos wirkenden Schriftformgebote des Gesetzgebers der HOAI 2013 sein: Wird die Schriftform nicht eingehalten, obwohl die Parteien zumindest einen Teil der Vertragsdurchführung nach den formunwirksam vereinbarten Kriterien gelebt haben, so wird diejenige Partei, die sich durch die Unwirksamkeit der Vereinbarung benachteiligt fühlt, sich auf den Verstoß gegen Treu und Glauben durch die sich auf die Formunwirksamkeit berufende Partei stützen. Ob hierbei in jedem Fall dieselben Kriterien anzulegen sind wie gegenüber der Honorarvereinbarung nach § 7, ist momentan naturgemäß noch nicht absehbar. Da aber in den dortigen Fällen nach der Rechtsprechung des BGH bislang doch dezidiert und von der Rechtspraxis in der Regel anerkannte Umstände aufgestellt sind, wird sich deren Anwendung auch gegenüber den anderen Schriftlichkeitsgeboten der HOAI 2013 aufdrängen.

55 Da Teilschlussrechnungen vollständige Schlussrechnungen über bestimmte Leistungsabschnitte sind, ist nach dem Wortlaut des § 15 Abs. 1 der insoweit teilschlussgerechnete Honoraranspruch nur dann fällig, wenn auch über die Leistungen, über die die Teilschlussrechnung erfolgt, eine **Abnahme** vorliegt. Damit hat die Vereinbarung einer Teilschlussrechnungsmöglichkeit für den Auftragnehmer gleichzeitig die Teilabnahme der insoweit betroffenen Leistungen zur Folge. Dies wiederum hat unterschiedliche Fristläufe für die Verjährung von Gewährleistungsansprüchen für die jeweils betroffenen Leistungen zur Konsequenz.

B. Abschlagszahlungen (Abs. 2)

56 Auch für die Vorschrift des Abs. 2 stellt sich die Frage, ob sie noch von der Ermächtigungsgrundlage des Art. 10 § 2 MRVG gedeckt ist. Dies wird vorliegend – wieder – zusammen mit der Rechtsprechung bejaht.

I. Nachgewiesene Grundleistungen

Ein Anspruch auf Abschlagszahlungen besteht nur dann, wenn der Auftragnehmer Grundleistungen erbracht und diese dem Auftraggeber nachgewiesen hat. Dies folgt im Grundsatz schon aus der Vorleistungspflicht des Auftragnehmers. Das Kriterium der **nachgewiesenen Grundleistungen** gilt bezogen auf den Zeitpunkt der Geltendmachung der Abschlagszahlung sowohl für die Variante der ***„schriftlich vereinbarten Zeitpunkte“*** als auch die Variante der ***„angemessenen zeitlichen Abstände“***. Denn nur hierdurch wird der Vorleistungspflicht des Auftragnehmers hinreichend Rechnung getragen. Auch bei schriftlich vereinbarten Abschlagszahlungszeitpunkten kann der Auftragnehmer nur diejenigen Grundleistungen vergütet verlangen, die er auch tatsächlich zu diesem Zeitpunkt bereits erbracht hat. Da der Gesetzgeber Abschlagszahlungsforderungen für erbrachte Grundleistungen zulässt, stellt sich naturgemäß die Frage, wie die einzelnen Grundleistungen einer Leistungsphase in Bezug auf den Prozentsatz der gesamten Leistungsphase bewertet werden. Zur Lösung dieses Problems ist auf die Bewertungstabellen für die einzelnen Grundleistungen des § 33 zurückzugreifen. Soweit schon die These vertreten wird, dass auch die Erbringung von **Teilen von Grundleistungen** zur Forderung von Abschlagszahlungen berechtigen könnte, steht dem der eindeutige Wortlaut der Vorschrift entgegen. Dies gilt zumindest für den Fall, dass die Parteien keine anderweitige schriftliche Vereinbarung getroffen haben. Von § 15 Abs. 2 abzuweichen ist den Parteien grundsätzlich möglich, jedoch haben sie nach § 15 Abs. 4 die Schriftform für eine derartige Vereinbarung einzuhalten. Haben die Parteien keinerlei Vereinbarung über die Berechtigung des Auftragnehmers zur Forderung von Abschlagszahlungen getroffen, so greift der Wortlaut von § 15 Abs. 2 ein, mit der Folge, dass nur vollständig erbrachte Grundleistungen tatsächlich zur Forderung von Abschlagszahlungen berechtigen. Hat der Auftragnehmer nur Teile von Grundleistungen, jedoch nicht die vollständige Leistung erbracht, so kann er für diese noch keine Abschlagszahlung verlangen. **57**

§ 15 Abs. 2 regelt nur die Möglichkeit für den Auftragnehmer, Abschlagszahlungen zu fordern, jedoch nicht die Möglichkeit der Parteien, **Vorschüsse oder Teilzahlungen** zu vereinbaren. Die Wirksamkeit derartiger Vereinbarungen richtet sich ausschließlich nach **§ 15 Abs. 4**. **58**

Aus der Formulierung ***„nachgewiesene Grundleistungen“*** ist natürlich zu folgern, dass der Auftragnehmer die Grundleistungen vertragsgerecht, also mangelfrei, tatsächlich erbracht hat. Eine nachgewiesene Grundleistung ohne deren Erbringung ist nicht denkbar. Andererseits ist auch eindeutig, dass eine Abnahme nicht Voraussetzung für die Fälligkeit der Abschlagszahlungsforderung ist. Hat der Auftragnehmer daher die Grundleistungen seiner Behauptung nach vertragsgerecht, also mangelfrei erbracht und behauptet der Auftraggeber mangelhafte Grundleistungen, so hat der Auftragnehmer im Abschlagszahlungsprozess die Mangelfreiheit der von ihm erbrachten Grundleistungen zu beweisen, da die vertragsgerechte Erbringung Voraussetzung für die Fälligkeit ist. Dies betrifft natürlich aber nur diejenigen Grundleistungen, gegen die der Auftraggeber mit dem Mangeleinwand vorgeht. Sind einzelne Grundleistungen mangelhaft erbracht, fehlt es teilweise an einer Fälligkeitsvoraussetzung für die Abschlagszahlungsforderung. Sie ist daher teilweise als derzeit unbegründet abzuweisen. **59**

Im Übrigen kann der Auftraggeber gegenüber der Abschlagszahlungsforderung insgesamt mit den **üblichen Gegenrechten** vorgehen; dies gilt insbesondere für **Schadensersatzansprüche**, mit denen er ggf. die Aufrechnung erklären kann. **60**

Grundsätzlich kann der Auftragnehmer, wenn sich der Auftraggeber mit der Zahlung der Abschlagsforderung in Verzug befindet, **die weitere Tätigkeit** nach § 320 Abs. 1 S. 1 BGB **von der Zahlung der Abschlagsforderung abhängig machen**, also **seine Ar-** **61**

beit bis zur Zahlung einstellen. Allerdings ist hierbei zu beachten, dass schon die berechtigte Geltendmachung eines Zurückbehaltungsrechts nach § 273 Abs. 1 BGB den Eintritt des Verzugs hindert mit der Folge, dass der Auftragnehmer kein Recht zur Arbeitseinstellung auf der Grundlage von § 320 Abs. 1 S. 1 BGB hat. Stellt er dennoch die Arbeit ein, so kann dies eine Grundlage für den Auftraggeber darstellen, berechtigt fristlos mit den entsprechenden Rechtsfolgen zu kündigen.

62 Die Frage, wie der Auftragnehmer die Erbringung der Grundleistungen nachweist, ist im Gesetz selbst nicht geregelt. Der Auftragnehmer hat den Auftraggeber durch Beschreibung der von ihm erbrachten Grundleistungen in den Stand zu versetzen, dass dieser die tatsächliche Erbringung der Grundleistungen nachprüfen kann. Zum **Nachweis** hat der Auftragnehmer **entsprechende Unterlagen vorzulegen**. Dies kann insbesondere durch die Vorlage von Plänen, Ausschreibungsunterlagen etc. erfolgen.

63 Aus dem Merkmal *„nachgewiesene"* Grundleistungen ist auch zu folgern, dass die **Abschlagsrechnung selbst prüffähig i.S.v. § 15 Abs. 1** zu sein hat. Die dortigen Kriterien für die Prüffähigkeit gelten auch hier.

II. Schriftlich vereinbarte Zeitpunkte

64 Auch insoweit ist die Abweichung zur HOAI 2009 offensichtlich. Während dort die bloße – auch mündliche – Vereinbarung wirksam war, ist nunmehr bei der Vereinbarung von bestimmten Zeitpunkten für die Möglichkeit der Stellung von Abschlagsrechnungen eine **schriftliche Vereinbarung** der Parteien erforderlich. Die Abfolge der Zeitpunkte kann bis zur Grenze von Treu und Glauben (§ 242 BGB) vereinbart sein.

65 Voraussetzung ist jedoch auch hier, dass der Auftragnehmer **nur vollständig erbrachte und nachgewiesene Grundleistungen** zu eben den vereinbarten Zeitpunkten abrechnen kann.

III. Angemessene zeitliche Abstände

66 Schon der verwendete Begriff *„angemessen"* zeigt, dass feste Regeln gerade nicht existieren und auch nicht existieren sollen. **Angemessen** ist, auf den **jeweiligen Einzelfall** angewendet, stets unterschiedlich zu beurteilen. Der Gesetzgeber wollte ganz offensichtlich verhindern, dass der Auftragnehmer den Auftraggeber mit einer Vielzahl von Abschlagsrechnungen überzieht. Denn der Auftraggeber wird, wenn er seiner Kontrollpflicht nachkommen will, in einem derartigen Fall ständig Kontrollmechanismen installieren und aktualisieren müssen. Dies ist sicher nicht angemessen.

67 Ob der angemessene zeitliche Abstand allerdings erst immer mit der Erbringung sämtlicher Grundleistungen einer Leistungsphase vorliegt, erscheint auch zweifelhaft. Dies gilt insbesondere für größere Bauvorhaben und für einzelne Leistungsphasen. Zentrale Leistungsphasen für die Objektplanung sind beispielsweise die LPH 3, die mit einem nicht unerheblichen Zeitaufwand für den Auftragnehmer verbunden ist. Dies gilt insbesondere dann, wenn eine nicht unerhebliche Vielzahl von Planvarianten durchgespielt werden soll und muss. In derartigen Fällen wird der angemessene zeitliche Abstand nicht erst mit der vollständigen Erbringung der LPH 3 vorliegen, sondern beispielsweise schon mit der Erbringung der Grundleistung a) nach Anlage 10 zu § 34 Abs. 4.

IV. Rechtsfolge: Anspruch auf Abschlagszahlungen

68 Die **Höhe der Abschlagszahlung** ist im Gesetz – naturgemäß – nicht geregelt. Eine obere Grenze ergibt sich aus der Formulierung der *„nachgewiesenen Grundleistungen"*.

Mehr kann der Auftragnehmer keinesfalls im Wege der Abschlagsrechnung verlangen. Der Auftragnehmer wird sicherlich weniger verlangen können als ihm für bereits erbrachte Grundleistungen zusteht.

Dem Auftragnehmer steht natürlich auch der jeweilige **Anteil an Umsatzsteuer** auf den Nettorechnungsbetrag zu. 69

Haben die Parteien **Pauschalbeträge** an Abschlagsrechnungen beim Erreichen eines gewissen Leistungsstandes vereinbart, so kann die Wirksamkeit derartiger Klauseln an §§ 305ff. BGB, insbesondere § 307 BGB, gemessen werden. Zu berücksichtigen ist aber, dass diese Vorschriften ausschließlich die Vertragspartei schützen, die nicht Verwenderin der angegriffenen Klausel ist, d.h. die entsprechende Vertragsklausel nicht zur Verfügung gestellt hat. Der Verwender der Vertragsklausel ist nie geschützt. Individualvereinbarungen über die Höhe der Abschlagszahlungen sind höchstens an Sittenwidrigkeit und Wucher sowie Treu und Glauben, §§ 138 Abs. 1, Abs. 2, 242 BGB zu messen. 70

V. Regelungsgehalt/Verhältnis zu § 632a BGB

Da hier davon ausgegangen wird, dass die Regelungen in § 15 von der Ermächtigungsgrundlage des Art. 10 § 2 MRVG gedeckt und deswegen wirksam sind, ist eine Konkurrenz zwischen § 15 Abs. 2 und § 632a BGB nicht denkbar. Nur und ausschließlich bei der Überlegung, dass die Regelungen in § 15 zumindest in Teilen nicht von der Ermächtigungsgrundlage gedeckt und deswegen nicht wirksam wären, wäre überhaupt ein Anwendungsbereich des § 632a BGB für einen Architekten-/Ingenieurvertrag eröffnet. 71

C. Nebenkosten (Abs. 3)

Die Vorschrift regelt nur die Fälligkeit der Nebenkostenforderung. Ob, in welcher Höhe und von welchen Voraussetzungen abhängig die Nebenkosten sind, ist in § 14 geregelt. Die Fälligkeit tritt mit der Honorarrechnung ein. Schon aus dem Wortlaut ist eindeutig zu entnehmen, dass die Fälligkeit von Nebenkosten nicht erst mit der Honorarschlussrechnung, sondern bereits mit der „Honorarrechnung" vorliegt. Dies heißt, dass **auch mit einer Abschlagsrechnung** Nebenkosten abgerechnet werden können. Ausgeschlossen ist damit lediglich ein Anspruch auf Nebenkostenzahlungen ohne eine Honorarrechnung. 72

Dies ist insoweit die gesetzliche Grundlage. Dies bedeutet, dass dies nur dann gilt, wenn die Parteien nicht etwas anderes hinsichtlich der Fälligkeit nach § 15 Abs. 4 schriftlich vereinbart haben. Die Parteien können demnach andere Kriterien für die Fälligkeit der nach § 14 zu bestimmenden Nebenkosten vereinbaren. 73

Die Nebenkosten sind nicht notwendigerweise Bestandteil einer Honorarrechnung. Dies ergibt sich schon aus § 14 Abs. 1 S. 1, wonach der Auftragnehmer dem Auftraggeber die Nebenkosten *„in Rechnung stellen"* kann. 74

Da § 15 Abs. 3 von der Rechtsfolge her nur die Fälligkeit des Nebenkostenzahlungsanspruchs betrifft, ist auch diese Frage nicht in der Vorschrift angesprochen. Fällig wird der Nebenkostenzahlungsanspruch kraft Gesetzes nicht vor der Stellung der Honorarrechnung. Im Übrigen wiederholt der Gesetzestext nur die beiden Möglichkeiten der Abrechnung des § 14 Abs. 3 S. 1. 75

Um es noch einmal deutlich auszuführen: **§ 14** betrifft und regelt die Frage, **ob, wie und in welchem Umfang** der Auftraggeber dem Auftragnehmer auch Nebenkosten schuldet. **§ 15 Abs. 3** regelt lediglich die Frage der **Fälligkeit** dieser nach § 14 bestimmten Nebenkosten. § 15 Abs. 4 regelt lediglich insoweit die Möglichkeit, andere Fälligkeitskriterien für die Nebenkosten zu vereinbaren. Hinzuweisen bleibt auf die unterschiedli- 76 chen Voraussetzungen für eine Vereinbarung nach § 14 Abs. 3 oder nach § 15 Abs. 4 in Bezug auf die Nebenkosten: Während die Frage, ob **Nebenkosten pauschal** abgerechnet werden können, nach **§ 14 Abs. 3 S. 2** eine **schriftliche Vereinbarung bei Auftragserteilung** verlangt, sind **Fälligkeitsvereinbarungen** für die pauschal (oder nach Einzelnachweis) abgerechneten Nebenkosten nach § 15 Abs. 4 **schriftlich möglich**, wobei diese Vereinbarung **nicht bei Auftragserteilung** abgeschlossen sein muss. Diese Konstellation ist bereits im Rahmen von § 15 Abs. 1 in Bezug auf die Honorarvereinbarung des § 7 Abs. 1 thematisiert worden.

D. Andere Zahlungsweisen bei schriftlicher Vereinbarung (Abs. 4)

I. Schriftlich

77 Insoweit kann auf die Ausführungen im Rahmen von § 15 Abs. 1 und § 7 Abs. 1 Bezug genommen werden.

II. „Andere Zahlungsweise"

78 Gemeint sind damit sowohl ganz andere Arten von Zahlungen (z.B. Vorauszahlungen, Teilzahlungen) als auch ganz andere Umstände der Fälligkeit in Bezug auf die gesetzliche Regelung.

79 **1. Vorauszahlungen.** Diese bedeuten inhaltlich ein Abweichen von der Vorleistungspflicht des Auftragnehmers. Der Auftraggeber hat damit bereits Zahlungen für Leistungen zu erbringen, die der Auftragnehmer noch nicht erbracht hat, sondern erst in Zukunft erbringen wird.

80 Derartige Vereinbarungen sind als Individualvereinbarungen grundsätzlich zulässig, wobei die Grenzen wiederum durch Sittenwidrigkeit und Wucher (§ 138 Abs. 1, Abs. 2 BGB) und Treu und Glauben (§ 242 BGB) gezogen werden. AGB-Klauseln sind in erster Linie an § 307 BGB zu messen, da § 309 Nr. 2a BGB nicht einschlägig ist, soweit eine Vorleistungspflicht des Auftraggebers in Abweichung zur gesetzlichen Regelung begründet wird. Feste Regeln für Architekten- und Ingenieurverträge sind insoweit nicht ersichtlich. Man wird deswegen nur von Einzelfall zu Einzelfall entscheiden können und § 15 Abs. 1, Abs. 2 als gesetzliches Leitbild im Rahmen von § 307 BGB heranzuziehen haben. Damit werden dem Auftraggeber durch AGB nicht Vorauszahlungen in der Größenordnung von 80% oder 90% des Gesamthonorars wirksam auferlegt werden können.

81 **2. Teilzahlungen.** In der Regel dürfte es sich hierbei um eine abändernde Vereinbarung zu § 15 Abs. 2 handeln. So können Teilzahlungen **zu bestimmten abstrakten Zeitpunkten** oder **nach bestimmten Ereignissen** – beispielsweise der Fertigstellung bestimmter Planunterlagen oder Ausschreibungen etc. – als fällig vereinbart werden. Individualvereinbarungen sind – wie stets – in erster Linie an Sittenwidrigkeit und Wucher (§ 138 Abs. 1, Abs. 2 BGB) und Treu und Glauben (§ 242 BGB), Allgemeine Geschäftsbedingungen an § 307 BGB zu messen. Für beide Varianten können abstrakt verbindliche Kriterien nicht angegeben werden, da es stets eine Entscheidung im Einzelfall ist.

82 **3. Fälligkeiten.** Von § 15 Abs. 1, Abs. 2, Abs. 3 können gänzlich andere Fälligkeitszeitpunkte durch **schriftliche Parteivereinbarung** gewählt werden, die vom Gesetz deutlich abweichen.

E. Bindung an die Honorarrechnung

Ausgangspunkt für diese Problematik ist die These des BGH, dass der Architekt/ Ingenieur nach Treu und Glauben gem. § 242 BGB daran gehindert sein kann, Honorarnachforderungen gegenüber dem in seiner Honorarschlussrechnung geforderten Honorar geltend zu machen. Dieser Ausgangspunkt führte bis zum Ende des Jahres 1992 dazu, dass der Architekt/Ingenieur in der Regel an das von ihm in seiner Honorarschlussrechnung geforderte Honorar gebunden war. Forderte er im Anschluss daran mehr, so konnte ihm der Auftraggeber den Einwand aus § 242 BGB entgegensetzen mit der Folge, dass die Klage hinsichtlich der Nachforderung abgewiesen wurde. 83

Diese Rechtsprechung hatte Kritik hervorgerufen. Dies hatte zur Konsequenz, dass der BGH in zwei Entscheidungen jeweils vom 5.11.1992[16] an dieser Rechtsprechung ausdrücklich nur noch mit Einschränkungen festhielt. Zuletzt bestätigt hat er diese Rechtsprechung durch Urteil vom 23.10.2008.[17] Danach bleibt der Ausgangspunkt nach wie vor bestehen: Der Architekt/Ingenieur **kann** im Hinblick auf § 242 BGB an sein in einer Honorarschlussrechnung bestimmtes Honorar **gebunden sein**. Dies ist jedoch **nur dann der Fall**, wenn folgende fünf Voraussetzungen vorliegen:[18] 84

- widersprüchliches Verhalten des Auftragnehmers;
- Vertrauen des Auftraggebers auf die Endgültigkeit der Honorarrechnung;
- Schutzwürdigkeit des Vertrauens des Auftraggebers;
- der Auftraggeber hat sich auf die Endgültigkeit der Honorarrechnung eingerichtet; und
- weitere Zahlungen sind dem Auftraggeber nicht zumutbar.

Die Kriterien der Bindung an eine Honorarschlussrechnung sind damit faktisch identisch mit denjenigen Kriterien, die für eine Berufung des Auftragnehmers auf die Unwirksamkeit der Honorarvereinbarung wegen Mindestsatzunterschreitung gelten. 85

Die Rechtsprechung der Oberlandesgerichte zur Bindung an die Honorarschlussrechnung ist sehr unterschiedlich, nicht immer vorhersehbar und weicht auch von den Kriterien des BGH teils deutlich ab. Eine systematische Darstellung ist insoweit nicht möglich. Sie wäre auch kein Gewinn für den Leser, da daraus nur der Schluss gezogen werden kann, dass das Vorliegen der Voraussetzungen für eine Bindung an die Honorarschlussrechnung nicht hinreichend sicher beurteilt werden kann. In der letzten Entscheidung vom 23.10.2008 hat der BGH[19] ausgeführt, dass **allein die Zahlung der Schlussrechnung** durch den Auftraggeber **noch keine Maßnahme** darstellt, durch die er zu erkennen gibt, dass er schützenswertes Vertrauen auf die Endgültigkeit der Schlussrechnung entwickelt und sich deswegen darauf eingerichtet hat. Notwendig sind mit anderen Worten **eindeutig weitere, über die Zahlung des Schlussrechnungsbetrages hinausgehende Maßnahmen**. Dies können Vermögensdispositionen in der wirtschaftlichen Verwertung des errichteten Gebäudes sein: Das Schlussrechnungshonorar kann mit Berechnungsgrundlage für die Refinanzierungskosten und beispielsweise den monatlich ermittelten Pacht- oder Mietzins sein. Hat der Auftraggeber in der Folge – wie bei Gewerbeobjekten in der Regel der Fall – langjährige Verträge abgeschlossen, ist ihm eine Kündigung dieser Verträge nicht oder nur mit erheblichen wirtschaftlichen Konsequenzen möglich, so hat er einerseits schützenswertes Vertrauen in die Endgültigkeit der Hono- 86

16 BGH, Urt. v. 5.11.1992 – VII ZR 50/92 u. VII ZR 52/91 –.
17 BGH, Urt. v. 23.10.2008 – VII ZR 105/07 –.
18 Kniffka/Koeble/*Koeble*, 12. Teil Rn 603 ff.
19 BGH, Urt. v. 23.10.2008 – VII ZR 105/07 –.

rarschlussrechnung gehabt und durch die weiteren Maßnahmen auch zu erkennen gegeben, dass er sich hierauf einrichtet.

87 Zusätzlich muss aber dem Auftraggeber die weitere Zahlung des geforderten Nachschlags **nicht mehr zumutbar** sein, sie muss für ihn eine **besondere Härte** bedeuten.

88 Faktisch führt diese Rechtsprechung des BGH dazu, dass die **Lehre von der Bindung an die Honorarschlussrechnung zur Ausnahme wird**: In der Regel ist der Architekt/Ingenieur an seine Honorarschlussrechnung **nicht gebunden**, es sei denn, ein Ausnahmefall unter Berücksichtigung der oben angeführten Voraussetzungen des § 242 BGB (Treu und Glauben) läge vor.[20]

89 Hieraus und aus den allgemeinen Erwägungen ergibt sich die Verteilung der **Darlegungs- und Beweislast**. So ist der **Auftragnehmer** naturgemäß darlegungs- und beweispflichtig für diejenigen Tatsachen, die seine **Nachforderung**, die über den Schlussrechnungsbetrag hinausgeht, begründen. So hat er natürlich alle Honorarparameter vorzutragen und ggf. nachzuweisen, die für die Berechnung des höheren Honorars erforderlich sind. Dies folgt schon zwangslos aus dem Umstand, dass es sich hierbei um **Anspruchsvoraussetzungen** handelt, für die der Kläger stets darlegungs- und beweispflichtig ist.

90 **Beruft sich der Auftraggeber** im Honorarprozess auf eine **Bindungswirkung** der Honorarschlussrechnung, so handelt es sich hierbei rechtsdogmatisch um eine Einwendung. Diese Einwendung hat ihre Rechtsgrundlage in § 242 BGB (Treu und Glauben). Der Begriff „Einwendung" besagt nur, dass das Gericht § 242 BGB zu prüfen und zu berücksichtigen hat, wenn der Darlegungspflichtige diejenigen Tatsachen vorträgt, deren Richtigkeit unterstellt, die Voraussetzungen der Norm rechtfertigen. **Darlegungspflichtig** ist damit ohne jeden Zweifel der **Auftraggeber**. Dieses Ergebnis korreliert zudem zwanglos mit den vorzutragenden Tatsachen, die eine Bindungswirkung ergeben könnten. Es handelt sich faktisch ausschließlich um Umstände, die sich im Kenntnis- und Einwirkungsbereich des Auftraggebers abspielen. Ob und wie der Auftraggeber Vertrauen auf die Bindung an die Honorarschlussrechnung begründet hat und welche Auswirkungen eine Nachforderung für ihn nach sich ziehen würde, kann ausschließlich er wissen und dementsprechend auch nur er vortragen. Die These, dass es sich bei der Bindung an die Honorarschlussrechnung um eine negative Anspruchsvoraussetzung handeln würde und dementsprechend der Auftragnehmer die Darlegungs- und Beweislast hierfür trägt, lässt sich weder dogmatisch noch pragmatisch rechtfertigen.

91 Eine **Teilschlussrechnung** ist eine Schlussrechnung über bestimmte, der vertraglichen Vereinbarung zu entnehmende Leistungen. Sie hat deswegen **dieselben Wirkungen** im Hinblick auf die Bindung wie eine das gesamte Honorar betreffende Schlussrechnung.

92 Eine **Abschlagsrechnung** dagegen kann keinerlei Bindungswirkung entfalten, da sie lediglich eine Zwischenstufe auf dem Weg zum endgültigen Honorar darstellt. Sie kann somit von ihrem Ziel heraus bereits kein Vertrauen auf die Endgültigkeit begründen, wie der BGH bereits im Jahr 1995 festgehalten hat.[21] Der Auftragnehmer ist im Hinblick auf die Honorarparameter einer Abschlagsrechnung im Rahmen der Honorarschlussrechnung nicht gebunden. Er kann sein Honorar abweichend von den Parametern der Abschlagsrechnung berechnen. Er muss dies sogar, wenn die Parteien – was möglich ist – für die Abschlagsrechnung Parameter gefunden haben, die sie für die Schlussrechnung gerade nicht vereinbart haben.

---

20 *Scholtissek*, NZBau 2010, 683; Locher/Koeble/Frik/*Locher*, § 15 Rn 74.
21 BGH, Urt. v. 12.10.1995 – VII ZR 195/94 –.

Auch eine **nicht prüffähige Honorarschlussrechnung** kann Bindungswirkung entfalten. Dies ergibt sich schon daraus, dass es sich bei dem Kriterium der Prüffähigkeit um ein solches handelt, über das der Auftraggeber disponieren kann: Er kann die Rüge innerhalb der Zwei-Monats-Frist erheben oder nicht. Erhebt er sie nicht, obwohl die Honorarschlussrechnung objektiv nicht prüffähig ist, so ist das Gericht daran gebunden, und kann die Schlussrechnung nicht als nicht prüffähig behandeln. Rügt er dagegen die Prüffähigkeit der Honorarschlussrechnung, kann schon deswegen keine Bindungswirkung eintreten, weil der Auftraggeber in diesem Fall kein Vertrauen auf den Schlussrechnungsbetrag und die Bindungswirkung haben kann. 93

F. Verjährung und Verwirkung

Der Honoraranspruch verjährt in der regelmäßigen Frist des § 195 BGB, also innerhalb von **drei Jahren**. Gegebenenfalls kann die kenntnisunabhängige Verjährungsfrist des § 199 Abs. 4 BGB eingreifen; diese beträgt zehn Jahre ab Entstehung des Anspruchs. 94

Die **Verjährungsfrist beginnt** gem. § 199 Abs. 1 BGB mit dem **Schluss des Jahres**, in dem der **Anspruch entstanden** ist und der Gläubiger (Architekt) von den **anspruchsbegründenden Umständen und der Person** des Schuldners **Kenntnis erlangt** oder sich in grob fahrlässiger Unkenntnis befindet. Das Gesetz meint mit dem Begriffspaar „Anspruch entstanden" die **Fälligkeit** des Anspruchs. Damit ist wiederum der Anwendungsbereich des § 15 Abs. 1, Abs. 2 eröffnet. Üblicherweise wird das Honorar nach Abnahme und Stellung der Schlussrechnung fällig, sodass dann die Verjährung beginnt. Die Frist beträgt, wie oben angeführt, in der Regel **drei Jahre**. Auf die üblichen **Hemmungsmöglichkeiten** nach § 204 Abs. 1 BGB wird hingewiesen. 95

Beispiel
Das Honorar wird mit Abnahme der Leistung und Stellen der Schlussrechnung fällig. Damit beginnt die Verjährung. Somit ist für den Verjährungsbeginn irrelevant, wann innerhalb eines Kalenderjahres eine Rechnung gestellt wird. Wird beispielsweise die Rechnung im Kalenderjahr 2016 (z.B. 2.1. oder 30.12.2016) gestellt, beginnt die Verjährung am 1.1.2017 und endet am 31.12.2019.

Die **Verwirkung** stellt einen Unterfall des § 242 BGB (Treu und Glauben) dar und ist im Gegensatz zur Verjährung keine Einrede, sondern eine Einwendung. Dies hat im Rechtsstreit die Folge, dass der Auftraggeber lediglich die tatsächlichen Umstände für das Vorliegen der Verwirkung vortragen und ggf. zu beweisen hat. Das Erheben einer „Einrede" ist für die Verwirkung nicht erforderlich im Gegensatz zur Verjährung. Auch im Honorarrecht gilt, dass die Verwirkung grundsätzlich zwei Voraussetzungen hat: 96
- Zeitmoment,
- Umstandsmoment.

Die Verwirkung wird vom Auftraggeber in aller Regel dann eingewendet werden, wenn der Auftragnehmer über einen sehr langen Zeitraum keine Schlussrechnung erstellt hat und deswegen der Honoraranspruch sehr lange nicht fällig geworden ist. Dies hat zur Folge, dass auch die Verjährungsfrist nicht zu laufen beginnt. 97

Hinsichtlich des **Zeitmoments** kann ein fester Zeitrahmen nicht angegeben werden. Man wird aber wohl davon auszugehen haben, dass in jedem Fall mehrere Jahre erforderlich sind. 98

In der Praxis den größeren Streit bereitet das **Umstandsmoment**. Hierfür ist ein **Verhalten des Auftragnehmers** erforderlich, aus dem der Auftraggeber den Schluss ziehen darf, der Auftragnehmer werde den Honoraranspruch nicht (mehr) geltend ma- 99 chen. Zusätzlich hat sich der Auftraggeber auf die Nichtgeltendmachung des Honoraranspruchs einzustellen. Allein aus dem Umstand, dass der Auftragnehmer über einen sehr langen Zeitraum es unterlässt, eine Schlussrechnung zu erstellen, kann der Auftraggeber für sich nichts herleiten. Dies genügt als Verhalten zur Begründung des Umstandsmoments noch nicht.[22] So ist in der Regel davon auszugehen, dass eine Verwirkung des Honoraranspruchs nicht einschlägig ist.

I. Schlussrechnung

100 Der Honoraranspruch wird fällig, wenn die Leistung des Auftragnehmers **abgenommen** ist und er eine **prüffähige Schlussrechnung** erteilt hat. Ohne diese beiden Voraussetzungen – Abnahme und prüffähige Honorarschlussrechnung – wird der Honoraranspruch nach § 15 Abs. 1 nicht fällig und damit beginnt auch die Verjährungsfrist des § 199 Abs. 1 BGB nicht zu laufen. Faktisch hat es der Auftragnehmer in der Hand, den Beginn der Verjährung durch Erstellung bzw. Nichterstellung der Schlussrechnung zu steuern.

101 Voraussetzung für die Fälligkeit ist die **Abnahme.** Dies gilt auch für den gekündigten Architektenvertrag. Das bis zum Zeitpunkt des Wirksamwerdens der Kündigung – dies ist in der Regel der Zugang der Kündigung nach § 130 Abs. 1 S. 1 BGB – erstellte Werk des Architekten ist abnahmefähig und muss abgenommen werden. Der Auftraggeber kann diese Abnahme nach § 640 Abs. 1 S. 3 BGB durch Fristsetzung gegenüber dem Auftragnehmer herbeiführen.

102 Erforderlich ist zudem eine **prüfbare Schlussrechnung.** Dies hat der BGH mit seinem Urteil vom 11.11.1999[23] eindeutig klargestellt. In seiner zweiten Entscheidung, die für die Frage der Verjährung und Verwirkung wesentlich ist, hat sich der BGH am 27.11.2003[24] sowohl mit der Frage der Prüffähigkeit der Schlussrechnung als auch mit der Frage der teilweisen Prüffähigkeit der Schlussrechnung und der Folge für die Verjährung befasst. Mit begrüßenswerter Klarheit stellt der BGH fest, dass **Verjährungsbeginn** bei einer **nicht prüffähigen Schlussrechnung zwei Monate nach Zugang der Schlussrechnung** liegt, wenn der Auftraggeber **keine Einwendungen zur Prüffähigkeit** erhebt. Dagegen beginnt die Verjährungsfrist nicht zu laufen, wenn die Rechnung **materiell nicht prüffähig** ist und der Auftraggeber sich innerhalb von zwei Monaten auf die fehlende Prüffähigkeit beruft. Ist der Auftraggeber ausnahmsweise gehindert, sich nach Treu und Glauben auf die fehlende Prüffähigkeit zu berufen, beruft er sich aber dennoch innerhalb der Zwei-Monats-Frist auf die fehlende Prüffähigkeit, so beginnt die Verjährungsfrist dann, wenn die Umstände, die den Verstoß gegen Treu und Glauben des Auftraggebers begründen, nach außen treten; dies bedeutet, dass die Fälligkeit zusammen mit dem Beginn der Verjährungsfrist dann eintritt, wenn diese Umstände für den Auftragnehmer erkennbar werden und ihm damit auch erkennbar wird, dass er die Forderung durchsetzen kann.

103 In der genannten Entscheidung des BGH vom 27.11.2003[25] hat dieser auch entschieden, dass die Verjährung bei **nur teilweise prüffähiger Schlussrechnung** insgesamt für den Honoraranspruch **erst dann beginnt**, wenn **insgesamt eine prüffähige Schlussrechnung vorliegt.** Der BGH folgert dies überzeugend aus dem Gebot der Rechtsklarheit und Rechtssicherheit. Denn für den Fall, dass für den prüffähigen Teil der Schlussrech-

22 BGH, Urt. v. 14.1.2010 – VII ZR 213/07 –; BGH, Urt. v. 23.1.2014 – VII ZR 177/13 –.
23 BGH, Urt. v. 11.11.1999 – VII ZR 73/99 –.
24 BGH, Urt. v. 27.11.2003 – VII ZR 288/02 – BGHZ 157, 118, 133.
25 BGH, Urt. v. 27.11.2003 – VII ZR 288/02 – BGHZ 157, 118, 133.

nung eine eigenständige Verjährungsfrist beginnt, wäre für die Parteien nicht eindeutig bestimmbar, welcher Teil des Anspruchs eher verjährt als der andere. Daraus zieht der BGH die eindeutige Konsequenz, dass die Honorarforderung des Architekten erst dann verjähren kann, wenn dieser insgesamt prüffähig abgerechnet hat. Dies gilt gerade und insbesondere für den Fall, dass ein gekündigter Architektenvertrag nach § 649 BGB vorliegt. Denn in derartigen Fällen ist es bekanntermaßen nicht gerade einfach, den Teil der nicht erbrachten Leistungen prüffähig abzurechnen.

Erstellt der Auftragnehmer **keine Rechnung**, so ist der Auftraggeber nicht schutz- **104** und rechtlos gestellt. Vielmehr kann er den Auftragnehmer **unter Fristsetzung auffordern, eine Schlussrechnung zu erstellen**. Unterlässt der Auftragnehmer dies – treuwidrig –, so kann der Auftraggeber in einem Honorarprozess sich dann auf § 242 BGB mit der Begründung berufen, der Auftragnehmer habe den Beginn und Eintritt der Verjährung treuwidrig verhindert und deswegen sei ihm eine Berufung auf den Nichteintritt der Verjährung wegen § 242 BGB nicht möglich.

II. Abschlagsrechnung

Bei dem Anspruch auf Zahlung einer Abschlagsrechnung handelt es sich um einen **105** Anspruch, der mit dem Honorargesamtanspruch nicht identisch ist. Der **Abschlagszahlungsanspruch verjährt deswegen in eigener Frist.** Die Frist beginnt nach § 199 Abs. 1 BGB mit der Fälligkeit des Anspruchs. Die Fälligkeit hängt von § 15 Abs. 2 ab. Liegen die Voraussetzungen vor, ist insbesondere eine prüffähige Abschlagsrechnung erteilt, so wird der Abschlagszahlungsanspruch fällig. Die Verjährung beginnt mit Ablauf des Jahres, in dem der Anspruch fällig geworden ist. Im Übrigen gelten für den Abschlagszahlungsanspruch keine weiteren Besonderheiten. Ist eine Abschlagszahlung verjährt, kann dieser (als Abschlagsrechnung verjährte) Honorarteil immer noch im Rahmen der Schlussrechnung geltend gemacht werden.[26]

G. Prozessuales

I. Fehlende Fälligkeitsvoraussetzungen

Fehlt es zur Fälligkeit des Honoraranspruchs an einer Voraussetzung, die im Laufe **106** der Zeit oder durch Handlung des Auftragnehmers oder Auftraggebers noch eintreten kann, so kann im Rechtsstreit der Honoraranspruch nicht als endgültig unbegründet abgewiesen werden. Die fehlende Fälligkeitsvoraussetzung kann insbesondere die Abnahme oder die prüffähige Schlussrechnung sein.

Fehlt die prüffähige Schlussrechnung, so kann sie der Auftragnehmer auch noch **107** während des Rechtsstreits – zumindest in erster Instanz – erstellen und **in den Prozess einführen**. Zu beachten ist aber auch hierbei die zweimonatige Prüfungsfrist hinsichtlich der Prüffähigkeit, die erst mit Zugang der neuen Schlussrechnung zu laufen beginnt. Der Auftragnehmer hat ggf. eine weitere Schlussrechnung zu erstellen, dem Auftraggeber zu überreichen und sie in den Rechtsstreit einzuführen, wenn auch die erneute Schlussrechnung nicht prüffähig sein sollte. Liegt zum **Schluss der mündlichen Verhandlung**, auf den es hinsichtlich der Entscheidung des Gerichts stets ankommt, keine prüffähige Schlussrechnung vor, so fehlt es an einer Fälligkeitsvoraussetzung für den geltend gemachten Anspruch. Die Klage ist dann als **derzeit unbegründet**

26 BGH, Urt. v. 5.11.1998 – VII ZR 191/97 –.

abzuweisen. Wie bereits festgestellt, beschränkt sich die Rechtskraft dieses klageabweisenden Urteils auf die Schlussrechnungen, die in den Rechtsstreit eingeführt worden sind. Damit kann der Auftragnehmer, nach Eintritt der Rechtskraft des klageabweisenden Urteils, **erneut Klage** auf Zahlung des Honorars mit einer **neuen, weiteren Schlussrechnung erheben.**

108 Legt der Auftragnehmer gegen das die Klage als derzeit unbegründet abweisende Endurteil der ersten Instanz Berufung ein und erstellt im Rahmen des Berufungsverfahrens bzw. mit Einreichung der Berufungsbegründung eine neue Schlussrechnung, so handelt es sich hierbei um ein neues Angriffsmittel i.S.v. § 531 Abs. 2 ZPO. Die Problematik für den Auftragnehmer liegt in § 531 Abs. 2 S. 1 Nr. 3 ZPO. Nach dieser Vorschrift sind alle Angriffsmittel, die im ersten Rechtszug nicht geltend gemacht worden sind, ohne dass dies auf einer Nachlässigkeit der Partei beruhte, zuzulassen. Liegen die Voraussetzungen nicht vor, so ist das neue Angriffsmittel – hier die weitere Schlussrechnung – nicht zulässig und ist nicht Gegenstand des Berufungsverfahrens. Der Auftragnehmer muss mit dieser zurückgewiesenen Schlussrechnung dann erneut in erster Instanz mit einer Klage beginnen.

109 **Fehlt es an der Abnahme** als Fälligkeitsvoraussetzung, so geht die Rechtsprechung bei den Bauverträgen davon aus, dass der Werklohnklage des Auftragnehmers auch die Behauptung innewohnt, das erstellte Werk, für das der Werklohn gefordert wird, **sei mangelfrei und deswegen abnahmefähig.** Die Erhebung einer weiteren Feststellungsklage mit dem Ziel, feststellen zu lassen, dass das Werk abnahmefähig sei, ist nicht notwendig. Gleiches wird für den Architektenvertrag zu gelten haben. Dies bedeutet, dass **bei fehlender Abnahme** durch die Parteien des Architektenvertrages der Auftragnehmer **dennoch unmittelbar auf Zahlung seines Honorars** klagen kann, da diese Klage auch die Behauptung enthält, das Architektenwerk sei mangelfrei und deswegen abnahmefähig. Bestreitet der Auftraggeber die Mangelfreiheit mit substantiiertem Vortrag in Bezug auf einzelne Mängel, so trifft den Auftragnehmer die Darlegungs- und Beweislast dafür, dass das Architektenwerk die vom Auftraggeber behaupteten Mängel nicht aufweist. Dies deswegen, weil die Abnahmefähigkeit und deswegen die Mangelfreiheit Voraussetzung für die Fälligkeit des Klageanspruchs ist.

II. Übergang von der (Teil-)Schlussrechnungsklage zur Abschlagsrechnungsklage und umgekehrt

110 Die erste Variante tritt in der Praxis dann ein, wenn der mit der Vollarchitektur beauftragte Architekt die **LPH 9** noch nicht vollständig erbracht hat, aber bereits eine Schlussrechnung über 100% seines Honorars erstellt. Fehlt es lediglich an den Voraussetzungen der LPH 9, so hat er 98% seiner Leistungen – bis einschließlich LPH 8 – erbracht. Dennoch liegt **Schlussrechnungsreife** noch nicht vor, da diese in jedem Fall die vollständige Erbringung der Leistung voraussetzt. Daran mangelt es, wenn die LPH 9 noch nicht vollständig erbracht ist. Hat der Architekt in einem derartigen Fall bereits eine Schlussrechnung über 100% seines Honorars erstellt, müsste diese Klage als derzeit unbegründet abgewiesen werden, da der Anspruch auf die Schlusszahlung noch nicht fällig ist. Der Auftragnehmer kann in einem derartigen Fall, ohne dass er eine weitere Rechnung erstellt, 98% seines Honorars – LPH 1 bis einschließlich LPH 8 – **als Abschlagszahlungsanspruch** verlangen. Dies gilt zumindest dann, wenn die Parteien hinsichtlich der Abschlagszahlungen keine anderweitige Vereinbarung getroffen haben. Liegt eine anderweitige Vereinbarung vor, die die Geltendmachung insoweit nicht vorsieht, hat sich der Auftragnehmer an diese Vereinbarung zu halten und ggf. seinen Anspruch und auch seinen Klageantrag dementsprechend anzupassen.

111 Prozessual stellt sich die Frage, ob der Auftragnehmer vom **Schlusszahlungsanspruch zum Abschlagszahlungsanspruch** ohne Weiteres **übergehen** kann. Dies hängt von den Voraussetzungen der §§ 263ff. ZPO ab. Der BGH hat mit seinem Urteil vom 11.11.2004[27] entschieden, dass beim Übergang vom Abschlagszahlungsanspruch zum Teilschlussrechnungsanspruch ein Fall des § 264 Nr. 3 ZPO vorliegt. Es handelt sich damit um eine **zulässige Klageänderung**. Es liegt – natürlich – ein anderer Streitgegenstand vor, da sich schon der Lebenssachverhalt ändert: Ursprünglich berief sich der Auftragnehmer auf eine Schlussrechnung und nunmehr beruft er sich auf eine Abschlagsrechnung. Diesen Übergang kann der Auftragnehmer **auch hilfsweise**, also für den Fall, dass das Gericht seinen Hauptantrag für unzulässig oder unbegründet hält, vornehmen.

112 Das Gleiche hat natürlich für den **entgegengesetzten Wechsel** von der Abschlagszahlungsklage zur (Teil-)Schlussrechnungsklage zu gelten. Auch dort liegt ein Fall des § 264 Nr. 3 ZPO vor, der ohne Weiteres zulässig ist. Die Einwilligung des Gegners oder die Bejahung der Sachdienlichkeit durch das Gericht ist gerade nicht erforderlich.

III. Gerichtsstand

113 Für die Honorarklagen – sowohl die Abschlagszahlungsklage als auch die Schlussrechnungsklage – existiert **kein ausschließlicher Gerichtsstand** nach der ZPO.

114 Eine **Gerichtsstandvereinbarung** der Parteien ist nach §§ 38 Abs. 1, 29 Abs. 2 ZPO nur dann möglich, wenn beide Vertragspartner Vollkaufleute sind. Dies wird sehr häufig der Fall sein.

115 Liegt keine Gerichtsstandvereinbarung vor, so kann der Auftraggeber stets in seinem **allgemeinen Gerichtsstand** nach §§ 13, 17 ZPO verklagt werden.

116 Möglich ist auch die **Klage am Erfüllungsort** nach §§ 29 Abs. 1 ZPO, 269 Abs. 1 BGB. Ist der Architekt mit der Vollarchitektur beauftragt und gelangt das **Bauvorhaben tatsächlich zur Ausführung**, so folgert die Rechtsprechung, dass sich aus „der Natur des Schuldverhältnisses" nach § 269 Abs. 1 BGB ergäbe, dass für die beiderseitigen Verpflichtungen – also nicht nur für die Honorarklage des Auftragnehmers – der **Erfüllungsort am Ort des Bauwerks** liegt. Damit ist dort nach § 29 Abs. 1 ZPO auch ein Gerichtsstand, den der Kläger nach § 35 ZPO wählen kann, aber nicht muss. Gelangt das Bauwerk nicht zur Ausführung oder ist der Architekt nur mit Planungsleistungen – insbesondere **nicht mit der Bauüberwachung** der LPH 8 – beauftragt – beispielsweise nur bis einschließlich LPH 5 –, so ist die Rechtsprechung uneinheitlich. In der Regel geht sie davon aus, dass in einem derartigen Fall der Erfüllungsort nicht nach § 269 Abs. 1 BGB zu bestimmen ist mit der Folge, dass der Ort des (beabsichtigten) Bauwerks nicht Erfüllungsort und damit auch nicht der Gerichtsstand ist. In diesem Fall muss der Architekt dem Bauherrn meist an dessen allgemeinen Gerichtsstand (Wohn-/Geschäftssitz) verklagen.

H. Honorarrückforderung

117 Bei diesem Themenkomplex geht es nicht darum, dass der Auftraggeber Ansprüche aufgrund von Mängeln – insbesondere Schadensersatzansprüche nach § 280 Abs. 1 S. 1 BGB – selbstständig geltend macht oder gegenüber dem Honoraranspruch des Auftragnehmers aufrechnungsweise einwendet, sondern darum, dass der Auftraggeber behauptet, er habe zu viel an Honorar dem Auftragnehmer bezahlt und fordert deswegen Rückzahlung.

27 BGH, Urt. v. 11.11.2004 – VII ZR 128/03 –.

I. Voraussetzungen

118 Ausgangspunkt für den Bereich des Architekten- und Ingenieurrechts ist die Entscheidung des BGH vom 22.11.2007,[28] die er mit seinem Urteil vom 11.10.2012[29] nochmals bestätigt hat. Der BGH hat dort unter Hinweis auf seine frühere Rechtsprechung entschieden, dass der Anspruch des Auftraggebers auf Rückzahlung zu viel bezahlter Voraus- oder Abschlagszahlungen sich aus der Auslegung des Architektenvertrags ergibt, wenn nicht eine ausdrückliche vertragliche Vereinbarung insoweit vorliegt. Der BGH folgert dies daraus, dass der **Auftragnehmer verpflichtet** ist, seine Leistungen **nach Abnahme oder Beendigung des Vertrages abzurechnen** und **einen etwaigen Überschuss** aus den Voraus- oder Abschlagszahlungen an den Auftraggeber **auszuzahlen.** Für einen derartigen Fall verneint der BGH einen Bereicherungsanspruch des Auftraggebers, sondern gibt dem Auftraggeber einen vertraglichen Rückzahlungsanspruch.

119 Auf den ersten Blick erscheint dies lediglich eine rechtsdogmatische Variantenfrage zu sein. Auf den zweiten Blick kann dies aber die jeweiligen Rechtsstreitigkeiten entscheiden. Denn gründet sich der Rückzahlungsanspruch auf dem Architektenvertrag, so genügt der Auftraggeber seiner Darlegungslast schon dann, wenn er vorträgt, in welcher Höhe er Voraus- oder Abschlagszahlungen geleistet hat und dass diesen Zahlungen eine entsprechende endgültige Vergütung des Auftragnehmers nicht gegenübersteht. Dieser Vortrag ist für den Auftraggeber überschaubar einfach. Der BGH weist dann dem **Auftragnehmer** die **Darlegungs- und Beweislast** dafür zu, dass er **berechtigt ist**, die **Voraus- oder Abschlagszahlungen endgültig behalten zu dürfen.** Der Auftragnehmer hat damit **seinen gesamten Honoraranspruch darzustellen**, also vorzutragen, und ggf. auch zu beweisen. Gründet sich hingegen der Rückforderungsanspruch auf Bereicherungsrecht, so trägt der Auftraggeber die Darlegungs- und Beweislast dafür, dass seine Vorschuss- oder Abschlagszahlungen ohne Rechtsgrund erfolgt sind. In diesem Fall hat der Auftraggeber die Darlegungs- und Beweislast dafür, dass der Honoraranspruch nur in der von ihm behaupteten Höhe besteht und er überzahlt hat.

120 Die Differenz zwischen beiden Ausgangspunkten ist offensichtlich. Je nach Standpunkt wird es sich empfehlen, vertragliche Rückforderungsansprüche abstrakt in den Vertrag aufzunehmen.

II. Anspruchsumfang

121 Gründet sich der Rückzahlungsanspruch auf den Architektenvertrag, so hat der Auftragnehmer seine Leistung darzustellen und sein hierfür gefordertes Honorar zu berechnen. Gegebenenfalls ist Beweis zu erheben und das danach geschuldete Honorar zu bestimmen. Übersteigen die Voraus- oder Abschlagszahlungen dieses geschuldete Honorar, so steht dem Auftraggeber der Saldo als Anspruch zu.

122 Gründet sich der Anspruch auf Bereicherungsrecht, so erfolgt die Leistung der Voraus- oder Abschlagszahlungen insoweit ohne Rechtsgrund, als keine Honorarforderung besteht. Also auch in diesem Fall wird die berechtigte Honorarforderung den geleisteten Zahlungen gegenübergestellt.

---

28 BGH, Urt. v. 22.11.2007 – VII ZR 130/06 –.
29 BGH, Urt. v. 11.10.2012 – VII ZR 10/11 –.

III. Verjährung und Verwirkung

Gründet sich der Rückzahlungsanspruch auf Vertrag, so beträgt die Verjährungsfrist gem. § 195 BGB **drei Jahre** und beginnt gem. § 199 Abs. 1 BGB mit dem Schluss des Kalenderjahres der Fälligkeit des Anspruchs und der Kenntnis bzw. grob fahrlässiger Unkenntnis des Auftraggebers hinsichtlich der Anspruchsvoraussetzungen. In seiner bereits zitierten Entscheidung vom 11.10.2012[30] stellte der BGH fest, dass ein vertraglicher Anspruch aus Überzahlung nicht vor dem Zeitpunkt fällig werden könne, zu dem der Vertrag beendet wird, sodass er mit einer Schlussrechnung abgerechnet werden kann. **Grob fahrlässige Unkenntnis** des Auftraggebers i.S.v. § 199 Abs. 1 Nr. 2 BGB liege dann vor, wenn er die im Verkehr erforderliche Sorgfalt in besonders schwerem Maße verletzt habe und er auch ganz naheliegende Überlegungen nicht angestellt oder das nicht beachtet habe, was im gegebenen Fall jedem hätte einleuchten müssen. Es müssen aber für den Auftraggeber als Anspruchsgläubiger konkrete Anhaltspunkte für das Bestehen eines derartigen Anspruchs ersichtlich sein. Denn nur dann kann er aus vernünftiger Sicht gehalten sein, Aufklärungsmaßnahmen hinsichtlich des Bestehens eines derartigen Anspruchs vorzunehmen. **123**

Ein Bereicherungsanspruch verjährt gleichfalls innerhalb der Regelfrist nach § 195 BGB in drei Jahren. Auch insoweit beginnt die Verjährungsfrist nach § 199 Abs. 1 BGB mit dem Schluss des Kalenderjahres der Fälligkeit des Anspruchs und der Kenntnis bzw. grob fahrlässiger Unkenntnis des Gläubigers von dem Anspruch. Kenntnis hat der Auftraggeber, wenn er die Leistung und die Tatsachen kennt, aus denen sich das Fehlen des Rechtsgrundes ergibt. Dies ist nicht notwendigerweise nur die Erteilung der Schlussrechnung. Der Auftraggeber muss vielmehr in die Lage versetzt sein, zu erkennen, dass er zu viel geleistet hat. Abstrakte Regeln sind hierfür nicht aufstellbar. **124**

Der Rückforderungsanspruch des Auftraggebers kann auch **verwirkt** sein. In der bereits zitierten Entscheidung vom 23.1.2014[31] hat sich der BGH mit der Frage der Verwirkung des Rückzahlungsanspruchs befasst. Er hat in diesem Zusammenhang festgestellt, dass eine Verwirkung von Ansprüchen, die der Regelverjährung unterliegen, vor Ablauf der Verjährungsfrist nur unter ganz besonderen Umständen in Betracht kommt. Wird dies berücksichtig, so ist eine Verwirkung in diesem Zusammenhang nur mehr schwer denkbar. **125**

§ 16
Umsatzsteuer

(1) Der Auftragnehmer hat Anspruch auf Ersatz der gesetzlich geschuldeten Umsatzsteuer für nach dieser Verordnung abrechenbare Leistungen, sofern nicht die Kleinunternehmerregelung nach § 19 des Umsatzsteuergesetzes angewendet wird. Satz 1 ist auch hinsichtlich der um die nach § 15 des Umsatzsteuergesetzes abziehbaren Vorsteuer gekürzten Nebenkosten anzuwenden, die nach § 14 dieser Verordnung weiterberechenbar sind.

(2) Auslagen gehören nicht zum Entgelt für die Leistung des Auftragnehmers. Sie sind als durchlaufende Posten im umsatzsteuerrechtlichen Sinn einschließlich einer gegebenenfalls enthaltenen Umsatzsteuer weiter zu berechnen.

---

30 BGH, Urt. v. 11.10.2012 – VII ZR 10/11 –.
31 BGH, Urt. v. 23.1.2014 – VII ZR 177/13 –.

Übersicht

A. Übersicht

1 Der Grundsatz erscheint einfach, die tatsächliche Umsetzung ist oftmals schwierig. Die **Honorare** sind aus den Nettobeträgen der anrechenbaren Kosten (ohne Umsatzsteuer) zu ermitteln und sodann um die Umsatzsteuer zu erhöhen. Die bisherige Regelung in § 9 Abs. 2 HOAI 2009, dass nur der **Nettobetrag der anrechenbaren Kosten honorarfähig** ist, wurde ohne inhaltliche Änderung in § 4 Abs. 1 S. 4 HOAI 2013 übernommen.

2 Bei **Auslagen** läuft es ähnlich: Zunächst ist die in den Rechnungen enthaltene Umsatzsteuer (Vorsteuer, die der Architekt vom Finanzamt erstattet bekommt) abzuziehen, also nur der Nettobetrag der Auslagen anzusetzen, der schließlich – wie beim Nettohonorar – wieder um die Umsatzsteuer erhöht wird.

3 Weiterhin ist der Umsatzsteuersatz bei Erbringung der letzten Leistung, also dem **Abnahmezeitpunkt,** entscheidend.

B. Anspruch auf Erstattung der Mehrwertsteuer

4 Seit dem Inkrafttreten der 1. Änderungsverordnung zur HOAI am 1.1.1985 hat der Architekt einen Anspruch auf Ersatz der Umsatzsteuer. Nach der Formulierung von § 16 (die sich seit der HOAI 2009 nicht geändert hat) kann die Umsatzsteuer auch ohne vertragliche Vereinbarung gefordert werden.

5 Dieser Anspruch besteht *„für nach dieser Verordnung (HOAI) abrechenbare Leistungen“*, also für Grundleistungen, Besondere Leistungen sowie die in Anlage 1 preisrechtlich nicht gebundenen Leistungen, die nur eine Honorarempfehlung darstellen. Damit wird klargestellt, dass die Honorarangaben in der HOAI stets Nettobeträge ohne Umsatzsteuer sind.[1]

6 Für die Bereiche, in denen **die HOAI keine Honorare betragsmäßig regelt**, also **Besondere Leistungen** sowie Honorare **unterhalb der Mindestsätze** und **oberhalb der Höchstsätze**, kommt es dagegen auf die vertragliche Regelung an. Fehlt eine konkrete Regelung über die Erstattung der Mehrwertsteuer, ist die **vertragliche Vereinbarung** nach den Grundsätzen des BGB aus einem objektivierten Empfängerhorizont (§§ 133, 157 BGB) auszulegen. Gegenüber einem Unternehmer sprechen die Gepflogenheiten des Kaufmannsgeschäfts dafür, dass Honorarangaben als Nettoangabe, also ohne Umsatzsteuer, zu verstehen sind und die Umsatzsteuer somit zusätzlich geltend gemacht werden kann. Beim Endverbraucher, der die Umsatzsteuer nicht im Wege des Vorsteuerabzugs vom Finanzamt erstattet bekommt, spricht vieles für eine Vereinbarung als Endpreis inklusive Mehrwertsteuer.[2] Dies hängt jeweils von den Umständen des Einzelfalls ab.

1 Jochem/Kaufhold/*Jochem*, § 16 HOAI 2009 Rn 1.
2 Jochem/Kaufhold/*Jochem*, § 16 HOAI 2009 Rn 2.

C. Umsatzsteuersatz

7 In § 16 wird auf die *„gesetzlich geschuldete Umsatzsteuer“* abgestellt, die seit dem 1.1.2007 gem. § 12 Abs. 1 UStG 19% beträgt. Bei Steueränderungen (Erhöhungen) ist der Umsatzsteuersatz **zum Leistungszeitpunkt** maßgeblich, in dem der jeweilige Umsatz ausgeführt wird. Unerheblich sind hierbei der Zeitpunkt der Vertragsvereinbarung und der Zahlungszeitpunkt.

8 Wird während der Vertragslaufzeit der Mehrwertsteuersatz erhöht, gilt für den **ganzen Rechnungsbetrag der höhere Steuersatz.**[3] Lediglich wenn die Leistung **teilbar** ist, können Teilleistungen jeweils nach den unterschiedlichen Umsatzsteuerbeträgen abgerechnet werden. Das Bundesministerium für Finanzen hat im BMF-Schreiben vom 12.10.2009 (Merkblatt zur Umsatzbesteuerung in der Bauwirtschaft)[4] festgelegt, dass für die Abnahme von Teilleistungen entsprechende vertragliche Vereinbarungen erforderlich seien, die auch tatsächlich so durchgeführt werden müssten und die Rechtsfolge der Abnahme nach sich zögen. Zur Vermeidung eines Umgehungsgeschäfts (§ 42 AO) stellt das BMF-Schreiben klar, dass eine nur aus steuerlichen Gründen vorgenommene Abnahme eines Teils eines Gesamtbauwerks nicht als Teilleistung i.S.d. § 13 Abs. 1 S. 1 Nr. 1 Buchstabe a S. 2 UStG anzuerkennen sei. So wären die Leistungen der Architekten und Ingenieure grundsätzlich als **einheitliche Leistung** anzusehen, sodass für die Abrechnung auch ein **einheitlicher Umsatzsteuersatz** – derjenige bei Abschluss der Leistung – gelte.[5]

9 Damit ist die weitverbreitete Praxis, im Interesse des Auftraggebers bei Umsatzerhöhungen **Teilschlussrechnungen** für die bereits erbrachten Leistungen zu erstellen, riskant. Voraussetzung hierfür wäre zunächst, dass der Vertrag vor dem Stichtag beendet (d.h. bezüglich der noch offenen zukünftigen Leistungen aufgehoben) und die bereits erbrachten Leistungen schlussgerechnet werden. Sodann könnten in einem neuen, zweiten Vertrag die anschließenden Leistungen neu beauftragt werden, mit allen rechtlichen Konsequenzen, also getrennten Verjährungsfristen und ggf. der Geltung einer neuen Honorarordnung, falls diese zwischenzeitlich ebenfalls geändert worden sein sollte.[6]

10 Eine derartige Aufteilung in mehrere Verträge kann sich sowohl auf den Umfang des Vertrages (z.B. einzelne von mehreren Gebäuden) als auch auf den Inhalt (unterschiedliche Leistungsphasen) beziehen. Als kleinste Einheit dürfte hier eine ganze Leistungsphase anzunehmen sein.[7] Übliche Zäsuren sind beispielsweise die Vollendung der Eingabeplanung (Leistungsphasen 1–4), die Ausführungsplanung (Leitungsphase 5), die Ausschreibung und Vergabe (Leistungsphasen 6 und 7) sowie die Objektüberwachung (Leistungsphase 8). Diese Leistungen lassen sich ohne Weiteres in mehrere Verträge aufteilen. Die Objektbetreuung (Leistungsphase 9) sollte sowieso wegen ihrer langen Dauer getrennt in einem separaten Vertrag vereinbart werden. In jedem Fall sollte nach der Objektüberwachung (Leistungsphase 8) eine Teilabnahme durchgeführt und eine Teilschlussrechnung gestellt werden.

---

3 Korbion/Mantscheff/Vygen/*Seifert*, § 10 HOAI 2009 Rn 11; *Pott/Dahlhoff/Kniffka/Rath*, § 16 HOAI 2009 Rn 8; Jochem/Kaufhold/*Jochem*, § 16 HOAI 2009 Rn 5.

4 Veröffentlicht unter http://www.bundesfinanzministerium.de.

5 Jochem/Kaufhold/*Jochem*, § 16 HOAI 2009 Rn 5; ebenso OLG Braunschweig, Urt. v. 11.3.2004 – 8 U 17/99 –.

6 *Pott/Dahlhoff/Kniffka/Rath*, § 16 HOAI 2009 Rn 8 ff.

7 Jochem/Kaufhold/*Jochem*, § 16 HOAI 2009 Rn 5.

D. Umsatzsteuer bei Abschlags- und Schlussrechnungen

11 Nachdem innerhalb eines Vertragsverhältnisses immer nur ein **einheitlicher Umsatzsteuersatz** gilt (der bei Fertigstellung der Arbeiten), kann es sein, dass nachträglich in einer weiteren Abschlags- bzw. der Schlussrechnung auch auf bislang geleistete Abschlagszahlungen der höhere Umsatzsteuersatz geleistet werden muss. Im Ergebnis wird damit die Umsatzsteuerdifferenz aus der Steuererhöhung nachgezahlt. Es empfiehlt sich aus Gründen der Übersichtlichkeit und für die Buchhaltung, in jeder Rechnung die enthaltene Umsatzsteuer gesondert anzuführen, insbesondere wenn der Rechnungsempfänger vorsteuerabzugsberechtigt ist.

Würde man nur die Umsatzsteuer aus dem noch offenen Nettobetrag in Höhe von 10.000 € ansetzen, wären nur 1.900 € abzuführen. Die Differenz in Höhe von 1.800 € zu dem tatsächlich abzuführenden Umsatzsteuerbetrag in Höhe von 3.700 € beruht auf der **Nachversteuerung** der ersten beiden Abschlagsrechnungen, für die nur 16% Umsatzsteuer abgeführt waren.

Beispiel

Schlussrechnungsbetrag netto:	100.000,00 €
zzgl. Umsatzsteuer (19%):	19.000,00 €
Schlussrechnungsbetrag brutto:	119.000,00 €
abzgl. Abschlagszahlungen:	
1. Abschlagsrechnung vom 10.1.2005: darin enthalten 4.800,00 € USt. (16%)	./. 34.800,00 €
2. Abschlagsrechnung vom 20.12.2006: darin enthalten 4.800,00 € USt. (16%)	./. 34.800,00 €
3. Abschlagsrechnung vom 10.1.2007: darin enthalten 5.700,00 € USt. (19%)	./. 35.700,00 €
Summe Abschlagszahlungen	./. 105.300,00 €
Offener Rechnungsbetrag: darin sind 3.700,00 € Umsatzsteuer enthalten (19.000 € – 4.800 € – 4.800 € – 5.700 €)	13.700,00 €

E. Umsatzsteuer auf Nebenkosten

12 Nach § 16 Abs. 2 darf auf Auslagen und Nebenkosten **keine zusätzliche, zweite Umsatzsteuer** berechnet werden. Vielmehr dürfen nur die **Nettobeträge der Auslagen** ohne die nach § 15 Abs. 1 UStG für den Auftragnehmer selbst abzugsfähige Umsatzsteuer (Vorsteuer) in die Honorarrechnung aufgenommen werden. Der Auftragnehmer kann somit nur diejenigen Beträge ansetzen, für die er selbst aufkommen muss, also den Nettobetrag seiner Auslagen und Nebenkosten. Auf diese hat er sodann seinerseits die Umsatzsteuer anzusetzen und abzuführen (bzw. mit seiner Vorsteuer zu verrechnen).

Beispiel

Honorarsumme netto:	100.000,00 €
zzgl. Nebenkosten Flugticket über 500,00 €: 500,00 € – 19% Vorsteuer 79,83 € = netto	420,17 €
zzgl. weitere Nebenkostenpauschale 3%	3.000,00 €

Schlussrechnungsbetrag netto	103.420,17 €
zzgl. Umsatzsteuer (19%)	19.649,83 €
Schlussrechnungsbetrag brutto:	123.070,00 €

Damit werden die Flugkosten in Höhe von brutto 500 € dem Auftraggeber auch nur mit brutto 500 € in Rechnung gestellt. Die Mehrwertsteuer aus der Rechnung der Fluggesellschaft in Höhe von 79,83 € kann der Auftragnehmer im Wege seiner Vorsteuer beim Finanzamt selbst geltend machen. Die Mehrwertsteuer aus seiner eigenen Honorarrechnung hat er an das Finanzamt abzuführen. Tatsächlich hat der Flug dem Auftragnehmer (netto) nur 420,17 € gekostet, die er auch im Ergebnis vom Auftraggeber erstattet erhält.

F. Umsatzsteuer bei entgangenem Gewinn

Bei einer vorzeitigen Beendigung des Vertrages kann der Auftragnehmer unter den 13
Voraussetzungen des **§ 649 BGB** sog. entgangenen Gewinn verlangen. Diese Formulierung ist unpräzise, da der Auftragnehmer **Anspruch auf die volle Vergütung abzüglich ersparter Aufwendungen und anderweitigem Erwerb hat.** Nachdem hier nur die **auftragsspezifischen Sach- und Personalkosten (ohne Fixkosten)** zu berücksichtigen sind, ist das Entgelt nach § 649 Abs. 2 BGB regelmäßig höher als der tatsächlich entgangene Gewinn nach Abzug aller Kosten einschließlich Fixkosten.

Auf dieses **Honorar für nicht erbrachte Leistungen** fällt nach der Rechtsprechung 14
des BGH **keine Umsatzsteuer** an, weil es an einem umsatzsteuerrechtlichen Austauschverhältnis fehlt.[8] Auch wenn es sich hierbei um eine gefestigte Rechtsprechung handelt, empfiehlt es sich, einen **Vorbehalt der Nachforderung** in die Rechnung aufzunehmen, falls sich an dieser obergerichtlichen Rechtsprechung etwas ändern sollte und Umsatzsteuer auch für die nicht erbrachten Leistungen abgeführt werden müsste. In der Praxis gibt es hier jedoch das Problem, dass diese mögliche Nachforderung ebenfalls der regulären Honorarverjährung unterliegt und somit diese bereits vor einer entsprechenden Steuerprüfung eingetreten sein kann. Prophylaktisch verjährungshemmende Maßnahmen (Mahnbescheid, Klage, Verjährungsverzicht) zu ergreifen, erscheint jedoch nicht praxisgerecht zu sein.

Wegen der unterschiedlichen umsatzsteuerrechtlichen Behandlung ist die Honorar- 15
rechnung in die **Honoraranteile für erbrachte und nicht erbrachte Leistungen aufzuteilen.** Nur auf das Honorar für erbrachte Leistungen ist Umsatzsteuer in Rechnung zu stellen und abzuführen.

G. Kleinunternehmerregelung

Nach § 19 UStG sind Kleinunternehmer von der Umsatzsteuerpflicht befreit mit der 16
Folge, dass diese Umsatzsteuer, die sie nicht an das Finanzamt abführen, auch nicht in Rechnung gestellt werden kann. Vorteilhaft ist dies, wenn der Auftraggeber ebenfalls nicht vorsteuerabzugsberechtigt ist, also bei Endverbrauchern und Bauträgern, die nur teilweise der Umsatzsteuerpflicht unterliegen. Für vorsteuerabzugsberechtigte Auftraggeber ist dies unerheblich, da die Mehrwertsteuer für diese nur einen durchlaufenden Posten darstellt.

Kleinunternehmer ist, wessen (Netto-)Umsatz *„im vorangegangenen Kalenderjahr* 17

8 BGH, Urt. v. 22.11.2007 – VII ZR 83/05 – BauR 2008, 506; BGH, Urt. v. 4.7.1996 – VII ZR 227/93 – BauR 1996, 846 und BGH, Urt. v. 2.6.1987 – X ZR 39/86 – BGHZ 101, 130.

17.500 Euro nicht überstiegen hat und im laufenden Kalenderjahr 50.000 Euro voraussichtlich nicht übersteigen wird“, und sich von der Umsatzsteuer gem. § 19 UStG hat befreien lassen (sog. Optieren). Aufgrund der weitreichenden Folgen, z.B. der dann fehlenden eigenen Vorsteuerabzugsmöglichkeit, sollte ein derartiges Optieren nur nach steuerrechtlicher Beratung erfolgen.

H. Pflicht zur Ausstellung einer Rechnung

18 Nach § 14 Abs. 2 Nr. 1 UStG hat der Unternehmer, der eine Leistung „*im Zusammenhang mit einem Grundstück*“ ausführt, innerhalb von **sechs Monaten** nach Ausführung der Leistung eine Rechnung zu stellen. Hierunter fallen auch Architekten und Ingenieure. Verstöße gegen diese, den meisten Architekten und Ingenieuren nicht bekannte Verpflichtung können gem. § 26a UStG mit einer Geldbuße bis zu 5.000 € geahndet werden.

I. Formale Anforderungen an eine Rechnung

19 An einer Honorarrechnung werden in § 14 Abs. 4 UStG **formale (Mindest-)Anforderungen** gestellt, deren Erfüllung Voraussetzung für einen Vorsteuerabzug ist. Werden diese nicht eingehalten, hat der Rechnungsempfänger (der Auftraggeber) ein **Zurückbehaltungsrecht** mit der Folge, dass auch keine Verzugszinsen anfallen und keine Mahn- und Anwaltskosten als Verzugsschaden zu erstatten sind.[9] Architekten und Ingenieure sollten deshalb diese formalen Anforderungen äußerst ernst nehmen und einhalten.

20 Nach § 14 Abs. 4 UStG **muss** eine Rechnung **folgende Angaben** enthalten:

1. den **vollständigen Namen und die vollständige Anschrift** des leistenden Unternehmers (Architekt/Ingenieur) und des Leistungsempfängers (Auftraggeber/Bauherr),
2. die dem leistenden Unternehmer vom Finanzamt erteilte **Steuernummer** oder die ihm vom Bundeszentralamt für Steuern erteilte **Umsatzsteuer-Identifikationsnummer,**
3. das **Ausstellungsdatum,**
4. eine fortlaufende Nummer mit einer oder mehreren Zahlenreihen, die zur Identifizierung der Rechnung vom Rechnungsaussteller einmalig vergeben wird (**Rechnungsnummer**),
5. den **Umfang und die Art** der (Architekten-/Ingenieurs-)**Leistung,**
6. den **Zeitpunkt** der Leistung (Leistungszeitraum),
7. das **Entgelt** für die Leistung,
8. den anzuwendenden **Steuersatz** sowie den auf das Entgelt entfallenden **Steuerbetrag** oder im Fall einer Steuerbefreiung einen Hinweis darauf, dass für die Leistung eine Steuerbefreiung gilt (also beispielsweise ein Verweis auf die Kleinunternehmerregelung) und
9. im nichtunternehmerischen Bereich, also insbesondere bei **Privatkunden** (§ 14b Abs. 1 S. 5 UStG), einen Hinweis auf die **zweijährige Aufbewahrungspflicht** des Rechnungsempfängers.

9 OLG Düsseldorf, Urt. v. 15.5.2008 – 5 U 68/07 – BauR 2009, 1339; *Scholtissek*, § 16 Rn 8; *Pott/Dahlhoff/Kniffka/Rath*, § 16 HOAI 2009 Rn 14; Jochem/Kaufhold/*Jochem*, § 16 HOAI 2009 Rn 8.

Praxistipp
Der **Hinweis auf die Aufbewahrungspflicht** kann z.B. wie folgt formuliert werden:
„Auch als Privatperson sind Sie verpflichtet, diese Rechnung und einen Zahlungsbeleg mindestens 2 Jahre lang aufzubewahren (beginnend mit Ende dieses Kalenderjahres). Als umsatzsteuerpflichtiger Unternehmer beträgt diese Aufbewahrungspflicht 10 Jahre."

J. Grenzüberschreitende Verträge

In diesem komplizierten Bereich wird den Architekten/Ingenieuren die Einholung fachkundiger Unterstützung empfohlen. **21**

Werden die Leistungen im EU-Ausland erbracht, gilt das Leistungsempfängerortprinzip, das mit dem zivilprozessualen Erfüllungsort nicht identisch ist. Diese im Ausland erbrachte Leistung ist in Deutschland nicht steuerbar, sodass diese Leistung ohne Umsatzsteuer in Rechnung zu stellen ist. Wie mit der Umsatzsteuer sodann verfahren wird, hängt vom Recht des Landes ab, in dem die Leistung erbracht wird. Für den grenzüberschreitenden Verkehr innerhalb der Europäischen Gemeinschaft muss seit dem 1.1.2010 eine zusammenfassende Meldung mit einer Umsatzsteueridentifikationsnummer abgegeben werden. Zuständig ist hierfür das Bundeszentralamt für Steuern, das die Informationen innerhalb der EU weiterleitet. In der Umsatzsteueranmeldung sind auch Einkünfte aus dem EU-Ausland anzugeben. Diese Meldepflicht besteht nicht gegenüber sog. Drittstaaten, die nicht der Europäischen Union angehören.[10] **22**

Teil 2
FLÄCHENPLANUNG

Abschnitt 1
BAULEITPLANUNG

Vor §§ 17 bis 32

Übersicht

A. Allgemeine Vorbemerkungen zur Flächenplanung

Zitat
„Die Leistungsbilder der HOAI sind überwiegend am Stand der Technik der 70er Jahre des letzten Jahrhunderts ausgerichtet."[1]

10 *Pott/Dahlhoff/Kniffka/Rath*, § 16 HOAI 2009 Rn 21.

1 Amtliche Begründung zur HOAI 2013, BR-Drucks. 334/13, S. 1.

1 Damit entsprachen die Inhalte (und die Honorartabellenwerte) bis zur siebten Novellierung im Jahr 2013 nicht mehr den umfangreicheren und wesentlich komplexeren Anforderungen, die an die Flächenplanungen zwischenzeitlich gestellt werden.

2 Dies trifft in besonderem Maße auf die Bauleitplanung zu. Der Charakter dieser Planwerke hat sich durch die zwischenzeitlich erfolgten zahlreichen gesetzlichen und die erheblich gestiegenen Anforderungen bezüglich einer „normenkontrollfesten" Planung wesentlich geändert: von einem Rechtsplan in Verbindung mit einer relativ knappen Begründung zu einem umfangreichen Planwerk, mit dem das gesamte abwägungsrelevante Material erarbeitet und meist in einem umfangreichen Abstimmungsprozess mit mehreren an der Planung beteiligten Fachgutachtern und Dienststellen abgestimmt werden muss.

3 Wesentliche Problembereiche der bis 2013 geltenden HOAI 2009 einschließlich der vorausgehenden Novellierungen waren folglich:

- die Leistungsbilder entsprachen nicht mehr der Entwicklung des BauGB und der Praxis von Bauleitplanverfahren bzw. der Entwicklung der naturschutzrechtlichen Gesetzesvorgaben im Bereich der Landschaftsplanung;
- die Bewertungsmerkmale zur Bestimmung der Honorarzone entsprachen nicht mehr dem Anforderungsprofil und den Inhalten der Planwerke (z.B. „Gestaltung" beim FNP);
- uneinheitliche und nicht schlüssige Regelungen betreffend die „Teilnahme an Sitzungen von politischen Gremien";
- die unterschiedlichen und teilweise sehr komplizierten Honorarberechnungen teils nach der Fläche des Planungsgebiets, teils nach Verrechnungseinheiten;
- die Spreizung in eine unterschiedliche Anzahl von Honorarzonen bei verschiedenen Leistungsbildern (z.B. fünf Honorarzonen bei Bebauungsplänen, zwei Honorarzonen bei Grünordnungsplänen);
- die mehr als unzureichende Honorierung sämtlicher Flächenplanungen resultierend aus den erheblich gestiegenen fachlichen Anforderungen, dem erheblich höheren Aufwand für die technische Ausstattung der Büros und auch aus der allgemeinen Preisentwicklung über die Jahre, an welcher die flächenbezogenen Honorare der Flächenplanung systembedingt nicht teilhaben;
- Unklarheit bezüglich des Leistungsbilds „Vorentwurf" in der Bebauungsplanung: städtebaulicher Entwurf oder Vorentwurf Rechtsplan?

4 Angesichts des erkennbar sehr hohen Änderungsbedarfs in den Grundleistungen und in den Besonderen Leistungen der Leistungsbilder der Flächenplanungen und deren Honorierung wurden im AHO frühzeitig die Fachkommissionen Stadtplanung und Landschaftsplanung eingerichtet, die Vorschläge insbesondere zur Novellierung der Leistungsbilder und der Honorartabellen erarbeiteten. Die Grundzüge des Teils Flächenplanung wurden zwischen der FK Stadtplanung und der FK Landschaftsplanung abgestimmt, sodass nun für beide Teile eine einheitliche Systematik vorliegt. Die von diesen Fachkommissionen erarbeiteten Vorschläge fanden Eingang in einen umfangreichen, von Fachgutachten begleiteten Abstimmungsprozess in der Zuständigkeit des seinerzeitigen BMVBS für den fachlichen Teil und des BMWi für die Honorartafelwerte.

5 Wesentliche neue Merkmale des Teils Flächenplanung der HOAI 2013 sind:

- neu bearbeitete Leistungsbilder,
- ein gemeinsamer Katalog der Besonderen Leistungen,
- neu bearbeitete Bewertungsmerkmale zur Ermittlung der Honorarzone,
- einheitlich drei Leistungsphasen in der Bauleitplanung und vier Leistungsphasen in der Landschaftsplanung,

- einheitliche Berechnungsgrundlage für das Honorar ausschließlich auf Grundlage der Fläche des Planungsgebiets,
- neue Honorartabellen mit einheitlich drei Honorarzonen,
- die Klarstellung, dass es sich beim Vorentwurf des Bebauungsplanes um den Rechtsplan in der vorgeschriebenen Fassung handelt und der städtebauliche Entwurf eine Besondere Leistung ist (siehe § 17 Abs. 2 Rn 24ff.; Anlage 9 Nr. 2).

Angesichts dieser sehr umfangreichen Änderungen wird nachfolgend auf einen detaillierten Vergleich mit der bis 2013 geltenden HOAI 2009 und deren Vorläufern weitgehend verzichtet. 6

Der Teil 2 Flächenplanungen baut auf „Teil 1 Allgemeine Vorschriften" auf. Für die Flächenplanungen sind insbesondere die §§ 8, 9 und 10 zu beachten. 7

B. Bauleitplanung

I. Neue Leistungsbilder in der Bauleitplanung

Die Leistungsbilder Flächennutzungsplan und Bebauungsplan bis hin zur HOAI 2009 einerseits und die Planungsabläufe gem. §§ 1 bis 4 BauGB andererseits haben sich durch gesetzliche Änderungen (z.B. § 4 Abs. 1 und Abs. 2 BauGB, zunehmende Anforderungen an die Belange des Umweltschutzes §§ 1 und 2 BauGB etc.) immer weiter auseinander bewegt. Die allgemein praktizierten Verfahrensabläufe und die Begrifflichkeiten und Leistungsbilder der HOAI passten hier nicht mehr zusammen. 8

Mit der HOAI 2013 wurden diese wieder zusammengeführt und sowohl die Leistungsbilder als auch die Honorierung der einzelnen Leistungsphasen dem tatsächlichen Leistungsumfang dieser Leistungsphasen angepasst. Entsprechend den Verfahrensabläufen gemäß BauGB ergeben sich mithin für die Bauleitplanung einheitlich drei Leistungsphasen: 9

LPH 1: **Vorentwurf** für die frühzeitigen Beteiligungen gem. §§ 3 Abs. 1 und 4 Abs. 1 BauGB, bewertet mit 60 v.H.

LPH 2: **Entwurf** für die öffentliche Auslegung gem. §§ 3 Abs. 2 und 4 Abs. 2 BauGB, bewertet mit 30 v.H.

LPH 3: **Plan zur Beschlussfassung**, bewertet mit 10 v.H.

Dabei bezieht sich der Leistungsumfang der **Grundleistungen** FNP und B-Plan ausschließlich auf die Planfassungen nach BauGB (siehe § 17 Rn 7ff.), also ausschließlich auf die Rechtsfassung des Bauleitplans mit Begründung, bei Bebauungsplänen zudem mit Festsetzungen durch Planzeichnung und Text. Damit ist eindeutig klargestellt, dass der (vorbereitende) städtebauliche Entwurf keine Leistung des Bebauungsplans ist, sondern eine Besondere Leistung. 10

Die Bearbeitung der Rechtsfassung des Bauleitplans kann – abhängig von der Aufgabenstellung, der Konfiguration Auftraggeber/Auftragnehmer und den besonderen Anforderungen des Auftraggebers und der Aufgabe – von zahlreichen **Besonderen Leistungen** begleitet werden. 11

Auf dieser Grundlage ergibt sich für die Bearbeitung von Bauleitplänen und zusammen mit den weiteren Beteiligten und den weiteren Aufgaben die nachfolgende Systematik von Grundleistungen und Besonderen Leistungen (woraus auch die Komplexität der Bearbeitung von Bauleitplänen erkennbar wird). 12

II. Systematik von Grundleistungen und Besonderen Leistungen

13 Diese Systematik bildet die Grundlage für das Verständnis der Struktur von Grundleistungen und Besonderen Leistungen:

- Die **Grundleistungen** sind nur noch diejenigen Leistungen, die bei der Aufstellung der Planwerke „in der vorgeschriebenen Fassung“ immer zu erbringen sind, so weit erforderlich.
- **Besondere Leistungen** sind alle diejenigen Leistungen, die nicht zu den Grundleistungen des jeweiligen Planwerks gehören, jedoch abhängig von der Gemeindestruktur, der Aufgabenstellung und dem Auftraggeber zusätzlich vom Auftragnehmer erbracht werden sollen. Diese Besonderen Leistungen, die die Aufstellung von Bauleitplänen je nach Erfordernis begleiten (können), können differenziert werden in
  - Vorbereitende Leistungen

  und in
  - Verfahrensbegleitende Leistungen.

14 Diese Systematik kann vereinfacht in einem **Drei-Säulen-Modell** dargestellt werden:

VORBEREITENDE LEISTUNGEN	BAULEITPLAN RECHTSFASSUNG	VERFAHRENS-BEGLEITENDE LEISTUNGEN
Rahmensetzende Pläne	VORENTWURF für Einleitung Verfahren	Scoping Umweltbericht
städtebaulicher Entwurf	§ 3 Abs. 1 BauGB § 4 Abs. 1 BauGB	Behandlung von Stellungnahmen
Verfahrens- und Projektsteuerung	ENTWURF für Einleitung Verfahren	Sitzungsvorlagen Sitzungsteilnahmen
Leistungen zur Vorbereitung und inhaltlichen Ergänzung	§ 3 Abs. 2 BauGB § 4 Abs. 2 BauGB Planfassung für Genehmigung	wesentliche Planüberarbeitungen Zusammenfassende Erklärung
BESONDERE LEISTUNGEN	**GRUNDLEISTUNG**	**BESONDERE LEISTUNGEN**
Anlage 9 Ziff. 1–4	Anlagen 2 + 3	Anlage 9 Ziff. 5

15 Die hier aufgeführten Besonderen Leistungen sind nur beispielhaft. Die grundlegende Systematik der Besonderen Leistungen der Anlage 9 leitet sich aus dem Drei-Säulen-Modell ab. Der Umfang der tatsächlich zu erbringenden Besonderen Leistungen hängt von der – teilweise durchaus individuellen – Handhabung des Verfahrens im Detail, den unterschiedlichen Beschlussabläufen und nicht zuletzt auch den (personellen) Ressourcen der Auftraggeberseite ab und ist frühzeitig zu klären. Folglich ist dieser Leistungsumfang auch abhängig von der Beratungskompetenz des Auftragnehmers.

Praxishinweis
Informieren Sie sich im Vorfeld der Ausarbeitung eines Angebots, wie eine Gemeinde die Verfahren durchführt und welche Beschlüsse sie in der Regel fasst. Klären Sie, ob Ihre Teilnahme an den Sitzungen des Gemeinderats erforderlich ist und welche Besonderen Leistungen zudem zu erbringen sind.

III. Wesentliche gemeinsame Änderungen

1. Grundleistungen. Mit der HOAI 2013 wurde der Begriff der Grundleistungen wieder eingeführt (HOAI 2009: nur „Leistungen"), der Begriff der Besonderen Leistung wurde beibehalten. Damit wird die Differenzierung zwischen diesen sich in ihrem Wesen unterscheidenden Leistungen unmissverständlich verdeutlicht (§ 3 Abs. 2). 16

2. Sitzungsteilnahmen. In den vorangegangenen Fassungen der HOAI war die Teilnahme an Sitzungen von politischen Gremien des Auftraggebers oder Sitzungen im Rahmen der Öffentlichkeitsbeteiligung eine Grundleistung in unterschiedlicher, teils nicht eindeutiger Definition: §§ 18 und 19 Abs. 2 HOAI 2009: *„Die Teilnahme an bis zu 5 Sitzungen (...) ist mit dem Honorar nach § 20 abgegolten"* (Satz 1) und damit den Grundleistungen zuzurechnen. Dagegen: *„Bei Neuaufstellungen von Flächennutzungsplänen/ Bebauungsplänen sind die Sitzungsteilnahmen abweichend von Satz 1 frei zu vereinbaren."* (Satz 2). 17

Im Sinne oben beschriebener Systematik des Drei-Säulen-Modells ist die Teilnahme an solchen Sitzungen eindeutig den **verfahrensbegleitenden Leistungen** zuzuordnen und mithin grundsätzlich eine Besondere Leistung (Anlage 9, Ziff. 5r und 5g). 18

Diese Regelung ist gerechter, weil einerseits die Teilnahme an bis zu fünf Sitzungen bei kleinen Planungen (mit geringem Honorar) eine unangemessene Härte darstellen kann, vor allem aber, weil die Sitzungsteilnahme von den Gemeinden unterschiedlich gehandhabt wird und mithin nicht allgemein regelbar ist. So ist in Gemeinden ab einer bestimmten Größe die Teilnahme des Auftragnehmers an solchen Sitzungen nicht erforderlich. 19

Praxishinweis
Die Anzahl der als Besondere Leistung vertraglich zu vereinbarenden Sitzungsteilnahmen muss im Vorfeld der Abgabe eines Bearbeitungs- und Honorarvorschlags mit der beauftragenden Gemeinde abgestimmt werden. Das Honorar hierfür ist unter Berücksichtigung von weiter hierfür erforderlichen Leistungen (Vorbereitung auf die Sitzung, Erstellung von Sitzungsvorlagen, Erstellung von Präsentationen etc.), den Zeiten für An- und Abfahrt sowie von Wartezeiten zu ermitteln. Darüber hinausgehende zusätzliche Sitzungsteilnahmen sind jeweils gesondert zu vergüten.

IV. Definitionen für diesen Kommentar

1. Regel-Bebauungsplan. Im Folgenden wird der Einfachheit halber wiederholt auf den „Regel-Bebauungsplan" Bezug genommen. Regel-Bebauungspläne sind in diesem Sinne wie folgt definiert: 20

- sie sind qualifizierte Bebauungspläne gem. § 30 Abs. 1 BauGB mit Festsetzungen mindestens zu Art und Maß der Nutzung, den überbaubaren Grundstücksflächen und den örtlichen Verkehrsflächen,
- das Verfahren wird als Regelverfahren gem. § 3 Abs. 1 und 2 und § 4 Abs. 1 und 2 BauGB durchgeführt,
- Auftraggeber ist die Gemeinde,
- an der Aufstellung des Bebauungsplans sind Dritte nicht unmittelbar beteiligt.

21 Mithin sind z.B. vorhabenbezogene Bebauungspläne entsprechend § 12 BauGB sowie Bebauungspläne im vereinfachten Verfahren/der Innenentwicklung gem. §§ 13 und 13a keine Regel-Bebauungspläne.

22 **2. Stadtplaner.** Im Folgenden wird für den von der Gemeinde (oder einem Anderen) mit der Bauleitplanung beauftragten Planer grundsätzlich der Begriff **Stadtplaner** verwendet, um zwischen den an solchen Planungen weiter beteiligten „Planern" (Architekten, Landschaftsarchitekten, sonstige Fachplaner) eindeutig zu unterscheiden.

23 Der Begriff des Stadtplaners ist in den einzelnen Bundesländern unterschiedlich definiert, auch ist eine Eintragung in eine Stadtplanerliste bei den jeweiligen Länderkammern für die Bearbeitung von Bauleitplänen nicht erforderlich.

24 Aus Gründen der besseren Lesbarkeit wird von einem **Gendering** dieses Begriffs (und weiterer Begriffe) abgesehen. Der Begriff Stadtplaner meint deshalb grundsätzlich Stadtplaner/Stadtplanerin.

25 **3. Gemeinde.** Das BauGB verwendet ausschließlich den Begriff „Gemeinde":
- Gemäß § 2 Abs. 1 S. 1 BauGB sind Bebauungspläne von der Gemeinde in eigener Verantwortung aufzustellen.
- Gemäß § 5 Abs. 1 S. 1 BauGB sind Flächennutzungspläne für das ganze Gemeindegebiet aufzustellen.

26 Der Begriff „Gemeinde" umfasst folglich alle kommunalen Gebietskörperschaften unabhängig von deren Größe. Im Sinne des BauGB sind auch Städte „Gemeinden", entsprechend ist auch ein Stadtgebiet ein „Gemeindegebiet". Dieses ist definiert durch seine Verwaltungsgrenzen.

§ 17
Anwendungsbereich

(1) Leistungen der Bauleitplanung umfassen die Vorbereitung der Aufstellung von Flächennutzungs- und Bebauungsplänen im Sinne des § 1 Absatz 2 des Baugesetzbuches in der Fassung der Bekanntmachung vom 23. September 2004 (BGBl. I S. 2414), das zuletzt durch Artikel 1 des Gesetzes vom 22. Juli 2011 (BGBl. I S. 1509) geändert worden ist, die erforderlichen Ausarbeitungen und Planfassungen sowie die Mitwirkung beim Verfahren.

(2) Honorare für Leistungen beim Städtebaulichen Entwurf können als Besondere Leistungen frei vereinbart werden.

Übersicht

A. Struktur der Kommentierung

§ 17 Abs. 1 regelt die Leistungen der Bauleitplanung in Bezug zum BauGB. § 17 Abs. 2 stellt klar, dass der städtebauliche Entwurf den Besonderen Leistungen zuzuordnen ist. Darauf wird vertieft und mit Empfehlungen eingegangen. **1**

Das Thema **Honorarvereinbarung**/Vertragsabschluss wird hier ausführlich behandelt, da insbesondere im Bereich der Bebauungsplanung mit BauGB „§ 11 Städtebaulicher Vertrag" und „§ 12 Vorhaben- und Erschließungsplan" die Ausarbeitung von städtebaulichen Planungen auch von Dritten übernommen oder beauftragt werden kann, wenn dies durch städtebauliche Verträge mit der Gemeinde geregelt ist. Dies betrifft die Leistungen und den Leistungsumfang sowie die vertragliche Situation von Stadtplanern unmittelbar. **2**

B. Kommentierung

I. Leistungen der Bauleitplanung (Abs. 1)

§ 1 Abs. 2 BauGB besagt: *„(2) Bauleitpläne sind der Flächennutzungsplan (vorbereitender Bauleitplan) und der Bebauungsplan (verbindlicher Bauleitplan)"*. Durch diesen Bezug des § 17 Abs. 1 auf das BauGB wird der Anwendungsbereich der HOAI für die stadtplanerischen Leistungen bereits eindeutig geregelt. Sowohl beim FNP als auch beim B-Plan handelt es sich ausschließlich um die zur Aufstellung dieser Planwerke zu erbringenden Leistungen für die vorbereitende bzw. verbindliche Bauleitplanung, also um die entsprechenden Rechtspläne in der „vorgeschriebenen Fassung" (siehe Rn 7–12). **3**

Dabei umfassen die Leistungen die Vorbereitung der Aufstellung dieser Bauleitpläne, die erforderlichen Ausarbeitungen und Planfassungen sowie das Mitwirken beim Verfahren. Dem wird durch die Leistungsbilder des § 18 mit Anlage 2 für den FNP und § 19 mit Anlage 3 für den B-Plan, jeweils ergänzt durch die Besonderen Leistungen der Anlage 9, entsprochen. **4**

Durch die Angabe des Zeitpunkts der letzten Änderung des BauGB (22.7.2011) wird zudem eindeutig geregelt, dass mit der HOAI 2013 nur die bis zu diesem Stichtag bekannten Festlegungen des BauGB erfasst sind. Dies ist unabhängig davon, ob diese als Grundleistungen oder Besondere Leistungen zu bewerten sind. Folglich sind alle nach diesem Stichtag erfolgten und erfolgenden Änderungen des BauGB, die Auswirkungen auf den Umfang zur Erstellung eines Bauleitplans haben, grundsätzlich als Besondere Leistungen zu bewerten. **5**

Im Folgenden werden Begriffe der „erforderlichen Ausarbeitungen und Planfassungen" sowie „das Mitwirken beim Verfahren" ausführlich erläutert. Diese Erläuterung soll auch der Klarstellung dieser Begriffe dienen. **6**

1. Erforderliche Ausarbeitungen und Planfassungen/Bauleitplan in der vorgeschriebenen Fassung. Flächennutzungspläne und Bebauungspläne haben eine rechtswirksame bzw. rechtsverbindliche Bedeutung. Sie müssen deshalb den einschlägigen rechtlichen Anforderungen genügen. Entsprechend sind die Grundleistungen der §§ 18 und 19 definiert: *„Vorentwurf/Entwurf (...) nach den Bestimmungen des Baugesetzbuches"*. **7**

Die **Inhalte des Flächennutzungsplans** sind in § 5 BauGB definiert, die **Inhalte des Bebauungsplans** abschließend in § 9 BauGB. Beiden Bauleitplänen ist eine Begründung **8** mit den Angaben nach § 2a BauGB beizufügen (FNP § 5 Abs. 5 BauGB, B-Plan § 9 Abs. 8 BauGB), mit der die Planinhalte ausführlich und in abwägender Form unter Berücksichtigung der privaten und öffentlichen Belange erläutert werden. Gemäß § 2a S. 3 BauGB bildet der Umweltbericht einen gesonderten Teil der Begründung. Der Umweltbericht ist mithin keine Grundleistung von FNP und B-Plan.

9 **Ergänzend** sind die einschlägigen Verordnungen der Länder und der Gemeinden zu beachten: Landesbauordnung, Verordnungen und Satzungen der Gemeinden etc.

10 Mit der **BauNVO** werden Art und Maß der Nutzung sowie die Bauweise und die überbaubare Grundstücksfläche geregelt. Abweichungen hiervon bedürfen einer besonderen Begründung.

11 Mit § 1 **PlanZV** wird vor allem bestimmt, dass als Planunterlagen für Bauleitpläne Karten zu verwenden sind, *„die in Genauigkeit und Vollständigkeit den Zustand des Plangebiets in einem für den Planinhalt ausreichenden Grade erkennen lassen“*. Bei Flächennutzungsplänen sind dies in der Regel die Maßstäbe 1:5.000 oder 1:10.000, abhängig von der Größe des Gemeindegebietes. Bei Bebauungsplänen ist dies in der Regel der Maßstab 1:1.000. Falls der besseren Lesbarkeit dienlich, können kleinere Planausschnitte zusätzlich vergrößert dargestellt werden. Es sollen die in der Anlage zur PlanZV enthaltenen Planzeichen verwendet werden. Bei Bedarf können die Planzeichen durch eigene, möglichst eindeutige und möglichst weithin verwendete Planzeichen ergänzt werden.

12 Die amtliche Begründung stellt hierzu auch eindeutig klar: *„Die „vorgeschriebene Fassung“, in der jeweils der Vorentwurf, der Entwurf und der Plan* [zur Beschlussfassung] *in den Leistungsphasen zu erstellen ist, ist ein Plan nach der Planzeichenverordnung, nicht jedoch ein sogenannter städtebaulicher Vorentwurfs- oder Entwurfsplan.“*[1]

Praxishinweis 1
Die Bauleitpläne müssen spätestens mit dem Entwurf den o.a. Anforderungen entsprechen. Da sowohl beim FNP als auch beim B-Plan der Entwurf aus dem Vorentwurf entwickelt wird, empfiehlt es sich bei digitaler Planbearbeitung, von Anfang an Planunterlagen zu verwenden, die den Anforderungen des § 1 PlanZV entsprechen.

Praxishinweis 2
Trotz gleicher Rechtslage gibt es bei den Darstellungen der Bauleitpläne regionale Unterschiede. Es empfiehlt sich, frühzeitig verlässliche Informationen zu den Anforderungen der beauftragenden Gemeinde und ggf. Genehmigungsbehörde an die Plandarstellungen und die Struktur der Begründung einzuholen, um spätere Überarbeitungen und Anpassungen der erforderlichen Unterlagen zu vermeiden.

---

13 Maßgebend für die Aufstellung von Bauleitplänen ist im BauGB das Erste Kapitel – Allgemeines Städtebaurecht/Erster Teil – Bauleitplanung mit den **§§ 1 bis 13 BauGB.** Hiervon muss der Stadtplaner Kenntnis haben.

14 Dabei werden Aufgabe, Begriffe und Grundsätze der Bauleitplanung mit § 1 BauGB vorgegeben; besonders zu beachten sind hier Abs. 5 und Abs. 6, die grundsätzliche Aussagen dazu machen, was bei der Aufstellung von Bauleitplänen zu gewährleisten und zu berücksichtigen ist. Ergänzende Vorschriften zum Umweltschutz werden mit § 1a BauGB vorgegeben. In §§ 2 und 2a BauGB findet sich u.a. die Verpflichtung zur Erstellung eines Umweltberichts.

1 Amtliche Begründung zu § 18 Abs. 1 Nr. 1, BR-Drucks. 334/13, S. 147.

Bei der Aufstellung von Bauleitplänen sind folglich alle erforderlichen und ergänzenden Fachleistungen abwägend miteinzubeziehen. Diese ergänzenden Fachleistungen sind grundsätzlich von der Gemeinde/dem Auftraggeber gesondert zu beauftragen und zu vergüten. Ergänzende Fachleistungen, die der Stadtplaner selbst erbringen kann, sind als Besondere Leistungen zu vergüten. Dazu gehört ggf. auch die Erstellung des Umweltberichts. 15

2. Mitwirken. Der Begriff des „Mitwirkens" ist ein nicht unwesentlicher Teil der Aufgaben des Stadtplaners. Allgemein ist er festgehalten in § 17 Abs. 1 S. 1: *„Leistungen der Bauleitplanung umfassen die Vorbereitung der Aufstellung von Flächennutzungs- und Bebauungsplänen (...), die erforderlichen Ausarbeitungen und Planfassungen sowie die* ***Mitwirkung beim Verfahren.***" 16

Diese Mitwirkung bezieht sich in der Bauleitplanung als Grundleistung gem. Anlagen 2 und 3 auf die Beteiligung der Öffentlichkeit einschließlich Erörterung der Planung gem. § 3 Abs. 1 und 2 BauGB, die Beteiligung der Behörden und Stellen, die Träger öffentlicher Belange sind, die Abstimmung mit den Nachbargemeinden, sowie auf die Abwägungen der Gemeinde zu Stellungnahmen aus diesen Beteiligungsverfahren (Anlagen 2 + 3: Nr. 1j, k, l; Nr. 2b, c, d, e; Nr. 3b). 17

Der Begriff „Mitwirken" bezieht sich folglich grundsätzlich auf ein Mitwirken bei Leistungen, die originäre Aufgabe der Gemeinde/des Auftraggebers sind. Originäre **Aufgaben der Gemeinde** sind die Vorbereitung und **die Durchführung dieser Verfahren**, die Behandlung der gerechten Abwägung der privaten und öffentlichen Interessen gegeneinander und untereinander sowie die Ausarbeitung von Beschlussvorlagen. 18

Die amtliche Begründung zu Anlage 2 stellt dies für alle Leistungsphasen eindeutig klar: 19

- LPH 1: *„Zu den Grundleistungen zählt die* ***Unterstützung*** *bei der Durchführung der Beteiligungsverfahren."*
- LPH 2: *„Auch in der Leistungsphase 2 zählt zu den Grundleistungen die* ***Unterstützung*** *bei den Beteiligungs- und Abstimmungsverfahren mit den Nachbargemeinden."*
- LPH 3: *„Ein wesentlicher Bestandteil der Leistungsphase 3 ist die* ***Unterstützung der Gemeinde*** *bei der Abwägung der Stellungnahmen."*[2]

Der Stadtplaner wirkt also nur unterstützend/beratend mit: Er gibt Empfehlungen ab, wie aus seiner Sicht diese Stellungnahmen gerecht abgewogen werden könnten, und weist ggf. darauf hin, welche Auswirkungen und Konsequenzen der Umgang mit diesen Stellungnahmen auf die Planung haben könnte. Diese Empfehlungen können stichwortartig sein und schriftlich, digital oder telefonisch abgegeben werden. Sie müssen nicht vollständig ausformuliert werden und stellen kein eigenständiges Werk dar. 20

Der Leistungsbegriff „Mitwirken" stellt klar, dass es sich hier explizit nicht um vollständige Bearbeitung im Sinne eines eigenständigen Werks handelt. Der Leistungsbegriff „Mitwirken" umfasst folglich lediglich Beratungs- und Abstimmungsleistungen. 21

Die eine solche Beratungsleistung überschreitenden Leistungen in Form von ausformulierten Textvorschlägen für die Abwägung oder die Verfassung von Entwürfen von Beschlussvorlagen und deren Abstimmung mit der Gemeinde sind **Besondere Leistungen**. Gemäß der oben beschriebenen Systematik des Drei-Säulen-Modells (siehe Vor §§ 17 bis 21, Rn 14) sind diese Leistungen den verfahrensbegleitenden Leistungen zuzuordnen 22

2 Amtliche Begründung zu Anlage 2, BR-Drucks. 334/13, S. 188.

und mithin grundsätzlich Besondere Leistungen. Diese sind (nicht abschließend) geregelt in Anlage 9 Nr. 5.

23 Hilfreich ist auch ein Blick in den Duden[3] (Auswahl): mitwirken = mit jemand anderem bei der Durchführung ... von etwas wirken, dabei sein u.Ä.

II. Städtebaulicher Entwurf (Abs. 2)

24 § 17 Abs. 2 – **Städtebaulicher Entwurf als Besondere Leistung** – wurde in dieser Form neu in die HOAI 2013 aufgenommen. Dies ergibt sich aus der eingangs dargestellten Systematik von Grundleistungen und Besonderen Leistungen (Drei-Säulen-Modell, Vor §§ 17 bis 21, Rn 14), die unterscheidet zwischen Grundleistungen, welche die Aufstellung der Planwerke als Rechtsplan in der vorgeschriebenen Fassung beinhalten, und Besonderen Leistungen, die vorbereitende und verfahrensbegleitende Leistungen beinhalten.

25 Entsprechend dieser Systematik ist der städtebauliche Entwurf eindeutig den vorbereitenden Leistungen zuzuordnen. § 17 Abs. 2 stellt eindeutig klar, dass der städtebauliche Entwurf keine Grundleistung ist, sondern als Besondere Leistung zu vereinbaren ist. Auf dieser Grundlage kann der städtebauliche Entwurf sowohl vom Planverfasser des Bebauungsplans als auch einem anderen Entwurfsverfasser erstellt werden. Letzteres ist meist der Fall, wenn der städtebauliche Entwurf das Ergebnis eines städtebaulichen Wettbewerbs ist und nun (oft von einem anderen Büro) in einen Bebauungsplan umgesetzt werden soll.

26 § 17 Abs. 2 regelt auch, dass das Honorar für den städtebaulichen Entwurf frei vereinbart werden kann. Entsprechend wurde der städtebauliche Entwurf mit seinen drei Leistungsphasen Grundlagenermittlung – Vorentwurf – Entwurf in den Katalog der Besonderen Leistungen aufgenommen (Anlage 9 Nr. 2).

27 Die Architektenkammer Baden-Württemberg hat für den städtebaulichen Entwurf das **Merkblatt 51** herausgegeben, in dem das Leistungsbild für den städtebaulichen Entwurf ausführlich beschrieben ist und das hierfür entsprechende Honorartafeln enthält (letzter Stand 10/2013, Verfasser Dipl.-Ing. Architekt Ernst Frey).

C. Honorarvereinbarung/Vertragsabschluss

28 Nach § 1 Abs. 3 BauGB haben Gemeinden Bauleitpläne aufzustellen, sobald und soweit es für die städtebauliche Entwicklung und Ordnung der Gemeinde erforderlich ist. Nach § 2 Abs. 1 sind die Bauleitpläne von der Gemeinde in eigener Verantwortung aufzustellen. Demgemäß liegt die Planungshoheit bei der Gemeinde.

29 Mit der Bearbeitung von Bauleitplänen können Dritte (in der Regel freie Stadtplanungsbüros) beauftragt werden, wobei sich der Leistungsumfang auf die vorbereitende **Ausarbeitung der erforderlichen Unterlagen** beschränkt. Dies findet in den Leistungsbildern der §§ 18 und 19 nebst zugehörigen Anlagen Niederschlag. Dabei bleibt die Planungshoheit grundsätzlich und immer bei der Gemeinde.

30 Nach § 4b BauGB können die Gemeinden jedoch auch die Vorbereitung und Durchführung von Verfahrensschritten nach den §§ 2a bis 4a BauGB einen Dritten übertragen, insbesondere, wenn dies der Beschleunigung des Bauleitplanverfahrens dienlich ist.

31 Im Folgenden wird dem Thema der Verträge größerer Raum gewidmet, da es u.a. in Verbindung mit §§ 11 und 12 BauGB unterschiedliche Beauftragungsmodelle gibt, die unmittelbare Auswirkungen auf die zu erbringenden Leistungen haben.

---

3 Vgl. http://www.duden.de.

I. Schriftlicher Vertragsabschluss

32 Gemäß § 7 Abs. 5 wird unwiderleglich vermutet, dass die jeweiligen Mindestsätze gem. Abs. 1 als vereinbart gelten, sofern nicht bei Auftragserteilung etwas anderes schriftlich vereinbart worden ist (§ 125 S. 1 BauGB – Nichtigkeit wegen Formmangels). Sofern also keine Honorarzonen vereinbart sind, gilt folglich der niedrigste Tafelwert der den Leistungen sachgerecht entsprechenden Honorarzone. Analog gilt dies natürlich auch für die fehlende Vereinbarung von Zwischenwerten, selbst wenn eine Honorarzone vereinbart ist; dann gilt der jeweilige Mindestsatz.

33 Verträge für bauleitplanerische Leistungen werden dem Werksvertragsrecht gem. § 633 ff. BGB zugordnet. Der Auftragnehmer schuldet mithin dem Auftraggeber ein mängelfreies Werk. Im Falle der Bauleitplanung bezieht sich diese Verpflichtung auf den Aufgabenbereich des Stadtplaners, der auf die fachgemäße Aufbereitung der für diese Planungen erforderlichen Unterlagen beschränkt bleibt. Diese Planungsleistungen sind erfolgsbezogen auf das Ziel der Erstellung eines rechtlich bestandskräftigen Flächennutzungs- oder Bebauungsplans gerichtet.[4] Entsprechend ist der Auftragnehmer verpflichtet, eine Gemeinde darauf hinzuweisen, wenn sie im Rahmen des Abstimmungsprozesses und/oder in Ausübung ihrer Planungshoheit Entscheidungen treffen will oder trifft, die diesem Ziel entgegenstehen könnten.

II. Vertragspartner im Normalfall

34 Auftraggeber und Vertragspartner von Bauleitplänen ist im Regelfall die Gemeinde. Das bedeutet, dass die Gemeinde für den Auftragnehmer alleiniger Ansprechpartner ist und die Planung mit der Gemeinde abzustimmen ist. Dies gilt für die Aufstellung von Bebauungsplänen und Flächennutzungsplänen gleichermaßen.

III. Vertragspartner vorhabenbezogener Bebauungsplan

35 Komplexer stellt sich die Situation bei vorhabenbezogenen Bebauungsplänen gem. § 12 BauGB i.V.m. § 11 BauGB „Städtebaulicher Vertrag" dar. Hier liegt die Planungshoheit zwar weiterhin bei der Gemeinde, der Vorhabenträger muss sich jedoch von Anfang an zur Tragung der Planungskosten ganz oder teilweise verpflichten, wobei der Regelfall die vollständige Übernahme dieser Kosten durch den Vorhabenträger ist. Damit entsteht das vertragliche Dreieck- oder gar Viereckverhältnis Gemeinde + Stadtplaner + Vorhabenträger + Architekt des Vorhabenträgers. Dabei sollte der Vorhabenträger der Gemeinde die Planungskosten erstatten und die Gemeinde Auftraggeberin für den Stadtplaner sein, auch wenn der Vorhabenträger diesen vorschlagen kann.

36 Beteiligte und **Vertragsverhältnisse** sind dabei im Normalfall:

Vorhabenträger		Gemeinde
Architekt		Stadtplaner

4 Locher/Koeble/Frik/*Zahn*, § 18 Rn 13.

Der **Abstimmungsprozess** während des Verfahrens ist dabei strukturiert:

⇓ Vorhabenträger ⇓	⇐ Abstimmung ⇒	Gemeinde
VORHABEN	⇒ **ENTSCHEIDUNG** ⇐	GREMIEN
⇑ Architekt ⇑	⇐ Abstimmung ⇒	Stadtplaner

Das **Vertragsverhältnis** und die **Honorierung** des Stadtplaners sind in der Regel:

Vorhabenträger	⇒⇒ € ⇒⇒	Gemeinde
		⇓ € ⇓
		Stadtplaner

37 Dem Stadtplaner kommt dabei unter Umständen auch die Aufgabe zu, zwischen den eventuell divergierenden Vorstellungen der Gemeinde und des Vorhabenträgers vermitteln zu müssen. Im Rahmen der Bearbeitung entsteht dadurch sowie durch die erforderlichen zusätzlichen Abstimmungen mit der Gemeinde und dem Vorhabenträger sowie mit dem Architekten und Landschaftsarchitekten des Vorhabenträgers ein nicht unbeträchtlicher zusätzlicher Abstimmungsaufwand. Diesem zusätzlichen Abstimmungsaufwand (inklusive Vorbereitung und Nachbereitung von Besprechungen) wird durch die Besonderen Leistungen Nr. 3b) mit i) der Anlage 9 Rechnung getragen. Außergewöhnlicher Bearbeitungsaufwand kann auch durch zusätzliche (strategische) Beratungen mit der Gemeinde erforderlich werden sowie durch vorbereitende Beratungen der Gemeinde vor Abschluss des Durchführungsvertrags mit dem Vorhabenträger.

38 Die sich hieraus ergebenden Besonderen Leistungen sind in Anlage 9 Nr. 3 beispielhaft aber nicht abschließend aufgeführt. Hinzukommen können Besondere Leistungen aus Anlage 9 Nr. 5. Situationsbedingt können sich weitere Besondere Leistungen ergeben, die auch konkret zu formulieren sind. Die Honorare für diese einzeln aufgeführten Besonderen Leistungen können frei vereinbart werden.

IV. Vorbereitende Beratungen

39 Aus vorgenanntem Grund ist die Gemeinde auch gut beraten, sich frühzeitig der Kompetenz eines erfahrenen Stadtplaners zu bedienen, um alle im Vorfeld der Aufstellung erforderlichen Aufgaben fachgerecht und vollständig durchführen zu können (z.B. Vorklärung der Machbarkeit und der städtebaulichen Eckdaten des Vorhabens, Notwendigkeit Durchführungsvertrag, frühzeitige Hinzuziehung erforderlicher Fachberater, qualifizierter Aufstellungsbeschluss).

Praxishinweis
Es empfiehlt sich, in einem Bearbeitungs- und Honorarvorschlag diese Leistungen einzeln aufzuführen und genau zu beschreiben (einschließlich einer Begrenzung von Besprechungsterminen). Die Honorare für diese einzeln aufgeführten Besonderen Leistungen können frei vereinbart werden.

V. Projektsteuerung

Bei komplexen vorhabenbezogenen Bebauungsplänen kann bzw. sollte der Stadtplaner auch die Aufgabe der Projektsteuerung übernehmen. Dies ist empfehlenswert, da der Stadtplaner in der Regel die höchste Kompetenz in der Steuerung von Bebauungsplanverfahren hat. **40**

Der Stadtplaner koordiniert dabei die Planungsabläufe, Termine, Kompatibilität der Inhalte, Verfahrensabläufe und die Fachgutachter der Gemeinde und der Vorhabenträger. **41**

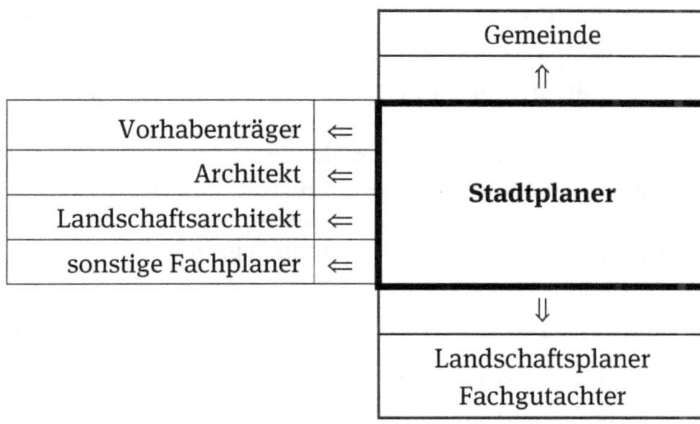

Hierfür sind die einschlägigen Besonderen Leistungen aus Anlage 9 Nr. 3 zu bestimmen und ggf. zu ergänzen. Das Honorar kann frei vereinbart werden. **42**

VI. Vertragspartner Vorhabenträger

In wenigen Fällen kann auch eine Direktbeauftragung des Stadtplaners durch den Vorhabenträger erfolgen. Dies setzt allerdings voraus, dass die Gemeinde mit dieser Vorgehensweise uneingeschränkt einverstanden ist und volles Vertrauen in eine fachgerechte Bearbeitung des Bebauungsplans durch den Stadtplaner hat. Es setzt des Weiteren das Grundverständnis aller Beteiligten voraus, dass dadurch die Planungshoheit der Gemeinde nicht berührt wird. Dem Stadtplaner kommt damit noch mehr die Aufgabe zu, zwischen den eventuell divergierenden Vorstellungen der Gemeinde und des Vorhabenträgers zu vermitteln. Dabei darf der Stadtplaner nicht einseitig die Interessen des Vorhabenträgers vertreten, sondern er muss im Gesamtprozess die Verpflichtung der Gemeinde zu einer gerechten Abwägung im Auge haben und deren Planungshoheit respektieren. **43**

Vorhabenträger		Gemeinde
⇓ € ⇓		
⇒⇒ € ⇒⇒	⇒⇒ € ⇒⇒	Stadtplaner

Die sich hieraus ergebenden Besonderen Leistungen sind in Anlage 9 Nr. 3 beispielhaft aber nicht abschließend aufgeführt. Situationsbedingt können sich weitere Besondere Leistungen ergeben, die dann konkret zu formulieren sind. Breiten Raum nimmt **44** erfahrungsgemäß die Beratung des Vorhabenträgers in Anspruch, wenn dies mit dem Vertragswerk vereinbar ist. Die Hinweise zur Projektsteuerung gelten wie oben dargestellt.

Praxishinweis
Der Leistungsumfang bei vorhabenbezogenen Bebauungsplänen kann erheblich größer sein als bei Regel-Bebauungsplänen. Dies ist bei der Ausarbeitung eines Angebots und der Honorarermittlung zu berücksichtigen.

VII. Anderer Vertragspartner bei Regel-Bebauungsplan

45 In seltenen Fällen kann auch eine Beauftragung eines Regel-Bebauungsplans durch den Vorhabenträger, Grundeigentümer oder sonstigen Planungswilligen vorkommen, wenn dies mit der Gemeinde so abgestimmt und vertraglich gesichert ist. Hierfür gelten die o.a. Aussagen (Rn 43f.) analog mit dem Unterschied, dass für die Übernahme der Planungskosten durch den Planungswilligen keine gesetzliche Verpflichtung besteht. Diese sollte auf jeden Fall vor Einleitung der Planung zwischen Gemeinde und Vorhabenträger/Grundeigentümer vertraglich gesichert werden.

VIII. Kein Anspruch auf Aufstellung von Bauleitplänen

46 In allen Vertragskonfigurationen ist zu beachten, dass gem. § 1 Abs. 3 S. 2 BauGB auf die Aufstellung von Bauleitplänen und städtebaulichen Satzungen kein Anspruch besteht. Ein solcher Anspruch kann auch nicht durch einen bestehenden Vertrag begründet werden.

§ 18
Leistungsbild Flächennutzungsplan

(1) Die Grundleistungen bei Flächennutzungsplänen sind in drei Leistungsphasen unterteilt und werden wie folgt in Prozentsätzen der Honorare des § 20 bewertet:

1. **für die Leistungsphase 1 (Vorentwurf für die frühzeitigen Beteiligungen)**
   Vorentwurf für die frühzeitigen Beteiligungen nach den Bestimmungen des Baugesetzbuches mit 60 Prozent,
2. **für die Leistungsphase 2 (Entwurf zur öffentlichen Auslegung)**
   Entwurf für die öffentliche Auslegung nach den Bestimmungen des Baugesetzbuches mit 30 Prozent,
3. **für die Leistungsphase 3 (Plan zur Beschlussfassung)**
   Plan für den Beschluss durch die Gemeinde mit 10 Prozent.

Der Vorentwurf, Entwurf oder Plan ist jeweils in der vorgeschriebenen Fassung mit Begründung anzufertigen.

(2) Anlage 2 regelt, welche Grundleistungen jede Leistungsphase umfasst. Anlage 9 enthält Beispiele für Besondere Leistungen.

Anlage 2
Grundleistungen im Leistungsbild Flächennutzungsplan

Das Leistungsbild Flächennutzungsplan setzt sich aus folgenden Grundleistungen je Leistungsphase zusammen:

1. **<u>Leistungsphase 1:</u> Vorentwurf für die frühzeitigen Beteiligungen**
   a) **Zusammenstellen und Werten des vorhandenen Grundlagenmaterials**
   b) **Erfassen der abwägungsrelevanten Sachverhalte**
   c) **Ortsbesichtigungen**
   d) **Festlegen ergänzender Fachleistungen und Formulieren von Entscheidungshilfen für die Auswahl anderer fachlich Beteiligter, soweit notwendig**
   e) **Analysieren und Darstellen des Zustandes des Plangebiets, soweit für die Planung von Bedeutung und abwägungsrelevant, unter Verwendung hierzu vorliegender Fachbeiträge**
   f) **Mitwirken beim Festlegen von Zielen und Zwecken der Planung**
   g) **Erarbeiten des Vorentwurfes in der vorgeschriebenen Fassung mit Begründung für die frühzeitigen Beteiligungen nach den Bestimmungen des Baugesetzbuchs**
   h) **Darlegen der wesentlichen Auswirkungen der Planung**
   i) **Berücksichtigen von Fachplanungen**
   j) **Mitwirken an der frühzeitigen Öffentlichkeitsbeteiligung einschließlich Erörterung der Planung**
   k) **Mitwirken an der frühzeitigen Beteiligung der Behörden und Stellen, die Träger öffentlicher Belange sind**
   l) **Mitwirken an der frühzeitigen Abstimmung mit den Nachbargemeinden**
   m) **Abstimmen des Vorentwurfes für die frühzeitigen Beteiligungen in der vorgeschriebenen Fassung mit der Gemeinde**
2. **<u>Leistungsphase 2:</u> Entwurf zur öffentlichen Auslegung**
   a) **Erarbeiten des Entwurfes in der vorgeschriebenen Fassung mit Begründung für die Öffentlichkeits- und Behördenbeteiligung nach den Bestimmungen des Baugesetzbuchs**
   b) **Mitwirken an der Öffentlichkeitsbeteiligung**
   c) **Mitwirken an der Beteiligung der Behörden und Stellen, die Träger öffentlicher Belange sind**
   d) **Mitwirken an der Abstimmung mit den Nachbargemeinden**
   e) **Mitwirken bei der Abwägung der Gemeinde zu Stellungnahmen aus frühzeitigen Beteiligungen**
   f) **Abstimmen des Entwurfs mit der Gemeinde**
3. **<u>Leistungsphase 3:</u> Plan zur Beschlussfassung**
   a) **Erarbeiten des Planes in der vorgeschriebenen Fassung mit Begründung für den Beschluss durch die Gemeinde**
   b) **Mitwirken bei der Abwägung der Gemeinde zu Stellungnahmen**
   c) **Erstellen des Planes in der durch Beschluss der Gemeinde aufgestellten Fassung.**

Übersicht

A. Struktur der Kommentierung

1 Die Struktur des § 18 Flächennutzungsplan ist identisch mit der Struktur des § 19 Bebauungsplan mit drei Leistungsphasen und Verweis auf die Grundleistungen in Anlage 2 bzw. 3. Die Grundleistungen in Anlage 3 sind wortgleich mit jenen für den Bebauungsplan. Dennoch gibt es durch die unterschiedliche Maßstabsebene von FNP und B-Plan sowie durch die verbindliche Rechtsbedeutung von B-Plänen deutliche Unterschiede bei der fachgerechten Bearbeitung dieser Planungen. Da erfahrungsgemäß der größte Teil der Vergaben von Bauleitplänen die **Bebauungsplanung** betrifft, wird das **Leistungsbild bei § 19 Bebauungsplan vollständig behandelt.**

2 Der Schwerpunkt der nachfolgenden Kommentierung zum **Leistungsbild Flächennutzungsplan** liegt deshalb bei jenen Aspekten, die in der Maßstabsebene des FNP anders zu behandeln sind. Im Übrigen wird auf die Ausführungen zu § 19 verwiesen. Dennoch lassen sich im Interesse einer guten Lesbarkeit – teils wortähnliche – Wiederholungen nicht vermeiden.

3 Mit der Novelle der HOAI 2009 wurden die **Verpreisung** der in drei Leistungsphasen unterteilten Grundleistungen und die **inhaltliche Regelung** dieser Grundleistungen **getrennt**, da die HOAI nur das Preisrecht regelt. Die Auflistung der Grundleistungen aller Fachplanungen findet sich seither im Anlagenteil zur HOAI.

4 Da dies dem praktischen Gebrauch nicht entspricht, werden die Leistungsbilder und die Grundleistungen der Anlage 2 zum Flächennutzungsplan hier zusammenfassend behandelt. Entsprechend werden zuerst die Inhalte der Leistungsphasen ausführlich erläutert, in ihrem zu erbringenden Umfang aber auch eingegrenzt. Soweit sinnvoll, wird auf die zugeordneten Besonderen Leistungen verwiesen.

5 Im Anschluss an jede Leistungsphase wird auf die **Bewertung** dieser Leistungsbilder in Prozentsätzen der Honorare des § 20 eingegangen.

6 In Abschnitt III. wird unter Verweis auf das gleiche Kapitel Bebauungsplanung besprochen, in welchem Umfang die Grundleistungen zu erbringen sind.

7 Die **Besonderen Leistungen** finden sich am Schluss des Teils 2 Flächenplanung, da sie für alle Leistungsbilder der Flächenplanung zusammenfassend gültig sind.

B. Kommentierung

I. Grundleistungen

8 Das Leistungsbild des Flächennutzungsplans zielt auf das Erstellen eines genehmigungsfähigen und möglichst bestandskräftigen Flächennutzungsplans ab.

9 Wie einleitend bereits dargestellt, wurden mit der HOAI 2013 die Leistungsbilder der Bauleitplanung neu definiert. Die Grundleistungen der Anlage 2 zu § 18 orientieren sich nun am **Regelablauf der Bauleitplanung** gemäß BauGB mit klar abgegrenzten Leistungsphasen.

Die Grundleistungen sind entsprechend diesen Verfahrenszielen neu strukturiert 10
und zielgerichtet formuliert. Bezogen auf dieses Ziel entsprechen sie inhaltlich weitgehend den Leistungen der Leistungsphasen 1 bis 5 der HOAI 2009. Die Definition dieser Grundleistungen berücksichtigt die grundlegenden Ziele und Kriterien des BauGB, insbesondere § 1 Abs. 4 bis Abs. 7, § 1a und § 2 BauGB, sowie die Verfahrensabläufe gemäß BauGB. Auf Grundlage dieses Verständnisses konnte die Formulierung dieser Grundleistungen deutlich gestrafft und allgemeiner gehalten werden.

II. Grundleistungen: Drei Leistungsphasen

Die Grundleistungen der drei Leistungsphasen orientieren sich am Regelablauf der 11
Bauleitplanung gemäß BauGB.

Die Leistungsphasen 1 und 2 sind jeweils mit Fertigstellung und Abgabe aller Un- 12
terlagen für die Einleitung der Verfahren nach §§ 3 Abs. 1 und 4 Abs. 1 BauGB bzw. §§ 3 Abs. 2 und 4 Abs. 2 BauGB abgeschlossen. Das bedeutet, dass die LPH 1 und 2 zu diesem Zeitpunkt jeweils als vollständig erbracht gelten und vollständig abgerechnet werden können, sofern in LPH 1 keine Erörterung erfolgt. Dies ist gerechtfertigt, weil die anschließenden Beteiligungsprozesse einschließlich ihrer Auswertung nicht in der Hand des Stadtplaners liegen und sich über einen nicht abschätzbaren Zeitraum erstrecken können. Falls in LPH 1 eine Erörterung beabsichtigt ist, ist diese erst mit der Erörterung vollständig abgeschlossen. In diesem Fall kann die LPH 1 mit Abgabe der Unterlagen abgerechnet werden, jedoch abzüglich des auf die Erörterung anfallenden Zeitaufwands.

Reduziert auf das Wesentliche lassen sich diese Leistungsphasen in ihrem Bezug zu 13
den Aufgaben der Gemeinde wie folgt darstellen:

LEISTUNGEN AUFTRAGNEHMER	AUFGABEN GEMEINDE
LPH 1 Vorentwurf Grundlagenermittlung Erarbeitung VORENTWURF Fertigstellung aller Unterlagen für die frühzeitige Beteiligung	
	Durchführen der frühzeitigen Beteiligung §§ 3 Abs. 1 und 4 Abs. 1 BauGB
LPH 2 Entwurf Mitwirken bei der Abwägung der Stellungnahmen aus der frühzeitigen Beteiligung Erarbeitung ENTWURF	
	Auslegungsbeschluss
Fertigstellung aller Unterlagen für die Auslegung §§ 3 Abs. 2 und 4 Abs. 2 BauGB	
	Auslegung gem. §§ 3 Abs. 2 und 4 Abs. 2 BauGB
LPH 3 Plan zur Beschlussfassung Mitwirken bei der Abwägung der Stellungnahmen aus der Beteiligung	

Planerstellung in der vorgeschriebenen Fassung		
		Endgültiger Beschluss
Erstellen des Planes gemäß Beschluss der Gemeinde		
		Einreichen für Genehmigung
		Ortsübliche Bekanntmachung

14 Dieses schematische Ablaufschema wird von den Gemeinden in eigener Zuständigkeit unterschiedlich gehandhabt. So kann es beispielsweise sein, dass die Gemeinden ihre politischen Gremien bereits über den Vorentwurf informieren und sich damit die Zustimmung zur Einleitung der Verfahren zur frühzeitigen Beteiligung sichern. Dies ist möglich, wird aber vom BauGB nicht gefordert. Mithin sind alle Zuarbeiten hierfür eindeutig als Besondere Leistung zu bewerten.

15 Diese Grundleistungen sind in Anlage 2 (zu § 18 Abs. 2) einzeln dargestellt. Sie werden nachfolgend den Leistungsphasen zugeordnet umfassend erläutert. Sie sind in der Regel vollständig zu erbringen.

16 **1. Leistungsphase 1 – Vorentwurf für die frühzeitigen Beteiligungen.** Siehe Bebauungsplan (§ 19 Rn 19–22). Die **Grundleistungen der LPH 1** der HOAI 2013 sind in **Anlage 2 Nr. 1** zusammengefasst und lassen sich wie folgt ausführlich beschreiben:

– **Grundleistung a) Zusammenstellen und Werten des vorhandenen Grundlagenmaterials**

17 Dieses Grundlagenmaterial ist jeweils zielgerichtet auf die in der Gemeinde erkennbare Situation zu ermitteln. Es kann beispielsweise umfassen:

- Beschaffung und Bearbeitung des notwendigen Kartenmaterials in einer geeigneten Qualität als Grundlage für das Erstellen des FNP,
- Ziele und Vorgaben der Raum-, Landes- und Regionalplanung,
- Schutzgebiete,
- Planungen der Nachbargemeinden,
- Planungen der Gemeinde,
- Einwohnerentwicklung,
- Entwicklung von Arbeit und Gewerbe,
- Einzelhandel, Nahversorgung, ergänzende Dienstleistungen,
- soziale, kirchliche und kulturelle Infrastruktur einschließlich Zusammenarbeit in interkommunalen Zweckverbänden,
- Verwaltung und Sicherheit,
- Forst- und Landwirtschaft,
- Natur und Landschaft (naturräumliche Einordnung, Boden, Wasser, Klima, Luft),
- Freizeit und Erholung, Tourismus/Gastgewerbe,
- Verkehr (MIV inkl. Carsharing, ÖPNV, Fuß- und Radverkehr, ggf. ruhender Verkehr, einschließlich Zusammenarbeit in interkommunalen Zweckverbänden),
- technische Infrastruktur (Energie/Energieversorgungskonzepte, Wasser und Abwasser, Abfall, Telekommunikation, einschließlich Zusammenarbeit in interkommunalen Zweckverbänden),
- Klimaschutz und Klimaschutzkonzepte,
- technischer Umweltschutz (Altlasten, Lärmschutz, elektromagnetische Belastungen).

Diese beispielhafte, relativ umfangreiche Auflistung orientiert sich am Planungsprofil einer Stadt im Weichbild einer Großstadt. Sie ist fallbezogen anzupassen und kann bei kleineren Gemeinden sicherlich einen deutlich geringeren Umfang haben. 18

Das „Werten des vorhandenen Grundlagenmaterials" beinhaltet die aufgabenspezifische fachliche Einschätzung, inwieweit dieses ausreichend für die weitere Planung und deren Verfahren ist oder aber ergänzungsbedürftig ist.[1] 19

– **Grundleistung b) Erfassen der abwägungsrelevanten Sachverhalte**

Siehe Bebauungsplan (§ 19 Rn 27). 20

– **Grundleistung c) Ortsbesichtigungen**

Ortsbesichtigungen umfassen das gesamte Gemeindegebiet, wenn auch in unterschiedlicher Intensität. Sie vermitteln dem Auftragnehmer die – auch für eine fachgerechte Abwägung – notwendige Ortskenntnis und das Erkennen von Problemlagen. Sie dienen einem Abgleich mit den gelieferten Planungsgrundlagen hinsichtlich Vollständigkeit und Qualität. Sie liefern damit die Grundlage für die erforderlichen Ergänzungen und Korrekturen der nicht immer aktuellen Plangrundlagen und eventuell erforderliche Ergänzungen des abwägungsrelevanten Grundlagenmaterials. 21

Ortsbesichtigungen sind beispielsweise auch erforderlich, um (in Verbindung mit weiteren Informationen) beurteilen zu können, wie kleinere Ortsteile im FNP darzustellen sind. 22

Übersteigt die Aktualisierung und Ergänzung der Grundkarte einen mehr als geringfügigen Aufwand, so sind diese Leistungen der Besonderen Leistung Anlage 9 Ziff. 4d zuzuordnen. 23

– **Grundleistung d) Festlegen ergänzender Fachleistungen und Formulieren von Entscheidungshilfen für die Auswahl anderer fachlich Beteiligter, soweit notwendig**

Um im Endergebnis einen weitestgehend abwägungs- und verfahrensfesten Bauleitplan zu erhalten, gehört es zu den Aufgaben des Stadtplaners, den Auftraggeber frühzeitig darauf hinzuweisen, ob und ggf. welche zusätzlichen fachspezifischen Leistungen und Gutachten erforderlich sind. Bei Flächennutzungsplänen ist dies in der Regel der Landschaftsplan, weitere Fachuntersuchungen können in den Bereichen Verkehr, wirtschaftliche Entwicklung und lokale Ökonomie, Schall, elektromagnetische Verträglichkeit (EMV), Wasserwirtschaft, Umwelt, Klima, Energie usw. erforderlich sein. 24

Im Übrigen wie Bebauungsplan (§ 19 Rn 33–36). 25

– **Grundleistung e) Analysieren und Darstellen des Zustands des Plangebiets, soweit für die Planung von Bedeutung und abwägungsrelevant, unter Verwendung hierzu vorliegender Fachbeiträge**

Durch den Einschub „soweit für die Planung von Bedeutung und abwägungsrelevant" wird deutlich gemacht, dass sich die Analyse des Plangebiets auf diejenigen Belange beschränken kann, die für die Erstellung eines möglichst abwägungsfesten Planwerks von Bedeutung sind. Maßgebend hierfür sind vor allem die mit §§ 1, 1a, 2 und 5 BauGB definierten Aufgaben und Inhalte der Flächennutzungsplanung. 26

Die für eine sachgemäße Analyse erforderlichen Fachbeiträge und Fachgutachten müssen bis zu diesem Zeitpunkt bereits vorliegen oder zumindest erkennbare und ver- 27

1 Vgl. Locher/Koeble/Frik/*Zahn*, § 18 Rn 15.

wertbare Analyseergebnisse für den Vorentwurf liefern. Die fachliche Bewertung der eigenen Analysen und der Fachbeiträge obliegt im Grundsatz dem Stadtplaner, erfolgt in der Regel aber in laufender Abstimmung mit Gemeinde und Fachgutachtern. Allein hieraus wird schon ersichtlich, dass es sich hierbei um einen iterativen Prozess handelt, der sich über einen längeren Zeitraum erstrecken kann und eine umfassende fachliche Kompetenz des Stadtplaners erfordert.

28 Für Aufbau und Darstellung der Analyse und das Darstellen des Zustands des Plangebiets gibt es keine Vorgaben. Bewährt hat sich eine differenzierte Analyse und Darstellung von Defiziten/Mängeln/Problemen einerseits und von Qualitäten/Potenzialen andererseits. Die Analyse und Bewertung sind in die Begründung zum FNP aufzunehmen. Eine Darstellung in zusätzlichen Karten ist nicht erforderlich. Eine fundierte Analyse liefert die Grundlage für das Mitwirken beim Festlegen von Zielen und Zwecken der Planung.

– **Grundleistung f) Mitwirken beim Festlegen von Zielen und Zwecken der Planung**

29 Mit der möglichst tragfähigen Definition der Ziele und Zwecke der Planung werden die grundsätzlichen Weichen für die zukünftige Entwicklung der Gemeinde gestellt. Der Entwicklungszeitraum umfasst dabei in der Regel einen Zeithorizont von etwa 15 Jahren.

30 Die Entscheidung, wie sich eine Gemeinde entwickelt, liegt bei der Gemeinde selbst und ihren gewählten Gremien. Der Stadtplaner hat hier lediglich eine beratende Aufgabe und wirkt in dieser Funktion mit.

31 In der Regel formulieren Gemeinden bereits allgemeine Ziele und den Zweck der Planung im Rahmen der Vorberatung zu den Beschlüssen zur Neuaufstellung/qualifizierten Änderung von Flächennutzungsplänen und in diesen Beschlüssen selbst.

32 Aber erst mit einer qualifizierten Analyse des Plangebiets und seines Zustandes lassen sich diese Ziele als Grundlage für die weitere Planbearbeitung konkretisieren.

Beispiel
Dies kann z.B. Ziele bezüglich des positiven oder negativen Wachstums beinhalten, die erst nachhaltig ausformuliert werden können, wenn in den Voruntersuchungen des Stadtplaners die Auswirkungen des angestrebten/wahrscheinlichen Wachstumsszenariums geprüft und dargestellt wurden (Flächenbedarf/-redundanz, Infrastrukturbedarf/-redundanz etc.).

---

33 Gemäß § 3 Abs. 1 BauGB muss die Öffentlichkeit möglichst frühzeitig über die Ziele und Zwecke der Planung informiert werden. Laut § 2a BauGB sind Ziele und Zwecke der Planung entsprechend dem Stand des Verfahrens in der Begründung zum FNP darzulegen.

34 Die Erläuterung von Zielen und Zwecken der Planung muss deshalb bereits in die Begründung zum Vorentwurf des FNP aufgenommen werden.

– **Grundleistung g) Erarbeiten des Vorentwurfs in der vorgeschriebenen Fassung mit Begründung für die frühzeitigen Beteiligungen nach den Bestimmungen des BauGB**

35 Die bisher erzielten Untersuchungsergebnisse und gem. Grundleistung d) durchgeführten Fachplanungen sind gem. Grundleistung i), Rn 43 zu berücksichtigen und finden im Vorentwurf des FNP erstmals ihren Niederschlag. Dieser Vorentwurf muss so ausgearbeitet sein, dass er für die frühzeitigen Beteiligungen gem. §§ 3 Abs. 1 und 4 Abs. 1 BauGB für die Öffentlichkeit und Behörden und sonstigen Träger öffentlicher Belange ausreichend informativ ist. Der Begriff „Vorentwurf" findet sich im BauGB zwar nicht, er wird im Allgemeinen aber den frühzeitigen Beteiligungen zugeordnet, während der „Entwurf" als Begriff auch im BauGB dem Auslegungsverfahren gem. § 3 Abs. 2 BauGB zugeordnet ist.

Gemäß § 5 Abs. 1 BauGB ist der FNP für das ganze Gemeindegebiet aufzustellen. Die Vorgaben für das Erarbeiten in der **vorgeschriebenen Fassung** sind ausführlich in § 17 Rn 7–15 erläutert. Ein Maßstab, in dem der Plan zu erstellen ist, ist nicht vorgeschrieben. Dieser wird sich an der Größe der Gemeinde und einer übersichtlichen kartographischen Darstellung sowie der Lesbarkeit seiner Aussagen orientieren. Dies gilt auch für Darstellungen im Detail, die dem Planverfasser und der Gemeinde überlassen sind (z.B. detaillierte Darstellung von untergeordneten Erschließungsstraßen oder pauschal als Teil eines Baugebiets). **36**

Gemäß § 5 Abs. 5 BauGB ist dem FNP eine **Begründung** beizufügen entsprechend § 2a BauGB, also „entsprechend dem Stand des Verfahrens". Diese sollte mithin bereits im Vorentwurf alle Aussagen enthalten, die für eine hinreichende Information der Öffentlichkeit und Behörden und sonstigen Träger öffentlicher Belange erforderlich sind. Aus der Begründung muss erkennbar sein, dass die zum Zeitpunkt der Planerstellung bekannten Belange der Bürger und der Träger untereinander und gegeneinander eine gerechte und abwägende Berücksichtigung gefunden haben und warum der gewählten Lösung der Vorzug gegeben wurde. **37**

Gemäß § 2a S. 2 BauGB sind auch die wesentlichen Auswirkungen der Planung in der Begründung darzulegen (nachfolgend Grundleistung h), Rn 41). **38**

Dagegen ist die mit der HOAI 2009 (LPH 3, Anlage 4, erster Spiegelstrich) geforderte *„Darstellung von sich wesentlich unterscheidenden Lösungen"* nach gleichen Anforderungen nicht mehr erforderlich. Konsequenterweise entfällt damit auch das *„Mitwirken bei der Auswahl einer sich wesentlich unterscheidenden Lösung zur weiteren Bearbeitung als Entwurfsgrundlage"*. **39**

Es ist selbstverständlich, dass der Vorentwurf des FNP laufend mit der Gemeinde abgestimmt wird (nachfolgend Grundleistung m), Rn 45f.). **40**

Praxishinweis
Es empfiehlt sich, im Vertrag die Anzahl der hierfür mit dem Honorar für die Grundleistungen zu erbringenden Besprechungen zu begrenzen. Weitere Besprechungen sind eine Besondere Leistung und zusätzlich zu vergüten.

– **Grundleistung h) Darlegen der wesentlichen Auswirkungen der Planung**

Gemäß § 2a BauGB sind die wesentlichen Auswirkungen des Bauleitplans entsprechend dem Stand des Verfahrens darzulegen; gem. § 3 Abs. 1 BauGB ist die Öffentlichkeit über diese Auswirkungen öffentlich zu informieren. Dies erfolgt mit der Begründung zum FNP in einem eigenen Kapitel. Hierfür müssen die Auswirkungen sorgfältig ermittelt und abwägend dargestellt werden, wiederum unter Einbeziehung der Fachplanungen. Dies dient der Transparenz der Planung und der Informationspflicht der Planenden. **41**

Ausführlicher bei gleicher Leistung B-Plan § 19 Rn 52. **42**

– **Grundleistung i) Berücksichtigen von Fachplanungen**

Wie Bebauungsplan § 19 Rn 53. **43**

– **Grundleistung j) Mitwirken an der frühzeitigen Öffentlichkeitsbeteiligung einschließlich Erörterung der Planung**

– **Grundleistung k) Mitwirken an der frühzeitigen Beteiligung der Behörden und Stellen, die Träger öffentlicher Belange sind**
– **Grundleistung l) Mitwirken an der frühzeitigen Abstimmung mit den Nachbargemeinden**

44 Für die Grundleistungen der Buchstaben j), k) und l) der Anlage 2 N.1 gelten die Aussagen zum B-Plan analog (§ 19 Rn 56–57).

– **Grundleistung m) Abstimmen des Vorentwurfs für die frühzeitigen Beteiligungen in der vorgeschriebenen Fassung mit der Gemeinde**

45 Siehe oben Grundleistung g), Rn 35 ff.

46 Die **Grundleistungen der LPH** 1 sind mit Erstellen der erforderlichen Unterlagen für Einleitung der **Beteiligungsverfahren** und der Einleitung dieser Verfahren vollständig erbracht und **abgeschlossen** mit Ausnahme des Mitwirkens an der Erörterung, falls die Gemeinde diese durchführt.

– **Bewertung der LPH 1**

47 Wie Bebauungsplan § 19 Rn 61–63.

48 **2. Leistungsphase 2 – Entwurf zur öffentlichen Auslegung.** Für die einleitenden Aussagen gelten die Ausführungen zum B-Plan analog (§ 19 Rn 64–68).

49 Die LPH 2 ist mit Abgabe aller Unterlagen für die Einleitung dieser Verfahren vollständig erbracht und kann abgerechnet werden.

50 Die **Grundleistungen der LPH 2** der HOAI 2013 sind in **Anlage 2 Nr. 2** zusammengefasst und lassen sich wie folgt ausführlich beschreiben:

– **Grundleistung a) Erarbeiten des Entwurfs in der vorgeschriebenen Fassung mit Begründung für die Öffentlichkeits- und Behördenbeteiligung nach den Bestimmungen des BauGB**

51 Mit dem Entwurf des FNP werden die Aussagen und Darstellungen des Vorentwurfs konkretisiert und als Grundlage für die öffentliche Auslegung gem. §§ 3 Abs. 2 und 4 Abs. 2 BauGB **in der vorgeschriebenen Fassung** (§ 17 Rn 7–15) in der Planzeichnung dargestellt und in der Begründung erläutert. Die **Änderungen und Präzisierungen**, die sich aus der Auswertung und Abwägung der Stellungnahmen aus der frühzeitigen Beteiligung gem. nachfolgend Grundleistung e), Rn 55 ergeben, **sind einzuarbeiten**. Dies mag einerseits die Korrektur der Darstellung von Flächennutzungen beinhalten, andererseits aber auch die Aufnahme/Richtigstellung/Aktualisierung von übergeordneten Planungen und z.B. auch von Leitungstrassen und deren Lagedarstellung. Bei Bedarf sind weitere Abstimmungen mit Trägern und Fachdienststellen erforderlich.

52 Der mit § 2a S. 2 Nr. 2 BauGB geforderte **Umweltbericht** ist in die Begründung zum FNP aufzunehmen. Gemäß Satz 3 bildet dieser jedoch „einen gesonderten Teil der Begründung“ und ist damit keine Grundleistung des FNP. Entsprechend wurde der Umweltbericht als Besondere Leistung in Anlage 9 Nr. 5d aufgenommen.

53 Im Weiteren gelten die Ausführungen zum B-Plan analog (§ 19 Rn 70–74).

– **Grundleistung b) Mitwirken an der Öffentlichkeitsbeteiligung**
– **Grundleistung c) Mitwirken an der Beteiligung der Behörden und Stellen, die Träger öffentlicher Belange sind**
– **Grundleistung d) Mitwirken an der Abstimmung mit den Nachbargemeinden**

54 Die Grundleistungen b) bis d) betreffen wiederum die Beteiligungsverfahren zur Auslegung des FNP gem. §§ 3 Abs. 2 und 4 Abs. 2 BauGB in der vorgeschriebenen Fas-

sung. Hier gelten die Aussagen zu den Grundleistungen j) bis l) der Anlage 2 bzw. 3 analog/entsprechend (ausführlich in § 19 Rn 54–57).

– **Grundleistung e) Mitwirken bei der Abwägung der Gemeinde zu Stellungnahmen aus frühzeitigen Beteiligungen**
Hierfür gelten die Aussagen zum Bebauungsplan analog (§ 19 Rn 79–82). 55

– **Grundleistung f) Abstimmen des Entwurfs mit der Gemeinde**
Wie der Vorentwurf ist auch der Entwurf des B-Plans laufend mit der Gemeinde ab- 56
zustimmen (siehe oben Grundleistung a), Rn 17ff.).

– **Bewertung der LPH 2**
Hierfür gelten die Aussagen zum Bebauungsplan analog (§ 19 Rn 84–86). 57

3. Leistungsphase 3 – Plan zur Beschlussfassung. Zentrale Aufgabe ist die Erstel- 58
lung einer abschließend abgestimmten Planfassung als Grundlage für den endgültigen Beschluss der Gemeinde und die Erstellung der Planfassung in der vorgeschriebenen Fassung für die Einreichung bei der Genehmigungsbehörde durch die Gemeinde.

Hierfür gelten insgesamt die Aussagen zum Bebauungsplan analog (§ 19 Rn 88–89) 59
mit **folgenden Unterschieden**:

Flächennutzungspläne sind vorbereitende Bauleitpläne und schaffen kein verbind- 60
liches Baurecht wie Bebauungspläne. Entsprechend wird kein Satzungsbeschluss gefasst, sondern ein **endgültiger Beschluss** vor allem zur Selbstbindung der Gemeinde: Flächennutzungspläne bedürfen gem. § 6 Abs. 1 BauGB grundsätzlich der Genehmigung der höheren Verwaltungsbehörde.

Im Verfahrensablauf ist die LPH 3 wie folgt verortet: 61

LEISTUNGEN AUFTRAGNEHMER	AUFGABEN GEMEINDE
LPH 1 Vorentwurf Grundlagenermittlung Erarbeitung VORENTWURF Fertigstellung aller Unterlagen für die frühzeitige Beteiligung	
	Durchführen der frühzeitigen Beteiligung §§ 3 Abs. 1 und 4 Abs. 1 BauGB
LPH 2 Entwurf Mitwirken bei der Abwägung der Stellungnahmen aus der frühzeitigen Beteiligung Erarbeitung ENTWURF	
	Auslegungsbeschluss
Fertigstellung aller Unterlagen für die Auslegung §§ 3 Abs. 2 und 4 Abs. 2 BauGB	
	Auslegung gemäß §§ 3 Abs. 2 und 4 Abs. 2 BauGB

LEISTUNGEN AUFTRAGNEHMER	AUFGABEN GEMEINDE
LPH 3 Plan zur Beschlussfassung	
Mitwirken bei der Abwägung der Stellungnahmen aus der Beteiligung	
Planerstellung in der vorgeschriebenen Fassung	
	Endgültiger Beschluss
Erstellen des Planes gemäß Beschluss der Gemeinde	
	Einreichen für Genehmigung
	Ortsübliche Bekanntmachung

62 Mit Abschluss der LPH 3 sind alle Grundleistungen zur Erstellung des Flächennutzungsplans vollständig erbracht und können vollständig abgerechnet werden.

63 Die **Grundleistungen der LPH 3** der HOAI 2013 sind in **Anlage 2 Nr. 3** zusammengefasst und lassen sich wie folgt ausführlich beschreiben:

– **Grundleistung a) Erarbeiten des Plans in der vorgeschriebenen Fassung mit Begründung für den Beschluss der Gemeinde**

64 Hierfür gelten die Aussagen zum Bebauungsplan analog. (§ 19 Rn 94–96).

– **Grundleistung b) Mitwirken bei der Abwägung der Gemeinde zu Stellungnahmen**

65 Im Grundsatz gelten hier die Aussagen zu LPH 2 Rn 53 analog (§ 19 Rn 97 f.).

66 Wesentlicher Unterschied ist, dass die abschließende Abwägung der Stellungnahmen eine geringere rechtliche Relevanz hat als diejenige von B-Plänen, da der FNP als vorbereitender Bauleitplan kein verbindliches Baurecht schafft.

67 Über den Umgang mit diesen Stellungnahmen und den Abwägungsvorschlägen entscheidet der Gemeinderat mit dem **endgültigen Beschluss zum FNP**. Die Vorlage für diesen Beschluss arbeitet in der Regel die Gemeindeverwaltung aus. Eine eventuelle Ausarbeitung durch den beauftragten Stadtplaner ist eine Besondere Leistung (Anlage 9, Ziff. 5g), h)).

68 Die Gemeinde fasst auf dieser Grundlage und auf Grundlage der Planzeichnung mit Begründung den endgültigen Beschluss.

– **Grundleistung c) Erstellen des Plans in der durch Beschluss der Gemeinde aufgestellten Fassung**

69 Aus dem endgültigen Beschluss der Gemeinde können sich noch sehr geringfügige Änderungen – im Sinne einer Eindeutigkeit und Klarstellung, mithin redaktionelle Änderungen – ergeben. Diese sind in die endgültige Fassung der Planzeichnung und/oder der Begründung einzuarbeiten. Die Planzeichnung ist durch eine Verfahrensleiste und Unterschriftenleiste zu ergänzen, aus welcher der gesamte Verfahrensablauf ersichtlich ist.

70 Gemäß § 6 Abs. 1 BauGB bedarf der FNP der Genehmigung der höheren Verwaltungsbehörde. Diese prüft in erster Linie, ob der FNP mit den Zielen der Landesplanung vereinbar ist und ob die Verfahren gemäß BauGB ordnungsgemäß durchgeführt wurden.

– **Bewertung der LPH 3**
Hierfür gelten die Aussagen zum Bebauungsplan analog (§ 19 Rn 103). **71**

III. Umfang der zu erbringenden Grundleistungen FNP

Hierfür gelten die Aussagen zum Bebauungsplan entsprechend (§ 19 Rn 104–115). **72**

§ 19
Leistungsbild Bebauungsplan

(1) Die Grundleistungen bei Bebauungsplänen sind in drei Leistungsphasen unterteilt und werden wie folgt in Prozentsätzen der Honorare des § 21 bewertet:
1. **für die Leistungsphase 1 (Vorentwurf für die frühzeitigen Beteiligungen) Vorentwurf für die frühzeitigen Beteiligungen nach den Bestimmungen des Baugesetzbuches mit 60 Prozent,**
2. **für die Leistungsphase 2 (Entwurf zur öffentlichen Auslegung) Entwurf für die öffentliche Auslegung nach den Bestimmungen des Baugesetzbuches mit 30 Prozent,**
3. **für die Leistungsphase 3 (Plan zur Beschlussfassung) Plan für den Beschluss durch die Gemeinde mit 10 Prozent.**

Der Vorentwurf, Entwurf oder Plan ist jeweils in der vorgeschriebenen Fassung mit Begründung anzufertigen.

(2) Anlage 3 regelt, welche Grundleistungen jede Leistungsphase umfasst. Anlage 9 enthält Beispiele für Besondere Leistungen.

Anlage 3
Grundleistungen im Leistungsbild Bebauungsplan

Das Leistungsbild Bebauungsplan setzt sich aus folgenden Grundleistungen je Leistungsphase zusammen:
1. **Leistungsphase 1: Vorentwurf für die frühzeitigen Beteiligungen**
   a) **Zusammenstellen und Werten des vorhandenen Grundlagenmaterials**
   b) **Erfassen der abwägungsrelevanten Sachverhalte**
   c) **Ortsbesichtigungen**
   d) **Festlegen ergänzender Fachleistungen und Formulieren von Entscheidungshilfen für die Auswahl anderer fachlich Beteiligter, soweit notwendig**
   e) **Analysieren und Darstellen des Zustandes des Plangebiets, soweit für die Planung von Bedeutung und abwägungsrelevant, unter Verwendung hierzu vorliegender Fachbeiträge**
   f) **Mitwirken beim Festlegen von Zielen und Zwecken der Planung**
   g) **Erarbeiten des Vorentwurfes in der vorgeschriebenen Fassung mit Begründung für die frühzeitigen Beteiligungen nach den Bestimmungen des Baugesetzbuchs**
   h) **Darlegen der wesentlichen Auswirkungen der Planung**
   i) **Berücksichtigen von Fachplanungen**
   j) **Mitwirken an der frühzeitigen Öffentlichkeitsbeteiligung einschließlich Erörterung der Planung**

k) Mitwirken an der frühzeitigen Beteiligung der Behörden und Stellen, die Träger öffentlicher Belange sind
l) Mitwirken an der frühzeitigen Abstimmung mit den Nachbargemeinden
m) Abstimmen des Vorentwurfes für die frühzeitigen Beteiligungen in der vorgeschriebenen Fassung mit der Gemeinde

2. Leistungsphase 2: Entwurf zur öffentlichen Auslegung
a) Erarbeiten des Entwurfes in der vorgeschriebenen Fassung mit Begründung für die Öffentlichkeits- und Behördenbeteiligung nach den Bestimmungen des Baugesetzbuchs
b) Mitwirken an der Öffentlichkeitsbeteiligung
c) Mitwirken an der Beteiligung der Behörden und Stellen, die Träger öffentlicher Belange sind
d) Mitwirken an der Abstimmung mit den Nachbargemeinden
e) Mitwirken bei der Abwägung der Gemeinde zu Stellungnahmen aus frühzeitigen Beteiligungen
f) Abstimmen des Entwurfs mit der Gemeinde

3. Leistungsphase 3: Plan zur Beschlussfassung
a) Erarbeiten des Planes in der vorgeschriebenen Fassung mit Begründung für den Beschluss durch die Gemeinde
b) Mitwirken bei der Abwägung der Gemeinde zu Stellungnahmen
c) Erstellen des Planes in der durch Beschluss der Gemeinde aufgestellten Fassung.

Übersicht

A. Struktur der Kommentierung

1 Die Struktur des § 19 Bebauungsplan ist identisch mit der Struktur des § 18 Flächennutzungsplan mit drei Leistungsphasen und Verweis auf die Grundleistungen in Anlage 2 bzw. 3. Die Grundleistungen in Anlage 3 sind wortgleich mit jenen für den FNP. Dennoch gibt es durch die unterschiedliche Maßstabsebene von B-Plan und FNP und die unmittelbare Rechtsbedeutung von B-Plänen deutliche Unterschiede bei der fachgerechten Bearbeitung dieser Planungen. Da erfahrungsgemäß der größte Teil der Vergabe von Bauleitplänen die **Bebauungsplanung** betrifft, wird das **Leistungsbild Bebauungsplan** an dieser Stelle **vollständig behandelt**.

2 Mit der Novelle der HOAI 2009 wurden die Verpreisung der Leistungsbilder und die inhaltliche Zusammensetzung der Leistungsbilder getrennt, da die HOAI nur das Preisrecht regelt. Die Auflistung der Grundleistungen aller Fachplanungen findet sich seither im Anlagenteil zur HOAI.

3 Da dies dem praktischen Gebrauch nicht entspricht, werden die Leistungsbilder und die Grundleistungen der Anlage 3 zum Bebauungsplan hier zusammenfassend bearbeitet. Entsprechend werden zuerst die Inhalte der Leistungsphasen ausführlich erläutert, in ihrem zu erbringenden Umfang aber auch eingegrenzt. Soweit sinnvoll, wird auf die zugeordneten Besonderen Leistungen verwiesen.

Im Anschluss an jede Leistungsphase wird auf die **Bewertung** dieser Leistungsbilder in Prozentsätzen der Honorare des § 21 eingegangen. 4

In Abschnitt III. (Rn 104 ff.) wird besprochen, in welchem Umfang die Grundleistungen zu erbringen sind und unter welchen Voraussetzungen Einschränkungen denkbar sind. 5

Die **Besonderen Leistungen** finden sich am Schluss des Teils 2 Flächenplanung, da sie für alle Leistungsbilder der Flächenplanung zusammenfassend geltend sind. 6

B. Kommentierung

I. Grundleistungen

Das Leistungsbild des Bebauungsplans zielt auf das Erstellen eines genehmigungsfähigen und möglichst normenkontrollfesten B-Plans „in der vorgeschriebenen Fassung" ab. Damit werden folgende wesentliche Belange deutlich, die für die weiteren Betrachtungen wichtig sind: 7

- Der B-Plan „in der vorgeschriebenen Fassung" ist ausschließlich der **Rechtsplan** entsprechend BauGB, BauNVO, PlanZV und ergänzenden Regelwerken (ausführlich § 17 Rn 7–15). Der B-Plan als Rechtsplan regelt das Baurecht verbindlich. Er hat damit eine erheblich größere rechtliche Tragweite als der FNP. Die planungsrechtlichen Ansprüche, die mithin an einen B-Plan gestellt werden, sind angesichts zunehmend im Raum stehender Normenkontrollverfahren und zahlreicher gerichtlicher Urteile sehr hoch. Der B-Plan hat sich dementsprechend zu einem **planungsrechtlich komplexen Werk** entwickelt.
- Die **Grundleistungen Bebauungsplan** sind ausschließlich mit § 19 i.V.m. Anlage 3 definiert.
- Grundlage für die Bearbeitung der Grundleistungen B-Plan bildet ein städtebauliches Konzept, der **städtebauliche Entwurf**. Die Erstellung des städtebaulichen Entwurfs ist kein Teil der Grundleistungen des Leistungsbilds Bebauungsplan gem. § 19, sondern gem. § 17 Abs. 2 eine **Besondere Leistung**. Der städtebauliche Entwurf kann sowohl vom Planverfasser des B-Plans als auch einem anderen Entwurfsverfasser erstellt werden bzw. als Ergebnis eines städtebaulichen Wettbewerbs vorliegen (siehe auch § 17 Rn 24–27).

Wie auch beim FNP wurden mit der HOAI 2013 die Leistungsbilder des B-Plans neu definiert. Die Grundleistungen der Anlage 3 zu § 19 orientieren sich nun am **Regelablauf der Bauleitplanung** gemäß BauGB mit klar abgegrenzten Leistungsphasen. 8

Die Grundleistungen sind entsprechend diesen Verfahrenszielen neu strukturiert und zielgerichtet formuliert. Bezogen auf dieses Ziel umfassen sie weitgehend die Leistungen der Leistungsphasen 1 bis 5 der HOAI 2009. Die Definition dieser Grundleistungen berücksichtigt die grundlegenden Ziele und Kriterien des BauGB, insbesondere § 1 Abs. 4 bis Abs. 7, § 1a und § 2 BauGB. Auf Grundlage dieses Verständnisses konnte die Formulierung dieser Grundleistungen deutlich gestrafft und allgemeiner gehalten werden. 9

II. Grundleistungen: Drei Leistungsphasen

Die Grundleistungen der drei Leistungsphasen orientieren sich am Regelablauf der Bauleitplanung gemäß BauGB. 10

Die LPH 1 und 2 sind jeweils mit **Fertigstellung und Abgabe** aller Unterlagen für die Einleitung der Verfahren nach §§ 3 Abs. 1 und 4 Abs. 1 BauGB bzw. §§ 3 Abs. 2 und 4 11

Abs. 2 BauGB **abgeschlossen**. Das bedeutet, dass die LPH 1 und 2 zu diesem Zeitpunkt jeweils als vollständig erbracht gelten und vollständig abgerechnet werden können. Dies ist gerechtfertigt, weil die anschließenden Beteiligungsprozesse einschließlich ihrer Auswertung nicht in der Hand des Stadtplaners liegen und sich über einen nicht abschätzbaren Zeitraum erstrecken können. Eine **Ausnahme** bildet hier nur das **Mitwirken an der Erörterung** als Teil der Grundleistung j) der LPH 1, falls eine Gemeinde eine solche durchführt. Das Honorar hierfür kann erst nach Abschluss der Erörterung beansprucht werden (vgl. Rn 56).

12 Reduziert auf das Wesentliche lassen sich diese Leistungsphasen des B-Plans in ihrem Bezug zu den Aufgaben der Gemeinde wie folgt darstellen:

LEISTUNGEN AUFTRAGNEHMER	AUFGABEN GEMEINDE
LPH 1 Vorentwurf Grundlagenermittlung Erarbeitung VORENTWURF Fertigstellung aller Unterlagen für die frühzeitige Beteiligung	
	Durchführen der frühzeitigen Beteiligung §§ 3 Abs. 1 und 4 Abs. 1 BauGB
LPH 2 Entwurf Mitwirken bei der Abwägung der Stellungnahmen aus der frühzeitigen Beteiligung Erarbeitung ENTWURF	
	Auslegungsbeschluss
Fertigstellung aller Unterlagen für die Auslegung §§ 3 Abs. 2 und 4 Abs. 2 BauGB	
	Auslegung gem. §§ 3 Abs. 2 und 4 Abs. 2 BauGB
LPH 3 Plan zur Beschlussfassung Mitwirken bei der Abwägung der Stellungnahmen aus der Beteiligung Planerstellung in der vorgeschriebenen Fassung	
	Satzungsbeschluss
Erstellen des Planes gemäß Beschluss der Gemeinde	
	Einreichen für Genehmigung, falls erforderlich
	Ortsübliche Bekanntmachung

13 Dieses schematische Ablaufschema wird von den Gemeinden in eigener Zuständigkeit unterschiedlich gehandhabt. So kann es beispielsweise sein, das die Gemeinden ihre politischen Gremien bereits über den Vorentwurf informieren und sich damit die Zustimmung zu Einleitung der Verfahren zur frühzeitigen Beteiligung sichern. Dies ist möglich, wird aber vom BauGB nicht gefordert. Mithin sind alle Zuarbeiten hierfür eindeutig als Besondere Leistung zu bewerten.

Diese Grundleistungen sind in Anlage 3 (zu § 19 Abs. 2) einzeln dargestellt. Sie werden nachfolgend den Leistungsphasen zugeordnet erläutert. Sie sind in der Regel vollständig zu erbringen. 14

Der B-Plan ist in der Regel aus den Darstellungen eines gültigen FNP zu entwickeln, dessen Darstellungen bereits in sich abgewogen sein sollten. Im Unterschied zum FNP, der das ganze Gemeindegebiet behandelt, werden B-Pläne nur für kleine und kleinste Teile des Gemeindegebiets aufgestellt. Hieraus und aus der erheblich detaillierteren Maßstabsebene ergibt sich für den B-Plan eine völlig andere Betrachtungsweise: Bei der Aufstellung eines B-Plans ist deswegen umso mehr sein relevantes **Umfeld einzubeziehen**: 15

- Welche Einwirkungen wirken aus dem Umfeld auf den B-Plan ein und können diese bewältigt werden?
- Welche Auswirkungen hat der B-Plan auf sein Umfeld und können diese bewältigt werden?

Ein B-Plan muss die Probleme lösen, die durch ihn ausgelöst werden. Dies ist eine zentrale Anforderung an die Qualität des B-Plans. Daraus folgt, dass bei der Bearbeitung eines B-Plans sein Umfeld – also die außerhalb seines Geltungsbereichs vorzufindenden relevanten Faktoren – im erforderlichen Umfang berücksichtigt werden muss. 16

Beispiele

Einige Beispiele, die Einfluss auf den B-Plan mit seinen Festsetzungen haben, sind:

- **Verkehrstrassen** (Straßen, Bahnstrecken etc.), auch in größerer Entfernung;
- **Sportplätze** auch im weiteren Umfeld, deren Sportfelder auch während der sonntäglichen Ruhezeit in Wohngebieten zwischen 13 Uhr und 15 Uhr bespielt werden (BImSchG);
- **Gewässer** mit ihren Überschwemmungsbereichen;
- angrenzende oder naheliegende besonders **schutzbedürftige Einrichtungen** (Krankenhaus, Kurbereich etc.), durch welche die Emissionen aus dem Plangebiet begrenzt werden mit den entsprechenden Auswirkungen auf die Nutzungen im Geltungsbereich des B-Plans;
- angrenzende Bebauung, Denkmalschutz (siehe hierzu auch § 21 Rn 36).

Auch wenn diese Problemstellungen im Grundsatz schon mit dem FNP geklärt sein müssten, so sind diese im Fall eines B-Plans jeweils konkret zu prüfen und deren Bewältigbarkeit durch Fachgutachten nachzuweisen. Zudem genügen viele, insbesondere ältere FNPs den aktuellen Anforderungen z.B. an die aktuellen Immissionsschutzanforderungen nicht mehr. 17

Die erforderliche Berücksichtigung des relevanten Umfelds findet in allen Leistungsphasen ihren Niederschlag. 18

1. Leistungsphase 1 – Vorentwurf für die frühzeitigen Beteiligungen. Ziel der Leistungsphase 1 ist die Erstellung der Planfertigung mit Begründung für die frühzeitigen Beteiligungen gem. §§ 3 Abs. 1 und 4 Abs. 1 BauGB. 19

Die LPH 1 umfasst damit alle Grundleistungen, die bis zur Einleitung der Verfahren zur frühzeitigen Beteiligung gemäß BauGB einschließlich Erörterung zu erbringen sind. Anlage 3 zu § 19 Abs. 2 führt auf, welche Grundleistungen dies sind. Mit der Abgabe aller Unterlagen zur Einleitung dieser Verfahren sind alle Grundleistungen der LPH 1 erbracht. Eine Ausnahme bildet lediglich das „Mitwirken an der Erörterung", falls die Gemeinde eine solche durchführt (siehe hierzu Rn 11+56). 20

Die Reihung dieser Grundleistungen bildet den Planungsablauf erfahrungsgemäß nicht unmittelbar ab. 21

22 Die Grundleistungen der LPH 1 der HOAI 2013 umfassen entsprechend dem Bearbeitungsziel weitgehend die Leistungsphasen 1 bis 3 der HOAI 2009.

23 Die **Grundleistungen der LPH 1** der HOAI 2013 sind in Anlage 3 Nr. 1 zusammengefasst und lassen sich wie folgt ausführlich beschreiben.

– **Grundleistung a) Zusammenstellen und Werten des vorhandenen Grundlagenmaterials**

24 Dieses Grundlagenmaterial ist jeweils zielgerichtet auf die im B-Plan-Gebiet angestrebte Nutzung und die in seinem relevanten Umfeld erkennbare Situation zusammenzustellen. Der Umfang des zu ermittelnden Grundlagenmaterials ist abhängig von der Größe des Planungsgebiets, der Komplexität der Planung und den geplanten Nutzungen. Er kann bei größeren und komplexen Planungen beispielsweise umfassen:

- Anfordern der notwendigen Katasterunterlagen in einer geeigneten Qualität als Grundlage für Bearbeitung des B-Plans (Stellung durch die Gemeinde),
- übergeordnete Planungen,
- soziale Infrastruktur,
- Schutzgebiete,
- Verkehr (MIV inkl. ruhender Verkehr, ÖPNV, Fuß- und Radverkehr),
- technische Infrastruktur,
- kommunale Satzungen, Verordnungen und Fachkonzepte (z.B. zum Klimaschutz und zur Energieversorgung).

25 Die Zusammenstellung des Grundlagenmaterials kann einerseits auf das für die Bearbeitung der Planung notwendige Maß beschränkt werden. Andererseits ist diese Auflistung nicht abschließend. Sie ist situationsbedingt und fallbezogen anzupassen und/oder zu ergänzen. Maßgebend ist, dass sich diese Leistung auf das Zusammenstellen des **vorhandenen** Grundlagenmaterials beschränkt. Darüber hinausgehende Recherchen sind nicht Teil dieser Grundleistung.

26 Das „Werten des vorhandenen Grundlagenmaterials" beinhaltet die aufgabenspezifische fachliche Einschätzung, inwieweit dieses ausreichend für die weitere Planung und deren Verfahren oder aber ergänzungsbedürftig ist.[1]

– **Grundleistung b) Erfassen der abwägungsrelevanten Sachverhalte**

27 Der Planverfasser schuldet ein im Rahmen des Möglichen abwägungs- und verfahrensfestes Planwerk entsprechend §§ 1ff. BauGB. Es ist deshalb seine Aufgabe, zu beurteilen, welche Sachverhalte aus dem ermittelten Grundlagenmaterial für ein solches Planwerk in allen seinen Verfahrensschritten von Bedeutung sind und ob diese in ausreichendem Umfang vorliegen. Gegebenenfalls sind diese Sachverhalte entsprechend den Erfordernissen des BauGB ergänzend/vertieft zu erfassen. Der Begriff „abwägungsrelevant" bedeutet aber auch, dass eine Beschränkung auf eine Erfassung dieser Sachverhalte nicht nur ausreichend ist, sondern auch sinnvoll im Sinne einer auf das Erforderliche begrenzten Ausarbeitung.

28 Zum Erfassen der abwägungsrelevanten Sachverhalte gehören auch Ortsbesichtigungen:

1 Vgl. Locher/Koeble/Frik/*Zahn*, § 18 Rn 15.

– **Grundleistung c) Ortsbesichtigungen**

Ortsbesichtigungen bei B-Plänen betreffen das Plangebiet selbst und sein für die Bearbeitung des Rechtsplans relevantes Umfeld. 29

Bei Planungen „auf der grünen Wiese" ist das Umfeld unter Umständen relevanter als das Plangebiet selbst: Welche Faktoren wirken in das Plangebiet hinein und sind zu berücksichtigen? Welche Wirkungen hat die Planung für das Plangebiet auf sein Umfeld? Dies ist eingangs in II. Grundleistungen Rn 15f. ausführlicher behandelt, da es von allgemeiner Bedeutung ist. 30

Planungen im Bestand oder mit teilweise bestehenden Nutzungen bedürfen darüber hinaus einer fundierten Ortskenntnis, um im gesamten Planungsprozess gerecht und abwägend beurteilen zu können, welche gegenseitigen Schutzbedürftigkeiten bestehen und wie damit umgegangen werden muss. 31

Zudem dienen Ortsbesichtigungen dem erforderlichen Abgleich mit den gelieferten Planungsgrundlagen hinsichtlich Vollständigkeit und Qualität. 32

– **Grundleistung d) Festlegen ergänzender Fachleistungen und Formulieren von Entscheidungshilfen für die Auswahl anderer fachlich Beteiligter, soweit notwendig**

Um im Endergebnis einen weitestgehend abwägungs- und verfahrensfesten Bauleitplan zu erhalten, gehört es zu den Aufgaben des Stadtplaners, den Auftraggeber frühzeitig darauf hinzuweisen, ob und ggf. welche zusätzlichen fachspezifischen Leistungen und Gutachten erforderlich sind. Bei B-Plänen können dies z.B. folgende ergänzende Fachleistungen sein: Grünordnungsplan (hier gelten bundesweit unterschiedliche Regelungen); Verkehrsgutachten; Emissions- und Immissionsgutachten zu Schall, ggf. Erschütterung und elektromagnetische Verträglichkeit (EMV); in Bergbaugebieten Bodengutachten usw. Die Erstellung eines Umweltberichts ist gem. §§ 2 Abs. 4 und 2a BauGB grundsätzlich erforderlich. Gemäß § 2a S. 3 BauGB bildet dieser einen gesonderten Teil der Begründung und ist keine Grundleistung des B-Plans. 33

Die Beurteilung, welche ergänzenden Fachleistungen erforderlich sind, ergibt sich aus den Grundleistungen b) „Erfassen der abwägungsrelevanten Sachverhalte", c) „Ortsbesichtigungen" und e) „Analysieren ... des Zustands des Plangebiets", sowie aus der Fachkunde und dem Beurteilungsvermögen des Stadtplaners und in Abstimmung mit der Gemeinde. 34

Der Auftragnehmer berät hierzu den Auftraggeber schriftlich oder mündlich hinsichtlich des Leistungsumfangs und der Leistungsziele der erforderlichen zusätzlichen Fachleistungen. 35

Ausschreibung, Auswahl und Vergabe dieser Leistungen sind keine Grundleistungen, sondern Aufgabe des Auftraggebers. Übernimmt der Stadtplaner auch Ausschreibung, Mitwirkung bei der Auswahl und Vergabe dieser Fachleistungen, so sind dies Besondere Leistungen gem. Anlage 9 Nr. 3g) bis j). 36

– **Grundleistung e) Analysieren und Darstellen des Zustands des Plangebiets, soweit für die Planung von Bedeutung und abwägungsrelevant, unter Verwendung hierzu vorliegender Fachbeiträge**

Im Gegensatz zum FNP bewegen sich beim B-Plan die Analysen und deren Bewertungen auf einer erheblich detaillierteren Ebene. Meist gehen die gegeneinander und untereinander abgestimmten Ergebnisse aller relevanten Untersuchungen und Fachgutachten unmittelbar in die zeichnerischen und textlichen Festsetzungen des Bebauungsplans ein. Die Darstellung des Zustandes des Plangebietes und seiner Analyse erfolgt erst einmal in den abwägungsrelevanten Fachbeiträgen und dann in der Begründung zum Be- 37 bauungsplan. Dies ist in der Regel ausreichend, nur in besonders komplexen Fällen mag die Erstellung von Beiplänen sinnvoll sein. Durch den Einschub *„soweit für die Planung von Bedeutung und abwägungsrelevant"* macht der Gesetzgeber deutlich, dass sich die Analyse des Plangebiets auf diejenigen Belange beschränken kann, die für die Erstellung eines möglichst abwägungsfesten Planwerks von Bedeutung sind. Maßgebend hierfür sind vor allem die mit §§ 1, 1a, 2, 8 und 9 BauGB definierten Aufgaben und Inhalte der Bebauungsplanung.

38 Wie bereits erläutert, muss in diesen Analysen das **Umfeld des B-Plans** mitberücksichtigt werden. Der Bebauungsplan muss alle Probleme, die auf ihn einwirken, und alle Probleme, die von ihm ausgehen, bewältigen.

Beispiel
Der Nachweis, dass die Versorgung mit Kindertagesstätten ausreichend gewährleistet ist, ist abhängig vom Deckungsgrad durch bestehende Standorte außerhalb des Plangebiets, so wie ggf. bestehende Defizite im Umfeld durch Errichtung einer Kindertagesstätte im Plangebiet gedeckt werden können.
Analog gilt dies für die Schulversorgung – insbesondere Grundschulversorgung.
Ebenso muss der Nachweis erbracht werden, dass der Verkehr, der von diesem B-Plan ausgelöst wird, im übergeordneten Verkehrsnetz bewältigt werden kann. Dies kann Maßnahmen erfordern, die weit außerhalb des Plangebiets liegen.

---

39 Eine vollständige und gerecht abwägende Auseinandersetzung mit allen das Plangebiet und sein Umfeld berührenden Faktoren und Aufnahme in die Begründung zum B-Plan ist die Voraussetzung für Erstellung eines möglichst abwägungsfesten Planwerks.

40 Die im Rahmen dieser Untersuchungen erzielten Erkenntnisse können auch Einfluss auf den **räumlichen Geltungsbereich** des B-Plans haben. Gegebenenfalls ist dieser mit der Gemeinde erneut abzustimmen und anzupassen. Dabei ist zu überprüfen, inwieweit ein neu festzusetzender Geltungsbereich noch mit dem Aufstellungsbeschluss vereinbar ist.

– **Grundleistung f) Mitwirken beim Festlegen von Zielen und Zwecken der Planung**

41 In der Regel formulieren die Gemeinden Ziele und den Zweck der Planung bereits mit dem Aufstellungsbeschluss. Der Stadtplaner orientiert sich daran, muss aber darstellen, ob und wie diese erreicht sind. Die Ziele und Zwecke der Planung sind gem. § 2a BauGB in der Begründung zum B-Plan entsprechend dem Stand des Verfahrens darzulegen. Dies auch, um entsprechend § 3 Abs. 1 BauGB die Öffentlichkeit möglichst frühzeitig über die Ziele und Zwecke der Planung zu informieren.

– **Grundleistung g) Erarbeiten des Vorentwurfs in der vorgeschriebenen Fassung mit Begründung für die frühzeitigen Beteiligungen nach den Bestimmungen des BauGB**

42 Der Vorentwurf des Bebauungsplans ist mit Festsetzung durch Planzeichen und Text **„in der vorgeschriebenen Fassung"** und mit Begründung zu erstellen. Die Plandarstellung „in der vorgeschriebenen Fassung" ist in § 17 Rn 7–15 ausführlich erläutert. Maßgebend für den B-Plan sind die Festsetzungsmöglichkeiten gem. § 9 BauGB, wobei der Festsetzungskatalog des § 9 Abs. 1 BauGB abschließend ist. Zu berücksichtigen sind weitere Gesetze und Verordnungen (z.B. BNatSchG) des Bundes und der Länder sowie die örtlichen Satzungen und Verordnungen der Gemeinde.

43 In der HOAI 2009 war die Darstellungsform nicht vorgeschrieben. Für die Planzeichnung genügte eine *„grundsätzliche Lösung der wesentlichen Aufgabe in zeichnerischer*

Darstellung (...)", was auch mit relativ einfachen Darstellungen möglich war. Die mit der HOAI 2013 nun geforderte Plandarstellung *„in der vorgeschriebenen Fassung"* kann dementsprechend deutlich aufwändiger, weil viel genauer sein.

Gemäß § 9 Abs. 7 BauGB setzt der Bebauungsplan die Grenzen seines **räumlichen Geltungsbereichs** fest. Diese sind zwar durch den Aufstellungsbeschluss vorgegeben, bedürfen aber angesichts des Verfahrensstandes und der nun vorliegenden besseren Erkenntnisse grundsätzlich einer Überprüfung und ggf. Anpassung, vgl. Rn 40. **44**

Maßstab der Planzeichnung ist in der Regel der Maßstab 1:1.000. Es sind auch andere Maßstäbe zulässig, wenn diese der besseren Lesbarkeit dienen (z.B. M 1:500 bei sehr kleinen und M 1:2.000 bei großen B-Plänen). **45**

Dieser Vorentwurf des B-Plans muss so ausgearbeitet sein, dass er für die frühzeitigen Beteiligungen gem. §§ 3 Abs. 1 und 4 Abs. 1 BauGB für die Öffentlichkeit und Behörden und sonstigen Träger öffentlicher Belange ausreichend informativ ist. **46**

Gemäß § 9 Abs. 8 BauGB ist dem B-Plan eine **Begründung** beizufügen mit den Angaben nach § 2a BauGB, also *„entsprechend dem Stand des Verfahrens"*. Aus der Begründung muss erkennbar sein, dass alle zum Zeitpunkt der Planerstellung bekannten Belange der Bürger und der Träger untereinander und gegeneinander eine gerechte und abwägende Berücksichtigung gefunden haben und warum der gewählten Festsetzungen der Vorzug gegeben wurde. **47**

In diesem Sinne sind auch die wesentlichen Auswirkungen der Planung in der Begründung darzulegen (nachfolgend Grundleistung h), Rn 52). **48**

Der mit § 2a S. 1 BauGB geforderte **Umweltbericht** ist in die Begründung zum B-Plan aufzunehmen. Gemäß BauGB bildet dieser jedoch *„einen gesonderten Teil der Begründung"* und ist damit keine Grundleistung des B-Plans. Entsprechend wurde der Umweltbericht als Besondere Leistung in Anlage 9 Nr. 5d) aufgenommen. **49**

Nicht mehr erforderlich sind die mit der HOAI 2009 (LPH 3, Anlage 4, Ende erster Spiegelstrich) geforderte *„Darstellung von sich wesentlich unterscheidenden Lösungen"* nach gleichen Anforderungen und die überschlägige Kostenschätzung. Wird diese gefordert, so ist dies eine Besondere Leistung. **50**

Es ist selbstverständlich, dass der Vorentwurf laufend mit der Gemeinde abgestimmt wird (nachfolgend Grundleistung m), Rn 58f.). **51**

Praxishinweis
Wie beim FNP empfiehlt es sich, im Vertrag die Anzahl der hierfür mit dem Honorar für die Grundleistungen zu erbringenden Besprechungen zu begrenzen. Weitere Besprechungen sind eine Besondere Leistung und zusätzlich zu vergüten.

– **Grundleistung h) Darlegen der wesentlichen Auswirkungen der Planung**

Gemäß § 2a BauGB sind die wesentlichen Auswirkungen des Bauleitplans entsprechend dem Stand des Verfahrens darzulegen; gem. § 3 Abs. 1 BauGB ist die Öffentlichkeit über diese Auswirkungen öffentlich zu informieren. Dies erfolgt mit der Begründung zum B-Plan in einem eigenen Kapitel und den Verfahren zur frühzeitigen Beteiligung gem. §§ 3 Abs. 1 und 4 Abs. 1 BauGB. Hierbei müssen die Auswirkungen sorgfältig ermittelt und abwägend dargestellt werden, wiederum unter Einbeziehung der Fachplanungen. Sinn und Zweck ist, die Öffentlichkeit und auch die Träger auf die voraussichtlichen Auswirkungen der Bauleitplanung hinzuweisen und zu bewerten, inwieweit diese positiv oder negativ sind oder sein können. Dies dient der Transparenz und Informationspflicht der Planung und der Planenden. Insbesondere den Bürgern, aber auch den Trägern kann nicht abverlangt werden, die Auswirkungen eines komplexen Planwerks eigenständig zu ermitteln und zu bewerten. **52**

– **Grundleistung i) Berücksichtigen von Fachplanungen**

53 Die Ergebnisse der einzelnen Fachplanungen sind in die Überlegungen zu den Darstellungen und Festsetzungen des B-Plans abwägend in Abschätzung ihrer Kompatibilität miteinander und untereinander einzubeziehen. „Berücksichtigen" beinhaltet die sorgfältige Prüfung dieser Fachplanungen und erfordert in vielen Fällen ein Abstimmen der Fachplanungen aufeinander und untereinander, um zu einem abgestimmten Ergebnis zu kommen.

– **Grundleistung j) Mitwirken an der frühzeitigen Öffentlichkeitsbeteiligung einschließlich Erörterung der Planung**
– **Grundleistung k) Mitwirken an der frühzeitigen Beteiligung der Behörden und Stellen, die Träger öffentlicher Belange sind**
– **Grundleistung l) Mitwirken an der frühzeitigen Abstimmung mit den Nachbargemeinden**

54 Die Durchführung der Verfahrensschritte zu j), k) und l) ist eine hoheitliche Aufgabe, also Aufgabe der beauftragenden Gemeinde. Dies beinhaltet insbesondere die erforderlichen Bekanntmachungen in der vorgeschriebenen Form, das Auslegen des B-Plans mit Begründung und ggf. ergänzenden Aussagen und dem Hinweis, wo diese Unterlagen eingesehen werden können, das Versenden der Unterlagen an die Träger und Nachbargemeinden einschließlich analoger und digitaler Vervielfältigung (§ 4a Abs. 4 BauGB) und der Festlegung, welche Träger und Nachbargemeinden zu beteiligen sind. Mittlerweile erfolgt die Beteiligung der Träger und Nachbargemeinden zunehmend in digitaler Form.

55 Die Grundleistungen des Stadtplaners beschränken sich hierbei auf das **„Mitwirken"** (ausführlich § 17 Rn 16–23), d.h. der Stadtplaner führt diese hoheitlichen Aufgaben nicht selbst durch, sondern er wirkt lediglich beratend mit. Abzustimmen ist z.B. auch, welche Unterlagen zu einer möglichst vollständigen Information der Bürger/Träger/Nachbargemeinden erforderlich sind, wobei sich der Umfang der Unterlagen je nach Betroffenheit der Träger und Nachbargemeinden unterscheiden kann. Diese Abstimmungen erfolgen also im internen Binnenverhältnis zwischen Gemeinde und Stadtplaner. Der Stadtplaner kann dabei seine Erfahrungen einbringen und die Gemeinde z.B. darauf hinweisen, welche Möglichkeiten der Vervielfältigung eingesetzt werden können und welches geeignete/ausreichende Maßstäbe bei der Vervielfältigung von (meist großformatigen) Plänen sind. Zur Mitwirkung gehört die einmalige Zusammenstellung der erforderlichen Unterlagen in einem für die analoge und/oder digitale Vervielfältigung geeigneten Format.

56 Die **Erörterung** und ihre Durchführung sind eine hoheitliche Aufgabe der Gemeinde. Grundleistung ist auch hier das „Mitwirken" des Stadtplaners bei der Erörterung der Planung. Dieses Mitwirken beschränkt sich hier auf das Stellen der erforderlichen Unterlagen in bereits vorliegender Form und auf die vorbereitenden Abstimmungen mit der Gemeinde, um diese in die Lage zu versetzen, die Erörterung gut informiert und vorbereitet selbst durchzuführen, sowie auf das Teilnehmen des Stadtplaners an einer Erörterungsveranstaltung, wobei der Stadtplaner ohne Aufbereitung einer eigenen Präsentation für eine Erläuterung der Planung und die Beantwortung von Fragen zur Verfügung steht. Die Erstellung einer Präsentation hierfür und ggf. weitergehende Leistungen sind eine Besondere Leistung (Anlage 9 Nr. 5b)).

Praxishinweis
Die Erwartungshaltung der Gemeinde bezüglich der Leistungen, die im Rahmen des „Mitwirkens" zu erbringen sind, sollte vor Vertragsabschluss eindeutig geklärt sein. Die Leistungen, die vom Stadtplaner hierfür zu erbringen sind, sind im Vertrag eindeutig zu regeln.

Alle weiteren Leistungen zur fachgemäßen Vorbereitung der o.a. Beteiligungsverfahren nach BauGB wie z.B. Vorbereiten und Durchführen des Scoping, Erarbeiten des Umweltberichts, das Veranlassen der Vervielfältigungen, die Vorbereitung einer Präsentation für die Erörterung etc. sind **Besondere Leistungen**. Diese sind (nicht abschließend) in Anlage 9 Nr. 5 „Verfahrensbegleitende Leistungen" aufgeführt. 57

– **Grundleistung m) Abstimmen des Vorentwurfs für die frühzeitigen Beteiligungen in der vorgeschriebenen Fassung mit der Gemeinde**

Siehe oben Rn 42ff. 58

Gemeint ist hier grundsätzlich eine Abstimmung mit der **Verwaltung der Gemeinde**, also vorrangig mit dem Planungs-/Bauamt, bei Bedarf auch weiteren Dienststellen, ggf. auch mit dem Bürgermeister. Die Teilnahme an Sitzungen von politischen Gremien ist nun grundsätzlich eine Besondere Leistung (Anlage 9, Ziff. 5r). 59

Die **Grundleistungen der LPH** 1 sind mit Erstellen der erforderlichen Unterlagen für Einleitung der Beteiligungsverfahren (mit Ausnahme der Teilnahme an einer eventuellen Erörterungsveranstaltung) vollständig erbracht und **abgeschlossen**. 60

– **Bewertung der LPH 1**

Die neue LPH 1 „Vorentwurf für die frühzeitigen Beteiligungen" der HOAI 2013 beinhaltet weitgehend die Grundleistungen der LPH 1 (Klären der Aufgabenstellung und Ermitteln des Leistungsumfangs), LPH 2 (Ermitteln der Planungsvorgaben) und LPH 3 (Vorentwurf) der HOAI 2009, die zusammen mit 3 + (10 bis 20) + 40 = 53 bis 63% aus dem Honorar des § 20 (FNP) bzw. 21 (B-Plan) bewertet wurden. 61

Die LPH 1 wird in der HOAI 2013 nun mit **60%** aus den komplett neu bearbeiteten Honoraren des § 21 für die Grundleistungen bei B-Plänen (bzw. § 20 bei Flächennutzungsplänen) bewertet. Damit wird auch der Tatsache, dass die LPH 1 den weitaus größten Bearbeitungsaufwand erfordert, Rechnung getragen. Die Analyse der Zeitaufwände der Bearbeitung zahlreicher Bebauungspläne (bzw. Flächennutzungspläne) hat ergeben, dass dies angemessen ist. Insofern ist die Bewertung in *Heinlein/Hilka* zu § 18 Rn 10 und § 19 Rn 9, dass es sich um eine überdurchschnittliche Dotierung handle und damit deutlich werde, dass hier durchaus zwei oder mehrere Verfahrensphasen durchlaufen werden können,[2] nicht nachvollziehbar. 62

Vielmehr sind eventuell erforderliche Wiederholungen der Beteiligungen gem. §§ 3 Abs. 1 und/oder 4 Abs. 1 BauGB mit den dann erforderlichen Abstimmungen und Anpassungen der Planung keine Grundleistung, sondern eindeutig Besondere Leistungen. Dies gilt auch, wenn dies nur für einen eingeschränkten Kreis der zu Beteiligenden erfolgt. 63

2. Leistungsphase 2 – Entwurf zur öffentlichen Auslegung. Ziel der Leistungsphase 2 ist die Erstellung der Planfertigung einschließlich Begründung zur öffentlichen Auslegung gem. § 3 Abs. 2 BauGB und zur Beteiligung der Behörden und der sonstigen Träger öffentlicher Belange gem. § 4 Abs. 2 BauGB. 64

2 Heinlein/Hilka/*Pustal*, § 18 Rn 10 bzw. § 19 Rn 9.

65 Die LPH 2 umfasst alle Grundleistungen, die nach Durchführung der Verfahren zur frühzeitigen Beteiligung einschließlich Erörterung bis zur Einleitung der Verfahren zur Auslegung des B-Plans gem. §§ 3 Abs. 2 und 4 Abs. 2 BauGB zu erbringen sind. Damit ist der Leistungsumfang größer und eindeutiger entsprechend dem Verfahrensablauf formuliert als in der vergleichbaren LPH 4 „Entwurf" der HOAI 2009.

66 Zentrale Aufgabe ist die Erarbeitung des **Entwurfs für die öffentliche Auslegung**:

LEISTUNGEN AUFTRAGNEHMER	AUFGABEN GEMEINDE
LPH 1 Vorentwurf Grundlagenermittlung Erarbeitung VORENTWURF Fertigstellung aller Unterlagen für die frühzeitige Beteiligung	
	Durchführen der frühzeitigen Beteiligung §§ 3 Abs. 1 und 4 Abs. 1 BauGB
LPH 2 Entwurf Mitwirken bei der Abwägung der Stellungnahmen aus der frühzeitigen Beteiligung Erarbeitung ENTWURF	
	Auslegungsbeschluss
Fertigstellung aller Unterlagen für die Auslegung §§ 3 Abs. 2 und 4 Abs. 2 BauGB	
	Auslegung gem. §§ 3 Abs. 2 und 4 Abs. 2 BauGB

67 Auch in dieser Leistungsphase ist in der HOAI ein unmittelbarer Bezug zwischen der Reihung der Grundleistungen und dem Planungsablauf nicht beabsichtigt. Mit Grundleistung a) steht hier die Erarbeitung des Entwurfs des B-Plans in der vorgeschriebenen Fassung als zentrale Aufgabe der Planung am Anfang dieses Leistungsbilds.

68 Die LPH 2 ist mit Abgabe aller Unterlagen für die Einleitung dieser Verfahren vollständig erbracht und kann abgerechnet werden.

69 Die **Grundleistungen der LPH 2** der HOAI 2013 sind in **Anlage 3 Nr. 2** zusammengefasst und lassen sich wie folgt ausführlich beschreiben:

– **Grundleistung a) Erarbeiten des Entwurfs in der vorgeschriebenen Fassung mit Begründung für die Öffentlichkeits- und Behördenbeteiligung nach den Bestimmungen des BauGB**

70 Im Rahmen der Erarbeitung des Entwurfs werden die eingegangenen Anregungen und Stellungnahmen auf eine Vereinbarkeit mit den Zielen für den Bebauungsplan und mit dem abzuwägenden Festsetzungsgefüge geprüft.

Beispiel

Die Änderung des Baurechts in einem Baugebiet des B-Plans kann Auswirkungen auf eine (gerecht abwägende) Festsetzung des Baurechts in anderen Baugebieten dieses B-Plans zur Folge haben.

Die von Trägern geforderte Änderung von öffentlichen Verkehrsflächen kann Auswirkungen auf das städtebauliche Konzept haben, das anzupassen ist.

Bei Bedarf sind weitere Abstimmungen insbesondere mit Trägern und Fachdienststellen erforderlich sowie ggf. ergänzende Ermittlungen der abwägungsrelevanten Sachverhalte. Die **Änderungen und Präzisierungen**, die sich aus der Auswertung und Abwägung der Stellungnahmen aus der frühzeitigen Beteiligung gem. nachfolgend Grundleistung e), Rn 79 ff. ergeben, **sind einzuarbeiten**. 71

Der so abgestimmte Entwurf des B-Plans mit Festsetzungen durch Planzeichen und Text und mit Begründung bildet die Grundlage für die öffentliche Auslegung gem. §§ 3 Abs. 2 und 4 Abs. 2 BauGB **in der vorgeschriebenen Fassung** (siehe § 17 Rn 7–15). 72

Entsprechend sind die sich hieraus unmittelbar ergebenden Planänderungen Grundleistungen. 73

Umfangreichere Planänderungen, die sich im Laufe des Planungsprozesses auf Grundlage **neuer Entscheidungen** der Gemeinde oder von Trägern ergeben und die einen erkennbar größeren Bearbeitungsaufwand mit sich bringen (Planzeichnung und Begründung, zusätzliche Abstimmungen), sind hingegen als **Besondere Leistungen** zu bewerten (Anlage 9, Ziff. 5h)). In der Regel erfordern diese eine erneute Auslegung gem. § 4a Abs. 3 BauGB (siehe hierzu § 21 Rn 132ff.). 74

Der Umweltbericht ist in die Begründung aufzunehmen. Das Erstellen des Umweltberichts ist eine Besondere Leitung (Anlage 9, Ziff. 5d)). 75

Wie der Vorentwurf ist auch der Entwurf des B-Plans laufend mit der Gemeinde abzustimmen (nachfolgend Grundleistung f), Rn 83). Auch hier empfiehlt sich, im Vertrag die Anzahl der hierfür mit dem Honorar für die Grundleistungen zu erbringenden Besprechungen zu begrenzen. 76

- **Grundleistung b) Mitwirken an der Öffentlichkeitsbeteiligung**
- **Grundleistung c) Mitwirken an der Beteiligung der Behörden und Stellen, die Träger öffentlicher Belange sind**
- **Grundleistung d) Mitwirken an der Abstimmung mit den Nachbargemeinden**

Grundleistungen b) bis d) betreffen die Beteiligungsverfahren zur Auslegung des B-Plans gem. §§ 3 Abs. 2 und 4 Abs. 2 BauGB. Hier gelten die Aussagen zu § 19 LPH 1 Grundleistungen j) bis l) (Rn 54–57) analog. 77

Die Nachbargemeinden können nur zu Belangen Stellung nehmen, von denen sie betroffen sind. 78

- **Grundleistung e) Mitwirken bei der Abwägung der Gemeinde zu Stellungnahmen aus frühzeitigen Beteiligungen**

Die eingegangenen Stellungnahmen der Öffentlichkeit und der Träger einschließlich Nachbargemeinden sind gegeneinander und untereinander gerecht abzuwägen. Dies ist eine hoheitliche Aufgabe und mithin Sache der Gemeinde. Der Stadtplaner wirkt hier jedoch beratend mit. Der Begriff des Mitwirkens ist in § 17 Rn 16–23 ausführlich und in der Beschreibung der LPH 1 Grundleistungen j) bis l) (Rn 54–57) ergänzend erläutert. Darauf wird hier ohne weitere Wiederholung Bezug genommen. 79

Die in Abstimmung mit der Gemeinde erzielten Ergebnisse der Abwägung sind in den **Entwurf des B-Plans** mit Begründung zu übernehmen. 80

Über den abschließenden Umgang mit diesen Stellungnahmen und den Abwägungsvorschlägen entscheidet der Gemeinderat mit dem Auslegungsbeschluss (hierfür gibt es regional unterschiedliche Begriffe, z.B. auch Billigungsbeschluss). Die Vorlage für diesen Beschluss arbeitet in der Regel die Gemeindeverwaltung aus. 81

Eine eventuelle Ausarbeitung durch den beauftragten Stadtplaner ist eine Besondere Leistung (Anlage 9, Ziff. 5g)). 82

– **Grundleistung f) Abstimmen des Entwurfs mit der Gemeinde**

83 Wie der Vorentwurf ist auch der Entwurf des B-Plans laufend mit der Gemeinde abzustimmen (siehe oben Grundleistung a), Rn 70ff. und LPH 1 Grundleistung m), Rn 58f.).

– **Bewertung der LPH 2**

84 Der B-Plan wird auf Basis des Vorentwurfs weiterentwickelt entsprechend dem aktuellen Kenntnisstand. Insbesondere sind die Änderungen einzuarbeiten und zu begründen, die sich aus der fachgerechten Abwägung der Stellungnahmen der vorangegangenen Beteiligungen ergeben. Dementsprechend ist der Bearbeitungsaufwand deutlich geringer als in LPH 1 und wird mit **30%** aus dem Honorar des § 20 bewertet.

85 Diese Bewertung entspricht der Bewertung der LPH 4 der HOAI 1996/2009. Die Auswertung der Bearbeitungszeiten zahlreicher Bebauungspläne bzw. Flächennutzungspläne hat ergeben, dass dies angemessen ist, auch wenn der Leistungsumfang der LPH 2 der HOAI 2013 größer ist als jener der LPH 4 der HOAI 2009.

86 Auch hier gilt: Eventuell erforderliche Wiederholungen der Beteiligungen auf Grundlage von § 4 Abs. 3 BauGB einschließlich der erforderlichen Abstimmungen und Planänpassungen sind keine Grundleistung, sondern Besondere Leistungen. Dies gilt auch, wenn dies nur für einen eingeschränkten Kreis der zu Beteiligenden und/oder nur einen Teil des Plangebiets erfolgt (siehe hierzu § 21 Rn 195ff.).

87 Dies gilt für den FNP analog.

88 **3. Leistungsphase 3 – Plan zur Beschlussfassung.** Diese Leistungsphase umfasst alle Grundleistungen, die nach Durchführung der Auslegung gem. §§ 3 Abs. 2 und 4 Abs. 2 BauGB bis einschließlich der Erstellung der Planfassung für die Genehmigung durch die Genehmigungsbehörde zu erbringen sind.

89 Der Leistungsumfang entspricht dem Verfahrensablauf gemäß BauGB. Er ist damit eindeutiger und umfangreicher als jener der bisherigen LPH 5 „Genehmigungsfähige Planfassung" der HOAI 2009.

90 Zentrale Aufgabe ist die Erstellung einer abschließend abgestimmten Planfassung als Grundlage für den **Satzungsbeschluss** der Gemeinde und die Erstellung der Planfassung in der vorgeschriebenen Fassung für die Einreichung bei der Genehmigungsbehörde durch die Gemeinde:

LEISTUNGEN AUFTRAGNEHMER	AUFGABEN GEMEINDE
LPH 1 Vorentwurf Grundlagenermittlung Erarbeitung VORENTWURF Fertigstellung aller Unterlagen für die frühzeitige Beteiligung	
	Durchführen der frühzeitigen Beteiligung §§ 3 Abs. 1 und 4 Abs. 1 BauGB
LPH 2 Entwurf Mitwirken bei der Abwägung der Stellungnahmen aus der frühzeitigen Beteiligung Erarbeitung ENTWURF	
	Auslegungsbeschluss

Fertigstellung aller Unterlagen für die Auslegung §§ 3 Abs. 2 und 4 Abs. 2 BauGB	
	Auslegung gem. §§ 3 Abs. 2 und 4 Abs. 2 BauGB
LPH 3 Plan zur Beschlussfassung Mitwirken bei der Abwägung der Stellungnahmen aus der Beteiligung Planerstellung in der vorgeschriebenen Fassung	
	Satzungsbeschluss
Erstellen des Planes gemäß Beschluss der Gemeinde	
	Einreichen für Genehmigung, falls erforderlich
	Ortsübliche Bekanntmachung

Angesichts der **verbindlichen rechtlichen Wirkung** von Bebauungsplänen werden 91
diese als **Satzung** beschlossen (FNP: Endgültiger Beschluss).

Mit Abschluss der LPH 3 sind alle Grundleistungen zur Erstellung des B-Plans voll- 92
ständig erbracht und können vollständig abgerechnet werden.

Die **Grundleistungen der LPH 3** der HOAI 2013 sind in **Anlage 3 Nr. 3** zusammenge- 93
fasst und lassen sich wie folgt ausführlich beschreiben:

– **Grundleistung a) Erarbeiten des Plans in der vorgeschriebenen Fassung mit Begründung für den Beschluss der Gemeinde**

Planzeichnung und Begründung sind auf Grundlage der vorgeschlagenen Be- 94
handlung der Stellungnahmen aus der Offenlage sorgfältig zu prüfen und ggf. anzupassen.

Dabei ist insbesondere zu beachten, dass mehr als geringfügige Änderungen der 95
Planung (in der Regel mehr als redaktionelle Änderungen der Planung) oder gar Änderungen, welche die Grundzüge der Planung berühren, eine Wiederholung der Auslegung gem. § 4 Abs. 3 BauGB zur Folge haben. Darauf ist die Gemeinde im Rahmen der mitwirkenden Beratung jeweils hinzuweisen.

Die Wiederholung der Auslegung gem. § 4 Abs. 3 BauGB ist eine Besondere Leistung 96
gem. Anlage 9 Ziff. 5h). Dies gilt auch, wenn diese Wiederholung nur für Teilbereiche durchgeführt wird (§ 21 Rn 132ff.).

– **Grundleistung b) Mitwirken bei der Abwägung der Gemeinde zu Stellungnahmen**

Im Grundsatz gelten hier die Aussagen zu LPH 2 Grundleistung e) analog (Rn 79). 97

Angesichts der verbindlichen Rechtswirkung des Bebauungsplans mit Beschluss als 98
Satzung hat diese Abwägung und mithin die Grundleistung **„b) Mitwirken bei der Abwägung der Gemeinde zu Stellungnahmen"** eine entscheidendere Bedeutung: Die **Abwägung für den Satzungsbeschluss** ist im Falle von Widersprüchen/Normenkontrollverfahren maßgebend für das gesamte Aufstellungsverfahren des B-Plans und muss mit größter Sorgfalt erfolgen. Auch wenn diese Abwägung eine hoheitliche Aufgabe der Gemeinde ist, so ist der Stadtplaner in seiner Funktion des beratenden „Mitwirkens" gehalten, auf die erforderliche Qualität der Abwägung hinzuwirken und die Gemeinde dementsprechend zu beraten.

99 Über den Umgang mit diesen Stellungnahmen und den Abwägungsvorschlägen entscheidet der Gemeinderat mit dem **Satzungsbeschluss**. Die Vorlage für diesen Beschluss arbeitet in der Regel die Gemeindeverwaltung aus. Eine eventuelle Ausarbeitung durch den beauftragten Stadtplaner ist eine Besondere Leistung (Anlage 9, Ziff. 5g)).

100 Die Gemeinde fasst auf dieser Grundlage und auf Grundlage der Planzeichnung mit Begründung den Satzungsbeschluss.

– **Grundleistung c) Erstellen des Plans in der durch Beschluss der Gemeinde aufgestellten Fassung**

101 Aus dem Satzungsbeschluss der Gemeinde dürfen sich allenfalls noch sehr geringfügige Änderungen – im Sinne einer Eindeutigkeit und Klarstellung, mithin „redaktionelle Änderungen" – ergeben. Diese sind in die verbindliche Fassung der Planzeichnung und der Begründung einzuarbeiten. Die Planzeichnung ist durch eine Verfahrensleiste und Unterschriftenleiste zu ergänzen, aus welcher der gesamte Verfahrensablauf ersichtlich ist und durch Unterschriften bestätigt wird.

102 Gemäß § 8 Abs. 2 S. 2, Abs. 3 S. 2 und Abs. 4 BauGB bedürfen Bebauungspläne der Genehmigung der höheren Verwaltungsbehörde bei entsprechender Anwendung von § 6 Abs. 2 und Abs. 4 BauGB. Gemäß § 3 Abs. 3 BauGB sind die Erteilung der Genehmigung oder – falls eine Genehmigung nicht erforderlich ist – der Beschluss des Bebauungsplans durch die Gemeinde ortsüblich bekannt zu machen, womit der B-Plan in Kraft tritt. Diese Bekanntmachung ist hoheitliche Aufgabe der Gemeinde.

– **Bewertung der LPH 3**

103 Wie beim FNP umfasst die LPH 3 nun Grundleistungen aus den bisherigen LPH 4 (teilweise) und LPH 5 der HOAI 2009. Dementsprechend wird diese LPH 3 mit **10%** aus dem Honorar des § 21 bewertet. Dies entspricht dem Ergebnis der Auswertung des Bearbeitungsaufwands zahlreicher Bebauungspläne für diese Leistung.

III. Umfang der zu erbringenden Grundleistungen B-Plan

104 Die Grundleistungen der Anlage 3 zu § 19 umfassen diejenigen Leistungen, die in der Regel vom Auftragnehmer zu erbringen sind. Damit werden für die Gemeinde die Unterlagen erstellt, die sie zur Aufstellung des B-Plans benötigt. Hierfür müssen nicht zwingend alle in Anlage 3 aufgeführten Grundleistungen in extensio erbracht werden. In Einzelfällen mag eine eher kursorische Abhandlung einzelner Grundleistungen genügen, solange sicher gewährleistet ist, dass der Bebauungsplan auch so in der erforderlichen Qualität aufgestellt werden kann.

105 Grundsätzlich müssen alle für eine sorgfältige Abwägung der Planung erforderlichen Informationen in den Planungsprozess eingestellt und in die Begründung fachgerecht eingebracht werden. Der Stadtplaner schuldet dem Auftraggeber ein fachgerechtes Planwerk inklusive Begründung als Gesamtwerk, aus dem Teile nicht herausgenommen oder anderweitig erstellt werden können.

106 Die Grundleistungen der LPH 2 und 3 sind in sich nicht trennbar und müssen jeweils vollständig erbracht werden.

107 In der Regel ist folglich vom Stadtplaner grundsätzlich **das volle Leistungsbild** des § 19 im o.a. Sinne **zu erbringen.**

108 **Reduzierungen des Leistungsbilds oder einzelner Grundleistungen** sind nur in wenigen besonderen Fällen angebracht. Dies setzt voraus, dass diese bereits anderweitig vollumfänglich vorliegen und als in sich schlüssiges Werk betrachtet werden können.

§ 8 Abs. 1 und Abs. 2 eröffnen diese Möglichkeit auch für die Bauleitplanung, wenngleich diese in erster Linie bei Realisierungsplanungen Anwendung finden.[3] § 8 Abs. 1 bezieht sich dabei auf Leistungsphasen, § 8 Abs. 2 auch auf einzelne Grundleistungen. 109

In diesen Fällen ist zu prüfen, ob die ordnungsgemäße und mängelfreie Erfüllung des Auftrags dann noch uneingeschränkt möglich ist. Eindeutig zu klären und im Vertrag zu regeln ist in diesem Fall auch die Haftung im Rahmen des Werkvertrags. 110

Für den hierfür insgesamt erforderlichen **Koordinierungs- und Einarbeitungsaufwand** steht dem Auftragnehmer gem. § 8 Abs. 3 eine gesonderte Vergütung zu. Diese ist schriftlich zu vereinbaren. 111

Anders verhält es sich mit Teilleistungen, die keine in sich geschlossenen Teilerfolge bzw. keine selbstständigen Arbeitsschritte darstellen und überwiegend als **„dienstvertragliche Leistungen"** zu bewerten sind.[4] Hierzu gehören z.B. „LPH 1d) Festlegen ergänzender Fachleistungen und Formulieren von Entscheidungshilfen für die Auswahl anderer fachlich Beteiligter, soweit notwendig", „LPH 1f) Mitwirken beim Festlegen von Zielen und Zwecken der Planung" und ähnliche Leistungen. Das Entfallen solcher Leistungen – sei es, weil sie zur ordnungsgemäßen Erfüllung der Aufgabe nicht erforderlich sind, sei es, dass Entscheidungen hierzu schon getroffen sind – berechtigt nicht zu Honorarminderungen. 112

Zum Beispiel LPH 1d): Die Anzahl der fachlich zu Beteiligenden mag gering oder größer sein, es ist jedoch nicht abzustreiten, dass selbst die Entscheidung, keine weiteren Fachleute beizuziehen, reiflicher Überlegungen und einer sorgfältigen Beratung bedarf. Der Zusatz „soweit erforderlich" stellt dies eindeutig klar. 113

Zum Beispiel LPH 1f): Es mag behauptet werden, dass die Gemeinde Ziele und Zwecke der Planung bereits vor Beauftragung des Stadtplaners festgelegt hat. Alleine der Begriff „Mitwirken" beinhaltet aber bereits eine allenfalls beratende Funktion des Stadtplaners. Im Planungsprozess müssen deren Erreichbarkeit auf den Prüfstand gestellt und die Ziele ggf. weiterentwickelt werden können. Hier hat der Stadtplaner zweifelsfrei eine inhaltlich beratende Funktion. Gemäß § 2a S. 2 Nr. 1 BauGB müssen in der Begründung „die Ziele, Zwecke und wesentlichen Auswirkungen des Bauleitplans" entsprechend dem Stand des Verfahrens dargestellt werden. 114

Keine eigenständige planerische Leistung ist das Zurverfügungstellen des planungsrelevanten Datenmaterials und von Kartenunterlagen durch die Gemeinde.[5] Dies berechtigt nicht zu einer Einschränkung der zu erbringenden Grundleistungen. Hier gilt vielmehr die **Informationsverpflichtung** der Gemeinde während des gesamten Planungsprozesses, insbesondere für LPH 1a): „Zusammenstellen und Werten des vorhandenen Grundlagenmaterials". Es kann sein, dass die beauftragende Gemeinde bereits im Vorfeld einer Beauftragung umfangreiches Grundlagenmaterial zusammengestellt hat und der Meinung ist, dass damit diese Leistung bereits als erbracht gilt. Grundsätzlich ist es aber so, dass die Gemeinde dem Stadtplaner alle Unterlagen zur Verfügung stellen und alle ihr bekannten relevanten Sachverhalte zur Kenntnis geben muss, die er zur Bearbeitung des Bauleitplans benötigt und die sie ihm mit angemessenem Aufwand zur Verfügung stellen kann. Dem Stadtplaner obliegt es dabei, der Gemeinde mitzuteilen, welche Unterlagen er benötigt. Er muss diese dann auf Vollständigkeit prüfen und bewerten. Das heißt, er muss alle diese Unterlagen sichten und ggf. weitere Unterlagen erstellen/nachfordern, auch von anderen Dienststellen. 115

---

3 Vgl. Locher/Koeble/Frik/*Koeble*, § 8 Rn 7.
4 Locher/Koeble/Frik/*Koeble*, § 8 Rn 20 ff.
5 Vgl. amtliche Begründung zu § 18 Abs. 1 S. 1, BR-Drucks. 334/13, S. 147.

Praxistipp
Bericht aus der Praxis: Es ist jedoch wenig hilfreich, wenn der Stadtplaner von der Gemeinde mit allem „zugeschüttet" wird, was sich in der Gemeinde in den letzten fünf Jahren getan hat. Das Sichten und Filtern dieser Unterlagen erfordert unter Umständen einen erheblich größeren Arbeitsaufwand als ein von Auftragnehmer zielgerichtetes Zusammenstellen des Grundlagenmaterials. Das Herausfiltern des notwendigen Materials aus einem solchen Datenvolumen ist einem Auftragnehmer auch nicht zumutbar.

§ 20
Honorare für Grundleistungen bei Flächennutzungsplänen

(1) Die Mindest- und Höchstsätze der Honorare für die in § 18 und Anlage 2 aufgeführten Grundleistungen bei Flächennutzungsplänen sind in der folgenden Honorartafel festgesetzt:

Fläche in Hektar	Honorarzone I geringe Anforderungen von bis Euro		Honorarzone II durchschnittliche Anforderungen von bis Euro		Honorarzone III hohe Anforderungen von bis Euro	
1.000	70.439	85.269	85.269	100.098	100.098	114.927
1.250	78.957	95.579	95.579	112.202	112.202	128.824
1.500	86.492	104.700	104.700	122.909	122.909	141.118
1.750	93.260	112.894	112.894	132.527	132.527	152.161
2.000	99.407	120.334	120.334	141.262	141.262	162.190
2.500	111.311	134.745	134.745	158.178	158.178	181.612
3.000	121.868	147.525	147.525	173.181	173.181	198.838
3.500	131.387	159.047	159.047	186.707	186.707	214.367
4.000	140.069	169.557	169.557	199.045	199.045	228.533
5.000	155.461	188.190	188.190	220.918	220.918	253.647
6.000	168.813	204.352	204.352	239.892	239.892	275.431
7.000	180.589	218.607	218.607	256.626	256.626	294.645
8.000	191.097	231.328	231.328	271.559	271.559	311.790
9.000	200.556	242.779	242.779	285.001	285.001	327.224
10.000	209.126	253.153	253.153	297.179	297.179	341.206
11.000	216.893	262.555	262.555	308.217	308.217	353.878
12.000	223.912	271.052	271.052	318.191	318.191	365.331
13.000	230.331	278.822	278.822	327.313	327.313	375.804
14.000	236.214	285.944	285.944	335.673	335.673	385.402
15.000	241.614	292.480	292.480	343.346	343.346	394.213

(2) Das Honorar für die Aufstellung von Flächennutzungsplänen ist nach der Fläche des Plangebiets in Hektar und nach der Honorarzone zu berechnen.

(3) Welchen Honorarzonen die Grundleistungen zugeordnet werden, richtet sich nach folgenden Bewertungsmerkmalen:

1. **zentralörtliche Bedeutung und Gemeindestruktur,**
2. **Nutzungsvielfalt und Nutzungsdichte,**
3. **Einwohnerstruktur, Einwohnerentwicklung und Gemeinbedarfsstandorte,**

4. Verkehr und Infrastruktur,
5. Topografie, Geologie und Kulturlandschaft,
6. Klima-, Natur- und Umweltschutz.

(4) Sind auf einen Flächennutzungsplan Bewertungsmerkmale aus mehreren Honorarzonen anwendbar und bestehen deswegen Zweifel, welcher Honorarzone der Flächennutzungsplan zugeordnet werden kann, so ist zunächst die Anzahl der Bewertungspunkte zu ermitteln. Zur Ermittlung der Bewertungspunkte werden die Bewertungsmerkmale wie folgt gewichtet:
1. geringe Anforderungen: 1 Punkt,
2. durchschnittliche Anforderungen: 2 Punkte,
3. hohe Anforderungen: 3 Punkte.

(5) Der Flächennutzungsplan ist anhand der nach Absatz 4 ermittelten Bewertungspunkte einer der Honorarzonen zuzuordnen:
1. Honorarzone I: bis zu 9 Punkte,
2. Honorarzone II: 10 bis 14 Punkte,
3. Honorarzone III: 15 bis 18 Punkte.

(6) Werden Teilflächen bereits aufgestellter Flächennutzungspläne (Planausschnitte) geändert oder überarbeitet, so ist das Honorar frei zu vereinbaren.

Übersicht

A. Struktur der Kommentierung

1 Mit der HOAI 2013 wurden die §§ 20 und 21 grundlegend überarbeitet. Wie bei den Leistungsbildern wird auch die neue Honorarstruktur in § 21 ausführlich für den Bebauungsplan behandelt, da erfahrungsgemäß der überwiegende Teil der Vergaben die Bebauungsplanung betrifft.

2 Soweit es hier inhaltliche Parallelen gibt, wird deshalb nachfolgend die Kommentierung zum FNP knappgehalten und auf die entsprechenden Teile der Kommentierung zu § 21 „Honorare für die Grundleistungen bei Bebauungsplänen" verwiesen.

3 So weit erforderlich wird auf die §§ 5–10 Bezug genommen, ohne weiter darauf einzugehen, da diese weiter vorne ausführlich behandelt sind.

4 Die **Bewertungsmerkmale** zur Bestimmung der Honorarzone wurden mit der HOAI 2013 vollkommen neu und **für FNP und B-Plan unterschiedlich** definiert. Sie bilden damit die spezifischen Anforderungen an die jeweilige Planungsart und die aktuelle Entwicklung des Planungsrechts ab. Die Bewertungsmerkmale für den FNP werden nachfolgend in Abschnitt V. ausführlich erläutert.

5 In Abschnitt VI. werden die **Sonderfälle von Flächennutzungsplänen** und deren Honorierung behandelt. Dies betrifft vor allem die Änderung von Flächennutzungsplänen, die Aufstellung von thematischen Teil-Flächennutzungsplänen und Verfahrenswiederholungen.

B. Kommentierung

I. Ermittlung des Honorars

Gegenüber den bisher geltenden Fassungen der HOAI wurde mit der HOAI 2013 die Ermittlung des Honorars erheblich vereinfacht entsprechend des systematischen Ansatzes, bei allen Flächenplanungen nur noch die Größe des Plangebiets zur Honorarermittlung heranzuziehen. Die bislang relativ komplizierte Berechnung des Honorars nach Verrechnungseinheiten, die teilweise auf zu Beginn der Planung nicht bekannten Annahmen zur Einwohnerzahl und differenzierten Bauflächen und Baugebieten beruhte, ist damit entfallen. Maßgebend ist nur noch die Fläche des Plangebiets. **6**

Entsprechend gelten hier die Ausführungen zum Bebauungsplan (§ 21 Rn 5f.) mit folgenden Abweichungen: Gemäß § 5 Abs. 1 S. 1 BauGB ist im **7**

> *„Flächennutzungsplan (...) **für das ganze Gemeindegebiet** die sich aus der beabsichtigten städtebaulichen Entwicklung ergebende Art der Bodennutzung nach den voraussehbaren Bedürfnissen der Gemeinde in den Grundzügen darzustellen."*

Die Größe des Plangebiets ist folglich grundsätzlich das ganze Gemeindegebiet. **8**

II. Honorartafel, Mindest- und Höchstsätze (Abs. 1)

Hier gelten die einleitenden Ausführungen zum Bebauungsplan (§ 21 Rn 7–9) entsprechend mit folgenden Abweichungen: **9**

Der FNP als vorbereitender Bauleitplan schafft kein verbindliches Baurecht wie der Bebauungsplan als verbindlicher Bauleitplan. **10**

> *„Im Unterschied zum B-Plan entwickelt der FNP zunächst grundsätzlich keine unmittelbare allgemein verbindliche Außenwirkung gegenüber Dritten. Gleichwohl sind die Darstellungen des FNP als Willensäußerung der Gemeinde u.a. als öffentlicher Belang, insbesondere soweit sie den Außenbereich betreffen, auch für Vorhaben bzw. für den Einzelnen reglementierend. Da der FNP keine Rechtsnorm darstellt, unterliegt er nicht der unmittelbaren verwaltungsgerichtlichen Normenkontrolle (§ 47 VwGO). Über die Inzidentklage können aber auch Darstellungen im FNP einer gerichtlichen Kontrolle unterzogen werden."*[1]

Das bedeutet: Auch wenn ein FNP nicht einer Normenkontrolle unterliegen kann, so werden dennoch immer höhere Ansprüche an eine sorgfältige Planung und Abwägung aller Darstellungen gestellt. Hinzu kommen laufend höhere Ansprüche aus ergänzenden gesetzlichen Vorschriften (wie z.B. zum Klima- und Umweltschutz) und eine erheblich aktivere Öffentlichkeit, deren Belange es zu beachten und in Abstimmung mit der Gemeinde einzuarbeiten gilt. Für die Entwicklung der technischen Ausstattung der Büros gelten die Aussagen wie zum Bebauungsplan. **11**

Insgesamt gilt also auch für die Erstellung von Flächennutzungsplänen, dass die Tafelwerte der HOAI 2009 ganz und gar unzureichend waren. **12**

Die Honorartabelle umfasst Flächen für Flächennutzungspläne mit einer Fläche des Gemeindegebiets von 1.000 ha bis zu 15.000 ha. Die Honorartafelwerte für die Grundleistungen reichen damit von 70.439 € (1.000 ha, HZ I Von-Satz) bis 394.213 € (15.000 ha, **13**

1 *Rixner/Biedermann/Steger*, § 5 Rn 3f.

HZ III Bis-Satz). Die Regelung des § 20 Abs. 6 HOAI 2009, dass das Gesamthonorar für alle Grundleistungen mindestens 2.300 € betragen muss, konnte damit konsequenterweise entfallen.

14 Die Honorare für Flächennutzungspläne für ein kleineres Gemeindegebiet als 1.000 ha oder ein größeres Gemeindegebiet als 15.000 ha können gem. § 7 Abs. 2 frei vereinbart werden. Eine reine Extrapolation der Tafelwerte ist dabei weder gefordert noch angebracht.

15 Gemäß § 7 Abs. 4 können die Höchstsätze nur bei außergewöhnlichen oder ungewöhnlich lange dauernden Grundleistungen überschritten werden.

16 Gemäß der zur Berechnung der aktuellen Honorartafelwerte im Auftrag des für die Honorierung zuständigen BMWi durchgeführten Studie zum Aktualisierungsbedarf zur Honorarstruktur[2] liegt die prozentuale Erhöhung der Honorare für den FNP gegenüber jenen der HOAI 2009 im Bereich von +33,27% bis +86,47% für den Zeitraum von 1996 bis 2013. Bezogen auf diesen Zeitraum werden diese Honorare der HOAI 2009 zwischen +1,7% und +3,7% p.a. erhöht. Dabei werden allgemein Honorare für kleinere Flächen stärker erhöht als die Honorare für größere Flächen.

17 Diese Anhebung der Honorarsätze entspricht – ohne konkrete Nachprüfung – in etwa der jährlichen Preisentwicklung und ist alleine schon aus diesem Grund gerechtfertigt.

18 **Kritische Anmerkungen:** Durch die Umstellung des Honorars alleine auf die Bezugsgröße der Fläche des Planungsgebietes können sich bei Gemeinden mit kleinem Gemeindegebiet aber hoher Einwohnerzahl gegenüber der HOAI 2009 Nachteile ergeben.

19 Durch die Preisentwicklung nimmt der mit den Honorartafeln festgeschriebene Wert der Honorare faktisch Jahr für Jahr ab, da diese flächenbezogen sind und nicht wie andere Leistungen an der Preisentwicklung über die Baukosten teilnehmen. Leider konnte hierfür bei der Novellierung der HOAI noch keine Lösung gefunden werden. Hier besteht eindeutig Nachbesserungsbedarf.

III. Fläche des Plangebiets (Abs. 2)

20 Wie einleitend bereits dargestellt, ist die Fläche des Plangebiets grundsätzlich **das ganze Gemeindegebiet**.

21 Gemäß § 5 Abs. 1 S. 2 BauGB können **Flächen** und sonstige Darstellungen aus dem FNP **ausgenommen** werden, wenn dadurch die nach Satz 1 darzustellenden Grundzüge nicht berührt werden und die Gemeinde beabsichtigt, die Darstellung zu einem späteren Zeitpunkt nachzuholen. Die Gründe hierfür sind in der Begründung zum FNP darzulegen.

22 Honorarrechtlich ist dies ohne Belang, da

- weder der Zeitpunkt bekannt ist, zu dem die Entscheidung fällt, Teilflächen aus den Darstellungen auszunehmen, noch der Zeitpunkt bekannt ist, zu dem die Gemeinde beschließt, diese Teilflächen wieder in die Darstellungen des FNP aufzunehmen; beides kann durchaus während des Aufstellungsverfahrens erfolgen;

2 Aktualisierungsbedarf zur Honorarstruktur der Honorarordnung für Architekten und Ingenieure (HOAI), Studie im Auftrag des Bundesministeriums für Wirtschaft und Technologie, Hauptdokument, Dezember 2012, S. 59, abrufbar unter http://www.bmwi.de/BMWi/Redaktion/PDF/A/aktualisierungsbedarf-zur-honorarstruktur-der-honorarordnung-fuer-architekten-und-ingenieure-hoai-hauptdokument,property=pdf,bereich=bmwi2012,sprache=de,rwb=true.pdf.

- es sich grundsätzlich nur um kleinere, untergeordnete und unwesentliche Flächen handeln kann, da größere Flächen die Grundzüge der Planung zumindest tangieren würden;
- die Herausnahme solcher Flächen immer zu begründen ist;
- solche Teilflächen nur ohne Änderungen der umgebenden Darstellungen in den FNP aufgenommen werden können, wenn sie mit ihrem Umfeld und ihrer Erschließung von Anfang an bei der Planung berücksichtigt sind und sich in ihr Umfeld problemlos einfügen.

Bei der Ermittlung des Honorars ist deshalb auch in diesem Fall das gesamte Gemeindegebiet anzusetzen. 23

IV. Ermittlung der Honorarzone, Bewertungsmerkmale (Abs. 3, Abs. 4)

Bis einschließlich HOAI 2009 konnte bzw. musste die Ermittlung des Gesamthonorars für den FNP zwei unterschiedliche Honorarzonen zugeordnet werden. (Die Ansätze nach den Nr. 1 bis 3 von § 20 Abs. 3 waren gemeinsam einer Honorarzone zuzuordnen; der Ansatz nach Nr. 4 war gesondert einer Honorarzone zuzuordnen.) 24

Durch die ausschließliche Berechnung des Honorars nach der Größe der Fläche des Plangebiets ist der FNP nur noch einer Honorarzone zuzuordnen. 25

Im Weiteren gelten die Ausführungen zum Bebauungsplan (§ 21 Rn 20–23) mit folgenden für die Bearbeitungsebene des FNP maßgebenden Abweichungen und Konkretisierungen: 26

Gemäß § 20 Abs. 5 HOAI 2009 war bei der Honorarberechnung zu berücksichtigen, wenn ein gültiger Landschaftsplan bereits vorlag, der unverändert zu übernehmen war. Diese Regelung wurde in die HOAI 2013 nicht übernommen. Deshalb gilt auch für den FNP uneingeschränkt, dass bereits vorliegende Planungen, Fachplanungen und Fachgutachten (Stadtentwicklungspläne, Strukturuntersuchungen, teilräumliche Entwicklungskonzepte, Fachgutachten zu Verkehr u.Ä.) keine Auswirkungen auf die Bestimmung der Honorarzone haben (vgl. § 21 Rn 21). 27

Für den Flächennutzungsplan wurden die Bewertungsmerkmale mit § 20 Abs. 3 vollkommen neu und abweichend von jenen für den Bebauungsplan bestimmt. Damit wird den unterschiedlichen Planungsanforderungen dieser Planwerke Rechnung getragen. Für den Flächennutzungsplan gelten folgende Bewertungsmerkmale: 28

1. Zentralörtliche Bedeutung und Gemeindestruktur,
2. Nutzungsvielfalt und Nutzungsdichte,
3. Einwohnerstruktur, Einwohnerentwicklung und Gemeinbedarfsstandorte,
4. Verkehr und Infrastruktur,
5. Topografie, Geologie und Kulturlandschaft,
6. Klima-, Natur- und Umweltschutz.

Diese sind nachfolgend ausführlich erläutert.

Im Weiteren gelten die Ausführungen zum Bebauungsplan (§ 21 Rn 30–33). 29

V. Ausführliche Beschreibung der neuen Bewertungsmerkmale für den Flächennutzungsplan (Abs. 3)

Wie bereits dargestellt, wurden die Bewertungsmerkmale für den FNP den spezifischen Anforderungen entsprechend grundsätzlich neu entwickelt. Jedes Bewertungsmerkmal besteht aus zwei oder drei Teilmerkmalen. 30

31 **Zum Verständnis und zur Anwendung** gelten die Ausführungen zum B-Plan (§ 21 Rn 29–35) mit folgenden für die Maßstabsebene des FNP maßgebenden und zur Bestimmung des Schwierigkeitsgrads durchaus relevanten Unterschieden:

32 **Umfeld:** Wie bei der Bewertung des Schwierigkeitsgrads eines Bebauungsplans ist auch beim FNP sein Umfeld zu berücksichtigen, allerdings in der Maßstabsebene des FNP: Welche Anforderungen ergeben sich aus dem landesplanerischen und regionalen Kontext (LEP, Regionalplan, Ziele des Landkreises etc.)? Ergeben sich aus der Lage der Gemeinde in Zuordnung zu den umgebenden Gemeinden besondere Anforderungen (Gemeinden mit besonderen, auf die Nachbargemeinden ausstrahlenden Problemstellungen, Städte)? Tangieren übergeordnete Verkehrstrassen, Leitungstrassen oder andere Nutzungen (Industriegebiet, Flughafen o.Ä.) das Plangebiet und sind diese zu berücksichtigen?

33 **Interkommunale Zusammenarbeit:** Besteht eine interkommunale Zusammenarbeit der Gemeinde mit den umgebenden Gemeinden oder dem Landkreis? Auf welchen Gebieten (ÖPNV, Schulverband, Gewerbeflächen etc.)? Welche Anforderungen für die Planung ergeben sich daraus?

34 **Detaillierungsgrad der Darstellungen:** Die Darstellung von Flächennutzungsplänen wird nicht einheitlich gehandhabt. Während in vielen Fällen eine weitgehend parzellenscharfe Darstellung im Planteil gefordert wird, wird teilweise auch eine einfachere, schematischere zeichnerische Darstellung für ausreichend erachtet.

Praxishinweis

Klären Sie im Rahmen der Erstellung eines Angebots auch die oben dargestellten Faktoren im Grundsatz. Ein späterer Verweis nach Auftragserteilung führt nicht immer zum Erfolg, wenn davon ausgegangen werden konnte, dass diese Faktoren bekannt sind bzw. diese Informationen dazu zugänglich sind.

---

35 Bei der nachfolgenden ausführlichen Erläuterung der Bemerkungsmerkmale ist zu beachten, dass Flächennutzungspläne in der Regel einen **Planungshorizont von 15 Jahren** haben. Dies bedeutet, dass in allen Fällen die Planungsperspektive für diesen Zeitraum zu berücksichtigen ist.

36 **1. Bewertungsmerkmal zentralörtliche Bedeutung und Gemeindestruktur.** Mit diesem neu eingeführten Bewertungsmerkmal wird der Tatsache Rechnung getragen, dass ein unmittelbarer Bezug zwischen der Größe einer Gemeinde – ob kleine Landgemeinde oder komplexe Stadt – und dem Bearbeitungs- und Abstimmungsaufwand besteht.

a) Zentralörtliche Bedeutung

37 **aa) Definition.** Dieses Bewertungsmerkmal bewertet die Funktion einer Gemeinde im regionalen Kontext. Die zentralörtliche Einordnung wird in der Regel durch übergeordnete Planungen (Landesentwicklungsprogramme, Raumordnungspläne, Regionalpläne) bestimmt. Die Begriffe hierfür sind länderspezifisch, aber immer hierarchisch geordnet: z.B. Unterzentrum, Kleinzentrum, Mittel- und Oberzentrum. Entsprechend dieser Einordnung zeichnen sich diese durch eine zunehmende Ausstattung mit übergeordneten Verwaltungs- und Bildungseinrichtungen sowie durch einen höheren Besatz von Arbeitsplätzen und Betrieben aus. Ebenso nimmt die verkehrliche Bedeutung in der Region zu, aber auch die verkehrliche Belastung.

38 **bb) Planungsanforderungen und Kriterien für die Zuordnung.** Die Planungsanforderungen nehmen mit der zentralörtlichen Bedeutung einer Gemeinde zu, da zuneh-

mend komplexere Aufgaben zu beachten sind. Der Untersuchungs- und Prüfungsaufwand wird umfangreicher, Entscheidungsprozesse mit einer zunehmenden Anzahl von zu beteiligenden Dienststellen und Institutionen bedingen einen größeren Abstimmungs- und Koordinationsaufwand.

- **Geringe Anforderungen:** Gemeinden ohne zentralörtliche Funktion.
- **Durchschnittliche Anforderungen:** Gemeinden mit einer mittleren zentralörtlichen Funktion.
- **Hohe Anforderungen:** Gemeinden mit einer hohen zentralörtlichen Funktion.

b) Gemeindestruktur

aa) Definition. Der Begriff Gemeindestruktur umfasst sowohl die räumliche Struktur einer Gemeinde als auch deren Verwaltungsstruktur. 39

Die räumliche Struktur ist definiert durch die räumliche Verteilung der Ortsteile im Gemeindegebiet und die Größe der Gemeinde. Sie reicht von kleinen Gemeinden mit einem Hauptort bis zu großen Gemeinden mit vielen Teilorten oder Ortsteilen. 40

Die Verwaltungsstruktur bezeichnet die Organisation und Komplexität der Verwaltungsorganisation und der politischen Entscheidungsgremien einer Gemeinde. 41

bb) Planungsanforderungen und Kriterien für die Zuordnung. Der Bearbeitungs- und Abstimmungsaufwand nimmt mit der Größe und Komplexität der Gemeindestruktur zu. Eine Gemeinde mit mehreren größeren Ortsteilen, ggf. mit eigenen Ortsbeiräten, ist komplexer als eine einfache Landgemeinde. Verwaltungsstrukturell maßgebend sind auch die Anzahl der Dienststellen und Fachbehörden, deren Belange zu koordinieren und abzustimmen sind, sowie die verwaltungsinternen und politischen Entscheidungsprozesse. 42

- **Geringe Anforderungen:** Die Gemeinde besteht aus einem Ortsteil, weitere Siedlungsteile sind im FNP nicht darzustellen; einfache Abstimmungsprozesse mit wenigen Dienststellen; ein politisches Entscheidungsgremium ohne Gremien in weiteren Ortsteilen.
- **Durchschnittliche Anforderungen:** Gemeinde mit einem Hauptort und wenigen weiteren Ortsteilen, die im FNP darzustellen sind; Abstimmungsprozesse mit mehreren Dienststellen; ein politisches Entscheidungsgremium, weitere Gremien in den Ortsteilen haben nur empfehlende oder beratende Funktion.
- **Hohe Anforderungen:** Gemeinde mit mehreren und größeren Ortsteilen; komplexe Verwaltungsstruktur mit vielen Fachdienststellen; mehrstufige Entscheidungshierarchien; interkommunale Zusammenarbeit gefordert.

2. Nutzungsvielfalt und Nutzungsdichte

a) Nutzungsvielfalt

aa) Definition. Nutzungsvielfalt beschreibt das Zusammentreffen unterschiedlicher bestehender und/oder geplanter Nutzungsarten gem. § 5 BauGB und § 1 BauNVO, die jeweils einzeln zu betrachten und aufeinander abzustimmen sind; Vielfalt der Nutzungsarten, die im FNP darzustellen sind. 43

bb) Planungsanforderungen und Kriterien für die Zuordnung. Die Planungsanforderungen nehmen mit der Anzahl der vorhandenen und geplanten Nutzungsarten allgemein zu. Gegenseitige Auswirkungen und Einflussnahmen sind zu berücksichtigen, 44

Gemengelagen und Nutzungskonflikte sind planerisch einwandfrei zu bewältigen. Die einzelnen Nutzungsarten sind in ihrer Art und in ihrem Umfang zu begründen.

- **Geringe Anforderungen:** wenige Nutzungsarten; kein erkennbares Konfliktpotenzial; maßvolle und problemlose Ergänzung von Bauflächen möglich.
- **Durchschnittliche Anforderungen:** Vielzahl von Nutzungsarten; geringes Konfliktpotenzial; größere Baugebietsergänzungen mit erhöhtem Überprüfungsbedarf bezüglich Verträglichkeit; abgewogene Reduzierung oder Aufhebung von Bauflächen in geringem Umfang.
- **Hohe Anforderungen:** komplexe Verteilung unterschiedlicher Nutzungsarten mit hohem Überprüfungsbedarf; hohes Konfliktpotenzial; zusätzliche Bau- und Entwicklungsflächen in größerem Umfang erforderlich und nur mit hohem Überprüfungsbedarf möglich; Reduzierung oder Aufhebung von Bauflächen in größerem Umfang.

b) Nutzungsdichte

45 **aa) Definition.** Nutzungsdichte bezeichnet die Intensität des räumlichen Aufeinandertreffens unterschiedlicher Nutzungsarten und -ansprüche baulicher und nicht baulicher Art. Sie bezeichnet auch die Nutzungsintensität im Gemeindegebiet, ausgedrückt durch den Anteil der Bauflächen am Gemeindegebiet.

46 **bb) Kriterien für die Zuordnung.** Die Planungsanforderungen nehmen mit der Nutzungsdichte und dem sich daraus ergebenden Konfliktpotenzial zu. Mit zunehmendem Konfliktpotenzial steigt der Abstimmungs- und Abwägungsaufwand und können Nutzungsbeschränkungen erforderlich werden.

- **Geringe Anforderungen:** geringe Nutzungsdichte; keine Gemengelagen und Nutzungskonflikte erkennbar; geringer Bauflächenanteil am Gemeindegebiet (meist ländlich geprägte Gemeinden).
- **Durchschnittliche Anforderungen:** durchschnittliche Nutzungsdichte ohne besondere Problemstellungen; mehrere Gemengelagen und Nutzungskonflikte; untergeordneter Bauflächenanteil am Gemeindegebiet.
- **Hohe Anforderungen:** hohe Nutzungsdichte mit vielen Gemengelagen, aus der sich durch das Aufeinandertreffen unverträglicher Nutzungen entsprechende Konfliktpotenziale und Problemstellungen ergeben; hoher Bauflächenanteil am Gemeindegebiet; hohe Planungsdynamik.

3. Bewertungsmerkmal Einwohnerstruktur, Einwohnerentwicklung und Gemeinbedarfsstandorte

a) Einwohnerstruktur

47 **aa) Definition.** Dieses Bewertungsmerkmal umfasst die demographische Struktur einer Gemeinde (Altersverteilung) und die soziale Struktur der Bevölkerung einschließlich ihrer räumlichen Verteilung.

48 **bb) Planungsanforderungen und Kriterien für die Zuordnung.** Die sorgfältige Analyse der demographischen und sozialen Bevölkerungsstruktur ist Grundvoraussetzung für das Verständnis der Problemlagen einer Gemeinde. Diese Analyse bildet die Grundlage für die quantitative und qualitative Ermittlung der für den Planungshorizont von 15 Jahren anzulegenden Gemeinbedarfseinrichtungen und Einrichtungen der Da-

seinsfürsorge einschließlich der hierfür erforderlichen Flächen und Standorte. Der Bearbeitungsaufwand nimmt mit der Bevölkerungsanzahl und der Komplexität der sozialen Strukturen zu.

- **Geringe Anforderungen:** kleine Gemeinden mit einer unauffälligen Bevölkerungsstruktur ohne besondere Merkmale.
- **Durchschnittliche Anforderungen:** mittlere Einwohnerzahl und -dichte; maßvolle Abweichungen von der durchschnittlichen demographischen und sozialen Struktur; soziale Problemlagen bekannt.
- **Hohe Anforderungen:** hohe Einwohnerzahl und -dichte; starke Abweichungen von der durchschnittlichen demographischen und sozialen Struktur; umfangreiche und komplexe soziale Problemlagen bekannt.

b) Einwohnerentwicklung

aa) Definition. Einwohnerentwicklung ist die Zunahme oder Abnahme der Zahl der 49
Einwohner einer Gemeinde oder von einzelnen Ortslagen in der Gemeinde über den gesamten Planungshorizont des FNP.

bb) Planungsanforderungen und Kriterien für die Zuordnung. Die Veränderung 50
der Zahl der Einwohner löst einen erhöhten Untersuchungsbedarf bezüglich des Bauflächen- und Infrastrukturbedarfs aus. Die Darstellung neuer Bauflächen insbesondere zur Aufnahme der neuen Einwohner, der Infrastruktur und der Bewältigung des Verkehrs erfordert einen erheblichen Prüfungs- und Abstimmungsaufwand. Bei schrumpfenden Gemeinden löst die gerechte und fachgerechte Aufhebung von Bauflächendarstellungen einen erhöhten Prüfungs- und Abstimmungsaufwand aus.

- **Geringe Anforderungen:** keine wesentliche Änderung der Einwohnerzahl zu erwarten.
- **Durchschnittliche Anforderungen:** geringfügige Änderung der Anzahl der Einwohner beabsichtigt oder zu erwarten.
- **Hohe Anforderungen:** mittlere oder stärkere Veränderung der Anzahl der Einwohner beabsichtigt oder zu erwarten.

c) Gemeinbedarfsstandorte

aa) Definition. Diesem Teilmerkmal zugeordnet sind gemäß Planzeichenverord- 51
nung (PlanZV) Einrichtungen und Anlagen zur Versorgung mit Gütern und Dienstleistungen des öffentlichen und privaten Bereichs, Flächen für den Gemeinbedarf (Schulen/Bildung, Soziales, Gesundheit, Sicherheit), Flächen für kulturelle und kirchliche Zwecke sowie Flächen für Sport- und Spielanlagen.

Im FNP sind diese Standorte zu erfassen und im Benehmen mit den Fachdienststel- 52
len zu bewerten. Zu prüfen ist, ob diese Standorte mit ihren Einrichtungen den zukünftigen Anforderungen qualitativ und quantitativ und in ihrer räumlichen Verteilung genügen bzw. ob Ergänzungen der bestehenden Standorte und/oder zusätzliche Standorte erforderlich sind. Die erforderlichen Flächenwerte sind zu ermitteln.

Grundlage für die Bemessung bedarfsgerechter und zukunftsfähiger Gemeindebe- 53
darfsstandorte bilden die Einwohnerentwicklung und die Einwohnerstruktur und darauf aufbauend die Ermittlung des qualitativen und quantitativen Gesamtbedarfs.

54 **bb) Planungsanforderungen und Kriterien für die Zuordnung.** Die Planungsanforderungen werden bestimmt durch

- die Anzahl der Standorte,
- die räumliche Verteilung der Standorte,
- den Handlungsbedarf aufgrund der vorgefundenen Defizite,
- den Handlungsbedarf, der sich aus neuen Flächenanforderungen ergibt.

55 Diese Faktoren sind im Benehmen mit den zuständigen Fachdienststellen zu untersuchen. Der Bearbeitungsaufwand und damit die Planungsanforderungen sind folglich abhängig von der Vielzahl und Dichte dieser Standorte, dem Vorliegen bereits bestehender Untersuchungen/Bewertungen der Fachdienststellen und dem Handlungsbedarf.

- **Geringe Anforderungen:** geringe Anzahl von Gemeinbedarfsstandorten; die Gemeinbedarfsstandorte sind hinsichtlich ihrer Flächenausweisungen und räumlichen Verteilung ausreichend; neue Bedarfe sind nicht anzunehmen.
- **Durchschnittliche Anforderungen:** größere Anzahl und Vielfalt von Gemeinbedarfsstandorten; die bestehenden Flächenausweisungen genügen zukünftigen Anforderungen nicht mehr; durch die unzureichende Qualität der Einrichtungen ergeben sich zusätzliche Flächenanforderungen, denen weitgehend problemlos entsprochen werden kann.
- **Hohe Anforderungen:** hohe Anzahl und Komplexität von Gemeinbedarfsstandorten; erhebliche Defizite bezüglich der Qualität, der Flächenausstattung und/oder Erreichbarkeit/räumlichen Verteilung; die Ausweisung neuer Standorte ist erforderlich; eingeschränkte Flächenverfügbarkeit; für die Aufhebung von bestehenden Standorten sind Folgenutzungen zu entwickeln.

4. Bewertungsmerkmal Verkehr und Infrastruktur

a) Verkehr

56 **aa) Definition.** Flächennutzungspläne beinhalten die relevanten Aussagen und Flächendarstellungen zu allen Verkehrswegen einschließlich Fuß- und Radwegen. Im großräumigen System sind alle übergeordneten Straßensysteme und Flächen für öffentliche Verkehrsmittel auch gemeindeübergreifend zu betrachten, ihre langfristige Leistungsfähigkeit ist zu bewerten und ggf. zu prüfen (Fachgutachten). Neue Planungen sind einzuarbeiten, planfestgestellte Planungen sind nachrichtlich zu übernehmen. Im kleinräumigen System sind die Erschließung von Ortsteilen und Siedlungsgebieten sowie ggf. Flächen für den ruhenden Verkehr darzustellen.

57 Die Betrachtung der Verkehrssysteme beinhaltet auch die Berücksichtigung von deren Auswirkungen (Lärm, Erschütterung, elektromagnetische Verträglichkeit). Hierfür sind eventuell Freihaltezonen, Nutzungsbeschränkungen für angrenzende Baugebiete etc. erforderlich und in den FNP zu übernehmen (vgl. Bewertungsmerkmal Klima-, Natur- und Umweltschutz, Rn 80).

58 **bb) Planungsanforderungen und Kriterien für die Zuordnung.** Die Planungsanforderungen sind abhängig von der Komplexität der Systeme des motorisierten und öffentlichen Verkehrs, vom Umfang der Verkehrstrassen im Gemeindegebiet und von der Anzahl der zu betrachtenden Verkehrsmodi. Zudem nehmen die Planungsanforderungen mit dem Umfang der erforderlichen Änderungen zu.

59 **Neue Verkehrstrassen** erfordern in der Regel einen hohen Bearbeitungsaufwand. Die Trassenführung ist sorgfältig zu wählen und deren Auswirkungen sind zu prüfen (oft in Varianten) und in die Abwägung einzustellen. Gerade bei neuen Verkehrstrassen ist

mit dem Widerstand der betroffenen Bürger und Träger zu rechnen, was eine umso sorgfältigere Planung, Begründung und Abwägung erfordert.

- **Geringe Anforderungen:** einfaches Erschließungssystem mit überwiegender Bestandsdarstellung; keine übergeordneten Verkehrstrassen im Gemeindegebiet; insgesamt allenfalls geringe Auswirkungen auf die Flächennutzungen; Fachgutachten nicht erforderlich.
- **Durchschnittliche Anforderungen:** differenzierte Erschließungssysteme mit mehreren Verkehrsmodi; bestehende übergeordnete Verkehrstrassen (Straße, Bahn) im Gemeindegebiet oder seinem Umfeld mit durchschnittlichen Auswirkungen auf die Flächennutzungen; Ergänzungen/Änderungen im Erschließungssystem ohne wesentliche Auswirkungen auf die Flächennutzungen; Fachgutachten nur in geringem Umfang erforderlich.
- **Hohe Anforderungen:** komplexes Verkehrssystem mehrerer Verkehrsmodi; stark belastete Verkehrstrassen mit Auswirkungen auf die Flächennutzungen; bestehende oder geplante Trassen und/oder Einrichtungen mit hohem Belastungspotenzial (z.B. Güterverteilzentrum); fehlender Konsens bei Neuplanungen oder Änderungen (Träger/Gemeinde/Bürger); mehrere/umfangreiche Fachgutachten erforderlich.

b) Infrastruktur

aa) Definition. Gemäß amtlicher Begründung zur HOAI 2013 zu § 20 Abs. 3 umfasst der Begriff Infrastruktur die technische Infrastruktur **und** die soziale Infrastruktur. 60

Die **technische Infrastruktur** umfasst alle Einrichtungen, die zur Ver- und Entsorgung einer Gemeinde erforderlich sind (Wasser, Abwasser, Gas, Elektrizität, Abfallentsorgung etc.), alle übergeordneten Trassen der technischen Infrastruktur, die im Gemeindegebiet verlaufen oder dies berühren (Starkstromtrassen, Gasleitungen, Richtfunkstrecken etc.) und auch Einrichtungen, die dem Klimawandel entgegenwirken (Flächen für erneuerbare Energien, Kraft-Wärme-Kopplung u.Ä.). Die Flächen hierfür und die Leitungstrassen sind einschließlich ihrer Freihaltezonen, soweit erforderlich, darzustellen. Im FNP ist der Nachweis der vollständigen und zukunftsfähigen Ausstattung der Gemeinde mit diesen Einrichtungen zu erbringen. 61

Die **soziale Infrastruktur** meint hier die Ausstattung der Gemeinde mit allen erforderlichen Einrichtungen der sozialen Fürsorge, der Bildung und der Daseinsvorsorge. Im FNP ist der Nachweis der vollständigen und zukunftsfähigen Ausstattung der Gemeinde mit diesen Einrichtungen zu erbringen. 62

bb) Planungsanforderungen und Kriterien für die Zuordnung. Technische Infrastruktur: Die Planungsanforderungen stehen in einem Verhältnis zu Komplexität und Umfang dieser technischen Einrichtungen sowie dem Änderungs- und Ergänzungsbedarf. Hoher Untersuchungs- und Abstimmungsaufwand entsteht folglich, wenn 63

- die Flächen für diese Einrichtungen nicht ausreichend sind,
- neue Einrichtungen geplant sind, z.B. solche für erneuerbare Energien,
- die genaue Lage von Leitungstrassen nicht bekannt ist (z.B. Erdkabel, Gasleitungen).

Soziale Infrastruktur: Die Planungsanforderungen werden bestimmt durch den Untersuchungsumfang zur 64

- Ermittlung des Bedarfs, der sich aus der Veränderung der Einwohnerstruktur ergibt,
- Ermittlung des Bedarfs, der sich aus der Einwohnerentwicklung ergibt (Stagnation, Zu- oder Abnahme der Bevölkerung),

– Abschätzung von zukünftigen Entwicklungen insbesondere im sozialen Bereich (Änderung von Versorgungsnormen etc.).

65 Jeder dieser Faktoren ist zu untersuchen, in der Regel mit den zuständigen Fachdienststellen. Der Bearbeitungsaufwand und damit die Planungsanforderungen sind folglich abhängig von der Größe der Gemeinde, der Entwicklung der Zahl der Einwohner und ihrer sozialen Struktur, der Verfügbarkeit und Qualität der Datengrundlage, dem Vorliegen bereits bestehender Untersuchungen der Fachämter und vor allem dem Handlungsbedarf.

66 Sowohl bei der technischen als auch bei der sozialen Infrastruktur ergibt sich ein erhöhter Untersuchungs- und Abstimmungsbedarf bei interkommunaler Zusammenarbeit (z.B. ÖPNV, Schulzweckverbände) und bei Rückbau in schrumpfenden Gemeinden.

– **Geringe Anforderungen:** aufgrund vorliegender Untersuchungen und/oder Aussagen ist bekannt, dass die Versorgung mit Einrichtungen der technischen und sozialen Infrastruktur ausreichend und auch für zukünftig zu erwartende Entwicklungen Vorsorge getroffen ist; neue Flächenausweisungen sind nicht erforderlich; übergeordnete technische Infrastruktureinrichtungen sind allenfalls in geringem Maß vorhanden.
– **Durchschnittliche Anforderungen:** technische Infrastruktur teilweise nicht ausreichend und zu ergänzen; dadurch maßvolle Auswirkungen auf die Flächennutzungen; bestehende Defizite bei sozialer Infrastruktur aufgrund vorliegender Fachplanungen leicht zu bewältigen.
– **Hohe Anforderungen:** die genaue Lage von bestehenden Leitungstrassen mit Auswirkungen auf Flächennutzungen ist nicht bekannt und noch zu ermitteln; erhebliche Auswirkungen bestehender und geplanter Leitungstrassen auf die Flächennutzungen aufgrund aktueller Regelwerke zum Umweltschutz; erhebliche Defizite im Bereich der sozialen Infrastruktur, zukunftsfähiger Bedarf noch zu ermitteln; Rückbau von technischen und/oder sozialen Infrastruktureinrichtungen in schrumpfenden Gemeinden.

5. Bewertungsmerkmal Topografie, Geologie und Kulturlandschaft

a) Topografie

67 **aa) Definition.** Topografie meint den Verlauf des natürlich anstehenden Geländes im gesamten Plangebiet und darüber hinaus mit seinen variierenden Geländeneigungen, seiner Oberflächengestalt und seiner Exposition einschließlich Lage und Verlauf von Wasserflächen.

68 **bb) Planungsanforderungen und Kriterien für die Zuordnung.** Die Planungsanforderungen sind umso höher, je bewegter das Gelände im Gemeindegebiet und seinen Teilbereichen ist und je verschiedenartiger diese Strukturen sind. Die Planungsanforderungen nehmen zudem mit Anzahl und Art der Gewässer zu. Beides erschwert die Bestandserfassung und ggf. die fachgerechte Planung.

– **Geringe Anforderungen:** ebenes oder weitgehend ebenes Gelände, wenige Gewässer.
– **Durchschnittliche Anforderungen:** leicht bewegtes oder in Teilen des Gemeindegebiets bewegtes Gelände mit wenigen unterschiedlichen Reliefformen, Gewässer mit sanften Uferbereichen.

- **Hohe Anforderungen:** stärker oder stark bewegtes Gelände, auch nur in Teilbereichen der Gemeinde; teilweise Bauflächendarstellungen im stark bewegten Gelände in Bestand und/oder Planung zu prüfen; Gewässer mit ausgeprägten Uferkanten.

b) Geologie

aa) Definition. Für den FNP maßgebende geologische Faktoren sind die Bodenbeschaffenheit und die Bodenklassen, Oberflächenwasser, Grundwasser und Hangwasser sowie Bodenschätze und deren Förderung mit ihren Auswirkungen (Untertagebau, Tagebau, Senkungsgebiete). 69

bb) Planungsanforderungen und Kriterien für die Zuordnung. Die Kenntnis der geologischen Verhältnisse ist Voraussetzung für eine fachgerechte und abwägende Ausweisung von Bauflächen, Verkehrsflächen, landwirtschaftlichen Flächen und Erholungsflächen im Sinne eines verantwortungsvollen Umgangs mit der knappen Ressource Boden. Die zuverlässige Ermittlung der geologischen Verhältnisse kann schwierig sein. Geologische Faktoren wie z.B. bodennahes Grundwasser können die Planung erheblich erschweren (z.B. Führung neuer Verkehrstrassen). 70

- **Geringe Anforderungen:** einfache geologische Verhältnisse; keine Eingriffe in den Grundwasserkörper; keine Einschränkung der baulichen Nutzung zu erwarten.
- **Durchschnittliche Anforderungen:** unterschiedliche geologische Formationen; in Teilbereichen hohes Grundwasser und/oder drückendes Hangwasser; in kleineren Bereichen durch Förderung von Bodenschätzen betroffen.
- **Hohe Anforderungen:** schwierige geologische Verhältnisse; hohes Grundwasser und/oder drückendes Hangwasser in weiten Bereichen; Untertagebau, Förderung von Bodenschätzen, in größeren Bereichen durch Förderung von Bodenschätzen betroffen.

c) Kulturlandschaft

aa) Definition. Kulturlandschaft bezeichnet die vom Menschen geprägte Landschaft, die aus religiösen, politischen, sozialen oder wirtschaftlichen Gründen verändert wurde, mithin immer historisch geprägt; auch Stadtlandschaften sowie Industrie- oder Wirtschaftslandschaften können zu den Kulturlandschaften gezählt werden. 71

bb) Planungsanforderungen und Kriterien für die Zuordnung. Die „Entdeckung" der Kulturlandschaft erfordert sorgfältige Recherchen. Sie geht deutlich über eine Analyse und Bewertung des Landschaftsbildes selbst hinaus. Die Planungsanforderungen nehmen mit den Qualitäten der Kulturlandschaft und deren Empfindlichkeit gegenüber Eingriffen sowie dem öffentlichen Interesse an der Erhaltung dieser Kulturlandschaft zu. 72

- **Geringe Anforderungen:** keine besonderen kulturlandschaftlichen Elemente; vorhandene Kulturlandschaft ohne Veränderungs- oder Eingriffsnotwendigkeit.
- **Durchschnittliche Anforderungen:** Kulturlandschaft in Teilgebieten der Gemeinde; keine Betroffenheit durch neue Planungen; kein besonderes Schutzinteresse.
- **Hohe Anforderungen:** vielfältige Merkmale einer Kulturlandschaft, geprägt durch historische Nutzungen; Eingriffe in die Qualität der Kulturlandschaft durch aktuelle Planungen; öffentliches Schutzinteresse.

6. Bewertungsmerkmal Klima-, Natur- und Umweltschutz

a) Klimaschutz

73 **aa) Definition.** Klimaschutz umfasst alle Maßnahmen, die einer globalen Erderwärmung entgegenwirken, die daraus resultierenden Folgen abmildern und der Anpassung an den bereits erfolgten Klimawandel dienen (§ 1 Abs. 5 und § 1a Abs. 5 BauGB). Hauptpunkte sind die Verminderung des Ausstoßes von Treibhausgasen, die Energieeinsparung und die Steigerung der Energieeffizienz.

74 In der Ebene des FNP sind dies beispielsweise: kompakte und reich strukturierte Siedlungsformen anstelle einer Zersiedelung der Landschaft; Minimierung des Verkehrsaufkommens und der Verkehrsflächen; Sicherung und Erweiterung von Naturbereichen; Nutzung erneuerbarer Energien; Maßnahmen zur Verringerung des Hochwassers.

75 **bb) Planungsanforderungen und Kriterien für die Zuordnung.** Die Planungsanforderungen sind umso höher, je mehr das Plangebiet klimatisch bereits belastet ist. Dies ist in Ballungsräumen und dicht besiedelten Gebieten deutlich mehr der Fall als in ländlich geprägten und wenig besiedelten Gebieten. Die Planungsanforderungen steigen mit dem Umfang der Maßnahmen, die zum Klimaschutz und zur Klimaanpassung erforderlich sind.

- **Geringe Anforderungen:** landschaftlich reich strukturierte Gebiete; durch Immissionen wenig belastete Gebiete; ausreichende Nutzung erneuerbarer Energien; wesentliche Änderungen nicht beabsichtigt.
- **Durchschnittliche Anforderungen:** landschaftlich wenig strukturierte, durch Immissionen belastete Gebiete; Eingriffe in den Landschaftsraum zu erwarten; unzureichende Nutzung erneuerbarer Energien; Maßnahmen zum Klimaschutz und zur Klimaanpassung erforderlich.
- **Hohe Anforderungen:** klimatisch und durch Immissionen stark belasteter Landschaftsraum; erhebliche Eingriffe in den Landschaftsraum zu erwarten; sehr geringe Nutzung erneuerbarer Energien; umfassende Maßnahmen zum Klimaschutz und zur Klimaanpassung erforderlich.

b) Naturschutz

76 **aa) Definition.** Naturschutz umfasst alle Maßnahmen zur Erhaltung und Wiederherstellung von Natur und Landschaft, insbesondere den Arten- und Biotopschutz. Schwerpunkte sind die Sicherung und der Erhalt der Vielfalt und Eigenart von Natur und Landschaft, der Leistungs- und Funktionsfähigkeit von Natur und Landschaft und der Biodiversität.

77 **bb) Planungsanforderungen und Kriterien für die Zuordnung.** Je mehr Schutzgüter im Plangebiet bestehen und je nachhaltiger diese durch die Planungen beeinträchtigt werden, desto höher sind die Anforderungen an die Planung einzustufen. Neuausweisungen von Bauflächen erfordern einen höheren Prüfungs- und Abstimmungsaufwand, je weniger diese Eingriffe im Gemeindegebiet ausgeglichen werden können.

- **Geringe Anforderungen:** keine Schutzgebiete und Biotope vorhanden; keine Beeinträchtigung von Bodenfunktionen.
- **Durchschnittliche Anforderungen:** Schutzgebiete in geringem Umfang im Gemeindegebiet; Eingriffe haben nur geringfügige Auswirkungen auf die Schutzgebiete; Ausgleich der Eingriffe ist gering und im Gemeindegebiet möglich.

- **Hohe Anforderungen:** Vielzahl von Schutzgebieten und/oder Biotopverbünden im Gemeindegebiet; Eingriffe haben beträchtliche Auswirkungen auf die Schutzgüter; Biodiversität gefährdet; Ausgleich der Eingriffe im Gemeindegebiet allenfalls teilweise möglich.

c) Umweltschutz

aa) Definition. Umweltschutz ist der Schutz der natürlichen Umwelt mit dem Ziel der Erhaltung und Wiederherstellung der natürlichen Lebensgrundlagen für alle Lebewesen, ihrer Wechselbeziehungen untereinander, der Schutz vor nachteiligen Veränderungen und die Schaffung neuer ökologischer Gleichgewichte. Umweltschutz zielt darauf ab, vom Menschen verursachte Umweltschäden zu vermeiden, ihnen entgegenzuwirken bzw. diese zu reduzieren. **78**

Zu betrachten sind zudem die abiotischen Schutzgüter (Böden und Gewässer als natürliches Ökosystem, Klima, Luft, Landschaftsbild, Kulturgüter) und die biotischen Schutzgüter (Fauna und Flora, Schutzgebiete) sowie deren Wechselwirkungen untereinander. **79**

Weitere Belange des Umweltschutzes sind Gewässerschutz, Waldschutz, Immissionsschutz (Lärm, Erschütterungen, elektromagnetische Verträglichkeit – EMV), Bodenschutz/Altlasten, Strahlenschutz und Abfallwirtschaft. **80**

bb) Planungsanforderungen und Kriterien für die Zuordnung. Der Bearbeitungsumfang ist abhängig vom Umfang der Umweltbelastungen und vom Umfang der Umweltschutzmaßnahmen, die mit dem FNP getroffen werden sollen und können. **81**

- **Geringe Anforderungen:** keine Umweltschäden im Gemeindegebiet; keine Beeinträchtigung der Schutzgüter zu erwarten; Umweltschutzmaßnahmen nicht erforderlich.
- **Durchschnittliche Anforderungen:** Umweltschäden in geringem Umfang im Gemeindegebiet; geringfügige bestehende Beeinträchtigung der Schutzgüter; Umweltschutzmaßnahmen in geringem Umfang erforderlich.
- **Hohe Anforderungen:** Umweltschäden in deutlichem Umfang im Gemeindegebiet; starke bestehende Beeinträchtigung der Schutzgüter; Umweltschutzmaßnahmen in beträchtlichem Umfang erforderlich.

7. Zusammenfassende Darstellung der Bewertungsmerkmale zur Ermittlung der Honorarzone. Entsprechend der o.a. ausführlichen Erläuterung der Bewertungsmerkmale lassen sich diese für die Ermittlung der Honorarzone in nachfolgender **Matrix** übersichtlich darstellen. **82**

Am fiktiven Beispiel einer ländlich geprägten Gemeinde ohne zentralörtliche Funktion am Rand des Schwarzwalds mit wenigen Ortsteilen, einer stagnierenden Einwohnerzahl und ohne besondere Belastungen aus den Themen Gemeinbedarf und Verkehr, jedoch einer bestehenden Erdgasleitung in nicht genau bekannter Lage und einer geplanten überregionalen Hochspannungstrasse ergibt sich folgende Gesamtbewertung: **83**

	BEWERTUNGSMERKMAL	ANFORDE-RUNGEN				GESAMT	
		g	**d**	**h**			**PKT**
1	zentralörtliche Bedeutung						
	Gemeindestruktur						
	gesamt					**g**	**1**
2	Nutzungsvielfalt						
	Nutzungsdichte						
	gesamt					**g**	**1**
3	Einwohnerstruktur						
	Einwohnerentwicklung						
	Gemeinbedarfsstandorte						
	gesamt					**g**	**1**
4	Verkehr						
	Infrastruktur					**h**	**3**
	gesamt						
5	Topografie						
	Geologie						
	Kulturlandschaft					**d**	**2**
	gesamt						
6	Klimaschutz						
	Naturschutz						
	Umweltschutz					**d**	**2**
	gesamt						
	SUMME BEWERTUNGSPUNKTE						**10**

84 Das Bewertungsmerkmal Verkehr und Infrastruktur wurde mit 3 Punkten bewertet, da wegen der bestehenden und geplanten technischen Infrastruktureinrichtungen von einem überdurchschnittlichen Untersuchungs- und Abstimmungsaufwand auszugehen ist.

85 Gemäß § 20 Abs. 5 ist dieser FNP entsprechend der Summe der Bewertungspunkte einer Honorarzone zuzuordnen:

1. Honorarzone I: bis zu 9 Punkte,
2. Honorarzone II: 10 bis 14 Punkte,
3. Honorarzone III: 15 bis 18 Punkte.

Mit einer Summe von 10 Bewertungspunkten ist dieser FNP der **Honorarzone II** zuzuordnen.

86 Mit dem Ergebnis ist lediglich die **Einordnung in die Honorarzone** bestimmt. Ohne eine schriftliche Honorarvereinbarung gilt Honorarzone II Mindestsatz. Bei einer schriftlichen Vereinbarung ist die Einordnung in einen Von-Bis-Satz Verhandlungssache. Hier liegt es nahe, Honorarzone II Von-Satz zu vereinbaren.

Das Honorar für den FNP ist sodann nach seiner Fläche gemäß der **Honorartabelle** § 20 Abs. 1 zu ermitteln. Bei Honorarzone II Von-Satz ergibt sich in diesem Fall bei einer Gesamtfläche des Gemeindegebiets von 2.850 ha ein Honorar netto von 143.691 €, zuzüglich Nebenkostenpauschale und gesetzlicher Mehrwertsteuer. Zusätzlich zu prüfen ist, ob und ggf. welche Besonderen Leistungen zu erbringen sind. 87

Praxistipp

Allgemeine Anmerkung zur Anwendung dieser Matrix: Diese dient vor allem der Übersicht der Bewertungsmerkmale und der nachvollziehbaren Ermittlung der Honorarzone. Diese Matrix ist **kein arithmetisches Modell**, halbe Bewertungspunkte gibt es nicht! Jedoch gibt es meistens Teilmerkmale, die situationsbedingt und begründbar stärker zu bewerten sind als andere und damit bei der Bewertung maßgebend sein können.

VI. Sonderfälle

1. Änderung von Flächennutzungsplänen. § 20 Abs. 6 regelt eindeutig, dass das Honorar die Änderung oder Überarbeitung von Teilflächen bereits aufgestellter Flächennutzungspläne frei vereinbart werden kann. 88

Dies entspricht der Praxis, da es sich bei Teiländerungen von FNPs meist um relativ kleine Flächen handelt. Die bei 1.000 ha beginnende Honorartafel bietet hierfür auch keine Berechnungsgrundlage. 89

2. Thematische Teil-Flächennutzungspläne. Thematische Teil-Flächennutzungspläne behandeln ausschließlich **einen** besonderen Belang der Flächennutzungsplanung (z.B. Ermittlung geeigneter Flächen für Windkraftanlagen). Die Honorierung von solchen Teil-Flächennutzungsplänen ist **frei vereinbar**. Abhängig vom zu untersuchenden Belang handelt es sich dabei in der Regel nur um Teilflächen des Gemeindegebiets, auch wenn unter Umständen das gesamte Gemeindegebiet in die Untersuchung einzubeziehen ist. Insofern kann § 20 Abs. 6 hierfür herangezogen werden. 90

Eine freie Honorarvereinbarung ist auch angebracht, wenn die Fläche des zu überplanenden Gebiets größer ist als 1.000 ha und damit in den Bereich der Honorartafel kommt, da thematische Teil-Flächennutzungspläne eben nur einen Aspekt behandeln und nicht alle Aspekte der Flächennutzungsplanung. 91

Die Bemessung des Honorars kann nach einer geschätzten voraussichtlichen Bearbeitungszeit nach Stunden-, Tages oder Wochensätzen erfolgen. 92

3. Verfahrenswiederholungen. § 4a Abs. 3 BauGB besagt, dass der Entwurf des Bauleitplans erneut auszulegen ist und die Stellungnahmen erneut einzuholen sind, wenn er nach dem Verfahren nach § 3 Abs. 2 oder § 4 Abs. 2 BauGB geändert oder ergänzt wird. 93

Die hierfür zu erbringenden Leistungen entsprechen wie beim B-Plan ganz oder teilweise der „LPH 2 Entwurf zur öffentlichen Auslegung" und sind dem entsprechend wie LPH 2 mit bis zu 30% zu bewerten (§ 21 Rn 134). 94

Dabei ist es unerheblich, wenn die Einholung der Stellungnahmen auf die betroffene Öffentlichkeit und die betroffenen Träger beschränkt wird. 95

§ 21
Honorare für Grundleistungen bei Bebauungsplänen

(1) Die Mindest- und Höchstsätze der Honorare für die in § 19 und Anlage 3 aufgeführten Grundleistungen bei Bebauungsplänen sind in der folgenden Honorartafel festgesetzt:

Fläche in Hektar	Honorarzone I geringe Anforderungen von bis Euro		Honorarzone II durchschnittliche Anforderungen von bis Euro		Honorarzone III hohe Anforderungen von bis Euro	
0,5	5.000	5.335	5.335	7.838	7.838	10.341
1	5.000	8.799	8.799	12.926	12.926	17.054
2	7.699	14.502	14.502	21.305	21.305	28.109
3	10.306	19.413	19.413	28.521	28.521	37.628
4	12.669	23.866	23.866	35.062	35.062	46.258
5	14.864	28.000	28.000	41.135	41.135	54.271
6	16.931	31.893	31.893	46.856	46.856	61.818
7	18.896	35.595	35.595	52.294	52.294	68.992
8	20.776	39.137	39.137	57.497	57.497	75.857
9	22.584	42.542	42.542	62.501	62.501	82.459
10	24.330	45.830	45.830	67.331	67.331	88.831
15	32.325	60.892	60.892	89.458	89.458	118.025
20	39.427	74.270	74.270	109.113	109.113	143.956
25	46.385	87.376	87.376	128.366	128.366	169.357
30	52.975	99.791	99.791	146.606	146.606	193.422
40	65.342	123.086	123.086	180.830	180.830	238.574
50	76.901	144.860	144.860	212.819	212.819	280.778
60	87.599	165.012	165.012	242.425	242.425	319.838
80	107.471	202.445	202.445	297.419	297.419	392.393
100	125.791	236.955	236.955	348.119	348.119	459.282

(2) Das Honorar für die Aufstellung von Bebauungsplänen ist nach der Fläche des Plangebiets in Hektar und nach der Honorarzone zu berechnen.

(3) Welchen Honorarzonen die Grundleistungen zugeordnet werden, richtet sich nach folgenden Bewertungsmerkmalen:
1. Nutzungsvielfalt und Nutzungsdichte,
2. Baustruktur und Baudichte,
3. Gestaltung und Denkmalschutz,
4. Verkehr und Infrastruktur,
5. Topografie und Landschaft,
6. Klima-, Natur- und Umweltschutz.

(4) Für die Ermittlung der Honorarzone bei Bebauungsplänen ist § 20 Absatz 4 und 5 entsprechend anzuwenden.

(5) Wird die Größe des Plangebiets im förmlichen Verfahren während der Leistungserbringung geändert, so ist das Honorar für die Leistungsphasen, die bis zur Änderung noch nicht erbracht sind, nach der geänderten Größe des Plangebiets zu berechnen.

Übersicht

A. Struktur der Kommentierung

1 Mit der HOAI 2013 wurden die §§ 20 und 21 grundlegend überarbeitet. Wie bei den Leistungsbildern wird auch hier die neue Honorarstruktur für den Bebauungsplan ausführlich behandelt, die Honorarstruktur des FNP nimmt darauf teilweise Bezug.

2 So weit erforderlich wird auf die §§ 5–10 Bezug genommen, ohne weiter darauf einzugehen, da diese weiter vorne ausführlich behandelt sind.

3 Die **Bewertungsmerkmale** zur Bestimmung der Honorarzone wurden mit der HOAI 2013 vollkommen neu und **für B-Plan und FNP unterschiedlich** definiert. Sie bilden damit die spezifischen Anforderungen an die jeweilige Planungsart und die aktuelle Entwicklung des Planungsrechts ab. Diese Bewertungsmerkmale werden in Abschnitt V. ausführlich erläutert.

4 In Abschnitt VI. werden die **Sonderfälle von Bebauungsplänen** und deren Honorierung behandelt. Es sind dies der vorhabenbezogene B-Plan, der einfache B-Plan, der Text-B-Plan, das vereinfachte Verfahren gem. § 13 BauGB und B-Pläne der Innenentwicklung gem. § 13a BauGB, Verfahrenswiederholungen und weitere Sonderfälle.

B. Kommentierung

I. Ermittlung des Honorars

5 Gemäß § 6 Abs. 1 (Grundlagen des Honorars) richtet sich das Honorar für die Grundleistungen von Flächenplanungen
1. nach der Größe der Fläche des Planungsgebiets,
2. nach dem Leistungsbild,
3. nach der Honorarzone,
4. nach der zugehörigen Honorartafel.

6 Hieraus ergibt sich folgende Systematik zur Ermittlung des Honorars für die Grundleistungen von Bebauungsplänen:

Fläche in ha	Geltungsbereich des B-Plans in der Regel gemäß Aufstellungsbeschluss Bei Flächennutzungsplänen: gesamtes Gemeindegebiet

⇓

Definition Leistungsbild	in der Regel LPH 1: 60%, LPH 2: 30% und LPH 3: 10%

⇓

Bestimmung der Honorarzone	anhand der Bewertungsmerkmale die Honorarzone ist nicht verhandelbar!

⇓

ggf. Vorschlag/Vereinbarung Wert zwischen Mindest- und Höchstsatz	Zwischenwerte zwischen Mindest- und Höchstsatz sind Sache einer schriftlichen Vereinbarung (§ 7 Abs. 1)

⇓

Ermittlung des Honorars	gemäß Honorartafel für Flächen außerhalb der Honorartafel ist das Honorar frei vereinbar (§ 7 Abs. 2)

II. Honorartafel, Mindest- und Höchstsätze (Abs. 1)

Die Honorartafelwerte der HOAI 2009 für Bebauungspläne basieren auf denen der HOAI 1996 und wurden – wie alle Tafelwerte der HOAI – 2009 pauschal um 10% angehoben. Diese pauschale Anhebung berücksichtigte seinerzeit die Preisentwicklung seit 1996 bei Bauleistungen, die bei diesen Leistungen über die Baukostenentwicklung bereits zu faktisch höheren Honoraren führte. Da die Honorare für Flächenplanungen jedoch auf absoluten Flächenwerten beruhen, haben diese seit 1996 an der Preisentwicklung praktisch nicht teilgenommen. Die Anhebung der Tafelwerte um 10% mit der HOAI 2009 spiegelt diese Preisentwicklung nur in sehr geringem Maße wider. 7

Zudem werden an die Bauleitplanung durch laufende gesetzliche Änderungen und die erheblich höheren fachlichen Anforderungen auch erheblich höhere qualitative Ansprüche gestellt: Die fachliche Herausforderung, möglichst normenkontrollfeste B-Pläne zu erstellen, ist wegen der umfangreichen Rechtsprechung hierzu und der erweiterten gesetzlichen Anforderungen mittlerweile erheblich komplexer als zum Zeitpunkt des Erlasses der HOAI 1996. Hinzu kam die Entwicklung der technischen Ausstattung der Büros: der Umstieg vom Rapidographen auf EDV. In der Bauleitplanung hat dies nicht zu Rationalisierungseffekten geführt, sondern zu erheblich höheren Ansprüchen an die Präzision der Plandarstellung. 8

Insgesamt ergab sich hieraus, dass die Tafelwerte der HOAI 2009 für die Erstellung von Bebauungsplänen ganz und gar unzureichend waren. Die Honorartafelwerte wurden dementsprechend aktualisiert und auf drei Honorarzonen beschränkt. Durch den Entfall der bisherigen Honorarzonen I und V wurde die bisher außergewöhnlich hohe Spreizung zwischen dem niedrigsten Wert der Honorarzone I und dem höchsten Wert der Honorarzone V auf ein realistisches Maß reduziert. 9

Die Honorartabelle umfasst Flächen für Bebauungspläne mit einem Geltungsbereich von 0,5 ha bis zu 100 ha. Dabei geht die Honorartafel von einem **Mindesthonorar** von 5.000 € aus, wodurch die Mindestsätze der Honorarzone I bis 1 ha gleich sind. Die Regelung des § 21 Abs. 4 HOAI 2009, dass das Gesamthonorar für alle Grundleistungen mindestens 2.300 € betragen muss, konnte damit entfallen. Die Honorare für Bebauungspläne mit einem kleineren Geltungsbereich als 0,5 ha oder größeren Geltungsbereich als 100 ha können gem. § 7 Abs. 2 frei vereinbart werden. Eine Extrapolation ist dabei nicht gefordert. Bei kleineren Flächen als 0,5 ha ist es durchaus angemessen, das Mindesthonorar von 5.000 € nicht zu unterschreiten, jedoch können auch höhere Honorare vereinbart werden, wenn ein derart kleiner Bebauungsplan besonders komplex und aufwändig ist. Letzteres kann insbesondere bei vorhabenbezogenen B-Plänen der Fall sein. 10

11 Gemäß § 7 Abs. 3 können die Mindestsätze nur in besonders begründeten Ausnahmefällen unterschritten werden (siehe § 7 Rn 84ff.).

12 Gemäß § 7 Abs. 4 können die Höchstsätze nur bei außergewöhnlichen oder ungewöhnlich lange dauernden Grundleistungen überschritten werden (siehe § 7 Rn 89ff.).

13 Gemäß der zur Berechnung der aktuellen Honorartafelwerte im Auftrag des für die Honorierung zuständigen BMWi durchgeführten Studie zum Aktualisierungsbedarf zur Honorarstruktur[1] liegt die prozentuale Erhöhung der Honorare für B-Pläne gegenüber jenen der HOAI 2009 im Bereich von +31,32% bis +51,91% für den Zeitraum von 1996 bis 2013. Bezogen auf diesen Zeitraum werden diese Honorare der HOAI 2009 zwischen +1,6% und +2,5% p.a. erhöht.

14 Diese jährliche Anhebung der Honorarsätze entspricht – ohne konkrete Nachprüfung – in etwa der jährlichen Preisentwicklung und ist alleine schon aus diesem Grund gerechtfertigt.

15 Durch die Preisentwicklung nimmt der mit den Honorartafeln festgeschriebene Wert der Honorare faktisch Jahr für Jahr ab, da diese flächenbezogen sind und nicht wie andere Leistungen an der Preisentwicklung über die Baukosten teilnehmen. Leider konnte hierfür bei der Novellierung der HOAI noch keine Lösung gefunden werden. Hier besteht eindeutig Nachbesserungsbedarf.

III. Berechnungsgrundlage Plangebiet (Abs. 2, Abs. 5)

16 *„Das Honorar für die Aufstellung von Bebauungsplänen ist nach der Fläche des Plangebiets in Hektar und nach der Honorarzone zu berechnen."*

Die Größe des Plangebiets ist eindeutig und ausschließlich bestimmt durch den **Geltungsbereich** des Bebauungsplans.

17 **Ändert sich der Geltungsbereich** im Laufe des förmlichen Verfahrens, so ist gem. Abs. 5 *„das Honorar für die Leistungsphasen, die bis zur Änderung nicht erbracht sind, nach der geänderten Größe des Plangebiets zu berechnen"*. Abs. 5 entspricht damit wortgleich Abs. 2 S. 2 der HOAI 2009.

18 Maßgebend ist hier der Bezug auf **Leistungsphasen**. Da mit der HOAI 2013 die Grundleistungen nur noch drei Leistungsphasen umfassen, kann das nur den Übergang von LPH 1 auf LPH 2 betreffen, da der Geltungsbereich in LPH 2 (Entwurf) und LPH 3 (Plan zur Beschlussfassung) gleich sein muss.

19 Zu unterscheiden ist hier zwischen geringfügigen Änderungen des Geltungsbereichs einerseits, die auch nur geringfügige Auswirkungen auf das Honorar haben, und größeren Änderungen des Geltungsbereichs andererseits, unabhängig davon, ob dies Verkleinerungen oder Vergrößerungen des Geltungsbereichs sind. Dabei empfehlen sich in der Regel eine sorgfältige Prüfung der Vertragsgrundlagen und ggf. erneute Vertragsverhandlungen:

- Stimmt bei einer deutlichen Verkleinerung die Honorarzone noch, ist also der verbleibende Geltungsbereich einfacher oder schwieriger?
- Müssen bei einer deutlichen Vergrößerung weitere Grundlagen ermittelt werden und stimmt die Honorarzone noch?

---

1 Aktualisierungsbedarf zur Honorarstruktur der Honorarordnung für Architekten und Ingenieure (HOAI), Studie im Auftrag des Bundesministeriums für Wirtschaft und Technologie, Hauptdokument, Dezember 2012, S. 66, abrufbar unter http://www.bmwi.de/BMWi/Redaktion/PDF/A/aktualisierungsbedarf-zur-honorarstruktur-der-honorarordnung-fuer-architekten-und-ingenieure-hoai-hauptdokument,property=pdf,bereich=bmwi2012,sprache=de,rwb=true.pdf.

IV. Ermittlung der Honorarzone, Bewertungsmerkmale (Abs. 3, Abs. 4)

Gemäß § 7 Abs. 1 (Honorarvereinbarung) richtet sich das Honorar nach der schriftlichen Vereinbarung, welche die Vertragsparteien zur Auftragserteilung treffen. Eine entsprechend hohe Bedeutung kommt deshalb der richtigen und nachvollziehbaren Bestimmung der Honorarzone zu. 20

Die Honorarzonen stellen den **Schwierigkeitsgrad** der Planung dar. Dieser wird ausschließlich durch die Honorarzone ausgedrückt, welcher die Planung zugeordnet wird. Die Honorarzone ist auf Grundlage der Bewertungsmerkmale objektiv feststellbar und nicht verhandelbar. 21

Praxishinweis 1
Der Schwierigkeitsgrad findet keine Berücksichtigung in der Bewertung der Leistungsphasen.
Es wäre also falsch, bei Planungen mit geringen Planungsanforderungen zusätzlich geringere Prozentsätze in den einzelnen Leistungsbildern anzubieten, da auch hier das volle Leistungsbild angesetzt werden muss.

Praxishinweis 2
Vorhergehende Planungen (z.B. städtebaulicher Entwurf, Wettbewerbsergebnis) haben keinen Einfluss auf die Ermittlung der Honorarzone. Maßgebend ist ausschließlich der Schwierigkeitsgrad für die Bearbeitung des B-Plans selbst.

Praxishinweis 3
Liegen bereits Fachplanungen oder Fachgutachten für das Plangebiet vor, so hat das ebenfalls keine Auswirkungen auf die Bestimmung der Honorarzone.
Das vorzeitige Vorliegen solcher Fachplanungen und Fachgutachten kann aber bereits einen Hinweis auf die Komplexität der Aufgabenstellung geben.

Gemäß § 5 Abs. 2 gelten für die Flächenplanungen folgende **drei Honorarzonen**: 22
- Honorarzone I: geringe Planungsanforderungen,
- Honorarzone II: durchschnittliche Planungsanforderungen,
- Honorarzone III: hohe Planungsanforderungen.

Gemäß § 5 Abs. 3 ist die Zuordnung zu einer Honorarzone nach Maßgabe der Bewertungsmerkmale sowie unter Berücksichtigung der Regelbeispiele in den „Objektlisten" vorzunehmen. Angesichts jeweils individueller, nicht vergleichbarer Rahmenbedingungen ist es nicht möglich, für Flächenplanungen objektive „Objektlisten" zu definieren. Deshalb hat der Verordnungsgeber – wie in früheren Fassungen der HOAI auch – davon abgesehen, bei Flächenplanungen Objektlisten in das Regelwerk der HOAI aufzunehmen. In der Flächenplanung ist also die **Honorarzone ausschließlich anhand der Bewertungsmerkmale und der Bewertungspunkte** zu ermitteln. 23

Für den B-Plan sind diese Bewertungsmerkmale vollkommen neu mit § 21 Abs. 3 bestimmt: 24
1. Nutzungsvielfalt und Nutzungsdichte,
2. Baustruktur und Baudichte,
3. Gestaltung und Denkmalschutz,
4. Verkehr und Infrastruktur,
5. Topografie und Landschaft,
6. Klima-, Natur- und Umweltschutz.

25 Auf dieser Grundlage kann die Honorarzone für die Grundleistungen bereits bestimmt werden, wenn alle Bewertungsmerkmale eindeutig und einheitlich der gleichen Honorarzone zugeordnet werden können.

26 Da dies angesichts der Komplexität der Bewertungsmerkmale und der Gegebenheiten im Plangebiet eher selten der Fall sein wird, also die einzelnen Bewertungsmerkmale meist unterschiedlichen Honorarzonen zuzuordnen sind, ist in diesen Fällen gem. § 21 Abs. 4 die Ermittlung der Honorarzone entsprechend § 20 Abs. 4 (FNP) anzuwenden. Hierfür ist zunächst die Anzahl der Bewertungspunkte für jedes Bewertungsmerkmal alleine zu ermitteln. Zur Ermittlung der Bewertungspunkte werden die Bewertungsmerkmale dabei wie folgt gewichtet:

1. geringe Anforderungen: 1 Punkt,
2. durchschnittliche Anforderungen: 2 Punkte,
3. hohe Anforderungen: 3 Punkte.

27 Aufgrund der so ermittelten Punkte und deren Summe kann der Bauleitplan einer Honorarzone zugeordnet werden, wobei gem. § 20 Abs. 5 die Summe der Punkte die Honorarzone bestimmt:

1. Honorarzone I: bis zu 9 Punkte,
2. Honorarzone II: 10 bis 14 Punkte,
3. Honorarzone III: 15 bis 18 Punkte.

28 Mit dem Ergebnis ist lediglich die **Einordnung in die Honorarzone** bestimmt. Die hier aufgeführten Paragraphen der HOAI machen darüber hinaus keine weiteren Aussagen, also insbesondere nicht zu einer weiteren Einstufung in die Von-Bis-Werte der einzelnen Honorarzonen. Diese Einstufung ist Verhandlungen und der Honorarvereinbarung vorbehalten. Die nachvollziehbare Ermittlung von Zwischenwerten ist allerdings hilfreich bei der Beurteilung einer solchen Einstufung im Rahmen von Honorarverhandlungen bzw. bei Abgabe eines verbindlichen Angebots. Ein Anspruch darauf besteht jedoch nicht.

V. Ausführliche Beschreibung der neuen Bewertungsmerkmale für den Bebauungsplan (Abs. 3)

29 Wie bereits dargestellt, wurden die Bewertungsmerkmale für den Bebauungsplan den aktuellen Anforderungen entsprechend grundsätzlich neu entwickelt. Jedes Bewertungsmerkmal besteht aus zwei oder drei Teilmerkmalen. Diese Teilmerkmale sind Oberbegriffe, die unterschiedlich interpretiert werden könnten. Erforderlich ist jedoch eine eindeutige Definition dieser Bewertungsmerkmale. Die Fachkommission „Stadtplanung" des AHO (Ausschuss der Verbände und Kammern der Ingenieure und Architekten für die Honorarordnung e.V., Uhlandstr. 14, 10623 Berlin, www.aho.de) hat deshalb ein sog. **Grünes Heft** erarbeitet, in dem die Bewertungsmerkmale ausführlich erläutert werden. Dieses „Grüne Heft" kann voraussichtlich ab Herbst 2015 beim AHO erworben werden.

30 Die Inhalte dieses „Grünen Hefts" werden deshalb hier nur in verkürzter Form wiedergegeben. Analog den Erläuterungen im „Grünen Heft" ist die Systematik der Erläuterung eines jeden Bewertungsmerkmals wie folgt aufgebaut:

- Definition der Teilmerkmale,
- Kriterien für die Zuordnung der Teilmerkmale zu einer Honorarzone,
- beispielhafte Gewichtung der Anforderungen entsprechend § 20 Abs. 4.

31 Durch die Erläuterung dieser Begriffe soll vor allem verdeutlicht werden, welche Aspekte bei den einzelnen Teilmerkmalen zu beachten sind, um den Schwierigkeitsgrad einer Planbearbeitung beurteilen zu können.

32 Der Aufwand zur Ausarbeitung der **Begründung dieser Planwerke** ist entsprechend der Zuordnung zu den Planungsanforderungen jeweils gering/durchschnittlich/hoch. Dies wird nachfolgend nicht laufend wiederholt.

33 Für die Bestimmung der Bewertungspunkte eines Bewertungsmerkmals ist nicht die Summe der Anteile der Teilmerkmale maßgebend. Eine Bewertung eines Bewertungsmerkmals mit 3 Punkten („hohe Anforderungen") ist auch dann gerechtfertigt, wenn bereits **ein Teilmerkmal eine stark überwiegende**, die Planungsanforderungen erheblich beeinflussende **Bedeutung** hat. Falsch wäre die Annahme, dass z.B. bei drei Teilmerkmalen jedes nur max. 1 Punkt haben kann und sich die Bewertung des Gesamt-Bewertungsmerkmals aus der Summe einer solchen Bewertung der Teilmerkmale ergibt.

34 Die **beispielhafte Gewichtung der Anforderungen** entsprechend § 20 Abs. 4 ist nicht abschließend. Sie gibt aber Hinweise, wie die Gewichtung zu beurteilen ist. In der Regel sind mehrere Teilanforderungen aufgeführt. Auch hier genügt es, wenn eine oder zwei Teilanforderungen zutreffen. Keinesfalls müssen alle Teilanforderungen erfüllt sein!

35 Wie bereits in § 19 Rn 15 ff. erläutert, ist insbesondere bei Bebauungsplänen zudem zu beachten, dass bei der Bewertung des Schwierigkeitsgrads und folglich bei der Bewertung der Bewertungsmerkmale das **Umfeld des Plangebiets mit zu berücksichtigen** ist. Das bedeutet, dass der Schwierigkeitsgrad sich aus einem eventuellen Spannungsverhältnis zwischen Plangebiet und seinem Umfeld ergibt. Dabei sind die Einwirkungsfaktoren ggf. auch großräumiger zu betrachten. Mögliche und zu bewältigende Spannungen können sowohl auf das Plangebiet einwirken, als auch von diesem ausgehen.

36 Das nachfolgende Beispiel veranschaulicht sehr deutlich, welchen Einfluss die Umgebung auf die Bewertung des Schwierigkeitsgrads eines Bebauungsplans haben kann. Im Übrigen wird auf die Beispiele in § 19 unter Rn 18 verwiesen.

Beispiel

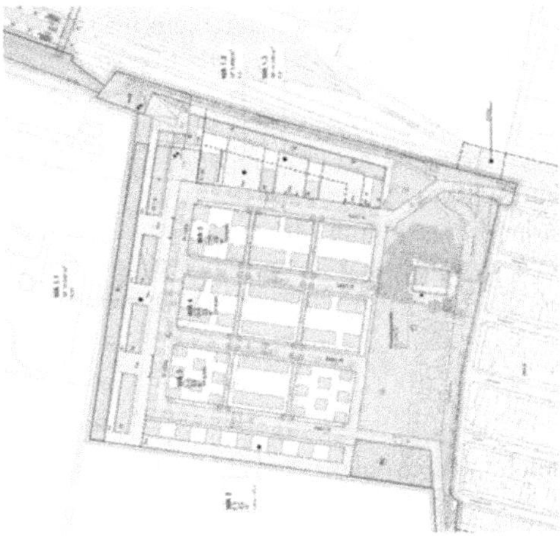

Geplant ist ein Wohngebiet mit ca. 600 WE. Im Plangebiet selbst bestehen für diese Betrachtung keine außergewöhnlichen Problemlagen.

Dies ändert sich bei Betrachtung des weiteren Umfelds, in dessen Bildmitte der B-Plan liegt. Dann ergeben sich folgende **Einwirkungsfaktoren**:

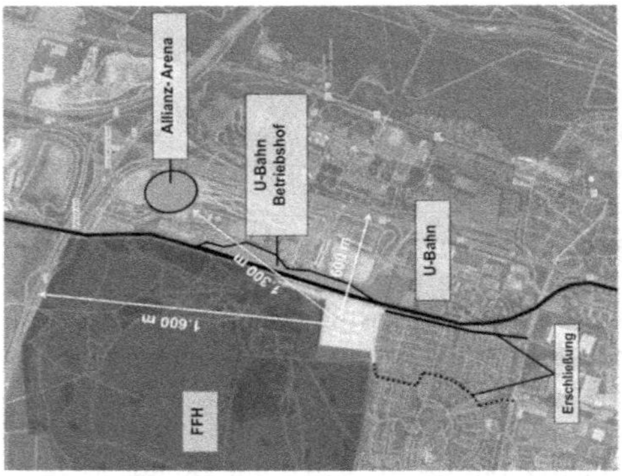

Erschließung nur über bestehende Wohnstraßen möglich;

Unmittelbar angrenzende offene U-Bahn auf Geländehöhe;

U-Bahnhof mit Ansagen im Norden;

U-Bahn-Betriebshof mit Nachtbetrieb östlich der U-Bahn-Trasse;

Autobahn im Osten, Entfernung 600 m;

Autobahn im Norden, Entfernung ca. 1,5 km;

FFH-Gebiet direkt angrenzend, geringfügige Eingriffe in FFH-Gebiet;

Fußballstadion Allianz Arena, Entfernung ca. 1,3 km → Wie mit anzunehmenden Parksuchverkehr im geplanten Wohngebiet umgehen?

Mithin zu berücksichtigen: Lärm von vielfältigen Quellen, Erschütterung, EMV, Schutz FFH, Interessen der Anwohner.

---

1. Bewertungsmerkmal Nutzungsvielfalt und Nutzungsdichte

a) Nutzungsvielfalt

37 **aa) Definition.** Darunter versteht man das Zusammentreffen unterschiedlicher Nutzungsarten der vorhandenen und/oder der geplanten Baugebiete.

38 **bb) Planungsanforderungen und Kriterien für die Zuordnung.** Mit der Anzahl der unterschiedlichen Nutzungen im Plangebiet und seinem Umfeld steigt der Planungs- und Abstimmungsaufwand: Bewältigung von Nutzungskonflikten, größerer Festsetzungsaufwand und größere Festsetzungstiefe (Nutzungsgliederungen, Einschränkungen und Ausnahmen von den Nutzungsarten §§ 1–15 BauNVO), geringer oder hoher Begründungsaufwand

- **Geringe Anforderungen:** nur eine Art der Nutzung; keine Baugebiete im Umfeld oder homogene Nutzungsstruktur in Umfeld und Planung; keine Nutzungskonflikte; geringer Regelungsbedarf zur Art der Nutzung.
- **Durchschnittliche Anforderungen:** wenige unterschiedliche Nutzungsarten im Plangebiet und seinem Umfeld; nutzungsverträgliche Art der umgebenden Nutzungen; geringe Nutzungskonflikte; durchschnittlicher Regelungsbedarf.
- **Hohe Anforderungen:** mehrere unterschiedliche Nutzungsarten im Plangebiet und seinem Umfeld; nicht oder weniger verträgliche Nutzungen im näheren und weiteren Umfeld (Baugebiete, Sportstätten, Verkehrstrassen); hoher Regelungsbedarf zur Bewältigung der Nutzungskonflikte.

b) Nutzungsdichte

39 **aa) Definition.** Nutzungsdichte ist das mehr oder weniger enge räumliche Aufeinandertreffen von unterschiedlichen Arten der Nutzung, Flächennutzungen und Flächenansprüchen baulicher und nicht baulicher Art bei horizontaler und vertikaler Gliederung unterschiedlicher Nutzungen; Gemengelage.

bb) Planungsanforderungen und Kriterien für die Zuordnung. Analog Nut- 40
zungsvielfalt (siehe Rn 38).

- **Geringe Anforderungen:** geringe Nutzungsdichten im Umfeld und in der Planung; einfache Festsetzungen zur Art der Nutzung.
- **Durchschnittliche Anforderungen:** durchschnittliche Nutzungsdichten in Umfeld und Planung; keine besonderen Problemstellungen; differenzierte Festsetzungen zur Art der Nutzung gem. § 1 Abs. 4–6 BauNVO.
- **Hohe Anforderungen:** komplexe Planung wegen hoher Nutzungsdichten in Umfeld und Planung; vertikale Nutzungsgliederungen; sehr differenzierter Festsetzungsbedarf zur Art der Nutzung auch gem. § 1 Abs. 7–10 BauNVO.

2. Bewertungsmerkmal Baustruktur und Baudichte

a) Baustruktur

aa) Definition. Die Baustruktur kann durch den Bestand, den städtebaulichen Ent- 41
wurf oder andere Planungsabsichten vorgegeben sein. Sie kann auch durch die Struktur der baulichen Umgebung geprägt sein.

Der B-Plan-Rechtsplan setzt diese Planungsabsichten in mehr oder weniger detail- 42
lierte planungsrechtliche Festsetzungen um, abhängig davon, wie präzise die vorgegebene/gewünschte Baustruktur festgelegt werden soll.

Planungsrechtliche Instrumente hierfür sind u.a. die Definition und Verortung der 43
überbaubaren Grundstücksfläche mittels Baugrenzen und Baulinien (Baufenster), die maximal überbaubare Grundstücksfläche (GRZ), die Festsetzung der minimalen oder maximalen Höhenentwicklung und der offenen oder geschlossenen Bauweise.

bb) Planungsanforderungen und Kriterien für die Zuordnung. Sie sind abhängig 44
von der Komplexität der städtebaulichen Struktur und dem Detaillierungsgrad, in welchem diese durch die Planzeichnung und die textlichen Festsetzungen planungsrechtlich festgelegt werden soll.

Geringe Anforderungen:		
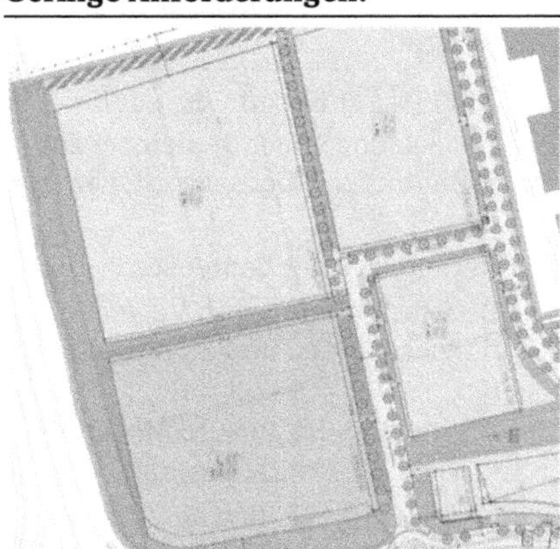		keine oder sehr einfache Bindungen durch umgebende Baustrukturen; großflächige Baufenster ohne gestalterische Vorgaben; einfache Erschließung; keine Abweichungen von Abstandsflächen Beispiel Gewerbegebiet

Durchschnittliche Anforderungen:

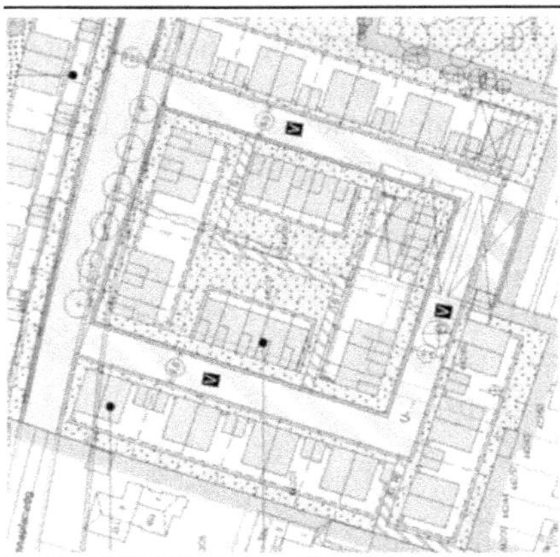

zusammenfassende Baufenster für mehrere Gebäude ausreichend zur Festlegung der beabsichtigten Baustruktur/städtebaulichen Form;

Übereinstimmung mit der umgebenden Baustruktur;

erhöhter Überprüfungsbedarf (z.B. Abstandsflächen)

<u>Beispiel Wohngebiet</u>

Baufenster für Baugruppen;

Baufensterbezogenes Nutzungsmaß

Hohe Anforderungen:

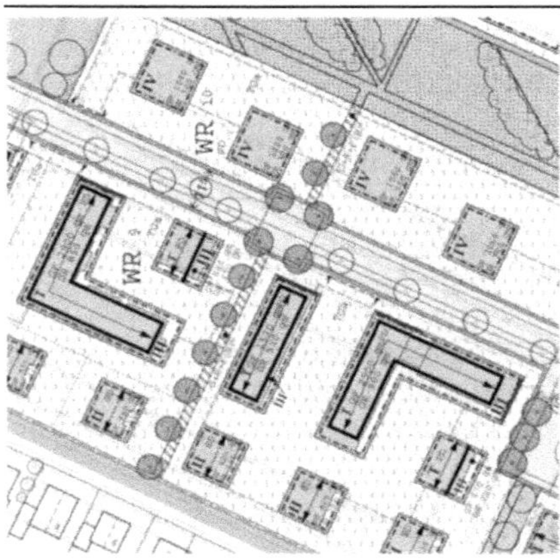

baukörperbezogene Baufenster auch mit Baulinien zur eindeutigen Festlegung der städtebaulichen Form;

geschossweise Baufenster (z.B. in Innenstadtgebieten);

Festsetzung von LBO abweichenden Abstandsflächen;

detaillierte und umfangreiche Vermaßung der Baufenster

<u>Beispiele Umsetzung Wettbewerbsergebnis:</u>

enge Baufenster zur Sicherung der gewünschten städtebaulichen Struktur

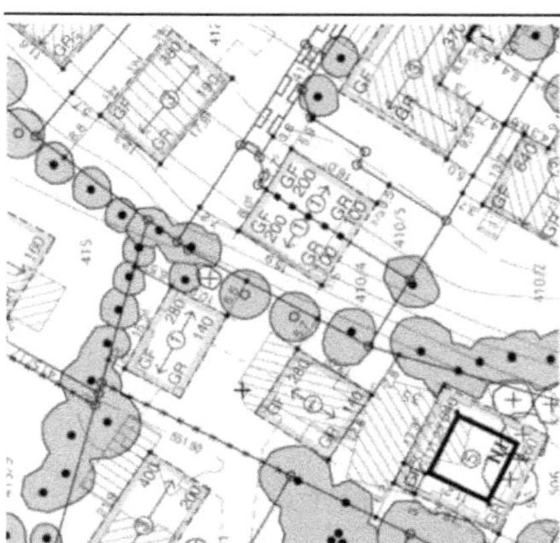

<u>Beispiel Planung im Bestand:</u>

Festsetzung enger Baufenster zur Sicherung des Gartenstadtcharakters;

Vermaßung der Baufenster;

Berücksichtigung von Vegetationsbeständen und Schutzgebieten;

- in beiden Fällen baufensterbezogenes Nutzungsmaß
- in beiden Fällen detaillierter Begründungsbedarf

b) Baudichte

aa) Definition. Die bauliche Dichte ist definiert durch das Maß der Nutzung gem. §§ 16–21a BauNVO, also insbesondere durch GRZ, GFZ/BMZ und die Höhe der baulichen Anlagen. 45

bb) Planungsanforderungen und Kriterien für die Zuordnung. Die Planungsanforderungen nehmen mit der Baudichte zu. Je höher die Baudichte, desto komplexer und detaillierter der Prüfungs- und Festsetzungsbedarf und mithin der Bearbeitungsaufwand. 46

- **Geringe Anforderungen:** Bebauungsdichte deutlich unter den Obergrenzen nach § 17 BauNVO; Höhenentwicklung und bauliche Dichte entsprechend der baulichen Umgebung; pauschale Festsetzung des Nutzungsmaßes für große Baufenster.
- **Durchschnittliche Anforderungen:** im Wesentlichen aus der baulichen Umgebung abgeleitete Dichte und Höhenentwicklung; bauliche Dichte unter den Obergrenzen des § 17 BauNVO; detaillierte Festsetzungen, auch durch Text.
- **Hohe Anforderungen:** hohe bis sehr hohe Bebauungsdichte mit Ausschöpfung oder Überschreitung der Obergrenzen des § 17 BauNVO; höhere bauliche Dichte und/oder Höhenentwicklung als im umgebenden Bestand; umfangreiche und detaillierte Festsetzungen (z.B. Überschreitung der Kappungsgrenze nach § 19 Abs. 4 BauNVO; Anwendung von § 21a BauNVO).

3. Bewertungsmerkmal Gestaltung und Denkmalschutz

a) Gestaltung

aa) Definition. Im B-Plan betrifft dies Regelungen zur städtebaulichen, freiräumlichen und baulichen Gestaltung. Sie ergeben sich aus den Gestaltungsansprüchen des Auftraggebers, der Lage des Plangebiets und seiner Umgebung (Innenstadt, Ortseinfahrt) und der geplanten Nutzungsart mit ihren spezifischen Gestaltungsanforderungen (Gewerbegebiet, Wohngebiet). 47

Im B-Plan sind der Festsetzung der Qualität der Gestaltung durch § 9 BauGB jedoch relativ enge Grenzen gesetzt. Zur Festsetzung der Qualitätsmerkmale können jedoch ergänzend die LBO und bestehende örtliche Satzungen herangezogen werden. 48

Die Entwicklung neuer örtlicher Satzungen ist eine Besondere Leistung. 49

bb) Planungsanforderungen und Kriterien für die Zuordnung. Je höher die Ansprüche an die Gestaltung der baulichen Anlagen eines B-Plans sind (Ortsbild, Gebäude, Freiflächen, Verkehrsflächen etc.), desto höher ist der Abstimmungs- und Festsetzungsaufwand im Laufe des B-Plan-Verfahrens. 50

Dabei gilt es, den Rahmen der durch das BauGB, die LBO und örtliche Satzungen möglichen Gestaltungsfestsetzungen kreativ, aber rechtskonform auszuschöpfen. 51

- **Geringe Anforderungen:** gestalterische Festsetzungen in geringem Umfang (z.B. einfache Gewerbegebiete); keine gestalterischen Anforderungen aus dem Ortsbild und der Umgebung.
- **Durchschnittliche Anforderungen:** durchschnittliche gestalterische Anforderungen, die zu mehreren Festsetzungen in mehreren Belangen führen.
- **Hohe Anforderungen:** hohe und sehr hohe gestalterische Ansprüche in zentralen Lagen und in Lagen von besonders hoher städtebaulicher Qualität, die sich aus der

Lage des Plangebiets und seinem Umfeld ergeben; umfängliche und (sehr) detaillierte Festsetzungen.

b) Denkmalschutz

52 **aa) Definition.** Gemäß § 1 Abs. 6 BauGB sind bei der Aufstellung der Bauleitpläne insbesondere zu berücksichtigen:

> „5. die Belange der Baukultur, des Denkmalschutzes und der Denkmalpflege, die erhaltenswerten Ortsteile, Straßen und Plätze von geschichtlicher, künstlerischer oder städtebaulicher Bedeutung (...)".

53 Maßgebend sind folglich nicht nur Einzeldenkmäler, Ensembleschutzgebiete sowie Natur- und Bodendenkmäler im Plangebiet oder angrenzend daran, sondern auch die erhaltenswerten Ortsteile, Straßen und Plätze von geschichtlicher, künstlerischer oder städtebaulicher Bedeutung.

54 **bb) Planungsanforderungen und Kriterien für die Zuordnung.** Wenn bei einem B-Plan Belange des Denkmalschutzes betroffen sind, so führt dies zu einem erhöhten Beurteilungs-, Abstimmungs- und Bearbeitungsaufwand.

55 Die Beurteilung, ob es sich um denkmalwürdige Anlagen oder aber um Ortsteile, Straßen und Plätze handelt, die von geschichtlicher, künstlerischer oder städtebaulicher Bedeutung sein können, erfordert einen deutlich erhöhten Aufwand bei der Bestandserhebung und -analyse sowie den anschließenden Abstimmungen.

- **Geringe Anforderungen:** keine Denkmäler und Ensembleschutzgebiet(e) und/oder Ortsteile, Straßen und Plätze von geschichtlicher, künstlerischer oder städtebaulicher Bedeutung im Plangebiet und seinem Umfeld.
- **Durchschnittliche Anforderungen:** wenige Baudenkmäler im Plangebiet und/oder in seinem visuellen Einflussbereich; Ortsteile, Straßen und Plätze von geschichtlicher, künstlerischer oder städtebaulicher Bedeutung im Umfeld des Plangebiets.
- **Hohe Anforderungen:** bedeutende Baudenkmäler sowie Ensembleschutzgebiet(e) und/oder Ortsteile, Straßen und Plätze von geschichtlicher, künstlerischer oder städtebaulicher Bedeutung im Plangebiet und/oder in seinem visuellen Einflussbereich.

56 **4. Bewertungsmerkmal Verkehr und Infrastruktur.** Das **Teilmerkmal Verkehr** umfasst den motorisierten Individualverkehr inkl. ruhendem Verkehr, die Fußgänger und Radfahrer sowie den ÖPNV. Das **Teilmerkmal Infrastruktur** umfasst gemäß amtlicher Begründung zu § 21 die **technische** und die **soziale Infrastruktur.** Dieses Bewertungsmerkmal wird deshalb ausführlicher behandelt.

57 Beim Anforderungsprofil gering/durchschnittlich/hoch müssen nicht jeweils alle Kriterien zutreffen. Allerdings besteht zwischen diesen meist ein planerischer Zusammenhang.

a) Verkehr

58 **aa) Definition.** Darunter wird die verkehrliche Erschließung für den motorisierten Individualverkehr einschließlich Unterbringung des ruhenden Verkehrs sowie die Erschließung für Fußgänger und Radfahrer verstanden; zu berücksichtigen ist ggf. die Erschließung durch öffentliche Verkehrsmittel sowie in besonderen Fällen durch Wasserstraßen.

Der B-Plan regelt die Erschließung durch Festsetzung der hierfür erforderlichen Flächen. Die geltenden technischen Regelwerke sind dabei zu berücksichtigen. 59

bb) Planungsanforderungen und Kriterien für die Zuordnung. Der Bearbeitungsaufwand ist abhängig von der Komplexität der Baustruktur und ihres Erschließungssystems sowie von dessen Einordnung in das übergeordnete Erschließungssystem. Im urbanen Kontext ist die Vielzahl der Verkehrsmittel in die abwägende Begründung einzubeziehen. 60

In dichten und komplexen baulichen Strukturen kann die notwendige Bewältigung konkurrierender Flächenansprüche einen hohen bis sehr hohen Abstimmungs- und Begründungsaufwand erfordern (z.B. vom Straßenbauamt geforderte breitere Straßen auf Kosten von Bauland). 61

Bei größeren Baugebieten und verkehrsintensiven Nutzungen (z.B. großflächiger Einzelhandel, Veranstaltungsorte) ist die Bewältigung des durch den B-Plan ausgelösten Verkehrs und seiner Auswirkungen durch Fachgutachten (Verkehr, Lärm, Erschütterung, EMV) nachzuweisen (vgl. hierzu Rn 91, 93). 62

- **Geringe Anforderungen:** Einfamilien- und Doppelhausgebiete geringer baulicher Dichte; kleine Bebauungspläne ohne Auswirkungen auf die übergeordnete Netzbelastung; einfache flächenhafte Festsetzung der Verkehrsflächen; geringer Abstimmungsbedarf.
- **Durchschnittliche Anforderungen:** Erschließung von Baugebieten auch mittlerer Dichte; Verkehrsgutachten nicht erforderlich; mittleres Verkehrsaufkommen durch Fußgänger und/oder Radfahrer ohne besonderen Regelungsbedarf; Berücksichtigung ÖPNV.
- **Hohe Anforderungen:** komplexe Erschließungsanforderungen im Gebiet; Einbeziehung des übergeordneten Verkehrsnetzes in Abstimmung und abwägende Begründung; Verkehrs- und ggf. weitere Gutachten erforderlich; schwierige Unterbringung des ruhenden Verkehrs; verbindliche planfeststellungsersetzende Festsetzung von Verkehrsflächen.

Praxistipp

Die verbindliche **planfeststellungsersetzende Festsetzung** von Verkehrsflächen rechtfertigt bereits alleine die höchste Bewertung, da mit hohem Aufwand und Detaillierungsgrad einschließlich zahlreichen Straßenquerschnitten in anderem Maßstab (1:200) und entsprechendem Abstimmungsaufwand verbunden.

---

b) Infrastruktur

aa) Technische Infrastruktur

(1) Definition. Mit technischer Infrastruktur werden Einrichtungen bezeichnet, die zur Ver- und Entsorgung eines Gebietes erforderlich sind (Wasser, Abwasser, Elektrizität, Gas, etc.); übergeordnete Versorgungstrassen (Fernleitungstrassen, Gasleitungen, etc.); Versickerung von Oberflächenwasser. 63

(2) Planungsanforderungen und Kriterien für die Zuordnung. Im Benehmen mit den Versorgungsträgern muss der Nachweis erbracht werden, dass die Ver- und Entsorgung des Plangebiets möglich ist. Übergeordnete Trassen sind einschließlich ihrer Freihalte- und Schutzzonen exakt zu ermitteln und darzustellen. Sie können erhebliche Auswirkungen auf das städtebauliche Konzept haben. Die Versickerung von Oberflächen- 64 wasser ist abhängig von der Versickerungsfähigkeit des Bodens und der Verfügbarkeit dafür geeigneter Flächen.

65 Der Bearbeitungsaufwand ist abhängig vom Umfang der zu berücksichtigenden Faktoren und dem damit verbundenen Klärungsbedarf (exakte Lage der Trassen, Freihalte- und Schutzzonen).

- **Geringe Anforderungen:** kleine Bebauungspläne im Bestand oder zur Ergänzung bestehender Baugebiete, wo davon ausgegangen werden kann, dass die technische Infrastruktur bereits besteht bzw. problemlos sichergestellt werden kann.
- **Durchschnittliche Anforderungen:** B-Pläne mit erhöhtem Klärungsbedarf bezüglich Lage und/oder Kapazität der Ver- und Entsorgungseinrichtungen; erhöhte Planungsanforderungen zur Unterbringung dieser Einrichtungen auf öffentlichem oder privatem Grund; keine übergeordneten Leitungstrassen im oder am Plangebiet.
- **Hohe Anforderungen:** größere und/oder komplexe B-Pläne mit hohem Klärungsbedarf bezüglich Lage und/oder Kapazität der Ver- und Entsorgungseinrichtungen; Berücksichtigung bestehender/geplanter (übergeordneter) Leitungstrassen und ihrer Freihalte-/Schutzzonen im oder am Plangebiet; die genaue Lage bestehender Leitungstrassen ist noch zu ermitteln; hohe Anforderungen bestehen bereits bei **einer** übergeordneten Leitungstrasse!

Praxistipp

Klären Sie vor Abgabe eines Angebots, ob im Plangebiet übergeordnete Leitungstrassen liegen und ob dazu exakte Informationen vorliegen. Die Ermittlung der **exakten Lage** von (insbesondere unterirdischen) Leitungstrassen und ihrer Schutz-/Freihaltezonen einschließlich des Zugangs für Arbeiten an diesen Leitungen ist Voraussetzung für einen haltbaren B-Plan. Die teilweise von Trägern zugeleitete Sammlung von DIN-A3-Kopien der Leitungstrassen ist für digitale Plandarstellungen unzureichend und kann zu Planungsfehlern führen. Berücksichtigen Sie hierfür einschließlich der erforderlichen Abstimmungen einen überdurchschnittlichen Bearbeitungsaufwand.

---

bb) Soziale Infrastruktur

66 **(1) Definition.** Soziale Infrastruktur meint die Sicherstellung einer ausreichenden und zukunftsfähigen Versorgung des Planungsgebiets mit allen sozialen Einrichtungen und Einrichtungen der Daseinsvorsorge für alle Altersgruppen. Dazu gehören insbesondere: Kinderkrippen, Kindergärten und Kindertageseinrichtungen, Schulen und Schulhorte, Einrichtungen für die Jugendlichen, Pflegeheime und Betreuungseinrichtungen für Senioren.

67 Im B-Plan sind die erforderlichen Nutzungen hinsichtlich Art und Maß der Nutzung festzusetzen. Dabei handelt es sich immer um Teilflächen des B-Plans (z.B. Kindertagesstätte in einem Wohngebiet).

68 **(2) Planungsanforderungen und Kriterien für die Zuordnung.** Ein Bebauungsplan muss alle Probleme lösen, die durch ihn ausgelöst werden. Nur der B-Plan setzt diese Einrichtungen verbindlich und exakt fest. Ein Bezug auf vorhergehende Planungen (FNP, städtebaulicher Entwurf, informelle Planungen) ist unzureichend, da weder aktuell und präzise noch verbindlich.

69 Der Bedarf an sozialer Infrastruktur ist daher grundsätzlich zu prüfen. Dies gilt mittlerweile auch für größere B-Pläne mit gewerblicher Nutzung (Kinderbetreuung in der Nähe des Arbeitsplatzes). Zudem kann aus der Umgebung des Plangebiets Bedarf bestehen, der im Plangebiet gedeckt werden muss.

Der Bedarf kann innerhalb oder außerhalb des Plangebiets gedeckt werden, wofür in der Regel ein Nachweis zu erbringen ist (Stellungnahmen der Fachbehörden reichen hierfür aus). **70**

Die Planungsanforderungen stehen folglich in einem Bezug zu Anzahl und Dichte der infrastrukturellen Einrichtungen und dem daraus resultierenden Untersuchungs- und Abstimmungsaufwand. **71**

Praxistipp
Auch hier empfiehlt es sich, vor Abgabe eines Angebots bei der Gemeinde die grundsätzlichen Informationen einzuholen.

- **Geringe Anforderungen:** kleine B-Pläne, die nur ausgesprochen geringen neuen sozialen Infrastrukturbedarf auslösen und die notwendige Infrastruktur im Umfeld bereits in ausreichendem Maße besteht; entsprechende Untersuchungen und Bestätigungen der Fachdienststellen liegen vor.
- **Durchschnittliche Anforderungen:** der Bedarf an sozialer Infrastruktur ist bekannt und in den Vorkonzepten bereits grundsätzlich berücksichtigt (Wettbewerb, städtebaulicher Entwurf), es besteht jedoch erneuter Abstimmungsbedarf und ggf. Anpassungsbedarf.
- **Hohe Anforderungen:** der soziale Infrastrukturbedarf ist quantitativ und qualitativ (z.B. Flächen- und Standortanforderungen) einschließlich eventueller Defizite aus dem Umfeld in Abstimmung mit den Fachdienststellen neu zu ermitteln und in der Planung zu berücksichtigen.

5. Bewertungsmerkmal Topografie und Landschaft

a) Topografie

aa) Definition. Topografie meint den Verlauf des natürlich anstehenden Geländes mit seinen variierenden Geländeneigungen, seiner Oberflächengestalt und seiner Exposition einschließlich Lage und Verlauf von Wasserflächen. **72**

Die topografischen Gegebenheiten sind meist wenig veränderbar und prägen mithin maßgebend das normalerweise barrierefrei anzulegende Erschließungssystem und die Lage der Gebäude im Gelände. **73**

bb) Planungsanforderungen und Kriterien für die Zuordnung. Der Schwierigkeitsgrad in der Bearbeitung von Bebauungsplänen steigt mit zunehmend bewegtem Gelände und in Abhängigkeit von der Geländeneigung. **74**

Dies führt zu einem erhöhten Bearbeitungs- und Prüfungsaufwand insbesondere hinsichtlich: **75**
- der Höhenfestsetzungen von Erschließungsanlagen und Gebäuden, die mit dem Gelände kompatibel sein müssen und eine entsprechende Vielzahl von festzusetzenden Höhenkoten erfordern,
- der Barrierefreiheit der Erschließung,
- bei Gebäuden der eindeutigen Klärung der Geschossigkeit (Ist das teilweise im Hang liegende Geschoss ein Vollgeschoss oder nicht?) und mithin der Anzahl/Festsetzung der höchstzulässigen Geschossigkeit oder Höhenentwicklung/Wandhöhe in Abhängigkeit von der Landesbauordnung und der Geländeneigung,
- der Anschlüsse an das umgebende Gelände,

- der Verschattung abhängig von der Hanglage entsprechend den gesetzlichen Vorgaben (DIN 5034) einschließlich Berücksichtigung der solarenergetischen Belange (Besondere Leistung),
- der geologischen Rahmenbedingungen (Bodenfestigkeit, drückendes Hangwasser etc.), die durch Fachgutachten zu prüfen sind.

76 Zur genauen und abwägungsfesten Bestimmung der Festsetzungen im bewegten Gelände sind bei Bedarf Geländeschnitte anzufertigen und ggf. durch Planzeichnung zu belegen.

77 Insgesamt ergibt sich somit bei bewegtem Gelände erhöhter Untersuchungs-, Abstimmungs- und Festsetzungs-/Begründungsaufwand.

- **Geringe Anforderungen:** ebenes oder nahezu ebenes Gelände; keine Anschlüsse an Wasserflächen; kein Planungsbedarf bezüglich des Anschlusses an das umgebende Gelände.
- **Durchschnittliche Anforderungen:** leicht bewegtes Gelände; sanfte Uferbereiche; allenfalls geringer Planungsaufwand bezüglich des Anschlusses an das umgebende Gelände; keine Fachgutachten erforderlich.
- **Hohe Anforderungen:** steileres und stark bewegtes Gelände; ausgeprägte Uferkanten; detaillierte Festsetzung von Geländekoten und Gebäudehöhen/Geschossigkeit erforderlich; Verschattung benachbarter Gebäude gemäß DIN 5034 zu prüfen; Geländeneigung erfordert die Festsetzung von Abgrabungen, Aufschüttungen und/oder Stützwänden mit entsprechender Klärung der Anschlüsse an das umgebende Gelände; Bodenfestigkeit, Umgang mit Oberflächenwasser und Hangwasser durch Fachgutachten zu klären.

b) Landschaft

78 **aa) Definition.** Der Begriff der Landschaft meint das optische Erscheinungsbild, das sich aus der Eigentümlichkeit, der Kulturgeschichte und der geologischen Formationen des Planungsraums und seiner einzelnen Elemente ergibt. Das Teilbewertungsmerkmal „Landschaft" bezieht sich immer auf das Plangebiet und auf die umgebende Landschaft.

79 **bb) Planungsanforderungen und Kriterien für die Zuordnung.** Bei der Erstellung eines Bebauungsplanes steigen die Planungsanforderungen mit den Qualitäten der Landschaft und deren Empfindlichkeit gegenüber Eingriffen. Geprüft werden muss, inwieweit sich die Planung ohne Beeinträchtigungen in den Bestand integrieren lässt oder aber, welche Auswirkungen die Planung auf das Landschaftsbild hat.

80 Erhöhter Bearbeitungsaufwand entsteht bei Festsetzungen für Maßnahmen zur Integration der Planung in die Landschaft, Ausbildung von Ortsrändern etc.

- **Geringe Anforderungen:** keine besonderen Merkmale wie Vegetationsstrukturen; keine wertvollen oder schützenswerten Bestandteile, geologischen Formationen oder kulturhistorischen Gegebenheiten im Plangebiet und seinem angrenzenden Umfeld; keine spürbaren Eingriffe in das Landschaftsbild durch die Planung.
- **Durchschnittliche Anforderungen:** teilweise besondere Vegetationsstrukturen und/oder schützenswerte Landschaftsbestandteile im Plangebiet und seinem Umfeld; geringe optische Beeinträchtigung des Landschaftsbilds, die durch Pflanzungen oder spezielle Maßnahmen zur Einbindung in die Landschaft ausgeglichen werden kann; maßvoller Bewertungs-, Festsetzungs- und Begründungsaufwand für Schutz- und Entwicklungsmaßnahmen.

– **Hohe Anforderungen:** im Plangebiet und seinem Umfeld liegen besondere Merkmale wie Vegetationsstrukturen, geologische Formationen oder kulturhistorische Gegebenheiten vor, in die stärker eingegriffen wird oder die vollständig überplant werden; mithin stärkere bis erhebliche Beeinträchtigung des Landschaftsbilds; mithin hoher Bewertungs-, Festsetzungs- und Begründungsaufwand.

6. Bewertungsmerkmal Klima-, Natur- und Umweltschutz

a) Klimaschutz

aa) Definition. Klimaschutz umfasst alle Maßnahmen, die einer globalen Erderwärmung entgegenwirken, die daraus resultierenden Folgen abmildern und der Anpassung an den bereits erfolgten Klimawandel dienen (§ 1 Abs. 5 und § 1a Abs. 5 BauGB). Hauptpunkte sind die Verminderung des Ausstoßes von Treibhausgasen, die Energieeinsparung und die Steigerung der Energieeffizienz. **81**

In der Ebene der Bebauungsplanung sind vor allem Aussagen zum Kleinklima zu treffen und zu behandeln. **82**

Maßgebend sind hierbei vor allem die Sicherung und Planung bedeutsamer Grün- und Wasserflächen, die Art der Energieerzeugung und Nutzung erneuerbarer Energien, die Exposition der Gebäude und ihre Kubatur (A/V-Verhältnis), die Mobilität/Erreichbarkeit mit ÖPNV, die Nähe zu infrastrukturellen Einrichtungen, Passivhausstandard, ggf. Maßnahmen zum Hochwasserschutz etc. **83**

bb) Planungsanforderungen und Kriterien für die Zuordnung. Der Bearbeitungsaufwand ist abhängig vom Handlungsbedarf und vom Handlungspotenzial im Geltungsbereich des Bebauungsplans, mithin von bestehenden klimaschädlichen Nutzungen einerseits und von Optimierungspotenzialen durch die Planung andererseits sowie von der Größe und Lage des Plangebiets. **84**

Praxistipp
Die Anforderungen an den Klimaschutz und an Umsetzung von Klimaschutzmaßnahmen sind einer laufenden Weiterentwicklung unterworfen und werden immer komplexer. Klären Sie frühzeitig, welche Ansprüche aktuell gestellt und welche Fachgutachten gefordert werden (Beispiel: SOLENOP-Gutachten zur solarenergetischen Optimierung).

– **Geringe Anforderungen:** keine Vorbelastungen mit klimatisch bedingten Auswirkungen; die Planung hat allenfalls geringe Auswirkungen auf die Belange des Klimaschutzes; für das Plangebiet liegen die infrastrukturellen Voraussetzungen für eine klimagerechte Planung bereits vor (z.B. Energieversorgung mit erneuerbaren Energien, Ausbaugrad des ÖPNV, Nähe zu infrastrukturellen Einrichtungen); Maßnahmen zum Klimaschutz und zur Klimaanpassung nicht erforderlich.
– **Durchschnittliche Anforderungen:** das Plangebiet ist klimatisch maßvoll belastet; maßvolle Eingriffe in klimatisch bedeutsame Räume wie Grün-, Wasser- und Erholungsflächen, maßvolle Emissionen; für das Plangebiet liegen die infrastrukturellen Voraussetzungen für eine klimagerechte Planung nur teilweise vor und sind verbesserungsbedürftig; Maßnahmen zum Klimaschutz und zur Klimaanpassung sind erforderlich.
– **Hohe Anforderungen:** das Plangebiet ist klimatisch überdurchschnittlich belastet; erhebliche Eingriffe in klimatisch bedeutsame Räume wie Grün-, Wasser- und Erholungsflächen, hohe Emissionen; im Plangebiet sind die infrastrukturellen Voraus-

setzungen für eine klimagerechte Planung stark verbesserungsbedürftig (s.o.); umfangreiche Maßnahmen zum Klimaschutz und zur Klimaanpassung sind erforderlich.

b) Naturschutz

85 **aa) Definition.** Naturschutz meint den Erhalt von schützenswerten Naturlandschaften und -denkmälern, Biotopen, Landschaftsbestandteilen u.Ä. Damit sollen in ihrem Bestand gefährdete Pflanzen, Tiere und Biotope mit ihren Standorten und in ihrem Ökosystem nachhaltig gesichert bzw. so wenig wie möglich gestört werden. Dies gilt für das Plangebiet und dessen Wirkbereich.

86 Es gelten die maßgebenden Maßnahmen des § 1a BauGB, das BNatSchG und die jeweiligen Landesnaturschutzgesetze.

87 **bb) Planungsanforderungen und Kriterien für die Zuordnung.** Je mehr Schutzgüter im Plangebiet bestehen und je nachhaltiger diese durch die Planungen betroffen bzw. beeinträchtigt werden, desto höher sind die Anforderungen an die Planung.

88 Der Artenschutz ist eigenständiges Recht. Sofern hierfür ein Fachgutachten „spezielle artenschutzrechtliche Prüfung (saP)" notwendig ist, erfordert dies einen erhöhten Abstimmungs- und Regelungsbedarf bis hin zu Planänderungen. Die Auswertung der erforderlichen Gutachten sowie Plananpassungen und Festsetzungen zu Vermeidungs- und Verminderungsmaßnahmen erfordern einen teilweise erheblichen zusätzlichen Bearbeitungsaufwand.

Praxistipp
Die Vorabfrage, ob eine saP erforderlich ist, kann (auch aus Zeitgründen) erst im Rahmen des Bebauungsplanverfahrens gestellt werden. Sofern hierzu keine Vorinformationen vorliegen oder Unsicherheiten bezüglich der Notwendigkeit einer saP bestehen, sollte ein angenommener Bearbeitungsaufwand für die erforderlichen Abstimmungen hierfür als Eventualposition/Besondere Leistung angeboten werden.

- **Geringe Anforderungen:** keine ausgewiesenen Schutzgebiete gem. §§ 26–32 BNatSchG und Landesschutzgesetz; keine schutzwürdigen Biotope vorhanden, fehlender Biotopverbund; keine Eingriffe in Schutzgebiete.
- **Durchschnittliche Anforderungen:** ausgewiesene Schutzgebiete gem. §§ 26–32 BNatSchG und Landesnaturschutzgesetz und/oder schutzwürdige Biotope in geringem Umfang vorhanden; Biotopverbund im Plangebiet oder im Umfeld lückenhaft; Eingriffe in Schutzgebiete/Biotope mit geringen Auswirkungen; Ausgleich der Eingriffe ist gering und im Plangebiet möglich.
- **Hohe Anforderungen:** mehrere ausgewiesene Schutzgebiete gem. §§ 26–32 BNatSchG und Landesnaturschutzgesetz und/oder schutzwürdige Biotope im Plangebiet; ausgewiesene Vorranggebiete für Natur und Landschaft; regional bedeutsame Biotopverbünde im Plangebiet; Eingriffe in Schutzgebiete/Biotope mit erheblichen Auswirkungen; Ausnahmen und Befreiungen nach § 30 BNatSchG erforderlich; Ausgleich der Eingriffe ist im Plangebiet nicht möglich.

c) Umweltschutz

89 **aa) Definition.** Umweltschutz ist der Schutz der natürlichen Umwelt mit dem Ziel der Erhaltung und Wiederherstellung der natürlichen Lebensgrundlagen für alle Lebewesen (Pflanzen, Tieren und Menschen) und der Schutz vor nachteiligen Veränderungen.

Zu betrachten sind zudem die abiotischen Schutzgüter (Böden und Gewässer als natürliches Ökosystem, Klima, Luft, Landschaftsbild, Kulturgüter) und die biotischen Schutzgüter (Fauna und Flora, Schutzgebiete) sowie deren Wechselwirkungen untereinander. 90

Weitere Belange des Umweltschutzes sind Gewässerschutz, Waldschutz, Immissionsschutz (Lärm, Erschütterungen, elektromagnetische Verträglichkeit – EMV), Bodenschutz/Altlasten, Strahlenschutz und Abfallwirtschaft). 91

bb) Planungsanforderungen und Kriterien für die Zuordnung. Entsprechend Klimaschutznovelle mit § 1a BauGB sind die Erfordernisse des Umweltschutzes zu berücksichtigen und in die abwägende Bearbeitung des B-Plans einzustellen, jedoch bezogen auf die Planungsebene des B-Plans. Dabei sind diese Belange nur zu behandeln, soweit sie für das Plangebiet zutreffen und in der Planungsebene des B-Plans behandelt werden können. Soweit die erforderlichen Maßnahmen auf Grundlage anderweitiger Planungen geregelt werden, ist zu prüfen, inwieweit diese im B-Plan zu berücksichtigen sind bzw. berücksichtigt werden können. 92

Der Bearbeitungsaufwand ist abhängig vom Umfang der Umweltbelastungen im Plangebiet und seinem Umfeld. Zur Klärung des abwägungsrelevanten Sachverhaltes „menschliche Gesundheit" sind im erforderlichen Maß Fachgutachten erforderlich (Verkehrsgutachten; Lärmgutachten; Immissionsgutachten zu Schadstoffbelastung, Erschütterung etc.; Boden- inkl. Altlastengutachten). Durch die Abstimmung und Auswertung der erforderlichen Fachgutachten entsteht ein von deren Umfang abhängiger Bearbeitungsaufwand, im Weiteren auch durch die Festsetzung und Begründung der hierfür erforderlichen Maßnahmen im Bebauungsplan. 93

- **Geringe Anforderungen:** keine Umweltschäden und Beeinträchtigung der Schutzgüter; keine Eingriffe in Schutzgüter; Umweltschutzmaßnahmen nicht erforderlich.
- **Durchschnittliche Anforderungen:** geringe Umweltschäden und/oder Beeinträchtigung der Schutzgüter; geringe Eingriffe in die Schutzgüter; Umweltschutzmaßnahmen in geringem Umfang erforderlich.
- **Hohe Anforderungen:** erhebliche Umweltschäden und/oder Beeinträchtigung der Schutzgüter; erhebliche Eingriffe in die Schutzgüter; Umweltschutzmaßnahmen in erheblichem Umfang erforderlich.

7. Zusammenfassende Darstellung der Bewertungsmerkmale zur Ermittlung der Honorarzone. Die Ermittlung der Honorarzone und des Honorars lässt sich am Beispiel des Bebauungsplans (siehe Rn 44) wie folgt anwenden: 94

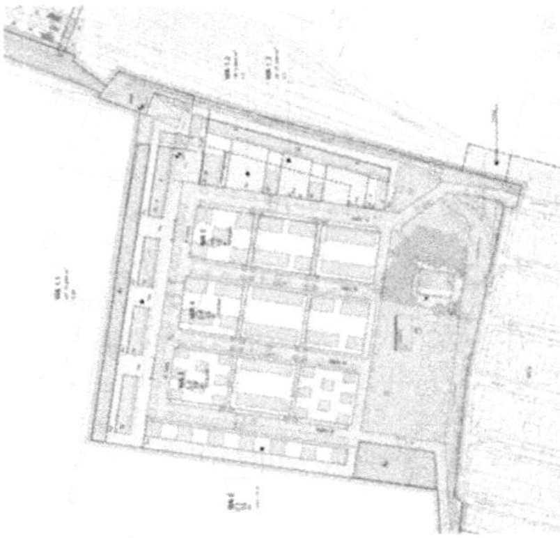

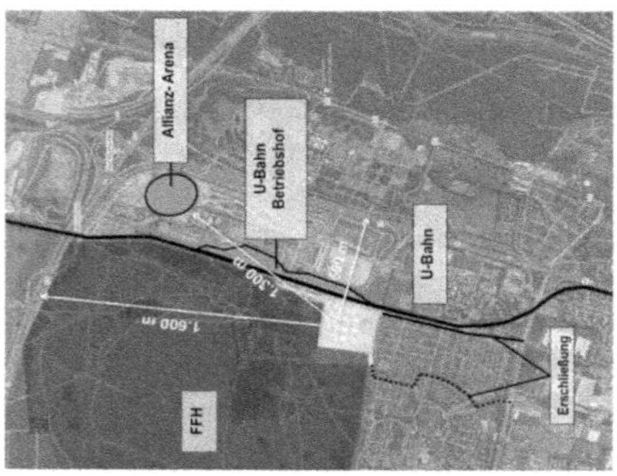

Geplante Nutzungen: WR, WA, MI, Gemeinbedarf;

Baustruktur: der vorliegende städtebauliche Entwurf sollte so flexibel wie möglich umgesetzt werden, im Osten und Norden Lärmschutzbebauung notwendig;

Maß der Nutzung: Festsetzung der Geschossflächen je Baugebiet entsprechend GFZ 0,6–1,2;

Erschließung nur über bestehende Wohnstraßen; Vermeidung von Parksuchverkehr für Fußballstadion; Straßenprofile noch zu klären;

technische Infrastruktur: Probleme anfangs nicht erkennbar;

Soziale Infrastruktur: 2 Kitas, davon eine integriert;

Gelände eben;

Landschaft: teilweise Baumbestand, im Norden FFH-Gebiet (ehem. Panzerübungsfläche); starke Veränderung durch Bebauung;

Klima: exponierte Lage des Plangebiets; zentrale Energieversorgung/erneuerbare Energie beabsichtigt;

Naturschutz: FFH-Gebiet direkt angrenzend mit teilweisem Eingriff;

Umweltschutz: u.a. flächige Belastungen durch Lärm, teilweise Erschütterungen und EMV.

Daraus ergibt sich folgende Bewertung: 95

	BEWERTUNGSMERKMAL	ANFORDE-RUNGEN				GESAMT	
		g	**d**	**h**			**PKT**
1	Nutzungsvielfalt						
	Nutzungsdichte						
	gesamt					**h**	**3**
2	Baustruktur						
	Baudichte						
	gesamt					**d**	**2**
3	Gestaltung						
	Denkmalschutz						
	gesamt					**d**	**2**
4	Verkehr						
	Infrastruktur					**h**	**3**
	gesamt						
5	Topografie						
	Landschaft					**d**	**2**
	gesamt						
6	Klimaschutz						
	Naturschutz						
	Umweltschutz					**h**	**3**
	gesamt						
	SUMME BEWERTUNGSPUNKTE						**15**

Bei der Bewertung der einzelnen Bewertungsmerkmale war eine Zuordnung zur jeweils höheren Planungsanforderung gerechtfertigt, da die höher bewerteten Teilmerkmale jeweils dominierend waren. Maßgebend waren hierbei vor allem die aus der Umgebung einwirkenden Bewertungsfaktoren, aber auch der Eingriff in ein bestehendes FFH-Gebiet westlich des U-Bahnhofs. **96**

Gemäß § 20 Abs. 5 ist der Bebauungsplan entsprechend der Summe der Bewertungspunkte einer Honorarzone zuzuordnen: **97**

1. Honorarzone I: bis zu 9 Punkte,
2. Honorarzone II: 10 bis 14 Punkte,
3. Honorarzone III: 15 bis 18 Punkte.

Mit einer Summe von 15 Bewertungspunkten ist der Bebauungsplan der **Honorarzone III** zuzuordnen.

Mit dem Ergebnis ist lediglich die **Einordnung in die Honorarzone** bestimmt. Das bedeutet, dass bei nur 14 Bewertungspunkten der Bebauungsplan der Honorarzone II **98** zuzuordnen wäre. Ohne eine schriftliche Honorarvereinbarung würde dann der Mindestsatz aus Honorarzone II gelten. Bei einer schriftlichen Vereinbarung ist die Einordnung in einen Von-Bis-Satz Verhandlungssache.

99 Das Honorar für den Bebauungsplan ist sodann nach seiner Fläche gemäß der **Honorartabelle** in § 21 Abs. 1 zu ermitteln. Bei Honorarzone III Von-Satz ergibt sich in diesem Fall bei einer Fläche von 11 ha ein Honorar netto von 71.756 €, zuzüglich Nebenkostenpauschale und gesetzlicher Mehrwertsteuer.

100 Zusätzlich zu prüfen ist, ob und ggf. welche Besonderen Leistungen zu erbringen sind.

101 Rückwirkend betrachtet bleibt zu diesem Beispiel festzustellen, dass die Honorarzone III voll gerechtfertigt war: Zwar lag ein mit der Gemeinde in den Grundzügen abgestimmter städtebaulicher Entwurf vor. Dieser war vor allem gestalterisch geprägt. Die verkehrliche Anbindung, die durch bestehende Wohngebiete führt, war allenfalls ansatzweise gelöst. Die schmalen Straßenquerschnitte im Plangebiet entsprachen nicht den Vorgaben der Gemeinde, Feuerwehrzufahrten waren zu lösen. Das nicht erkennbare leichte Gefälle des Plangebiets nach Norden war mit dem Abwassersystem, das nach Süden zum Hauptsammler führen musste, nicht kompatibel. Notwendig waren umfangreiche Festsetzungen zu flächigen Aufschüttungen und zur Höhenlage der Gebäude. Die „kleinen Eingriffe" in das FFH-Gebiet verursachten mangels Ersatzflächen einen unerwartet hohen Bearbeitungs- und Abstimmungsaufwand.

Praxistipp
Allgemeine Anmerkung zur Anwendung dieser Matrix: Diese Matrix dient vor allem der Übersicht der Bewertungsmerkmale und der nachvollziehbaren Ermittlung der Honorarzone. Diese Matrix ist **kein arithmetisches Modell**, halbe Bewertungspunkte gibt es nicht.

VI. Sonderfälle von Bebauungsplänen

102 **1. Vorhabenbezogener Bebauungsplan.** Gemäß § 12 Abs. 1 S. 1 BauGB kann die Gemeinde

> *„durch einen vorhabenbezogenen Bebauungsplan die Zulässigkeit von Vorhaben bestimmen, wenn der Vorhabenträger auf der Grundlage eines mit der Gemeinde abgestimmten Plans zur Durchführung der Vorhaben und der Erschließungsmaßnahmen (Vorhaben- und Erschließungsplan) bereit und in der Lage ist und sich zur Durchführung innerhalb einer bestimmten Frist und zur Tragung der Planungs- und Erschließungskosten ganz oder teilweise vor dem Beschluss § 10 Abs. 1 verpflichtet (Durchführungsvertrag)."*

103 Hieraus ist bereits ersichtlich, dass der vorhabenbezogene Bebauungsplan aus drei Teilen besteht:

- Dem Vorhaben- und Erschließungsplan (VEP): Dies ist der Plan des Vorhabenträgers mit den wesentlichen Aussagen zur Art der Nutzung, zur städtebaulichen Form und zur Erschließung. Dieser Plan hat keine Rechtswirkung. Er wird aber Bestandteil des vorhabenbezogenen Bebauungsplans, wobei die Darstellung von den Gemeinden unterschiedlich gehandhabt wird.
- Dem vorhabenbezogenen Bebauungsplan: Dieser kann einem normalen Bebauungsplan entsprechen, enthält aber zudem den (oft auf das Wesentliche reduzierten) VEP. Dies erfordert eine kooperative Zusammenarbeit mit dem Hochbauarchitekten und ggf. dem Landschaftsarchitekten für die Freianlagen. Im Übrigen gelten die weiteren Vorgaben des § 12 BauGB. Die Detailschärfe, mit dem der VEP in den

vorhabenbezogenen B-Plan umgesetzt wird, wird ebenfalls unterschiedlich gehandhabt.

- Dem Durchführungsvertrag: Dieser regelt die Rechte und Pflichten zwischen Vorhabenträger und Gemeinde, ist aber nicht Bestandteil des vorhabenbezogenen B-Plans. Er enthält die notwendigen Angaben zum Vorhaben und weitere Aussagen dazu wie z.B. Grundbesitzpläne etc. Diese Plananlagen können vom Stadtplaner zugearbeitet werden. Dieser Durchführungsvertrag unterliegt dem Beschluss der Gemeinde.

Damit kommen auf den Stadtplaner zusätzliche, vor allem koordinierende Aufgaben zu, die unter Umständen einer **Projektsteuerung** entsprechen. Der Stadtplaner koordiniert in diesem Fall meist die Planungsabläufe, die Termine, die zu beteiligenden Fachgutachter, die Kompatibilität der Inhalte und die Verfahrensabläufe. Dies beinhaltet in der Regel auch regelmäßige Jour Fixes mit dem Vorhabenträger und seinem Team sowie zusätzliche Abstimmungstermine mit der Gemeinde. Diese Aufgaben der Projektsteuerung sind Besondere Leistungen insbesondere entsprechend Anlage 9 Ziff. 3b) bis i), wobei anzumerken ist, dass diese Auflistung der Besonderen Leistungen nicht abschließend ist. **104**

Das **Honorar** für den vorhabenbezogenen B-Plan ist gem. § 21 zu ermitteln. Hinzu kommen die Besonderen Leistungen, die vorab zu definieren sind und sich nach den Anforderungen von Gemeinde und Vorhabenträger richten. **105**

Die denkbaren vertraglichen Konfigurationen zwischen Gemeinde, Vorhabenträger, Stadtplaner und weiteren Beteiligten sind ausführlich in § 17 Rn 34–44 erläutert. **106**

Praxistipp

Klären Sie für die Abgabe eines vollständigen Angebots auf jeden Fall:

- Mit der Gemeinde: Welche Leistungen erwartet diese von Ihnen (Koordination, Abstimmungen mit dem Vorhabenträger, Darstellungsform und Detailschärfe des vorhabenbezogenen B-Plans, Behandlung der Stellungnahmen aus den Beteiligungsverfahren des BauGB)? Insbesondere ist auch zu klären, ob das Vorhaben mit dem Vorhabenträger abschließend abgestimmt ist oder ob noch weitere (oft zähe) Abstimmungen erforderlich sind.
- Mit dem Vorhabenträger: Welche Leistungen erwartet dieser von Ihnen (welche Büros und Gutachter sind bereits beteiligt, wer übernimmt die Koordination, Abstimmungen mit der Gemeinde, Ausschreibung von Fachgutachten usw.)?
- Vorhabenpläne: Sind diese aus Ihrer Sicht ohne Änderungen in einen B-Plan umsetzbar oder muss hier noch nachgearbeitet werden?
- Mit den Architekten, Landschaftsarchitekten und Fachplanern des Vorhabenträgers: Mit diesen müssen Sie zeitweise intensiv zusammenarbeiten. Haben diese bereits Erfahrung bei der Aufstellung von vorhabenbezogenen B-Plänen, sind diese kooperationsbereit? (Hier gibt es in der Praxis erfahrungsgemäß große Unterschiede mit den entsprechenden Auswirkungen auf den Bearbeitungs-/Abstimmungsaufwand!)

---

2. Einfacher Bebauungsplan. Gemäß § 30 Abs. 1 BauGB enthält ein **qualifizierter Bebauungsplan** mindestens Festsetzungen zu Art der Nutzung, Maß der Nutzung, den überbaubaren Grundstücksflächen und den örtlichen Verkehrsflächen. **107**

Gemäß § 30 Abs. 3 BauGB erfüllt ein **einfacher Bebauungsplan** diese Voraussetzungen nicht, wenn er mindestens eine der in Abs. 1 definierten notwendigen Festsetzungen nicht erfüllt. In diesem Fall richtet sich die Zulässigkeit von Vorhaben nach § 34 oder § 35 BauGB. **108**

Die Frage ist mithin, ob ein so auf den ersten Blick auch einfacher zu bearbeitender B-Plan ein geringeres Honorar als ein qualifizierter B-Plan rechtfertigt oder nicht. **109**

110 Dazu ist festzustellen: Die Unterschiede in der Bearbeitung von einfachen und qualifizierten B-Plänen sind gering: Es sind die gleichen Grundleistungen zu erbringen, das Bebauungsplanverfahren nach BauGB ist in gleicher Weise durchzuführen. Weniger Bearbeitungsaufwand kann bei der Planzeichnung und bei den Festsetzungen durch Text anfallen, wenn z.B. die Art der Nutzung oder das Maß der Nutzung nicht festgesetzt werden.

111 Dem wird aber durch die Bewertung der Bewertungsmerkmale und die Zuordnung in die Honorarzone Rechnung getragen: Die Anforderungen an die zutreffenden Bewertungsmerkmale sind dementsprechend geringer einzustufen (z.B. Bewertungsmerkmale Baustruktur, wenn überbaubare Flächen nicht festgesetzt werden, oder Baudichte, wenn das Maß der Nutzung entfällt). Gleichzeitig bedarf die Wahl des einfachen B-Plans jedoch einer sorgfältigen **Begründung**, die Auswirkungen auf die städtebauliche Entwicklung sind darzustellen.

112 Die Behandlung der Stellungnahmen kann erleichtert werden, da die entsprechenden Entscheidungen ins Baugenehmigungsverfahren „verschoben" werden. Da Grundleistung allerdings nur die „Mitwirkung" bei der Abwägung der Stellungnahmen ist, wird sich dies nur wenig auswirken. Die vollständige Behandlung dieser Stellungnahmen ist eine Besondere Leistung, das Honorar hierfür ist frei vereinbar.

113 Fazit: Für die Honorierung von einfachen B-Plänen ist § 21 ohne Einschränkungen anzuwenden. Einem eventuell geringeren Bearbeitungsumfang kann durch die Zuordnung in die Honorarzone entsprochen werden, wenn sich dies aus den Bewertungsmerkmalen so ergibt.

114 **3. Text-Bebauungsplan.** Reine Textbebauungspläne – also B-Pläne, die ohne Planzeichnung auskommen – sind ein geeignetes Instrument, wenn der Regelungsbedarf des B-Plans gering ist, hierfür eine Planzeichnung nicht erforderlich ist und andere örtliche Satzungen nicht geeignet sind. Dies kann z.B. die Festsetzung einer maximalen Trauf- oder Firsthöhe sein, die Festsetzung von Dachgestaltungen, aber auch bestimmte Festsetzungen zur Art der Nutzung. Die Bearbeitung solcher Bebauungspläne bedarf in der Regel einer äußerst sorgfältigen Begründung und abwägenden Erläuterung der Auswirkungen.

115 Häufiger findet ein Text-Bebauungsplan Anwendung, wenn eine Gemeinde das Ziel hat, für Teile des Gemeindegebiets einer nicht gewünschten städtebaulichen Entwicklung entgegenzuwirken. Das kann z.B. auf Grundlage von § 9 Abs. 2b BauGB die Beschränkung oder Nicht-Zulassung von Vergnügungsstätten gem. § 6 Abs. 2 Ziff. 8 und Abs. 3 und § 7 Abs. 2 Ziff. 2 BauNVO der Fall sein.

116 Für die **Honorierung von Textbebauungsplänen** gilt, dass Bewertungsmerkmale, die thematisch überhaupt nicht zu bearbeiten sind, mit Null angesetzt werden können. Hieraus ergibt aus dem o.a. Beispiel einer Beschränkung von Vergnügungsstätten folgende Gesamtbewertung:

	BEWERTUNGSMERKMAL	ANFORDE-RUNGEN				GESAMT	
		g	d	h			PKT
1	Nutzungsvielfalt und Nutzungsdichte					h	3
2	Baustruktur und Baudichte					g	1
3	Gestaltung und Denkmalschutz						0
4	Verkehr und Infrastruktur						0
5	Topografie und Landschaft						0
6	Klima-, Natur- und Umweltschutz						0
	SUMME BEWERTUNGSPUNKTE						4

Mit gesamt 4 Bewertungspunkten ergibt sich die Honorarzone I. Diese Bewertung ist naturgemäß abhängig vom Einzelfall und kann bei gleicher Aufgabenstellung in anderen Situationen auch zu einer anderen Bewertung führen. 117

Das Honorar für den Bebauungsplan ergibt sich gem. Abs. 2 nach der Fläche des Textbebauungsplans aus der Honorartafel Abs. 1. 118

Dabei sind alle Grundleistungen gem. Anlage 2 zu erbringen, es sei denn, die Gemeinde beschließt auf Grundlage von § 13 Abs. 1 BauGB, das vereinfachte Verfahren anzuwenden (siehe nachfolgend 4., Rn 120 ff.); ggf. zuzüglich Besonderer Leistungen. 119

4. Vereinfachtes Verfahren gem. § 13 BauGB. Gemäß § 13 Abs. 1 BauGB kann eine Gemeinde das vereinfachte Verfahren zur Aufstellung von Bebauungsplänen anwenden, wenn durch eine Änderung oder Ergänzung eines Bauleitplans die Grundzüge der Planung nicht berührt werden **oder** in einem Gebiet nach § 34 BauGB der sich aus der vorhandenen Eigenart der näheren Umgebung ergebende Zulässigkeitsmaßstab nicht wesentlich verändert und wenn die Voraussetzungen des § 13 Abs. 1 Ziff. 1 und 2 BauGB erfüllt sind. Bei vereinfachten Verfahren kann gem. § 13 Abs. 2 BauGB von der frühzeitigen Unterrichtung und Erörterung nach § 3 Abs. 1 und § 4 Abs. 1 BauGB abgesehen werden. Ziel des Gesetzgebers ist also die Verkürzung des Verfahrens auf die Verfahrensschritte der Auslegung nach § 3 Abs. 2 und § 4 Abs. 2 BauGB. Zur Verfahrensvereinfachung gehört auch, dass eine Umweltprüfung, der Umweltbericht und die zusammenfassende Erklärung nicht erforderlich sind. 120

Die Prüfung, ob die Voraussetzungen des § 13 Abs. 1 Ziff. 1 und 2 bzw. § 13a Abs. 1 Ziff. 1 und 2 BauGB erfüllt sind, ist Sache der Gemeinde oder, falls diese vom Auftragnehmer zu erbringen ist, als Besondere Leistung zu bewerten. 121

Wenn im vereinfachten Verfahren von der frühzeitigen Unterrichtung und Erörterung nach § 3 Abs. 1 und § 4 Abs. 1 BauGB abgesehen werden kann, so bedeutet dies aber nicht, dass es ausreichend ist, für den B-Plan nur den Entwurf (= LPH 2) zu bearbeiten und in die Honorarermittlung einzustellen. Vielmehr ist es so, dass der Entwurf des B-Plans in allen Belangen auf dem Vorentwurf (= LPH 1) des B-Plans aufbaut. Ohne die für den Vorentwurf zu erbringenden Grundleistungen stünde man beim vereinfachten Verfahren vor leeren Blättern. Das heißt, Grundlage für den Entwurf des B-Plans für die Auslegung gem. § 3 Abs. 2 BauGB bildet sein Vorentwurf mit den darin gem. Anlage 2 zu bearbeitenden Grundleistungen a) mit i) und l). Lediglich die Grundleistungen „j) Mitwirken an der frühzeitigen Öffentlichkeitsbeteiligung einschließlich Erörterung der Pla- 122 nung“ und „m) Abstimmen des Vorentwurfs für die frühzeitigen Beteiligungen in der vorgeschriebenen Fassung mit der Gemeinde“ können entfallen. Die Beteiligung der Behörden und Stellen, die Träger öffentlicher Belange sind, kann zwar in freier Form durchgeführt werden, ist aber unverzichtbar, da deren Belange in den Entwurf des B-Plans einzubringen sind. Eine Beteiligung dieser Stellen erst mit dem Entwurf birgt das (viel zu große) Risiko in sich, dass die Auslegung wiederholt werden muss, wenn auch nur von einer Stelle ein Einwand vorgebracht wird, der zu einer mehr als redaktionellen Überarbeitung des B-Plans führen würde.

123 Die **Honorierung** dieser zusätzlich zum Entwurf zu erbringenden Leistungen ist mit **§ 9** (Berechnung des Honorars bei Beauftragung von Einzelleistungen) **Abs. 2 S. 1** eindeutig geregelt: *„Zur Bauleitplanung ist Absatz 1 Satz 2 Nummer 2 für den Entwurf der öffentlichen Auslegung entsprechend anzuwenden.“* Dies bedeutet, dass für die Leistungsbewertung der Entwurfsplanung höchstens der Prozentsatz der Entwurfsplanung (= 30%) **und** der Prozentsatz der Vorplanung (Vorentwurf = bis zu 60%) herangezogen werden können.

124 Dabei kann der Anteil der entfallenden Grundleistungen j) und m) der LPH 1 mit etwa 5% angesetzt werden, sodass in diesem Fall der Entwurf des B-Plans mit 30% + 55% = 85% angesetzt werden kann. Hinzu kommt die Planfassung für die Genehmigung mit 10%.

125 Bei Änderungen von B-Plänen im vereinfachten Verfahren sind zusätzlich die Ausführungen in nachfolgend Ziff. 7 zu beachten (Rn 137 ff.).

126 **5. Bebauungspläne der Innenentwicklung gem. § 13a BauGB.** Gemäß § 13a Abs. 1 S. 1 BauGB können B-Pläne für die Wiedernutzbarmachung von Flächen, die Nachverdichtung oder andere Maßnahmen der Innenentwicklung **im beschleunigten Verfahren** aufgestellt werden. Dies gilt nur für B-Pläne, die eine in § 13a Abs. 1 S. 2 Nr. 1 und 2 BauGB definierte Grundfläche nicht überschreiten und auch den Maßgaben der Sätze 3 bis 5 entsprechen. Die Prüfung, ob diese Voraussetzungen erfüllt sind, ist wiederum Sache der Gemeinde oder, falls diese vom Auftragnehmer zu erbringen ist, als Besondere Leistung zu bewerten.

127 Gemäß § 13a Abs. 1 S. 2 Nr. 1 BauGB gelten im beschleunigten Verfahren die Vorschriften nach § 13 Abs. 2 und 3 Abs. 1 entsprechend.

128 Insofern gelten die Aussagen der o.a. Ziff. 4 zum vereinfachten Verfahren entsprechend **mit dem Unterschied**, dass gem. § 13a Abs. 3 Nr. 2 BauGB die Öffentlichkeit über die Ziele, Zwecke und Auswirkungen der Planung zu informieren ist (was unter Umständen mit dem Aufstellungsbeschluss ausreichend geschehen kann) und *„sich die Öffentlichkeit (...) zur Planung äußern kann, sofern keine frühzeitige Unterrichtung und Erörterung im Sinne des § 3 Abs. 1 (BauGB) stattfindet“*.

129 Sofern der Gemeinde hierfür keine anderen Planungen (Strukturuntersuchungen, städtebauliche Voruntersuchungen, städtebauliche Entwürfe o.Ä.) zur Verfügung stehen, ist zu dieser Information der Öffentlichkeit die Ausarbeitung geeigneter Unterlagen erforderlich. Wird der Auftragnehmer mit der Ausarbeitung dieser Unterlagen beauftragt, so entsprechen diese Leistungen den Grundleistungen „j) Mitwirken an der frühzeitigen Öffentlichkeitsbeteiligung einschließlich Erörterung der Planung“ und „m) Abstimmen des Vorentwurfs für die frühzeitigen Beteiligungen in der vorgeschriebenen Fassung mit der Gemeinde“ der LPH 1, die im vereinfachten Verfahren noch entfallen konnten.

130 In diesem Fall ist für die Aufstellung eines B-Plans der Innenentwicklung das volle Leistungsbild der Anlage 2 mit 100% zu erbringen. Erfolgt die Information der Öffentlichkeit mit bereits vorliegenden Planungen, so können wie im vereinfachten Verfahren

für den Entwurf des B-Plans 30% + 55% = 85% zuzüglich Planfassung für die Genehmigung mit 10% = gesamt 95% in Ansatz gebracht werden.

Dies gilt gem. § 13a Abs. 4 BauGB entsprechend auch für die Änderung und Ergänzung eines B-Plans. 131

6. Verfahrenswiederholung gem. § 4a Abs. 3 BauGB. § 4a Abs. 3 BauGB besagt, dass der Entwurf des Bauleitplans erneut auszulegen ist und die Stellungnahmen erneut einzuholen sind, wenn er nach dem Verfahren nach § 3 Abs. 2 oder § 4 Abs. 2 BauGB geändert oder ergänzt wird. 132

Die hierfür zu erbringenden Leistungen sind eine Besondere Leistung entsprechend Anlage 9 Ziff. 5h). Das Honorar hierfür kann frei vereinbart werden. 133

Honorarempfehlung: Die hierfür zu erbringenden Leistungen entsprechen ganz oder teilweise der „LPH 2 Entwurf zur öffentlichen Auslegung". Das Honorar kann folglich wie LPH 2 mit bis zu 30% bei gleicher Honorarzone wie im bisherigen Verfahren bewertet werden. Die Ermittlung eines angemessenen Prozentsatzes aus dem Leistungsbild ist abhängig vom Überarbeitungsbedarf und dem Umfang der gewählten Beteiligung, also ob die Einholung der Stellungnahmen auf die betroffene Öffentlichkeit und die betroffenen Träger beschränkt wird oder nicht. 134

Es empfiehlt sich, die Ermittlung des Honorars mit der voraussichtlichen Bearbeitungszeit zu spiegeln. Bei ausgesprochen geringem Leistungsumfang kann ein Honorar entsprechend 10% aus LPH 2 ausreichend sein. 135

Zulässig ist auch eine pauschale Honorarvereinbarung, wenn das so vereinbarte Honorar den Anforderungen der HOAI entspricht. 136

7. Änderung von rechtskräftigen Bebauungsplänen. Die Honorierung der Änderung von rechtskräftigen B-Plänen ist von Faktoren abhängig wie 137
- dem inhaltlichen Änderungsbedarf, der genau definiert sein sollte, und dem sich daraus ergebenden Umfang der Änderungen;
- dem Geltungsbereich, der auf die zu ändernden Teilbereiche beschränkt werden kann;
- den erforderlichen Verfahrensschritten (vollständiges Verfahren gemäß BauGB oder vereinfachtes Verfahren gem. § 13 BauGB (siehe Rn 120 ff.));
- dem Alter und der Qualität des zu ändernden B-Plans; hier macht es einen großen Unterschied, ob ein vom eigenen Büro vor kurzer Zeit erstellter B-Plan zu ändern ist oder ein älterer B-Plan, der nur in Papierform vorliegt, in den man sich erst einarbeiten muss.

Gerade bei älteren B-Plänen, auf denen der Änderungsbebauungsplan aufzubauen ist, empfiehlt es sich sorgfältig zu prüfen, ob diese überhaupt **rechtssicher** sind (Festsetzungen, Verfahrensdurchführung) und damit eine Änderung auf dieser Grundlage genehmigungsfähig ist. Alte, nur in Papierform vorliegende Planzeichnungen müssen digital neu aufbereitet werden, da in der Regel von den beteiligten Dienststellen und Trägern die digitale Form verlangt wird. 138

Bei allen Änderungen ist zu prüfen, welche Auswirkungen diese haben und ob diese mit den weiteren Festsetzungen des zu ändernden B-Plans kompatibel sind. 139

In vielen Fällen kann in der Praxis der Bearbeitungsumfang jenen einer Neuaufstellung des B-Plans erreichen. 140

Dies bedeutet, dass für die Honorierung eines Änderungs-Bebauungsplans die HOAI in gleicher Weise anzuwenden ist wie bei Neuaufstellung eines B-Plans. Anzuwenden sind deshalb in gleicher Weise die Bewertungsmerkmale und das Leistungsbild der 141

Grundleistungen gem. Anlage 2. Inwieweit dabei die Leistungsbilder und die Grundleistungen voll zu erbringen sind, ist vom Einzelfall abhängig.

142 **8. Bebauungspläne für ein großes Plangebiet mit geringem Festsetzungsbedarf im Planteil.** Bebauungspläne für Windkraftparks, Bestattungswälder u.Ä. umfassen in der Regel relativ große Flächen (bei Windkraftparks 30 ha und größer) mit wenigen zeichnerischen Darstellungen und Festsetzungen durch Planzeichen. Das sich aus dem Plangebiet ergebende Honorar erscheint den Auftraggebern – unabhängig von der Honorarzone – auf den ersten Blick sehr hoch. Hieraus ergeben sich zwei Fragen:
- Kann der Mindestsatz unterschritten werden?
- Wenn nicht, wie ist dann das Honorar zu bemessen?

143 Dazu ist festzustellen, dass die Voraussetzungen für die Unterschreitung des Mindestsatzes gem. § 7 Abs. 3 nicht vorliegen. Diese sind nur gegeben, wenn zwischen den Vertragsparteien eine „Vorgeschichte mit überdurchschnittlicher Interessenverflechtung" besteht. Dies ist hier sicherlich nicht der Fall.

144 Das Honorar ist infolgedessen auch in diesen Fällen gem. § 21 Abs. 2 nach der Fläche des Plangebiets in Hektar und der nach der Honorarzone zu berechnen. Bei genauerer Betrachtung des Leistungsumfangs eines solchen Bebauungsplans ist dies auch gerechtfertigt:

145 Auch bei diesen B-Plänen ist das volle Leistungsbild der Anlage 2 sorgfältig abzuarbeiten und das volle Verfahren nach BauGB durchzuführen. Auch eine relativ einfache Planzeichnung bedeutet nicht, dass der Bearbeitungsumfang wesentlich geringer ist, da auch ein solcher B-Plan Festsetzungen durch Planzeichnung, Festsetzungen durch Text und die Begründung umfasst. Gerade Bebauungspläne dieser Art erfordern zudem eine sorgfältige und gerecht abwägende Untersuchung der Belange aller Betroffenen und aller relevanten Umweltfaktoren. Hierfür sind in der Regel Fachgutachten erforderlich, die es einzuarbeiten gilt. Zudem kann der Auftraggeber erwarten, dass der Stadtplaner die Kompetenz besitzt zu wissen, welche Fachgutachten erforderlich sind.

146 Bei **B-Plänen für Windkraftparks** sind beispielsweise folgende vertiefte Untersuchungen bzw. Fachgutachten erforderlich: Landschaftsbild, Schutz der Vögel, Schall und weitere. Die Festsetzungen können beispielsweise umfassen: Art und Maß der baulichen Nutzung, bauliche Höhe der Anlagen, Verkehrsflächen und Flächen für technische Betriebsräume, Betriebszeiten (Vogelschutz, Lärm), Ausgleichs- und Ersatzmaßnahmen usw.[2]

147 Das DVW-Merkblatt 6-2014 betont auch die Bedeutung der Begründung hinsichtlich der in § 1 Abs. 7 BauGB geforderten gerechten Abwägung der öffentlichen und privaten Belange untereinander und gegeneinander:

> *„Die Begründung besitzt bei Bebauungsplänen für Windkraft einen besonderen Stellenwert, da die Ausweisung von Windparks in der Öffentlichkeit häufig großer Kritik ausgesetzt ist. Im Rahmen der Begründung ist eine Prüfung von Alternativen vorzulegen, die in der Regel aus der Standortanalyse des Flächennutzungsplans entnommen werden kann."*[3]

2 Diese Ausführungen orientieren sich am Merkblatt 6–2014 „Bebauungspläne für Windkraftanlagen", Herausgeber DVW – Gesellschaft für Geodäsie, Geoinformation und Landmanagement e.V., abrufbar unter http://www.dvw.de/sites/default/files/merkblatt/daten/2014/06_DVW-Merkblatt_B-Plan-Wind_0.pdf.

3 Merkblatt 6-2014 „Bebauungspläne für Windkraftanlagen", S. 5 Ziff. 3.

Dem ist nur noch hinzuzufügen, dass bei Windkraftparks in vielen Fällen auch mit starken Einwänden von Trägern und Verbänden zu rechnen ist: Landschaftsbild, Denkmalschutz, Vogel- und Umweltschutz etc. Zudem sind solche B-Pläne in der Regel auch mit den Nachbargemeinden abzustimmen. **148**

Hieraus ergibt sich beispielsweise folgende Bewertung der Bewertungsmerkmale und Zuordnung in die Honorarzone: **149**

	BEWERTUNGSMERKMAL	ANFORDE-RUNGEN				GESAMT	
		g	**d**	**h**			**PKT**
1	Nutzungsvielfalt und Nutzungsdichte					**g**	**1**
2	Baustruktur und Baudichte					**g**	**1**
3	Gestaltung und Denkmalschutz					**d**	**2**
4	Verkehr und Infrastruktur					**g**	**1**
5	Topografie und Landschaft					**h**	**3**
6	Klima-, Natur- und Umweltschutz					**h**	**3**
	SUMME BEWERTUNGSPUNKTE						**11**

Mit gesamt 11 Bewertungspunkten ergibt sich bei diesem Beispiel eine Zuordnung in Honorarzone II. **150**

Besondere Leistungen können beispielsweise (und nicht abschließend) sein: die Untersuchung des Landschaftsbilds und des Denkmalschutzes, die Alternativenprüfung, die Betreuung von Fachgutachten, die zusammenfassende Erklärung usw. **151**

Bei **B-Plänen für Bestattungswälder** verhält es sich analog. Hier sind u.a. vertieft – ggf. durch Fachgutachten – zu untersuchen: die Verträglichkeit mit der bestehenden Fauna, Geologie und Bodenqualität, Grundwassersicherung, Landschaftsbild und Erholungsfunktion und weitere. In einem dem Autor vorliegenden Beispiel umfassen die Festsetzungen durch Text drei DIN A4-Seiten, die Begründung umfasst 34 Seiten. **152**

Abschnitt 2
LANDSCHAFTSPLANUNG

§ 22
Anwendungsbereich

(1) Landschaftsplanerische Leistungen umfassen das Vorbereiten und das Erstellen der für die Pläne nach Absatz 2 erforderlichen Ausarbeitungen.

(2) Die Bestimmungen dieses Abschnitts sind für folgende Pläne anzuwenden:

1. **Landschaftspläne,**
2. **Grünordnungspläne und Landschaftsplanerische Fachbeiträge,**
3. **Landschaftsrahmenpläne,**
4. **Landschaftspflegerische Begleitpläne,**
5. **Pflege- und Entwicklungspläne.**

Übersicht

A. Vorbemerkungen

1 Die Grundzüge des Teils 2 „Flächenplanung" der Novellierung der HOAI 2013 betreffen die Landschaftsplanung und die Bauleitplanung gleichermaßen. Es wird deshalb verwiesen auf die Allgemeinen Vorbemerkungen zu Beginn der Ausführungen zu Teil 2 (Vor §§ 17 bis 32 Rn 1ff.).

B. Aktualisierte Leistungsbilder in der Landschaftsplanung

2 Gemäß § 9 des Gesetzes über Naturschutz und Landschaftspflege hat die Landschaftsplanung die Aufgabe, *„die Ziele des Naturschutzes und der Landschaftspflege für den jeweiligen Planungsraum zu konkretisieren und die Erfordernisse und Maßnahmen zur Verwirklichung dieser Ziele auch für die Planungen und Verwaltungsverfahren aufzuzeigen, deren Entscheidungen sich auf Natur und Landschaft im Planungsraum auswirken können"* (vgl. § 9 Abs. 1 BNatSchG). Bereits hier wird deutlich, dass die Ziele der Landschaftsplanung auf mehreren Maßstabsebenen wirksam werden. Der Begriff des jeweiligen Planungsraums, den der Gesetzestext im oben genannten Absatz aufführt, wird in seiner räumlichen Ausdehnung nicht näher definiert.

3 Allen Leistungsbildern der Landschaftsplanung ist gemein, dass die Ziele des Naturschutzes und der Landschaftspflege je nach Planungsebene überörtlich und örtlich definiert werden, um anschließend im entsprechenden Detaillierungsgrad zur Zielerreichung erforderliche Maßnahmen zu benennen (vgl. § 8 BNatSchG). Dabei ist zu beachten, dass sich die Landschaftsplanung nicht nur auf unbebaute Flächen bezieht, sondern „Natur und Landschaft" in seiner Gesamtheit sowohl den besiedelten als auch den unbesiedelten Bereich umfasst.

4 In der HOAI 2013 ist die Landschaftsplanung in fünf verschiedene Leistungsbilder unterteilt. Diese sind

- Landschaftsplan (§ 23),
- Grünordnungsplan (§ 24),
- Landschaftsrahmenplan (§ 25),
- Landschaftspflegerischer Begleitplan (§ 26) und
- Pflege- und Entwicklungsplan (§ 27).

5 Alle Leistungsbilder der aufgeführten Fachpläne sind in vier Leistungsphasen unterteilt. Im Gegensatz zur Bauleitplanung, in welcher der sachgerechte Regelungsgehalt durch das BauGB eindeutig definiert ist, kann in der Landschaftsplanung auf die LPH 1 „Klären der Aufgabenstellung und Ermitteln des Leistungsumfangs" nicht verzichtet werden, da der Regelungsgehalt und die Planungsansprüche in den einzelnen Bundesländern unterschiedlich gehandhabt werden. Deshalb ist in allen Leistungsbildern der Landschaftsplanung die LPH 1 vorangestellt, die einheitlich mit 3% bewertet wird. Auch werden die weiteren Leistungsphasen einheitlich mit 37%, 50% und 10% bewertet:

LPH 1 **Klären der Aufgabenstellung und Ermitteln des Leistungsumfangs mit 3%**
LPH 2 **Ermitteln der Planungsgrundlagen mit 37%**
LPH 3 **Vorläufige Fassung mit 50%**
LPH 4 **Abgestimmte Fassung mit 10%**

Dabei bilden jeweils die Leistungsphasen 2 und 3 mit 37% bzw. 50% den Schwerpunkt in der gesamten Bearbeitungszeit. Das vollständige Ermitteln der Planungsgrundlagen sowie die Erstellung der vorläufigen Planfassung haben zur mängelfreien Erfüllung der Aufgabe ein hohes Gewicht. Zudem unterscheiden sich die zu erbringenden **Grundleistungen** in diesen Leistungsphasen je nach Leistungsbild grundlegend voneinander und erfordern ein hohes Maß an fachlicher Kompetenz. 6

C. Wesentliche gemeinsame Änderungen und Begriffe

Die mit der Bauleitplanung gemeinsamen wesentlichen Änderungen durch die Novellierung der HOAI betreffen die Wiedereinführung des Begriffs „**Grundleistungen**" und die **Teilnahme an Sitzungen** von politischen Gremien. Hierzu und bezüglich gemeinsam verwendeter Begriffsdefinitionen wird verwiesen auf die Einleitung zur Bauleitplanung (Vor §§ 17 bis 32 Rn 16ff. und Rn 20ff.). 7

D. Landschaftsplaner

Die Leistungen der Landschaftsplanung werden in der Regel von Landschaftsarchitekten erbracht. Der Landschaftsarchitekt ist definiert durch seine Eintragung in die Landschaftsarchitektenliste der Architektenkammern der Bundesländer. 8

Im Folgenden wird für die Erbringung der Leistungen der Landschaftsplanung vereinfachend der Begriff Landschaftsplaner verwendet. 9

Aus Gründen der besseren Lesbarkeit wird von einem **Gendering** dieses Begriffs (und weiterer Begriffe) abgesehen. Der Begriff Landschaftsplaner meint deshalb grundsätzlich **Landschaftsplaner/Landschaftsplanerin.** 10

§ 23
Leistungsbild Landschaftsplan

(1) Die Grundleistungen bei Landschaftsplänen sind in vier Leistungsphasen unterteilt und werden wie folgt in Prozentsätzen der Honorare des § 28 bewertet:
1. **für die Leistungsphase 1 (Klären der Aufgabenstellung und Ermitteln des Leistungsumfangs) mit 3 Prozent,**
2. **für die Leistungsphase 2 (Ermitteln der Planungsgrundlagen) mit 37 Prozent,**
3. **für die Leistungsphase 3 (Vorläufige Fassung) mit 50 Prozent,**
4. **für die Leistungsphase 4 (Abgestimmte Fassung) mit 10 Prozent.**

(2) Anlage 4 regelt die Grundleistungen jeder Leistungsphase. Anlage 9 enthält Beispiele für Besondere Leistungen.

Anlage 4
Grundleistungen im Leistungsbild Landschaftsplan

Das Leistungsbild Landschaftsplan setzt sich aus folgenden Grundleistungen je Leistungsphase zusammen:
1. **Leistungsphase 1: Klären der Aufgabenstellung und Ermitteln des Leistungsumfangs**
   a) **Zusammenstellen und Prüfen der vom Auftraggeber zur Verfügung gestellten planungsrelevanten Unterlagen**

b) Ortsbesichtigungen
c) Abgrenzen des Planungsgebiets
d) Konkretisieren weiteren Bedarfs an Daten und Unterlagen
e) Beraten zum Leistungsumfang für ergänzende Untersuchungen und Fachleistungen
f) Aufstellen eines verbindlichen Arbeitsplans unter Berücksichtigung der sonstigen Fachbeiträge

2. <u>Leistungsphase 2:</u> Ermitteln der Planungsgrundlagen
a) Ermitteln und Beschreiben der planungsrelevanten Sachverhalte auf Grundlage vorhandener Unterlagen und Daten
b) Landschaftsbewertung nach den Zielen und Grundsätzen des Naturschutzes und der Landschaftspflege
c) Bewerten von Flächen und Funktionen des Naturhaushalts und des Landschaftsbildes hinsichtlich ihrer Eignung, Leistungsfähigkeit, Empfindlichkeit und Vorbelastung
d) Bewerten geplanter Eingriffe in Natur und Landschaft
e) Feststellen von Nutzungs- und Zielkonflikten
f) Zusammenfassendes Darstellen der Erfassung und Bewertung

3. <u>Leistungsphase 3:</u> Vorläufige Fassung
a) Formulieren von örtlichen Zielen und Grundsätzen zum Schutz, zur Pflege und Entwicklung von Natur und Landschaft einschließlich Erholungsvorsorge
b) Darlegen der angestrebten Flächenfunktionen und Flächennutzungen sowie der örtlichen Erfordernisse und Maßnahmen zur Umsetzung der konkretisierten Ziele des Naturschutzes und der Landschaftspflege
c) Erarbeiten von Vorschlägen zur Übernahme in andere Planungen, insbesondere in die Bauleitpläne
d) Hinweise auf Folgeplanungen und -maßnahmen
e) Mitwirken bei der Beteiligung der nach den Bestimmungen des Bundesnaturschutzgesetzes anerkannten Verbände
f) Mitwirken bei der Abstimmung der Vorläufigen Fassung mit der für Naturschutz und Landschaftspflege zuständigen Behörde
g) Abstimmen der Vorläufigen Fassung mit dem Auftraggeber

4. <u>Leistungsphase 4:</u> Abgestimmte Fassung
Darstellen des Landschaftsplans in der mit dem Auftraggeber abgestimmten Fassung in Text und Karte.

1 Die Aufgaben und Ziele des **Landschaftsplans** werden als Instrumente der Landschaftsplanung im Bundesnaturschutzgesetz (BNatSchG) definiert. Die auf Ebene der Landschaftsrahmenpläne aufgestellten Ziele, Erfordernisse und Maßnahmen des Naturschutzes und der Landschaftspflege sollen im Rahmen des Landschaftsplans für die örtliche Ebene der Gesamtgemeinde konkretisiert werden (vgl. § 11 Abs. 1 BNatSchG).

2 Das **Bundesnaturschutzgesetz** regelt auch, in welchem Fall Landschaftspläne aufzustellen sind. Sobald wesentliche Veränderungen von Natur und Landschaft im Planungsraum bereits eingetreten, vorgesehen oder aber zu erwarten sind, sollen von den Gemeinden Landschaftspläne aufgestellt werden (vgl. § 11 Abs. 2 BNatSchG). Dies ist in der Regel dann der Fall, wenn im Rahmen der Bauleitplanung Flächennutzungspläne aufgestellt werden. Bei der Zielentwicklung der **Flächennutzungsplanung** (z.B. Darstellung neuer Wohn-, Gewerbe-, Industriegebiete) ist davon auszugehen, dass die **Belange von Naturschutz und Landschaftspflege** so berührt sind, dass auch die Aufstellung

eines Landschaftsplans notwendig ist. Hier kommt zudem das **Abwägungsgebot** nach §§ 1 Abs. 5–7 und 1a BauGB zum Tragen, nach dem auch die Belange des Umweltschutzes, einschließlich des Naturschutzes und der Landschaftspflege, zu berücksichtigen und in den Abwägungsprozess mit einzustellen sind. Bei der Aufstellung von Landschaftsplänen sind Vorschläge zu erarbeiten, welche Ziele und Vorgaben in die Bauleitplanung zu übertragen sind.

Wesentlich bei der Erarbeitung von Landschaftsplänen ist sowohl die Beschreibung der zum Zeitpunkt der Aufstellung **bestehenden Situation** sowie des im Sinne der Zielformulierungen **erwarteten Zustands** von Natur und Landschaft. Dies beinhaltet auch eine Bewertung ggf. auftretender **Zielkonflikte** zwischen Maßnahmen des Naturschutzes und der Landschaftspflege und weiteren bestehenden oder geplanten Nutzungen im Gemeindegebiet. Um mögliche Konflikte frühzeitig berücksichtigen zu können, sollten die übergeordneten Ziele der Planung möglichst bereits zu Beginn des Planungsprozesses grob definiert und zwischen Auftraggeber und Auftragnehmer abgestimmt werden. Dazu hat der Auftraggeber dem Auftragnehmer sämtliche zur Verfügung stehenden Daten und Unterlagen, die für die Erstellung des Landschaftsplans von Bedeutung sein könnten, zugänglich zu machen. Dies umfasst beispielsweise Landschaftsrahmenpläne oder -programme, landkreisbezogene oder gemeindeübergreifende Konzepte und Planungen zum Naturschutz und der Landschaftspflege, das örtliche Biotopkataster, bereits vorliegende Gutachten und Erhebungen zu verschiedenen Schutzgütern, Gemeindeentwicklungsprogramme u.Ä. 3

Bei der Beschreibung und Bewertung der **Schutzgüter** sind die in § 9 Abs. 3 Ziff. 4 BNatSchG aufgeführten Angaben zum erforderlichen Inhalt von Landschaftsplänen zu berücksichtigen. 4

Grundsätzlich hat bei der Aufstellung des Landschaftsplans die **Standortuntersuchung** ein hohes Gewicht. Die Flächen im Plangebiet sind daraufhin zu untersuchen, inwieweit sie für Maßnahmen des Naturschutzes und der Landschaftspflege geeignet sind und auf welchen Standorten Beeinträchtigungen unbedingt zu vermeiden sind. Eine umfangreiche und flächenbezogene Standortprüfung ist nicht mehr Bestandteil der nachgeordneten Planungsebenen. 5

Je nach Größe des Planungsgebietes wird der Landschaftsplan in der Regel im **Maßstab 1:20.000 bis 1:5.000** dargestellt. Sobald die Ziele des Landschaftsplans im Rahmen der Bauleitplanung in einen Flächennutzungsplan übertragen werden, ist die Verordnung über die Ausarbeitung der Bauleitpläne und die Darstellung des Planinhalts (Planzeichenverordnung – PlanZV) zu beachten. 6

Die HOAI 2013 beschreibt die **vier Leistungsphasen** des Landschaftsplans in § 23 Abs. 1. Die einzelnen **Grundleistungen**, die zur mängelfreien Erstellung eines Landschaftsplans notwendig sind, werden in Anlage 4 der HOAI aufgeführt. Anlage 9 ergänzt die Grundleistungen um die **Besonderen Leistungen** (die in Anlage 9 aufgeführten Besonderen Leistungen sind nicht abschließend). 7

Die Bearbeitung der **naturschutzrechtlichen Eingriffsregelung**, die im Rahmen der Bauleitplanung (z.B. Aufstellung Flächennutzungsplan) abzuhandeln ist, gehört nicht zu den Grundleistungen des Landschaftsplans und ist gesondert zu vergüten. 8

Die **Besonderen Leistungen** finden sich am Schluss des Teils 2 Flächenplanung, da sie für alle Leistungsbilder der Flächenplanung zusammenfassend geltend sind. 9

§ 24
Leistungsbild Grünordnungsplan

(1) Die Grundleistungen bei Grünordnungsplänen und Landschaftsplanerischen Fachbeiträgen sind in vier Leistungsphasen zusammengefasst und werden wie folgt in Prozentsätzen der Honorare des § 29 bewertet:
1. für die Leistungsphase 1 (Klären der Aufgabenstellung und Ermitteln des Leistungsumfangs) mit 3 Prozent,
2. für die Leistungsphase 2 (Ermitteln der Planungsgrundlagen) mit 37 Prozent,
3. für die Leistungsphase 3 (Vorläufige Fassung) mit 50 Prozent,
4. für die Leistungsphase 4 (Abgestimmte Fassung) mit 10 Prozent.

(2) Anlage 5 regelt die Grundleistungen jeder Leistungsphase. Anlage 9 enthält Beispiele für Besondere Leistungen.

Anlage 5
Grundleistungen im Leistungsbild Grünordnungsplan

Das Leistungsbild Grünordnungsplan setzt sich aus folgenden Grundleistungen je Leistungsphase zusammen:
1. Leistungsphase 1: Klären der Aufgabenstellung und Ermitteln des Leistungsumfangs
   a) Zusammenstellen und Prüfen der vom Auftraggeber zur Verfügung gestellten planungsrelevanten Unterlagen
   b) Ortsbesichtigungen
   c) Abgrenzen des Planungsgebiets
   d) Konkretisieren weiteren Bedarfs an Daten und Unterlagen
   e) Beraten zum Leistungsumfang für ergänzende Untersuchungen und Fachleistungen
   f) Aufstellen eines verbindlichen Arbeitsplans unter Berücksichtigung der sonstigen Fachbeiträge
2. Leistungsphase 2: Ermitteln der Planungsgrundlagen
   a) Ermitteln und Beschreiben der planungsrelevanten Sachverhalte auf Grundlage vorhandener Unterlagen und Daten
   b) Bewerten der Landschaft nach den Zielen des Naturschutzes und der Landschaftspflege einschließlich der Erholungsvorsorge
   c) Zusammenfassendes Darstellen der Bestandsaufnahme und Bewertung in Text und Karte
3. Leistungsphase 3: Vorläufige Fassung
   a) Lösen der Planungsaufgabe und Erläutern der Ziele, Erfordernisse und Maßnahmen in Text und Karte
   b) Darlegen der angestrebten Flächenfunktionen und Flächennutzungen
   c) Darlegen von Gestaltungs-, Schutz-, Pflege- und Entwicklungsmaßnahmen
   d) Vorschläge zur Übernahme in andere Planungen, insbesondere in die Bauleitplanung
   e) Mitwirken bei der Abstimmung der vorläufigen Fassung mit der für den Naturschutz zuständigen Behörde
   f) Bearbeiten der naturschutzrechtlichen Eingriffsregelung

aa) Ermitteln und Bewerten der durch die Planung zu erwartenden Beeinträchtigungen des Naturhaushalts und des Landschaftsbildes nach Art, Umfang, Ort und zeitlichem Ablauf
bb) Erarbeiten von Lösungen zur Vermeidung oder Verminderung erheblicher Beeinträchtigungen des Naturhaushalts und des Landschaftsbildes in Abstimmung mit den an der Planung fachlich Beteiligten
cc) Ermitteln der unvermeidbaren Beeinträchtigungen
dd) Vergleichendes Gegenüberstellen von unvermeidbaren Beeinträchtigungen und Ausgleich und Ersatz einschließlich Darstellen verbleibender, nicht ausgleichbarer oder ersetzbarer Beeinträchtigungen
ee) Darstellen und Begründen von Maßnahmen des Naturschutzes und der Landschaftspflege, insbesondere Ausgleichs-, Ersatz-, Gestaltungs- und Schutzmaßnahmen sowie Maßnahmen zur Unterhaltung und rechtlichen Sicherung von Ausgleichs- und Ersatzmaßnahmen
ff) Integrieren ergänzender, zulassungsrelevanter Regelungen und Maßnahmen auf Grund des Natura 2000-Gebietsschutzes und der Vorschriften zum besonderen Artenschutz auf Grundlage vorhandener Unterlagen

4. Leistungsphase 4: Abgestimmte Fassung
Darstellen des Grünordnungsplans oder Landschaftsplanerischen Fachbeitrags in der mit dem Auftraggeber abgestimmten Fassung in Text und Karte.

Die Rechtsgrundlage für den **Grünordnungsplan** bildet § 11 BNatSchG. Die dort beschriebenen Aufgaben und Ziele entsprechen denen des Landschaftsplans, wobei Grünordnungspläne in der Regel nicht für die Gesamtgemeinde, sondern lediglich für Teile eines Gemeindegebiets aufgestellt werden. Die auf Ebene der Landschaftsrahmenpläne aufgestellten Ziele, Erfordernisse und **Maßnahmen des Naturschutzes und der Landschaftspflege** sollen im Rahmen des Grünordnungsplans auf örtlicher Ebene der Gemeinde konkretisiert werden (vgl. § 11 Abs. 1 BNatSchG). Dies gilt entsprechend, sobald ein Landschaftsplan für das Gemeindegebiet vorliegt. Die Ziele des Grünordnungsplans sind dann aus dem Landschaftsplan zu entwickeln. 1

Die **Rechtsverbindlichkeit** von Grünordnungsplänen ist bundesweit nicht einheitlich geregelt. Zum Teil werden Grünordnungspläne grundsätzlich erst dann verbindlich, wenn sie im Rahmen der Bauleitplanung in Bebauungspläne übertragen werden. In einigen Bundesländern können Grünordnungspläne allerdings auch eigenständig und somit auch rechtsverbindlich aufgestellt bzw. als kommunale Satzung beschlossen werden. 2

In der Regel werden Grünordnungspläne im Zusammenhang mit Bebauungsplänen aufgestellt, da in der Bauleitplanung grundsätzlich das **Abwägungsgebot** zu beachten ist. Gemäß §§ 1 Abs. 5–7 und 1a BauGB sind die Belange des Umweltschutzes einschließlich des Naturschutzes und der Landschaftspflege zu berücksichtigen und in den Abwägungsprozess mit einzustellen. Da der Bebauungsplan konkretes Baurecht schafft und somit vollzugsorientiert ist, muss in den meisten Fällen mit einer Beeinträchtigung von Natur und Landschaft gerechnet werden. Die Aufstellung eines Grünordnungsplans zum Bebauungsplan kann demnach vor schweren Abwägungsfehlern bewahren. 3

Nach einer detaillierten **Bestandsaufnahme** und **Analyse** des Naturhaushaltes und des Landschaftsbildes im Plangebiet sind durch den Landschaftsplaner Entwicklungsziele für Naturschutz und Landschaftspflege zu erarbeiten. Dies beinhaltet auf der Ebene des Grünordnungsplans auch die konkrete Benennung von Gestaltungs-, Schutz-, Pflege- und Entwicklungsmaßnahmen auf dafür vorgesehenen und im Vorfeld definierten Flächen. 4

5 Sobald die Flächenfunktionen und Flächennutzungen im Sinne des Naturschutzes und der Landschaftspflege abgestimmt sind, sollen Vorschläge erarbeitet werden, in welcher Art und Weise die **Ziele** und **Maßnahmen** in die verbindliche Bauleitplanung, also in den Bebauungsplan, übernommen und integriert werden können. Die Ziele der Planung sind hier untereinander abzuwägen.

6 Ein wesentlicher Bestandteil bei der Erstellung des Grünordnungsplans ist die Bearbeitung der naturschutzrechtlichen Eingriffsregelung. Sofern bei Aufstellung, Änderung, Ergänzung oder Aufhebung von Bauleitplänen Eingriffe in Natur und Landschaft zu erwarten sind, ist über die Vermeidung, den Ausgleich und den Ersatz nach den Vorschriften des Baugesetzbuches zu entscheiden (vgl. § 18 Abs. 1 BNatSchG). Die Vermeidung und der Ausgleich voraussichtlich erheblicher Beeinträchtigungen des Landschaftsbildes sowie der Leistungs- und Funktionsfähigkeit des Naturhaushalts sind nach § 1a Abs. 3 BauGB in der Abwägung zu berücksichtigen. Bei der Erstellung des Grünordnungsplans sind zu erwartende Beeinträchtigungen der Schutzgüter Arten und Lebensräume, Boden, Wasser, Luft/Klima und Landschaftsbild nach Art, Umfang, Ort und zeitlichem Ablauf darzustellen und mögliche Vermeidungsmaßnahmen vorzuschlagen. Für unvermeidbare Beeinträchtigungen sind durch den Fachplaner geeignete Ausgleichs- bzw. Ersatzmaßnahmen zu entwickeln und mit den an der Planung Beteiligten sowie mit der für den Naturschutz zuständigen Behörde abzustimmen.

7 Je nach Größe des Planungsgebietes wird der Grünordnungsplan im **Maßstab 1:2.500 bis 1:500** dargestellt. Sobald die Ziele des Grünordnungsplans in einen rechtsverbindlichen Bebauungsplan übertragen werden, ist die Verordnung über die Ausarbeitung der Bauleitpläne und die Darstellung des Planinhalts (Planzeichenverordnung – PlanZV) zu beachten.

8 Die HOAI 2013 beschreibt die vier Leistungsphasen des Grünordnungsplans in § 24 Abs. 1. Die einzelnen **Grundleistungen**, die zur mängelfreien Erstellung eines Grünordnungsplans notwendig sind, werden in Anlage 5 der HOAI aufgeführt. Anlage 9 ergänzt die Grundleistungen um die Besonderen Leistungen (die in Anlage 9 aufgeführten Besonderen Leistungen sind nicht abschließend).

9 Zum Teil sind zur detaillierten Beschreibung und Bewertung von Beeinträchtigungen der Schutzgüter externe **Fachgutachten** oder gutachterliche Stellungnahmen erforderlich (beispielsweise spezielle artenschutzrechtliche Prüfungen, Bodenuntersuchungen, Angaben über Grundwasserflurabstände usw.). Diese Leistungen sind keine Grundleistungen und bei Bedarf in jedem Fall gesondert zu vergüten.

10 Die **Besonderen Leistungen** finden sich am Schluss des Teils 2 Flächenplanung, da sie für alle Leistungsbilder der Flächenplanung zusammenfassend geltend sind.

§ 25
Leistungsbild Landschaftsrahmenplan

(1) Die Grundleistungen bei Landschaftsrahmenplänen sind in vier Leistungsphasen unterteilt und werden wie folgt in Prozentsätzen der Honorare des § 30 bewertet:

1. **für die Leistungsphase 1 (Klären der Aufgabenstellung und Ermitteln des Leistungsumfangs) mit 3 Prozent,**
2. **für die Leistungsphase 2 (Ermitteln der Planungsgrundlagen) mit 37 Prozent,**
3. **für die Leistungsphase 3 (Vorläufige Fassung) mit 50 Prozent,**
4. **für die Leistungsphase 4 (Abgestimmte Fassung) mit 10 Prozent.**

(2) Anlage 6 regelt die Grundleistungen jeder Leistungsphase. Anlage 9 enthält Beispiele für Besondere Leistungen.

Anlage 6
Grundleistungen im Leistungsbild Landschaftsrahmenplan

Das Leistungsbild Landschaftsrahmenplan setzt sich aus folgenden Grundleistungen je Leistungsphase zusammen:

1. **Leistungsphase 1: Klären der Aufgabenstellung und Ermitteln des Leistungsumfangs**
   a) **Zusammenstellen und Prüfen der vom Auftraggeber zur Verfügung gestellten planungsrelevanten Unterlagen**
   b) **Ortsbesichtigungen**
   c) **Abgrenzen des Planungsgebiets**
   d) **Konkretisieren weiteren Bedarfs an Daten und Unterlagen**
   e) **Beraten zum Leistungsumfang für ergänzende Untersuchungen und Fachleistungen**
   f) **Aufstellen eines verbindlichen Arbeitsplans unter Berücksichtigung der sonstigen Fachbeiträge**
2. **Leistungsphase 2: Ermitteln der Planungsgrundlagen**
   a) **Ermitteln und Beschreiben der planungsrelevanten Sachverhalte auf Grundlage vorhandener Unterlagen und Daten**
   b) **Landschaftsbewertung nach den Zielen und Grundsätzen des Naturschutzes und der Landschaftspflege**
   c) **Bewerten von Flächen und Funktionen des Naturhaushalts und des Landschaftsbildes hinsichtlich ihrer Eignung, Leistungsfähigkeit, Empfindlichkeit und Vorbelastung**
   d) **Bewerten geplanter Eingriffe in Natur und Landschaft**
   e) **Feststellen von Nutzungs- und Zielkonflikten**
   f) **Zusammenfassendes Darstellen der Erfassung und Bewertung**
3. **Leistungsphase 3: Vorläufige Fassung**
   a) **Lösen der Planungsaufgabe und**
   b) **Erläutern der Ziele, Erfordernisse und Maßnahmen in Text und Karte**
   Zu Buchstabe a) und b) gehören:
      aa) **Erstellen des Zielkonzepts**
      bb) **Umsetzen des Zielkonzepts durch Schutz, Pflege und Entwicklung bestimmter Teile von Natur und Landschaft und durch Artenhilfsmaßnahmen für ausgewählte Tier- und Pflanzenarten**
      cc) **Vorschläge zur Übernahme in andere Planungen, insbesondere in Regionalplanung, Raumordnung und Bauleitplanung**
      dd) **Mitwirken bei der Abstimmung der vorläufigen Fassung mit der für den Naturschutz zuständigen Behörde**
      ee) **Abstimmen der Vorläufigen Fassung mit dem Auftraggeber**
4. **Leistungsphase 4: Abgestimmte Fassung**
   Darstellen des Landschaftsrahmenplans in der mit dem Auftraggeber abgestimmten Fassung in Text und Karte.

Der **Landschaftsrahmenplan** ist im **Bundesnaturschutzgesetz** rechtlich verankert. § 10 Abs. 1 BNatSchG legt fest, dass die Ziele, Erfordernisse und Maßnahmen des 1

Naturschutzes und der Landschaftspflege überörtlich für Teile eines Landes in Landschaftsrahmenplänen zu konkretisieren und darzustellen sind. Dabei sind die Grundsätze der Raumordnung zu berücksichtigen.

2 Ziel des Landschaftsrahmenplans ist es, auf **Ebene der Regionalplanung** einen wesentlichen Beitrag zum Schutz, zur Pflege und zur Entwicklung von Natur und Landschaft zu leisten. Es sind räumliche Ziele zu beschreiben, die auf der übergeordneten Maßstabsebene wirksam werden und in den nachgeordneten Planungsebenen, wie dem Landschafts- und dem Grünordnungsplan, konkretisiert werden können.

3 Durch die Integration des Landschaftsrahmenplans in den Regionalplan wird er als **landschaftsplanerischer Fachbeitrag** verbindlich. Eine integrierte Bearbeitung von Regionalplan und Landschaftsrahmenplan soll sicherstellen, dass die Gesamtplanung für die jeweilige Region nachhaltig und umweltverträglich ist.

4 Wesentlich bei der Erarbeitung eines Landschaftsrahmenplans ist neben der **Zustandsbeschreibung** des Naturhaushalts und des Landschaftsbildes vor allem die **Bewertung** von Flächen hinsichtlich ihrer Eignung für naturschutzfachliche Maßnahmen sowie das Feststellen von **Nutzungs- und Zielkonflikten** unter Berücksichtigung der Aussagen des Regionalplans.

5 Als Grundlage dafür dient eine durch den Fachplaner zu erstellende Bewertung bereits bestehender sowie geplanter Eingriffe in Natur und Landschaft. Für diese Bewertung sind dem Auftragnehmer sämtliche planungsrelevanten Unterlagen vom Auftraggeber zur Verfügung zu stellen.

6 Für die jeweilige Planungsregion ist anschließend je nach Betrachtungsebene ein **flächenbezogenes bzw. punktuelles Zielkonzept** zu erstellen, das Entwicklungsziele für die Schutzgüter Boden, Wasser, Klima/Luft, Pflanzen und Tiere, Landschaftsbild, Kulturlandschaft und Erholung in ihren Grundzügen benennt. Die amtliche Begründung zur HOAI 2013 enthält eine Übersicht über zu berücksichtigende Komponenten bei der Erstellung eines Landschaftsrahmenplans:

- Darstellung der übergeordneten Ziele des Naturschutzes,
- Erarbeitung und Darstellung der schutzgutbezogenen Ziele für jedes Schutzgut,
- Erläuterung der naturraumbezogenen Ziele,
- zusammenfassende Darstellung der Bewertung der Schutzgüter (Arten und Biotope, Landschaftsbild, Boden, Wasser, Klima/Luft),
- integrierte und räumliche Darstellung der konkreten Entwicklung zur Klärung naturschutzinterner Zielkonflikte, die sich aus der Integration aller Schutzgüter ergeben,
- Festlegung der Grundsätze und Inhalte für ein landkreisweites Biotopverbundsystem.

7 Auf Basis des erarbeiteten Zielkonzeptes sind durch den Landschaftsplaner Vorschläge zu erarbeiten, in welcher Form und in welchem Umfang die abgestimmten Ziele, Erfordernisse und Maßnahmen in andere Planungen wie Regionalplanung, Raumordnung und Bauleitplanung übernommen werden können.

8 Je nach Größe des Planungsgebietes wird der Landschaftsrahmenplan im **Maßstab 1:50.000 bis 1:25.000** dargestellt.

9 Die HOAI 2013 beschreibt die vier **Leistungsphasen des Landschaftsrahmenplans in § 25 Abs. 1.** Die einzelnen **Grundleistungen**, die zur mängelfreien Erstellung eines Landschaftsrahmenplans notwendig sind, werden in Anlage 6 der HOAI aufgeführt. Anlage 9 ergänzt die Grundleistungen um die Besonderen Leistungen (die in Anlage 9 aufgeführten Besonderen Leistungen sind nicht abschließend).

10 Die **Besonderen Leistungen** finden sich am Schluss des Teils 2 Flächenplanung, da sie für alle Leistungsbilder der Flächenplanung zusammenfassend geltend sind.

§ 26
Leistungsbild Landschaftspflegerischer Begleitplan

(1) Die Grundleistungen bei Landschaftspflegerischen Begleitplänen sind in vier Leistungsphasen unterteilt und werden wie folgt in Prozentsätzen der Honorare des § 31 bewertet:

1. **für die Leistungsphase 1 (Klären der Aufgabenstellung und Ermitteln des Leistungsumfangs) mit 3 Prozent,**
2. **für die Leistungsphase 2 (Ermitteln und Bewerten der Planungsgrundlagen) mit 37 Prozent,**
3. **für die Leistungsphase 3 (Vorläufige Fassung) mit 50 Prozent,**
4. **für die Leistungsphase 4 (Abgestimmte Fassung) mit 10 Prozent.**

(2) Anlage 7 regelt die Grundleistungen jeder Leistungsphase. Anlage 9 enthält Beispiele für Besondere Leistungen.

Anlage 7
Grundleistungen im Leistungsbild Landschaftspflegerischer Begleitplan

Das Leistungsbild Landschaftspflegerischer Begleitplan setzt sich aus folgenden Grundleistungen je Leistungsphase zusammen:

1. **<u>Leistungsphase 1:</u> Klären der Aufgabenstellung und Ermitteln des Leistungsumfangs**
   a) **Zusammenstellen und Prüfen der vom Auftraggeber zur Verfügung gestellten planungsrelevanten Unterlagen**
   b) **Ortsbesichtigungen**
   c) **Abgrenzen des Planungsgebiets anhand der planungsrelevanten Funktionen**
   d) **Konkretisieren weiteren Bedarfs an Daten und Unterlagen**
   e) **Beraten zum Leistungsumfang für ergänzende Untersuchungen und Fachleistungen**
   f) **Aufstellen eines verbindlichen Arbeitsplans unter Berücksichtigung der sonstigen Fachbeiträge**
2. **<u>Leistungsphase 2:</u> Ermitteln und Bewerten der Planungsgrundlagen**
   a) **Bestandsaufnahme:**
      Erfassen von Natur und Landschaft jeweils einschließlich des rechtlichen Schutzstatus und fachplanerischer Festsetzungen und Ziele für die Naturgüter auf Grundlage vorhandener Unterlagen und örtlicher Erhebungen
   b) **Bestandsbewertung:**
      aa) **Bewerten der Leistungsfähigkeit und Empfindlichkeit des Naturhaushalts und des Landschaftsbildes nach den Zielen und Grundsätzen des Naturschutzes und der Landschaftspflege**
      bb) **Bewerten der vorhandenen Beeinträchtigungen von Natur und Landschaft (Vorbelastung)**
      cc) **Zusammenfassendes Darstellen der Ergebnisse als Grundlage für die Erörterung mit dem Auftraggeber**
3. **<u>Leistungsphase 3:</u> Vorläufige Fassung**
   a) **Konfliktanalyse**

b) Ermitteln und Bewerten der durch das Vorhaben zu erwartenden Beeinträchtigungen des Naturhaushalts und des Landschaftsbildes nach Art, Umfang, Ort und zeitlichem Ablauf
c) Konfliktminderung
d) Erarbeiten von Lösungen zur Vermeidung oder Verminderung erheblicher Beeinträchtigungen des Naturhaushalts und des Landschaftsbildes in Abstimmung mit den an der Planung fachlich Beteiligten
e) Ermitteln der unvermeidbaren Beeinträchtigungen
f) Erarbeiten und Begründen von Maßnahmen des Naturschutzes und der Landschaftspflege, insbesondere Ausgleichs-, Ersatz- und Gestaltungsmaßnahmen sowie von Angaben zur Unterhaltung dem Grunde nach und Vorschläge zur rechtlichen Sicherung von Ausgleichs- und Ersatzmaßnahmen
g) Integrieren von Maßnahmen auf Grund des Natura 2000-Gebietsschutzes sowie auf Grund der Vorschriften zum besonderen Artenschutz und anderer Umweltfachgesetze auf Grundlage vorhandener Unterlagen und Erarbeiten eines Gesamtkonzepts
h) Vergleichendes Gegenüberstellen von unvermeidbaren Beeinträchtigungen und Ausgleich und Ersatz einschließlich Darstellen verbleibender, nicht ausgleichbarer oder ersetzbarer Beeinträchtigungen
i) Kostenermittlung nach Vorgaben des Auftraggebers
j) Zusammenfassendes Darstellen der Ergebnisse in Text und Karte
k) Mitwirken bei der Abstimmung mit der für Naturschutz und Landschaftspflege zuständigen Behörde
l) Abstimmen der Vorläufigen Fassung mit dem Auftraggeber

4. <u>Leistungsphase 4:</u> Abgestimmte Fassung
Darstellen des Landschaftspflegerischen Begleitplans in der mit dem Auftraggeber abgestimmten Fassung in Text und Karte.

„Bei einem Eingriff, der auf Grund eines nach öffentlichem Recht vorgesehenen Fachplans vorgenommen werden soll, hat der Planungsträger die erforderlichen Angaben nach Satz 1 im Fachplan oder in einem landschaftspflegerischen Begleitplan in Text und Karte darzustellen.“ (§ 17 Abs. 4 BNatSchG)

1 **Landschaftspflegerische Begleitpläne** sind demnach per Gesetz festgeletzte Fachbeiträge zum Natur- und Landschaftsschutz, die bei Planungen (in der Regel Infrastrukturprojekte, Straßenbau, Gewässerausbau, Deponien, Kanalbau, Flurbereinigung etc.) zur **Planfeststellung bzw. Plangenehmigung** die Umsetzung der Eingriffsregelung gewährleisten. Zu diesem Zweck werden Minderungs- und Kompensationsmaßnahmen formuliert, um unvermeidbare Beeinträchtigungen der Schutzgüter auszugleichen.

2 Landschaftspflegerische Begleitpläne begleiten die Objektplanung ab der Entwurfsplanung. In der vorgeschalteten Planungsphase werden die Auswirkungen der Planung – sofern erforderlich – über Umweltverträglichkeitsstudien oder -prüfungen (UVS, UVP) untersucht. Über alternative Standortprüfungen werden dort bereits erste Vermeidungs- und Minderungsmaßnahmen eingesetzt. Landschaftspflegerische Begleitpläne konkretisieren in dem Fall die Ergebnisse der UVS/UVP. Den Landschaftspflegerischen Begleitplänen nachgeschaltet sind die Landschaftspflegerischen Ausbaupläne, die die Objektplanung zur Ausführungsplanung ergänzen.

3 Landschaftspflegerische Begleitpläne untersuchen den **Bestand von Natur und Landschaft** über Grundlagendaten und Vor-Ort-Erhebungen. Auf Grundlage der **Bewertung** des Bestands und des Eingriffs wird eine **Konfliktanalyse** durchgeführt. Die Konsequenzen der beabsichtigten Planung auf den Naturhaushalt und das Landschaftsbild

werden in (tabellarischer) Auflistung aufgeführt, sodass aufgeteilt auf die verschiedenen Schutzgüter die Vermeidungs-, Minderungs- und Kompensationsmaßnahmen direkt den Beeinträchtigungen gegenübergestellt werden. Relevant sind dabei Art, Fläche, Ort und Zeitpunkt bzw. Dauer der Beeinträchtigungen. Auf diese Weise wird ersichtlich, ob für die Beeinträchtigungen der einzelnen Schutzgüter ausreichend **Kompensationsmaßnahmen** festgelegt wurden.

Die Erkenntnisse, Ergebnisse und formulierten Maßnahmen der Landschaftspflegerischen Begleitpläne werden in Karten und erläuternden Texten ohne vorgegebenes Format dargestellt. Vom Bundesministerium für Verkehr, Bau und Stadtentwicklung wurden Leitfäden, Richtlinien und Musterkarten entwickelt, die eine Orientierung geben können (z.B. Leitfaden zur Erarbeitung von landschaftspflegerischen Begleitplänen an Bundeswasserstraßen, 2010; Richtlinien für die landschaftspflegerische Begleitplanung im Straßenbau (RLBP) und Musterkarten für die einheitliche Gestaltung landschaftspflegerischer Begleitpläne im Straßenbau (Musterkarten LBP), jeweils 2011). 4

Landschaftspflegerische Begleitpläne können in andere Planungen integriert werden oder eine eigenständige Planung darstellen. Sie werden mit den anderen an der Planung fachlich Beteiligten sowie mit der zuständigen Fachbehörde für Naturschutz und Landschaftspflege abgestimmt. Die fachlich erfolgreiche Umsetzung der Maßnahmen sollte über **Erfolgskontrollen** in zwei Stufen geprüft werden (Maßnahmenkontrolle = Herstellungskontrolle ohne Fachwissen und Wirkungskontrolle = zeitaufwändige Kontrolluntersuchungen, für die biologisch-ökologisches, limnologisches und bodenkundliches Fachwissen erforderlich ist). 5

Je nach Größe des Planungsgebietes wird der Landschaftspflegerische Begleitplan in der Regel im **Maßstab 1:5.000 bis 1:500** dargestellt. 6

Die HOAI 2013 beschreibt die vier Leistungsphasen des Landschaftspflegerischen Begleitplans in § 26 Abs. 1. Die einzelnen **Grundleistungen**, die zur mängelfreien Erstellung eines Landschaftspflegerischen Begleitplans notwendig sind, werden in Anlage 7 aufgeführt. Die Anlage 9 ergänzt die Grundleistungen um die Besonderen Leistungen (die in Anlage 9 aufgeführten Besonderen Leistungen sind nicht abschließend). 7

Leistungen, die beispielsweise aufgrund einer nicht erfolgten UVS/UVP im Vorfeld des Landschaftspflegerischen Begleitplans noch nicht erbracht wurden, aber zur Bearbeitung des Landschaftspflegerischen Begleitplans notwendig sind, gehören nicht zu den Grundleistungen. 8

Die **Besonderen Leistungen** finden sich am Schluss des Teils 2 Flächenplanung, da sie für alle Leistungsbilder der Flächenplanung zusammenfassend geltend sind. 9

§ 27
Leistungsbild Pflege- und Entwicklungsplan

(1) Die Grundleistungen bei Pflege- und Entwicklungsplänen sind in vier Leistungsphasen zusammengefasst und werden wie folgt in Prozentsätzen der Honorare des § 32 bewertet:

1. **für die Leistungsphase 1 (Zusammenstellen der Ausgangsbedingungen) mit 3 Prozent,**
2. **für die Leistungsphase 2 (Ermitteln der Planungsgrundlagen) mit 37 Prozent,**
3. **für die Leistungsphase 3 (Vorläufige Fassung) mit 50 Prozent und**
4. **für die Leistungsphase 4 (Abgestimmte Fassung) mit 10 Prozent.**

(2) Anlage 8 regelt die Grundleistungen jeder Leistungsphase. Anlage 9 enthält Beispiele für Besondere Leistungen.

Anlage 8
Grundleistungen im Leistungsbild Pflege- und Entwicklungsplan

Das Leistungsbild Pflege- und Entwicklungsplan setzt sich aus folgenden Grundleistungen je Leistungsphase zusammen:

1. Leistungsphase 1: Klären der Aufgabenstellung und Ermitteln des Leistungsumfangs
   a) Zusammenstellen und Prüfen der vom Auftraggeber zur Verfügung gestellten planungsrelevanten Unterlagen
   b) Ortsbesichtigungen
   c) Abgrenzen des Planungsgebiets anhand der planungsrelevanten Funktionen
   d) Konkretisieren weiteren Bedarfs an Daten und Unterlagen
   e) Beraten zum Leistungsumfang für ergänzende Untersuchungen und Fachleistungen
   f) Aufstellen eines verbindlichen Arbeitsplans unter Berücksichtigung der sonstigen Fachbeiträge
2. Leistungsphase 2: Ermitteln der Planungsgrundlagen
   a) Ermitteln und Beschreiben der planungsrelevanten Sachverhalte auf Grund vorhandener Unterlagen
   b) Auswerten und Einarbeiten von Fachbeiträgen
   c) Bewerten der Bestandsaufnahmen einschließlich vorhandener Beeinträchtigungen sowie der abiotischen Faktoren hinsichtlich ihrer Standort- und Lebensraumbedeutung nach den Zielen und Grundsätzen des Naturschutzes
   d) Beschreiben der Zielkonflikte mit bestehenden Nutzungen
   e) Beschreiben des zu erwartenden Zustands von Arten und ihren Lebensräumen (Zielkonflikte mit geplanten Nutzungen)
   f) Überprüfen der festgelegten Untersuchungsinhalte
   g) Zusammenfassendes Darstellen von Erfassung und Bewertung in Text und Karte
3. Leistungsphase 3: Vorläufige Fassung
   a) Lösen der Planungsaufgabe und Erläutern der Ziele, Erfordernisse und Maßnahmen in Text und Karte
   b) Formulieren von Zielen zum Schutz, zur Pflege, zur Erhaltung und Entwicklung von Arten, Biotoptypen und naturnahen Lebensräumen bzw. Standortbedingungen
   c) Erfassen und Darstellen von Flächen, auf denen eine Nutzung weiter betrieben werden soll und von Flächen, auf denen regelmäßig Pflegemaßnahmen durchzuführen sind sowie von Maßnahmen zur Verbesserung der ökologischen Standortverhältnisse und zur Änderung der Biotopstruktur
   d) Erarbeiten von Vorschlägen für Maßnahmen zur Förderung bestimmter Tier- und Pflanzenarten, zur Lenkung des Besucherverkehrs, für die Durchführung der Pflege- und Entwicklungsmaßnahmen und für Änderungen von Schutzzweck und -zielen sowie Grenzen von Schutzgebieten
   e) Erarbeiten von Hinweisen für weitere wissenschaftliche Untersuchungen (Monitoring), Folgeplanungen und Maßnahmen
   f) Kostenermittlung
   g) Abstimmen der Vorläufigen Fassung mit dem Auftraggeber

4. **Leistungsphase 4: Abgestimmte Fassung**
Darstellen des Pflege- und Entwicklungsplans in der mit dem Auftraggeber abgestimmten Fassung in Text und Karte.

Der **Pflege- und Entwicklungsplan** ist ein fachplanerischer Beitrag zu den Prozessen im **Arten- und Biotopschutz**. Er beschreibt konkrete Pflege- und Entwicklungsmaßnahmen für Gebiete, die für den Naturschutz und die Landschaftspflege bedeutsam sind, z.B. Schutzgebiete, Biotope oder Ausgleichsflächen, um so eine fachlich qualitätsvolle Entwicklung sicherzustellen („Biotop-Management"). Diese Maßnahmen können für neu herzustellende Flächen oder für vorhandene wertvolle (Schutz-)Gebiete entwickelt werden. Gemeinsam ist immer das Ziel, über konkrete Maßnahmen einen bestimmten für den Natur-, Arten- und Biotopschutz hochwertigen Entwicklungszustand anzustreben. 1

Inhaltlich wird in Pflege- und Entwicklungsplänen zunächst intensiv der **Bestand** geprüft. Auf Grundlage einer **Bewertung** von bestehenden Unterlagen, vorhandenen Bestandsaufnahmen und parallel erstellten Fachbeiträgen werden vorhandene Beeinträchtigungen des Planungsgebiets ermittelt und Zielkonflikte formuliert. Dabei sind auch bestehende abiotische Faktoren wie unfachliche Nutzungen, Pflegedefizite etc. relevant. 2

Nach einer Beschreibung des zu erwartenden Zustands von Arten und ihren Lebensräumen werden Pflege- und Entwicklungsmaßnahmen so entwickelt und festgeschrieben, dass das Plangebiet im Sinne einer arten- und naturschutzfachlich qualitätsvollen Entwicklung gestaltet werden kann. 3

Ergebnisse zu Zielkonflikten, die zu erwartenden Zustände der Arten und ihrer Lebensräume sowie die formulierten **Pflege- und Entwicklungsmaßnahmen** zur Erreichung der gewünschten Entwicklung des Planungsgebiets im Sinne des Naturschutzes und der Landschaftspflege werden in Karten und erläuternden Texten ohne vorgegebenes Format dargestellt. 4

Pflege- und Entwicklungspläne werden mit der zuständigen Fachbehörde für Naturschutz und Landschaftspflege abgestimmt. Die fachlich erfolgreiche Umsetzung der Maßnahmen sollte über **Erfolgskontrollen** in zwei Stufen geprüft werden (Maßnahmenkontrolle = Herstellungskontrolle ohne Fachwissen, Wirkungskontrolle = zeitaufwändige Kontrolluntersuchungen, für die biologisch-ökologisches, limnologisches und bodenkundliches Fachwissen erforderlich ist). 5

Je nach Größe des Planungsgebietes wird der Pflege- und Entwicklungsplan in der Regel im **Maßstab 1:10.000 bis 1:500** dargestellt. 6

Die HOAI 2013 beschreibt die vier Leistungsphasen des Pflege- und Entwicklungsplans in § 27 Abs. 1. Die einzelnen **Grundleistungen**, die zur mängelfreien Erstellung eines Pflege- und Entwicklungsplans notwendig sind, werden in Anlage 8 aufgeführt. Die Anlage 9 ergänzt die Grundleistungen um die Besonderen Leistungen (die in Anlage 9 aufgeführten Besonderen Leistungen sind nicht abschließend). 7

Leistungen, die als Grundlage zur Erstellung von Pflege- und Entwicklungsplänen erforderlich sind, wie beispielsweise die Erstellung von Bestandsaufnahmen zur Bewertung des Planungsgebiets, gehören nicht zu den Grundleistungen der Pflege- und Entwicklungspläne. 8

Die **Besonderen Leistungen** finden sich am Schluss des Teils 2 Flächenplanung, da sie für alle Leistungsbilder der Flächenplanung zusammenfassend geltend sind. 9

§§ 28 bis 32

§ 28
Honorare für Grundleistungen bei Landschaftsplänen

(1) Die Mindest- und Höchstsätze der Honorare für die in § 23 und Anlage 4 aufgeführten Grundleistungen bei Landschaftsplänen sind in der folgenden Honorartafel festgesetzt:

Fläche in Hektar	Honorarzone I geringe Anforderungen von Euro	bis	Honorarzone II durchschnittliche Anforderungen von Euro	bis	Honorarzone III hohe Anforderungen von Euro	bis
1.000	23.403	27.963	27.963	32.826	32.826	37.385
1.250	26.560	31.735	31.735	37.254	37.254	42.428
1.500	29.445	35.182	35.182	41.300	41.300	47.036
1.750	32.119	38.375	38.375	45.049	45.049	51.306
2.000	34.620	41.364	41.364	48.558	48.558	55.302
2.500	39.212	46.851	46.851	54.999	54.999	62.638
3.000	43.374	51.824	51.824	60.837	60.837	69.286
3.500	47.199	56.393	56.393	66.201	66.201	75.396
4.000	50.747	60.633	60.633	71.178	71.178	81.064
5.000	57.180	68.319	68.319	80.200	80.200	91.339
6.000	63.562	75.944	75.944	89.151	89.151	101.533
7.000	69.505	83.045	83.045	97.487	97.487	111.027
8.000	75.095	89.724	89.724	105.329	105.329	119.958
9.000	80.394	96.055	96.055	112.761	112.761	128.422
10.000	85.445	102.090	102.090	119.845	119.845	136.490
11.000	89.986	107.516	107.516	126.214	126.214	143.744
12.000	94.309	112.681	112.681	132.278	132.278	150.650
13.000	98.438	117.615	117.615	138.069	138.069	157.246
14.000	102.392	122.339	122.339	143.615	143.615	163.562
15.000	106.187	126.873	126.873	148.938	148.938	169.623

(2) Das Honorar für die Aufstellung von Landschaftsplänen ist nach der Fläche des Planungsgebiets in Hektar und nach der Honorarzone zu berechnen.

(3) Welchen Honorarzonen die Grundleistungen zugeordnet werden, richtet sich nach folgenden Bewertungsmerkmalen:
1. topographische Verhältnisse,
2. Flächennutzung,
3. Landschaftsbild,
4. Anforderungen an Umweltsicherung und Umweltschutz,
5. ökologische Verhältnisse,
6. Bevölkerungsdichte.

(4) Sind auf einen Landschaftsplan Bewertungsmerkmale aus mehreren Honorarzonen anwendbar und bestehen deswegen Zweifel, welcher Honorarzone der

Landschaftsplan zugeordnet werden kann, so ist zunächst die Anzahl der Bewertungspunkte zu ermitteln. Zur Ermittlung der Bewertungspunkte werden die Bewertungsmerkmale wie folgt gewichtet:

1. die Bewertungsmerkmale gemäß Absatz 3 Nummer 1, 2, 3 und 6 mit je bis zu 6 Punkten und
2. die Bewertungsmerkmale gemäß Absatz 3 Nummer 4 und 5 und mit je bis zu 9 Punkten.

(5) Der Landschaftsplan ist anhand der nach Absatz 4 ermittelten Bewertungspunkte einer der Honorarzonen zuzuordnen:

1. Honorarzone I: bis zu 16 Punkte,
2. Honorarzone II: 17 bis 30 Punkte,
3. Honorarzone III: 31 bis 42 Punkte.

(6) Werden Teilflächen bereits aufgestellter Landschaftspläne (Planausschnitte) geändert oder überarbeitet, so ist das Honorar frei zu vereinbaren.

§ 29
Honorare für Grundleistungen bei Grünordnungsplänen

(1) Die Mindest- und Höchstsätze der Honorare für die in § 24 und Anlage 5 aufgeführten Grundleistungen bei Grünordnungsplänen sind in der folgenden Honorartafel festgesetzt:

Fläche in Hektar	Honorarzone I geringe Anforderungen von Euro	bis	Honorarzone II durchschnittliche Anforderungen von Euro	bis	Honorarzone III hohe Anforderungen von Euro	bis
1,5	5.219	6.067	6.067	6.980	6.980	7.828
2	6.008	6.985	6.985	8.036	8.036	9.013
3	7.450	8.661	8.661	9.965	9.965	11.175
4	8.770	10.195	10.195	11.730	11.730	13.155
5	10.006	11.632	11.632	13.383	13.383	15.009
10	15.445	17.955	17.955	20.658	20.658	23.167
15	20.183	23.462	23.462	26.994	26.994	30.274
20	24.513	28.496	28.496	32.785	32.785	36.769
25	28.560	33.201	33.201	38.199	38.199	42.840
30	32.394	37.658	37.658	43.326	43.326	48.590
40	39.580	46.011	46.011	52.938	52.938	59.370
50	46.282	53.803	53.803	61.902	61.902	69.423
75	61.579	71.586	71.586	82.362	82.362	92.369
100	75.430	87.687	87.687	100.887	100.887	113.145
125	88.255	102.597	102.597	118.042	118.042	132.383
150	100.288	116.585	116.585	134.136	134.136	150.433
175	111.675	129.822	129.822	149.366	149.366	167.513
200	122.516	142.425	142.425	163.866	163.866	183.774
225	133.555	155.258	155.258	178.630	178.630	200.333
250	144.284	167.730	167.730	192.980	192.980	216.426

(2) Das Honorar für Grundleistungen bei Grünordnungsplänen ist nach der Fläche des Planungsgebiets in Hektar und nach der Honorarzone zu berechnen.

(3) Welchen Honorarzonen die Grundleistungen zugeordnet werden, richtet sich nach folgenden Bewertungsmerkmalen:
1. Topographie,
2. ökologische Verhältnisse,
3. Flächennutzungen und Schutzgebiete,
4. Umwelt-, Klima-, Denkmal- und Naturschutz,
5. Erholungsvorsorge,
6. Anforderung an die Freiraumgestaltung.

(4) Sind auf einen Grünordnungsplan Bewertungsmerkmale aus mehreren Honorarzonen anwendbar und bestehen deswegen Zweifel, welcher Honorarzone der Grünordnungsplan zugeordnet werden kann, so ist zunächst die Anzahl der Bewertungspunkte zu ermitteln. Zur Ermittlung der Bewertungspunkte werden die Bewertungsmerkmale wie folgt gewichtet:
1. die Bewertungsmerkmale gemäß Absatz 3 Nummer 1, 2, 3 und 5 mit je bis zu 6 Punkten und
2. die Bewertungsmerkmale gemäß Absatz 3 Nummer 4 und 6 mit je bis zu 9 Punkten.

(5) Der Grünordnungsplan ist anhand der nach Absatz 4 ermittelten Bewertungspunkte einer der Honorarzonen zuzuordnen:
1. Honorarzone I: bis zu 16 Punkte,
2. Honorarzone II: 17 bis 30 Punkte,
3. Honorarzone III: 31 bis 42 Punkte.

(6) Wird die Größe des Planungsgebiets während der Leistungserbringung geändert, so ist das Honorar für die Leistungsphasen, die bis zur Änderung noch nicht erbracht sind, nach der geänderten Größe des Planungsgebiets zu berechnen.

§ 30
Honorare für Grundleistungen bei Landschaftsrahmenplänen

(1) Die Mindest- und Höchstsätze der Honorare für die in § 25 und Anlage 6 aufgeführten Grundleistungen bei Landschaftsrahmenplänen sind in der folgenden Honorartafel festgesetzt:

Fläche in Hektar	Honorarzone I geringe Anforderungen		Honorarzone II durchschnittliche Anforderungen		Honorarzone III hohe Anforderungen	
	von Euro	bis	von Euro	bis	von Euro	bis
5.000	61.880	71.935	71.935	82.764	82.764	92.820
6.000	67.933	78.973	78.973	90.861	90.861	101.900
7.000	73.473	85.413	85.413	98.270	98.270	110.210
8.000	78.600	91.373	91.373	105.128	105.128	117.901
9.000	83.385	96.936	96.936	111.528	111.528	125.078

Fläche in Hektar	Honorarzone I geringe Anforderungen von	bis	Honorarzone II durchschnittliche Anforderungen von	bis	Honorarzone III hohe Anforderungen von	bis
	Euro		Euro		Euro	
10.000	87.880	102.161	102.161	117.540	117.540	131.820
12.000	96.149	111.773	111.773	128.599	128.599	144.223
14.000	103.631	120.471	120.471	138.607	138.607	155.447
16.000	110.477	128.430	128.430	147.763	147.763	165.716
18.000	116.791	135.769	135.769	156.208	156.208	175.186
20.000	122.649	142.580	142.580	164.043	164.043	183.974
25.000	138.047	160.480	160.480	184.638	184.638	207.070
30.000	152.052	176.761	176.761	203.370	203.370	228.078
40.000	177.097	205.875	205.875	236.867	236.867	265.645
50.000	199.330	231.721	231.721	266.604	266.604	298.995
60.000	219.553	255.230	255.230	293.652	293.652	329.329
70.000	238.243	276.958	276.958	318.650	318.650	357.365
80.000	253.946	295.212	295.212	339.652	339.652	380.918
90.000	268.420	312.038	312.038	359.011	359.011	402.630
100.000	281.843	327.643	327.643	376.965	376.965	422.765

(2) Das Honorar für Grundleistungen bei Landschaftsrahmenplänen ist nach der Fläche des Planungsgebiets in Hektar und nach der Honorarzone zu berechnen.

(3) Welchen Honorarzonen die Grundleistungen zugeordnet werden, richtet sich nach folgenden Bewertungsmerkmalen:

1. topographische Verhältnisse,
2. Raumnutzung und Bevölkerungsdichte,
3. Landschaftsbild,
4. Anforderungen an Umweltsicherung, Klima- und Naturschutz,
5. ökologische Verhältnisse,
6. Freiraumsicherung und Erholung.

(4) Sind für einen Landschaftsrahmenplan Bewertungsmerkmale aus mehreren Honorarzonen anwendbar und bestehen deswegen Zweifel, welcher Honorarzone der Landschaftsrahmenplan zugeordnet werden kann, so ist zunächst die Anzahl der Bewertungspunkte zu ermitteln. Zur Ermittlung der Bewertungspunkte werden die Bewertungsmerkmale wie folgt gewichtet:

1. die Bewertungsmerkmale gemäß Absatz 3 Nummer 1, 2, 3 und 6 mit je bis zu 6 Punkten und
2. die Bewertungsmerkmale gemäß Absatz 3 Nummer 4 und 5 mit je bis zu 9 Punkten.

(5) Der Landschaftsrahmenplan ist anhand der nach Absatz 4 ermittelten Bewertungspunkte einer der Honorarzonen zuzuordnen:

1. Honorarzone I: bis zu 16 Punkte,
2. Honorarzone II: 17 bis 30 Punkte,
3. Honorarzone III: 31 bis 42 Punkte.

(6) Wird die Größe des Planungsgebiets während der Leistungserbringung geändert, so ist das Honorar für die Leistungsphasen, die bis zur Änderung noch nicht erbracht sind, nach der geänderten Größe des Planungsgebiets zu berechnen.

§ 31
Honorare für Grundleistungen bei Landschaftspflegerischen Begleitplänen

(1) Die Mindest- und Höchstsätze der Honorare für die in § 26 und Anlage 7 aufgeführten Grundleistungen bei Landschaftspflegerischen Begleitplänen sind in der folgenden Honorartafel festgesetzt:

Fläche in Hektar	Honorarzone I geringe Anforderungen von Euro	bis	Honorarzone II durchschnittliche Anforderungen von Euro	bis	Honorarzone III hohe Anforderungen von Euro	bis
6	5.324	6.189	6.189	7.121	7.121	7.986
8	6.130	7.126	7.126	8.199	8.199	9.195
12	7.600	8.836	8.836	10.166	10.166	11.401
16	8.947	10.401	10.401	11.966	11.966	13.420
20	10.207	11.866	11.866	13.652	13.652	15.311
40	15.755	18.315	18.315	21.072	21.072	23.632
100	29.126	33.859	33.859	38.956	38.956	43.689
200	47.180	54.846	54.846	63.103	63.103	70.769
300	62.748	72.944	72.944	83.925	83.925	94.121
400	76.829	89.314	89.314	102.759	102.759	115.244
500	89.855	104.456	104.456	120.181	120.181	134.782
600	102.062	118.647	118.647	136.508	136.508	153.093
700	113.602	132.062	132.062	151.942	151.942	170.402
800	124.575	144.819	144.819	166.620	166.620	186.863
1.200	167.729	194.985	194.985	224.338	224.338	251.594
1.600	207.279	240.961	240.961	277.235	277.235	310.918
2.000	244.349	284.056	284.056	326.817	326.817	366.524
2.400	279.559	324.987	324.987	373.910	373.910	419.338
3.200	343.814	399.683	399.683	459.851	459.851	515.720
4.000	400.847	465.985	465.985	536.133	536.133	601.270

(2) Das Honorar für Grundleistungen bei Landschaftspflegerischen Begleitplänen ist nach der Fläche des Planungsgebiets in Hektar und nach der Honorarzone zu berechnen.

(3) Welchen Honorarzonen die Grundleistungen zugeordnet werden, richtet sich nach folgenden Bewertungsmerkmalen:

1. ökologisch bedeutsame Strukturen und Schutzgebiete,
2. Landschaftsbild und Erholungsnutzung,
3. Nutzungsansprüche,
4. Anforderungen an die Gestaltung von Landschaft und Freiraum,
5. Empfindlichkeit gegenüber Umweltbelastungen und Beeinträchtigungen von Natur und Landschaft,
6. potenzielle Beeinträchtigungsintensität der Maßnahme.

(4) Sind für einen Landschaftspflegerischen Begleitplan Bewertungsmerkmale aus mehreren Honorarzonen anwendbar und bestehen deswegen Zweifel,

welcher Honorarzone der Landschaftspflegerische Begleitplan zugeordnet werden kann, so ist zunächst die Anzahl der Bewertungspunkte zu ermitteln. Zur Ermittlung der Bewertungspunkte werden die Bewertungsmerkmale wie folgt gewichtet:

1. **die Bewertungsmerkmale gemäß Absatz 3 Nummer 1, 2, 3 und 4 mit je bis zu 6 Punkten und**
2. **die Bewertungsmerkmale gemäß Absatz 3 Nummer 5 und 6 mit je bis zu 9 Punkten.**

(5) Der Landschaftspflegerische Begleitplan ist anhand der nach Absatz 4 ermittelten Bewertungspunkte einer der Honorarzonen zuzuordnen:

1. **Honorarzone I: bis zu 16 Punkte,**
2. **Honorarzone II: 17 bis 30 Punkte,**
3. **Honorarzone III: 31 bis 42 Punkte.**

(6) Wird die Größe des Planungsgebiets während der Leistungserbringung geändert, so ist das Honorar für die Leistungsphasen, die bis zur Änderung noch nicht erbracht sind, nach der geänderten Größe des Planungsgebiets zu berechnen.

§ 32
Honorare für Grundleistungen bei Pflege- und Entwicklungsplänen

(1) Die Mindest- und Höchstsätze der Honorare für die in § 27 und Anlage 8 aufgeführten Grundleistungen bei Pflege- und Entwicklungsplänen sind in der folgenden Honorartafel festgesetzt:

Fläche in Hektar	Honorarzone I geringe Anforderungen von Euro	bis	Honorarzone II durchschnittliche Anforderungen von Euro	bis	Honorarzone III hohe Anforderungen von Euro	bis
5	3.852	7.704	7.704	11.556	11.556	15.408
10	4.802	9.603	9.603	14.405	14.405	19.207
15	5.481	10.963	10.963	16.444	16.444	21.925
20	6.029	12.058	12.058	18.087	18.087	24.116
30	6.906	13.813	13.813	20.719	20.719	27.626
40	7.612	15.225	15.225	22.837	22.837	30.450
50	8.213	16.425	16.425	24.638	24.638	32.851
75	9.433	18.866	18.866	28.298	28.298	37.731
100	10.408	20.816	20.816	31.224	31.224	41.633
150	11.949	23.899	23.899	35.848	35.848	47.798
200	13.165	26.330	26.330	39.495	39.495	52.660
300	15.318	30.636	30.636	45.954	45.954	61.272
400	17.087	34.174	34.174	51.262	51.262	68.349
500	18.621	37.242	37.242	55.863	55.863	74.484
750	21.833	43.666	43.666	65.500	65.500	87.333

Fläche in Hektar	Honorarzone I geringe Anforderungen von	bis	Honorarzone II durchschnittliche Anforderungen von	bis	Honorarzone III hohe Anforderungen von	bis
	Euro		Euro		Euro	
1.000	24.507	49.014	49.014	73.522	73.522	98.029
1.500	28.966	57.932	57.932	86.898	86.898	115.864
2.500	36.065	72.131	72.131	108.196	108.196	144.261
5.000	49.288	98.575	98.575	147.863	147.863	197.150
10.000	69.015	138.029	138.029	207.044	207.044	276.058

(2) Das Honorar für Grundleistungen bei Pflege- und Entwicklungsplänen ist nach der Fläche des Planungsgebiets in Hektar und nach der Honorarzone zu berechnen.

(3) Welchen Honorarzonen die Grundleistungen zugeordnet werden, richtet sich nach folgenden Bewertungsmerkmalen:
1. fachliche Vorgaben,
2. Differenziertheit des floristischen Inventars oder der Pflanzengesellschaften,
3. Differenziertheit des faunistischen Inventars,
4. Beeinträchtigungen oder Schädigungen von Naturhaushalt und Landschaftsbild,
5. Aufwand für die Festlegung von Zielaussagen sowie für Pflege- und Entwicklungsmaßnahmen.

(4) Sind für einen Pflege- und Entwicklungsplan Bewertungsmerkmale aus mehreren Honorarzonen anwendbar und bestehen deswegen Zweifel, welcher Honorarzone der Pflege- und Entwicklungsplan zugeordnet werden kann, so ist zunächst die Anzahl der Bewertungspunkte zu ermitteln. Zur Ermittlung der Bewertungspunkte werden die Bewertungsmerkmale wie folgt gewichtet:
1. das Bewertungsmerkmal gemäß Absatz 3 Nummer 1 mit bis zu 4 Punkten,
2. die Bewertungsmerkmale gemäß Absatz 3 Nummer 4 und 5 mit je bis zu 6 Punkten und
3. die Bewertungsmerkmale gemäß Absatz 3 Nummer 2 und 3 mit je bis zu 9 Punkten.

(5) Der Pflege- und Entwicklungsplan ist anhand der nach Absatz 4 ermittelten Bewertungspunkte einer der Honorarzonen zuzuordnen:
1. Honorarzone I: bis zu 13 Punkte,
2. Honorarzone II: 14 bis 24 Punkte,
3. Honorarzone III: 25 bis 34 Punkte.

(6) Wird die Größe des Planungsgebiets während der Leistungserbringung geändert, so ist das Honorar für die Leistungsphasen, die bis zur Änderung noch nicht erbracht sind, nach der geänderten Größe des Planungsgebiets zu berechnen.

1 Bei allen Flächenplanungen, so also auch in allen Leistungsbildern der Landschaftsplanung, ist die **Fläche des Planungsgebiets** die einheitliche Bemessungsgrundlage für die Ermittlung des Honorars. Diese Systematik wurde im Rahmen der Novellierung der HOAI 2013 auch für die Landschaftspflegerischen Begleitpläne übernommen.

2 Gemäß § 6 Abs. 1 (Grundlagen des Honorars) richtet sich das Honorar für die Grundleistungen von Flächenplanungen

1. nach der Größe der Fläche des Planungsgebiets,
2. nach dem Leistungsbild,
3. nach der Honorarzone,
4. nach der zugehörigen Honorartafel.

Hieraus ergibt sich folgende Systematik zur Ermittlung des Honorars für die Grundleistungen der landschaftsplanerischen Leistungsbilder: 3

Fläche in ha	Geltungsbereich des Grünordnungsplans in der Regel gemäß Aufstellungsbeschluss Bei Landschaftsplänen das gesamte Gemeindegebiet Bei Landschaftsrahmenplänen Teile eines Landes bzw. eine Region Bei Landschaftspflegerischen Begleitplänen gemäß einem definierten, fachlich sinnvollen Zusammenhang zur eingriffsrelevanten Fachplanung Pflege- und Entwicklungsplan (PEP) gemäß ermittelter Ausgleichsflächen, für die der PEP erstellt wird

⇓

Definition Leistungsbild	In der Regel LPH 1: 3%, LPH 2: 37% und LPH 3: 50%, LPH 4: 10%

⇓

Bestimmung der Honorarzone	Anhand der Bewertungsmerkmale Die Honorarzone ist nicht verhandelbar!

⇓

Ggf. Vorschlag/Vereinbarung von Wert zwischen Mindest- und Höchstsatz	Zwischenwerte zwischen Mindest- und Höchstsatz sind Sache einer schriftlichen Vereinbarung (§ 7 Abs. 1).

⇓

Ermittlung des Honorars	Gemäß Honorartafel Für Flächen außerhalb der Honorartafel ist das Honorar frei vereinbar (§ 7 Abs. 2).

Die **Mindest- und Höchstsätze** der Honorare der landschaftsplanerischen Grundleistungen sind in den §§ 28 bis 32 jeweils unter Abs. 1 in Honorartafeln mit jeweils drei Honorarzonen aufgeführt. Dabei gibt es je Honorarzone Von- und Bis-Sätze bzw. Mindest- und Höchstsätze, die durch Viertel-, Mittel- und Dreiviertelsätze noch weiter untergliedert werden können. 4

Bei jeder neuen Planung ist zunächst davon auszugehen, dass bei sämtlichen Leistungsphasen die volle prozentuale Bewertung in der Honorarermittlung erfolgt. Sofern Teile von den jeweils aufgeführten Grundleistungen bereits vorliegen bzw. ohne eigene Bearbeitung verwendet werden können, kann im Einzelfall eine entsprechende Reduzierung der prozentualen Bewertung in Betracht gezogen werden. Dabei ist jedoch zu beachten, dass auch bei vorliegenden Teilen der Bestandserhebung und/oder Bestandsbe- 5 wertung grundsätzlich eine Prüfung der Daten vorgenommen werden muss. Die reine, ungeprüfte Übernahme von bestehenden Daten entspricht keineswegs einer qualitätsvollen Bearbeitung der Planung und führt dementsprechend nicht zu einer ordnungsgemäßen und vertraglich geschuldeten Leistung. Eine Reduzierung der Prozentsätze im Rahmen der Honorarermittlung ist deshalb nur in Ausnahmefällen möglich (vgl. hierzu auch § 19 Rn 104ff.).

Nach §§ 17 bis 32

Anlage 9

(zu § 18 Absatz 2, § 19 Absatz 2, § 23 Absatz 2, § 24 Absatz 2, § 25 Absatz 2, § 26 Absatz 2, § 27 Absatz 2)

Besondere Leistungen zur Flächenplanung

Für die Leistungsbilder der Flächenplanung können insbesondere folgende Besondere Leistungen vereinbart werden:

1. **Rahmensetzende Pläne und Konzepte:**
   a) **Leitbilder**
   b) **Entwicklungskonzepte**
   c) **Masterpläne**
   d) **Rahmenpläne**
2. **Städtebaulicher Entwurf:**
   a) **Grundlagenermittlung**
   b) **Vorentwurf**
   c) **Entwurf**
   Der Städtebauliche Entwurf kann als Grundlage für Leistungen nach § 19 der HOAI dienen und Ergebnis eines städtebaulichen Wettbewerbes sein.
3. **Leistungen zur Verfahrens- und Projektsteuerung sowie zur Qualitätssicherung:**
   a) **Durchführen von Planungsaudits**
   b) **Vorabstimmungen mit Planungsbeteiligten und Fachbehörden**
   c) **Aufstellen und Überwachen von integrierten Terminplänen**
   d) **Vor- und Nachbereiten von planungsbezogenen Sitzungen**
   e) **Koordinieren von Planungsbeteiligten**
   f) **Moderation von Planungsverfahren**
   g) **Ausarbeiten von Leistungskatalogen für Leistungen Dritter**
   h) **Mitwirken bei Vergabeverfahren für Leistungen Dritter (Einholung von Angeboten, Vergabevorschläge)**
   i) **Prüfen und Bewerten von Leistungen Dritter**
   j) **Mitwirken beim Ermitteln von Fördermöglichkeiten**
   k) **Stellungnahmen zu Einzelvorhaben während der Planaufstellung**
4. **Leistungen zur Vorbereitung und inhaltlichen Ergänzung:**
   a) **Erstellen digitaler Geländemodelle**
   b) **Digitalisieren von Unterlagen**
   c) **Anpassen von Datenformaten**
   d) **Erarbeiten einer einheitlichen Planungsgrundlage aus unterschiedlichen Unterlagen**

e) Strukturanalysen
f) Stadtbildanalysen, Landschaftsbildanalysen
g) Statistische und örtliche Erhebungen sowie Bedarfsermittlungen, zum Beispiel zur Versorgung, zur Wirtschafts-, Sozial- und Baustruktur sowie zur soziokulturellen Struktur
h) Befragungen und Interviews
i) Differenziertes Erheben, Kartieren, Analysieren und Darstellen von spezifischen Merkmalen und Nutzungen
j) Erstellen von Beiplänen, zum Beispiel für Verkehr, Infrastruktureinrichtungen, Flurbereinigungen, Grundbesitzkarten und Gütekarten unter Berücksichtigung der Pläne anderer an der Planung fachlich Beteiligter
k) Modelle
l) Erstellen zusätzlicher Hilfsmittel der Darstellung zum Beispiel Fotomontagen, 3D-Darstellungen, Videopräsentationen

5. Verfahrensbegleitende Leistungen:
a) Vorbereiten und Durchführen des Scopings
b) Vorbereiten, Durchführen, Auswerten und Dokumentieren der formellen Beteiligungsverfahren
c) Ermitteln der voraussichtlich erheblichen Umweltauswirkungen für die Umweltprüfung
d) Erarbeiten des Umweltberichtes
e) Berechnen und Darstellen der Umweltschutzmaßnahmen
f) Bearbeiten der Anforderungen aus der naturschutzrechtlichen Eingriffsregelung in Bauleitplanungsverfahren
g) Erstellen von Sitzungsvorlagen, Arbeitsheften und anderen Unterlagen
h) Wesentliche Änderungen oder Neubearbeitung des Entwurfs nach Offenlage oder Beteiligungen, insbesondere nach Stellungnahmen
i) Ausarbeiten der Beratungsunterlagen der Gemeinde zu Stellungnahmen im Rahmen der formellen Beteiligungsverfahren
j) Leistungen für die Drucklegung, Erstellen von Mehrausfertigungen
k) Überarbeiten von Planzeichnungen und von Begründungen nach der Beschlussfassung (zum Beispiel Satzungsbeschluss)
l) Verfassen von Bekanntmachungstexten und Organisation der öffentlichen Bekanntmachungen
m) Mitteilen des Ergebnisses der Prüfung der Stellungnahmen an die Beteiligten
n) Benachrichtigen von Bürgern und Behörden, die Stellungnahmen abgegeben haben, über das Abwägungsergebnis
o) Erstellen der Verfahrensdokumentation
p) Erstellen und Fortschreiben eines digitalen Planungsordners
q) Mitwirken an der Öffentlichkeitsarbeit des Auftraggebers einschließlich Mitwirken an Informationsschriften und öffentlichen Diskussionen sowie Erstellen der dazu notwendigen Planungsunterlagen und Schriftsätze
r) Teilnehmen an Sitzungen von politischen Gremien des Auftraggebers oder an Sitzungen im Rahmen der Öffentlichkeitsbeteiligung
s) Mitwirken an Anhörungs- oder Erörterungsterminen
t) Leiten bzw. Begleiten von Arbeitsgruppen
u) Erstellen der zusammenfassenden Erklärung nach dem Baugesetzbuch
v) Anwenden komplexer Bilanzierungsverfahren im Rahmen der naturschutzrechtlichen Eingriffsregelung

w) Erstellen von Bilanzen nach fachrechtlichen Vorgaben
x) Entwickeln von Monitoringkonzepten und -maßnahmen
y) Ermitteln von Eigentumsverhältnissen, insbesondere Klären der Verfügbarkeit von geeigneten Flächen für Maßnahmen

6. Weitere besondere Leistungen bei landschaftsplanerischen Leistungen:
a) Erarbeiten einer Planungsraumanalyse im Rahmen einer Umweltverträglichkeitsstudie
b) Mitwirken an der Prüfung der Verpflichtung, zu einem Vorhaben oder einer Planung eine Umweltverträglichkeitsprüfung durchzuführen (Screening)
c) Erstellen einer allgemein verständlichen nichttechnischen Zusammenfassung nach dem Gesetz über die Umweltverträglichkeitsprüfung
d) Daten aus vorhandenen Unterlagen im Einzelnen ermitteln und aufbereiten
e) Örtliche Erhebungen, die nicht überwiegend der Kontrolle der aus Unterlagen erhobenen Daten dienen
f) Erstellen eines eigenständigen allgemein verständlichen Erläuterungsberichtes für Genehmigungsverfahren oder qualifizierende Zuarbeiten hierzu
g) Erstellen von Unterlagen im Rahmen von artenschutzrechtlichen Prüfungen oder Prüfungen zur Vereinbarkeit mit der Fauna-Flora-Habitat-Richtlinie
h) Kartieren von Biotoptypen, floristischen oder faunistischen Arten oder Artengruppen
i) Vertiefendes Untersuchen des Naturhaushalts, wie z.B. der Geologie, Hydrogeologie, Gewässergüte und -morphologie, Bodenanalysen
j) Mitwirken an Beteiligungsverfahren in der Bauleitplanung
k) Mitwirken an Genehmigungsverfahren nach fachrechtlichen Vorschriften
l) Fortführen der mit dem Auftraggeber abgestimmten Fassung im Rahmen eines Genehmigungsverfahrens, Erstellen einer genehmigungsfähigen Fassung auf der Grundlage von Anregungen Dritter.

Übersicht

A. Struktur der Kommentierung

1 Mit der HOAI 2013 wurden alle Besonderen Leistungen aller Flächenplanungen zusammengefasst. Dies hat sich bei der Entwicklung des Drei-Säulen-Modells und in gemeinsamen Sitzungen der Fachkommissionen Stadtplanung und Landschaftsplanung

im AHO als sinnvoll erwiesen. Das Drei-Säulen-Modell wird deshalb eingangs noch einmal kurz erläutert.

Dieser sehr umfangreiche Katalog von Besonderen Leistungen ist in Anlage 9 thematisch in Gruppierungen zusammengefasst. 2

Jede der in der Anlage 9 aufgeführten Besonderen Leistungen einzeln und ausführlich zu kommentieren würde zu weit führen. Viele dieser besonderen Leistungen sind selbsterklärend. Im Folgenden liegt der Schwerpunkt der Kommentierung deshalb in der Erläuterung dieser Gruppierungen und in einer eher pauschalen Beschreibung der Besonderen Leistungen. 3

Die thematischen Gruppierungen sind: 4

- rahmensetzende Pläne und Konzepte,
- Städtebaulicher Entwurf,
- Leistungen zur Verfahrens- und Projektsteuerung sowie zur Qualitätssicherung,
- Leistungen zur Vorbereitung und inhaltlichen Ergänzung,
- Verfahrensbegleitende Leistungen,
- weitere besondere Leistungen bei landschaftsplanerischen Leistungen.

Das Honorar für die Erbringung dieser Besonderen Leistungen ist grundsätzlich frei vereinbar. Abschließend werden in Abschnitt III. (Rn 49 ff.) Hinweise zur Ermittlung angemessener und auskömmlicher Honorare gegeben. 5

B. Kommentierung

I. Besondere Leistungen, Systematik von Grundleistungen und Besonderen Leistungen

Diese Systematik ist ausführlich in der Einleitung zur Flächenplanung beschrieben (Vor §§ 17 bis 32 Rn 13 ff.). Sie bildet die Grundlage für das Verständnis der Struktur von Grundleistungen und Besonderen Leistungen und wird hier wiederholt, jedoch mit Schwerpunkt auf den Besonderen Leistungen. 6

Grundleistungen sind diejenigen Leistungen, die bei der Aufstellung der Planwerke der Bauleitplanung „in der vorgeschriebenen Fassung“ immer zu erbringen sind, so weit erforderlich. 7

Besondere Leistungen sind alle diejenigen Leistungen, die nicht zu den Grundleistungen der Bauleitplanung gehören, sondern abhängig von der Aufgabenstellung und den Rahmenbedingungen der Beauftragung zusätzlich zu den Grundleistungen erbracht werden sollen. Diese Besonderen Leistungen, welche die Aufstellung von Bauleitplänen je nach Erfordernis begleiten, können in der Bauleitplanung differenziert werden in 8

- **Vorbereitende Leistungen** (Anlage 9 Nr. 1–4)
  und in
- **Verfahrensbegleitende Leistungen** (Anlage 9 Nr. 5).

Diese Systematik kann vereinfacht in einem **Drei-Säulen-Modell** dargestellt werden: 9

VORBEREITENDE LEISTUNGEN	**BAULEITPLAN RECHTSFASSUNG**	**VERFAHRENS-BEGLEITENDE LEISTUNGEN**
Rahmensetzende Pläne	VORENTWURF	Scoping
	für Einleitung Verfahren	Umweltbericht
Städtebaulicher Entwurf	§ 3 Abs. 1 BauGB § 4 Abs. 1 BauGB	Behandlung von Stellungnahmen
Verfahrens- und Projektsteuerung	ENTWURF	Sitzungsvorlagen
	für Einleitung Verfahren	Sitzungsteilnahmen
Leistungen zur Vorbereitung und inhaltlichen Ergänzung	§ 3 Abs. 2 BauGB § 4 Abs. 2 BauGB	wesentliche Planüberarbeitungen
	Planfassung für Genehmigung	Zusammenfassende Erklärung
BESONDERE LEISTUNGEN	**GRUNDLEISTUNG**	**BESONDERE LEISTUNGEN**
Anlage 9 Ziff. 1–4	Anlagen 2+3	Anlage 9 Ziff. 5

10 Diese Systematik stellt einen Bezug her zwischen den Grundleistungen der Bauleitplanung gemäß BauGB und den Besonderen Leitungen. Diese Systematik ist analog auch **anwendbar für die Leistungen der Landschaftsplanung**, sofern diese eigenständige und für sich stehende Werke sind. Dies betrifft folglich vor allem den Landschaftsrahmenplan, den landschaftspflegerischen Begleitplan und den Pflege- und Entwicklungsplan. Für Landschaftspläne trifft dies zumindest zu, wenn sie nicht im Rahmen der Änderung oder Neuaufstellung eines FNP zu bearbeiten sind. Die Bearbeitung von Grünordnungsplänen ist in der Regel der Bebauungsplanung zugeordnet. Aber selbst in Fällen, in denen Landschafts- oder Grünordnungspläne im Rahmen von Bauleitplanverfahren aufzustellen sind, werden Besondere Leistungen diesen beiden Planwerken zuzuordnen sein. Dies kann z.B. die Ausschreibung von spezifischen Fachgutachten zu diesen Planwerken sein (Ziff. 3g) mit i), siehe Rn 32), wofür die Kompetenz eher beim Landschaftsplaner liegt.

11 Die grundlegende Systematik der Besonderen Leistungen der Anlage 9 ist dementsprechend aus dem Säulen-Modell abgeleitet. Dieser Bezug muss aber nicht immer bestehen.

12 Vielmehr ist der Begriff der **Besonderen Leistungen** deutlich weiter gefasst und beinhaltet auch Besondere Leistungen, **die für sich alleine stehen können** ohne einen konkreten Bezug zu den formellen Verfahren der vorbereitenden und der verbindlichen Bebauungsplanung. Dies gilt insbesondere für die Leistungen aus Ziff. 1 „Rahmensetzende Pläne und Konzepte", Ziff. 2 „Städtebaulicher Entwurf" und Ziff. 6 „Weitere Besondere Leistungen bei landschaftsplanerischen Leistungen".

13 Die in Anlage 9 aufgeführte Aufstellung von Besonderen Leistungen ist deshalb **nicht abschließend.** Weitere Besondere Leistungen können ebenso frei vereinbart werden.

14 Die Honorare für die Besonderen Leistungen sind grundsätzlich frei vereinbar. Siehe hierzu nachfolgend Abschnitt III. (Rn 49ff.). Darauf wird nachfolgend in Abschnitt II. nicht weiter eingegangen.

II. Die Besonderen Leistungen im Einzelnen

1. Rahmensetzende Pläne und Konzepte. Die Entwicklung von **Leitbildern** und das Durchführen von **Leitbildprozessen** sind in der Regel eigenständige Leistungen. Sie dienen den Regionen, Landkreisen, Gemeinden und im Rahmen einer interkommunalen Zusammenarbeit den Verbünden von Gemeinden dazu, Klarheit über die Grundzüge der weiteren Entwicklung zu gewinnen („Wo wollen wir hin?"). In der Regel sind dies umfangreiche Prozesse, die sich über einen längeren Bearbeitungszeitraum erstrecken und einen hohen Koordinations- und Moderationsinhalt haben. Leitbilder umfassen einen Entwicklungszeitraum von 10–20 Jahren. Sie können in **regionale oder Gemeinde- bzw. Stadtentwicklungspläne** eingebracht werden. Leitbilder und Gemeindeentwicklungskonzepte bilden oft die Grundlage für die Änderung oder Neuaufstellung von Flächennutzungsplänen, können aber auch die Grundlage für wichtige Einzelentscheidungen bilden. 15

Integrierte Entwicklungskonzepte haben oft einen Fördermittelhintergrund, d.h. sie werden mit Mitteln des Bundes und der Länder gefördert gem. § 164a BauGB (ISEK, ILEK u.Ä.). Dies können Städtebauförderprogramme sein wie z.B. „Soziale Stadt", „Stadtumbau", „Aktive Stadt- und Ortteilzentren", „Städtebaulicher Denkmalschutz" und weitere. Gefördert werden dabei die Vorbereitung der Gesamtmaßnahmen (vorbereitende Untersuchungen inkl. Fachgutachten, Feinuntersuchungen, städtebauliche Planungen und Wettbewerbe), die Durchführung von Ordnungsmaßnahmen (z.B. Platzgestaltung einschließlich deren Planung), die Durchführung von Baumaßnahmen einschließlich deren Planung sowie nicht-investive Maßnahmen (Quartiersmanagement, Marketingkonzepte, Leerstandsmanagement, Projektsteuerung, Beratung, Öffentlichkeitsarbeit usw.). Viele dieser planenden Aufgaben sind Aufgaben der Stadtplanung, in Teilen aber auch der Landschaftsplanung, oft in Zusammenarbeit mit anderen Fachdisziplinen wie Soziologie, Wirtschaftsgeographie etc. Die Struktur der Untersuchungen zu solchen Förderprogrammen ist vorgegeben und umfasst in der Regel die vorbereitenden Untersuchungen mit einem hohen Anteil an Beteiligungsverfahren für die Öffentlichkeit und die Träger gem. §§ 137–142 BauGB. 16

Masterpläne und (städtebauliche) **Rahmenpläne** umfassen meist kleinere Teile einer Gemeinde und sind als informelle Planungen frei von den Bindungen der Vorgaben des BauGB, der BauNVO, der PlanZV etc. Mit diesen Planwerken können Konzepte für Teile der Gemeinde entwickelt werden als Grundlage für weitere Entscheidungen (Umsetzung, auch teilweise, in einen Bebauungsplan; Entscheidungen zu Einzelprojekten usw.). Die Maßstabsebene für solche Planungen ist frei wählbar, sie bewegt sich meist zwischen M 1:2.500 und M 1:500. 17

2. Städtebaulicher Entwurf. Gemäß § 17 Abs. 2 können die Honorare für Leistungen beim Städtebaulichen Entwurf als Besondere Leistungen frei vereinbart werden. Damit ist eindeutig klargestellt, dass der Städtebauliche Entwurf keine Leistung des Bebauungsplans ist, der ausschließlich die Planungsleistungen nach den Bestimmungen des BauGB umfasst. Der Städtebauliche Entwurf ist folglich nicht in den Grundleistungen zum Bebauungsplan enthalten, sondern in Anlage 9 als Besondere Leistung (siehe hierzu ausführlich auch § 17 Rn 24–27). 18

Gemäß Anlage 9 Ziff. 2a) mit c) umfasst das **Leistungsbild des Städtebaulichen Entwurfs** die Grundlagenermittlung, den Vorentwurf und den Entwurf. 19

Der Städtebauliche Entwurf ist damit eine eigenständige Leistung, die für sich steht. In vielen Fällen bildet der Städtebauliche Entwurf jedoch die Grundlage für die Aufstellung von Bebauungsplänen und ggf. für die Änderung von Flächennutzungsplänen. 20

21 Die **Architektenkammer Baden-Württemberg** hat für den Städtebaulichen Entwurf das **Merkblatt 51**[1] als Arbeitshilfe herausgegeben, auf das hier verwiesen wird (http://www.akbw.de). Dieses Merkblatt beschreibt ausführlich

- die Definition des Städtebaulichen Entwurfs,
- den Anwendungsbereich des Städtebaulichen Entwurfs,
- das Leistungsbild, seine Bewertung und mögliche Besondere Leistungen,
- seine Vergütung,
- die Anwendung bei städtebaulichen Wettbewerben.

22 Bezüglich der Inhalte und der Vorschläge zur Vergütung wird uneingeschränkt auf dieses Merkblatt verwiesen. Dessen Leistungsphasen und deren Bewertung entsprechen bezüglich des Vorentwurfs und des Entwurfs den Leistungsphasen der Bauleitplanung der HOAI mit

- Grundlagenermittlung (10%),
- Vorentwurf (60%),
- Entwurf (30%).

23 Dabei entfällt die LPH 3 der Bauleitplanung, da ein Plan zur Beschlussfassung hier nicht erforderlich ist. Im Gegenzug wird mit LPH 1 mit Grundlagenermittlung, Bestandserfassung und Analyse der anderen Aufgabenstellung des Städtebaulichen Entwurfs Rechnung getragen.

24 Die Zusammensetzung der einzelnen Leistungsbilder des Merkblatts 51 orientiert sich an den Aufgaben des Städtebaulichen Entwurfs und weicht insofern von der Zusammensetzung der Grundleistungen der Bauleitplanung ab. Zudem werden den Teilleistungen der Grundleistungen prozentuale Anteile am Gesamtleistungsbild zugeordnet. Damit kann den unterschiedlichen Aufgaben des Städtebaulichen Entwurfs angemessen Rechnung getragen werden. So sind z.B. für einen Städtebaulichen Entwurf als Grundlage für einen Bebauungsplan nicht alle Teilleistungen zu erbringen. Dies ist jeweils individuell zu ermitteln.

25 Das Vorliegen eines Städtebaulichen Entwurfs berechtigt nicht zu Reduzierungen im Leistungsbild des darauf aufbauenden Bebauungsplans, da dieser eine eigenständige Leistung auf Grundlage des BauGB ist und der Städtebauliche Entwurf keine Leistung des Bebauungsplans.

26 In diesem Merkblatt 51 der Architektenkammer Baden-Württemberg wird einleitend (S. 2, Ziff. 4) darauf hingewiesen, dass der **AHO ein „Grünes Heft“** zu den Besonderen Leistungen der Flächenplanungen der HOAI plant. Dieses Grüne Heft wird voraussichtlich 2016 erscheinen.

27 **3. Leistungen der Verfahrens- und Projektsteuerung sowie zur Qualitätssicherung.** Diese Leistungen sind den vorbereitenden Leistungen gemäß Drei-Säulen-Modell (Rn 9) zuzuordnen und weitgehend selbsterklärend. Der Aufgabenumfang ist jeweils aufgabenspezifisch festzulegen und abhängig davon, welche Leistungen vom Auftraggeber erwartet werden und welche Leistungen in diesem Sinne zur zügigen Durchführung und Gesamtkoordination des Verfahrens vom Stadtplaner zu erbringen sind.

28 Am größten wird der Leistungsumfang in der Regel bei Vorhabenbezogenen Bebauungsplänen gem. § 12 BauGB i.V.m. § 11 BauGB „Städtebaulicher Vertrag“ sein – siehe hierzu ausführlich § 17 Rn 35–47.

---

1 Verfasser: Dipl.-Ing. Architekt Ernst *Frey*.

Mit einem **Planungsaudit** soll die bestehende Situation objektiv bewertet werden. 29
Damit soll der Unterschied zwischen der Ist-Situation und dem Soll-Konzept transparent gemacht werden. Die Durchführung eines Planungsaudits ist also bei besonders schwierigen Planungsprozessen angebracht.

Die Notwendigkeit der **Vorabstimmungen mit Planungsbeteiligten und Fachbehörden** wurde bereits in § 17 Rn 39f. erläutert. Diese Leistung dient der frühzeitigen Bestimmung des genauen Umfangs der zu erbringenden Leistungen und der zu beteiligenden Fachbehörden und Fachgutachter. 30

Das **Vor- und Nachbereiten von planungsbezogenen Sitzungen** umfasst beispielsweise die Klärung, wer an den Sitzungen zu beteiligen ist und die Einladung dieser Teilnehmer, das Verfassen einer Tagesordnung, ggf. das Reservieren geeigneter Räume und technischer Hilfsmittel sowie das Protokollieren dieser Sitzungen einschließlich Abstimmung des Protokolls mit den Beteiligten, soweit erforderlich. Planungsbezogene Sitzungen sind alle Sitzungen, die im Rahmen der Bearbeitung der Planung notwendig und hilfreich sind. Dies können Sitzungen mit dem öffentlichen Auftraggeber, der zuständigen Gemeinde, mit Fachbehörden und/oder mit einem anderen Auftraggeber sein, wenn dieser nicht identisch mit dem öffentlichen Auftraggeber ist (z.B. in Form von Steuerkreisen). 31

Die **Besonderen Leistungen g) mit i)** beinhalten die Angebotsbeschreibung und Angebotseinholung für die Leistungen Dritter bis hin zur Vorbereitung der Vergabe. In der Regel sind dies die Leistungen von Fachgutachtern und weiteren Fachplanern. 32

Das **Mitwirken beim Ermitteln der Fördermöglichkeiten** setzt eine fundierte Kenntnis dieser voraus, ebenso der Förderbedingungen und des Förderprozederes. 33

4. Leistungen zur Vorbereitung und inhaltlichen Ergänzung. Auch diese Leistungen sind den Vorbereitenden Leistungen gem. Drei-Säulen-Modell (Rn 9) zuzuordnen und ebenfalls weitgehend selbsterklärend. 34

Die **digitale Bearbeitung** von Planwerken setzt das Vorliegen geeigneter Planungsgrundlagen (digitale Grundkarten) voraus. Diese sind vom Auftraggeber zu stellen. Nicht immer liegen diese jedoch in einheitlicher und sofort anwendbarer Form vor. Es kann sein, dass mehrere digitale Dokumente geliefert werden, die fachgerecht zusammengefügt werden müssen. In allen Fällen sind die digitalen Dokumente auf ihre Brauchbarkeit für die Bauleitplanung und ihre Vollständigkeit hin zu überprüfen: Einerseits können die Dokumente unvollständig sein und zu ergänzen bzw. die Ergänzungen anzufordern und einzufügen, andererseits können die gelieferten Daten zu umfangreich sein und müssen auf die notwendigen Informationen reduziert werden. Hierfür stehen die **Besonderen Leistungen b) bis d).** 35

Praxistipp
Informieren Sie sich im Vorfeld der Ausarbeitung eines Angebots, in welchem Umfang und in welcher Qualität der Auftraggeber diese Unterlagen zur Verfügung stellen kann. Private Auftraggeber (z.B. bei Vorhabenbezogenen Bebauungsplänen) setzen in der Regel voraus, dass der Auftragnehmer die digitalen Plangrundlagen selbst beschafft.

Strukturanalysen, z.B. zu thematischen Vertiefungen im Rahmen der Aufstellung von Flächennutzungsplänen, **Stadtbild- und Landschaftsbildanalysen** (z.B. zur Untersuchung der Verträglichkeit von Windkraftanlagen) sind grundsätzlich ergänzende Leistungen, da sie nur in besonderen Fällen anfallen. Ähnlich gilt dies für zusätzliche **Erhebungen** und **Befragungen** einschließlich deren Analyse und Auswertung. 36

Das „Berücksichtigen der Pläne anderer an der Planung fachlich Beteiligter" beim **Erstellen von Beiplänen** macht schon deutlich, dass es sich bei diesen Beiplänen nicht 37 um z.B. eigene thematische Beipläne handelt, die das eigene Planwerk erläutern, sondern, dass in diese Beipläne Informationen anderer an der Planung Beteiligter aufzunehmen sind. Dies können z.B. Kartenanlagen zum städtebaulichen Vertrag bei Vorhabenbezogenen Bebauungsplänen sein.

38 **5. Verfahrensbegleitende Leistungen.** Die verfahrensbegleitenden Leistungen sind der rechten Säule des Drei-Säulen-Modells zuzuordnen. Es sind dies Leistungen, die das Planaufstellungsverfahren begleiten und in unterschiedlichem Umfang anfallen können. Ziff. 5 der Anlage 9 umfasst bereits **Beispiele** für 25 Besondere Leistungen, wobei diese Beispiele nicht abschließend sind. Alleine dies verdeutlicht schon die Komplexität dieser Planaufstellungsverfahren. Diese Beispiele belegen aber auch deutlich die Abgrenzung zwischen den Grundleistungen und den Besonderen Leistungen.

39 Nach § 1 Abs. 6 Nr. 7 und § 1a BauGB ist für die Belange des Umweltschutzes eine Umweltprüfung durchzuführen, in der die voraussichtlichen **erheblichen Umweltauswirkungen** ermittelt werden und in einem Umweltbericht beschrieben und bewertet werden. Wie bereits dargestellt, bildet das **Erarbeiten des Umweltberichts** im Rahmen der Bauleitplanung gem. § 2a S. 2 BauGB einen gesonderten Teil der Begründung und ist eine Besondere Leistung (Ziff. 5.d)). Die Notwendigkeit, ob ein Umweltbericht zu erstellen ist und welche Umweltbelange in diesem zu behandeln sind, ist im Rahmen des **Scoping** zu ermitteln.

40 Gemäß § 4b BauGB kann eine Gemeinde insbesondere zur Beschleunigung des Bauleitplanverfahrens die Vorbereitung und die **Durchführung von Verfahrensschritten nach den §§ 2a bis 4a** einem Dritten übertragen. Der Umfang der Leistungen, die hierfür zu erbringen sind, ist vor Auftragserteilung zu bestimmen. Es sind dies eigenständige Leistungen, die normalerweise die Gemeinde zu erbringen hat und die eindeutig über das „Mitwirken“ hinausgehen. Mit den Ziff. b), i) m), n) und q) sind diese Besonderen Leistungen beispielhaft aufgeführt. Die Erbringung dieser Leistungen setzt jedoch nicht zwingend eine Vorgehensweise gem. § 4b BauGB voraus. So können einzelne Besondere Leistungen hierzu auch unabhängig davon anfallen. Zunehmend üblich – zumindest bei kleineren Gemeinden – ist das Ersuchen der Auftraggeber, die **Abwägung der Stellungnahmen aus den formellen Beteiligungsverfahren** mehr oder weniger vollständig im Entwurf zu erstellen bis hin zur Ausarbeitung druckfertiger Beschlussvorlagen einschließlich der immer erforderlichen Abstimmung mit der Gemeinde (Ziff. i)).

41 Die **Teilnahme an Sitzungen von politischen Gremien** war bis zur HOAI 2009 in einem vorbestimmten Umfang und unter bestimmten Voraussetzungen eine Grundleistung (vgl. Vor §§ 17 bis 32 Rn 17 ff.). Da die Teilnahme des Auftragnehmers an politischen Sitzungen jedoch vom Willen der Gemeinde und insbesondere auch von der Größe der Gemeinde abhängig ist und gerade bei großen Gemeinden mit einer starken Verwaltung (insbesondere Städten) auch gar nicht erforderlich ist, also in sehr unterschiedlichem Umfang anfällt, wurde die Leistung mit der HOAI aus den Grundleistungen heraus genommen und als **Besondere Leistung r)** in die Anlage 9 eingebracht. Damit ist es möglich, die Teilnahme an Sitzungen von politischen Gremien jeweils projektspezifisch eindeutig zu regeln. Diese Besondere Leistung umfasst auch die Teilnahme an Sitzungen im Rahmen der Öffentlichkeitsbeteiligung.

Praxistipp

Beachten Sie, dass diese Leistung in der Regel auch die Vorbereitung dieser Sitzungen in Abstimmung mit der Gemeinde umfasst (z.B. die Erstellung einer PowerPoint-Präsentation). Beachten Sie des Weiteren bei

der Erstellung eines Angebots hierfür die entsprechenden Fahrtzeiten für alle Teilnehmer des Auftraggebers sowie eventuelle Wartezeiten (die Sitzung beginnt um 19 Uhr, Ihr TOP wird um 21:30 Uhr aufgerufen und eineinhalb Stunden lang behandelt).
Sie können eine bestimmte Anzahl von Sitzungen mit einem pauschalen Honorar vereinbaren. Vereinbaren Sie aber immer zusätzlich ein Honorar für jede weitere Sitzung.

Die **Zusammenfassende Erklärung** nach § 10 Abs. 4 BauGB ist nicht in allen Bauleitplanverfahren gefordert. Sie ist nicht gefordert bei Bebauungsplänen im Vereinfachten Verfahren und B-Plänen der Innenentwicklung gem. §§ 13 und 13a BauGB. **42**

Für das **Entwickeln von Monitoringkonzepten und -maßnahmen** und das darauf aufbauende, über Jahre verlaufende Monitoring gilt § 4c BauGB. **43**

6. Weitere Besondere Leistungen bei Landschaftsplanerischen Leistungen. Die Leistungen der Landschaftsplanung, insbesondere jene, die unabhängig sind von Verfahren der Bauleitplanung, erfordern eine Reihe von eigenständigen Besonderen Leistungen, für die in Ziff. 6 **Beispiele** genannt sind. Auch diese sind weitgehend selbsterklärend. **44**

Hierzu gehören das **Screening**, also das Mitwirken an der Prüfung, ob die Verpflichtung besteht, zu einem Vorhaben eine Umweltverträglichkeitsprüfung durchzuführen. **45**

Die Besonderen Leistungen tragen dem Umstand Rechnung, dass in vielen Fällen **zusätzliche Erhebungen** von Daten, zusätzliche örtliche Erhebungen und das **Kartieren von Biotopen** erforderlich werden können. **46**

Sofern eine **spezielle artenschutzrechtliche Prüfung (saP)** durchzuführen ist, ist die Erarbeitung dieser einschließlich aller erforderlichen Unterlagen und Voruntersuchungen (Vorabschätzung zum Artenschutz durch Datenabfrage) eine Besondere Leistung. **47**

Mit der **Besonderen Leistung j) „Mitwirken an Beteiligungsverfahren in der Bauleitplanung"** wird klargestellt, dass das Mitwirken an den Verfahren zur Aufstellung von Bauleitplänen (also auch das Unterbreiten von Vorschlägen für die abwägende Behandlung der Stellungnahmen zu Landschafts- und Grünordnungsplänen) keine Grundleistung, sondern eine **Besondere Leistung der Landschaftsplanung** ist. **48**

III. Honorierung der Besonderen Leistungen

Die Honorare für die Besonderen Leistungen sind **frei vereinbar.** Mit Ausnahme der Besonderen Leistung „Städtebaulicher Entwurf", für den die Architektenkammer Baden-Württemberg mit dem Merkblatt 51 auch eine Honorartafel erarbeitet hat, die allgemeine Anerkennung gefunden hat, gibt es für die Besonderen Leistungen keine konkreten Vorgaben für die Ermittlung eines angemessenen Honorars. **49**

Die Ermittlung dieses Honorars wird deshalb in der Regel auf Grundlage des geschätzten voraussichtlichen **Bearbeitungszeitaufwandes** erfolgen. Dies kann auf Basis von Stunden-, Tages-, Wochen- oder Monatssätzen erfolgen. **50**

Dies setzt einerseits die Erfahrung voraus, wie solche Arbeitszeiten realistisch abzuschätzen sind. Hilfreich hierfür ist eine (möglichst langjährige) **akribische Zeiterfassung** und Analyse aller Projekte, die das Büro bearbeitet hat. Hieraus lässt sich ableiten, wie lange man für vergleichbare Projekte gebraucht hat und welche Bearbeitungszeit für neue Projekte/Besondere Leistungen anzusetzen ist. **51**

Andererseits setzt dies aber auch die Kenntnis von den eigenen Bürokosten und den realen **Büro-Stundensätzen des Büros** voraus. Diese Büro-Stundensätze setzen sich zusammen aus den **52**

- projektbezogenen Lohnkosten/Arbeitszeiten,
- nicht projektbezogenen Lohnkosten/Arbeitszeiten wie den anfallenden Zeiten für Urlaub, Krankheiten, Akquisition, Fortbildung, Managementaufgaben, Sekretariat und Sonstiges,
- den sonstigen Bürokosten wie Büromiete, technische Ausstattung, Versicherungs- und Wartungsverträge usw.

53 Ausführliche Hinweise für die Berechnungen des Büro-Stundensatzes sind zu finden auf der Website des AHO zum Stundensatzrechner (http://www.aho.de).

Teil 3
OBJEKTPLANUNG

Abschnitt 1
GEBÄUDE UND INNENRÄUME

§ 33
Besondere Grundlagen des Honorars

(1) Für Grundleistungen bei Gebäuden und Innenräumen sind die Kosten der Baukonstruktion anrechenbar.

(2) Für Grundleistungen bei Gebäuden und Innenräumen sind auch die Kosten für Technische Anlagen, die der Auftragnehmer nicht fachlich plant oder deren Ausführung er nicht fachlich überwacht,

1. vollständig anrechenbar bis zu einem Betrag von 25 Prozent der sonstigen anrechenbaren Kosten und

2. zur Hälfte anrechenbar mit dem Betrag, der 25 Prozent der sonstigen anrechenbaren Kosten übersteigt.

(3) Nicht anrechenbar sind insbesondere die Kosten für das Herrichten, für die nichtöffentliche Erschließung sowie für Leistungen zur Ausstattung und zu Kunstwerken, soweit der Auftragnehmer die Leistungen weder plant noch bei der Beschaffung mitwirkt oder ihre Ausführung oder ihren Einbau fachlich überwacht.

Übersicht

A. Überblick

1 § 33 regelt, **welche Kosten der Gebäudeerrichtung** unter welchen Voraussetzungen der Ermittlung des Architektenhonorars zugrunde zu legen sind. In Abs. 1 wird allgemein festgelegt, dass die **Kosten der Baukonstruktion** für das Honorar voll anrechenbar sind. In Abs. 2 wird geregelt, dass die **Kosten der technischen Anlagen** teilweise anrechenbar sind, und in Abs. 3, dass die **Kosten für das Herrichten, die nicht öffentliche Erschließung sowie für Ausstattungen und Kunstwerke** grundsätzlich nicht anrechenbar sind mit der Ausnahme, der Architekt plant diese, wirkt bei deren

Beschaffung mit oder überwacht fachlich deren Einbau. In diesem Fall sind diese Kosten voll anrechenbar.

Die Vorschrift entspricht im Wesentlichen dem § 32 HOAI 2009, der an § 10 HOAI 2002 angelehnt ist. Bei den Absätzen 2 und 3 wurden lediglich sprachliche Korrekturen ohne inhaltliche Änderungen vorgenommen. Abs. 4 des § 32 HOAI 2009 wurde zu § 38 Abs. 2 HOAI 2013. 2

Gravierender waren die Änderungen durch die HOAI 2009, in der das gesamte Abrechnungssystem des alten § 10 HOAI 2002 umgeformt und nur teilweise übernommen wurde. Beispielsweise ist der statische Bezug zu den Kostengruppen der DIN 276 Stand 1981 weggefallen. Die HOAI 2013 bezieht sich auf die DIN 276 Stand Dezember 2008. 3

B. Voll anrechenbare Kosten (Abs. 1)

Nach Abs. 1 sind die *„Kosten der Baukonstruktion"* voll anrechenbar. Hierbei besteht Einigkeit, dass es sich um die **Kostengruppen 300** der DIN 276 handelt, auch wenn in der Vorschrift kein direkter Bezug zur DIN 276 hierzu hergestellt wird. 4

Aus dem allgemeinen Teil der HOAI ergibt sich, welche Kostenermittlungsart für die Honorarberechnung zugrunde zu legen ist (§ 6 Abs. 1 Nr. 1). Nach den Definitionen für Kostenschätzung und Kostenberechnung in § 2 Abs. 10 und 11 wird deutlich, dass diese Kostenermittlungen auf der Grundlage der DIN 276 in der Fassung vom Dezember 2008 zu erstellen sind. Unerheblich ist hierbei, dass in der DIN 276 die Kostengruppen 300 mit *„Baukonstruktionen"*, also im Plural angegeben ist, in der HOAI dagegen im Singular (*„Baukonstruktion"*). So ist der Verweis auf diese Kostengruppe auch ohne Plural-Bezeichnung eindeutig.[1] 5

C. Teilanrechenbare Kosten (Abs. 2)

Die Kosten der technischen Anlagen, **Kostengruppen 400** der DIN 276, sind nach Abs. 2 auch dann beim Architekten anrechenbar, wenn er diese nicht fachlich plant oder deren Ausführung nicht fachlich überwacht. 6

Diese **Kosten für technische Anlagen** sollen auch beim Architekten honorarrelevant sein, obwohl es hierfür einen Fachplaner gibt. Grund hierfür ist, dass der Objektplaner regelmäßig ein Integrieren sowie auch Koordinierungstätigkeiten der fachplanerischen Leistungen in seine eigenen Leistungen zu erbringen hat.[2] Daher ergibt sich beim Architekten automatisch eine Überprüfung der Fachplanerbeiträge auf Machbarkeit (z.B. Aussparungen, Fachräume etc.) sowie Einbindung in seine Planung. Dieser zusätzliche Aufwand wird damit honoriert. 7

Auf eine **eigene Leistung des Architekten** an der Fachplanung kommt es somit für die Anrechenbarkeit der Kosten der technischen Anlagen gerade nicht an. Der Rückschluss, dass diese Kosten nicht anrechenbar wären, wenn der Architekt zusätzlich Fachplanungsleistungen erbringt oder an deren Ausführung mitwirkt, ist nicht möglich. In einem solchen Fall würde dem Architekten zusätzlich ein **gesondertes Fachplanerhonorar** zustehen, d.h. diese Kosten wären in beiden Bereichen (Objektplanung und Fachplanung) anrechenbar, und zwar voll in seiner Funktion als Fachplaner und ggf. abgemindert in seiner Funktion als Objektplaner (Gebäude bzw. Innenräume) unter den Voraussetzungen des Abs. 2. 8

1 Korbion/Mantscheff/Vygen/*Seifert*, § 32 HOAI 2009 Rn 5.
2 BGH, Urt. v. 30.9.2004 – VII ZR 192/03 – IBR 2004, 702.

9 Sinn des Abs. 2 ist es, dem Architekten auch den Aufwand zu vergüten, den er mit den technischen Anlagen in seinem Leistungsbereich, der Objekt- bzw. Innenraumplanung, hat, obwohl er nicht die Fachplanung erstellt. Die beiden Honorarermittlungen stehen nebeneinander und beeinflussen sich gegenseitig nicht. Dies gilt insbesondere für den Generalplaner. Die gegenteilige, in der Literatur von *Morlock/Meurer* vertretene Auffassung, dass bei gleichzeitiger Beauftragung mit Objekt- und Fachplanung der technischen Ausrüstung die Kosten dieser technischen Ausrüstung beim Gebäudeplaner nicht in Ansatz kämen, ist abzulehnen, wie *Koeble* zurecht ausführt.[3] So sind nach der Definition in § 2 Abs. 1 Gebäude und technische Ausrüstung voneinander unabhängige Objekte, für die die Vergütung in unterschiedlichen Bereichen der HOAI geregelt und separat voneinander zu ermitteln ist.

10 Die Kosten der technischen Anlagen sind nach Abs. 2 **bis zu einem Betrag von 25%** der *„sonstigen anrechenbaren Kosten"* **vollständig** und der **darüber hinausgehende Anteil zur Hälfte** anrechenbar. Ziel der Vorschrift ist, bei der Hochbauplanung die Kosten der technischen Anlagen nur bis zu einem gewissen prozentualen Verhältnis zu den Gebäudekosten voll anzusetzen und darüber hinaus nur mit einem verminderten Wert zu honorieren.

11 Bei den *„sonstigen anrechenbaren Kosten"* handelt es sich im Wesentlichen um die Kostengruppen 300, die nach Abs. 1 immer voll anrechenbar ist. Hierzu können aber auch die gem. Abs. 3 nur bei entsprechenden Leistungen ausnahmsweise anrechenbaren Kosten gehören. Weiterhin gehört auch die mitzuverarbeitende Bausubstanz (§§ 2 Abs. 7, 4 Abs. 3) zu den sonstigen anrechenbaren Kosten. Dadurch erhöht sich die Basis des voll anrechenbaren Anteils aus den gem. Abs. 2 nur teilweise anrechenbaren Kosten der technischen Ausrüstung.

12 Die Kosten für die technischen Anlagen sind von den jeweiligen Fachplanern zu ermitteln und dem Architekten über seinen Auftraggeber zur Verfügung zu stellen. Insoweit besteht ein **Auskunftsanspruch** des Architekten gegenüber seinem Auftraggeber. Kommt der Auftraggeber dieser Verpflichtung nicht nach, genügt der Architekt im Rahmen seiner Honorarermittlung der ihm obliegenden Darlegungslast, wenn er auf Basis der ihm zugänglichen Unterlagen und Informationen die entsprechenden Kostenanteile sorgfältig schätzt, wie bereits für den Bereich der Tragwerksplanung mehrfach entschieden wurde.[4]

13 Wird die 25%-Grenze überschritten, sind die darüber hinausgehenden Kosten für technische Anlagen nur noch zur Hälfte beim Architekten anrechenbar. Es muss dann eine zweistufige Ermittlung vorgenommen werden: Zunächst ist nach Abs. 2 Nr. 1 der voll anrechenbare Anteil in Höhe von 25% der sonstigen anrechenbaren Kosten zu ermitteln. Sodann ist nach Nr. 2 der darüber hinausgehende Anteil zu ermitteln, der nur zur Hälfte anrechenbar ist.

Beispiel

	Kosten:	anrechenbar:
Kostengruppen 300, Baukonstruktionen („sonstige anrechenbare Kosten"):	600.000 €	600.000 €
Kostengruppen 400, Kosten für technische Anlagen	400.000 €	
	1.000.000 €	

3 Meinung von *Morlock/Meurer*, Rn 819 ff., die abzulehnen ist, wie Locher/Koeble/Frik/*Koeble*, § 33 Rn 7 zurecht ausführen.

4 OLG Düsseldorf, Urt. v. 15.5.2008 – 5 U 68/07 – IBR 2009, 1296; OLG Oldenburg, Beschl. v. 18.8.2004 – 2 U 70/04 – IBR 2004, 577; OLG Celle, Urt. v. 11.11.1998 – 13 U 118/98 – IBR 1999, 330.

voll anrechenbar nach Nr. 1: (bis) 25% von 600.000 € =	150.000 €	150.000 €
Noch nicht berücksichtigter Rest nach Nr. 2: 400.000 € – 150.000 € =	250.000 €	
Dieser zur Hälfte anrechenbar: 250.000 € : 2 =	125.000 €	125.000 €
		875.000 €

D. Nicht oder nur ausnahmsweise anrechenbare Kosten (Abs. 3)

14 Zunächst wird in Abs. 3 definiert, was nicht anrechenbar ist. Indirekt legt Abs. 3 jedoch fest, welche aus diesen in der Regel nicht anrechenbaren Kosten **bei entsprechenden Leistungen voll anrechenbar** sind. Aus der Formulierung *„insbesondere"* in Abs. 3 ergibt sich, dass alle übrigen Kosten, die in Abs. 1 bis 3 nicht erwähnt sind, keinesfalls im Rahmen der Honorarermittlung anrechenbar sind. Nach der amtlichen Begründung sollen *„insbesondere"* die *„DIN 276 Kostengruppen 100, 200, 600, 700 einschlägig sein"*, also nicht angerechnet werden können.

15 Diese in Abs. 3 aufgeführten Kosten sind dann **voll anrechenbar**, wenn mindestens **eines** der drei Merkmale (Planung der Leistung, Mitwirkung bei der Beschaffung oder fachliche Überwachung ihrer Ausführung oder ihres Einbaus) erfüllt ist. Aufgrund der komplizierten Formulierung (*„soweit ... weder ... noch ..."*) trifft den **Auftragnehmer** für das Vorliegen einer dieser drei Merkmale die **Darlegungs- und Beweislast**, da dieses die Ausnahme zum Regelfall der grundsätzlichen Nichtanrechenbarkeit ist.

16 Bei den in Abs. 3 aufgeführten Kosten handelt es sich um folgende Kostengruppen der DIN 276: bei dem *„Herrichten"* des Grundstücks um **Kostengruppen 210**, bei der *„nichtöffentlichen Erschließung"* um **Kostengruppen 230**, bei der *„Ausstattung"* um **Kostengruppen 610** und bei *„Kunstwerken"* um **Kostengruppen 620**.

17 Somit sind folgende Kostengruppen **keinesfalls anrechenbar**:
- **Kostengruppen 100** Grundstück,
- **Kostengruppen 220** öffentliche Erschließung,
- **Kostengruppen 240** Ausgleichsabgaben,
- **Kostengruppen 250** Übergangsmaßnahmen,
- **Kostengruppen 500** Außenanlagen und
- **Kostengruppen 700** Baunebenkosten.

18 Selbstverständlich ist, dass die Kosten des **Grundstücks (Kostengruppen 100)** nicht anrechenbar sind. Hierbei handelt es sich um den Grundstückswert (Kostengruppen 110), die Grundstücksnebenkosten (Kostengruppen 120) sowie das „Freimachen" (Kostengruppen 130). Kostengruppen 130 erfasst nicht das Herrichten des Grundstücks für die Bebauung, sondern das rechtliche „Freimachen", z.B. Abfindungen und Entschädigungen (wie beispielsweise für die Auflösung von Miet- und Pachtverträgen), Ablösung dinglicher Rechte oder Belastungen sowie Zahlungen an Dritte, um den Erwerb zum Zwecke der Bebauung zu ermöglichen und durchzuführen.[5]

19 Die Kosten für **Herrichten und Erschließen** (**Kostengruppen 200**) sind nur bezüglich Kostengruppen 210, dem Herrichten des Baugrundstücks und Kostengruppen 230, der nichtöffentlichen Erschließung, anrechenbar, wenn der Architekt hier fachliche Leistungen erbringt. Bei diesen Leistungen kann es sich aber auch um Leistungen für Inge-

5 *Seifert/Preussner*, Teil C Ziff. 5.3 Kostengruppen 100.

nieurbauwerke oder Verkehrsanlagen handeln, die bei den entsprechenden Fachplanungen honorarfähig sind.

20 Kosten für **Außenanlagen (Kostengruppen 500)** sind grundsätzlich nicht beim Architektenhonorar anrechenbar. Hierbei sind die Begriffe „Außenanlagen" im Sinne der Kostengruppen 500 der DIN 276 und „Freianlagen" i.S.v. § 39 Abs. 1 nicht identisch. Plant der Architekt Freianlagen i.S.d. § 39 Abs. 1, steht ihm dafür ein Honorar für die Freianlagenplanung gem. §§ 38ff. zu. Betragen die anrechenbaren Kosten für Freianlagen weniger als 7.500 €, sind diese bei der Gebäudeplanung mit anrechenbar und kein separates Honorar für die Freianlagen zu ermitteln, vgl. § 37 Abs. 1. Dieser Grundsatz war in der HOAI 2009 in § 32 Abs. 4 HOAI 2009 geregelt.

21 Kosten für **Ausstattung und Kunstwerke (Kostengruppen 600)** sind bei entsprechenden Leistungen anrechenbar. Zur **Ausstattung** (Kostengruppen 610) gehören die Kosten für alle beweglichen oder ohne besondere Maßnahmen zu befestigenden Sachen, die zur Ingebrauchnahme, zur allgemeinen Benutzung oder zur künstlerischen Gestaltung des Bauwerks und der Außenanlagen erforderlich sind. Für die Abgrenzung zur Kostengruppen 370 (baukonstruktive Einbauten) ist maßgebend, dass die Ausstattungen keine besonderen technischen und bauplanerischen Maßnahmen erfordern, wie z.B. das Anfertigen von Werkplänen, von statischen und anderen Berechnungen, dem Anschließen von Installationen etc.[6]

22 Unter einem **Kunstwerk** (Kostengruppen 620) ist eine eigenpersönliche geistige, schöpferische Leistung zu verstehen. Diese muss eine Gestaltungshöhe erreichen, die es nach Auffassung der für Kunst empfänglichen und mit Kunstanschauungen einigermaßen vertrauten Kreisen rechtfertigt, von einer „künstlerischen" Leistung zu sprechen. Es ist dagegen nicht erforderlich, dass die Gestaltungshöhe die Durchschnittsgestaltung deutlich überragt.[7]

23 Die Kosten für Ausstattung und Kunstwerke sind nach dem Umkehrschluss von Abs. 3 anrechenbar, wenn der Architekt sie *„plant, bei der Beschaffung mitwirkt oder ihre Ausführung oder ihren Einbau fachlich überwacht"*. Hierfür reicht es jedoch nicht aus, wenn der Architekt diese lediglich in seinen Vorentwurfs-, Entwurfs- oder Genehmigungsplänen fiktiv einzeichnet, um die Funktionsfähigkeit bzw. Nutzbarkeit der Räume nachzuweisen.[8] Dies gehört ohnehin zu seinen Grundleistungen.

24 Für eine Planung im Sinne des Abs. 3 muss sich der Architekt mit der speziell vorzusehenden Einrichtung auseinandersetzen, sodass diese Planung erst zu einer Auswahl einer bestimmten Ausstattung führt. Ein individuelles Entwerfen der Einrichtungsgegenstände ist jedoch nicht notwendig. Vielmehr reicht es aus, wenn der Architekt diese im Auftrag des Auftraggebers z.B. aus einem Katalog auswählt, bei der Leistungsbeschreibung entsprechend berücksichtigt oder diese für den Bauherrn im Gebäude in Empfang nimmt und deren Aufstellung überwacht.[9]

25 Fraglich ist, mit welchem Wert Kunstgegenstände angesetzt werden sollen. Das Künstlerhonorar dürfte ebenso wenig wie die Materialkosten des Kunstwerks entscheidend sein, sondern der Marktwert der Gegenstände, also die Handelspreise.

26 **Baunebenkosten (Kostengruppen 700)** sind generell nicht anrechenbar. Hierbei handelt es sich insbesondere um die Honorare für sämtliche Planer und Gutachter.

27 Weiterhin nicht anrechenbar sind die **Kosten für Unvorhergesehenes** sowie **Kosten für Entschädigungs- und Schadensersatzleistungen**.

---

6 Korbion/Mantscheff/Vygen/*Seifert*, § 32 HOAI 2009 Rn 77.
7 BGH, Urt. v. 13.11.2013 – I ZR 143/12 – BGHZ 199, 52–71.
8 Korbion/Mantscheff/Vygen/*Seifert*, § 32 HOAI 2009 Rn 78.
9 Korbion/Mantscheff/Vygen/*Seifert*, § 32 HOAI 2009 Rn 78.

E. Besonderheiten im Zusammenhang mit Innenräumen (raumbildende Ausbauten)

Der Begriff der „*Innenräume*" ist in der HOAI 2013 neu eingeführt worden und ersetzt den Begriff der „*raumbildenden Ausbauten*". Innenräume sind in § 34 Abs. 2 definiert. Leistungen für Innenräume sind nach dieser Definition „*die Gestaltung oder Erstellung von Innenräumen ohne wesentliche Eingriffe in Bestand oder Konstruktion*". Vom Umbau, definiert in § 2 Abs. 5, grenzt sich die Planung von Innenräumen über die Frage der „*Wesentlichkeit*" des Eingriffs ab. Ist dieser unwesentlich, handelt es sich um Leistungen für Innenräume, sonst um Umbauten. **28**

Übernimmt der Architekt sowohl die Gebäude- als auch die Innenraumplanung, sind nach § 37 Abs. 2 die anrechenbaren Kosten für Leistungen an Gebäuden und Innenräumen bei der Honorarermittlung **zusammenzurechnen**. Es wird ausdrücklich klargestellt, dass ein gesondertes Honorar für Grundleistungen bei Innenräumen dann nicht berechnet werden kann. **29**

Dies entspricht der Rechtslage der HOAI 2002 (dort § 25 Abs. 2), die in der HOAI 2009 als „systemwidrig" entfallen war. Folge waren Abgrenzungsprobleme zwischen Gebäudeplanung und raumbildenden Ausbauten, da es sich bei der Gebäudeplanung und den raumbildenden Ausbauten um unterschiedliche „*Objekte*" handelt, sodass die Honorare hierfür grundsätzlich getrennt ermittelt werden mussten. Dabei waren Kostengruppen in Gebäude und raumbildende Ausbauten zu unterteilen.[10] Durch die Wiedereinführung der Regelung zur Zusammenfassung in § 37 Abs. 2 HOAI 2013 ist diese Abgrenzungsproblematik entfallen. **30**

§ 34
Leistungsbild Gebäude und Innenräume

(1) Das Leistungsbild Gebäude und Innenräume umfasst Leistungen für Neubauten, Neuanlagen, Wiederaufbauten, Erweiterungsbauten, Umbauten, Modernisierungen, Instandsetzungen und Instandhaltungen.

(2) Leistungen für Innenräume sind die Gestaltung oder Erstellung von Innenräumen ohne wesentliche Eingriffe in Bestand oder Konstruktion.

(3) Die Grundleistungen sind in neun Leistungsphasen unterteilt und werden wie folgt in Prozentsätzen der Honorare des § 35 bewertet:

1. **für die Leistungsphase 1 (Grundlagenermittlung) mit je 2 Prozent für Gebäude und Innenräume,**
2. **für die Leistungsphase 2 (Vorplanung) mit je 7 Prozent für Gebäude und Innenräume,**
3. **für die Leistungsphase 3 (Entwurfsplanung) mit 15 Prozent für Gebäude und Innenräume,**
4. **für die Leistungsphase 4 (Genehmigungsplanung) mit 3 Prozent für Gebäude und 2 Prozent für Innenräume,**
5. **für die Leistungsphase 5 (Ausführungsplanung) mit 25 Prozent für Gebäude und 30 Prozent für Innenräume,**

10 Vgl. hierzu die Abgrenzungstabellen zur HOAI 2009 in Korbion/Mantscheff/Vygen/*Seifert*, § 32 HOAI 2009 Rn 88 ff.

6. für die Leistungsphase 6 (Vorbereitung der Vergabe) mit 10 Prozent für Gebäude und 7 Prozent für Innenräume,
7. für die Leistungsphase 7 (Mitwirkung bei der Vergabe) mit 4 Prozent für Gebäude und 3 Prozent für Innenräume,
8. für die Leistungsphase 8 (Objektüberwachung – Bauüberwachung und Dokumentation) mit 32 Prozent für Gebäude und Innenräume,
9. für die Leistungsphase 9 (Objektbetreuung) mit je 2 Prozent für Gebäude und Innenräume.

(4) Anlage 10 Nummer 10.1 regelt die Grundleistungen jeder Leistungsphase und enthält Beispiele für Besondere Leistungen.

Anlage 10.1
Grundleistungen im Leistungsbild Gebäude und Innenräume, Besondere Leistungen, Objektlisten

10.1 Leistungsbild Gebäude und Innenräume

Grundleistungen	Besondere Leistungen
LPH 1 Grundlagenermittlung	
a) Klären der Aufgabenstellung auf Grundlage der Vorgaben oder der Bedarfsplanung des Auftraggebers b) Ortsbesichtigung c) Beraten zum gesamten Leistungs- und Untersuchungsbedarf d) Formulieren der Entscheidungshilfen für die Auswahl anderer an der Planung fachlich Beteiligter e) Zusammenfassen, Erläutern und Dokumentieren der Ergebnisse	– Bedarfsplanung – Bedarfsermittlung – Aufstellen eines Funktionsprogramms – Aufstellen eines Raumprogramms – Standortanalyse – Mitwirken bei Grundstücks- und Objektauswahl, -beschaffung und -übertragung – Beschaffen von Unterlagen, die für das Vorhaben erheblich sind – Bestandsaufnahme – technische Substanzerkundung – Betriebsplanung – Prüfen der Umwelterheblichkeit – Prüfen der Umweltverträglichkeit – Machbarkeitsstudie – Wirtschaftlichkeitsuntersuchung – Projektstrukturplanung – Zusammenstellen der Anforderungen aus Zertifizierungssystemen – Verfahrensbetreuung, Mitwirken bei der Vergabe von Planungs- und Gutachterleistungen
LPH 2 Vorplanung (Projekt- und Planungsvorbereitung)	
a) Analysieren der Grundlagen, Abstimmen der Leistungen mit den fachlich an der Planung Beteiligten b) Abstimmen der Zielvorstellungen, Hinweisen auf Zielkonflikte	– Aufstellen eines Katalogs für die Planung und Abwicklung der Programmziele – Untersuchen alternativer Lösungsansätze nach verschiedenen Anforderungen einschließlich Kostenbewertung

Grundleistungen	Besondere Leistungen
c) Erarbeiten der Vorplanung, Untersuchen, Darstellen und Bewerten von Varianten nach gleichen Anforderungen, Zeichnungen im Maßstab nach Art und Größe des Objekts d) Klären und Erläutern der wesentlichen Zusammenhänge, Vorgaben und Bedingungen (zum Beispiel städtebauliche, gestalterische, funktionale, technische, wirtschaftliche, ökologische, bauphysikalische, energiewirtschaftliche, soziale, öffentlich-rechtliche) e) Bereitstellen der Arbeitsergebnisse als Grundlage für die anderen an der Planung fachlich Beteiligten sowie Koordination und Integration von deren Leistungen f) Vorverhandlungen über die Genehmigungsfähigkeit g) Kostenschätzung nach DIN 276, Vergleich mit den finanziellen Rahmenbedingungen h) Erstellen eines Terminplans mit den wesentlichen Vorgängen des Planungs- und Bauablaufs i) Zusammenfassen, Erläutern und Dokumentieren der Ergebnisse	– Beachten der Anforderungen des vereinbarten Zertifizierungssystems – Durchführen des Zertifizierungssystems – Ergänzen der Vorplanungsunterlagen auf Grund besonderer Anforderungen – Aufstellen eines Finanzierungsplanes – Mitwirken bei der Kredit- und Fördermittelbeschaffung – Durchführen von Wirtschaftlichkeitsuntersuchungen – Durchführen der Voranfrage (Bauanfrage) – Anfertigen von besonderen Präsentationshilfen, die für die Klärung im Vorentwurfsprozess nicht notwendig sind, zum Beispiel – Präsentationsmodelle – Perspektivische Darstellungen – Bewegte Darstellung/Animation – Farb- und Materialcollagen – digitales Geländemodell – 3-D oder 4-D Gebäudemodellbearbeitung (Building Information Modelling BIM) – Aufstellen einer vertieften Kostenschätzung nach Positionen einzelner Gewerke – Fortschreiben des Projektstrukturplanes – Aufstellen von Raumbüchern – Erarbeiten und Erstellen von besonderen bauordnungsrechtlichen Nachweisen für den vorbeugenden und organisatorischen Brandschutz bei baulichen Anlagen besonderer Art und Nutzung, Bestandsbauten oder im Falle von Abweichungen von der Bauordnung
LPH 3 Entwurfsplanung (System- und Integrationsplanung)	
a) Erarbeiten der Entwurfsplanung, unter weiterer Berücksichtigung der wesentlichen Zusammenhänge, Vorgaben und Bedingungen (zum Beispiel städtebauliche, gestalterische, funktionale, technische, wirtschaftliche, ökologische, soziale, öffentlich-rechtliche) auf der Grundlage der Vorplanung und als Grundlage für die weiteren Leistungsphasen und die erforderlichen öffentlich-rechtlichen Genehmigungen unter Verwendung der Beiträge anderer an der Planung fachlich Beteiligter. Zeichnungen nach Art und Größe des Objekts im erforderlichen Umfang und Detaillierungsgrad unter Berücksichtigung aller fachspezifischen Anforderungen, zum Beispiel bei Gebäuden im Maßstab	– Analyse der Alternativen/Varianten und deren Wertung mit Kostenuntersuchung (Optimierung) – Wirtschaftlichkeitsberechnung – Aufstellen und Fortschreiben einer vertieften Kostenberechnung – Fortschreiben von Raumbüchern

Grundleistungen	Besondere Leistungen
1:100, zum Beispiel bei Innenräumen im Maßstab 1:50 bis 1:20 b) Bereitstellen der Arbeitsergebnisse als Grundlage für die anderen an der Planung fachlich Beteiligten sowie Koordination und Integration von deren Leistungen c) Objektbeschreibung d) Verhandlungen über die Genehmigungsfähigkeit e) Kostenberechnung nach DIN 276 und Vergleich mit der Kostenschätzung f) Fortschreiben des Terminplans g) Zusammenfassen, Erläutern und Dokumentieren der Ergebnisse	
LPH 4 Genehmigungsplanung	
a) Erarbeiten und Zusammenstellen der Vorlagen und Nachweise für öffentlich-rechtliche Genehmigungen oder Zustimmungen einschließlich der Anträge auf Ausnahmen und Befreiungen, sowie notwendiger Verhandlungen mit Behörden unter Verwendung der Beiträge anderer an der Planung fachlich Beteiligter b) Einreichen der Vorlagen c) Ergänzen und Anpassen der Planungsunterlagen, Beschreibungen und Berechnungen	– Mitwirken bei der Beschaffung der nachbarlichen Zustimmung – Nachweise, insbesondere technischer, konstruktiver und bauphysikalischer Art, für die Erlangung behördlicher Zustimmungen im Einzelfall – Fachliche und organisatorische Unterstützung des Bauherrn im Widerspruchsverfahren, Klageverfahren oder ähnlichen Verfahren
LPH 5 Ausführungsplanung	
a) Erarbeiten der Ausführungsplanung mit allen für die Ausführung notwendigen Einzelangaben (zeichnerisch und textlich) auf der Grundlage der Entwurfs- und Genehmigungsplanung bis zur ausführungsreifen Lösung, als Grundlage für die weiteren Leistungsphasen b) Ausführungs-, Detail- und Konstruktionszeichnungen nach Art und Größe des Objekts im erforderlichen Umfang und Detaillierungsgrad unter Berücksichtigung aller fachspezifischen Anforderungen, zum Beispiel bei Gebäuden im Maßstab 1:50 bis 1:1, zum Beispiel bei Innenräumen im Maßstab 1:20 bis 1:1 c) Bereitstellen der Arbeitsergebnisse als Grundlage für die anderen an der Planung fachlich Beteiligten, sowie Koordination und Integration von deren Leistungen d) Fortschreiben des Terminplans e) Fortschreiben der Ausführungsplanung auf Grund der gewerkeorientierten	– Aufstellen einer detaillierten Objektbeschreibung als Grundlage der Leistungsbeschreibung mit Leistungsprogramm[x] – Prüfen der vom bauausführenden Unternehmen auf Grund der Leistungsbeschreibung mit Leistungsprogramm ausgearbeiteten Ausführungspläne auf Übereinstimmung mit der Entwurfsplanung[x] – Fortschreiben von Raumbüchern in detaillierter Form – Mitwirken beim Anlagenkennzeichnungssystem (AKS) – Prüfen und Anerkennen von Plänen Dritter, nicht an der Planung fachlich Beteiligter auf Übereinstimmung mit den Ausführungsplänen (zum Beispiel Werkstattzeichnungen von Unternehmen, Aufstellungs- und Fundamentpläne nutzungsspezifischer oder betriebstechnischer Anlagen), soweit die Leistungen Anlagen betreffen, die in den anrechenbaren Kosten nicht erfasst sind

Grundleistungen	Besondere Leistungen
Bearbeitung während der Objektausführung **f) Überprüfen erforderlicher Montagepläne der vom Objektplaner geplanten Baukonstruktionen und baukonstruktiven Einbauten auf Übereinstimmung mit der Ausführungsplanung**	ˣ Diese Besondere Leistung wird bei Leistungsbeschreibung mit Leistungsprogramm ganz oder teilweise Grundleistung. In diesem Fall entfallen die entsprechenden Grundleistungen dieser Leistungsphase.
LPH 6 Vorbereitung der Vergabe	
a) Aufstellen eines Vergabeterminplans **b) Aufstellen von Leistungsbeschreibungen mit Leistungsverzeichnissen nach Leistungsbereichen, Ermitteln und Zusammenstellen von Mengen auf der Grundlage der Ausführungsplanung unter Verwendung der Beiträge anderer an der Planung fachlich Beteiligter** **c) Abstimmen und Koordinieren der Schnittstellen zu den Leistungsbeschreibungen der an der Planung fachlich Beteiligten** **d) Ermitteln der Kosten auf der Grundlage vom Planer bepreister Leistungsverzeichnisse** **e) Kostenkontrolle durch Vergleich der vom Planer bepreisten Leistungsverzeichnisse mit der Kostenberechnung** **f) Zusammenstellen der Vergabeunterlagen für alle Leistungsbereiche**	– **Aufstellen der Leistungsbeschreibungen mit Leistungsprogramm auf der Grundlage der detaillierten Objektbeschreibung**ˣ – **Aufstellen von alternativen Leistungsbeschreibungen für geschlossene Leistungsbereiche** – **Aufstellen von vergleichenden Kostenübersichten unter Auswertung der Beiträge anderer an der Planung fachlich Beteiligter** ˣ Diese Besondere Leistung wird bei einer Leistungsbeschreibung mit Leistungsprogramm ganz oder teilweise zur Grundleistung. In diesem Fall entfallen die entsprechenden Grundleistungen dieser Leistungsphase.
LPH 7 Mitwirkung bei der Vergabe	
a) Koordinieren der Vergaben der Fachplaner **b) Einholen von Angeboten** **c) Prüfen und Werten der Angebote einschließlich Aufstellen eines Preisspiegels nach Einzelpositionen oder Teilleistungen, Prüfen und Werten der Angebote zusätzlicher und geänderter Leistungen der ausführenden Unternehmen und der Angemessenheit der Preise** **d) Führen von Bietergesprächen** **e) Erstellen der Vergabevorschläge, Dokumentation des Vergabeverfahrens** **f) Zusammenstellen der Vertragsunterlagen für alle Leistungsbereiche** **g) Vergleichen der Ausschreibungsergebnisse mit den vom Planer bepreisten Leistungsverzeichnissen oder der Kostenberechnung** **h) Mitwirken bei der Auftragserteilung**	– **Prüfen und Werten von Nebenangeboten mit Auswirkungen auf die abgestimmte Planung** – **Mitwirken bei der Mittelabflussplanung** – **Fachliche Vorbereitung und Mitwirken bei Nachprüfungsverfahren** – **Mitwirken bei der Prüfung von bauwirtschaftlich begründeten Nachtragsangeboten** – **Prüfen und Werten der Angebote aus Leistungsbeschreibung mit Leistungsprogramm einschließlich Preisspiegel**ˣ – **Aufstellen, Prüfen und Werten von Preisspiegeln nach besonderen Anforderungen** ˣ Diese Besondere Leistung wird bei Leistungsbeschreibung mit Leistungsprogramm ganz oder teilweise Grundleistung. In diesem Fall entfallen die entsprechenden Grundleistungen dieser Leistungsphase.

Grundleistungen	Besondere Leistungen
LPH 8 Objektüberwachung (Bauüberwachung) und Dokumentation	
a) Überwachen der Ausführung des Objektes auf Übereinstimmung mit der öffentlich-rechtlichen Genehmigung oder Zustimmung, den Verträgen mit ausführenden Unternehmen, den Ausführungsunterlagen, den einschlägigen Vorschriften sowie mit den allgemein anerkannten Regeln der Technik b) Überwachen der Ausführung von Tragwerken mit sehr geringen und geringen Planungsanforderungen auf Übereinstimmung mit dem Standsicherheitsnachweis c) Koordinieren der an der Objektüberwachung fachlich Beteiligten d) Aufstellen, Fortschreiben und Überwachen eines Terminplans (Balkendiagramm) e) Dokumentation des Bauablaufs (zum Beispiel Bautagebuch) f) Gemeinsames Aufmaß mit den ausführenden Unternehmen g) Rechnungsprüfung einschließlich Prüfen der Aufmaße der bauausführenden Unternehmen h) Vergleich der Ergebnisse der Rechnungsprüfungen mit den Auftragssummen einschließlich Nachträgen i) Kostenkontrolle durch Überprüfen der Leistungsabrechnung der bauausführenden Unternehmen im Vergleich zu den Vertragspreisen j) Kostenfeststellung, zum Beispiel nach DIN 276 k) Organisation der Abnahme der Bauleistungen unter Mitwirkung anderer an der Planung und Objektüberwachung fachlich Beteiligter, Feststellung von Mängeln, Abnahmeempfehlung für den Auftraggeber l) Antrag auf öffentlich-rechtliche Abnahmen und Teilnahme daran m) Systematische Zusammenstellung der Dokumentation, zeichnerischen Darstellungen und rechnerischen Ergebnisse des Objekts n) Übergabe des Objekts o) Auflisten der Verjährungsfristen für Mängelansprüche p) Überwachen der Beseitigung der bei der Abnahme festgestellten Mängel	– Aufstellen, Überwachen und Fortschreiben eines Zahlungsplanes – Aufstellen, Überwachen und Fortschreiben von differenzierten Zeit-, Kosten- oder Kapazitätsplänen – Tätigkeit als verantwortlicher Bauleiter, soweit diese Tätigkeit nach jeweiligem Landesrecht über die Grundleistungen der LPH 8 hinausgeht

Grundleistungen	Besondere Leistungen
LPH 9 Objektbetreuung	
a) Fachliche Bewertung der innerhalb der Verjährungsfristen für Gewährleistungsansprüche festgestellten Mängel, längstens jedoch bis zum Ablauf von fünf Jahren seit Abnahme der Leistung, einschließlich notwendiger Begehungen b) Objektbegehung zur Mängelfeststellung vor Ablauf der Verjährungsfristen für Mängelansprüche gegenüber den ausführenden Unternehmen c) Mitwirken bei der Freigabe von Sicherheitsleistungen	– Überwachen der Mängelbeseitigung innerhalb der Verjährungsfrist – Erstellen einer Gebäudebestandsdokumentation, – Aufstellen von Ausrüstungs- und Inventarverzeichnissen – Erstellen von Wartungs- und Pflegeanweisungen – Erstellen eines Instandhaltungskonzepts – Objektbeobachtung – Objektverwaltung – Baubegehungen nach Übergabe – Aufbereiten der Planungs- und Kostendaten für eine Objektdatei oder Kostenrichtwerte – Evaluieren von Wirtschaftlichkeitsberechnungen

Übersicht

A. Überblick

§ 34 legt die Grundleistungen des Objektplaners fest und verweist hierfür auf Anlage 10 (Nr. 10.1) der HOAI. Weiterhin werden die Prozentsätze der einzelnen Leistungsphasen am Gesamtleistungsumfang festgesetzt. Damit regelt § 34 die Aufteilung des Gesamthonorars auf die jeweiligen Leistungsphasen und definiert damit die 4. Stufe der Honorarermittlung nach der Ermittlung der anrechenbaren Kosten (§§ 4, 33), der maßgeblichen Honorarzone (§§ 5, 35 Abs. 2 bis 7 sowie der Objektliste der Anlage 10, Nr. 10.2 und 10.3) und der Ermittlung des 100%-Honorars (aus der Honorartabelle des § 35) für das gesamte Leistungsbild. 1

In der HOAI 2009 wurden die in § 15 Abs. 2 der HOAI 2002 noch gemeinsam aufgeführten Grundleistungen (linke Spalte) und Besondere Leistungen (rechte Spalte) in unübersichtlicher Weise getrennt in zwei unterschiedliche Bereiche der HOAI, Anlage 11 (Grundleistungen) und Anlage 2 (Ziff. 2.6 Besondere Leistungen beim Leistungsbild Gebäude und raumbildende Ausbauten). Inhaltlich gab es dagegen durch die HOAI 2009 kaum Änderungen. 2

Mit der HOAI 2013 wurde diese unübersichtliche Teilung in zwei verschiedene Anlagen rückgängig gemacht und Grundleistungen und Besondere Leistungen wieder zusammengeführt in eine zweispaltige Tabelle als Anlage 10 Ziff. 10.1. 3

Inhaltlich gab es dagegen bei den Leistungsbildern durch die HOAI 2013 einschneidende Änderungen. Durch den erweiterten Grundleistungskatalog dürfte die HOAI 2013 in der Praxis für den Architekten die gravierendsten Änderungen in seiner Arbeitsweise zur Folge haben. 4

Die Verteilung der Prozentpunkte auf die einzelnen Leistungsphasen hat sich geringfügig verschoben. So reduzieren sich die Prozente bei der Gebäudeplanung für Leistungsphasen 1 und 9 jeweils von 3% auf 2% und für Leistungsphase 4 von 6% auf 3%. Dagegen hat sich die Leistungsphase 3 von 11% auf 15% und die Leistungsphase 8 von 31% auf 32% erhöht. Damit erhält die Entwurfsplanung (Leistungsphase 3) ein höheres Gewicht und gewichtet damit die kreativen Architektenleistungen höher. 5

B. Das Leistungsbild Gebäude und Innenräume (Abs. 1)

Das Leistungsbild Gebäude und Innenräume umfasst alle Bauaktivitäten im Hochbau. Sie sind in § 2 definiert, sodass auf die dortige Kommentierung verwiesen wird: 6

- Neubauten und Neuanlagen: § 2 Abs. 2,
- Wiederaufbauten: § 2 Abs. 3,
- Erweiterungsbauten: § 2 Abs. 4,
- Umbauten: § 2 Abs. 5,
- Modernisierungen: § 2 Abs. 6,
- Instandsetzungen: § 2 Abs. 8,
- Instandhaltungen: § 2 Abs. 9.

C. Leistungen für Innenräume (Abs. 2)

Der Begriff der „Innenräume" ist in der HOAI 2013 neu eingeführt worden und ersetzt den Begriff der „raumbildenden Ausbauten". Innenräume sind in § 34 Abs. 2 definiert. Danach sind Leistungen für Innenräume *„die Gestaltung oder Erstellung von Innenräumen ohne wesentliche Eingriffe in Bestand oder Konstruktion"* und damit vom Umbau, definiert in § 2 Abs. 5, abzugrenzen. Entscheidendes Abgrenzungsmerkmal ist hier die 7

Frage der „Wesentlichkeit" des Eingriffs. Ist dieser unwesentlich, handelt es sich um Leistungen für Innenräume, sonst um Umbauten.

8 Die Änderung der Begrifflichkeit von „raumbildenden Ausbauten" zu „Innenräume" hat zu keiner inhaltlichen Änderung geführt. In Abgrenzung zur Gebäudeplanung ist eine eigenständige Innenraumgestaltung für einen Teilbereich eines Gebäudes erforderlich, die getrennt von der Gebäudeplanung durchgeführt wird. Diese innere Gestaltung des Ausbaus kann sich z.B. auf Wände, Böden, Decken, Einrichtungsgegenstände und die Ausstattung beziehen. Hierzu gehört beispielsweise der innere Ausbau von Geschäften, der Bau von Messeständen oder Verkaufskioske innerhalb eines Gebäudes. Auch die Art der Beleuchtung beeinflusst die architektonische Raumwirkung.

9 Die anrechenbaren Kosten für Leistungen an Gebäuden und Innenräumen sind nach § 37 Abs. 2 bei der Honorarermittlung zusammenzurechnen. Es wird ausdrücklich klargestellt, dass ein gesondertes Honorar für Grundleistungen bei Innenräumen nicht berechnet werden kann.

10 Dies entspricht der Rechtslage der alten HOAI 2002 (dort § 25 Abs. 2). Nachdem diese Vorschrift in der HOAI 2009 als „systemwidrig" entfallen war, gab es Abgrenzungsprobleme zwischen Gebäudeplanung und raumbildenden Ausbauten. So handelte es sich bei der Gebäudeplanung und den raumbildenden Ausbauten um unterschiedliche Objekte, sodass die Honorare hierfür grundsätzlich getrennt ermittelt werden mussten. Dies führte zu erheblichen Abgrenzungsproblemen, welche Kostengruppe zum Gebäude und welche zu den raumbildenden Ausbauten gehört.[1] Durch die Wiedereinführung dieser Regelung in § 37 Abs. 2 HOAI 2013 ist diese Abgrenzungsproblematik entfallen.

D. Honorarprozentsätze in den einzelnen Leistungsphasen (Abs. 3)

I. Unterscheidung Grundleistungen – Besondere Leistungen

11 Die Leistungsphasen werden jeweils in Grundleistungen und Besondere Leistungen unterteilt, die in Anlage 10, Nr. 10.1 tabellarisch aufgelistet werden. Dieser **Grundleistungskatalog** ist abschließend, da für Grundleistungen ein fest definiertes Honorar auch nur für fest definierte Leistungen vorgegeben werden kann.

12 Die **Besonderen Leistungen**, die sämtliche Leistungen außerhalb der Grundleistungen erfassen, können nicht abschließend aufgezählt werden. Die Aufzählung enthält nur Beispiele, wie in § 35 Abs. 4 festgehalten ist. Das Honorar für Besondere Leistungen ist frei verhandelbar. In Betracht kommt eine Abrechnung nach Aufwandspauschalen, Tagespauschalen, Stundenansätzen oder durch eine prozentuale Erhöhung des vereinbarten Grundleistungshonorars.

II. Leistungsphasen

13 In Abs. 3 wird die allgemein bekannte Tatsache festgehalten, dass die Grundleistungen in neun Leistungsphasen unterteilt sind. Hierbei wird die Aufteilung der Honorarprozente auf die Leistungsphasen sowohl für Gebäude- als auch Innenraumplanung festgelegt.

14 Durch die HOAI 2013 hat sich die Verteilung der Prozentpunkte auf die einzelnen Leistungsphasen geringfügig verschoben: So reduzieren sich die Prozente bei der Ge-

1 Vgl. hierzu die Abgrenzungstabellen von *Seifert* zur HOAI 2009 in *Korbion/Mantscheff/Vygen*, § 32 HOAI 2009 Rn 88–90.

bäudeplanung für Leistungsphasen 1 und 9 von 3% auf 2% und für Leistungsphase 4 von 6% auf 3%. Dagegen hat sich die Leistungsphase 3 von 11% auf 15% und die Leistungsphase 8 von 31% auf 32% erhöht. Dies zeigt, dass insbesondere die Entwurfsplanung (Leistungsphase 3) nach dem Willen des Verordnungsgebers ein höheres Gewicht erhält.

Die Leistungsphasen und ihre jeweiligen Prozentsätze betragen (abweichende Werte der alten HOAI 2002 und 2009 in Klammern): 15

Nr.	Leistungsphase	Gebäude	Innenräume
1	Grundlagenermittlung	2% (3%)	2% (3%)
2	Vorplanung	7%	7%
3	Entwurfsplanung	15% (11%)	15% (14%)
4	Genehmigungsplanung	3% (6%)	2%
5	Ausführungsplanung	25%	30%
6	Vorbereitung der Vergabe	10%	7%
7	Mitwirkung bei der Vergabe	4%	3%
8	Objektüberwachung – Bauüberwachung und Dokumentation	32% (31%)	32% (31%)
9	Objektbetreuung	2% (3%)	2% (3%)
		100%	100%

III. Vertraglich geschuldeter Leistungsumfang

Der Grundleistungskatalog der HOAI regelt grundsätzlich nicht, welche Leistungen erforderlich sind und welche der Architekt schuldet. Dies ergibt sich ausschließlich aus dem Vertrag und sekundär aus den Vorschriften des BGB-Werkvertragsrechts (§§ 631 ff. BGB). Die HOAI ist reines Preis- und kein Vertragsrecht. 16

So können beispielsweise auch nur einzelne Grundleistungen oder Teile hieraus in Auftrag gegeben werden. In diesem Fall steht dem Architekten nur ein entsprechendes Teilhonorar zu. Dieser Grundsatz ist ausdrücklich in § 8 geregelt, sodass auf die dortige Kommentierung verwiesen wird. 17

IV. Aufteilungstabellen der Leistungsphasen in ihre jeweiligen Grundleistungen

Die Honoraranteile für den beauftragten Leistungsumfang aus den jeweiligen Leistungsphasen sind anhand der üblichen Aufteilungstabellen (sog. Splitting-Tabellen) nach *Steinford, Siemon* etc. zu ermitteln. Dabei werden die Leistungsphasen in ihre jeweiligen Grundleistungen als kleinste Einheit aufgeteilt und – meist mit Von-Bis-Spannen – festgelegt, welchen prozentualen Anteil welche Grundleistung an der gesamten Leistungsphase hat. Diese Listen wurden vom BGH als mögliche Grundlagen für eine Honoraraufteilung ausdrücklich anerkannt.[2] 18

2 BGH, Urt. v. 24.6.2004 – VII ZR 259/02 – BGHZ 159, 376; BGH, Urt. v. 16.12.2004 – VII ZR 174/03 –.

19 Diese können sowohl bei der Honorarvereinbarung als auch bei einer Mindest-/Höchstsatzermittlung herangezogen werden, wenn beispielsweise nur einzelne Grundleistungen von Leistungsphasen beauftragt werden.

V. Honorarminderung bei nicht erbrachten Grundleistungen

20 Der Grundleistungskatalog kann jedoch als **Auslegungsregel** des Architektenvertrages dienen. Wird beispielsweise im Architektenvertrag auf die Leistungsbilder der HOAI verwiesen (§ 15 Abs. 2 der HOAI 2002, Anlage 11 der HOAI 2009 oder Anlage 10 der HOAI 2013) werden diese damit zum **vertraglich geschuldeten Leistungsumfang** erklärt, also „vertraglicht". Dies hat zur Folge, dass der Architekt diese Grundleistungen als vertragliche Teilschritte (sog. **Teilerfolge**) erbringen muss. Erbringt er diese nicht, kann dies zu Honorarminderungen führen.

21 Hier hat der BGH im Jahr 2004 beginnend mit seinem Urteil vom 24.6.2004,[3] fortgeführt durch die Urteile vom 11.11.2004[4] und 16.12.2004,[5] seine bisherige Rechtsprechung geändert und in der Folge konsequent umgesetzt, z.B. durch Urteil vom 26.7.2007.[6] Diese Änderung ist zwar in sich logisch, jedoch für die Praxis oftmals nur schwer vermittelbar.

22 Der **BGH hat folgende Leitlinien** aufgestellt:

- Umfang und Inhalt der geschuldeten Leistung des Architekten sind durch Auslegung zu ermitteln. **Orientiert** sich der Vertrag **an den Leistungsphasen der HOAI** (z.B. durch Verweis auf § 10 HOAI 2002, Anlage 11 zur HOAI 2009 oder Anlage 10 der HOAI 2013), schuldet der Architekt **die vereinbarten Arbeitsschritte (Grundleistungen) als Teilerfolg** des geschuldeten Gesamterfolges (Entstehen eines mangelfreien Gebäudes).
- Erbringt der Architekt einzelne Grundleistungen nicht, kann dies zu einer Honorarminderung führen. Für diese Honorarminderung bedarf es einer Rechtsgrundlage. Diese ergibt sich nicht aus der HOAI, sondern aus dem BGB, und zwar dem **Gewährleistungsrecht des Werkvertragsrechts** oder dem **allgemeinen Leistungsstörungsrecht**.
- Es muss somit das vom Architekten geschuldete Werk durch die Nichterbringung der einzelnen Grundleistungen **mangelhaft** geworden sein. Dies setzt wiederum voraus, dass die nicht erbrachten Grundleistungen überhaupt einen **separaten Wert** für den Bauherrn haben, also **teilerfolgsfähig** sind. Dies ist beispielsweise bei Grundleistungen mit **dienstvertraglichem** Charakter nicht der Fall, wie beispielsweise dem „*Klären der Aufgabenstellung*", „*Beraten zum gesamten Leistungsbedarf*", „*Analyse der Grundlagen*", „*Klären und Erläutern der Vorgänge und Bedingungen*" etc. Bei diesen Grundleistungen gibt es **keine separaten Teilerfolge** oder Arbeitsschritte, die eine Minderung rechtfertigen würden.[7] Eine Minderung kommt dagegen in Betracht, wenn beispielsweise die Kostenermittlungen nicht rechtzeitig erstellt werden, da diese zum jeweiligen Planungsstand dem Auftraggeber als Entscheidungsgrundlage für die weitere Planung dienen sollen. Auch das Fehlen des „*Zusammenstellens aller Vorplanungsergebnisse*" (in der HOAI 2013 „*Zusammenfassen,*

3 BGH, Urt. v. 24.6.2004 – VII ZR 259/02 – BGHZ 159, 376 = BauR 2004, 1640.
4 BGH, Urt. v. 11.11.2004 – VII ZR 128/03 – BauR 2005, 400.
5 BGH, Urt. v. 16.12.2004 – VII ZR 174/03 – BauR 2005, 588.
6 BGH, Urt. v. 26.7.2007 – VII ZR 42/05 – BGHZ 173, 314 = BauR 2007, 1761.
7 Locher/Koeble/Frik/*Koeble*, § 8 Rn 21; OLG Oldenburg, Urt. v. 6.9.2012 – 8 U 1996/12 – BauR 2013, 119.

Erläutern und Dokumentieren der Ergebnisse") führt nach der Auffassung des BGH zur Honorarminderung.[8]

- Weiterhin müssen die nicht erbrachten Grundleistungen auch im Einzelfall **zur ordnungsgemäßen Erfüllung der Aufgabe erforderlich** sein. Ansonsten wird auch ohne diese Grundleistungen das Gesamtziel erreicht und das Weglassen der einzelnen Grundleistungen hat sich nicht im konkreten Fall als Fehler erwiesen.[9] So ist das Abarbeiten des Grundleistungskatalogs kein Selbstzweck, sondern muss immer am Gesamterfolg orientiert sein. Beispielsweise würde eine Minderung wegen Nichterbringung der Grundleistung c) der Leistungsphase 4 („*Ergänzen und Anpassen der Planungsunterlagen, Beschreibungen und Berechnungen*") keinen Sinn ergeben, wenn die Baugenehmigung auch ohne derartige nachträgliche Ergänzungen und Anpassungen bereits unbeanstandet erteilt wird.
- Als nächsten Schritt müssen die **Voraussetzungen für die Mängelrechte (Minderung, Schadensersatz)** vorliegen. Hierbei ist grundsätzlich eine **konkrete Mängelrüge** mit **angemessener Frist zur Nacherfüllung** erforderlich, die abgelaufen sein muss. Die Fristsetzung ist nur dann **entbehrlich**, wenn die nachgeholte Grundleistung für den Auftraggeber zu diesem Zeitpunkt **„nicht mehr von Interesse ist"**,[10] also sinnvollerweise nur während des Planungsablaufs werthaltig ist und als Entscheidungsgrundlage dient. Typisches Beispiel sind hierfür die Kostenermittlungen, die nur zum jeweiligen Planungsstand für den Auftraggeber einen gesonderten Wert haben. Die **Mängelrüge muss auch hinreichend konkret** sein; eine **pauschale Aufforderung** zum Erbringen der ganzen Leistungsphase genügt nicht.[11]
- Erst wenn diese Schritte durchgeprüft sind, kommt eine Minderung in Betracht. Diese erfolgt durch **Minderung des Prozentsatzes der erbrachten Leistungen** und nicht beispielsweise durch Verringerung der anrechenbaren Kosten.[12] Für die Ermittlung der Minderung können nach Auffassung des BGH wiederum die oben zitierten Aufteilungstabellen (sog. Splitting-Tabellen) nach *Steinford, Siemon* etc. als Orientierung herangezogen werden.
  Hierbei ist jedoch zu berücksichtigen, dass nicht jede Grundleistung teilerfolgsfähig ist, sodass diese Aufteilungstabellen zunächst nach dem jeweiligen Einzelfall auf den teilerfolgsfähigen Bereich zu reduzieren sind. Dies stellt eine Rechtsfrage dar. Vor Beauftragung eines Sachverständigen muss daher das Gericht zunächst feststellen, welche Teilleistungen der einzelnen Leistungsphasen zu den vom Architekten zu erbringenden „Arbeitsschritten" gehören, da sich erst dann klären lässt, ob die gegebenenfalls nicht erbrachten Teilleistungen der einzelnen Phasen tatsächlich als **unterbliebener Teilerfolg** anzusehen sind und eine Minderung des Honoraranspruchs rechtfertigen.[13] Die Aufteilungstabellen teilen dagegen nur abstrakt die Leistungsphasen in ihre Grundleistungen auf ohne konkreten Bezug zum jeweiligen konkreten Objekt, sodass sie entsprechend den jeweiligen Anforderungen an den jeweiligen Einzelfall anzupassen sind.
- Abschließend stellt sich die Frage der **Darlegungs- und Beweislast**, bei denen wie folgt zu unterscheiden ist: Die **Darlegungslast** trifft vollumfänglich den Auftragge-

---

8 Zu dieser Grundleistung hat der BGH seine geänderte Rechtsprechung entwickelt, Urt. v. 24.6.2004 – VII ZR 259/02 – BGHZ 159, 376.
9 So auch Locher/Koeble/Frik/*Koeble*, § 8 Rn 22; *Siemens*, BauR 2005, 1843.
10 BGH, Urt. v. 11.11.2004 – VII ZR 128/03 – BauR 2005, 400.
11 OLG Oldenburg, Urt. v. 6.9.2012 – 8 U 1996/12 – BauR 2013, 119.
12 OLG Düsseldorf, Urt. v. 23.1.2007 – 23 U 115/06 – BauR 2007, 1767.
13 OLG Celle, Urt. v. 12.2.2014 – 14 U 103/13 – juris, Rn 134 = BauR 2014, 1029.

ber, da es sich um eine Mangelproblematik handelt und der Auftraggeber grundsätzlich die Mangelsymptome substantiiert vortragen muss. Hierfür reicht es nicht aus, schlicht die Grundleistungen aus der Anlage 10.1 aufzuzählen oder eingescannt in den Schriftsatz hineinzukopieren wie im vom OLG Oldenburg entschiedenen Fall.[14] Erst wenn der Auftraggeber substantiiert den Mangel vorträgt, muss der Auftragnehmer Einzelheiten vortragen.[15] Für die **Beweislast** kommt es auf die Abnahme der Leistungen an. Vor Abnahme der Architektenleistung trägt der Auftragnehmer die Beweislast für die mangelfreie Erbringung seiner Werkleistung, d.h. aller teilerfolgsfähigen Grundleistungen. Nach der Abnahme liegt die Beweislast beim Auftraggeber. Das Risiko der Unaufklärbarkeit (non-liquet), ob teilerfolgsfähige Grundleistungen erbracht wurden oder nicht, liegt somit bis zur Abnahme beim Auftragnehmer, danach beim Auftraggeber.

E. Leistungsbild der Anlage 10.1 (Abs. 4)

I. Grundlagen und Begriffe

23 **1. Leistungsbild.** Das Leistungsbild gilt gleichermaßen für **Neubauten, Wiederaufbauten, Erweiterungsbauten, Umbauten, Modernisierungen, Instandsetzungen und Instandhaltungen** bei Gebäuden und Innenräumen. Die in Anlage 10.1 in neun Leistungsphasen aufgeführten Grundleistungen sind nicht bei jeder dieser vielfältigen Planungsaufgaben in gleichem Umfang erforderlich. Honorare für Grundleistungen der Objektplanung werden für Gebäude und Innenräume unterschiedlich berechnet. Bei Innenräumen liegt der Schwerpunkt in der Ausführungsplanung, während die Genehmigungsplanung sowie die Vorbereitung und Mitwirkung bei der Vergabe für die Objektplanung von Gebäuden höher bewertet wird.

24 Durch das Leistungsbild wird festgelegt, welche Aufgaben von einem **preisrechtlich geregelten Grundhonorar** erfasst und begrenzt werden und für welche Leistungen eine **frei zu vereinbarende Vergütung** anfallen kann. Da die Objektplanung dem Werkvertragsrecht unterliegt, ist das Leistungsbild erfolgs- und nicht tätigkeitsorientiert.

25 Die HOAI definiert keine **normativen Leitbilder** für den Inhalt von Architekten- oder Ingenieurverträgen.[16] Sie enthält Gebührentatbestände für die Ermittlung des zulässigen Honorarrahmens. Mit § 34 (HOAI) bzw. Anlage 10.1 (HOAI) wurde daher kein **Leistungspflichtenkatalog** aufgestellt. Die Parteien können im Vertrag auf das Leistungsbild der HOAI Bezug nehmen und damit die in Anlage 10.1 aufgeführten Grundleistungen als Leistungspflichten vereinbaren oder für das jeweilige Objekt konkret erforderliche Arbeitsschritte als Vertragsziele festlegen.[17] Bei mündlichen Verträgen kann das **Leistungsbild als Auslegungshilfe** dienen.[18]

26 Anlage 10.1 umfasst die Objektplanung für Gebäude und Innenräume. Wird ein Architekt darüber hinaus mit **Fachplanungsaufgaben**, z.B. für ein Entwässerungsgesuch (vgl. Teil 4 Abschnitt 2 HOAI) oder mit der Objektplanung von Freianlagen (vgl. Teil 3 Abschnitt 2 HOAI) beauftragt, sind diese getrennt und zusätzlich zu vergüten.

14 OLG Oldenburg, Urt. v. 6.9.2012 – 8 U 1996/12 – BauR 2013, 119.
15 Kniffka/Koeble/*Koeble*, 12. Teil, Rn 245.
16 BGH, Urt. v. 24.10.1996 – VII ZR 283/95 –.
17 BGH, Urt. v. 24.6.2004 – VII ZR 259/02 – IBR 2004, 512 f.
18 OLG Hamm, Urt. v. 1.12.2005 – 24 U 89/05 – IBR 2007, 375.

2. Leistungsphasen. In § 34 werden jeder Leistungsphase bestimmte Prozentsätze zugeordnet. Diese bilden den **kleinsten rechnerischen Baustein** der Honorierung (vgl. Rn 47 ff.). In den Leistungsphasen werden jeweils drei bis sechzehn sachlich zusammengehörende Grundleistungen aufgeführt. 27

Jeder Arbeitsabschnitt endet mit einem bestimmten **Ergebnis**, auf welchem nachfolgende Leistungsphasen aufbauen. Der Verordnungsgeber geht hierbei davon aus, dass Leistungsphasen nacheinander abgearbeitet werden. Diese Abfolge entspricht nicht der heute üblichen, vom Zeitdruck bestimmten Planungspraxis. Die erwünschte **Planungs- und Bauzeitenminimierung** erlaubt kein starres **Nacheinander des Arbeitsablaufs.** Meist wird die Grundlagenermittlung während der Vorplanung erbracht. Mit der Ausführungsplanung und Vorbereitung der Vergabe, z.B. für Erd-, Beton- und Mauerarbeiten, wird bereits vor der Baugenehmigung begonnen, damit unmittelbar nach deren Erteilung die Vergabe und der Baubeginn erfolgen kann. Während der Objektüberwachung für den Rohbau werden die Leistungsphasen 5 bis 7 für Ausbaugewerke erarbeitet. Dabei werden einzelne Leistungsphasen und Arbeitsabschnitte nicht einfach entfallen oder ausgelassen. Ohne die Ergebnisse vorangegangener Arbeitsabschnitte sind weitergehende Planungsleistungen nicht ausführbar. 28

Da Planungsleistungen **ergebnisorientiert** und **nicht tätigkeitsbezogen** sind, können die Ergebnisse mehrerer Leistungsphasen in einen Plan oder in einzelne Leistungsbeschreibungen einfließen. Der Genauigkeitsgrad und Informationsgehalt nimmt im Laufe des Planungsfortschritts zu. Während die Vorplanung ein Konzept darstellt, liefern die Ausführungsplanung und Leistungsbeschreibung konkrete Detailvorgaben für die Umsetzung. 29

3. Grundleistungen, Besondere Leistungen. Über die in Anlage 10.1 abschließend aufgeführten Grundleistungen hinausgehende Arbeitsschritte sind nicht mehr Teil des Grundhonorars. Als Maßstab bei der Festlegung der Grundleistungen galt ein Neubau mit durchschnittlichem Schwierigkeitsgrad. 30

Auch Grundleistungen bauen aufeinander auf. Daher sind sie, soweit sie für die Planungsaufgabe erforderlich werden, **rechtzeitig** zu erbringen, damit sie ihren vorgesehenen Zweck erfüllen können. Erforderliche, aber verspätet erbrachte Leistungen können ohne Fristsetzung des Auftraggebers zu Minderungen der Vergütung führen.[19] 31

Honorarminderungen resultieren jedoch nicht daraus, dass eine für die jeweilige Planungsaufgabe nicht erforderliche Leistung entfällt. Bereits in der amtlichen Begründung zur HOAI 2009 wurde klargestellt, dass nicht alle Grundleistungen bei jedem Objekt zur Erreichung des Vertragsziels notwendig sind.[20] Die jeweils tatsächlich erforderlichen Leistungen sind projektbezogen zu ermitteln. Dies ergibt sich aus der Formulierung des Verordnungstextes in § 3 Abs. 2, wonach Grundleistungen die zur **ordnungsgemäßen Erfüllung eines Auftrags im Allgemeinen erforderlichen Leistungen** sind. So wird ein Architekt, welcher z.B. die Instandsetzung einer Fassade plant, wobei einzelne Fenster und Beschichtungen erneuert werden, häufig weder Entscheidungshilfen für die Auswahl anderer an der Planung fachlich Beteiligter formulieren, noch deren Leistungen in die Vorplanung oder Entwurfsplanung integrieren müssen, wenn kein Fachplaner für diese Planungsaufgabe benötigt wird. Ein Honoraranspruch entfällt nur dann, wenn 32

19 BGH, Urt. v. 11.11.2004 – VII ZR 128/03 – IBR 2005, 1996; OLG Celle, Urt. v. 16.6.2005 – 14 U 247/04 – IBR 2005, 493.
20 Amtliche Begründung zu § 3 Abs. 2 HOAI 2009.

eine tatsächlich erforderliche bzw. vertraglich geschuldete Leistung pflichtwidrig nicht erbracht wird.[21]

33 Tatsächlich gibt es heute kaum ein Objekt, welches keine **Besonderen Leistungen** erfordert. Insbesondere beim Bauen im Bestand kommen regelmäßig Schadenskartierungen, die Ermittlung von Schadensursachen, maßliche und technische Bestandsaufnahmen etc. als Besondere Leistungen hinzu. Besondere Leistungen werden gem. § 3 Abs. 3 (HOAI) nur **beispielhaft** und **nicht abschließend** in Anlage 10.1 aufgezählt. Sie können auch in anderen Leistungsbildern und Leistungsphasen anfallen. Dies gilt jedoch nicht, wenn Besondere Leistungen Grundleistungen ersetzen. Dementsprechend ist z.B. eine vertiefte Kostenberechnung durch Mengengerüste in der Leistungsphase 3 zu erbringen, damit diese ihren Zweck als **Entscheidungsgrundlage des Bauherrn** über die Entwurfsplanung erfüllen kann.

34 Über im Allgemeinen erforderliche Leistungen hinausgehende Anforderungen können auch vorliegen, wenn **nicht ausreichend qualifizierte Handwerksbetriebe** vom Bauherrn beauftragt werden oder dieser ohne entsprechende Fachkenntnis **Eigenleistungen** erbringt (vgl. Rn 416).

35 Besondere Leistungen werden meist nach Zeitaufwand oder auf Grundlage von Pauschalpreisen berechnet. Für die schlüssige Begründung einer nach **Zeitaufwand** zu bemessenden Vergütung muss der Architekt die Anzahl der Stunden, den Stundensatz und stichwortartig die Art der Arbeiten in nachprüfbarer Weise auflisten.[22]

36 **4. Leistungsumfang.** Umfang und Inhalt der Architektenleistungen im Leistungsbild zu § 34 (HOAI) sind nicht allein auf Aufgaben beschränkt, die für eine **mangelfreie Errichtung des Bauwerks** erforderlich sind. Der BGH unterschied in einem Urteil zur HOAI 1996 folgende Arbeitsabschnitte:

- Vorgaben des Architekten für die Bauunternehmer, damit diese die Planung vertragsgerecht umsetzen können;
- Arbeitsschritte, die es dem Auftraggeber ermöglichen zu überprüfen, ob der Architekt den geschuldeten Erfolg vertragsgemäß bewirkt hat;
- Unterlagen, die den Auftraggeber in die Lage versetzen, etwaige Gewährleistungsansprüche gegen Bauunternehmer durchzusetzen;
- Informationen, die erforderlich sind, um die Maßnahmen zur Unterhaltung des Bauwerkes und dessen Bewirtschaftung zu planen.[23]

37 Ein am Leistungsbild des § 34 mit Anlage 10.1 orientierter Vertrag führt dazu, dass der Architekt im Allgemeinen alle dort aufgeführten Grundleistungen als **Teilerfolg** schuldet, soweit diese für die konkrete Planungsaufgabe erforderlich sind.

38 Bei nicht an § 34 in Verbindung mit Anlage 10.1 orientierten Aufgabenbeschreibungen bilden die für die konkrete Bauaufgabe vertraglich festgelegten **Planungsziele** den Leistungsumfang, während die Vergütung getrennt geregelt wird.

---

21 OLG Düsseldorf, Urt. v. 25.2.2005 – 22 U 141/03 – IBR 2005, 598; OLG Karlsruhe, Urt. v. 21.9.2004 – 17 U 191/01 – IBR 2005, 552; BGH, Beschl. v. 14.4.2005 – VII ZR 241/04 – Nichtzulassungsbeschwerde zurückgewiesen, IBR 2005, 552.

22 OLG Hamm, Urt. v. 27.3.2012 – 24 U 61/11 – IBR 2012, 650.

23 BGH, Urt. v. 24.6.2004 – VII ZR 259/02 – IBR 2004, 512 f.

Praxistipp
Empfohlen wird eine individuelle, auf das konkrete Planungsziel bezogene Vertragsgestaltung. Von Architektenkammern wurden hierfür Orientierungshilfen erarbeitet.[24]

Verträge können mündlich, schriftlich oder konkludent, d.h. durch schlüssiges Verhalten, zustande kommen. Umfangreiche Architektenleistungen werden regelmäßig nur gegen Entgelt erbracht.[25] Aus der Entgegennahme von Planungsleistungen resultiert jedoch noch kein Vertragsabschluss. Der tatsächlich beauftragte Umfang ist bei mündlichen Verträgen häufig unklar. Zunächst muss der Architekt den Abschluss eines Architektenvertrages und dessen Inhalt (Auftragsumfang) nachweisen,[26] wenn der Bauherr behauptet, es handle sich lediglich um Angebote im Rahmen einer **Akquisition**. Ist der **Bindungswille** erkennbar, weil der Auftraggeber Leistungen anfordert, liegt in der Regel eine Beauftragung mit der Verpflichtung zur Zahlung einer Vergütung vor.[27] 39

Wird der mündlich erteilte Auftrag abgebrochen, muss der Architekt nachweisen, welcher Leistungsumfang ihm übertragen wurde. Eine Vermutung, dass zu Beginn der Planung der volle Leistungsumfang mit allen Leistungsphasen beauftragt war, besteht im Allgemeinen nicht. Sind bereits erhebliche Teile einer Leistungsphase erbracht, ist davon auszugehen, dass diese beauftragt wurde. Nur in seltenen Fällen ist ein Auftrag auf die Leistungsphase 1 beschränkt, wenn z.B. ohne Vorplanungsleistung erkennbar ist, dass ein Grundstück grundsätzlich die gewünschte Bebauung nicht zulässt. Für die **Überprüfung der Bebaubarkeit** sind in der Regel mindestens die Leistungsphasen 1 und 2 erforderlich. Dies gilt auch für die **Überprüfung der Finanzierbarkeit.**[28] Soll ein **Bauantrag** gestellt werden oder die **Durchführbarkeit des Bauvorhabens** geklärt werden, sind die Leistungsphasen 1 bis 4 zu erarbeiten. Bei **Stufenverträgen** ist der Leistungsumfang von Bedingungen oder dem Abruf bzw. der Annahme eines Vertragsangebotes abhängig. 40

Bei einem Auftrag über alle Leistungsphasen darf der Architekt nur jeweils die dem Stand des Vorhabens entsprechenden Planungen ausarbeiten. Werden noch nicht für die jeweilige Planungsstufe erforderliche Leistungen vorab erarbeitet, riskiert der Planer den Verlust des für sein **„Vorpreschen"** ggf. beanspruchten Honorars, wenn die weitere Ausführung scheitert oder verändert wird. Wurden jedoch bereits Termine für die weitergehenden Leistungen eines Vollauftrags, z.B. der Baubeginn oder der Einzugstermin, festgelegt, kann der Auftragnehmer seine Bearbeitung kontinuierlich durchführen. 41

Bei der Beteiligung von **Generalunternehmern** werden die Leistungsphasen 5 bis 7 meist nicht baubegleitend erbracht. Die Ausführungsplanung wird vorab für sämtliche Gewerke erarbeitet. Mengenermittlungen in der Leistungsphase 6 sind mit höherem Genauigkeitsgrad für ein Festpreisangebot zu erstellen. Gegebenenfalls fallen Besondere Leistungen, wie z.B. Leistungsbeschreibungen mit Leistungsprogramm, Baubuch, Raumbuch an. In der Leistungsphase 8 ist der Leistungsumfang häufig begrenzt. 42

24 BAYK – Orientierungshilfe Architektenvertrag, abrufbar unter http://www.byak.de, E-Mail-Adresse: info@byak.de.
25 OLG Düsseldorf, Urt. v. 28.10.2005 – 22 U 70/05 –; BGH, Beschl. v. 29.6.2006 – VII ZR 270/05 – Nichtzulassungsbeschwerde zurückgewiesen, IBR 2006, 504.
26 OLG Celle, Urt. v. 23.5.2006 – 14 U 240/05 – IBR 2006, 399.
27 OLG Frankfurt a.M., Urt. v. 20.9.2005 – 22 U 210/02 –; BGH, Beschl. v. 27.4.2006 – VII ZR 234/05 – Nichtzulassungsbeschwerde zurückgewiesen, IBR 2006, 453.
28 OLG Rostock, Urt. v. 3.12.2008 – 2 U 58/05 –; BGH, Beschl. v. 1.10.2009 – VII ZR 5/09 – Nichtzulassungsbeschwerde zurückgewiesen, IBR 2010, 34.

43 Nach § 8 Abs. 2 S. 3 HOAI 2009 **ist bei der Beauftragung von Teilleistungen** ein zusätzlicher Einarbeitungs- und Koordinierungsaufwand zu berücksichtigen. Da sich die amtliche Begründung zur HOAI 2013 hierauf bezieht, gilt dies auch für § 8 Abs. 3 der HOAI 2013. Dabei ist eine schriftliche Vereinbarung zu treffen. Die Höhe der Zusatzvergütung kann frei vereinbart werden. Berechnungsgrundlage kann der tatsächliche Zeitaufwand oder eine Pauschale sein. Allerdings wird die Höhe dadurch begrenzt, dass die übertragenen Grundleistungen einschließlich Koordinierungs- und Einarbeitungszuschlag nicht höher bewertet werden dürfen als der volle Anteil der Leistungsphase. Für die Vereinbarung des Honorars bei **Einzelleistungen**, für Vorplanungen, Entwurfsplanungen oder die Objektüberwachung können die in § 9 angegebenen Prozentsätze herangezogen werden.

44 **Wiederholte Grundleistungen**, z.B. bei Änderungen, erhöhen den Leistungsumfang ebenso wie ggf. **ersetzende Besondere Leistungen**, die über die Anforderungen von Grundleistungen hinausgehen.

45 Wird der Architekt nur mit einem **Teil des Bauvorhabens**, z.B. der Fassadenplanung, beauftragt, ist dieser Teil Grundlage der anrechenbaren Kosten, da das Objekt durch den Vertragsgegenstand bestimmt wird.[29] Die Prozentsätze der Leistungsphasen sind nicht unter Bezug auf die sonstigen Teile des Bauvorhabens außerhalb des Wirkungskreises des Fassadenplaners zu vermindern. Andererseits hat der für das Gesamtobjekt verantwortliche Architekt von den vollen anrechenbaren Kosten auszugehen, wobei der Beitrag des Fassadenplaners auf der Leistungsseite mit einem ggf. verminderten Prozentsatz berücksichtigt wird, soweit es sich hierbei nicht um Fachplanungsleistungen oder Besondere Leistungen handelt.

46 **5. Leistungsbewertung.** Die Bewertung einzelner Leistungen oder von **Teilleistungen** ist erforderlich, wenn

- nicht alle Grundleistungen einer Leistungsphase gem. § 8 Abs. 2 S. 1 beauftragt werden,
- wesentliche Teile von Grundleistungen gem. § 8 Abs. 2 S. 3 nicht übertragen werden oder
- beauftragte und für die konkrete Planung erforderliche Grundleistungen bzw. wesentliche Teile hiervon pflichtwidrig nicht erbracht werden,[30]
- kündigungsbedingt erbrachte und nicht erbrachte Grundleistungen getrennt erfasst werden müssen.[31]

47 In der HOAI wird der Wert von Einzelleistungen bzw. Teilleistungen nicht geregelt. Nach der amtlichen Begründung zu § 5 Abs. 2 der HOAI 1996, auf welchem § 8 Abs. 2 HOAI 2013 basiert, *„ist eine derartige Bewertung vor allem wegen der Vielfalt der einzelnen Grundleistungen und den von Objekt zu Objekt unterschiedlichen Verhältnissen nicht durchführbar. Die Vertragsparteien müssen in einem solchen Falle die übertragenen und die nicht übertragenen Grundleistungen einer Leistungsphase auf Grund der Verhältnisse des Einzelfalls selber bewerten, da in der Verordnung für die einzelnen Grundleistungen einer Leistungsphase keine Honorare festgesetzt sind.“* Die Leistungsphasen sind mit den für sie festgelegten Prozentsätzen die **kleinsten, preisrechtlich festgelegten, rechne-**

---

29 BGH, Urt. v. 12.1.2006 – VII ZR 2/04 – IBR 2006, 208.
30 BGH, Urt. v. 24.6.2004 – VII ZR 259/02 – IBR 2004, 512 f.
31 OLG Koblenz, Urt. v. 15.4.2010 – 6 U 1000/09 – IBR 2011, 598; BGH, Beschl. v. 20.4.2011 – VII ZR 82/10 – Nichtzulassungsbeschwerde zurückgewiesen, IBR 2011, 598.

rischen Bausteine der Honorierung.[32] Wissenschaftliche Untersuchungen für pauschale Bewertungen von Einzelleistungen gibt es bisher nicht. Insbesondere fehlt eine Studie, die Prozentsätze bei kleinen, mittleren und großen Projekten analysiert.

Die Feststellung des BGH, wonach sich für die Bewertung nicht oder nicht vollständig erbrachter Grundleistungen einer Leistungsphase die **Steinfort-Tabelle oder ähnliche Orientierungshilfen** eignen, weil diese in aller Regel auf dem Durchschnitt der **Erfahrungswerte von sachverständigen Praktikern** beruhen,[33] ist keine Aufforderung zur willkürlichen Auswahl der in der Kommentarliteratur veröffentlichten Prozentsätze. Für die angemessene und nachvollziehbare Bewertung von Teilleistungen ist eine an den konkreten Anforderungen des Einzelfalls orientierte quantitative und qualitative Ermittlung durchzuführen. 48

Durch einen Soll-Ist-Vergleich ist festzustellen, welcher Wert der Einzelleistung im Verhältnis zur Gesamtleistung zukommt. Hat die Einzelleistung im konkreten Fall keinen Einfluss auf die Gesamtleistung, weil sie für die Planungsaufgabe nicht erforderlich war, ist ihr Wert mit 0 v.H. zu bewerten. Nicht bei jeder Bauaufgabe fallen alle in Anlage 10.1 aufgeführten Grundleistungen an.[34] Der Prozentsatz der Leistungsphase reduziert sich in diesen Fällen nicht. So wird der Prozentsatz der Leistungsphase 4 z.B. nicht vermindert, wenn die Grundleistung c), das „Ergänzen und Anpassen der Planungsunterlagen, Beschreibungen und Berechnungen“, nicht erforderlich ist, weil alle Vorlagen und Nachweise bereits im Rahmen der Grundleistung a) erarbeitet wurden. 49

Steht eine Leistung in enger Verbindung mit anderen Leistungen oder resultiert sie aus diesen, ist der dahinterstehende geistige Planungsbeitrag gering. Häufig ist die Abgrenzung von Teilleistungen bei der Überprüfung der Leistungsnachweise schwer möglich, da diese nebeneinander erbracht werden. Nicht trennbare Leistungen sind daher zusammen zu bewerten. 50

Der Prozentsatz der jeweiligen Leistung ist von verschiedenen Einflussfaktoren abhängig, die im Einzelfall ermittelt und in die Bewertung einbezogen werden müssen. Eine allgemeingültige Tabelle mit festen Ansätzen für eine angemessene Bewertung von Teilleistungen kann es nicht geben. Daher werden in der Kommentarliteratur meist Circa-Werte oder Von-Bis-Anteile vorgeschlagen. 51

Der Ansatz von 1 v.H. für die Kostenberechnung führt bei einem Einfamilienhaus mit anrechenbaren Kosten von 300.000 € in der Honorarzone III zu einem Teilhonorar von ca. 400 €. Bei einem Schulbau der Honorarzone IV mit 15 Mio. € fallen bei gleichem Prozentsatz 15.900 € an. Der Architekt des Einfamilienhauses muss seine Kostenberechnung in ca. fünf Stunden erstellen, während für das Schulgebäude ca. 200 Stunden, d.h. sechs Wochen, zur Verfügung stehen. Die Gegenüberstellung zeigt, dass der Prozentsatz vom Gesamthonorar und damit von den anrechenbaren Kosten, der Honorarzone, Zuschlägen und den individuellen Anforderungen der Planungsaufgabe abhängig ist. Der Anteil bestimmter Leistungen, z.B. von Kostenermittlungen, der Zusammenfassung von Ergebnissen etc., nimmt trotz zunehmender Anforderungen bei größeren Objekten ab. 52

Für die Bewertung ist zunächst zu überprüfen, welche Leistungen bei der konkreten Bauaufgabe nicht anfallen. Anschließend werden bereits abschätzbare Leistungen erfasst, indem z.B. der Zeitaufwand mit dem der Tätigkeit entsprechenden Bürostunden- 53

32 Vgl. amtliche Begründung zu § 2 Abs. 2 HOAI 1996.

33 BGH, Urt. v. 16.12.2004 – VII ZR 174/03 – IBR 2005, 159; OLG Celle, Urt. v. 16.6.2005 – 14 U 247/04 – IBR 2005, 493.

34 OLG Düsseldorf, Urt. v. 25.2.2005 – 22 U 141/03 – IBR 2005, 598; OLG Karlsruhe, Urt. v. 21.9.2004 – 17 U 191/01 –; BGH, Beschl. v. 14.4.2005 – VII ZR 241/04 – Nichtzulassungsbeschwerde zurückgewiesen IBR 2005, 552.

satz multipliziert und ins Verhältnis zum Gesamthonorar gesetzt wird. Nicht trennbare Leistungen, welche parallel erbracht werden, sind zusammenzufassen. Zeitlich nicht abschätzbare Planungs-, Koordinations- und Überwachungsleistungen sind durch die Festlegung von Bewertungseinheiten für die zugehörigen Planunterlagen oder Arbeitsabschnitte zu ermitteln. Die nachfolgenden **Splitter- oder Teilleistungstabellen** können aufgrund der unterschiedlichen objektspezifischen Einzelanforderungen nicht mehr als eine Übersicht liefern.

54 **a) Leistungsbewertung 1 – Grundlagenermittlung.** Der Anteil an der Gesamtleistung wurde in der HOAI 2013 von 3% auf 2% gesenkt. Trotz Anhebung der Honorartafelwerte in § 35 ergibt sich hieraus eine Honorarminderung, die im oberen Tafelbereich bis zu 20% beträgt. Im Gutachten zur Honorarstruktur der HOAI 2013[35] wird davon ausgegangen, dass die Änderungen der bisherigen Grundleistungen a), b) und c) keine zusätzlichen Leistungen beinhalten. Die Klärung der Vorgaben und Bedingungen war bereits früher Teil der 1. Grundleistung. Diese beinhaltete auch die Ortsbesichtigung, welche jetzt als eigene Leistung erfasst ist. Im Vergleich zu den Leistungen der HOAI 2009 ergibt sich jedoch für die Leistung e) ein Mehraufwand. Während die Zusammenfassung der Ergebnisse früher auch mündlich erfolgen konnte, erfordert die neu eingeführte Dokumentation eine schriftliche Erfassung. Die hieraus resultierende Mehrleistung quantifizierte die Studie des Bundesministeriums für Wirtschaft und Technologie mit 0,2%. Die nachfolgenden Prozentsätze sind nicht für jeden Einzelfall gültig. Die Leistungen a) und b) sowie c) und d) sind nicht trennbar und werden grundsätzlich zusammen erbracht. Insbesondere bei hohen anrechenbaren Kosten werden die Leistungen c), d) und e) erheblich unter den hier als Oberwert angegebenen Daten liegen. Das Klären der Aufgabenstellung ist die umfassendste Leistung und wird daher in der Regel höher zu bewerten sein als die folgenden Leistungen. Die Grundlagenermittlung ist beim Bauen im Bestand regelmäßig ohne Besondere Leistungen nicht durchführbar (siehe Bestandsaufnahme, Rn 105).

LPH 1	Gebäude/ Innenräume
a) Klären der Aufgabenstellung auf Grundlage der Vorgaben oder der Bedarfsplanung des Auftraggebers b) Ortsbesichtigung	1,0–1,5%
c) Beraten zum gesamten Leistungs- und Untersuchungsbedarf d) Formulieren der Entscheidungshilfen für die Auswahl anderer an der Planung fachlich Beteiligter	bis 0,75%
e) Zusammenfassen, Erläutern und Dokumentieren der Ergebnisse	0,1–0,25%
∑ gem. § 34 Abs. 3 HOAI	2,0%

55 **b) Leistungsbewertung 2 – Vorplanung (Projekt- und Planungsvorbereitung).** In § 34 Abs. 3 HOAI 2013 wurde der Honoraranteil für die Vorplanung nicht verändert. Der Grundleistung a) wurde in Anlage 10.1 die Abstimmung der Leistungen mit den an der Planung fachlich Beteiligten hinzugefügt. Diese war bisher Teil des Klärens und Er-

35 Studie im Auftrag des BMWi, Aktualisierungsbedarf zur Honorarstruktur der Honorarordnung für Architekten und Ingenieure v. Dezember 2012, Anlage 4.1 Nr. 2.1.

läuterns technischer, bauphysikalischer, energiewirtschaftlicher etc. Bedingungen in der 6. Grundleistung. Die Leistungen a) und b) sind nicht trennbar und werden zusammen erbracht. Neu ist die Bereitstellung der Arbeitsergebnisse als Grundlage für die anderen an der Planung fachlich Beteiligten sowie die Koordination und Integration von deren Leistungen im Rahmen der Grundleistungen e). Außerdem wurde das Erstellen eines Terminplans als Leistung h) aufgenommen. Neu ist auch die wiederum schriftliche Dokumentation in der Leistung i). Im Gutachten zur Honorarstruktur[36] wurde ein Mehraufwand von 1,7% für die Leistungsphase 2 festgestellt. Das Aufstellen von Programmzielen wird den Besonderen Leistungen zugeordnet.

Durch die veränderten Tafelwerte in § 35 ergibt sich eine Honoraranhebung. 56

LPH 2		Gebäude/ Innenräume
a) b)	Analysieren der Grundlagen, Abstimmen der Leistungen mit den fachlich an der Planung Beteiligten Abstimmen der Zielvorstellungen, Hinweisen auf Zielkonflikte	0,25–0,5%
c)	Erarbeiten der Vorplanung, Untersuchen, Darstellen und Bewerten von Varianten nach gleichen Anforderungen, Zeichnungen im Maßstab nach Art und Größe des Objekts	3,0–4,0%
d)	Klären und Erläutern der wesentlichen Zusammenhänge, Vorgaben und Bedingungen (z.B. städtebauliche, gestalterische, funktionale, technische, wirtschaftliche, ökologische, bauphysikalische, energiewirtschaftliche, soziale, öffentlich-rechtliche)	0,5–1,5%
e)	Bereitstellen der Arbeitsergebnisse als Grundlage für die anderen an der Planung fachlich Beteiligten sowie Koordination und Integration von deren Leistungen	bis 1,0%
f)	Vorverhandlungen über die Genehmigungsfähigkeit	bis 0,5%
g)	Kostenschätzung nach DIN 276, Vergleich mit den finanziellen Rahmenbedingungen	0,5–1,0%
h)	Erstellen eines Terminplans mit den wesentlichen Vorgängen des Planungs- und Bauablaufs	0,1–0,5%
i)	Zusammenfassen, Erläutern und Dokumentieren der Ergebnisse	0,1–0,25%
∑ gem. § 34 Abs. 3 HOAI		7,0%

c) Leistungsbewertung 3 – Entwurfsplanung (System- und Integrationsplanung). Die Entwurfsplanung wurde in der HOAI 2013 mit 15% statt bisher 11% (Gebäude) bzw. 14% (Innenräume) in § 34 bewertet. Heute werden die zeichnerischen Grundlagen für die Genehmigungsplanung bereits in der Leistungsphase 3 erarbeitet. Daher erhält die Entwurfsplanung einen höheren Anteil, während die Prozentsätze für die Genehmigungsplanung reduziert wurden. In der Leistung a) sind die Erarbeitung der Entwurfsplanung und die zeichnerische Darstellung zusammengefasst. Ein Mehraufwand resultiert aus der neu eingefügten Fortschreibung des Terminplans, der Bereitstellung von 57

36 Studie im Auftrag des BMWi, Aktualisierungsbedarf zur Honorarstruktur der Honorarordnung für Architekten und Ingenieure v. Dezember 2012, Anlage 4.1 Nr. 2.2.2.

Arbeitsergebnissen mit Koordination der fachlich Beteiligten und der schriftlichen Dokumentation der Planungsergebnisse.

LPH 3		Gebäude/ Innenräume
a)	Erarbeiten der Entwurfsplanung, unter weiterer Berücksichtigung der wesentlichen Zusammenhänge, Vorgaben und Bedingungen (z.B. städtebauliche, gestalterische, funktionale, technische, wirtschaftliche, ökologische, soziale, öffentlich-rechtliche) auf der Grundlage der Vorplanung und als Grundlage für die weiteren Leistungsphasen und die erforderlichen öffentlich-rechtlichen Genehmigungen unter Verwendung der Beiträge anderer an der Planung fachlich Beteiligter. Zeichnungen nach Art und Größe des Objekts im erforderlichen Umfang und Detaillierungsgrad unter Berücksichtigung aller fachspezifischen Anforderungen, z.B. bei Gebäuden im Maßstab 1:100, bei Innenräumen im Maßstab 1:50 bis 1:20	10,0–13,0%
b)	Bereitstellen der Arbeitsergebnisse als Grundlage für die anderen an der Planung fachlich Beteiligten sowie Koordination und Integration von deren Leistungen	bis 1,5%
c)	Objektbeschreibung	0,1–0,5%
d)	Verhandlungen über die Genehmigungsfähigkeit	bis 1,0%
e)	Kostenberechnung nach DIN 276 und Vergleich mit der Kostenschätzung	0,75–1,5%
f)	Fortschreiben des Terminplans	bis 0,2%
g)	Zusammenfassen, Erläutern und Dokumentieren der Ergebnisse	0,1–0,25%
∑ gem. § 34 Abs. 3 HOAI		15,0%

58 **d) Leistungsbewertung 4 – Genehmigungsplanung.** Der Anteil für die Gebäudeplanung wurde halbiert, während die Grundleistungen unverändert bleiben. Trotz Anhebung der Tafelwerte resultiert hieraus eine Honorarminderung um bis zu 40%. Da die zeichnerischen Grundlagen der Genehmigungsplanung mittlerweile in der Leistungsphase 3 erbracht werden, wurde diese angehoben. Insgesamt bleibt der Prozentsatz der Leistungsphasen 1 bis 4 bei 27 v.H. (Gebäude) bzw. 26 v.H. (Innenräume) unverändert. Das Ergänzen und Anpassen der Planungsunterlagen, Beschreibungen und Berechnungen ist nicht in allen Fällen erforderlich und reduziert das Gesamthonorar nicht, wenn bereits vollständige Unterlagen erarbeitet und eingereicht wurden. Der Prozentsatz reduziert sich auch nicht, wenn die zur Unterzeichnung gereichten Unterlagen vom Bauherrn bei der Behörde abgegeben werden.

LPH 4		Gebäude	Innenräume
a)	Erarbeiten und Zusammenstellen der Vorlagen und Nachweise für öffentlich-rechtliche Genehmigungen oder Zustimmungen einschließlich der Anträge auf Ausnahmen und Befreiungen sowie notwendiger	bis 3,0%	bis 2,0%

LPH 4	Gebäude	Innenräume
Verhandlungen mit Behörden unter Verwendung der Beiträge anderer an der Planung fachlich Beteiligter b) Einreichen der Vorlagen		
c) Ergänzen und Anpassen der Planungsunterlagen, Beschreibungen und Berechnungen	Anteil ist in Einzelfallberechnungen, zu ermitteln, falls die Leistung anfällt	
∑ gem. § 34 Abs. 3 HOAI	3,0%	2,0%

e) Leistungsbewertung 5 – Ausführungsplanung. Unverändert bleibt der Honoraranteil für Gebäude bei 25% und für Innenräume bei 30%. Mit der neu eingeführten Koordinationsaufgabe in der Leistung c) und der Fortschreibung des Terminplans in der Leistung d) ergibt sich ein Mehraufwand von 1,75% bis 2,13% (Mittelwert 2,10%) bezogen auf das Gesamthonorar.[37] Die Überprüfung erforderlicher Montagepläne für vom Architekten geplante Baukonstruktionen und Einbauten war bereits bisher Teil der Grundleistungen. Die Leistungen a) und b) sind nicht trennbar. 59

LPH 5	Gebäude	Innenräume
a) Erarbeiten der Ausführungsplanung mit allen für die Ausführung notwendigen Einzelangaben (zeichnerisch und textlich) auf der Grundlage der Entwurfs- und Genehmigungsplanung bis zur ausführungsreifen Lösung als Grundlage für die weiteren Leistungsphasen b) Ausführungs-, Detail- und Konstruktionszeichnungen nach Art und Größe des Objekts im erforderlichen Umfang und Detaillierungsgrad unter Berücksichtigung aller fachspezifischen Anforderungen, z.B. bei Gebäuden im Maßstab 1:50 bis 1:1, z.B. bei Innenräumen im Maßstab 1:20 bis 1:1	20,0–24,0%	24,0–29,0%
c) Bereitstellen der Arbeitsergebnisse als Grundlage für die anderen an der Planung fachlich Beteiligten sowie Koordination und Integration von deren Leistungen	bis 3,5%	bis 3,5%
d) Fortschreiben des Terminplans	bis 0,5%	bis 0,5%
e) Fortschreiben der Ausführungsplanung aufgrund der gewerkeorientierten Bearbeitung während der Objektausführung	bis 1,0%	bis 1,5%
f) Überprüfen erforderlicher Montagepläne der vom Objektplaner geplanten Baukonstruktionen und baukonstruktiven Einbauten auf Übereinstimmung mit der Ausführungsplanung	bis 0,5%	bis 0,5%
∑ gem. § 34 Abs. 3 HOAI	25,0%	30,0%

37 Studie im Auftrag des BMWi, Aktualisierungsbedarf zur Honorarstruktur der Honorarordnung für Architekten und Ingenieure v. Dezember 2012, Anlage 4.1, Nr. 2.5.2.

60 **f) Leistungsbewertung 6 – Vorbereitung der Vergabe.** Die Prozentsätze der Leistungsphase 6 bleiben unverändert. Neu gefasst wurden die Leistungen a), d), e) und f). Neben den Kernaufgaben für die Ausarbeitung von Leistungsbeschreibungen wurden zeitintensive Aufgaben für die Kostenkontrolle eingeführt. Hieraus resultiert ein Mehraufwand von ca. 3,3% bis 8,2% (Mittelwert 5,8%)[38] bezogen auf das Gesamthonorar. Der Anteil der Leistung d) kann im Einzelfall bis 6% betragen. In diesen Fällen reicht der Vomhundertsatz von 10% für die Leistungsphase 6 nicht aus. Dies gilt insbesondere für das Bauen im Bestand. Hier fallen regelmäßig Besondere Leistungen an, z.B. das Aufstellen von vergleichenden Kostenübersichten unter Auswertung der Beiträge anderer an der Planung fachlich Beteiligter.

LPH 6		Gebäude	Innenräume
a)	Aufstellen eines Vergabeterminplans	bis 0,2%	bis 0,2%
b)	Aufstellen von Leistungsbeschreibungen mit Leistungsverzeichnissen nach Leistungsbereichen, Ermitteln und Zusammenstellen von Mengen auf der Grundlage der Ausführungsplanung unter Verwendung der Beiträge anderer an der Planung fachlich Beteiligter	8,0–9,0%	5,0–6,0%
c)	Abstimmen und Koordinieren der Schnittstellen zu den Leistungsbeschreibungen der an der Planung fachlich Beteiligten	bis 0,25%	bis 0,2%
d)	Ermitteln der Kosten auf Grundlage vom Planer bepreister Leistungsverzeichnisse	0,5–2,0%	0,5–1,0%
e)	Kostenkontrolle durch Vergleich der vom Planer bepreisten Leistungsverzeichnisse mit der Kostenberechnung	0,1–0,25%	0,1–0,25%
f)	Zusammenstellen der Vergabeunterlagen für alle Leistungsbereiche	bis 0,2%	bis 0,2%
∑ gem. § 34 Abs. 3 HOAI		10,0%	7,0%

61 **g) Leistungsbewertung 7 – Mitwirkung bei der Vergabe.** Die Prozentsätze der Leistungsphase 7 wurden beibehalten. In die Leistungsphase 6 wurde die „Zusammenstellung der Vergabeunterlagen" aufgenommen. Entfallen ist der Kostenanschlag. Neu hinzugekommen ist das Erstellen von Vergabevorschlägen mit der Dokumentation des Vergabeverfahrens. Die Neufassung im Zusammenhang mit der Prüfung und Wertung der Angebote zusätzlicher und geänderter Leistungen ist aufwandsneutral, soweit es sich hierbei nur um Nachträge im Rahmen unveränderter Leistungsziele handelt.[39] Hieraus ergibt sich nach der Studie zur Aktualisierung der Honorarstruktur insgesamt ein geringer Minderaufwand von ca. 0,2%. Die Leistungen c), d) und e) werden zusammen erbracht.

38 Studie im Auftrag des BMWi, Aktualisierungsbedarf zur Honorarstruktur der Honorarordnung für Architekten und Ingenieure v. Dezember 2012, Anlage 4.1, Nr. 2.6.2.
39 Studie im Auftrag des BMWi, Aktualisierungsbedarf zur Honorarstruktur der Honorarordnung für Architekten und Ingenieure v. Dezember 2012, Anlage 4.1, Nr. 2.7.1.3.

LPH 7	Gebäude	Innenräume
a) Koordinieren der Vergaben der Fachplaner	bis 0,25%	bis 0,2%
b) Einholen von Angeboten	bis 0,25%	bis 0,2%
c) Prüfen und Werten der Angebote einschließlich Aufstellen eines Preisspiegels nach Einzelpositionen oder Teilleistungen, Prüfen und Werten der Angebote zusätzlicher und geänderter Leistungen der ausführenden Unternehmen und der Angemessenheit der Preise d) Führen von Bietergesprächen e) Erstellen der Vergabevorschläge, Dokumentation des Vergabeverfahrens	2,5–3,5%	2,0–2,75%
f) Zusammenstellen der Vertragsunterlagen für alle Leistungsbereiche	bis 0,25%	bis 0,2%
g) Vergleichen der Ausschreibungsergebnisse mit den vom Planer bepreisten Leistungsverzeichnissen oder der Kostenberechnung	0,2–0,5%	0,1–0,25%
h) Mitwirken bei der Auftragserteilung	bis 0,25%	bis 0,2%
∑ gem. § 34 Abs. 3 HOAI	4,0%	3,0%

h) Leistungsbewertung 8 – Objektüberwachung (Bauüberwachung) und Dokumentation. Der Honoraranteil der Leistungsphase 8 wurde von 31% auf 32% erhöht. Terminpläne sind in der Leistung d) nun auch fortzuschreiben. Aus der Leistungsphase 9 wurde die systematische Zusammenstellung und Dokumentation eingefügt. Entgegen der Studie für den Aktualisierungsbedarf zur Honorarstruktur der HOAI[40] reduziert die nicht mehr aufgeführte Leistung „Überwachung und Detailkorrektur von Fertigteilen" den Leistungsumfang nicht, da im Rahmen der Leistung a) nach wie vor in ein Gebäude eingefügte, vorgefertigte Elemente bei der Ausführung zu überwachen sind. Hierzu zählen z.B. Fassaden, Deckenelemente, Mobilwände etc. Nach dem Gutachten zur Honorarstruktur[41] erhöht sich der Leistungsumfang um 0,3%. Die Leistungen a) und b) werden meist zusammen erbracht, da in jedem Gebäude Tragkonstruktionen der Honorarzone I und II enthalten sind. 62

LPH 8	Gebäude/ Innenräume
a) Überwachen der Ausführung des Objektes auf Übereinstimmung mit der öffentlich-rechtlichen Genehmigung oder Zustimmung, den Verträgen mit ausführenden Unternehmen, den Ausführungsunterlagen, den einschlägigen Vorschriften sowie mit den allgemein anerkannten Regeln der Technik	18,0–22,0%

40 Studie im Auftrag des BMWi, Aktualisierungsbedarf zur Honorarstruktur der Honorarordnung für Architekten und Ingenieure v. Dezember 2012, Anlage 4.1, Nr. 2.8.1.2.
41 Studie im Auftrag des BMWi, Aktualisierungsbedarf zur Honorarstruktur der Honorarordnung für Architekten und Ingenieure v. Dezember 2012, Anlage 4.1, Nr. 2.8.2.

LPH 8		Gebäude/ Innenräume
b)	Überwachen der Ausführung von Tragwerken mit sehr geringen und geringen Planungsanforderungen auf Übereinstimmung mit dem Standsicherheitsnachweis	
c)	Koordinieren der an der Objektüberwachung fachlich Beteiligten	1,0–3,0%
d)	Aufstellen, Fortschreiben und Überwachen eines Terminplans (Balkendiagramm)	0,5–1,0%
e)	Dokumentation des Bauablaufs (z.B. Bautagebuch)	0,25–1,0%
f) g)	Gemeinsames Aufmaß mit den ausführenden Unternehmen Rechnungsprüfung einschließlich Prüfen der Aufmaße der bauausführenden Unternehmen	3,0–7,0%
h) i)	Vergleich der Ergebnisse der Rechnungsprüfungen mit den Auftragssummen einschließlich Nachträgen Kostenkontrolle durch Überprüfen der Leistungsabrechnung der bauausführenden Unternehmen im Vergleich zu den Vertragspreisen	0,1–0,5%
j)	Kostenfeststellung, z.B. nach DIN 276	0,5–1,0%
k)	Organisation der Abnahme der Bauleistungen unter Mitwirkung anderer an der Planung und Objektüberwachung fachlich Beteiligter, Feststellung von Mängeln, Abnahmeempfehlung für den Auftraggeber	1,0–2,0%
l)	Antrag auf öffentlich-rechtliche Abnahmen und Teilnahme daran	bis 0,5%
m)	Systematische Zusammenstellung der Dokumentation, zeichnerischen Darstellungen und rechnerischen Ergebnissen des Objekts	0,1–0,25%
n)	Übergabe des Objekts	bis 0,2%
o)	Auflisten der Verjährungsfristen für Mängelansprüche	0,1–0,5%
p)	Überwachen der Beseitigung der bei der Abnahme festgestellten Mängel	bis 1,5%
∑ gem. § 34 Abs. 3 HOAI		32,0%

63 **i) Leistungsbewertung 9 – Objektbetreuung.** Durch Zuordnung der systematischen Zusammenstellung und Dokumentation zur Leistungsphase 8 erfolgte in der HOAI 2013 eine Reduzierung des Anteils der Objektbetreuung von 3% auf 2%. Zudem wurde das Überwachen der Mängelbeseitigung innerhalb der Verjährungsfrist bei den Besonderen Leistungen aufgenommen. Ein Mehraufwand resultiert aus der fachlichen Bewertung der innerhalb der Gewährleistungsfrist festgestellten Mängel. Die Leistungen b) und c) sind zusammen zu erbringen.

LPH 9	Gebäude/ Innenräume
a) Fachliche Bewertung der innerhalb der Verjährungsfristen für Gewährleistungsansprüche festgestellten Mängel, längstens jedoch bis zum Ablauf von fünf Jahren seit Abnahme der Leistung, einschließlich notwendiger Begehungen	bis 1,0%
b) Objektbegehung zur Mängelfeststellung vor Ablauf der Verjährungsfristen für Mängelansprüche gegenüber den ausführenden Unternehmen c) Mitwirken bei der Freigabe von Sicherheitsleistungen	1,0 – 2,0%
∑ gem. § 34 Abs. 3 HOAI	2,0%

j) Vergütung Besonderer Leistungen. Das Honorar für Besondere Leistungen kann gem. § 3 Abs. 3 S. 3 frei vereinbart werden. Wird keine Honorarvereinbarung getroffen, gilt gem. § 632 Abs. 2 BGB die **übliche Vergütung. Zeithonorare** sind für nicht vorher abschätzbare Leistungen üblich. **Pauschalhonorare** werden für vorher abschätzbare Leistungen vereinbart. Diese sind auf Grundlage von Zeithonoraren oder Erfahrungswerten auskömmlich kalkulierbar. 64

Bei der Ermittlung der Stundensätze ist zu beachten, dass in diesen sämtliche Kosten aus der projektbezogenen Tätigkeit eingerechnet werden. Der Architekt wird sich daher an betriebswirtschaftlich ermittelten Zeitansätzen orientieren. 65

Es gibt vier Wege für die Vereinbarung und Ermittlung von **Stundenverrechnungssätzen.** 66

Eine erste Möglichkeit basiert auf **Bürokostenvergleichsdaten.** Hierzu wurden vom Ausschuss der Verbände und Kammern der Ingenieure und Architekten für die Honorarordnung (AHO) zusammen mit Berufsverbänden der Ingenieurkammer und dem unabhängigen Insitut für Freie Berufe (IFB) Umfragen durchgeführt.[42] 67

Der zweite Weg ermittelt den Stundensatz auf Grundlage der im **Statusbericht 2000** ermittelten Faktoren.[43] 68

Die dritte Möglichkeit ist eine genauere betriebswirtschaftliche Ermittlung des **bürospezifischen Mitarbeiterverrechnungssatzes,** z.B. anhand eines Büromanagement-Programms oder von Fachverbänden veröffentlichten Berechnungsmethoden.[44] Der Nachteil dieser Verfahren ist, dass dabei bürointerne Daten offengelegt werden. 69

Eine weitere, vierte Möglichkeit ist die Berücksichtigung des Wertes der Leistung durch die **Einwertung anhand von aufgabenspezifischen Kriterien.** Folgende Planungsanforderungen können dabei als Bewertungsgrundlage dienen: 70

- Schwierigkeitsgrad der Leistung, z.B. Honorarzone des Objekts,
- Anforderungen an die Qualifikation des Bearbeiters, z.B. Spezialwissen,
- Anforderungen an die Leistungsfähigkeit, z.B. enge Terminvorgaben,
- Haftungsrisiko, z.B. schwierige Kostenermittlungen für Bestandsobjekte,
- erforderliche Hilfsmittel, z.B. Fachliteratur, Software etc.

42 Abrufbar unter http://www.aho.de/projekte/index.php3 und http://www.aho.de/hoai/weg1.php3.
43 Abrufbar unter http://www.aho.de/hoai/praxishilfe.php3.
44 Heft Nr. 21, AHO Schriftenreihe „Interdisziplinäre Leistungen zur Wertoptimierung von Bestandsimmobilien".

71 Die Orientierungswerte werden den Anforderungen und der Tätigkeit entsprechend gestaffelt.

€/netto	einfach	durchschnittlich	schwierig
Projektleiter-Tätigkeit	100	180	300
Projektbearbeiter-Tätigkeit	80	110	160
Sonstige technische und wirtschaftliche Tätigkeiten	60	75	90

72 **Stundensatzvereinbarungen** basieren häufig nicht auf den Grundlagen der betriebswirtschaftlichen Realität. Hier wird empfohlen, den Auftraggeber auf die durchschnittlichen Stundensätze anderer Berufsgruppen hinzuweisen, z.B. Kfz-Meister (80–100 €), Aufzugsmonteur (ca. 90 €), Rechtsanwalt (ca. 160–300 €), Bearbeiter in Steuerkanzlei (ca. 120 €), Software-Ingenieur (ca. 120 €).

II. Leistungsphasen

1. Leistungsphase 1 – Grundlagenermittlung

73 **a) Planungsziel.** Ziel der ersten Leistungsphase ist es, **Kernfragen der Planungsaufgabe herauszuarbeiten** und die hierfür benötigten Leistungen einschließlich der erforderlichen Fachleute zu ermitteln. Der Bauherr ist hinsichtlich seiner Anforderungen, Wünsche und Möglichkeiten zu befragen und zu beraten. Diese bei jeder Bauaufgabe anfallenden Leistungen können nur von Fachkundigen erbracht werden. Insbesondere dient die Leistungsphase der **Einarbeitung des Auftragnehmers** in die Planungsaufgabe.

b) Problematik

74 **aa) Grundlagenermittlung während der Leistungsphasen 2 und 3.** Der Verordnungsgeber geht davon aus, dass Bauherr und Architekt in der Leistungsphase 1 vor Beginn der Planungstätigkeit alle Voraussetzungen zur Lösung der Bauaufgabe besprechen, bewerten und abschließend zusammenstellen. In der Praxis wird die Leistungsphase 1 meist **planungsbegleitend während der Vorplanung und Entwurfsplanung** erbracht. Häufig erläutern Auftraggeber in einem ersten Termin in groben Zügen Raumprogramm – sofern dieses überhaupt bereits existiert – und gestalterische Vorstellungen in der Erwartung, dass der Architekt hierauf mit konkreten planerischen Lösungsvorschlägen beginnt. In diesem Fall sollte der Architekt den Bauherrn schriftlich darauf hinweisen, dass wunschgemäß sofort mit der Vorplanung begonnen wird und die Grundlagenermittlung während der nachfolgenden Leistungsphasen erbracht wird. Die Grundleistungen der LPH 1 werden damit nicht mehr einzeln nacheinander erbracht, sondern gehen nichttrennbar in nachfolgende Leistungsphasen über. Eine Honorarminderung ergibt sich hieraus nicht.

75 **bb) Objektplanung ohne Grundlagenermittlung.** Öffentliche Auftraggeber verzichten teilweise auf die Übertragung der Leistungsphase 1, wobei dem Architekten selten mehr als ein **Raumprogramm**, terminliche Vorgaben und eine Liste ausgewählter Fachplaner zur Verfügung gestellt werden. Der Architekt muss dann ggf. weitere die

Aufgabenstellung betreffende Anforderungen in den bereits planungsorientierten Leistungsphasen 2 und 3 abfragen. Zudem können vom Bauherrn vergessene Informationen sehr leicht zu **Änderungsleistungen** in allen weiteren Leistungsphasen führen.

Die Leistungsphase 1 stellt einen notwendigen **Entwicklungsschritt** dar, welcher auch nicht bei einfachen Aufgabenstellungen aus dem Leistungsumfang des Architekten entnommen werden kann. Die HOAI macht dies durch die Neufassung der Grundleistungen a) und b) deutlich, indem hier die Einarbeitung des Architekten in die Bedarfsplanung und Vorgaben des Bauherrn sowie die Ortsbesichtigung aufgenommen wurden. Sowohl die Ortsbesichtigung wie die Durchsicht und Erörterung der Bedarfsplanung muss vom Auftragnehmer durchgeführt werden. 76

Praxistipp

Ist der Bauherr dennoch der Ansicht, dass er die Leistung selbst erbringen kann, sollte dieser bei der Übergabe der zusammengestellten Unterlagen schriftlich darauf hingewiesen werden, dass diese künftig als **Planungsgrundlage** gelten und fehlende Informationen zu Änderungsleistungen führen können. Für dabei nicht berücksichtigte Grundlagen kann keine Haftung übernommen werden. Dies gilt z.B. für die Eignung des Baugrundes, Schadstoffe im Bestand, Vollständigkeit des Raumprogramms etc.

Wird später festgestellt, dass die Grundlagenermittlung dennoch erbracht werden musste, weil z.B. weitere Sonderfachleute erforderlich sind und die Aufgabenstellung nicht erschöpfend dargelegt wurde, kann eine **Mindestsatzunterschreitung** vorliegen. Andererseits wird die Grundlagenermittlung noch nicht allein deshalb Gegenstand eines Architektenvertrages, weil sie einen Entwicklungsschritt für nachfolgende beauftragte und erbrachte Leistungsphasen darstellt.[45] 77

c) Grundleistungen

aa) Klären der Aufgabenstellung auf Grundlage der Vorgaben oder der Bedarfsplanung des Auftraggebers. Die erste Grundleistung bleibt der Schwerpunkt der Grundlagenermittlung. Bauherrn haben in der Regel bereits eine Vorstellung von dem gewünschten Objekt. Zu Beginn der Bearbeitung sind jedoch Einzelheiten der Aufgabenstellung unklar. Der Architekt hat diese Anforderungen abzufragen und zu konkretisieren. Wie und unter welchen Bedingungen das Bauprojekt umsetzbar ist, wird während der Planung geklärt. Der Erfolg des Arbeitsabschnitts hängt von der Qualität der Zusammenarbeit zwischen Bauherr und Architekt ab. Die Voraussetzungen zur Lösung der Bauaufgabe sind vor Beginn der Planungs- und Entwurfsphase gemeinsam zu erfassen. Beispiele für Einflussfaktoren sind: 78

- Art der Nutzung: individuelle Wohnbedürfnisse, Renditeobjekt, betriebliche Nutzung, Barrierefreiheit, flexible Nutzungsmöglichkeiten;
- Quantitätsanforderungen: Flächen-/Raumbedarf, Erweiterbarkeit;
- Qualitätsstandards: Konstruktion, Ausbau, Gestaltung, Technik, Haltbarkeit, Pflege-/Wartungsaufwand, neuartige oder erprobte Materialien, Konstruktionen, Wärmeschutz, Schallschutz;
- Grundstückssituation: Bauplanungs- und Bauordnungsrecht, Bodenbeschaffenheit (Grundwasserstand, Altlasten, Kampfmittel, Tragfähigkeit etc.), Erschließung, Topografie, Medien, Einbindung in die Umgebung, Entwicklung der Umgebung;

---

45 BGH, Urt. v. 23.11.2006 – VII ZR 110/05 – IBR 2007, 139; BGH, Urt. v. 6.12.2007 – VII ZR 157/06 – IBR 2008, 161.

- erforderliche Unterlagen: Raumprogramm, Funktionsprogramm, Bestandspläne, Flurkarten, Lageplan, Bebauungsplan, Flächennutzungsplan, Betriebsplanung, Bestandsaufnahme, Bedarfsplanung, topografische Pläne;[46]
- Bauen im Bestand: vorhandene Bebauung, Denkmalschutz, Ensembleschutz, Einbindung – Erhaltung – Abbruch, Kontamination – Schadstoffe – Schädlinge;
- Vorgaben zum zeitlichen Ablauf: Planung, Bauausführung, Fix-Termine;
- Kostenerwartungen: Finanzielle Möglichkeiten (mit Nebenkosten, Freianlagen, Mehrwertsteuer etc.), Richtwerte, Finanzierungsgrundlagen, Förderungsvoraussetzungen, Prognosespielraum.

Praxistipp
Die sich nach den ersten Terminen ergebenden Fragen sollten schriftlich zusammengefasst und dem Bauherrn zur Beantwortung und Präzisierung vorgelegt werden. Hierdurch erhält der Architekt eine vom Auftraggeber verfasste Aufgabenbeschreibung als Planungsgrundlage und Nachweis, soweit keine Bedarfsplanung bauherrnseitig vorgelegt wurde.

---

79 **bb) Ortsbesichtigung.** Diese Grundleistung wurde neu in die HOAI aufgenommen. Eine Erweiterung des bisher geforderten Leistungsumfangs ergibt sich nicht, da die Prüfung der Grundstückssituation oder des Gebäudebestands schon immer Teil der ersten Grundleistung war. Es wird selten Planungsaufgaben geben, bei welchen auf eine Besichtigung verzichtet werden kann. Denkbar sind jedoch Ausnahmen, wenn der Architekt zunächst eine sorgfältige Auswertung von Bild- und Datenmaterial weit entfernter Planungsaufgaben vornimmt oder das Grundstück bzw. Gebäude bereits kennt. Die Ortsbesichtigung dient der Präzisierung der Aufgabenstellung. Der Bauherr wird daher meist teilnehmen. Für die Vorbereitung des Termins sollten **Lagepläne** bzw. **Bestandspläne** beschafft werden (siehe 7. Besondere Leistung, LPH 1, Rn 104). Topografische, städtebauliche und gestalterische Einflüsse sind als wichtige Grundlage für die folgende Planung zu dokumentieren.

Praxistipp
Im Ortstermin erstellte Fotos, Videos, Tonaufnahmen, Skizzen und Informationen zum Grundstück oder Bestandsgebäude sind wichtige Planungsgrundlagen und Nachweise. Mit ihrer Hilfe kann die in diesem frühen Stadium häufig infrage gestellte Abgrenzung zwischen **Akquisition** und Auftrag dokumentiert werden, wenn der Bauherr ggf. vor Ort konkrete Bearbeitungsanweisungen erteilt.

---

80 **cc) Beraten zum gesamten Leistungs- und Untersuchungsbedarf.** Da die Leistung unmittelbare Auswirkungen auf die Vertragsgestaltung hat, müsste diese eigentlich am Anfang der Grundlagenermittlung stehen. Der Verordnungsgeber geht jedoch davon aus, dass der Leistungsumfang erst nach Präzisierung der Aufgabe ermittelt werden kann. Dies zeigt, dass der Bedarf häufig erst nach Vertragsabschluss konkret definiert werden kann. Sowohl die Art der Leistung wie quantitative und qualitative Faktoren sind hierbei zu berücksichtigen.

- **Art der Leistung**

81 Für ein Bauprojekt werden meist mehrere **Objektplanungen** benötigt. Architektenleistungen umfassen die **Objektplanung für das Gebäude und die Innenräume** gem.

---

46 „Beschaffen von Unterlagen, die für das Vorhaben erheblich sind." (7. Besondere Leistung, LPH 1): Stellt der Architekt fest, dass diese Unterlagen für die Bearbeitung der Planungsaufgabe erforderlich sind, hat der Bauherr entsprechende Daten zur Verfügung zu stellen oder Besondere Leistungen zu beauftragen.

Teil 3 Abschnitt 1. Hiervon zu unterscheiden ist die **Freianlagenplanung** gem. Teil 3 Abschnitt 2, z.B. einer Garten- bzw. Terrassenanlage, und die **Planung von Ingenieurbauwerken** gem. Teil 3 Abschnitt 3, z.B. einer selbstständigen Tiefgarage, die mehreren Gebäuden dient, oder die **Planung von Verkehrsanlagen** gem. Teil 3 Abschnitt 4 für Parkplätze und Zufahrten.

Neben der Objektplanung sind regelmäßig **Fachplanungen** erforderlich. Dies betrifft die Tragwerksplanung nach Teil 4 Abschnitt 1 und die Technische Ausrüstung mit 8 Anlagengruppen nach Abschnitt 2. 82

Hinzu kommen **Beratungsleistungen** nach Anlage 1 zu § 3 Abs. 1 S. 2, wie die Bauphysik, für die Ermittlung des benötigten Wärmeschutzes, Leistungen für den Schallschutz, die Raumakustik, die Ingenieurvermessung und insbesondere die Geotechnik für die Beschreibung und Bewertung der Baugrund- und Grundwasserverhältnisse.[47] 83

Auch die zu beteiligenden **Behörden und Fachstellen** sind zu ermitteln (z.B. zuständige Abteilungen der Gemeinde, der Bauaufsichtsbehörde, des Gewerbeaufsichtsamts, des Gesundheitsamts, von Förderstellen, der Feuerwehr etc.). 84

Zudem ist zu besprechen, ob eine gewerkeweise oder eine Generalunternehmervergabe vorzusehen ist. 85

– **Quantität der Leistung**

Hierbei ist zu prüfen, welche Leistungsphasen zu erbringen sind. Soll die **Bebaubarkeit eines Grundstücks** überprüft werden, sind eventuell Teilleistungen der Leistungsphasen 1 und 2 erforderlich. Wird eine **Genehmigungsplanung** gewünscht, umfasst dies die Leistungsphasen 1 bis 4. Bei Einsatz eines **Generalunternehmers** müssen nicht alle Grundleistungen anfallen, wobei sich der Bearbeitungsaufwand in der Leistungsphase 6 und 7 erhöht. Ein **Vollauftrag** umfasst die Leistungsphasen 1 bis 9. Im Allgemeinen werden gem. § 3 Abs. 2 für die **ordnungsgemäße Erfüllung des Auftrags** alle Leistungsphasen des Leistungsbildes mit den objektspezifischen Grundleistungen benötigt. Bauherrn, welche zur Erfüllung des Auftrags erforderliche Grundleistungen von der Beauftragung ausnehmen, erhalten nur dann eine ordnungsgemäße Gesamtleistung, wenn die entnommenen Teile fachgemäß in Eigenleistung oder von anderen an der Planung Beteiligten erbracht werden. Der hieraus resultierende zusätzliche Einarbeitungs- und Koordinationsaufwand des Architekten ist gem. § 8 Abs. 3 schriftlich zu vereinbaren. 86

– **Qualität der Leistung**

Viele Bauaufgaben sind ohne **Besondere Leistungen** nicht durchführbar. Insbesondere Umbauten, Modernisierungen und Instandsetzungen erfordern Schadstofferkundungen, Schadensuntersuchungen, die Planung von Schutzmaßnahmen, Betreuungsmaßnahmen für Planungsbetroffene sowie maßliche und technische Bestandsaufnahmen. Auch die Betriebsplanung, Medizinplanung, die Erstellung von Raum- und Funktionsprogrammen und die SiGe-Planung gehen über Grundleistungen hinaus. 87

Leistungen der **Brandschutzplanung** gehören nicht in allen Fällen zu den Grundleistungen.[48] Dies gilt insbesondere, wenn spezielle fachübergreifende Kenntnisse des baulichen, anlagentechnischen, betrieblichen und organisatorischen Brandschutzes oder besondere Qualifikationen bzw. Nachweisberechtigungen erforderlich sind. 88

47 Es ist Aufgabe des Architekten, die Einholung eines erforderlichen Baugrundgutachtens in der LPH 1 zu empfehlen. OLG Naumburg, Urt. v. 16.11.2010 – 9 U 196/09 – IBR 2011, 471; OLG Karlsruhe, Urt. v. 24.5.2007 – 19 U 119/06 – IBR 2007, 378; OLG Zweibrücken, Urt. v. 20.1.2009 – 8 U 43/07 – IBR 2010, 639; BGH, Beschl. v. 25.2.2010 – VII ZR 38/09 – Nichtzulassungsbeschwerde zurückgewiesen.

48 BGH, Urt. v. 26.1.2012 – VII ZR 128/11 – IBR 2012, 208.

89 **dd) Formulieren der Entscheidungshilfen für die Auswahl anderer an der Planung fachlich Beteiligter.** Anhand der in den vorangegangenen Leistungen ermittelten Grundlagen muss der Bauherr die benötigten Fachplaner auswählen. Dabei sind unter Mithilfe des Architekten zunächst Schnittstellen und Aufgabengebiete zu definieren.

90 Entscheidungshilfen für die Auswahl können sein:
- der Leistungsumfang für die Objektplanung, Fachplanungen, Sonderfachleute, Gutachter;
- die Grundlagen der Vergütung nach preisrechtlichen Vorgaben der HOAI, Empfehlungen des AHO oder nach freier Vereinbarung;
- Vorgaben für die Angebotseinholung, z.B. nach den Vergaberichtlinien oder beschränkter Bewerberkreis;
- Anforderungen an die Fachkunde, Leistungsfähigkeit, Zuverlässigkeit der Bewerber;
- terminliche Vorgaben.

91 Die **Vertragsgestaltung**, Mitwirkung, Organisation und **Durchführung von Auswahlverfahren** zählt nicht zu den Grundleistungen des Architekten (vgl. 17. Besondere Leistung, LPH 1).

92 **ee) Zusammenfassen, Erläutern und Dokumentieren der Ergebnisse.** Die Grundlagenermittlung ist wie alle weiteren Leistungsphasen ergebnisorientiert. Da diese häufig planungsbegleitend mit nachfolgenden Arbeitsschritten erbracht wird, wurden früher Einzelergebnisse mündlich im Laufe der Planung zusammengefasst. Die neu aufgenommene Teilleistung der Dokumentation erfordert eine textliche Zusammenfassung. Durch die **Dokumentationspflicht** erhöht sich der Aufwand für die Leistungsphase 1.

93 Nur in einem schriftlichen Erläuterungs- oder Besprechungsbericht können
- Aufgabenstellungen mit Angaben zum Raumprogramm,
- Planungsgrundlagen, wie z.B. erforderliche Maßnahmen für die Erlangung von Steuervorteilen,[49] Funktionszusammenhänge,
- benötigte Leistungen, z.B. für Förderunterlagen,
- Beteiligte, z.B. Heimleitung, Pflegedienstleitung, Küchenleitung, Geschäftsführer, Hausmeister,
- Termine etc.

als verbindliche Grundlagen für die weiteren Leistungen des Auftragnehmers dokumentiert werden. Der Auftraggeber erhält hierdurch Gelegenheit, seine Erwartungen und Anforderungen nochmals zu überprüfen. Für den Architekten ist die Zusammenfassung eine konkrete Planungsgrundlage und zugleich ein Mittel der Beweisführung bei möglichen Differenzen bezüglich der Beauftragung oder bei späteren Änderungen der Planungsziele.

94 Wird bereits nach Klärung der Aufgabenstellung und Randbedingungen erkennbar, dass ein Bauvorhaben eventuell nicht realisierbar oder genehmigungsfähig ist, muss dies als Ergebnis der Leistungsphase 1 festgehalten werden.[50]

Praxistipp
In einem Besprechungsbericht, welcher dem Bauherrn zur Überprüfung, Ergänzung und Bestätigung vorgelegt wird, werden Aufgabenstellung, Leistungsumfang und Planungsbeteiligte zusammengefasst. Die-

---

49 OLG Jena, Urt. v. 30.9.2009 – 2 U 606/07 – IBR Oktober 2011, 596; BGH, Beschl. v. 16.6.2011 – VII ZR 174/09 – Nichtzulassungsbeschwerde zurückgewiesen.
50 OLG Nürnberg, Urt. v. 27.7.2005 – 6 U 117/05 – IBR 2006, 1439.

ser kann als Arbeitsanweisung formuliert einen Hinweis auf eine Beauftragung sein, falls noch kein schriftlicher Vertrag abgeschlossen wurde.

---

d) Besondere Leistungen. Die Besonderen Leistungen zur Grundlagenermittlung dienen der Projektvorbereitung und müssten eigentlich in einer **Leistungsphase „0"** zusammengefasst werden. Mit ihrer Hilfe sind Planungsvorgaben vor Beginn der Leistungsphase 1 zu ermitteln. 95

aa) Bedarfsplanung und Bedarfsermittlung. Nach der 1996 entstandenen DIN 18205 ist die **Bedarfsplanung** im Bauwesen die methodische Ermittlung der Bedürfnisse von Bauherrn und Nutzern sowie die Aufbereitung des Bedarfs und die Umsetzung in bauliche Anforderungen. Der Norm wurden Prüflisten für die Bearbeitung beigefügt. **Bedarfspläne** bestehen aus Unterlagen, die Bedürfnisse, Ziele und Mittel des Bauherrn und der Nutzer sowie die Anforderungen an die Entwurfsplanung darlegen. Der Durcharbeitungsgrad ist vom Objekt und dem Informationsstand der Bearbeiter abhängig. 96

Die **Bedarfsermittlung** ist eine Analyse der Rahmenbedingungen und der damit verbundenen Problem- und Aufgabenstellung, deren Lösung später in eine konkrete Planung einfließt. Mit der Bedarfsermittlung werden z.B. **Flächen- und Raumbedarf**, Funktionen, Verknüpfungen, das Ausstattungsprogramm sowie der Kosten- und Terminrahmen erarbeitet. Im **Bau- und Raumprogramm** werden die erforderlichen Flächen und Räume zusammengestellt. Das **Funktionsprogramm** gibt die Aufbau- und Ablauforganisation wieder. Beim **Ausstattungsprogramm** sind die Anforderungen an den Ausbau (Standards, Akustik etc.) und die Technik darzulegen. Im Industrie-, Fabrik- und Anlagenbau ist das **Nutzerbedarfsprogramm** häufig aus einer **Betriebsplanung** abzuleiten. Bei Gewerbe- und Investorenobjekten ist die **Standortanalyse** eine Grundlage für die Entwicklung der Bedarfsplanung. Ebenso können **Organisationsuntersuchungen** des späteren Betriebs eine Voraussetzung für die Bedarfsplanung sein. 97

Der **Kostenrahmen** ist Teil der Bedarfsplanung und beinhaltet eine Abschätzung des Investitionsvolumens und ggf. der Folgekosten. Hieraus kann später ein **Mittelabflussplan** als weitere Besondere Leistung abgeleitet werden. 98

bb) Aufstellen eines Funktionsprogramms und Raumprogramms. Ohne Funktions- und Raumprogramm kann keine Entwurfsplanung erarbeitet werden. Insbesondere bei größeren komplexen Bauprojekten sind Nutzungsart, Anzahl und Größe der benötigten Räume aufzulisten. Diese Unterlagen umfassen die **Nutzflächen** (NF) nach DIN 277 Teil 2. Technische **Funktionsflächen** (TF) und **Verkehrsflächen** (VF) sind entwurfsabhängig zu entwickeln. Hierbei können nutzungsbedingte **Funktionsabläufe**, Zusammenhänge oder Gliederungen vorgegeben werden. Grundlagen sind Richtlinien wie die Vorgaben für den geförderten Wohnungsbau oder Empfehlungen (z.B. für den Schulbau) und Musterraumprogramme (z.B. des Kuratoriums Deutsche Altershilfe). Insbesondere ist anzugeben, wie die jeweiligen Flächen berechnet werden (z.B. nach der Wohnflächenverordnung WoFlV der DIN 277-1). Bei kleineren Bauaufgaben werden diese Informationen meist vom Bauherrn mündlich übermittelt. 99

cc) Standortanalyse. Sie ist Teil der **Machbarkeitsstudie** und wird meist von Investoren erbracht. Planer liefern benötigte Daten. Zugleich werden hieraus Planungsanforderungen wie Funktionen, Kosten und Termine abgeleitet. Die Standortanalyse umfasst z.B. die Bereiche: 100

- Basis (Objektzweck, -ziel, -orientierung),
- Bedingungen (Lage, Arbeitskräfte, Markt, Logistik, Versorgung),

- Infrastruktur (Abgaben, Baurecht, Finanzierung, Politik),
- Auswertung (Kosten-, Ablaufkonzept, Risikobewertung).

101 Die sich aus der Grundstückssituation ergebenden Bedingungen für die Vorplanung sind im Rahmen der Grundleistungen zu klären (siehe LPH 1, Rn 78–79; LPH 2, Rn 134–149).

102 **dd) Mitwirken bei Grundstücks- und Objektauswahl, -beschaffung und -übertragung.** Die Beteiligung des Architekten bei Verhandlungen mit Eigentümern, Gemeinden, Liegenschaftsämtern und Maklern zum Kauf, bei der Übertragung oder der Suche nach einem geeigneten Grundstück bzw. Objekt ist eine Besondere Leistung.

103 Davon zu unterscheiden ist die Tätigkeit des Architekten im Rahmen eines **Kopplungsgeschäfts** gem. Art. 10 § 3 MRVG,[51] wonach eine Vereinbarung unwirksam ist, durch die der Erwerber verpflichtet wird, die Leistungen eines bestimmten freiberuflichen Ingenieurs oder Architekten in Anspruch zu nehmen. Mit diesem Gesetz sollte verhindert werden, dass freiberufliche Architekten zu Akquisitionszwecken an Eigentümer herantreten und sich einer berufsfremden Makler- oder Projektentwicklertätigkeit widmen. Hiervon macht der BGH die Ausnahme, dass der Architektenvertrag wirksam ist, wenn ein Bauwilliger an den Architekten herantritt mit der Bitte, ein passendes Grundstück für ein bestimmtes Projekt zu vermitteln.[52]

104 **ee) Beschaffen von Unterlagen, die für das Vorhaben erheblich sind.** Die neu aufgeführte Besondere Leistung dient der Klarstellung. Lagepläne, Bestandsunterlagen, Auszüge aus Bebauungsplänen etc. sind nicht vom Auftragnehmer im Rahmen der Grundleistungen zu beschaffen. Werden für die Planung erforderliche Unterlagen nicht zur Verfügung gestellt, fallen Besondere Leistungen an. Der Architekt muss jedoch bei der Klärung der Aufgabenstellung auf die benötigten Unterlagen hinweisen.

105 **ff) Bestandsaufnahme.** Insbesondere bei Umbauten, Erweiterungen, Modernisierungen und Instandsetzungen sind regelmäßig maßliche, technische und nutzungsbezogene Feststellungen, z.B. zur Lage, den Abmessungen, der Beschaffenheit und der Funktion, durchzuführen.

- **Maßliche Bestandsaufnahme:**

106 Fehlen Planunterlagen, sind diese nach Aufmaßen zu erstellen. Vorhandene Pläne sind mit der Situation vor Ort zu vergleichen und ggf. zu überarbeiten. Dabei ist die Übereinstimmung mit vorhandenen Genehmigungen zu prüfen. Ein verformungsgerechtes Aufmaß ist durchzuführen, wenn denkmalpflegerische Belange dies erfordern.

- **Technische Bestandsaufnahme:**

107 Vorhandene Mängel und Bauschäden sind aufzunehmen. Hierbei kann eine **Schadenskartierung** erstellt werden. Die technische Substanzerkundung baut hierauf auf, wenn z.B. die Zusammensetzung der Bauteile untersucht wird (siehe 9. Besondere Leistung, LPH 1, Rn 110–111).

---

51 Gesetz zur Verbesserung des Mietrechts und zur Begrenzung des Mitanstiegs sowie zur Regelung von Ingenieur- und Architektenleistungen v. 4.11.1971.
52 BGH, Urt. v. 25.9.2008 – VII ZR 174/07 – IBR 2008, 741.

– **Funktionale und nutzungsbezogene Bestandsaufnahme:**
Festzustellen ist, ob die vorhandenen Nutzungen genehmigt wurden und öffentlich-rechtlichen Anforderungen entsprechen. Zudem sind funktionale Mängel zu ermitteln, ggf. **Betriebsbeschreibungen** zu erstellen und abzustimmen. Häufig wird bereits in dieser Leistungsphase erkennbar, ob **Betreuungs- bzw. Ersatzmaßnahmen für Planungsbetroffene** zu organisieren sind (Besondere Leistung, Rn 501, 502). 108

In der Praxis werden folgende Anhaltswerte für die Honorarermittlung verwendet: 109

€/m² BGF netto* (*Anhaltswerte in Anlehnung an Daten der Architektenkammer Berlin und des Finanzministeriums Thüringen, SV Siemon IfKb Architekten- und Ingenieurrecht, Seminar 2013)	einfach	durchschnittlich	schwierig
Maßliche Bestandsaufnahme	1,7–2,5	1,9–2,7	2,7–3,5
Erstellen von Bestandsplänen	2,6–3,4	2,9–3,9	3,3–4,3
Technische Bestandsaufnahme	1,7–1,9	1,8–2,0	2,2–2,4

gg) Technische Substanzerkundung. Die Untersuchung der Beschaffenheit und des Erhaltungszustands kann Erschließungsmaßnahmen (KG 200/DIN 276), Baukonstruktionen (KG 300/DIN 276), Technische Anlagen (KG 400/DIN 276), Außenanlagen (KG 500/DIN 276) und Ausstattungen (KG 600/DIN 276) umfassen. Während der Substanzerkundung fallen häufig **Schadenskartierungen** an. 110

Nur selten erfolgt die technische Substanzerkundung ausschließlich durch den Objektplaner. Die Untersuchung von Baukonstruktionen ist meist unter Beteiligung eines Tragwerksplaners durchzuführen. Bei technischen Anlagen sind Heizungs-, Lüftungs-, Sanitär- und Elektroplaner hinzuziehen. Für die Überprüfung der Beschaffenheit ist insbesondere die Schadstofferkundung von Bedeutung. Gesetzliche Vorgaben regeln den Umgang mit belasteten Baustoffen. Die dabei erforderlichen Fachkenntnisse hinsichtlich der Analyse und Bewertung übersteigen den Aufgabenbereich des Architekten. Erhebliche Haftungsrisiken entstehen, wenn belastete Materialien bei Umbauten im Bestand verbleiben oder nicht fachgerecht demontiert und entsorgt werden. Der Objektplaner sollte daher hierfür beim Bauen im Bestand grundsätzlich die **Beteiligung eines Fachplaners** empfehlen. Auch Spezialisten für die Schädlingsbekämpfung oder Baugrundgutachter wirken an den Untersuchungen mit. Die technische Substanzerkundung ist während der Baudurchführung fortzusetzen, da viele Konstruktionen vorab nicht einsehbar sind. Ohne Substanzerkundung kann kein Bestandsobjekt bearbeitet werden. 111

hh) Betriebsplanung. Im Industrie- und Gewerbebau bestimmen Betriebsabläufe, ständige Optimierungsüberlegungen, technische Vorgaben und gesetzliche Bestimmungen die Planungsgrundlagen. In der Regel werden diese Leistungen vom Auftraggeber unter Beteiligung von Fachgutachtern und ggf. den Objekt-/Fachplanern erbracht. Nur in Ausnahmefällen verfügen Architekten allein über die für die Betriebsplanung erforderlichen speziellen Kenntnisse und Erfahrungen. 112

ii) Prüfen der Umwelterheblichkeit. Insbesondere im Industriebau sind unter Beteiligung von Behörden und Fachplanern Maßnahmen mit ihren Auswirkungen abzustimmen. Hierfür sind sowohl technische-, bauliche- und nutzungsbedingte Faktoren mit 113 ihren Umwelteinflüssen zu überprüfen. Bereits eine übliche Wohnbebauung am Waldrand kann den Waldbestand beeinträchtigen. Gleichzeitig wird der nahe Baumbestand die Wohnnutzung gefährden. Dies kann eine beabsichtigte Bebauung infrage stellen oder bestimmte Planungsanforderungen vorgeben (z.B. Abstände, konstruktive Vorkehrungen).

114 **jj) Prüfen der Umweltverträglichkeit.** Ziel ist es, Umweltbelastungen zu vermeiden oder zu reduzieren. Insbesondere bei größeren Maßnahmen sollen Umweltverträglichkeitsprüfungen Menschen, Tiere, Pflanzen und Sachgüter vor schädigenden Einwirkungen schützen (z.B. Immissionen, Emissionen). Einwirkungen des Menschen auf den Naturhaushalt und die Naturgüter Boden, Wasser, Luft und Klima, die geeignet sind, erhebliche Nachteile für die Allgemeinheit herbeizuführen, sind schädliche Umwelteinflüsse. Bei der Umweltverträglichkeitsprüfung sind Umweltbelange, öffentliche und private Anforderungen gegeneinander und untereinander abzuwägen.[53] Hierfür sind die entsprechenden Behörden und Fachplaner zu beteiligen.

115 **kk) Machbarkeitsstudie.** Sie liefert Grundlagen für die Planung hinsichtlich der Gestaltung, Nutzung, Flexibilität, Größe, Kosten, Grenzwerte und Termine.

116 Die **„Feasibility Study"** wird in der Regel von Spezialisten des Investors erbracht. Einflussfaktoren sind häufig unter Beteiligung von Architekten zu ermitteln. Insbesondere bei Bauträger- und Investorenprojekten werden in Machbarkeitsstudien folgende Faktoren überprüft:
- Grundlagen (Markt-, Trend-, Zielgruppen-, Standort-, Grundstücksanalyse);
- Gestaltungskonzept (Nutzungen, Kapazitäten, Raum-, Betriebskonzept);
- Einnahmenkonzept, Standortentwicklung, Zeitrahmen;
- Kostenstruktur (Grundstück, Planung, Bau, Ausrüstung, Investitions- und Wirtschaftlichkeitsnachweis, Personalkosten, Betriebskosten, Rentabilität);
- Finanzierung (Geschäftskonzept, Eigenmittel, Sicherheiten, Förderung, Kredite);
- Risiken (Grundstücks-, Bau-, Finanzierungs-, Nutzungs-, Markt-, Konkurrenzbedingungen).

117 Die Machbarkeitsstudie wird meist vor oder im Zusammenhang mit einer Grundlagenermittlung oder Vorplanung erbracht.

118 **ll) Wirtschaftlichkeitsuntersuchung.** Die Leistung wurde in die Grundlagenermittlung neu aufgenommen und kann sich sowohl auf das Gesamtobjekt wie auf alternative Lösungsmöglichkeiten oder Ausführungsvarianten beziehen. Nach Teil II der Verordnung über **wohnungswirtschaftliche Berechnungen** (früher II. BV) ist bei Anwendung des Zweiten Wohnungsbaugesetzes, des Wohnungsbindungsgesetzes oder der Verordnung zur Durchführung des Wohnungsgemeinnützigkeitsgesetzes eine **Wirtschaftlichkeitsberechnung** durchzuführen. Diese enthält gem. Teil II. § 3:
- die Grundstücks- und Gebäudebeschreibung,
- die Berechnung der Gesamtkosten,
- den Finanzierungsplan,
- die laufenden Aufwendungen und Erträge.

53 Vgl. Bekanntmachung des BMI v. 12.9.1975, GMBl 1975, 717.

119 Der Begriff der Wirtschaftlichkeitsuntersuchung ist auch auf die Ergebnisrechnungen von Investoren anwendbar. Bei der **Investitionsrechnung** von Bauträgern werden Aufwand und Erlös Kosten und Leistung gegenübergestellt. Die Differenz als Gewinn/Verlust stellt das Ergebnis dar.

120 Für die Feststellung der entsprechenden Berechnungsparameter sind Angaben von Architekten, Fachplanern und des Bauherrn erforderlich.

121 **mm) Projektstrukturplanung.** Diese neu eingeführte Leistung ist Teil der Projektvorbereitung und Projektorganisation. Zu ermitteln sind die projektspezifischen Organisationsvorgaben. Hierzu ist eine Untergliederung in einzelne Komponenten durchzuführen. Gliederungsebenen können sein: Projekte, Teilprojekte, Funktionen, Baubereiche, Ebenen, finanz- oder ablauftechnische Vorgaben. Die Gliederung und Bezeichnung der Elemente wird auch bei der Kodifizierung der Bearbeitungsunterlagen (Pläne, Beschreibungen, Kosten-/Terminplanungen, Budgetierung, Inventarisierung) eingesetzt, damit einheitliche Grundlagen verwendet werden. Beim Aufbau der Projektstruktur ist zu berücksichtigen:

- Trennung nach Auftraggebern, Fördergrundlagen, Nutzungen etc.;
- Schnittstellen zu anderen Bau-/Organisationsprojekten;
- Vorlaufprojekte, Umzugsprojekte, Vermietaufgaben, Instandsetzungsaufgaben, zusätzliche Bauwerke/Anlagen.

122 Schwierig ist die Abgrenzung gegenüber den Grundleistungen. Sowohl bei der Projektstrukturplanung wie im Rahmen der Grundleistungen sind systembezogene Untergliederungen vorzunehmen. Zu den Grundleistungen können jedoch nur die auf das zu errichtende Objekt bezogenen Arbeitsschritte zählen.

123 **nn) Zusammenstellen der Anforderungen aus Zertifizierungssystemen.** Gebäudezertifizierungen sollen die Qualität am Bau steigern und dokumentieren. Hierfür wurden von verschiedenen Trägern spezielle Kriterien, Abläufe und Konformitätsprüfungen erarbeitet, die auch international angewendet werden. In diesem Zusammenhang sind die Anforderungen hinsichtlich der Planung, Dokumentation, Material- und Produktnachweise, Bauteil- und Gebäude-Ökobilanz sowie bei der Ausführungsprüfung zu ermitteln. Diese können alle Lebenszyklusphasen von der Projektentwicklung über die Planung, Herstellung, den Transport, die Einrichtung, Nutzung, dem Betrieb, der Reinigung, Instandhaltung, Alterung bis zum Rückbau mit Entsorgung betreffen. Im Rahmen der Leistungsphase 1 werden insbesondere Qualitätsanforderungen und Schutzziele ermittelt.

124 **oo) Verfahrensbetreuung, Mitwirken bei der Vergabe von Planungs- und Gutachterleistungen.** Über die Grundleistung „Formulieren der Entscheidungshilfen für die Auswahl anderer an der Planung fachlich Beteiligter“ (LPH 1 Grundleistung d)) hinaus werden im Rahmen dieser Besonderen Leistung Angebote eingeholt, geprüft, gewertet, dokumentiert und als Vergabevorschlag vorbereitet. Auch die Mitwirkung bei der Vorbereitung und Durchführung von **Bewerbungsverfahren** und Auslobungen nach Vergaberichtlinien zählt zum Aufgabenbereich.

2. Leistungsphase 2 – Vorplanung (Projekt- und Planungsvorbereitung)

125 **a) Planungsziel.** Zutreffender müsste diese Leistungsphase mit der Bezeichnung **„Planungsidee“** überschrieben werden.

126 Die im Rahmen der Leistungsphase 1 ermittelten Vorgaben sind in eine konkrete Planung umzusetzen. Diese wird anhand von **Skizzen** erarbeitet und durch die **Kostenschätzung** sowie mündliche bzw. schriftliche Erläuterungen ergänzt. Der wesentliche Unterschied zwischen der Zielfindungsphase der Vorplanung und der Grundlagenermittlung besteht darin, dass die Leistungsphase 2 nicht mehr klärend, sondern konkret planungsbezogen erbracht wird. Das hieraus entstehende Planungskonzept ist die wesentliche Weichenstellung im Planungsprozess.

b) Problematik

127 **aa) Vorplanungsergebnisse.** Im Idealfall entsteht eine Lösung, welche alle Anforderungen des Auftraggebers berücksichtigt und anschließend in der Entwurfsplanung (LPH 3) weiter durchgearbeitet wird. Als Ergebnis kann ebenso feststellt werden, dass aufgrund der Randbedingungen eine bestimmte Aufgabe nicht umgesetzt werden kann und z.B. eine weitere Vorplanung auf Grundlage veränderter Vorgaben benötigt wird.

128 Auftraggeber und Auftragnehmer haben gemeinsam die wesentlichen Teile der Lösung zu erarbeiten. Der Architekt hat Wünsche und Ziele des Bauherrn aufzunehmen und anhand der Einflussfaktoren Planungsvorschläge zu erstellen. Der Bauherr muss konkrete Planungsziele vorgeben und die erarbeiteten Unterlagen als Grundlage für die Weiterentwicklung bewerten. Ohne die Entscheidung des Bauherrn im Rahmen der Vorplanung kann keine Entwurfsplanung entstehen (vgl. Rn 254ff.).

129 In der Praxis fließen die Grundleistungen a) Analysieren der Grundlagen, b) Abstimmen der Zielvorstellungen mit Hinweisen auf Zielkonflikte, d) Klären und Erläutern der wesentlichen Zusammenhänge, Vorgaben und Bedingungen, i) Zusammenfassen, Erläutern und Dokumentieren der Ergebnisse, in den zeichnerischen Teil der Leistung c) ein und werden in Gesprächen zwischen Bauherr und Planer abgestimmt. Daher fehlte bisher häufig eine schriftliche Dokumentation. Nach Feststellung des BGH[54] zur HOAI 1996 kann bei einem an den Leistungsphasen der HOAI orientierten Vertrag das Honorar gemindert werden, wenn einzelne Grundleistungen wie z.B. „das **Zusammenstellen aller Vorplanungsergebnisse**" nicht erbracht wurden. Einzelne Arbeitsschritte sind kein Selbstzweck, sondern Teil eines ergebnisorientierten Planungs- und Abstimmungsprozesses. Es hängt vom Inhalt des Vertrags und der Planungsaufgabe ab, welche Leistungen der Architekt schuldet. Honorarkürzungen für nicht erbrachte Grundleistungen können vermieden werden, wenn vertraglich festgelegt wird, was der Auftragnehmer als Gesamterfolg schuldet und dabei Arbeitsschritte ohne Anlehnung an das Leistungsbild als **Teilerfolge** festgelegt werden.[55]

130 **bb) Beauftragung von Fachplanern.** Ein weiteres Praxisproblem besteht darin, dass Bauherrn in dieser frühen Planungsphase teilweise noch keine Fachplaner beauftragen. Im Rahmen der Grundleistungen a) und e) hat der Architekt jedoch Leistungen abzustimmen, seine Planung für die Fachplaner bereitzustellen sowie deren Leistungen zu koordinieren und zu integrieren. Die Ermittlung von Kostendaten der Kostengruppen 400 zählt nicht zu den Grundleistungen des Architekten. Werden entsprechende **Fachplanungsleistungen** beim Architekten abgerufen, erbringt dieser Leistungen nach Teil 4 § 55 bzw. Anlage 15.

54 BGH, Urt. v. 24.6.2004 – VII ZR 259/02 – IBR 2004, 512f.
55 LG Köln, Urt. v. 18.2.2011 – 32 O 113/9 – IBR 2011, 344.

cc) Akquisition. Auch die Abgrenzung zwischen **beauftragten Planungsleistungen** und einer **unentgeltlichen Akquisition** ist in der Leistungsphase 2 ggf. noch schwierig. Aus einer planerischen Tätigkeit des Architekten allein kann noch kein Vertragsabschluss hergeleitet werden. Der Architekt muss außerdem den Vertragsabschluss beweisen.[56] Architekten betreiben Akquisition, wenn sie sich mit einer Planung bei einem Bauherrn vorstellen. Werden bei der Vorstellung Änderungs- und Verbesserungsvorschläge entwickelt, ergibt sich hieraus noch kein Vertragsabschluss. Erst wenn der Bauherr zweifelsfrei zur Weiterentwicklung der Planungslösung auffordert, kann von einer Beauftragung ausgegangen werden.[57] Wer Dienste eines Architekten in Anspruch nimmt und diesen zur Erbringung von Leistungen auffordert, muss mit Vergütungspflichten rechnen.[58] 131

Praxistipp
Im Rahmen der Leistungsphase 2 sind Vorverhandlungen über die Genehmigungsfähigkeit, z.B. mit der Gemeinde, zu führen. Gegebenenfalls sind Bestandsplanunterlagen bei der Bauaufsichtsbehörde einzusehen oder amtliche Lagepläne anzufordern. Architekten, welche noch keinen Vertrag haben, können den Bauherrn um eine „Vollmacht für Vorverhandlungen mit Behörden bei der Erarbeitung der Vorplanung" als Nachweis bitten. Zugleich kann durch schriftliche Aufgabenbeschreibungen und Arbeitsanweisungen des Bauherrn eine Beauftragung bewiesen werden (vgl. Rn 79, 94 und 279).

Unabhängig von einem Vertragsabschluss sind gem. § 20 Abs. 3 VOF während der **Akquisitionsphase** zu erarbeitende Lösungsvorschläge nach der HOAI zu vergüten. Dies gilt auch dann, wenn die Vergabestelle die Leistungen nicht verwertet.[59] 132

– **Einzelleistung**
Nach § 9 Abs. 1 kann ein Prozentsatz von bis zu 9% schriftlich vereinbart werden, wenn die **Vorplanung als Einzelleistung** beauftragt wird. 133

c) Grundleistungen

aa) Analysieren der Grundlagen, Abstimmen der Leistungen mit den fachlich an der Planung Beteiligten. Während in der Leistungsphase 1 die Aufgabenstellung ermittelt wurde, erfolgt in der Leistungsphase 2 eine planungsbezogene Aufarbeitung. Zunächst ist zu überprüfen, ob die vorliegenden Daten und Unterlagen ausreichen, um mit der Planung zu beginnen. Anhand des Raum-/Funktionsprogramms, Bestandsplans sowie Lage- und Bebauungsplans wird analysiert, welche Aufgaben sich für die Planung ergeben. Bei komplexen Bauprojekten sind vorab die Zuständigkeitsbereiche der Ansprechpartner und Vertreter des Auftraggebers zu ermitteln. 134

Die Leistungen werden im Zusammenhang mit der Koordination und Integration der Beiträge an der Planung fachlich Beteiligter (Leistung 2e) erbracht. Bei der Abgrenzung der Planungsleistungen sind Aufgabengebiete und Verknüpfungen der Objektplanung und der Fachplanungen zu definieren. Damit ist die Abstimmung der Leistungen Teil der 135

---

56 OLG Celle, Beschl. v. 7.3.2011 – 14 U 7/11 – IBR 2011, 341.
57 OLG Naumburg, Urt. v. 21.4.2010 – 5 U 54/09 – IBR 2011, 528; BGH, Beschl. v. 20.4.2011 – VII ZR 89/10 – Nichtzulassungsbeschwerde zurückgewiesen.
58 OLG Hamburg, Urt. v. 21.12.2007 – 10 U 1/07 – IBR 2009, 719; BGH, Beschl. v. 7.5.2009 – VII ZR 228/08 – Nichtzulassungsbeschwerde zurückgewiesen.
59 IBR-Forum November 2012, 628; VK Südbayern, Beschl. v. 25.3.2013 – Z3-3-3194-1-06-03/13 – IBR 2013, 434; OLG München, Beschl. v. 20.3.2013 – Verg 5/13 – IBR 2013, 304.

neu hinzugekommenen **Steuerungsaufgaben** des Objektplaners. Hieraus ergibt sich nach Feststellung der vom Bundesministerium für Wirtschaft und Technologie in Auftrag gegebenen Studie des Aktualisierungsbedarfs zur Honorarstruktur der Honorarordnung für Architekten und Ingenieure vom Dezember 2012 ein Mehraufwand gegenüber der HOAI 2009.

136 **bb) Abstimmen der Zielvorstellungen, Hinweisen auf Zielkonflikte.** Die Abstimmung der Zielvorstellungen bezieht sich nicht mehr auf die grundsätzliche Planungsaufgabe. Diese wird in der Grundleistung a) der Leistungsphase 1 definiert und in der Grundleistung e) dokumentiert. In der Leistungsphase 2 stimmen Auftraggeber und Architekt bei der Erarbeitung von Lösungsvorschlägen konkrete Einzelziele ab. Dabei sind Randbedingungen und Zielkonflikte zu erörtern, damit die Planung unter Berücksichtigung der Prioritäten des Bauherrn entwickelt werden kann.

137 Planern wird empfohlen, die Ergebnisse der Abstimmungsgespräche in **Besprechungsprotokollen** planungsbegleitend zusammenzufassen. Hierdurch erhält der Bauherr die Möglichkeit, Einzelentscheidungen nochmals zu überdenken. Für den Auftragnehmer entsteht eine Arbeitsgrundlage, die zudem bei der Darlegung von Planungsänderungen benötigt wird.

138 **cc) Erarbeiten der Vorplanung (Untersuchen, Darstellen und Bewerten von Varianten nach gleichen Anforderungen; Zeichnungen im Maßstab nach Art und Größe des Objekts).** Die Vorplanung ist der geistig-kreative Kern der Planungsaufgabe. Meist wird schon unmittelbar nach dem ersten Treffen mit dem Bauherrn während der Abstimmung der Anforderungen mit dem zeichnerischen Teil der Bearbeitung begonnen.

139 Es hängt von der Bauaufgabe ab, ob bereits Fachplaner bzw. Berater beteiligt werden. In der amtlichen Begründung zur HOAI 2013 ist der Hinweis enthalten, dass der Begriff Vorplanung neben der gestalterischen Konzeption Zusammenhänge, Vorgaben und Bedingungen der Fachplanungen einschließt. Daher sei der Begriff **Planungskonzept** nicht weiter verwendet worden.

140 Anhand von Skizzen, Untersuchungen und Beispielen wird zunächst die Bandbreite der Lösungsmöglichkeiten überprüft. Bei der Besprechung der vorgelegten Unterlagen werden Zielvorgaben, Randbedingungen und Zusammenhänge analysiert, ermittelt, bewertet und eingearbeitet.

141 Darzustellen sind die wesentlichen Teile der Lösung, z.B. in Grundrissen, Ansichten, Schnitten bzw. dem Lageplan. Ein bestimmter Maßstab oder eine Vermaßung ist für die Pläne nicht vorgegeben. Bauherr und Architekt müssen jedoch für die Bewertung und als Grundlage der Kostenschätzung Abmessungen entnehmen können. Daher wurde in die Verordnung der Hinweis auf maßstäbliche Zeichnungen eingefügt. Im Rahmen der Vorplanungen werden zunächst **Freihand-Skizzen** angefertigt. Der Auftragnehmer entscheidet, ob für die Präsentation der ersten Lösung, die Darstellung des Büros oder für eine schnelle Weiterbearbeitung bereits eine CAD-Planung erstellt wird.

142 Anhand von **Varianten** soll der Auftraggeber die Möglichkeit erhalten, die aus seiner Sicht beste Lösungsmöglichkeit für die Weiterentwicklung auszuwählen. Varianten sind auch Teil eines Optimierungsprozesses, wenn z.B. aus einer ersten Lösung weitere Planungen entwickelt werden. Varianten basieren auf den unveränderten Anforderungen des Bauherrn.

143 Wurden die Zielvorgaben durch den Auftraggeber geändert, kann ein zusätzlicher Honoraranspruch für die Untersuchung alternativer Lösungsansätze entstehen (siehe 2. Besondere Leistung, Rn 177).

Beispiel
Bei der Planung eines Einfamilienhauses wird die Anordnung der Räume besprochen. Der Bauherr entscheidet sich, zwei Kinderzimmer im Obergeschoss und ein Kinderzimmer im Erdgeschoss anzuordnen. Vor- und Nachteile hinsichtlich der Nutzung werden besprochen. Nachdem der Architekt mehrere Varianten für diese Lösung erarbeitet hat, wünscht der Bauherr alle Kinderzimmer auf einer Ebene. Damit werden bereits abgestimmte Zielvorstellungen geändert. Der Architekt erarbeitet hierauf alternative Lösungsansätze nach verschiedenen Anforderungen (siehe 2. Besondere Leistung, Rn 177).

Es hängt von den Randbedingungen und Zielvorgaben ab, wie viele **Lösungsmöglichkeiten nach gleichen Anforderungen** aufgezeigt werden. Legt der Architekt nur eine Lösung vor, welche den Vorstellungen des Bauherrn voll entspricht, mindert dies das Honorar nicht. In der Regel werden bereits bei der Erarbeitung Varianten entwickelt, ehe eine Lösung entsteht, welche dem Bauherrn präsentiert werden kann. 144

Scheitert die weitere Zusammenarbeit, obwohl der Aufragnehmer verwertbare, der Planungsaufgabe entsprechende Lösungen vorgelegt hat, z.B. an unterschiedlichen Vorstellungen hinsichtlich der Gestaltung, ist die Leistung gleichwohl erbracht, obwohl der Auftraggeber die weitere Bearbeitung aufgrund abweichender Formvorstellungen ablehnt. Es sei denn, entsprechende Vorgaben waren bereits Teil konkreter Zielvorgaben. 145

dd) Klären und Erläutern der wesentlichen Zusammenhänge, Vorgaben und Bedingungen (z.B. städtebauliche, gestalterische, funktionale, technische, wirtschaftliche, ökologische, bauphysikalische, energiewirtschaftliche, soziale, öffentlich-rechtliche). Die Leistungen sind Voraussetzung der Vorplanung und könnten daher vor dem Punkt c) im Verordnungstext beschrieben werden, da neben den Zielvorstellungen auch die Randbedingungen zu klären sind, ehe Lösungen zeichnerisch erarbeitet werden. 146

Andererseits kann das Klären und Erläutern auch Details betreffende **Prüfungs- und Beratungspflichten** umfassen, die über die primär skizzenhafte Erarbeitung der Planungsaufgabe in der Grundleistung c) hinausreichen. So muss der Architekt im Rahmen der 4. Grundleistung über die Qualität von Baumaterialien beraten.[60] Nachteile einer Planungslösung müssen dem Bauherrn in der Weise erläutert werden, dass er die volle Tragweite erkennen kann.[61] Unterlässt der Architekt die Klärung der wirtschaftlichen Rahmenbedingungen, kann der Honoraranspruch entfallen, wenn hieraus eine für den Bauherrn unrentable bzw. nicht realisierbare Vorplanung entsteht.[62] Die Prüfungs- und Betreuungspflicht geht nicht so weit, dass **künftige Anforderungen und Trends** erkundet werden müssen, um diese vor der Marktreife zu berücksichtigen.[63] Zu klären sind die **wesentlichen Zusammenhänge**. Im Vorplanungsstadium können nicht sämtliche Einzelheiten und Detailfragen erläutert und festgelegt werden. Die Planung wird im Zuge der Leistungsphasen 3 bis 6 sukzessive gemeinsam weiterentwickelt. 147

Architekten können eine Mängelhaftung vermeiden, wenn die Aufklärung über Nachteile der Ausführung beweiskräftig dokumentiert wird. Hierfür sind vom Bauherrn gegengezeichnete Besprechungsprotokolle hilfreich. 148

---

60 OLG Koblenz, Urt. v. 30.5.2011 – 5 U 297/11 – IBR 2011, 472; zur Beratungspflicht hinsichtlich regelmäßiger Erhaltungsarbeiten.

61 OLG München, Urt. v. 16.7.2010 – 9 U 1501/09 – IBR 2011, 34.

62 OLG Düsseldorf, Urt. v. 27.2.1997 – 5 U 65/1996 –.

63 OLG Braunschweig, Urt. v. 16.12.2010 – 8 U 123/08 –; BGH, Beschl. v. 12.4.2012 – VII ZR 14/11 – Nichtzulassungsbeschwerde zurückgewiesen, IBR 2012, 462.

Beispiel
Ein Bauherr wünscht die Maximierung der Wohnplatzanzahl für ein Altenpflegeheim. Durch die hieraus resultierenden knappen Achsbreiten kann der Wendekreisradius für Elektrorollstühle vor dem Bad nur eingehalten werden, wenn die gegenüberliegende Wand nicht mit einer Garderobe möbliert wird. Der Architekt dokumentiert die Aufklärung des Bauherrn durch eine Grundrissskizze mit Eintragung des Rollstuhlwendekreises und der möglichen Möblierung. Der Bauherr gibt die Zeichnung für die Weiterbearbeitung durch Unterschrift frei.

149 In der Praxis wird der Architekt während der Vorplanung die Baukörperanordnung städtebaulich klären. Gestalterische, funktionale und technische Fragen sind anhand von Grundriss, Fassadenskizzen und Schemaschnitten zu erläutern. Die Leistungen werden im Dialog mit dem Bauherrn und Fachplanern erbracht. Wirtschaftliche und öffentlich-rechtliche Bedingungen können insbesondere die Größe des Vorhabens beeinflussen. Ökologische, bauphysikalische, energiewirtschaftliche und soziale Zusammenhänge erfordern ggf. die Beteiligung von Fachplanern, Beratern und Sachverständigen. Die hiermit meist in mehreren Terminen planungsbegleitend definierten Zielvorgaben und Ergebnisse sollten schriftlich in Besprechungsberichten festgehalten werden.

150 **ee) Bereitstellen der Arbeitsergebnisse (als Grundlage für die anderen an der Planung fachlich Beteiligten sowie Koordination und Integration von deren Leistungen).** Die erarbeitete Lösung muss konstruktiv und technisch umsetzbar sein. Daher sind bereits in diesem frühen Planungsstadium Fachplaner und Berater zu beteiligen. Die Hilfe eines Tragwerksplaners kann für die Berücksichtigung des Baugrundes sowie die Anordnung tragender und aussteifender Bauteile wie Stützen und Wände erforderlich werden. Heizungs-, Lüftungs-, Sanitär- und Elektroplaner werden Größe und Anordnung von Technikräumen und Installationen vorgeben. Gegebenenfalls sind Brandschutzsachverständige, Schadstoffspezialisten und Bauphysiker hinzuzuziehen. Deren Beitrag fließt unmittelbar in die Vorplanung ein. Den Fachplanern und Beratern sind hierfür Planungsgrundlagen zur Verfügung zu stellen. Diese werden planungsbegleitend aktualisiert weitergegeben.

151 Die Grundleistung e) verdeutlicht die erforderliche frühzeitige Beteiligung von Fachplanern. Der mit der Objektplanung beauftragte Architekt verfügt nicht über die speziellen Kenntnisse eines Tragwerkplaners oder der Fachingenieure für die technische Ausrüstung. Durch deren späte Beteiligung können Mehrkosten für Änderungen entstehen.

152 Die **Koordination** ist eine wichtige **Steuerungsaufgabe** im Planungsablauf. Architekten müssen festlegen, wann und in welchem Umfang die anderen an der Planung fachlich Beteiligten hinzuzuziehen sind und welche Planungsgrundlagen hierfür zur Verfügung gestellt werden. Bei der Bereitstellung, Koordination und Einarbeitung sind zeichnerische, beschreibende und rechnerische Leistungen betroffen. Voraussetzung der gemeinsamen Erarbeitung sind übereinstimmende Grundlagen und die Klärung von Überschneidungen und Widersprüchen in technischer, wirtschaftlicher und zeitlicher Hinsicht. Die Überprüfung von Einzelheiten spezifischer Inhalte der Fachplanung ist nicht Teil der Koordinations- und Integrationsaufgabe, wenn diese über die Fachkenntnisse des Architekten hinausgehen.

153 **ff) Vorverhandlungen über die Genehmigungsfähigkeit.** Damit die erarbeitete Lösung ausführbar ist, muss deren Genehmigungsfähigkeit überprüft werden. Vielfach erfolgt dies im Zuge der Durchsicht bauordnungs- und bauplanungsrechtlicher Vorgaben, der Bestimmungen von Ver- und Entsorgungsunternehmen, des Gewerbeaufsichts-

amtes etc. Der Honoraranspruch wird nicht vermindert, wenn hierbei keine Gespräche und Termine mit Behörden anfallen.

Abstimmungen mit Behörden können insbesondere bei Abweichungen gegenüber dem Bebauungsplan, bei denkmalrechtlichen Fragen oder wenn die Bebauung nach § 34/§ 35 des Baugesetzbuches beurteilt wird, erforderlich sein. Unter Umständen ist eine **Bauvoranfrage** als Besondere Leistung zu empfehlen, wobei diese nur die Behörde und nicht Dritte, z.B. Nachbarn, bindet, jedoch die Frist für Nachbareinwendungen beginnen lässt. 154

Auch fachplanerische Belange können Einfluss auf die Genehmigungsfähigkeit haben. Vorverhandlungen können daher auch mit dem Fachplaner für den Brandschutz, dem Tragwerksplaner und den Heizungs-, Lüftungs-, Sanitär- und Elektroplanern zu führen sein. 155

Nicht zu den Vorverhandlungen über die Genehmigungsfähigkeit zählt die **Projektentwicklung** für die bestmögliche Verwertung und Nutzung eines Grundstücks, wenn mithilfe alternativer Lösungen und der probeweisen Überschreitung bestehender Baubestimmungen die maximale Nutzung ermittelt werden soll. Hierbei handelt es sich um Besondere Leistungen (siehe Rn 100 **Standortanalyse,** Rn 115 **Machbarkeitsstudie,** Rn 177 **Untersuchen alternativer Lösungsansätze**). Dabei fallen wiederholte Grundleistungen der Leistungsphasen 1 und 2 an. 156

gg) Kostenschätzung nach DIN 276, Vergleich mit den finanziellen Rahmenbedingungen. Die Kostenschätzung wird im § 2 Nr. 10 als überschlägige Ermittlung der Kosten auf Grundlage der Vorplanung und vorläufige Grundlage für Finanzierungsüberlegungen definiert. Deren Grundlage sind gem. Nr. 3.4.2 DIN 276-1 folgende Informationen: 157

- **Ergebnisse der Vorplanung**, insbesondere Planungsunterlagen zeichnerische Darstellungen;
- Berechnungen der Mengen von **Bezugseinheiten** der Kostengruppen nach DIN 277;
- erläuternde Angaben zu den planerischen Zusammenhängen, Vorgängen und Bedingungen;
- Angaben zum Baugrundstück und zur Erschließung.

Die Gesamtkosten sind nach Kostengruppen mindestens bis zur 1. Ebene der Kostengliederung zu ermitteln. Das **Ergebnis der Vorplanung** ist die vom Bauherrn ausgewählte Lösung. Für diese wird die Kostenschätzung erarbeitet. Wünscht der Bauherr Kostenschätzungen für Varianten, fallen wiederholte Grundleistungen an. 158

Ohne Angaben des Bauherrn, z.B. zur Kostengruppen 100 und ggf. 200 bzw. 600 und 700 sowie der Fachplaner zu den Kostengruppen 400 bzw. 500 kann vom Architekten keine vollständige Kostenschätzung erstellt werden. Es ist zwar kein bestimmtes Formular für die Kostenschätzung vorgeschrieben, dennoch sollte die folgende Gliederung eingehalten werden. Hierdurch erhält der Bauherr eine Art Checkliste für seine Finanzierungsüberlegungen. 159

Kostengruppe	Bezeichnung Kostenschätzung nach DIN 276-1	Betrag (brutto/netto)
100	Grundstück	Angabe Bauherr
200	Herrichten und Erschließen	Angabe Bauherr und AN
300	Bauwerk – Baukonstruktion	z.B. m² BGF* × € oder m³ BRI** × €

Kosten-gruppe	Bezeichnung Kostenschätzung nach DIN 276-1	Betrag (brutto/netto)
400	Bauwerk – Technische Anlagen	z.B. m^2 BGF* × € oder m^3 BRI** × €
500	Außenanlagen	z.B. m^2 × €
600	Ausstattung und Kunstwerke	Angabe Bauherr oder AN
700	Baunebenkosten	Angabe Bauherr oder AN
	Zur Abrundung	
	Gesamtkosten	

160 Mengen und **Bezugseinheiten** sind z.B. die **Bruttogrundfläche*** (BGF nach DIN 277) oder der **Bruttorauminhalt**** (BRI nach DIN 277) bzw. Nutzflächen. Diese werden mit bürointernen Erfahrungswerten oder statistisch ermittelten **Kostenkennwerten** anerkannter Baukostendatensammlungen multipliziert. In der Kostenermittlung ist anzugeben, ob Brutto- oder Nettobeträge zugrunde gelegt werden.

161 Da die Gesamtkosten für die Kostengruppen gem. Nr. 3.4.2 DIN 276-1 **mindestens** bis zur 1. Ebene der Kostengliederung zu ermitteln sind, ist eine größere **Gliederungstiefe** möglich. Dies wird insbesondere beim Bauen im Bestand erforderlich, da die individuell verschiedenen Einzelmaßnahmen hier häufig keine Ermittlung auf Grundlage von pauschalen Bezugseinheiten (€/m^2 BGF, €/m^3 BRI) ermöglichen. Nach Abschnitt 4.2 DIN 276-1 kann hierfür eine **ausführungs- oder gewerkeweise Gliederung** erarbeitet werden. Das Aufstellen einer **vertieften Kostenschätzung** nach Positionen einzelner Gewerke ist eine Besondere Leistung (siehe 12. Besondere Leistung, LPH 2, Rn 199). Da die DIN 276 bei der Berechnung der Mengen- und Bezugseinheiten auf die DIN 277 (Grundflächen und Rauminhalte) verweist, ist auch eine Berechnung z.B. nach Bettenplätzen, Büroarbeitsplätzen oder Hotelzimmern den Besonderen Leistungen zuzuordnen.

162 Neu in der HOAI 2013 ist der Vergleich mit den finanziellen Rahmenbedingungen. Dabei soll es sich nicht um einen Bezug auf den **Kostenrahmen** nach DIN 276 handeln,[64] sondern um einen Vergleich mit den in der Leistungsphase 1 ermittelten **wirtschaftlichen Rahmenbedingungen**.

163 Liefert der Bauherr hierzu keine Informationen, weil entsprechend detaillierte Erkenntnisse vor Beginn der Planung nicht bekannt sind oder die Leistungsphase 1 nicht beauftragt und nicht beigestellt wurde, entfällt der Vergleich. Eine Honorarminderung resultiert hieraus nicht, zumal der Auftragnehmer ohne entsprechende Mitwirkung des Bauherrn keine Möglichkeit hat, dessen finanzielle Kapazitäten und Vorstellungen auszuloten.

164 Vertragsinhalte mit einem **Kostenlimit** und **Kostengarantien**, welche auch irreführend als **verbindlicher Kostenrahmen** bezeichnet werden, sind Beschaffenheitsvereinbarungen[65] für Kostenobergrenzen und definieren die geschuldeten Architektenleistungen. In der Regel sind diese von der Haftpflichtversicherung des Architekten nicht gedeckt, da Versicherungs- und Garantieleistungen nicht zu den Berufsaufgaben des Architekten zählen. Nach Nr. 3.4.1 der DIN 276 dient der **Kostenrahmen** als Grundlage

64 Studie im Auftrag des BMWi, Aktualisierungsbedarf zur Honorarstruktur der Honorarordnung für Architekten und Ingenieure v. Dezember 2012, Anlage 4.1, Nr. 2.2.1.3.

65 OLG Hamm, Urt. v. 21.7.2011 – 24 U 151/04 – IBR 2011, 592; OLG Brandenburg, Urt. v. 13.7.2011 – 13 U 69/10 – IBR 2011, 648.

für die Entscheidung über die **Bedarfsplanung** sowie für grundsätzliche Wirtschaftlichkeits- bzw. Finanzierungsüberlegungen und zur Festlegung einer **Kostenvorgabe**.

Grundsätzlich beinhaltet jedes Bauvorhaben **Kostenrisiken**,[66] die nicht von Auftraggebern auf die an der Planung Beteiligten abgewälzt werden können, zumal die Kostenentwicklung von den Entscheidungen und Vorgaben des Bauherrn abhängig ist. 165

Vorhersehbare Kostenrisiken sollen gem. Nr. 3.3.9 DIN 276 nach Art, Umfang und Eintrittswahrscheinlichkeit benannt werden. Maßnahmen zur Reduzierung, Vermeidung, Überwälzung und Steuerung sind aufzuzeigen. 166

Praxistipp

Bauherrn sollten auf folgende Zusammenhänge hingewiesen werden:

- Nicht alles kann exakt erfasst werden. Daher beinhaltet jede Kostenermittlung **Prognoseunschärfen**.
- Meist wird ein **Unikat** erstellt, wobei Annahmen und Vergleichspreise aus Objekten mit anderen Bedingungen verwendet werden müssen. Hieraus resultieren entsprechende Unsicherheiten.
- Preise unterliegen den unvorhersehbaren **Marktschwankungen** des Wettbewerbes, insbesondere bei späterem Baubeginn und langen Bauzeiten.
- Das **Claim-Management** mit den permanenten Anstrengungen ausführender Firmen, anfänglich günstige Angebote zu verändern, ist zu berücksichtigen.
- Weder die Kostenermittlung noch die Kalkulation ist eine mathematische Disziplin. **Annahmen, Abwägungen und Einschätzungen** fließen in unterschiedlicher Weise ein.

Werden **Kostenobergrenzen (Kostendeckel, Design-to-cost-Prinzip)** vorgegeben, sind Reserven in die Kostenermittlung einzurechnen. Ist dies seitens des Bauherrn nicht erwünscht, steht nur die Qualität und Quantität als Steuerungsinstrument zur Verfügung. Mit dem Bauherrn sollte in diesen Fällen schriftlich vereinbart werden, dass – da keine finanziellen Reserven zur Kostensteuerung bereitgestellt werden – ggf. Ausstattungsstandards gesenkt und Umplanungen (Verkleinerungen, Vereinfachungen) vorzunehmen sind.

Gemäß DIN 276-1, Nr. 3.3.10 bezieht sich die Kostenangabe stets auf den **Kostenstand** zum Zeitpunkt der Ermittlung. Dieser ist in der Kostenschätzung anzugeben. Sofern Kosten auf den Zeitpunkt der Fertigstellung prognostiziert werden, ist dies gesondert auszuweisen. In der Regel wird ein Architekt nicht in der Lage sein, die Baupreisentwicklung ggf. sogar über Jahre hinweg vorherzusehen. Schon aus diesem Grund sind **Kostengarantien** unzumutbare **berufsfremde Wetten** darauf, dass die tatsächlichen Baukosten dem Garantiebetrag entsprechen. Derartige Leistungen sind in der Regel nicht versicherbar. Mit einem Architektenvertrag übernommene Garantieleistungen sind nur wirksam, wenn diese individuell ausgehandelt werden.[67] 167

Kostenschätzungen haben einen von der Aufgabe abhängigen **Prognosespielraum** von etwa 30%. Dieser kann bei Umbauten aufgrund erheblicher Unsicherheiten deutlich höher liegen. Der Architekt muss den Auftraggeber zutreffend über die Risiken beraten. Unzutreffende Baukostenermittlungen infolge von fehlerhaften Berechnungen können Schadensersatzansprüche auslösen.[68] Ein Schadensersatz wegen unzutreffender Baukostenermittlung scheidet aus, wenn der Auftraggeber, z.B. nach der Kostenschätzung, umfangreiche Umgestaltungen vornimmt.[69] 168

hh) Erstellen eines Terminplans mit den wesentlichen Vorgängen des Planungs- und Bauablaufs. In diesem frühen Planungsstadium kann es sich nur um einen 169

66 Siehe DIN 276-1, Nr. 3.3.9.
67 *Fuchs* zur Veröffentlichung von *Jochem* in NZ Bau 2013, 352–356; IBR 2013, 455.
68 OLG Düsseldorf, Urt. v. 27.2.1997 – 5 U65/1996 –.
69 BGH, Beschl. v. 7.2.2013 – VII ZR 3/12 – IBR 2013, 285.

groben **Rahmenterminplan**, z.B. als **Balkenplan** insbesondere für den Planungsablauf, handeln.

170 Bestehen bereits Terminvorgaben, z.B. für die Vorlage von Förderunterlagen, Einzugstermine etc., sind diese zu prüfen und zu berücksichtigen.

171 Demzufolge sind überschlägig der bis zum Baubeginn voraussichtlich benötigte Planungszeitraum und die Bauzeit ggf. mit Terminvorgaben darzustellen. Die für einzelne Planungsabschnitte und die Ausführung bestimmter Bauarbeiten benötigten Einzelzeiträume können im Stadium der Vorplanung noch nicht angegeben werden.

172 **ii) Zusammenfassen, Erläutern und Dokumentieren der Ergebnisse.** Als Abschluss des Arbeitsabschnitts sind die Planungsergebnisse zusammenzustellen, zu erläutern und schriftlich zu dokumentieren, während diese nach der HOAI 2009 nur zusammenzustellen waren. Zugleich ist die Leistung eine Grundlage für die Vertiefung der Planung in der Leistungsphase 3 und von erheblicher Bedeutung bei Entscheidungen über die Fortführung der Maßnahme.

173 Mit der Zusammenfassung und Dokumentation wird die Phase der Suche nach der „richtigen Lösung" abgeschlossen. Der Verordnungsgeber geht daher davon aus, dass das erzielte **Planungsergebnis** nochmals durchgesprochen und erläutert wird.

174 Bereits während der Erarbeitung werden aktualisierte Planstände und Besprechungsergebnisse in Protokollen und Aktennotizen verteilt. Der Bauherr erhält so fortlaufend die Ergebnisse seiner Einzelentscheidungen und kann diese ggf. kurzfristig korrigieren. Wird dies wie bei größeren Bauvorhaben mit mehreren Auftraggebern, Nutzern und Planungsbeteiligten praktiziert, verfügt der Bauherr stets über aktuelle Planungsergebnisse. Als klare Zäsur vor dem Übergang in die Entwurfsplanung sollten diese zur Planungsfreigabe z.B. in einem vom Bauherrn bestätigten Besprechungsbericht schriftlich zusammengefasst werden.

175 Die Zusammenstellung der Vorplanungsergebnisse war nach Feststellung des BGH bei einem an § 15 HOAI a.F. orientierten Vertrag ein **geschuldeter Teilerfolg**, sodass der Auftraggeber die Vergütung mindern konnte, da die Leistung nicht erbracht wurde.[70]

d) Besondere Leistungen

176 **aa) Aufstellen eines Katalogs für die Planung und Abwicklung der Programmziele.** Insbesondere bei Bauvorhaben mit mehreren Bauherrn, Nutzern, Entscheidern, Planungs- und Bauabschnitten müssen die individuellen, auch konträren **Zielvorstellungen** vor der zeichnerischen Suche nach Lösungsmöglichkeiten einander gegenübergestellt werden. Mittels eines Zielkatalogs sind gemeinsame **übergeordnete Programmziele** zu entwickeln. Einzelinteressen können dadurch besser aufeinander abgestimmt werden. Es wird daher eine textliche bzw. grafische Zusammenstellung erfolgen. Der Zielkatalog kann funktionale, gestalterische und technische Anforderungen, Kosten, Termine und auf die Durchführung des Bauprojekts bezogene Faktoren enthalten. Anhand einer systematischen Darstellung der Ziele ist deren Berücksichtigung in den folgenden Planungsabschnitten überprüfbar. Die Leistung wurde aus den Grundleistungen in die Besonderen Leistungen übernommen, da sie nur im Einzelfall benötigt wird.

177 **bb) Untersuchen alternativer Lösungsansätze nach verschiedenen Anforderungen, einschließlich Kostenbewertung.** Die Bandbreite der möglichen Lösungen ist

70 BGH, Urt. v. 24.6.2004 – VII ZR 259/02 – IBR 2004, 512 f.

bei verschiedenen Anforderungen weitaus größer als im Rahmen der Grundleistungen bei gleichen Anforderungen. Daher fällt die Besondere Leistung auch bei sehr vagen oder weitgefassten Zielvorgaben an. Verschiedene Anforderungen können daher vorliegen, wenn der Bauherr Art oder Maß der baulichen Nutzung noch gar nicht kennt und diese erst anhand einer Reihe möglicher Lösungen entwickeln lässt. Verschiedene Anforderungen können betreffen:

- Quantitäten (z.B. Wohnhaus mit 150 m^2 oder 250 m^2 Nutzfläche);
- Qualitäten (z.B. Wärmeschutz nach EnEV oder Passivhaus-Standard);
- Funktionen (z.B. Raum-zu-Raum-Erschließung oder Flurtyp);
- Gestaltungen (z.B. Flachdachbungalow oder 2-geschossige Walmdachvilla);
- Konstruktionen (z.B. Holzsystembau oder konventioneller Massivbau).

Dabei soll eine Kostenbewertung einfließen. Da es sich dem Verordnungstext zufolge um keine weitere Kostenschätzung handelt, genügt ein Hinweis auf die teurere oder günstigere Variante. Für tiefergehende Kostenaussagen wäre eine weitere Kostenschätzung (LPH 2g)) mit der Ermittlung aller kostenrelevanten Daten zu erbringen. 178

Hiervon zu unterscheiden sind Änderungsleistungen. Obwohl auch bei **Änderungsleistungen** alternative Lösungsansätze ausgearbeitet werden, handelt es sich dabei um **wiederholte Grundleistungen**. Diese sind gem. § 10 schriftlich zu vereinbaren und zu vergüten. Voraussetzung einer Änderung ist, dass bereits konkrete Lösungen vorliegen, aber neue Zielvorgaben gestellt werden. 179

Beispiel
Nach Vorlage der Kostenschätzung stellt der Bauherr fest, dass die benötigte Summe nicht finanziert werden kann. Hierauf wird das Raumprogramm verkleinert und eine Planungsänderung beauftragt.

Wenn die Planung eines neuen Objekts gefordert wird, z.B. ein Bürohaus statt eines Wohngebäudes, liegt ein weiterer Auftrag ggf. für die Vorplanung mit Grundlagenermittlung vor. Auch hierbei handelt es sich um Grundleistungen und nicht um die 2. Besondere Leistung der Vorplanung. 180

cc) Beachten der Anforderungen des vereinbarten Zertifizierungssystems und Durchführen des Zertifizierungssystems. Damit ein nachhaltiges Gebäude entstehen kann, sind die in der Leistungsphase 1 aufgestellten Schutzziele und Qualitätsanforderungen in die Vorplanung einzuarbeiten. Planungsziele, Randbedingungen und planerische Lösungen können im Hinblick auf die angestrebten Zertifizierungsziele bewertet und entwickelt werden. 181

Die Leistungen werden ggf. unter Beteiligung von Fachplanern, Behörden und Auditoren erbracht. Themen und Inhalte sind Standortfaktoren, Technik, Nutzerkomfort, Lebenszykluskosten sowie die Schonung von Ressourcen und der Schutz der natürlichen Umwelt. 182

dd) Ergänzen der Vorplanungsunterlagen aufgrund besonderer Anforderungen. Bei der Ergänzung handelt es sich um Anforderungen, die über die im Allgemeinen für die ordnungsgemäße Erfüllung eines Auftrags erforderlichen Grundleistungen gem. § 3 Abs. 2 hinausgehen. Da Vorplanungsunterlagen ergänzt werden, muss die Vorplanung bereits vorliegen. Die Leistung wird daher am Ende der Leistungsphase 2 erbracht. Die Bandbreite der möglichen Aufgaben ist vielfältig. Denkbar sind Unterlagen, die für die **Vergabe von städtischen Baugrundstücken** benötigt werden, oder Angaben für Verträge und die **Bewertung von Versicherungen**, aber auch Dokumente und Nach- 183 weise, die für die **jeweilige Zulassung der Nutzung** z.B. für Praxen bei Ärztekammern und Krankenkassen oder Förderstellen vorzulegen sind, fallen in diesen Bereich.

184 **ee) Aufstellen eines Finanzierungsplans.** Mit dem Finanzierungsplan erhält der Bauherr eine Übersicht, wann welche Mittel zur Zahlung anstehen. Grundlage ist die Kostenermittlung und der Planungs- und Bauablaufplan. Damit liegen Daten für die ggf. benötigte **Kredit- bzw. Fördermittelbeschaffung** vor. Die Zuordnung der Mittel kann, wenn keine vertiefte gewerkeweise Kostenermittlung vorliegt, z.B. anhand der in Baukostendatensammlungen objektspezifisch veröffentlichten Prozentsätze der Gewerke erfolgen.

185 Finanzierungspläne können textlich oder als Diagramm erstellt werden. Bei der Diagrammdarstellung werden z.B. auf der Horizontalachse für den Bauablauf wichtige Termine wie die Entwurfsplanung, Baugenehmigung, der Baubeginn und Fertigstellungstermine für Einzelgewerke angetragen. Über die Vertikalachse werden die benötigten Beträge zugeordnet. Planungs- und baubegleitend können hieraus **Zahlungspläne, Zeit-Kosten- oder Kapazitätspläne** entwickelt werden (siehe 1. und 2. Besondere Leistung, LPH 8, Rn 470–473).

186 **ff) Mitwirken bei der Kredit- und Fördermittelbeschaffung.** Die Sicherung der Finanzierung des Projekts ist Aufgabe des Bauherrn. Der Objektplaner kann bei der Suche nach geeigneten Geldgebern bzw. **Förderprogrammen** und deren Analyse mitwirken. Hierbei sind Fördervoraussetzungen zu prüfen und zu erläutern, z.B. energetische Qualitätsstandards für die Förderung durch die **Kreditanstalt für Wiederaufbau (KfW).** Die zugehörige Erstellung von bauphysikalischen Nachweisen durch Bilanzierungsunterlagen, **Energieausweise** sowie eine Tätigkeit als **Vor-Ort-Energieberater** zählt zu den Leistungen der Bauphysik gem. Anlage 1.2.

187 Weitere Aufgaben können in der Erstellung und Ergänzung von Anträgen liegen. Insbesondere bei öffentlichen Bauprojekten fallen zeitintensive Leistungen an, wenn nach Formvorschriften und Förderbereichen gegliederte Planunterlagen und Kostenermittlungen erstellt werden müssen. Den Unterlagen entsprechend sind später alle Abrechnungen zu unterteilen und **Verwendungsnachweise** aufzustellen.

188 **gg) Durchführen von Wirtschaftlichkeitsuntersuchungen.** Die bisher als Besondere Leistung aufgeführte **Bauwerks- und Betriebs-Kosten-Nutzen-Analyse** wurde weiter gefasst. In der Regel werden entsprechende Berechnungen von Investoren durchgeführt, wobei Architekten Einzeldaten liefern.

189 Aufwand und Erlös, Kosten und Leistung werden gegenübergestellt. Hieraus resultieren **Gewinn- oder Verlustprognosen** (zur Wirtschaftlichkeitsuntersuchung: siehe 14.) Besondere Leistungen der Grundlagenermittlung, Rn 118–120).

190 **hh) Durchführen der Voranfrage (Bauanfrage).** In baurechtlich unklaren Situationen sind Anfragen durch **Vorbescheide** zu empfehlen. Mit diesen gibt die Bauaufsichtsbehörde für sie bindende Stellungnahmen zu einzelnen Genehmigungsfragen ab, welche bei einer späteren Baugenehmigung zu beachten sind. Eine **Bauvoranfrage** sollte gestellt werden, wenn Zweifel an der Genehmigungsfähigkeit eines Bauvorhabens bestehen. Der Architekt hat den Bauherrn auf die Möglichkeit einer Voranfrage hinzuweisen, sobald Bedenken im Rahmen der Leistungsphasen 1 bis 3 bezüglich der Durchführbarkeit auftreten. Landesbauordnungen regeln das Verfahren.

191 Der Vorteil einer Voranfrage gegenüber einem vollständigen Bauantrag besteht darin, dass kritische Einzelfragen mit einem geringen Bearbeitungsaufwand für die Planung

geklärt werden können. Der Bauherr erhält dann Grundlagen für die weitere Planung. Ein Nachteil besteht darin, dass die Bauvoranfrage nur partielle Rechtssicherheit in Bezug auf die konkreten Fragen bietet und die Baubehörden im Baugenehmigungsverfahren nur insoweit bindet. Schutz gegen Einwendungen Dritter, z.B. von Nachbarn, gewährt die Voranfrage nur bezüglich der konkret gestellten Fragen, sobald diese rechtskräftig ist, da diese Fragen im anschließenden Genehmigungsverfahren nicht nochmals geprüft werden und damit auch nicht erneut angefochten werden können.

Die Vergütung einer Bauvoranfrage richtet sich nach dem Umfang der hierfür er- 192
forderlichen Leistungen. Häufig werden diese die Leistungsphase 1 und 2 des § 34 umfassen, da konkrete Planungsüberlegungen Grundlage einer Voranfrage sind.[71] Auch Grundleistungen der Leistungsphase 3 können als Vorarbeiten anfallen. Ein nur mit der Voranfrage beauftragter Architekt schuldet keine Kostenermittlung.[72]

ii) Anfertigen von besonderen Präsentationshilfen (die für die Klärung im Vor- 193
entwurfsprozess nicht notwendig sind, z.B. Präsentationsmodelle, perspektivische Darstellungen, bewegte Darstellung/Animation, Farb- und Materialcollagen, digitales Geländemodell). Modelle, Perspektiven, Isometrien, Animationen etc. sind für die ordnungsgemäße Erfüllung eines Auftrags gem. §3 Abs. 2 im Allgemeinen nicht erforderlich und daher nicht Teil des Grundhonorars. Dagegen sind Arbeitsmodelle und perspektivische Skizzen, die der Entwerfer zur Klärung städtebaulicher, gestalterischer und funktionaler Zusammenhänge herstellt, Teil der Grundleistung (vgl. Grundleistung d), LPH 2). Werden auf Veranlassung des Auftraggebers verfeinerte **Modelle** oder Darstellungen z.B. zur Vermarktung des Objekts eigens angefertigt oder **Arbeitsmodelle** und -zeichnungen vertieft durchgearbeitet, handelt es sich um Besondere Leistungen.

Bauherrn können die Unterlagen anfordern, weil ihnen die Darstellung in Grundriss, 194
Schnitt und Ansicht nicht genügt oder eine Vorstellung bei Ämtern, potenziellen Nutzern, Investoren oder Käufern beabsichtigt ist. Auch für die Vorstellung eines **Material- und Farbkonzepts** angefertigte Schautafeln oder Bildpräsentationen sind Besondere Leistungen. **Dreidimensionale Geländemodelle** können mithilfe von Vermessungsdaten und entsprechender Software erarbeitet werden. Diese Methode führt zu einer höheren Genauigkeit auch als Grundlage der Mengenermittlung, z.B. für Abtragungen, Auffüllungen, Geländemodulationen.

Werden die Präsentationshilfen nicht vom Auftragnehmer selbst hergestellt, handelt 195
es sich um Nebenkosten gem. § 14 Abs. 2 Nr. 2 und Nr. 7.

jj) 3-D- oder 4-D-Gebäudemodellbearbeitung (Building Information Modelling 196
= BIM). Auf Basis eines **3-D-CAD-Gebäudemodells** werden Räumen oder Bauteilen weitere Ausführungsdaten und technische Inhalte zugeordnet. Zum Beispiel können bei Fenstern neben den 3-D-Daten Informationen über den Aufbau, die Art der Verglasung, U_g-/U_w-/U_f-Werte, Materialien, Farben, Beschläge, Grifftypen und Dichtungsart integriert werden. Damit wird eine **Gebäudedatenbank** erstellt, die allen an dem Projekt Beteiligten zugänglich gemacht werden kann. Dadurch entsteht eine Informations- und Arbeitsgrundlage für den späteren Bauunterhalt durch das **Computer Aided Facility Management (CAFM).**

71 OLG München, Urt. v. 6.6.2006 – 13 U 1630/06 – IBR 2007, 257; BGH, Beschl. v. 11.1.2007 – VII ZR 110/05 – Nichtzulassungsbeschwerde zurückgewiesen.
72 OLG Düsseldorf, Urt. v. 10.11.1995 – 22 U 82/95 – IBR 1996, 203.

197 Während der Durcharbeitung können Objektplaner, Tragwerksplaner, Heizungs-, Lüftungs-, Sanitärplaner bzw. im Industriebau Produktions- und Logistikplaner das Gebäudemodell mit jeweils fachspezifischen Daten füllen. Hat der Architekt die räumliche Lösung erarbeitet und mit dem Bauherrn abgestimmt, wird der Betriebsplaner Anforderungen zur Ausstattung und Technik, wie z.B. Anschlusswerte, Gewichte, Medien, eingeben, die wiederum bei der Tragwerksplanung und der Technischen Ausrüstung eingearbeitet werden.

198 Auch in **Raumbüchern** können die so im Gebäudedatenmodell gesammelten Informationen zusammengefasst werden. Das Gebäudedatenmodell ist ferner mit **Simulationsmodellen** bei der energetischen Optimierung oder der Lichtgestaltung kombinierbar. Während der Planung können somit die Folgen von Entwurfsentscheidungen ermittelt und dargestellt werden. Bei der Präsentation von Entwurfsgedanken, Prozessabläufen und der Funktion von Anlagen werden fotorealistische **Visualisierungen** und **Kamerafahrten** eingesetzt.

199 **kk) Aufstellen einer vertieften Kostenschätzung nach Positionen einzelner Gewerke.** Soweit es die Umstände des Einzelfalls zulassen oder erfordern, kann gem. Nr. 4.2 DIN 276-1 auch bereits für die Kostenschätzung eine **gewerke- oder ausführungsorientierte Gliederung** erstellt werden. Dies entspricht einer Kostengliederung der 2. bzw. 3. Ebene der Kostengruppen nach DIN 276. Damit werden Einzelleistungen nach Art und Menge erfasst. Die Kostenermittlung enthält z.B. die gewerkeweise Gliederung in Leistungsbereiche nach dem Standardleistungsbuch (Beton-, Mauer-, Zimmerarbeiten, Verputz, Estrich, Trockenbau, Maler, Bodenbelag etc.). Zugehörige Mengen und Einheitspreise werden nach den konkreten Einzelmaßnahmen exakter berechnet als nach **Vergleichskostendaten aus Baupreissammlungen** mithilfe von Bruttogrundflächen bzw. dem umbauten Raum.

200 Umbauten, Modernisierungen und Instandsetzungen sind in der Regel individuell sehr unterschiedlich und erfordern daher **gewerkeweise Kostenermittlungen**. Der hierfür benötigte Durcharbeitungsgrad geht jedoch über den Planungsstand eines Vorentwurfs hinaus, daher wurde die vertiefte Kostenberechnung in den Besonderen Leistungen der Leistungsphase 3 aufgeführt. Gewerkeweise erstellte Kostenermittlungen ermöglichen erst den direkten Vergleich der jeweiligen Ausschreibungsergebnisse mit der Kostenprognose (vgl. Grundleistung g), LPH 7).

201 Zu beachten ist, dass die gewerkeweise Kostenaufstellung für die Honorarermittlung in die gem. § 33 unterschiedlich anrechenbaren Kostengruppen aufgeteilt wird. So können z.B. Erdarbeiten unterschiedlich anrechenbare Kosten der Kostengruppen 200, 300, 400 und 500 enthalten.

202 Die Leistung wird in der Regel in Kooperation mit Fachplanern, insbesondere der Heizungs-, Lüftungs-, Sanitär- und Elektrotechnik, erbracht.

203 **ll) Fortschreiben des Projektstrukturplanes.** Der Projektstrukturplan (siehe 15. Besondere Leistung der Grundlagenermittlung, Rn 121) gliedert komplexe Maßnahmen in zusammenhängende Bereiche. Eine Unterteilung nach Auftraggebern, Objekten, Fördergrundlagen, Nutzungen, Bauabschnitten etc. schafft überschaubare Teilabschnitte. Diese Grundordnung wird während der vertieften Durcharbeitung mit entsprechend strukturierten Aufgabenbereichen, Planunterlagen, Termin- und Kostendaten bis zur Festlegung von Themenschwerpunkten für einzelne Planungs-Jour-Fixe-Termine in allen Leistungsphasen fortgeschrieben und verfeinert.

204 Die Leistungen werden bei komplexen Bauaufgaben vorwiegend im Rahmen der **Projektsteuerung** und des **Projektmanagements** erbracht. Vergütungsempfehlungen

wurden vom Ausschuss der Verbände und Kammern der Ingenieure und Architekten für die Honorarordnung e.V. (AHO) verfasst.[73]

mm) Aufstellen von Raumbüchern. Raumbücher sind Datensammlungen. Sie werden hauptsächlich für die Bearbeitung von Objekten mit unterschiedlichen Nutzungen oder heterogenem Erhaltungs-/Schadenszustand verwendet. Hierzu werden Feststellungen raumweise erfasst und auf Ebenen bezogen nummeriert. Raumbücher sind erforderlich, um die gesammelten Informationen an Beteiligte weiterzugeben. 205

Im **Bedarfsraumbuch** werden Planungsanforderungen beschrieben. Es ist Teil der Bedarfsplanung. Hierin sind Angaben zur Nutzung (Büroraum, Lager etc.), dem Ausbau (Boden, Wand, Decke, Befensterung etc.), der Ausstattung (Tische, Schränke etc.) und der Technik (Steckdosen, Beleuchtung etc.) enthalten. **Bestands- und Maßnahmenraumbücher** werden für Umbau-, Modernisierungs- und Instandsetzungsaufgaben erarbeitet. Im **Bestandsraumbuch** wird der IST-Zustand des Objekts qualitativ und quantitativ festgehalten. Neben den enthaltenen Bauteilen, Anlagen und Einbauten wird der Erhaltungszustand erfasst und bewertet. Das Bestandsraumbuch ist damit eine Grundlage für die Objekt- und Fachplanung, aber auch für Schadens- und Schadstofferkundungen. Das **Maßnahmenraumbuch** wird aus dem **Bestandsraumbuch** entwickelt. Hierin werden z.B. Schadensklassen und die erforderlichen Arbeiten aufgeführt. 206

Ebenso können detaillierte Objektbeschreibungen raumbuchartig erstellt werden. Auch bei der **Inventarisation** und dem **Facility Management** werden Raumbücher angelegt (siehe 2. und 3. Besondere Leistung der Objektbetreuung, Rn 488–491). Raumbücher können als Grundlage einer **Leistungsbeschreibung mit Leistungsprogramm** Verwendung finden. 207

Da der Aufwand insbesondere beim Bauen im Bestand schwer vorhersehbar ist, wird die Honorierung meist nach Zeithonorar erfolgen. 208

nn) Erarbeiten und Erstellen von besonderen bauordnungsrechtlichen Nachweisen (für den vorbeugenden und organisatorischen Brandschutz bei baulichen Anlagen besonderer Art und Nutzung, Bestandsbauten oder im Falle von Abweichungen von der Bauordnung). Architekten müssen in die Gebäudeplanung grundsätzlich Anforderungen des Brandschutzes einbeziehen. Teil der Grundleistungen ist die Berücksichtigung technischer Anforderungen. Damit gehören nach Feststellung des BGH[74] auch Leistungen der **Brandschutzplanung** zu den Grundleistungen der konstruktiven Gebäudeplanung. „Vergleichsweise einfache" Planungsleistungen für den Brandschutz wie grundlegende Überlegungen, die zu dem von einem Architekten zu erwartenden Fachwissen zählen, sind hiervon erfasst. Demzufolge fallen bei einfachen Baumaßnahmen, bei welchen der Brandschutznachweis z.B. durch Eintragungen in den üblichen Bauzeichnungen (Grundrissen, Schnitten, Lageplan) erarbeitet wird, Grundleistungen an. 209

Für **Brandschutznachweise** gelten keine besonderen Formvorschriften. Es handelt sich um den Nachweis, dass ein Gebäude bzw. eine bauliche Anlage den Anforderungen der Bauordnung entspricht. **Bauvorlagenverordnungen** regeln die erforderlichen Angaben (z.B. Brandabschnitte, Nutzungseinheiten, Rettungswege, Flächen für die Feuerwehr etc.). 210

Sind bei einem Bauvorhaben Sondervorschriften zu beachten oder aufgrund bestimmter ggf. wechselnder Nutzungen Vorschriften gegeneinander abzuwägen bzw. Ausnahmen und Kompensationsmaßnahmen erforderlich, welche in eigenen Plänen, Kon- 211

73 Vgl. AHO, Heft Nr. 9.
74 BGH, Urt. v. 26.1.2012 – VII ZR 128/11 – IBR 2012, 208.

zepten, Nachweisen und Texten beschrieben werden müssen, handelt es sich um Besondere Leistungen. Dies gilt insbesondere für **Sonderbauten, Mittel- und Großgaragen** sowie **Gebäude der Gebäudeklasse 5** oder beim Bauen im Bestand.

212 Die Vielzahl von Einzelvorgaben für Gebäude, Nutzungen, Bauteile, Baustoffe und technische Einrichtungen in europäischen, bundes- und landesrechtlichen Regelwerken, DIN-Normen, VDE- und VDI-Vorschriften, Unfallversicherungsvorschriften, Merkblättern und Richtlinien werden laufend weiterentwickelt. Deren Inhalt und die Verknüpfung der Einzelfragen stellen bereits bei früher als einfach geltenden Bauvorhaben über die Grundkenntnisse des Objektplaners und der Fachplaner hinausgehende Anforderungen. Daher können heute kaum noch Bauvorhaben ohne Beratung durch einen **Brandschutzsachverständigen** ausgeführt werden, auch wenn Eintragungen in Eingabeplänen bei einfachen Standardbauten den Grundleistungen zugeordnet werden. Architekten sollten im Rahmen der Grundlagenermittlung die Beteiligung eines Brandschutzsachverständigen empfehlen. Dessen Mithilfe kann in allen Leistungsphasen erforderlich sein, auch wenn kein gesonderter Brandschutznachweis zu erarbeiten ist. Besondere Leistungen des Objektplaners fallen an, wenn dieser durch eine entsprechende Zusatzqualifikation in der Lage ist, entsprechende Informationen zu liefern. Auch die Zuarbeit des Architekten bei der Erstellung des gesonderten Brandschutznachweises ist Teil der Besonderen Leistungen.

213 Vergütungsempfehlungen für Leistungen beim Brandschutz erarbeitete der Ausschuss der Verbände und Kammern der Ingenieure und Architekten für die Honorarordnung e.V. (AHO, Leistungsbild und Honorierung, Nr. 17).

214 Das **Leistungsbild Brandschutz** umfasst folgende Leistungsphasen:

		Bewertung v.H. AHO Nr. 17/2009[75]
1	Grundlagenermittlung Klären der Aufgabenstellung, Fachplaner, Aufgabenverteilung, Zusammenstellen der Ergebnisse	1
2	Vorplanung Rechtsgrundlagen, materielle Anforderungen, Abweichungen von baurechtlichen Vorschriften feststellen; Grundzüge des **Brandschutzkonzepts**, Grundlagen für die Anlagentechnik und abwehrende Brandschutzmaßnahmen erarbeiten; Skizzen, Zusammenstellung	12
3	Entwurfsplanung Ausarbeitung des Brandschutzkonzepts; konkrete Brandschutzanforderungen, Abstimmung mit Behörden, Feuerwehr etc., Zusammenstellung	19
4	Genehmigungsplanung Erläuterungsbericht, **Brandschutzpläne**, Begründung von Abweichungen, Zusammenstellung	15
5	Ausführungsplanung Beratung der Objekt- und Fachplaner, Fortschreibung **Brandschutzkonzept**, Koordination, Zusammenstellung	22

75 AHO, Heft Nr. 17.

		Bewertung v.H. AHO Nr. 17/2009
6	Vorbereitung der Vergabe Beratung der Objekt- und Fachplaner, Erstellen von LV-Grundlagen	1
7	Mitwirkung bei der Vergabe Beratung der Objekt- und Fachplaner bei der Wertung	1
8	Objektüberwachung Überprüfung der Ausführung, Kontrolle der **Verwendbarkeitsnachweise**/Bescheinigungen, Mitwirkung bei Abnahmen, Statusbericht für Inbetriebnahme	20
9	Dokumentation Erläuterungsbericht, Ergebnisse, Aktualisierung der **Brandschutzpläne**	9

– **Honorarermittlung**

Das Flächenäquivalent „A_q“ wird durch Multiplikation der Bruttogrundfläche „A_j“ 215
mit dem Nutzungsbeiwert „n_j“ und den Schwierigkeitsbeiwerten „s_{ij}“ ermittelt. Für unterschiedliche Nutzungen oder Schwierigkeiten sind Werte für die Teilflächen zu ermitteln und entsprechend aufzuaddieren.

$A_q = \sum_j (A_j \text{ x } n_j \text{ x } s_{ij})$

n =	Garagen, erdgeschossige Produktions- u. Lagernutzung	= 0,6
	Mehrgeschossige Produktions- und Lagernutzung	= 0,8
	Wohnen, Messe/Ausstellung, Büro/Verwaltung, Sportstätten	= 1,0
	Verkauf	= 1,2
	Gast-, Beherbergungsstätten	= 1,4
	Kindergarten, Schule, Hochschule, physikalische Labore	= 1,5
	Justizvollzugsanstalten	= 1,6
	Krankenhaus, Pflegeheim	= 1,8
	Abfertigungsgebäude, Verkehrsanlagen, Kraftwerke	= 2,0
	Versammlungsstätten, Diskotheken	= 2,5
	Chemische/biologische Labore, Krankenhaus (Funktionsbereiche)	= 3,0
S_i =	Ohne besondere Schwierigkeiten	= 1,0
	Gebäude mit mehr als zwei unterschiedlichen Beiwerten „n“	= 1,2
	Besonderes Genehmigungsverfahren, Bestandsbau, unterirdische Bauten (unter – 1)	= 1,5
	Denkmalschutz, großer Installationsanteil	= 1,8
	Fehlen von bauaufsichtlichen Bezugsregelungen (z.B. Atrium, Doppelfassade)	= 2,0

216 Honorare werden nach folgender Formel berechnet:

$$H = 2.200 + 110\ A_q^{0,6}$$

Beispiel
Hotel, 1.100 m² in drei Geschossen + Tiefgarage
1.100 m² für LPH 5, bestehendes Gebäude
Nutzungsbeiwerte: Garage = 0,6; Beherbergungsbetrieb = 1,4
Schwierigkeitsgrad: Bestand = 1,5

Flächenäquivalent A_q	$= A_{q1}$ (Garage) = 1.100 × 0,6 × 1,5 =	990 m²
	$+ A_{q2}$ (Hotel) = 3 × 1.100 × 1,4 × 1,5 =	6.930 m²
		7.920 m²
Gesamthonorar H	= 2.200 + 110 × $7.920^{0,6}$ =	26.223,00 € netto
Teilhonorar für LPH 5	= 26.223 € × 0,22 =	5.769,05 € netto
zzgl. Nebenkosten		
zzgl. Mehrwertsteuer		

217 Zudem wurden vom AHO[76] folgende Honorartafeln veröffentlicht:

Flächenäquivalent A_q (m²)	Gesamt Phase 1–9 100%	Phase 1–4 47%	Phase 5–7 24%	Phase 8 20%	Phase 9 9%
500	6.779 €	3.186 €	1.627 €	1.356 €	610 €
1.000	9.141 €	4.296 €	2.194 €	1.828 €	823 €
2.000	12.720 €	5.978 €	3.053 €	2.544 €	1.145 €
3.000	15.617 €	7.340 €	3.748 €	3.123 €	1.406 €
4.000	18.145 €	8.528 €	4.355 €	3.629 €	1.633 €
5.000	20.429 €	9.602 €	4.903 €	4.086 €	1.839 €
6.000	22.537 €	10.592 €	5.409 €	4.507 €	2.028 €
7.000	24.508 €	11.519 €	5.882 €	4.902 €	2.206 €
8.000	26.368 €	12.393 €	6.328 €	5.274 €	2.373 €
9.000	28.138 €	13.225 €	6.753 €	5.628 €	2.532 €
10.000	29.831 €	14.020 €	7.159 €	5.966 €	2.685 €
12.500	33.789 €	15.881 €	8.109 €	6.758 €	3.041 €
15.000	37.441 €	17.597 €	8.986 €	7.488 €	3.370 €
17.500	40.856 €	19.202 €	9.805 €	8.171 €	3.677 €
20.000	44.080 €	20.718 €	10.579 €	8.816 €	3.967 €
22.500	47.147 €	22.159 €	11.315 €	9.429 €	4.243 €
25.000	50.080 €	23.538 €	12.019 €	10.016 €	4.507 €

76 AHO, Heft Nr. 17.

Als zusätzliche, nicht in den Tafelwerten enthaltene Arbeitsschritte des Leistungsbildes Brandschutz werden angegeben: Bestandserfassungen und Auswertungen, Analysen hinsichtlich besonderer Brand- und Explosionsgefahren, **Entrauchungskonzepte, Brandlastermittlungen** vor Ort, Auswertung von Listen zu brennbaren Flüssigkeiten bzw. Gefahrstoffen, **Brandszenarien, Evakuierungskonzepte**, die Überprüfung der Bauvorlagen/Ausführungspläne/Leistungsverzeichnisse/Funktionsbeschreibungen von Anlagen, Mitwirkung bei der Einholung von Zustimmungen im Einzelfall, Mitwirkung bei Leistungsbeschreibungen mit Leistungsprogramm, die Fachbauleitung Brandschutz, Mitwirkung bei der Erstellung einer **Brandschutzordnung** für die Baustelle, Prüfen der **Steuermatrix**, Erstellen/Prüfen von **Feuerwehreinsatzplänen**, Erstellung/Prüfung von Flucht- und Rettungswegeplänen, Mitwirkung bei der Erstellung einer **Brandschutzordnung**, des Betriebshandbuches, des **Alarm- und Gefahrenabwehrplans**. 218

Eine ordnungsgemäße und mangelfreie Brandschutzplanung muss wirtschaftliche Aspekte berücksichtigen und unnötige Aufwendungen vermeiden, indem z.B. Ämter auf nicht erforderliche Maßnahmen hingewiesen werden.[77] 219

3. Leistungsphase 3 – Entwurfsplanung (System- und Integrationsplanung)

a) Planungsziel. Auf Basis der Vorplanung ist die **endgültige Lösung der Planungsaufgabe** auszuarbeiten. Dies erfolgt durch Planzeichnungen, die Objektbeschreibung und die Kostenberechnung. Grundlage der Entwurfsplanung ist das Ergebnis der Leistungsphase 2 mit der Entscheidung des Bauherrn, eine im Rahmen der Vorplanung ausgewählte Lösung zu einem Gesamtentwurf durcharbeiten zu lassen. Der **endgültige Entwurf** soll **ohne wesentliche Änderung zur Grundlage der Genehmigungs- und Ausführungsplanung** werden. Die Planung wird unter Beteiligung von Fachplanern vertieft, weiterentwickelt und mit dem Bauherrn abgestimmt. Da hierbei verschiedene Systeme ineinandergreifen müssen, wurde diese Phase auch als **System- und Integrationsplanung** überschrieben. Konkret werden Konstruktionssysteme, Gestaltung, Technik, funktionale sowie städtebauliche Inhalte systematisch in die Planung eingearbeitet. 220

b) Problematik

aa) Vorgreifende Entwurfsplanung. Häufig wird die schon in der Leistungsphase 2 als CAD-Planung vorbereitete Lösung ohne dokumentierte **Zusammenfassung eines Vorplanungsergebnisses** in der Leistungsphase 3 weiterentwickelt. Scheitert die Weiterbearbeitung oder ändert der Bauherr die Entwurfsplanung, wird der Vorwurf erhoben, die Leistungsphase 2 sei noch nicht abgeschlossen, der Architekt hätte ohne Zustimmung des Bauherrn vorausgearbeitet und sei **„vorgeprescht"**. 221

bb) Nachträgliche Kostenziele. In Einzelfällen stimmen Bauherrn der erarbeiteten Lösung begeistert zu, während die entsprechenden **Kostenermittlungen „gedeckelt"** werden. Einseitige Vorstellungen von Auftraggebern sind jedoch keine **auf Grundlage der Entwurfsplanung ermittelten Kosten gem. § 2 Abs. 11 S. 1.** Erst wenn die Planung erneut hinsichtlich der geänderten Vorgaben des Bauherrn angepasst wurde, kann von einer Entscheidungsgrundlage über die Entwurfsplanung ausgegangen werden. Aus erst 222

77 OLG Frankfurt a.M., Urt. v. 2.7.2008 – 1 U 28/07 – IBR 2011, 346; BGH, Beschl. v. 10.2.2011 – VII ZR 156/08 – Nichtzulassungsbeschwerde zurückgewiesen.

im Lauf der Entwurfsplanung vom Bauherrn eingebrachten **Kostenzielen** können **Änderungsleistungen und wiederholte Grundleistungen** resultieren.

223 **cc) Alternativen, Varianten.** In der Leistungsphase 3 werden **keine weiteren Lösungsmöglichkeiten** erarbeitet. Wünscht ein Bauherr dennoch nach Abschluss der Vorplanung weitere Lösungen, werden zunächst im Rahmen der Leistungsphase 2 **wiederholte Grundleistungen** erbracht. Nach § 10 ist die Basis der Honorarberechnung schriftlich anzupassen. Grundlage hierfür ist der Anteil der wiederholten Leistung an der jeweiligen Leistungsphase.

c) Grundleistungen

224 **aa) Erarbeiten der Entwurfsplanung unter weiterer Berücksichtigung der wesentlichen Zusammenhänge, Vorgaben und Bedingungen (z. B. städtebauliche, gestalterische, funktionale, technische, wirtschaftliche, ökologische, soziale, öffentlich-rechtliche) auf der Grundlage der Vorplanung und als Grundlage für die weiteren Leistungsphasen und die erforderlichen öffentlich-rechtlichen Genehmigungen unter Verwendung der Beiträge anderer an der Planung fachlich Beteiligter. Zeichnungen nach Art und Größe des Objekts im erforderlichen Umfang und Detaillierungsgrad unter Berücksichtigung aller fachspezifischen Anforderungen, zum Beispiel bei Gebäuden im Maßstab 1:100, zum Beispiel bei Innenräumen im Maßstab 1:50 bis 1:20.** Hiermit kombiniert der Verordnungsgeber die Leistung **„Durcharbeiten des Planungskonzepts“** und die **„zeichnerische Darstellung des Gesamtentwurfs“** alter HOAI-Fassungen, da diese nicht losgelöst voneinander erbracht werden konnten.

225 Nicht mehr enthalten ist der Hinweis auf eine **stufenweise Erarbeitung der Lösung**. Damit wird deutlicher als in vergangenen Fassungen geregelt, dass in der Leistungsphase 3 auch im Rahmen der Planungsvertiefung **kein Spielraum für Änderungen** oder **Varianten** besteht. Der Architekt kann seine Entwurfsplanung auf den Ergebnissen der Vorplanung aufbauen. Während in der Vorplanung Ziele herausgearbeitet wurden und aus ggf. mehreren Varianten ein Konzept vom Bauherrn ausgewählt wurde, ist dieses in der Leistungsphase 3 zur endgültigen Lösung weiterzuentwickeln.

226 Diese soll als Grundlage der **öffentlich-rechtlichen Genehmigungen** dienen. Damit wird noch nicht bestimmt, dass Entwurfspläne bereits sämtliche für die Leistungsphase 4 erforderlichen Daten und Eintragungen entsprechend der **Bauvorlagenverordnung** enthalten müssen. Durch die heute übliche CAD-Planung wird der Architekt jedoch bereits bei der Eingabe seiner Entwurfsplanung wesentliche Teile der späteren Genehmigungs- und Ausführungsplanung erarbeiten. Der Verordnungsgeber hat dies durch die Erhöhung des Honoraranteils von 11% bzw. 14% auf 15% in § 34 berücksichtigt.

227 Alle die Maßnahme betreffenden Grundrisse, Schnitte und Ansichten sind darzustellen. Hierin sind qualitative und quantitative Daten einzuarbeiten. Dies sind die verwendeten Materialien, abzubrechende und vorhandene Bauteile, Treppen, Rampen, Installationsschächte, ggf. Anforderungen z.B. an Türen, Wände, Verglasungen, Längen, Höhen und Raummaße. Einzelheiten der Ausführung wie z.B. Konstruktions- bzw. Aufbaudetails sind noch nicht enthalten. Auch der **Lageplan** ist Teil des Entwurfs, weil hierin Zugänge und Zufahrten, Grenzabstände, Dachform und die Anordnung im Grundstück mit Einbindung in die Umgebung festgelegt werden. Für den Bauantrag ist eine aktuelle, in der Regel höchstens ein Jahr alte, amtliche Grundkarte M 1:1.000 bzw. 1:500 zu verwenden.

228 Bei der **Planung von Innenräumen** ist der Übergang zwischen der Entwurfsplanung und der Ausführungsplanung fließend. Insbesondere entsprechen die hierfür

beispielhaft angegebenen Maßstäbe 1:20 und 1:50 bereits der Leistungsphase 5. Entwurfsplanungen für große Gaststätten, Säle und Praxen werden zunächst wie die Objektplanung für Gebäude im Maßstab 1:100 erarbeitet. Detailpläne wie Wandabwicklungen, Deckenspiegel und Fliesenpläne sind Teil der **Ausführungsplanung**. Entwürfe für die **Material- und Farbkonzeption** werden regelmäßig anhand von **Bemusterungen** im Zuge der Ausführungsplanung und Vorbereitung der Vergabe erarbeitet.

Die technische Ausstattung erfordert eine gemeinsame Entwurfsbearbeitung mit den **229** entsprechenden Fachplanern.

bb) Bereitstellen der Arbeitsergebnisse als Grundlage für die anderen an der Pla- **230** nung fachlich Beteiligten sowie Koordination und Integration von deren Leistungen. Während der Erarbeitung des Entwurfs werden Tragwerksplaner und Fachingenieure für die technische Gebäudeausrüstung, Bauphysiker, Berater für die Beurteilung des Baugrundes, die Schadstoffanalyse etc. hinzugezogen. Der Tragwerksplaner wird Stützweiten, Decken-/Wandstärken etc. angeben. Für die technische Ausrüstung sind erforderliche Schächte, sanitäre Einrichtungen und Technikräume zu planen. Zur Bearbeitung werden den Fachingenieuren Planunterlagen zur Verfügung gestellt.

Der Objektplaner koordiniert Fachingenieure und Berater, damit die Planungsleis- **231** tung insgesamt einheitlich und widerspruchsfrei erarbeitet werden kann. Gegensätzliche und nicht kompatible Planungsbeiträge sind unter Bezug auf das gemeinsame Planungsziel weiterzuentwickeln. Damit wurde dem Objektplaner eine weitreichende **Steuerungsaufgabe** zugeordnet.

Der durchgearbeitete Entwurf wird allen Beteiligten als Arbeitsgrundlage übergeben **232** und gemeinsam systematisch zu einer **ausführbaren Planung** weiterentwickelt. Eine **ausführungsreife Planung** wird erst in der Leistungsphase 5 erarbeitet. Die digitalen Daten des Objektplaners erleichtern die Arbeit der fachlich Beteiligten. Diese erarbeiten ihren Fachplanungsentwurf durch Eintragung der Daten für die Tragwerks-, Elektro-, Entwässerungs-, Sanitär-, Wärmeversorgungs-, Lüftungsplanung etc. In der Regel kann keine vollständige Entwurfsplanung ohne die Arbeitsbeiträge der Fachplaner und Berater entstehen. Daher werden die Leistungen a) und b) zusammen parallel erbracht.

cc) Objektbeschreibung. Objektbeschreibungen werden im Planungsverlauf mehr- **233** fach schriftlich, mündlich und zeichnerisch erbracht. Die wesentlichen Informationen über qualitative Inhalte sind in die Entwurfszeichnungen einzuarbeiten. Dies erfolgt durch die Plandarstellung mit textlichen Hinweisen, Schraffuren und Farbeintragungen. Auch in Kostenberechnungen sind Mengenangaben, Beschreibungen, Konstruktionen und Materialien enthalten, da hier Standards festzulegen sind. Objektbeschreibungen in Berichtform sind für **Haushalts- und Förderunterlagen** zu verfassen.

Bei privaten Bauvorhaben wird die Ausführung in gemeinsamen Abstimmungster- **234** minen besprochen und beschrieben. Empfohlen wird, die hierbei getroffenen Festlegungen jeweils in Besprechungsberichten zu dokumentieren.

Insbesondere öffentliche Bauaufgaben stellen erhöhte Anforderungen an die Ob- **235** jektbeschreibung, wenn von den Planern erwartet wird, das Bauprojekt mit allen Einzelheiten des Entwurfs vor speziellen Gremien in eigens erarbeiteten **Präsentationen** vorzustellen (siehe Anfertigen von besonderen Präsentationshilfen, LPH 2, 10. Besondere Leistung, Rn 193–195).

Die raumweise Auflistung von Materialien, Technik- und Ausstattungsdetails ist eine **236** Besondere Leistung (siehe Aufstellen von **Raumbüchern**, LPH 2, 14. Besondere Leistung Rn 205–208; LPH 3, 4. Besondere Leistung Rn 270–272).

237 **dd) Verhandlungen über die Genehmigungsfähigkeit.** Der Entwurf muss bezogen auf die örtlichen Gegebenheiten, die bauplanungsrechtlichen und bauordnungsrechtlichen Vorgaben genehmigungsfähig sein. Daher sind die Anforderungen von Behörden, Ver- und Entsorgungsunternehmen, Nachbarn, der Feuerwehr etc. bereits in die Entwurfsplanung einzuarbeiten. Nur **genehmigungsfähige Lösungen** dürfen zu einer Entwurfsplanung weiterentwickelt werden. Bei Zweifeln an der Genehmigungsfähigkeit ist eine **Bauvoranfrage** (LPH 2, 9. Besondere Leistung Rn 190–192) zu empfehlen. Besteht der Bauherr trotz der Aufklärung über die Risiken der Planung auf der Durcharbeitung in der Leistungsphase 3 und 4, weil z.B. bei der Maximalnutzung eines Grundstücks auch Ermessensspielräume einbezogen werden, besteht das Planungsziel nicht in einer genehmigungsfähigen Lösung, sondern in einer **Überprüfung der Nutzbarkeit eines Grundstücks.**

238 In den Landesbauordnungen wurden viele Fragen bezüglich der Beurteilung der Zulässigkeit auf die Planer übertragen (z.B. verfahrensfreie Vorhaben, Genehmigungsfreistellungsverfahren, vereinfachtes Baugenehmigungsverfahren). Verhandlungen über die Genehmigungsfähigkeit mit Bauaufsichtsbehörden finden insbesondere bei Sonderbauten oder Umbauprojekten statt.

239 Eine Honorarminderung erfolgt nicht, wenn keine Gespräche mit Behörden erforderlich sind.

240 In der Leistungsphase 3 werden Fragen der Genehmigungsfähigkeit auch durch Verhandlungen mit Tragwerksplanern, Bauphysikern und Fachplanern für die technische Ausrüstung hinsichtlich des Brand-, Schall- und Wärmeschutzes geklärt.

241 **ee) Kostenberechnung nach DIN 276 und Vergleich mit der Kostenschätzung.** Nach Nr. 3.4.3 DIN 276-1:2008-12 dient die Kostenberechnung als Grundlage für die Entscheidung über die Entwurfsplanung. Ihr liegen folgende Informationen zugrunde:
- durchgearbeitete Entwurfszeichnungen;
- Berechnungen der Mengen von **Bezugseinheiten** für die Kostengruppen;
- Beschreibungen der Einzelheiten, die aus Zeichnungen und Berechnungsunterlagen nicht zu ersehen sind, aber für die Berechnung und Beurteilung der Kosten von Bedeutung sind.

242 Nicht alle Kostendaten der Kostenberechnung werden vom Objektplaner ermittelt. Bauherr und Fachplaner sind ebenso beteiligt. In der Kostenberechnung müssen die Gesamtkosten mindestens bis zur **2. Ebene der Kostengliederung** ermittelt werden. Dies sind:
- **KG 100 Grundstück:** (110) Grundstückswert, (120) Grundstücksnebenkosten, (130) Freimachen. Die Kostenangabe erfolgt in der Regel durch den Bauherrn;
- **KG 200 Herrichten und Erschließen:** (210) Herrichten, (220) öffentliche Erschließung, (230) nichtöffentliche Erschließung, (240) Ausgleichsabgaben, (250) Übergangsmaßnahmen. Die Kostenangaben zur KG 220 und 240 erteilten die Gemeinde bzw. entsprechende Versorgungsträger;
- **KG 300 Bauwerk-/Baukonstruktionen:** (310) Baugrube, z.B. nach m^3 Baugrubeninhalt, (320) Gründung, z.B. nach m^2 Gründungsfläche, (330) Außenwände, z.B. nach m^2 Außenwandfläche, (340) Innenwände, z.B. nach m^2 Innenwandfläche, (350) Decken, z.B. nach m^2 Deckenfläche, (360) Dächer, z.B. nach m^2 Dachfläche, (370) baukonstruktive Einbauten, z.B. nach m^2 Bruttogrundfläche, (390) sonstige Maßnahmen für Baukonstruktionen, z.B. nach m^2 Bruttogrundfläche. Die einzelnen aus der Entwurfsplanung errechneten m^2-/m^3-Daten werden mit **ortsüblichen Einheitspreisen** aus bürointernen Datenbanken bzw. statistisch ermittelten Kostenkennwerten von veröffentlichten **Baukostensammlungen** multipliziert. Hierbei handelt es sich um eine Leistung des Objektplaners.

- **KG 400 Technische Anlagen:** (410) Abwasser, Wasser, Gasanlagen, (420) Wärmeversorgungsanlagen, (430) Lufttechnische Anlagen, (440) Starkstromanlagen, (450) Fernmelde- und Informationstechnische Anlagen, (460) Förderanlagen, (470) Nutzungsspezifische Anlagen, (480) Gebäudeautomation, (490) Sonstige Maßnahmen für technische Anlagen. Die Kostenangaben werden von den Fachplanern der Technischen Ausrüstung ermittelt.
- **KG 500 Außenanlagen:** (510) Geländeflächen, (520) befestigte Flächen, (530) Baukonstruktionen in Außenanlagen, (540) technische Anlagen in Außenanlagen, (550) Einbauten in Außenanlagen, (560) Wasserflächen, (570) Pflanz- und Saatflächen, (590) sonstige Maßnahmen für Außenanlagen. Die Kosten werden vom Freianlagenplaner ermittelt.
- **KG 600 Ausstattung und Kunstwerke:** (610) Ausstattung, (620) Kunstwerke. Die Kostengruppen werden in der Regel vom Bauherrn ggf. unter Beteiligung des Objektplaners ermittelt.
- **KG 700 Baunebenkosten:** (710) Bauherrnaufgaben, (720) Vorbereitung der Objektplanung, (730) Architekten- und Ingenieurleistungen, (740) Gutachten und Beratung, (750) Kunst, (760) Finanzierungskosten, (770) Allgemeine Baunebenkosten, (790) Sonstige Baunebenkosten. Die Kostengruppen 730, 740 und 770 werden vom Objektplaner unter Beteiligung der Fachingenieure ermittelt.

Die Kostenberechnung kann der Gliederungstiefe entsprechend nur in der ersten Ebene (KG 100–700) mit der Kostenschätzung verglichen werden. **243**

Grundlage der Kostenberechnung kann jeweils nur der Kenntnis- und Informationsstand zum Zeitpunkt der Ausarbeitung sein (siehe Nr. 3.3.10 DIN 276-1). Vorhersehbare **Kostenrisiken** sollen gem. Nr. 3.3.9 DIN 276-1 nach Art, Umfang und Eintrittswahrscheinlichkeit benannt werden. Dabei sollen geeignete Maßnahmen zur Reduzierung, Vermeidung, Überwälzung und Steuerung von Kostenrisiken aufgezeigt werden (siehe Kostenschätzung, Rn 157–168). **244**

Da mit einer Kostenschätzung oder Kostenberechnung die tatsächlichen Kosten auch bei sorgfältiger Ermittlung nicht exakt vorhergesagt werden können, ist von einem **Toleranzrahmen** auszugehen, wenn keine verbindlichen Obergrenzen festgelegt wurden. Der Toleranzrahmen ist stets von den Umständen des Einzelfalls abhängig. **245**

Preisspannen von 20% zwischen dem günstigsten und dem teuersten Bieter sind die Regel im Angebotsverfahren. Es kann daher für die Kostenprognose des Architekten im Entwurfsstadium keine höhere Genauigkeit gefordert werden, auch wenn im Einzelfall Einsparungen Erhöhungen ausgleichen können. **246**

Insbesondere bei Umbauten kommen häufig erst während der Umsetzung feststellbare Bestandsmängel hinzu. Daher ist hier eine höhere Toleranzgrenze von ca. 35% angemessen. Erheblichen Einfluss auf das Baukostenergebnis hat zudem die am Bau schnell wechselnde konjunkturelle und saisonale Entwicklung. **247**

Auch die Anzahl und Auswahl der Bieter durch den Bauherrn beeinflusst das Kostenergebnis. **248**

Ob und in welcher Höhe ein Toleranzrahmen vorliegt, hängt von der vertraglichen Vereinbarung und der Verbindlichkeit der Kostenangabe ab. Übersteigen die nach der Entwurfsplanung zu erwartenden Baukosten die Vorgabe eines verbindlichen Kostenrahmens, kann hierdurch der Honoraranspruch für die Leistungsphase 3 entfallen.[78] Von **249**

78 OLG Hamburg, Urt. v. 19.12.2008 – 12 U 16/06 – IBR 2011, 470; BGH, Beschl. v. 23.3.2011 – VII ZR 9/09 – Nichtzulassungsbeschwerde zurückgewiesen.

der Vereinbarung einer **Baukostengarantie, Kostenobergrenze oder eines verbindlichen Kostenrahmens** im Sinne einer **Beschaffenheitsvereinbarung** ist daher dringend abzuraten (vgl. Leistungsphase 2, Kostenschätzung, Rn 164, 167).

250 Der Vertragsabschluss muss von realistischen Grundlagen ausgehen. Muss der Architekt dennoch eine entsprechende Vereinbarung treffen, sind Toleranzen und Risiken in Kostenermittlungen, z.B. durch **Toleranz- und Sicherheitszuschläge**, einzurechnen. Für die Einhaltung einer Baukostenobergrenze erforderliche Einsparungen müssen die Ausgewogenheit wahren und dürfen den Charakter des Bauvorhabens nicht wesentlich verändern. Dies umfasst Maßnahmen, von denen anzunehmen ist, dass der Auftraggeber von Anfang an damit einverstanden gewesen wäre.[79] Bei der Festlegung der Kostenziele sollten daher zugleich mögliche Maßnahmen für Einsparungen festgelegt werden.

251 Der Vergleich mit der Kostenschätzung dient der **Kostenkontrolle** und **Kostensteuerung** (vgl. Nr. 3.5 DIN 276-1). Anhand der Kostenberechnung muss der Bauherr entscheiden, ob die Planung unverändert fortgesetzt werden soll oder Planungsänderungen durchzuführen sind. Architekten wird empfohlen, die Ergebnisse der Kostenkontrolle mit ggf. vorgeschlagenen Maßnahmen zu dokumentieren und hierbei auf Toleranzen und Risiken hinzuweisen.

252 **ff) Fortschreiben des Terminplans.** Planungs- und Bauablauf können, nachdem eine Lösung ausgewählt wurde, zu Beginn der Leistungsphase 3 präziser prognostiziert werden. Der bereits in der Leistungsphase 2 erarbeitete grobe **Rahmenterminplan** (siehe Grundleistung h) Leistungsphase 2, Rn 169) wird hierzu ergänzt, mit zusätzlichen Daten versehen und ggf. in einen **Planungs-** und einen **Ausführungsterminplan** aufgespalten. Der Planungsterminplan ist ein Instrument zur Steuerung der mit dem Bauherrn und den Fachplanern durchzuführenden Projektarbeit. Ein Ausführungsterminplan gibt den Bauablauf wieder. Neben der Abfolge der Gewerke sind ggf. Bauabschnitte und vorbereitende Maßnahmen (z.B. Auslagerungen) zu berücksichtigen. Üblich ist die Darstellung als **Balkendiagramm**. Differenzierte Zeit-, Kosten- und Kapazitätspläne mit Vernetzungen sind Besondere Leistungen (siehe LPH 8, 2. Besondere Leistung, Rn 472ff.).

253 Die Fortschreibung geht von einem unveränderten Leistungsziel aus. Wird der Planungs- und Bauablauf durch nicht vom Gebäudeplaner zu vertretende Umstände geändert, ist die Honorarberechnung gem. § 10 schriftlich anzupassen.

Beispiel
Der im Rahmen der Vorplanung abgestimmte Baubeginn während der Sommerferien für den Umbau eines Schulgebäudes bei laufendem Betrieb verschiebt sich durch die verzögerte Zusage von Fördermitteln um ein halbes Jahr. Bauabschnitte und der zugehörige Planungsablauf sind neu zu definieren. Der Terminplan ist neu aufzustellen und fortzuschreiben (Wiederholung LPH 2h), Rn 169 ff., 3f)).

---

254 **gg) Zusammenfassen, Erläutern und Dokumentieren der Ergebnisse.** Da die Entwurfsplanung Basis der Genehmigungsplanung, der Ausführungsplanung und der Objektumsetzung ist, kommt der Abstimmung und Beratung am Ende der Leistungsphase 3 eine für das Objekt endgültige Qualität zu. Eine ähnliche Leistung wurde weder der Leistungsphase 5 noch der Leistungsphase 6 angegliedert. Der Verordnungsgeber geht offensichtlich davon aus, dass mit der Entwurfsplanung alle für die Ausführung relevan-

79 OLG Naumburg, Urt. v. 17.7.2007 – 9 U 164/06 – IBR 2011, 151; BGH, Beschl. v. 8.7.2010 – VII ZR 158/07 – Nichtzulassungsbeschwerde zurückgewiesen.

ten Fragen abgestimmt und entschieden werden. Daher liegt ein Mangel vor, wenn der Planer keine dokumentierten Nachweise vorlegen kann.[80]

In der Praxis werden während der Leistungsphase 3 selten sämtliche fachspezifischen gestalterischen und technischen Details abschließend festgelegt und mit dem Bauherrn abgestimmt. Dies erfolgt weiterhin im Zuge der Ausführungsplanung (LPH 5a, b) und der Aufstellung der Leistungsbeschreibungen (LPH 6b). Inhalte zu Detailfragen werden mit dem Bauherrn planungs- und baubegleitend abgestimmt. Die Grundleistung 3g) ist somit ein Vorgriff auf die Vielzahl der Beratungs- und Erläuterungsgespräche zwischen Bauherr und Architekt. Dabei kommt dem Objektplaner auch eine Integrations- und Koordinationsaufgabe bei der Synthese aller Planerbeiträge zu. **255**

Eine bestimmte Form war bisher nicht vorgegeben. Die hinzugekommene Erläuterung und Dokumentation ist jedoch kein Selbstzweck. Der in der Praxis gelegentlich geäußerte Vorwurf, der Objektplaner hätte die Leistung nicht erbracht, kann nach erfolgter Genehmigungs-/Ausführungsplanung und Umsetzung allenfalls auf eine fehlende schriftliche Dokumentation bezogen werden. Kein Objektplaner wird ohne Erläuterung und Vorlage der Entwurfsplanungsergebnisse vom Bauherrn die Zustimmung erhalten, eine Genehmigungs- bzw. Ausführungsplanung zu erarbeiten. **256**

Die Grundlagen für die Entscheidung des Bauherrn zur Weiterbearbeitung der Planung werden bei der gemeinsamen Durchsicht der Planungen erläutert und z.B. in Besprechungsberichten schriftlich dokumentiert. Dabei ist der Bauherr umfassend über die Vor- und Nachteile der jeweiligen Lösungen und Systeme zu beraten. Als Nachweis, dass ein bestimmter Planungsabschnitt abgeschlossen ist und ggf. nachfolgend Änderungen zusätzlich zu vergüten sind, ist eine schriftliche Zusammenfassung erforderlich. Ergebnisse werden durch den letzten Stand der Planung (= Zeichnungen, Kostenberechnung, Terminplan, Objektbeschreibung) dokumentiert. Bei öffentlichen Projekten erfolgt die **Erläuterung** häufig durch Vorträge in Gremien. **Dokumentationen** können **Besprechungsberichte** oder Vorlagen für **Förderanträge** sein, wobei deren Inhalt meist über die Grundleistungen hinausgeht. **257**

Entwurfspläne müssen nicht zwingend auf Papier ausgedruckt vorgelegt werden. Die Übergabe als PDF-Datei steht einer Eignung als Teil der Leistungsphase 3 nicht entgegen.[81] **258**

d) Besondere Leistungen

aa) Analyse der Alternativen/Varianten und deren Wertung mit Kostenuntersuchung (Optimierung). Varianten (= Lösungsmöglichkeiten nach gleichen Planungsanforderungen) sind im Rahmen der Grundleistung c), LPH 2, zu erbringen. **Alternative Lösungsansätze nach verschiedenen Anforderungen** zählen zu den Besonderen Leistungen der LPH 2. Alternativen und Varianten sind im Rahmen der Grundleistungen der Leistungsphase 3 nicht zu erarbeiten. **259**

Wirtschaftliche, technische, gestalterische und terminliche Gründe können die Untersuchung von Alternativen oder Varianten bei der Systemplanung erfordern. Konstruktionssysteme mit unterschiedlichen Baustoffen (z.B. Holzsystembau oder konventioneller Mauerwerksbau), alternative Technikkomponenten (zentrale oder dezentrale Lüftungssysteme), Varianten bei Ausbausystemen (werkseitig vorgefertigte modulare **260**

---

80 BGH, Urt. v. 24.6.2004 – VII ZR 259/02 – für die fehlende Zusammenstellung der Vorplanung, IBR 2004, 512 f.

81 OLG Hamburg, Urt. v. 19.12.2008 – 12 U 16/06 – IBR 2011, 473; BGH, Beschl. v. 23.3.2011 – VII ZR 9/09 – Nichtzulassungsbeschwerde zurückgewiesen.

Wand-/Deckensysteme oder vor Ort durchgeführte Verputz-, Trockenbauarbeiten) beeinflussen Bauzeiten, Kosten und Gestaltung. Insbesondere beim Umbau während des laufenden Betriebs können durch die Analyse von Alternativen Vorteile und Nachteile als Entscheidungsgrundlage herausgearbeitet werden, z.B. verkürzte Bauzeit, aber ggf. höhere Kosten.

261 Die Entwicklung von Alternativen und Varianten kann wiederholte Grundleistungen der Vor-, Entwurfs- und Ausführungsplanung sowie die Beteiligung von Fachplanern und Beratern umfassen.

262 **bb) Wirtschaftlichkeitsberechnung.** Die Leistung kann sich auf das Gesamtobjekt oder einzelne Systeme beziehen (siehe hierzu 14. Besondere Leistung der Grundlagenermittlung, Rn 118; 8. Besondere Leistung der Vorplanung, Rn 188).

263 Bei der Wirtschaftlichkeitsberechnung werden Ertrags- und Kostenprognosen ermittelt und gegenübergestellt. Ertragskomponenten sind z.B. Miet-/Pachteinnahmen und Wertsteigerungen. Die Kosten umfassen Investitionen, Bauunterhaltskosten, Betriebskosten (z.B. Verwaltung, Reinigung, Energieverbrauch, Hausmeister), Finanzierungskosten, Kapitalverzinsungen sowie Abschreibungen.

264 Für die Bewertung alternativer Systeme kann eine Wirtschaftlichkeitsberechnung Entscheidungsgrundlagen liefern, wenn unterschiedliche Entwurfsplanungen oder Ausstattungen und Konstruktionen wie Fassadensysteme aus Holz- oder Aluminium, Dämmung nach Mindestanforderungen oder nach Passivhausstandard, mit oder ohne künstliche Be- und Entlüftung etc. gegenübergestellt werden.

265 **cc) Aufstellen und Fortschreiben einer vertieften Kostenberechnung.** Kostenermittlungen im Altbaubereich oder komplexe Neubauprojekte können nicht auf Grundlage der pauschalen bauteilbezogenen Kostengruppen nach DIN 276-1./2. Ebene berechnet werden.

266 In **ausführungsorientierten Verfahren** sind Einzelleistungen zu erfassen und z.B. gewerkeweise nach DIN-ATV/VOB Teil C zusammenzustellen (vgl. DIN 276-1 Nr. 4.2 Ausführungsorientierte Gliederung der Kosten). Da hierzu die Ausführung der Maßnahmen konkret zu planen ist, greift die Leistung bereits in Details der Leistungsphase 5 und 6 vor. Ein Vorteil der **gewerkeweisen Kostenermittlung** besteht in der direkten Vergleichbarkeit mit den Einzelergebnissen des **Kostenanschlags** und der **Kostenfeststellung**. Ein Nachteil liegt im Vorgriff auf die erst zu entwickelnde Ausführungsplanung. Diese muss in Teilen für die Einzelkostenermittlung vorab erarbeitet werden. Die gewerkeweise Kostenermittlung ist erheblich detaillierter und geht weit über die Grundleistungen einer Kostenberechnung nach DIN 276-1 hinaus.

267 Weniger zeitaufwändig ist die Ermittlung nach Leitpositionen mit **A-B-C-Analyse** (A = großer Anteil an den Gesamtkosten, B = weniger großer Kostenanteil, C = geringer Anteil an den Gesamtkosten).

268 Daneben gibt es Ermittlungsmethoden unter Verwendung von Mischkosten für Bauelemente, nutzungsbezogene Verfahren (z.B. **Kostenflächenarten**) usw. Diese werden angewendet, wenn Daten aus vergleichbaren Bauaufgaben übertragbar sind oder innerhalb des Objekts mehrfach vorkommen.

269 Die vergleichbare Kostenermittlung auf der Grundlage **bepreister Leistungsverzeichnisse** (LPH 6d) wurden in der Studie des Bundesministeriums für Wirtschaft und Technologie zur HOAI 2013 mit 2,5% bis 6,0% angegeben. Da für eine ausführungsorientierte Kostenermittlung zudem Grundlagen der Ausführung vorab festzulegen sind und Mengenermittlungen erstellt werden müssen, wird eine angemessene Vergütung im oberen Bereich dieser Prozentsätze liegen.

dd) Fortschreiben von Raumbüchern. Raumbücher sind Datensammlungen, die im Planungsverlauf detailliert und verfeinert werden. Sie dienen auch zur Weitergabe von Informationen unter den Beteiligten. 270

In der Leistungsphase 2 werden insbesondere zur Zielfindung und bei der Erarbeitung des Planungskonzepts Bedarfs- oder Bestandsraumbücher angelegt (siehe 14. Besondere Leistung, LPH 2, Rn 205ff.). 271

In der Leistungsphase 3 wird das Planungskonzept in Systeme aufgegliedert. Bereits angelegte **Bedarfs-, Bestands- und Maßnahmenraumbücher** werden systematisch ergänzt. Auch spezielle Raumbücher für **Konstruktionssysteme, Gestaltungssysteme, Technik- und Ausbauelemente** werden hierauf entwickelt. 272

4. Leistungsphase 4 – Genehmigungsplanung

a) Planungsziel. Zu erarbeiten sind die nach den öffentlich-rechtlichen Vorschriften erforderlichen **Genehmigungen, Zustimmungen, Genehmigungsfreistellungen, Nachweise, Kenntnisgaben und Anzeigen**. 273

b) Problematik

aa) Genehmigungsfähigkeit. Architekten schulden als Werkerfolg eine dauerhaft genehmigungsfähige Planung.[82] Etwas anderes gilt nur dann, wenn der Auftraggeber das Risiko der **Genehmigungsfähigkeit,** z.B. aufgrund vertraglicher Vereinbarungen, übernimmt.[83] Auch wenn dem Bauherrn das **Genehmigungsrisiko** bekannt ist, schützt dies den Architekten nicht grundsätzlich vor Schadensersatzforderungen.[84] Der Architekt muss dokumentieren, dass der Bauherr über die Risiken aufgeklärt wurde und nachfolgend dennoch entsprechende Anordnungen getroffen hat. Der werkvertragliche Erfolg besteht damit nicht in der genehmigungsfähigen Planung, sondern z.B. in der Ermittlung der Grenzen der Bebaubarkeit eines Grundstücks. Entsprechende Planungsziele sind schriftlich vom Bauherrn zu bestätigen. 274

Landesbauordnungen verweisen auf den **bauvorlageberechtigten Entwurfsverfasser**. Bereits hieraus ist erkennbar, dass die Genehmigungsplanung immer im Zusammenhang mit der vorangegangenen Entwurfsplanung steht und nicht isoliert als Einzelleistung erbracht wird. Entwurfsverfasser sind verantwortlich für die Planung, die Übereinstimmung und die Vollständigkeit der Bauvorlagen. Landesbauordnungen regeln die **Vorlage- und Nachweisberechtigung**. Vorlageberechtigt sind Architekten und Bauingenieure bzw. bei kleineren Bauvorhaben Hochschulabsolventen, staatlich geprüfte Bautechniker oder bestimmte Handwerksmeister des Bauhandwerks. Da die HOAI gem. § 1 leistungsbezogen anzuwenden ist, gelten die in § 7 vorgegebenen Honorare für alle preisrechtlich geregelten Leistungen in gleicher Weise. Das heißt, ein als Entwurfsverfasser tätiger Handwerksmeister oder Techniker ist ebenso an den vom Verordnungsgeber verbindlich vorgegebenen Preisrahmen gebunden wie die bei Architekten- und Ingenieurkammern geführten Vorlageberechtigten. 275

82 BGH, Urt. v. 26.9.2002 – VII ZR 290/01 – IBR 2002, 671; BGH, Urt. v. 25.3.1999 – VII ZR 397/97 – IBR 1999, 376; OLG Frankfurt a.M., Urt. v. 15.12.2011 – 12 U 71/10 – IBR 2012, 274.
83 BGH, Urt. v. 10.2.2011 – VII ZR 8/10 – IBR 2011, 280–282.
84 OLG Stuttgart, Urt. v. 18.2.2003 – 12 U 211/01 – IBR 2004, 28; BGH, Beschl. v. 25.9.2003 – VII ZR 86/03 – Nichtzulassungsbeschwerde zurückgewiesen.

276 **cc) Bauvorlagen.** Landesbauordnungen regeln Vorhaben, die verfahrensfrei, genehmigungsfrei und genehmigungspflichtig sind, sowie Bauanträge und Bauvorlagen. Die Reformen im Landesrecht mit der Freistellung vom Baugenehmigungsverfahren und erweiterten Anforderungen an Nachweise führten zu einem erhöhten Bearbeitungsaufwand bei den Entwurfsverfassern. Daher wird der in § 34 Abs. 3 gegenüber der vorangegangenen Fassung halbierte Vomhundertsatz für die Objektplanung von Gebäuden dieser Leistungsphase nicht gerecht.

277 Auch bei Vorhaben im Rahmen des **Genehmigungsfreistellungsverfahrens** sind Vorlagen nach der **Bauvorlagenverordnung** bei der **Bauaufsichtsbehörde** einzureichen. Ebenso muss die Bauvorlage- und Nachweisberechtigung vorliegen. In einigen Bundesländern ist eine Ausfertigung der Unterlagen auf der Baustelle vorzuhalten. Auch die entsprechenden **bautechnischen Nachweise** sind zu prüfen und zu bescheinigen. Insoweit bestehen kaum Unterschiede zum Baugenehmigungsverfahren.

278 Die Leistungsphase 4 entfällt jedoch bei **verfahrensfreien Vorhaben.**

279 **dd) Akquisition.** Wann im Einzelfall die Akquisitionsphase endet, hängt von den jeweiligen Umständen ab, da es sich um einen fließenden Prozess handelt. **Akquisitionsleistungen** sind Angebote, mit welchen sich der Auftragnehmer bei einem potenziellen Bauherrn vorstellt, um sich hiermit für einen Planungsauftrag zu bewerben. Nicht selten werden zunächst Planungen ohne Auftrag gefertigt, die erst dann vergütungspflichtig sind, wenn der Bauherr diese annimmt oder verwendet. Der konkludente Abschluss eines Architektenvertrages liegt vor, wenn der Bauherr selbst aktiv wird und erklärt, dass eine Planungslösung weiterentwickelt werden soll. Reicht der Bauherr den Bauantrag ein, wird die Genehmigungsplanung mit den notwendigen Vorleistungen der Leistungsphasen 1–3 verwertet. Damit gibt dieser zu erkennen, dass er die erbrachten Architektenleistungen als vertraglich geschuldet und nicht als Akquisitionstätigkeit entgegennimmt.[85] Spätestens bei Vorlage des Bauantrags in der Gemeinde und der Bauaufsichtsbehörde handelt es sich nicht mehr um Akquisitionsleistungen.

280 Zunächst im Rahmen einer Akquisitionsphase erbrachte Planungsleistungen werden auch vergütungspflichtig, wenn der Bauherr diese später ohne Beauftragung des Verfassers als Grundlage seiner Genehmigungsplanung verwendet. Die Höhe des Honorars richtet sich nach dem Entgelt, welches sich bei einer vertraglichen Nutzungseinräumung ergeben hätte (vgl. Rn 79 und 131).

c) Grundleistungen

281 **aa) Erarbeiten und Zusammenstellen der Vorlagen und Nachweise für öffentlich-rechtliche Genehmigungen oder Zustimmungen einschließlich der Anträge auf Ausnahmen und Befreiungen, sowie notwendiger Verhandlungen mit Behörden unter Verwendung der Beiträge anderer an der Planung fachlich Beteiligter.** Der Auftragnehmer hat zunächst festzustellen, welche Unterlagen für die Prüfung der Genehmigungsfähigkeit benötigt werden. Neben seiner in der Leistungsphase 3 erarbeiteten Entwurfsplanung sind ggf. Beiträge der an der Planung fachlich Beteiligten zusammenzustellen. Hierbei sind die geregelten Formvorschriften für Bauvorlagen zu berücksichtigen. Erforderliche Verhandlungen mit Behörden werden sich auf Art und Umfang der benötigten Unterlagen beschränken.

85 OLG Düsseldorf, Urt. v. 21.6.2011 – 21 U 129/10 – IBR 2011, 529.

Nicht alle Nachweise zählen zu den im Allgemeinen für die ordnungsgemäße Erfüllung erforderlichen Grundleistungen gem. Anlage 10.1. Zu den Bauvorlagen zählen: 282

Leistung	**Leistungsbild**	**Berechnungsgrundlage**
Amtlicher Lageplanauszug des Vermessungsamtes	Objektpl. Gebäude	Beschaffung = 7. Bes. Leistung LPH 1, Anl. 10.1, § 3 Abs. 3 HOAI
Bauzeichnungen inkl. Lageplan mit Objektdarstellung	Objektpl. Gebäude	Grundleistung §§ 34/35 HOAI
Brandschutznachweis durch Eintragung in die Bauzeichnungen	Objektpl. Gebäude	Grundleistung §§ 34/35 HOAI
Baumbestandserklärung, Fällungsantrag und **Baumbestandsplan**	Objektpl. Freianlagen	Bes. Leistung LPH 4, Anlage 11.1
Baubeschreibung mit Angabe der Baukosten, Flächen und Kubaturberechnungen mit der Berechnung v. Kennwerten (GFZ, GRZ)	Objektpl. Gebäude	Grundleistung §§ 34/35 HOAI
Betriebsbeschreibung (z.B. bei Gewerbe, Industriebau)	Betriebsplaner/ Objektpl. Gebäude	10. Bes. Leistung LPH 1 Anl. 10.1, § 3 Abs. 3 HOAI
Bautechnischer Nachweis Standsicherheit	Tragwerksplanung	Grundleistung §§ 51/52 HOAI
Freiflächengestaltungspläne	Objektpl. Freianlagen	Grundleistung §§ 39/40 HOAI
Erhebungsbogen für Baugenehmigung und Bauabgang	Objektpl. Gebäude	Grundleistung §§ 34/35 HOAI
Bautechnischer Nachweis Wärmeschutz	Bauphysik	Anlage 1.2, Beratungsleistung
Bautechnischer Nachweis Schallschutz	Bauphysik	Anlage 1.2, Beratungsleistung
Brandschutzgutachten als eigener gesonderter bautechnischer Nachweis, z.B. bei Sonderbauten, Mittel-/ Großgaragen, Bestandsbauten, Abweichungen	Objektpl. Gebäude	15. Bes. Leistung LPH 2, Anl. 10.1, z.B. AHO Nr. 17
Zusätzliche Bauvorlagen für Gast- und Beherbergungsstätten	Objektpl. Gebäude, Leistungen der Techn. Ausrüstung	15. Bes. Leistung LPH 2, Anl. 10.1, § 3 Abs. 3 HOAI, Anlage 15
Zusätzliche Bauvorlagen für Versammlungsstätten	Objektpl. Gebäude, Leistungen der Techn. Ausrüstung	15. Bes. Leistung LPH 2, Anl. 10.1, § 3 Abs. 3 HOAI, Anlage 15
Eingriffs- und Ausgleichsflächenplan, Bilanzierung	Objektpl. Freianlagen	Bes. Leistung LPH 3, Anlage 11

Zusätzliche Unterlagen: 283

Leistung	**Leistungsbild**	**Berechnungsgrundlage**
Unterlagen für denkmalrechtlich zu behandelnde Vorhaben	Objektpl. Gebäude	Grundleistung §§ 34/35 HOAI
Entwässerungspläne	Techn. Ausrüstung	Grundleistung §§ 55/56 HOAI

Leistung	Leistungsbild	Berechnungsgrundlage
Antrag nach § 172 ff. BauGB im Bereich einer Erhaltungssatzung	Objektpl. Gebäude	Grundleistung §§ 34/35 HOAI bzw. 8. Bes. Leistung LPH 1, Anl. 10.1, 2. Bes. Leistung LPH 4, § 3 Abs. 3 HOAI
Zweckentfremdungsantrag	Objektpl. Gebäude	8. Bes. Leistung LPH 1, Anl. 10.1, 2. Bes. Leistung LPH 4, § 3 Abs. 3 HOAI
Teilungspläne im Zusammenhang mit der Aufteilung in Wohneigentum	außerhalb der HOAI[86]	übliche Vergütung gem. § 632 BGB, z.B. Zeithonorar

284 **bb) Einreichen der Vorlagen.** Anträge und Anzeigen werden an die Bauaufsichtsbehörde verschickt oder in der Posteinlaufstelle der zuständigen Behörde abgegeben. Nachfragen zum Bearbeitungsstand – falls sich die Genehmigung verzögert – zählen ebenso zur Grundleistung. Es handelt sich um untergeordnete Tätigkeiten. Die Vergütung des Auftragnehmers wird nicht reduziert, wenn der Bauherr die ihm zu Unterzeichnung gereichten Unterlagen bei der zuständigen Gemeinde-/Stadtverwaltung abgibt.

285 **cc) Ergänzen und Anpassen der Planungsunterlagen, Beschreibungen und Berechnungen.** Nachforderungen der Bauaufsichtsbehörde während der Prüfung der Unterlagen erfordern Ergänzungen oder zusätzliche Eintragungen. Soweit es sich hierbei nicht um vom Auftraggeber angeordnete Änderungen handelt, sind die Leistungen als werkvertragliche Nacherfüllung zu erbringen. Die Ergänzung und Anpassung der Planungsunterlagen ist jedoch kein Selbstzweck. Entfällt die Leistung, weil alle Unterlagen bereits vollständig vorlagen, erfolgt keine Honorarreduzierung.[87]

286 Auf Veranlassung des Bauherrn erforderliche Änderungen nach Fertigstellung der Genehmigungsplanung sind wiederholte Grundleistungen. Für die entsprechende **Tekturplanung** können die Leistungsphasen 1 bis 4 anfallen.[88]

d) Besondere Leistungen

287 **aa) Mitwirken bei der Beschaffung der nachbarlichen Zustimmung.** Insbesondere bei Ausnahmen und Befreiungen von bestehenden baurechtlichen Bestimmungen ist die nachbarliche Zustimmung von Bedeutung. Durch Unterzeichnung der Bauvorlage erteilt der Nachbar sein Einverständnis. Dies ist gleichzeitig ein Verzicht auf öffentlichrechtliche Abwehransprüche. Eine Mitwirkung des Architekten kann die Vorlage und Erläuterung der Planunterlagen, des Bauablaufs und/oder von Schutzmaßnahmen für Nachbargebäude betreffen. Bei größeren Eigentümergemeinschaften können auch Vorträge, Anhörungen und Abstimmungstermine erforderlich werden. Die Leistungen werden in der Regel nach Zeitaufwand abgerechnet.

86 OLG Koblenz, Urt. v. 19.1.2012 – 1 U 1237/10 – IBR 2013, 548; BGH, Beschl. v. 6.6.2013 – VII ZR 191/11 – Nichtzulassungsbeschwerde zurückgewiesen.
87 OLG Karlsruhe, Urt. v. 21.9.2004 – 17 U 191/01 – IBR 2005, 552; BGH, Beschl. v. 14.4.2005 – VII ZR 241/04 – Nichtzulassungsbeschwerde zurückgewiesen.
88 OLG Jena, Urt. v. 26.3.2002 – 3 U 353/01 – IBR 2002, 489.

bb) Nachweise insbesondere technischer, konstruktiver und bauphysikalischer Art für die Erlangung behördlicher Zustimmungen im Einzelfall. Hierzu zählen Nachweise für besondere Prüfverfahren, die zusätzlich zu den im Allgemeinen für das Baugenehmigungsverfahren erforderlichen Unterlagen benötigt werden. Offensichtlich geht der Verordnungsgeber primär von **Prüfbescheinigungen** für Baustoffe oder Bauteile aus, für die keine gesicherten Erkenntnisse vorliegen oder die von den öffentlich-rechtlichen Anforderungen abweichen. Dies kann z.B. Bestandskonstruktionen oder neue Produkte betreffen. **288**

Im Einzelfall erforderliche Zustimmungen mit entsprechenden zusätzlichen Nachweisen, z.B. für den **Immissionsschutz**, die **Gewerbeaufsicht**, den **Denkmalschutz**, die **Materialprüfung**, die **Zweckentfremdung** etc., fallen ebenso in den Bereich der **Besonderen Prüfverfahren**. Diese zählten bereits in der HOAI vom 1.1.1977 und allen Vorgängernovellen zu den Besonderen Leistungen (vgl. HOAI a.F., 2. Besondere Leistung, LPH 4). **289**

cc) Fachliche und organisatorische Unterstützung des Bauherrn im Widerspruchsverfahren, Klageverfahren oder ähnlichen Verfahren. Mit der Vorlage und Einreichung vollständiger, genehmigungsfähiger Planunterlagen sind die Grundleistungen der Leistungsphase 4 erbracht. Wird die Baugenehmigung dennoch pflichtwidrig versagt oder entstehen Streitigkeiten mit Nachbarn, sind vom Architekten erbrachte Stellungnahmen, Beratungen und Zusammenstellungen von Beweismitteln Teil der Besonderen Leistungen. Organisatorisch unterstützt der Auftragnehmer ebenso bei der Beteiligung von Sachverständigen, Sonderfachleuten, Institutionen und Rechtsberatern. **290**

Die Unterstützung des Bauherrn in Klageverfahren kann in jeder Leistungsphase anfallen. Nach § 3 Abs. 3 S. 2 können auch Besondere Leistungen aus anderen Leistungsbildern und Leistungsphasen vereinbart werden. **291**

Insbesondere während der Objektüberwachung benötigen Bauherrn regelmäßig fachliche und organisatorische Unterstützung, z.B. wenn Unternehmer restlichen Werklohn einklagen, bei der Durchsetzung von Mängelansprüchen, Zurückbehaltungs- und Gewährleistungsfragen. Der Auftragnehmer muss im Rahmen seiner Nebenpflichten aus dem Hauptvertrag bereit sein, diese Besonderen Leistungen zu erbringen, wenn der Auftraggeber ihn hiermit beauftragt. Dies gilt auch, wenn dabei eigene Fehler aufgedeckt werden könnten. **292**

Da der Leistungsumfang vorab nicht ermittelt werden kann, sind Zeithonorarvereinbarungen üblich. **293**

5. Leistungsphase 5 – Ausführungsplanung

a) Planungsziel. Zu erarbeiten ist eine **ausführungsreife Lösung** mit den erforderlichen Planungsunterlagen für die Umsetzung durch die beauftragten Unternehmen und Handwerksbetriebe. Im Vordergrund steht die Bearbeitung technisch-konstruktiver Anforderungen unter Beteiligung der Fachplaner. **294**

b) Problematik

aa) Vorgezogene Ausführungsplanung. Bei dem heute üblichen Termindruck am Bau gehen Entwurfsplanung und Ausführungsplanung häufig ohne Zäsur ineinander über. Der Architekt erarbeitet ggf. bereits während der Leistungsphasen 2 und 3 eine Planung mit Regeldetails, die Teil der Werk- und Detailplanung wird. Zu diesem Zeitpunkt liegt noch keine Baugenehmigung oder Anzeige nach dem Genehmigungsfreistel- **295**

lungsverfahren vor. Ergänzungen und Änderungen im Rahmen der Leistungsphasen 2 bis 4 betreffen damit auch die Leistungsphase 5. Dennoch endet jede Leistungsphase mit einem bestimmten Arbeitsergebnis, auf welchem nachfolgende Arbeitsabschnitte aufbauen. Ohne die Ergebnisse der Leistungsphasen 1 bis 4 darf nicht in die Leistungsphase 5 übergegangen werden. Planer arbeiten daher auf eigenes Risiko, wenn die Ausführungsplanung vorab ohne Anordnung des Bauherrn begonnen wird (= **vorpreschende, vorprellende bzw. vorgreifende Planung**). Architekten müssen den Bauherrn vor Beginn darüber informieren, dass Änderungen ggf. zudem eine vorab erbrachte Ausführungsplanung betreffen. Dies gilt auch, wenn die Baugenehmigung aus einem nicht vom Planer zu vertretenden Grund versagt wird. Wenn der Bauherr trotz belegbarer Kenntnis dieser Umstände auf den vorgezogenen Beginn der Ausführungsplanung besteht, sind Änderungen vergütungspflichtig.[89]

296 **bb) Baubegleitende Ausführungsplanung.** Die Ausführungsplanung ist selten abgeschlossen, wenn mit der Vorbereitung der Vergabe bzw. der Objektüberwachung begonnen wird. Üblich ist die baubegleitende Ausführungsplanung, bei welcher der Zeitgewinn durch eine nebeneinander erbrachte Planungs- und Bauabwicklung genutzt wird.

297 Die baubegleitende Ausführungsplanung kann Anlass für Behinderungsanzeigen und Schadensersatzforderungen sein, wenn diese nicht rechtzeitig vorliegt und daher Ausführungsfristen verschoben werden müssen. Insbesondere die schnellere Bauausführung beim Bauen im Bestand erfordert einerseits eine weitgehende Ausführungsplanung vor Baubeginn, andererseits können Einzelfragen ggf. erst während der Umsetzung, wenn Bauteile freigelegt wurden, geklärt werden.

Praxistipp
Bauherrn müssen in Abstimmung mit dem Architekten entscheiden, ob die Ausführungsplanung erst nach der Genehmigung begonnen wird und vor Baubeginn fertiggestellt werden soll, oder ob eine **vorgezogene Ausführungsplanung** bzw. eine **baubegleitende Ausführungsplanung** erstellt wird. Muss diese vorgezogen oder während der Bauausführung erarbeitet werden, resultiert hieraus ggf. eine schnellere Umsetzung. Erwünschte Planungsänderungen können in diesem Fall die Leistungsphasen 1 bis 7 betreffen.

298 **cc) Ausführungsplanung für Generalunternehmerangebote.** Bei der Umsetzung durch **Generalunternehmer (GU)** stellt sich die Frage der Leistungsabgrenzung. Werden nur Entwurfspläne mit **Leitdetails** zur Verfügung gestellt, wird der GU einen möglichst einfachen Standard vorsehen. Wird die vollständige Ausführungsplanung bereits für die Kalkulation zur Verfügung gestellt, ist ein entsprechender **Planungsvorlauf** erforderlich.

299 **dd) Beauftragung als Einzelleistung.** Nicht geregelt wurde vom Verordnungsgeber die Höhe der Vergütung des Mehraufwands bei der Vergabe der Leistungsphase 5 als Einzelleistung. Bauherr und Architekt müssen die gesonderte Vergütung des **zusätzlichen Einarbeitungs- und Koordinierungsaufwands** gem. § 8 Abs. 3 schriftlich vereinbaren. Bauherrn dürfen die Vergütung des Mehraufwands nicht einfach umgehen, indem die schriftliche Vereinbarung verweigert wird. Der zusätzliche Aufwand ist grundsätzlich zu berücksichtigen.

300 **ee) Fortschreibung der Ausführungsplanung.** Gegen nicht mit der Objektüberwachung beauftragte Planer wird häufig der Vorwurf erhoben, die Planunterlagen seinen

89 OLG Koblenz, Urt. v. 29.9.2011 – 5 U 224/11 – IBR 2011, 643.

unvollständig und fehlerhaft. Tatsächlich ist vorab nur bei einfachsten Bauaufgaben eine komplette Festlegung sämtlicher Einzelheiten möglich. Daher wurde vom Verordnungsgeber die **Fortschreibung der Ausführungsplanung** während der Objektüberwachung als Grundleistung eingeführt. Insbesondere beim Bauen im Bestand ist die Ausführungsplanung während der Objektüberwachung anzupassen, wenn Bauteile freigelegt wurden und Planungsentscheidungen während der Umsetzung der Baumaßnahme getroffen werden müssen. Daher ist der Anteil der Grundleistung e) beim Bauen im Bestand in der Regel höher als bei Neubauten und der Anteil der Grundleistungen a), b) und c) entsprechend niedriger. Die Ausführungsplanung wird dabei auch durch **Anweisungen und Anzeichnungen vor Ort** fortgeschrieben und durch Skizzen und Fotos dokumentiert, da nicht jede Einzelheit vorab am Schreibtisch planbar ist.

ff) Qualitative Anforderungen. Die Planung muss den neuesten, bereits **anerkannten Regeln der Technik** entsprechen. Dabei handelt es sich um Grundlagen, welche sich in Theorie und Praxis bewährt haben.[90] Hinzu kommt, dass diese Vorgabe für den Zeitpunkt der Abnahme gelten soll.[91] Der Architekt hat daher im Rahmen der Fortschreibung seiner Ausführungsplanung auch neue bautechnische Erkenntnisse und Regeln einzuarbeiten, soweit dies noch möglich ist. **301**

Zu berücksichtigen ist der vom Bauherrn geforderte Qualitätsstandard. Eine Planung ist mangelhaft, wenn im Vertrag eine gehobene Ausführung vereinbart wird, aber nur Mindeststandards eingeplant werden.[92] **302**

Wie detailliert die Ausführungsplanung sein muss, hängt vom Einzelfall ab. Einfache **Standardarbeiten**, die jeder Handwerksbetrieb beherrschen muss, sind nicht in allen Einzelheiten zu planen. So sei eine Fassadenrinne vor bodentiefen Fenstern zu planen, während die Höhe des Abdichtungshochzugs über Gelände nicht in jedem Fall maßlich vorzugeben sei.[93] Insbesondere bei drückendem Wasser hat der Architekt eine lückenlose Planung aller schadensträchtigen Details für die Abdichtung vorzulegen.[94] **303**

c) Grundleistungen

aa) Erarbeiten der Ausführungsplanung mit allen für die Ausführung notwendigen Einzelangaben (zeichnerisch und textlich) auf der Grundlage der Entwurfs- und Genehmigungsplanung bis zur ausführungsreifen Lösung als Grundlage für die weiteren Leistungsphasen. Die Ausführungsplanung wird aus der Entwurfs- und Genehmigungsplanung entwickelt. Dabei werden die Grundleistungen a) und b) stets zusammen erbracht. Fertigungsorientierte konstruktive Fragen stehen neben der Gestaltung im Vordergrund. Zunächst werden Grundrisse, Schnitte und Ansichten in einem gegenüber der Entwurfsplanung vergrößerten Maßstab – in der Regel im M 1:50 – durchgearbeitet. Diese sog. **Rohwerkplanung** wird den Fachplanern zur Weiterbearbeitung und Einarbeitung ihrer Leistungen überlassen und kontinuierlich durch Updates mit Überarbeitungen fortgeschrieben. Die **CAD-Planung** ist heute üblich. Zugleich werden nach wie vor manuell **Detailskizzen** erstellt. Erarbeitet der Architekt seine Planung **304**

90 OLG Hamm, Urt. v. 27.10.2005 – 21 U 77/00 – IBR 2006, 152.
91 OLG München, Urt. v. 28.5.2003 – 15 U 3660/00 – IBR 2004, 197; BGH, Beschl. v. 11.12.2003 – VII ZR 186/03 – Nichtzulassungsbeschwerde zurückgewiesen; OLG Dresden, Urt. v. 9.6.2010 – 1 U 745/09 – IBR 2012, 90; BGH, Beschl. v. 28.7.2011 – VII ZR 106/10 – Nichtzulassungsbeschwerde zurückgewiesen.
92 BGH, Urt. v. 14.6.2007 – VII ZR 45/06 – IBR 2007, 473.
93 OLG Stuttgart, Urt. v. 30.11.2010 – 10 U 67/10 – IBR 2012, 588; BGH, Beschl. v. 28.6.2012 – VII ZR 225/10 – Nichtzulassungsbeschwerde zurückgewiesen.
94 OLG Düsseldorf, Urt. v. 22.6.2004 – 21 U 225/03 – IBR 2004, 704.

komplett von Hand, resultiert hieraus keine Honorarminderung. Für einzelne Gewerke werden spezifische Ausführungspläne erarbeitet (z.B. **Abbruchpläne** beim Bauen im Bestand, Rohbaupläne, **Ausbaupläne**). Teil der Planung sind textliche Ausführungen auf Plänen oder in Beiblättern, Listen etc. Für die Bauausführung muss die Planung nicht nur technisch ausführbar sein. Sie muss auch ausführungsreif sein und rechtzeitig für die Umsetzung nach einer angemessenen Vorlaufzeit vorgelegt werden. Besonders schadensträchtige Details müssen in allen Einzelheiten geplant werden.[95]

305 Die Pläne des Architekten gelten zusammen mit den gesonderten Unterlagen der Fachplaner (z.B. Schalpläne, Bewehrungspläne, Installationspläne). Der Architekt koordiniert die Ausführungsplanungen. Obwohl Tragwerksplaner und Fachplaner für die technische Ausrüstung eigene Ausführungspläne erarbeiten, sind deren Beiträge in die Objektplanung des Gebäudes in entsprechendem Umfang einzuarbeiten. Dies gilt ebenso für die Leistungen von Beratern, wie z.B. dem **Baugrundgutachter** und dem **Bauphysiker** (Wärmeschutz, Schallschutz, Raumakustik). Auf die Fachkompetenz der ausführenden Handwerksbetriebe darf sich der Architekt nur bei einfachen Aufgaben verlassen.[96] Dagegen kann sich der Architekt auf das Wissen und die Sachkenntnisse des Fachingenieurs, z.B. des Tragwerksplaners, verlassen, wenn keine offensichtlichen, leicht erkennbaren Mängel vorliegen.[97] Auch bei der Beauftragung mit **Einzelleistungen** schuldet der nur mit der Ausführungsplanung beauftragte Architekt eine **genehmigungsfähige Leistung**. Auf Fehler des Vorplaners kann er sich im Allgemeinen nicht berufen, wenn sich im Zuge der Durcharbeitung Anhaltspunkte für fehlerhafte Grundlagen ergeben.[98]

306 **bb) Ausführungs-, Detail- und Konstruktionszeichnungen nach Art und Größe des Objekts im erforderlichen Umfang und Detaillierungsgrad unter Berücksichtigung aller fachspezifischen Anforderungen, z.B. bei Gebäuden im Maßstab 1:50 bis 1:1, z.B. bei Innenräumen im Maßstab 1:20 bis 1:1. Ausführungspläne** sind zeichnerische Darstellungen des Gesamtobjekts mit allen vorab planbaren, für die Umsetzung der Bauaufgabe notwendigen Einzelangaben. Sie dienen als Grundlage der Leistungsbeschreibung und Ausführung. Dies gilt auch für die Planung der Fachingenieure.

307 In **Werkzeichnungen (= Werkplänen)** wird im Maßstab 1:50, 1:20 das Gesamtobjekt dargestellt. Das sind im Regelfall bei neuerrichteten Gebäuden:

- die Grundrisse aller Geschosse,
- Längsschnitt, Querschnitt,
- Ansichten Nord, Ost, West, Süd,
- die Dachkonstruktion, z.B. Sparrenlage,
- der Fundamentplan mit Grundleitungen, Drainage etc.,
- Geländeplan mit Höhenangaben, Aushubplan (falls nicht im Fundamentplan und Schnitt enthalten).

308 **Detail-/Teilzeichnungen** werden insbesondere im Maßstab 1:20, 1:10, 1:5, 1:1 für Einzelheiten, die keine handwerklichen Selbstverständlichkeiten betreffen, angefertigt. Auch schadensträchtige Punkte wie Anschlüsse oder individuelle technisch-konstruktive Besonderheiten werden in Details herausgearbeitet. Anspruchsvolle Bauaufgaben erfordern eine umfassendere Detaillierung als einfache, konventionelle Projekte. Folgende Details werden für Neubauten im Regelfall erarbeitet:

---

95 OLG Celle, Urt. v. 18.10.2006 – 7 U 69/06 – IBR 2007, 436, 630.
96 OLG Koblenz, Urt. v. 25.9.2012 – 5 U 577/12 – IBR 2013, 34.
97 OLG Jena, Beschl. v. 12.3.2008 – 1 U 723/07 – IBR 2008, 341.
98 OLG Karlsruhe, Urt. v. 17.1.2006 – 17 U 168/04 – IBR 2006, 572.

- Außenwände: Grundschutz, Fassadenschnitt mit Anschluss Boden, Dach, Traufe, Ortgang, Attika, First, auch als Teilausschnitt, z.B. M 1:5, 1:10, 1:20;
- Fassade: Fenster mit Sonnenschutz, Haustür, Geländer, Fassadenbekleidung, Anschlussschnitten, z.B. M 1:20, 1:10, 1:5;
- Dachdetails: Traufe, Ortgang, First, Aufbauten, Attika, Wand, Balkon, Einbauten, Entwässerung, Terrasse, Anschlüsse, z.B. M 1:20, 1:10, 1:5 (falls nicht im Fassadenschnitt enthalten);
- Treppen: Aufbau, Geländer, Antritt, Austritt, M 1:20, 1:5;
- Aufzug: Überfahrt, Unterfahrt, Deckenanschluss, Entlüftung, M 1:20, 1:10;
- Innenwände: Systemtrennwände, Mobilwände, Wandbekleidungen, Anschlüsse, Ansichten, M 1:50, 1:20;
- Decken/Fußböden: Aufbauten, Abdichtungen, Anschlüsse, Fliesenplan, M 1:20, 1:5.

Die Zeichnungen werden bemaßt, Materialien und Bauteile sind durch normierte **309** Planzeichen darzustellen. Die angegebenen Maßstäbe sind nicht verbindlich. Die Darstellung hängt von der Bauaufgabe ab. So kann ein Werkplan in einem kleineren Maßstab mit entsprechender Detailbearbeitung ausreichen und übersichtlicher sein als ein größerer, mehrfach geteilter Plan.

Auch die Ausführungsplanung für Innenräume, z.B. Praxen, Läden, Gaststätten, **310** wird zunächst in einem Werkplan im Maßstab 1:50 dargestellt. Soweit es sich um sehr kleine Objekte, z.B. einen Messestand, handelt, sind größere Darstellungen zu wählen. Einzelheiten für Einbauten, z.B. für Theken, werden bis zum Maßstab 1:1 entwickelt.

Grundleistungen berücksichtigen die Ausführung durch Fachbetriebe. Technische **311** Regelwerke, Ausführungsvorgaben von Herstellern etc. zählen zu den Grundkenntnissen der ausführenden Firmen. Planungen zu **„Do-it-yourself-Leistungen"** für die Umsetzung durch Laien sind nicht Aufgabe des Architekten.

Baubestandszeichnungen geben den endgültigen Zustand des Objekts nach Fer- **312** tigstellung wieder (M 1:100, 1:50). In der Regel wird es sich um die Werkpläne handeln, wobei Fortschreibungen, welche für den Betrieb und die Bewirtschaftung des Gebäudes erforderlich sind, nachgetragen werden. Die Gebäudebestandsdokumentation ist eine Besondere Leistung der Objektbetreuung (LPH 9, 2. Besondere Leistung).

cc) Bereitstellen der Arbeitsergebnisse als Grundlage für die anderen an der **313** **Planung fachlich Beteiligten sowie Koordination und Integration von deren Leistungen.** Der Objektplaner übergibt seine bereits in den Leistungsphasen 2 und 3 mit den Fachplanern abgestimmte und erarbeitete Lösung nach vertiefter Darstellung, z.B. im Maßstab 1:50, an die Fachingenieure zur Weiterbearbeitung ihrer Leistungsbereiche. Die CAD-Planung ermöglicht dabei einen schnellen Datenaustausch und die Einarbeitung der beiderseitigen Planungsergebnisse. Dabei wird die Planung kontinuierlich gemeinsam weiterentwickelt. Schnittstellen, mögliche Überschneidungen und Widersprüche in technischer, wirtschaftlicher und zeitlicher Hinsicht sind hierbei zu klären.

Dem Objektplaner kommt eine **Steuerungsaufgabe** zu. Insbesondere sind die Leis- **314** tungen entsprechend dem **Planungsterminablauf** zu koordinieren.

Auch die Abstimmung der Fachplaner und Berater untereinander muss koordiniert **315** werden. Dies gilt z.B. für die Planung von Schlitzen, Deckdurchbrüchen und Aussparungen der Haustechnik, welche in die Tragwerksplanung einfließen müssen. Zu beteiligen sind Baugrund- und Schadstoffgutachter, Bauphysiker, Vermessungsingenieure etc. Gerade bei innerstädtischen Bauaufgaben kann es erforderlich sein, vor Baubeginn den Zustand des Nachbargebäudes von einem Sonderfachmann zur späteren Beweissicherung festzuhalten.

316 Der Architekt darf sich grundsätzlich auf die Planung des **Fachingenieurs** verlassen. Er muss sich jedoch vergewissern, dass dabei Vorgaben berücksichtigt werden, soweit dies für ihn ohne Spezialwissen erkennbar ist.[99] Daher ist es ratsam, Planumläufe, Planstände und Informationen über Änderungen schriftlich belegbar zu dokumentieren. Im Einzelfall sind Fachplaner- und Architektenleistungen nicht abgrenzbar. So ist die Planung des Beckenrandes eines Schwimmbads Aufgabe des Architekten, während die Planung der für die Vermeidung des Wasseraustritts anzuordnenden Rinne Aufgabe des Fachplaners der Technischen Ausrüstung ist.[100]

317 **dd) Fortschreiben des Terminplans.** Ein bereits in der Vorplanungsphase aufgestellter **Rahmenterminplan** und während der Entwurfsplanung fortgeschriebene **Terminpläne** sind weiterzuentwickeln. Hierzu kann für die Ausführungsplanung ein **Ablaufterminplan** erarbeitet werden, aus welchem die Abfolge der Objektplaner- und Fachplanerleistungen, aber auch ggf. erforderliche bauherrnseitige Entscheidungen hervorgehen (z.B. die Auswahl bestimmter Materialien). Für die Umsetzung des Bauvorhabens wird die Abfolge der Gewerke während der Baudurchführung in ein Abwicklungsmodell integriert. Die Abfolge ist mit den Fachplanern, dem Bauherrn und ggf. den Nutzern, z.B. bei Umbauten während des laufenden Betriebs, abzustimmen. Hieraus werden die für die Leistungsphase 6 benötigten Vertragsfristen und ein **Vergabeterminplan** abgeleitet (siehe LPH 6a), Rn 337). Vorgegebene Einzugs- oder Fertigstellungstermine sind zu berücksichtigen. Basis der Fortschreibung sind die Eckdaten der Vor- und Entwurfsplanung. Werden diese durch nicht von den Planern zu vertretende Umstände verändert, ist § 10 zu beachten. Ein Verzug des Architekten bei der Vorlage seiner Planung setzt voraus, dass hierfür im Vertrag Termine vereinbart wurden.[101]

318 **ee) Fortschreiben der Ausführungsplanung aufgrund der gewerkeorientierten Bearbeitung während der Objektausführung.** Diese Leistung berücksichtigt, dass fast jedes Bauprojekt nur einmal errichtet wird und stets individuelle, **im Vorgriff nicht planbare Eigenheiten** enthält. Bei der Fortschreibung der Ausführungsplanung handelt es sich nicht um Änderungsleistungen, sondern um Ergänzungen einer vorliegenden Planung während der Umsetzung der Bauaufgabe. Es kann sich um Teilfragen handeln, die bewusst offengelassen wurden, weil z.B. Bestandsbauteile erst während der Ausführung einsehbar sind, wenn z.B. die Balkenlage einer Holzdecke freigelegt wird.

319 Ebenso kann es sich um Details handeln, die mit den jeweiligen ausführenden Unternehmen in konstruktiver oder ausführungstechnischer Hinsicht abzustimmen sind. Da die Angabe und Abstimmung vor Ort eine Planungsleistung ist, handelt es sich in diesen Fällen um eine Fortschreibung der Ausführungsplanung. Gerade gestalterische Fragen werden vielfach erst während der Ausführung nach entsprechender Überprüfung und Freigabe von **Musterfassadenteilen**, **Farbmustern** etc. entschieden. Architekten haben dabei keine Vollmacht zur Änderung einer abgestimmten Planung.[102] Der Bauherr ist in regelmäßigen Abständen über den Planungsstand zu informieren.

320 Der Auftraggeber benötigt Unterlagen für den Bauunterhalt und die uneingeschränkte Bewirtschaftung des Bauwerks.[103] Daher ist die Fortschreibung, falls diese Einfluss hie-

99 OLG Köln, Urt. v. 17.8.2011 – 11 U 16/11 – IBR 2011, 704.

100 OLG Dresden, Urt. v. 23.8.2010 – 10 U 1054/08 – IBR 2012, 589; BGH, Beschl. v. 28.6.2012 – VII ZR 156/10 – Nichtzulassungsbeschwerde zurückgewiesen.

101 OLG Celle, Urt. v. 6.1.2011 – 16 U 37/10 – IBR 2011, 152.

102 OLG Hamm, Urt. v. 5.5.2011 – 24 U 147/08 – IBR 2011, 687.

103 BGH, Urt. v. 24.6.2004 – VII ZR 259/02 – IBR 2004, 512.

rauf hat, zu dokumentieren (siehe LPH 8m), Rn 458). Die Ausführungsplanung ist erst nach deren Fertigstellung abnahmereif.[104] Zusammenfassungen aller Fortschreibungen und Änderungen in der **Gebäudebestandsdokumentation** sind Besondere Leistungen der Objektbetreuung (LPH 9, 2. Besondere Leistung).

Änderungen sind Neuplanungen und zählen grundsätzlich nicht zur Fortschreibung, da hier veränderte Planungsziele berücksichtigt werden müssen. 321

Beispiel
Beim Einbau einer Arztpraxis in ein Bestandsgebäude wurde in der Entwurfsplanung festgelegt, dass einige Behandlungsräume und das Sekretariat nur vom Flur aus zugänglich sind. Während der Ausführungsplanung wünscht der Arzt Zwischentüren, welche die Räume vom Flur unabhängig verbinden. Die Änderung umfasst die Eintragung der zusätzlichen Türen in alle Pläne. Da teilweise Überzüge in den Wänden vorhanden sind, muss die Decke unter der Praxis abgefangen werden. Unterschiedliche Estrichhöhen zwischen den Räumen sind auszugleichen bzw. der Estrich ist teilweise komplett zu erneuern. Die Fachplanung hat die Anordnung von Waschtischen zu verlegen und die Elektroinstallation zu verändern. Zu klären sind die Schallschutzanforderungen der Zwischentüren und die Umsetzbarkeit im Bestand. Es handelt sich nicht um die Fortschreibung der Ausführungsplanung. Die wiederholten Grundleistungen sind zusätzlich gem. § 10 zu vergüten.

Der Architekt schuldet grundsätzlich eine Planung, die zum Zeitpunkt Ihrer Abnahme dem aktuellen Stand der allgemein **anerkannten Regeln der Technik** entspricht.[105] Muss der Architekt seine Planung ändern, weil während der Planung bzw. Ausführung neue Regeln aufgestellt wurden, fallen wiederholte Grundleistungen an. 322

ff) Überprüfen erforderlicher Montagepläne der vom Objektplaner geplanten Baukonstruktionen und baukonstruktiven Einbauten auf Übereinstimmung mit der Ausführungsplanung. Es handelt sich um vom Architekten geplante Baukonstruktionen, für welche der bauausführende Unternehmer zur Montage oder Fertigung erforderliche Unterlagen erarbeitet. In Montageplänen werden **Einzelheiten der Ausführung und Herstellung** in einer detaillierten Darstellung zur Genehmigung vorgelegt. Dabei sind auch terminliche und örtliche Vorgaben einzuarbeiten, wenn Leistungen beteiligter Gewerke zu berücksichtigen sind oder beim Umbau während des laufenden Betriebs bestimmte **Montagezeiträume** einzuhalten sind. Die Leistung wird nach der Leistungsphase 7 meist sukzessiv für mehrere Gewerke baubegleitend im Zuge der Leistungsphase 8 erbracht. Montage- und **Werkstattpläne** fallen insbesondere im Stahlbau, Fenster- und Fassadenbau an. Werden Ausführungsunterlagen mangelhaft erstellt oder Korrekturen wiederholt nicht eingearbeitet, handelt es sich um wiederholte Grundleistungen, die der Auftraggeber dem Verursacher in Abzug bringen kann. 323

Konstruktionspläne, welche von den mit der Herstellung beauftragten Unternehmen ohne konkrete Planungsgrundlage des Architekten, z.B. nach bestimmten **System-Herstellervorgaben** erarbeitet werden, sind im Rahmen der Besonderen Leistungen zu überprüfen, weil damit besondere Anforderungen an die Ausführung des Auftrags gestellt werden, die über die Grundleistungen hinausgehen (siehe 2. Besondere Leistung LPH 5 „Prüfen der vom bauausführenden Unternehmen aufgrund der **Leistungsbeschreibung mit Leistungsprogramm** ausgearbeiteten Ausführungspläne auf Übereinstimmung mit der Entwurfsplanung“, Rn 327). 324

---

104 OLG Brandenburg, Urt. v. 20.12.2006 – 13 U 55/06 – IBR 2007, 315.
105 OLG Dresden, Urt. v. 9.6.2010 – 1 U 745/09 – IBR 2012, 90; BGH, Beschl. v. 28.7.2011 – VII ZR 106/10 – Nichtzulassungsbeschwerde zurückgewiesen.

d) Besondere Leistungen

325 **aa) Aufstellen einer detaillierten Objektbeschreibung als Grundlage der Leistungsbeschreibung mit Leistungsprogramm.** Im **Leistungsprogramm** wird das gewünschte Ergebnis beschrieben. Dabei sind funktionale, gestalterische, technische, terminliche, qualitative und quantitative Angaben in einer Objektbeschreibung zusammenzufassen. Diese kann neben textlichen Inhalten auch Zeichnungen umfassen, z.B. Grundrisse, Ansichten oder **Leitdetails.** Teilweise wird auch der Begriff **funktionale Ausschreibung** gewählt. Die Entwurfsplanung allein ist in der Regel keine ausreichende Grundlage für die Festlegung von Qualitätsstandards vergleichbarer Angebote. Objekt- und Leistungsbeschreibungen werden in den Leitungsphasen 5 und 6 erarbeitet. Das Angebot beinhaltet keine mengenabhängigen Einheitspreise, sondern einen einheitlichen Pauschalpreis, wobei die Ausführungsplanung – soweit diese den Angebotsunterlagen nicht zugrunde liegt – Teil der Leistungen des bauausführenden Unternehmers wird. Diese Art der Ausschreibung wird z.B. für Bauteile und komplette Bauaufgaben angewendet, welchen herstellerabhängige Systemkomponenten zugrunde liegen, die wegen der Verschiedenartigkeit in der Produktion und Ausführung den Bietern freigestellt werden.

326 In § 7 Nr. 13ff. VOB/A wird die Leistungsbeschreibung mit Leistungsprogramm als Ausnahme geregelt. Für einzelne aufgrund vergaberechtlicher Vorgaben herstellerneutral zu beschreibende Systemdetails werden Leistungsbeschreibungen mit Leistungsprogramm dennoch häufig angewendet. Eine detaillierte Objektbeschreibung wird zusammen mit der Überprüfung der Ausführungspläne des Unternehmers alle Grundleistungen der Leistungsphase 5 ersetzen.

327 **bb) Prüfen der vom bauausführenden Unternehmen aufgrund der Leistungsbeschreibung mit Leistungsprogramm ausgearbeiteten Ausführungspläne auf Übereinstimmung mit der Entwurfsplanung.** Zu prüfen ist, ob die vom Unternehmer gefertigte Ausführungsplanung die vereinbarte Beschaffenheit aufweist und der Entwurfsplanung entspricht, oder, soweit es sich um ein Bauteil handelt, in die Ausführungsplanung des Architekten integrierbar ist. Dabei werden funktionale sowie technische Vorgaben ebenso wie die Gestaltung zu berücksichtigen sein. Auch konstruktive und bauphysikalische Grundlagen sind zu beachten. Es handelt sich daher in der Regel nicht um die einmalige Durchsicht von Planunterlagen. Die Leistungen werden, wenn die Planung sukzessive erarbeitet wird, in mehreren Etappen geprüft. Dabei sind ggf. auch die Fachplaner für die technische Ausrüstung, Bauphysiker und Statiker zu beteiligen. Da vergaberechtliche Vorgaben herstellerneutrale Ausschreibungen für öffentliche Bauaufgaben fordern, aber andererseits eine Vielzahl von Systembauprodukten eigene Planungen erfordern, fällt diese Leistung zunehmend häufiger an.

328 **cc) Fortschreiben von Raumbüchern in detaillierter Form.** Raumbücher können für unterschiedliche Zwecke fortgeschrieben werden.

– Raumbuch als Teil der Leistungsbeschreibung mit Leistungsprogramm:
  Das Raumbuch umfasst eine Beschreibung der Konstruktion, des gewünschten Ausbaus mit der zugehörigen Ausstattung, Funktion und Gestaltung weiterer Einzelheiten. Ohne eine detaillierte Aufstellung der Anforderung kann keine vergleichbare Angebotsgrundlage für die Vergabe entstehen. Mit dem Raumbuch kann eine der gewerkeweisen Ausschreibung ähnliche Genauigkeit erzielt werden. Dabei wird **das gewünschte Planungsziel** und nicht die einzelne Leistung beschrieben.

– Raumbuch als Grundlage der Ausführungsplanung:
Insbesondere bei Umbauten oder Instandsetzungsmaßnahmen kann es erforderlich sein, für Fachplaner und ausführende Unternehmer **raumweise Einzelleistungen** vorzugeben. Die Leistung kann zusätzlich oder anstelle einer zeichnerischen Darstellung anfallen.

dd) Mitwirken beim Anlagenkennzeichnungssystem (AKS). Zur Kennzeichnung und Identifikation technischer Systeme werden einheitliche Festlegungen getroffen. Die Produktkennzeichnung kann den schnellen Zugriff auf Eigenschaften und Bezugsquellen erleichtern. AKS, AKZ und KKS werden insbesondere für Maschinen, technische Anlagen, bei der Automatisierung oder im Kraftwerksbau eingesetzt. Anlagenkennzeichnungssysteme dienen der Bewirtschaftung während des Betriebs. Sie enthalten Grundlagen für die Ersatzbeschaffung und ggf. Informationen über Erkenntnisse und Erfahrungen mit den jeweiligen Anlagen. 329

ee) Prüfen und Anerkennen von Plänen Dritter nicht an der Planung fachlich Beteiligter auf Übereinstimmung mit den Ausführungsplänen (z.B. Werkstattzeichnungen von Unternehmen, Aufstellungs- und Fundamentpläne nutzungsspezifischer oder betriebstechnischer Anlagen), soweit die Leistungen Anlagen betreffen, die in den anrechenbaren Kosten nicht erfasst sind. Müssen vom Bauherrn selbst ohne Beteiligung des Architekten geplante oder beschaffte Anlagen integriert werden, sind diese Leistungen gesondert zu vergüten. Hierzu zählen z.B. Einrichtungspläne für Maschinen bei Fabriken, bauseitige Ausbauten für Gewerbebetriebe etc. Dabei wird vom Architekten in der Regel nicht überprüft, ob die Planung der Anlage in sich mangelfrei ist. Zu überprüfen ist, ob bzw. wie diese in das geplante Objekt integriert werden kann. 330

Nutzungsspezifische Anlagen sind gem. DIN 276-1: Küchentechnische Anlagen (KG 471), Wäscherei und Reinigungsanlagen (KG 472), Medienversorgungsanlagen (KG 473), medizin- und labortechnische Anlagen (KG 474), Feuerlöschanlagen (KG 475), badetechnische Anlagen (KG 476), Prozesswärme-, Kälte- und Luftanlagen (KG 477), Entsorgungsanlagen (KG 478), Sonstiges, z.B. bühnentechnische Anlagen, Tankstellen, Waschanlagen (KG 479) 331

6. Leistungsphase 6 – Vorbereitung der Vergabe

a) Planungsziel. Durch die Aufstellung von **Leistungsverzeichnissen** sind Grundlagen für die Angebote der Unternehmer zu erarbeiten. In diesen sind **Leistungsbeschreibungen** mit **Mengenangaben** und anderen für die Preisermittlung erforderlichen Informationen enthalten. 332

b) Problematik

aa) Rechtsfragen. Obwohl die Leistungsphase 6 mit der Erarbeitung von Leistungsbeschreibungen durch Mengenermittlungen, Terminvorgaben, Kostenermittlungen, Kostenvergleichen und der Koordination reine Architektenaufgaben umfasst, sind Nebenleistungen mit rechtlichen Fragen als Vorgaben für die Vertragsgestaltung enthalten. Diese umfassen die Beratung des Bauherrn hinsichtlich der wichtigsten Unterschiede zwischen Regelungen des BGB und der VOB, z.B. zu Gewährleistungsfristen,[106] Vertrags- 333

106 OLG Nürnberg, Urt. v. 13.11.2009 – 2 U 1566/06 – IBR 2010, 39.

strafenobergrenzen, Skontivereinbarungen etc. Die Aufstellung und Beurteilung **rechtlicher Vertragsgrundlagen** geht jedoch über die Aufgaben und Kenntnisse des Architekten hinaus, sodass hier auf im Handel erhältliche, aktualisierte Vertragsvorgaben zurückgegriffen werden muss, wenn vom Bauherrn nicht entsprechende Grundlagen beigestellt werden. Im gesamten Bereich der Rechtsberatung sollte höchst zurückhaltend und vorsichtig im Interesse sowohl des Architekten als auch des Bauherrn vorgegangen werden, da dieser Bereich nicht von der Haftpflichtversicherung des Architekten gedeckt ist.

334 **bb) Planungs- und baubegleitende Vorbereitung der Vergabe.** Die Leistungsphase 6 wird in der Regel nicht getrennt, sondern stufenweise parallel zur Leistungsphase 4 bis 8 erarbeitet. Häufig erwartet der Bauherr, dass unmittelbar nach Erteilung der Genehmigung mit der Vergabe und Umsetzung der Bauaufgabe begonnen wird. Nur selten werden vor Baubeginn sämtliche Leistungsbeschreibungen fertiggestellt. Der Auftragnehmer hat diese meist baubegleitend rechtzeitig zu erstellen und dabei den Bauablauf, die Dauer des Angebots- und Vergabeverfahrens sowie die Vorbereitungszeiten der Unternehmer zu berücksichtigen. Bei vorgezogener Erarbeitung der Leistungsphase 6 sollte der Bauherr – wie für die Ausführungsplanung einleitend beschrieben – belegbar über Risiken und Vorteile informiert werden.

335 **cc) Wiederholte Grundleistungen in Folge Unternehmerinsolvenzen.** Bei **Insolvenzen ausführender Handwerksbetriebe** während der Umsetzung der Bauaufgabe können alle Grundleistungen der Leistungsphasen 6 und 7 für das betreffende Gewerk nochmals anfallen. Wenn hierbei der Leistungszwischenstand vor Ort aufzunehmen ist, wird zugleich eine **Bestandsaufnahme** benötigt. Der Architekt hat gem. § 10 Anspruch auf eine schriftliche Anpassung des Leistungsumfangs für die zusätzlich erforderlichen, wiederholten Grundleistungen, soweit der Bauherr diese anordnet. Bestandsaufnahmen zählen zu den Besonderen Leistungen.

336 **dd) Kostenermittlung durch bepreiste Leistungsverzeichnisse.** Die neu eingeführte Ermittlung von Kosten auf Grundlage vom Planer bepreister Leistungsverzeichnisse ist eine **berufsfremde Kalkulationsaufgabe**. Ein Kostenvergleich mit der Kostenberechnung nach DIN 276 ist zudem aufgrund der Gliederung der DIN 276-1 erst möglich, wenn sämtliche Leistungsverzeichnisse erstellt sind und die Einzelleistungen entsprechenden Kostengruppen zugeordnet wurden. Daher ist die Kostenkontrolle auf Basis der Grundleistung 6 d) bei einer die Bauausführung begleitenden Vorbereitung der Vergabe als **Steuerungsinstrument** kaum einsetzbar. Erst wenn sämtliche Leistungsverzeichnisse vorliegen, kann ein Vergleich der nach Bauteilen gegliederten Kostenberechnung gem. DIN 276-1 mit den bepreisten Leistungsverzeichnissen erfolgen.

Praxistipp

Bei der heute für einen zügigen Baubeginn und schnellen Bauablauf üblichen baubegleitenden Planung und Ausschreibung wird eine **vertiefte, gewerkeweise aufgestellte Kostenberechnung** (LPH 3, 3. Besondere Leistung) als ersetzende Besondere Leistung statt der Leistungen 3e) und 6d) empfohlen. Hiermit ist ein direkter Vergleich der sukzessive eingehenden Angebote mit der Kostenberechnung möglich (vgl. Rn 60, 346 ff., 360).

---

c) Grundleistungen

aa) Aufstellen eines Vergabeterminplans. Damit das Vorhaben ohne Verzögerungen im Bauablauf umgesetzt werden kann, muss anhand des Terminplans ermittelt werden, wann welche Leistungen vergeben werden müssen. Im Terminplan sind von der Aufstellung der Leistungsverzeichnisse bis hin zur Erteilung der Aufträge und dem Ausführungsbeginn alle vergaberelevanten Vorgänge zu berücksichtigen. Insbesondere bei öffentlichen Bauaufgaben sind maßgebliche Verfahren und Fristen für Veröffentlichungen, Vergabeeinsprüche etc. einzuarbeiten. 337

Zudem ist zu bedenken, dass Bauherrn ggf. Gremien bei der Vergabe beteiligen und ein bestimmter Leistungsumfang vergeben werden muss. Ist kein Vergabetermin erforderlich, weil z.B. vor Baubeginn sämtliche Leistungsverzeichnisse erstellt und zeitnah vergeben werden, reduziert sich der Vomhundertsatz nicht. 338

bb) Aufstellen von Leistungsbeschreibungen mit Leistungsverzeichnissen nach Leistungsbereichen, Ermitteln und Zusammenstellen von Mengen auf der Grundlage der Ausführungsplanung unter Verwendung der Beiträge anderer an der Planung fachlich Beteiligter. Leistungsbeschreibungen sind Teil der Vergabeunterlagen. Die Vorbereitung der Vertragsbedingungen und Vertragsunterlagen gehört nach Feststellung des OLG Brandenburg zu den Aufgaben des Architekten.[107] 339

Zunächst ist zu prüfen, wie die Leistungsbeschreibungen abgefasst werden müssen und ob vergaberechtliche Regeln zu beachten sind. Dies gilt insbesondere bei öffentlichen Auftraggebern, die das in der VOB geregelte Verfahren anwenden. Für Bauaufgaben des Bundes wird zudem ggf. das **Standardleistungsbuch** bei der Leistungsbeschreibung verwendet. Die einzelnen Bauleistungen werden in der Regel gewerkeweise in **Leistungsbereichen** zusammengefasst (vgl. VOB/C – ATV). Angaben zur Baustelle und Ausführung, Ausführungsfristen, Bauabschnitten mit Informationen zur Lage, dem Umfeld etc. sollen vorangestellt werden. Die Leistungsbeschreibungen werden nach Konstruktionen, Baustoffen und Anforderung in Teilleistungen untergliedert. Diese können als **Pauschalpreis** (z.B. €/Stück) oder **Einheitspreis** (Menge × €) und für Leistungen geringen Umfangs als **Stundenlohnposition** erfasst werden. In den Beschreibungen werden Quantität und Qualität der geforderten Leistungen textlich und – wo erforderlich – anhand von Zeichnungen erläutert. Die inhaltlichen Anforderungen an Leistungsbeschreibungen aus § 7 VOB/A und Abschnitt 0 DIN 18299 in VOB/C haben sich dabei als allgemein anerkannte Grundlagen durchgesetzt. Eingearbeitet werden Daten von Fachplanern. Dies sind z.B. Stahlmengen, Betongüten des Tragwerksplaners, Aussparungen, Abmessungen, Mengen von Abwasserleitungen aus dem Bereich der Technischen Ausrüstung, Angaben zur Bodenbeschaffenheit und Schadstoffbelastung etc. 340

Die Leistungsbeschreibung soll eine für alle Bieter gleiche Angebotsgrundlage sein. Daher haben diese nur Preise und ggf. angebotene Erzeugnisse einzusetzen. Hierfür sind heute z.B. GAEB-Daten zur Verfügung zu stellen. Die Genauigkeit der Mengenermittlung orientiert sich an § 2 Abs. 3 VOB/B. Fehlerhafte Mengenermittlungen können bei hierauf aufbauenden Pauschalpreisvergaben oder Einheitspreisverträgen zu Nachforderungen und Schadensersatzansprüchen führen.[108] Ausschreibungstexte sind bei öffentlichen Bauaufgaben herstellerneutral abzufassen. 341

---

107 OLG Brandenburg, Urt. v. 26.9.2002 – 12 U 63/02 –.
108 OLG Nürnberg, Hinweisbeschl. v. 18.7.2007 – 1 U 970/07 – IBR 2008, 103.

342 Die Erstellung von Leistungsbeschreibungen für einen Generalunternehmer als Grundlage der Kalkulation hat das Landgericht Dresden nicht den HOAI-Leistungen zugeordnet.[109]

343 Die Prüfung und Wertung von **Nachtragsangeboten** wurde in der Leistungsphase 7c) (zusätzliche und geänderte Leistungen) bzw. der 4. Besonderen Leistung (bauwirtschaftlich begründete **Nachträge**) aufgenommen. Tatsächlich beginnt deren Bewertung bereits in der Leistungsphase 6b), z.B. mit der Mengenermittlung und Ergänzung der Leistungsbeschreibung, ohne die kein Angebot geprüft werden kann.

344 **cc) Abstimmen und Koordinieren der Schnittstellen zu den Leistungsbeschreibungen der an der Planung fachlich Beteiligten.** Damit Überschneidungen, Widersprüche oder fehlende Teilleistungen vermieden werden, sind die Leistungsbeschreibungen aller beteiligten Planer aufeinander abzustimmen. Dabei hat der Objektplaner nicht deren Texte und Mengenangaben zu überprüfen. Aufgabe des Architekten ist die Koordination, Abgrenzung und Abstimmung, wo welche Leistungen aufgenommen werden. Zugleich müssen die Leistungen technisch, gestalterisch, konstruktiv und terminlich aufeinander abgestimmt werden. Die Koordination von Fachplanern für die Technische Ausrüstung (Heizungs-, Lüftungs-, Sanitär-, Elektroplanern), von Fassadenplanern, Innenarchitekten, Freianlagenplanern, Küchenplanern, Medizintechnikplanern und Fachplanern für die Schadstoffentsorgung fällt in diesen Bereich.

345 **dd) Ermitteln der Kosten auf Grundlage vom Planer bepreister Leistungsverzeichnisse.** In die im Rahmen der Leistung b) aufgestellten Leistungsverzeichnisse werden vom Objektplaner Preise eingesetzt. Fachplaner liefern entsprechende Kostendaten für ihre Gewerke. Bei öffentlichen Bauaufgaben dienen die Daten der Überprüfung, ob die **Schwellenwerte** der jeweiligen Vergabeart eingehalten werden können.

346 Für die Kostenkontrolle als Teil der **Kostensteuerung** und **Kostenplanung** eignet sich die Leistung d) kaum. Da Preisunterschiede zwischen dem günstigsten und dem teuersten Bieter regelmäßig höher als die **Prognosetoleranzen** einer Kostenberechnung sind, wird ein erheblich größerer Toleranzrahmen gelten. Das vom Bundesministerium für Wirtschaft und Technologie zur HOAI 2013 in Auftrag gegebene Gutachten zur Honorarstruktur der HOAI[110] geht davon aus, dass die einfache Übernahme von Preisen veröffentlichter **Baupreissammlungen** bzw. von Softwarepaketen der geforderten Leistung nicht gerecht wird, da die speziellen Bedingungen des Objekts sowie lokale und konjunkturelle Preisschwankungen erfasst werden müssten. Damit seien hohe Marktkenntnisse erforderlich. In der Praxis wird es jedoch kaum Objekt- und Fachplaner geben, welche über die Fachkenntnisse der Kalkulatoren sämtlicher an einem Bauprojekt anfallenden Gewerke[111] verfügen und zudem aktuelle Marktschwankungen und Rohstoffpreise in eine Kostenprognose einarbeiten können.

347 Sind für die Leistungen Beiträge von Fachberatern mit Spezialkenntnissen erforderlich, fallen zusätzlich Besondere Leistungen an (siehe LPH 6, 3. Besondere Leistung **„Aufstellen von vergleichenden Kostenübersichten unter Auswertung der Beiträge anderer an der Planung fachlich Beteiligter“**, Rn 359). Insbesondere bei Umbauten wird dies regelmäßig der Fall sein. Da Vorabausschreibungen für vergabefremde Zwecke zur **Markterkundung** gem. § 2 Abs. 4 VOB/A unzulässig sind, stellt sich die Frage, wie

---

109 LG Dresden, Urt. v. 22.6.2011 – 8 O 1039/09 – IBR 2011, 532.

110 Studie im Auftrag des BMWi, Aktualisierungsbedarf zur Honorarstruktur der Honorarordnung für Architekten und Ingenieure, Anlagenband 1 v. Dezember 2012, Anlage 4.1 Nr. 2.6.2.

111 Vgl. ATV, VOB Teil C, DIN 18229 – 18459, 63 Gewerke.

Planer Preise, welche nicht direkt bürointernen Kostendaten oder Baupreissammlungen zu entnehmen sind, beschaffen werden (vgl. Rn 360).

ee) Kostenkontrolle durch Vergleich der vom Planer bepreisten Leistungsverzeichnisse mit der Kostenberechnung. Die Kostenberechnung nach DIN 276-1 umfasst Kostenangaben für Bauteile. Dies sind für die Kostengruppen 300: 348
- KG 310 Baugrube,
- KG 320 Gründung,
- KG 330 Außenwände,
- KG 340 Innenwände,
- KG 350 Decken,
- KG 360 Dächer,
- KG 370 Baukonstruktive Einbauten und
- KG 390 Sonstige Maßnahmen für Baukonstruktionen.

Leistungsverzeichnisse werden gewerkeweise aufgestellt. Dies sind z.B.: 349
- DIN 18300, 18330, 18331 Erd-, Beton-, Mauerarbeiten,
- DIN 18334 Zimmer- und Holzbauarbeiten,
- DIN 18335 Stahlbauarbeiten,
- DIN 18336 Abdichtungsarbeiten,
- DIN 18338 Dachdeckungs- und Dachabdichtungsarbeiten,
- DIN 18339 Klempnerarbeiten und
- DIN 18340 Trockenbauarbeiten etc.

Einzelgewerke sind daher nicht direkt mit der Kostenberechnung nach DIN 276 vergleichbar. Für einen Vergleich der bepreisten Leistungsverzeichnisse mit der Kostenberechnung nach DIN 276 (Grundleistung LPH 3e)) sind sämtliche Positionen der Leistungsverzeichnisse den Kostengruppen der 2. Ebene der Kostengliederung nach DIN 276-1 zuzuordnen. Anschließend sind gleiche Kostengruppen auch verschiedener Leistungsverzeichnisse zusammenzufassen. Werden die Ausschreibungen erst sukzessive parallel zum Baufortschritt erstellt, ist der Kostenvergleich erst am Ende des Bauprojekts möglich. Die Kostengruppen 320 Gründung enthält z.B. Daten der Erd-, Beton-, Mauerarbeiten (DIN 18300, 18330, 18333) sowie der Abdichtungsarbeiten (DIN 18336), der Estricharbeiten (DIN 18353) und der Bodenbelagsarbeiten (DIN 18365) etc. Erd-, Beton-, Mauerarbeiten müssen für den Baubeginn ausgeschrieben werden. Angebote für Bodenbelagsarbeiten werden ggf. erst im Zuge der Ausbauarbeiten eingeholt. Dies gilt in gleicher Weise für die Kostengruppen 330, 340, 350, 360, 370 und 390. 350

Wünscht der Bauherr vor Beginn der Vergabe einen Vergleich nach Gewerken, ist die 3. Besondere Leistung der Leistungsphase 3 **„Aufstellen und Fortschreiben einer vertieften Kostenberechnung“** zu beauftragen. Hierdurch kann die gewerkeweise erstellte Kostenberechnung mit **bepreisten Leistungsverzeichnissen** und den jeweils eingehenden Angeboten verglichen werden. 351

Nur wenn ein entsprechend bemessener Planungszeitraum zur Verfügung steht, können vorab sämtliche Leistungsverzeichnisse aufgestellt, bepreist und mit der Kostenberechnung verglichen werden. 352

ff) Zusammenstellen der Vergabeunterlagen für alle Leistungsbereiche. Die Vergabeunterlagen bestehen aus dem Anschreiben mit der **Aufforderung zur Abgabe** eines Angebots, den **Bewerbungsbedingungen**, den Angaben zu den **Vertragsbedingungen** (Allgemeine, Zusätzliche, Besondere, Allgemeine technische Vertragsbedingun- 353 gen) und den **Leistungsbeschreibungen** (vgl. § 8 VOB/A). Der Objektplaner hat diese für alle Bereiche zusammenzustellen. Von Fachplanern sind für deren Gewerke Vergabeunterlagen für die Zusammenstellung vorzulegen. Die Vervielfältigung und der Versand der Unterlagen zählt zu den Nebenkosten gem. § 14 Abs. 2 Nr. 1 und 2.

354 Architekten wird empfohlen, bei den Vertragsbedingungen auf von Juristen geprüfte, vorformulierte Texte zurückzugreifen. Spezielle Bewerbungsbedingungen, z.B. bei öffentlichen Bauvorhaben, sind vom Bauherrn beizustellen. Werden vom Bauherrn über die Allgemeinen Vertragsbedingungen gem. VOB/B und die Allgemeinen technischen Vertragsbedingungen gem. VOB/C hinaus Besondere Vertragsbedingungen oder zusätzliche Vertragsbedingungen gewünscht, die den Inhalt der VOB ergänzen, sind diese vom Bauherrn hinzuzufügen und ggf. von einem Rechtsanwalt auszuarbeiten.

d) Besondere Leistungen

355 **aa) Aufstellen der Leistungsbeschreibungen mit Leistungsprogramm auf der Grundlage der detaillierten Objektbeschreibung.** Im Regelfall wird die Bauleistung, z.B. gem. § 7 Abs. 9 VOB/A, beschrieben und in Teilleistungen gegliedert. Mit der Bauausführung kann jedoch auch der Entwurf für die Leistung gem. § 7 Abs. 13ff. VOB/A dem Wettbewerb unterstellt werden. Beschrieben wird die Bauaufgabe als gewünschtes Ergebnis anhand funktionaler, technischer, konstruktiver und gestalterischer Vorgaben mit den für die Angebotserstellung erforderlichen Umständen und Bedingungen. In der Regel werden sowohl Qualität- und Quantitätsvorgaben als auch nutzungsspezifische Anforderungen definiert. Dem Unternehmer ist es freigestellt, wie er dieses Leistungsziel erreicht. Es können Musterleistungsverzeichnisse erstellt werden, in welchen Mengenangaben ganz oder teilweise offengelassen werden. Die Leistungsbeschreibung muss eindeutig und erschöpfend sein,[112] d.h. die Planungsgrundlagen müssen ermittelt und beschrieben werden. Der Bieter hat im Angebot das System bzw. den Entwurf mit Erläuterung, Darstellung der Bauausführung und Beschreibung vorzulegen. Im Leistungsverzeichnis sind auch die Bewertungskriterien anzugeben. Mit der Ausschreibung sollen unternehmerische Lösungen einbezogen werden, wenn dies wegen der fertigungsbezogenen Planung beispielsweise für Fertigteilsysteme oder in Folge der Verschiedenartigkeit unter den Systemanbietern freigestellt werden muss. Es kann sich auch um einzelne Bauteile oder Technikkomponenten wie Fertigteiltreppensysteme, Fassaden, Heizungs-, Lüftungs- oder Aufzugsanlagen handeln.

356 Leistungsbeschreibungen mit Leistungsprogramm – insbesondere für Bauteile – sind heute kein Ausnahmetypus im Vergabeverfahren. Die Besondere Leistung wird ganz oder teilweise zur Grundleistung. In diesen Fällen entfallen die entsprechenden Grundleistungen der Leistungsphase.

357 **bb) Aufstellen von alternativen Leistungsbeschreibungen für geschlossene Leistungsbereiche.** Wünscht der Bauherr Angebote für unterschiedliche Ausführungsmöglichkeiten, sind Bauleistungen mehrfach zu beschreiben. Dies kann z.B. die Ausschreibung eines Wärmedämmverbundsystems und einer vorgehängten hinterlüfteten Fassade als Alternative sein. Auch Fensterelemente werden häufig zum Preisvergleich als Kunststoff-, Holz- oder Aluminiumkonstruktion ausgeschrieben. Hierfür sind gesonderte Leistungsbeschreibungen für geschlossene Leistungsbereiche in weiteren Leistungsverzeichnissen oder Fachlosen aufzustellen. Einzelne Alternativpositionen inner-

112 OLG Düsseldorf, Urt. v. 22.6.2010 – 21 U 54/09 – IBR 2011, 415.

halb eines Leistungsbereichs wie z.B. verschiedene Holzarten bei einem Parkettboden zählen noch zu den Grundleistungen. Die Übergänge sind jedoch fließend. Ein geschlossener Leistungsbereich kann innerhalb eines Leistungsverzeichnisses vorliegen, wenn eine andere Ausführung zugrunde gelegt wird, z.B. ein Blindboden mit genageltem Holzfußboden statt auf Estrich geklebten Parkettböden.

Die Leistung kann auch im Zusammenhang mit Änderungsleistungen und weiteren wiederholten Grundleistungen anfallen (z.B. LPH 5a), b)). **358**

cc) Aufstellen von vergleichenden Kostenübersichten unter Auswertung der Beiträge anderer an der Planung fachlich Beteiligter. Beim Kostenvergleich und der Abwägung der Vor- und Nachteile alternativer Ausführungen sind häufig Beiträge von Fachplanern und Fachberatern zu berücksichtigen. Dies können z.B. Angaben eines Bauphysikers zu Fassadenaufbauten oder des Statikers zu lastabtragenden Baukonstruktionen etc. sein. Die Leistung kann sowohl auf Grundlage einer Kostenprognose in den Leistungsphasen 2, 3 und 6 wie im Zuge der Wertung in Leistungsphase 7 anfallen. **359**

Auch **bepreiste Leistungsverzeichnisse** (vgl. LPH 6d)) sind für Kostenvergleiche aufgestellte Übersichten. Da die Kalkulation von Baupreisen erhebliche Detailkenntnisse über die Herstellung, Organisation, Umsetzung, Berechnung, Marktlage, saisonale Auslastung von Firmen und fertigungstechnischen Besonderheiten erfordert, werden Architekten regelmäßig im Zusammenhang mit der Grundleistung 6d) Beiträge von Sachverständigen für die Baupreiskalkulation, Fachingenieuren und Kalkulatoren auswerten müssen. Zumal die Studie des Bundesministeriums für Wirtschaft und Technologie zur HOAI 2013 davon ausgeht, dass **360**

> *„eine einfache Übernahme von Preisen aus Softwarepaketen der geforderten Grundleistung in LPH 6d) nicht gerecht wird, da in diesen Dateien die spezifischen Bedingungen des Bauwerks sowie lokale und konjunkturelle Preisschwankungen bei den Baustoffen und der Bauleistungserstellung nicht erfasst werden“.*[113]

7. Leistungsphase 7 – Mitwirkung bei der Vergabe

a) Planungsziel. Für die Vergabeentscheidung des Bauherrn werden vom Auftragnehmer Angebote eingeholt, geprüft und gewertet. **361**

b) Problematik

aa) Nachtragsangebote. Das in die Grundleistung c) eingefügte „Prüfen und Werten der Angebote zusätzlicher und geänderter Leistungen“ betrifft allein Leistungen, die ursprünglichen Zielvorgaben entsprechen. Werden Ziele nachträglich im Einvernehmen verändert und muss der Architekt erneut bereits erbrachte Grundleistungen ausarbeiten, steht ihm hierfür ein weiteres Honorar gem. § 10 zu.[114] Dabei können Teilleistungen aus anderen Leistungsphasen mitbetroffen sein. Ändert der Bauherr ein bereits abgestimmtes und erarbeitetes Planungsziel, sind hierfür meist Leistungsbeschreibungen neu aufzustellen (wiederholte Grundleistung LPH 6b)). Die gewünschte Leistungsänderung muss in die Ausführungsplanung integriert werden (wiederholte Grundleistung 5a), b), **362**

113 Studie im Auftrag des BMWi, Aktualisierungsbedarf zur Honorarstruktur der Honorarordnung für Architekten und Ingenieure v. Dezember 2012, Anlage 4.1, Nr. 2.6.2.
114 BGH, Urt. v. 5.8.2010 – VII ZR 14/09 – IBR 2010, 634.

c)). Nachtragsangebote sind einzuholen, zu prüfen und zu werten (LPH 7b), c) und h)); ggf. ist der terminliche Ablauf anzupassen (LPH 6a), 8d).

363 **bb) Wiederholte Grundleistungen.** Werden vom Bauherrn Bauverträge gekündigt, z.B. bei Insolvenzen, Verzug oder vertragswidriger bzw. mangelhafter Leistung, ist zudem der erbrachte Leistungsstand durch Aufmaß und Bestandsaufnahme zu ermitteln, abzunehmen und abzurechnen. Die Ergebnisse sind zu dokumentieren und der Bauherr ist bei einer nachfolgenden Klage oder im Widerspruchsverfahren zu unterstützen (LPH 4, 3. Besondere Leistung). Für die Abwicklung, weitere Beauftragung und Neukoordination fallen wiederholte Grundleistungen der Leistungsphasen 6 bis 8 an. Betroffen sind oft sämtliche Grundleistungen der LPH 7.

364 **cc) Claim-Management.** Angebote werden von Firmen häufig nur als Einstiegshilfen verwendet, um dann durch Ausführungsänderungen, behauptete Lücken in Leistungsbeschreibungen und Leistungsstörungen Mehrkosten durchzusetzen. Der Verordnungsgeber hat in Folge dieser ständig zunehmenden Praxis am Bau die 4. Besondere Leistung **„Mitwirken bei der Prüfung von bauwirtschaftlich begründeten Nachtragsangeboten"** eingeführt. Die eigentliche Claim-Abwehr geht jedoch darüber hinaus und hat kaum etwas mit der üblichen Nachtragsprüfung zu tun. Unter Beteiligung von Gutachtern, Fachplanern und Rechtsanwälten werden die firmenseitigen Angaben geprüft und bewertet. Zudem sind Gegenmaßnahmen wie die Quantifizierung von Ausführungsmängeln, Minderleistungen und Leistungsstörungen vorzubereiten. Bei Großprojekten werden hierfür ständige Gutachtergremien und Prüfungskommissionen eingerichtet. Auch hierbei fällt zusätzlich die Besondere Leistung **„Fachliche und organisatorische Unterstützung des Bauherrn im Widerspruchsverfahren, Klageverfahren oder ähnlichen Verfahren"** an (vgl. LPH 4, 3. Besondere Leistung, Rn 290–293).

c) Grundleistungen

365 **aa) Koordinieren der Vergaben der Fachplaner.** Damit das Vorhaben ohne Verzögerung umgesetzt werden kann, sind Vergaben für die Gewerke der Fachplaner auf die Objektplanung Gebäude und den Bauablauf abzustimmen. Anhand des **Vergabeterminplans** (1. Grundleistung LPH 6) sind diese zu koordinieren. Dabei sind Angebots- und Vergabefristen zu berücksichtigen.

366 **bb) Einholen von Angeboten.** Bei öffentlichen Auftraggebern regelt die VOB in Teil A das Verfahren (vgl. VOB/A Basisparagrafen, VOB/A EG, VOB/A VS). Die Veröffentlichungen, Verteilung der Angebote und die Durchführung des **Eröffnungstermins** übernimmt insbesondere bei öffentlichen Ausschreibungen der Auftraggeber. Der Architekt wirkt mit, indem er beim Bauherrn eingehende Rückfragen beantwortet und Angebote für Leistungen geringen Auftragswerts oder Nachträge einholt. Private Auftraggeber können die Bieter frei auswählen und sind an kein Verfahren gebunden. Architekten beraten bei der Auswahl der Bieter und holen Angebote für die von ihnen erarbeiteten Gewerke ein. Angebote für die Technische Ausrüstung sind gem. Anlage 15.1 LPH 7a) von den beteiligten Fachplanern einzuholen. Für einen angemessenen Vergleich sollten im Allgemeinen mindesten drei bis acht geeignete Bewerber zur Angebotsabgabe aufgefordert werden.

cc) Prüfen und Werten der Angebote einschließlich Aufstellen eines Preisspiegels nach Einzelpositionen oder Teilleistungen, Prüfen und Werten der Angebote zusätzlicher und geänderter Leistungen der ausführenden Unternehmen und der Angemessenheit der Preise. Zunächst ist festzustellen, ob die Formvorschriften eingehalten wurden und die fristgerecht eingegangenen Angebote vollständig und vergleichbar sind. Es folgt eine rechnerische, technische und wirtschaftliche Überprüfung der angebotenen Leistungen und Produkte. Dabei sind auch Bieteranschreiben einzubeziehen. Auf Angebote mit unangemessen hohen oder niedrigen Preisen darf bei öffentlichen Auftraggebern gem. § 16 Abs. 6 VOB/A kein Zuschlag erteilt werden. Wurden Nebenangebote zugelassen, sind diese – soweit keine Überprüfung der Auswirkungen auf die bereits vorliegende Planung erforderlich ist – in die Wertung im Rahmen der Grundleistungen einzubeziehen.[115] Die Anforderung ergänzender Erklärungen ist Teil der Grundleistung d). Vom Objektplaner sind die Angebote seiner Gewerke zu prüfen und zu werten. Angebote der Fachplanung für die Technische Ausrüstung werden gem. Anlage 15.1 von den Fachingenieuren überprüft und gewertet. 367

Preisspiegel sind gewerkeweise zu erarbeiten. Mit dem Preisspiegel wird eine Entscheidungs- und Prüfungsgrundlage für die Vergabe erstellt. Hierbei werden die geprüften Angebotsergebnisse der Bieter positionsweise gegenübergestellt. Auffällige und offensichtlich fehlerhafte Ansätze können im Fall der Beauftragung zu Nachforderungen führen und sind daher aufzuklären. Bei Vorlage eines auffallend niedrigen Angebots ist der Bieter schriftlich zur Aufklärung über die Preisermittlung aufzufordern, falls dies nicht aus den Unterlagen erkennbar ist. 368

Bei der Überprüfung von **Angeboten für zusätzliche oder geänderte Leistungen** handelt es sich um Änderungen auf Grundlage unveränderter Zielvorgaben. Ändert der Bauherr die Ausführung, weil er z.B. statt Fliesen Marmorbeläge wünscht, und sind daher wiederholte Grundleistungen zu erbringen, steht dem Architekten ein entsprechendes Honorar gem. § 10 zu.[116] 369

Voraussetzung eines begründeten **Nachtrags** ist, dass das Bausoll über die vertraglich geschuldeten Leistungen hinausgeht. Ob dies der Fall ist, kann nur anhand der Vertragsgrundlagen insbesondere der Leistungsbeschreibung geklärt werden. Dabei ist zu überprüfen, ob es sich um eine bereits im Vertrag enthaltene Nebenleistung oder eine Besondere, ggf. gem. ATV-VOB/C zusätzlich zu vergütende Leistung handelt. Auch eigenmächtig, abweichend vom Vertrag, ohne Auftrag ausgeführte Leistungen sind, ggf. gem. § 2 Abs. 8 VOB/B, nicht zu vergüten. Ferner ist zu prüfen, ob der Anspruch, z.B. gem. § 2 Abs. 6 Nr. 1 VOB/B, vor der Ausführung angekündigt wurde. Die Plausibilität und Angemessenheit der angebotenen Zusatzleistung ist durch die Analyse der Einheitspreise und den Vergleich mit den Preisen des Hauptangebotes bzw. entsprechenden Vergleichspreisen zu überprüfen. 370

Die Klärung strittiger Rechtsfragen, z.B. im Zusammenhang mit der Berechnungsgrundlage von Nachträgen (§ 632 Abs. 2 BGB bzw. § 2 Abs. 5, Abs. 6 VOB/B),[117] ist nicht Aufgabe des Architekten. Entstehen im Zusammenhang mit Nachtragsangeboten Meinungsverschiedenheiten mit dem Unternehmer, sind hierauf zu erbringende Leistungen, die über Auskünfte und Fragen, zur Planung und dem Bauablauf, hinausgehen, wie z.B. die Vorbereitung von Schriftsätzen, gesondert zu vergüten (vgl. 4. Besondere Leistung, LPH 7 **„Mitwirken bei der Prüfung von bauwirtschaftlich begründeten Nachtrags-** 371

115 OLG Schleswig, Urt. v. 18.4.2006 – 3 U 14/05 – IBR 2006, 563.
116 BGH, Urt. v. 5.8.2010 – VII ZR 14/09 – IBR 2010, 634.
117 IBR-Forum 2011, 622.

angeboten („Claim-Abwehr“) und 3. Besondere Leistung, LPH 4 **„Unterstützung des Bauherrn im Klageverfahren oder ähnlichen Verfahren“**).

372 **dd) Führen von Bietergesprächen.** Bietergespräche bzw. schriftliche Nachfragen dienen der Klärung im Zuge der Prüfung und Wertung. Bei öffentlichen Bauaufgaben richtet sich deren Inhalt nach § 15 VOB/A. Dabei kann sich der Bauherr z.B. über die technische und wirtschaftliche Leistungsfähigkeit, etwaige Nebenangebote, die Art der Durchführung, Bezugsquellen und Zusammensetzung von Stoffen informieren. Nachträgliche Änderungen der Angebote oder Preise sind unstatthaft. Verhandlungen über Änderungen in geringem Umfang sind nur bei Nebenangeboten oder Angeboten aufgrund eines Leistungsprogramms möglich. Der Architekt unterstützt den Bauherrn bei der Aufklärung über den Angebotsinhalt, wo dies erforderlich ist.

373 Sind keine **Bietergespräche** bzw. Nachfragen erforderlich, weil alle Grundlagen für die Vertragsgestaltung aus den Angeboten hervorgehen, wird der Vomhundertsatz der Leistungsphase nicht vermindert.

374 Nicht zu den Grundleistungen des Architekten zählt die Teilnahme oder Durchführung von Verhandlungen, bei welchen der private Bauherr durch Gespräche nach Angebotsabgabe Preise, Qualitäten und/oder Quantitäten zu seinen Gunsten zu verbessern sucht.

375 **ee) Erstellen der Vergabevorschläge, Dokumentation des Vergabeverfahrens.** Vergabevorschläge werden auf Grundlage der Ergebnisse der Prüfung und Wertung sowie ggf. des Bietergesprächs erstellt. Für private Auftraggeber bestehen keine geregelten Dokumentationspflichten. Dem Auftraggeber werden die eingegangenen Angebote gewerkeweise mit Wertung vorgelegt.

376 Wegen der erforderlichen Nachweise für mögliche **Nachprüfungsverfahren** muss die Dokumentation bei öffentlichen Bauaufgaben schriftlich erfolgen. Angebotsaufforderungen, Angebotseingang, **Submission, Bietergespräche**, nachgeforderte Unterlagen und Vergabevermerke sind nachprüfbar zu dokumentieren. Schon die Öffnung der Angebote ist mindestens von zwei Vertretern des Auftraggebers durchzuführen. Dabei sind Namen, Anschrift, Endbeträge, Nebenangebote und Anschreiben, Nachlässe und Skonti in ein abgeschlossenes Dokument nach dem Vier-Augen-Prinzip einzutragen. Die Dokumentation für öffentliche Bauaufgaben regelt § 20 VOB/A. Demnach sind die Stufen des Verfahrens, Einzelmaßnahmen, Feststellungen und Begründungen der Einzelentscheidungen textlich festzuhalten. Dies gilt ganz besonders für die Fälle, in welchen Angebote auszuschließen sind (vgl. § 16 Abs. 1 VOB/A).

377 § 20 Abs. 3 VOB/A regelt Veröffentlichungspflichten des Auftraggebers nach der Zuschlagserteilung. Dokumentationsleistungen werden bei öffentlichen Bauaufgaben vom Bauherrn und Architekten gemeinsam erbracht.

378 **ff) Zusammenstellen der Vertragsunterlagen für alle Leistungsbereiche.** Vom Architekten werden keine Vertragstexte erarbeitet. Soweit nicht auf im Handel erhältliche oder von der öffentlichen Hand vorgegebene (Vergabehandbuch), juristisch geprüfte Grundlagen zurückgegriffen werden kann, sind die Verträge vom Bauherrn ggf. mit juristischer Hilfe auszuarbeiten. Der Architekt liefert baufachliche Informationen und Daten der Angebotsauswertung. In die **Bauverträge** sind **Auftragssummen**, ggf. **Skontovereinbarungen**, Hinweise auf **Leistungsverzeichnisse und Ausführungsfristen**, ggf. **Vertragsstrafen, Gewährleistungsbürgschaften** und **Gewährleistungsfristen** aufzunehmen. Da die Zusammenstellung der Vertragsunterlagen in Anlage 15.1 LPH 7f) als Grundleistung der Fachplaner aufgenommen wurde, betrifft die Leistung in Anlage 10.1 LPH 7f) die im Rahmen der Objektplanung bearbeiteten Gewerke.

gg) Vergleichen der Ausschreibungsergebnisse mit den vom Planer bepreisten Leistungsverzeichnissen oder der Kostenberechnung. Eine bestimmte Form ist nicht vorgegeben. Die gewerkeweise eingehenden Angebotsergebnisse sind direkt mit den bepreisten Leistungsverzeichnissen oder einer **ausführungsorientiert gegliederten Kostenberechnung** nach DIN 276-1 Nr. 4.2 vergleichbar. Für den Vergleich von Einzelergebnissen mit der nach Bauteilen gegliederten Kostenberechnung gem. DIN 276 (Grundleistung LPH 3e)) ist eine systematische Zuordnung der Kostendaten des Leistungsverzeichnisses bis zur 2. Ebene der Kostengliederung erforderlich. Die Leistung wird sukzessive erbracht, wenn nicht sämtliche Angebote zusammen vor Baubeginn eingeholt wurden. 379

hh) Mitwirken bei der Auftragserteilung. Die Vergabeentscheidung und Auftragserteilung ist Sache des Auftraggebers. Sind hierbei Rechtsfragen zu klären, ist vom Bauherrn ein juristischer Fachberater hinzuzuziehen. Der Architekt wirkt bei der Abfassung der Verträge baufachlich beratend mit, soweit noch Vorgaben für den Bauablauf und die Bauausführung erforderlich sind. Wichtig ist die Koordination des Bauherrn, damit nicht bei sukzessiver Vergabe durch verspätete Beauftragung der Bauablauf gestört oder **Zuschlagsfristen** versäumt werden (vgl. § 10 Abs. 5ff., § 18 VOB/A). Bei öffentlichen Bauaufgaben gelten die Bestimmungen der VOB als Vertragsgrundlage. 380

d) Besondere Leistungen

aa) Prüfen und Werten von Nebenangeboten mit Auswirkungen auf die abgestimmte Planung. Durch Nebenangebote können Bieter ihre praktische Erfahrung oder Neuerungen einbringen, indem vom Leistungsverzeichnis abweichende Ausführungen vorgeschlagen werden. Zunächst sind die formalen Anforderungen zu überprüfen. Dabei ist festzustellen, ob das Angebot gewertet werden darf oder auszuschließen ist (vgl. z.B. § 16 Abs. 1.1e), f) VOB/A). 381

Bei der Beurteilung der **Gleichwertigkeit** eines Nebenangebots sind die Anforderungen des Einzelfalls maßgeblich.[118] Für die Wertung sind bereits in den Leistungsbeschreibungen Zuschlagskriterien, die ggf. über den Preis hinausgehen, anzugeben, wenn Nebenangebote zugelassen werden. In die inhaltliche Prüfung und Wertung sind die angegebenen Zuschlagskriterien einzubeziehen. Dies können Qualität, Preis, technischer Wert, Ästhetik, Zweckmäßigkeit, Umwelteigenschaften, Betriebs- und Folgekosten, Rentabilität, Kundendienst und Wartungsintervalle, technische Hilfe, Ausführungsfristen etc. und der Einfluss auf die abgestimmte Planung sein. Da hierfür sehr unterschiedliche Anforderungen gestellt werden, ist eine Vergütung nach Zeitaufwand oder die Vereinbarung einer Pauschale zu empfehlen. 382

bb) Mitwirken bei der Mittelabflussplanung. Die Leistung ist für die Finanzierung und Bereitstellung der Mittel erforderlich. Dem Planungs- und Bauzeitenplan werden hierzu die jeweils benötigten Beträge zugeordnet. Da der Architekt zwar den Zeitplan erstellt, aber Firmen ohne vertragliche Regelung nicht vorschreiben kann, wann Rechnungen in einer bestimmten Höhe vorzulegen sind, handelt es sich um grobe Prognosen. Will der Bauherr für die Bereitstellung der Gelder exakte Zeiträume und Beträge festlegen, sind hierzu mit den ausführenden Unternehmern in den jeweiligen Bauverträgen Regelungen zu treffen. 383

---

118 BGH, Beschl. v. 23.3.2011 – X ZR 92/09 – IBR 2011, 419; OLG Schleswig, Urt. v. 15.4.2011 – 1 Verg 10/10 – IBR 2011, 351.

384 **cc) Fachliche Vorbereitung und Mitwirken bei Nachprüfungsverfahren.** Behauptet ein Bieter einen Verstoß gegen Vergabebestimmungen, wird das Verfahren, wenn die VOB/A als Grundlage anzuwenden ist, von einer Nachprüfungsstelle/-behörde, welche bereits in der Bekanntmachung und den Vergabeunterlagen anzugeben ist, überprüft (§ 21 VOB/A-EG-VS).

385 Für die Überprüfung sind vom Architekten benötigte Unterlagen zusammenzustellen, Auskünfte zu erteilen und Begründungen zu verfassen. Ebenso zählt die Teilnahme an Verhandlungen zum Leistungsumfang.

386 Die Einzeltätigkeiten können in der Regel nur auf Grundlage eines Zeithonorars abgerechnet werden.

387 **dd) Mitwirken bei der Prüfung von bauwirtschaftlich begründeten Nachtragsangeboten.** Die Leistung ist gegenüber der Grundleistung c) abzugrenzen, da der Architekt bereits im Rahmen der Grundleistungen *„Angebote zusätzlicher und geänderter Leistungen zu prüfen und zu werten hat"*. Außerdem abzugrenzen sind **Nachtragsangebote**, die erforderlich werden, weil das bereits abgestimmte und ausgeschriebene Planungsziel nachträglich durch nicht vom Architekten zu vertretende Umstände verändert wurde. Hierbei handelt es sich um **wiederholte Grundleistungen**, die ebenfalls zusätzlich zu vergüten sind.[119]

388 Offensichtlich soll mit der 4. Besonderen Leistung die Unterstützung der Architekten „im Nachtragskrieg" (= **Claim-Abwehr**) als Besondere Leistung vergütet werden. Nach der Beauftragung versuchen Firmen zunehmend Planungen, Leistungsbeschreibungen, Verträge und Berechnungen auszuhebeln, um Mehrkostenforderungen abzuleiten. Dabei werden spezialisierte Gutachter, Anwälte und Fachabteilungen eingesetzt, welche gezielte Angriffsdokumentationen erstellen und nach unvermeidlichen Lücken in Plänen und Leistungsbeschreibungen suchen. Bauherrn können diesen Angriffen nur wiederstehen, wenn ebenfalls Teams zur Claim-Abwehr gebildet werden. Neben den Architekten und Fachplanern sind ständige Gutachtergremien und Fachanwälte hieran beteiligt.

389 Der Architekt wird eingehende Nachtragsangebote im Rahmen der Grundleistungen prüfen und dem Bauherrn mit entsprechender Begründung vorlegen. Der Bauherr muss auf dieser Grundlage feststellen können, ob die Leistung erforderlich und die Forderung dem Grunde und der Höhe nach berechtigt ist. Genügen diese Feststellungen nicht, weil Verhandlungen mit dem Unternehmer und ggf. hinzugezogenen Sachverständigen, Anwälten und Schlichterstellen bzw. Klagefälle weitgehende Darlegungen und Begründungen erfordern, fallen Besondere Leistungen an.

390 Der Leistungsumfang ist vorher kaum abschätzbar und kann daher nur nach Zeithonorar berechnet werden. Es wird sehr wenige öffentliche Bauprojekte geben, bei welchen diese Besonderen Leistungen nicht anfallen (vgl. Rn 364).

391 **ee) Prüfen und Werten der Angebote aus Leistungsbeschreibung mit Leistungsprogramm einschließlich Preisspiegel.** Da gem. § 7 Abs. 15 VOB/A außer der Ausführung der Leistung der Entwurf nebst eingehender Erläuterung und eine Darstellung der Bauausführung ggf. mit Mengen und Preisangaben vom Bieter verlangt wird, ist zunächst die Vollständigkeit der geforderten Angaben und Planunterlagen zu prüfen. Leistungsbeschreibungen mit Leistungsprogramm unterliegen dem Preis- und Qualitätswettbewerb. Diese Zielsetzungen sind bei der Wertung einzubeziehen. Die entscheidenden Kriterien können z.B. anhand eines im Leistungsverzeichnis angegebenen Punkte-

119 BGH, Urt. v. 5.8.2010 – VII ZR 14/09 – IBR 2010, 634.

systems in die Bewertung einfließen. Nach § 7 Abs. 13 und 14 VOB/A wird es sich um technische, wirtschaftliche, gestalterische und funktionale Faktoren handeln.

Die Leistungsbeschreibung mit Leistungsprogramm kann sich auch auf einzelne Bauteile eines Objekts, wie z.B. Fertigteiltreppen, Fassaden, Systemtrennwände etc., beschränken. Der Leistungsumfang bei der Wertung und Prüfung wird in der Regel über dem der entsprechenden Grundleistung liegen. Entsprechende Grundleistungen werden in diesen Fällen ersetzt. 392

ff) Aufstellen, Prüfen und Werten von Preisspiegeln nach besonderen Anforderungen. Besondere Anforderungen liegen vor, wenn neben den rechnerisch ermittelten Angebotspreisen weitere Faktoren in Preisspiegeln zu erfassen sind. Dies können Unterhalts- und Nutzungskosten sein. Bei der Wertung im Rahmen der Grundleistungen (LPH 7c)) werden die Angebotspreise miteinander verglichen. Dies genügt dann nicht, wenn sich Rahmenbedingungen unterscheiden. Für einen Vergleich der Angebote können Vor- und Nachteile quantifiziert werden, z.B. Kosteneinsparungen durch geringere Instandhaltungs-, Wartungs-, Betriebskosten, Zinsgewinne etc. Die vergleichende Wertung von Angeboten durch **Wirtschaftlichkeitsberechnungen** kann z.B. Amortisations-, Rentabilitäts- und Gewinnvergleichsrechnungen umfassen, in welche Bau-, Kapital-, Abschreibungs-, Verwaltungs-, Steuer-, Betriebs- und Bauunterhaltskosten einbezogen werden können. Untersuchungen dieser Art fallen meist im Zusammenhang mit Investorenprojekten an, wobei der Architekt Daten für die betriebswirtschaftliche Berechnung des Bauherrn liefert und aufgrund dieser einen Preisspiegel erstellt. Da der Umfang der Leistungen meist nicht genau abschätzbar ist, wird die Abrechnung in der Regel nach Zeithonorar erfolgen. 393

8. Leistungsphase 8 – Objektüberwachung (Bauüberwachung) und Dokumentation

a) Planungsziel. Der Architekt hat die Umsetzung der Planung zu überwachen, zu prüfen und zu dokumentieren. 394

b) Problematik

aa) Abgrenzung gegenüber den planerischen Leistungsphasen. Häufig führt die Trennung von Planung und Objektüberwachung zu Schwierigkeiten. Die Überarbeitung und Ergänzung der Planungsphase zählt nicht zu den Aufgaben der Leistungsphase 8. Ergänzungen der Leistungsverzeichnisse, z.B. im Zusammenhang mit **Nachträgen**, und die **Fortschreibung der Ausführungsplanung** sind Teil der Leistungsphasen 1 bis 7. Während der Objektüberwachung ist daher auch der planende Architekt zu beteiligen, um erst im Zuge der Umsetzung erkennbare Ergänzungen vorzunehmen. Dabei hat der mit der Objektüberwachung beauftragte Architekt Informationen und Belege beizusteuern. 395

bb) Kooperation. Bei der Objektüberwachung vertritt der Architekt den Bauherrn in fachlicher Hinsicht gegenüber Unternehmen, Behörden und Fachplanern. Die Vertretung schließt keine Vollmacht zum Abschluss von Rechtsgeschäften ein. 396

Andererseits sind im Zuge der Koordination häufig vor Ort Anweisungen, z.B. zum Schutz und der Aufrechterhaltung des Baustellenbetriebes, zu treffen. Da hierbei auch Kosten anfallen, ist eine schnelle Information und Abstimmung mit dem Bauherrn erforderlich. Bauherrn, die dieser fortlaufenden Kooperationspflicht nicht nachkommen kön- 397 nen, müssen ihren Objektplaner mit weitergehenden Vollmachten ausstatten, damit der Bauablauf unterbrechungs- und störungsfrei durchgeführt werden kann.

398 **cc) Vergütung.** Bereits bei früheren HOAI-Fassungen wurde festgestellt, dass Leistungsumfang und Vergütung im Einzelfall nicht übereinstimmen, wenn der Vertrag die Bearbeitung sämtlicher Teilleistungen erfordert. Der Leistungsumfang der Objektüberwachung wurde in der HOAI 2013 dennoch nochmals erweitert. Insbesondere sind weitere Dokumentationsaufgaben hinzugekommen, während der Honoraranteil mit 32% gegenüber 31% nur geringfügig angehoben wurde. Die Objektüberwachung und Dokumentation umfasst 16 Grundleistungen. Für ein durchschnittliches Einfamilienhaus der Honorarzone III mit anrechenbaren Kosten von 300.000 € ergibt sich ein Mindestsatzhonorar von 12.794 € in der Leistungsphase 8. Bei einem Nettostundenverrechnungssatz von 74 €[120] verbleiben 173 Stunden für die Objektüberwachung. Die nachfolgende Zuordnung zeigt, welcher Zeitraum zur Verfügung steht, wenn alle Grundleistungen abzuarbeiten sind.

	Leistung gem. § 33	**Zeitanteil**	**Honoraranteil**	**Bewertung v.H.**	**Bewertung (Bauzeit mind. 9 Monate)**
a)	Überwachen der Ausführung über mind. 9 Monate	92 h	6.804	17	10 h/Monat, ca. 2 h/Woche
b)	Überwachen der Ausführung von Tragwerken HZ I und II	11 h	814	2	ca. 1,2 h/Monat, 16 Minuten/Woche
c)	Koordinieren der an der Objektüberwachung fachl. Beteiligten	8 h	590	1,5	50 Minuten/Monat, 12 Minuten/Woche
d)	Aufstellung, Fortschreiben, Überwachen des Terminplans	5 h	370	1	33 Minuten/Monat, 7 Minuten/Woche
e)	Dokumentation des Bauablaufs	5 h	370	1	33 Minuten/Monat, 7 Minuten/Woche
f)	Aufmaß für ca. 20 Gewerke	11 h	814	2	30 Minuten pro Gewerk
g)	Rechnungs- und Aufmaßprüfung	14 h	1.036	2,5	42 Minuten je Gewerk f. Abschlags- und Schlussrechnungen
h) i)	Vergleich der Ergebnisse der Rechnungsprüfung mit den Auftragssummen Kostenkontrolle, Leistungsabrechnung/Vertragspreise	1 h	74	0,2	3 Minuten pro Gewerk, bei 20 Gewerken
j)	Kostenfeststellung nach DIN 276	3 h	222	0,5	9 Minuten pro Gewerk
k)	technische Abnahmen, Mängelfeststellungen, Abnahmeempfehlung	11 h	814	2	30 Minuten pro Gewerk

120 Projekt-Stundenverrechnungssatz gem. TV Gehalt/West § 3 Abs. 3 des Baugewerbes, Grundgehalt 3.902 €/Monat zzgl. Deckungsbeitrag, Sachkosten, Wagnis und Gewinn.

Leistung gem. § 33	Zeit-anteil	Honorar-anteil	Bewertung v.H.	Bewertung (Bauzeit mind. 9 Monate)
l) Antrag auf und Teilnahme an öffentl.-rechtl. Abnahmen	1 h	74	0,2	
m) systematische Dokumentation	1 h	74	0,2	3 Minuten pro Gewerk
n) Übergabe des Objekts	1 h	74	0,2	
o) Auflisten der Verjährungsfristen	1 h	74	0,2	3 Minuten pro Gewerk
p) Überwachen der bei der Abnahme festgestellten Mängel	8 h	590	1,5	
∑ LPH 8	173 h	12.794	32	

Die Gegenüberstellung verdeutlicht, dass für die eigentliche Aufgabe der Überwachung der Ausführung mit entsprechender Koordination durch die Vielzahl von **Dokumentations- und Nachweistätigkeiten** insbesondere bei Vereinbarung des Mindestsatzes kein ausreichender Bearbeitungszeitraum zur Verfügung steht. 399

Praxistipp
Da der Architekt die Bauausführung nach Feststellung des BGH **in angemessener und zumutbarer Weise überwachen muss und sich durch häufige Kontrollen vergewissern muss, dass seine Anweisungen sachgerecht erledigt werden,**[121] wird empfohlen, die Überwachung der Ausführung des Objekts mit Prüfung der Unternehmerrechnungen und Mitwirkung bei der Abnahme ohne Bezug auf Anlage 10.1 als Vertragsziel zu vereinbaren. Wird der Inhalt und Umfang des Vertrages an den von der HOAI zugewiesenen Leistungen orientiert, ist der Mindestsatz nicht in jedem Fall Grundlage einer angemessenen Objektüberwachung.

dd) Dokumentation. Der Architekt muss trotz der Vergütungsproblematik im eigenen Interesse dafür sorgen, dass seine Überwachungs- und Kontrolltätigkeit für Streitfälle belegbar ist. Eine bloße Behauptung, die Arbeiten seien durch regelmäßige stichprobenartige Überprüfungen vor Ort durchgeführt worden, genügt nicht. Der Objektüberwacher muss im Einzelnen darlegen, wann er auf der Baustelle war und welche konkreten Arbeiten dabei überprüft wurden.[122] 400

Die Tatsache, dass ein **Baumangel** auftritt, rechtfertigt andererseits für sich allein nicht die Annahme, dass ein **Überwachungsverschulden** vorliegt.[123] Hierfür ist eine schuldhafte Pflichtverletzung erforderlich. Der Bauherr hat den Mangel zu bezeichnen und einer Architektenleistung als **Anscheinsbeweis** zuzuordnen.[124] Durch eine **Bauablaufdokumentation** und die konkrete Beschreibung der Maßnahmen kann der Nachweis für die ordnungsgemäße Durchführung der Überwachungstätigkeit geführt werden.[125] Bautagebuch, Fotodokumente, Protokolle zu Abnahmen, Schriftverkehr zu Einweisungen etc. dienen als Beleg erbrachter Leistungen. 401

121 BGH, Urt. v. 9.11.2000 – VII ZR 362/99 –.
122 KG, Beschl. v. 9.4.2010 – 7 U 144/09 – IBR 2010, 402.
123 OLG Celle, Urt. v. 28.3.2007 – 7 U 188/06 – IBR 2007, 691.
124 BGH, Urt. v. 8.5.2003 – VII ZR 407/01 – IBR 2003, 365.
125 OLG Hamm, Urt. v. 30.10.2007 – 21 U 57/07 – IBR 2008, 104.

402 **ee) Baubegleitende Qualitätskontrolle.** Auch bei der **stichprobenartigen Kontrolle** handelt es sich um einen Werkvertrag.[126] Nicht die Honorarhöhe, nur ein vertraglich begrenzter Pflichtenkreis beschränkt die Haftung. Werden „Baustellenkontrollen in technischer Hinsicht" vereinbart, schuldet der Architekt keine Rechnungsprüfung.[127] Eine vertraglich begrenzte Anzahl von Baustellenbesuchen (sog. Audits) begrenzt die Haftung für die Überwachung der Ausführung jedoch nicht.[128] Der Haftungsausschluss in Allgemeinen Geschäftsbedingungen für nicht erkannte, verdeckte oder sonstige Mängel ist nicht wirksam.[129] Auch wenn eine „beratende und prüfende Leistung" mit niedrigem Pauschalpreis vereinbart wird, bestehen die Überwachungspflichten einer umfassenden Beauftragung.[130] Für aus bloßer Gefälligkeit erbrachte Leistungen haftet der Architekt nach denselben Maßstäben wie bei einem entsprechenden Vertrag,[131] wobei ggf. kein Schutz durch eine Haftpflichtversicherung besteht. Baubegleitende Qualitätskontrollen umfassen somit z.B. für das dargelegte Beispiel eines Einfamilienhauses mindestens folgende Grundleistungen:

		v.H.
a) und b)	Überwachen der Ausführung	17,00 + 2,00
e)	Dokumentation des Bauablaufs	1,00
k)	Organisation der Abnahme	2,00
l)	Antrag auf öffentl.-rechtl. Abnahmen und Teilnahme daran	0,20
n)	Übergabe des Objekts	0,20
p)	Überwachen der Beseitigung der bei der Abnahme festgestellten Mängel	1,50
∑ gerundet		24,00 v.H.

403 **ff) Generalunternehmer.** Erfolgt die Umsetzung der Bauaufgabe durch einen Generalunternehmer, reduzieren bzw. verschieben sich die Anforderungen. Die Überwachungs- und **Steuerungsaufgaben** werden gegenüber dem GU wahrgenommen. Der Unternehmer übernimmt die Koordination sämtlicher Gewerke (LPH 8c) und d)). Bei Pauschalpreisvereinbarungen entfallen Aufmaße (LPH 8f)).

404 In der Praxis erfordert jedoch gerade diese Vertragsart fortlaufend die Überprüfung und den Vergleich der Bauleistung mit den Vorgaben des Vertrages sowie erhebliche Anstrengungen zur Durchsetzung der vereinbarten Qualität. Dies gilt auch für die Überprüfung von Nachtragsangeboten (LPH 7c) und 4. Besondere Leistung LPH 7). Ob der volle Vomhundertsatz anfällt, hängt vom Einzelfall und dem vereinbarten Leistungsumfang ab.

126 BGH, Urt. v. 11.10.2001 – VII ZR 475/00 – IBR 2002, 87.
127 OLG Oldenburg, Urt. v. 20.2.2007 – 12 U 57/06 – IBR 2007, 380.
128 BGH, Urt. v. 11.10.2001 – VII ZR 475/00 – IBR 2002, 87.
129 BGH, Urt. v. 11.10.2001 – VII ZR 475/00 – IBR 2002, 87.
130 OLG Naumburg, Urt. v. 17.12.2004 – 6 U 50/04 – IBR 2005, 557; BGH, Beschl. v. 25.8.2005 – VII ZR 30/05 – Nichtzulassungsbeschwerde zurückgewiesen.
131 OLG Köln, Urt. v. 28.9.2005 – 11 U 16/05 – IBR 2006, 38.

gg) SiGe-Koordination. Nicht Teil der Grundleistungen ist die **Sicherheits- und Gesundheitsschutzkoordination.**[132] Es handelt sich, auch wenn die Tätigkeit mit der Objektplanung für Gebäude erbracht wird, um Leistungen außerhalb der HOAI, die z.B. auf Grundlage der Empfehlungen des AHO[133] vereinbart werden können (vgl. Rn 503 ff.). 405

hh) Bauzeitenverlängerung. Eine längere Überwachungstätigkeit führt ohne Veränderung des Leistungsziels nicht zu einem zusätzlichen Honoraranspruch, wenn keine zusätzlichen Leistungen erbracht werden müssen.[134] Mit der 6. HOAI-Novelle ist bereits die noch in § 21 HOAI 1996 enthaltene Regelung für die Vergütung bei zeitlicher Trennung entfallen. Zulässig sind jedoch Vertragsklauseln zur Regelung der Vergütung des Mehraufwands einer Bauzeitverlängerung.[135] Dabei kann die Vergütung sämtlicher Aufwendungen vereinbart werden, die der Architekt ohne die Bauzeitverlängerung nicht gehabt hätte (z.B. Personal- und Sacheinsatz). Im Vertrag muss zugleich ein bestimmter Ausführungszeitraum festgelegt werden. 406

ii) Objektüberwachung als Einzelleistung. Da im Rahmen der 1. Grundleistung die Ausführung des Objekts auf Übereinstimmung mit den öffentlich-rechtlichen Genehmigungen, Zustimmungen, einschlägigen Vorschriften und allgemein anerkannten Regeln der Technik zu überwachen ist, muss der nur mit der Objektüberwachung beauftragte Architekt die Unterlagen des planenden Architekten hinsichtlich erkennbarer Fehler überprüfen. Für aus einer nicht korrigierten, fehlerhaften Planung entstandene Mängel des Bauwerks haftet der überwachende Architekt mit dem seiner Aufgabe entsprechenden Verursachungsbeitrag[136] anteilig. 407

Bei der Beauftragung nach § 9 Abs. 3 (HOAI) kann ein Honorar mit bis zu 41 v.H. für die Leistungsphase 8 vereinbart werden (2% LPH 1 + 7% LPH 2 + 32% LPH 8). In der amtlichen Begründung wird insbesondere auf den von Fall zu Fall unterschiedlichen Einarbeitungsaufwand und die erforderliche schriftliche Vereinbarung hingewiesen. 408

c) Grundleistungen

aa) Überwachen der Ausführung des Objektes auf Übereinstimmung mit der öffentlich-rechtlichen Genehmigung oder Zustimmung, den Verträgen mit ausführenden Unternehmen, den Ausführungsunterlagen, den einschlägigen Vorschriften sowie mit den allgemein anerkannten Regeln der Technik. Während der Bauausführung hat der Architekt die Umsetzung hinsichtlich der Übereinstimmung mit den Planvorgaben, Genehmigungen, Vorschriften und allgemein anerkannten Regeln der Technik kontinuierlich durch Kontrolle und Weisung zu begleiten. 409

Der Verordnungsgeber verwendet den unbestimmten Rechtsbegriff der **allgemein anerkannten Regeln der Technik** als Grundlage der Objektüberwachung. Dabei handelt es sich um schriftlich niedergelegte Normen, Richtlinien, Bestimmungen und ungeschriebene Erfahrungssätze, welche von der Mehrzahl der Fachleute angewendet und für richtig erachtet werden. Anerkannte Regeln der Technik sind in DIN-Normen, Unfallverhütungsvorschriften der Berufsgenossenschaften, Richtlinien der Unfallversicherungs- 410

---

132 OLG Celle, Urt. v. 5.7.2004 – 14 W 63/03 – IBR 2004, 431.
133 AHO, Heft Nr. 15.
134 KG, Urt. v. 13.4.2010 – 21 U 191/08 – IBR 2012, 586; BGH, Beschl. v. 24.5.2012 – VII ZR 80/10 – Nichtzulassungsbeschwerde zurückgewiesen.
135 BGH, Urt. v. 10.5.2007 – VII ZR 288/05 – IBR 2007, 494.
136 BGH, Urt. v. 27.11.2008 – VII ZR 206/06 – IBR 2009, 93.

verbände, technischen Baubestimmungen, Fachregeln von Verbänden etc. enthalten, wobei diese Regelwerke nicht automatisch anerkannte Regeln der Technik sind. So sind z.B. DIN-Normen keine Rechtsnormen, sondern private, technische Regeln mit Empfehlungscharakter und können nicht mehr oder noch nicht allgemein anerkannt sein.

411 Obwohl das Regelwerk fortlaufend verändert wird, ist für die Beurteilung des Leistungssolls vom Zeitpunkt der **Abnahme** auszugehen.[137] Der Planer muss den Bauherrn über **Änderungen der anerkannten Regeln der Technik** während der Planung und Umsetzung beraten. Handelt es sich dabei nicht um gesetzliche Vorgaben oder sicherheitsrelevante Anforderungen, kann sich der fachkundig beratene Bauherr dafür entscheiden, keine Umplanung durchführen zu lassen. Der Architekt ist dann von der Mängelhaftung befreit. Entscheidet sich der Bauherr für die Umplanung, fallen **Änderungsleistungen** an. Dabei handelt es sich um **wiederholte Grundleistungen**, die auf Grundlage der entsprechenden HOAI-Parameter zu berechnen sind.[138]

412 Zur Überwachung der Ausführung auf Übereinstimmung mit den Ausführungsunterlagen zählt auch die Prüfung von **Fertigungslisten** (z.B. Türlisten) und **Auftragsbestätigungen** der ausführenden Unternehmen.

413 Ziel der Überwachungstätigkeit ist die vertragsgemäße, gesetzeskonforme, mangelfreie Umsetzung einer Bauaufgabe. Hierin ist keine umfassende Vertragsauslegung im Sinne einer Rechtsberatung zu verstehen, sondern ein technischer Leistungsabgleich.[139]

414 Der beauftragte Architekt hat dafür zu sorgen, dass der Bau plangerecht und frei von Mängeln errichtet wird.[140] Ein baulicher Mangel bedeutet jedoch nicht in jedem Fall, dass hieraus Schadensersatzansprüche gegenüber dem Architekten entstehen. Hierzu ist eine schuldhafte Pflichtverletzung erforderlich. Der **Anscheinsbeweis** des Bauherrn kann durch substantiierte Darlegung der durchgeführten Bauüberwachung widerlegt werden (vgl. Rn 400, 401).[141]

415 Die Organisation der Überwachungstätigkeit ist Sache des Architekten. Er ist nicht verpflichtet, sich ständig auf der Baustelle aufzuhalten.[142] Der Bauherr kann ohne entsprechende vertragliche Regelung nicht vorgeben, wann und wie oft dieser auf der Baustelle Überprüfungen vornimmt. Eine Weiterdelegation und Überwachung durch Fachbauleiter beteiligter Firmen ist auch für Teilleistungen nicht möglich. Der Architekt hat die Situation stets selbst vor Ort zu überprüfen. Bei wichtigen oder kritischen Maßnahmen ist eine intensivere Kontrolle durchzuführen. Dies gilt insbesondere, wenn **Anhaltspunkte für Mängel**[143] vorhanden sind, weil z.B. **Bedenkenanmeldungen** vorliegen. Zu Beginn der Arbeiten werden in der Regel Einweisungen in einem „Start up"-Termin erteilt. Beteiligt sind insbesondere die von der ausführenden Firma gem. § 4 Abs. 1 Nr. 3 S. 3 VOB/B für die Leitung der Ausführung bestellten Vertreter. Aus Beweisgründen sollten die Anweisungen schriftlich zusammengefasst werden. Auch vor schwierigen, gefährlichen oder schadensträchtigen Arbeiten werden Informationen ausgetauscht.

---

137 OLG Dresden, Urt. v. 9.6.2010 – 1 U 745/09 – IBR 2012, 90; BGH, Beschl. v. 28.7.2011 – VII ZR 106/10 – Nichtzulassungsbeschwerde zurückgewiesen, IBR 2012, 90.

138 *Bröker* in IBR-Forum 2012, 497 zu *Mischok/Hirsch*, NZ Bau 2012, 480–482.

139 Studie im Auftrag des BMWi, Aktualisierungsbedarf zur Honorarstruktur der Honorarordnung für Architekten und Ingenieure v. Dezember 2012, Anlage 4.1, Nr. 2.8.1.3.

140 OLG München, Urt. v. 8.6.2010 – 28 U 2751/06 – IBR 2012, 401; BGH, Beschl. v. 12.1.2012 – VII ZR 105/10 – Nichtzulassungsbeschwerde abgewiesen.

141 BGH, Urt. v. 16.5.2002 – VII ZR 81/00 – IBR 2002, 494; OLG Dresden, Urt. v. 25.6.2009 – 10 U 1559/07 – IBR 2010, 463.

142 BGH, Urt. v. 9.11.2000 – VII ZR 362/99 – BauR 2001, 273.

143 BGH, Urt. v. 10.2.1994 – VII ZR 20/93 – IBR 1994, 192 f.

Wichtige technische Anforderungen, besondere örtliche Gegebenheiten, Gefahren- und Störungspotenziale sind ausführungsbegleitend zu überprüfen.

Die Leitung und ordnungsgemäße Durchführung der Maßnahmen ist Sache des ausführenden Unternehmers gem. § 4 Abs. 2 Nr. 1 VOB/B. Die Grundleistung bezieht sich auf die Überwachung von Fachfirmen und nicht auf **„Do-it-yourself"- oder „Learning-by-doing"-Arbeiten** des Bauherrn oder dessen unkundigen Helfern. Die Objektüberwachung vermittelt nicht handwerkliche Grundkenntnisse für die Durchführung der Arbeiten. Aus haftungsrechtlichen Gründen sollten Architekten entsprechende Aufträge ablehnen oder unter Beteiligung eines Rechtsanwalts wirksame Haftungsbeschränkungen vereinbaren. 416

Drei qualitativ unterschiedliche Kontrollanforderungen werden unterschieden: 417

- Höchste Anforderungen gelten für schwierige oder gefährliche Arbeiten mit hohem Mängel- und Gefahrenpotenzial. Hierzu zählen z.B. Unterfangungsarbeiten während des Aushubs oder Dachdeckungsarbeiten mit schwierigen Anschlüssen z.B. an Lichtkuppeln.[144] Ausnahmsweise kann die **ständige Anwesenheit** des mit der Objektüberwachung beauftragen Architekten während der Durchführung erforderlich sein. Weil bei Arbeiten am Bestand häufig nicht vorhersehbare Probleme auftreten, gilt auch hierfür eine **gesteigerte Überwachungspflicht.**[145] Bei bestimmten Anlässen, wie Bedenkenanmeldungen oder bei Firmen, deren fachliche Zuverlässigkeit infrage steht, gelten ebenfalls erhöhte Anforderungen. In diesen Fällen sind die Kontrollen angemessen zu verstärken. Insbesondere ist auf eine Verbesserung der Eigenorganisation des ausführenden Handwerksbetriebs hinzuwirken.
- Durchschnittlich schwierige Arbeiten sind **stichprobenartig** zu überprüfen. Unter Beteiligung des Tragwerksplaners sind z.B. Verankerungen von Natursteinfassaden zu prüfen.[146] Die Eignung des verbauten Putzsystems[147] oder des Dämmmaterials ist hinsichtlich der Verarbeitung und Brandschutzeigenschaften zu überprüfen.[148] Im Zuge von Dachdecker- oder Drainagearbeiten sind später nicht mehr einsehbare Zwischenstände zu überwachen.
- Geringe Überwachungsanforderungen stellen handwerkliche Selbstverständlichkeiten für auch später sichtbare, frei zugängliche Bereiche dar, z.B. Malerarbeiten, Putzarbeiten und Estrichleger.[149]

Da jedes Bauvorhaben individuelle Eigenschaften hat, sind die Zuordnungen nicht schematisch von Fall zu Fall übertragbar. So können Putzarbeiten durchaus eine gesteigerte Überwachungspflicht erfordern. Kontrollmethoden sind Augenscheinkontrollen, Lieferscheinkontrollen, Simulationen (Belastungstests, Bewässerung, Druckprüfungen etc.) und Materialprüfungen (z.B. Gitterritzprüfungen, Feuchtemessungen, labortechnische Untersuchungen durch Prüfstellen, Sammlungen von Produktbezeichnungen, Zulassungsdokumenten, Materialproben). Neben der Einzelprüfung werden Rasterprüfun- 418

144 OLG Celle, Urt. v. 2.6.2010 – 14 U 205/03 – IBR 2011, 33; OLG Stuttgart, Urt. v. 13.2.2006 – 5 U 136/05 – IBR 2006, 283.

145 OLG Celle, Urt. v. 28.3.2007 – 7 U 188/06 – IBR 2007, 691.

146 KG Berlin, Urt. v. 6.1.2005 – 27 U 267/03 – IBR 2006, 153; BGH, Beschl. v. 20.5.2005 – VII ZR 39/05 – Nichtzulassungsbeschwerde zurückgewiesen.

147 LG Itzehoe, Urt. v. 1.8.2005 – 2 O 221/04 – IBR 2005, 609.

148 OLG Düsseldorf, Urt. v. 28.10.2008 – 21 U 21/08 – IBR 2009, 462.

149 KG Berlin, Urt. v. 15.2.2006 – 24 U 29/05 –; BGH, Beschl. v. 22.2.2007 – VII ZR 67/06 – Nichtzulassungsbeschwerde zurückgewiesen, IBR 2007, 631; OLG Dresden, Urt. v. 28.1.2010 – 10 U 1414/08 – IBR 2011, 283; BGH, Beschl. v. 10.3.2011 – VII ZR 37/10 – Nichtzulassungsbeschwerde zurückgewiesen; OLG Rostock, Urt. v. 11.11.2008 – 4 U 27/06 – IBR 2009, 527.

gen (Stichproben bei Massen-, Flächen-, Serienausführung) angewendet. Dabei kann der Architekt gem. § 4 Abs. 10 VOB/B **technische Abnahmen** von Zwischenständen anordnen, wenn diese Teile durch die weitere Ausführung der Prüfung und Feststellung entzogen werden. Vereitelt der ausführende Unternehmer die geforderte Überprüfung, kann die **Endabnahme** verweigert werden. Auch die Abnahme von Zwischenständen ist zu dokumentieren. An der Objektüberwachung beteiligte Fachplaner und Sonderfachleute können den Architekten im Schadensfall entlasten. Eine Haftung kann sich jedoch ergeben, wenn der Fehler für den Architekten erkennbar war.[150]

– **Überwachen der Herstellung des Objekts hinsichtlich der Einzelheiten der Gestaltung (künstlerische Oberleitung)**

419 Diese ursprünglich in § 19 GOA bzw. § 15 Abs. 3 der HOAI 1996 enthaltene Leistung ist in der aktuellen HOAI-Fassung nicht explizit aufgeführt. Ziel der Regelung war die weitere Beteiligung des entwerfenden und planenden Architekten, da auch während der Umsetzung der Baumaßnahme zahlreiche Einzelheiten der Gestaltung festzulegen sind. Mit der Leistung soll insbesondere die Qualität der Entwurfs- und der Ausführungsplanung bei der Baudurchführung sichergestellt werden, obwohl die weitere Objektüberwachung nicht vom „Urheber des Werkes" übernommen wird. Zweifellos zählt die Überwachung der Ausführung gestalterischer Vorgaben zur 1. Grundleistung des mit der Leistungsphase 8 beauftragten Architekten. Daher muss es sich auch um eine Grundleistung handeln, wenn Teile von dem mit der Planung beauftragten Architekten erbracht werden. Die Leistung dient der Erhaltung der Baukultur. Bauherrn, welche den Planern die entsprechende Vergütung verweigern, sollten die Folgen einer missratenen Umsetzung bedenken, zumal es dem ausschließlich mit der Objektüberwachung beauftragten Architekten in der Praxis kaum möglich sein wird, gestalterisch-künstlerische Qualitäten bis in die Einzelheiten des letzten Details allein nach den Vorgaben der Planung umzusetzen.

420 Zu den Aufgaben zählt die Begleitung und Beratung während der Bauausführung mit der Teilnahme an Baubesprechungen, Einweisungsterminen und Abnahmen gestalterisch relevanter Gewerke. Nach der amtlichen Begründung zu § 15 Abs. 3 HOAI 1996 mindert die Beteiligung des **planenden Architekten** an der Objektüberwachung nicht das Honorar des **bauüberwachenden Architekten**. Die Vergütung des mit der **gestalterischen Objektüberwachung** beauftragten Architekten war nach der amtlichen Begründung zur HOAI 1996 von der Leistung abhängig. In der GOA wurde die künstlerische Oberleitung mit 60% des Vomhundertsatzes der Leistungsphase 8 bewertet (15 v.H. = künstlerische Oberleitung, 10 v.H. = technische und geschäftliche Oberleitung). Vergleichbar ist die Bauoberleitung im Leistungsbild für Ingenieurbauwerke oder Verkehrsanlagen, welche in § 43 Abs. 1 und § 47 Abs. 1 jeweils mit 15 v.H. bewertet wurde. Ein Prozentsatz von 5 bis 20% des Honorars der Leistungsphase 8 sollte nicht unterschritten werden.

421 **bb) Überwachen der Ausführung von Tragwerken mit sehr geringen und geringen Planungsanforderungen auf Übereinstimmung mit dem Standsicherheitsnachweis.** Bauprojekte bestehen in der Regel aus mehreren unterschiedlichen Tragkonstruktionen. Vom Architekten sind dabei nur die Tragwerke geringer und sehr geringer Schwierigkeit (vgl. Anlage 14.2) auf Übereinstimmung mit dem Standsicherheitsnachweis zu überwachen. Die Leistung ist auch ein Hinweis darauf, dass ggf. ohne Überwa-

150 OLG Jena, Beschl. v. 12.3.2008 – 1 U 723/07 – IBR 2008, 341.

chung durch den Tragwerksplaner eingefügte, einfache Konstruktionen dem Standsicherheitsnachweis entsprechen müssen und daher mit der Tragwerksplanung abzustimmen sind.

Architekten müssen den Bauherrn im Rahmen ihrer **Beratungspflichten** in Leistungsphase 1 („Beraten zum gesamten Leistungs- u. Untersuchungsbedarf") darauf hinweisen, dass ein Tragwerksplaner zu beteiligen ist. Es ist ein Mangel der Honorarordnung, dass der bei nahezu jedem Bauprojekt in der Leistungsphase 8 hinzuzuziehende Tragwerksplaner gem. Anlage 14.1 mit „Besonderen Leistungen" beauftragt werden muss. 422

cc) Koordinieren der an der Objektüberwachung fachlich Beteiligten. Koordinieren heißt den Ablauf planen, steuern und überwachen. Die im **Terminplan** vorgedachte Abfolge muss organisiert, fortlaufend abgestimmt und angepasst werden. Dies erfolgt in regelmäßigen Baubesprechungen, dem Schriftverkehr, Telefonaten und Protokollen. Wichtige Anweisungen im Rahmen der Koordination sollten mit Zugangsprotokollen dokumentiert werden. Dabei hat der Architekt auch Informationen und Planungsunterlagen weiterzugeben, wenn diese zum Aufgabenbereich der Fachplaner zählen.[151] 423

Die Leitung regelmäßiger **Baubesprechungen** als **Planungs-, Bauherrn- und Fachbauleiter-Jour-Fixe** ist Teil des Kommunikations- und Ablauforganisationsprozesses. Beteiligt sind insbesondere die Fachplaner (Heizungs-, Lüftungs-, Sanitär-, Elektroingenieure, Tragwerksplaner etc.) und die Fachbauleiter der ausführenden Firmen. Diese organisieren die Arbeiten ihrer Gewerke dem Gesamtablauf entsprechend unter eigener Verantwortung. **Abnahmen**, wie z.B. die **Bewehrungsabnahme** durch den Tragwerksplaner, sind zu veranlassen. Sonderfachleute und Berater wie Baugrundgutachter, Bauphysiker und Sachverständige sind rechtzeitig hinzuzuziehen. 424

Die Koordination der fachlich Beteiligten schließt nicht die Prüfung und Überwachung von Gewerken der Fachplaner ein.[152] Diese sind weder Erfüllungsgehilfen des Architekten noch bestehen zwischen Architekt und Fachplaner vertragliche Beziehungen. Der bauüberwachende Architekt muss jedoch prüfen, ob der Sonderfachmann seine Überwachung durchführt.[153] Dies gilt insbesondere für Abnahmen, z.B. im Bereich des Brandschutzes. 425

Zur Koordination zählt auch die Beteiligung des Bauherrn und der Nutzer. Diese geben Anforderungen vor, während die fachlich Beteiligten deren Einarbeitung und Umsetzung planen und organisieren. Greifen Bauherr und Nutzer direkt in den Ablauf ein, können die mit der Objektüberwachung Beauftragten ihre **Koordinationsaufgabe** nicht mehr voll wahrnehmen. Die Folge sind in der Regel nachhaltige Leistungsstörungen. 426

dd) Aufstellen, Fortschreiben und Überwachen eines Terminplans (Balkendiagramm). In Bauverträgen gesetzte Termine geben Ausführungszeiträume vor. Hieraus wird der mit Zwischenfristen versehene **Bauzeitenplan** oder **Ausführungsterminplan** als ein wesentliches Instrument zur Steuerung und Koordination aller am Bau Beteiligten erstellt, damit die Abfolge der Gewerke ohne Unterbrechung ineinandergreift. Dabei sind die Anforderungen aller Beteiligten und Betroffenen (z.B. Fachplaner, Nutzer, Nachbarn) einzuarbeiten. 427

---

151 OLG München, Urt. v. 15.3.2005 – 9 U 3566/03 –; BGH, Beschl. v. 8.12.2005 – VII ZR 99/05 – Nichtzulassungsbeschwerde zurückgewiesen, IBR 2006, 151.

152 OLG Karlsruhe, Urt. v. 20.12.2006 – 7 U 176/06 – IBR 2007, 626.

153 OLG Düsseldorf, Urt. v. 17.11.2011 – 5 U 8/11 – IBR 2012, 402.

428 Auf dieser Grundlage werden von den ausführenden Firmen **Abwicklungsterminpläne** für deren Gewerke erstellt. Diese sind vom Objektplaner zu prüfen und untereinander abzugleichen. Der Terminplan wird damit verfeinert und dem Bauablauf entsprechend fortgeschrieben.

429 Im Bauzeitenplan sind Zeiträume, Leistungen und Gewerke einzutragen. Wichtige Termine werden als **Meilensteine** eingefügt. Hieraus ist die Dauer der Bauabläufe mit den der Reihenfolge entsprechenden Abhängigkeiten ablesbar.

430 Terminverschiebungen sind in den baubegleitend fortgeschriebenen Zeitplan zu integrieren. Nachfolgende Gewerke und Fachplaner werden entsprechend neu koordiniert. Die Überwachung beinhaltet die Terminkontrolle und Bearbeitung des Terminverzugs. Wird ein Zwischen- oder Endtermin nicht eingehalten, sind unter Hinweis auf die Vertragsbedingungen und ggf. § 5 Abs. 1–4 i.V.m. § 6 Abs. 6 und § 8 Abs. 3 VOB/B Mahnschreiben und Verzugsanzeigen zu verfassen. **Inverzugsetzungen, Nachfristsetzungen** und die Dokumentation der Abweichung sind für die ggf. erforderliche Durchsetzung von **Vertragsstrafen** erforderlich.

431 Die **objektübergreifende, integrierende Bauablaufplanung** stellt eine Besondere Leistung dar. Da Baumaßnahmen häufig mehrere eigenständige Objekte umfassen (z.B. Wohngebäude + Tiefgarage etc.) werden im Zusammenhang mit der Terminplanung häufig Besondere Leistungen für die Abstimmung und Koordination anfallen.

432 **ee) Dokumentation des Bauablaufs (z.B. Bautagebuch).** Die **Bauablaufdokumentation** umfasst das **Bautagebuch**, Fotodokumente, Protokolle und Korrespondenz. Anhand dieser Unterlagen soll der Auftraggeber überprüfen können, ob der geschuldete Erfolg durch den Architekten vertragsgemäß bewirkt wurde. Zugleich wird der Bauherr hierdurch in die Lage versetzt, etwaige Ansprüche gegen Bauunternehmen durchzusetzen.[154] Die Dokumentation dient somit auch der Information des Bauherrn.

433 Daneben ist es ein Nachweis für die Überwachungstätigkeit der Architekten und Ingenieure. Beim Vorwurf fehlerhafter Bauüberwachung genügt es, wenn der Bauherr einen Mangel bezeichnet und einer Leistung des Architekten zuordnet.[155] Es ist dann Aufgabe des Architekten, diesen ersten Anschein durch Darlegung der Maßnahmen, welche im Rahmen der Überwachungsleistungen durchgeführt wurden, auszuräumen. Dazu genügt die bloße Behauptung, entsprechende Leistungen seien erbracht worden, nicht.[156] Die Dokumentation sollte daher Zeit, Art und Umfang der eigenen Bauüberwachungstätigkeit wiedergeben. Hieraus wird ablesbar, wie der Architekt die Bauüberwachung durchgeführt und organisiert hat.

434 Das **Bautagebuch** hat den Zweck, das Baugeschehen beweiskräftig festzuhalten.[157] Da der mit der Objektüberwachung Beauftragte nicht täglich auf der Baustelle anwesend sein muss, kann auch kein täglicher Eintrag gefordert werden. Die Anforderungen sind von Art und Umfang der vor Ort durchgeführten Leistungen und den Informationsinteressen des Bauherrn abhängig. Da diese individuell verschieden sind, werden hierfür keine Mindestanforderungen gestellt, sofern keine entsprechenden Vorgaben aus dem Vertrag resultieren.

435 Im Allgemeinen werden folgende Informationen im Bautagebuch festgehalten:
- Datum und Uhrzeit des Baustellenbesuchs,
- Witterungsbedingungen, Temperatur, trocken/Regen,

154 BGH, Urt. v. 24.6.2004 – VII ZR 259/02 – IBR 2004, 512.
155 BGH, Urt. v. 8.5.2003 – VII ZR 407/01 – IBR 2003, 365.
156 KG, Urt. v. 9.4.2010 – 7 U 144/09 – IBR 2010, 402.
157 BGH, Urt. v. 28.7.2011 – VII ZR 65/10 – IBR 2011, 587.

- Ausführungsbeginn und -ende, ggf. gewerkeweise,
- geprüfte Gewerke, technische Abnahmen, Überprüfung von Zwischenständen, Gegenstand der Überprüfung, Mängel,
- anwesende Personen,
- Personal, Gerät, Material,
- erteilte Anweisungen, Nachträge, Änderungen,
- Störungen, Bedenken, Hinweise, außergewöhnliche Ereignisse,
- Leistungsstand, Verzug, Unterbrechungen,
- Besondere Vorkommnisse.

Dabei können Bautagebücher der beteiligten Firmen eine sinnvolle Ergänzung der Gesamtdokumentation sein. **436**

Auch die Art der Führung eines Bautagebuchs ist nicht vorgegeben. Üblich ist die Eintragung in ein Notizbuch, ein Buch mit Vordrucken, die Übertragung von diktierten Nachrichten auf den PC sowie Baudokumentationen in Bild und Ton, z.B. über Apps. Fotos sind wichtige Ergänzungen schriftlicher Aufzeichnungen. Sie sollten mit einem Datum versehen werden. Eine Verpflichtung zur Übergabe des Bautagebuchs im Original an den Auftraggeber besteht nicht.[158] Der Auftragnehmer hat dem Bauherrn jedoch im Rahmen seiner Informationspflichten Kopien zur Verfügung zu stellen, falls diese angefordert werden. Es kann sogar eine Honorarkürzung erfolgen, wenn das Bautagebuch vertraglich geschuldet, aber nicht erbracht wird. Dabei wurde vom OLG Celle ein Anteil von 0,5% angegeben.[159] Dieser Anteil ermöglicht bei kleinen Bauaufgaben keine ordnungsgemäße Führung eines Bautagebuchs (Problematik, siehe Rn 398). **437**

ff) Gemeinsames Aufmaß mit den ausführenden Unternehmen. Das gemeinsame Aufmaß dient der Beweissicherung während der Bauphase. Die zwischen Architekt und Unternehmer getroffenen Feststellungen zu den Leistungen sind bindend. Der bauausführende Unternehmer hat seine Leistungen darzulegen und zu beweisen.[160] Es ist konkret anzugeben, welche Mengen wo angefallen sind. Insbesondere im weiteren Bauverlauf anhand von Planunterlagen nicht mehr feststellbare Mengen sind gemeinsam baubegleitend vor Ort zu überprüfen, wobei das Aufmaß, nur soweit keine Zeichnungen vorhanden sind oder die Mengen aus Zeichnungen nicht zu entnehmen sind, auf der Baustelle durchgeführt wird (vgl. DIN 18299 VOB/C, Ziff. 5). **438**

Mit der Unterzeichnung eines **Aufmaßprotokolls** durch den Architekten werden die festgestellten Mengen bestätigt und nicht die Leistung als z.B. vertragsgemäß erbracht abgenommen. Der Bauherr kann nur durch den Nachweis, dass die Feststellungen falsch waren, eine Mengenänderung bewirken. Sind für Pauschalpositionen keine quantitativen Feststellungen erforderlich, reduziert dies das Honorar des Architekten nicht. **439**

gg) Rechnungsprüfung einschließlich Prüfen der Aufmaße der bauausführenden Unternehmen. Unternehmer müssen ihre Leistungen prüfbar abrechnen (§ 14 VOB/B). Zu überprüfen ist, ob eine Rechnung den vertraglichen Vorgaben und dem Leistungsstand entspricht sowie rechnerisch richtig aufgestellt ist. Mit der Rechnung hat der bauausführende Unternehmer die zugehörigen Mengenberechnungen, Zeichnungen und Belege vorzulegen. Dies gilt für Abschlagsrechnungen wie für Schlussrechnungen (vgl. **440**

---

158 BGH, Urt. v. 28.7.2011 – VII ZR 65/10 – IBR 2011, 588.
159 OLG Celle, Urt. v. 11.10.2005 – 14 U 68/04 – IBR 2005, 600.
160 OLG Naumburg, Urt. v. 30.11.2007 – 1 U 18/07 – IBR 2011, 128; BGH, Beschl. v. 20.12.2010 – VII ZR 216/07 – Nichtzulassungsbeschwerde zurückgewiesen.

§ 16 VOB/B). Nicht prüfbare Rechnungen sind im Original mit einer Aufforderung zur Stornierung zurückzusenden. Fehlende Unterlagen sind nachzufordern, unstrittige Beträge innerhalb der vertraglichen Fristen freizugeben.

441 Neben der rechnerischen und technischen Prüfung sind vertragsrechtliche Fragen wie **Skonti, Nachlässe, Vertragsstrafen** und **Einbehalte** zu berücksichtigen. **Prüfvermerke** und Zahlungsempfehlungen sind beizufügen. Mit dem Bauherrn ist abzustimmen, ob die geprüften Rechnungen vom Architekten als **Rechnungsrücklauf** an die Unternehmer verteilt werden sollen. Fehlende oder zu geringe Rechnungsansätze dürfen in Vertretung des Auftraggebers ohne dessen Zustimmung nicht korrigiert werden.

442 Voraussetzung einer Schlusszahlung ist die Fertigstellung der Leistung, Beseitigung der bei der Abnahme festgestellten Mängel, Vorlage von Revisions- und Dokumentationsunterlagen und ggf. geforderten Bürgschaften. Teil der Rechnungsprüfung ist eine Dokumentation über Rechnungsläufe, Teilzahlungen und Einbehalte. Häufig wird das Ergebnis der Rechnungsprüfung mit der ausführenden Firma ausgehandelt. Dabei sind die Grenzen zur **Claim-Abwehr** fließend (= Mitwirken bei der Prüfung von bauwirtschaftlich begründeten Nachtragsangeboten, 4. Besondere Leistung, LPH 7).

443 Bei Mengenabweichungen sowie Zusatz- und Änderungsleistungen gegenüber dem beauftragten Leistungsumfang sind die jeweiligen Vorgaben des VOB-Vertrags oder BGB-Vertrags zu beachten. Da es sich hierbei um Nachtragsforderungen handelt, ist die Leistungsabgrenzung abzustimmen, falls die Objektüberwachung getrennt als Einzelleistung beauftragt wurde (vgl. LPH 6b), Rn 343, 7c), Rn 370 und 4. Besondere Leistung, LPH 7, Rn 387).

444 Fachplaner für die Technische Ausrüstung prüfen die Rechnungen ihrer Gewerke eigenverantwortlich (vgl. Anlage 15.1, LPH 8g)). Honorarrechnungen der beteiligten Fachingenieure sind von **Projektsteuerern** bzw. dem Bauherrn zu überprüfen.[161]

445 **hh) Vergleich der Ergebnisse der Rechnungsprüfungen mit den Auftragssummen einschließlich Nachträgen.** Diese Leistung wird im Zusammenhang mit der nachfolgenden Kostenkontrolle erbracht (siehe LPH 8i), Rn 446 ff.). Anhand kontinuierlicher Vergleiche kann die Entwicklung der Gesamtkosten überwacht und gesteuert werden.

446 **ii) Kostenkontrolle durch Überprüfen der Leistungsabrechnung der bauausführenden Unternehmen im Vergleich zu den Vertragspreisen.** In Nr. 3.5 DIN 276-1 wird die Kostenkontrolle in Verbindung mit der **Kostensteuerung** erläutert. Zweck ist die Überwachung der Kostenentwicklung. Planung und Ausführung sind hinsichtlich ihrer Kosten kontinuierlich zu bewerten. Abweichungen und Kostenrisiken sind zu benennen. In kritischen Fällen ist zu entscheiden, ob die Planung ohne Änderung weiterverfolgt werden soll oder zielgerichtete Maßnahmen der Kostensteuerung ergriffen werden. Es handelt sich daher um eine bau- und planungsbegleitende Leistung. Kostenkontrollen bzw. Kostenvergleiche sind auch in der Leistungsphase 3e), der Leistungsphase 6e) und der Leistungsphase 7g) enthalten. Diese werden während der Objektüberwachung fortgeschrieben.

447 Ergebnisse, vorgeschlagene und durchgeführte Maßnahmen zur Kostensteuerung müssen dokumentiert werden. Angebote, Aufträge (einschließlich Nachträgen) und Abrechnungen sind bei der Vergabe und Ausführung in der für das Bauprojekt festgelegten Struktur aktuell zusammenzustellen und durch Vergleiche mit vorliegenden Ergebnissen zu kontrollieren.

161 *Lechner/Stifter*, S. 226.

In **Kostenkontrolllisten** sind Rechnungsergebnisse gewerkeweise den Angebotspreisen gegenüberzustellen. Der fortlaufende Vergleich von Mehr- und Minderkosten ist zugleich Teil der **Kostenplanung**. Dabei sind alle Leistungen zu erfassen. Durch eine bau- und planungsbegleitende Kostenkontrolle wird der Bauherr über die Kostenentwicklung informiert. Für die Darlegung von Mehrkosten kann der Anteil von Sonder- und Änderungswünschen errechnet werden. 448

jj) Kostenfeststellung, z.B. nach DIN 276. Nach Nr. 3.4.5 DIN 276-1 dient die Kostenfeststellung zum Nachweis der entstandenen Kosten sowie ggf. zu Vergleichen und Dokumentationen. Der Kostenfeststellung werden insbesondere folgende Informationen zugrunde gelegt: 449

- geprüfte Abrechnungsbelege, z.B. Schlussrechnungen, Nachweise der Eigenleistungen,
- Planungsunterlagen, z.B. Abrechnungszeichnungen,
- Erläuterungen.

In der Kostenfeststellung müssen die Gesamtkosten nach Kostengruppen bis zur 3. Ebene der Kostengliederung unterteilt werden. Die 3. Ebene der Kostengliederung gem. DIN 276-1 erfordert eine Aufgliederung, z.B. für die Gründung (KG 320) in die KG 321 Baugrundverbesserung, KG 322 Flachgründungen, KG 323 Tiefgründungen, KG 324 Unterböden und Bodenplatten, KG 325 Bodenbeläge, KG 326 Bauwerksabdichtungen, KG 327 Dränagen und KG 329 Gründung sonstiges. 450

Üblich ist eine den Leistungsarten/Gewerken entsprechende Aufgliederung. Nach Nr. 4.2 DIN 276-1 entsprechen ausführungs- oder gewerkeorientierte Aufstellungen der 3. Ebene der Kostengliederung, wenn diese in Teilleistungen nach Inhalt, Eigenschaften und Menge beschrieben und erfasst werden. Kostendaten der Fachplanungen, z.B. der technischen Ausrüstung, der Außenanlagen und Verkehrsanlagen, sind von den Planungsbeteiligten zu liefern und einzuarbeiten (vgl. Kostenfeststellung, LPH 8i), Anlage 15.1). 451

kk) Organisation der Abnahme der Bauleistungen unter Mitwirkung anderer an der Planung und Objektüberwachung fachlich Beteiligter, Feststellung von Mängeln, Abnahmeempfehlung für den Auftraggeber. Durchzuführen ist eine fachtechnische Überprüfung der Bauleistungen. Dabei hat der Objektplaner das Ergebnis ggf. mit Mängeln für die Abnahme durch den Bauherrn zu protokollieren. Fachplaner führen bei den von ihnen bearbeiteten Gewerken Funktionsprüfungen, z.B. für Heizungs-, Lüftungs-, Sanitär- und Elektroanlagen, durch. Hieraus kann eine Empfehlung zur Verweigerung der Abnahme resultieren, wenn wesentliche Mängel vorliegen. 452

Die **technische Abnahmeempfehlung** wird in der Praxis häufig als **Abnahmeprotokoll** bezeichnet, obwohl nur der Bauherr zur **rechtsgeschäftlichen Abnahme** i.S.v. § 640 BGB bzw. § 12 VOB/B berechtigt und verpflichtet ist. Aus dieser ergibt sich der Beginn der Verjährungsfrist für die Gewährleistung, die Fälligkeit der Vergütung, der Gefahrenübergang, die Beweislastumkehr, ggf. eine Ausschlusswirkung für Vertragsstrafen und bekannte Mängel. Sind Sonderfachleute hinzuzuziehen, hat der Objektplaner deren Beteiligung zu organisieren. In der Niederschrift zur Abnahme (vgl. § 12 Abs. 4 VOB/B) ist der Befund nach Überprüfung der Leistung schriftlich festzuhalten. Auftraggeber und Auftragnehmer können ihre Feststellung hierin aufnehmen. Vorbehalte oder die Verweigerung der Abnahme müssen hieraus zweifelsfrei hervorgehen. Die betreffenden Firmen sind auf dieser Grundlage zur **Mangelbeseitigung** bzw. **Nacherfüllung** aufzufordern. 453

454 Schwierig ist die Abnahme teilfertiger Leistungen insbesondere bei **Streitigkeiten, Kündigungen** oder **Insolvenzen**, da hierbei auch der Leistungsstand festzustellen ist. Falls durch Fortsetzung der Bauarbeiten Beweismittel verloren gehen, ist ein selbstständiges Beweisverfahren nach §§ 485 ff. ZPO zu beantragen. Die Unterstützung des Bauherrn hierbei und die Feststellung des Leistungsstandes zählen zu den Besonderen Leistungen.

455 Die Klärung von Rechtsfragen im Zusammenhang mit Mängeln wie **Nacherfüllung, Selbstvornahme, Rücktritt, Minderung und Schadensersatz** (§§ 635–638 BGB) zählt nicht zu den Grundleistungen des Architekten.

456 Häufig sind bereits während der Ausführung der Bauarbeiten für zum Zeitpunkt der Fertigstellung nicht mehr erkennbare Leistungen, Zustandsfeststellungen oder **technische Teilabnahmen** gem. § 4 Abs. 10 VOB/B erforderlich. Diese Feststellungen werden später Teil der Abnahme des Bauherrn. Die Beseitigung oder Zustandsfeststellung erkannter Mängel ist im Rahmen der Grundleistung p) zu koordinieren und zu überwachen.

457 **ll) Antrag auf öffentlich-rechtliche Abnahmen und Teilnahme daran.** Aufgabe des Architekten ist es, die erforderlichen Abnahmen zu veranlassen und daran teilzunehmen, damit der Nachweis für die Übereinstimmung mit den **Bau-, Betriebs- und Nutzungsgenehmigungen** vor Übergabe des Objekts vorliegt. Die Behörde kann hierzu die Vorlage von Nachweisen, z.B. zum Brandschutz, der Standsicherheit, Bestätigungen von Sachkundigen bzw. Sachverständigen etc. vorgeben. Fehlen entsprechende Nachweise oder werden Mängel festgestellt, wird der Bauherr und in der Regel der Entwurfsverfasser von der Behörde schriftlich unterrichtet. Überprüft wird, ob bauordnungsrechtliche Mängel vorliegen. Maßgeblich sind die Bauordnungen der Länder. Dort werden von der Bauart, Gebäudeklasse und Nutzung abhängige Anforderungen bestimmt. Bei getrennter Vergabe der Objektüberwachung und der Genehmigungs- bzw. Ausführungsplanung kann die Mitwirkung des planenden Architekten anfallen. Fachplaner erbringen entsprechende Leistungen für ihre Gewerke (vgl. Anlage 15.1, LPH 8l)).

458 **mm) Systematische Zusammenstellung der Dokumentation, zeichnerischen Darstellungen und rechnerischen Ergebnisse des Objekts.** Durch die Dokumentation erhält der Auftraggeber Unterlagen, die er für die Bewirtschaftung des Bauwerks benötigt und Dokumente, die die Überprüfung der Leistungen ermöglichen, um z.B. Gewährleistungsansprüche durchzusetzen.[162] Dies sind etwa

- Planunterlagen zum Gebäude und den Technischen Anlagen als revidierte Projektzeichnungen, Verlegepläne, Anschluss- und Schaltpläne,
- die Ergebnisse der Leistungen g), h), i) und j),
- Genehmigungen und Freigaben,
- Gutachten, Nachweise zur Standfestigkeit, Schall-/Brand-/Umweltschutz, Bodengutachten,
- Schriftverkehr und Bautagebuch, ggf. mit Verzeichnissen, sofern der Auftraggeber diese für die Durchsetzung von Ansprüchen benötigt,[163]
- Vermessungs-, Abnahme-, Prüfnachweise,
- Pflege-, Wartungs- und Betriebsanleitungen.

162 BGH, Urt. v. 24.6.2004 – VII ZR 259/02 – IBR 2004, 512.
163 KG, Urt. v. 8.11.2005 – 7 U 45/05 – IBR 2006, 510.

Der allein mit der Objektüberwachung beauftragte Architekt hat die ihm vom planenden Architekten zur Verfügung gestellten Unterlagen, wie z.B. die Genehmigungsplanung und Ausführungsplanung mit Ergänzungen, zusammenzustellen. Die Anfertigung von Eintragungen, Ergänzungen und Fortschreibungen zählt nicht zu seinen Grundleistungen. Fachingenieure erstellen eigene Dokumentationen (siehe LPH 8p), Anlage 15.1). **459**

Die **Gebäudebestandsdokumentation** ist eine Besondere Leistung der Leistungsphase 9. Auch eigens erstellte **Ausrüstungs- und Inventarverzeichnisse** sind Besondere Leistungen (vgl. LPH 9). **460**

nn) Übergabe des Objekts. Es handelt sich nicht um eine körperliche Übergabe des Objekts, sondern um die Mitteilung der Fertigstellung mit Übergabe der für den Betrieb und die Bewirtschaftung notwendigen Dokumente sowie erforderlicher Einweisungen. Die Übergabe kann auch sukzessive für Teilabschnitte oder einzelne Anlagen erfolgen. Insbesondere werden folgende Unterlagen übergeben: **461**

- Revisionsunterlagen,
- Genehmigungen,
- Materialzertifikate, Konformitätsnachweise, Prüfprotokolle,
- Ersatz- und Verschleißlisten mit Liefernachweisen der Hersteller,
- Bedienungs-, Pflege-, Wartungs- und Instandsetzungsvorschriften und Anleitungen der Hersteller,
- SiGe-Dokumente für spätere Arbeiten am Bau,
- Zulassungen,
- Protokolle zum Probebetrieb und Abnahmen,
- die Dokumentation.

Bei öffentlichen Bauaufgaben findet die Übergabe häufig zusätzlich in Festakten statt. Die Vorbereitung und Organisation derartiger Veranstaltungen zählt zu den Leistungen des Bauherrn. Eigens vom Architekten erstellte **Pflege- und Wartungsanweisungen** sind Besondere Leistungen der Leistungsphase 9. **462**

Unabhängig von der bei jedem Gebäude erforderlichen Mängelbearbeitung ist die Übergabe der richtige Zeitpunkt für die **Abnahme der Architektenleistungen** bezogen auf die Leistungsphasen 1 bis 8. Nach § 15 Abs. 1 wird das Honorar fällig, wenn die Leistung abgenommen ist und eine prüffähige Honorarschlussrechnung überreicht wurde. Daher sollten die Leistungsphasen 1 bis 8 getrennt von der Leistungsphase 9 beauftragt werden. **463**

Mit der Übergabe kann eine **Erklärung** für die **Abnahme** der Architektenleistungen dem Bauherrn zur Unterschrift vorgelegt werden. Damit beginnt die Gewährleistungsfrist. **464**

Praxistipp
Textvorschlag:
„Abschluss/Abnahme der Architektenleistungen des Objekts …
Objektübergabe:
Das Objekt wurde am ………….. in Betrieb genommen.
Folgende Unterlagen werden in der Anlage übergeben:
- *Planunterlagen: …*
- *Genehmigungen: …*
- *Bedienungsanleitungen: …*
- *Wartungsanleitungen: …*

- *Dokumente: ...*
- *Protokolle: ...*
- *Abnahmebescheinigungen: ...*

Noch vorzulegen sind: ...
Folgende Restarbeiten sind zu erledigen: ...
Die Architektenleistungen wurden in den Leistungsphasen 1 bis 8 vertragsgerecht erbracht und abgeschlossen.

Datum/Unterschrift"

---

465 **oo) Auflisten der Verjährungsfristen für Mängelansprüche.** Die Auflistung der Gewährleistungsfristen ist Teil der Dokumentation. Gewährleistungsfristen beginnen mit der **rechtsgeschäftlichen Abnahme.**[164] Eine Zusammenstellung für alle Gewerke bei Fertigstellung des Bauprojekts soll dem Bauherrn eine Übersicht verschaffen. Fachplaner erstellen eigene Auflistungen für ihre Gewerke (vgl. Anlage 15.1, LPH 8n)). Die Fortschreibung bei der Verlängerung von Verjährungsfristen für nach der Abnahme aufgetretene Mängel ist nicht Teil der Leistungsphase 8.

466 Mängelrügen, selbstständige Beweisverfahren, schwierige vertragliche Voraussetzungen, Nachbesserungsmaßnahmen etc. können Rechtsfragen betreffen, welche durch die Rechtsberater des Bauherrn zu klären sind. Vom Architekten können nur Grundzüge des Werkvertragsrechts erwartet werden. Daher ist der Bauherr in den oben genannten Fällen auf die erforderliche Beteiligung eines Rechtsanwalts, welcher die Daten überprüft und ggf. korrigiert, hinzuweisen. Die umfangreiche Rechtsprechung hierzu belegt, dass Fragen der Verjährung nicht mittels einer Liste des Objektüberwachenden Architekten geklärt werden können.

467 **pp) Überwachen der Beseitigung der bei der Abnahme festgestellten Mängel.** Werden mit der **technischen Abnahme** Mängel festgestellt und hat der Bauherr bei der **rechtsgeschäftlichen Abnahme** seine Rechte bezüglich des **Nachbesserungsanspruchs** vorbehalten, sind die betreffenden Firmen zur **Nacherfüllung** bzw. **Mangelbeseitigung** aufzufordern. Hierauf durchgeführte Maßnahmen sind vom Architekten zu überwachen und nach Fertigstellung zu überprüfen. Es ist Aufgabe des bauausführenden Unternehmens, eine geeignete Methode zur Mangelbeseitigung vorzuschlagen.[165] Untaugliche Vorschläge zur Mangelbeseitigung kann der Bauherr zurückweisen.[166] Dabei fallen wiederholte Grundleistungen und Besondere Leistungen des Architekten an, wenn z.B. für die Mangelbeseitigung bereits genutzte Gebäudeteile abzusperren sind und weitere, nicht für die Mängel verantwortliche Firmen beteiligt werden müssen, z.B. Gerüstbauer, Maler, Verputzer, Trockenbauer etc.

468 Die Anforderungen an die Intensität der **Überwachung** bei Mängelbeseitigungsarbeiten sind höher als im Rahmen der 1. Grundleistung der Leistungsphase 8, wenn die Leistungen am fertigen, meist schon genutzten Objekt durchgeführt werden und aufgrund der mangelhaften Erstleistung Zweifel an der fachlichen Qualität der bauausführenden Firma bestehen. Die **fachliche und organisatorische Unterstützung** des Bauherrn bei Streitigkeiten, Ersatzvornahmen und Verweigerung der Mangelbeseitigung zählt zu den Besonderen Leistungen.

---

164 AG Mülheim an der Ruhr, Urt. v. 23.6.2006 – 12 C 838/06 – IBR 2006, 511.
165 OLG Celle, Urt. v. 17.3.2011 – 6 U 125/10 – IBR 2013, 21; BGH, Beschl. v. 9.8.2012 – VII ZR 81/11 – Nichtzulassungsbeschwerde zurückgewiesen.
166 BGH, Urt. v. 5.5.2011 – VII ZR 28/10 – IBR 2011, 398.

Grundsätzlich muss das Werk den zum Zeitpunkt der Abnahme **anerkannten Regeln der Technik** entsprechen. Mängelbeseitigungen müssen daher die zum Zeitpunkt der Vornahme geltenden anerkannten Regeln der Technik und gesetzlichen Vorschriften einhalten.[167] 469

d) Besondere Leistungen

aa) Aufstellen, Überwachen und Fortscheiben eines Zahlungsplanes. Der Bauherr kann mit den bauausführenden Unternehmen vertragliche Regelungen treffen, in welchen zu zahlende Teilbeträge und deren Fälligkeitszeitpunkte festgelegt werden. Es kann vereinbart werden, dass die Leistungen dem Bauzeitenplan entsprechend zu erbringen sind und auf dieser Grundlage bestimmte monatliche Pauschalen zu zahlen sind. Feste Beträge können bestimmten Leistungsabschnitten, wie der Fertigstellung von Fundamenten, der Decke über dem 1./2./3. OG etc., zugeordnet werden. Aufgabe des Architekten ist es dabei, angemessene Beträge und Fristen festzulegen. Da diese bereits Vertrags- oder Kalkulationsgrundlage sind, fällt die Aufstellung des Zahlungsplans bereits vor der Objektüberwachung während der Leistungsphasen 6 und 7 an. 470

Bei der Überwachung wird geprüft, ob der vereinbarte Betrag mit dem Leistungssoll übereinstimmt, damit der Auftraggeber nicht in Vorleistung tritt. Die Fortschreibung ist erforderlich, wenn der vereinbarte und abgestimmte Zeit- bzw. Zahlungsplan nicht eingehalten werden konnte und daher angepasst werden muss. Mithilfe von Zahlungsplänen kann auch der Geldfluss, d.h. die Mittelbereitstellung und Auszahlung, organisiert und überwacht werden. 471

bb) Aufstellen, Überwachen und Fortschreiben von differenzierten Zeit-, Kosten- oder Kapazitätsplänen. Außer der linearen, zeitlichen Abfolge der Gewerke können weitere Einflussfaktoren wie z.B. bestimmte Arbeitszeiten, ein vorgegebener Mittelabfluss oder Einzelheiten bezüglich der Ausrüstung und Personalstärke in die Terminplanung einbezogen werden. 472

Sind bestimmte bereitgestellte Beträge in regelmäßigen Zeitabschnitten zu verbauen, ist der zeitliche, personelle und organisatorische Ablauf hierauf abzustimmen. Können die Arbeiten nicht in einem Zug ausgeführt werden, weil bestimmte Nutzungs- bzw. Ruhezeiten bei Umbauten während des laufenden Betriebs einzuhalten sind, muss der Bauablauf entsprechend koordiniert werden. Auch die bei Umbauprojekten häufig erforderliche Umsetzung von Nutzungen, das Herstellen von Provisorien, das Fertigstellen von Teilabschnitten und die Ausführung im Taktverfahren erfordert mehrere differenzierte Zeitpläne nebeneinander. Bei der Ausführung von Arbeiten innerhalb eines bestimmten Zeitraums wird ein differenzierter **Feinterminplan** benötigt, welcher ggf. in den Gesamtterminplan zu integrieren ist. Sehr knappe Zeitvorgaben, z.B. bei Umbauten von Läden oder Fabriken, erfordern regelmäßig eine Optimierung der Einsatzzeiten mit **Personalbelegungsplänen, Schichtbetriebsplänen** usw. 473

cc) Tätigkeit als verantwortlicher Bauleiter, soweit diese Tätigkeit nach jeweiligem Landesrecht über die Grundleistungen der LPH 8 hinausgeht. Landesbauordnungen stellen sowohl Anforderungen an fertiggestellte bauliche Anlagen als auch an die Bauausführung (Verkehrssicherheit, Vermeidung von Gefahren). 474

167 OLG Stuttgart, Urt. v. 3.7.2012 – 10 U 33/12 – IBR 2012, 709.

475 Die Tätigkeit als verantwortlicher Bauleiter geht auf speziell in einzelnen Landesbauordnungen geregelte Pflichten gegenüber der Öffentlichkeit und der Bauaufsichtsbehörde zurück. Gehen diese im Einzelfall über die Grundleistungen hinaus, fallen Besondere Leistungen an.

476 Hiervon zu unterscheiden ist die Grundleistung 8a) und die SiGe-Koordination. Die Grundleistung 8a) bezieht sich auf Pflichten gegenüber dem Auftraggeber.

477 Leistungen nach der Baustellenverordnung regeln die Sicherheit auf der Baustelle während der Ausführung. Diese zählen nicht zum Leistungsbild der Anlage 10.1 (siehe Sicherheits- und Gesundheitsschutzkoordination, Rn 503ff.).

9. Leistungsphase 9 – Objektbetreuung

478 **a) Planungsziel.** Der Auftraggeber ist innerhalb der **Verjährungsfristen für Gewährleistungsansprüche** bis fünf Jahre nach der Abnahme bei der Feststellung und Bewertung von Mängeln sowie der Freigabe von **Sicherheitsleistungen** zu unterstützen.

479 **b) Problematik.** Soweit nichts anderes vereinbart wurde, wird das Honorar des mit den Leistungsphasen 1 bis 9 beauftragten Objektplaners erst fällig, wenn die Leistung abgenommen wurde (vgl. § 15 Abs. 1). Die Abnahme der vollständigen Architektenleistung ist erst nach erbrachter Leistungsphase 9 möglich. Damit kann ggf. erst fünf Jahre nach der Übergabe und Fertigstellung des Objekts eine Schlussrechnung vorgelegt werden, wenn die Leistungsphasen 1 bis 9 zusammen übertragen wurden. Hierdurch beginnt die Gewährleistungsfrist des Architekten erst nach Ablauf der 5-Jahres-Frist. Eine Vorverlegung des Verjährungsbeginns auf die Abnahmen der Gewerke gem. VOB ist AGB-rechtlich unwirksam.[168] Der Architekt kann diese Nachteile nur vermeiden, wenn z.B. gesonderte Verträge für die Leistungsphasen 1 bis 8 und die Leistungsphase 9 geschlossen werden, oder nach Leistungsphase 8 eine Teilabnahme vereinbart und durchgeführt wurde.

c) Grundleistungen

480 **aa) Fachliche Bewertung der innerhalb der Verjährungsfristen für Gewährleistungsansprüche festgestellten Mängel längstens jedoch bis zum Ablauf von fünf Jahren seit Abnahme der Leistung, einschließlich notwendiger Begehungen.** Nach dem Gutachten zur Honorarstruktur der HOAI[169] umfasst die fachliche Bewertung die Zuordnung von Mängeln zu einem Bau- oder Planungsbeteiligten aus fachlicher Sicht. Eine umfangreiche gutachterliche Stellungnahme ist nicht Teil der Grundleistungen. Durch die Leistung soll sichergestellt werden, dass der beauftragte Architekt oder Ingenieur dem Bauherrn auch nach der Fertigstellung bei auftretenden Mängeln zur Seite steht. Vom Objektplaner sind ggf. auch die Gewerke der Technischen Ausrüstung zu überprüfen.[170] Der Architekt hat dabei die Zuziehung von Sonderfachleuten wie z.B. des Tragwerksplaners, des Fachplaners für die technische Ausrüstung bzw. eines Sachverständigen zu empfehlen und zu organisieren, wenn dies geboten ist (vgl. LPH 9a), Anlage 15.1).

481 Eine Instandsetzungsplanung für die von beteiligten Firmen mangelhaft ausgeführten Leistungen ist nicht Teil der Aufgabe. Durch die Bewertung erhält der Bauherr In-

168 OLG Brandenburg, Urt. v. 18.3.2009 – 3 U 71/08 – IBR 2009, 342.
169 Studie im Auftrag des BMWi, Aktualisierungsbedarf zur Honorarstruktur der Honorarordnung für Architekten und Ingenieure v. Dezember 2012, Anlage 4.1 Nr. 2.9.1.4.
170 OLG Schleswig, Urt. v. 22.9.2009 – 3 U 4/09 – IBR 2010, 464.

formationen über die Art des Mangels und darüber, welches Gewerk die Leistungen ausführte. Hierbei sind ggf. Verträge, Leistungsverzeichnisse und baubegleitend erstellte Unterlagen zu überprüfen. Die rechtliche Bewertung von Vertragsinhalten sowie die Ermittlung von **Verursacherquoten** geht jedoch über die Inhalte der Objektbetreuung hinaus und ist nicht Teil der Grundleistung a). Es können auch mehrere **Ortstermine** durchzuführen sein (vgl. LPH 9b)). Die Auswahl der geeigneten Nachbesserungsmethode obliegt dem bauausführenden Unternehmer. Der Zeitraum von fünf Jahren bezieht sich auf die **rechtsgeschäftliche Abnahme** des betroffenen Gewerks. Wünscht der Auftraggeber eine Bewertung nach Ablauf der 5-Jahres-Frist, kann der Architekt eine zusätzliche Vergütung verlangen. Das Honorar der Leistunsphase 9 wird nicht reduziert, wenn keine Mängel innerhalb der Verjährungsfrist auftreten.

bb) Objektbegehung zur Mängelfeststellung vor Ablauf der Verjährungsfristen 482
für Mängelansprüche gegenüber den ausführenden Unternehmen. Der Zeitpunkt des jeweiligen Ablaufs einer Verjährungsfrist ist den in Leistungsphase 8o) zu erstellenden Auflistungen zu entnehmen. Da die Gewährleistungsfristen in der Regel nicht zeitgleich enden, sondern sukzessive der Fertigstellung der Einzelgewerke folgen, sind meist mehrere **Objektbegehungen** erforderlich. Der Architekt schuldet jedoch keine permanente **Objektbeobachtung.**[171] Wurde ein **Generalunternehmer** beauftragt, ist eine Begehung ausreichend. Diese ist jeweils so rechtzeitig durchzuführen, dass etwaige Mängel noch geltend gemacht werden können. Dabei sind **Sicht- und Funktionsprüfungen** durchzuführen. Werden Mängel festgestellt, ist das bauausführende Unternehmen zur Mangelbeseitigung aufzufordern. Die Durchsetzung der Gewährleistungsansprüche, falls sich der Unternehmer weigert, erfolgt durch den Auftraggeber.

Ohne konkreten Verdacht muss der Architekt das Objekt im Rahmen der Begehung 483
nicht auf **versteckte Mängel** untersuchen. Überprüfungen durch spezielle Untersuchungsgeräte oder -methoden bzw. die Beteiligung von Sachverständigen sind ohne konkrete Anhaltspunkte nicht erforderlich.[172]

cc) Mitwirken bei der Freigabe von Sicherheitsleistungen. Ein Anspruch auf eine 484
Sicherheitsleistung besteht nur, wenn diese bauvertraglich vereinbart wurde. Sicherheitsleistungen dienen dazu, die vertragsgemäße Ausführung der Leistung und die Mängelansprüche des Bauherrn sicherzustellen (vgl. § 17 Abs. 1ff. VOB/B, §§ 232ff. BGB). Die Rückgabe der **Sicherheit für die Vertragserfüllung** erfolgt nach der Abnahme und Stellung der Sicherheiten für Mängelansprüche. **Sicherheiten für Mängelansprüche** sind gem. § 17 Abs. 8 Nr. 2 VOB/B nach Ablauf von zwei Jahren zurückzugeben, soweit kein anderer Rückgabezeitpunkt vereinbart wird. Die Freigabe der Sicherheitsleistung erfolgt durch den Bauherrn. Der Architekt hat dabei zu überprüfen, ob die entsprechenden **Bürgschaften** oder **Einbehalte** freigegeben werden können, weil kein Mangel aufgetreten ist. Hierzu sind ggf. Objektbegehungen durchzuführen.

Neben den technischen Grundlagen sind die rechtlichen Voraussetzungen für die 485
Freigabe zu klären. Sind aufgrund von **Mängelrügen**, selbstständigen Beweisverfahren, schwierigen vertraglichen Inhalten und Nachbesserungsmaßnahmen über die Grundzüge des Werkvertragsrechts hinausgehende Fragen zu klären, ist der Bauherr auf die erforderliche Beteiligung eines Rechtsanwalts hinzuweisen.

---

171 OLG Hamm, Urt. v. 9.1.2003 – 17 U 91/01 – IBR 2004, 631; BGH, Beschl. v. 26.8.2004 – VII ZR 64/03 – Nichtzulassungsbeschwerde zurückgewiesen.
172 OLG Dresden, Urt. v. 17.6.2010 – 10 U 1648/08 – IBR 2011, 531.

d) Besondere Leistungen

486 **aa) Überwachen der Mängelbeseitigung innerhalb der Verjährungsfrist.** Die Leistung bezieht sich im Gegensatz zur Grundleistung p) der Leistungsphase 8 auf nach der Abnahme festgestellte Mängel. Eine Mängelfeststellung und fachliche Bewertung erfolgt im Rahmen der Grundleistungen der Leistungsphase 9a) und b). Bei der Überwachung der Ausführung fallen mehrere Leistungen der Leistungsphase 8 nochmals an (insbesondere a, c, d, e, k, o). Die Intensität der Überwachung wird über den entsprechenden Grundleistungen der Leistungsphase 8 liegen, wenn der Mangel auf einen Ausführungsfehler der nachbessernden Firma zurückzuführen war. Es zählt nicht zu den Aufgaben des Objektplaners der bauausführenden Firma, handwerkliche Grundlagen zu vermitteln. Häufig sind Sachverständige hinzuzuziehen. Zudem sind die Arbeiten in der Regel bei laufendem Betrieb durchzuführen und mit Nutzern abzustimmen. Dabei fallen ggf. die Besonderen Leistungen **„Organisation von und Mitwirkung an Betreuungsmaßnahmen für Nutzer und andere Planungsbetroffene"** und das **„Ermitteln von Schadensursachen"** an (vgl. Anlage 2 Nr. 2.6.10 HOAI 2009), auch wenn diese in der beispielhaften Auflistung der HOAI 2013 nicht explizit aufgeführt sind.

487 Die Mangelbeseitigung muss den Vorschriften und anerkannten Regeln der Technik zum Zeitpunkt der Vornahme der Mangelbeseitigung entsprechen.[173] Dies gilt auch, wenn Regeln zwischen der Abnahme und der Mangelbeseitigung verändert wurden. Der Auftraggeber wird die Kosten für die Mangelbeseitigung aufwandsorientiert dem Verursacher anlasten.

488 **bb) Erstellen einer Gebäudebestandsdokumentation.** Im Verlauf der Planung und Umsetzung eines Bauvorhabens werden an der Ausführungsplanung in der Regel diverse Fortschreibungen und Änderungen durchgeführt (vgl. LPH 5e)). Diese aus mehreren Einzelunterlagen bestehenden Ergebnisse der Planung und Umsetzung werden im Rahmen der Grundleistungen der Leistungsphase 8m) zusammengestellt und dokumentiert, damit der Bauherr alle **Unterlagen für die Bewirtschaftung und den Bauunterhalt**, aber auch für die Überprüfung der Leistungen der Beteiligten erhält.[174]

489 Wünscht der Bauherr darüber hinaus die Zusammenfassung der oft aus mehreren Planständen, Ergänzungsblättern, Besprechungsberichten etc. bestehenden Planung in einer **Gebäudebestandsdokumentation**, handelt es sich um eine Besondere Leistung. Hierfür werden Rückfragen bei den an der Objektüberwachung Beteiligten und Überprüfungen vor Ort durchzuführen sein. Die Gebäudebestandsdokumentation kann Entwurfspläne (Einarbeitung von Ausschnitts-Tekturblättern in Bauantragsunterlagen, M 1:100) oder Ausführungspläne (M 1:50 und wichtige Detailpunkte, z.B. Einmessen von Leitungen) umfassen. Auch für die Technische Ausrüstung und die Tragwerksplanung können entsprechende Leistungen anfallen. Dabei können ggf. Daten unterschiedlicher Leistungen zusammengefasst werden, indem z.B. Materialien mit Bezugsquellen, zulässige Deckenbelastungen, Leitungspläne, technische Daten und Informationen zur Wartung und Ausstattung in einen Plan eingearbeitet werden (vgl. Ausrüstungs- und Inventarverzeichnisse, Rn 491).

490 Ganz bestimmte Anforderungen an die Aufbereitung und Erstellung bei Bauprojekten des Bundes sind in baufachlichen Richtlinien zur Gebäudebestandsdokumentation enthalten.

173 OLG Stuttgart, Beschl. v. 14.9.2011 – 10 W 9/11 – IBR 2011, 697.
174 BGH, Urt. v. 24.6.2004 – VII ZR 259/02 – IBR 2004, 512 f.

cc) Aufstellen von Ausrüstungs- und Inventarverzeichnissen. Der Begriff des Inventars stammt aus dem Erbrecht und umfasst vorhandene Nachlassverbindlichkeiten und Nachlassgegenstände. Bei Gebäuden handelt es sich um die Erfassung der Ausstattung und Kunstwerke der Kostengruppen 600 nach DIN 276-1. Dies sind bewegliche oder ohne besondere Maßnahmen zu befestigende Sachen wie für die Nutzung erforderliche Möbel (KG 611), besondere Ausstattungsgegenstände, wissenschaftlich-medizinische Geräte (KG 612) oder die sonstige Ausstattung mit Wegweisern, Orientierungstafeln, Werbeanlagen (KG 619). Auch zur künstlerischen Gestaltung des Bauwerks und der Außenanlagen eingefügte Objekte wie Skulpturen, Gemälde, Antiquitäten, Altäre, Taufbecken (KG 621) und Reliefs, Mosaiken, künstlerisch gestaltete Glas-, Schmiede-, Steinmetzarbeiten (KG 623, 629) zählen hierzu. Zudem können fest verbundene Einbauten der Kostengruppen 370 (Einbauschränke, Garderoben, Regale, Einbauküchen, Werkbänke, Labortische, Bühnenvorhänge, OP-Tische, Vorhänge) oder der Kostengruppen 470 (küchentechnische Anlagen, Reinigungsanlagen, medizin-/labortechnische Anlagen, Feuerlöschanlagen, badetechnische Anlagen, Prozesswärme-, Kälte-, Lüftungs-, Entsorgungs- und nutzungsspezifische Anlagen) aufgenommen werden. 491

dd) Erstellen von Wartungs- und Pflegeanweisungen. Mit der Übergabe und Dokumentation des Objekts in der Leistungsphase 8 wurden bereits Bedienungs-, Wartungs- und Pflegeanweisungen der Hersteller bzw. Verarbeiter weitergegeben. Sind darüber hinaus vom Objektplaner, z.B. für die Ausschreibung oder Organisation von **Wartungsaufträgen**, Unterlagen zu erstellen und zusammenzufassen, liegen Besondere Leistungen vor. Dies gilt auch, wenn Pflege- und **Wartungspläne** auf Grundlage der vorliegenden Herstellerunterlagen zu erarbeiten sind. 492

ee) Erstellen eines Instandhaltungskonzepts. Benötigen Investoren und Hausverwaltungen Maßnahmenkataloge und Beschreibungen für die Bewirtschaftung oder die Bemessung von Abgaben, sind die künftigen **Instandhaltungsmaßnahmen** zu planen. Je nach Durcharbeitungsgrad wird es sich um Grundleistungen der Leistungsphasen 1, 2, 3, 5 und 6 handeln. Diese können wiederum dem Anteil der benötigten Leistungen entsprechend nach den anrechenbaren Kosten, der Honorarzone, der Leistungsphase und der Honorartafel gem. § 35 ermittelt werden (siehe § 12). 493

ff) Objektbeobachtung. Für die Mängelfeststellung sind im Rahmen der Grundleistungen vor Ablauf der Gewährleistungsfristen Objektbegehungen durchzuführen (siehe LPH 9b), Rn 482). Die Besondere Leistung der Objektbeobachtung geht von einer kontinuierlichen Überprüfung aus. Diese wird z.B. nach **Mängelbeseitigungen** durchgeführt. Auch die Beobachtung von Mängeln, auf deren Behebung vorläufig verzichtet wird, fällt in diesen Bereich. Es kann sich zudem um Nachbargebäude handeln, die im Zuge der Baumaßnahmen eventuell beschädigt wurden (z.B. Abdichtung, Risse, Setzungen etc.). Ziel der Objektbeobachtung ist die Überprüfung und fachliche Bewertung ggf. unter Beteiligung von Sonderfachleuten, z.B. Tragwerksplanern. 494

gg) Objektverwaltung. Da es sich um keine Architektenleistung, sondern um eine Aufgabe der Vermögensverwaltung handelt, verfügen Objektplaner in der Regel ohne Zusatzausbildung nicht über die erforderlichen Fachkenntnisse und den entsprechenden Versicherungsschutz. 495

hh) Baubegehungen nach Übergabe. Objektbegehungen nach der Übergabe sind für die Bewertung festgestellter Mängel und vor Ablauf der Gewährleistungsfristen in 496

Rahmen der Grundleistungen der Leistungsphase 9 durchzuführen. Bauherrn, welche den Architekten neben den Begehungen im Rahmen der Grundleistungen a) und b) immer wieder zur Überprüfung von vermeintlichen Mängeln auffordern, müssen dies als Besondere Leistung vergüten, zumal die 1. Grundleistung der Leistungsphase 9 von tatsächlich vorhandenen Mängeln ausgeht.

497 Die Besondere Leistung kann auch beauftragt werden, wenn auf die Übertragung der Grundleistungen der Leistungsphase 9 verzichtet wurde, oder eine Überprüfung nach Ablauf von fünf Jahren seit der Abnahme erwünscht ist.

498 **ii) Aufbereiten der Planungs- und Kostendaten für eine Objektdatei oder Kostenrichtwerte.** Kostenrichtwerte sind Planungsdaten, welche Herstellungskosten auf Basis einer Bezugsgröße angeben. Unterschieden werden:
- Nutzungsbezogene Verfahren nach Nutzflächen, Kostenflächenarten, Bettenanzahl (Krankenhaus-, Hotel-, Pflegeheim-, Wohnheimbetten),
- Gebäudebezogene Verfahren nach Bruttogrundflächen, Bruttorauminhalt,
- Bauelementverfahren nach Grobelementen, Kostengruppen, Bauelementen, Ausführungsarten.

499 Da die Ermittlung von **Kostenkennwerten** nicht Teil der Grundleistungen ist, ganz gleich, ob diese als Kostenrichtwerte einer Objektdatei dienen sollen oder für einen Kostenvergleich in **Förderunterlagen** benötigt werden, handelt es sich grundsätzlich um Besondere Leistungen.

500 **jj) Evaluieren von Wirtschaftlichkeitsberechnungen.** Grundlage der Überprüfung ist die bereits erarbeitete Wirtschaftlichkeitsberechnung (vgl. 2. Besondere Leistung, LPH 3, Rn 262). Anhand der nach Abrechnung des Objekts feststehenden Kosten und aktualisierten Ertragskomponenten kann der wirtschaftliche Erfolg des Projekts bewertet werden (vgl. Wirtschaftlichkeitsuntersuchung LPH 1 und 2, Rn 118 und 188). Zu erwartende Ertragsdaten und Kostenergebnisse werden hierzu gegenübergestellt.

501 **kk) Weitere Besondere Leistungen.** Nach § 3 Abs. 3 ist die Aufzählung der Besonderen Leistungen im Verordnungstext nicht abschließend. Regelmäßig fallen die nachfolgend aufgeführten und bisher in Anlage 2 Nr. 2.6.10 der HOAI 2009 enthaltenen Besonderen Leistungen an:
- **maßliches, technisches und verformungsgerechtes Aufmaß** (siehe 8./9. Besondere Leistung, LPH 1, Rn 105–111),
- **Schadenskartierung,**
- **Ermitteln von Schadensursachen,**
- **Planen und Überwachen von Maßnahmen zum Schutz von vorhandener Substanz,**
- **Wirkungskontrollen von Planungsansatz und Maßnahmen im Hinblick auf die Nutzer, beispielsweise durch Befragen** sowie
- **Organisation von und Mitwirkung an Betreuungsmaßnahmen für Nutzer und andere Planungsbetroffene.**

502 Gerade bei der Durchführung von Baumaßnahmen während des laufenden Betriebs sind Nutzungen auszulagern oder innerhalb des Gebäudes zu verlegen. Neben dem hieraus resultierenden Planungs- und Organisationsaufwand hinsichtlich der ausführenden Firmen und fachlich Beteiligten sind die Planungsbetroffenen einzubeziehen und zu

informieren. Auch die **Überprüfung von möglichen Ausweichquartieren** zählt zu dieser Besonderen Leistung.

10. Leistungen nach der Baustellenverordnung – Sicherheits- und Gesundheitsschutzkoordination

a) Planungsziel. Ziel der Baustellenverordnung ist die Verbesserung des Arbeitsschutzes auf Baustellen und nicht die Regelung von Architekten- und Ingenieurleistungen, wie es die Honorarordnung auf Grundlage des MRVG vorsieht.[175] Das Honorar für die **SiGe-Koordination** kann daher frei vereinbart werden. Der AHO[176] erstellte ein Leistungsbild und eine Honorierungsempfehlung, welche auf anrechenbaren Kosten nach DIN 276 und der Bauzeit basiert. Für den erhöhten Aufwand beim Bauen im Bestand wird aufgrund der komplexen Randbedingungen und einer kurzen Umbau- und Sanierungszeit ein Zuschlag von 30% empfohlen. **503**

Das Leistungsbild unterscheidet Leistungen während der Planung und während der Ausführung. **504**

b) Leistungsbild SiGe-Koordination

aa) Grundleistungen

- **Während der Planung der Ausführung:** **505**
  - Koordinieren der Berücksichtigung der allgemeinen Grundsätze nach § 4 Ziff. 1 bis 5 ArbSchG bei der Planung der Ausführung,
  - Ausarbeiten des Sicherheits- und Gesundheitsschutzplanes,
  - Zusammenstellen der Unterlagen,
  - Mitwirken bei der Vorankündigung.

- **Während der Ausführung des Bauvorhabens:** **506**
  - Mitwirken bei der Planung der **Baustelleneinrichtung** im Hinblick auf Arbeitssicherheit und Gesundheitsschutz,
  - Bekanntmachen der Sicherheits- und Gesundheitsschutzplanung und Erläutern der festgelegten Maßnahmen,
  - Koordinieren der Anwendung der allgemeinen Grundsätze nach § 4 des **Arbeitsschutzgesetzes** (vgl. § 3 Abs. 3 Nr. 1 BaustellV),
  - Hinwirken auf die Einhaltung und die Umsetzung der nach Sicherheits- und Gesundheitsschutzplanung erforderlichen Arbeitsschutzmaßnahmen sowie der Pflichten nach Baustellenverordnung durch die beteiligten Unternehmen (vgl. § 3 Abs. 3 Nr. 2 BaustellV),
  - Anpassen und Fortschreiben des Sicherheits- und Gesundheitsschutzplanes und der Unterlage (analog § 3 Abs. 3 Nr. 3 BaustellV),
  - Organisieren des Zusammenwirkens der Arbeitgeber hinsichtlich Arbeitssicherheit und Gesundheitsschutz (vgl. § 3 Abs. 3 Nr. 4 BaustellV),
  - Koordinieren der Überwachung der ordnungsgemäßen Anwendung der Arbeitsverfahren durch die Arbeitgeber, z.B. durch das Einfordern von Nachweisen (vgl. § 3 Abs. 3 Nr. 5 BaustellV),

---

175 OLG Celle, Beschl. v. 5.7.2004 – 14 W 63/03 – IBR 2004, 431.
176 AHO, Heft Nr. 15.

- Organisieren und Durchführen von Sicherheitsbegehungen und Sicherheitsbesprechungen,
- Stichprobenartiges Überprüfen der gemeinsam genutzten **Sicherheitseinrichtungen** auf ordnungsgemäßen Zustand, ggf. durch Einsichtnahme in Prüfnachweise,
- Dokumentation.

bb) Besondere Leistungen

507 – **Bedarfsleistungen, die nicht immer, bei speziellen Randbedingungen aber in jedem Fall erbracht werden müssen**

- Anpassen des Sicherheits- und Gesundheitsschutzplanes bei erheblichen Änderungen,
- Zusätzlicher Koordinationsaufwand in der Ausführungsphase,
- Anpassen der Unterlage bei erheblichen Änderungen,
- Erstellen der Vorankündigung und deren Übermittlung an die zuständige Stelle,
- Abstimmen beim Vorhandensein mehrerer Koordinatoren.

508 – **Zusatzleistungen, die sich nicht unmittelbar aus der BaustellV ableiten, aber zusätzlich vereinbart werden können**

- Übernahme der Funktion des beauftragten Dritten (nach § 4 BaustellV),
- Analysieren der Vor- oder mehrerer Entwurfsplanungen und Feststellen von arbeitssicherheits- und gesundheitsschutzrelevanten Wechselwirkungen zwischen den Arbeiten der einzelnen Gewerke auf der Baustelle und anderen betrieblichen Tätigkeiten oder Einflüssen auf oder in der Nähe der Baustelle,
- Kostenanalysen zu technischen oder organisatorischen Maßnahmen für Arbeitssicherheit und Gesundheitsschutz,
- Vorbereiten und Mitwirken bei der Vergabe sicherheitstechnischer Einrichtungen,
- Überprüfen von Angeboten in sicherheitstechnischer Hinsicht (z.B. bei Funktionalausschreibungen, Alternativangeboten oder Sondervorschlägen),
- Regelmäßige Teilnahme an allgemeinen Baubesprechungen,
- Erstellen eines **Baustellen-Einrichtungsplans,**
- Erstellen einer **Baustellen-Ordnung**,
- Erstellen von **Fluchtwegplänen** und/oder **Rettungskonzepten**,
- Beraten zu notwendigen verkehrssichernden Maßnahmen des Bauherrn oder der ausführenden Firmen (i.S.v. § 823 Abs. 1 BGB),
- Erstellen von Verkehrslenkungsplänen,
- Einholen von straßenverkehrsrechtlichen Anordnungen,
- Entwickeln von Konzepten und Organisieren von Maßnahmen zu Sicherheitsfragen (im Sinne von „security“).

509 **cc) Honorarermittlung.** Die Honorarberechnungsformel[177] lautet:

$$\text{Honorar}_{\text{gesamt}} = \text{Honorar}_{\text{Planung}} + \text{Honorar}_{\text{Ausführung}}$$

$$\text{Honorar}_{\text{gesamt}} = 4{,}045 \text{ x } AK^{0{,}4282} + (460 + (0{,}001 \times AK/BZ)) \times BZ$$

177 AHO, Heft Nr. 15, S. 21.

AK: Anrechenbare Kosten sind KG 200 bis KG 500 (DIN 276-1), € ohne MwSt.,
BZ: Die Bauzeit bzw. geplante Bauzeit des Bauvorhabens, während der eine Koordinierung nach BaustellV stattfindet (in Monaten),
zzgl. Honorarzuschlag von 30% auf das Gesamthonorar bei Bauen im Bestand.

Für die Honorarermittlung kann auch die nachfolgende Tabelle[178] verwendet werden: 510

	Bauzeit (Monate)	Bauzeit (Monate)	Bauzeit (Monate)	Bauzeit (Monate)	Bauzeit (Monate)	Bauzeit (Monate)	Bauzeit (Monate)	Bauzeit (Monate)
	3	6	9	12	18	24	36	48
50.000 €	1.849 €	3.229 €	4.609 €	5.989 €	8.749 €	11.509 €	17.029 €	22.549 €
100.000 €	2.045 €	3.425 €	4.805 €	6.185 €	8.945 €	11.705 €	17.225 €	22.745 €
200.000 €	2.341 €	3.721 €	5.101 €	6.481 €	9.241 €	12.001 €	17.521 €	23.041 €
300.000 €	2.586 €	3.966 €	5.346 €	6.726 €	9.486 €	12.246 €	17.766 €	23.286 €
400.000 €	2.806 €	4.186 €	5.566 €	6.946 €	9.706 €	12.466 €	17.986 €	23.506 €
500.000 €	3.009 €	4.389 €	5.769 €	7.149 €	9.909 €	12.669 €	18.189 €	23.709 €
600.000 €	3.201 €	4.581 €	5.961 €	7.341 €	10.101 €	12.861 €	18.381 €	23.901 €
700.000 €	3.385 €	4.765 €	6.145 €	7.525 €	10.285 €	13.045 €	18.565 €	24.085 €
800.000 €	3.562 €	4.942 €	6.322 €	7.702 €	10.462 €	13.222 €	18.742 €	24.262 €
900.000 €	3.733 €	5.113 €	6.493 €	7.873 €	10.633 €	13.393 €	18.913 €	24.433 €
1.000.000 €	3.901 €	5.281 €	6.661 €	8.041 €	10.801 €	13.561 €	19.081 €	24.601 €
1.500.000 €	4.690 €	6.070 €	7.450 €	8.830 €	11.590 €	14.350 €	19.870 €	25.390 €
2.000.000 €	5.429 €	6.809 €	8.189 €	9.569 €	12.329 €	15.089 €	20.609 €	26.129 €
2.500.000 €	6.135 €	7.515 €	8.895 €	10.275 €	13.035 €	15.795 €	21.315 €	26.835 €
3.000.000 €	6.819 €	8.199 €	9.579 €	10.959 €	13.719 €	16.479 €	21.999 €	27.519 €
4.000.000 €	8.140 €	9.520 €	10.900 €	12.280 €	15.040 €	17.800 €	23.320 €	28.840 €
5.000.000 €	9.418 €	10.798 €	12.178 €	13.558 €	16.318 €	19.078 €	24.598 €	30.118 €
6.000.000 €	10.666 €	12.046 €	13.426 €	14.806 €	17.566 €	20.326 €	25.846 €	31.366 €
7.000.000 €	11.891 €	13.271 €	14.651 €	16.031 €	18.791 €	21.551 €	27.071 €	32.591 €
8.000.000 €	13.099 €	14.479 €	15.859 €	17.239 €	19.999 €	22.759 €	28.279 €	33.799 €
9.000.000 €	14.292 €	15.672 €	17.052 €	18.432 €	21.192 €	23.952 €	29.472 €	34.992 €
10.000.000 €	15.473 €	16.853 €	18.233 €	19.613 €	22.373 €	25.133 €	30.653 €	36.173 €

§ 35
Honorare für Grundleistungen bei Gebäuden und Innenräumen

(1) Die Mindest- und Höchstsätze der Honorare für die in § 34 und der Anlage 10 Nummer 10.1 aufgeführten Grundleistungen für Gebäude und Innenräume sind in der folgenden Honorartafel festgesetzt:

178 AHO, Heft Nr. 15, S. 22.

Anrechenbare Kosten in Euro	Honorarzone I sehr geringe Anforderungen		Honorarzone II geringe Anforderungen		Honorarzone III durchschnittliche Anforderungen		Honorarzone IV hohe Anforderungen		Honorarzone V sehr hohe Anforderungen	
	von Euro	bis	von Euro	bis	von Euro	bis	von Euro	bis	von Euro	bis
25.000	3.120	3.657	3.657	4.339	4.339	5.412	5.412	6.094	6.094	6.631
35.000	4.217	4.942	4.942	5.865	5.865	7.315	7.315	8.237	8.237	8.962
50.000	5.804	6.801	6.801	8.071	8.071	10.066	10.066	11.336	11.336	12.333
75.000	8.342	9.776	9.776	11.601	11.601	14.469	14.469	16.293	16.293	17.727
100.000	10.790	12.644	12.644	15.005	15.005	18.713	18.713	21.074	21.074	22.928
150.000	15.500	18.164	18.164	21.555	21.555	26.883	26.883	30.274	30.274	32.938
200.000	20.037	23.480	23.480	27.863	27.863	34.751	34.751	39.134	39.134	42.578
300.000	28.750	33.692	33.692	39.981	39.981	49.864	49.864	56.153	56.153	61.095
500.000	45.232	53.006	53.006	62.900	62.900	78.449	78.449	88.343	88.343	96.118
750.000	64.666	75.781	75.781	89.927	89.927	112.156	112.156	126.301	126.301	137.416
1.000.000	83.182	97.479	97.479	115.675	115.675	144.268	144.268	162.464	162.464	176.761
1.500.000	119.307	139.813	139.813	165.911	165.911	206.923	206.923	233.022	233.022	253.527
2.000.000	153.965	180.428	180.428	214.108	214.108	267.034	267.034	300.714	300.714	327.177
3.000.000	220.161	258.002	258.002	306.162	306.162	381.843	381.843	430.003	430.003	467.843
5.000.000	343.879	402.984	402.984	478.207	478.207	596.416	596.416	671.640	671.640	730.744
7.500.000	493.923	578.816	578.816	686.862	686.862	856.648	856.648	964.694	964.694	1.049.587
10.000.000	638.277	747.981	747.981	887.604	887.604	1.107.012	1.107.012	1.246.635	1.246.635	1.356.339
15.000.000	915.129	1.072.416	1.072.416	1.272.601	1.272.601	1.587.176	1.587.176	1.787.360	1.787.360	1.944.648
20.000.000	1.180.414	1.383.298	1.383.298	1.641.513	1.641.513	2.047.281	2.047.281	2.305.496	2.305.496	2.508.380
25.000.000	1.436.874	1.683.837	1.683.837	1.998.153	1.998.153	2.492.079	2.492.079	2.806.395	2.806.395	3.053.358

(2) Welchen Honorarzonen die Grundleistungen für Gebäude zugeordnet werden, richtet sich nach folgenden Bewertungsmerkmalen:

1. Anforderungen an die Einbindung in die Umgebung,
2. Anzahl der Funktionsbereiche,
3. gestalterische Anforderungen,
4. konstruktive Anforderungen,
5. technische Ausrüstung,
6. Ausbau.

(3) Welchen Honorarzonen die Grundleistungen für Innenräume zugeordnet werden, richtet sich nach folgenden Bewertungsmerkmalen:

1. Anzahl der Funktionsbereiche,
2. Anforderungen an die Lichtgestaltung,
3. Anforderungen an die Raumzuordnung und Raumproportion,
4. technische Ausrüstung,
5. Farb- und Materialgestaltung,
6. konstruktive Detailgestaltung.

(4) Sind für ein Gebäude Bewertungsmerkmale aus mehreren Honorarzonen anwendbar und bestehen deswegen Zweifel, welcher Honorarzone das Gebäude oder der Innenraum zugeordnet werden kann, so ist zunächst die Anzahl der Bewertungspunkte zu ermitteln. Zur Ermittlung der Bewertungspunkte werden die Bewertungsmerkmale wie folgt gewichtet:

1. die Bewertungsmerkmale gemäß Absatz 2 Nummer 1, 4 bis 6 mit je bis zu 6 Punkten und
2. die Bewertungsmerkmale gemäß Absatz 2 Nummer 2 und 3 mit je bis zu 9 Punkten.

(5) Sind für Innenräume Bewertungsmerkmale aus mehreren Honorarzonen anwendbar und bestehen deswegen Zweifel, welcher Honorarzone das Gebäude oder der Innenraum zugeordnet werden kann, so ist zunächst die Anzahl der Be-

wertungspunkte zu ermitteln. Zur Ermittlung der Bewertungspunkte werden die Bewertungsmerkmale wie folgt gewichtet:

1. **die Bewertungsmerkmale gemäß Absatz 3 Nummer 1 bis 4 mit je bis zu 6 Punkten und**
2. **die Bewertungsmerkmale gemäß Absatz 3 Nummer 5 und 6 mit je bis zu 9 Punkten.**

(6) Das Gebäude oder der Innenraum ist anhand der nach Absatz 5 ermittelten Bewertungspunkte einer der Honorarzonen zuzuordnen:

1. **Honorarzone I: bis zu 10 Punkte,**
2. **Honorarzone II: 11 bis 18 Punkte,**
3. **Honorarzone III: 19 bis 26 Punkte,**
4. **Honorarzone IV: 27 bis 34 Punkte,**
5. **Honorarzone V: 35 bis 42 Punkte.**

(7) Für die Zuordnung zu den Honorarzonen ist die Objektliste der Anlage 10 Nummer 10.2 und Nummer 10.3 zu berücksichtigen.

Anlage 10.2, 10.3
Leistungsbild Gebäude und Innenräume, Besondere Leistungen, Objektlisten

10.2 Objektliste Gebäude

Nachstehende Gebäude werden in der Regel folgenden Honorarzonen zugerechnet.

Objektliste Gebäude	Honorarzone				
	I	II	III	IV	V
Wohnen					
– Einfache Behelfsbauten für vorübergehende Nutzung	x				
– Einfache Wohnbauten mit gemeinschaftlichen Sanitär- und Kücheneinrichtungen		x			
– Einfamilienhäuser, Wohnhäuser oder Hausgruppen in verdichteter Bauweise			x	x	
– Wohnheime, Gemeinschaftsunterkünfte, Jugendherbergen, -freizeitzentren, -stätten			x	x	
Ausbildung/Wissenschaft/Forschung					
– Offene Pausen-, Spielhallen	x				
– Studentenhäuser			x	x	
– Schulen mit durchschnittlichen Planungsanforderungen, zum Beispiel Grundschulen, weiterführende Schulen und Berufsschulen			x		
– Schulen mit hohen Planungsanforderungen, Bildungszentren, Hochschulen, Universitäten, Akademien				x	
– Hörsaal-, Kongresszentren				x	
– Labor- oder Institutsgebäude				x	x

Objektliste Gebäude	Honorarzone				
	I	II	III	IV	V
Büro/Verwaltung/Staat/Kommune					
– Büro-, Verwaltungsgebäude			x	x	
– Wirtschaftsgebäude, Bauhöfe			x	x	
– Parlaments-, Gerichtsgebäude				x	
– Bauten für den Strafvollzug				x	x
– Feuerwachen, Rettungsstationen			x	x	
– Sparkassen- oder Bankfilialen			x	x	
– Büchereien, Bibliotheken, Archive			x	x	
Gesundheit/Betreuung					
– Liege- oder Wandelhallen	x				
– Kindergärten, Kinderhorte			x		
– Jugendzentren, Jugendfreizeitstätten			x		
– Betreuungseinrichtungen, Altentagesstätten			x		
– Pflegeheime oder Bettenhäuser, ohne oder mit medizinisch-technischer Einrichtungen,			x	x	
– Unfall-, Sanitätswachen, Ambulatorien		x	x		
– Therapie- oder Rehabilitations-Einrichtungen, Gebäude für Erholung, Kur oder Genesung			x	x	
– Hilfskrankenhäuser			x		
– Krankenhäuser der Versorgungsstufe I oder II, Krankenhäuser besonderer Zweckbestimmung				x	
– Krankenhäuser der Versorgungsstufe III, Universitätskliniken					x
Handel und Verkauf/Gastgewerbe					
– Einfache Verkaufslager, Verkaufsstände, Kioske		x			
– Ladenbauten, Discounter, Einkaufszentren, Märkte, Messehallen			x	x	
– Gebäude für Gastronomie, Kantinen oder Mensen			x	x	
– Großküchen, mit oder ohne Speiseräume				x	
– Pensionen, Hotels			x	x	
Freizeit/Sport					
– Einfache Tribünenbauten		x			
– Bootshäuser		x			
– Turn- oder Sportgebäude			x	x	
– Mehrzweckhallen, Hallenschwimmbäder, Großsportstätten				x	x
Gewerbe/Industrie/Landwirtschaft					
– Einfache Landwirtschaftliche Gebäude, zum Beispiel Feldscheunen, Einstellhallen	x				
– Landwirtschaftliche Betriebsgebäude, Stallanlagen		x	x	x	

Objektliste Gebäude	Honorarzone				
	I	II	III	IV	V
– Gewächshäuser für die Produktion		x			
– Einfache geschlossene, eingeschossige Hallen, Werkstätten		x			
– Spezielle Lagergebäude, zum Beispiel Kühlhäuser			x		
– Werkstätten, Fertigungsgebäude des Handwerks oder der Industrie		x	x	x	
– Produktionsgebäude der Industrie			x	x	x
Infrastruktur					
– Offene Verbindungsgänge, Überdachungen, zum Beispiel Wetterschutzhäuser, Carports	x				
– Einfache Garagenbauten		x			
– Parkhäuser, -garagen, Tiefgaragen, jeweils mit integrierten weiteren Nutzungsarten		x	x		
– Bahnhöfe oder Stationen verschiedener öffentlicher Verkehrsmittel				x	
– Flughäfen				x	x
– Energieversorgungszentralen, Kraftwerksgebäude, Großkraftwerke				x	x
Kultur-/Sakralbauten					
– Pavillons für kulturelle Zwecke		x	x		
– Bürger-, Gemeindezentren, Kultur-/Sakralbauten, Kirchen				x	
– Mehrzweckhallen für religiöse oder kulturelle Zwecke				x	
– Ausstellungsgebäude, Lichtspielhäuser			x	x	
– Museen				x	x
– Theater-, Opern-, Konzertgebäude				x	x
– Studiogebäude für Rundfunk oder Fernsehen				x	x

10.3 Objektliste Innenräume

Nachstehende Innenräume werden in der Regel folgenden Honorarzonen zugerechnet:

Objektliste Innenräume	Honorarzone				
	I	II	III	IV	V
– Einfachste Innenräume für vorübergehende Nutzung ohne oder mit einfachsten seriellen Einrichtungsgegenständen	x				
– Innenräume mit geringer Planungsanforderung, unter Verwendung von serienmäßig hergestellten Möbeln und Ausstattungsgegenständen einfacher Qualität, ohne technische Ausstattung		x			
– Innenräume mit durchschnittlicher Planungsanforderung, zum überwiegenden Teil unter Verwendung von serienmäßig herge-			x		

Objektliste Innenräume	I	II	III	IV	V
	Honorarzone				
stellten Möbeln und Ausstattungsgegenständen oder mit durchschnittlicher technischer Ausstattung					
– Innenräume mit hohen Planungsanforderungen, unter Mitverwendung von serienmäßig hergestellten Möbeln und Ausstattungsgegenständen gehobener Qualität oder gehobener technischer Ausstattung				x	
– Innenräume mit sehr hohen Planungsanforderungen, unter Verwendung von aufwendiger Einrichtung oder Ausstattung oder umfangreicher technischer Ausstattung					x
Wohnen					
– Einfachste Räume ohne Einrichtung oder für vorübergehende Nutzung	x				
– Einfache Wohnräume mit geringen Anforderungen an Gestaltung oder Ausstattung		x			
– Wohnräume mit durchschnittlichen Anforderungen, serielle Einbauküchen			x		
– Wohnräume in Gemeinschaftsunterkünften oder Heimen			x		
– Wohnräume gehobener Anforderungen, individuell geplante Küchen und Bäder				x	
– Dachgeschoßausbauten, Wintergärten				x	
– Individuelle Wohnräume in anspruchsvoller Gestaltung mit aufwendiger Einrichtung, Ausstattung und technischer Ausrüstung					x
Ausbildung/Wissenschaft/Forschung					
– Einfache offene Hallen	x				
– Lager- oder Nebenräume mit einfacher Einrichtung oder Ausstattung		x			
– Gruppenräume zum Beispiel in Kindergärten, Kinderhorten, Jugendzentren, Jugendherbergen, Jugendheimen			x	x	
– Klassenzimmer, Hörsäle, Seminarräume, Büchereien, Mensen			x	x	
– Aulen, Bildungszentren, Bibliotheken, Labore, Lehrküchen mit oder ohne Speise- oder Aufenthaltsräume, Fachunterrichtsräume mit technischer Ausstattung				x	
– Kongress-, Konferenz-, Seminar-, Tagungsbereiche mit individuellem Ausbau und Einrichtung und umfangreicher technischer Ausstattung				x	
– Räume wissenschaftlicher Forschung mit hohen Ansprüchen und technischer Ausrüstung					x
Büro/Verwaltung/Staat/Kommune					
– Innere Verkehrsflächen	x				
– Post-, Kopier-, Putz- oder sonstige Nebenräume ohne baukonstruktive Einbauten		x			

Objektliste Innenräume	Honorarzone				
	I	II	III	IV	V
– Büro-, Verwaltungs-, Aufenthaltsräume mit durchschnittlichen Anforderungen, Treppenhäuser, Wartehallen, Teeküchen			x		
– Räume für sanitäre Anlagen, Werkräume, Wirtschaftsräume, Technikräume			x		
– Eingangshallen, Sitzungs- oder Besprechungsräume, Kantinen, Sozialräume			x	x	
– Kundenzentren, -ausstellungen, -präsentationen			x	x	
– Versammlungs-, Konferenzbereiche, Gerichtssäle, Arbeitsbereiche von Führungskräften mit individueller Gestaltung oder Einrichtung oder gehobener technischer Ausstattung				x	
– Geschäfts-, Versammlungs- oder Konferenzräume mit anspruchsvollem Ausbau oder anspruchsvoller Einrichtung, aufwendiger Ausstattung oder sehr hohen technischen Anforderungen					x
Gesundheit/Betreuung					
– Offene Spiel- oder Wandelhallen	x				
– Einfache Ruhe- oder Nebenräume		x			
– Sprech-, Betreuungs-, Patienten-, Heimzimmer oder Sozialräume mit durchschnittlichen Anforderungen ohne medizintechnische Ausrüstung			x		
– Behandlungs- oder Betreuungsbereiche mit medizintechnischer Ausrüstung oder Einrichtung in Kranken-, Therapie-, Rehabilitations- oder Pflegeeinrichtungen, Arztpraxen				x	
– Operations-, Kreißsäle, Röntgenräume				x	x
Handel/Gastgewerbe					
– Verkaufsstände für vorübergehende Nutzung	x				
– Kioske, Verkaufslager, Nebenräume mit einfacher Einrichtung und Ausstattung		x			
– Durchschnittliche Laden- oder Gasträume, Einkaufsbereiche, Schnellgaststätten			x		
– Fachgeschäfte, Boutiquen, Showrooms, Lichtspieltheater, Großküchen				x	
– Messestände, bei Verwendung von System- oder Modulbauteilen			x		
– Individuelle Messestände				x	
– Gasträume, Sanitärbereiche gehobener Gestaltung, zum Beispiel in Restaurants, Bars, Weinstuben, Cafés, Clubräumen				x	
– Gast- oder Sanitärbereiche zum Beispiel in Pensionen oder Hotels mit durchschnittlichen Anforderungen oder Einrichtungen oder Ausstattungen			x		
– Gast-, Informations- oder Unterhaltungsbereiche in Hotels mit individueller Gestaltung oder Möblierung oder gehobener Einrichtung oder technischer Ausstattung				x	

Objektliste Innenräume	Honorarzone				
	I	II	III	IV	V
Freizeit/Sport					
– Neben- oder Wirtschafträume in Sportanlagen oder Schwimmbädern		x			
– Schwimmbäder, Fitness-, Wellness- oder Saunaanlagen, Großsportstätten			x	x	
– Sport-, Mehrzweck- oder Stadthallen, Gymnastikräume, Tanzschulen			x	x	
Gewerbe/Industrie/Landwirtschaft/Verkehr					
– Einfache Hallen oder Werkstätten ohne fachspezifische Einrichtung, Pavillons		x			
– Landwirtschaftliche Betriebsbereiche		x	x		
– Gewerbebereiche, Werkstätten mit technischer oder maschineller Einrichtung			x	x	
– Umfassende Fabrikations- oder Produktionsanlagen				x	
– Räume in Tiefgaragen, Unterführungen		x			
– Gast- oder Betriebsbereiche in Flughäfen, Bahnhöfen				x	x
Kultur-/Sakralbauten					
– Kultur- oder Sakralbereiche, Kirchenräume				x	x
– Individuell gestaltete Ausstellungs-, Museums- oder Theaterbereiche				x	x
– Konzert- oder Theatersäle, Studioräume für Rundfunk, Fernsehen oder Theater					x

Übersicht

A. Überblick

§ 35 kombiniert zwei völlig unterschiedliche Bereiche, zum einen die Ermittlung der richtigen Honorarzone (Abs. 2–7) und zum anderen die Honorartafel (Abs. 1) der Mindest- und Höchstsätze aus den anrechenbaren Kosten für die jeweiligen Honorarzonen. 1

Die Vorschrift regelt die 2. und 3. Stufe der Honorarermittlung nach der Ermittlung der anrechenbaren Kosten als 1. Stufe (§§ 4, 33), nämlich die Ermittlung der maßgeblichen Honorarzone sowie des sich hieraus ergebenden vollen 100%-Honorars aus der Honorartafel für das gesamte Leistungsbild. In der HOAI 2013 wurden erstmals die Honorare nicht linear angehoben. 2

B. Honorartafel (Abs. 1)

Die Honorartafel gilt sowohl für die Gebäude- als auch die Innenraumplanung. In ihr werden die Mindestsätze und Höchstsätze – unterschieden nach den 5 Honorarzonen (I bis V) – für anrechenbare Kosten im Bereich zwischen 25.000 € und 25 Mio. € vorgegeben. Liegen die anrechenbaren Kosten außerhalb dieses Korridors, können die Honorare nach § 7 Abs. 2 frei vereinbart werden, also auch unterhalb der Mindestsätze und über den Höchstsätzen der HOAI. 3

Die in der HOAI 2002 (§ 16 Abs. 2) enthaltene Regelung, dass das Honorar bei anrechenbaren Kosten unterhalb des Eingangswertes von 25.000 € auf die Höchstwerte dieses Eingangsbetrages beschränkt ist, ist seit der HOAI 2009 ersatzlos entfallen. Dies hat zur Folge, dass unterhalb von 25.000 € anrechenbare Kosten ein höheres Honorar rechtswirksam vereinbart werden kann als der Höchstsatz dieser Eingangsstufe. 4

Vergleichbares gilt bei höheren anrechenbaren Kosten als 25 Mio. €. In diesem Fall kann sogar ein geringeres Honorar als der Mindestsatz von 25 Mio. € rechtswirksam vereinbart werden, was sich aus § 7 Abs. 2 ergibt. Grund ist, dass das bindende Preisrecht der HOAI nur in diesem Korridor gilt, auch wenn das Ergebnis im Einzelfall unlogisch erscheinen mag. 5

Ohne Honorarvereinbarung steht dem Auftragnehmer bei anrechenbaren Kosten über dem oberen Tabellenwert die übliche Vergütung zu, die sich wohl an den entsprechenden Fortschreibungstabellen (z.B. RifT – Richtlinien der Staatlichen Hochbauverwaltung Baden-Württemberg, der Obersten Baubehörde im Bayerischen Staatsministerium des Inneren oder dem Runderlass des Ministeriums Bauen und Wohnen NRW) über 25 Mio. € orientiert. 6

Anrechenbare Kosten zwischen den in den Honorartafeln angegebenen Werten werden gem. § 13 nach der sog. linearen Interpolation ermittelt, einer Durchschnittsberechnung zwischen den jeweiligen Tabellenwerten. 7

C. Honorarzonenermittlung (Abs. 2–7, Anlagen 10.2–10.3)

I. Das System der Honorarzonenermittlung

8 **1. Die Honorarzone ist objektiv zu ermitteln.** Die Honorarzone ist nicht „verhandelbar", sondern **objektiv zu ermitteln**. Dies hat der BGH in seiner Entscheidung vom 13.11.2003 ausdrücklich klargestellt.[1] Die Vereinbarung einer zu niedrigen oder zu hohen Honorarzone ist demnach für keine der Vertragsparteien verbindlich.

9 Der BGH räumt in dieser Entscheidung den Parteien jedoch einen gewissen Beurteilungsspielraum ein, der regelmäßig vom Richter zu berücksichtigen ist. Voraussetzung für einen derartigen **Beurteilungsspielraum** ist jedoch, dass die Parteien eine „vertretbare" Festlegung der Honorarzone getroffen haben. Dieser der gerichtlichen Überprüfung entzogene Beurteilungsspielraum stellt einen gewissen Widerspruch zum Grundansatz dar, dass die Honorarzone objektiv zu ermitteln und gerade nicht „verhandelbar" ist. Folge dieses Grundsatzes ist, dass ein derartiger Beurteilungsspielraum **nur in Grenzfällen** den Parteien eingeräumt werden kann und **die Ausnahme** bleiben muss.[2]

10 Anschlussfrage ist, auf welchen **Zeitpunkt bei der Beurteilung der Planungsanforderungen** abzustellen ist. Abzustellen ist hierbei auf die konkreten Planungsanforderungen, die zu berücksichtigen waren, also diejenigen Planungsanforderungen, die aus ex post-Sicht tatsächlich gegeben waren und nicht die bei Auftragserteilung erwarteten. Deswegen kann ex ante im Zeitpunkt des Vertragsschlusses die Honorarzone meist noch überhaupt nicht objektiv bestimmt werden, da sie von den sich später im weiteren Planungsverlauf ergebenden Anforderungen abhängt. Aus diesem Grund kann im Vertrag nur eine vorläufige Honorarzone nach den voraussichtlichen Planungsanforderungen festgelegt werden.

11 Ist eine unrichtige, z.B. zu niedrige Honorarzone dem Vertrag zugrunde gelegt, führt dies nicht automatisch zu ihrer Unwirksamkeit. Vielmehr ist in einer Vergleichsberechnung zu ermitteln, welches Honorar sich unter Anwendung der gesamten von den Parteien vereinbarten Regelungen ergibt und ob dieses Honorar innerhalb des von der HOAI zugelassenen Rahmens liegt.[3] Liegt dies außerhalb des zulässigen Honorarrahmens gilt das zulässige Mindestsatz- bzw. Höchstsatzhonorar. Haben die Parteien also eine zu geringe Honorarzone vereinbart, beispielsweise Honorarzone III Mittelsatz, obwohl das Objekt in Honorarzone IV fällt, gilt dann der Mindestsatz der höheren Honorarzone, hier Honorarzone IV. Die Honorarsatzvereinbarung (z.B. Mittelsatz) wird hierbei nicht in die höhere Honorarzone transferiert, da nicht davon auszugehen ist, dass die Parteien in Kenntnis der richtigen höheren Honorarzone ebenfalls den höheren Honorarsatz vereinbart hätten. Außerdem verbietet das bindende Preisrecht nur eine Mindestsatzunterschreitung und trifft zum Honorarsatz keine verbindlichen Aussagen. Vereinbaren die Parteien dagegen eine zu hohe Honorarzone, z.B. Honorarzone IV Mindestsatz, obwohl das Objekt nur zu Honorarzone III gehört, verbleibt es beim Höchstsatz der nächst niedrigeren Honorarzone, was in diesem Beispielsfall betragsmäßig keinen Unterschied ergibt.

12 Bei der Honorarzonenermittlung handelt es sich um eine **Rechtsfrage**, die vom Gericht zu entscheiden ist.[4] Die hierfür notwendigen fachlich-/architektonischen Wer-

---

1 BGH, Urt. v. 13.11.2003 – VII ZR 362/02 – BauR 2004, 354.

2 So auch Locher/Koeble/Frik/*Koeble*, § 5 Rn 11.

3 BGH, Urt. v. 16.12.2004 – VII ZR 16/03 – BauR 2005, 735.

4 BGH, Urt. v. 16.12.2004 – VII ZR 16/03 – BauR 2005, 735; OLG Frankfurt a.M., Urt. v. 17.8.2006 – 26 U 20/05 – Nichtzulassungsbeschwerde zurückgewiesen, BauR 2008, 703.

tungen, die das Gericht vorzunehmen hat, wird es sich regelmäßig durch einen Sachverständigen vorbereiten lassen. Diese Entscheidung kann jedoch nicht auf den Sachverständigen übertragen werden.

2. Ermittlungsmethode. Für die Honorarzonenermittlung gibt es grundsätzlich zwei Möglichkeiten: Die **Objektliste** mit ihren **Regelbeispielen** sowie die Bewertungsmerkmale. Wenn diese **Bewertungsmerkmale** zu keinem eindeutigen Ergebnis führen, ist eine hierauf aufbauende Punktebewertung durchzuführen. Bis zur HOAI 2002 ging die Punktebewertung des § 11 HOAI 2002 der Objektliste des § 12 HOAI 2002 vor.[5] Dieser Grundsatz gilt – wenn auch nicht mehr in dieser Deutlichkeit – immer noch. Wenn es sich um ein Regelbeispiel der Objektliste handelt und die Bewertungsmerkmale aus § 5 Abs. 1 in Verbindung mit § 35 Abs. 2 bzw. 3 eindeutig sind, bedarf es keiner Punktebewertung mehr. Haben die Bewertungsmerkmale dagegen – was in der Praxis regelmäßig der Fall sein dürfte – unterschiedliche Anforderungen und fallen somit in mehrere Honorarzonen, bedarf es bei Zweifeln der Zuordnung nach § 35 Abs. 4 einer Punktebewertung. Bleibt trotzdem die Zuordnung eindeutig, z.B. weil ein einziges Bewertungsmerkmal in eine geringere und ein anderes in eine höhere Honorarzone fallen, bedarf es einer Punktebewertung aber nicht. 13

Vorgehen bei der Ermittlung: 14

- **Regelbeispiel:**
  Zunächst ist zu prüfen, ob es sich um ein Regelbeispiel aus der Objektliste der Anlage 10.2 (bei Gebäuden) bzw. 10.3 (bei Innenräumen) handelt. Hierbei ist zu beachten, dass die **Objektliste nur bei Neubauten** herangezogen werden kann, für Umbauten und Modernisierungen ist sie grundsätzlich nicht anwendbar, vgl. Rn 64ff. Handelt es sich um einen Regelfall ohne Besonderheiten (z.B. in Bezug auf Lage, Ausstattung etc.), kann die Einordnung nach den Regelbeispielen erfolgen.
- **Bewertungsmerkmale:**
  Bestehen dagegen Zweifel bei der Honorarzoneneinordnung nach der Objektliste oder handelt es sich um keinen Neubau, ist als nächster Schritt zu prüfen, ob das Objekt nach den sechs Bewertungsmerkmalen des § 35 Abs. 2 für Gebäude und Abs. 3 für Innenräume **eindeutig** einer Honorarzone zuzuordnen ist. Hierbei ist zu jedem Bewertungsmerkmal des § 35 Abs. 2 bzw. 3 nach den Anforderungen gem. § 5 Abs. 1 festzulegen, ob **sehr geringe, geringe, durchschnittliche, hohe oder sehr hohe Planungsanforderungen** vorliegen. Ist die sich hieraus ergebende Zuordnung eindeutig, bedarf es keiner Punktebewertung mehr. Eine eindeutige Zuordnung liegt immer dann vor, wenn sämtliche 6 Bewertungsmerkmale jeweils die gleichen Planungsanforderungen haben und damit der gleichen Honorarzone zugrunde gelegt werden, wie sich aus dem Umkehrschluss zu den Vorschriften zur Punktebewertung in Abs. 4 bzw. 5 ergibt. Nach Ansicht des Unterzeichners ist auch dann eine Zuordnung „eindeutig", wenn beispielswiese nur ein einziges Merkmal um eine Stufe abweicht oder sich unterschiedliche, gleich gewichtige Merkmale gegenseitig ausgleichen (ein Merkmal ist eine Stufe höher und eines eine Stufe geringer).
- **Punktebewertung:**
  Liegen entsprechende Zweifelsfälle vor, ist in einem dritten Schritt eine **objektbezogene Punktebewertung** durchzuführen. Dabei werden für jedes Bewertungsmerkmal aus dem zweiten Schritt jeweils entsprechende Punkte (6 bzw. 9 Punkte) aus dem Rahmen des Abs. 4 bzw. Abs. 5 vergeben und diese sodann addiert. Aus

5 Locher/Koeble/Frik/*Koeble*, 9. Aufl. 2005, § 12 HOAI 2002 Rn 1.

Abs. 6 ergibt sich dann die entsprechende Honorarzone. Dieser Vorgang wird nachfolgend sowohl für Gebäude als auch Innenräume ausführlich beschrieben.

15 **3. Beweislast.** Handelt es sich bei dem Objekt um ein Regelbeispiel aus der Objektliste oder möchte eine Partei zu ihren Gunsten abweichend von einer vereinbarten Honorarzone abrechnen, muss derjenige, der sich auf die Abweichung beruft, diese auch darlegen und beweisen. Grund hierfür ist, dass jeder die für ihn günstige Rechtsposition darlegen und beweisen muss.[6] Der Architekt muss somit eine höhere Honorarzone, nach der er abrechnen will, nachweisen, der Auftraggeber eine geringere Honorarzone als vereinbart oder als sich aus der Objektliste ergibt.

II. Ermittlungsmethode für Gebäude

16 **1. Objektliste (Abs. 7, Anlage 10.2).** Bei der Objektliste für Gebäude in Anlage 10.2 handelt es sich ausdrücklich nur um Regelbeispiele. Die Objektliste wurde gegenüber den früheren Fassungen der HOAI komplett anders aufgebaut: So wird nicht mehr eine Gliederung nach Honorarzonen vorgenommen, sondern nach Objekttypen wie Wohnen, Ausbildung/Wissenschaft/Forschung, Büro/Verwaltung/Staat/Kommune etc.

17 Hierbei fällt auf, dass einzelne Objekttypen, wie beispielsweise Einfamilienhäuser und Wohnhäuser, sowie Schulen mit durchschnittlichen Planungsanforderungen sowohl der Honorarzone III als auch IV zugeordnet werden. Nachdem somit eine eindeutige Zuordnung selbst nach der Objektliste nicht möglich ist, kann die Objektliste bei derartigen mehrdeutigen Gebäuden aus ihrem Zielansatz heraus bereits nicht weiterhelfen. So ist bei sämtlichen Objekten, die bereits in der Objektliste mehreren Honorarzonen zugeordnet werden können, eine weitergehende Untersuchung nach den Bewertungsmerkmalen und im Regelfall auch eine Punktebewertung notwendig.

18 Die Objektliste für Gebäude enthält insgesamt 56 unterschiedliche Gebäudetypen (Tabellenzeilen), von denen lediglich 26, also weniger als die Hälfte, eindeutig einer Honorarzone zugeordnet werden. Nur bei diesen 26 Gebäudetypen kann überhaupt die Objektliste eine Zuordnung des Objekts zu einer bestimmten Honorarzone ermöglichen.

19 Die bis zur HOAI 2013 gültige Objektliste (§ 13 HOAI 1996 bzw. Anlage 3 HOAI 2009) war außerdem präziser. So wurde beispielsweise bei Wohnhäusern unterschieden zwischen Wohnhäusern mit durchschnittlicher Ausstattung als Honorarzone III sowie Wohnungshäusern mit überdurchschnittlicher Ausstattung, planungsaufwändige Einfamilienhäuser mit entsprechendem Ausbau als Honorarzone IV. Auch bei Schulen war die Zuordnung eindeutig: Grundschulden waren Honorarzone III und sämtliche weiterführende Schulen Honorarzone IV. Es hat sich bei der Überarbeitung offensichtlich die öffentliche Hand durchgesetzt und ihr in der Vergangenheit schon oft gewünschtes Ziel erreicht, dass weiterführende Schulen, insbesondere Gymnasien, ja sogar Berufsschulen auch in die Honorarzone III eingeordnet werden können, was bislang nicht zulässig war.

20 **2. Bewertungsmerkmale bei Gebäuden.** Zu bewerten sind nach § 35 Abs. 2 folgende sechs Merkmale:
1. Anforderungen an die Einbindung in die Umgebung,
2. Anzahl der Funktionsbereiche,
3. Gestalterische Anforderungen,
4. Konstruktive Anforderungen,

6 So auch Korbion/Mantscheff/Vygen/*Seifert*, § 5 HOAI 2009 Rn 19.

5. Technische Ausrüstung,
6. Ausbau.

Für jedes der sechs Bewertungsmerkmale ist der objektive Schwierigkeitsgrad im konkreten Einzelfall zu ermitteln und nach § 5 Abs. 1 einer der fünf Honorarzonen zuzuordnen: 21

- Honorarzone I: sehr geringe Planungsanforderungen,
- Honorarzone II: geringe Planungsanforderungen,
- Honorarzone III: durchschnittliche Planungsanforderungen,
- Honorarzone IV: hohe Planungsanforderungen,
- Honorarzone V: sehr hohe Planungsanforderungen.

Die Bewertungsmerkmale sind nach den allgemeinen Anforderungen, die erfahrungsgemäß für die Planung des konkreten Bauvorhabens erforderlich sind, zu beurteilen.[7] Auf das tatsächlich verwirklichte Gebäude kommt es hierbei nicht primär an, sondern auf die **objektivierten Planungsanforderungen**. Handelt es sich somit bei dem tatsächlich verwirklichten Objekt um ein besonders herausragendes oder weit unterdurchschnittliches Objekt, hat dies auf die Honorarzonenbewertung keinen direkten Einfluss. 22

Gibt es bei der Bewertung Differenzen zwischen den Parteien, ist letztendlich verbindlich die Bewertung vom Gericht (unter Hinzuziehung eines Sachverständigen) vorzunehmen. 23

Jedes Bewertungsmerkmal ist **für den konkreten Einzelfall gesondert** zu bewerten. Zu den Bewertungsmerkmalen im Einzelnen: 24

a) Anforderungen an die Einbindung in die Umgebung. Unter „Einbindung in die Umgebung“ versteht man die Eingliederung des Objekts in die nähere Umgebung. Hierbei sind insbesondere die örtlichen Gegebenheiten, also die Lage und Zuschnitt des Grundstücks und seine Topographie, die Erschließung mit Verkehrsanbindung, die vorhandene oder bereits geplante Bebauung, die Umgebung des Ortsteils, die Landschaft etc. zu berücksichtigen. Welcher örtliche Umgriff hier zu berücksichtigen ist, hängt auch von der Größe und Bedeutung des Bauvorhabens ab. So wird beispielsweise bei einem Großprojekt ein größerer Umgebungsbereich zu berücksichtigen sein als bei einem Einfamilienhaus. 25

Neben diesen rein örtlichen Gesichtspunkten spielen aber auch qualitative Anforderungen eine Rolle, wie beispielsweise die planerische Qualität der Umgebung, Denkmal- und Ensembleschutz, aber auch öffentlich-rechtliche Auflagen sowie grundbuchmäßige Beschränkungen. Auch der Gebietscharakter (qualifizierter Bebauungsplan nach § 30 BauGB, Innenbereich nach § 34 BauGB oder Außenbereich nach § 35 BauGB) kann auf die Anforderungen Auswirkungen haben. 26

Ein weiteres Problem ist die Bewertung und Definition der *„Umgebung“* bei **Umbauten**. So gibt es im Wesentlichen drei Meinungsansätze: 27

- Die herrschende Meinung definiert das Merkmal *„Einbindung in die Umgebung“* als ***„Einbindung in das bestehende Gebäude“***. Hier wird das Bestandsgebäude als die Umgebung angesehen. Beschränkt sich der Umbau nicht nur auf das Innere des Gebäudes, ist die äußere Umgebung zusätzlich zu berücksichtigen.
- Die weiteren beiden Meinungen möchten dieses Merkmal beim Umbau gänzlich unberücksichtigt lassen. Hier gibt es Streit über die Folgen:

7 Korbion/Mantscheff/Vygen/*Seifert*, § 34 HOAI 2009 Rn 10.

- So reduziert die eine Meinung die Bewertungsmerkmale auf fünf und die zu erreichende Gesamtpunktzahl auf 36 und lässt damit das Merkmal gänzlich unberücksichtigt. Danach ergibt sich folgende Honorarzonenzuordnung: Honorarzone I: bis 4 Punkte (statt bis 10 Punkte), Honorarzone II: 5 bis 12 (statt 11 bis 18 Punkte), Honorarzone III: 13 bis 20 (statt 19 bis 26 Punkte), Honorarzone IV: 21 bis 28 (statt 27 bis 34 Punkte) und Honorarzone V: 29 bis 36 (statt 35 bis 42 Punkte).
- Die meist von der Auftraggeberseite vertretene Gegenmeinung sieht bei Umbauten innerhalb eines Gebäudes überhaupt keine Einbindungsproblematik und setzt dieses Bewertungsmerkmal bei der Punktebewertung einfach mit 0 Punkten an, was in den allermeisten Fällen zu einer Reduzierung der Honorarzone um eine Stufe führt und abzulehnen ist. Ein Umbau stellt aufgrund der gegebenen Zwänge eine Erschwernis gegenüber einem Neubau dar und führt nicht zu einer Vereinfachung. So kann es nicht sein, dass im Ergebnis der Umbau in eine geringere Honorarzone fallen würde als ein vergleichbarer Neubau, wenn die Anforderungen an die übrigen fünf Bewertungsmerkmale identisch sind.

28 In der Praxis zeigt sich, dass das Merkmal „*Einbindung in die Umgebung*" das am meisten umstrittene Merkmal ist, da es ergebnisorientiert am unterschiedlichsten bewertet werden kann. So kann beispielsweise bei einem Grundstück am Rande eines Bebauungszusammenhangs zum Landschaftsschutzgebiet hin architektenseitig argumentiert werden, es wäre besonders schwierig, die Einbindung des letzten Gebäudes als Bebauungsabschluss zu planen, während die Auftraggeberseite dagegen argumentiert, die Anforderungen wären ganz einfach wegen fehlender Zwänge aus dem dauerhaft unbebaubaren Landschaftsschutzgebiet.

29 **b) Anzahl der Funktionsbereiche.** Die „Funktionsbereiche" beziehen sich auf die funktionellen Anforderungen, die an das Gebäude gestellt werden.[8] Hierbei handelt es sich um einen wesentlichen Teil der Planungsaufgabe des Architekten, wofür auch die höhere Gewichtung (maximal 9 Punkte) spricht. Bei den Funktionsbereichen kommt es nicht nur auf die reine Anzahl an, sondern auch auf die **Beziehungen der Funktionsbereiche** untereinander, also ihrer funktionalen Verknüpfung. Dies war in der HOAI 2002 in § 11 Abs. 1 geregelt, der in die Neufassungen 2009 und 2013 nicht übernommen wurde. Inhaltlich sollte diese Straffung jedoch keine Änderung nach sich ziehen, sodass es weiterhin auch auf die Beziehungen der Funktionsbereiche untereinander ankommt.[9] Nach § 11 Abs. 1 HOAI 2002 wurde wie folgt unterschieden, was auch heute noch für die Beurteilung herangezogen werden kann:

- Honorarzone I: ein Funktionsbereich,
- Honorarzone II: wenige Funktionsbereiche,
- Honorarzone III: mehrere einfache Funktionsbereiche,
- Honorarzone IV: mehrere Funktionsbereiche mit vielfältigen Beziehungen,
- Honorarzone V: eine Vielzahl von Funktionsbereichen mit umfassenden Beziehungen.

30 Eine simplifizierende Addition der Zahl von unterschiedlichen Raumtypen wird dieser Zuordnung nicht gerecht. So kommt es auf die funktionalen Beziehungen zueinander

8 Korbion/Mantscheff/Vygen/*Seifert*, § 34 HOAI 2009 Rn 14.
9 Korbion/Mantscheff/Vygen/*Seifert*, § 34 HOAI 2009 Rn 14.

an, die auch die Lage der Räume zueinander bestimmen. Weiterhin sind nicht nur die Hauptfunktionsbereiche, sondern auch Neben- und Unterfunktionen, wie beispielsweise bei einer Sauna die Dusch- und Umkleidebereiche, zu berücksichtigen. In *Locher/Koeble/Frik*, § 35 Rn 14, ist ein umfangreiches Beispiel für Haupt- und Nebenfunktionsbereiche dargestellt.

c) Gestalterische Anforderungen. Die architektonische Gestaltung ist eine weitere wesentliche Planungsaufgabe des Architekten, weil damit das Gebäude erst seinen individuellen Charakter erhält. Dies begründet die höhere Gewichtung (maximal 9 Punkte) dieses Bewertungsmerkmals. Auch bei den „gestalterischen Anforderungen" kommt es nicht auf die konkrete, vom Architekten verwirklichte Gestaltung an, sondern auf die sich aus der Planungsaufgabe ergebenden, objektivierten Anforderungen des Bauherrn. So werden beispielsweise an ein Museum oder eine Kirche höhere gestalterische Anforderungen gestellt als an ein Standardreihenhaus. Als Anhaltspunkt bei der Bewertung kann hier auch die Objektliste in Anlage 10.2 dienen. Auch aus der Umgebung können sich hohe gestalterische Anforderungen ergeben, z.B. bei einem denkmalgeschützten Ensemble. Umso individueller die Planungsaufgabe ist, desto höher sind üblicherweise auch die gestalterischen Anforderungen. So werden individuell geplante Einfamilienhäuser erheblich höhere gestalterische Anforderungen haben als ein Standardreihenhaus. Die gestalterischen Anforderungen stehen auch in Zusammenhang mit der konstruktiven Ausbildung der Details, sodass diese beiden Bewertungsmerkmale Wechselbezüge haben. 31

d) Konstruktive Anforderungen. Bei den „konstruktiven Anforderungen" sind nicht nur die tragenden Konstruktionen, die die Standsicherheit des Gebäudes berühren,[10] zu berücksichtigen, sondern **sämtliche Konstruktionsdetails**, also auch nichttragende, bauphysikalische etc. Ansonsten würde ein Großteil der Gebäudekonstruktion bei diesen Anforderungen ausgeblendet werden. Außerdem gibt es auch im nichttragenden und dem immer wichtiger werdenden bauphysikalischen Bereich erhebliche Anforderungen, z.B. in Bezug auf Brandschutz, Wärmeschutz, Schallschutz oder Tauwasserschutz.[11] Die konstruktiven Anforderungen gehen bis in die Detailausbildung von den verschiedenen Fassadenausbildungen bis zu einzelnen Türdetails und sind mitbestimmend für die planerische Qualität eines Gebäudes. Die konstruktiven Anforderungen und die gestalterischen Anforderungen greifen ineinander und beeinflussen sich gegenseitig. 32

e) Technische Ausrüstung. Bei der „technischen Ausrüstung" ist die technische Ausstattung des Gebäudes zugrunde zu legen. Auch hier kommt es auf die Anforderungen der Bauherrnseite an und nur sekundär auf das, was der Architekt realisiert. Im Wesentlichen wird es sich bei der technischen Ausrüstung um die **Kostengruppen 400** der DIN 276 handeln. Diese Leistungen werden vom Sonderfachmann und nicht vom Architekten geplant und sind vom Architekten zu integrieren und/oder zu koordinieren, sodass sie auch seinen Aufgabenbereich betreffen. Bei der technischen Ausrüstung kommt es nicht nur auf die Quantität, sondern auch auf die Komplexität und Qualität an. So sind die Anforderungen an die technische Ausrüstung bei vollklimatisierten Gebäuden 33

10 So Jochem/Kaufhold/*Jochem*, § 34 HOAI 2009 Rn 11, was abzulehnen ist.
11 Korbion/Mantscheff/Vygen/*Seifert*, § 34 HOAI 2009 Rn 17.

beispielsweise erheblich höher als beim Standardgebäude. Gleiches gilt auch für moderne Niedrigenergie- und Passivhäuser.

34 Seit Inkrafttreten der HOAI im Jahr 1977 ist der Standard der technischen Ausrüstung immens gestiegen, was insgesamt zu einer Erhöhung der Anforderungen geführt hat. Diese technische Entwicklung darf nicht zu einer stillschweigenden Erhöhung der Durchschnittsanforderungen führen, da diese gestiegenen Anforderungen dann bei der Honorarzonenbestimmung zulasten des Architekten berücksichtigt würden. Aus diesem Grund ist bei der Bewertung der technischen Ausrüstung von einem Vergleichsmaßstab auszugehen, der zum Zeitpunkt der Einführung der HOAI anzunehmen war. Dies wiederum führt im Ergebnis dazu, dass der Großteil der heute errichteten Gebäude überdurchschnittliche oder sehr hohe Anforderungen bei der technischen Ausrüstung haben.[12]

35 **f) Ausbau.** Zum „Ausbau" gehören alle Bauleistungen, die aus dem konstruktiven Rohbau ein fertiges, nutzbares Gebäude entstehen lassen.[13] Damit wird der gesamte Innenausbau erfasst, also beispielsweise Trockenbau, Estrich, Fliesen, Bodenbeläge, Sanitärausstattung etc., ohne jedoch die konstruktiven Anforderungen und die technische Ausrüstung, die bereits in den vorangegangenen Merkmalen zu berücksichtigen sind. Hier sind die geplanten Qualitäten mitzuberücksichtigen. Die Anforderungen an den Ausbau sind damit oftmals abhängig von den gestalterischen Anforderungen.

36 **3. Punktebewertung bei Gebäuden.** Führt die Zuordnung nach den Bewertungsmerkmalen zu keinem eindeutigen Ergebnis, was der Fall ist, wenn nicht alle Bewertungsmerkmale der gleichen Honorarzone zugeordnet werden und deshalb Zweifel in der Gesamteinordnung entstehen können, ist eine Punktebewertung durchzuführen. Hierbei wird jedem Bewertungsmerkmal nach § 35 Abs. 4 S. 2 eine Punktezahl zugeordnet. Aus der Summe dieser Punkte ergibt sich gem. § 35 Abs. 6 die Honorarzone.

37 Hierbei werden zwei Bewertungsmerkmale (Anzahl der Funktionsbereiche und gestalterische Anforderungen) um 50% höher gewichtet als die übrigen vier Bewertungsmerkmale. Grund hierfür ist, dass der Verordnungsgeber diesen beiden Merkmalen eine höhere Bedeutung zugeteilt hat. So können diesen beiden Merkmalen bis zu 9 Punkte zugeordnet werden während für die übrigen vier Merkmale jeweils bis zu 6 Punkte zur Verfügung stehen:

- Anforderungen an die Einbindung in die Umgebung: bis 6 Punkte,
- Anzahl der Funktionsbereiche: bis 9 Punkte,
- Gestalterische Anforderungen: bis 9 Punkte,
- Konstruktive Anforderungen: bis 6 Punkte,
- Technische Ausrüstung: bis 6 Punkte,
- Ausbau: bis 6 Punkte.

38 Hierbei ist zu beachten, dass **jedem Merkmal mindestens einen Punkt** zuzuordnen ist, da es kein Gebäude ohne Umgebung, ohne Funktion, ohne Gestaltung, ohne Konstruktion, ohne Ausrüstung und ohne Ausbau gibt. Der Durchschnitt bei den Bewertungsmerkmalen bis zu 6 Punkten liegt somit bei **3,5 Punkten** (und nicht bei 3 Punkten) bzw. bei den Bewertungsmerkmalen bis zu 9 Punkten bei **5 Punkten** (und nicht bei 4,5 Punkten).

12 Korbion/Mantscheff/Vygen/*Seifert*, § 34 HOAI 2009 Rn 19.
13 Jochem/Kaufhold/*Jochem*, § 34 HOAI 2009 Rn 13.

39 Die Verteilung dieser 6 bzw. 9 Punkte auf die einzelnen fünf Honorarzonen führt zum nächsten **simplen mathematischen Problem**: Wie sollen diese 6 bzw. 9 Punkte auf die fünf Honorarzonen verteilt werden, da sich weder 6 noch 9 ganzzahlig durch 5 teilen lässt? Dieser offensichtliche Fehler in der HOAI – bedingt aus deren Entstehungsgeschichte – wurde in sämtlichen Novellen nicht behoben. So waren in den Entwürfen zur ersten HOAI ursprünglich nur drei Honorarzonen (einfach, durchschnittlich und hoch) vorgesehen, die im Wege des Gesetzgebungsverfahrens auf fünf Honorarzonen ausgeweitet wurden. In diesem Zuge wurde es jedoch unterlassen, die Punkteanzahl entsprechend von 6 auf 10 und von 9 auf 15 anzuheben. In der Praxis wird versucht, diesen Fehler durch die unterschiedlichen **Bewertungstabellen** zu lösen. Dies führt noch heute zu einer Vielzahl von Streitigkeiten.

40 In der Praxis hat sich das Verteilungsschema von ***Klocke/Arlt*** aus dem Kommentar von ***Locher/Koeble/Frik*** **allgemein durchgesetzt.**[14] Dieses Schema unterliegt der Kritik, dass es zu hohe Bewertungen ergäbe. Dies wird damit begründet, dass bei einer Einordnung aller Bewertungsmerkmale im oberen durchschnittlichen Bereich das Ergebnis zu Honorarzone IV führen würde, was einen Widerspruch darstelle.[15] Dieser Einwand ist nach diesseitiger Auffassung kein Widerspruch, da ein Gesamtobjekt insgesamt überdurchschnittliche Anforderungen haben kann, wenn jede einzelne Anforderung im oberen Bereich von durchschnittlich liegt. Damit können sich diese Anforderungen kumulieren, sodass in der Summe das Objekt der höheren Honorarzone zuzuordnen ist. Dementsprechend schließt sich der Verfasser auch dem Verteilungsschema von *Klocke/Arlt* an, weshalb in nachfolgender Tabelle diese Werte hervorgehoben (fett gedruckt) sind.

	I	II	III	IV	V
Bewertungsmerkmale:	sehr gering	gering	durch-schnittlich	überdurch-schnittlich	sehr hoch
1. Einbindung in die Umgebung					
Klocke/Arlt (LKF):[16]	**1**	**2**	**3–4**	**5**	**6**
Motzke/Wolff:	1	2–3	4	5	6
Löffelmann/Fleischmann:[17]	1	2	3	4–5	6
Seifert (KMV)[18]	1	2	3	4	5–6
2. Anzahl der Funktionsbereiche					
Klocke/Arlt (LKF):	**1–2**	**3–4**	**5–6**	**7–8**	**9**
Motzke/Wolff:	1–2	3	4–5	6–7	8–9
Löffelmann/Fleischmann:	1–2	3	4–5	6–7	8–9
Seifert (KMV)	1–2	3	4–5	6–7	8–9

14 Locher/Koeble/Frik/*Koeble*, § 35 Rn 12.
15 So beispielsweise *Motzke/Wolff*, S. 298; Korbion/Mantscheff/Vygen/*Seifert*, § 34 HOAI 2009 Rn 26.
16 LKF = Locher/Koeble/Frik/*Klocke/Arlt*, § 35 Rn 12.
17 *Löffelmann/Fleischmann*, Kap. 27 Rn 1437.
18 KMV = Korbion/Mantscheff/Vygen/*Seifert*, § 34 HOAI 2009 Rn 30.

	I	II	III	IV	V
Bewertungsmerkmale:	sehr gering	gering	durch-schnittlich	überdurch-schnittlich	sehr hoch
3. Gestalterische Anforderungen					
Klocke/Arlt (LKF):	**1–2**	**3–4**	**5–6**	**7–8**	**9**
Motzke/Wolff:	1–2	3	4–5	6–7	8–9
Löffelmann/Fleischmann:	1–2	3	4–5	6–7	8–9
Seifert (KMV)	1–2	3	4–5	6–7	8–9
4. Konstruktive Anforderungen					
Klocke/Arlt (LKF):	**1**	**2**	**3–4**	**5**	**6**
Motzke/Wolff:	1–2	3	4	5	6
Löffelmann/Fleischmann:	1	2	3	4–5	6
Seifert (KMV)	1	2	3	4	5–6
5. Technische Ausrüstung					
Klocke/Arlt (LKF):	**1**	**2**	**3–4**	**5**	**6**
Motzke/Wolff:	1	2–3	4	5	6
Löffelmann/Fleischmann:	1	2	3	4–5	6
Seifert (KMV)	1	2	3	4	5–6
6. Ausbau					
Klocke/Arlt (LKF):	**1**	**2**	**3–4**	**5**	**6**
Motzke/Wolff:	1–2	3	4	5	6
Löffelmann/Fleischmann:	1	2	3	4–5	6
Seifert (KMV)	1	2	3	4	5–6
Zuordnung	bis 10	11–18	19–26	27–34	35–42

41 Aus obiger Tabelle ergibt sich, dass die unterschiedlichen Punktebewertungen im Einzelfall zu einer unterschiedlichen Honorarzoneneinordnung führen können. Hierbei ist die Tabelle von *Klocke/Arlt* die für den Architekten günstigste, die von *Seifert* diejenige, die zu der geringsten Punktezahl führt.

42 Die unterschiedlichen Ergebnisse der vier Tabellen werden an folgendem Beispiel verdeutlicht: Legt man die Bewertung exakt in der Mitte zwischen durchschnittlich und überdurchschnittlich, d.h. drei der Bewertungsmerkmale (davon eines mit bis zu 9 Punkten) in Honorarzone III und den Rest in Honorarzone IV, ergäbe die Tabelle von *Klocke/Arlt* aus dem Kommentar *Locher/Koeble/Frik* 28–32 Punkte, die Tabelle von *Motzke/Wolff* 28–30 Punkte, die Tabelle von *Löffelmann/Fleischmann* 25–30 Punkte und die Tabelle von *Seifert* im Kommentar *Korbion/Mantscheff/Vygen* 25–27 Punkte. Im Ergebnis würde somit die Tabelle von *Seifert* als einzige diesen Fall eher in Honorarzone III einordnen, obwohl die Kumulierung der Anforderungen und selbst die mathematischen Rundungsregeln für Honorarzone IV sprechen.

43 Als weiteren Ansatz kann das Ergebnis der Punktebewertung durch eine einfache **Durchschnittsbetrachtung** auf Plausibilität geprüft werden: Vier der sechs Bewertungsmerkmale (mit bis zu 6 Punkten) werden gleich gewichtet, die restlichen zwei (Anzahl der Funktionsbereiche und gestalterische Anforderungen) mit bis zu 9 Punkten um 50% höher. Liegen beispielsweise drei der sechs Bewertungsmerkmale bei Honorarzone III und die übrigen bei Honorarzone IV, kommt es bei der Einordnung darauf an, in welchem Bereich die höher gewichteten Merkmale liegen. Sind von den beiden höher gewichteten Bewertungsmerkmalen jeweils eines der Honorarzone III und das andere der Honorarzone IV zuzuordnen, ergäbe sich genau die Mitte (Honorarzone „3,5"), was zu einer Aufrundung auf Honorarzone IV führt.

Die Honorarzone ließe sich auf diese Weise auch **mathematisch errechnen**, indem man die jedem Bewertungsmerkmal zugeordnete Bewertung (1–5) als Zahl zusammenaddiert und die beiden höherwertigen Bewertungsmerkmale jeweils betragsmäßig um 50% anhebt (1,5–7,5). Teilt man die Gesamtaddition durch 7, ergäbe sich eine mathematisch errechnete Honorarzone, ohne eine Einzelpunktebewertung durchführen zu müssen.[19] Diese einfache mathematische Methode hat jedoch den Nachteil, dass sie von der Verordnung nicht gedeckt ist und auch die gewünschte Feinbewertung durch die Vergabe mehrerer Punkte innerhalb eines Bewertungsraumes nicht berücksichtigt. So stammen die Werte der Punktebewertung noch aus dem ursprünglichen Entwurf der HOAI bei lediglich drei Honorarzonen, sodass dann pro Honorarzone 2 bzw. 3 Punkte vergeben hätten werden können. Diese Feindifferenzierung wird bei dieser rein mathematischen Methode nicht berücksichtigt. 44

III. Ermittlungsmethode für Innenräume

Im Wesentlichen ist die Systematik der Honorarzonenbestimmung für Gebäude und Innenräume gleich, sodass auf obige Ausführungen verwiesen wird. Nachfolgend werden somit nur noch die Besonderheiten bei der Honorarzonenbestimmung für Innenräume dargestellt. 45

1. Objektliste (Abs. 7, Anlage 10.3). Bei der Objektliste für Innenräume in Anlage 10.3 handelt es sich ausdrücklich um Regelbeispiele. Die Objektliste wurde gegenüber den früheren Fassungen der HOAI komplett anders aufgebaut: So wird nicht mehr eine Gliederung nach Honorarzonen vorgenommen, sondern nach Objekttypen wie Wohnen, Ausbildung/Wissenschaft/Forschung, Büro/Verwaltung/Staat/Kommune etc. 46

Die Zuordnung eines Innenraumtyps zu mehreren Honorarzonen kommt weniger oft vor als bei der Objektliste Gebäude, sodass in der Praxis die Regelbeispiele bei Innenräumen besser zu verwenden sind als bei Gebäuden. 47

2. Bewertungsmerkmale bei Innenräumen. Zu bewerten sind nach § 35 Abs. 3 folgende sechs Merkmale: 48

1. Anzahl der Funktionsbereiche,
2. Anforderungen an die Lichtgestaltung,
3. Anforderungen an die Raum-Zuordnung und Raum-Proportion,
4. Technische Ausrüstung,
5. Farb- und Materialgestaltung,
6. Konstruktive Detailgestaltung.

19 Ähnlich Korbion/Mantscheff/Vygen/*Seifert*, § 34 HOAI 2009 Rn 31.

49 Für jedes der sechs Bewertungsmerkmale ist der objektive Schwierigkeitsgrad im konkreten Einzelfall zu ermitteln und nach § 5 Abs. 1 eine der fünf Honorarzonen zuzuordnen:

- Honorarzone I: sehr geringe Planungsanforderungen,
- Honorarzone II: geringe Planungsanforderungen,
- Honorarzone III: durchschnittliche Planungsanforderungen,
- Honorarzone IV: hohe Planungsanforderungen,
- Honorarzone V: sehr hohe Planungsanforderungen.

50 Wie bei der Gebäudeplanung sind die Bewertungsmerkmale nach objektiven Kriterien zu beurteilen, also den allgemeinen Anforderungen, die erfahrungsgemäß für die Planung des konkreten Objekts erforderlich sind.[20] Bei der Innenraumplanung handelt es sich um ein eigenständiges Objekt i.S.v. § 2 Abs. 1. Dieser Objektbegriff ist nach der funktionalen Einheit zu bestimmen und kann sich auch über mehrere Gebäude erstrecken.

51 Jedes Bewertungsmerkmal ist für den konkreten Einzelfall gesondert zu bewerten. Zu den Bewertungsmerkmalen im Einzelnen:

52 **a) Anzahl der Funktionsbereiche.** Wie bei den Gebäuden geht es bei den „Funktionsbereichen" – entgegen dem Wortlaut – nicht nur um deren Anzahl, sondern vielmehr auch um die Beziehungen dieser Funktionsbereiche untereinander, also ihrer funktionalen Verknüpfung, aus der sich die Schwierigkeit der Planung mehr als aus deren reiner Anzahl ergibt. Dies war in der HOAI 2002 in § 14a Abs. 1 für den raumbildenden Ausbau geregelt, was in die Neufassungen 2009 und 2013 nicht übernommen wurde. Es ist jedoch nicht davon auszugehen, dass durch diese Neufassung inhaltlich etwas geändert werden sollte, sodass es weiterhin auch auf die Beziehungen der Funktionsbereiche untereinander ankommt.[21] Nach § 14a Abs. 1 HOAI 2002 wurde wie folgt unterschieden, was auch heute noch für die Beurteilung geeignet ist:

- Honorarzone I: ein Funktionsbereich,
- Honorarzone II: wenige Funktionsbereiche,
- Honorarzone III: mehrere einfache Funktionsbereiche,
- Honorarzone IV: mehrere Funktionsbereiche mit vielfältigen Beziehungen,
- Honorarzone V: eine Vielzahl von Funktionsbereichen mit umfassenden Beziehungen.

53 Eine simplifizierende Addition der Zahl unterschiedlicher Raumtypen wird dieser Zuordnung nicht gerecht. So kommt es auf deren funktionale Beziehungen zueinander an, die auch die Lage der Räume zueinander bestimmen.

54 **b) Anforderungen an die Lichtgestaltung.** Unter „Lichtgestaltung" fällt die Lichtplanung und -führung sowohl mit Tages- als auch mit Kunstlicht. Hierzu gehört auch die Abstimmung von Tages- und Kunstlicht nach der vorgesehenen Nutzung mit entsprechenden Lichtfarben und Farbtemperaturen, etwa bei Ausstellungsräumen, Verkaufsräumen, Restaurants, Wohnräumen, auch bei medizintechnischen Räumen (z.B. OP) etc. Bei der Lichtgestaltung kann die Mitwirkung eines Sonderfachmanns für Lichttechnik erforderlich werden, die auch oftmals von den Elektrotechnikern übernommen werden.

20 Jochem/Kaufhold/*Jochem*, § 34 HOAI 2009 Rn 16.
21 Korbion/Mantscheff/Vygen/*Seifert*, § 34 HOAI 2009 Rn 36.

Zur Lichtgestaltung gehören auch Vorschläge für Lampen sowie deren Farbtemperaturen, die je nach Nutzung unterschiedlich sind.[22]

c) Anforderungen an die Raum-Zuordnung und Raum-Proportion. Die Raumzuordnung und Raumproportionen werden von der Art und Weise der Nutzung, der Zahl der Funktionsbereiche und ihren Beziehungen untereinander beeinflusst.[23] Hier ergibt sich eine wichtige Schnittstelle zur Gebäudeplanung, die dem Innenarchitekten oftmals die Raumproportionen und Raumzuordnung vorgeben und den Schwierigkeitsgrad dieses Bewertungsmerkmals erheblich beeinflussen. 55

d) Technische Ausrüstung. Bei der „technischen Ausrüstung" ist die technische Ausstattung der Innenräume zugrunde zu legen. Hier gelten die obigen Ausführungen zur Gebäudeplanung entsprechend. So handelt es sich auch hier um die Kostengruppen 400 der DIN 276, die grundsätzlich vom Sonderfachmann geplant wird, jedoch vom Innenarchitekten bei dessen Innenraumgestaltung zu integrieren ist. Sind die technischen Ausrüstungen nach Art und Lage baukonstruktiv bereits vorgegeben, kann dies die Planungsanforderungen erheblich erschweren. 56

e) Farb- und Materialgestaltung. Dieses Bewertungsmerkmal ist bei der Innenraumplanung ein wesentlicher architektonischer Faktor, wofür auch die hohe Gewichtung **(maximal 9 Punkte)** spricht. Der Innenarchitekt hat hierbei die Materialien und Farben in einem umfassenden Konzept in Bezug auf den gesamten Innenraum, also Wände, Böden, Decken, Fenster, Textilien, feste Einrichtungen und bewegliche Einrichtungsgegenstände und Möblierung, zu planen.[24] Die Entwurfsidee in diesem Bereich ist ein wesentlicher Teil der Innenraumplanung und der Raumgestaltung. 57

f) Konstruktive Detailgestaltung. Auch hier handelt es sich um eine besonders wichtige Aufgabe des Innenarchitekten, was die höhere Bewertung **(maximal 9 Punkte)** begründet. In Abweichung des Bewertungsmerkmals bei der Gebäudeplanung („konstruktiven Anforderungen") sind bei der Innenraumgestaltung nicht der Schwierigkeitsgrad der tragenden und nichttragenden Gebäudekonstruktion zu berücksichtigen, sondern die **Detailausgestaltung des Innenausbaus** und damit der **Raumausdruck**.[25] Dies erfordert umfassende Kenntnisse der einzusetzenden Materialien und Fertigungsmethoden. Insbesondere bei historischen Objekten kann es hier aufgrund alter, heute nicht mehr üblicher Materialien und Verarbeitungsarten hohe Anforderungen geben. Im Übrigen wird auf die Ausführungen zur Objektplanung Gebäude verwiesen, die auch hier entsprechend gelten. 58

3. Punktebewertung bei Innenräumen. Führt die Zuordnung nach den Bewertungsmerkmalen zu keinem eindeutigen Ergebnis, was der Fall ist, wenn – wie bei der Objektplanung – nicht alle Bewertungsmerkmale der gleichen Honorarzone zugeordnet sind und deshalb Zweifel in der Gesamteinordnung entstehen können, ist eine Punktebewertung durchzuführen. Hierbei wird jedem Bewertungsmerkmal nach § 35 Abs. 5 S. 2 eine Punktezahl zugeordnet. Aus der Summe dieser Punkte ergibt sich gem. § 35 Abs. 6 dann die Honorarzone. 59

22 Locher/Koeble/Frik/*Koeble*, § 35 Rn 18.
23 Locher/Koeble/Frik/*Koeble*, § 35 Rn 19.
24 Locher/Koeble/Frik/*Koeble*, § 35 Rn 21.
25 Korbion/Mantscheff/Vygen/*Seifert*, § 34 HOAI 2009 Rn 41.

60 Hierbei gibt es zwei Bewertungsmerkmale (Farb- und Materialgestaltung sowie konstruktive Detailgestaltung), die 50% höher gewichtet werden als die übrigen vier Bewertungsmerkmale. Grund hierfür ist, dass der Verordnungsgeber diesen beiden Merkmalen eine höhere Bedeutung zugeteilt hat. So können diesen beiden Merkmalen bis zu 9 Punkte zugeordnet werden, während für die übrigen vier Merkmale nur jeweils bis zu 6 Punkte zur Verfügung stehen:

1. Anzahl der Funktionsbereiche: bis 6 Punkte,
2. Anforderungen an die Lichtgestaltung: bis 6 Punkte,
3. Anforderungen an Raum-Zuordnung und Raum-Proportion: bis 6 Punkte,
4. Technische Ausrüstung: bis 6 Punkte,
5. Farb- und Materialgestaltung: bis 9 Punkte,
6. Konstruktive Detailgestaltung: bis 9 Punkte.

61 Wie bereits zur Gebäudeplanung ausführlich dargelegt, führt die Verteilung dieser 6 bzw. 9 Punkte auf die Ergebnisse der Zuordnung jedes Bewertungsmerkmales zu den einzelnen fünf Honorarzonen zu dem simplen mathematischen Problem, dass die 6 bzw. 9 Punkte nicht ganzzahlig auf die fünf Honorarzonen verteilt werden können. Auch hier haben sich unterschiedliche Bewertungstabellen entwickelt.

62 In der Praxis hat sich auch hier das **Verteilungsschema aus dem Kommentar von *Locher/Koeble/Frik*** allgemein durchgesetzt, weshalb in nachfolgender Tabelle diese Werte hervorgehoben (fett gedruckt) sind.[26]

	I	II	III	IV	V
Bewertungsmerkmale:	sehr gering	gering	durchschnitt-lich	überdurch-schnittlich	sehr hoch
1. **Anzahl der Funktionsbereiche**					
Klocke/Arlt (LKF):[27]	**1**	**2–3**	**4**	**5**	**6**
Jochem:[28]	1	2	3–4	5	6
Löffelmann/Fleischmann:[29]	1	2	3	4–5	6
Seifert (KMV)[30]	1	2	3	4	5–6
2. **Lichtgestaltung**					
Klocke/Arlt (LKF):	**1**	**2–3**	**4**	**5**	**6**
Jochem:	1	2	3–4	5	6
Löffelmann/Fleischmann:	1	2	3	4–5	6
Seifert (KMV)	1	2	3	4	5–6

26 Locher/Koeble/Frik/*Koeble*, § 35 Rn 12.
27 LKF = Locher/Koeble/Frik/*Klocke/Arlt*, § 35 Rn 12.
28 Jochem/Kaufhold/*Jochem*, § 34 HOAI 2009 Rn 23, der die Tabelle von *Klocke/Arlt* aus *Locher/Koeble/Frik* für Gebäude auch auf die Innenraumplanung anwendet (mit Korrektur der falsch verteilten 9 bzw. 6 Punkte auf Lichtgestaltung und konstruktive Detailgestaltung).
29 *Löffelmann/Fleischmann*, Kap. 27 Rn 1452.
30 KMV = Korbion/Mantscheff/Vygen/*Seifert*, § 34 Rn 30.

Bewertungsmerkmale:	I sehr gering	II gering	III durchschnitt-lich	IV überdurch-schnittlich	V sehr hoch
3. **Raumzuordnung und Raumproportionen**					
Klocke/Arlt (LKF):	**1**	**2–3**	**4**	**5**	**6**
Jochem:	1	2	3–4	5	6
Löffelmann/Fleischmann:	1	2	3	4–5	6
Seifert (KMV)	1	2	3	4	5–6
4. **Technische Ausrüstung**					
Klocke/Arlt (LKF):	**1**	**2–3**	**4**	**5**	**6**
Jochem:	1	2	3–4	5	6
Löffelmann/Fleischmann:	1	2	3	4–5	6
Seifert (KMV)	1	2	3	4	5–6
5. **Farb- und Materialgestaltung**					
Klocke/Arlt (LKF):	**1–2**	**3**	**4–5**	**6–7**	**8–9**
Jochem:	1–2	3	4–5	6–7	8–9
Löffelmann/Fleischmann:	1–2	3	4–5	6–7	8–9
Seifert (KMV)	1–2	3	4–5	6–7	8–9
6. **Konstruktive Detailgestaltung**					
Klocke/Arlt (LKF):	**1–2**	**3**	**4–5**	**6–7**	**8–9**
Jochem:	1–2	3–4	5–6	7–8	9
Löffelmann/Fleischmann:	1–2	3	4–5	6–7	8–9
Seifert (KMV)	1–2	3	4–5	6–7	8–9
Zuordnung	bis 10	11–18	19–26	27–34	35–42

Vergleichbar der Tabelle zur Objektplanung ergibt sich auch für die Innenraumplanung, dass die unterschiedlichen Punktebewertungen im Einzelfall zu einer unterschiedlichen Honorarzoneneinordnung führen können. Zu den Auswirkungen wird auf die obige Kommentierung verwiesen (vgl. Rn 41 ff.). 63

IV. Besonderheiten bei Umbau und Modernisierung

In § 6 Abs. 2 Nr. 2 gibt es für die Honorarzonenermittlung bei Umbauten und Modernisierungen eine abweichende Regelung: Es gilt die *„Honorarzone, welcher der Umbau oder die Modernisierung in sinngemäßer Anwendung der Bewertungsmerkmale zuzuordnen ist“*. 64

Aus diesem Wortlaut ergibt sich zum einen, dass die **Objektliste** bei Umbauten und Modernisierungen **nicht angewendet** werden kann. Zum anderen bezieht sich die **Honorarzone des Umbaus bzw. der Modernisierung** nicht auf das Objekt an sich, son- 65 dern auf die Anforderungen und Schwierigkeiten des Umbaus bzw. der Modernisierung. Damit muss die Honorarzone des Umbaus bzw. der Modernisierung nicht mit der Honorarzone des Objekts identisch sein. In der amtlichen Begründung ist als Beispiel ein kleinerer Umbau in einem Theater, das als Neubau der Honorarzone V zuzuordnen ist, explizit genannt. Dieser kleine Umbau könne bei entsprechenden Bewertungsmerkmalen der Honorarzone II oder III zugeordnet werden. Weiteres Beispiel wäre der Umbau von Lagerräumen im Keller eines Universitätsklinikums (Honorarzone V). Bei der Honorarzonenermittlung wäre nur dieser Umbau zu berücksichtigen, sodass hier beispielsweise Honorarzone II für den Umbau bzw. die Modernisierung anzuwenden wäre. Umgekehrte Fälle, die zu einer höheren Honorarzone führen, sind auch möglich.

66 Zunächst ist eine Ermittlung *„in sinngemäßer Anwendung“* der Bewertungsmerkmale in Bezug auf den Umbau/die Modernisierung vorzunehmen und, wenn diese zu keinem eindeutigen Ergebnis führt, eine entsprechende Punktebewertung. Somit sind folgende Bewertungsmerkmale zu untersuchen:

1. Anforderungen an die Einbindung des Umbaus/der Modernisierung in das bestehende Gebäude und ggf. dessen Umgebung (wenn die Gebäudehülle vom Umbau tangiert wird),
2. Anzahl der Funktionsbereiche des Umbaus/der Modernisierung,
3. Gestalterische Anforderungen des Umbaus/der Modernisierung,
4. Konstruktive Anforderungen im Rahmen des Umbaus/der Modernisierung,
5. Technische Ausrüstung im Rahmen des Umbaus/der Modernisierung,
6. Ausbau des umgebauten/modernisierten Bereiches.

67 Bei der Definition des ersten Bewertungsmerkmals ***„Einbindung in die Umgebung“*** gibt es zwei unterschiedliche Definitionsmöglichkeiten mit mehreren Lösungsansätzen:

68 Unter *„Umgebung“* kann – wie bei einer Neubauplanung – ausschließlich die Umgebung des Gebäudes verstanden werden.

69 Weiterhin kann aufgrund des Wortlauts (*„sinngemäße Anwendung“*) das umzubauende/zu modernisierende Restgebäude als „Umgebung“ angesehen werden und – falls der Umbau/die Modernisierung auch die Gebäudehülle tangiert – ist auch zusätzlich die übrige Umgebung des umzubauenden/zu modernisierenden Gebäudes zu berücksichtigen. Damit ist das Merkmal zu sehen als ***„Einbindung in das bestehende Gebäude“***.

70 Zusätzlich sind die besonderen Schwierigkeiten in Bezug auf die Baustelle (Erschließung, Logistik, Kranaufbau, Lagerkapazitäten etc.) zu berücksichtigen.[31] Sowohl der Wortlaut als auch Sinn und Zweck der Vorschrift spricht eindeutig für diese Auslegung. Sie entspricht auch der herrschenden Meinung.[32]

71 Die Gegenmeinung,[33] dass **ausschließlich die Umgebung des Gebäudes und nicht dessen Inneres** zu berücksichtigen wäre, ist abzulehnen. Hierbei würde ein wesentliches Merkmal – die Integration des Umbaus in das bestehende Gebäude – bei der Honorarzonenermittlung unberücksichtigt bleiben. Dies widerspricht auch dem Wortlaut des Verordnungsgebers, der ausdrücklich eine *„sinngemäße Anwendung“* der Bewer-

---

31 So auch *Pott/Dahlhoff/Kniffka/Rath*, § 35 Rn 19.

32 Korbion/Mantscheff/Vygen/*Seifert*, § 35 Rn 29; *Löffelmann/Fleischmann*, Kap. 15 Rn 1146; *Motzke/Wolff*, S. 449; *Pott/Dahlhoff/Kniffka/Rath*, § 35 Rn 19; OLG Düsseldorf, Urt. v. 15.11.1994 – 21 U 98/94 – BauR 1995, 733.

33 Locher/Koeble/Frik/*Koeble*, § 6 Rn 48 f.; *Morlock/Meurer*, Rn 916; Kniffka/Koeble/*Koeble*, 12. Teil Rn 233; OLG Jena, Urt. v. 26.3.2002 – 3 U 353/01 – mit ablehnender Anm. *Seifert*, IBR 2002, 424; OLG Jena, Urt. v. 28.10.1998 – 2 U 1684/97 – mit ablehnender Anm. *Eich*, IBR 2001, 262.

tungsmerkmale fordert, was sich beim Umbau nur auf dessen direkte Umgebung, also das Bestandsgebäude selbst beziehen kann.

Bei dieser Gegenmeinung gibt es schließlich wiederum zwei denkbare Lösungsmöglichkeiten der Folgen: 72

So **reduziert** die unter diesen beiden Ansichten herrschende Meinung die **Bewertungsmerkmale** von 6 auf 5 und **die zu erreichende Gesamtpunktezahl** entsprechend von 42 **auf 36 Punkte**. Damit bleibt dieses Merkmal gänzlich unberücksichtigt, was vermeidet, dass dieses Merkmal bei Umbauten und Modernisierungen zuungunsten des Planers mit 0 Punkten angesetzt wird und damit im Regelfall die Honorarzone um eine Stufe reduziert.[34] 73

Es ergibt sich dann folgende Honorarzuordnung: 74

- Honorarzone I: bis 4 Punkte (statt bis 10 Punkte),
- Honorarzone II: 5 bis 12 Punkte (statt 11 bis 18 Punkte),
- Honorarzone III: 13 bis 20 Punkte (statt 19 bis 26 Punkte),
- Honorarzone IV: 21 bis 28 Punkte (statt 27 bis 34 Punkte) und
- Honorarzone V: 29 bis 36 Punkte (statt 35 bis 42 Punkte).

Die oftmals von der Auftraggeberseite vertretene Gegenmeinung sieht – wenn die Gebäudehülle durch den Umbau oder Modernisierung nicht berührt wird – überhaupt keine Anforderungen einer Einbindung und möchte deshalb das Merkmal mit 0 Punkten ansetzen, was in den allermeisten Fällen zu einer Reduzierung der Honorarzone um eine Stufe führen würde.[35] Diese Einzelmeinung des OLG Jena ist abzulehnen und wird auch von keinem Kommentator vertreten. Umbauten und Modernisierungen stellen aufgrund der gegebenen Zwänge aus der „Umgebung“ erschwerende Planungszwänge gegenüber einem Neubau dar und führen damit nicht zu einer Vereinfachung. So kann es nicht sein, dass im Ergebnis – bei vergleichbaren Anforderungen an die übrigen fünf Bewertungsmerkmale – Umbauten und Modernisierungen durch den Wegfall dieses Bewertungsmerkmals in eine geringere Honorarzone fallen würden als vergleichbare Neubauten. Dies würde die höheren Anforderungen bei Umbauten und Modernisierungen konterkarieren. 75

§ 36
Umbauten und Modernisierungen von Gebäuden und Innenräumen

(1) Für Umbauten und Modernisierungen von Gebäuden kann bei einem durchschnittlichen Schwierigkeitsgrad ein Zuschlag gemäß § 6 Absatz 2 Satz 3 bis 33 Prozent auf das ermittelte Honorar schriftlich vereinbart werden.

(2) Für Umbauten und Modernisierungen von Innenräumen in Gebäuden kann bei einem durchschnittlichen Schwierigkeitsgrad ein Zuschlag gemäß § 6 Absatz 2 Satz 3 bis 50 Prozent auf das ermittelte Honorar schriftlich vereinbart werden.

Übersicht

34 Locher/Koeble/Frik/*Koeble*, § 6 Rn 48 f.; *Morlock/Meurer*, Rn 916; Kniffka/Koeble/*Koeble*, 12. Teil Rn 233.

35 OLG Jena, Urt. v. 28.10.1998 – 2 U 1684/97 – mit ablehnender Anm. *Eich*, IBR 2001, 262.

A. Überblick

1 § 36 regelt nur die maximal zulässige Höhe des Umbau- und Modernisierungszuschlages für Gebäude (bis 33%) und für Innenräume (bis 50%) bei durchschnittlichem Schwierigkeitsgrad. Diese Vorschrift stellt eine Ergänzung zu § 6 Abs. 2 S. 2 dar, der die Grundlagen für den Umbau- und Modernisierungszuschlag regelt einschließlich des Mindestzuschlags von 20% bei fehlender anderweitiger schriftlicher Vereinbarung. Nach § 6 Abs. 2 S. 2 ist die Höhe des Zuschlages *„unter Berücksichtigung des Schwierigkeitsgrads der Leistungen schriftlich zu vereinbaren"*. Die beiden Vorschriften greifen somit inhaltlich eng ineinander.

2 Neben dem Umbauzuschlag wurde die mitzuverarbeitende Bausubstanz wieder eingeführt (§ 2 Abs. 7, § 4 Abs. 3).

3 Definiert sind die Begriffe *„Umbau"* in § 2 Abs. 5 und *„Modernisierung"* in § 2 Abs. 6. Danach erfordern **Umbauten** *„die Umgestaltung eines vorhandenen Objekts mit wesentlichen Eingriffen in Konstruktion oder Bestand"*. Damit ist die Definition wieder auf den Stand der HOAI 2002 zurückgeführt worden, nachdem in der HOAI 2009 das Wesentlichkeitsmerkmal entfallen war. Voraussetzung für die Umgestaltung ist die Veränderung des bestehenden Zustands an einem bereits vorhandenen Objekt.[1]

4 Weiterhin bedarf es eines **wesentlichen Eingriffs in Konstruktion oder Bestand.** Nach der DIN 276 (Fassung 12/2008) wird die gesamte Kostengruppen 300 als Baukonstruktion definiert. Demnach wären also auch nichttragende Konstruktionen (wie z.B. Unter- und Oberböden, Beläge, Türen, Fenster etc.) erfasst. Nach der alten DIN 276, Fassung 1981 wurde insbesondere zwischen tragenden und nicht tragenden Konstruktionen bei der Kostengruppen 3.1 (jetzt Kostengruppen 300) unterschieden. Danach bedarf es grundsätzlich für einen wesentlichen Eingriff nicht zwingend eines Eingriffs in das statische Gefüge des Gebäudes. Liegt ein Eingriff in das statische Gefüge vor, ist zweifelsfrei die Wesentlichkeitsschwelle überschritten.[2] Bei Eingriffen in nichttragende Konstruktionen hängt es vom Einzelfall ab.

5 Der Begriff des **Bestandes** ist weiter und umfasst die architektonische Gestaltung sowie sämtliche Konstruktionen einschließlich der Installationen, also Kostengruppen 300 und 400 der DIN 276. Hierzu gehören die architektonische Gestaltung von Fassaden (z.B. andere Fassadenmaterialien und Einteilung, Änderung von Fensterformaten, Balkonverkleidungen usw.) und die Veränderung von Räumen (z.B. Entfernung nicht tragender Zwischenwände, Wandverkleidungen, Bodenbeläge, Decken etc.). Ob die Wesentlichkeitsschwelle überschritten ist, ist eine Frage des Einzelfalls.

6 **Modernisierungen** sind nach § 2 Abs. 6 *„bauliche Maßnahmen zur nachhaltigen Erhöhung des Gebrauchswerts eines Objekts"*, soweit diese Maßnahmen nicht Erweiterungsbauten, Umbauten oder Instandsetzungen sind. Hier ist also die nachhaltige Erhöhung des Gebrauchswerts entscheidendes Merkmal wie beispielsweise die Verbesserung der Wohnqualität.

B. Besonderheiten bei Innenräumen

7 Zunächst ist auf einen eklatanten **Widerspruch im Verordnungstext** hinzuweisen, der sich aus der neu eingeführten Definition des *„Innenraums"* (zuvor *„raumbildende Ausbauten"*) in § 34 Abs. 2 ergibt: Danach sollen Leistungen für Innenräume **nur** vorlie-

1 Korbion/Mantscheff/Vygen/*Seifert*, § 35 HOAI 2009 Rn 7.
2 Locher/Koeble/Frik/*Koeble*, § 2 Rn 12.

gen bei der *„Gestaltung oder Erstellung von Innenräumen* ***ohne wesentliche Eingriffe*** *in Bestand oder Konstruktion"*. Der Begriff des Umbaus in § 2 Abs. 5 fordert jedoch ***„wesentliche Eingriffe*** *in Konstruktion oder Bestand"*. Damit kann es nach der neuen HOAI keinen Umbau eines Innenraums geben, da entweder Innenräume ohne wesentliche Eingriffe gestaltet werden (dann Innenraumplanung ohne Umbau) oder Innenräume mit wesentlichen Eingriffen erstellt werden (dann Gebäudeplanung mit Umbauzuschlag). Auch eine Modernisierung von Innenräumen würde ausscheiden, da die Modernisierung gemäß seiner Definition in § 2 Abs. 6 gegenüber dem Umbau des Abs. 5 subsidiär ist.

Damit **läuft die Vorschrift des § 36 Abs. 2** nach ihrem Wortlaut **ins Leere**. Um dies zu vermeiden, dürfte nach dem Sinn und Zweck der Vorschrift wohl beim Umbau bzw. der Modernisierung von Innenräumen auf das **Wesentlichkeitsmerkmal** des Eingriffs **verzichtet** werden müssen. 8

Für diesen Fall beträgt die Höhe des maximal zulässigen Zuschlages 50% statt 33% bei Gebäuden. Hiermit möchte der Verordnungsgeber den aus seiner Sicht höheren Aufwand beim Umbau oder der Modernisierung von Innenräumen berücksichtigen. 9

Hat der Innenraumplaner die **erstmalige Gestaltung** eines Innenraums in Auftrag, fällt auch dann kein Umbauzuschlag an, wenn er nicht gleichzeitig die Gebäudeplanung übernimmt. So wurde zur alten HOAI 2002 argumentiert, dass ein bestehendes Gebäude für den Innenarchitekten (damals raumbildender Innenausbau) auch dann bereits vorliege, wenn ihm die Planung des Hochbauarchitekten vorgegeben werde, weil der Innenraumplaner auch dann einen erhöhten Schwierigkeitsgrad habe. Dies scheitert jedoch bei der HOAI 2013 an der eindeutigen Definition des Umbau-Begriffs in § 2 Abs. 5, der die Umgestaltung eines vorhandenen Objekts (Innenraum) mit „wesentlichen Eingriffen" in Konstruktion oder Bestand fordert.[3] 10

C. Höhe des Zuschlages

Schriftform ist vorgesehen. Der Zuschlag muss jedoch **nicht** ***„bei Auftragserteilung"*** vereinbart werden. Die schriftliche Vereinbarung kann somit später nachgeholt oder erstmals vereinbart werden.[4] Wird nichts schriftlich vereinbart, gilt ab durchschnittlichem Schwierigkeitsgrad der **Mindestzuschlag** von 20%. Mündlich kann somit kein Zuschlag rechtswirksam vereinbart werden (mit Ausnahme von 20% ab durchschnittlichem Schwierigkeitsgrad, der sowieso gilt). 11

Nach § 6 Abs. 2 S. 2 soll die Honorarzoneneinordnung Maßstab für die Höhe des Zuschlages sein. Bezüglich der **Höhe des Zuschlages** verweist § 6 Abs. 2 S. 2 auf die jeweiligen Honorarregelungen der Leistungsbilder, also für die Gebäude und Innenraumplanung auf § 36. Die Regelungen in § 36 sind jedoch äußerst spärlich: Sie legen lediglich eine Obergrenze des Zuschlags *„bei einem durchschnittlichen Schwierigkeitsgrad"* mit 33% bei Gebäuden und 50% bei Innenräumen fest. 12

Weder § 6 Abs. 2 noch § 36 trifft eine Aussage zur **Höhe des Zuschlages bei unterdurchschnittlichem und bei überdurchschnittlichem Schwierigkeitsgrad.** 13

Somit stellt sich die Frage, ob bei einem **unterdurchschnittlichen Schwierigkeitsgrad** (also Honorarzonen I und II) überhaupt ein Umbauzuschlag vereinbart werden kann. Nach dem reinen Wortlaut aus der Kombination der beiden Vorschriften wäre dies 14

---

3 Korbion/Mantscheff/Vygen/*Seifert*, § 35 Rn 33; Locher/Koeble/Frik/*Locher*, § 36 Rn 8; a.A. Thode/Wirth/Kuffer/*Kuffer*, § 19 Rn 27 zur alten HOAI 2002; *Motzke/Wolff*, S. 457 zur alten HOAI 2002.

4 BGH, Urt. v. 27.11.2008 – VII ZR 211/07 – BauR 2009, 264 zum alten § 24 HOAI 2002, wonach der Umbauzuschlag auch nach Auftragserteilung vereinbart werden könne und somit dem Schriftformerfordernis des § 4 Abs. 4 HOAI 2002 vorgehe.

ausgeschlossen, da § 6 Abs. 2 bezüglich der Höhe auf die Honorarregelungen der Leistungsbilder, also § 36 verweist und darin kein Zuschlag sowohl bei unter- als auch überdurchschnittlichem Schwierigkeitsgrad (als Obergrenze) vorgesehen ist. Dies würde jedoch keinen Sinn machen, da auch bei überdurchschnittlichem Schwierigkeitsgrad keine gesetzliche Regelung vorliegt (mit Ausnahme der unwiderleglichen Vermutung des 20-prozentigen Zuschlages bei fehlender schriftlicher Honorarvereinbarung in § 6 Abs. 2 S. 3). Aus dem Umkehrschluss hierzu ergibt sich jedoch, dass jedenfalls bei überdurchschnittlichem Schwierigkeitsgrad auch ohne Regelung über die maximale Höhe in § 36 ein Zuschlag möglich sein muss. Hierfür spricht auch die Logik, da es keinen Sinn machen würde, bei durchschnittlichem Schwierigkeitsgrad einen Zuschlag zuzusprechen, der bei überdurchschnittlichem versagt würde. Im Umkehrschluss hierzu kann auch bei unterdurchschnittlichem Schwierigkeitsgrad (Honorarzone I und II) den Vorschriften nicht entnommen worden werden, dass die Vereinbarung eines Zuschlages unzulässig wäre. Dieses Ergebnis war auch herrschende Meinung zur HOAI 2002, der die HOAI 2013 wieder angenähert wurde. So konnte auch nach der HOAI 2002 ein Zuschlag bis 33% bei unterdurchschnittlichem Schwierigkeitsgrad vereinbart werden.[5] Somit kann auch bei **unterdurchschnittlichem Schwierigkeitsgrad** ein Zuschlag vereinbart werden, der jedenfalls auf die **Obergrenze des § 36 für durchschnittlichen Schwierigkeitsgrad beschränkt** ist, da es auch bei Objekten der Honorarzone I und II bei Umbauten erhöhte Anforderungen gibt, die durch den Zuschlag honoriert werden sollen. Hier gibt es also lediglich keinen Mindestzuschlag von 20% gem. § 6 Abs. 2 S. 4.

15 Bei **überdurchschnittlichem Schwierigkeitsgrad** gibt es dagegen **keine Begrenzung**, sodass die Höhe des Zuschlags frei vereinbart werden kann.[6] Grenze wäre hier lediglich die Sittenwidrigkeit (§ 138 BGB), was jedoch in der Praxis kaum vorkommen dürfte.

16 Unter **„*durchschnittlichem Schwierigkeitsgrad*“** sind Objekte der Honorarzone III zu verstehen.[7] Somit gilt die Begrenzung des Umbau- bzw. Modernisierungszuschlags nicht für Objekte der Honorarzonen IV und V.

17 Die **Vereinbarung eines höheren Zuschlages** als 33% bei Gebäuden und 50% bei Innenräumen bei einem Objekt in Honorarzone I bis III führt nicht zu einer generellen Unwirksamkeit dieses höheren Zuschlages. Vielmehr wäre im Rahmen einer Vergleichsberechnung der gem. § 7 Abs. 4 zulässige Höchstsatz zu ermitteln, der insgesamt nicht überschritten werden darf.[8] Im Falle einer Höchstsatzüberschreitung wäre die Honorarvereinbarung nicht unwirksam, sondern auf den noch zulässigen Höchstsatz beschränkt. Grund hierfür ist, dass die Honorarordnung nicht die Überschreitung einzelner HOAI-Parameter sanktioniert, sondern nur eine Mindestsatzunter- bzw. Höchstsatzüberschreitung verhindern möchte, die jeweils durch eine Vergleichsberechnung zu ermitteln ist. So wäre beispielsweise die Vereinbarung eines höheren Umbauzuschlages – wie nach der HOAI 2009 bis 80% – weiterhin möglich, wenn dadurch beispielsweise die mitzuverarbeitende Bausubstanz angemessen berücksichtigt wäre. Grundsätzlich ist die Vorgehensweise, die mitzuverarbeitende Bausubstanz über einen höheren Umbauzuschlag abzugelten, nicht sinnvoll, da Umbauzuschlag und anrechenbare Bausubstanz völlig

---

5 Korbion/Mantscheff/Vygen/*Seifert*, 6. Aufl. 2004, § 24 HOAI 2002 Rn 16; Locher/Koeble/Frik/*Koeble*, 9. Aufl. 2005, § 24 HOAI 2002 Rn 14; a.A. *Löffelmann*/*Fleischmann*, 4. Aufl. 2000, Rn 971, die die Obergrenze bei 20% sehen.

6 Locher/Koeble/Frik/*Locher*, § 36 Rn 5.

7 Absolut herrschende Meinung zur HOAI 2002, bei der es bereits diese Abgrenzung gab, die mit der HOAI 2013 wieder eingeführt wurde.

8 Locher/Koeble/Frik/*Locher*, § 36 Rn 6.

unterschiedliche Zielsetzungen und Voraussetzungen haben. So soll die anrechenbare Bausubstanz den Planungsaufwand des Architekten mit dem verbleibenden Bestand honorieren, der nicht zu anrechenbaren Kosten führt. Der Umbauzuschlag soll dagegen den erhöhten Planungsaufwand abdecken, der sich im Zuge der größeren Schwierigkeiten bei einem Umbau ergibt.

In der HOAI 2013 gibt es ausdrücklich **keinen Mindestzuschlag**. So kann auch ein geringerer Zuschlag als 20% schriftlich vereinbart werden. Bei der HOAI 2009 war dies noch streitig, da deren amtliche Begründung vom Gesetzestext hier im Widerspruch stand. In der amtlichen Begründung der HOAI 2013 wird dies jedoch ausdrücklich klargestellt.[9] 18

Praxistipp
Folgendes **Ergebnis** lässt sich somit **bei Gebäuden** festhalten:
- **unterdurchschnittlicher** Schwierigkeitsgrad (Honorarzone I und II):
  ohne schriftliche Vereinbarung — kein Zuschlag,
  mit schriftlicher Vereinbarung — bis maximal 33%;
- **durchschnittlicher** Schwierigkeitsgrad (Honorarzone III):
  ohne schriftliche Vereinbarung — 20% Zuschlag,
  mit schriftlicher Vereinbarung — bis maximal 33%;
- **überdurchschnittlicher** Schwierigkeitsgrad (Honorarzone IV und V):
  ohne schriftliche Vereinbarung: — 20% Zuschlag,
  mit schriftlicher Vereinbarung — keine Obergrenze (auch > 33%).

Bei **Innenräumen** gilt die Aufzählung entsprechend mit 50% Zuschlag statt 33%.

D. Rangverhältnis bei Gebäude- und Innenraumplanung

Wird der Architekt sowohl mit der Gebäude- als auch der Innenraumplanung beauftragt, findet nur eine einheitliche Honorarermittlung aus der Addition der anrechenbaren Kosten gem. § 37 Abs. 2 statt. Für diesen Fall stellt sich die Frage, ob die Obergrenze des Zuschlages dann aus Abs. 1 (Gebäude) oder Abs. 2 (Innenräume) zu entnehmen ist. Hier gibt es zwei Lösungsansätze: 19

Zum einen kann auf den **Schwerpunkt** der Leistung abgestellt werden. Liegt dieser in der Gebäudeplanung, gilt die Obergrenze des Abs. 1 mit 33%, liegt dieser auf der Innenraumgestaltung, gilt die Obergrenze des Abs. 2 mit 50%. 20

Andererseits könnte auch generell aufgrund des Grundsatzes des Vorrangs der Gebäudeplanung aus § 37 Abs. 2 eine Beschränkung auf die Obergrenze der Gebäudeplanung, also 33%, angenommen werden. Diese Meinung ist abzulehnen, da durch eine Erweiterung der Innenraumplanung um einen unbedeutenden Gebäudeanteil die Obergrenze des zulässigen Zuschlags nicht in der Weise reduziert werden darf, dass dies in Bezug auf die Innenraumplanung zu einer Mindestsatzunterschreitung führen könnte. Die Betrachtung des Schwerpunkts ist somit vorzugswürdiger.[10] 21

9 BR-Drucks. 334/13, S. 157.
10 So auch Locher/Koeble/Frik/*Locher*, § 36 Rn 9.

§ 37
Aufträge für Gebäude und Freianlagen oder für Gebäude und Innenräume

(1) § 11 Absatz 1 ist nicht anzuwenden, wenn die getrennte Berechnung der Honorare für Freianlagen weniger als 7 500 Euro anrechenbare Kosten ergeben würde.

(2) Werden Grundleistungen für Innenräume in Gebäuden, die neu gebaut, wiederaufgebaut, erweitert oder umgebaut werden, einem Auftragnehmer übertragen, dem auch Grundleistungen für dieses Gebäude nach § 34 übertragen werden, so sind die Grundleistungen für Innenräume im Rahmen der festgesetzten Mindest- und Höchstsätze bei der Vereinbarung des Honorars für die Grundleistungen am Gebäude zu berücksichtigen. Ein gesondertes Honorar nach § 11 Absatz 1 darf für die Grundleistungen für Innenräume nicht berechnet werden.

Übersicht

A. Überblick

1 § 37 Abs. 1 HOAI 2013 entspricht inhaltlich § 32 Abs. 4 HOAI 2009 und § 18 S. 2 HOAI 2002. Die Vorschrift enthält die Ausnahmeregelung, dass bei Grundleistungen für Gebäude und Freianlagen ausnahmsweise keine separate Honorarermittlung für Freianlagen durchgeführt werden muss, wenn die anrechenbaren Kosten für Freianlagen unter 7.500 € liegen. In diesem Fall erhöhen sich die anrechenbaren Kosten für die Gebäudeplanung entsprechend.

2 In § 37 Abs. 2 HOAI 2013 wird der alte § 25 Abs. 1 HOAI 2002 wieder eingeführt. Danach sind die anrechenbaren Kosten für Grundleistungen an Gebäuden und Innenräumen (raumbildende Ausbauten) bei der Honorarermittlung zu addieren und aus dieser Summe das Honorar zu ermitteln. Ziel ist, eine Doppelhonorierung zu vermeiden. Diese Vorschrift ist mit der HOAI 2009 entfallen (da sie angeblich „systemwidrig" sei) mit der Folge erheblicher Abgrenzungsschwierigkeiten: Bei Geltung der HOAI 2009 musste der Architekt, der sowohl Grundleistungen der Gebäudeplanung als auch des raumbildenden Ausbaus (jetzt Innenräume) erbringt, zwei unterschiedliche Honorarermittlungen erstellen: eine für die Grundleistungen an Gebäuden und eine für die Grundleistungen des raumbildenden Ausbaus. Hierbei war schwierig zu unterscheiden, welche anrechenbaren Kosten dem Gebäude und welche dem raumbildenden Ausbau zuzuordnen sind.[1] Bei der neuen HOAI 2013 gibt es dieses Abgrenzungsproblem – wie bei der alten HOAI 2002 – nicht. Erbringt der Architekt Grundleistungen für Gebäude und Innenräume, sind die jeweiligen anrechenbaren Kosten zusammenzuaddieren und nur einmal die Honorarermittlung aus deren Summe durchzuführen. Dies führt zwar aufgrund der Degression der HOAI zu geringeren Honoraren, was aber durch die einfachere Abrechnung und weniger strittige Abgrenzungsfragen zu begrüßen ist.

1 Vgl. zu dieser Abgrenzungsproblematik bei der HOAI 2009 ausführlich Korbion/Mantscheff/Vygen/*Seifert*, § 32 HOAI 2009 Rn 8 ff.

B. Auftrag für Gebäude und Freianlagen (Abs. 1)

Bei § 37 Abs. 1 handelt es sich um eine Ausnahmevorschrift: So findet entgegen der Grundregel des § 11 Abs. 1 keine getrennte Honorarermittlung statt, wenn der Gebäudeplaner auch in geringem Umfang Leistungen für Freianlagen mit **anrechenbaren Kosten unter 7.500 €** mit erbringt. Sinn dieser Vorschrift ist eine Vereinfachung. Es soll keine separate Honorarermittlung für Grundleistungen bei Freianlagen notwendig werden, wenn diese in geringem Umfang bei der Objektplanung miterbracht werden, wie beispielsweise ein kleiner Garten bei einem Einfamilienhaus oder Reihenhaus. 3

Voraussetzung für eine Honorierung dieser Freianlagenplanung ist – wie bei der Gebäudeplanung – ein **Vertragsverhältnis.** Oftmals wird in den Verträgen nur die Gebäudeplanung geregelt und die Freianlagenplanung (meist mit geringerem Umfang) nicht extra erwähnt. Dieser Vertragsinhalt ist regelmäßig durch Auslegung zu ermitteln. Gehören die das Gebäude umgebenden Freianlagen zum Planungsumfang, liegt regelmäßig ein entsprechendes Vertragsverhältnis für die Freianlagen vor, da dies dann bereits vom ursprünglichen Auftrag mitumfasst ist. Weiterhin liegt in der Regel eine konkludente Beauftragung für Freianlagenplanungen vor, wenn beispielsweise für die Baugenehmigung entsprechende Freianlagenpläne vom Architekten miterstellt werden. 4

Liegen die anrechenbaren Kosten der Freianlagenplanung über 7.500 €, sind nach dem **Trennungsgrundsatz** des § 11 Abs. 1 zwei separate Honorarermittlungen zu erstellen. Bis 20.000 € anrechenbare Kosten dieser Freianlagenplanung ist das Honorar für die Freianlagenplanung nach § 7 Abs. 2 frei vereinbar, da es unter dem Eingangstabellenwert des § 40 Abs. 1 liegt. Ohne Vereinbarung gilt für diesen Bereich zwischen 7.500 € und 20.000 € die „übliche Vergütung" gem. § 632 BGB. Bei höheren anrechenbaren Kosten als 20.000 € gelten die normalen Grundsätze zur Honorarermittlung für Freianlagenplanung gem. §§ 38 ff. 5

Der umgekehrte Fall eines kleinen Gebäudes (z.B. Gartenhaus) mit anrechenbaren Kosten unter 7.500 € im Rahmen einer größeren Freianlagenplanung ist in der HOAI 2013 nicht mehr geregelt. § 37 Abs. 3 HOAI 2009 ist in die HOAI 2013 nicht übernommen worden, was ein Versehen des Verordnungsgebers sein könnte: So verweist dieser in seiner amtlichen Begründung ausdrücklich auf diesen in der HOAI 2013 nicht geregelten Fall des § 37 Abs. 3 HOAI 2009, also die Freianlagenplanung, anstatt auf 32 Abs. 4, die Gebäudeplanung. Man könnte somit vermuten, dass der umgekehrte Fall mitgeregelt werden sollte.[2] Weitere Variante wäre ein Fehler bei der Verweisung auf die falsche Vorschrift. Man könnte somit § 37 Abs. 1 entsprechend auch auf diesen – in der HOAI nicht mehr geregelten – umgekehrten Fall anwenden.[3] 6

Die getrennte Abrechnung (bei anrechenbaren Kosten über 7.500 € Freianlagenanteil) ist auch für die **Prüffähigkeit** der Rechnung wichtig: Nach Auffassung des BGH ist eine Honorarrechnung ohne separate Honorarermittlung für Gebäude- und Freianlagenplanung nicht prüffähig.[4] Folge wäre, dass der Bauherr die Rechnung zwei Monate lang als nicht prüffähig zurückweisen kann.[5] 7

2 BR-Drucks. 334/13, S. 157.
3 So Locher/Koeble/Frik/*Locher*, § 37 Rn 5.
4 BGH, Urt. v. 16.3.2005 – XII ZR 269/01 – Rn 22, BauR 2005, 1951.
5 BGH, Urt. v. 22.4.2010 – VII ZR 48/07 – BauR 2010, 1249.

C. Auftrag für Gebäude und Innenräume (Abs. 2)

8 § 37 Abs. 2 nimmt die bis zur HOAI 2009 gültige Grundregel wieder auf, dass der Architekt, der sowohl Grundleistungen an Gebäuden als auch Innenräumen (früher: raumbildende Ausbauten) erbringt, sein Honorar aus der **Summe der anrechenbaren Kosten von Gebäude- und Innenraumplanung** zu ermitteln hat. Hierbei wird außerdem klargestellt, dass bei einer gleichzeitigen Beauftragung für Gebäude- und Innenraumplanung kein doppeltes Honorar verlangt werden kann. Die Bestimmung will somit eine Doppelhonorierung vermeiden. Dies ist eine Ausnahme zum Grundsatz der getrennten Abrechnung von verschiedenen Objekten gem. § 11 Abs. 1.

9 Erbringt der Architekt Grundleistungen für Gebäude und Innenräume, sind die jeweiligen anrechenbaren Kosten zusammenzuaddieren und nach den Leistungsanteilen und Prozentsätzen für Gebäude gemeinsam abzurechnen. Die für Innenräume vorgesehenen Prozentsätze in § 34 Abs. 3 kommen nicht zur Anwendung.

10 Unerheblich ist, ob die Gebäude- und die Innenraumplanung zu unterschiedlichen Zeitpunkten beauftragt werden. Es kommt nur auf den Zeitpunkt der Ausführung der betreffenden Leistungen an, die im Zusammenhang stehen müssen.[6] Eine zeitversetzte Beauftragung ändert an der einheitlichen Abrechnung nichts.[7] Es kann jedoch bei einer nachträglichen Auftragserweiterung z.B. auf die Innenraumplanung aufgrund des hierdurch geänderten Leistungsziels der Honorarsatz neu verhandelt und schriftlich vereinbart werden.[8] Dadurch können höhere Schwierigkeitsgrade durch höhere Anforderungen im Rahmen einer gemeinsamen Gebäude- und Innenraumplanung bei der Honorierung berücksichtigt werden. Entscheidend ist hier, dass eine Änderung des Leistungsziels vorliegt.

11 Wird die Gebäude- und die Innenraumplanung durch eine „Architektengemeinschaft" (Architekten-GbR) übernommen, scheidet auch dann eine getrennte Abrechnung aus, wenn die jeweiligen Leistungsbereiche von unterschiedlichen Partnern der Architektengemeinschaft erbracht werden. So wird nur auf die Einheitlichkeit des Vertragspartners abgestellt.[9]

12 Weiterhin muss für eine gemeinsame Honorarabrechnung die Gebäudeplanung mit der Planung für die Innenräume korrespondieren. Werden z.B. Innenräume geplant, die mit der Gebäudeplanung nicht in Zusammenhang stehen (etwa wegen räumlicher Trennung oder unterschiedlichen, sich nicht überschneidenden Leistungsphasen), ist § 37 Abs. 2 nicht anzuwenden. In solchen Fällen tritt nach dem Sinn der Regelung keine Doppelbelastung des Auftraggebers ein, wenn diese nicht korrespondierenden Leistungsbereiche separat abgerechnet werden. Gleiches gilt, wenn jeweils unterschiedliche, sich nicht überschneidende Leistungsphasen beauftragt sind.[10]

---

6 Locher/Koeble/Frik/*Locher*, § 37 Rn 7.
7 OLG Schleswig, Urt. v. 17.2.2000 – 5 U 47/98 – BauR 2000, 1886.
8 BGH, Urt. v. 21.1.1998 – VII ZR 239/86 – BauR 1988, 364.
9 OLG Schleswig, Urt. v. 17.2.2000 – 5 U 47/98 – BauR 2000, 1886.
10 *Koeble/Zahn*, Rn 130.

Abschnitt 2
FREIANLAGEN

§ 38
Besondere Grundlagen des Honorars

(1) Für Grundleistungen bei Freianlagen sind die Kosten für Außenanlagen anrechenbar, insbesondere für folgende Bauwerke und Anlagen, soweit diese durch den Auftragnehmer geplant oder überwacht werden:
1. Einzelgewässer mit überwiegend ökologischen und landschaftsgestalterischen Elementen,
2. Teiche ohne Dämme,
3. flächenhafter Erdbau zur Geländegestaltung,
4. einfache Durchlässe und Uferbefestigungen als Mittel zur Geländegestaltung, soweit keine Grundleistungen nach Teil 4 Abschnitt 1 erforderlich sind,
5. Lärmschutzwälle als Mittel zur Geländegestaltung,
6. Stützbauwerke und Geländeabstützungen ohne Verkehrsbelastung als Mittel zur Geländegestaltung, soweit keine Tragwerke mit durchschnittlichem Schwierigkeitsgrad erforderlich sind,
7. Stege und Brücken, soweit keine Grundleistungen nach Teil 4 Abschnitt 1 erforderlich sind,
8. Wege ohne Eignung für den regelmäßigen Fahrverkehr mit einfachen Entwässerungsverhältnissen sowie andere Wege und befestigte Flächen, die als Gestaltungselement der Freianlagen geplant werden und für die keine Grundleistungen nach Teil 3 Abschnitt 3 und 4 erforderlich sind.

(2) Nicht anrechenbar sind für Grundleistungen bei Freianlagen die Kosten für
1. das Gebäude sowie die in § 33 Absatz 3 genannten Kosten und
2. den Unter- und Oberbau von Fußgängerbereichen ausgenommen die Kosten für die Oberflächenbefestigung.

Übersicht

A. Überblick

1 § 38 HOAI regelt die **anrechenbaren Kosten** für die Freianlagenplanung. Hierbei wird zunächst in Abs. 1 festgelegt, dass die *„Kosten der Außenanlagen anrechenbar"* sind. Anschließend wird in einer beispielhaften Aufzählung festgelegt, welche weiteren Bauwerke und Anlagen zusätzlich anrechenbar sind. In Abs. 2 wird sodann festgelegt, welche Kosten bei den anrechenbaren Kosten nicht angesetzt werden dürfen.

2 Die Vorschrift entspricht im Wesentlichen mit wenigen sprachlichen Änderungen und Klarstellungen dem § 37 HOAI 2009. Die Auflistung von Objekten in Abs. 1 mit besonderer Prägung wurde in der HOAI 2013 als nicht abschließende Regelbeispiele (Nr. 1 bis 8) formuliert. Bei Nr. 6 wurde für Stützbauwerke und Geländeabstützungen aufgenommen, dass deren Kosten nicht zu den Freianlagen zählen, wenn Tragwerke mit durchschnittlichem Schwierigkeitsgrad (ab Honorarzone III) erforderlich sind. Abs. 2 blieb unverändert.

3 Der Grundsatz der getrennten Honorarermittlung für Gebäude und Freianlagen bei anrechenbaren Kosten von über 7.500 € (bisher § 37 Abs. 3 HOAI 2009) wurde zu § 37 Abs. 1 an das Ende des vorhergehenden Abschnitts 1 (Gebäude und Innenräume) verschoben.

4 In der HOAI 2002 waren die anrechenbaren Kosten für Freianlagen in § 10 Abs. 6 HOAI 2002 geregelt. In § 10 Abs. 4a Nr. 1 bis 8 HOAI 2002 stand die Liste der Objekte mit besonderer Prägung, die bei den Freianlagen zu den anrechenbaren Kosten zählen.

B. Anrechenbare Kosten (Abs. 1)

I. Kosten für Außenanlagen (Kostengruppen 500)

5 Nach Abs. 1 sind zunächst die **„Kosten für Außenanlagen"** anrechenbar. Dabei handelt es sich um die **Kostengruppen 500** der DIN 276, auch wenn in der Vorschrift kein direkter Bezug zur DIN 276 hergestellt wird. Es gilt die DIN 276-Fassung vom Dezember 2008, was sich aus § 4 und § 2 Abs. 10 und 11 des allgemeinen Teils der HOAI ergibt. § 6 Abs. 1 Nr. 1 regelt, dass die Kostenberechnung (und solange diese nicht vorliegt, die Kostenschätzung) maßgebliche Basis ist.

6 Es ist zwischen den Begriffen „Außenanlagen" und „Freianlagen" zu unterscheiden, da die beiden Begriffe nicht deckungsgleich sein müssen, was zu Abgrenzungsschwierigkeiten führen kann. Der Begriff der **„Außenanlagen"** bezieht sich auf die DIN 276 und dort auf Kostengruppen 500 (und deren Untergruppen). Hierunter fallen alle Kosten für Leistungen auf dem betreffenden Grundstück, aber außerhalb des Bauwerks. Die DIN 276 grenzt rein geometrisch ab.[1] Der Begriff der **„Freianlagen"** ist dagegen in **§ 39 Abs. 1** definiert als *„planerisch gestaltete Freiflächen und Freiräume sowie entsprechend*

1 Korbion/Mantscheff/Vygen/*Seifert*, § 37 HOAI 2009 Rn 6.

Außenanlagen", also die Kostengruppen 500, bezieht. Grammatikalisch sind beide Auslegungsvarianten möglich. Der Wortlaut der HOAI 2009 sprach dafür, dass sich diese Einschränkung nur auf die Regelbeispiele bezieht, weil nach dem dortigen Wortlaut neben den Kosten für Außenanlagen „*auch*" die Kosten für die in der Aufzählung erfassten Bauwerke und Anlagen zu den anrechenbaren Kosten gehören, „*soweit*" sie der Auftragnehmer plant und überwacht. Aus der amtlichen Begründung zur HOAI 2013 ergibt sich keine eindeutige Aussage, jedoch eine Tendenz, dass sich die Einschränkung nur auf die Regelbeispiele bezieht. So wird dort zum einen ausgeführt, dass § 38 weitgehend dem zitierten § 37 HOAI 2009 entspräche. Zum anderen wird klargestellt, dass die anrechenbaren Kosten für „*die genannten*" Bauwerke und Anlagen zu berücksichtigen seien, soweit der Auftragnehmer „*diese*" plant oder überwacht. Nachdem sich somit die Einschränkung auf „*die genannten*" Bauwerke und Anlagen bezieht, dürfte diese Einschränkung nur für die Regelbeispiele gelten.

Der Freianlagenplaner muss somit **Planungs- oder Überwachungsleistungen** erbracht haben. Hierunter fallen auch Maßnahmen, die lediglich der Einbindung oder Einordnung in die Gesamtkonzeption des Objekts dienen.[13] 11

Wesentlich für die Anrechenbarkeit beim Freianlagenplaner ist, dass diese in Regelbeispielen aufgezählten Bauwerke und Anlagen „*als Mittel zur Freianlagengestaltung*", was selten der Fall sein dürfte, geplant werden oder als „*überwiegend ökologische oder Landschaft gestalterische Elemente*" anzusehen sind.[14] Der reine Nutzzweck muss damit im Hintergrund stehen. 12

Zu den einzelnen **Regelbeispielen der Nr. 1 bis 8:** 13

- **Nr. 1** betrifft „*Einzelgewässer mit überwiegend ökologischen und landschaftsgestalterischen Elementen*". In Anlage 11.2, der Objektliste Freianlagen, sind „*naturnahe Gewässer- und Ufergestaltungen*" bereits aufgeführt, sodass Nr. 1 nur noch Einzelgewässer betrifft, die nicht von vorneherein Freianlagen darstellen.[15] Diese Abgrenzung wäre jedoch nur dann praxisrelevant, wenn es auf die Frage der Planungsleistungen ankäme, was selten der Fall sein dürfte. Eine Abgrenzung bedarf es jedenfalls von Objekten der Wasserwirtschaft, die einen besonderen Nutzzweck erfüllen, da es sich hierbei um „*Bauwerke und Anlagen des Wasserbaus*", also Ingenieurbauwerke gem. § 41 Nr. 3 handelt.[16]
- **Nr. 2** erfasst „*Teiche ohne Dämme*". Hierunter versteht man stille Gewässer, die zum Aufbau von Feuchtbiotopen oder aus sonstigen ökologischen Gründen in die Freianlagen integriert sind.[17] Aus dem Umkehrschluss ergibt sich, dass **Teiche mit Dämmen nicht anrechenbar** sind. Bei diesen handelt es sich grundsätzlich um ein Ingenieurbauwerk i.S.v. § 41 Nr. 3. Anrechenbar sind Teiche mit Dämmen aber ggf. nach Nr. 1, wenn ökologische und landschaftsgestalterische Elemente bei der Planung im Vordergrund stehen.
- Nach **Nr. 3** ist „*flächenhafter Erdbau zur Geländegestaltung*" anrechenbar. Dies ist eines der wichtigsten Elemente der Freianlagengestaltung.
- **Nr. 4** enthält „*einfache Durchlässe und Uferbefestigungen als Mittel zur Geländegestaltung, soweit keine Grundleistung nach Teil 4 Abschnitt 1 erforderlich sind*". Auch hier muss zur Abgrenzung der Schwerpunkt auf der Geländegestaltung liegen. Wer-

13 Locher/Koeble/Frik/*Locher*, § 38 Rn 13.
14 Locher/Koeble/Frik/*Locher*, § 38 Rn 21.
15 Locher/Koeble/Frik/*Locher*, § 38 Rn 14.
16 Korbion/Mantscheff/Vygen/*Seifert*, § 37 HOAI 2009 Rn 34.
17 *Jochem/Kaufhold*, § 37 HOAI 2009 Rn 8.

den Leistungen nach Teil 4 nötig, also beispielsweise eine technische Ausrüstung oder Tragwerksplanung, handelt es sich um ein Ingenieurbauwerk.[18]

- Auch bei **Nr. 5**, *„Lärmschutzwälle als Mittel zur Geländegestaltung"* muss das gestalterische Element im Vordergrund stehen. Nachdem *„Lärmschutzeinrichtungen"* in der Objektliste der Anlage 11.2 aufgenommen wurden, stellt Nr. 5 einen Auffangtatbestand dar.[19]
- **Nr. 6** erfasst *„Stützbauwerke und Geländeabstützung ohne Verkehrsbelastung als Mittel zur Geländegestaltung, soweit keine Tragwerke mit durchschnittlichem Schwierigkeitsgrad erforderlich sind"*. Ausgenommen sind somit Tragwerke der Honorarzone III bis V. In diesem Fall handelt es sich, wie in der amtlichen Begründung zu § 38 ausgeführt wird, um Tragwerke der Anlage 14.2.
- **Nr. 7** betrifft *„Stege und Brücken, soweit keine Grundleistungen nach Teil 4 Abschnitt 1 erforderlich sind"*. Maßgeblich für die Abgrenzung zum Ingenieurbauwerk ist, ob für deren Errichtung eine Tragwerksplanung oder eine Planung der technischen Ausrüstung erforderlich ist.[20] Anrechenbar sind also insbesondere fertige Stege und Brücken, die keinen statischen Nachweis erfordern. Diese fallen unter die Kostengruppen 536.
- **Nr. 8** enthält *„Wege ohne Eignung für den regelmäßigen Fahrverkehr mit einfachen Entwässerungsverhältnissen sowie andere Wege und befestigte Flächen, die als Gestaltungselement der Freianlagen geplant werden und für die keine Grundleistungen nach Teil 3 Abschnitt 3 und 4 erforderlich sind"*. Zur Abgrenzung von Ingenieurbauwerken (Abschnitt 3) und Verkehrsanlagen (Abschnitt 4) wird also darauf abgestellt, was typischerweise zur Planung einer Freianlage gehört. So finden sich beispielsweise in großflächigen Parkanlagen auch Wege, die mit Fahrzeugen befahren werden können, z.B. zur Parkpflege, als Rettungsweg, etc.[21] Diese gehören zu den anrechenbaren Kosten des Freianlagenplaners.

C. Nicht anrechenbare Kosten (Abs. 2)

14 In Abs. 2 erfolgt eine negative Abgrenzung, welche Kosten bei den Freianlagen nicht anrechenbar sind.

I. Gebäude und dort nicht anrechenbare Kosten (Nr. 1)

15 Nach Abs. 2 Nr. 1 sind die Kosten des Gebäudes sowie die in § 33 Abs. 3 genannten Kosten nicht anrechenbar. Damit sind die **Gebäudekosten keinesfalls anrechenbar**.

16 Es stellt sich jedoch die Frage, ob die in § 33 Abs. 3 genannten Kosten für das **Herrichten**, für die **nicht-öffentliche Erschließung** sowie für Leistungen zur **Ausstattung** und zu **Kunstwerken** auch beim Freianlagenplaner anrechenbar sind, soweit der Auftragnehmer diese Leistungen plant, bei der Beschaffung mitwirkt oder ihre Ausführung oder ihren Einbau fachlich überwacht. Voraussetzung für eine derartige Prüfung wäre, dass die Verweisung auf § 33 Abs. 3 eine sog. Rechtsgrundverweisung ist, d.h. die Voraussetzungen des § 33 Abs. 3 zusätzlich zu prüfen sind. Dies hat praktische Relevanz, weil dann die in § 33 Abs. 3 aufgeführten Kostengruppen auch beim Freianlagenplaner bei Leistungen anrechenbar sein können. Der Wortlaut des § 38 Abs. 2 Nr. 1 ist hier nicht

18 Locher/Koeble/Frik/*Locher*, § 38 Rn 17; Korbion/Mantscheff/Vygen/*Seifert*, § 37 HOAI 2009 Rn 34.
19 Locher/Koeble/Frik/*Locher*, § 38 Rn 18.
20 *Jochem/Kaufhold*, § 37 HOAI 2009 Rn 13.
21 Korbion/Mantscheff/Vygen/*Seifert*, § 37 HOAI 2009 Rn 42; *Jochem/Kaufhold*, § 37 HOAI 2009 Rn 14.

eindeutig. Aus der Geschichte der HOAI ergibt sich jedoch, was auch der Praxis entspricht, dass auch beim Freianlagenplaner **diese Leistungen anrechenbar** sein sollen, **wenn der Auftragnehmer die aufgeführten Maßnahmen plant und/oder überwacht**. So wurde in der HOAI 2013 die Regelung des § 37 Abs. 2 HOAI 2009 unverändert übernommen. Aus der amtlichen Begründung der HOAI 2009 ergibt sich, dass lediglich *„die Regelung des geltenden § 10 Abs. 6"* HOAI 2002 übernommen werden sollte. Damit wollte der Verordnungsgeber keine Änderungen an dem bisherigen Preisrecht vornehmen. Wie sich jedoch aus der amtlichen Begründung zu § 10 Abs. 6 HOAI a.F. ergab, sollten die entsprechenden Ausnahmen von der Nichtanrechenbarkeit bei entsprechenden Leistungen auch beim Freianlagenplaner gelten, weil dieser dem Gebäudeplaner gleichgestellt wird.[22]

II. Unter- und Oberbau von Fußgängerbereichen (Nr. 2)

Nach Abs. 2 Nr. 2 ist der *„Unter- und Oberbau von Fußgängerbereichen, ausgenommen die Kosten für die Oberflächenbefestigung"* nicht anrechenbar. Dies regelt den Sonderfall, wonach Fußgängerbereiche in die **Oberflächenbefestigung** als Teil der Freianlagenplanung und den **Unter- und Oberbau** als ein Objekt der Verkehrsanlagen aufgeteilt werden. Diese Ausnahmeregelung gilt nur für Fußgängerbereiche und ist auf vergleichbare Objekte wie Plätze oder Straßen nicht zu übertragen.[23] Maßgeblich für die Abgrenzung ist die **gestalterische Prägung** der Flächenplanung im Gegensatz zur funktionalen Prägung bei Verkehrsanlagen.[24] Nach dieser Sondervorschrift gehört die Oberflächenbefestigung zur Freianlagenplanung. Soweit der Auftragnehmer auch den Unter- oder Oberbau der Fußgängerbereiche plant, hat er für diese Leistungen einen Honoraranspruch nach §§ 45ff. (Verkehrsanlagen). Damit wird eine zusammenhängende Planungsaufgabe in zwei Objekte, die jeweils separat abzurechnen sind, aufgespaltet, was eigentlich systemwidrig und unpraktisch, jedoch vom Verordnungsgeber ausdrücklich gewollt ist.[25] Zur generellen Abgrenzung zwischen Freianlagen und Verkehrsanlagen wird auf nachfolgende Ausführungen ab Rn 18 verwiesen. 17

D. Abgrenzung zu anderen Objektplanungsleistungen: Freianlagen – Verkehrsanlagen

I. Problematik der Abgrenzung

Die HOAI bestimmt grundsätzlich eine objektbezogene Vergütung. Während eine Zuordnung der Objekte gem. § 2 HOAI „Begriffsbestimmungen" mit deutlichen Objektbezeichnungen wie Gebäude, Innenräume, Freianlagen, Ingenieurbauwerke, Verkehrsanlagen, Tragwerke und Anlagen der Technischen Ausrüstung klar differenziert sind, gibt es im Bereich städtebaulicher Maßnahmen, wie z.B. Platzgestaltungen oder verkehrsberuhigte Zonen, immer wieder konkrete Einzelfälle, welche offensichtlich breiten Raum für „Interpretationen" offenlassen. 18

Eine fehlerhafte Zuordnung und in der Folge fehlerhafte Verwendung der Vergütungsregeln hat Folgen: Der in der HOAI definierte preisrechtliche Rahmen zwischen Mindest- und Höchstsätzen führt dazu, dass fehlerhaft vereinbarte Vergütungen insofern 19

22 Korbion/Mantscheff/Vygen/*Seifert*, § 37 HOAI 2009 Rn 45.
23 Locher/Koeble/Frik/*Locher*, § 38 Rn 28.
24 AHO, Heft Nr. 20.
25 Locher/Koeble/Frik/*Locher*, § 38 Rn 30.

im Nachhinein an die zulässigen Sätze angepasst werden müssen. Dies ist auch der Grund, weshalb Prüfungsbehörden und Rechnungshöfe immer wieder Vertragsvereinbarungen zwischen der öffentlichen Hand und deren Auftragnehmern missbilligen und im Nachgang eine nachträgliche Korrektur von Vereinbarungen und Zahlungen erfolgen muss, bis hin zu Rückwirkungen auf Fördermittel.

20 Die Problematik der Zuordnung hat auch der Verordnungsgeber erkannt und die Bestimmungen entsprechend verfeinert.

21 Bereits im Zuge der Novellierung 2009 wurden die Leistungen bei Verkehrsanlagen geregelt.

22 Zwar wurden die Unzulänglichkeiten der bisherigen Fassung erkannt, aber nur marginal geändert, wenngleich die amtliche Begründung eine *„bessere Handhabung der Regelung"* und die *„Vermeidung von Rechtsunsicherheiten"* zitiert.

23 Die für die Abgrenzungsthematik zutreffenden Bestimmungen sind auch in der HOAI 2013 unverändert geblieben. So wurden auch die bisherigen Abgrenzungsdefinitionen der anrechenbaren Kosten bei Freianlagen (§ 38) und die Objektlisten der Verkehrsanlagen, Anlage 13.2 sowie deren Bewertungsmerkmale nach § 48 Abs. 2 übernommen.

24 Als Klarstellung könnte der § 45 Anwendungsbereich herangezogen werden, wo zur Definition der Verkehrsanlagen ergänzt wurde: *„[...] ausgenommen selbstständige Rad-, Geh- und Wirtschaftswege."*

25 Ergänzend dazu hat es sich die AHO-Fachkommission „Freianlagenplanung" zu einer ihrer Aufgaben gemacht, die Schnittstellen der Zuordnung zwischen Objekten – Freianlagen und Verkehrsanlagen – für die Praxis klarzustellen und den Vertragsparteien Arbeitshilfen zu eröffnen, die den Grundsätzen der HOAI gerecht werden.

26 Diese Ausarbeitungen (im Zusammenwirken mit den Ingenieur-Fachkommissionen des AHO) – unter Mitwirkung des Autors derzeit in Überarbeitung – finden in vereinfachter, verkürzter Form Niederschlag in den folgenden Ausführungen.

II. Allgemeine Abgrenzungskriterien und Objektzuordnung

1. Begriffsbestimmungen nach HOAI/Legaldefinitionen

27

Freianlagen	Verkehrsanlagen
§ 39 Abs. 1 *„Freianlagen sind* ***planerisch gestaltete*** *Freiflächen und Freiräume sowie entsprechend* ***gestaltete*** *Anlagen in Verbindung mit Bauwerken oder in Bauwerken und landschaftspflegerische Freianlagenplanungen in Verbindung mit Objekten."*	Es heißt zu § 45 „Anwendungsbereich" *„Verkehrsanlagen sind* *1. Anlagen des Straßenverkehrs, ausgenommen selbstständige Rad-, Geh- und Wirtschaftswege und Freianlagen nach § 39 Absatz 1,* *2. Anlagen des Schienenverkehrs,* *3. Anlagen des Flugverkehrs."* Der Begriff „Anlagen des Straßenverkehrs" ist so eindeutig verkehrlich geprägt, dass der Verordnungsgeber offensichtlich auf eine weitere Begriffsbestimmung verzichtet, weil es hierzu keiner weiteren Erläuterung bedarf. Die Definition der Straßenverkehrsanlagen ist in § 1 Abs. 4 Nr. 1 bis 3 FStrG festgelegt.

2. Zuordnung nach Objektlisten und Bewertungsmerkmalen (Übersicht)

Bewertungsmerkmale § 40 Abs. 2 für Freianlagen	**Bewertungsmerkmale § 44 Abs. 2 für Ingenieurbauwerke/Verkehrsanlagen**	28
Anforderung an die Einbindung in die Umgebung	Geologische und baugrundtechnische Gegebenheiten	
Anforderungen an Schutz-, Pflege und Entwicklung von Natur und Landschaft	Technische Ausrüstung oder Ausstattung	
Anzahl der Funktionsbereiche	Anforderungen an die Einbindung in die Umgebung oder das Objektumfeld	
Gestalterische Anforderungen	Umfang der Funktionsbereiche oder der konstruktiven oder technischen Anforderungen	
Ver- und Entsorgungseinrichtungen	Fachspezifische Bedingungen	

Nach den Legaldefinitionen in der HOAI sind Leistungen für 29
- Freianlagen durch raumbezogene Anforderungen an die planerische Gestaltung und
- Ingenieurbauwerke und Verkehrsanlagen durch Anforderungen an Technik und Funktion

geprägt.

3. Zuordnung nach Objektlisten und Bewertungsmerkmalen (Übersicht). Für eine vertiefende Betrachtung kommen zunächst die Vorgaben des Verordnungsgebers in Betracht, die in der HOAI für die Zuordnung zur zutreffenden Honorarzone benannt sind. 30

Die (nicht abschließend formulierten) Objektlisten für Freianlagen in Anlage 11.2, die der Ingenieurbauwerke in Anlage 12.2 und der Verkehrsanlagen in Anlage 13.2 sind als Hilfestellung oder Beispielskatalog für die Einordnung der Aufgabe in die zutreffende Honorarzone gedacht. Über diese Aufgabe hinaus sind sie nur bedingt geeignet, Unklarheiten der Zuordnung von Objekten und Leistungen nach der HOAI zu beseitigen. 31

Bei Zweifeln darf die Feststellung der Anforderungen nämlich nicht nach der Objektliste stattfinden, weil die dort vorgenommene Aufzählung der Objekte nur als Regelbeispiele angesehen werden können, die sich zwar als Maßstab für eine Zuordnung ähnlicher Aufgaben eigenen, jedoch im Zweifelsfalle keine abschließende Sicherheit einer korrekten Zuordnung bieten. 32

Mit den Objektlisten wird aber für Außenstehende transparent, wie Objekte beschrieben werden und wie die Objektarten der Freianlagen, Ingenieurbauwerke und Verkehrsanlagen nebeneinanderstehen. 33

So fällt auf, dass 34
- bei der Objektliste Freianlagen in Anlage 11.2 ein umfassender Objektbegriff gegeben ist, weil die genannten Objekte der Freianlagen (Friedhof, Sportanlagen Typ A bis C, Freibäder, Kleingartenanlage, Spielplatz, Grünzug, Freilichtbühne, Gartenschau etc.) gesamtheitlich als Objekt formuliert sind und aus mehreren Anlagen bestehen können;
- bei den Objektlisten Ingenieurbauwerke und Verkehrsanlagen in Anlage 12.2/13.2 der Objektbegriff nicht gesamtheitlich gesehen wird, sondern je Anlage bzw. Bauwerk nach den in genannten Leistungskomplexen (Ingenieurbauwerke in der Unter-

aufteilung Gruppe 1 bis 5, Verkehrsanlagen in a bis c) getrennt und jeweils gesondert als Objekt gemeint ist.

35 Hieraus ergibt sich zunächst: Die Zuordnung von Objekten hat zu berücksichtigen, dass

- bei Freianlagen der Objektbegriff (Friedhof, Sportanlagen Typ A bis C, Freibäder etc.) gesamtheitlich verstanden wird;
- bei den Ingenieurbauwerken und Verkehrsanlagen der Objektbegriff nicht gesamtheitlich gesehen wird, sondern je Anlage bzw. Bauwerk getrennt und

jeweils gesondert als Objekt gemeint ist.

36 Beispielsweise ist ein „Parkplatz" bei Verkehrsanlagen als selbstständiges Objekt genannt, bei Freianlagen ist dies ein Bestandteil eines Objekts.

4. Besondere Grundlagen des Honorars

37 **a) Anrechenbarkeitsregeln bei der Zuordnung.** Die anrechenbaren Kosten sind eigentlich nur Parameter für die Honorarbemessung der verschiedenen Objekte und Leistungen. Der Verordnungsgeber hat in den hierzu getroffenen Regelungen sowohl für Freianlagen in § 38 als auch für Verkehrsanlagen in § 46 Abs. 1 bis 5 interpretierbare Faktoren geschaffen, die für die Zuordnung von Objekten als Kriterien gesehen werden könnten.

38 Die Regeln zur Anrechenbarkeit von Kosten **können** bei der Zuordnung von Objekten zusätzlich berücksichtigt werden:

„(1) Für Grundleistungen bei Freianlagen sind die Kosten für Außenanlagen anrechenbar, insbesondere für folgende Bauwerke und Anlagen, soweit diese durch den Auftragnehmer geplant oder überwacht werden:

1. *Einzelgewässer mit überwiegend ökologischen und landschaftsgestalterischen Elementen,*
2. *Teiche ohne Dämme,*
3. *flächenhafter Erdbau zur Geländegestaltung,*
4. *einfache Durchlässe und Uferbefestigungen als Mittel zur Geländegestaltung, soweit keine Leistungen nach Teil 4 Abschnitt 1 erforderlich sind,*
5. *Lärmschutzwälle als Mittel zur Geländegestaltung,*
6. *Stützbauwerke und Geländeabstützungen ohne Verkehrsbelastung als Mittel zur Geländegestaltung, soweit keine Tragwerke mit durchschnittlichem Schwierigkeitsgrad erforderlich sind,*
7. *Stege und Brücken, soweit keine Leistungen nach Teil 4 Abschnitt 1 erforderlich sind,*
8. *Wege ohne Eignung für den regelmäßigen Fahrverkehr mit einfachen Entwässerungsverhältnissen sowie andere Wege und befestigte Flächen, die als Gestaltungselement der Freianlagen geplant werden und für die keine Grundleistungen nach Teil 3 Abschnitt 3 und 4 erforderlich sind."*

39 **b) Leistungsfragen zur Zuordnung.** Die Leistungsbilder der Freianlagen und Verkehrsanlagen unterscheiden sich im Detailbeschrieb der Anlagen 11.2 und 13.2 in vielen Bereichen. In Ergänzung der richtigen Zuordnung des Objekts muss deshalb in einem zweiten Schritt reflektiert werden, dass mit der Zuordnung ein Leistungsbild verbunden ist. Bei näherer Betrachtung ist nämlich festzustellen, dass die Leistungsphasen zwar gleichlautend oder ähnlich benannt werden, aber die darin beschriebenen Grundleistungen teilweise deutlich voneinander abweichen und somit der tatsächliche Leistungsbedarf zu klären ist.

40 Insofern ist es möglich, dass neben den Grundleistungen, die aufgrund der Zuordnung des Objekts nach der HOAI feststehen, weitere Grundleistungen aus anderen Leistungsbildern erbracht werden müssen.

Synoptischer Vergleich der Leistungsbilder hinsichtlich der Bewertung in Von-Hundert-Sätzen: **41**

	Freianlagen § 39 Abs. 3		Verkehrsanlagen § 47 Abs. 1	
1	Grundlagenermittlung	3 v.H.	Grundlagenermittlung	2 v.H.
2	Vorplanung	10 v.H.	Vorplanung	20 v.H.
3	Entwurfsplanung	16 v.H.	Entwurfsplanung	25 v.H.
4	Genehmigungsplanung	4 v.H.	Genehmigungsplanung	8 v.H.
5	Ausführungsplanung	25 v.H.	Ausführungsplanung	15 v.H.
6	Vorbereitung der Vergabe	7 v.H.	Vorbereitung der Vergabe	10 v.H.
7	Mitwirkung bei der Vergabe	3 v.H.	Mitwirkung bei der Vergabe	4 v.H.
		68 v.H.		**84 v.H.**
8	Objektüberwachung	30 v.H.	Bauoberleitung	15 v.H.
9	Objektbetreuung	2 v.H.	Dokumentation	1 v.H.
		100 v.H.		100 v.H.

Die Leistung der örtlichen Bauüberwachung bei Verkehrsanlagen ist Besondere Leistung gem. Anlage 13.1 und ist mit 1,5 bis 3,5% der anrechenbaren Kosten zu taxieren. **42**

Dass die Objektüberwachung bei Verkehrsanlagen als Besondere Leistung nach 13.1 außerhalb des preisgeregelten Leistungsbilds beschlossen wurde, ist ein fachlich nicht begründbarer Zustand. Deshalb erfolgte ein Antrag des Bundesrats vom 7.6.2013 auf Rückführung in den verbindlichen Teil der HOAI. **43**

c) Prüfschritte zur Zuordnung des Objekts

1. Erfassen des Plangebietes der Aufgabe **44**
einschließlich dessen räumlicher Begrenzung sowie städtebauliches Umfeld und ökologischer Wirkräume Abstimmung mit dem Auftraggeber

2. Erfassen des Programms und der Zielsetzungen der Aufgabe
aus Erwartungen und Vorgaben des Auftraggebers sowie sonstigen aufgabenbezogene Rahmenbedingungen wie z.B. Beschlüsse aus Preisgerichten, Gremien, Beteiligungsverfahren Abstimmung mit dem Auftraggeber

3. Feststellung, dass die Aufgabe bei gesamtheitlicher Betrachtung als ein Objekt zu verstehen ist
oder ggf.

Feststellung, dass die Aufgabe aus mehreren Objekten, die zu einem oder mehreren Teilen der HOAI zuzuordnen sind, besteht, die jeweils getrennt zugeordnet werden müssen
in diesem Fall neue schrittweise Prüfung je Objekt

4. Feststellung der Prägung der Aufgabe
unter Heranziehung der wesentlichen Kriterien des Teiles 3 (Objektplanung) anhand der Bewertungsmerkmale des Abschnittes 2 und des Abschnittes 3/4

Wesentliche Prüfkriterien

Gestalterische Lösung grundsätzlich erfasst in den Bewertungsmerkmalen laut § 40 Abs. 2 HOAI	oder	Technisch-konstruktive Lösung grundsätzlich erfasst in den Bewertungsmerkmalen laut § 44 Abs. 2 HOAI
↓	Feststellung der Zuordnung zu	↓
Freianlage		Verkehrsanlage

Wenn die Prüfschritte 1 bis 4 keine eindeutige Zuordnung ergeben, sollen die nachfolgenden weiteren Prüfschritte 5 und 6 durchgeführt werden:

5. Feststellung anhand des Objektbegriffs
bei dezidierter Nennung der Aufgabe in den Objektlisten der Anlage 3 Im Zweifel, bei Widersprüchen oder soweit die Aufgabe nicht gelistet ist, gilt die Zuordnung aus Schritt 4

6. Feststellung anhand der erforderlichen Leistungen
bei Nennung der für die Aufgabe erforderlichen Grundleistungen in den Leistungsbildern der Anlage 11 und 12/13; im Zweifel oder bei Widersprüchen gilt die Zuordnung aus Schritt 4

III. Aufgeteilte Zuordnung bei Fußgängerbereichen

45 Der Verordnungsgeber hat auch einen Sonderfall geregelt, für den er eine aufgeteilte Zuordnung vorgibt:

„(2) Nicht anrechenbar sind für Grundleistungen bei Freianlagen die Kosten für:
1. *das Gebäude sowie die in § 33 Absatz 3 genannten Kosten und*
2. *den Unter- und Oberbau von Fußgängerbereichen ausgenommen die Kosten für die Oberflächenbefestigung."*

46 Es empfiehlt sich schon bei grundsätzlichen Vergütungsvereinbarungen, die Trennung in Oberflächengestaltung und technischen Ober-/Unterbau zu beachten.

47 Die **getrennte Abrechnung** von Oberflächengestaltung und Ober-/Unterbau ist eine **zwingende Abrechnungsvorschrift.**

48 Eine fehlerhafte oder falsche Zuordnung kann zur Unwirksamkeit einer Honorarschlussrechnung führen.

49 In der Praxis gibt es zur vorbeschriebenen Thematik im Allgemeinen auch typologische Zuordnungen:

1. Freianlagen mit gestalterischen Anforderungen. Abrechnung nach Abschnitt 2 der HOAI = Freianlagen. 50

2. Verkehrsberuhigte Bereiche ohne gestalterische Anforderungen. Verkehrsberuhigte Bereiche ohne besondere Gestaltung = Abrechnung nach Abschnitt 4 der HOAI = Verkehrsanlage. 51

3. Fußgängerbereiche mit gestalterischen Anforderungen. Zweigeteilte Abrechnung 52
- nach Abschnitt 2 Freianlagen für Oberflächengestaltung, Bepflanzung und Ausstattung, Mobiliar, Beleuchtung,
- nach Abschnitt 4 Verkehrsanlagen für Erdarbeiten, Ober- und Unterbau.

4. Verkehrsberuhigte Bereiche mit gestalterischen Anforderungen (sog. Spielstraßen). Verkehrsberuhigte Bereiche (sog. Spielstraßen) mit Zeichen 325/236 der Straßenverkehrsordnung sind Fußgängerbereiche im Sinne der HOAI (Berechnung des Honorars wie unter 3. beschrieben). 53

5. Sonstige verkehrsberuhigte Straßen- und Platzräume mit besonders gestalteten Teilflächen. Sind bei sonstigen verkehrsberuhigend ausgebauten Straßen- und Platzräumen sowohl die Oberflächen der Gehbereiche wie auch der Fahrbereiche besonders zu gestalten, ist ein Honorar nach Abschnitt 2 (Freianlagen) nur für die Gehbereiche zu berechnen (entsprechend Nr. c). 54

Die Gestaltung der Fahrbereiche ist nach Abschnitt 4 Verkehrsanlagen zu berechnen, es sei denn, dass hierzu im Einzelfall besondere gestalterische oder sogar künstlerische Überlegungen erforderlich sind. 55

Eine exakte Grenzlinie hinsichtlich der gestalterischen Anforderungen lässt sich nicht ziehen. Diese muss vielmehr im Einzelfall festgelegt werden. 56

Wenn bei der Abgrenzung zu „verkehrsberuhigten Bereichen“ die (eingeschränkte) Nutzung für den Straßenverkehr als Abgrenzungsmerkmal herangezogen wird, ergibt sich als Gegenkonsequenz, dass die Planungsaufgabe Fußgängerbereich anzunehmen wäre, wenn die Fläche für den Straßenverkehr gesperrt sein würde. Die ist jedoch nach der HOAI nicht herleitbar. Der Verordnungsgeber versteht den Begriff des Fußgängerbereiches nämlich im Sinne der Legaldefinition der Freianlagen in § 2 resp. § 39 Abs. 1 als planerisch gestaltete Freiflächen. 57

Maßgeblich ist, ob die Planungsaufgabe eine gestalterische Intensität im Sinne der Legaldefinition von Freianlagen aufweist oder die technisch-konstruktiven Elemente einer Anlage des Straßenverkehrs im Vordergrund stehen. 58

Soweit eine solche Planungsaufgabe zu Freianlagen gehört, gilt diese Zuordnung bei Fußgängerbereichen und diesen vergleichbaren Objekten nur für die Oberflächengestaltung und Pflanzungen. Der Verordnungsgeber hat für diese Objekte festgelegt, dass die weiteren Objekt-Elemente, also z.B. der weitere Ober- und Unterbau, Leitungen, Fundamente etc. als eigene Objekte zu Ingenieurbauwerken oder Verkehrsanlagen zuzuordnen sind. 59

Praxistipp
Soweit die räumliche Abgrenzung und Zuordnung von Leistungen nach der HOAI bis zur Vorlage erster Planungsergebnisse im Unklaren bleiben, sind Rahmenvereinbarungen als optionale Regelungen zwischen den Parteien zu empfehlen, die auf eine Objektzuordnung im Zuge des weiteren Planungsverfahrens abstellen.

IV. Zusammenfassung

60 Zur Erfassung des sehr vielschichtigen Sachverhaltes der Abgrenzung und Zuordnung von Objekten und Leistungen sind die Regelungen der HOAI allein nicht immer dienlich, da sie ohne vertiefende Kenntnis nicht sofort und klar erfasst werden können und in mancher Zuordnungsfrage nicht nur Grundwissen, sondern fachliche Erfahrung erfordern.

61 Dass die Regelungskomplexe in der HOAI für Objekte der Freianlagen und für Ingenieurbauwerke und Verkehrsanlagen in bestimmten Fällen Unklarheiten enthalten, die Fragen zur jeweiligen Vergütung und zur Abgrenzung mit sich bringen, ist nicht zu bestreiten.

62 Daraus entsteht jedoch keine Dispositionsfreiheit zur individuell regelbaren Vergütung. Vielmehr sind vereinbarte Vergütungen, wie dies für alle Vergütungsbereiche der HOAI gilt, an den jeweils richtigen Honorarrahmen zwischen Mindest- und Höchstsätzen gebunden.

§ 39
Leistungsbild Freianlagen

(1) Freianlagen sind planerisch gestaltete Freiflächen und Freiräume sowie entsprechend gestaltete Anlagen in Verbindung mit Bauwerken oder in Bauwerken und landschaftspflegerische Freianlagenplanungen in Verbindung mit Objekten.

(2) § 34 Absatz 1 gilt entsprechend.

(3) Die Grundleistungen bei Freianlagen sind in neun Leistungsphasen unterteilt und werden wie folgt in Prozentsätzen der Honorare des § 40 bewertet:

1. **für die Leistungsphase 1 (Grundlagenermittlung) mit 3 Prozent,**
2. **für die Leistungsphase 2 (Vorplanung) mit 10 Prozent,**
3. **für die Leistungsphase 3 (Entwurfsplanung) mit 16 Prozent,**
4. **für die Leistungsphase 4 (Genehmigungsplanung) mit 4 Prozent,**
5. **für die Leistungsphase 5 (Ausführungsplanung) mit 25 Prozent,**
6. **für die Leistungsphase 6 (Vorbereitung der Vergabe) mit 7 Prozent,**
7. **für die Leistungsphase 7 (Mitwirkung bei der Vergabe) mit 3 Prozent,**
8. **für die Leistungsphase 8 (Objektüberwachung – Bauüberwachung und Dokumentation) mit 30 Prozent und**
9. **für die Leistungsphase 9 (Objektbetreuung) mit 2 Prozent.**

(4) Anlage 11 Nummer 11.1 regelt die Grundleistungen jeder Leistungsphase und enthält Beispiele für Besondere Leistungen.

Anlage 11.1
Grundleistungen im Leistungsbild Freianlagen, Besondere Leistungen, Objektliste

11.1 Leistungsbild Freianlagen

Grundleistungen	Besondere Leistungen
LPH 1 Grundlagenermittlung	
a) Klären der Aufgabenstellung auf Grund der Vorgaben oder der Bedarfsplanung des Auftraggebers oder vorliegender Planungs- und Genehmigungsunterlagen b) Ortsbesichtigung c) Beraten zum gesamten Leistungs- und Untersuchungsbedarf d) Formulieren von Entscheidungshilfen für die Auswahl anderer an der Planung fachlich Beteiligter e) Zusammenfassen, Erläutern und Dokumentieren der Ergebnisse	– Mitwirken bei der öffentlichen Erschließung – Kartieren und Untersuchen des Bestandes, Floristische oder faunistische Kartierungen – Begutachtung des Standortes mit besonderen Methoden zum Beispiel Bodenanalysen – Beschaffen bzw. Aktualisieren bestehender Planunterlagen, Erstellen von Bestandskarten
LPH 2 Vorplanung (Projekt- und Planungsvorbereitung)	
a) Analysieren der Grundlagen, Abstimmen der Leistungen mit den fachlich an der Planung Beteiligten b) Abstimmen der Zielvorstellungen c) Erfassen, Bewerten und Erläutern der Wechselwirkungen im Ökosystem d) Erarbeiten eines Planungskonzepts einschließlich Untersuchen und Bewerten von Varianten nach gleichen Anforderungen unter Berücksichtigung zum Beispiel – der Topographie und der weiteren standörtlichen und ökologischen Rahmenbedingungen, – der Umweltbelange einschließlich der natur- und artenschutzrechtlichen Anforderungen und der vegetationstechnischen Bedingungen, – der gestalterischen und funktionalen Anforderungen, – Klären der wesentlichen Zusammenhänge, Vorgänge und Bedingungen, – Abstimmen oder Koordinieren unter Integration der Beiträge anderer an der Planung fachlich Beteiligter e) Darstellen des Vorentwurfs mit Erläuterungen und Angaben zum terminlichen Ablauf f) Kostenschätzung, zum Beispiel nach DIN 276, Vergleich mit den finanziellen Rahmenbedingungen	– Umweltfolgenabschätzung – Bestandsaufnahme, Vermessung – Fotodokumentationen – Mitwirken bei der Beantragung von Fördermitteln und Beschäftigungsmaßnahmen – Erarbeiten von Unterlagen für besondere technische Prüfverfahren – Beurteilen und Bewerten der vorhandenen Bausubstanz, Bauteile, Materialien, Einbauten oder der zu schützenden oder zu erhaltenden Gehölze oder Vegetationsbestände

Grundleistungen	Besondere Leistungen
g) Zusammenfassen, Erläutern und Dokumentieren der Vorplanungsergebnisse	
LPH 3 Entwurfsplanung (System- und Integrationsplanung)	
a) Erarbeiten der Entwurfsplanung auf Grundlage der Vorplanung unter Vertiefung zum Beispiel der gestalterischen, funktionalen, wirtschaftlichen, standörtlichen, ökologischen, natur- und artenschutzrechtlichen Anforderungen Abstimmen oder Koordinieren unter Integration der Beiträge anderer an der Planung fachlich Beteiligter b) Abstimmen der Planung mit zu beteiligenden Stellen und Behörden c) Darstellen des Entwurfs zum Beispiel im Maßstab 1:500 bis 1:100, mit erforderlichen Angaben insbesondere – zur Bepflanzung, – zu Materialien und Ausstattungen, – zu Maßnahmen auf Grund rechtlicher Vorgaben, – zum terminlichen Ablauf d) Objektbeschreibung mit Erläuterung von Ausgleichs- und Ersatzmaßnahmen nach Maßgabe der naturschutzrechtlichen Eingriffsregelung e) Kostenberechnung, zum Beispiel nach DIN 276 einschließlich zugehöriger Mengenermittlung f) Vergleich der Kostenberechnung mit der Kostenschätzung g) Zusammenfassen, Erläutern und Dokumentieren der Entwurfsplanungsergebnisse	– Mitwirken beim Beschaffen nachbarlicher Zustimmungen – Erarbeiten besonderer Darstellungen, zum Beispiel Modelle, Perspektiven, Animationen – Beteiligung von externen Initiativ- und Betroffenengruppen bei Planung und Ausführung – Mitwirken bei Beteiligungsverfahren oder Workshops – Mieter- oder Nutzerbefragungen – Erarbeiten von Ausarbeitungen nach den Anforderungen der naturschutzrechtlichen Eingriffsregelung sowie des besonderen Arten- und Biotopschutzrechtes, Eingriffsgutachten, Eingriffs- oder Ausgleichsbilanz nach landesrechtlichen Regelungen – Mitwirken beim Erstellen von Kostenaufstellungen und Planunterlagen für Vermarktung und Vertrieb – Erstellen und Zusammenstellen von Unterlagen für die Beauftragung von Dritten (Sachverständigenbeauftragung) – Mitwirken bei der Beantragung und Abrechnung von Fördermitteln und Beschäftigungsmaßnahmen – Abrufen von Fördermitteln nach Vergleich mit den Ist-Kosten (Baufinanzierungsleistung) – Mitwirken bei der Finanzierungsplanung – Erstellen einer Kosten-Nutzen-Analyse – Aufstellen und Berechnen von Lebenszykluskosten
LPH 4 Genehmigungsplanung	
a) Erarbeiten und Zusammenstellen der Vorlagen und Nachweise für öffentlich-rechtliche Genehmigungen oder Zustimmungen einschließlich der Anträge auf Ausnahmen und Befreiungen sowie notwendiger Verhandlungen mit Behörden unter Verwendung der Beiträge anderer an der Planung fachlich Beteiligter b) Einreichen der Vorlagen c) Ergänzen und Anpassen der Planungsunterlagen, Beschreibungen und Berechnungen	– Teilnahme an Sitzungen in politischen Gremien oder im Rahmen der Öffentlichkeitsbeteiligung – Erstellen von landschaftspflegerischen Fachbeiträgen oder natur- und artenschutzrechtlichen Beiträgen – Mitwirken beim Einholen von Genehmigungen und Erlaubnissen nach Naturschutz-, Fach- und Satzungsrecht – Erfassen, Bewerten und Darstellen des Bestandes gemäß Ortssatzung

Grundleistungen	Besondere Leistungen
	– Erstellen von Rodungs- und Baumfällanträgen – Erstellen von Genehmigungsunterlagen und Anträgen nach besonderen Anforderungen – Erstellen eines Überflutungsnachweises für Grundstücke – Prüfen von Unterlagen der Planfeststellung auf Übereinstimmung mit der Planung
LPH 5 Ausführungsplanung	
a) Erarbeiten der Ausführungsplanung auf Grundlage der Entwurfs- und Genehmigungsplanung bis zur ausführungsreifen Lösung als Grundlage für die weiteren Leistungsphasen b) Erstellen von Plänen oder Beschreibungen, je nach Art des Bauvorhabens zum Beispiel im Maßstab 1:200 bis 1:50 c) Abstimmen oder Koordinieren unter Integration der Beiträge anderer an der Planung fachlich Beteiligter d) Darstellen der Freianlagen mit den für die Ausführung notwendigen Angaben, Detail- oder Konstruktionszeichnungen, insbesondere – zu Oberflächenmaterial, -befestigungen und -relief, – zu ober- und unterirdischen Einbauten und Ausstattungen, – zur Vegetation mit Angaben zu Arten, Sorten und Qualitäten, – zu landschaftspflegerischen, naturschutzfachlichen oder artenschutzrechtlichen Maßnahmen e) Fortschreiben der Angaben zum terminlichen Ablauf f) Fortschreiben der Ausführungsplanung während der Objektausführung	– Erarbeitung von Unterlagen für besondere technische Prüfverfahren (zum Beispiel Lastplattendruckversuche) – Auswahl von Pflanzen beim Lieferanten (Erzeuger)
LPH 6 Vorbereitung der Vergabe	
a) Aufstellen von Leistungsbeschreibungen mit Leistungsverzeichnissen b) Ermitteln und Zusammenstellen von Mengen auf Grundlage der Ausführungsplanung c) Abstimmen oder Koordinieren der Leistungsbeschreibungen mit den an der Planung fachlich Beteiligten d) Aufstellen eines Terminplans unter Berücksichtigung jahreszeitlicher, bauab-	– Alternative Leistungsbeschreibung für geschlossene Leistungsbereiche – Besondere Ausarbeitungen zum Beispiel für Selbsthilfearbeiten

Grundleistungen	Besondere Leistungen
laufbedingter und witterungsbedingter Erfordernisse e) Ermitteln der Kosten auf Grundlage der vom Planer bepreisten Leistungsverzeichnisse f) Kostenkontrolle durch Vergleich der vom Planer bepreisten Leistungsverzeichnisse mit der Kostenberechnung g) Zusammenstellen der Vergabeunterlagen	
LPH 7 Mitwirkung bei der Vergabe	
a) Einholen von Angeboten b) Prüfen und Werten der Angebote einschließlich Aufstellen eines Preisspiegels nach Einzelpositionen oder Teilleistungen, Prüfen und Werten der Angebote zusätzlicher und geänderter Leistungen der ausführenden Unternehmen und der Angemessenheit der Preise c) Führen von Bietergesprächen d) Erstellen der Vergabevorschläge, Dokumentation des Vergabeverfahrens e) Zusammenstellen der Vertragsunterlagen f) Kostenkontrolle durch Vergleichen der Ausschreibungsergebnisse mit den vom Planer bepreisten Leistungsverzeichnissen und der Kostenberechnung g) Mitwirken bei der Auftragserteilung	
LPH 8 Objektüberwachung (Bauüberwachung) und Dokumentation	
a) Überwachen der Ausführung des Objekts auf Übereinstimmung mit der Genehmigung oder Zustimmung, den Verträgen mit ausführenden Unternehmen, den Ausführungsunterlagen, den einschlägigen Vorschriften sowie mit den allgemein anerkannten Regeln der Technik b) Überprüfen von Pflanzen- und Materiallieferungen c) Abstimmen mit den oder Koordinieren der an der Objektüberwachung fachlich Beteiligten d) Fortschreiben und Überwachen des Terminplans unter Berücksichtigung jahreszeitlicher, bauablaufbedingter und witterungsbedingter Erfordernisse e) Dokumentation des Bauablaufes (zum Beispiel Bautagebuch), Feststellen des Anwuchsergebnisses f) Mitwirken beim Aufmaß mit den bauausführenden Unternehmen	– Dokumentation des Bauablaufs nach besonderen Anforderungen des Auftraggebers – fachliches Mitwirken bei Gerichtsverfahren – Bauoberleitung, künstlerische Oberleitung – Erstellen einer Freianlagenbestandsdokumentation

Grundleistungen	Besondere Leistungen
g) Rechnungsprüfung einschließlich Prüfen der Aufmaße der ausführenden Unternehmen h) Vergleich der Ergebnisse der Rechnungsprüfungen mit den Auftragssummen einschließlich Nachträgen i) Organisation der Abnahme der Bauleistungen unter Mitwirkung anderer an der Planung und Objektüberwachung fachlich Beteiligter, Feststellung von Mängeln, Abnahmeempfehlung für den Auftraggeber j) Antrag auf öffentlich-rechtliche Abnahmen und Teilnahme daran k) Übergabe des Objekts l) Überwachen der Beseitigung der bei der Abnahme festgestellten Mängel m) Auflisten der Verjährungsfristen für Mängelansprüche n) Überwachen der Fertigstellungspflege bei vegetationstechnischen Maßnahmen o) Kostenkontrolle durch Überprüfen der Leistungsabrechnung der bauausführenden Unternehmen im Vergleich zu den Vertragspreisen p) Kostenfeststellung, zum Beispiel nach DIN 276 q) Systematische Zusammenstellung der Dokumentation, zeichnerischen Darstellungen und rechnerischen Ergebnisse des Objekts	
LPH 9 Objektbetreuung	
a) Fachliche Bewertung der innerhalb der Verjährungsfristen für Gewährleistungsansprüche festgestellten Mängel, längstens jedoch bis zum Ablauf von 5 Jahren seit Abnahme der Leistung, einschließlich notwendiger Begehungen b) Objektbegehung zur Mängelfeststellung vor Ablauf der Verjährungsfristen für Mängelansprüche gegenüber den ausführenden Unternehmen c) Mitwirken bei der Freigabe von Sicherheitsleistungen	– Überwachung der Entwicklungs- und Unterhaltungspflege – Überwachen von Wartungsleistungen – Überwachen der Mängelbeseitigung innerhalb der Verjährungsfrist

Übersicht

A. Überblick

1 § 39 ist die zentrale Vorschrift für die Honorarberechnung des Leistungsbildes Freianlagen. Neben dem Leistungsbild enthält es die Definition des Begriffs Freianlagen, die bisher in § 2 Nr. 11 HOAI 2009 war. Die Vorschrift legt für die Grundleistungen die Prozentsätze für die einzelnen Leistungsphasen des Freianlagenplaners fest und verweist auf die tabellarische Aufzählung der Grund- und Besonderen Leistungen in Anlage 11 (Nr. 11.1). Damit regelt § 39 die Aufteilung des Gesamthonorars auf die jeweiligen Leistungsphasen und definiert die 4. Stufe der Honorarermittlung nach der Ermittlung der anrechenbaren Kosten (§§ 4, 38), der maßgeblichen Honorarzone (§§ 5, 40 Abs. 2 bis 5 sowie der Objektliste der Anlage 11, Nr. 11.2) und der Ermittlung des 100%-Honorars für das gesamte Leistungsbild (aus der Honorartabelle des § 40).

2 Inhaltlich gibt es bei den Leistungsbildern durch die neue HOAI 2013 einschneidende Änderungen, die nachfolgend unter Rn 19ff. dargestellt werden. Durch den erweiterten Grundleistungskatalog dürfte die HOAI 2013 in der Praxis für den Freianlagenplaner erhebliche Änderungen in seiner Arbeitsweise zur Folge haben.

3 Die Verteilung der Prozentpunkte auf die einzelnen Leistungsphasen hat sich ebenfalls geringfügig verschoben: Leistungsphasen 3, 5 und 8 wurden jeweils um 1% erhöht, während Leistungsphase 4 um 2% und Leistungsphase 9 um 1% reduziert wurde.

B. Definition der Freianlagen (Abs. 1)

4 Gemäß Abs. 1 werden Freianlagen definiert als

„planerisch gestaltete Freiflächen und Freiräume sowie entsprechend gestaltete Anlagen in Verbindung mit Bauwerken oder in Bauwerken und landschaftspflegerische Freianlagenplanungen in Verbindung mit Objekten“.

5 Voraussetzung nach dieser Definition sind somit zunächst **planerisch gestaltete** Freiflächen oder Freiräume. Diese können in Verbindung mit Bauwerken stehen oder

innerhalb von Bauwerken liegen oder mit diesen nicht in Verbindung stehen. Als Beispiele für **Freiflächen in Verbindung mit Bauwerken** sind Hausgärten, Höfe, Dachgärten, Terrassengärten, Bauwerksbegründungen und Innenraumbegrünungen zu nennen. Als Freiflächen, die **nicht in Verbindung mit Bauwerken** stehen, können Parkanlagen, Freizeitparks, Sportanlagen, Spielplätze etc. angeführt werden.

C. Das Leistungsbild Freianlagen (Abs. 2)

Das Leistungsbild Freianlagen verweist auf die entsprechende Parallelvorschrift für Gebäude und Innenräume in § 34 Abs. 1, in der alle Bauaktivitäten im Hochbau erfasst sind. Diese sollen „entsprechend" für das Leistungsbild Freianlagen gelten. Sie sind in § 2 definiert, sodass auf die dortige Kommentierung verwiesen wird: 6

- Neubauten und Neuanlagen: § 2 Abs. 2,
- Wiederaufbauten: § 2 Abs. 3,
- Erweiterungsbauten: § 2 Abs. 4,
- Umbauten: § 2 Abs. 5,
- Modernisierungen: § 2 Abs. 6,
- Instandsetzungen: § 2 Abs. 8,
- Instandhaltungen: § 2 Abs. 9.

Die Streitfrage, ob für Freianlagen ein Umbau- oder Modernisierungszuschlag anfällt, wurde in § 40 Abs. 6 geklärt. Danach gilt die Vorschrift des § 36 Abs. 1 für Freianlagen entsprechend. Hierzu wird auf die Kommentierung zu § 40 Abs. 6 in Rn 88 ff. verwiesen. 7

D. Honorarprozentsätze in den einzelnen Leistungsphasen (Abs. 3)

I. Unterscheidung Grundleistungen – Besondere Leistungen

Die Leistungsphasen werden jeweils in Grundleistungen und Besondere Leistungen unterteilt, die in Anlage 11, Nr. 11.1 tabellarisch aufgelistet werden. 8

Dieser **Grundleistungskatalog** ist abschließend, da für Grundleistungen ein fest definiertes Honorar auch nur für fest definierte Leistungen vorgegeben werden kann. 9

Die **Besonderen Leistungen**, die sämtliche Leistungen außerhalb der Grundleistungen erfassen, können nicht abschließend aufgezählt werden. Die Aufzählung enthält nur Beispiele, wie in § 39 Abs. 4 festgehalten ist. Das Honorar für Besondere Leistungen ist frei verhandelbar. In Betracht kommt eine Abrechnung nach Aufwandspauschalen, Tagespauschalen, Stundenansätzen oder durch eine prozentuale Erhöhung des vereinbarten Grundleistungshonorars. 10

II. Leistungsphasen

In Abs. 3 ist die Aufteilung in neun Leistungsphasen mit den jeweiligen Honorarprozentpunkten jeder einzelnen Leistungsphase festgelegt. Durch die HOAI 2013 hat sich die Verteilung der Prozentpunkte auf die einzelnen Leistungsphasen geringfügig verschoben: Leistungsphasen 3, 5 und 8 wurden jeweils um 1% erhöht, während Leistungsphase 4 um 2% und Leistungsphase 9 um 1% reduziert wurde. Damit erhält die Genehmigungsplanung weniger Gewicht. 11

Die Leistungsphasen und ihre jeweiligen Prozentsätze betragen (abweichende Werte der alten HOAI-Fassungen 2002 und 2009 in Klammern): 12

Nr.	Leistungsphase	Freianlagen
1	Grundlagenermittlung	3%
2	Vorplanung	10%
3	Entwurfsplanung	16% (15%)
4	Genehmigungsplanung	4% (6%)
5	Ausführungsplanung	25% (24%)
6	Vorbereitung der Vergabe	7%
7	Mitwirkung bei der Vergabe	3%
8	Objektüberwachung – Bauüberwachung und Dokumentation	30% (29%)
9	Objektbetreuung	2% (3%)
Summe:		100%

III. Vertraglich geschuldeter Leistungsumfang

13 Der Grundleistungskatalog der HOAI regelt grundsätzlich nicht, welche Leistungen erforderlich sind und welche der Architekt schuldet. Dies ergibt sich ausschließlich aus dem Vertrag und sekundär aus den Vorschriften des BGB-Werkvertragsrechts (§§ 631ff. BGB). Die HOAI ist reines Preis- und kein Vertragsrecht.

14 So können beispielsweise auch nur einzelne Grundleistungen oder Teile hieraus in Auftrag gegeben werden. In diesem Fall steht dem Freianlagenplaner nur ein entsprechendes Teilhonorar zu. Dieser Grundsatz ist ausdrücklich in § 8 geregelt, sodass auf die dortige Kommentierung verwiesen wird.

IV. Aufteilungstabellen der Leistungsphasen in ihre jeweiligen Grundleistungen

15 Die Honoraranteile für den beauftragten Leistungsumfang aus den jeweiligen Leistungsphasen sind anhand der üblichen **Aufteilungstabellen** (sog. **Splitting-Tabellen**) zu ermitteln. Hier gibt es derzeit zwei Tabellen: des Sachverständigen **Dieter *Pfrommer*** und des Sachverständigen **Fritz *Erhard*.**[1] In diesen Tabellen werden die Leistungsphasen in ihre jeweiligen Grundleistungen als kleinste Einheit aufgeteilt und – meist mit von/bis-Spannen – festgelegt, welchen prozentualen Anteil welche Grundleistung an der gesamten Leistungsphase hat. Diese Listen wurden vom BGH als mögliche Grundlagen für eine Honoraraufteilung beim Architekten ausdrücklich anerkannt, sodass diese Grundsätze auch auf den Freianlagenplaner zu übertragen sind.[2]

16 Diese Aufteilungstabellen können sowohl bei der Honorarvereinbarung als auch bei einer Mindest-/Höchstsatzermittlung herangezogen werden, wenn beispielsweise nur einzelne Grundleistungen aus den Leistungsphasen beauftragt werden.

---

1 Praxisleitfaden HOAI 2013, Kapitel 4.2 Leistungsbild im Überblick, Teilleistungsbewertung bei Freianlagen, S. 37–48, Loseblattsammlung, WEKA-Verlag.

2 BGH, Urt. v. 24.6.2004 – VII ZR 259/02 – BGHZ 159, 376; BGH, Urt. v. 16.12.2004 – VII ZR 174/03 –.

V. Honorarminderung bei nicht erbrachten Grundleistungen

Der Grundleistungskatalog kann als **Auslegungsregel** des Freianlagenplanervertrages dienen. Wird beispielsweise im Planervertrag auf die Leistungsbilder der HOAI verwiesen (§ 15 Abs. 2 der HOAI 2002, Anlage 12 der HOAI 2009 oder Anlage 11 der HOAI 2013), werden diese damit zum **vertraglich geschuldeten Leistungsumfang** erklärt, also „vertraglicht". Dies hat zur Folge, dass der Planer diese Grundleistungen als vertragliche Teilschritte erbringen muss. Erbringt er diese nicht, kann dies zu Honorarminderungen führen. 17

Hier hat der BGH für die Hochbauarchitekten im Jahr 2004 beginnend mit seinem Urteil vom 24.6.2004,[3] fortgeführt durch die Urteile vom 11.11.2004[4] und 16.12.2004[5] seine bisherige Rechtsprechung geändert und in der Folge konsequent umgesetzt, z.B. durch Urteil vom 26.7.2007.[6] Die Grundsätze und Folgen dieser höchstrichterlichen Rechtsprechung, die auch auf den Freianlagenplaner Anwendung findet, sind kommentiert in § 34 Rn 22ff., sodass auf die dortigen Ausführungen verwiesen wird. 18

E. Leistungsbild Objektplanung Freianlagen (Anlage 11.1)

I. Grundzüge des Leistungsbilds

1. Merkmale der Novellierung. Bereits mit Beschluss zur Zustimmung zur 6. Novelle am 12.6.2009 hatte der Bundesrat gegenüber dem Verordnungsgeber die Empfehlung ausgesprochen, nach einer „Erprobungsphase" von fünf Jahren den eventuellen Anpassungsbedarf an die Entwicklungen zu untersuchen. 19

In Abstimmung zwischen dem BMWi und dem Bundesministerium für Verkehr, Bau und Stadtentwicklung (BMVBS) wurde sodann die Untersuchung der fachlichen Änderungen, d.h. die Untersuchung der Leistungsbilder, durch das BMVBS durchgeführt (sog. Lechner-Gutachten). 20

Zur Einbindung des hierfür notwendigen Fachwissens hat das BMVBS fünf paritätisch besetzte Experten-Facharbeitsgruppen eingesetzt, die unterteilt in zahlreichen Unterarbeitsgruppen die Ergebnisse im Abschlussbericht „Evaluierung der Honorarordnung für Architekten und Ingenieure (HOAI) – Aktualisierung der Leistungsbilder" vom 2.9.2011 zusammengefasst haben. 21

Dabei wurden die Vorschläge zur baufachlichen Überarbeitung der HOAI in einem offenen Diskussionsprozess zusammen mit Experten der Berufsstände und der Auftraggeber erarbeitet. Damit sollte das Anwender- und Erfahrungswissen der Experten auf Auftraggeber- und Auftragnehmerseite unmittelbar in den Untersuchungsprozess eingebunden werden. 22

Sodann hat das BMWi das Forschungsprojekt zum „Aktualisierungsbedarf zur Honorarstruktur der Honorarordnung für Architekten und Ingenieure (HOAI)" beauftragt. 23

Die hierauf erstellte Studie wurde unter Berücksichtigung der Entwicklung der Baupreise und der Personal- und Sachkosten in Deutschland, dem sich aus dem Abschlussbericht BMVBS ergebenden Mehr- und Minderaufwand aus den Leistungsbildern sowie Rationalisierungseffekten aufgrund des Einsatzes moderner Techniken erstellt. Die Ergebnisse sind schließlich in den Referentenentwurf übernommen worden. 24

---

3 BGH, Urt. v. 24.6.2004 – VII ZR 259/02 – BGHZ 159, 376 = BauR 2004, 1640.
4 BGH, Urt. v. 11.11.2004 – VII ZR 128/03 – BauR 2005, 400.
5 BGH, Urt. v. 16.12.2004 – VII ZR 174/03 – BauR 2005, 588.
6 BGH, Urt. v. 26.7.2007 – VII ZR 42/05 – BGHZ 173, 314 = BauR 2007, 1761.

25 Besonders hervorzuheben ist, dass in allen vorgeschalteten Studien und Gutachterexpertisen, erstmalig im Verlauf der bisherigen Novellierungen, die Belange der Objektplanung Freianlagen Eingang fanden und mit Daten unterlegt wurden.

26 Ziele und wesentliche Inhalte der aktuellen Novellierungen der HOAI waren:
- baufachliche Überarbeitung der Leistungsbilder,
- Aktualisierung der Honorartafelwerte,
- Überarbeitung und Vereinfachung der allgemeinen Honorarvorschriften.

27 Der Arbeitstitel der „baufachlichen Überarbeitung“ ist mit Modernisierung des Leistungsbildes gleichzusetzen.

28 Die Leistungsbilder der HOAI sind überwiegend am Stand der Technik der 70er Jahre des letzten Jahrhunderts ausgerichtet. Die Planungsprozesse und Büroabläufe beispielsweise der HOAI 1976 umfassten Zeichnungen am Reißbrett, Berechnungen mit Rechenschiebern, Leistungsbeschreibungen per Schreibmaschine sowie Kommunikation mittels Brief und Telefon.

29 Die aktuelle Planungswirklichkeit zeichnet sich hingegen durch den Einsatz des PC für Beschreibungen und Berechnungen des Planungsprozesses, CAD (computer aided design), E-Mail, Telefon, EU-weite Ausschreibungen und Vergaben über elektronische Plattformen aus.

30 Auch haben sich die Anforderungen an die Planungsaufgaben gewandelt: Aspekte der Nachhaltigkeit sowie des Klima- und Umweltschutzes haben an Bedeutung gewonnen und erheblichen Einfluss auf die Gesetzgebung bewirkt.

31 Die Ansprüche an Kosten- und Terminsicherheit sind gestiegen und die Administration der Planungsprojekte muss deutlich höheren Haftungsansprüchen standhalten.

32 Eine Anpassung der Leistungsbilder in den einzelnen Fachdisziplinen, insbesondere bei Freianlagen, war längst überfällig.

33 **2. Eigenständigkeit des Leistungsbilds Freianlagen.** Im Rückblick auf die bisherigen Strukturen der Honorarordnung seit 1976 waren die Leistungen bei Freianlagen dem Leistungsbild „Gebäude und raumbildende Ausbauten“ zugeordnet. Dies führte häufig zu unklaren Vermischungen und erschwerte sowohl in der Praxis als auch in Streitfällen die Profilierung der Leistungsanforderungen bei Freianlagen.

34 An dieser Stelle seien deshalb die grundlegenden Unterschiede von Gebäude- und Innenraum zu Freianlagenplanungen aufgezeigt:
- Wesentliches Merkmal ist der Umgang mit lebenden Baustoffen, Vegetation, Pflanzen und Erden.
- Die Entwicklung und Veränderung der vorbeschriebenen Potenziale bedingt prozesshafte Betrachtungsweisen, welche nicht allein auf die Herstellung eines Objekts ausgerichtet sind.
- Nicht nur gestalterische Ergebnisse, sondern auch jahreszeitlich unterschiedliche Ausprägungen und Nutzungen sind in der Planung zu berücksichtigen.
- Die Umsetzung/Realisierung von Freianlagen ist in weitaus höherem Maße als bei Gebäuden von den Witterungsverläufen und Jahreszeiten geprägt.
- Planungsleistungen bei Freianlagen bedingen in der interdisziplinären Zusammenarbeit einer speziellen Schnittstellenstruktur zur Abgrenzung von Leistungen bei Gebäuden, Ingenieurbauwerken und technischer Ausrüstung.

35 Diese Erkenntnisse finden Eingang in die Modernisierung der Leistungsbilder, sei es durch Formulierung der Bewertungsmerkmale als auch der Einzelbeschreibungen zu den Leistungsphasen.

Ergänzend wurden auch die Begriffsbestimmungen des § 2 und des Vorspanns zu § 39 Abs. 1 Leistungsbild Freianlagen aktualisiert. 36

Die dadurch erreichten Klarstellungen und Profilierung des Leistungsbilds Freianlagen ermöglichen insgesamt eine wesentlich bessere Abgrenzung und auch Zuordnung bei kombinierten Objekten. 37

3. Verknüpfung mit anderen Leistungsbildern. Auch 40 Jahre nach Einführung der HOAI und einschlägigen BGH-Urteilen – d.h. nach herrschender Rechtsauffassung – erscheint es wiederholt angebracht, auf die allein leistungsbezogene Bestimmung der HOAI hinzuweisen. 38

Damit ist die Frage, ob die Honorarordnung berufs- oder leistungsbezogen anzuwenden sei, hinreichend geklärt. 39

Wer welche Planungsleistungen auch immer erbringt, ob Architekt oder Planungs-GmbH, ob Landschaftsarchitekt oder Straßenbauingenieur, ob Wasserbauer oder Statiker, so ist die zu erbringende Leistung nach zugehörigem Leistungsbild und nicht nach zugehörigem Berufsstand einzuordnen. 40

Dies setzt zuallererst eine korrekte analytische Begriffsbestimmung des Objekts nach § 2 Abs. 1 voraus, um nachfolgend anhand der Planungsaufgabe das oder die Leistungsbilder zu entwickeln. 41

II. Erläuterung der Leistungsbilder zu § 39

1. Modernisierung der Grundleistungen der Leistungsphasen 1 bis 9. Die Modernisierung des Leistungsbilds wird in den novellierten Regelungen des § 39 Abs. 2 bis 4 vollzogen. Dabei wird der Schwerpunkt auf die Anforderungen an 42

- verfeinerte Termin- und Kostenplanung,
- erhöhte Bearbeitungs- und Planungstiefen und
- weiterentwickelte umweltrechtliche Belange

gelegt und dies in den einzelnen Leistungsphasen entsprechend beschrieben.

Die Systematik der nachfolgenden Erläuterungen beruht auf dem Wortlaut der zugehörigen Anlage 11.1 „Leistungsbild Freianlagen“. Die kursiv gesetzten Texte der linken Spalte verdeutlichen die Änderungen. 43

Im Vorspann der jeweiligen Leistungsphase wird deren Inhalt fokussiert; die praxisorientierten Erläuterungen der rechten Spalte stellen allein auf den Modernisierungscharakter, d.h. auf Ergänzungen und neu aufgenommene Grundteilleistungen ab. 44

a) Leistungsphase 1 – Grundlagenermittlung

LPH 1	Grundlagenermittlung	Erläuterungen zur Modernisierung	
a)	*Klären der Aufgabenstellung aufgrund der Vorgaben oder der Bedarfsplanung des Auftraggebers oder vorliegender Planungs- und Genehmigungsunterlagen*	zu a) ***Ergänzt*** wurde der Verweis auf vorliegende Planungs- und Genehmigungsunterlagen, da in bestimmten Fällen Freianlagenplanungen auf der Grundlage bereits erteilter Planfeststellungen o.Ä. zu erstellen sind.	45

LPH 1	Grundlagenermittlung	Erläuterungen zur Modernisierung
b)	*Ortsbesichtigung*	zu b) ***Neu aufgenommen*** wurden „Ortsbesichtigungen“ wegen der gebotenen fachlichen Notwendigkeit. Da Leistungen zur Ortsbesichtigung ausschließlich personenbezogen vom Planer zu erbringen sind, können diese keine verzichtbaren Auftraggeberleistungen sein.
c)	Beraten zum gesamten Leistungs- *und Untersuchungsbedarf*	zu c) Weiterer Untersuchungsbedarf kann z.B. durch ergänzende/erweiterte Vegetationskartierung als Planunterlage gegeben sein.
d)	Formulieren von Entscheidungshilfen für die Auswahl anderer an der Planung fachlich Beteiligter	
e)	Zusammenfassen, *Erläutern und Dokumentieren* der Ergebnisse	zu e) ***Ergänzt*** wurde die Teilleistung „Erläutern und Dokumentieren“. Der Nachvollziehbarkeit halber wird schriftliche Dokumentation empfohlen. Bereits in dieser Phase können ggf. Bewertungsmerkmale des Schwierigkeitsgrades der Planung abgeleitet werden. Die Teilleistung e) kann mit deutlichem Mehraufwand verbunden sein.

46 **b) Leistungsphase 2 – Vorplanung.** Das Leistungsziel der Phase 2 Vorplanung liegt in der Projekt- und Planungsvorbereitung mit dem Aufzeigen der wesentlichen Lösung.

47 Neben der zeichnerischen Darstellung sind Abstimmungsschritte mit dem Auftraggeber, den fachlich Beteiligten sowie zur grundsätzlichen Klärung der Genehmigungsfähigkeit zu erbringen.

48 Die Kostenschätzung stellt eine wichtige Grundlage für die weitere Durchführungsentscheidung dar.

49

LPH 2	Vorplanung (Projekt- und Planungsvorbereitung)	Erläuterungen zur Modernisierung
a)	Analysieren der Grundlagen, *Abstimmen der Leistungen mit den fachlich an der Planung Beteiligten*	zu a) Das Abstimmen der Leistungen (gemeint sind die eigenen Leistungen) setzt die rechtzeitige Beauftragung aller Planungsbeteiligten voraus.

<table>
<tr><th>LPH 2</th><th>Vorplanung (Projekt- und Planungsvorbereitung)</th><th colspan="2">Erläuterungen zur Modernisierung</th></tr>
<tr><td>b)</td><td>Abstimmen der Zielvorstellungen</td><td colspan="2"></td></tr>
<tr><td>c)</td><td>Erfassen, Bewerten und Erläutern der Wechselwirkungen im Ökosystem</td><td rowspan="2">zu c) + d)</td><td rowspan="2">Von besonderer Bedeutung bei Freianlagen ist die verankerte Befassung mit ökosystemaren Strukturen und Zusammenhängen – welche sich auch in Phasen 3, 4 und 5 fortsetzen.
Ergänzt wurde deshalb unter dem Spiegelstrich 2d eine beispielhafte offene Aufzählung möglicher Bedingungen und Leistungsinhalte; insbesondere ist die Berücksichtigung der Umweltbelange (nach „Lechner-Gutachten“) einschließlich der artenschutzrechtlichen Bestimmungen den geänderten Anforderungen geschuldet und hat seit gesetzlicher Einführung bei Freianlagen eine hohe Bedeutung.
Geändert ist das Untersuchen und Bewerten von „Varianten“ statt „alternativer Lösungsmöglichkeiten“.
Zu beachten:
„Varianten“ sind geringfügig voneinander abweichende Planungs-/Lösungsvorschläge nach gleichen oder identischen Anforderungen.
„Alternativen“ sind deutlich oder erheblich voneinander abweichende Planungs-/Lösungsvorschläge nach unterschiedlichen Anforderungen.</td></tr>
<tr><td>d)</td><td>Erarbeiten eines Planungskonzepts einschließlich Untersuchen und Bewerten von Varianten nach gleichen Anforderungen unter Berücksichtigung zum Beispiel
– der Topographie und der weiteren standörtlichen und ökologischen Rahmenbedingungen,
– der Umweltbelange einschließlich der natur- und artenschutzrechtlichen Anforderungen und der vegetationstechnischen Bedingungen,
– der gestalterischen und funktionalen Anforderungen
– Klären der wesentlichen Zusammenhänge, Vorgänge und Bedingungen
– Abstimmen oder Koordinieren unter Integration der Beiträge anderer an der Planung fachlich Beteiligter</td></tr>
<tr><td>e)</td><td>Darstellen des Vorentwurfs mit Erläuterungen und Angaben zum terminlichen Ablauf</td><td>zu e)</td><td>Neu aufgenommen wurden unter Spiegelstrich 2e „Angaben zum terminlichen Ablauf“, welche fachspezifisch zu verstehen sind, da bei der Herstellung von Freianlagen jahreszeitliche Bedingungen zu beachten sind und ggf. Abhängigkeiten zur Erstellung von Gebäuden, Verkehrsanlagen oder Ingenieurbauwerken bestehen.</td></tr>
</table>

LPH 2	Vorplanung (Projekt- und Planungsvorbereitung)	Erläuterungen zur Modernisierung	
f)	Kostenschätzung, *zum Beispiel* nach DIN 276, *Vergleich mit den finanziellen Rahmenbedingungen*	zu f)	***Geändert*** wird die Vorgabe zur Kostenermittlung. Der Bezug auf die DIN 276, auch Teil 4 – einschließlich entsprechender Anwendung – wird nur noch beispielhaft genannt, da abhängig vom Vorhaben auch Kostenermittlungen anderer Art, z.B. auftraggeberbezogen (Kostenberechnung für Straßenbaumaßnahmen) o.Ä. erforderlich werden können. Der Vergleich mit finanziellen Rahmenbedingungen ist zu beachten und bezieht sich auf die Vorgaben z.B. aus der Kostenplanung des Auftraggebers. Die Anwendung der DIN 276 als Grundlage zur Bemessung der anrechenbaren, honorarfähigen Kosten bleibt davon unberührt.
g)	Zusammenfassen, *Erläutern und Dokumentieren* der Vorplanungsergebnisse	zu g)	Hinzuweisen ist auf die ***Ergänzung*** „Dokumentation der Vorplanungsergebnisse" – am besten in schriftlicher Form – als Wegweiser für die Fortführung der Planung und ggf. Nachweisführung bei Planungsänderungen. Die Durcharbeitung zeichnerischer Darstellungen kann skizzenartigen Charakter haben. Entgegen allgemeiner technischer, CAD-geprägter Darstellung kann auch ein skizzenhafter Plan als honorarfähige Vorentwurfsdarstellung gelten.

50 **c) Leistungsphase 3 – Entwurfsplanung.** Die Leistungsphase 3 ist von zentraler Bedeutung im gesamten Objektplanungsbereich der Freianlagen, weil sie sowohl dem Auftraggeber die endgültige Planungs- und Kostenentscheidung ermöglichen soll und andererseits für den Planer die Grundlage seiner Honorarermittlung darstellt.

51 In dieser Phase sind die kreativ-gestalterischen Aussagen mit wirtschaftlich-technischen Fakten zu verknüpfen.

52 In der Novellierung wurde das Leistungsbild zielgerichtet auf die Anforderungen bei Freianlagen abgestellt.

LPH 3	Entwurfsplanung (System- und Integrationsplanung)	Erläuterungen zur Modernisierung		53
a)	Erarbeiten der Entwurfsplanung *auf Grundlage der Vorplanung* unter Vertiefung z.B. der gestalterischen, funktionalen, wirtschaftlichen, standörtlichen, ökologischen, natur- und artenschutzrechtlichen Anforderungen *Abstimmen oder Koordinieren* unter Integration der Beiträge anderer an der Planung fachlich Beteiligter			
b)	*Abstimmen der Planung mit zu beteiligenden Stellen und Behörden*	zu b)	Bei Freianlagen ist der natur- ggf. baumschutzrechliche Klärungsbedarf rechtzeitig zu erkennen.	
c)	Darstellen des Entwurfs z.B. im Maßstab 1:500 bis 1:100, mit erforderlichen Angaben insbesondere – *zur Bepflanzung,* – zu Materialien und Ausstattungen, – zu Maßnahmen aufgrund rechtlicher Vorgaben, – zum terminlichen Ablauf	zu c)	Zur Darstellung sind die Maßstabsangaben M 1:500 bis M 1:100 beispielhaft zur Verdeutlichung des erforderlichen Durcharbeitungsgrades genannt. Ergänzend zur Entwurfsdarstellung sind weitere Angaben textlicher Art zu leisten (3./4. Spiegelstrich).	
d)	Objektbeschreibung mit Erläuterung von Ausgleichs- und Ersatzmaßnahmen nach Maßgabe der naturschutzrechtlichen Eingriffsregelung			
e)	Kostenberechnung, *zum Beispiel* nach DIN 276 *einschließlich zugehöriger Mengenermittlung*	zu e)	***Neu aufgenommen*** wurde die Erstellung „zugehöriger Mengenermittlungen“ zur Kostenberechnung als zwingende Vorlage. Hinsichtlich der nun erforderlichen Mengenermittlungen empfiehlt es sich, durch organisatorische Vorkehrungen im Zuge der CAD-Planung geeignete Methoden/Verfahren anzuwenden, um die Ergebnisse auch für den Auftraggeber visualisiert nachweisen zu können.	

LPH 3	Entwurfsplanung (System- und Integrationsplanung)	Erläuterungen zur Modernisierung	
f)	Vergleich der Kostenberechnung mit der Kostenschätzung		
g)	Zusammenfassen, *Erläutern und Dokumentieren* der Entwurfsplanungsergebnisse	zu g)	Dies ist von erheblicher Bedeutung zur Klärung von Anspruchsvoraussetzungen bei Änderungsleistungen nach § 10 Abs. 1 oder anderen Leistungen nach § 3 Abs. 2/3 im Sinne definierter Leistungsziele und -umfänge.

54 **d) Leistungsphase 4 – Genehmigungsplanung.** Das Leistungsbild der Phase 4 (Genehmigungsplanung) bei Freianlagen wurde mehr auf die bauordnungsrechtlichen Vorgaben und die wesentlichen Arbeitsschritte zugeschnitten.

55

LPH 4	Genehmigungsplanung	Erläuterungen zur Modernisierung	
a)	Erarbeiten *und Zusammenstellen* der Vorlagen *und Nachweise* für öffentlich-rechtliche Genehmigungen oder Zustimmungen einschließlich der Anträge auf Ausnahmen und Befreiungen, *sowie notwendiger Verhandlungen mit Behörden* unter Verwendung der Beiträge anderer an der Planung fachlich Beteiligter	zu a)	Anstelle der vormaligen „Prüfung auf notwendige Genehmigungen/Einholung von Zustimmungen etc." tritt das für Freianlagen eindeutig formulierte Leistungsbild, welches auch den bauordnungsrechtlichen Begriffen anzupassen war. Der bisherige Hinweis, dass bei Freianlagen das „Prüfen auf notwendige Genehmigungen" bereits einen Vergütungsanspruch auslösen konnte, ist hinfällig.
b)	Einreichen der Vorlagen		
c)	Ergänzen und Anpassen der Planungsunterlagen, Beschreibungen und Berechnungen		

56 **e) Leistungsphase 5 – Ausführungsplanung.** Im Zuge der Novellierung wurden durch Abkoppelung vom Leistungsbild Gebäude die Inhalte und Anforderungen an die Ausführungsplanung bei Freianlagen erstmals fachspezifisch geregelt.

57 Dies gilt vor allem für die notwendigen Einzelangaben und deren Darstellung.

58 Besonders hinzuweisen ist auf die beschriebene Voraussetzung einer Entwurfs- und Genehmigungsplanung als Planungsgrundlage sowie die Abstimmung und Koordinierungspflicht der an der Planung fachlich Beteiligten.

LPH 5	Ausführungsplanung	Erläuterungen zur Modernisierung		59
a)	Erarbeiten der Ausführungsplanung *auf Grundlage der Entwurfs- und Genehmigungsplanung* bis zur ausführungsreifen Lösung als Grundlage für die weiteren Leistungsphasen	zu a)	Hinweis, dass eine vorliegende Entwurfs- und Genehmigungsplanung als Grundlage der Ausführungsplanung vorauszusetzen ist.	
b)	Erstellen von Plänen oder Beschreibungen, je nach Art des Bauvorhabens z.B. im Maßstab 1:200 bis 1:50			
c)	*Abstimmen oder Koordinieren* unter Integration der Beiträge anderer an der Planung fachlich Beteiligter	zu c)	Als obligatorische Nebenpflicht aufgeführt; birgt Haftungsrisiko in sich.	
d)	*Darstellen der Freianlagen mit den für die Ausführung notwendigen Angaben, Detail- oder Konstruktionszeichnungen, insbesondere* – *zu Oberflächenmaterial, -befestigungen und -relief,* – zu ober- und unterirdischen Einbauten und Ausstattungen, – zur Vegetation mit Angaben zu Arten, Sorten und Qualitäten, – zu landschaftspflegerischen, naturschutzfachlichen oder artenschutzrechtlichen Maßnahmen	zu d)	Wichtige Klarstellungen/***Ergänzungen*** stellen die freianlagenspezifischen Teilleistungsinhalte unter Spiegelstrich 5d dar. Die ***neu aufgenommenen*** „notwendigen Angaben" stellen zugleich die inhaltlichen Mindestanforderungen an eine Ausführungsplanung dar. Die Bearbeitungs- und Durchdringungstiefe ist vom Einzelfall abhängig. Die Art der Darstellung ist auf den Besteller/Auftraggeberhorizont auszurichten.	
e)	*Fortschreiben der Angaben zum terminlichen Ablauf*	zu e)	***Neu*** eingefügt wurde das „Fortschreiben der Angaben zum terminlichen Ablauf" (siehe auch Spiegelstrich 2e Vorplanung).	
f)	Fortschreiben der Ausführungsplanung während der Objektausführung			

– **Sonderfall zur Leistungsphase 5 bei Freianlagen**

Als explizit in dieser Leistungsphase und in der Praxis auftretende erhöhte Anforderungen (mit erhöhten Aufwendungen) in der Planung seien genannt: 60

– artenreiche Bepflanzungen oder Ansaaten mit mindestens drei Blühbildern im Jahr,
– Bepflanzungen für Themen- und Schaugärten,
– Bepflanzungen auf besonderen oder herzustellenden Standorten,

- Werkplanungen mit besonders hohen Detailanforderungen,
- denkmalpflegerische Rekonstruktionen.

61 Da diese auf die Leistungsphase 5 bei Freianlagen beschränkten Anforderungen nicht in der Honorarzone oder dem Honorarsatz abbildbar sind, empfiehlt sich, hierzu im Einzelfall eine gesonderte Vereinbarung zu treffen.

62 Der Verordnungsgeber wurde im Zuge der Gutachtenerstellung und Vorbereitungen auf diesen Sonderfall hingewiesen; wegen der Besonderheit dieser Sachlage wurde aber von einer allgemeinen preisrechtlichen Regelung abgesehen; dies sei im jeweiligen Einzelfall von den Parteien zu vereinbaren.

63 **f) Leistungsphase 6 – Vorbereitung der Vergabe.** Die bisherigen Leistungen der Mengenermittlung und Leistungsbeschreibung wurden um aufwändige Grundteilleistungen wie Kostenermittlung und Kostenkontrolle durch ein bepreistes Leistungsverzeichnis sowie Terminplanung in dieser Leistungsphase erheblich erweitert.

64

LPH 6	Vorbereitung der Vergabe	Erläuterungen zur Modernisierung	
a)	Aufstellen von Leistungsbeschreibungen mit Leistungsverzeichnissen		
b)	Ermitteln und Zusammenstellen von Mengen *auf Grundlage der Ausführungsplanung*	zu b)	Hinweis, dass eine vorliegende Ausführungsplanung als Grundlage der LV-Erstellung vorauszusetzen ist. (Für die Praxis: „kein Leistungsverzeichnis aus dem Stand".)
c)	Abstimmen oder Koordinieren der Leistungsbeschreibungen mit den an der Planung fachlich Beteiligten		
d)	*Aufstellen eines Terminplans unter Berücksichtigung jahreszeitlicher, bauablaufbedingter und witterungsbedingter Erfordernisse*	zu d)–f)	Das Leistungsbild zur Phase 6 hat wesentliche Erweiterungen des bisherigen Grundleistungskataloges zur Folge. Entsprechend übergeordneter Zielsetzungen der Kosten- und Terminsicherheit wurden folgende Leistungen ***neu*** aufgenommen: *„d) Aufstellen eines Terminplans unter Berücksichtigung jahreszeitlicher, bauablaufbedingter und witterungsbedingter Erfordernisse* *e) Ermitteln der Kosten auf Grundlage der vom Planer bepreisten Leistungsverzeichnisse*
e)	*Ermitteln der Kosten auf Grundlage der vom Planer bepreisten Leistungsverzeichnisse*		
f)	*Kostenkontrolle durch Vergleich der vom Planer bepreisten Leistungsverzeichnisse mit der Kostenberechnung*		

LPH 6	Vorbereitung der Vergabe	Erläuterungen zur Modernisierung	
			f) Kostenkontrolle durch Vergleich der vom Planer bepreisten Leistungsverzeichnisse mit der Kostenberechnung“ Statt des bisher geforderten Kostenanschlags wird in Leistungsphase 6 der Begriff der vom Planer bepreisten Leistungsverzeichnisse ***neu*** eingeführt. Damit soll vor Versand der Ausschreibungen kontrolliert werden, ob die möglichen Vergabesummen innerhalb des aus der Kostenberechnung gesetzten Budgets liegen und setzt die Verfügbarkeit detaillierter und aktueller Kostendaten voraus. Trotz erheblichem Mehraufwand in dieser Phase hat der Verordnungsgeber die Bewertung nicht erhöht.
g)	*Zusammenstellen der Vergabeunterlagen*	zu g)	Das hier beschriebene „Zusammenstellen der Vergabeunterlagen“ ist eine Verlagerung aus der vormaligen Leistungsphase 7, weil dies ursächlich mit dem Ausschreibungsvorgang zusammenhängt.

g) Leistungsphase 7 – Mitwirkung bei der Vergabe. Die Modernisierung dieses Leistungsbilds ist in hohem Maße der Anpassung an die vergaberechtlichen Bestimmungen der öffentlichen Hand gefolgt. **65**

Es sollen sowohl Eigenleistungen der Auftraggeber bei der Vergabe durch Vermeidung eventueller Doppelhonorierungen besser gestützt als auch die Planerleistungen auf nur zulässige „Mitwirkung“ im Vergabeverfahren fokussiert werden. **66**

Vor dem Hintergrund üblichen Teilleistungssplittings – insbesondere bei der öffentlichen Hand – ist diese Leistungsphase mit 3%-Punkten sowohl unterbewertet als auch als nicht kostendeckend zu betrachten. **67**

68

LPH 7	Mitwirkung bei der Vergabe	Erläuterungen zur Modernisierung	
a)	Einholen von Angeboten		
b)	Prüfen und Werten der Angebote einschließlich Aufstellen eines Preisspiegels *nach Einzelpositionen* oder Teilleistungen. *Prüfen*	zu b)	Unter dem Begriff „zusätzlicher und geänderter Leistungen“ sind Nachtragsbearbeitungen zu verstehen.

LPH 7	Mitwirkung bei der Vergabe	Erläuterungen zur Modernisierung	
	und Werten der Angebote zusätzlicher und geänderter Leistungen der ausführenden Unternehmen und der Angemessenheit der Preise		
c)	*Führen* von Bietergesprächen	zu c)	Das Führen von Bietergesprächen ist keine Verhandlung.
d)	Erstellen der Vergabevorschläge *Dokumentation des Vergabeverfahrens*	zu d)	***Neu*** aufgenommen wurde die Leistung 7d „Dokumentation des Vergabeverfahrens“, weil dies vergaberechtlich bei öffentlichen Aufträgen erforderlich ist.
e)	*Zusammenstellen der Vertragsunterlagen*	zu e)	Als Leistungshinweis: Diese Leistung umfasst das Zusammenstellen des (vom Auftraggeber zur Verfügung gestellten) Submissionsprotokolls, des Preisspiegels, der fachlich/technischen und wirtschaftlichen Wertung sowie der Vergabeempfehlung.
f)	Kostenkontrolle *durch Vergleichen der Ausschreibungsergebnisse mit den vom Planer bepreisten Leistungsverzeichnissen und der Kostenberechnung*	zu f)	Die Leistung der Kostenkontrolle beinhaltet den Abgleich der Ausschreibungsergebnisse. Der vormalige Kostenanschlag ist als Begriff in der HOAI nicht mehr vorhanden; die Leistung bleibt und wurde sogar erweitert.
g)	Mitwirken bei der Auftragserteilung		

69 **h) Leistungsphase 8 – Objektüberwachung und Dokumentation.** Der wesentliche Leistungsinhalt dieser Phase beinhaltet zusammengefasst in einem Satz: das verantwortliche, mängelfreie Entstehenlassen einer plangerechten Freianlage unter Beachtung der technischen Regeln, deren Abrechnung und Dokumentation.

70 In Übereinstimmung mit den Leistungsbildern anderer Objektplanungen wurde der Leistungskatalog fachübergreifend betrachtet, aber fachspezifisch für Freianlagen (insbesondere Nr. 8b, d, e, n und q) neu gefasst und erweitert.

71

LPH 8	Objektüberwachung (Bauüberwachung) und Dokumentation	Erläuterungen zur Modernisierung	
a)	Überwachen der Ausführung des Objekts auf Übereinstimmung mit der Genehmigung oder Zustimmung, den Verträgen mit ausführenden Unternehmen, *den Aus-*	zu a)	Redaktionelle Ergänzung

LPH 8	**Objektüberwachung (Bauüberwachung) und Dokumentation**		**Erläuterungen zur Modernisierung**
	führungsunterlagen, den einschlägigen Vorschriften sowie mit den allgemein anerkannten Regeln der Technik		
b)	*Überprüfen von Pflanzen- und Materiallieferungen*	zu b)	***Neuregelung*** wegen der Besonderheit der Leistungen und vormals aufgetretener Unklarheiten. (Auswahl von Pflanzen beim Lieferanten ist Besondere Leistung!)
c)	*Abstimmen mit den oder* Koordinieren der an der Objektüberwachung fachlich Beteiligten		
d)	*Fortschreiben und Überwachen des Terminplans unter Berücksichtigung jahreszeitlicher, bauablaufbedingter und witterungsbedingter Erfordernisse*	zu d) + e)	***Neuregelung*** wegen der Besonderheit der Leistungen und vormals aufgetretener Unklarheiten. Gemeint ist der Terminplan aus LPH 6.
e)	*Dokumentation des Bauablaufes (zum Beispiel Bautagebuch), Feststellen des Anwuchsergebnisses*	zu e)	***Hinweis:*** Auch fotografische Dokumentation möglich, insbesondere beim Verlauf von Anwachsprozessen.
f)	*Mitwirken beim* Aufmaß mit den bauausführenden Unternehmen		
g)	Rechnungsprüfung *einschließlich Prüfen der Aufmaße der ausführenden Unternehmen*	zu g) + h) + i)	Wurden als fachübergreifende Regelungen ***klargestellt*** bzw. präzisiert.
h)	*Vergleich der Ergebnisse der Rechnungsprüfungen mit den Auftragssummen einschließlich Nachträgen*		
i)	*Organisation der* Abnahme der Bauleistungen unter Mitwirkung anderer an der Planung und Objektüberwachung fachlich Beteiligter, Feststellung von Mängeln, *Abnahmeempfehlung für den Auftraggeber*	zu i)	***Hinweis:*** Dazu gehört das Anberaumen, aber auch das Verhindern einer stillschweigenden Abnahme. Eine Abnahmeempfehlung wird deshalb als solche bezeichnet, weil eine rechtsgeschäftliche Abnahme vertragsrechtlich nur durch den Auftraggeber erfolgen kann.
j)	Antrag auf öffentlich-rechtliche Abnahmen und Teilnahme daran		
k)	Übergabe des Objekts		

LPH 8	Objektüberwachung (Bauüberwachung) und Dokumentation	Erläuterungen zur Modernisierung
l)	Überwachen der Beseitigung der bei der Abnahme festgestellten Mängel	
m)	Auflisten der Verjährungsfristen für Mängelansprüche	
n)	*Überwachen der Fertigstellungspflege bei vegetationstechnischen Maßnahmen*	zu n) ***Neuregelung*** wegen der Besonderheit der Leistungen und vormals aufgetretener Unklarheiten. Hiermit sind Leistungen für Entwicklungs- und Unterhaltspflege, d.h. nach dem Zeitpunkt der Abnahme, eindeutig nicht Leistungsbestandteil der Phase 8.
o)	Kostenkontrolle durch Überprüfen der Leistungsabrechnung der bauausführenden Unternehmen im Vergleich zu den Vertragspreisen	zu o) ***Neu aufgenommen***
p)	Kostenfeststellung, z.B. nach DIN 276	zu p) ***Neu aufgenommen***
q)	*Systematische Zusammenstellung der Dokumentation, zeichnerischen Darstellungen und rechnerischen Ergebnisse des Objekts*	zu q) ***Neu aufgenommen*** wurde die Leistung der Dokumentation (8q) als Verschiebung aus vormaliger Phase 9.

72 **i) Leistungsphase 9 – Objektbetreuung.** Die Abkoppelung der neu gefassten Leistungen der Phase 9 Objektbetreuung von der Objektüberwachung vereinfacht und verdeutlicht:

- Die Objektüberwachung ist nicht selbstverständlich für Gewährleistungsmängel zuständig, d.h. nur, wenn Phase 9 auch beauftragt ist.
- Eine Schluss- oder Teilrechnungslegung nach Abschluss der Phase 8 wird eher möglich.
- Die so sehr unterschiedlichen Aufwendungen für Mängelbeseitigung lassen sich preisrechtlich schwer bemessen und sind den Besonderen Leistungen zuzuordnen.

73 Dies trifft bei Freianlagen zweifelsfrei bei den Überwachungsleistungen zur Entwicklungspflege zu.

74

LPH 9	Objektbetreuung	Erläuterungen zur Modernisierung
a)	*Fachliche Bewertung* der innerhalb der Verjährungsfristen für Gewährleistungsansprüche festgestellten Mängel, längstens je	zu a) Neu eingeführt wurde dafür die ***„Fachliche Bewertung*** (im Gegensatz zur juristischen Bewertung) ***der innerhalb der Verjährungs-***

LPH 9	Objektbetreuung	Erläuterungen zur Modernisierung
	doch bis zum Ablauf von ***5 Jahren*** seit Abnahme der Leistung, einschließlich notwendiger Begehungen	***fristen festgestellten Mängel“,*** die den Auftraggeber bei der Beurteilung zur Durchsetzung seiner Ansprüche gegenüber den Ausführenden unterstützt. Damit wird gewährleistet, dass der beauftragte Architekt oder Ingenieur dem Bauherrn auch nach Erstellung seines Vorhabens zur Seite steht. Durch Verlängerung des Fristablaufs von 4 auf 5 Jahre entsteht ggf. erhöhtes Haftungsrisiko.
b)	Objektbegehung zur Mängelfeststellung vor Ablauf der Verjährungsfristen für Mängelansprüche gegenüber den ausführenden Unternehmen	Als Grundleistung der Phase 9 ist nach wie vor geschuldet die Objektbegehung zur Mängelfeststellung vor Ablauf der Verjährungsfristen.
c)	Mitwirken bei der Freigabe von Sicherheitsleistungen	

2. Besondere Leistungen bei Freianlagen

a) Abgrenzung Grundleistungen/Besondere Leistungen. In der Systematik des § 3 „Leistungen und Leistungsbilder“ wird nach Grundleistungen und Besonderen Leistungen unterschieden. **75**

Nach unstrittiger Auffassung sind ausschließlich die Grundleistungen – welche zur ordnungsgemäßen Erfüllung im Allgemeinen erforderlich sind – preisrechtlich geregelt, d.h. **jede** der in § 39 Leistungsbild Freianlagen in Verbindung mit Anlage 11.2 aufgeführten und beschriebenen Grund-Teilleistungen der Leistungsphasen 1 bis 9 Freianlagen (gemäß den 62 alphabetischen Untergliederungen a bis q mit weiteren Spiegelstrichen) unterliegt einer klar geregelten Vergütungssystematik. **76**

Im Umkehrschluss bedeutet dies, dass jede dort nicht aufgeführte Leistung eben keine Grundleistung darstellt. **77**

Es ist deshalb in der Praxis geboten, spätestens in der Phase 1 Grundlagenermittlung den zur Auftragserfüllung erforderlichen Leistungsumfang zu ermitteln und zu analysieren. **78**

Sofern außerhalb der Grundleistungen weitere Leistungen erforderlich werden, ist nach Art und Umfang zu unterscheiden: **79**

- Besondere Leistungen i.S.d. § 3 Abs. 3 gemäß Anlage 11.1, d.h. gelistete Besondere Leistungen,
- weitere frei zu vereinbarende Leistungen.

Die Novellierung der HOAI 2013 hat in mehrfacher Hinsicht zur Klärung und besseren Handhabung beigetragen. **80**

In den Leistungsbildern der Objekt- und Fachplanung werden **Grundleistungen und Besondere Leistungen nebeneinander** dargestellt (siehe Anlage 11.2 Freianlagen). **81**

82 Gegenüber der HOAI a.F. hat diese Gegenüberstellung den Vorteil besserer Zuordnung zu den jeweiligen Grundleistungsphasen.

83 Auch wenn diese Aufzählung, wie in § 3 Abs. 3 zitiert, ausdrücklich nicht abschließend ist, so kann daraus schlüssig abgeleitet werden, dass im fraglichen Einzelfall hinsichtlich der Abgrenzung Grundleistung/Besondere Leistung eine dort aufgelistete Leistung als Besondere Leistung zu handhaben ist.

84 Angesichts des hinreichend bestimmten Begriffs der Besonderen Leistungen wird empfohlen, die vormals verwendeten ähnlichen Begriffe, wie z.B. „isolierte Besondere Leistungen", „zusätzliche Besondere Leistungen", „Zusatzleistungen", nicht weiter zu verwenden, zumal sich diese alle preisrechtlich dem Oberbegriff der frei zu vereinbarenden Leistungen zuordnen lassen und die vormaligen Vergütungsregeln vereinfacht wurden.

85 Die Vergütung von Besonderen Leistungen kann frei vereinbart werden. Zu Formen, Inhalten und Zeitpunkt einer Vereinbarung enthält die HOAI keine speziellen Regelungen.

86 Ein Vergütungsanspruch für Besondere Leistungen unterliegt somit allein der Vereinbarung durch die Vertragsparteien.

87 **b) Besonderheiten bei Freianlagen.** Da die früheren Verweisungen auf die Besonderen Leistungen bei Gebäuden in der Praxis der Freianlagenplanung sich als sachlich nicht zutreffend und erschwerend erwiesen, entspricht die Aktualisierung 2013 weitaus besser den tatsächlichen Gegebenheiten.

88 Bei Freianlagen gibt es eine – in den Grundleistungen nicht abbildbare – ungewöhnliche Vielfalt naturräumlicher Bedingungen (Biodiversität, Artenschutz, Naturpotenziale), welche lokal betrachtet – über den räumlichen Geltungsbereich der HOAI von der See bis zu den Alpen – eine besondere Arbeitsintensität erfordern.

89 Weiterhin bedingen beispielsweise hinsichtlich des Baumschutzes und der Freiflächengestaltung die zahlreichen länder-, kommunal- oder ortsbezogenen Satzungen, Vorschriften und Gesetze stets eine einzelfallbezogene Handhabung.

90 Zudem bedarf der Umgang mit der Vegetation und deren natürliche Entwicklung unter dem Aspekt der Zeitabläufe (Pflegemaßnahmen) stets einer individuellen Leistungsregelung zwischen den Vertragsparteien.

91 Ergänzend sei erläutert, dass Besondere Leistungen bei Freianlagen nicht nur für Neubaumaßnahmen, sondern gleichermaßen für Leistungen im Bestand erforderlich werden können.

92 Die Abgrenzung der Grundleistungen im Allgemeinen und die Zuordnung resp. Verfeinerung von Besonderen Leistungen bei Freianlagen bedürfen unter Beachtung der vorbeschriebenen Zusammenhänge im Rahmen der Vertragsvereinbarung unbestritten einer hohen Fachkunde.

93 Zur Verdeutlichung und Handhabung in der Praxis wird eine Auflistung der Besonderen Leistungen gemäß Anlage 11.1 mit Ergänzungen in gesonderter Spalte beigefügt.[7]

7 Diese Auflistung ist teilweise dem Heft 29 Schriftenreihe AHO (März 2013) „Frei zu vereinbarende Leistungen zum Leistungsbild Objektplanung Freianlagen" (unter Mitwirkung des Autors) entnommen.

Besondere Leistungen bei Freianlagen nach Anlage 11.1 zu § 39 Abs. 4	**Hinweise für die Praxis:** mögliche weitere Besondere Leistungen könnten sein:	94
zu LPH 1 Grundlagenermittlung		
– Mitwirken bei der öffentlichen Erschließung – Kartieren und Untersuchen des Bestandes, floristische oder faunistische Kartierungen – Begutachtung des Standortes mit besonderen Methoden, z.B. Bodenanalysen – Beschaffen bzw. Aktualisieren bestehender Planunterlagen, Erstellen von Bestandskarten	– Bestandsaufnahme mit Sonderverfahren zur maßlichen und technischen Erfassung der Altbausubstanz (auch Bäume, Sträucher, Gräser oder Bauteile in Freianlagen) – Beurteilung von Architektenvorgängerleistungen oder von bereits erbrachten Bauleistungen – Reisen des Architekten zu Studien- und Vergleichszwecken bei Freianlagen zu Industrie-, Verkehrs- und Kulturbauten	
zu LPH 2 Vorplanung		
– Umweltfolgenabschätzung – Bestandsaufnahme, Vermessung – Fotodokumentationen – Mitwirken bei der Beantragung von Fördermitteln und Beschäftigungsmaßnahmen – Erarbeiten von Unterlagen für besondere technische Prüfverfahren – Beurteilen und Bewerten der vorhandenen Bausubstanz, Bauteile, Materialien, Einbauten oder der zu schützenden oder zu erhaltenden Gehölze oder Vegetationsbestände	– Entwurfsbegleitung bei der Aufstellung von Bebauungsplänen – Ergänzen oder Ändern der Vorplanungsunterlagen aufgrund besonderer Anforderungen – gartendenkmalpflegerische Variantenuntersuchung – Gestaltempfehlungen für die Anlage von Privatgärten	
zu LPH 3 Entwurfsplanung		
– Mitwirken beim Beschaffen nachbarlicher Zustimmungen – Erarbeiten besonderer Darstellungen, z.B. Modelle, Perspektiven, Animationen – Beteiligung von externen Initiativ- und Betroffenengruppen bei Planung und Ausführung – Mitwirken bei Beteiligungsverfahren oder Workshops – Mieter- oder Nutzerbefragungen – Erarbeiten von Ausarbeitungen nach den Anforderungen der naturschutzrechtlichen Eingriffsregelung sowie des besonderen Arten- und Biotopschutzrechtes, Eingriffsgutachten, Eingriffs- oder Ausgleichs-	– Mitwirkung Öffentlichkeitsarbeit	

<table>
<tr><th>Besondere Leistungen bei Freianlagen nach Anlage 11.1 zu § 39 Abs. 4</th><th>Hinweise für die Praxis: mögliche weitere Besondere Leistungen könnten sein:</th></tr>
<tr><td>bilanz nach landesrechtlichen Regelungen
– Mitwirken beim Erstellen von Kostenaufstellungen und Planunterlagen für Vermarktung und Vertrieb
– Erstellen und Zusammenstellen von Unterlagen für die Beauftragung von Dritten (Sachverständigenbeauftragung)
– Mitwirken bei der Beantragung und Abrechnung von Fördermitteln und Beschäftigungsmaßnahmen
– Abrufen von Fördermitteln nach Vergleich mit den Ist-Kosten (Baufinanzierungsleistung)
– Mitwirken bei der Finanzierungsplanung
– Erstellen einer Kosten-Nutzen-Analyse
– Aufstellen und Berechnen von Lebenszykluskosten</td><td></td></tr>
<tr><td colspan="2">zu LPH 4 Genehmigungsplanung</td></tr>
<tr><td>– Teilnahme an Sitzungen in politischen Gremien oder im Rahmen der Öffentlichkeitsbeteiligung
– Erstellen von landschaftspflegerischen Fachbeiträgen oder natur- und artenschutzrechtlichen Beiträgen
– Mitwirken beim Einholen von Genehmigungen und Erlaubnissen nach Naturschutz-, Fach- und Satzungsrecht
– Erfassen, Bewerten und Darstellen des Bestandes gemäß Ortssatzung
– Erstellen von Rodungs- und Baumfällanträgen
– Erstellen von Genehmigungsunterlagen und Anträgen nach besonderen Anforderungen
– Erstellen eines Überflutungsnachweises für Grundstücke
– Prüfen von Unterlagen der Planfeststellung auf Übereinstimmung mit der Planung</td><td>– Ausschreibung nach Baugenehmigung, Erstellung von Leistungsbeschreibungen nach Baugenehmigungsplänen ohne Ausführungsplanung
– Bearbeitung von naturschutzrechtlichen Fragestellungen infolge von Bestandsveränderungen bei Eingriffs- bzw. Maßnahmenflächen
– Bilanzierung der Ersatzpflanzung gemäß Baumschutzverordnung
– Baumfällanträge zur Freimachung von Flächen, die durch andere Planungen in Anspruch genommen werden (z.B. Hochbau), da nicht für die Genehmigung der eigenen Planung erforderlich
– Prüfung von Unterlagen der Planfeststellung (z.B. landschaftspflegerischer Begleitplan) auf Übereinstimmung mit der Planung</td></tr>
</table>

Besondere Leistungen bei Freianlagen nach Anlage 11.1 zu § 39 Abs. 4	**Hinweise für die Praxis:** mögliche weitere Besondere Leistungen könnten sein:
zu LPH 5 Ausführungsplanung	
– Erarbeitung von Unterlagen für besondere technische Prüfverfahren (z.B. Lastplattendruckversuche) – Auswahl von Pflanzen beim Lieferanten (Erzeuger)	– Änderung der Ausführungsplanung infolge einer neuen Zielrichtung der Planung – Über den üblichen Umfang hinausgehende Bemusterung von Baumaterialien und dergleichen (hoher Zeitaufwand, Reisekosten usw.)
zu LPH 6 Vorbereiten der Vergabe	
– Alternative Leistungsbeschreibung für geschlossene Leistungsbereiche – Besondere Ausarbeitungen z.B. für Selbsthilfearbeiten	
zu LPH 7 Vorbereitung der Vergabe	
– keine Besonderen Leistungen aufgeführt	– Zurverfügungstellung von Bauvertragsmustern und deren Anpassung für Generalunternehmerprojekte – vergleichende Zusammenstellung von Pflege- und Folgekosten
zu LPH 8 Objektüberwachung und Dokumentation	
– Dokumentation des Bauablaufs nach besonderen Anforderungen des Auftraggebers – fachliches Mitwirken bei Gerichtsverfahren – Bauoberleitung, künstlerische Oberleitung – Erstellen einer Freianlagenbestandsdokumentation	– Bauzeitverlängerung – Neuvergabe von Bauverträgen (bei tatsächlichem Mehraufwand gegenüber der Grundleistung) nach Kündigung von Bauleistungen bzw. Firmeninsolvenzen (Ersatzvornahmen mit Ausschreibung, Auftragserteilung, Bauüberwachung, Abnahmen und Rechnungsprüfung) – Sachverständigenbeauftragung und Erstellen dazu notwendiger Unterlagen – technische Mitwirkung bei Gewährleistungsprozessen, Beratung und Unterstützung des Prozessbevollmächtigten – Umweltbaubegleitung
zu LPH 9 Objektbetreuung	
– Überwachung der Entwicklungs- und Unterhaltspflege – Überwachen von Wartungsleistungen – Überwachen der Mängelbeseitigung innerhalb der Verjährungsfrist	

Besondere Leistungen bei Freianlagen nach Anlage 11.1 zu § 39 Abs. 4	Hinweise für die Praxis: mögliche weitere Besondere Leistungen könnten sein:
für alle Leistungsphasen	
	– fachtechnische Beratung für den Bau einer Regenrückhalteanlage – Beteiligung von Initiativ- und Betroffenengruppen bei Planung und Ausführung – Mitwirkung bei Workshops

§ 40
Honorare für Grundleistungen bei Freianlagen

(1) Die Mindest- und Höchstsätze der Honorare für die in § 39 und der Anlage 11 Nummer 11.1 aufgeführten Grundleistungen für Freianlagen sind in der folgenden Honorartafel festgesetzt:

Anrechenbare Kosten in Euro	Honorarzone I sehr geringe Anforderungen von Euro	bis	Honorarzone II geringe Anforderungen von Euro	bis	Honorarzone III durchschnittliche Anforderungen von Euro	bis	Honorarzone IV hohe Anforderungen von Euro	bis	Honorarzone V sehr hohe Anforderungen von Euro	bis
20.000	3.643	4.348	4.348	5.229	5.229	6.521	6.521	7.403	7.403	8.108
25.000	4.406	5.259	5.259	6.325	6.325	7.888	7.888	8.954	8.954	9.807
30.000	5.147	6.143	6.143	7.388	7.388	9.215	9.215	10.460	10.460	11.456
35.000	5.870	7.006	7.006	8.426	8.426	10.508	10.508	11.928	11.928	13.064
40.000	6.577	7.850	7.850	9.441	9.441	11.774	11.774	13.365	13.365	14.638
50.000	7.953	9.492	9.492	11.416	11.416	14.238	14.238	16.162	16.162	17.701
60.000	9.287	11.085	11.085	13.332	13.332	16.627	16.627	18.874	18.874	20.672
75.000	11.227	13.400	13.400	16.116	16.116	20.100	20.100	22.816	22.816	24.989
100.000	14.332	17.106	17.106	20.574	20.574	25.659	25.659	29.127	29.127	31.901
125.000	17.315	20.666	20.666	24.855	24.855	30.999	30.999	35.188	35.188	38.539
150.000	20.201	24.111	24.111	28.998	28.998	36.166	36.166	41.053	41.053	44.963
200.000	25.746	30.729	30.729	36.958	36.958	46.094	46.094	52.323	52.323	57.306
250.000	31.053	37.063	37.063	44.576	44.576	55.594	55.594	63.107	63.107	69.117
350.000	41.147	49.111	49.111	59.066	59.066	73.667	73.667	83.622	83.622	91.586
500.000	55.300	66.004	66.004	79.383	79.383	99.006	99.006	112.385	112.385	123.088
650.000	69.114	82.491	82.491	99.212	99.212	123.736	123.736	140.457	140.457	153.834
800.000	82.430	98.384	98.384	118.326	118.326	147.576	147.576	167.518	167.518	183.472
1.000.000	99.578	118.851	118.851	142.942	142.942	178.276	178.276	202.368	202.368	221.641
1.250.000	120.238	143.510	143.510	172.600	172.600	215.265	215.265	244.355	244.355	267.627
1.500.000	140.204	167.340	167.340	201.261	201.261	251.011	251.011	284.931	284.931	312.067

(2) Welchen Honorarzonen die Grundleistungen zugeordnet werden, richtet sich nach folgenden Bewertungsmerkmalen:

1. Anforderungen an die Einbindung in die Umgebung,
2. Anforderungen an Schutz, Pflege und Entwicklung von Natur und Landschaft,
3. Anzahl der Funktionsbereiche,
4. gestalterische Anforderungen,
5. Ver- und Entsorgungseinrichtungen.

(3) Sind für eine Freianlage Bewertungsmerkmale aus mehreren Honorarzonen anwendbar und bestehen deswegen Zweifel, welcher Honorarzone die Freianlage zugeordnet werden kann, so ist zunächst die Anzahl der Bewertungspunkte zu ermitteln. Zur Ermittlung der Bewertungspunkte werden die Bewertungsmerkmale wie folgt gewichtet:
1. die Bewertungsmerkmale gemäß Absatz 2 Nummer 1, 2 und 4 mit je bis zu 8 Punkten,
2. die Bewertungsmerkmale gemäß Absatz 2 Nummer 3 und 5 mit je bis zu 6 Punkten.

(4) Die Freianlage ist anhand der nach Absatz 3 ermittelten Bewertungspunkte einer der Honorarzonen zuzuordnen:
1. Honorarzone I: bis zu 8 Punkte,
2. Honorarzone II: 9 bis 15 Punkte,
3. Honorarzone III: 16 bis 22 Punkte,
4. Honorarzone IV: 23 bis 29 Punkte,
5. Honorarzone V: 30 bis 36 Punkte.

(5) Für die Zuordnung zu den Honorarzonen ist die Objektliste der Anlage 11 Nummer 11.2 zu berücksichtigen.

(6) § 36 Absatz 1 ist für Freianlagen entsprechend anzuwenden.

Anlage 11.2
Grundleistungen im Leistungsbild Freianlagen, Besondere Leistungen, Objektliste

11.2 Objektliste Freianlagen

Nachstehende Freianlagen werden in der Regel folgenden Honorarzonen zugeordnet:

Objekte	Honorarzone				
	I	II	III	IV	V
In der freien Landschaft					
– einfache Geländegestaltung	x				
– Einsaaten in der freien Landschaft	x				
– Pflanzungen in der freien Landschaft oder Windschutzpflanzungen, mit sehr geringen oder geringen Anforderungen	x	x			
– Pflanzungen in der freien Landschaft mit natur- und artenschutzrechtlichen Anforderungen (Kompensationserfordernissen)			x		
– Flächen für den Arten- und Biotopschutz mit differenzierten Gestaltungsansprüchen oder mit Biotopverbundfunktion				x	
– Naturnahe Gewässer- und Ufergestaltung			x		

Objekte	Honorarzone				
	I	II	III	IV	V
– Geländegestaltungen und Pflanzungen für Deponien, Halden und Entnahmestellen mit geringen oder durchschnittlichen Anforderungen		x	x		
– Freiflächen mit einfachem Ausbau bei kleineren Siedlungen, bei Einzelbauwerken und bei landwirtschaftlichen Aussiedlungen		x			
– Begleitgrün zu Objekten, Bauwerken und Anlagen mit geringen oder durchschnittlichen Anforderungen		x	x		
In Stadt- und Ortslagen					
– Grünverbindungen ohne besondere Ausstattung			x		
– innerörtliche Grünzüge, Grünverbindungen mit besonderer Ausstattung				x	
– Freizeitparks und Parkanlagen				x	
– Geländegestaltung ohne oder mit Abstützungen			x	x	
– Begleitgrün zu Objekten, Bauwerken und Anlagen sowie an Ortsrändern		x	x		
– Schulgärten und naturkundliche Lehrpfade und -gebiete				x	
– Hausgärten und Gartenhöfe mit Repräsentationsansprüchen				x	x
Gebäudebegrünung					
– Terrassen- und Dachgärten					x
– Bauwerksbegrünung vertikal und horizontal mit hohen oder sehr hohen Anforderungen				x	x
– Innenbegrünung mit hohen oder sehr hohen Anforderungen				x	x
– Innenhöfe mit hohen oder sehr hohen Anforderungen				x	x
Spiel- und Sportanlagen					
– Ski- und Rodelhänge ohne oder mit technischer Ausstattung	x	x			
– Spielwiesen		x			
– Ballspielplätze, Bolzplätze, mit geringen oder durchschnittlichen Anforderungen		x	x		
– Sportanlagen in der Landschaft, Parcours, Wettkampfstrecken			x		
– Kombinationsspielfelder, Sport-, Tennisplätze und Sportanlagen mit Tennenbelag oder Kunststoff- oder Kunstrasenbelag			x	x	
– Spielplätze				x	
– Sportanlagen Typ A bis C oder Sportstadien				x	x
– Golfplätze mit besonderen natur- und artenschutzrechtlichen Anforderungen oder in stark reliefiertem Geländeumfeld				x	x
– Freibäder mit besonderen Anforderungen, Schwimmteiche				x	x
– Schul- und Pausenhöfe mit Spiel- und Bewegungsangebot				x	
Sonderanlagen					
– Freilichtbühnen				x	

Objekte	Honorarzone				
	I	II	III	IV	V
– Zelt- oder Camping- oder Badeplätze, mit durchschnittlicher oder hoher Ausstattung oder Kleingartenanlagen			x	x	
Objekte					
– Friedhöfe, Ehrenmale, Gedenkstätten, mit hoher oder sehr hoher Ausstattung				x	x
– Zoologische und botanische Gärten					x
– Lärmschutzeinrichtungen				x	
– Garten- und Hallenschauen					x
– Freiflächen im Zusammenhang mit historischen Anlagen, historische Park- und Gartenanlagen, Gartendenkmale					x
Sonstige Freianlagen					
– Freiflächen mit Bauwerksbezug, mit durchschnittlichen topographischen Verhältnissen oder durchschnittlicher Ausstattung			x		
– Freiflächen mit Bauwerksbezug, mit schwierigen oder besonders schwierigen topographischen Verhältnissen oder hoher oder sehr hoher Ausstattung				x	x
– Fußgängerbereiche und Stadtplätze mit hoher oder sehr hoher Ausstattungsintensität				x	x

Übersicht

A. Überblick

1 § 40 kombiniert zwei völlig unterschiedliche Bereiche, zum einen die Ermittlung der richtigen Honorarzone (Abs. 2 bis 5) und zum anderen die Honorartafel (Abs. 1).

2 Das Honorar für Grundleistungen richtet sich gem. § 6 Abs. 1 nach vier zentralen Honorarparametern:

- den anrechenbaren Kosten (§ 4),
- dem Leistungsbild (§ 3 resp. § 39),
- der Honorarzone (§ 40 Abs. 2 bis 5),
- der zugehörigen Honorartafel (§ 40 Abs. 1)

sowie nach § 7 mit den zutreffenden Vereinbarungen im Rahmen der zulässigen Honorarspannen.

3 Da in den zunächst schlüssig erscheinenden Kriterien jedoch unzählige Anwendungs- und Auslegungsinterpretationen verborgen sind, bedarf dies einer fachlichen Erläuterung und Kommentierung.

4 An dieser Stelle sollen die Grundzüge der HOAI in Erinnerung gebracht werden. Der Verordnungsgeber will ausdrücklich den Honorarspielraum und die einzelfallbezogene Regelung. So heißt es bereits im Ermächtigungsgesetz vom 4.11.1971 zum Erlass einer Honorarordnung:

> *„§ 2 ... Die Honorarsätze sind an der Art und dem Umfang der Aufgabe sowie an der Leistung des Architekten auszurichten."*

Die in der Praxis so häufig festzustellende vorgefertigte, pauschale Einstufung von öffentlichen Freianlagen generell in „Honorarzone III, Mindestsatz“ wird dem Wesen der Gebührenordnung nicht gerecht; denn dann wäre diese überflüssig. 5

B. Honorartafel (Abs. 1)

I. Regelungsbereich

Die Honorartafel enthält die Mindestsätze und Höchstsätze – unterschieden nach den fünf Honorarzonen (I bis V) – für anrechenbare Kosten im Bereich zwischen 20.000 € und 1,5 Mio. €. 6

Liegen die anrechenbaren Kosten außerhalb dieses Korridors, können die Honorare nach § 7 Abs. 2 frei vereinbart werden, also auch unterhalb der Mindestsätze und über den Höchstsätzen der HOAI. Die in der HOAI 2002 (§ 17 Abs. 2 i.V.m. § 16 Abs. 2) enthaltene Regelung, dass das Honorar bei anrechenbaren Kosten unterhalb des Eingangswertes von 20.000 € auf die Höchstwerte dieses Eingangsbetrages beschränkt ist, ist seit der HOAI 2009 ersatzlos entfallen. Dies hat zur Folge, dass unterhalb von 20.000 € anrechenbare Kosten auch ein höheres Honorar rechtswirksam vereinbart werden kann als der Höchstsatz dieser Eingangsstufe. 7

Vergleichbares gilt bei höheren anrechenbaren Kosten als 1,5 Mio. €. In diesem Fall kann sogar ein geringeres Honorar als der Mindestsatz bei anrechenbaren Kosten von 1,5 Mio. € rechtswirksam vereinbart werden, was sich aus § 7 Abs. 2 ergibt. Grund ist, dass das bindende Preisrecht der HOAI nur in diesem Korridor zwischen 20.000 € und 1,5 Mio. € gilt, auch wenn das Ergebnis im Einzelfall unlogisch erscheinen mag. 8

Ohne Honorarvereinbarung steht dem Freianlagenplaner bei anrechenbaren Kosten über dem oberen Tabellenwert die übliche Vergütung zu, die sich wohl an den entsprechenden Fortschreibungstabellen/-empfehlungen über 1,5 Mio. € orientiert. 9

Anrechenbare Kosten zwischen den in den Honorartafeln angegebenen Werten werden gem. § 13 nach der sog. linearen Interpolation ermittelt, einer Durchschnittsberechnung zwischen den jeweiligen Tabellenwerten. 10

II. Novellierung der Honorartafeln durch der HOAI 2013

Gegenüber der HOAI 2009 wurden die Tabellen aufgrund eingehender gutachterlicher Untersuchungen – insbesondere erstmalig (seit „Pfarr“) unter Einschluss der Freianlagen erarbeitet und somit dem Referenzentwurf zur HOAI zugrunde gelegt. 11

Anhand dieses Grundlagenmaterials wurden die Leistungen neu verpreist, wobei insbesondere der gestiegenen Komplexität des Planungsprozesses Rechnung getragen wurde. 12

Allerdings endet die Honorartafel zu § 40 Abs. 1 bei anrechenbaren Kosten in Höhe von 1.500.000,00 €. 13

Der Verordnungsgeber hat somit in der 7. Novellierung vom 17.7.2013 entgegen den Empfehlungen der Gutachter und des Berufsstandes den Tafelendwert bei Freianlagen nicht verändert, sondern lediglich von 1.533.876,00 € auf 1.500.000,00 € geglättet. 14

Infolge der Baupreisentwicklung als wesentlichem Bezugsfaktor der anrechenbaren Kosten verringerte sich die tatsächliche Regelungsweite der HOAI bei Freianlagen daher erheblich. 15

Nach Feststellungen des BMWi-Gutachtens unter dem Kapitel „Methodisches Vorgehen zur Entwicklung der Honorarempfehlung HOAI 2013“ müssten die Endwerte erheblich (das 2,42-fache) erweitert werden. 16

17 Die Fortschreibung des Tafelendwerts bei Freianlagen sollte im Sinne einer praxisgerechten Regelungsweite aus Gründen der Baupreisentwicklung von 1.500.000,00 € um das 2,5-fache auf mindestens 3.750.000,00 € – besser 5.000.000,00 € – erfolgen.

III. Fortschreibungsempfehlung für Leistungen bei Freianlagen

18 Der Autor hat hierzu bereits umfangreich veröffentlicht und extrahiert in wichtigen Punkten:

19 **1. Daten aus dem BMWi-Gutachten.** Im Auftrag des Bundesministeriums für Wirtschaft und Technologie (BMWi) wurde ein Forschungsvorhaben beauftragt, dessen Ergebnisse in einer umfangreichen Studie mit dem Titel „Aktualisierungsbedarf zur Honorarstruktur der Honorarordnung für Architekten und Ingenieure (HOAI)“ (Stand: Dezember 2012, 625 Seiten) dargelegt sind.[1]

20 In diesem Gutachten wurde auf wissenschaftlicher Basis ein methodisches Vorgehen zur Entwicklung der Honorarempfehlung HOAI 2013 nachvollziehbar erarbeitet.

21 Grundsätzlich ist damit nunmehr (erstmalig im Vergleich zu früheren Fortschreibungen) eine mathematisch abgesicherte Methode zur Ermittlung der Honorartafelwerte gegeben.

22 Diese hat der Verordnungsgeber der 7. Novellierung der HOAI zugrunde gelegt, allerdings nur mit unzureichender Regelungsweite, d.h. bis zu anrechenbaren Kosten in Höhe von 1.500.000,00 €.

23 **2. Aktuelle Fortschreibungstabelle für Freianlagen.** Zum gegenwärtigen Stand ist für Freianlagen die sog. „Flemming“-Tabelle bekannt, welche insbesondere den projektgrößenbezogenen Einflussfaktor μ_3 eingearbeitet hat.

24 Allerdings führt diese Tabelle zu einem (unrealistischen) Tafelendwert von 250.000.000,00 € bei Freianlagen. Praxisgerecht erscheinen hieraus die Werte bis 5.000.000,00 €.

25 Es ist zu erwarten, dass weitere Fortschreibungstabellen veröffentlicht werden (RifT, AHO Heft Nr. 14).

26 Bei sachgemäßer Anwendung und Fortschreibung der Gutachterformel – wie beschrieben mit gewissen Modifikationen – dürfte der Spielraum der Abweichungen (im Gegensatz zu früheren Tabellen) in einem Bereich von nicht mehr als 1,5 bis 3,0% liegen.

27 Zur nachfolgend dargestellten Tabelle als Fortschreibung der Honorartafel des § 40 Abs. 1 für Freianlagen mit anrechenbaren Kosten über 1.500.000,00 € ist anzumerken:

1. Die Berechnungsformel für jede Honorartafel wurde von den Gutachtern der Studie „Aktualisierungsbedarf zur Honorarstruktur der Honorarordnung für Architekten und Ingenieure (HOAI)“ im Auftrag des Bundesministeriums für Wirtschaft und Technologie entwickelt (Autoren: *Schach*, Rainer; *Flemming*, Christian; *Hentschel*, Manuel; *Wach*, Marco u.a. – Arge HOAI).
2. Methode zur Fortschreibung der Tafelwerte oberhalb des Kostenraums von 1.500.000,00 € nach Dr.-Ing. Christian *Flemming*.

---

1 Abrufbar unter http://www.bmwi.de/BMWi/Redaktion/PDF/A/aktualisierungsbedarf-zur-honorarstruktur-der-honorarordnung-fuer-architekten-und-ingenieure-hoai-hauptdokument,property=pdf,bereich=bmwi2012,sprache=de,rwb=true.pdf.

3. Diese erweiterte Honorartafel zu § 40 Abs. 1 wurde bereits durch einen öffentlichen Auftraggeber per Rundschreiben eingeführt und zur Anwendung empfohlen.[2]
4. Beschränkung der Honorartafelendwerte nach Meinung des Kommentators auf Obergrenze von 25.000.000,00 €, Originalfassung bis 250.000.000,00 €.

Fortschreibung der Honorartafel in § 40 Abs. 1 für Freianlagen mit anrechenbaren Kosten über 1.500.000,00 € bis 25.000.000,00 € nach *Flemming*: 28

Anrechenbare Kosten in €	Honorarzone I		Honorarzone II	
	von	bis	von	bis
1.500.000	140.204	167.340	167.340	201.261
2.000.000	178.748	213.344	213.344	256.589
2.500.000	215.801	257.569	257.569	309.780
3.000.000	251.710	300.428	300.428	361.326
4.000.000	320.904	383.014	383.014	460.652
5.000.000	387.424	462.409	462.409	556.140
7.500.000	545.556	651.147	651.147	783.136
10.000.000	695.517	830.133	830.133	998.404
12.500.000	839.681	1.002.200	1.002.200	1.205.349
15.000.000	979.387	1.168.946	1.168.946	1.405.895
20.000.000	1.248.586	1.490.248	1.490.248	1.792.325
25.000.000	1.507.375	1.799.125	1.799.125	2.163.812

Anrechenbare Kosten in €	Honorarzone III		Honorarzone IV	
	von	bis	von	bis
1.500.000	201.261	251.011	251.011	284.931
2.000.000	256.589	320.016	320.016	363.261
2.500.000	309.780	386.354	386.354	438.564
3.000.000	361.326	450.642	450.642	511.540
4.000.000	460.652	574.522	574.522	652.160
5.000.000	556.140	693.613	693.613	787.345
7.500.000	783.136	976.721	976.721	1.108.710
10.000.000	998.404	1.245.200	1.245.200	1.413.471
12.500.000	1.205.349	1.503.300	1.503.300	1.706.449

2 Land Berlin, Senatsverwaltung für Stadtentwicklung und Umwelt, Rundschreiben SenStadtUm VI A Nr. 02/2013 v. 26.8.2013, Anlage IV 6003, abrufbar unter https://senstadtfms.stadt-berlin.de/intelliform/forms/abau/berlin/anlagen/HOAI/IV_6003/index.

Anrechenbare Kosten in €	Honorarzone III		Honorarzone IV	
	von	bis	von	bis
15.000.000	1.405.895	1.753.419	1.753.419	1.990.368
20.000.000	1.792.325	2.235.372	2.235.372	2.537.449
25.000.000	2.163.812	2.698.687	2.698.687	3.063.374

Anrechenbare Kosten in €	Honorarzone V	
	von	bis
1.500.000	284.931	312.067
2.000.000	363.261	397.858
2.500.000	438.564	480.332
3.000.000	511.540	560.258
4.000.000	652.160	714.270
5.000.000	787.345	862.330
7.500.000	1.108.710	1.214.302
10.000.000	1.413.471	1.548.087
12.500.000	1.706.449	1.868.968
15.000.000	1.990.368	2.179.927
20.000.000	2.537.449	2.779.111
25.000.000	3.063.374	3.355.124

C. Honorarzonenermittlung (Abs. 2–5, Anlage 11.2)

I. Das System der Honorarzonenermittlung

29 **1. Die Honorarzone ist objektiv zu ermitteln.** Die Honorarzone ist sowohl beim Hochbauarchitekten als auch beim Freianlagenplaner nicht „verhandelbar“, sondern **objektiv zu ermitteln**. Dies hat der BGH in seiner Entscheidung vom 13.11.2003 klargestellt.[3] Die Vereinbarung einer zu niedrigen oder zu hohen Honorarzone ist demnach für keine der Vertragsparteien verbindlich. Der BGH räumt in dieser Entscheidung den Parteien jedoch einen gewissen **Beurteilungsspielraum** ein, der regelmäßig vom Richter zu berücksichtigen ist. Voraussetzung ist, dass die Parteien die Honorarzone „vertretbar“ festgelegt haben. Hierzu wird auf die **Kommentierung unter § 35 Rn 9 bis 12** verwiesen, die auch für den Freianlagenplaner gilt.

30 **2. Ermittlungsmethode.** Für die Honorarzonenermittlung gibt es grundsätzlich zwei Möglichkeiten: die Herleitung aus der **Objektliste** mit ihren **Regelbeispielen** sowie aus den **Bewertungsmerkmalen**. Wenn die Bewertungsmerkmale zu keinem eindeutigen Ergebnis führen, ist eine hierauf aufbauende Punktebewertung durchzuführen. Bis

3 BGH, Urt. v. 13.11.2003 – VII ZR 362/02 – BauR 2004, 354.

zur HOAI 2002 ging die Punktebewertung des § 13 HOAI 2002 der Objektliste des § 14 HOAI 2002 vor.[4] Dieser Grundsatz gilt – wenn auch nicht mehr in dieser Deutlichkeit – immer noch. Wenn es sich um ein Regelbeispiel der Objektliste handelt und die Bewertungsmerkmale aus § 5 Abs. 1 i.V.m. § 40 Abs. 2 eindeutig sind, bedarf es keiner Punktebewertung mehr. Haben die Bewertungsmerkmale dagegen – was in der Praxis regelmäßig der Fall sein dürfte – unterschiedliche Anforderungen und fallen somit in mehrere Honorarzonen, bedarf es bei Zweifeln der Zuordnung nach § 40 Abs. 3 einer Punktebewertung. Bleibt trotzdem die Zuordnung eindeutig, z.B. weil ein einziges Bewertungsmerkmal in eine geringere und ein anderes in eine höhere Honorarzone fallen, bedarf es einer Punktebewertung aber nicht.

3. Beweislast. Handelt es sich bei dem Objekt um ein Regelbeispiel aus der Objektliste oder wurde eine Honorarzone vereinbart, muss diejenige Partei, die sich auf die Abweichung beruft, die abweichende Honorarzone auch darlegen und beweisen. Grund hierfür ist, dass jeder die für ihn günstige Rechtsposition darlegen und beweisen muss.[5] Der Freianlagenplaner muss somit eine höhere Honorarzone, nach der er abrechnen möchte, nachweisen, der Auftraggeber eine geringere Honorarzone als vereinbart oder als sich aus der Objektliste ergibt. 31

II. Ermittlungsmethode zur Honorarzonenermittlung

1. Ermittlung nach der Objektliste Freianlagen (Abs. 5, Anlage 11.2). Anders als in der HOAI 2009 ist im Wortlaut des § 40 Abs. 5 nun für die Zuordnung der Honorarzone bei Freianlagen die Objektliste der Anlage 11 Nr. 11.2 als normative Vorschrift zu berücksichtigen. 32

Daraus ist zweifelsfrei abzuleiten, dass bei wörtlicher Nennung eines Objekts in der Objektliste – als Regelbeispiel – dieses als zugeordnet gilt und keiner weiteren Punktebewertung bedarf. 33

Allerdings ist diese Regelung mit einigen Unklarheiten behaftet, auf welche genauer einzugehen ist. 34

Bei der „Objektliste 11.2 Freianlagen" handelt es sich gemäß Vorspann: 35

„Nachstehende Freianlagen werden in der Regel folgenden Honorarzonen zugeordnet:"

um eine doch variable Auslegung, welche der Beweislast unterliegen könnte. Insofern erscheint es geboten, auf die Objektliste Freianlagen genauer einzugehen.

Gegenüber früheren Auflistungen ist die Objektliste Freianlagen nach sieben Objekttypen gegliedert (beispielsweise Objekte in der freien Landschaft, Objekte in Stadt- und Ortslagen, Gebäudebegrünungen, Spiel-/Sportanlagen, Sonderanlagen, Objekte, Sonstige Freianlagen). 36

In diesen sieben Objektgruppen sind 40 „Freianlagen" aufgelistet, von denen wiederum 18 wahlweise Zuordnungen zu jeweils zwei benachbarten Zonen zulassen. 37

Eine eindeutige Zuordnung wiederum ist nur für wenige Objekte auch in der Praxis zweifelsfrei ablesbar. 38

Als Beispiele einer „ablesbaren Zuordnung" werden auszugsweise zitiert: 39

4 Locher/Koeble/Frik/*Koeble*, 9. Aufl. 2005, § 12 HOAI 2002 Rn 1.
5 So auch Korbion/Mantscheff/Vygen/*Seifert*, § 5 HOAI 2009 Rn 19.

- Hausgärten — Zone IV–V
- Terrassen und Dachgärten — Zone V
- Sportanlagen Typ A bis C — Zone IV–V
- Kombinationsspielfelder Kunststoff/Kunstrasen — Zone III–IV
- Schul- und Pausenhöfe — Zone IV
- Friedhöfe — Zone IV–V
- Gartenschauen — Zone V

40 Das Zuordnungsmerkmal zur höheren oder niedrigeren Zone liegt dabei im Bereich der Anforderungen (gering, durchschnittlich, hoch, sehr hoch) und der Ausstattungen; also Indizien im Sinne von Bewertungsmerkmalen der Punktebewertung.

41 Die in Teilen leider nicht hinreichend bestimmte Zuordnung der Objektliste wird unter der Objektgruppe „Sonstige Freianlagen“ deutlich:

	Honorarzone				
	I	**II**	**III**	**IV**	**V**
					x
					x
Sonstige Freianlagen					
– Freiflächen mit Bauwerksbezug, mit durchschnittlichen topografischen Verhältnissen oder durchschnittlicher Ausstattung			x		
– Freiflächen mit Bauwerksbezug, mit schwierigen oder besonders schwierigen topografischen Verhältnissen oder hoher oder sehr hoher Ausstattung				x	x
– Fußgängerbereiche und Stadtplätze mit hoher oder sehr hoher Ausstattungsintensität				x	x

42 In der Praxis ist dies nicht anders als eine Auffangregelung nicht zuordenbarer Objekte zu sehen, welche im Zweifelsfalle – dies ist zugleich der Wortlaut des § 40 Abs. 3 – einer Punktebewertung zu unterziehen sind.

43 Die mit der HOAI 2013 geschaffene Präferenz der Objektliste ist in der Praxis nur bedingt umzusetzen. Als Regelfall – insbesondere zwingend zur nachvollziehbaren Ermittlung bei öffentlichen Aufträgen – ist die Punktebewertung vorzuziehen.

44 **2. Bewertungsmerkmale bei Freianlagen (Abs. 2 und 3).** Die Grundzüge der Honorarzonenermittlung durch Punktebewertung anhand von Bewertungsmerkmalen sind seit Einführung der HOAI in der Fassung vom 22.9.1976 nahezu unverändert geblieben und somit eines der Kernstücke der Gebührenordnung.

45 Es ist erstaunlich, dass – inhaltlich unverändert – sogar die Texte nahezu wortgleich alle Novellierungen „überstanden“ haben. Beispielsweise entspricht § 40 Abs. 3 „Bewertungsmerkmale aus mehreren Honorarzonen“ im 1. Satz exakt dem Text des § 13 Abs. 2 HOAI 1976 „Honorarzonen für Leistungen bei Freianlagen“.

46 Bei aller Schwierigkeit in der Anwendung wird hiermit deutlich, dass mit dieser bewährten Systematik durchwegs sachgerechte Vereinbarungen im Einzelfall zu erreichen sind.

Zum besseren Verständnis der Vorgehensweise sollen wichtige Begriffe erläutert werden: 47

- **Planungsanforderungen**
  Darunter sind nicht die breit angelegten, vielfach möglichen Tätigkeiten eines Architekten oder Ingenieurs zu verstehen, sondern allein jene, welche sich auf planerische Tätigkeiten – insbesondere der Grundleistungen (Leistungsphase 1 bis 8) – beziehen.
  Die Einstufung der Planungsanforderungen von „sehr gering“ bis „sehr hoch“ im Sinne einer übergeordneten Bewertung ist in § 5 Abs. 1 durchgängig gleich für alle Objektplanungsleistungen im Teil 1 „Allgemeine Vorschriften“ vorangestellt und wird erst später bei den jeweiligen Fachplanungen differenziert.
- **Bewertungsmerkmale**
  Zur weiteren prüfbaren und konkreten Honorarzonenzuordnung wurden Bewertungsmerkmale eingeführt, welche fachspezifisch für die betroffenen Objektbereiche typisch und aussagekräftig sind.
  Insofern stellen diese ein wesentliches Unterscheidungsmerkmal der Objektplanungen in den Abschnitten 2 bis 4 der HOAI Gebäude, Freianlagen, Ingenieurbauwerke und Verkehrsanlagen dar.
  Dies zeigt sich besonders bei Gebäude-/Innenraumplanungen mit sechs und bei Freianlagen mit fünf Bewertungsmerkmalen.
  Die fünf Bewertungsmerkmale der Verkehrsanlagen wiederum unterscheiden sich ganz erheblich von jenen der Freianlagen.

a) Anforderungen an die Einbindung in die Umgebung. Diese Planungsanforderungen stellen auf das vorhandene Umfeld und die Umstände der unmittelbaren Umgebung ab. Dabei steht der Bemessungsraum der Umgebung im Zusammenhang mit der Größe und Flächenausdehnung des Objekts und kann deshalb erheblich variieren. 48

In dieser Wechselwirkung mit dem Umfeld können vielfältige Anforderungen, wie z.B. naturräumlicher, städtebaulicher, topografischer Art, gegeben sein. 49

Beispielsweise sind Wege- und Platzanbindungen, Gehölzbestände, Einfriedungen, aber auch Infrastrukturen (Leitungen, Spartentrassen, Schächte) zu berücksichtigen. 50

Einzubeziehen sind sowohl bau-, ordnungs-, nachbar- und planungsrechtliche Rahmenbedingungen als auch eventuell verfahrensrechtliche Vorschriften. 51

Angesichts der Vielfalt hat dieses Bewertungsmerkmal eine höchst mögliche Punktzahl, **bis zu 8 Punkte**. 52

Dies ist das einzige Bewertungsmerkmal, welches nicht nur zur Bewertung der Freianlagen (§ 35 Abs. 2), sondern auch bei der Bewertung von Gebäuden und schließlich sogar zur Bewertung solcher Objekte herangezogen wird, die nicht Gegenstand von Architekten-, sondern von Ingenieurleistungen sind (§ 48 Abs. 3, z.B. für Ingenieurbauwerke und Verkehrsanlagen, 8 Punkte). 53

b) Anforderungen an Schutz, Pflege und Entwicklung von Natur und Landschaft. Dies allein für Freianlagen zutreffende Bewertungsmerkmal soll insbesondere den Anforderungen aus Überlegungen zur Nachhaltigkeit, Kompensationserfordernissen, Ökologie und Ressourcenbewirtschaftung Rechnung tragen. 54

Bekannterweise haben die Umweltbelange einschließlich der artenschutzrechtlichen Anforderungen und vegetationstechnischen Bedingungen einen hohen Stellenwert im Planungs- und Verfahrensprozess. 55

56 Ein hohes Maß an Kenntnis dieser Sachverhalte ist sowohl Voraussetzung, um den Anforderungen zu entsprechen, als auch dieses Bewertungsmerkmal richtig einzustufen, welches gem. § 40 Abs. 3 mit **bis zu 8 Punkten** zu bewerten ist.

57 **c) Anzahl der Funktionsbereiche.** Darunter sind Art, Intensität, Vielzahl, Verknüpfungen, aber auch das Aufzeigen von Nutzungskonflikten innerhalb einer Freianlage zu verstehen.

58 Dabei steigen die Planungsanforderungen mit der Zahl der Nutzungsmöglichkeiten und der Berührungs- und Schnittpunkte der Nutzungsbereiche. An Funktionsbereichen lassen sich unterscheiden die Bereiche für Sport, gegliedert nach den einzelnen Arten sportlicher Betätigung, Erholung, Ruhezonen, Wohnbereiche, Fußgängerbereiche, Verkehrsflächen, Grünflächen, Repräsentationsbereiche, Kommunikationsbereiche, künstlerisch gestaltete Flächen, Rettungswege/Brandschutz etc.

59 Dem zeitgemäßen Bedürfnis nach multifunktionaler Nutzung ist durch rechtzeitige Funktionsanalyse zu entsprechen.

60 Dieses Bewertungsmerkmal hat nach § 40 Abs. 3 **bis zu 6 Punkte.**

61 **d) Gestalterische Anforderungen.** In der gestalterischen Lösung der Planungsaufgabe, bei Verwirklichung der Nutzungsvorstellungen des Auftraggebers unter Berücksichtigung der fachlichen, ökologischen und ästhetisch-künstlerischen Möglichkeiten manifestiert sich die geistig-schöpferische Leistung des Objektplaners.

62 Bei einer Vielfalt von Nutzungsansprüchen geht es zudem um die Optimierung nach gestalterischen Gesichtspunkten unter gleichzeitiger Wahrung von Wirtschaftlichkeit und Nachhaltigkeit.

63 Unstrittig sind bei Vorgaben durch einen vorgeschalteten Planungs-/Architekten-Wettbewerb in der Regel hohe gestalterische Ansprüche dokumentiert.

64 Die „Gestaltung“ ist umso höher zu bewerten, je vielfältigere Vorgaben zu beachten sind und die Gestaltung erschweren.

65 Als eines der vorrangigsten Bewertungsmerkmale der Freianlagen kann dieses mit **bis zu 8 Punkten** bewertet werden.

66 **e) Ver- und Entsorgungseinrichtungen.** Den Anforderungen hochkomplexer Ver- und Entsorgungssysteme in Freianlagen (Wasser, Abwasser, Stromversorgung, Gas, Fernwärme, Medien, Müllentsorgung) soll durch dieses Bewertungsmerkmal entsprochen werden.

67 Zu dieser Kategorie zählen aber auch insbesondere Ansätze zur Oberflächenwasserversickerung, -rückhaltung, Photovoltaik oder regenerierbaren Energien.

68 Maßgeblich für die Bewertung ist weniger die Anzahl der Einrichtungen als die damit verbundenen technischen und gestalterischen Erschwernisse.

69 Dabei liegen die Schwierigkeiten neben der Einbindung in die Freianlagen auch in der Minimierung der Eingriffe durch die Sparten und deren Trassierung.

70 Das erforderliche hohe Maß an technischer Kenntnis und Erfahrung rechtfertigen eine Bewertung mit **bis zu 6 Punkten**.

71 **3. Grobbewertung Freianlagen – „Wichtung auf den ersten Blick“.** Bei Zweifeln hinsichtlich der Einordnung – sofern diese nicht aus der Objektliste klar herleitbar ist – empfiehlt sich zunächst eine **Grobbewertung**, um festzustellen, ob Bewertungsmerkmale aus mehreren Honorarzonen gem. § 40 Abs. 3 anwendbar sind.

Beispiel Wohnumfeld
Freianlagen zum Wohnumfeld mit hohem Gestaltungsanspruch des Auftraggebers.

Schritt 1 Objektliste Anlage 11 Nr. 11.2 nicht wörtlich erwähnt, allenfalls:
„Sonstige Freianlagen
– *Freiflächen mit Bauwerksbezug, mit durchschnittlichen topografischen Verhältnissen oder durchschnittlicher Ausstattung"*

Schritt 2 Grobbewertung
2.1 Feststellung, ob mehrere Honorarzonen

Tabelle 1 Beispiel Wohnanlage mit hochwertiger Gestaltung		Planungsanforderungen	Honorarzonen				
			I	II	III	IV	V
			Punktbewertung				
			8	9–15	16–22	23–29	30–36
			sehr geringe	geringe	durch-schnittliche	hohe	sehr hohe
= 8	Einbindung in die Umgebung				•		
= 8	Anforderungen Natur u. Landschaft				•		
= 6	Funktionsbereiche				•		
= 8	Gestaltung					•	
= 6	Ver- u. Entsorgung				•		
	Ergebnis:		mehrere Honorarzonen				

Tabelle 2 Alternativ einfache Wohnlage		Planungsanforderungen	Honorarzonen				
			I	II	III	IV	V
			Punktbewertung				
			8	9–15	16–22	23–29	30–36
			sehr geringe	geringe	durchschnitt-liche	hohe	sehr hohe
= 8	Einbindung in die Umgebung				•		
= 8	Anforderungen Natur u. Landschaft				•		
= 6	Funktionsbereiche				•		
= 8	Gestaltung				•		
= 6	Ver- u. Entsorgung				•		
	Ergebnis:		gleiche Honorarzone				

72 Ist die Zuordnung **eindeutig**, bedarf es **keiner weiteren Punktebewertung** (siehe Tabelle 2) mehr.

73 Eindeutig ist das Ergebnis immer dann, wenn sämtliche fünf Bewertungsmerkmale die gleichen Planungsanforderungen aufweisen.

74 Selbst bei unterschiedlichen Anforderungen kann dann von einer eindeutigen Zuordnung ausgegangen werden, wenn nur ein einziges Merkmal der niedrigeren Bewertungsstufe (d.h. 0 bis 6) abweicht und sich mit einem anderen ausgleichen würde; z.B. Funktionsbereiche: überdurchschnittliche, Ver- und Entsorgung: geringe Planungsanforderungen.

75 Im Falle unterschiedlicher Grobbewertung auch nur eines wichtigen Merkmals, wie z.B. „Gestaltung“ oder „Einbindung“, ist eine eindeutige Zuordnung zweifelhaft, sodass nach § 40 Abs. 3 mit der Ermittlung der Bewertungspunkte vorzugehen ist.

76 **4. Punktebewertung bei Freianlagen (Abs. 3).** Der Anwendungsbereich der Punktebewertung ist insbesondere dann gegeben, wenn i.S.d. § 40 Abs. 3 Zweifel über die Zuordnung bestehen, weil ggf. für ein Objekt Bewertungsmerkmale aus mehreren Honorarzonen anwendbar sein könnten.

77 Die Bewertung und Gewichtung ist nach herrschender Meinung im Vergleich zu den Planungsanforderungen aller (denkbaren) Freianlagen vorzunehmen, nicht nur im typologischen Vergleich z.B. von Wohnanlagen untereinander, d.h. die objektbezogene Planung im Einzelfall ist in **generellen** Vergleich zu setzen.

78 Da es sich bei dieser Thematik um Begriffe handelt, welche nur bis zu einer gewissen Grenze objektivierbar sind – abgesehen von marginalen Randbewertungen –, führen Honorarzonenermittlungen immer wieder zu Auseinandersetzungen.

79 Da dies bis zur Nichtigkeit/Unwirksamkeit von Honorarvereinbarungen führen kann, ist frühzeitige Klärung geboten.

80 Die Richtigkeit der Einordnung in eine Honorarzone ist im Übrigen entgegen anderer Auffassung nicht an der im Leistungsbild beschriebenen Tätigkeit des Landschaftsarchitekten zu messen, sondern ausschließlich an den gem. § 40 Abs. 3 bis 4 vorgegebenen Planungsanforderungen.

81 Der Nachvollziehbarkeit halber empfiehlt sich für eine zweifelsfreie Zuordnung eine strukturierte Vorgehensweise in folgenden Arbeitsschritten:
- Erfassen der Planungsaufgabe und des Objekts;
- Bewerten der Planungsanforderungen;
- Wichten/Umsetzen in Punkte;
- tabellarische Dokumentation.

82 Hinsichtlich der tabellarischen Dokumentation sind bei „Freianlagen“ – im Vergleich zu Gebäudeplanungen – nur wenige und sehr ähnliche Bewertungstabellen im Umlauf, sodass über deren Verwendung leichter ein Einvernehmen herbeizuführen ist.

83 Auch bei sorgfältiger Anwendung empfiehlt sich stets als Ergänzung zur mathematischen Errechnung eine schlichte Plausibilitätsprüfung.

Tabelle Bewertungsmerkmale Freianlagen

Bewertungsmerkmale		Honorarzone/Schwierigkeitsgrad der Planungsanforderungen				
Planungsanforderungen	Zuordnungsrahmen § 40 Abs. 3	sehr gering	gering	durchschnittlich	hoch	sehr hoch
		I	II	III	IV	V
		(mit arithmetischer Zehntelteilung als Anhalt)[6]				
Einbindung in die Umgebung	je 0–8	0–1,9	2,0–3,4	3,5–5,0	5,1–6,6	6,7–8
Anforderungen an Schutz von Natur und Landschaft	je 0–8	0–1,9	2,0–3,4	3,5–5,0	5,1–6,6	6,7–8
Funktionsbereiche	je 0–6	0–1,4	1,5–2,6	2,7–3,8	3,9–4,9	5,0–6
Gestalterische Anforderungen	je 0–8	0–1,9	2,0–3,4	3,5–5,0	5,1–6,4	6,7–8
Ansprüche an die Ver- und Entsorgung	je 0–6	0–1,4	1,5–2,6	2,7–3,8	3,9–4,9	5,0–6
Punkteanzahl Summe von bis		*0–8,4*	*9,0–15,4*	*15,9–22,6*	*22,1–29,6*	*30,1–36*
Punktespanne nach § 40 Abs. 4		bis 8	9–15	16–22	23–29	30–36

Beispiel

Beispiel einer objektbezogenen Punktebewertung:
innerstädtische Wohnanlage

Bewertungsmerkmale § 40 Abs. 2	objektbezogen		Punktebewertung § 40 Abs. 3 und 4
Einbindung in die Umgebung	hohe Anforderungen	IV	6,5
Anforderungen an Schutz, Pflege und Entwicklung von Natur und Landschaft	durchschnittliche ökologische Anforderungen	III	5,0
Funktionsbereiche	mehrere Funktionsbereiche	III	3,5
gestalterische Anforderungen	sehr hohe gestalterische Anforderungen (Wettbewerbsergebnis)	V	7,0

6 Das arithmetische Dilemma besteht darin, dass sowohl 8 als auch 6 Punkte nicht praktikabel in 5 Teile mit unterschiedlicher Wichtung geteilt werden können. Diese rechnerische Punkteaufteilung kann deshalb nur als Anhalt dienen, der Einzelbewertung mit Punkten und höchstens halben Punkten ist im Einzelfall stets der Vorzug zu geben. Hinweis: Die Tabelle von *Locher/Koeble/Frik* (§ 40 Rn 6) enthält eine identische Aufteilung.

Bewertungsmerkmale § 40 Abs. 2	objektbezogen		Punktebewertung § 40 Abs. 3 und 4
Ver- und Entsorgung	durchschnittliche Ver- und Entsorgung	III	3,5
Summe			25,5

Die Bewertung ergibt 25,5 Punkte.
Die Freianlage ist der Honorarzone IV zuzuordnen (23 bis 29 Punkte).
Damit ist die Honorarzone eindeutig und nachvollziehbar bestimmt.

84 Zur oftmals in diesem Zusammenhang gestellten Frage, ob das Ergebnis der Punktebewertung Einfluss auf die Bemessung des Honorarsatzes habe, wird erläutert:

- Grundsätzlich obliegt es alleiniger Zuständigkeit der Vertragspartner im Rahmen der durch die Verordnung festgesetzten Mindest- und Höchstsätze eine Regelung gem. § 7 Abs. 1 zu treffen.
- Die festgestellte Punktzahl nach § 40 Abs. 3 könnte ein wichtiges Indiz für die Abweichung vom Mindestsatz sein, ausschlaggebend allein sind die besonderen Umstände der einzelnen Aufgabe wie z.B. erhöhter Arbeitsaufwand oder besondere Anforderungen (sehr kurze bis sehr lange Planungs-/Bauzeit).

III. Besonderheiten der Honorarzonenbestimmung bei Umbau und Modernisierung

85 In § 6 Abs. 2 Nr. 2 gibt es für die Honorarzonenermittlung bei Umbauten und Modernisierungen eine abweichende Regelung: Es gilt die

> *„Honorarzone, welcher der Umbau oder die Modernisierung in sinngemäßer Anwendung der Bewertungsmerkmale zuzuordnen ist".*

86 Aus diesem Wortlaut ergibt sich zum einen, dass die **Objektliste** bei Umbauten und Modernisierungen **nicht angewendet** werden kann. Zum anderen bezieht sich die **Honorarzone des Umbaus bzw. der Modernisierung** nicht auf das Objekt an sich, sondern **auf die Anforderungen und Schwierigkeiten des Umbaus bzw. der Modernisierung.** Damit muss die Honorarzone des Umbaus bzw. der Modernisierung nicht mit der Honorarzone des Objekts identisch sein. In der amtlichen Begründung ist für die Gebäudeplanung als Beispiel ein kleinerer Umbau in einem Theater, das als Neubau der Honorarzone V zuzuordnen ist, explizit genannt. Dieser kleine Umbau könne bei entsprechenden Bewertungsmerkmalen der Honorarzone II oder III zugeordnet werden. Diese Grundsätze gelten auch für die Freianlagenplanung, da § 6 im allgemeinen Teil der HOAI steht und somit auch auf die Freianlagenplanung Anwendung findet. Weiterhin spricht hierfür auch der Verweis in Abs. 6 auf § 36 Abs. 1 der Objektplanung.

87 Somit ist eine Ermittlung ***„in sinngemäßer Anwendung"*** der Bewertungsmerkmale in Bezug auf den Umbau/die Modernisierung vorzunehmen und, wenn diese zu keinem eindeutigen Ergebnis führt, eine entsprechende Punktebewertung. Damit sind die Bewertungsmerkmale wie folgt anzupassen:

1. Anforderungen an die Einbindung des Umbaus/der Modernisierung in die bestehende Freianlage,
2. Anforderungen des Umbaus/der Modernisierung an Schutz, Pflege und Entwicklung von Natur und Landschaft,

3. Anzahl der Funktionsbereiche des Umbaus/der Modernisierung,
4. Gestalterische Anforderungen des Umbaus/der Modernisierung,
5. Ver- und Entsorgungseinrichtungen des Umbaus/der Modernisierung.

D. Planen und Bauen im Bestand bei Freianlagen

I. Regelungen für Freianlagen

Die neuen normativen Bestimmungen der HOAI 2013 zum Bauen im Bestand schaffen einheitliche Regelungen für alle Objektplanungen. **88**

Da für den Bereich der Freianlagen schon immer im Bestand gearbeitet wurde, aber keine hinreichenden Vorschriften zur auskömmlichen Honorierung bestanden, ist hier eine begrüßenswerte Klarstellung im Sinne anzuwendender Vorschriften erfolgt. **89**

Ähnlich wie bei den Gebäuden sind auch bei Freianlagen im Bestand Merkmale wie geplante, geschaffene, historische Objekte gegeben. **90**

Die Unterscheidung zu Gebäuden liegt bei Freianlagen vor allem in der Verwendung von Materialien und Werkstoffen, welche durch organisch-biologische Komponenten wie beispielsweise Rasen, Pflanzungen oder Gewässer geprägt sind. **91**

Weil jene Bestandteile zugleich umgangssprachlich vereinfacht als „Natur" oder „Landschaft" bezeichnet werden, erschwert dies die sachliche Auseinandersetzung der Vertragspartner, insbesondere deshalb, weil dadurch keinerlei Übereinstimmung mit den gleichnamigen Begriffen und Definitionen des Bestands in der HOAI gegeben ist. **92**

In der Praxis bedarf es nicht nur der Kenntnis der einschlägigen Regelungen, sondern auch einer verständlichen, auf den Einzelfall bezogenen, nachvollziehbaren Umsetzung im Vertrag. **93**

Als richtungsweisend und sehr hilfreich ist hierzu das Geheft „HOAI – Planen und Bauen im Bestand" der gleichnamigen AHO-Fachkommission (Oktober 2014/Heft 1 der Schriftenreihe) mit dem Fachbeitrag Freianlagen (Kap. 5 und 10.4) zu erwähnen. **94**

Die Honorarermittlung für Leistungen beim Planen und Bauen im Bestand setzt sich aus zwei zentralen Regelungen zusammen: **95**

- **der Umbau- und Modernisierungszuschlag** nach § 6 Abs. 3 resp. § 40 Abs. 6 bei Freianlagen,
- **die Berücksichtigung der mitzuverarbeitenden Bausubstanz** nach § 4 Abs. 3.

Als die wesentlichen Schwerpunkte seien deshalb die **Anrechenbarkeit der mvB** (mitzuverarbeitende Bausubstanz) und die aufwandsorientierte **Zuschlagsvereinbarung** bei Umbau und Modernisierung näher erläutert. **96**

Beide Komponenten werden bei Freianlagen honorarwirksam und sind, wie stets, einzelfallbezogen zu betrachten und **schriftlich zu vereinbaren.** **97**

II. Umbau- und Modernisierungszuschlag

1. Überblick zum Umbau-/Modernisierungszuschlag (Abs. 6). Die bisherige Streitfrage, ob bei Freianlagen überhaupt ein Umbau- oder Modernisierungszuschlag anfallen kann, wurde durch den neu eingeführten § 40 Abs. 6 geklärt: Danach gilt die Vorschrift des § 36 Abs. 1 für Freianlagen entsprechend, sodass auch bei Freianlagen ein Umbau- oder Modernisierungszuschlag vereinbart werden kann. Die amtliche Begründung zur HOAI 2013 führt hierzu aus: **98**

„Die durch Umbau oder Modernisierung bedingten Erschwernisse in der Abwicklung, Koordination und Organisation von Umbau- oder Modernisierungsleistungen sind auch bei Freianlagen gegeben. Die bestehenden Planungsbedingungen, die erforderliche Beurteilung von Bauteilen oder Materialien sowie spezifische Bauabläufe sind auch bei Leistungen im Bestand von Freianlagen zu berücksichtigen."

99 Der Umbauzuschlag kann jedoch **nicht auf die erstmalige Gestaltung einer Freifläche** (z.B. natürliche Wald-, Wiesen- oder landwirtschaftlich genutzte Flächen) angesetzt werden, weil es ansonsten keine Freianlagenplanung ohne Umbauzuschlag gäbe. Begründet wird dies mit den Definitionen von Umbauten in § 2 Abs. 5 sowie von Freiflächen in § 39 Abs. 1: Danach sind Umbauten *„Umgestaltungen eines vorhandenen Objekts mit wesentlichen Eingriffen in Konstruktion oder Bestand"* und Freianlagen setzen *„planerisch gestaltete Freiflächen und Freiräume"* voraus. Somit liegt ein Umbau nur bei wesentlichen Eingriffen in eine **bereits planerisch gestaltete Freianlage** vor, weil ansonsten noch überhaupt keine Freianlage vorliegt. Wenn dagegen erstmals eine natürlich entstandene Fläche durch eine Freiflächenplanung gestaltet wird, wird damit erstmalig eine Freianlage geschaffen, sodass begrifflich kein Umbau vorliegen und somit auch kein Zuschlag anfallen kann.[7]

100 Für die **Höhe des Umbau-/Modernisierungszuschlags** gilt § 6 Abs. 2 S. 2 bis 4 sowie § 36 Abs. 1 entsprechend. Danach kann bis zu einem durchschnittlichen Schwierigkeitsgrad (Honorarzone I bis III) ein Zuschlag bis maximal 33% schriftlich vereinbart werden. Bei einem höheren Schwierigkeitsgrad (d.h. Honorarzone IV oder V) gibt es keine Obergrenze. Ohne schriftliche Vereinbarung gilt ab durchschnittlichem Schwierigkeitsgrad (Honorarzone III) ein Zuschlag von 20% gem. § 6 Abs. 2 S. 4. Hierzu wird ergänzend auf die Kommentierung unter § 36 Rn 11 bis 18 verwiesen.

101 **2. Kernsätze.** Kernsätze sind:

„Mit dem Umbau- und Modernisierungszuschlag auf das aus den Honorartafeln ermittelte preisrechtlich zulässige Honorar sollen die erhöhten Schwierigkeiten und Aufwände der Planungsaufgabe bei Bestandsobjekten berücksichtigt und honoriert werden."[8]

„Insgesamt ist zu beachten, dass der Auftragnehmer im Einzelfall für Umbauten oder Modernisierungen sowohl einer Erhöhung der anrechenbaren Kosten über die mitzuverarbeitende Bausubstanz gemäß § 4 Absatz 3 als auch den Zuschlag nach § 6 Absatz 2 Nummer 5 beanspruchen kann, wenn die dafür in der HOAI festgelegten Voraussetzungen erfüllt sind".[9]

102 **3. Erläuterungen zur Prüfung der Voraussetzungen.** Es ist aber zugleich im Einzelfall zu prüfen, ob die Voraussetzungen tatsächlich gegeben sind, da beispielsweise Freianlagenplanungen im Bestand erfolgen können, ohne dass die Voraussetzungen für einen Umbau („... *wesentliche Änderung oder Eingriff in den Bestand*") gegeben sein müssen. Demnach ist ein Umbau dann gegeben, wenn entweder in Konstruktion **oder** Bestand in **wesentlicher** Form eingegriffen wird. Die Formulierung „oder" bedeutet nicht kumulativ.

7 Locher/Koeble/Frik/*Locher*, § 40 Rn 14.

8 Studie „Aktualisierungsbedarf zur Honorarstruktur der Honorarordnung für Architekten und Ingenieure (HOAI)", Ziff. 6.2.1.2, abrufbar unter http://www.bmwi.de/BMWi/Redaktion/PDF/A/aktualisierungsbedarf-zur-honorarstruktur-der-honorarordnung-fuer-architekten-und-ingenieure-hoai-hauptdokument,property=pdf,bereich=bmwi2012,sprache=de,rwb=true.pdf.

9 Amtliche Begründung zur HOAI 2013 zu § 6 Abs. 2, BR-Drucks. 334/13, S. 141.

Ob ein Eingriff in den Bestand als „wesentlich" zu bewerten ist, hängt vom Einzelfall ab und ist vorab stets zu überprüfen. 103

Als wesentliche Form dürften Veränderungen von mehr als 15–20% gelten (beispielsweise über Flächenänderungen zu prüfen und zu erläutern). 104

Merksatz zur Voraussetzungsprüfung für den Umbauzuschlag: Es muss ein **Eingriff** in den Bestand eines **vorhandenen Objekts** gegeben sein, dessen **wesentliche Bestandteile** in das zu planende Objekt **eingebunden** werden. 105

Somit ist eine Abgrenzung zum Sachverhalt „Freimachen, Abriss und Neuanlage" eindeutig bestimmbar. 106

4. Erläuterungen zur Ermittlung und Bemessung des Zuschlags

a) Kriterien für die Bemessung. Sind gemäß den Legaldefinitionen des § 2 Abs. 5, 6 und 8 die Voraussetzungen für einen Zuschlagsanspruch gegeben, so ist im nächsten Schritt die Höhe des Zuschlags möglichst nachvollziehbar zu ermitteln. 107

Dies geschieht vor dem Hintergrund, dass – anders als bei der mitzuverarbeitenden Bausubstanz – dem erhöhten **Aufwand** und **Schwierigkeitsgrad** beim Planen und Bauen im Bestand Rechnung zu tragen ist. 108

Während die Frage des Mehraufwands in den meisten Fällen schlüssig dargelegt werden kann, ergeben sich hinsichtlich der Bestimmungen des Schwierigkeitsgrads doch Klärungsprobleme mit der Überlagerung/Abgrenzung zur Honorarzonenfindung. 109

Deshalb ist hinsichtlich der Zuschlagsbemessung darauf zu verweisen, dass die dort zu verwendenden Schwierigkeitskriterien mit den Bewertungsmerkmalen der Planungsanforderungen nach § 40 Abs. 2 nur bedingt gleichgesetzt werden können. 110

Die Zuschlagshöhe ist unabhängig von der Honorarzone zu bestimmen. 111

Der Verordnungsgeber bestimmt zudem in § 6 Abs. 2 klar, dass der Zuschlag unter *„Berücksichtigung des Schwierigkeitsgrads der Leistungen"* zu vereinbaren ist. 112

In schwierigen Einzelfällen ist es empfehlenswert, die Vorgehensweise zur Bestimmung der Zuschlagshöhe sachlich nachvollziehbar darlegen zu können. 113

b) Zur Gewichtung des Mehraufwands. Die in den Tabellen genannte Gewichtung gilt für den Regelfall. Die Gewichtungen summieren sich zu einem höchstmöglichen Zuschlag für die Honorarzone I, II und III bei mindestens durchschnittlicher Schwierigkeit bis 33%, bei mehr als durchschnittlicher Schwierigkeit auch höher, bei weniger auch geringer. Erst wenn **keines** der Erschwerniskriterien gegeben ist, kann der Zuschlag auch 0% sein. 114

Sofern bei Freianlagen gemäß den Objektlisten ein überdurchschnittlicher Schwierigkeitsgrad, d.h. Honorarzone IV und V gegeben ist, ist für die Anwendung in der Praxis auf die amtliche Begründung zu § 40 Abs. 6 resp. § 36 Abs. 1 zu verweisen:[10] 115

> *„Maßgeblich ist **der Schwierigkeitsgrad** der konkreten Umbau- oder Modernisierungsmaßnahme im **jeweiligen Einzelfall.** Die Höhe des Zuschlags ist im Wege einer schriftlichen Vereinbarung bei Auftragserteilung gemäß § 7 Absatz 1 frei vereinbar. § 6 Absatz 2 Satz 4 **gibt keinen Mindestwert** vor."*

Die in der Tabelle aufgeführte Wichtung des Mehraufwands von „kein" bis „sehr viel" stellt einen Anhaltswert dar, die zu vereinbarenden Prozente ermöglichen also auch Zwischenwerte, z.B. 1–3 oder ab 7–x. 116

10 Amtliche Begründung zur HOAI 2013, BR-Drucks. 334/13, S. 157.

117 **c) Tabelle aus AHO-Heft zur Ermittlung des Mehraufwands/der Zuschlagshöhe.** Die Prozentzahlen in dieser Tabelle beziehen sich auf eine Zuschlagshöhe bis 33%, die für Leistungen bei Freianlagen gem. § 36 Abs. 2 HOAI 2013 bzw. § 40 Abs. 6 bei durchschnittlichem Schwierigkeitsgrad gilt. Die Quantifizierung „sehr viel" ist nur bei überdurchschnittlichem Schwierigkeitsgrad (Honorarzone IV bis V) anzuwenden:

		Mehraufwand					
Gewichtung	**Kategorie/Begründung**	**kein**	**wenig**	**üblich**	**viel** bis max. 33%	**sehr viel**	**vereinbart**
6%	**Integration – z.B.**	0%	4%	5%	6%	> 6	
	– Auseinandersetzung/Berücksichtigung vielfältiger Bedingungen und Zwänge im Bestand						
	– Berücksichtigung aus Bestandsvorgaben der Förderprogramme						
	– Einbindung oder Übernahme von Vorgaben aus Konstruktion, Technik und Gestaltung						
	– zu erhaltenden Vegetationsbestand integrieren						
	– zusätzliche Fachplanungen und Gutachten integrieren						
	– zusätzliche Maßnahmen im Bestand aufgrund behördlicher Auflagen						
6%	**Flexibilität – z.B.**	0%	4%	5%	6%	> 6	
	– Konkretisierung erst während der Ausführung nach Offenlegung (z.B. Materialwahl)						
	– substanzbedingt ungebräuchliche oder neue Bauverfahren/Konstruktionen						
	– substanzbedingt ungebräuchliche Details, vielfache Detailänderungen/Ergänzungen und						
	– Reaktionen auf bestandsbedingte Unwägbarkeiten						
	– Änderungen durch vorgefundene Mängel/Schäden am Bestand und im Untergrund						
	– Anpassung der Substanz an gültige Vorschriften und Normen						
6%	**Risiko – z.B.**	0%	4%	5%	6%	> 6	
	– erhöhtes Haftungsrisiko für Bestandswerte						
	– Verkehrssicherung						
	– Schutz und Sicherung von fertiggestellten Teilbereichen						
	– Kostenermittlungsrisiko mit bestandsbedingten Unwägbarkeiten						

Gewichtung	Kategorie/Begründung	Mehraufwand kein	wenig	üblich	viel bis max. 33%	sehr viel	vereinbart
	– Terminplanung mit bestandsbedingten Unwägbarkeiten						
	– vorhandene Schadensbilder/Vorschädigung des Bestands						
6%	**Komplexität – z.B.**	0%	4%	5%	6%	> 6	
	– Erschwernisse bei den Kostenermittlungen						
	– Erschwernisse bei der Kostenkontrolle						
	– zusätzliche Aufmaßkontrolle überdeckter Bereiche des Bestands						
	– zusätzlicher Aufwand bei LV-Wertung/Nachtragsmanagement						
	– zusätzlicher Aufwand bei Rechnungsprüfung/Kostenfortschreibung durch Änderungen						
	– Unwägbarkeiten von Unerwartetem						
9%	**Organisation – z.B.**	0%	4%	6%	9%	> 9	
	– Intensive Bemusterung						
	– Ausführungsabwicklung bei laufendem Betrieb						
	– Rücksicht auf Vegetationsbestände im Baubetrieb						
	– Realisierung in Abschnitten						
	– temporäre Zwischenlösungen und deren Rückbau						
	– hohe Baustellenpräsenz – längere Bauzeit						
	– intensive Betreuung/Information des AG während der Ausführung						
	– erhöhter Dokumentationsaufwand						
	– Vielzahl und Beteiligte aufgrund von Bestandsschutz						
33%	**Maximale Zuschlagshöhe in Honorarzone I, II und III**	0%	20%	26%	33%		
	Zuschlagshöhe in Honorarzone IV und V nach oben offen						

Die in den Tabellen genannte Gewichtung gilt für den Regelfall. Die Gewichtungen summieren sich zu einem höchstmöglichen Zuschlag für die Honorarzonen I, II und III bei mindestens durchschnittlicher Schwierigkeit bis 33%; bei mehr als durchschnittlicher Schwierigkeit auch höher, bei weniger auch geringer. Erst wenn keines der Erschwerniskriterien gegeben ist, kann der Zuschlag auch 0% sein oder gegen 0% gehen.

118 **5. Zusammenfassung Umbauzuschlag.** Prüfschritte zur Ermittlung des Umbauzuschlags bei Freianlagen:

<table>
<tr><th>I.</th><th>Prüfen der Voraussetzungen</th></tr>
<tr><td></td><td>– Analyse des Objekts und der Planungsaufgabe
  – Vorhandensein eines Objekts als Bestand (§ 2 Abs. 1)
  – durch Bauleistung hergestellt (§ 2 Abs. 7)
  – Objekt nach DIN 276 KG 500 oder andere Objekte</td></tr>
<tr><td></td><td>– Zuordnung zu § 2 Abs. 5, 6 und 8 Begriffsbestimmung
  – Umbau, Modernisierung oder Instandsetzung
  – bei Umbau
  – Eingriff/Änderung: in Konstruktion
                        in Bestand
    – wesentlich oder unwesentlich
  – bei Modernisierungen:
    – Maßnahmen erforderlich
    – zur nachhaltigen Erhöhung des Gebrauchswerts
  – bei Instandsetzungen:
    – Wiederherstellung/Erhaltung des Sollzustands</td></tr>
<tr><th>II.</th><th>Ermittlung des Zuschlags nach § 6 Abs. 5</th></tr>
<tr><td></td><td>– Erfassen der fünf Leistungskategorien
  – Integration, Flexibilität, Risiko, Komplexität, Organisation
– Bewertung und Wichtung des Aufwands/Schwierigkeitsgrades nach Klassifizierungen von „kein“ bis „sehr viel“ in Prozentpunkten
– Summenbildung und Ermittlung Zuschlagshöhe in%
– Prüfen des Sachverhalts nach § 12 Abs. 2 (Instandsetzung)</td></tr>
<tr><th>III.</th><th>Schriftliche Vereinbarung des Umbauzuschlags</th></tr>
</table>

III. Berücksichtigung der mitzuverarbeitenden Bausubstanz (mvB)

119 Im Vergleich zur Bemessung des Umbauzuschlags stellt sich die Berücksichtigung der mvB weitaus vielfältiger und aufwändiger dar; nicht zuletzt deshalb, weil sich die Vorgehensweise – „traditionell“ und auch HOAI-systematisch – der Objektplanung Gebäude angleicht.

120 Wenngleich bei der Gebäudeplanung die Berücksichtigung der mvB seit jeher einen gewichtigen Leistungs- und Kostenanteil darstellt, ist dies bei Freianlagen anders gelagert, sodass in der Praxis gewisse Vereinfachungen im Sinne der Praktikabilität zulässig erscheinen.

121 In dieser Betrachtungsweise zeigen auch die nachfolgenden Erläuterungen nur die Systematik der Vorgehensweise auf.

Zitat: Leitsatz zur Wertermittlung – Auszug amtliche Begründung[11]
„Die mitzuverarbeitende Bausubstanz ist gemäß § 4 Absatz 3 Satz 1 ‚**angemessen**‘ entsprechend ihrem Umfang zum Beispiel über die Parameter Fläche, Volumen, Bauteile oder Kostenanteile zu berücksichtigen. Gemäß § 4 Absatz 3 Satz 2 ist im Einzelfall der Umfang und Wert der mitzuverarbeitenden Bausubstanz **objektbezogen** zu ermitteln und schriftlich zu vereinbaren.“

11 Amtliche Begründung zur HOAI 2013, BR-Drucks. 334/13, S. 140.

1. Erläuterungen zur Ermittlung des Werts mitzuverarbeitender Bausubstanz bei Freianlagen. Die zunächst als schwierig erscheinende Umsetzung der Regelungen zu § 2 Abs. 7 und § 4 Abs. 3 ist bei systematischer Vorgehensweise gemäß der Grundformel nach folgenden Schritten gut zu bewerkstelligen: 122

1. Schritt	**Identifizierung** der mvB (Prüfung der Voraussetzungen)
2. Schritt	**Mengenbestimmung** der mvB (Feststellung des Umfangs)
3. Schritt	**Ermittlung der Kosten** der mvB als Neubauwert (Menge * Einheitspreis) oder Kostenkennwert
4. Schritt	**Ermittlung des Abminderungsfaktors** bestehend aus Zustandsfaktor * Leistungsfaktor
5. Schritt	**Ermittlung des Werts** der mvB als anrechenbare Kosten aus Neubaukosten * Abminderungsfaktor
6. Schritt	**Übertrag** der anrechenbaren Kosten in die zutreffende Kostengruppe der DIN 276 mit gesonderter Ausweisung der mvB (KG 529, 539, 549, 559, 569, 579), zum Teil als ersparte Aufwendung des Auftraggebers (zugleich Einsparung bei den Baukosten)

2. Hinweise zu den Arbeitsschritten

a) Schritt 1 – Prüfung der Anrechenbarkeitsvoraussetzungen (Identifizierung). 123
Die voraussetzenden Begriffe wie
- durch Bauleistung hergestellt,
- durch Planungs- oder Überwachungsleistungen,
- technisch oder gestalterisch mitverarbeitet,

sind im Einzelfall freianlagenspezifisch zu untersuchen.

Es wird teilweise verkannt, dass es in der Praxis gleichwohl „durch Bauleistung hergestellte" Vegetation oder Grünsubstanz gibt, wie beispielsweise 124
- erstellte Pflanzungen auf Dachbegrünungen und unterbaute Flächen,
- gepflanzte Anlagen, Hecken, Solitärgehölze, Schmuckbeete, historische Gärten.

Beispiele zur mvB bei Freianlagen: 125

---

1) Anlagen, Bauteile und Elemente
Freianlagen entstehen durch Baugewerke des Garten-, Landschafts- und Sportplatzbaus sowie des Tiefbaus. Hier handelt es sich größtenteils um handelsüblich verwendete Baustoffe.
Beispiele: Oberflächenbefestigungen, Wege, Platz- und Sportbeläge und deren Unterbau, Fundamentierungen
Mauern, Natursteine, Stützelemente, Einfassungen
Einfriedungen, Tore/Schranken, Pfeiler/Spaliere, Wandbegrünungen
Ausstattungen, Elemente, Bauten/Pergolen, Bänke, Beleuchtung, Brunnen/Wasserspiele

---

2) Grünsubstanz/Vegetation
a) durch Bauleistung hergestellt
erstellte Pflanzungen auf Dachbegrünungen und unterbauten Flächen
gepflanzte Anlagen, Hecken, Solitärgehölze, Schmuckbeete, historische Gärten

b) als Einzelfall mit besonderen Voraussetzungen
vorhandene zu ***erhaltende*** Vegetation ***mit*** öffentlich-rechtlichem ***Schutzstatus*** aufgrund Baum-, Biotopschutz oder Bebauungsplansatzung sowie Erhalt auf Anordnung des Auftraggebers

3) Ausschlusskriterien
Abbruch und Beseitigung schließt Mitverwendung aus
vorhandene Vegetation ohne Schutzstatus, z.B. wilder Aufwuchs, Naturverjüngungen, Sukzessionen
„unbearbeitete" Substanz (i.S.d. amtlichen Begründung), vorhandene Bausubstanz, die nicht planerisch oder konstruktiv bearbeitet wird. Dies ist für Sportanlagen beispielsweise der Fall, wenn die Deckschichten erneuert werden. Die Tragschichten resp. der Unterbau stellen in diesem Fall keine mitzuverarbeitende Bausubstanz dar.

Praxistipp
Die Verwendung vorhandener Erdmassen, z.B. Bodenabtrag/Bodeneinbau, zählt i.S.d. § 2 Abs. 7 nicht zu den Kosten mitzuverarbeitender Bausubstanz (mvB), da nicht durch Bauleistung hergestellt; ist aber im Einzelfall nach § 4 Abs. 2 Ziff. 4 als vorhandener Baustoff bei den anrechenbaren Kosten zu berücksichtigen.
Der Begriff „Baustoffe" ist nämlich nicht identisch mit der „Bausubstanz" als mit dem durch Bauleistung hergestellten und dem Objekt fest verbundenen Bestandteil.

---

126 **b) Schritt 2 – Mengenbestimmung.** Voraussetzung für die Mengenbestimmung ist die Klärung der Bezugseinheiten wie:
- Teile/Abschnitte/Ausschnitte von Freianlagen,
- Darstellung/Flächengeometrien,
- Mengeneinheiten m, m², m³.

Damit ist insbesondere die Objektbezogenheit sichergestellt.

127 Je nach Genauigkeitsanforderungen könnte auch nach Grobelementen der DIN 276 sortiert werden.

128 Unter der „Angemessenheit", d.h. auch der Menge der mvB, ist sinngemäß amtlicher Begründung der **entsprechende** Umfang, Fläche, Volumen zu berücksichtigen.

129 **c) Schritt 3 – Ermittlung der Kosten.** Für diesen Arbeitsschritt gelten die Regelungen des § 4 Abs. 1 „Anrechenbare Kosten" gleichermaßen, insbesondere ist eine Untergliederung mindestens bis zur 2. Ebene der Kostengliederung vorzunehmen.

130 Anstelle der ortsüblichen Preise kann im Einzelfall auch auf Kostenkennwerte zurückgegriffen werden, welche entweder aus abgesicherten individuellen Preisspiegeldateien des Auftragnehmers oder aus offiziösen Baupreissammlungen (z.B. BKI – Baukosteninformationszentrum, Objektdatei F3 Freianlagen) hergeleitet werden.

131 Diese Neubaukostenermittlung ist stets als fiktiv zu betrachten, weil das Ergebnis mit dem vorbeschriebenen Abminderungsfaktor zu multiplizieren ist.

132 Bei Gehölzen wird empfohlen, den Zeitwert von Baumschulgehölzen mit gestalterisch (dem Objekt) angemessenen Habitus zu ermitteln; in der Regel Qualitätsgrößen von Baumschulware, welche noch in Standardkatalogen erhältlich ist.

133 **d) Schritt 4 – Ermittlung des Abminderungsfaktors.** Unter der Zielvorstellung der Angemessenheit der Kosten ist beabsichtigt, dass bei dem Wert der mitzuverarbeitenden Bausubstanz deren baulicher Zustand (Erhaltungszustand) in der Weise zu berücksichti-

gen ist, dass die zuvor ermittelten üblichen Kosten für die Neuerstellung entsprechend des Erhaltungszustands des Objekts abzumindern sind. Damit führte ein guter Erhaltungszustand zu einem geringeren Abminderungsfaktor, ein schlechter Erhaltungszustand zu einem höheren Abminderungsfaktor.

Dieser neu als Begriff zu verwendende Abminderungsfaktor setzt sich zusammen aus dem vorstehend beschriebenen **Zustandsfaktor** (auch als Wertfaktor bezeichnet) und dem **Leistungsfaktor**. 134

aa) Zustandsfaktor. Gemäß Urteil des BGH vom 9.6.1986 (Az. VII ZR 260/84) zählt der effektive, dem Erhaltungszustand entsprechende Wert der mitzuverarbeitenden Bausubstanz zu den anrechenbaren Kosten. Das bedeutet, dass, wenn ein Bauelement, das mitverarbeitet wird, in keinem technisch einwandfreien Zustand ist, der Wert dieses Bauelements zu mindern ist. 135

Die Bestimmung der Minderung ist nicht geregelt, weshalb hier die Zustandsfaktoren aus dem Gutachten des BMVBS verwendet werden. Die Spannen dieser Zustandsfaktoren sind jedoch sehr fachspezifisch zu betrachten. 136

Für die Freianlagen wurde dies im Gutachten von Prof. Hans *Lechner* detailliert untersucht und mit folgendem Ergebnis festgestellt:[12] 137

- ein Minimum-Wert von 0,8 und
- ein Maximum-Wert von 1,0
- **Zustandsfaktor (ZF) im Mittel somit 0,90 (= Durchschnitt).**

bb) Leistungsfaktor. Der Leistungsfaktor ist Folge einer einschlägigen BGH-Entscheidung, wonach der Leistungsfaktor zu Leistungen im Bestand, welcher vom Umfang der planerischen Mitbearbeitung innerhalb der Leistungen einer Leistungsphase abhängig war, im Einzelfall ermittelt werden musste. Im Zuge der HOAI-Novellierung wurden diese Sachverhalte aufbauend auf dem BGH-Urteil differenziert nach den Objektplanungen, d.h. gesondert für Freianlagen, aufgearbeitet und dokumentiert. 138

Wesentlich neu ist jedoch, dass auch hier der Leistungsfaktor **pauschaliert** werden soll. Anders als in der genannten BGH-Entscheidung soll keine projektabhängige und damit „aufwandsabhängige" Ermittlung im Einzelfall erfolgen, sondern auch der Leistungsfaktor soll in der Verordnung unabhängig von dem konkreten Projekt und dem konkreten Leistungsumfang festgelegt werden. 139

Abgeleitet aus diversen Gutachten (Prof. *Lechner*/BMWI-Gutachten für Leistungen bei Freianlagen) hat die AHO FK „Planen und Bauen im Bestand" für Leistungen bei Freianlagen eine Tabelle der Leistungsfaktoren je Leistungsphase für Leistungen bei Freianlagen entwickelt. 140

Vereinfacht wurden je Leistungsphase die Leistungsfaktoren von 0,30 (Phase 7) bis 1,00 (Phase 5), multipliziert mit der HOAI-Leistungsphasenbewertung (2 bis 30 v.H.), mit einer gemittelten Wichtung von 0,80 ermittelt. 141

cc) Abminderungsfaktor. Der Abminderungsfaktor ergibt sich aus der Multiplikation von Zustands- und Leistungsfaktor. 142

12 Abrufbar unter http://www.bmwi.de/BMWi/Redaktion/PDF/E/evaluierung-hoia-aktualisierung-der-leistungsbilder-abschlussbericht,property=pdf,bereich=bmwi2012,sprache=de,rwb=true.pdf, S. 392.

Beispiel: Vollauftrag Leistungsphase 1–9
Beispiel aus AHO-Heft
Diese Tabelle war Anhang 1 zum BMWI-Gutachten 2012 (Hauptdokument S. 257 ff.) und ist auszugsweise wiedergegeben.

	Minimum	**Maximum**
Zustandsfaktor	80,0%	100%
Leistungsfaktor	0,70%	0,90%
Ergebnis	56,0%	90,0%
Mittelwert	73,0%	

143 Vormalige gutachterliche Untersuchungen (z.B. Lechner-Gutachten 2011) ergaben bei **Freianlagen** einen **gemittelten, pauschalierten Abminderungsfaktor von 0,71.**

144 Die Spanne des Abminderungsfaktors dürfte demnach im Bereich zwischen **56% bis 73%,** d.h. in einer verhältnismäßig geringen Bandbreite von ca. 15% liegen und somit für die Vertragsparteien keinen großen Spielraum eröffnen.

145 Zu Teilleistungsaufträgen werden hilfsweise und verkürzt folgende gemittelte **Abminderungsfaktoren** bei Freianlagen ermittelt:

							Wichtung
Leistungsphasen 1–4	= 33 v.H. =	ZF 0,90	×	LF 0,31	=	0,297 arr. **0,30**	*(0,85)*
Leistungsphasen 5–9	= 67 v.H. =	ZF 0,90	×	LF 0,49	=	0,44 arr. **0,45**	*(0,65)*

Praxistipp
Weil die Quantifizierung bzw. Anwendung eines Abminderungsfaktors sich als schwierig anwendbar herausstellte, hat der Verordnungsgeber auf eine Regelung verzichtet, d.h. hinsichtlich der Angemessenheit der mvB können die Parteien auch andere Lösungen vereinbaren.

146 **e) Schritt 5 – Ermittlung des Werts der mvB als honorarfähige anrechenbare Kosten.** Der Neubauwert (siehe Schritt 3) ist mit dem Abminderungsfaktor (siehe Schritt 4) zu multiplizieren.

Beispiel
Neubauwert netto 50.000,00 € × AF 0,73 = 36.500,00 €

147 **f) Schritt 6 – Übertrag der honorarfähigen anrechenbaren Kosten in die zutreffende Kostengruppe der DIN 276.** Wichtig ist die
- Beachtung der Objektzuordnung, z.B. als Außenanlage, Verkehrsanlage, technische Ausrüstung;
- Zuordnung zur jeweils zutreffenden Kostengruppe, ggf. Aufgliederung der mvB schon im Zuge der Neuwertermittlung;

– gesonderte Ausweisung als mvB in der 3. Kostenstelle, z.B. **5.2.9**, **5.7.9**, zugleich auch als Nachweis ggf. ersparter Aufwendungen.

3. Zusammenfassung. Die verordnungskonforme Handhabung der in der HOAI 2013 neu geregelten Leistungen bei Umbauten und Modernisierungen von Freianlagen in Verbindung mit der Einbeziehung der anrechenbaren Kosten für mitzuverarbeitende Bausubstanz wird in der Praxis einiger Klärungen und Arbeitshilfen bedürfen. **148**

Die gebotenen Vereinbarungen erfordern fachkundige Vertragspartner, um einvernehmliche Regelungen zu erzielen, welche auf den jeweiligen Einzelfall zu beziehen sind. **149**

Abschnitt 3
INGENIEURBAUWERKE

§ 41
Anwendungsbereich

Ingenieurbauwerke umfassen:
1. **Bauwerke und Anlagen der Wasserversorgung,**
2. **Bauwerke und Anlagen der Abwasserentsorgung,**
3. **Bauwerke und Anlagen des Wasserbaus ausgenommen Freianlagen nach § 39 Absatz 1,**
4. **Bauwerke und Anlagen für Ver- und Entsorgung mit Gasen, Feststoffen und wassergefährdenden Flüssigkeiten, ausgenommen Anlagen der Technischen Ausrüstung nach § 53 Absatz 2,**
5. **Bauwerke und Anlagen der Abfallentsorgung,**
6. **konstruktive Ingenieurbauwerke für Verkehrsanlagen,**
7. **sonstige Einzelbauwerke ausgenommen Gebäude und Freileitungsmaste.**

Übersicht

A. Überblick

Im Vergleich zur HOAI 2009 haben sich praktisch keine Änderungen ergeben. Die Definition der Ingenieurbauwerke in § 41 stimmt weitestgehend mit § 40 der HOAI 2009 überein. Lediglich die Verweise in § 41 Nr. 3 und 4 wurden aktualisiert. **1**

2 Die Bestimmungen des Teils 3 Abschnitt 3 beziehen sich auf die in § 41 Nr. 1 bis 7 näher bezeichneten Ingenieurbauwerke. Die Definition der Ingenieurbauwerke stimmt weitestgehend mit § 40 HOAI 2009 überein. Lediglich die Verweise in § 41 Nr. 3 und 4 wurden aktualisiert. Wie bereits in der HOAI 2009 sind von Abschnitt 3 des Teils 3 nur noch die Ingenieurbauwerke umfasst. Die Regelungen zu Verkehrsanlagen wurden ausgegliedert. Sie sind in Abschnitt 4 des Teils 3 eigenständig, wenn auch weitgehend parallel geregelt.

3 § 41 definiert die von der HOAI erfassten Ingenieurbauwerke. Die Aufzählung in § 41 Nr. 1 bis 7 ist **abschließend**. Objekte, die dort nicht genannt sind, unterliegen nicht dem Preisrecht. Die amtliche Begründung der Bundesregierung zu § 41[1] weist ausdrücklich darauf hin, dass als Ingenieurbauwerke durch die HOAI nur Bauwerke und Anlagen aus Bereichen erfasst werden, die in § 41 Abs. 1 Nr. 1 bis 7 erwähnt sind. Soweit Bereiche nicht erwähnt worden sind, wie z.B. Elektrizitätswerke oder Versorgungsleitungen über Land für Elektrizität, zählen die Leistungen hierfür nicht zu den von der Verordnung erfassten Leistungen. Die Leistungen in diesen Bereichen sind preisrechtlich **nicht gebunden**. Das Honorar für diese Leistungen kann somit **frei vereinbart** werden. Auch sehr planungsintensive Objekte können demnach unter Umständen preisrechtlich ungebunden sein.

Beispiel
Bei einem Mobilfunktelefonnetz handelt es sich um eine einheitliche technische Anlage, die nicht der HOAI unterfällt.[2] Weder fällt sie unter den Begriff der Anlage der Technischen Ausrüstung, noch ist sie ein Ingenieurbauwerk, da sie keinem der von der HOAI umfassten Bauwerke und Anlagen zugeordnet werden kann. Das Honorar für Planungsleistungen bei der Errichtung eines Mobilfunktelefonnetzes ist damit frei vereinbar.

4 Für Leistungen bei nicht erfassten Objekten kann eine **freie Honorarvereinbarung** getroffen werden. Fehlt eine solche Vereinbarung, heißt das nicht, dass der Planer keine Vergütung für seine Leistungen fordern kann. Kann er in einem solchen Fall einen entsprechenden Auftrag für seine Leistungen nachweisen, steht ihm im Regelfall für seine außerhalb der HOAI stehenden Leistungen die übliche Vergütung nach § 632 Abs. 2 BGB zu.

Praxistipp
Bei der Zuordnung der einzelnen Ingenieurbauwerke und deren Abgrenzung von anderen Objekten empfiehlt es sich, die Objektliste in Anlage 12.2 heranzuziehen. Diese kann bei Zuordnungs- und Abgrenzungsschwierigkeiten im Einzelfall praktische Hilfestellung bieten. Das Fehlen des zu planenden Objekts stellt ein Indiz dafür dar, dass es entweder in den Anwendungsbereich eines anderen Teils der HOAI fällt oder dafür, dass es von der Verordnung überhaupt nicht umfasst ist.

5 Bauwerke oder Anlagen, die funktional eine Einheit bilden, deren Verwendung also sinnvoll und funktionsgerecht nur als Einheit möglich ist, sind als ein (einziges) Objekt anzusehen. Umfasst die Beauftragung dagegen Planungsleistungen für Bauwerke oder Anlagen mit verschiedenen funktionalen Einheiten, ist von mehreren eigenständigen Ingenieurbauwerken auszugehen.

1 BR-Drucks. 334/13, S. 158.
2 OLG München, Urt. v. 22.11.1994 – 9 U 3395/94 – BauR 1996, 750.

Beispiel
Werden einem Auftragnehmer die Planung einer Abwasserbehandlungsanlage und eines Abwasser-Kanalnetzes in einem Auftrag übertragen, so handelt es sich hier um die Übertragung der Leistungen für zwei verschiedene Objekte mit jeweils einer eigenen funktionalen Einheit. Das Abwasser-Kanalsystem erfüllt die Transportfunktion für das Abwasser, die Abwasserbehandlungsanlage erfüllt die Reinigungsfunktion für das Abwasser.[3]

Die Frage, ob es sich um ein oder um mehrere Objekte handelt, hat dabei direkte Auswirkungen auf das Honorar des Planers. Denn Bauwerke bzw. Anlagen, die in einem engen funktionalen Zusammenhang stehen, können nicht als selbstständige Ingenieurbauwerke abgerechnet werden, sondern stellen eine Abrechnungseinheit dar. Es ist das Honorar für ein (einziges) Objekt zu ermitteln. Eine getrennte Berechnung bei mehreren Objekten und damit mehreren Abrechnungseinheiten führt aufgrund der Degression der Honorartafeln zu einer Honorarerhöhung. 6

Häufig sind Ingenieurbauwerke Teil einer Gesamtmaßnahme, sodass sich Überschneidungen mit anderen Leistungsbereichen ergeben können. 7

Beispiel
Zu einer funktionstüchtigen Kläranlage gehören nicht nur Ingenieurbauwerke wie Regenüberlaufbecken oder Abwassersammler, sondern beispielsweise auch ein Wohnhaus für den Klärwärter und ein Betriebsgebäude mit Labor und Büros. Diese zu der Kläranlage gehörenden Bauwerke sind Gebäude nach Teil 3 Abschnitt 1 und getrennt abzurechnen.

Auch hier können die Objektlisten für Gebäude in Anlage 10.2 und für Ingenieurbauwerke in Anlage 12.2 bei der Abgrenzung und der verordnungsgemäßen Honorarermittlung helfen. 8

B. Abgrenzungen zu anderen Leistungsbereichen der Verordnung

§ 41 nimmt einige Objekte von dem Anwendungsbereich des Abschnitts 3 aus. Es sind dies: 9
- Freianlagen nach § 39 Abs. 1,
- Anlagen der Technischen Ausrüstung nach § 53 Abs. 2,
- Gebäude und
- Freileitungsmaste.

Diese Objekte sind nicht nach Teil 3 Abschnitt 3 (§§ 41 ff.), sondern nach anderen Vorschriften abzurechnen und müssen daher von den Ingenieurbauwerken abgegrenzt werden. Diese Abgrenzung ist von erheblicher Bedeutung, da gänzlich **unterschiedliche Honorarregelungen** zur Anwendung kommen. Für die Honorierung von Gebäuden sind die Abrechnungsvorschriften in Teil 3 Abschnitt 1 (§§ 33 ff.) maßgeblich, für Freianlagen die in Teil 3 Abschnitt 2 (§§ 38 ff.). Für Anlagen der Technischen Ausrüstung gilt Teil 4 Abschnitt 2 (§§ 53 ff.). Die Vergütung von **Freileitungsmasten** ist nicht durch die HOAI geregelt. Das Honorar kann daher **frei vereinbart** werden. 10

Nach erfolgter Abgrenzung der Leistungsbereiche voneinander ist das Honorar für die einzelnen Leistungsbereiche **getrennt** nach den jeweiligen, aus dem richtigen Teil der HOAI zu ermittelnden **anrechenbaren Kosten**, nach der jeweiligen **Honorarzone**, 11

3 Amtliche Begründung zu § 41, BR-Drucks. 334/13, S. 158.

den jeweils einschlägigen **Honorartafeln** und nach den **Prozentsätzen für die erbrachten Leistungen** zu ermitteln. Leistungen aus unterschiedlichen Leistungsbereichen sind auch dann getrennt voneinander abzurechnen, wenn sie in einem zeitlichen oder funktionalen Zusammenhang zueinanderstehen.

Beispiel
Ist der Auftragnehmer mit der (Gesamt-)Planung eines Autobahnteilstücks beauftragt, sind Regenrückhaltebecken und Lärmschutzwälle getrennt von der Verkehrsanlage (Autobahn) abzurechnen.[4]

12 Bei Regenrückhaltebecken und Lärmschutzwällen handelt es sich nicht, wie bei einer Autobahn, um eine Verkehrsanlage, sondern um Ingenieurbauwerke. Ingenieurbauwerke und Verkehrsanlagen gehören zu **unterschiedlichen Leistungsbereichen.** Ingenieurbauwerke sind abrechnungstechnisch von Verkehrsanlagen ebenso geschieden wie etwa von der Tragwerksplanung, der Technischen Ausrüstung oder anderen Ingenieurleistungen, die Gegenstand der Honorarordnung sind.[5]

13 Hiervon zu unterscheiden ist der Fall, dass **mehrere Leistungen demselben Leistungsbereich** angehören. Auch hier kommt unter bestimmten Voraussetzungen unter Berücksichtigung funktionaler Gesichtspunkte eine getrennte Abrechnung in Betracht. Die getrennte Abrechnung folgt in diesem Fall aus § 11 Abs. 1. Dort ist geregelt, dass **mehrere Leistungen aus demselben Leistungsbereich** vorbehaltlich der Ausnahmebestimmungen getrennt abzurechnen sind. Gehören, wie in dem oben genannten Beispiel, die Objekte unterschiedlichen Leistungsbereichen an, ergibt sich die getrennte Abrechnung nicht aus § 11 Abs. 1. Diese Vorschrift ist nicht anwendbar und kann zur Begründung der getrennten Abrechnung nicht herangezogen werden. Darum kommt es bei Leistungen unterschiedlicher Leistungsbereiche auch nicht auf einen engen funktionalen Zusammenhang der Objekte an.

I. Abgrenzung zu Freianlagen

14 Im Zusammenhang mit Bauwerken und Anlagen des Wasserbaus nimmt § 41 Nr. 3 Freianlagen nach § 39 Abs. 1 vom Anwendungsbereich des Teils 3 Abschnitt 3 aus. Leistungen aus diesen beiden Bereichen sind also **getrennt voneinander abzurechnen**. Fälle, in denen sich Leistungen der Objektplanung für Ingenieurbauwerke und für Freianlagen überschneiden, kommen in der Praxis relativ häufig vor:

Beispiel
Bei der Planung eines Sommerbades sind neben den Schwimmbecken (Ingenieurbauwerke) auch die Grünanlagen bestehend aus Liegewiese, Bänken, Wegen, Beleuchtung, Einfriedungen, Papierkörben (Freianlagen) zu planen.

15 Umfasst der Planungsauftrag eine Gesamtanlage, also auch die Planung von Freianlagen, sind diese Objekte getrennt von dem bzw. den Ingenieurbauwerk(en) abzurechnen.

16 Die Abgrenzung zur Objektplanung für Freianlagen hat nach § 41 Nr. 3 über § 39 Abs. 1 zu erfolgen. Dort sind Freianlagen als **planerisch gestaltete Freiflächen und Freiräume** sowie entsprechend gestaltete Anlagen in Verbindung mit Bauwerken oder

4 BGH, Urt. v. 30.9.2004 – VII ZR 192/03 – IBR 2004, 703.
5 BGH, Urt. v. 30.9.2004 – VII ZR 192/03 –.

in Bauwerken und landschaftspflegerischen Freianlagenplanungen in Verbindung mit Objekten definiert. Die Zuordnung von Planungsleistungen zu Ingenieurbauwerken oder zu Freianlagen wird in vielen Fällen mithilfe der **Objektliste Freianlagen in Anlage 11.2** sowie der **Aufzählung von Freianlagenobjekten in § 38 Abs. 1 Nr. 1 bis 8** erfolgen können.

Ist eine eindeutige Abgrenzung anhand dieser Objektaufzählungen nicht möglich, ist auf die **gestalterische Prägung** der Anlagen als wesentliches Abgrenzungskriterium abzustellen. Wesentliches Merkmal von Freianlagen ist das **gestalterische Element.**[6] Dies kommt insbesondere in § 38 Abs. 1 Nr. 1, 3, 4, 5 und 6 zum Ausdruck. Während das gestalterische Moment bei Planungsleistungen für Freianlagen im Vordergrund steht, sind Planungsleistungen für Ingenieurbauwerke typischerweise durch fachplanerische Leistungen geprägt. 17

Beispiel
Dient eine Stützmauer dem Zweck, eine Geländeabsperrung abzufangen, ist sie ein Ingenieurbauwerk. Wird eine Stützmauer dagegen als gestalterisches Element eingesetzt, ohne dass Fachplanungsleistungen erforderlich werden, ist sie als Freianlage zu qualifizieren.[7]

II. Abgrenzung zu Anlagen der Technischen Ausrüstung

Vom Anwendungsbereich des § 41 sind gem. § 41 Nr. 4 Anlagen der Technischen Ausrüstung nach § 53 Abs. 2 ausgenommen. Folgende Bauwerke und Anlagen aus dem Bereich für Ver- und Entsorgung mit Gasen, Feststoffen und wassergefährdenden Flüssigkeiten stellen damit keine Ingenieurbauwerke dar: 18
- Abwasser-, Wasser- und Gasanlagen,
- Wärmeversorgungsanlagen,
- Lufttechnische Anlagen,
- Starkstromanlagen,
- Fernmelde- und informationstechnische Anlagen,
- Förderanlagen,
- nutzungsspezifische Anlagen und verfahrenstechnische Anlagen,
- Gebäudeautomation und Automation von Ingenieurbauwerken.

Hier hat es Veränderungen gegenüber der HOAI 2009 gegeben: § 53 Abs. 2 Nr. 7 greift nunmehr neben den nutzungsspezifischen Anlagen auch die **verfahrenstechnischen Anlagen** auf. Für die nutzungsspezifischen Anlagen ist die Bezugnahme auf die **maschinen- und elektrotechnischen Anlagen** in Ingenieurbauwerken entfallen. Hintergrund dafür ist, dass die Anlagen der Verfahrens- und Prozesstechnik bei Ingenieurbauwerken der Wasserversorgung, Abwasserentsorgung und bei Anlagen des Wasserbaus sowie bei Bauwerken und Anlagen der Abfallentsorgung (§ 41 Nr. 1 bis 3, 5) planerisch dem Ingenieurbauwerk zuzuordnen sind. Damit im Einklang stellt § 42 Abs. 1 S. 2 nunmehr klar, dass die Kosten für die Maschinentechnik, die der Zweckbestimmung des Ingenieurbauwerks dienen, anrechenbar sind, soweit der Objektplaner diese plant oder deren Ausführung überwacht.[8] 19

Daneben wurde in die Anlagengruppen 8 (§ 53 Abs. 2 Nr. 8) auch die **Automation von Ingenieurbauwerken** aufgenommen, da die Technische Ausrüstung nicht nur auf 20

6 *Pott/Dahlhoff/Kniffka/Rath*, § 40 Rn 4; im Ergebnis ebenso: Locher/Koeble/Frik/*Locher*, § 39 Rn 11.
7 Beispiel nach: *Pott/Dahlhoff/Kniffka/Rath*, § 40 Rn 4.
8 Amtliche Begründung zu § 53 Abs. 2, BR-Drucks. 334/13, S. 167.

die Fachplanung für Gebäude abstellt. Damit steht eindeutig fest, dass die Automation von Ingenieurbauwerken nicht dem Anwendungsbereich von Teil 3 Abschnitt 3 unterfällt.

21 Umfasst die Beauftragung gleichzeitig Objektplanungsleistungen für Ingenieurbauwerke und Fachplanungsleistungen der Technischen Ausrüstung, erbringt also der Auftragnehmer im Rahmen der Objektplanung für Ingenieurbauwerke auch Planungs- oder Überwachungsleistungen bei Anlagen der Technischen Ausrüstung, so sind diese Leistungen **gesondert zu honorieren** und getrennt nach den jeweiligen Teilen der HOAI abzurechnen. Dem Planer steht in diesem Fall neben seinem Honorar nach Teil 3 Abschnitt 3 auch ein gesondertes Honorar nach den Vorschriften des Teils 4 Abschnitt 2 zu. Zu beachten ist allerdings hinsichtlich der Leistungen für die Objektplanung von Ingenieurbauwerken, dass die anrechenbaren Kosten für die Anlagen der Technischen Ausrüstung entsprechend § 41 Abs. 2 zu reduzieren sind.

III. Abgrenzung zu Gebäuden

22 Die Neufassung der HOAI 2009 hatte hier zu erheblichen Abgrenzungsschwierigkeiten geführt. Diese waren darauf zurückzuführen, dass in **§ 2 Nr. 2 HOAI 2009** zusätzlich eine neue Definition für „Gebäude" in die Begriffsbestimmungen des § 2 aufgenommen wurde. Nach dieser, aus der Musterbauordnung übernommenen Definition fielen unter den Gebäudebegriff ***„selbstständig benutzbare, überdeckte bauliche Anlagen**, die von Menschen betreten werden können und geeignet oder bestimmt sind, dem **Schutz von Menschen, Tieren oder Sachen** zu dienen"*. Danach ließen sich eine ganze Reihe von Objekten, die nach den vorangegangenen Fassungen der HOAI eindeutig als Ingenieurbauwerke einzuordnen waren und die auch in der Objektliste der HOAI 2009 ausdrücklich als Ingenieurbauwerke benannt wurden, über § 2 Nr. 2 HOAI 2009 nicht nur als Ingenieurbauwerk, sondern auch als Gebäude qualifizieren. Davon ausgehend, dass allein die Eignung zum Schutz von Sachen für die Gebäudeeigenschaft ausreichend ist, wäre in zahlreichen Fällen nach der HOAI 2009 statt von einem Ingenieurbauwerk von einem Gebäude auszugehen gewesen. Als Beispiele seien die Maschinenhäuser von Kläranlagen, Wasserwerken oder Abfallbehandlungsanlagen sowie Pumpenhäuser, Tiefgaragen oder Silos genannt.

23 Diese Abgrenzungsschwierigkeiten hat der Verordnungsgeber mit der HOAI 2013 wieder beseitigt, indem er die Definition des Gebäudebegriffs aus dem Katalog der Begriffsbestimmungen in § 2 HOAI 2009 wieder **herausgenommen** hat. Die amtliche Begründung zu § 2 stellt zutreffend fest, dass sich gezeigt habe, dass diese Definition in der Praxis zu Abgrenzungsschwierigkeiten mit den Ingenieurbauwerken geführt habe, die häufig auch die Kriterien der Definition des „Gebäudes" erfüllten. Da für die preisrechtliche Zuordnung die Definition des Gebäudebegriffs nicht erforderlich sei, sei diese aus dem Katalog der Begriffsbestimmungen entfallen.

24 Der Verordnungsgeber sieht für die Praxis die Möglichkeit einer **Negativabgrenzung zu anderen Objekten**, z.B. im Anwendungsbereich der Ingenieurbauwerke gem. § 41.[9] Die mit der HOAI 2009 aufgetretenen Abgrenzungsprobleme stellen sich daher für Leistungen, die dem Geltungsbereich der HOAI 2013 unterfallen, nicht mehr.

25 Aus der amtlichen Begründung ergibt sich, dass die Abgrenzung von Ingenieurbauwerken zu Gebäuden regelmäßig durch **Vergleich der Objektlisten** für Gebäude (Anla-

9 Amtliche Begründung zu § 2, BR-Drucks. 334/13, S. 136.

ge 10.2) und für Ingenieurbauwerke (Anlage 12.2) bzw. der Aufzählung der einzelnen Bauwerks- und Anlagengruppen in § 41 Nr. 1 bis 7 zu erfolgen hat.

In der Kommentarliteratur wird – zumindest für die Rechtslage nach der HOAI 2009 – auch die Auffassung vertreten, dass sich die Abgrenzung an **Sinn und Zweck des Bauwerks** bzw. der Anlage orientieren müsse.[10] Die Abgrenzung von Teil 3 Abschnitt 3 zu Teil 3 Abschnitt 1 habe an der **Funktion der Leistungsbereiche** zu erfolgen, die sich auch in den Leistungserbringern spiegelten. Ein von einem Hochbauarchitekten geplantes Gebäude zeichne sich wesentlich durch Gestaltung und die in § 35 Abs. 2 normierten Merkmale aus. Von Ingenieuren geplante Ingenieurbauwerke dagegen seien durch ihre Funktion für die Infrastruktur geprägt. Allein, dass zu deren Schutz auch eine „Umhausung" vorgesehen sei, mache diese Bauwerke jedoch nicht zu Gebäuden i.S.v. Teil 3 Abschnitt 1. 26

Im Regelfall wird es nach Entfall der Gebäudedefinition in § 2 Nr. 2 HOAI 2009 möglich sein, im Wege der **Negativabgrenzung** unter Zuhilfenahme der Anlagen 10.2 und 12.2 sowie der Aufzählung in § 41 Nr. 1 bis 7 zu einer eindeutigen Zuordnung zu kommen. Verbleiben hiernach immer noch Zweifel, ob es sich bei dem Bauwerk um ein Ingenieurbauwerk oder um ein Gebäude handelt, kann es zielführend sein, daneben auch auf die **Funktion der Leistungsbereiche** bzw. **Sinn und Zweck des Bauwerkes** abzustellen. Bei Einbeziehung dieser weiteren Abgrenzungskriterien sollte auch in Zweifelsfällen eine eindeutige Zuordnung erfolgen können. 27

Umfasst die Beauftragung des Planers neben der Planung und/oder Errichtung von Ingenieurbauwerken auch die Planung und/oder Errichtung von Gebäuden i.S.v. Teil 3 Abschnitt 1, so sind diese Leistungen **gesondert zu honorieren** und getrennt nach den jeweiligen Teilen der HOAI abzurechnen. 28

IV. Abgrenzung zu Verkehrsanlagen

Leistungen unterschiedlicher Leistungsbereiche sind **getrennt voneinander abzurechnen.** Dieser Grundsatz gilt auch für Ingenieurbauwerke und Verkehrsanlagen. Dies insbesondere, nachdem Ingenieurbauwerke und Verkehrsanlagen seit der HOAI 2009 nicht mehr in demselben Abschnitt (Teil VII HOAI 2002) geregelt sind, sondern für die Verkehrsanlagen ein selbstständiger Abschnitt (Teil 3 Abschnitt 4) zur Verfügung gestellt wurde. 29

Auch Ingenieurbauwerke, die im Zusammenhang mit Verkehrsanlagen errichtet werden, sind getrennt voneinander abzurechnen, weil sie **unterschiedlichen Leistungsbereichen** angehören. 30

Beispiel
Für eine Autobahn errichtete Regenrückhaltebecken und Lärmschutzwälle sind gesonderte Ingenieurbauwerke neben der Verkehrsanlage. Dementsprechend sind sie getrennt von der Verkehrsanlage abzurechnen.[11]

Nach dem in § 45 festgelegten Anwendungsbereich von Teil 3 Abschnitt 4 sind Verkehrsanlagen: 31
- Anlagen des Straßenverkehrs ausgenommen selbstständige Rad-, Geh- und Wirtschaftswege und Freianlagen nach § 39 Abs. 1,
- Anlagen des Schienenverkehrs,
- Anlagen des Flugverkehrs.

10 *Pott/Dahlhoff/Kniffka/Rath*, § 40 Rn 7.
11 BGH, Urt. v. 30.9.2004 – VII ZR 192/03 – IBR 2004, 703.

32 In die Objektplanung solcher Verkehrsanlagen sind in der Regel Bauwerke und Anlagen miteinbezogen, die nicht dem Anwendungsbereich des § 45 unterfallen. Hierbei handelt es sich zumeist um **konstruktive Ingenieurbauwerke für Verkehrsanlagen** i.S.v. § 41 Nr. 6. Dem Adjektiv „konstruktiv" kommt in diesem Zusammenhang keine eigenständige Bedeutung zu.[12]

Beispiel
Konstruktive Ingenieurbauwerke für Verkehrsanlagen (§ 41 Nr. 6):
- Brücken,
- Überführungen,
- Stützmauern,
- sonstige Stützbauwerke,
- Lärmschutzwälle (ausgenommen Lärmschutzwälle zur Geländegestaltung),
- Regenrückhaltebecken,
- Abwasserentsorgungsanlage einer Autobahn,
- Tunnel,
- Piers.

---

33 Daneben kann es sich auch um **sonstige Einzelbauwerke** i.S.v. § 41 Nr. 7, wie beispielsweise einen U-Bahnhof, handeln.

34 Von den Kosten dieser in die Objektplanung von Verkehrsanlagen einbezogenen Ingenieurbauwerke können dann bei den Verkehrsanlagen gem. § 46 Abs. 4 Nr. 2 **10% zu den anrechenbaren Kosten** für die Grundleistungen bei den Verkehrsanlagen hinzugerechnet werden, wenn dem Auftragnehmer für diese Ingenieurbauwerke nicht gleichzeitig Grundleistungen nach § 43 übertragen werden.

35 Der Grundsatz der getrennten Honorarermittlung und -abrechnung bei Ingenieurbauwerken und Verkehrsanlagen gilt auch dann, wenn diese zueinander in einem **engen funktionalen Zusammenhang** stehen. Auch in diesem Fall ist eine getrennte Honorierung vorzunehmen, weil Ingenieurbauwerke und Verkehrsanlagen zu **unterschiedlichen Leistungsbereichen** bzw. Leistungsbildern mit **unterschiedlichen Honorartafeln** gehören.[13]

36 Funktionale Kriterien sind demnach kein geeigneter Maßstab, um die Objekte zu einer Abrechnungseinheit zusammenzufassen. Der **enge funktionale Zusammenhang** ist im Gegenteil **typisch für Ingenieurbauwerke bei Verkehrsanlagen** und die dazugehörenden Verkehrsanlagen. Auch Brücken, Unterführungen oder Stützmauern sind ohne die Straße, für die sie gedacht sind, funktionslos. Trotzdem müssen alle diese Bauwerke nach den eigenen Vorschriften für Ingenieurbauwerke gesondert abgerechnet werden.[14]

37 Auch der **umgekehrte Fall** ist denkbar: Sind vom Auftragnehmer im Zuge der Planung/Errichtung eines Ingenieurbauwerks, z.B. einer Kläranlage, Verkehrswege (Straßen oder Schienen) zu planen, sind die Leistungen für die Objektplanung der Kläranlage nur auf der Grundlage der Abrechnungsvorschriften für die Objektplanung Ingenieurbauwerke abzurechnen. Für die Leistungen bei den Verkehrswegen kommen hingegen **ausschließlich die Abrechnungsvorschriften für die Objektplanung Verkehrsanlagen** zur Anwendung.

---

12 *Pott/Dahlhoff/Kniffka/Rath*, § 40 Rn 8.
13 BGH, Urt. v. 30.9.2004 – VII ZR 192/03 – IBR 2004, 703.
14 BGH, Urt. v. 30.9.2004 – VII ZR 192/03 – IBR 2004, 703; KG, Urt. v. 11.2.2003 – 15 U 366/01 – IBR 2003, 549.

V. Abgrenzung zur Tragwerksplanung für Ingenieurbauwerke

Den denkbaren **Überschneidungen der Leistungsbilder „Objektplanung für Ingenieurbauwerke"** und **„Tragwerksplanung"** trägt die HOAI bereits durch die Formulierung der Grundleistungen (= Leistungen, die zur ordnungsgemäßen Erfüllung eines Auftrags im Allgemeinen erforderlich sind, § 3 Abs. 2) Rechnung: 38

Nach **§ 51 Abs. 5 S. 2** sind für Ingenieurbauwerke nach § 41 Nr. 6 und 7 die **Grundleistungen der Tragwerksplanung zur Leistungsphase 1** im Leistungsbild der Ingenieurbauwerke gem. § 43 **enthalten**. Diese Regelung gilt unabhängig davon, ob der Auftragnehmer mit der Objektplanung und der Tragwerksplanung für Ingenieurbauwerke oder nur mit der Tragwerksplanung beauftragt ist. Der Tragwerksplaner darf daher bei **Ingenieurbauwerken nach § 41 Nr. 6 und 7** (konstruktive Ingenieurbauwerke für Verkehrsanlagen und sonstige Einzelbauwerke) **kein Honorar für die Leistungsphase 1** berechnen. 39

Hiermit korrespondierend **umfasst** das Leistungsbild Ingenieurbauwerke bei Objekten nach § 41 Nr. 6 und 7, die eine Tragwerksplanung erfordern, im Rahmen der Leistungshase 1 auch das **Klären der Aufgabenstellung auf dem Gebiet der Tragwerksplanung** (Anlage 12.1, Leistungsphase 1, lit. d)). Der Verordnungsgeber geht also im Ergebnis davon aus, dass die Klärung der Aufgabenstellung auf dem Gebiet der Tragwerksplanung bei konstruktiven Ingenieurbauwerken für Verkehrsanlagen und bei sonstigen Ingenieurbauwerken nicht vom Tragwerksplaner, sondern obligatorisch **vom Objektplaner Ingenieurbauwerke vorgenommen** wird. 40

C. Von der Verordnung umfasste Ingenieurbauwerke

I. Bauwerke und Anlagen der Wasserversorgung (Nr. 1)

Zu den von § 41 Nr. 1 erfassten Objekten gehören Bauwerke und Anlagen zur **Wassergewinnung und -förderung**, zur **Wasserspeicherung**, zur **Wasseraufbereitung** und zum **Transport von Trink- und Brauchwasser**. Die wesentlichen Bauwerke und Anlagen der Wasserversorgung sind in der **Objektliste zur Honorarzonenermittlung** in **Anlage 12.2, Gruppe 1** aufgeführt. Es sind dies: 41

1. Wassergewinnung und -förderung:
   - Zisternen,
   - Anlagen zur Wassergewinnung und -förderung wie z.B. Quellfassungen, Schachtbrunnen,
   - Tiefbrunnen,
   - Brunnengalerien und Horizontalbrunnen;
2. Transport von Trink- und Brauchwasser
   - Leitungen für Wasser ohne Zwangspunkte,
   - Leitungen für Wasser mit geringen Verknüpfungen und wenigen Zwangspunkten,
   - Leitungen für Wasser mit mehreren Verknüpfungen und zahlreichen Zwangspunkten und mit einer Druckzone,
   - Leitungsnetze für Wasser mit zahlreichen Verknüpfungen und zahlreichen Zwangspunkten;
3. Wasserspeicherung
   - einfache Anlagen zur Wasserspeicherung, z.B. Behälter in Fertigbauweise, Feuerlöschbecken,
   - Speicherbehälter,
   - Speicherbehälter in Turmbauweise;

4. Wasseraufbereitung
   - einfache Wasseraufbereitungsanlagen und Anlagen mit mechanischen Verfahren, Pumpwerke und Druckerhöhungsanlagen,
   - Wasseraufbereitungsanlagen mit physikalischen und chemischen Verfahren, schwierige Pumpwerke und Druckerhöhungsanlagen,
   - Bauwerke und Anlagen mehrstufiger oder kombinierter Verfahren der Wasseraufbereitung.

II. Bauwerke und Anlagen der Wasserentsorgung (Nr. 2)

42 Unter Bauwerke und Anlagen der Wasserentsorgung fallen insbesondere alle Objekte, die der **Sammlung**, dem **Transport**, der **Behandlung und Beseitigung von Abwässern** (z.B. Schmutzwasser, Regenwasser) sowie der **Schlammbehandlung** dienen. Die wesentlichen Bauwerke und Anlagen der Abwasserentsorgung sind in der **Objektliste zur Honorarzonenermittlung Anlage 12.2, Gruppe 2** aufgeführt. Es sind dies:

1. Abwassertransport
   - Leitungen für Abwasser mit und ohne Zwangspunkte und Verknüpfungen,
   - Leitungsnetze für Abwasser mit und ohne Zwangspunkte und Verknüpfungen;
2. Abwassersammlung
   - Erdbecken als Regenrückhaltebecken,
   - Regenbecken und Kanalstauräume mit und ohne Zwangspunkte und Verknüpfungen;
3. Schlammbehandlung
   - Schlammabsetzanlagen, Schlammpolder,
   - Schlammbehandlungsanlagen;
4. Abwasserbehandlung und -beseitigung
   - Abwasserbehandlungsanlagen,
   - Pumpwerke,
   - Hebeanlagen.

43 Bauwerke und Anlagen der Abwasserentsorgung, z.B. **Kläranlagen**, sind meist komplexe Objekte mit einer entsprechend umfassenden Beauftragung. Vor dem Hintergrund der **Degression der Honorare** in den Honorartabellen wurde daher in der Literatur über viele Jahre ein heftiger Disput über die Frage ausgetragen, wie viele – getrennt voneinander abzurechnende – Objekte bei einer heute üblichen Kläranlage vorliegen. In der Literatur gibt es zur Anzahl der Objekte widerstreitende und erheblich unterschiedliche Ansichten:

44 Während ein Teil der Literatur von **neun Objekten** mit eigenen funktionellen Einheiten ausgeht,[15] nehmen andere Kommentatoren **sechs Objekte** allein für die Abwasserbehandlung an.[16] Demgegenüber stellt eine Kläranlage nach der entgegenstehenden Auffassung lediglich **ein Objekt** im Sinne einer Abrechnungseinheit der HOAI dar.[17] Ursache für diese unterschiedlichen Bewertungen ist, dass die Objektliste in Anlage 12.2 **Abwasserbehandlungsanlagen** und **Schlammbehandlungsanlagen getrennt auf-**

---

15 Locher/Koeble/Frik/*Zahn*, § 41 Rn 57.

16 *Pott/Dahlhoff/Kniffka/Rath*, § 40 Rn 11.

17 *Jochem/Kaufhold*, § 40 Rn 17; *Rohrmüller/Hofmann*, Geschäftsbericht des Bayer. Kommunalen Prüfungsverbands (BKPV) 2009, S. 118, abrufbar unter http://www.bkpv.de/ver/pdf/gb2009/rohrmueller_hofmann.pdf.

führt. Folgt man dieser Objektliste, liegen allein in Bezug auf § 41 Nr. 2 bereits zwei Objekte vor.

Dieser lange währende technische Meinungsstreit wurde nunmehr erstmals von einem Obergericht entschieden. Das OLG Koblenz[18] erkannte, **dass die funktionelle Verflechtung der Gesamtanlage** derart vielfältig sei, dass entsprechend der amtlichen Begründung zu § 51 HOAI a.F. Bauwerke oder Anlagen, die **funktionell eine Einheit** bilden, als **ein Objekt** anzusehen sind. Dementsprechend liege bei einer **Kläranlage**, die aus einer **Abwasserbehandlung** und einer **Schlammbehandlung** bestehe, dennoch im Sinne der HOAI **nur ein einziges Objekt** als Abrechnungseinheit vor. Nur Objekte, die **unterschiedlichen Leistungsbildern der HOAI zuzuordnen** seien – im entschiedenen Fall das **Betriebsgebäude** –, seien als **Einzelobjekt getrennt abzurechnen**. Das Gericht stellt damit klar, dass nicht die Benennung in der Objektliste der Anlage 12.2 (= § 54 HOAI a.F.) vorrangig für die Objektbestimmung dominiert, sondern die **Prüfung der funktionalen Verflechtung**. 45

III. Bauwerke und Anlagen des Wasserbaus (Nr. 3)

Eine allgemeingültige Definition des Begriffs „Wasserbau" gibt es nicht. Im weiteren Sinne sind unter Wasserbau die Maßnahmen zu verstehen, die die **Nutzbarmachung des Wassers** oder den **Schutz vor Auswirkungen des Wassers** als Zielsetzung haben. **Das Normenverzeichnis für das Wasserwesen** enthält eine Zusammenfassung aller Fachausdrücke einschließlich der zugehörigen Definitionen der Begriffsnormen des **Normenausschusses Wasserwesen (NAW)** für die Fachgebiete Untersuchung von Abfall, Boden und Wasser. Durch den Rückgriff hierauf und die umfassende Objektliste in Anlage 12.2 können Objekte des Wasserbaus in der Regel hinreichend konkretisiert werden, sodass sich in der Praxis kaum Abgrenzungsprobleme stellen. Welche Bauwerke und Anlagen des Wasserbaus von § 41 Nr. 3 erfasst sind, ergibt sich aus **der Objektliste zur Honorarzonenermittlung in Anlage 12.2, Gruppe 3**. Es sind dies im Wesentlichen: 46

- Einzelgewässer und Teiche,
- Hochwasserrückhaltebecken,
- Deich- und Dammbauten,
- Durchlässe und Düker,
- Wehre, Sperrwerke und Sperrtore,
- Bootsanlegestellen, Schiffslösch- und Ladestellen,
- Kaimauern und Piers,
- Uferregulierungen und Uferbefestigungen,
- Schifffahrtskanäle,
- Schiffsschleusen,
- Werftanlagen und
- Hochwasserschutzanlagen.

Neu ist, dass **Durchlässe** und **Düker**, **Uferregulierungen** und **Uferbefestigungen** sowie **Kaimauern** und **Piers** zu den Bauwerken und Anlagen des Wasserbaus gem. § 41 Nr. 3 zählen. In der HOAI 2009 waren diese Objekte aufgrund ihrer Positionierung in der Objektliste der Anlage 3.4 zu § 5 Abs. 4 S. 2 HOAI 2009 den konstruktiven Ingenieurbau- 47

18 OLG Koblenz, Urt. v. 16.9.2010 – 2 U 712/06 – IBR 2013, 30; BGH, Beschl. v. 24.5.2012 – VII ZR 167/10 – Nichtzulassungsbeschwerde zurückgewiesen.

werken für Verkehrsanlagen zugeordnet. Eine andere Honorierung dieser Objekte ergibt sich aus dieser neuen Zuordnung aber nicht.

48 **Freianlagen** i.S.v. § 39 Abs. 1 sind ausdrücklich vom Anwendungsbereich des § 41 Nr. 3 **ausgenommen**. Die Planung und/oder Überwachung von Freianlagen ist nach Teil 3 Abschnitt 2 (§§ 39ff.) zu vergüten.

IV. Bauwerke und Anlagen für Ver- und Entsorgung mit Gasen, Feststoffen und wassergefährdenden Flüssigkeiten (Nr. 4)

49 Die in § 41 Nr. 4 aufgeführten Bauwerke und Anlagen umfassen die Ver- und Entsorgung mit Gasen und Feststoffen einschließlich wassergefährdender Flüssigkeiten. Ausdrücklich ausgeschlossen sind Anlagen der Technischen Ausrüstung i.S.v. § 53 Abs. 2. Welche Bauwerke und Anlagen von § 41 Nr. 4 erfasst sind, ergibt sich aus **Gruppe 4** der **Objektliste** zur Honorarzonenermittlung in **Anlage 12.2.** Es sind dies im Wesentlichen:
- Transportleitungen für Fernwärme, wassergefährdende Flüssigkeiten und Gase,
- Leichtflüssigkeitsabscheider,
- Leerrohrnetze,
- Fertigbehälter und Pumpzentralen für Tankanlagen sowie
- Anlagen zur Lagerung wassergefährdender Flüssigkeiten.

50 Noch ungeklärt ist, ob **Versorgungsleitungen im Bereich der Fernwärmeversorgung** zu den Bauwerken und Anlagen nach § 41 Nr. 4 gehören. Planungsleistungen für Fernwärmeleitungen im Zuge einer Fernwärmeversorgung sind in der HOAI an keiner Stelle explizit erwähnt.

51 Die in Kraftwerken erzeugte Wärme wird über Fernwärmenetze zu den Abnehmern befördert und dort zur Verfügung gestellt. Nach der **DIN 4747-1** umfasst das **Fernwärmenetz** die **Zu- und Ableitungen ab der Wärmeerzeugungsanlage** bis zur **Übergabestation an den Abnehmer**, also die **Hauptleitung** einschließlich der **Hausanschlussleitungen**.

52 Teilweise wird die Auffassung vertreten, dass die Planung von erdverlegten Hauptleitungen der Fernwärmeversorgung (zumeist im öffentlichen Bereich) in der HOAI analog zu den erdverlegten Wasser- bzw. Gasversorgungsleitungen oder Abwasserleitungen als Objektplanung zu sehen sei.[19] Die **Versorgungshauptleitungen für Fernwärme** seien daher unter die **Anlagen der Ver- und Entsorgung mit Gasen** und damit unter den Anwendungsbereich des § 41 Nr. 4 (bzw. § 40 Nr. 4 HOAI 2009) zu **subsumieren**.

53 Nach anderer Auffassung fallen Fernwärmeanlagen **nicht unter den Anwendungsbereich von § 41 Nr. 4.**[20] Die amtlichen Begründungen zur HOAI von 1991 und 1995 hätten solche Anlagen **ausdrücklich ausgenommen**. Aus dem Umstand, dass die amtliche Begründung von 2009 diesen Ausschluss nicht mehr wiederhole, könne nicht geschlossen werden, dass der Verordnungsgeber die Fernwärmeanlagen inzwischen diesem Bereich zugehörig ansehen wolle. Aus der amtlichen Begründung von 2009 ergebe sich vielmehr, dass § 40 HOAI 2009 den „geltenden § 51 Abs. 1 HOAI 2002“ übernehme. Damit sei zum Ausdruck gebracht, dass der Verordnungsgeber am Anwendungsbereich des § 40 HOAI 2009 gegenüber § 51 Abs. 1 HOAI 2002 nichts ändern wollte.

54 Der Auffassung von *Simmendinger* ist der Vorzug zu geben. Letztlich sind Fernwärmeleitungen, wie Wasserleitungen, nichts anderes als **Leitungen, in denen entweder**

19 *Simmendinger*, IBR 2011, 1007; Locher/Koeble/Frik/*Zahn*, § 41 Rn 17.
20 Korbion/Mantscheff/Vygen/*Seifert*, § 40 Rn 26.

heißes Wasser oder Wasserdampf transportiert wird. Dem könnte man allenfalls entgegenhalten, dass Fernwärmeleitungen nicht unter den Anwendungsbereich des § 41 Nr. 4 fallen, da Fernwärme nur teilweise mit **Wasserdampf**, zum Teil aber auch mit **heißem Wasser** betrieben werde. Dieses falle nicht mehr unter den Begriff des Gases. In diesem Fall käme aber die **Zuordnung der Fernwärmeleitungen zu § 41 Nr. 2** in Betracht, sodass im Ergebnis davon auszugehen ist, dass es sich bei Versorgungsleitungen der Fernwärme jedenfalls um **Ingenieurbauwerke i.S.d. § 41** handelt. Nachdem kein Grund dafür ersichtlich ist, dass der Verordnungsgeber die Fernwärmeleitungen vom Geltungsbereich der HOAI ausnehmen wollte, erscheint diese Lösung sachgerecht.

V. Bauwerke und Anlagen der Abfallentsorgung (Nr. 5)

Die in § 41 Nr. 5 aufgeführten Bauwerke und Anlagen umfassen Objekte zur **Sammlung, Deponierung, Behandlung, Verwertung** und **Beseitigung** von Abfällen. Welche Bauwerke und Anlagen von § 41 Nr. 5 im Detail erfasst sind, ergibt sich aus **Gruppe 5** der **Objektliste zur Honorarzonenermittlung** in der **Anlage 12.2.** Es sind dies im Wesentlichen: 55

- Zwischenlager, Sammelstellen, Umladestationen für Abfälle oder Wertstoffe,
- Aufbereitungsanlagen für Wertstoffe,
- Bauschuttdeponien,
- Kompostierungsanlagen,
- Hausmüll- und Sonderabfalldeponien,
- Abdichtung und Behandlung kontaminierter Böden sowie
- Grundwasserdekontaminierungsanlagen.

Nicht in der Objektliste des Anhangs 12.2 aufgeführt, aber dennoch § 41 Nr. 5 zuzuordnen sind auch **energetische Anlagen** wie z.B. **Biomasse- und Müllheizkraftwerke.**[21] 56

VI. Konstruktive Ingenieurbauwerke für Verkehrsanlagen (Nr. 6)

Die von § 41 Nr. 6 erfassten Objekte werden in der **Objektliste zur Honorarzonenermittlung** in **Gruppe 6** der **Anlage 12.2** aufgeführt. Es sind dies im Wesentlichen: 57

- Lärmschutzwälle und Lärmschutzanlagen,
- Einfeld-, Mehrfeld- und Bogenbrücken,
- Tunnel- und Trogbauwerke sowie
- Untergrundbahnhöfe.

Die Objektliste in Anlage 12.2 wurde gegenüber der HOAI 2009 **neu strukturiert.** Während bei der HOAI 2009 die Untergliederung nach Honorarzonen erfolgt ist, werden jetzt einzelne Objekte verschiedenen Kategorien zugeordnet, korrespondierend mit dem durch § 40 Nr. 1 bis 7 definierten Anwendungsbereich, und diese wiederum den Honorarzonen. Die Objektliste hat damit an Übersichtlichkeit gewonnen und die Einordnung durch die Sortierung nach Objekttypen bzw. Anlagengruppen erleichtert. Die Gruppe 6 „konstruktive Ingenieurbauwerke für Verkehrsanlagen" erfasst nicht mehr dieselben Objekte wie die korrespondierende Objektliste in Anlage 3.4 der HOAI 2009: 58

---

21 Locher/Koeble/Frik/*Zahn*, § 41 Rn 17.

59 Hiernach zählten zu den konstruktiven Ingenieurbauwerken für Verkehrsanlagen u.a. auch **Stützbauwerke mit und ohne Verkehrsbelastungen und Verankerungen** sowie **Geländeabstützungen**. Diese Objekte finden sich nunmehr in der Gruppe 7 der Anlage 12.2 **„sonstige Einzelbauwerke"** wieder. Auch **Kaimauern** und **Piers** gehören nicht mehr zu Gruppe 6. Diese sind in der Neufassung der Objektliste den **Bauwerken und Anlagen des Wasserbaus** (Gruppe 3 der Anlage 12.2), mithin also **§ 41 Nr. 3** zugeordnet. Dasselbe gilt für **Durchlässe unterschiedlicher Schwierigkeitsgrade**, bei denen es sich nach der HOAI 2009 (Anlage 3.4) um konstruktive Ingenieurbauwerke für Verkehrsanlagen handelte. Die HOAI 2013 ordnet diese Objekte den **Bauwerken und Anlagen des Wasserbaus** gem. **§ 41 Nr. 3** zu und positioniert sie daher in Gruppe 3 der Anlage 12.2. Schließlich hat sich auch die Zuordnung der **Uferwände** und **-mauern** geändert: Während diese in der HOAI 2009 den konstruktiven Ingenieurbauwerken für Verkehrsanlagen zugeordnet waren, finden sie sich in der HOAI 2013 in Gruppe 3 der Anlage 12.2 **„Bauwerke und Anlagen des Wasserbaus"** wieder und unterfallen damit nunmehr ebenfalls **§ 41 Nr. 3**. Neu hinzugekommen sind hingegen U-Bahnhöfe und Kreuzungsbahnhöfe. Diese Objekte waren nach der HOAI 2009 (Anlage 3.4 zu § 5 Abs. 4 S. 2) den sonstigen Einzelbauwerken zugeordnet. An den **Grundlagen der Honorarermittlung** für diese Objekte hat sich durch die neue Zuordnung **nichts geändert**, es handelt sich insoweit lediglich um redaktionelle Veränderungen.

VII. Sonstige Einzelbauwerke (Nr. 7)

60 § 41 Nr. 7 umfasst sonstige Einzelbauwerke. Welche Bauwerke und Anlagen damit vornehmlich gemeint sind, ergibt sich aus **der Objektliste zur Honorarzonenermittlung, Gruppe 7** der **Anlage 12.2**. Es sind dies im Wesentlichen:
- Windkraftanlagen,
- Schornsteine,
- Masten und Türme mit und ohne Aufbauten,
- Kühltürme,
- Versorgungsbauwerke und Schutzrohre,
- Silos,
- schwierige Windkraftanlagen,
- Stützbauwerke mit und ohne Verankerung,
- Schlitz- und Bohrpfahlwände,
- Traggerüste,
- eigenständige Tiefgaragen sowie
- Schacht- und Kavernenbauwerke.

61 Vom Anwendungsbereich des § 41 Nr. 7 ausdrücklich **ausgenommen** sind **Gebäude** und **Freileitungsmaste**.

62 Nicht mehr in der Objektliste der Gruppe 7 „sonstige Einzelbauwerke" finden sich **Untergrundbahnhöfe**, **Werften** und **Docks**. Erstere wurden mit der HOAI 2013 **Gruppe 6**, also den **konstruktiven Ingenieurbauwerken für Verkehrsanlagen** zugeordnet, was aufgrund der Funktion und Zweckbestimmung eines Untergrundbahnhofes systematisch sinnvoll ist. Dasselbe gilt für **Werften** und Docks: Diese gehören jetzt **Gruppe 3** der **Anlage 12.2** an und sind damit den **Bauwerken und Anlagen des Wasserbaus** gem. **§ 41 Nr. 3** zuzuordnen. An den **Grundlagen der Honorarermittlung** für diese Objekte hat sich durch die neue Zuordnung **nichts geändert**, es handelt sich insoweit lediglich um redaktionelle Veränderungen.

Während nach der HOAI 2009 noch fraglich war, ob **Windkraftwerke** den sonstigen Einzelbauwerken zuzuordnen sind oder ob für diese das Honorar wie bei den sonstigen Objekten der Energietechnik (ausgenommen energetische Anlagen in Verbindung mit Anlagen der Abfallentsorgung oder Abwasserversorgung, die preisrechtlich geregelt sind) frei vereinbar ist,[22] wurde in der HOAI 2013 eine entsprechende Klarstellung vorgenommen: Zumindest **schwierige Windkraftanlagen** sind jetzt ausdrücklich in **Gruppe 7** der **Anlage 12.2** als **sonstige Einzelbauwerke gem. § 41 Nr. 7** aufgeführt. 63

Der Begriff des sonstigen Einzelbauwerks ist **nicht eindeutig definiert**, was Unklarheiten nach sich zieht. So fällt auf, dass in § 41 Nr. 7 nicht auf einen bestimmten Bereich des Ingenieurschaffens abgestellt wird, wie dies in Nr. 1 bis 6 der Fall ist (Wasserversorgung, Abwasserentsorgung etc.), sondern dass in Nr. 7 „nur" auf die **Art des Bauwerks** („Einzelbauwerk") abgestellt wird. Offen bleibt damit, ob das „sonstige Einzelbauwerk" aus den in Nr. 1 bis 6 genannten Bereichen stammen muss, um den Bestimmungen des Teils 3 Abschnitt 3 zu unterfallen und der preisrechtlichen Bindung der HOAI zu unterliegen. 64

Dafür könnte sprechen, dass die „sonstigen Einzelbauwerke" im Zusammenhang mit den Bereichen aus den Nr. 1 bis 6 genannt werden, diese also auch in Bezug zueinander gesehen werden müssen. Ein weiterer Anhaltspunkt dafür könnte auch in der amtlichen Begründung gesehen werden, die den Anwendungsbereich von Teil 3 Abschnitt 3 ausdrücklich auf Bauwerke und Anlagen beschränkt, die in § 41 Nr. 1 bis 7 erwähnt worden sind.[23] 65

Dem ist entgegenzuhalten, dass der Wortlaut von § 41 Nr. 7 und seine mit den Nr. 1 bis 6 gleichrangige Aufzählung gegen diese Schlussfolgerung sprechen. Hiernach liegt vielmehr nahe, dass unter Nr. 7 **alle Arten von Ingenieurbauwerken** unabhängig von deren Zugehörigkeit zu einem der in Nr. 1 bis 6 genannten Bereiche fallen, vorausgesetzt, es handelt sich tatsächlich um **Einzelbauwerke**. Welche Bauwerke der Verordnungsgeber dabei in erster Linie gemeint hat, ergibt sich aus der Objektliste in Anlage 12.2, Gruppe 7. Die dortige Aufzählung ist **nicht abschließend**. 66

Die besseren Gründe sprechen für die Annahme, dass „sonstige Einzelbauwerke" **alle sonstigen Einzelbauwerke des Ingenieurbaus** sind, losgelöst von den in Nr. 1 bis 6 genannten Bereichen. Hierfür spricht entscheidend, dass die Aufzählung der Nr. 1 bis 7 gleichrangig ist und der Verordnungsgeber für Nr. 7 (außer im Hinblick auf Gebäude und Freileitungsmaste) keine Beschränkung des Geltungsbereiches formuliert hat. Demnach ist davon auszugehen, dass auch **Ingenieurbauwerke anderer als der in Nr. 1 bis 6 genannten Bereiche** von den Bestimmungen des Teils 3 Abschnitt 3 erfasst sind, wenn es **Einzelbauwerke** sind.[24] Hieraus folgt, dass sogar Einzel(Ingenieur-)bauwerke, die im Zusammenhang mit einer nach der amtlichen Begründung vom Anwendungsbereich der HOAI ausdrücklich ausgenommenen Anlage geplant und errichtet werden, den Bestimmungen von Teil 3 Abschnitt 3 unterliegen können. 67

Beispiel

Elektrizitätswerke sind ausweislich der amtlichen Begründung von der HOAI nicht umfasst, Leistungen in diesem Bereich daher preislich nicht gebunden.[25] Wird aber für ein bestehendes Elektrizitätswerk beispielsweise ein Kohlebunker, Grabenbunker o.Ä. geplant und errichtet, so handelt es sich um ein sonstiges Einzelbauwerk i.S.v. § 41 Nr. 7. Die erforderlichen Objektplanungsleistungen hierfür sind nach Teil 3 Abschnitt 3 zu vergüten.

22 Vgl. Locher/Koeble/Frik/*Zahn*, § 41 Rn 21 unter Verweis auf § 40 Rn 16 der Vorauflage (11. Aufl.).
23 BR-Drucks. 334/13, S. 158.
24 Ebenso: Korbion/Mantscheff/Vygen/*Seifert*, § 40 Rn 32.
25 BR-Drucks. 334/13, S. 158.

§ 42
Besondere Grundlagen des Honorars

(1) Für Grundleistungen bei Ingenieurbauwerken sind die Kosten der Baukonstruktion anrechenbar. Die Kosten für die Anlagen der Maschinentechnik, die der Zweckbestimmung des Ingenieurbauwerks dienen, sind anrechenbar, soweit der Auftragnehmer diese plant oder deren Ausführung überwacht.

(2) Für Grundleistungen bei Ingenieurbauwerken sind auch die Kosten für Technische Anlagen, die der Auftragnehmer nicht fachlich plant oder deren Ausführung der Auftragnehmer nicht fachlich überwacht,
1. **vollständig anrechenbar bis zum Betrag von 25 Prozent der sonstigen anrechenbaren Kosten und**
2. **zur Hälfte anrechenbar mit dem Betrag, der 25 Prozent der sonstigen anrechenbaren Kosten übersteigt.**

(3) Nicht anrechenbar sind, soweit der Auftragnehmer die Anlagen weder plant noch ihre Ausführung überwacht, die Kosten für
1. **das Herrichten des Grundstücks,**
2. **die öffentliche und die nichtöffentliche Erschließung, die Außenanlagen, das Umlegen und Verlegen von Leitungen,**
3. **verkehrsregelnde Maßnahmen während der Bauzeit,**
4. **die Ausstattung und Nebenanlagen von Ingenieurbauwerken.**

Übersicht

A. Überblick

§ 42 regelt die **Besonderen Grundlagen der Honorarberechnung** für Grundleistungen bei den von § 41 erfassten Ingenieurbauwerken. § 42 gilt ergänzend zu den **allgemeinen Regelungen** der Ermittlung der anrechenbaren Kosten in § 4 und der Honorarermittlung in § 6. Während die §§ 4 und 6 diejenigen Grundlagen enthalten, die für die Honorarermittlung bei **allen von der HOAI erfassten Architekten- und Ingenieurleistungen gleichermaßen** gelten, erfasst § 42 **ergänzende Regelungen**, die ausschließlich für die Honorarermittlung bei Ingenieurbauwerken gelten. 1

In Bezug auf die anrechenbaren Kosten, die den Regelungsgegenstand des § 42 bilden, enthält § 6 Abs. 1 Nr. 1 eine grundlegende Regelung. Dort ist hinsichtlich der anrechenbaren Kosten das sog. **Kostenberechnungsmodell** normiert. Maßgeblich für die Ermittlung der anrechenbaren Kosten ist demnach – wie schon nach der HOAI 2009 – ausschließlich die **Kostenberechnung.** Kostenanschlag und Kostenfeststellung haben für Fragen der Honorarermittlung keine Bedeutung mehr, die Kostenschätzung nur noch in seltenen Fällen. 2

Eine weitere, die Berechnung der anrechenbaren Kosten im Falle des Bauens im Bestand maßgeblich beeinflussende Regelung enthält **§ 4 Abs. 3**. Dort ist festgelegt, dass der Umfang der **mitzuverarbeitenden Bausubstanz** i.S.d. § 2 Abs. 7 bei den anrechenbaren Kosten **angemessen zu berücksichtigen** ist. Diese Regelung entspricht weitgehend **§ 10 Abs. 3a HOAI 2002**, der im Zuge der 6. HOAI-Novelle 2009 gestrichen worden war. Damit war die vorhandene Bausubstanz im Rahmen von Architekten- und Ingenieurverträgen, die auf der Grundlage der HOAI 2009 geschlossen wurden, nicht berücksichtigungsfähig, was in der Praxis teilweise zu massiven Honorarverlusten führte. 3

§ 42 hat ausschließlich die Ermittlung der anrechenbaren Kosten zum Gegenstand. Weitere Parameter der Honorarermittlung bei Ingenieurbauwerken ergeben sich aus dem nachfolgenden § 43 (**Leistungsbild** mit Bewertung der einzelnen Leistungsphasen, aus § 44 (**Honorartafel** und **Honorarzone**) sowie aus der Anlage 12.1 (**Leistungsinhalt der Grundleistungen**), die die Regelung des § 6 Abs. 1 ergänzen bzw. ausfüllen und insofern als weitere „Besondere Grundlagen der Honorarberechnung" bezeichnet werden könnten. Die Honorarermittlung erfolgt somit bei Ingenieurbauwerken in **4 Stufen**: Zunächst sind die **anrechenbaren Kosten** nach § 42 zu ermitteln, wobei die (allgemeinen) Grundlagen der Kostenermittlung durch § 4 geregelt sind. Daneben ist anhand von § 44 Abs. 2 bis 5 und der Objektliste in Anlage 12.2 zu bestimmen, welcher **Honorarzone** das Ingenieurbauwerk angehört. Hiernach kann der **Honorartafel** des § 44 Abs. 1 das jeweilige 100%-Honorar im Rahmen der Mindest- und Höchstsätze entnommen werden. Schließlich muss in einem weiteren Schritt anhand des Leistungsbildes der erbrachte **Leistungsanteil** ermittelt werden (Leistungsphasen und ggf. Teilleistungen aus einzelnen Leistungsphasen) und das anteilige Honorar durch **Interpolation** (§ 13) ermittelt werden. 4

§ 42 enthält **drei Arten von anrechenbaren Kosten**: die Kosten der **Baukonstruktion**, welche **voll anrechenbar** sind (Abs. 1 S. 1), die Kosten der **Technischen Anlagen**, welche **teilweise anrechenbar** sind, und die in Abs. 1 S. 2 und Abs. 3 genannten Kosten, die **unter bestimmten Voraussetzungen in voller Höhe anrechenbar** sind. Andere, nicht in § 42 erwähnte Kosten spielen für die Honorarabrechnung bei den anrechenbaren Kosten für Leistungen bei Ingenieurbauwerken keine Rolle. 5

B. Vergleich mit früheren Fassungen der HOAI

I. HOAI 2002

6 § 42 enthält Teile, die § 52 HOAI 2002 entsprechen. Aufgrund der neuen Strukturierung der HOAI in der Fassung seit 2009 durch Aufgliederung der Honorarordnung in einen **„Allgemeinen“** und einen **„Besonderen“** Teil sind in § 42 HOAI 2013 nur noch die **„Besonderen Grundlagen“** des Honorars enthalten. Die allgemeinen Grundlagen, die für alle dem Preisrecht unterfallenden Leistungen gelten, finden sich im „Allgemeinen Teil“ der HOAI, insbesondere in den §§ 4 und 6. In § 42 finden sich dagegen die speziellen Honorarermittlungsvorschriften für Ingenieurbauwerke.

7 In § 52 HOAI 2002 waren noch alle Regelungen über die anrechenbaren Kosten gebündelt enthalten. Mit der HOAI 2009 wurden dann aber die Leistungsbilder „Ingenieurbauwerke“ und „Verkehrsanlagen“ **getrennt**. Waren demnach in § 52 HOAI 2002 noch sämtliche Regelungen zu den anrechenbaren Kosten für Ingenieurbauwerke und Verkehrsanlagen zusammengefasst, enthält § 42 HOAI 2013 nur noch die Honorargrundlagen für Ingenieurbauwerke. Für Verkehrsanlagen gibt es die eigenständige Regelung des § 46 HOAI 2013.

8 Wesentlicher Unterschied zur HOAI 2002 ist, dass die Kostenermittlung für die Honorarberechnung **durchgängig für alle Leistungsphasen** nach der **Kostenberechnung** und nur ausnahmsweise nach der Kostenschätzung zu erfolgen hat (§ 6 Abs. 1 Nr. 1). Die in der HOAI 2002 vorgesehene zweigeteilte Ermittlung der anrechenbaren Kosten (Leistungsphasen 1 bis 4 nach der Kostenberechnung und Leistungsphasen 5 bis 9 nach der Kostenfeststellung) ist bereits mit der HOAI 2009 entfallen.

9 Ferner ist der Verordnungsgeber dazu übergegangen, die anrechenbaren Kosten in einer **Positivliste** festzulegen. Es wird nicht mehr bestimmt, welche Kosten nicht anrechenbar sein sollen, sondern welche Kosten **voll anrechenbar** sein sollen (Kosten der Baukonstruktion, Abs. 1), welche **gemindert** (Kosten für Technische Anlagen, Abs. 2) und welche **bedingt** (Abs. 3) anrechenbar sein sollen.

II. HOAI 2009

10 § 42 entspricht weitgehend § 41 der HOAI 2009. Zur Klarstellung wurde in § 42 Abs. 1 S. 2 die Regelung zur Anrechenbarkeit von **Anlagen der Maschinentechnik**, die der Zweckbestimmung des Ingenieurbauwerks dienen und für die der Auftragnehmer Planungs- oder Überwachungsleistungen erbringt, von dem Negativkatalog in § 41 Abs. 3 Nr. 5 HOAI 2009 in § 42 Abs. 1 S. 2 HOAI 2013 verschoben. Damit wird klargestellt, dass diese Kosten bei entsprechenden Planungs- und/oder Überwachungsleistungen **vollständig anrechenbar** sind und nicht unter die Regelung des § 42 Abs. 2 (anteilige Anrechenbarkeit der Kosten für Technische Anlagen) fallen. Infolgedessen ist die Regelung in § 41 Abs. 3 Nr. 5 der HOAI 2009 entfallen. Im Übrigen wurde die Regelung zur Anrechenbarkeit von Kosten in § 42 Abs. 3 neu systematisiert und inhaltlich vereinfacht.

11 Hiermit korrespondierend wurden bei der Fachplanung **Technische Ausrüstung** bei den **nutzungsspezifischen Anlagen** die maschinen- und elektrotechnischen Anlagen bei Ingenieurbauwerken herausgenommen. Der in § 51 Abs. 2 Nr. 7 der HOAI 2009 enthaltene Hinweis wurde in § 53 Abs. 2 Nr. 7 HOAI 2013 gestrichen und durch den Begriff der **„verfahrenstechnischen Anlagen“** ersetzt. Dadurch bleiben aber maschinen- und elektrotechnische Anlagen in Ingenieurbauwerken nach der HOAI 2013 weiterhin

vom Anwendungsbereich der Fachplanung Technische Ausrüstung umfasst und die preisrechtliche Bindung für diese Anlagen erhalten.[1]

C. Anwendung der DIN 276

I. Kostenermittlung anhand allgemein anerkannter Regeln der Technik

Bei der Frage nach den Grundlagen der Kostenermittlung bzw. den Grundlagen für die Erstellung der Kostenberechnung offenbart sich eine große Schwäche der HOAI 2009, die zu beseitigen der Verordnungsgeber leider versäumt hat und die sich daher in der HOAI 2013 fortsetzt: **12**

Nach dem (auch) für die Ermittlung der anrechenbaren Kosten bei Ingenieurbauwerken maßgeblichen **§ 4 Abs. 1 S. 1** sind **anrechenbare Kosten** Teil der Kosten für die Herstellung, den Umbau, die Modernisierung, Instandhaltung oder Instandsetzung von Objekten sowie für die damit zusammenhängenden Aufwendungen. Grundlage für die Ermittlung der anrechenbaren Kosten sind also zunächst einmal die **Herstellungskosten für das Objekt.** § 4 Abs. 1 S. 2 bestimmt weiter, dass die anrechenbaren Kosten nach den **allgemein anerkannten Regeln der Technik** oder nach **Verwaltungsvorschriften (Kostenvorschriften)** auf der Grundlage ortsüblicher Preise zu ermitteln sind. Sofern in der HOAI im Zusammenhang mit der Kostenermittlung die DIN 276 in Bezug genommen wird, so ist die **Fassung vom Dezember 2008 (DIN 276-1:2008-12)** bei der Ermittlung der anrechenbaren Kosten zugrunde zu legen (§ 4 Abs. 1 S. 3). **13**

Der Verordnungsgeber hat sich demnach – in Abkehr von der engen Bestimmung des § 10 Abs. 2 HOAI 2002, der die DIN 276 in der Fassung von April 1981 als **einzige Kostenermittlungsgrundlage** festlegte – mit der HOAI 2009 für eine weite Fassung der Regelung entschieden. Verlangt ist nunmehr nur noch, dass die anrechenbaren Kosten nach **allgemein anerkannten Regeln der Technik** oder nach **Verwaltungsvorschriften** zu ermitteln sind. Eine Bezugnahme auf die DIN 276 oder gar auf eine bestimmte Fassung der DIN 276 erfolgt nicht. Daraus ergibt sich zunächst, dass die DIN 276-1 in der Fassung von 2008 wohl nur noch **eine von mehreren Möglichkeiten** darstellen soll, die anrechenbaren Kosten zu ermitteln. Vielmehr sollen auch andere Kostenermittlungsgrundlagen als die DIN 276 herangezogen werden können. Außerdem dürften damit auch die **vorherigen Fassungen** der DIN 276 von **April 1981**, von **Juni 1993** und von **November 2006** als Kostenermittlungsgrundlagen in Betracht kommen, jedenfalls solange diese noch als allgemein anerkannte Regeln der Technik anzusehen sind. Aufgrund der beträchtlichen Anzahl noch nicht abgeschlossener „Altverträge“ (d.h. solche auf der Grundlage der HOAI 2002) dürfte dies bis auf Weiteres noch der Fall sein. Das bedeutet im Ergebnis, dass die HOAI 2013 die DIN 276 in der Fassung von 2008 nicht als alleinige Kostenermittlungsgrundlage vorsieht. **14**

Nimmt allerdings die HOAI im Zusammenhang mit der Kostenermittlung Bezug auf die DIN 276, so ist gem. § 4 Abs. 1 S. 3 die Fassung von 2008 maßgeblich. Hier stellt sich aber das Problem, dass eine solche **Bezugnahme** in der HOAI durchgängig, so auch in § 42, **fehlt.** In der Literatur ist daher nach Inkrafttreten der HOAI 2009 die Frage aufgeworfen worden, ob es die HOAI 2009 ohne Vereinbarung einer bestimmten Kostenermittlungsmethode überhaupt ermöglicht, einen Mindestsatz festzustellen oder ob § 4 HOAI 2009 insofern **nicht ausreichend bestimmt** und deshalb **unwirksam** ist.[2] An dieser **15**

1 Siehe Rn 50.
2 Kuffer/Wirth/*Neumeister*, Kap. 10 D. Rn 32.

Problematik hat sich durch die Neufassung der HOAI 2013 nichts geändert, da der Verordnungstext insoweit gleichgeblieben ist. In der Literatur werden verschiedene Möglichkeiten der Problemlösung diskutiert, ohne dass eine hiervon als herrschende Meinung ausgemacht werden könnte.[3]

16 Einigkeit besteht aber offenbar insoweit, als nahezu übereinstimmend davon ausgegangen wird, dass **entgegen dem Wortlaut** von § 4 Abs. 1 S. 2 weder dem Auftragnehmer noch den Vertragsparteien gemeinsam ein **Wahlrecht** zwischen verschiedenen Regeln der Technik oder Verwaltungsvorschriften zustehen soll. Vielmehr solle die DIN 276 in der Fassung vom Dezember 2008 die **einzige** und damit maßgebliche **Grundlage für die Ermittlung der anrechenbaren Kosten** sein.[4]

17 Die genannten Auffassungen beruhen auf der Annahme, dass die Anwendung der DIN 276 in der Fassung von 2008 als Kostenermittlungsgrundlage dem **Willen des Verordnungsgebers** entspricht. Dem dürfte soweit zuzustimmen sein. Die „Korrektur" der unbestimmten Regelung soll dann aber wohl über den Weg der verfassungskonformen Auslegung vorgenommen werden, was – angesichts des hier doch recht eindeutig zu bestimmenden Willens des Verordnungsgebers – in der Tat auch naheliegend erscheint. Außer Acht gelassen wird hierbei jedoch, dass die verfassungskonforme Auslegung ihre Grenzen dort findet, wo sie zum **Wortlaut der Norm** und zum klar erkennbaren Willen des Gesetzgebers **in Widerspruch** treten würde.[5] Die Beschränkung von § 4 Abs. 1 S. 2 auf die DIN 276 in der Fassung von 2008 als einziger Grundlage zur Ermittlung der anrechenbaren Kosten steht im klaren Widerspruch zum Wortlaut der Regelung. Dies wiederum steht der Möglichkeit der verfassungskonformen Auslegung von § 4 entgegen. Ist aber die einschränkende Auslegung von § 4 aus rechtlichen Gründen nicht möglich und muss von der weiten Fassung der Bestimmung (d.h. verschiedene Möglichkeiten zur Ermittlung der anrechenbaren Kosten) ausgegangen werden, spricht Vieles für die Annahme, dass § 4 Abs. 1 S. 2 **nicht ausreichend bestimmt** und deshalb **unwirksam** ist. Von daher verbleiben insoweit **Zweifel an der Verfassungsmäßigkeit** des Preisrechts der HOAI, die wohl endgültig erst durch eine höchstrichterliche Entscheidung ausgeräumt werden können.

II. DIN 276 Teil 4 für Ingenieurbau

18 Bis zum Inkrafttreten der HOAI 2009 war die DIN 276 bei Ingenieurbauwerken und Verkehrsanlagen im Prinzip unbrauchbar, da diese nur die Kosten von Hochbauten, also Gebäuden, regelte. Die Kosten von Ingenieurbauwerken wurden daher üblicherweise nach **Verwaltungsvorschriften** ermittelt. Praktisch zeitgleich mit Inkrafttreten der HOAI 2009 erschien dann ein neuer Teil der DIN 276. **Teil 4 der DIN 276 vom August 2009** regelt die **Kosten des Ingenieurbaus**, also von **Ingenieurbauwerken** und **Verkehrsanlagen**.

19 Auch was den neuen Teil 4 der DIN 276 angeht, erweist sich die Regelung des § 4 Abs. 1 S. 3 als unsauber: Es bleibt nämlich dabei, dass die HOAI nur auf den **Teil 1 der DIN 276**, der den **Hochbau** zum Gegenstand hat, Bezug nimmt. Hierauf weist die amtliche Begründung zu § 4 Abs. 1 ausdrücklich hin.[6] Prüfungsmaßstab für die Ermittlung der

3 Zum Streitstand im Einzelnen siehe Kuffer/Wirth/*Neumeister*, Kap. 10 D. Rn 32.
4 Locher/Koeble/Frik/*Koeble*, § 4 Rn 11; Korbion/Mantscheff/Vygen/*Seifert*, § 4 Rn 11; a.A. Kuffer/Wirth/*Neumeister*, Kap. 10 D. Rn 32, der die verfassungsmäßigen Bedenken durch die vorgenannten Auffassungen nicht ausgeräumt sieht.
5 BVerfG, Urt. v. 30.3.2004 – 2 BvR 1520/01, 2 BvR 1521/01 – BVerfGE 110, 226.
6 BR-Drucks. 334/13, S. 140.

anrechenbaren Kosten können – so die amtliche Begründung – weiterhin auch **Verwaltungsvorschriften (Kostenvorschriften)** sein, da z.B. die Kostenermittlung für den Straßen- und Brückenbau nach der Anweisung zur Kostenberechnung von Straßenbaumaßnahmen (AKS) erfolgt, die durch die BMVBS verbindlich eingeführt ist. Die **DIN 276 Teil 4** bleibt demnach gänzlich **unerwähnt**, die ausschließliche Bezugnahme auf die **DIN 276 Teil 1** wird **bekräftigt**. Dies wirft die Frage auf, ob die DIN 276 Teil 4 für Ingenieurbauwerke überhaupt Anwendung finden kann.

Hier wurde für die HOAI 2009 in der Literatur die Auffassung vertreten, dass als **20**
Grundlage für die Kostenberechnung **„allgemein die DIN 276"** anzuwenden sei, da das Preisrecht anderenfalls unbestimmt und praktisch kaum noch anwendbar sei.[7] Gegen die Übertragbarkeit dieser Auffassung auf die HOAI 2013 spricht, dass der Verordnungsgeber in der amtlichen Begründung zu § 4 Abs. 1 die Beschränkung der Verordnung auf Teil 1 der DIN 276 ausdrücklich bekräftigt. Wieder bleibt die DIN 276 Teil 4 als Instrument der Kostenermittlung **unerwähnt**. Andererseits sind keine Anhaltspunkte oder Gründe dafür ersichtlich, dass der Verordnungsgeber Teil 4 nicht zur Ermittlung der anrechenbaren Kosten für Ingenieurbauwerke herangezogen wissen wollte. Es ist von daher davon auszugehen, dass es sich bei der fehlenden Erwähnung von DIN 276 Teil 4 um ein **redaktionelles Versäumnis** handelt und die Ermittlung der anrechenbaren Kosten für Ingenieurbauwerke auf Grundlage der DIN 276 Teil 4 erfolgen kann.

Nicht abschließend beurteilt werden kann derzeit, ob Teil 4 der DIN 276 bereits als **21**
allgemein anerkannte Regel der Technik angesehen werden kann. Diese werden nämlich definiert als die **Summe** der in einem Fachgebiet, hier dem Bauwesen, **anerkannten wissenschaftlichen, technischen und handwerklichen Erfahrungen, die durchweg bekannt sind und sich als richtig und brauchbar bewährt haben.**[8] Von daher wird eine DIN normalerweise nicht bereits mit ihrer Inkraftsetzung zur allgemein anerkannten Regel der Technik, da die Bewährung in der Praxis dann regelmäßig noch aussteht. Die DIN 276 Teil 4 war darum zum Zeitpunkt ihrer Veröffentlichung im August 2009 mangels Anerkennung in der Praxis ohne Zweifel noch keine allgemein anerkannte Regel der Technik. Dem Verordnungsgeber der HOAI 2009 war dieses Problem im Hinblick auf die DIN 276 Teil 1 vom Dezember 2008 bewusst. Er hat darum in § 2 Nr. 12 HOAI 2009 eine Definition der allgemein anerkannten Regeln der Technik aufgenommen, die von der üblichen Definition abwich und es genügen ließ, dass die Bewährung in der Praxis **nach herrschender Auffassung in überschaubarer Zeit bevorsteht**. Auf diese Weise sollte (jedenfalls) der DIN 276 Teil 1 zu einer vorzeitigen Anerkennung als Regel der Technik verholfen werden. Da diese Definition auf erheblichen Widerstand gestoßen und darüber hinaus unzutreffend war, hat der Verordnungsgeber die Regelung in der neuen HOAI 2013 wieder gestrichen.

Für die DIN 276 Teile 1 und 4 kommt es unter Geltung der HOAI 2013 also allein da- **22**
rauf an, ob sie nach der allgemein geltenden Definition als allgemein anerkannte Regel der Technik zu qualifizieren ist. Dazu müsste sie sich **in der Praxis bewährt** haben. Ob hiervon zwischenzeitlich, rund 5 Jahre nach deren Inkrafttreten, ausgegangen werden kann, lässt sich ohne entsprechende empirische Erhebungen wohl nicht eindeutig feststellen. Dagegen könnte sprechen, dass die DIN 276 Teil 4 in der HOAI 2013 keine Erwähnung gefunden hat, obwohl sie in Systematik und Diktion eindeutig auf die preisrechtlichen Regelungen der HOAI zugeschnitten ist. Von daher verbleiben insoweit Zweifel.

---

7 Korbion/Mantscheff/Vygen/*Seifert*, § 41 Rn 5.
8 Werner/Pastor/*Pastor*, Rn 1966.

Praxistipp
Zum gegenwärtigen Zeitpunkt ist zu einer vorsichtigen entsprechenden Anwendung der DIN 276 Teil 4 bei der Ermittlung der anrechenbaren Kosten bei Ingenieurbauwerken zu raten, da deren Qualifikation als allgemein anerkannte Regel der Technik noch nicht zweifelsfrei feststeht.

D. Voll anrechenbare Kosten (Abs. 1 S. 1)

I. Begriff der Baukonstruktion

23 **Voll anrechenbar** sind für Grundleistungen bei Ingenieurbauwerken nach § 42 Abs. 1 S. 1 die **Kosten der Baukonstruktion**. Obwohl auch hier – wie überall in der HOAI – in der Formulierung des Verordnungstextes die entsprechende Bezugnahme fehlt, steht allgemein außer Frage, dass die **DIN 276** regelt, welche Kosten zur Baukonstruktion zählen.[9] Für Ingenieurbauwerke ist der **Teil 4 „Ingenieurbau"** in der **Fassung von August 2009** (**DIN 276-4:2009-08**) anzuwenden, vorausgesetzt, man schließt sich der Annahme an, dass die DIN 276 Teil 4 zwischenzeitlich den Status einer allgemein anerkannten Regel der Technik erlangt hat.[10] Die Kosten der Baukonstruktion sind in der DIN 276 Teil 4 in der **Kostengruppe (KG) 300** erfasst. Auf welcher Grundlage die Kostenermittlung zu fertigen ist, welche Form sie haben muss und welche Art der Kostenermittlung für die Honorarberechnung maßgeblich ist, regeln die Vorschriften im „Allgemeinen Teil" der HOAI, insbesondere die §§ 4 und 6.

II. Kosten der Baukonstruktion

24 Die Kostengruppen 300 der DIN 276-4 ist mit **„Bauwerk – Baukonstruktionen"** überschrieben und umfasst die Kosten von Bauleistungen und Lieferungen zur **Herstellung des Bauwerkes** jedoch **ohne die Technischen Anlagen** (KG 400). Die Kosten der Baukonstruktionen sind in der zweiten Gliederungsebene in acht Unterkostengruppen untergliedert, wobei die KG 380 ebenso wie bei der DIN 276-1 unbelegt ist.

25 **1. KG 310 Erdbaumaßnahmen.** Zu den Kosten der Kostengruppen 310 „Erdbaumaßnahmen" gehören die Kosten für die **Herstellung** von u.a. **Baugruben, Dämmen, Einschnitten, Wällen, Hangausrichtungen, Unterbauten, Oberbodenabtrag, -sicherung und -auftrag**. Umfasst sind ebenfalls **Umschließungen** (KG 312) und besondere **Verbauarbeiten, Wasserhaltung** (KG 313), **Vortrieb** (KG 314) und **Drainagen** (KG 315).

26 **2. KG 320 Gründung.** Zu den Kosten der Kostengruppen 320 „Gründung" gehören u.a. **Maßnahmen der Baugrundverbesserung** (KG 321), **Flach- und Tiefgründungen** (KG 322, KG 323), **Unterböden** und **Bodenplatten** (KG 324), **Bodenbeläge** (KG 325), **Bauwerksabdichtungen** (KG 326) und **Drainagen zum Schutz der Gründung** (KG 327).

27 **3. KG 330 Vertikale Bauteile.** Zu den vertikalen Bauteilen der Kostengruppen 330 zählen u.a. **Wände, Tragkonstruktionen** und **Stützen**. Umfasst sind tragende Konstruktionen (KG 331), nicht tragende Konstruktionen (KG 332), Bekleidungen (KG 333), Öffnungen (KG 334) und Schutzbauteile (KG 335).

---

9 Vgl. statt aller Korbion/Mantscheff/Vygen/*Seifert*, § 41 Rn 10.
10 Zu dieser Problematik s.o. Rn 18 ff.

4. KG 340 Horizontale Bauteile. Mit den horizontalen Bauteilen der KG 340 sind **Decken, Treppen** und **Rampen** oberhalb der Gründung und unterhalb der Dachfläche gemeint, ebenso horizontale Tragglieder und flache oder geneigte Dächer. Erfasst sind die Kosten für tragende Konstruktionen (KG 341), nicht tragende Konstruktionen (KG 342), Beläge (KG 343), Bekleidungen (KG 344), Öffnungen (KG 345) und Schutzbauteile (KG 346). 28

5. KG 350 Räumliche Bauteile. Zu den räumlichen Bauteilen der KG 350 gehören insbesondere **Kuppeln, Tunnel** und **Gewölbe**. Umfasst sind die Kosten für tragende Konstruktionen (KG 351), nicht tragende Konstruktionen (KG 352), Beläge (KG 353), Bekleidungen (KG 354), Öffnungen (KG 355) und Schutzbauteile (KG 356). 29

6. KG 360 Linienbauteile. Die Linienbauteile der KG 360, zu denen auch Kreuzungspunkte gehören, betreffen in erster Linie Verkehrsanlagen, daneben sind auch Ingenieurbauwerke erfasst. Dazu gehören insbesondere Straßenkonstruktionen wie **Straßen, Wege** oder **Plätze** (KG 361), Gleiskonstruktionen wie **Gleise, Weichen** und **Gleisabschlüsse** (KG 362), **Verkehrsflächenkonstruktionen für den Flugverkehr** (KG 363), **Wasserwegekonstruktionen** (KG 364) sowie **Rohr- und Kabelleitungsanlagen** (KG 365 und 366). 30

7. KG 370 Baukonstruktive Einbauten. Zu den baukonstruktiven Einbauten der KG 370 gehören die Kosten der mit dem Bauwerk fest verbundenen Einbauten, jedoch ohne die nutzungsspezifischen Einbauten der KG 470. Diese umfasst verfahrenstechnische Anlagen, insbesondere **Wassergewinnung, Abwasserbehandlung** und **-entsorgung, Reststoff-** und **Abfallbehandlung** sowie **-entsorgung**. Diese Kosten sind im Rahmen der Objektplanung für Ingenieurbauwerke bei der Ermittlung der anrechenbaren Kosten nicht berücksichtigungsfähig. 31

8. KG 390 Sonstige Maßnahmen für Baukonstruktionen. KG 390 umfasst sonstige Maßnahmen für Baukonstruktionen. Es handelt sich um eine Mischkostengruppe, die insbesondere Baukonstruktionen und übergreifende Maßnahmen im Zusammenhang mit den Baukonstruktionen umfasst, die nicht einzelnen Kostengruppen der Baukonstruktionen zugeordnet werden können. Hierunter fallen u.a. Kosten der **Baustelleneinrichtung** wie Einrichten, Vorhalten, Betreiben, Räumen der übergeordneten Baustelleneinrichtung, Lager-, Wasch-, Toiletten- und Aufenthaltsräume (KG 391). Des Weiteren **Schutzmaßnahmen zur Absicherung der Baustelle** gegenüber dem allgemeinen Verkehrsgeschehen (KG 392), **Sicherungsmaßnahmen an bestehenden Bauwerken** (KG 393), **Abbruch- und Demontagearbeiten** (KG 394), Instandhaltungen und Instandsetzungen, die nicht anderen Kostengruppen zuzuordnen sind (KG 395), **Materialentsorgung** (KG 396) und zusätzliche Maßnahmen bei der Erstellung von Baukonstruktionen (KG 397). Hierunter fallen u.a. Personen- und Sachschutz sowie **Schlechtwetter- und Winterbauschutz**. 32

9. Nicht in den Kosten der Baukonstruktion enthaltene Kosten. Ausweislich der amtlichen Begründung sind in den Kosten der Baukonstruktion i.S.d. § 42 Abs. 1 S. 1 nicht enthalten die **Anschaffungskosten für das Baugrundstück** (z.B. einschließlich der Kosten des Erwerbs, des Freimachens und der Erschließung) sowie die Kosten der **Vermessung** und **Vermarktung, Winterbauschutzvorkehrungen**, sonstige Maßnahmen bei der Erschließung, beim Bauwerk und bei den Außenanlagen für den Winterbau, Entschädigungen und **Schadensersatzleistungen** sowie die **Baunebenkosten**. Auch 33 die Anschaffungskosten für **Kunstwerke** sind nicht anrechenbar, soweit nicht wesentlicher Bestandteil des Objekts.[11]

34 Hier findet sich ein Widerspruch zwischen der amtlichen Begründung und der KG 390 der DIN 276-4: Nach der amtlichen Begründung sollen in den Kosten der Baukonstruktion Winterbauschutzvorkehrungen nicht enthalten sein. In KG 397 sind diese aber ausdrücklich aufgeführt. Nachdem der Verordnungstext in § 42 Abs. 1 insoweit keine Einschränkung enthält, ist wohl davon auszugehen, dass auch Winterbauschutzvorkehrungen bei der Ermittlung der anrechenbaren Kosten **berücksichtigungsfähig** sind.

E. Teilweise anrechenbare Kosten (Abs. 2)

35 § 42 Abs. 2 bestimmt, dass die **Kosten für Technische Anlagen** teilweise anrechnungsfähig sind. Die geminderte Anrechnungsfähigkeit ist **in jedem Fall** gegeben. Es kommt also nicht darauf an, ob der Auftragnehmer die Technischen Anlagen fachlich plant oder deren Ausführung überwacht. Die Berücksichtigung der Kosten der Technischen Ausrüstung bei den anrechenbaren Kosten trägt dem Umstand Rechnung, dass der Objektplaner Ingenieurbauwerke die Technische Ausrüstung zu koordinieren hat.[12] Es ist also nicht erforderlich, dass der Auftragnehmer neben der Objektplanung für Ingenieurbauwerke – z.B. als Generalplaner – auch noch Fachplanungsleistungen der Technischen Ausrüstung erbringt.

36 Ob dies der Fall ist oder nicht, ist im Übrigen für die Honorarermittlung bei den Objektplanungsleistungen ohne Belang. Umgekehrt gilt entsprechend, dass die Kosten der Technischen Ausrüstung voll anzusetzen sind, wenn der Objektplaner Ingenieurbauwerke zusätzlich Fachplanungsleistungen für die Technische Ausrüstung erbringt. Beide Abrechnungen stehen **unabhängig nebeneinander** und beeinflussen sich gegenseitig nicht. Der Grund hierfür ist, dass es sich bei Ingenieurbauwerken und Anlagen der Technischen Ausrüstung um **verschiedenartige Objekte** handelt.[13] Leistungen aus unterschiedlichen Leistungsbildern der HOAI sind grundsätzlich getrennt und voneinander unabhängig nach eigenen anrechenbaren Kosten abzurechnen.

37 Werden von dem Auftragnehmer neben den Objektplanungsleistungen Ingenieurbauwerke auftragsgemäß auch noch Fachplanungsleistungen der Technischen Ausrüstung gem. § 53 erbracht, dann hat er neben dem Honoraranspruch nach Teil 3 Abschnitt 3 auch Anspruch auf die volle Vergütung nach Teil 4 Abschnitt 2.

38 Auch die Kosten der Technischen Ausrüstung sind in der **DIN 276 Teil 4** geregelt. Dabei geht es um die Kosten der **Kostengruppen 400**, welche definiert werden als Kosten aller im Bauwerk eingebauten, daran angeschlossenen oder damit fest verbundenen technischen Anlagen oder Anlagenteile. In diesem Fall ist es allerdings gleichgültig, von welchem Teil der DIN 276 man ausgehen will. Die Unterkostengruppen in DIN 276 Teil 1 (Hochbau) und in DIN 276 Teil 4 (Ingenieurbau) sind identisch. Es handelt sich um folgende Technische Anlagen:

- KG 410 Abwasser-, Wasser-, Gasanlagen,
- KG 420 Wärmeversorgungsanlagen,
- KG 430 Lufttechnische Anlagen,
- KG 440 Starkstromanlagen,
- KG 450 Fernmelde- und informationstechnische Anlagen,
- KG 460 Förderanlagen,

11 BR-Drucks. 334/13, S. 159.
12 BGH, Urt. v. 30.9.2004 – VII ZR 192/03 – IBR 2004, 703.
13 Vgl. § 2 Abs. 1 und § 11 Abs. 1.

- KG 470 Verfahrenstechnische Anlagen (Teil 4) bzw. nutzungsspezifische Anlagen (Teil 1),
- KG 480 Automation (Gebäudeautomation und Automation von Ingenieurbauwerken),
- KG 490 Sonstige Maßnahmen für technische Anlagen.

Die Kostengruppen 410 bis 490 **entsprechen den in § 53 Abs. 2 Nr. 1 bis 8 aufgezählten Anlagengruppen**. Fachplanungsleistungen für Objekte dieser Anlagengruppen unterfallen gem. § 53 Abs. 1 dem Anwendungsbereich des Teils 4 Abschnitt 2 (§§ 53 ff.). **39**

Der Teil der anrechenbaren Kosten für die Technischen Anlagen ergibt sich nach Abs. 2 Nr. 1 aus 25% der sonstigen anrechenbaren Kosten und nach Abs. 2 Nr. 2 mit 50% der 25% übersteigenden sonstigen anrechenbaren Kosten. Das bedeutet, dass von den Kosten der Anlagen der Technischen Ausrüstung bis zu einer **Obergrenze von einschließlich 25%** der sonstigen anrechenbaren Kosten eine **volle Anrechnung** erfolgt und dass für den Fall, dass die Kosten der Anlagen der Technischen Ausrüstung mehr als 25% der sonstigen anrechenbaren Kosten betragen, der **über 25% hinausgehende Betrag** nur **zur Hälfte** angerechnet wird. Bei den **„sonstigen"** anrechenbaren Kosten handelt es sich um die nach Abs. 1 ermittelten **Kosten der Baukonstruktion** sowie um diejenigen **Kosten, die ggf. nach Abs. 3 anrechenbar sind**. Von den oben aufgeführten Kosten der Kostengruppen 400 sind demnach alle berücksichtigungsfähig. Die Vorschrift enthält insoweit keine Beschränkungen. **40**

F. Bedingt anrechenbare Kosten (Abs. 1 S. 2, Abs. 3)

I. Grundsatz

Abs. 1 S. 2 und **Abs. 3** enthalten Leistungen, die entweder gar nicht anrechenbar sind oder anrechenbar sind, wenn der Auftragnehmer hierfür **konkrete Planungs- oder Überwachungsleistungen** erbracht hat. Die Formulierung von Abs. 3 ist so gefasst, dass alle anderen, dort nicht aufgeführten Leistungen unzweifelhaft bei den anrechenbaren Kosten nicht berücksichtigungsfähig sind. Das betrifft z.B. **„Unvorhergesehenes"**, die Kosten des **Baugrundstücks** (außer Herrichten), **Entschädigungen** und **Schadensersatzleistungen** sowie die **Baunebenkosten**. **41**

II. Planung oder Überwachung der Ausführung

Die in Abs. 1 S. 2 und in Abs. 3 aufgeführten Kosten sind nur dann anrechenbar, wenn der Auftragnehmer die entsprechende Leistung entweder **plant** oder ihre **Ausführung überwacht**. Der Verordnungsgeber hat sich hier für eine Negativ-Formulierung entschieden („nicht anrechenbar", „nicht plant"). Sachlich macht das aber keinen Unterschied. Von Bedeutung ist die Formulierung aber für die Darlegungs- und Beweislast. Weil die (Negativ-)Formulierung dem Regel-Ausnahme-Prinzip folgt, trifft den **Auftragnehmer** die **Darlegungs- und Beweislast** dafür, dass einer der genannten Umstände zutrifft, die Voraussetzungen für die Anrechenbarkeit damit gegeben sind.[14] **42**

Es ist ausreichend, dass eines der beiden Merkmale, also **entweder** die **fachliche Planung oder** die **Überwachung der Ausführung**, gegeben ist, damit die Kosten in vollem Umfang anrechnungsfähig sind.[15] Die überwiegende Meinung geht hierbei außer- **43**

14 Locher/Koeble/Frik/*Zahn*, § 42 Rn 31.
15 BR-Drucks. 334/13, S. 159.

dem davon aus, dass die Kosten **bei allen beauftragten Leistungsphasen** berücksichtigt werden können, nicht nur bei den Leistungsphasen, in denen tatsächlich Planungs- und/oder Überwachungsleistungen erbracht werden.[16] Diese Auffassung überzeugt vor dem Hintergrund, dass es seit der HOAI 2009 für alle Leistungsphasen nur noch eine Abrechnungsgrundlage, nämlich die Kostenberechnung, gibt. Von daher erscheint es konsequent, Kosten, die durch das Erfüllen (nur) eines Tatbestandsmerkmals anrechenbar werden, auch durchgängig zu berücksichtigen.

44 **1. Planung.** Voll anrechenbar sind die Kosten nach Abs. 1 S. 2, Abs. 3 zunächst, wenn der Auftragnehmer mit der Planung der Anlagen befasst ist.

45 Fraglich ist hierbei, welchen Umfang und welche Intensität die Planungsleistungen haben müssen, damit die in Abs. 1 S. 2 und Abs. 3 genannten Kosten anrechenbar sind. Streitig ist hier insbesondere, ob es sich um **Fachplanungsleistungen** handeln muss, um zur Anrechenbarkeit zu kommen, oder ob **Objektplanungsleistungen** ausreichend sind. Nach dem BGH ist insoweit der Begriff des Planens **eng** zu verstehen. Gemeint ist nicht die stets erforderliche Koordination und auch nicht die Integration in die Objektplanung oder die bloße Mitberücksichtigung bei der Objektplanung. Planungsleistungen, die eine Erhöhung des Honorars über die Einbeziehung bestimmter Kosten erlauben, können nur **Planungsleistungen für das jeweilige Objekt selbst** sein.[17]

46 Den in der Literatur verbreiteten, weiter gefassten Begriff des Planens, demzufolge eine direkte Planung für das jeweilige Objekt nicht erbracht werden müsse, sondern es ausreiche, dass der Objektplaner seine Planung und die Fachplanung koordiniert und er die Fachplanung in seiner Objektplanung mit berücksichtigt,[18] lehnt der BGH ab. Die Berechnung von Kosten für Leistungen, an denen der Ingenieur typischerweise nicht oder nur am Rande beteiligt ist, werden nach der Systematik der HOAI aus den anrechenbaren Kosten ausgeklammert. Eine Einbeziehung von Kosten, die nicht zum unmittelbaren Leistungsbereich des Ingenieurs gehören, setzt daher auch eine entsprechende Planungsleistung voraus.

47 Auch wenn der BGH dies nicht ausdrücklich ausführt, ist doch aus dem engen Verständnis des Begriffs des Planens zu folgern, dass der Objektplaner **Fachplanungsleistungen** erbringen muss, um die Objektkosten bei seinen anrechenbaren Kosten berücksichtigen zu können. Die Auffassung, dass eine **Koordination und Mitberücksichtigung bei der Objektplanung** ausreichend für die Anrechenbarkeit der Kosten sei, dürfte von daher mit der Rechtsprechung des BGH nicht vereinbar sein und ist von daher **abzulehnen**. Dies auch dann, wenn es sich bei den Objektplanungsleistungen um mehr als eine reine Koordinierungstätigkeit handelt.[19] Es ist daher im Ergebnis davon auszugehen, dass es sich bei den Leistungen, die eine Erhöhung der anrechenbaren Kosten nach Abs. 1 S. 2, Abs. 3 rechtfertigen, um Fachplanungsleistungen handeln muss.[20]

48 **2. Überwachung.** Hier stellt sich die Frage nach dem zu überwachenden Objekt nicht. Aus der Formulierung „ihre Ausführung überwacht" ergibt sich zweifelsfrei, dass der Objektplaner **Überwachungsleistungen** in Bezug auf die **Fachplanung** erbringen muss, damit die in Abs. 1 S. 2 und Abs. 3 genannten Baumaßnahmen bei den anrechenbaren Kosten berücksichtigungsfähig sind.

---

16 Locher/Koeble/Frik/*Zahn*, § 42 Rn 32; *Pott/Dahlhoff/Kniffka/Rath*, § 41 Rn 14.
17 BGH, Urt. v. 30.9.2004 – VII ZR 192/03 – IBR 2004, 703.
18 Locher/Koeble/Frik/*Zahn*, § 42 Rn 33.
19 So die im Ergebnis abzulehnende Auffassung von Locher/Koeble/Frik/*Zahn*, § 42 Rn 33.
20 So auch: Korbion/Mantscheff/Vygen/*Seifert*, § 41 Rn 24; *Pott/Dahlhoff/Kniffka/Rath*, § 32 Rn 26.

III. Anlagen der Maschinentechnik (Abs. 1 S. 2)

Abs. 1 S. 2 stellt klar, dass die Kosten für die Maschinentechnik, die der Zweckbestimmung des Ingenieurbauwerks dienen, **anrechenbar** sind, soweit der Objektplaner diese **plant** oder deren **Ausführung überwacht**. Bei Anlagen der Maschinentechnik handelt es sich ebenfalls um **Anlagen der Technischen Ausrüstung**, deren Kosten von der Systematik des § 42 her im Grundsatz nur anteilig bei den anrechenbaren Kosten für Ingenieurbauwerke berücksichtigungsfähig sind. Neu gegenüber der HOAI 2009 ist, dass die Kosten für diejenigen Anlagen der Maschinentechnik, die der **Zweckbestimmung des Ingenieurbauwerks dienen** und für die der Auftragnehmer **Planungs- oder Überwachungsleistungen** erbringt, von dem Negativkatalog des § 41 Abs. 3 Nr. 5 HOAI 2009 in § 42 Abs. 1 S. 2 verschoben wurden. Damit ist klargestellt, dass die Kosten für diese Anlagen **vollständig anrechenbar** sind und nicht unter die Regelung des Abs. 2 (anteilige Anrechenbarkeit der Kosten für Anlagen der Technischen Ausrüstung) fallen, zu denen sie systematisch eigentlich gehören würden. Die Kosten sind also bei den Kosten der **Baukonstruktion** i.S.d. § 42 Abs. 1 S. 1 zu berücksichtigen und nicht den Kosten für die Anlagen der Technischen Ausrüstung i.S.d. § 42 Abs. 2 zuzurechnen. 49

Hiermit korrespondierend wurden bei der Fachplanung Technische Ausrüstung bei den **nutzungsspezifischen Anlagen** die maschinen- und elektrotechnischen Anlagen bei Ingenieurbauwerken herausgenommen. Der in § 51 Abs. 2 Nr. 7 der HOAI 2009 enthaltene Hinweis wurde in § 53 Abs. 2 Nr. 7 HOAI 2013 gestrichen und durch den Begriff der **„verfahrenstechnischen Anlagen“** ersetzt. Damit ist das Honorar für Fachplanungsleistungen weiterhin nach den §§ 53ff. abzurechnen, soweit Leistungen hierfür erbracht werden und sich die Anlagen in die Anlagengruppe einordnen lassen. Nach § 53 Abs. 1 HOAI 2013 umfassen die Leistungen der Technischen Ausrüstung die Fachplanung für Objekte. Da nach der Objektdefinition in § 2 Abs. 1 zu den Objekten auch die Ingenieurbauwerke gehören, fallen die Planungsleistungen unter den zwingenden preisrechtlichen Teil der §§ 53ff., soweit sich die entsprechenden Anlagen in die 8 Anlagengruppen einordnen lassen. Ein Großteil der mit dem Begriff der „maschinentechnischen Anlagen in Ingenieurbauwerken“ gemeinten Anlagen dürfte unter die in § 53 Abs. 2 Nr. 7 genannten **„verfahrenstechnischen Anlagen“** oder unter den ebenfalls neu eingeführten Begriff **„Automation von Ingenieurbauwerken“** in Nr. 8 fallen. Nach der DIN 276 Teil 4 Kostengruppen 470 stellen insbesondere Anlagen für infrastrukturelle Verfahren wie **Wassergewinnung**, **Abwasserbehandlung** und **-entsorgung**, **Reststoff-** und **Abfallbehandlung** sowie **-entsorgung** verfahrenstechnische Anlagen dar. Diese Anlagen zählten bisher zu den maschinen- und elektrotechnischen Anlagen bei Ingenieurbauwerken. Anlagen der Maschinentechnik können daher weiterhin sowohl bei den anrechenbaren Kosten des Ingenieurbauwerkes als auch bei der Ermittlung eines eigenständigen Honorars im Rahmen der Fachplanung eine Rolle spielen.[21] Letzteres gilt dann, wenn die Maschinentechnik in eine der Anlagengruppen des § 53 Abs. 2 einzuordnen ist. Es handelt sich in diesem Fall um Grundleistungen der **Technischen Ausrüstung**, sodass die Vorschrift betreffend die Besondere Leistung in Anlage 12.1 Leistungsphase 5 (Planen von Anlagen der Verfahrens- und Prozesstechnik für Ingenieurbauwerke gem. § 41 Nr. 1 bis 3 und 5) nicht zur Anwendung kommt. 50

Bei Anlagen der Maschinentechnik handelt es sich um Anlagen **ohne jegliche Anschlusstechnik**, die als **Einheit** vom Hersteller geliefert werden, z.B. um **Räumer für Absetzbecken** bei Kläranlagen und Wasserwerken, **Kammerfilterpressen**, um **Ober-** 51

21 *Koeble/Zahn*, Rn 166.

flächenbelüfter oder **Gasentschwefler** sowie um **Gasspeicher** von Abwasserbehandlungsanlagen. Dazu zählen auch die reinen **Stahlbauteile** bei Schleusen und Wehren und die **Grob**- und **Feinrechen.**[22]

IV. Herrichten des Grundstücks (Abs. 3 Nr. 1)

52 Zu den bedingt anrechenbaren Kosten zählen nach Abs. 3 Nr. 1 zunächst die Kosten für das Herrichten des Grundstücks. Hierunter sind im Wesentlichen diejenigen Kosten zu verstehen, die aufzuwenden sind, um das Grundstück in einen Zustand zu versetzen, der eine ordnungsgemäße Bauausführung ermöglicht. Welche Kosten hierunter im Einzelnen zu verstehen sind, ergibt sich aus der **Kostengruppe (KG) 210** der **DIN 276-1:2008-12**. Es handelt sich im Wesentlichen um folgende Maßnahmen, soweit sie als vorbereitende Maßnahmen (KG 210) anzusehen sind: **Sicherungsmaßnahmen (KG 211)**, wie den Schutz von vorhandenen Bauwerken, Bauteilen, Versorgungsleitungen sowie das Sichern von Bewuchs und Vegetationsschichten, **Abbruchmaßnahmen (KG 212)**, wie das Abbrechen und Beseitigen von vorhandenen Bauwerken, Ver- und Entsorgungsleitungen sowie Verkehrsanlagen. **KG 213** erfasst die **Altlastenbeseitigung**, also das Beseitigen von Kampfmitteln und anderen gefährlichen Stoffen und das Sanieren belasteter und kontaminierter Böden. **KG 214** erfasst schließlich die Kosten für das **Herrichten der Geländeoberfläche**, wie das Roden von Bewuchs, Planieren, Bodenbewegungen einschließlich Oberbodensicherung (soweit nicht in KG 500 erfasst).

53 **KG 212** erfasst die Kosten für **Abbrucharbeiten.** Hierbei handelt es sich aber nur um Abbrucharbeiten, die im Zusammenhang mit Leistungen für den Neubau, den Wiederaufbau, für Erweiterungsmaßnahmen, Umbauten, Modernisierungen, Instandhaltungen und Instandsetzungen von Objekten i.S.v. § 2 Abs. 1 durchzuführen sind. Wird der Auftraggeber dagegen ausschließlich oder vor der Beauftragung mit Leistungen der Objektplanung im Rahmen von Abbrucharbeiten tätig, kann er hierfür ein Honorar außerhalb der HOAI vereinbaren, da **isoliert erbrachte Abbruchleistungen** eines Architekten oder Ingenieurs **nicht vom Preisrecht der HOAI erfasst** sind. Der **Abbruch** ist nämlich **kein Objekt** i.S.d. § 2 Abs. 1, sodass die HOAI nicht gilt und eine Vergütung für Abbruchleistungen insoweit **frei** und **formlos** vereinbart werden kann.

54 Nicht von Abs. 3 erfasst sind die Kosten für die **Entsorgung von Altlasten.** Diese sind nicht von der KG 213, sondern in der Regel von der **KG 321 „Baugrundverbesserung“** erfasst. Als Bestandteil der KG 300 „Bauwerk – Baukonstruktionen“ sind diese Kosten damit unbedingt und voll anrechenbar nach Abs. 1 S. 1.

V. Öffentliche und nichtöffentliche Erschließung (Abs. 3 Nr. 2 Alt. 1)

55 **1. Öffentliche Erschließung.** Bei den Kosten für die öffentliche Erschließung handelt es sich um die von **KG 220** der **DIN 276-1:2008-12** erfassten Kosten. Aus den Anmerkungen in Tabelle 1 zu KG 220 ergibt sich, dass es sich bei den Kosten der öffentlichen Erschließung um **Kostenzuschüsse** und **Anschlusskosten**, letztlich also um **Erschließungs- und Anliegerbeiträge** handelt. Ferner erfasst sind Kosten aufgrund **öffentlichrechtlicher Verträge** für die Beschaffung oder den Erwerb der Erschließungsflächen gegen Entgelt durch den Träger der öffentlichen Erschließung, die Herstellung oder Änderung gemeinschaftlich genutzter technischer Anlagen, z.B. Ableitung von Abwasser sowie zur Versorgung mit Wasser, Wärme, Gas, Strom und Telekommunikation sowie die

---

22 BR-Drucks. 334/13, S. 159.

erstmalige Herstellung oder den Ausbau öffentlicher Verkehrsflächen, Grünflächen oder sonstiger Freiflächen.

Die Kosten der öffentlichen Erschließung sind damit in der Regel nicht anrechenbar. Etwas anderes gilt nur dann, wenn der Auftragnehmer mit der Planung und Überwachung der öffentlichen Erschließung beauftragt wird. Hierbei handelt es sich regelmäßig – abgesehen von der Stromversorgung – um **Ingenieurbauwerke** i.S.v. § 41 oder um **Verkehrsanlagen** i.S.v. § 45. Leistungen, die im Rahmen einer solchen Beauftragung erbracht werden, sind nach den einschlägigen Vorschriften der HOAI zu vergüten. 56

2. Nichtöffentliche Erschließung. Bei der nichtöffentlichen Erschließung handelt es sich nach den Anmerkungen zu **KG 230** der **DIN 276-1:2008-12** um die Kosten für Verkehrsflächen und technische Anlagen, die **ohne öffentlich-rechtliche** Verpflichtung der Beauftragung mit dem Ziel der späteren Übertragung in den Gebrauch der Allgemeinheit hergestellt und ergänzt werden. 57

Auch hier ist davon auszugehen, dass diese Kosten nur selten Bestandteil der anrechenbaren Kosten von Ingenieurbauwerken sein werden. In der Regel wird es sich nämlich um **eigenständige Ingenieurbauwerke** oder **Verkehrsanlagen** handeln, für die der Auftragnehmer ohnehin einen **eigenständigen Honoraranspruch** nach Maßgabe des gesetzlichen Preisrechts hat. 58

VI. Außenanlagen (Abs. 3 Nr. 2 Alt. 2)

Bei den Außenanlagen handelt es sich um Kosten i.S.d. **Kostengruppe (KG) 500** der **DIN 276-1:2008-12**. Auch bei den Außenanlagen i.S.d. KG 500 kann es sich unter Umständen um eigenständige Objekte i.S.d. HOAI handeln. Insbesondere kommen hier **Freianlagen**, **Ingenieurbauwerke** (z.B. KG 530 und 540) oder **Verkehrsanlagen** (KG 520) in Betracht. Dabei ist demnach immer darauf zu achten, dass eine sorgfältige **Abgrenzung** vorgenommen wird. Handelt es sich um **eigenständige Objekte**, muss eine **getrennte Honorarabrechnung** erfolgen. Die Kosten für diese Objekte sind dann selbstverständlich vollständig anrechenbar. Erreichen die anrechenbaren Kosten für diese Objekte nicht den unteren Tabellenwert der anrechenbaren Kosten (25.000,00 €), ist das Honorar frei vereinbar, weil die HOAI insoweit nicht gilt. Eine Vergütung der Leistungen durch Erhöhung der anrechenbaren Kosten nach Abs. 3 wäre dann denkbar, weil rechtlich möglich, aber natürlich keineswegs zwingend. 59

VII. Umlegen und Verlegen von Leitungen (Abs. 3 Nr. 2 Alt. 3)

Diese Bauleistung dürfte bei Verkehrsanlagen praktisch immer vorkommen, im Zusammenhang mit Ingenieurbauwerken ist sie insbesondere im Bereich des Kanal- und Wasserleitungsbaus denkbar. Die Umlegung und Verlegung von Leitungen kann sich auf Versorgungsträger aller Art beziehen (beispielsweise auf **Strom-, Wasser-** oder **Gasversorgungsleitungen**, **Telefonleitungen** oder **Entwässerungsleitungen**) und kann aus unterschiedlichen Gründen erforderlich sein, sei es zur temporären oder dauerhaften Verlegung aus dem Bereich des zu errichtenden Ingenieurbauwerks oder auch zum Schutz der Leitungen. 60

Zu prüfen ist auch hier, ob es sich bei diesen Bauleistungen um Planungs- oder Überwachungsleistungen für ein **eigenständiges Objekt** handelt. In diesem Fall ist die Maßnahme als selbstständiges Ingenieurbauwerk gesondert unter Berücksichtigung des Preisrechts abzurechnen. 61

62 Auch hier muss der Auftragnehmer das Umlegen oder Verlegen der Leitungen entweder **fachlich planen** oder **überwachen**, damit die Kosten für diese Baumaßnahme im Rahmen der Objektplanung Ingenieurbauwerke anrechenbar sind. Der BGH stellt hier klar, dass Planungsleistungen nur solche Planungen sind, die das Umlegen und Verlegen der Leitungen **zum Gegenstand** haben. Sofern der Auftragnehmer lediglich für seine Objektplanung oder für deren Koordinierung mit dem Umlegen und Verlegen der Leitung den Leistungsstand ermittelt habe und bei der Abstimmung der verschiedenen Planungen mitgewirkt habe, komme eine Anrechenbarkeit der Umlegungs- und Verlegungskosten nicht in Betracht.[23]

VIII. Verkehrsregelnde Maßnahmen während der Bauzeit (Abs. 3 Nr. 3)

63 Auch diese Bauleistung dürfte schwerpunktmäßig bei Verkehrsbauten und bei konstruktiven Ingenieurbauwerken für Verkehrsanlagen i.S.d. § 41 Nr. 6 anfallen, kommt aber auch bei anderen Maßnahmen in öffentlichen Verkehrsflächen vor. Die Maßnahmen können in der Planung und Einrichtung von **Signalanlagen**, **Ampeln**, **Straßensperrungen** und **Umleitungen**, vorläufigen **Schutz**- und **Leiteinrichtungen**, **Verkehrsschildern**, **Fahrbahnmarkierungen** und **Straßenbeleuchtung** bestehen. In der Regel wird der Objektplaner die Ausführung dieser verkehrsregelnden Maßnahmen während der Bauzeit auch überwachen, sodass insoweit die Anrechnungsfähigkeit der Kosten für diese Maßnahmen zumeist gegeben sein dürfte.

Beispiel
Bei der Sperrung eines Straßenabschnitts zur Durchführung von Kanalarbeiten handelt es sich um eine verkehrsregelnde Maßnahme während der Bauzeit. Anrechenbar sind dann, wenn der Auftraggeber die Maßnahme fachlich plant oder überwacht, die Kosten für das Aufstellen von Baken, Lichtzeichen u.Ä.[24]

IX. Ausstattung und Nebenanlagen von Ingenieurbauwerken (Abs. 3 Nr. 4)

64 Abs. 3 Nr. 4 hat durch die HOAI-Novelle von 2013 eine Änderung erfahren: Aufgrund der Systematik der Trennung der Regelungen von Ingenieurbauwerken und Verkehrsanlagen wurden unter Nr. 4 die Ausstattung und Nebenanlagen auf Ingenieurbauwerke bezogen und im Abschnitt Verkehrsanlagen § 46 Abs. 3 Nr. 3 auf Nebenanlagen und Anlagen des Straßen- und Flugverkehrs. Die verkehrsrelevanten Einzeltatbestände des § 41 Abs. 3 Nr. 4 HOAI 2009 wurden in die spezifische Regelung für Verkehrsanlagen in § 46 Abs. 3 Nr. 3 und 4 überführt.[25] Die Trennung der Regelungen zu Ingenieurbauwerken und Verkehrsanlagen wurde zwar bereits mit der HOAI 2009 vollzogen. Sie wurde aber an dieser Stelle noch nicht konsequent durchgeführt, da § 41 Abs. 3 Nr. 4 HOAI 2009 noch die Ausstattung und Nebenanlagen von Verkehrsanlagen, nämlich von Straßen und Gleisanlagen zum Gegenstand hatte. Die Beschränkung von Abs. 3 Nr. 4 ausschließlich auf Ingenieurbauwerke ist zwar folgerichtig. Dennoch stellt sich die Frage, ob der Regelung damit in Zukunft noch ein großer Anwendungsbereich eröffnet ist. Leistungen wie die Planung und Überwachung von Ausstattung und Nebenanlagen werden eher im Zusammenhang mit Verkehrsanlagen anfallen. Es ist daher damit zu rechnen, dass

---

23 BGH, Urt. v. 30.9.2004 – VII ZR 192/03 – IBR 2004, 703. Der BGH stellt an dieser Stelle auch klar, dass die Kosten für das Umverlegen einer Gasleitung beim Autobahnbau nicht zu den Installationen, der Betriebstechnik oder den betrieblichen Einbauten der Autobahn zählen.
24 *Pott/Dahlhoff/Kniffka/Rath*, § 41 Rn 11.
25 BR-Drucks. 334/13, S. 160.

§ 46 Abs. 3 Nr. 3 und 4 in Zukunft weitaus mehr Anwendungsfälle haben wird, als § 42 Abs. 3 Nr. 4.

§ 43
Leistungsbild Ingenieurbauwerke

(1) § 34 Absatz 1 gilt entsprechend. Die Grundleistungen für Ingenieurbauwerke sind in neun Leistungsphasen unterteilt und werden wie folgt in Prozentsätzen der Honorare des § 44 bewertet:
1. **für die Leistungsphase 1 (Grundlagenermittlung) mit 2 Prozent,**
2. **für die Leistungsphase 2 (Vorplanung) mit 20 Prozent,**
3. **für die Leistungsphase 3 (Entwurfsplanung) mit 25 Prozent,**
4. **für die Leistungsphase 4 (Genehmigungsplanung) mit 5 Prozent,**
5. **für die Leistungsphase 5 (Ausführungsplanung) mit 15 Prozent,**
6. **für die Leistungsphase 6 (Vorbereitung der Vergabe) mit 13 Prozent,**
7. **für die Leistungsphase 7 (Mitwirkung bei der Vergabe) mit 4 Prozent,**
8. **für die Leistungsphase 8 (Bauoberleitung) mit 15 Prozent,**
9. **für die Leistungsphase 9 (Objektbetreuung) mit 1 Prozent.**

(2) Abweichend von Absatz 1 Nummer 2 wird die Leistungsphase 2 bei Objekten nach § 41 Nummer 6 und 7, die eine Tragwerksplanung erfordern, mit 10 Prozent bewertet.

(3) Die Vertragsparteien können abweichend von Absatz 1 schriftlich vereinbaren, dass
1. **die Leistungsphase 4 mit 5 bis 8 Prozent bewertet wird, wenn dafür ein eigenständiges Planfeststellungsverfahren erforderlich ist,**
2. **die Leistungsphase 5 mit 15 bis 35 Prozent bewertet wird, wenn ein überdurchschnittlicher Aufwand an Ausführungszeichnungen erforderlich wird.**

(4) Anlage 12 Nummer 12.1 regelt die Grundleistungen jeder Leistungsphase und enthält Beispiele für Besondere Leistungen.

Anlage 12.1
Grundleistungen im Leistungsbild Ingenieurbauwerke, Besondere Leistungen, Objektliste

12.1 Leistungsbild Ingenieurbauwerke

Grundleistungen	Besondere Leistungen
LPH 1 Grundlagenermittlung	
a) Klären der Aufgabenstellung auf Grund der Vorgaben oder der Bedarfsplanung des Auftraggebers **b) Ermitteln der Planungsrandbedingungen sowie Beraten zum gesamten Leistungsbedarf** **c) Formulieren von Entscheidungshilfen für die Auswahl anderer an der Planung fachlich Beteiligter**	**– Auswahl und Besichtigung ähnlicher Objekte**

Grundleistungen	Besondere Leistungen
d) bei Objekten nach § 41 Nummer 6 und 7, die eine Tragwerksplanung erfordern: Klären der Aufgabenstellung auch auf dem Gebiet der Tragwerksplanung e) Ortsbesichtigung f) Zusammenfassen, Erläutern und Dokumentieren der Ergebnisse	
LPH 2 Vorplanung	
a) Analysieren der Grundlagen b) Abstimmen der Zielvorstellungen auf die öffentlich-rechtlichen Randbedingungen sowie Planungen Dritter c) Untersuchen von Lösungsmöglichkeiten mit ihren Einflüssen auf bauliche und konstruktive Gestaltung, Zweckmäßigkeit, Wirtschaftlichkeit unter Beachtung der Umweltverträglichkeit d) Beschaffen und Auswerten amtlicher Karten e) Erarbeiten eines Planungskonzepts einschließlich Untersuchung der alternativen Lösungsmöglichkeiten nach gleichen Anforderungen mit zeichnerischer Darstellung und Bewertung unter Einarbeitung der Beiträge anderer an der Planung fachlich Beteiligter f) Klären und Erläutern der wesentlichen fachspezifischen Zusammenhänge, Vorgänge und Bedingungen g) Vorabstimmen mit Behörden und anderen an der Planung fachlich Beteiligten über die Genehmigungsfähigkeit, gegebenenfalls Mitwirken bei Verhandlungen über die Bezuschussung und Kostenbeteiligung h) Mitwirken beim Erläutern des Planungskonzepts gegenüber Dritten an bis zu zwei Terminen i) Überarbeiten des Planungskonzepts nach Bedenken und Anregungen j) Kostenschätzung, Vergleich mit den finanziellen Rahmenbedingungen k) Zusammenfassen, Erläutern und Dokumentieren der Ergebnisse	– Erstellen von Leitungsbestandsplänen – vertiefte Untersuchungen zum Nachweis von Nachhaltigkeitsaspekten – Anfertigen von Nutzen-Kosten-Untersuchungen – Wirtschaftlichkeitsprüfung – Beschaffen von Auszügen aus Grundbuch, Kataster und anderen amtlichen Unterlagen
LPH 3 Entwurfsplanung	
a) Erarbeiten des Entwurfs auf Grundlage der Vorplanung durch zeichnerische Darstellung im erforderlichen Umfang und Detaillierungsgrad unter Berücksichtigung aller fachspezifischen Anforderungen, Bereitstellen der Arbeitsergebnisse als Grundlage für die anderen an der Planung fachlich Be-	– Fortschreiben von Nutzen-Kosten-Untersuchungen – Mitwirken bei Verwaltungsvereinbarungen – Nachweis der zwingenden Gründe des überwiegenden öffentlichen Interesses der Notwendigkeit der Maßnahme (zum

Grundleistungen	Besondere Leistungen
teiligten sowie Integration und Koordination der Fachplanungen b) Erläuterungsbericht unter Verwendung der Beiträge anderer an der Planung fachlich Beteiligter c) fachspezifische Berechnungen ausgenommen Berechnungen aus anderen Leistungsbildern d) Ermitteln und Begründen der zuwendungsfähigen Kosten, Mitwirken beim Aufstellen des Finanzierungsplans sowie Vorbereiten der Anträge auf Finanzierung e) Mitwirken beim Erläutern des vorläufigen Entwurfs gegenüber Dritten an bis zu drei Terminen, Überarbeiten des vorläufigen Entwurfs auf Grund von Bedenken und Anregungen f) Vorabstimmen der Genehmigungsfähigkeit mit Behörden und anderen an der Planung fachlich Beteiligten g) Kostenberechnung einschließlich zugehöriger Mengenermittlung, Vergleich der Kostenberechnung mit der Kostenschätzung h) Ermitteln der wesentlichen Bauphasen unter Berücksichtigung der Verkehrslenkung und der Aufrechterhaltung des Betriebes während der Bauzeit i) Bauzeiten- und Kostenplan j) Zusammenfassen, Erläutern und Dokumentieren der Ergebnisse	Beispiel Gebiets- und Artenschutz gemäß der Richtlinie 92/43/EWG des Rates vom 21. Mai 1992 zur Erhaltung der natürlichen Lebensräume sowie der wildlebenden Tiere und Pflanzen (ABl. L 206 vom 22.7.1992, S. 7) – Fiktivkostenberechnungen (Kostenteilung)
LPH 4 Genehmigungsplanung	
a) Erarbeiten und Zusammenstellen der Unterlagen für die erforderlichen öffentlich-rechtlichen Verfahren oder Genehmigungsverfahren einschließlich der Anträge auf Ausnahmen und Befreiungen, Aufstellen des Bauwerksverzeichnisses unter Verwendung der Beiträge anderer an der Planung fachlich Beteiligter b) Erstellen des Grunderwerbsplanes und des Grunderwerbsverzeichnisses unter Verwendung der Beiträge anderer an der Planung fachlich Beteiligter c) Vervollständigen und Anpassen der Planungsunterlagen, Beschreibungen und Berechnungen unter Verwendung der Beiträge anderer an der Planung fachlich Beteiligter d) Abstimmen mit Behörden e) Mitwirken in Genehmigungsverfahren einschließlich der Teilnahme an bis zu vier Erläuterungs-, Erörterungsterminen	– Mitwirken bei der Beschaffung der Zustimmung von Betroffenen

Grundleistungen	Besondere Leistungen
f) Mitwirken beim Abfassen von Stellungnahmen zu Bedenken und Anregungen in bis zu zehn Kategorien	
LPH 5 Ausführungsplanung	
a) Erarbeiten der Ausführungsplanung auf Grundlage der Ergebnisse der Leistungsphasen 3 und 4 unter Berücksichtigung aller fachspezifischen Anforderungen und Verwendung der Beiträge anderer an der Planung fachlich Beteiligter bis zur ausführungsreifen Lösung b) Zeichnerische Darstellung, Erläuterungen und zur Objektplanung gehörige Berechnungen mit allen für die Ausführung notwendigen Einzelangaben einschließlich Detailzeichnungen in den erforderlichen Maßstäben c) Bereitstellen der Arbeitsergebnisse als Grundlage für die anderen an der Planung fachlich Beteiligten und Integrieren ihrer Beiträge bis zur ausführungsreifen Lösung d) Vervollständigen der Ausführungsplanung während der Objektausführung	– Objektübergreifende, integrierte Bauablaufplanung – Koordination des Gesamtprojekts – Aufstellen von Ablauf- und Netzplänen – Planen von Anlagen der Verfahrens- und Prozesstechnik für Ingenieurbauwerke gemäß § 41 Nummer 1 bis 3 und 5, die dem Auftragnehmer übertragen werden, der auch die Grundleistungen für die jeweiligen Ingenieurbauwerke erbringt
LPH 6 Vorbereiten der Vergabe	
a) Ermitteln von Mengen nach Einzelpositionen unter Verwendung der Beiträge anderer an der Planung fachlich Beteiligter b) Aufstellen der Vergabeunterlagen, insbesondere Anfertigen der Leistungsbeschreibungen mit Leistungsverzeichnissen sowie der Besonderen Vertragsbedingungen c) Abstimmen und Koordinieren der Schnittstellen zu den Leistungsbeschreibungen der anderen an der Planung fachlich Beteiligten d) Festlegen der wesentlichen Ausführungsphasen e) Ermitteln der Kosten auf Grundlage der vom Planer (Entwurfsverfasser) bepreisten Leistungsverzeichnisse f) Kostenkontrolle durch Vergleich der vom Planer (Entwurfsverfasser) bepreisten Leistungsverzeichnisse mit der Kostenberechnung g) Zusammenstellen der Vergabeunterlagen	– detaillierte Planung von Bauphasen bei besonderen Anforderungen
LPH 7 Mitwirken bei der Vergabe	
a) Einholen von Angeboten b) Prüfen und Werten der Angebote, Aufstellen des Preisspiegels	– Prüfen und Werten von Nebenangeboten

Grundleistungen	Besondere Leistungen
c) Abstimmen und Zusammenstellen der Leistungen der fachlich Beteiligten, die an der Vergabe mitwirken d) Führen von Bietergesprächen e) Erstellen der Vergabevorschläge, Dokumentation des Vergabeverfahrens f) Zusammenstellen der Vertragsunterlagen g) Vergleichen der Ausschreibungsergebnisse mit den vom Planer bepreisten Leistungsverzeichnissen und der Kostenberechnung h) Mitwirken bei der Auftragserteilung	
LPH 8 Bauoberleitung	
a) Aufsicht über die örtliche Bauüberwachung, Koordinierung der an der Objektüberwachung fachlich Beteiligten, einmaliges Prüfen von Plänen auf Übereinstimmung mit dem auszuführenden Objekt und Mitwirken bei deren Freigabe b) Aufstellen, Fortschreiben und Überwachen eines Terminplans (Balkendiagramm) c) Veranlassen und Mitwirken beim Inverzugsetzen der ausführenden Unternehmen d) Kostenfeststellung, Vergleich der Kostenfeststellung mit der Auftragssumme e) Abnahme von Bauleistungen, Leistungen und Lieferungen unter Mitwirkung der örtlichen Bauüberwachung und anderer an der Planung und Objektüberwachung fachlich Beteiligter, Feststellen von Mängeln, Fertigung einer Niederschrift über das Ergebnis der Abnahme f) Überwachen der Prüfungen der Funktionsfähigkeit der Anlagenteile und der Gesamtanlage g) Antrag auf behördliche Abnahmen und Teilnahme daran h) Übergabe des Objekts i) Auflisten der Verjährungsfristen der Mängelansprüche j) Zusammenstellen und Übergeben der Dokumentation des Bauablaufs, der Bestandsunterlagen und der Wartungsvorschriften	– Kostenkontrolle – Prüfen von Nachträgen – Erstellen eines Bauwerksbuchs – Erstellen von Bestandsplänen – Örtliche Bauüberwachung: – Plausibilitätsprüfung der Absteckung – Überwachen der Ausführung der Bauleistungen – Mitwirken beim Einweisen des Auftragnehmers in die Baumaßnahme (Bauanlaufbesprechung) – Überwachen der Ausführung des Objektes auf Übereinstimmung mit den zur Ausführung freigegebenen Unterlagen, dem Bauvertrag und den Vorgaben des Auftraggebers – Prüfen und Bewerten der Berechtigung von Nachträgen – Durchführen oder Veranlassen von Kontrollprüfungen – Überwachen der Beseitigung der bei der Abnahme der Leistungen festgestellten Mängel – Dokumentation des Bauablaufs – Mitwirken beim Aufmaß mit den ausführenden Unternehmen und Prüfen der Aufmaße – Mitwirken bei behördlichen Abnahmen – Mitwirken bei der Abnahme von Leistungen und Lieferungen – Rechnungsprüfung, Vergleich der Ergebnisse der Rechnungsprüfungen mit der Auftragssumme – Mitwirken beim Überwachen der Prüfung der Funktionsfähigkeit der Anlagenteile und der Gesamtanlage – Überwachen der Ausführung von Tragwerken nach Anlage 14.2 Honorarzone I und II mit sehr geringen und geringen Planungsanforderungen auf Überein-

Grundleistungen	Besondere Leistungen
	stimmung mit dem Standsicherheitsnachweis
LPH 9 Objektbetreuung	
a) Fachliche Bewertung der innerhalb der Verjährungsfristen für Gewährleistungsansprüche festgestellten Mängel, längstens jedoch bis zum Ablauf von fünf Jahren seit Abnahme der Leistung, einschließlich notwendiger Begehungen **b) Objektbegehung zur Mängelfeststellung vor Ablauf der Verjährungsfristen für Mängelansprüche gegenüber den ausführenden Unternehmen** **c) Mitwirken bei der Freigabe von Sicherheitsleistungen**	**– Überwachen der Mängelbeseitigung innerhalb der Verjährungsfrist**

Übersicht

A. Überblick

I. Vergleich mit der HOAI 2009

§ 43 entspricht weitestgehend § 42 der HOAI 2009. Gemäß § 42 Abs. 2 HOAI 2009 waren die Regelungen der §§ 35 und 36 Abs. 2 HOAI 2009 zum **Bauen im Bestand** und zu **Instandsetzungen** entsprechend anwendbar. Dieser Verweis ist **entfallen** und wird durch die Neuregelung in § 44 Abs. 6 und § 12 Abs. 1 ersetzt. 1

Aufgrund der wieder eingeführten **mitzuverarbeitenden Bausubstanz** und der in § 2 Abs. 5 neu gefassten Definition von **Umbauten** (Umgestaltungen mit **wesentlichen** Eingriffen in Konstruktion und Bestand) ist auch die Prozentmarge für den **Umbauzuschlag** auf **bis zu 33%** gem. § 59 Abs. 1 HOAI 2002 zurückgeführt worden. 2

§ 42 Abs. 3 HOAI 2009 ist entfallen. Die Honorarauswirkungen der Teilnahme an **Erläuterungs- und Erörterungsterminen** wurden für die Ingenieurbauwerke in den Leistungsphasen 2 bis 4 der **Anlage 12.1** konkretisiert.[1] 3

§ 43 Abs. 4 verweist auf die **Anlage 12.1**. Dort sind die Grundleistungen jeder Leistungsphase geregelt. Hier hat es Änderungen gegeben. Zunächst einmal wurden die Leistungsbilder Ingenieurbauwerke und Verkehrsanlagen voneinander getrennt. Anlage 12.1 enthält jetzt nur noch das Leistungsbild für Ingenieurbauwerke. Für das Leistungsbild Verkehrsanlagen wurde mit Anlage 13.1 ein eigenständiges Leistungsbild geschaffen. Daneben sind den Grundleistungen wieder – wie bereits in der HOAI 2002 und den Vorgängerfassungen – die **Besonderen Leistungen** in einer nicht abschließenden und unverbindlichen Aufzählung gegenübergestellt. Das äußere Erscheinungsbild entspricht also wieder dem der HOAI 2002. 4

Bei dem Leistungsbild Ingenieurbauwerke gab es inhaltliche Änderungen, deren Umfang allerdings hinter dem bei der Objektplanung Gebäude zurückbleibt. 5

Als sicherlich bedeutsamste Änderungen sind zu nennen, dass in einigen Leistungsphasen **neue Grundleistungen** hinzugekommen sind, sich der Leistungskatalog insoweit erweitert hat. Dies betrifft insbesondere den Bereich der **Kosten- und Terminplanung** und deren **Überwachung**. Hierauf hat der Verordnungsgeber besonderes Augenmerk gelegt. Einige Grundleistungen wurden geändert, einige Grundleistungen wur- 6

1 BR-Drucks. 334/13, S. 160.

den einer anderen Leistungsphase zugeordnet. Infolgedessen kommt es zu einer **Veränderung der Prozentsätze** bei einigen Leistungsphasen.

7 Die in der HOAI 2009 in § 3 Abs. 8 vorgesehene **Erörterung des Ergebnisses** jeder Leistungsphase wurde in das **Leistungsbild integriert** und findet sich nun in den Leistungsphasen 1, 2 und 3 jeweils am Ende als **„Zusammenfassen, Erläutern und Dokumentieren der Ergebnisse"**. Auch bei den **Besonderen Leistungen** gab es Änderungen und Erweiterungen des Leistungskatalogs. Diese beziehen sich insbesondere auf den Bereich der **Wirtschaftlichkeit der Planung** und rücken die Tätigkeit des Architekten/Ingenieurs weiter in die Nähe des Projektsteuerers. Es bleibt abzuwarten, ob dies Abgrenzungsprobleme zwischen den Leistungsbereichen des Planers und des Projektsteuerers nach sich ziehen wird. Zu befürchten ist, dass Auftraggeber bei gleichzeitiger Beauftragung eines Projektsteuerers versuchen werden, das Planerhonorar zu reduzieren.

II. Anwendungsbereich

8 Die Vorschrift regelt das **Leistungsbild Ingenieurbauwerke** und ist von daher auf die in § 41 Nr. 1 bis 7 genannten Objekte beschränkt. Andere als die in § 41 genannten Bauwerke und Anlagen sind vom Regelungsbereich der HOAI nicht umfasst. § 43 Abs. 1 S. 1 verweist auf **§ 34 Abs. 1**, welcher für Ingenieurbauwerke entsprechend gilt. Das Leistungsbild Ingenieurbauwerke gilt daher nicht nur bei neu zu errichtenden Bauwerken (**Neubauten**) und **Neuanlagen**, sondern in gleicher Weise auch für **Wiederaufbauten, Ereiterungsbauten**, **Umbauten**, **Modernisierungen**, **Instandsetzungen** und **Instandhaltungen**. Die entsprechenden Begriffsdefinitionen finden sich in § 2 Abs. 2 bis 9.

9 Die Festlegung und Prozentsätze der einzelnen Leistungsphasen finden sich in Abs. 1 S. 2. Die Teilleistungen aus den Leistungsbildern sind in der **Anlage 12, Abschnitt 12.1** enthalten. Dort finden sich in der rechten Tabellenspalte auch beispielhaft und nicht abschließend **Besondere Leistungen** aufgeführt.

III. Örtliche Bauüberwachung

10 Wie bereits die HOAI 2009 regelt die HOAI in § 42 nur das Honorar für die **Bauoberleitung**. Die örtliche Bauüberwachung ist weiterhin als **Besondere Leistung** aufgeführt, obwohl sie in wesentlichen Punkten der Objektüberwachung (Bauüberwachung) in Leistungsphase 8 der Anlage 10.1 „Grundleistungen im Leistungsbild Gebäude und Innenräume" ähnelt bzw. ihr sogar vollständig entspricht. Bei der örtlichen Bauüberwachung handelt es sich um eine notwendige Leistung, die regelmäßig anfällt. Nach der Definition der Grundleistung in § 3 Abs. 2 S. 1 könnte die örtliche Bauüberwachung daher sogar als Grundleistung bezeichnet werden, von daher wäre dieser Leistungsteil im Grundleistungskatalog der Leistungsphase 8 bei Leistungen für Ingenieurbauwerke unzweifelhaft richtig aufgehoben. Der Verordnungsgeber der HOAI 2009 hat das offenbar anders gesehen und die Vorschrift des **§ 57 HOAI 2002**, mit dem die örtliche Bauüberwachung eine eigenständige Regelung erfahren hatte, **ersatzlos gestrichen** und die entsprechenden Leistungen den Besonderen Leistungen zugeordnet. Das Honorar für die örtliche Bauüberwachung kann daher seit Inkrafttreten der HOAI 2009 **frei vereinbart** werden.

11 Der Bundesrat hat in seinem Beschluss vom 12.6.2009, mit welchem er dem Erlass der HOAI 2009 zustimmte, klargestellt, dass er die Einschätzung der Bundesregierung, dass kein Allgemeininteresse für eine verbindliche Regelung der örtlichen Bauüberwachung bei Ingenieurbauwerken und Verkehrsanlagen bestehe, nicht teile. Die Bundesregierung solle dem Bundesrat daher innerhalb eines Jahres nach Inkrafttreten der novel-

lierten HOAI (2009) über die Entwicklung sowie über mögliche Anpassungsmaßnahmen insbesondere auch im Hinblick auf die Regelung der Objektüberwachung in der HOAI berichten.

Obwohl die Wiederaufnahme der örtlichen Bauüberwachung in den verbindlichen Teil der HOAI mit der 7. HOAI-Novelle praktisch einhellig gefordert und befürwortet wurde, kam der Verordnungsgeber dem nicht nach. Er beließ die örtliche Bauüberwachung als Besondere Leistung im unverbindlichen Teil. Der Bundesrat reagierte hierauf „mit Befremden".[2] Er hält die baufachliche Forderung nach einer verbindlichen Regelung der örtlichen Bauüberwachung offenbar nach wie vor für berechtigt und führt in Ziff. 7 des Beschlusses vom 7.6.2013 aus: 12

*„Der Bundesrat bittet die Bundesregierung darüber hinaus um **Umsetzung der baufachlichen Forderung**, nach der Regelungen für die örtliche Bauüberwachung für Ingenieurbauwerke und Verkehrsanlagen **als verbindlich in die HOAI aufzunehmen** sind. Stattdessen wurde in der aktuellen HOAI-Novelle die Bauüberwachung für Ingenieurbauwerke und Verkehrsanlagen als ‚Besondere Leistung' definiert (vgl. Anlage 12.1, Abschnitt LPH 8 sowie Anlage 13.1, Abschnitt LPH 8)."*[3]

Ob die Bundesregierung dieser Bitte des Bundesrats in absehbarer Zeit nachkommen wird, bleibt abzuwarten.

B. Grundlagen der Honorarberechnung

I. Bedeutung der Leistungsbilder

Bei der Arbeit mit der HOAI sollte man sich immer deren Bedeutung bewusst sein: 13
Bei der HOAI handelt es sich um **Preisvorschriften**, nicht um eine Inhaltsbestimmung des Architekten- bzw. Ingenieurvertrags. Die HOAI regelt demnach nur **Preisrecht**. Das bedeutet: Das „Ob" einer Vergütung des Planers richtet sich nach den Vorschriften des BGB, nur die **Höhe der Vergütung** richtet sich nach der HOAI. Ob ein Architekt oder Ingenieur für seine Leistungen ein Honorar fordern kann, richtet sich allein danach, ob ein **Architekten-** bzw. **Ingenieurvertrag** abgeschlossen wurde. Hierfür sind die Regelungen des Bürgerlichen Gesetzbuches (BGB) maßgeblich. Keinesfalls kann der Inhalt eines Architekten- oder Ingenieurvertrags anhand der Regelungen der HOAI bzw. deren Leistungsbildern bestimmt werden. Erst wenn feststeht, dass zwischen den Parteien eine vertragliche Vereinbarung getroffen wurde und anhand derer das Leistungssoll des Planers ermittelt wurde, kann auf der Grundlage der HOAI die Frage geklärt werden, welche Vergütung für die vertraglich geschuldete Planungsleistung zu bezahlen ist.

Die Parteien können allerdings zur Beschreibung der von dem Architekten/Inge- 14
nieur geschuldeten Leistung auf die Leistungsbilder der HOAI verweisen und die Leistungsbilder der HOAI auf diese Weise zum **Vertragsinhalt** machen. Von dieser Möglichkeit wurde in der Vergangenheit in der überwiegenden Anzahl der Architekten- und Ingenieurverträge Gebrauch gemacht. Unabhängig davon, ob diese Vorgehensweise den Vertragsparteien im Einzelfall zum Vorteil gereicht (häufig wird das gerade nicht der Fall sein), stellt sich die Frage, ob dies auch in der Zukunft für die neuen Leistungsbilder der HOAI 2013 gelten wird. Zweifel hieran erscheinen berechtigt, da die Leistungsbilder mit der HOAI 2013 zwar teilweise erheblich verändert wurden. Dennoch wird in der Litera-

2 Bundesrat, Beschl. v. 7.6.2013, BR-Drucks. 334/13, S. 2 f.
3 Bundesrat, Beschl. v. 7.6.2013, BR-Drucks. 334/13, S. 2 f.

tur – zu Recht – kritisiert, dass die Maßnahmen des Verordnungsgebers einem modernen Leistungsbild und den heutigen komplexen Anforderungen an die Planung nur sehr bedingt gerecht werden.[4]

II. Aufbau und Inhalt

15 Entgegen der Erwartung Vieler hat der Verordnungsgeber bei der HOAI 2013 die Unterteilung des Vollleistungsbildes in insgesamt 9 Leistungsphasen beibehalten. Wie schon die früheren Fassungen der HOAI gliedert § 43 die Planungs- und Überwachungsleistungen bei Ingenieurbauwerken demnach in **9 Leistungsphasen** und weist für diese jeweils einen **Bewertungssatz aus der Gesamtleistung** aus. Der Prozentanteil aller Leistungsphasen zusammengenommen ergibt 100%. Dies ist der Ausgangswert der Honorartafel in § 44 Abs. 1. Werden demnach alle Grundleistungen der Leistungsphasen 1 bis 9 vollständig erbracht, beträgt die Vergütung das volle Honorar nach der Honorartabelle des § 44 Abs. 1.

16 Innerhalb der einzelnen Leistungsphasen gibt es jeweils **Teilleistungen**, die in **Anlage 12.1** aufgeführt sind. Für die in Anlage 12.1 aufgeführten Grundleistungen steht dem Ingenieur auch dann ein Honorar zu, wenn die Parteien keine schriftliche (Vergütungs-) Vereinbarung getroffen haben. Dem Auftragnehmer steht dann gem. § 7 Abs. 5 der **Mindestsatz** zu.

17 Die Aufzählung der jeweiligen, in einer Leistungsphase zusammengefassten Grundleistungen (linke Spalte der Anlage 12.1) ist **abschließend**. Unter Grundleistungen sind nach der Definition des § 3 Abs. 2 S. 1 diejenigen Leistungen zu verstehen, die zur **ordnungsgemäßen Erfüllung eines Auftrags im Allgemeinen erforderlich** sind. Werden nicht alle Grundleistungen einer Leistungsphase übertragen, so darf für die übertragenen Leistungen nur ein Honorar berechnet und vereinbart werden, das dem **Anteil der übertragenen Leistungen** an der gesamten Leistungsphase entspricht (§ 8 Abs. 2 S. 1).

18 Daneben sind in Anlage 12.1 noch die **Besonderen Leistungen** enthalten (rechte Spalte der Anlage 12.1). Die Aufzählung der Besonderen Leistungen ist nicht abschließend, sondern nur beispielhaft und gehört nicht zum verbindlichen Teil der HOAI. Die Honorare für Besondere Leistungen können daher **frei vereinbart** werden (§ 3 Abs. 3). Die Besonderen Leistungen können auch für Leistungsbilder und Leistungsphasen, denen sie **nicht zugeordnet** sind, vereinbart werden, soweit sie dort keine Grundleistungen darstellen (§ 3 Abs. 3 S. 2).

III. Leistungsphasen und Bewertung

19 Die im Rahmen eines Leistungsbildes im Allgemeinen zu erbringenden Grundleistungen sind zu **Leistungsphasen**, die man als **Gruppe von Teilleistungen** bzw. **Einzelleistungen** bezeichnen könnte, zusammengefasst. Für jede Leistungsphase ist in § 43 Abs. 1 ein **Bewertungssatz** als Prozentsatz des Honorars gemäß der Honorartafel des § 44 Abs. 1 angegeben. Insgesamt werden die Honorare nach den **anrechenbaren Kosten** (§ 42), nach der **Honorarzone** (§ 44) und nach dem **Leistungsumfang** (§ 43) bestimmt.

20 Werden nicht alle Leistungsphasen eines Leistungsbildes übertragen, so dürfen **nur die für die übertragenen Phasen vorgesehenen Prozentsätze** berechnet und vereinbart werden (§ 8 Abs. 1 S. 1). Die Prozentsätze der einzelnen Leistungsphasen bei Ingeni-

---

4 *Werner/Siegburg*, BauR 2013, 1499, 1517 f.

eurbauwerken sind in Abs. 1 festgelegt. In nachstehender Tabelle sind der Leistungsphasenbewertung der HOAI 2013 diejenigen der HOAI 2002 bzw. 2009 gegenübergestellt:

Leistungsphase	HOAI 2013	HOAI 2002/2009
1: Grundlagenermittlung	2%	2%
2: Vorplanung	20%	15%
3: Entwurfsplanung	25%	30%
4: Genehmigungsplanung	5%	5%
5: Ausführungsplanung	15%	15%
6: Vorbereitung der Vergabe	13%	10%
7: Mitwirkung bei der Vergabe	4%	5%
8: Bauoberleitung	15%	15%
9: Objektbetreuung	1%	3%

Die Anteile einzelner Grundleistungen, die unter den jeweiligen Leistungsphasen zusammengefasst sind, werden von der HOAI nicht festgelegt. 21

C. Leistungsbild

I. Leistungsphase 1 – Grundlagenermittlung

Bei der Grundlagenermittlung geht es um die **Klärung der Voraussetzungen** für eine sachgerechte Lösung der Bauaufgabe in planerischer Hinsicht.[5] Die Grundlagenermittlung führt in der Praxis häufig ein Mauerblümchendasein. Auftraggeber sind allzu häufig der Auffassung, auf diese Leistungsphase aufgrund eigener konzeptioneller Vorleistungen oder einer Bedarfsplanung verzichten zu können. Dies gilt umso mehr, wenn Auftraggeber der Ingenieurleistungen die öffentliche Hand ist. Hier ist oft Fachpersonal vorhanden, das die Grundlagenermittlung ganz oder in Teilen selbst erbringt. Diese Vorgehensweise ist nicht ohne Risiko: Die Grundlagenermittlung dient in erster Linie der Klärung von Fragestellungen, die regelmäßig nicht durch den Auftraggeber erbracht werden können. Vielmehr zielt die Grundlagenermittlung (auch) darauf ab, auftragnehmerseits die vom Auftraggeber vorgegebene **Aufgabe zu erfassen** und die Aufgabenstellung – auch die dazugehörige Abgrenzung zum Auftraggeber – zu klären. Die Grundlagenermittlung geht damit über eine reine Beratungstätigkeit hinaus. Dies kommt u.a. in der Grundleistung „Ermitteln der Planungsrandbedingungen“ zum Ausdruck. Eine Aufnahme der Planungstätigkeit durch den Ingenieur ohne jede Befassung mit den im Rahmen der Grundlagenermittlung zu klärenden Fragestellungen ist von daher praktisch kaum vorstellbar. Deshalb kann der in der Baupraxis häufig anzutreffende Fall, dass die Grundlagenermittlung nicht beauftragt und hierfür dementsprechend kein Honorar angesetzt wird, zu einer **Mindestsatzunterschreitung** führen, falls nicht ein Ausnahmefall i.S.d. § 7 Abs. 3 oder i.S.d. § 44 Abs. 7 vorliegt. 22

Hierbei sollte auch nicht übersehen werden, dass gerade in den frühen Planungsphasen, insbesondere der Grundlagenermittlung und der Vorplanung, entscheidende 23

5 *Pott/Dahlhoff/Kniffka/Rath*, § 42 Rn 14.

Weichen für die **Wirtschaftlichkeit** eines Bauvorhabens gestellt werden. Es gibt keine Planungsphase, in der die **Möglichkeit der Einflussnahme auf die Baukosten** so groß ist wie in den ersten beiden Leistungsphasen.[6]

1. Die einzelnen Teilleistungen

24 **a) Klären der Aufgabenstellung aufgrund der Vorgaben oder der Bedarfsplanung des Auftraggebers.** Auch im Leistungsbild Ingenieurbauwerke wurde wie beim Leistungsbild Gebäude festgelegt, dass beim Klären der Aufgabenstellung die **Bedarfsplanung** des Auftraggebers zu berücksichtigen ist. Das Leistungsbild hat also insoweit gegenüber der HOAI 2009 eine **Ergänzung** erfahren.

25 Bei der Klärung der Aufgabenstellung geht es um das **grundsätzliche Herausarbeiten der Bauaufgabe** und der damit verbundenen Bauherrnwünsche und -anforderungen durch den Auftragnehmer. Zu klären sind die grundlegenden Erwartungen bzw. Anforderungen des Auftraggebers hinsichtlich **Verwendungszweck**, **Art und Größe** des Ingenieurbauwerks, **finanzielle Rahmenbedingungen**, **bauordnungsrechtliche Erfordernisse** und **technische Möglichkeiten**.

26 Hier kann es für den Ingenieur sinnvoll sein, den Auftraggeber zu einer **schriftlichen Niederlegung der Aufgabenstellung** zu veranlassen. Eine solche „Checkliste" oder auch ein sog. **Pflichtenheft** können bei der Findung der Planungsaufgabe und der Konkretisierung der Auftraggeberwünsche hilfreich sein. Darüber hinaus zeigt sich auf diese Weise frühzeitig, welche **Zielkonflikte** bei der Lösung der Bauaufgabe auftreten können. Häufigster Fall hierbei ist es sicherlich, dass das Volumen oder der gewünschte Ausstattungsstandard mit dem Budget des Auftraggebers nicht vereinbar ist. Hier sind beide Parteien gut beraten, diese zentralen Fragen im frühestmöglichen Planungsstadium herauszuarbeiten und einer Klärung zuzuführen.

27 Neben den allgemeinen Vorgaben des Auftraggebers nimmt die Teilleistung nunmehr auch Bezug auf die **Bedarfsplanung** des Auftraggebers. Die Leistungen der Bedarfsplanung sind in der **DIN 18205 vom April 1996** beschrieben. Es handelt sich im Wesentlichen um Leistungen, die bei jedem Bauprojekt in der Vorbereitungsphase anfallen. Die DIN 18205 zielt auf eine **Qualitätsverbesserung der Frühphase von Bauplanungsprozessen** ab, da hier die Weichen für alle späteren Ereignisse jeder Bauplanung gestellt werden. Die Bedarfsplanung liegt im Verantwortungsbereich des Bauherrn. Dieser kann die Aufgabe auf Ingenieure und andere Fachleute übertragen. Die Leistungen der Bedarfsplanung sind keinesfalls mit der Grundlagenermittlung der Planer abgedeckt, sondern **Aufgabe des Bauherrn.**[7] Demgemäß ist in Leistungsphase 1 allein auf die Bedarfsplanung des Auftraggebers abgestellt. Diese Leistungen – auch wenn sie zur Klärung des eigentlichen Bedarfs bzw. zur Projektdefinition erforderlich sind – sind **nicht von den Grundleistungen gem. § 43** erfasst. Wird der Ingenieur mit der Vornahme der Bedarfsplanung beauftragt, ist dies eine **gesondert zu vergütende** Leistung. Das Honorar für die Bedarfsplanung kann **frei vereinbart** werden. Fehlt es an einer entsprechenden Vereinbarung, steht dem Ingenieur die übliche Vergütung gem. § 632 Abs. 2 BGB zu.

28 **b) Ermitteln der Planungsrandbedingungen sowie Beraten zum gesamten Leistungsbedarf.** Nach der Klärung der Aufgabenstellung können die Planungsrandbedingungen ermittelt werden. Diese ergeben sich in der Regel aus Unterlagen und Vorgaben

6 Vgl. hierzu die Grafik bei: *Pott/Dahlhoff/Kniffka/Rath*, § 42 Rn 14.
7 DIN 18205: 1996-4, Vorwort, S. 2.

des Auftraggebers. Die Planungsrandbedingungen legen u.a. die **Kapazität oder Leistungsfähigkeit** einer zu planenden und zu errichtenden Anlage fest. Sie betreffen die Beschränkungen z.B. aufgrund des **Bauplanungsrechts**, **behördlicher Auflagen**, des **Standortes** und der **Flächen- bzw. Grundstücksverfügbarkeit**, **klimatischer** und **ökologischer Bedingungen** oder **bestehender Rechte Dritter**. Die Ermittlung der Planungsrandbedingungen kann im Einzelfall mit erheblichem Aufwand verbunden sein, der von den Grundleistungen der Leistungsphase 1 nicht (mehr) abgedeckt ist. Bei entsprechender nachweislicher Beauftragung kann der Ingenieur in diesem Fall den Aufwand als **Besondere Leistung** vergütet bekommen.

Im Rahmen der Teilleistung **„Beraten zum gesamten Leistungsbedarf"** muss der 29
Ingenieur den Bauherrn darüber informieren, wer zur Verwirklichung der Bauaufgabe beteiligt werden muss. Die Beratungspflicht umfasst u.a. die **Behörden** und **Ämter** (**Baugenehmigungsbehörde**, **Landschafts-** oder **Denkmalschutzamt**, **Wasserwirtschaftsamt**), welche **Handwerker** und **Unternehmer** hinzuzuziehen sind und welche **Sonderfachleute** (für **Tragwerksplanung**, **Bodenuntersuchung**, **bauphysikalische Beratung**, **Technische Ausrüstung**, **Freianlagen**, **Laboruntersuchungen**) einzuschalten sind.

c) Formulieren von Entscheidungshilfen für die Auswahl anderer an der Pla- 30
nung fachlich Beteiligter. Der Auftragnehmer hat im Rahmen dieser Teilleistung **konkrete, personenbezogene Vorschläge** zu unterbreiten. Maßgeblich sind Qualifikations- und Erfahrungsmerkmale. Auf **Fachkunde** und **Zuverlässigkeit** der Sonderfachleute ist daher besonderes Augenmerk zu richten. Dabei können aber auch andere Umstände, wie z.B. **spezielle Ortskenntnisse**, Berücksichtigung finden. Nach Abschluss dieser Teilleistung soll der Auftraggeber über diejenigen Informationen und Empfehlungen verfügen, die ihm eine **sachgerechte Auswahl** aller fachlich Beteiligten und die **rechtzeitige Auftragsvergabe** ermöglichen.

d) Klären der Aufgabenstellung auch auf dem Gebiet der Tragwerksplanung. 31
Diese Grundleistung bezieht sich auf Objekte nach § 41 Nr. 6 und 7, die eine Tragwerksplanung erfordern. Sie betrifft also die **konstruktiven Ingenieurbauwerke für Verkehrsanlagen** und die **sonstigen Einzelbauwerke**. Hier wird die in Leistungsphase 1 lit. a) beschriebene Grundleistung für bestimmte Objekte auf die Tragwerksplanung ausgedehnt. Zu Klären ist nur, ob für das konkrete Objekt auch Leistungen der Tragwerksplanung anfallen bzw. welche **Rahmenbedingungen für die Tragwerksplanung** gelten. Die Leistungen selbst sind nicht zu klären.

Beispiel
Die Festlegung von Querschnitten, die durch eine Brücke zu überqueren sind, der Regelplatzbedarf für die Parkbuchten einer Tiefgarage oder die Menge der in einer Tiefgarage unterzubringenden Fahrzeuge gehören zu dieser Teilleistung.[8]

e) Ortsbesichtigung. Anhand der Ortsbesichtigung soll sich der Auftragnehmer ei- 32
nen **ersten Eindruck von der Planungsaufgabe** verschaffen und Feststellungen zu den örtlichen Gegebenheiten, die Einfluss auf die Planung und Ausführung der Baumaßnahme haben können, verschaffen.

8 Beispiele nach: *Pott/Dahlhoff/Kniffka/Rath*, § 42 Rn 17.

Beispiel
Die Einbindung in die Umgebung, Erreichbarkeit des Grundstücks, Topografie, Erschwernisse (z.B. Hochspannungsleitungen, Bodenbeschaffenheit, Bewuchs) oder die Nähe zu anderen Bauwerken sind offensichtliche Gegebenheiten, die der Ingenieur im Rahmen einer Ortsbesichtigung eruieren muss.

33 Zusätzlich zu dem Grundleistungshonorar kann der Auftragnehmer unter Umständen noch Anspruch auf **Nebenkosten** gem. § 14 Abs. 2 Nr. 4 haben, wenn der Ort der Baumaßnahme **mehr als 15 km** vom Geschäftssitz des Auftragnehmers entfernt ist. Gegebenenfalls ist auch eine **Trennungsentschädigung** nach § 14 Abs. 2 Nr. 5 zu zahlen.

34 **f) Zusammenfassen, Erläutern und Dokumentieren der Ergebnisse.** Die Leistung „Zusammenfassen der Ergebnisse" gab es bereits in der HOAI 2009. Diese ist nun ergänzt worden durch die Pflicht zur Erläuterung und Dokumentation. Diese Ergänzung dürfte darauf zurückzuführen sein, dass § 3 Abs. 8 HOAI 2009, der vorsah, dass das Ergebnis jeder Leistungsphase mit dem Auftraggeber zu erörtern ist, gestrichen wurde.

35 Durch das Zusammenfassen der Ergebnisse sollen dem Auftraggeber nochmals die bis dato gewonnenen Erkenntnisse zur Lösung der Bauaufgabe dargetan werden. Eine bestimmte Form für die Zusammenfassung ist nicht vorgeschrieben. Sie kann daher **schriftlich** oder auch **mündlich** erfolgen. Eine schriftliche und damit dokumentierte Zusammenfassung kann aus verschiedenen Gründen, z.B. zu Beweiszwecken bei Vergütungsfragen, von Vorteil sein.

36 **2. Besondere Leistungen.** An Besonderen Leistungen sieht die beispielhafte Aufzählung in der rechten Spalte der Anlage 12.1 lediglich die **Auswahl und Besichtigung ähnlicher Objekte** vor. Stellt der Ingenieur auftragsgemäß Referenzprojekte für die beabsichtigte Baumaßnahme vor, kann er hierfür ein Honorar verlangen, das frei ermittelt wurde.

II. Leistungsphase 2 – Vorplanung

37 Die Vorplanung gilt als **Projekt- und Planungsvorbereitung**. Ihr kommt eine **Klärungsfunktion** zu.[9] Von daher stehen am Ende der Leistungsphase 2 noch **keine selbstständigen Arbeitsergebnisse**. Die Leistungsphase 2 fokussiert sich auf das **Aufzeigen unterschiedlicher Lösungsansätze** und **-möglichkeiten**. Am Ende der Leistungsphase sollen die wesentlichen Ansätze für die Lösung der Planungsaufgabe erarbeitet sein.

38 Die Vorplanung kann gem. § 9 Abs. 1 auch gesondert als **Einzelleistung** beauftragt werden.

39 **1. Neuerungen.** Anstelle von „Vorverhandlungen" mit Behörden spricht das Leistungsbild jetzt vom **„Vorabstimmen"** mit Behörden. Hiermit dürfte keine inhaltliche Änderung der Leistung verbunden sein. Die Mitwirkung beim Erläutern des Planungskonzepts gegenüber Dritten wurde beschränkt. Vom Grundleistungshonorar ist jetzt nur noch die Teilnahme an **bis zu 2 Terminen** umfasst.

40 Neu aufgenommen wurde der **Vergleich der Kostenschätzung mit den finanziellen Rahmenbedingungen**.

9 BGH, Urt. v. 22.1.1998 – VII ZR 259/96 – IBR 1998, 156, 157.

2. Die einzelnen Teilleistungen

a) Analysieren der Grundlagen. Diese Leistung bezieht sich auf die Ergebnisse der Leistungsphase 1. Diese sind im Hinblick auf die konkrete Lösung der Planungsaufgabe aufzubereiten und weiterzuverarbeiten. 41

b) Abstimmen der Zielvorstellungen auf die öffentlich-rechtlichen Randbedingungen sowie Planungen Dritter. Hier hat der Verordnungsgeber den Wortlaut verkürzt. In Anlage 12, Leistungsphase 2, lit. b) der HOAI 2009 sind als Randbedingungen insbesondere diejenigen genannt, die durch **Raumordnung, Landesplanung, Bauleitplanung, Rahmenplanung** sowie **örtliche und überörtliche Fachplanungen** vorgegeben sind. Es ist davon auszugehen, dass dies auch – trotz der verknappten Formulierung – weiterhin so Geltung hat, die Aufzählung in der HOAI 2009 also weiterhin beispielhaft heranzogen werden kann. Bei zahlreichen Beteiligten und vielen – zum Teil konträren – Interessen und Anforderungen ist es Aufgabe des Ingenieurs, die Probleme aufzuzeigen und dem Auftraggeber **Lösungsmöglichkeiten** und **Entscheidungshilfen** aufzuzeigen. 42

c) Untersuchen von Lösungsmöglichkeiten mit ihren Einflüssen auf bauliche und konstruktive Gestaltung, Zweckmäßigkeit, Wirtschaftlichkeit unter Beachtung der Umweltverträglichkeit. Bei dieser Grundleistung geht es um Untersuchungen, welche **Lösungsmöglichkeiten** infrage kommen und welche **Auswirkungen** diese auf die weitere Planung, Errichtung und den Betrieb des Ingenieurbauwerks haben. In Hinblick auf die Anzahl der zu untersuchenden Lösungsmöglichkeiten ist **keine Beschränkung** genannt. Dennoch ist der Auftragnehmer nicht zur unbegrenzten Untersuchung von Lösungsmöglichkeiten verpflichtet. Eine Beschränkung ergibt sich zunächst aus der vorangegangenen Abstimmung von Zielvorstellungen. Außerdem soll sich die Untersuchung auf die im Leistungsbild genannten Bereiche (bauliche und konstruktive Gestaltung usw.) beziehen, nicht auf andere Einflüsse. Hieraus ergibt sich auch, dass mit dieser Grundleistung keine Optimierungsaufgaben – insbesondere im Hinblick auf die Wirtschaftlichkeit – verlangt werden können. Wie viele Untersuchungen der Auftragnehmer tatsächlich schuldet, hängt von den **Umständen des Einzelfalls** und der **vertraglichen Vereinbarung** ab. Da es hier immer wieder zu Meinungsverschiedenheiten zwischen den Parteien kommt, ist es ratsam, diese Frage frühzeitig **vertraglich zu regeln.** 43

d) Beschaffen und Auswerten amtlicher Karten. Im Rahmen dieser Grundleistung hat der Auftragnehmer die für das geplante Bauvorhaben passenden und erforderlichen Karten zu beschaffen. Dies wird heute meist in digitaler Form geschehen. Der Ingenieur muss die Karten nicht auf seine Kosten beschaffen, sondern die Kosten für das Kartenmaterial sind **vom Bauherrn** zu tragen. Auch **sonstige Kosten**, die über den Zeitaufwand des Auftragnehmers zur Beschaffung der Karten hinausgehen, muss der Auftraggeber übernehmen. Als Grundlage für den Erstattungsanspruch des Auftragnehmers kommt hier auch § 14 in Betracht. 44

Die Auswertung des Kartenmaterials kann zu dem Ergebnis kommen, dass weitere topografische Unterlagen zur Erledigung der Planungsaufgabe nicht erforderlich sind. Umgekehrt kann sich aber auch ergeben, dass weitere Unterlagen einzuholen oder anzufertigen sind. 45

46 **e) Erarbeiten eines Planungskonzepts einschließlich Untersuchung der alternativen Lösungsmöglichkeiten nach gleichen Anforderungen mit zeichnerischer Darstellung und Bewertung unter Einarbeitung der Beiträge anderer an der Planung fachlich Beteiligter.** Im Rahmen dieser Grundleistung ist die erste **„skizzenhafte bzw. zeichnerische Darstellung"** der Baumaßnahme anzufertigen. Es handelt sich hierbei um die zentrale Leistung der Leistungsphase 2. Ein bestimmter Maßstab oder Maßeintragungen sind in der Regel nicht erforderlich. Zu erwarten ist aber, dass die Darstellung die **wesentlichen Teile der Planungsidee** erkennen lässt.

47 Häufiger Streitpunkt zwischen den Vertragsparteien ist die **Untersuchung der alternativen Lösungsmöglichkeiten.** Hier stellt sich vielfach die Frage, in welchem Umfang der Auftragnehmer alternative Möglichkeiten vorschlagen und prüfen muss. Das hängt weitgehend von den Zielvorstellungen des Auftraggebers und damit vom Einzelfall ab. Eine allgemeingültige Antwort ist daher nicht möglich.

48 Fest steht aber, dass der Ingenieur alternative Möglichkeiten nur nach **gleichen Anforderungen** zu untersuchen hat. Es geht damit um die Untersuchung von **Varianten**, nicht von Alternativen. Für Varianten ist es charakteristisch, dass die **Anforderungen gleich oder nur geringfügig anders** sind. Bei Varianten wird der Unterschied in der Regel bei **gestalterischen, konstruktiven, funktionalen** oder **wirtschaftlichen Merkmalen** liegen. **Alternativen** haben dagegen **grundsätzlich verschiedene Anforderungen** zum Gegenstand. Hier liegen wesentliche Änderungen wie die der Fläche, des Rauminhalts, der Grundstücksverhältnisse, des Raum- oder Funktionsprogramms, die beispielsweise auch andere statische Berechnungen erforderlich machen, vor. Während die Untersuchung von Varianten mit dem **Grundleistungshonorar** der Leistungsphase 2 **abgegolten** ist, sind Alternativen nach § 10 als **wiederholte oder geänderte Grundleistungen** zu **vergüten**. Die Abgrenzung zu § 10 kann im Einzelfall schwierig sein.[10]

49 Auch bei dem im Rahmen dieser Grundleistungen geschuldeten vorbereitenden Planungskonzept ist darauf hinzuweisen, dass vom Auftragnehmer **keine Optimierungsaufgaben** verlangt werden können.

50 **f) Klären und Erläutern der wesentlichen fachspezifischen Zusammenhänge, Vorgänge und Bedingungen.** Diese Grundleistung ist Ausdruck **der Informations- und Aufklärungspflicht des Planers** gegenüber dem Auftraggeber. Gegenstand dieser Grundleistung ist die **Klärung, Beachtung** und **Erläuterung** aller relevanten Einflussfaktoren. Welchen Inhalt und Umfang der Erläuterungsbericht haben muss, hängt von den Anforderungen des Einzelfalls ab. Auch hier gilt, dass der Auftragnehmer seiner Informations- und Aufklärungspflicht sowohl **mündlich** als auch in **schriftlicher Form** nachkommen kann. Auch hier ist die schriftliche Abfassung **aus Beweisgründen** zu empfehlen. Das liegt regelmäßig im Interesse beider Parteien.

51 **g) Vorabstimmen mit Behörden und anderen an der Planung fachlich Beteiligten über die Genehmigungsfähigkeit, gegebenenfalls Mitwirken bei Verhandlungen über die Bezuschussung und Kostenbeteiligung.** Hier hat der Verordnungsgeber den Begriff der „Vorverhandlungen" gegen den Begriff des „Vorabstimmens" ausgetauscht. Inhaltliche Änderungen ergeben sich hierdurch nicht. Von dieser Grundleistung sind nicht ausschließlich **Abstimmungsgespräche** mit Behörden und anderen Pla-

10 Für Einzelheiten siehe hierzu die Kommentierung zu § 10 Rn 18 ff.

nungsbeteiligten umfasst, sondern der Planer muss unter Umständen auch die **notwendigen Voraussetzungen für die Erteilung der Genehmigung** schaffen. Von besonderer Bedeutung – nicht zuletzt für die Frage der Realisierbarkeit des Bauprojekts – ist die Frage, ob und in welchem Umfang das Projekt möglicherweise, z.B. aufgrund eines bestimmten Förderprogramms, **bezuschusst** werden kann. Auch hier muss der Auftragnehmer die notwendige Vorabstimmung herbeiführen.

h) Mitwirken beim Erläutern des Planungskonzepts gegenüber Dritten an bis zu zwei Terminen. Diese Grundleistung betrifft die Teilnahme an Erläuterungs- oder Erörterungsterminen. Sie war bereits in der HOAI 2009 enthalten, wobei dort nur auf die Erläuterung gegenüber Bürgern und politischen Gremien abgestellt wurde. Dass in der HOAI 2013 nur noch die Rede von „Dritten" ist, soll keine Erweiterung der Leistungspflicht des Planers zur Folge haben. Zugunsten des Ingenieurs hat der Verordnungsgeber die Teilnahme an Erläuterungsterminen auf **maximal zwei Termine** beschränkt. Nach der HOAI 2009 gehörte noch die Teilnahme an bis zu fünf Erläuterungs- und Erörterungsterminen für alle Leistungsphasen zu den Grundleistungen gem. § 42 Abs. 3 HOAI 2009. 52

i) Überarbeiten des Planungskonzepts nach Bedenken und Anregungen. Diese Grundleistung ist im Zusammenhang mit den vorangegangenen Grundleistungen (lit. g) und i)) zu sehen. Soweit Bedenken und Anregungen aus dem Kreis der vorgenannten Planungsbeteiligten und Dritten kommen, ist das Planungskonzept entsprechend zu überarbeiten. Der Überarbeitungspflicht dürften allerdings **enge Grenzen** gesetzt sein. Insbesondere ist zu prüfen, ob derartige Überarbeitungen nicht einer neuen Vorplanung entsprechen, die gesondert zu vergüten ist. Dies wird im konkreten Einzelfall zu prüfen sein. 53

j) Kostenschätzung, Vergleich mit den finanziellen Rahmenbedingungen. Bei dieser Grundleistung handelt es sich um eine derjenigen, die der Verordnungsgeber im Hinblick auf die verstärkte Kostenüberwachungs- und Kostenkontrollpflicht des Ingenieurs erweitert hat. Die Ausarbeitung der Kostenschätzung in der Leistungsphase 2 war auch schon in der HOAI 2009 und deren Vorgängerfassungen vorgesehen. Neu hinzugekommen in der HOAI 2013 ist der **Vergleich der in der Leistungsphase 2 aufzustellenden Kostenschätzung mit den finanziellen Rahmenbedingungen**. 54

Bei der Kostenschätzung handelt es sich um eine **überschlägige Ermittlung der zu erwartenden Gesamtkosten**. Angesichts des frühen Planungsstadiums dürfen die Anforderungen an die Genauigkeit nicht überspannt werden. Dementsprechend darf eine erste Kostenschätzung weniger genau ausfallen als spätere Kostenermittlungen bei fortgeschrittenem Bauvorhaben, ohne gleich eine Pflichtverletzung darzustellen.[11] Allerdings muss der Auftraggeber durch die Kostenschätzung in die Lage versetzt werden, die zu erwartenden Kosten nachzuvollziehen. Der BGH sieht in der **ausreichenden Beratung** des Auftraggebers zu den Kosten und deren Entwicklung eine **vertragliche Nebenpflicht** des Planers.[12] 55

Für die Kostenschätzung ist die DIN 276 nicht als Grundlage genannt. In der Form der Kostenermittlung ist der Ingenieur daher grundsätzlich **frei**. In der Regel wird die 56

11 BGH, Urt. v. 23.1.1997 – VII ZR 171/95 – IBR 1997, 375.
12 BGH, Urt. v. 23.1.1997 – VII ZR 171/95 – IBR 1997, 375.

Kostenschätzung dennoch **in Anlehnung an die DIN 276** vorgenommen. Einschlägig für Leistungen bei Ingenieurbauwerken ist die **DIN 276 Teil 4 in der Fassung von August 2009 (DIN 276-4:2009-08)**. Die Frage, welche Form der Kostenermittlung der Auftragnehmer im Rahmen der Leistungsphase 2 wählt, ist unabhängig von der Frage, welche Form der Kostenermittlung er zur Grundlage seiner Honorarermittlung macht bzw. machen muss. Die Anwendung der DIN 276 Teil 4 im Rahmen der Berechnung kann insoweit problematisch sein, als diese möglicherweise noch nicht als allgemein anerkannte Regel der Technik anzusehen ist – dies vor dem Hintergrund, dass deren Bewährung in der Praxis noch ausstehen könnte.[13] Bei der Kostenschätzung im Rahmen der Leistungsphase 2 bestehen diese Bedenken nicht.

57 Beschreiben die Vertragsparteien im Ingenieurvertrag die Leistungspflicht des Ingenieurs durch Bezugnahme auf das Leistungsbild in Anlage 12.1, so ist der Vertrag nach der Rechtsprechung des BGH so auszulegen, dass der Ingenieur die in der Anlage 12.1 genannten Kostenermittlungen als **selbstständige Teilerfolge** schuldet, und zwar in den Leistungsphasen, denen sie in der HOAI zugeordnet sind. Anderenfalls würden sie ihren Zweck regelmäßig nicht mehr erfüllen können. Dieser besteht darin, eine vom Planungsstand abhängige Information über die voraussichtlichen Kosten des Bauwerks zu erhalten.[14] Der Auftraggeber ist in diesem Fall zur **Minderung** des Planerhonorars ohne Fristsetzung und Ablehnungsandrohung berechtigt.

58 Neu in der HOAI 2013 ist, dass der Ingenieur seine Kostenschätzung mit den finanziellen Rahmenbedingungen **vergleichen** muss. Das Ermitteln bzw. Abklären der finanziellen Rahmenbedingungen ist als eigenständige Grundleistung in Anlage 12.1 nicht aufgeführt. Es ist davon auszugehen, dass der Auftragnehmer die finanziellen Rahmenbedingungen bereits in der Grundlagenermittlung im Rahmen des Klärens der Aufgabenstellung abstecken muss.

59 **k) Zusammenfassen, Erläutern und Dokumentieren der Ergebnisse.** Das Zusammenfassen, Erläutern und Dokumentieren der Ergebnisse ist der Abschluss der Vorplanung. Auch diese Zusammenstellung muss nicht, sollte aber zweckmäßigerweise **schriftlich** erfolgen.

60 **3. Besondere Leistungen.** Bei den Besonderen Leistungen ist die **Wirtschaftlichkeitsprüfung** ausdrücklich aufgeführt. Es handelt sich hierbei also nicht um eine Grundleistung, die planerseits im Rahmen der Vorplanung ohne gesonderte Vergütung zu erbringen ist.

III. Leistungsphase 3 – Entwurfsplanung

61 Die Entwurfsplanung trägt den Untertitel **„System- und Integrationsplanung“**. Sie umfasst die vermaßte zeichnerische Darstellung des geplanten Vorhabens. Hier sollen die in der Vorplanung gewonnenen Erkenntnisse unter fortlaufender Abstimmung mit dem Bauherrn und den anderen an der Planung fachlich Beteiligten soweit fortentwickelt werden, dass die Genehmigungs- und Ausführungsplanung ohne wesentliche Änderungen angeschlossen werden kann. Nach der Grundannahme der HOAI betrifft die Ausführungsplanung nur noch die **Planungstiefe.**[15]

---

13 Vgl. hierzu die Kommentierung zu § 42 Rn 22.
14 BGH, Urt. v. 11.11.2004 – VII ZR 128/03 – IBR 2005, 96, 100.
15 *Pott/Dahlhoff/Kniffka/Rath*, § 42 Rn 39.

Ein solcher Planungsablauf entspricht aber nicht mehr dem heutigen Regelablauf des Planungsprozesses. Insbesondere die klare Zäsur zwischen den Leistungsphasen 1 bis 5 gibt es heute nicht mehr. Dies gilt speziell für die Trennung zwischen der Entwurfsplanung und der Ausführungsplanung. Während zwischen diesen beiden Planungsphasen früher eine strikte Trennung vorhanden war, kann diese Schnittstelle heute nicht mehr definiert werden. Tatsächlich verhält es sich in der Praxis sogar so, dass aus einer Planung, die bereits den Stand einer Ausführungsplanung hat, Details (elektronisch) wieder ausgeblendet werden, um die Planung auf den Stand einer Entwurfsplanung „zurückzusetzen". Insofern ist es bedauerlich, dass der Verordnungsgeber die Möglichkeit zu einer Anpassung der Leistungsbilder an einen zeitgemäßen und modernen Planungsprozess nicht genutzt hat. Die Anwendung der HOAI bringt die Schwierigkeit mit sich, dass die Abrechnungsvorschriften nicht mit dem tatsächlichen Planungsablauf übereinstimmen. 62

In der Planungssystematik der HOAI stellt die Leistungsphase 3 die wichtigste und umfassendste Planungsphase im gesamten Planungsprozess dar. In dieser Leistungsphase müssen alle wichtigen Entscheidungen zu der Gestaltung, der Konstruktion, den technischen Anlagen, den Standards des Ausbaus und damit den Kosten getroffen werden. 63

1. Neuerungen. Auch in Leistungsphase 3 wurden **sprachliche Anpassungen** vorgenommen. Klargestellt wurde, dass die Arbeitsergebnisse des Ingenieurs als Grundlage für die anderen an der Planung fachlich Beteiligten bereitgestellt werden müssen. Eine Änderung zum bisherigen Leistungsumfang ergibt sich hieraus nicht. Auch in dieser Leistungsphase wurde die Mitwirkung beim Erläutern des vorläufigen Entwurfs gegenüber Dritten auf **maximal drei Termine** beschränkt. 64

Der Begriff der „Verhandlungen" mit Behörden und anderen an der Planung fachlich Beteiligten über die Genehmigungsfähigkeit ist durch die **„Vorabstimmung"** ersetzt worden. Der Begriff der Kostenkontrolle, ehemals enthalten in lit. h) („Kostenkontrolle durch Vergleich der Kostenberechnung mit der Kostenschätzung"), wurde mit Rücksicht auf den in der Leistungsphase 3 erreichten Planungsstand gestrichen. Für die Entwurfsplanung beschränkt sich die Anforderung in lit. g) der Anlage 12.1 HOAI 2013 darauf, die **Kostenberechnung mit der Kostenschätzung zu vergleichen**. Im Rahmen der lit. j) neu („Zusammenfassen, Erläutern und Dokumentieren der Ergebnisse") sind auch Abweichungen zwischen Kostenschätzung und Kostenberechnung zusammenzufassen, zu erläutern und zu dokumentieren.[16] Damit ist im Endeffekt doch eine Kostenkontrolle durchzuführen. 65

2. Die einzelnen Teilleistungen

a) Erarbeiten des Entwurfs auf Grundlage der Vorplanung durch zeichnerische Darstellung im erforderlichen Umfang und Detaillierungsgrad unter Berücksichtigung aller fachspezifischer Anforderungen, Bereitstellen der Arbeitsergebnisse als Grundlage für die anderen an der Planung fachlich Beteiligten sowie Integration und Koordination der Fachplanungen. Im Rahmen dieser Grundleistung ist das in der Leistungsphase 2 entwickelte Planungskonzept unter Berücksichtigung der Beiträge anderer an der Planung fachlich Beteiligter **bis zum vollständigen Entwurf weiterzufüh-** 66

16 BR-Drucks. 334/13, S. 198.

ren. Die zeichnerische Darstellung hat im **„erforderlichen Umfang und Detaillierungsgrad“** zu erfolgen. Das bedeutet, dass der aus Plänen, Zeichnungen, Berechnungen und Texten bestehende Entwurf sich noch nicht als die ausführungsreife oder auszuführende Lösung darstellen muss, sondern als die genehmigungsfähige Ausarbeitung der Planung. Daneben sollte die Entwurfsplanung einen Genauigkeitsgrad aufweisen, der die für die am Ende der Leistungsphase zu erstellende Kostenberechnung erforderliche **Mengenermittlung** ermöglicht.

67 **b) Erläuterungsbericht unter Verwendung der Beiträge anderer an der Planung fachlich Beteiligter.** Die Grundleistung „Erläuterungsbericht“ ist um die Verwendung der Beiträge anderer an der Planung fachlich Beteiligter ergänzt worden. An dieser Ergänzung zeigt sich, welche Bedeutung der Verordnungsgeber der **Integration aller Planungsbeiträge** beimisst. Vor dem Hintergrund der Zeit- und Kostenersparnis sollen die Anforderungen aller Fachbereiche rechtzeitig in die Objektplanung einbezogen werden.

68 Unter dem **Erläuterungsbericht** ist die erläuternde **Darstellung des geplanten Objekts** einschließlich der **Begründung für die gewählte Lösung** zu verstehen. Hierbei ist es im Hinblick darauf, dass es sich bei dem Bauherrn nicht selten um einen baufachlichen Laien handelt, sicherlich sinnvoll, wenn der Erläuterungsbericht darüber hinaus auch diejenigen erheblichen Punkte erklärt, die aus der zeichnerischen Lösung nicht, insbesondere nicht für einen baufachlichen Laien, abzulesen sind. In der Regel sind landesrechtliche Richtlinien über den erforderlichen Inhalt des Erläuterungsberichts als Grundlage der Planung vorhanden.

69 **c) Fachspezifische Berechnungen, ausgenommen Berechnungen aus anderen Leistungsbildern.** Von der Grundleistung **„Fachspezifische Berechnungen“** waren bislang nur Berechnungen des Tragwerks ausgenommen. Dies hat der Verordnungsgeber nunmehr auch auf die Berechnungen aus anderen Leistungsbildern, also beispielsweise der Technischen Ausrüstung, ausgedehnt. Damit ist klargestellt, dass sich die fachtechnischen Berechnungen ausschließlich auf das Werk des Objektplaners beziehen. Was unter fachspezifischen Berechnungen zu verstehen ist, erläutert die HOAI nicht. Auch zu Umfang und Genauigkeit fehlen Angaben. Daher ist eine Vielzahl technischer Berechnungen mit unterschiedlichem Aufwand und einer Vielzahl unterschiedlicher Berechnungsverfahren denkbar. Um hier zu einer sinnvollen Begrenzung des Leistungsumfanges zu kommen, erscheint es notwendig, die im Rahmen der Entwurfsplanung zu stellenden fachspezifischen Berechnungen auf solche zu beschränken, die für die Ergebnisse der Leistungsphase, nicht für einen vollständigen Entwurf, unbedingt notwendig sind.[17] Damit ist sowohl der Stellung dieser Teilleistung im Grundleistungskatalog der Anlage 12.1 als auch dem Umstand Rechnung getragen, dass es sich lediglich um eine Grundleistung im Rahmen der Entwurfsplanung handelt. Aus der Definition der Grundleistung in § 3 Abs. 2 als einer **Leistung, die zur ordnungsgemäßen Erfüllung eines Auftrags im Allgemeinen erforderlich ist**, ergibt sich, dass hinsichtlich ihres Detaillierungsgrads und Umfangs keine überzogenen Anforderungen gestellt werden dürfen. Nachdem die fachspezifischen Berechnungen in der heutigen Zeit wohl nur noch mittels EDV erstellt werden, liegt es in Bezug auf die Genauigkeit nahe, sich am Detaillierungsgrad der marktüblichen Softwareprogramme zu orientieren. Die Parteien sind gut

17 So auch: Korbion/Mantscheff/Vygen/*Seifert*, § 42 Rn 22.

beraten, eine vertragliche Regelung hinsichtlich Umfang und Genauigkeit der fachspezifischen Berechnungen zu treffen.

d) Ermitteln und Begründen der zuwendungsfähigen Kosten, Mitwirken beim Aufstellen des Finanzierungsplans sowie Vorbereiten der Anträge auf Finanzierung. Bei dem Ermitteln und Begründen der zuwendungsfähigen Kosten handelt es sich um eine **Mitwirkungsleistung** des Ingenieurs. Der Schwerpunkt der Leistung liegt hier beim Auftraggeber, der allein seine Finanzierungsmöglichkeiten und – bei der öffentlichen Hand als Bauherrin – die einschlägigen Rechts- und Verwaltungsvorschriften kennt. Die Leistung des Objektplaners besteht im Wesentlichen darin, dem Bauherrn bei der Vorbereitung der Zuwendungsanträge die entsprechenden Zahlen auf der Grundlage der Kostenberechnung und der ermittelten zuwendungsfähigen Kosten **zur Verfügung zu stellen.** Ein darüber hinausgehender Beitrag kann von dem Objektplaner in der Regel nicht gefordert werden, da hierfür eine genaue Kenntnis der Verwaltungsvorschriften und verwaltungsinternen Regelungen erforderlich ist, über die der Objektplaner normalerweise nicht verfügt. Die Pflicht des Objektplaners ist demnach darauf beschränkt, den Auftraggeber bei der **Vorbereitung der Anträge über die Finanzierung der Baumaßnahme zu unterstützen.** Die Fertigstellung und Einreichung der Anträge obliegt allein dem Auftraggeber. 70

Auch der **Finanzierungsplan** für alle Kosten des Objekts kann in der Regel nur vom Auftraggeber erstellt werden. Der Verordnungsgeber hat dem Rechnung getragen, indem er diese Grundleistung in Anlage 12.1 nun auch ausdrücklich als Mitwirkungshandlung bezeichnet. In der HOAI 2009 hat dieser sprachliche Hinweis noch gefehlt. Es ist also auch hier zur vollständigen Leistungserbringung ausreichend, dass der Ingenieur dem Auftraggeber zuarbeitet. Diese Maßnahmen dienen alle der Vorbereitung der Anträge für die Finanzierung der Baumaßnahme. Die Anträge selbst erstellt der Auftraggeber unter Hinzufügung z.B. der Planungskosten des Objektplaners und der Fachplanungen sowie weiterer Kosten (Finanzierungskosten, Kosten des Grunderwerbs). 71

e) Mitwirken beim Erläutern des vorläufigen Entwurfs gegenüber Dritten an bis zu drei Terminen, Überarbeiten des vorläufigen Entwurfs aufgrund von Bedenken und Anregungen. Die Mitwirkung beim Erläutern des vorläufigen Entwurfs gegenüber Dritten wurde nunmehr auf die Teilnahme an **bis zu drei Terminen** beschränkt. Nach der HOAI 2009 gehörte noch die Teilnahme an bis zu fünf Erläuterungs- und Erörterungsterminen für alle Leistungsphasen zu den Grundleistungen gem. § 42 Abs. 3 HOAI 2009. Diese Leistung war bereits in der HOAI 2009 enthalten, wobei dort nur auf die Erläuterung gegenüber Bürgern und politischen Gremien abgestellt wurde. Dass in der HOAI 2013 nur noch die Rede von **„Dritten"** ist, soll **keine Erweiterung der Leistungspflicht** des Planers zur Folge haben. 72

f) Vorabstimmen der Genehmigungsfähigkeit mit Behörden und anderen an der Planung fachlich Beteiligten. An die Stelle des „Verhandelns" mit Behörden ist die **„Vorabstimmung"** der Genehmigungsfähigkeit getreten. Eine inhaltliche Änderung der Leistung ist damit nicht verbunden. Diese Grundleistung schließt an die Vorabstimmung der Genehmigungsfähigkeit in Leistungsphase 2 an. Die Abstimmung mit den Behörden und den anderen an der Planung fachlich Beteiligten hat nicht nur im Hinblick auf die (abstrakte) Genehmigungsfähigkeit des Objekts zu erfolgen, sondern auch im Hinblick auf die Genehmigungsfähigkeit der konkreten Planung. 73

74 **g) Kostenberechnung einschließlich zugehöriger Mengenermittlung, Vergleich der Kostenberechnung mit der Kostenschätzung.** Auch für die Kostenberechnung ist die DIN 276 nicht als Grundlage genannt. In der **Form der Kostenermittlung** ist der Ingenieur daher grundsätzlich **frei**. Entscheidend ist, dass die Kostenberechnung in einer Art und Weise erstellt ist, die dem Auftraggeber die **erforderliche Kostenaufklärung** bringt, um entscheiden zu können, ob die Baumaßnahme wie geplant realisiert werden soll. In der Regel wird die Kostenschätzung jedoch **in Anlehnung an die DIN 276** vorgenommen. Gemäß § 6 Abs. 1 Nr. 1 ist Grundlage des Ingenieurhonorars die Kostenberechnung. Diese ist, zumindest nach der Vorstellung des Verordnungsgebers, anhand der DIN 276 aufzustellen. Bezüglich der Honorarberechnung ist der Ingenieur daher in der Form der Kostenberechnung nicht frei.

75 Beschreiben die Vertragsparteien im Ingenieurvertrag die Leistungspflicht des Ingenieurs durch **Bezugnahme auf das Leistungsbild** in Anlage 12.1, so ist der Vertrag nach der Rechtsprechung des BGH so auszulegen, dass der Ingenieur die in der Anlage 12.1 genannten Kostenermittlungen als **selbstständige Teilerfolge** schuldet, und zwar in den Leistungsphasen, denen sie in der HOAI zugeordnet sind. Anderenfalls würden sie ihren Zweck regelmäßig nicht mehr erfüllen können. Dieser besteht darin, eine vom Planungsstand abhängige Information über die voraussichtlichen Kosten des Bauwerks zu erhalten.[18] Der Auftraggeber ist in diesem Fall zur **Minderung** des Planerhonorars ohne Fristsetzung und Ablehnungsandrohung berechtigt.

76 Als neue Grundleistung der Entwurfsplanung wurde der **Vergleich der Kostenschätzung mit der Kostenberechnung** aufgenommen. Hiermit soll dem Bedürfnis des Auftraggebers nach einer umfassenden **Kostenberatung** und **Kostenkontrolle** Rechnung getragen werden.

77 **h) Ermitteln der wesentlichen Bauphasen unter Berücksichtigung der Verkehrslenkung und der Aufrechterhaltung des Betriebes während der Bauzeit.** Diese Grundleistung fand sich bisher in Anlage 12, Leistungsphase 3, lit. i) der HOAI 2009. Dort wurde die Leistung allerdings ausdrücklich den Verkehrsanlagen zugeordnet. Das Belassen dieser Leistung bei den Ingenieurbauwerken stellt ein offensichtliches **redaktionelles Versehen** dar. Insoweit sind keine Leistungen des Ingenieurs zu erbringen.

78 **i) Bauzeiten- und Kostenplan.** Im Rahmen der Entwurfsplanung kann es sich bei einem Bauzeitenplan noch nicht um einen Terminplan handeln, der als Vertragsgrundlage für die bauausführenden Unternehmen verwendet werden kann. Gemeint sein kann daher nur die **Festlegung oder Abschätzung von Zeiträumen**, die für wesentliche Bau- und Lieferleistungen erfahrungsgemäß benötigt werden. Darauf aufbauend und unter Berücksichtigung der Daten aus der Kostenberechnung kann ein – ungefährer – Kostenplan entwickelt werden.

79 **j) Zusammenfassen, Erläutern und Dokumentieren der Ergebnisse.** Das Zusammenfassen, Erläutern und Dokumentieren der Ergebnisse ist der Abschluss der Entwurfsplanung. Auch diese Zusammenstellung muss nicht, sollte aber zweckmäßigerweise **schriftlich** erfolgen. Ansonsten dient die Zusammenfassung der Ergebnisse der Entwurfsplanung dem gleichen Zweck wie die Zusammenfassung der Arbeitsergebnisse der vorangegangenen Arbeitsschritte.

---

18 BGH, Urt. v. 11.11.2004 – VII ZR 128/03 – IBR 2005, 96, 100.

IV. Leistungsphase 4 – Genehmigungsplanung

In dieser Leistungsphase wird die Entwurfsplanung nicht weiterentwickelt, sondern lediglich so **geordnet und ergänzt**, dass die nach dem jeweiligen Landes- oder Bundesrecht erforderlichen Bauvorlagen bei der Genehmigungsbehörde eingereicht werden können. 80

1. Neuerungen. Durch die Neuformulierung „erforderliche Genehmigungsverfahren" anstelle „öffentlich-rechtlicher Verfahren" wird die Grundleistung allgemeiner gefasst. Damit soll klargestellt werden, dass hierunter auch die Erarbeitung und Zusammenstellung von Unterlagen für **nicht genehmigungspflichtige Vorhaben** fällt.[19] Das „Einreichen" der Unterlagen, bisher als Teilleistung vorgesehen, ist entfallen. Unterlagen müssen nach der Neufassung erarbeitet und zusammengestellt werden. Die Mitwirkung im Genehmigungsverfahren wurde im Hinblick auf die Teilnahme an Terminen auf **vier Erläuterungs- und Erörterungstermine beschränkt**. An die Stelle der „Verhandlungen" ist das „Abstimmen" mit Behörden getreten. Neu ist auch die Beschränkung bei der Grundleistung in lit. f) „Mitwirken beim Abfassen von Stellungnahmen" auf **bis zu zehn Kategorien**. 81

2. Die einzelnen Teilleistungen

a) Erarbeiten und Zusammenstellen der Unterlagen für die erforderlichen öffentlich-rechtlichen Verfahren oder Genehmigungsverfahren einschließlich der Anträge auf Ausnahmen und Befreiungen, Aufstellen des Bauwerksverzeichnisses unter Verwendung der Beiträge anderer an der Planung fachlich Beteiligter. An Unterlagen sind nur solche zu erarbeiten, die im Rahmen der Entwurfsplanung noch nicht erarbeitet wurden. Ansonsten beschränkt sich diese Grundleistung auf das **Zusammenstellen** der bereits bei den vorangegangenen Arbeitsschritten erstellten und herbeigeschafften Unterlagen, die für das öffentlich-rechtliche Genehmigungsverfahren eine Rolle spielen. Es gibt zahlreiche öffentlich-rechtliche Verfahren, die in Betracht kommen, z.B. das Baugenehmigungsverfahren, verschiedene wasserrechtliche und abfallrechtliche Genehmigungsverfahren, immissionsschutzrechtliche Verfahren, Planfeststellungsverfahren usw. Nach der neuen HOAI sollen nunmehr auch **nichtgenehmigungspflichtige Vorhaben** erfasst sein. 82

b) Erstellen des Grunderwerbsplanes und des Bauwerksverzeichnisses unter Verwendung der Beiträge anderer an der Planung fachlich Beteiligter. Ein **Grunderwerbsplan** dient der Kennzeichnung von Flächen oder Teilflächen bzw. der von einer geplanten Baumaßnahme berührten Grundstücke. Es handelt sich um einen Lageplan, zumeist einen **Katasterplan**, in dem die betroffenen Flächen gekennzeichnet und in einem Verzeichnis mit Angabe der beanspruchten Fläche aufgelistet werden. 83

Diese Teilleistung umfasst nicht das Beschaffen der Grundlagen für den Grunderwerbsplan und das Bauwerksverzeichnis. Wird der Ingenieur mit Erhebungen über die betroffenen Grundstückseigentümer und Flurstücke aus Grundbuch, Kataster und anderen amtlichen Unterlagen beauftragt, stellt dies eine **Besondere Leistung** dar. Das Beschaffen von Auszügen aus Grundbuch, Kataster und anderen amtlichen Unterlagen 84

19 BR-Drucks. 334/13, S. 198.

ist in der Anlage 12.1 (rechte Spalte) als Besondere Leistung der Leistungsphase 2 genannt.

85 **c) Vervollständigen und Anpassen der Planungsunterlagen, Beschreibungen und Berechnungen unter Verwendung der Beiträge anderer an der Planung fachlich Beteiligter.** Das Vervollständigen und Anpassen der Planungsunterlagen etc. sollte nach Möglichkeit vor dem Einreichen der Planungsunterlagen bei der Genehmigungsbehörde erfolgen. Das ist aber nicht immer möglich.

86 **d) Abstimmen mit Behörden.** Das „Verhandeln" mit Behörden wurde durch das „Abstimmen" mit Behörden ersetzt. Inhaltliche Änderungen gehen damit nicht einher. Dennoch trifft der Begriff des „Abstimmens" den Leistungsinhalt besser, geht es doch um die Abklärung der Frage, ob die zur Genehmigung eingereichten Unterlagen vollständig sind und ob es zusätzlicher Erläuterungen des Objektplaners bedarf.

87 **e) Mitwirken im Genehmigungsverfahren einschließlich der Teilnahme an bis zu vier Erläuterungs-, Erörterungsterminen.** Um welche Art der Mitwirkung im Genehmigungsverfahren es sich bei dieser Grundleistung handeln soll, wird in Anlage 12.1 nicht erläutert. Es kann sich nur um eine **ergänzende Leistung** des Objektplaners handeln, etwa dergestalt, dass er zur Erläuterung der Genehmigungsunterlagen zur Verfügung steht, ggf. an dem Erhalt von Nachbarzustimmungen mitwirkt etc.

88 **f) Mitwirken beim Abfassen von Stellungnahmen zu Bedenken und Anregungen in bis zu 10 Kategorien.** Dem Wortlaut nach handelt es sich auch bei dieser Grundleistung lediglich um eine Mitwirkungshandlung. Mit der HOAI 2013 wurde die Mitwirkung an Stellungnahmen auf **maximal zehn Kategorien** beschränkt. Damit ist sichergestellt, dass diese Grundleistung nicht einen unverhältnismäßigen Aufwand verursacht. Dies kann sonst beispielsweise bei politisch umstrittenen Vorhaben der Fall sein.

89 **3. Besondere Leistungen.** Als Besondere Leistung bei der Genehmigungsplanung ist das **Mitwirken bei der Beschaffung der Zustimmung von Betroffenen** genannt. Es handelt sich bei dieser Leistung daher nicht um eine Grundleistung nach lit. e), was der dortige Wortlaut vermuten lassen könnte.

V. Leistungsphase 5 – Ausführungsplanung

90 Die Ausführungsplanung umfasst das Erarbeiten und Darstellen der **ausführungsreifen Planungslösung**.

91 **1. Neuerungen.** Als neue Grundleistungen neben dem Erarbeiten der Ausführungsplanung und dem Erarbeiten der Grundlagen für die anderen Beteiligten ist nun das **Bereitstellen der Arbeitsergebnisse als Grundlage für die anderen an der Planung fachlich Beteiligten** genannt. Daneben bleibt es auch dabei, dass die Beiträge anderer an der Planung fachlich Beteiligter zu **integrieren** sind. War nach der HOAI 2009 während der Objektausführung das „Fortschreiben" der Ausführungsplanung vorgesehen, ist diese nunmehr zu „**vervollständigen**". Ob dies eine Änderung des Leistungsinhalts bedeutet, wird zu klären sein. Aus der amtlichen Begründung ergibt sich hierzu nichts.

2. Die einzelnen Teilleistungen

a) Erarbeiten der Ausführungsplanung auf Grundlage der Ergebnisse der Leistungsphase 3 und 4 unter Berücksichtigung aller fachspezifischer Anforderungen und Verwendung der Beiträge anderer an der Planung fachlich Beteiligter bis zur ausführungsreifen Lösung. Ziel der Ausführungsplanung ist es, die vorliegende Entwurfs- und Genehmigungsplanung zu einer **ausführungsreifen Planung** weiterzuentwickeln. Ausführungsreif bedeutet die **detaillierte Vorbereitung** der Pläne für Bau und Montage. Die Darstellung muss so detailliert sein, dass sie die vollständige und fachlich richtige Umsetzung aller mit der jeweiligen Bauaufgabe gestellten Anforderungen durch die Ausführungsbeteiligten ermöglicht. Die Planung muss **funktionsfähig** sein.[20] Über den Detaillierungsgrad der Ausführungsplanung kann keine allgemeingültige Aussage getroffen werden. Maßgebend hierfür ist die **vertragliche Vereinbarung** der Parteien. Grundsätzlich gilt, dass der Detaillierungsgrad der Planung von den **Umständen des Einzelfalls** abhängt. Maßgeblich sind die Anforderungen an die Ausführung, insbesondere unter Berücksichtigung der vorhandenen Boden- und Wasserverhältnisse und die Kenntnisse, die von einem ausführenden Unternehmer unter Berücksichtigung der baulichen und örtlichen Gegebenheiten zu erwarten sind. Sind Details der Ausführung besonders schadensträchtig, müssen diese unter Umständen im Einzelnen geplant und dem Unternehmer in einer jedes Risiko ausschließenden Weise verdeutlicht werden. Von einer derartig detaillierten Planung kann der Architekt bzw. Ingenieur nur absehen, wenn sie dem Unternehmer bereits bekannt ist und der Architekt bzw. Ingenieur sich darauf verlassen kann, dass sie auch ohne nochmaligen planerischen Hinweis ordnungsgemäß ausgeführt wird.[21] 92

b) Zeichnerische Darstellung, Erläuterungen und zur Objektplanung gehörige Berechnungen mit allen für die Ausführung notwendigen Einzelangaben einschließlich Detailzeichnungen in den erforderlichen Maßstäben. Diese Grundleistung war im Prinzip in der HOAI 2009 ebenso enthalten. Im Unterschied zur HOAI 2013 war dort nur die Rede von der rechnerischen Darstellung des Objekts. Es wurde daher davon ausgegangen, dass textliche Ausführungen, anders als bei der Objektplanung Gebäude, nicht erforderlich waren. Nachdem die Grundleistung nunmehr um **„Erläuterungen"** ergänzt wurde, ist davon auszugehen, dass im Rahmen der Ausführungsplanung auch **textliche Ausführungen** zu machen sind. 93

Zu Art und Umfang der zeichnerischen, erläuternden und rechnerischen Darstellung enthält die HOAI keine Angaben. Davon auszugehen ist, dass die zeichnerische Darstellung von Ausführungsplänen stets in einem Maßstab erfolgen muss, der **alle für die Bauausführung und Montage erforderlichen Einzelmaße** eindeutig erkennen lässt und eine ausreichende **Übersichtlichkeit** sicherstellt. Die Darstellung in den Plänen sollte so **ausführlich**, **detailliert** und **selbsterklärend** sein, dass die ausführenden Firmen theoretisch ohne Rückfrage bei dem Objektplaner die Pläne umsetzen können. 94

Ohne Anspruch auf Vollständigkeit und Allgemeingültigkeit ist davon auszugehen, dass regelmäßig folgende Pläne und Unterlagen für eine ausführungsreife Planung vorliegen müssen: 95

20 BGH, Urt. v. 14.2.2001 – VII ZR 176/99 – IBR 2001, 319.
21 BGH, Urt. v. 15.6.2000 – VII ZR 212/99 – IBR 2000, 446.

- Lageplan mit Einzeichnung der Baumaßnahme,
- Angabe aller objektspezifischen NN-Höhen,
- wesentliche Geländeschnitte, die die Einordnung der Baumaßnahme ins Gelände darstellen,
- Grundriss und Querschnitte der Bauwerke im Maßstab 1:50, 1:25, 1:10, je nach Darstellungsmöglichkeit bzw. zur Herstellung des erforderlichen Detaillierungsgrads,
- Grundwasserstand,
- Grundrissplanung im Maßstab des Grundrisses,
- Bauwerksvermaßung im erforderlichen Umfang,
- Aussparungen für den Einbau der technischen Ausrüstung bzw. der Maschinenteile,
- hydraulische Berechnungen, Druckberechnungen,
- Berechnungen für Becken- und Behälterkapazitäten,
- Berechnungen für Hallenkapazitäten,
- Berechnungen zur Ermittlung der Pumpengrößen und -anzahl,
- Linienbauwerke (z.B. Leitungen): Längsschnitte über die gesamte Baumaßnahme, Längen im Maßstab des Lageplans, Höhen 10-fach überhöht; Lagebezeichnungen, ggf. Grundwasserstände.

96 **c) Bereitstellen der Arbeitsergebnisse als Grundlage für die anderen an der Planung fachlich Beteiligten und Integrieren ihrer Beiträge bis zur ausführungsreifen Lösung.** Eine ausführungsreife Planungslösung setzt voraus, dass alle fachspezifischen Planungen, mit denen der Objektplaner nicht selbst beauftragt ist, für die Ausführungsplanung zu verwenden bzw. in diese einzuarbeiten sind. Das **Bereitstellen der Arbeitsergebnisse** als Grundlage für die anderen an der Planung fachlich Beteiligten wurde neu in das Leistungsbild aufgenommen. Diese Grundleistung wird im Verlauf des Planungsprozesses mehrfach wiederholt. Das zeigt, dass der Verordnungsgeber der **Integration der unterschiedlichen Planungsleistungen** und deren **Zusammenfassung zu einer einheitlichen Gesamtplanung** eine hohe Bedeutung beimisst. Die Verantwortung für das Gelingen dieser Integrationsleistung liegt praktisch ausschließlich in den Händen des Objektplaners.

97 **d) Vervollständigen der Ausführungsplanung während der Objektausführung.** Hier wurde gegenüber der HOAI 2009 der Begriff des „Fortschreibens" gegen den Begriff des „Vervollständigens" ausgetauscht. Aus der amtlichen Begründung ergibt sich nicht, ob dies eine Änderung des Leistungsinhalts bedeuten soll. Das bleibt abzuwarten.

98 Diese Grundleistung ist regelmäßig notwendig, da die Ausführungsplanung zumeist vor dem Ausführungsbeginn nicht im Detail fertiggestellt werden kann. Beispielsweise stehen notwendige Herstellerangaben oft erst nach Auftragsvergabe an die ausführenden Firmen zur Verfügung. Die Ausführungsplanung muss dann insoweit vervollständigt bzw. ergänzt werden.

99 In der Praxis kommt es hier immer wieder zu **Schnittstellenproblemen,** und zwar dann, wenn mit der Objektüberwachung (Leistungsphase 8) ein anderer Ingenieur beauftragt ist als mit der Ausführungsplanung. In jedem Fall ist eine vertragliche Regelung zu treffen, wer die Vervollständigung der Ausführungspläne schuldet. Soll die Vervollständigung der Ausführungsplanung in der Hand des Erstplaners bleiben, so entsteht diesem in der Regel ein **Mehraufwand** dadurch, dass er während der Bauausführung nicht mehr vor Ort und in das Baugeschehen eingebunden ist. Es empfiehlt sich hinsichtlich dieses Mehraufwands eine **zusätzliche Vergütung** zu vereinbaren, da diese

Konstellation für den Erstplaner auch haftungsrechtlich nicht ohne Risiko ist. Soll dagegen die Vervollständigung der Ausführungsplanung von dem Ingenieur vorgenommen werden, der die Bauoberleitung innehat, ist das Honorar des Erstplaners für die Leistungsphase 5 aufgrund der **entfallenden Grundleistung zu reduzieren**. Darüber hinaus sollte in dem Ingenieurvertrag dafür Sorge getragen werden, dass der Folgeplaner alle zur Vervollständigung der Ausführungsplanung erforderlichen Informationen und Unterlagen rechtzeitig und in verwertbarer Form (kompatible Software) zur Verfügung gestellt werden.

3. Besondere Leistungen. Entsprechend der Anlage 2.8.5 der HOAI 2009 wird als **100**
Besondere Leistung das **Planen von Anlagen der Verfahrens- und Prozesstechnik** beibehalten. Für den Fall, dass die Planung von Anlagen der Verfahrens- und Prozesstechnik als eigenständiges Objekt beauftragt wird, wurde die Objektliste der Anlagen der Technischen Ausrüstung, Anlagengruppen 7.2. um die verfahrenstechnischen Anlagen erweitert (siehe § 53 Abs. 2 Nr. 7 Alt. 2 HOAI 2013).[22]

VI. Leistungsphase 6 – Vorbereitung der Vergabe

Die Leistungsphase 6 hat Tätigkeiten des Ingenieurs im Zusammenhang mit der **Erteilung der Bauaufträge** an die für das Bauprojekt vorgesehenen ausführenden Unter- **101**
nehmer zum Gegenstand. Der Tätigkeitsschwerpunkt liegt hierbei auf der **Erstellung der Ausschreibungs- bzw. Vergabeunterlagen**. Auch diese Tätigkeiten gehören zum Planungsbereich des Ingenieurs. Da jedoch die Ausschreibung dem Zweck dient, durch den Vergleich verschiedener Angebote denjenigen Vertragspartner zu finden, der am ehesten die Gewähr für eine ordnungsgemäße Leistungserbringung gibt, sind im Rahmen der Auftragsvergabe nicht nur technische, sondern auch **rechtliche Fragestellungen** von Bedeutung. Klärungsbedarf besteht also nicht nur in Bezug auf die technischen Anforderungen an die Bauausführung, sondern auch hinsichtlich der zahlreichen rechtlichen Rahmenbedingungen, z.B. Gewährleistung, Sicherheiten, Vertragsstrafe.

Das OLG Brandenburg[23] vertritt die Auffassung, dass ein Architekt bzw. Ingenieur, **102**
dem die Mitwirkung bei der Vergabe in Auftrag gegeben worden ist, verpflichtet sei, die erforderlichen Verträge vorzubereiten und die Vertragsbedingungen auszuarbeiten. Ein Architekt respektive Ingenieur müsse die **Grundzüge des Werkvertragsrechts kennen**. Dazu gehörten auch die Grundsätze über die Vereinbarung einer **Vertragsstrafe**, denn die Vereinbarung einer Vertragsstrafe für den Fall der Bauzeitenüberschreitung sei ein geradezu klassischer Bestandteil von Bauwerkverträgen. Die Bitte des Architekten an den Auftraggeber, den Vertrag durch einen Anwalt überprüfen zu lassen, ändere an der Verantwortlichkeit des Architekten bzw. Ingenieurs nichts, denn sie sei zu allgemein und enthalte keinen konkreten Hinweis auf die Fragwürdigkeit der Vertragsstrafenklausel.

Damit werden nach hier vertretener Auffassung die Anforderungen an die Rechts- **103**
kenntnisse eines Architekten respektive Ingenieurs weit überspannt. Es ist auch nicht nachvollziehbar, warum für Fachbereiche, die in Grundzügen immerhin Bestandteil der Ausbildung eines Architekten bzw. Ingenieurs sind (z.B. Tragwerksplanung, Haustechnik), Sonderfachleute eingeschaltet werden, während er die Vertragsgestaltung miterle-

22 BR-Drucks. 334/13, S. 199.
23 OLG Brandenburg, Urt. v. 26.9.2002 – 12 U 63/02 – IBR 2003, 246; IBR 2004, 1080 (nur online).

digen soll, die kaum Bestandteil seines Studiums waren. Um vergleichbaren Entscheidungen vorzubeugen, sollte vertraglich Vorsorge getroffen werden, indem klargestellt wird, dass der Ingenieur keine Rechtsberatung und keine Ausarbeitung von Verträgen schuldet. Dann dürfen aber konsequenterweise auch keine Verträge oder rechtsgeschäftliche Vorbemerkungen erstellt werden oder es dürfen ihnen nur die vom Bauherrn gestellten Bedingungen beigefügt werden. Sonst trifft den Ingenieur doch die Haftung, denn die Rechtsprechung verlangt von demjenigen, der eine bestimmte Aufgabe erfüllt, dass er auch die hierfür notwendigen Kenntnisse hat.

104 **1. Neuerungen.** Die amtliche Begründung erwähnt bei der Leistungsphase 6 lediglich, dass der Begriff der „Verdingungsunterlagen" entsprechend dem modernen Sprachgebrauch durch **„Vergabeunterlagen"** ersetzt werde. Im Übrigen bleibe die Konkretisierung der Leistungsphase 6 inhaltlich unverändert.[24] Damit lässt der Verordnungsgeber andere Neuerungen unerwähnt. Anstelle des Abstimmens und Koordinierens der Verdingungsunterlagen der an der Planung fachlich Beteiligten soll nunmehr das Abstimmen und Koordinieren der **Schnittstellen zu den Leistungsbeschreibungen der anderen an der Planung fachlich Beteiligten** erfasst sein. Neu hinzugekommen ist auch das **Ermitteln der Kosten auf Grundlage der vom Planer (Entwurfsverfasser) bepreisten Leistungsverzeichnisse.** Nach der Formulierung in lit. e) der Anlage 12.1, Leistungsphase 6, soll demnach der Ingenieur die Leistungsverzeichnisse nicht bepreisen, sondern die Kosten auf Grundlage der vom Entwurfsverfasser bepreisten Leistungsverzeichnisse ermitteln. Hier fällt zunächst auf, dass die hier gewählte Formulierung von denjenigen der gleichen Teilleistungen bei der Objektplanung Gebäude, bei der Freianlagenplanung und bei der Technischen Ausrüstung abweicht. Dort fehlt jeweils der Klammerzusatz „Entwurfsverfasser". Fraglich ist, was sich der Verordnungsgeber hierbei gedacht hat. Nach dem Wortlaut könnte man auf den Gedanken kommen, dass der Ingenieur die Leistungsverzeichnisse nicht bepreisen muss, wenn er mit der Entwurfsplanung nicht beauftragt war. Dies ergibt jedoch keinen Sinn. Von daher ist lit. e) wohl so zu verstehen, dass der mit der Leistungsphase 6 beauftragte Ingenieur die Bepreisung der Leistungsverzeichnisse auf jeden Fall vornimmt und auf dieser Basis die Kosten ermittelt.[25] Diese Ausführungen gelten entsprechend für die Kostenkontrolle in lit. f).

105 Neu ist schließlich noch, dass die **Zusammenstellung der Vergabeunterlagen** der Leistungsphase 6 zugeordnet ist. Bisher waren diese Leistungen Bestandteil der Leistungsphase 7. Unter anderem deshalb wurde die Bewertung der Leistungsphase 7 von 5% auf 4% abgesenkt.

2. Die einzelnen Teilleistungen

106 **a) Ermitteln von Mengen nach Einzelpositionen unter Verwendung der Beiträge anderer an der Planung fachlich Beteiligter.** Diese Grundleistung hat das Ermitteln der zu erwartenden Mengen anhand der vorliegenden Pläne und die Übernahme von Mengen oder anderen Ansätzen der anderen an der Planung Beteiligten zum Gegenstand. Der Grad der Untergliederung und die Anzahl der Einzelpositionen sind von der HOAI nicht vorgegeben. Dem Ingenieur steht es insoweit frei, mehrere Leistungen zu einer Position zusammenzufassen. Dabei ist allerdings das Haftungsrisiko zu beachten, das den Ingenieur bei unklarer oder unvollständiger Leistungsbeschreibung trifft.

24 BR-Drucks. 334/13, S. 199.
25 *Koeble/Zahn*, Rn 178.

b) Aufstellen der Vergabeunterlagen insbesondere Anfertigen der Leistungsbeschreibungen mit Leistungsverzeichnissen sowie der Besonderen Vertragsbedingungen. Anstatt der Bezeichnung „Verdingungsunterlagen" wird jetzt der zeitgemäße Begriff **„Vergabeunterlagen"** verwendet. Inhaltlich hat sich diese Grundleistung gegenüber der HOAI 2009 nicht verändert. Es handelt sich um die zentrale Leistung der Leistungsphase 6. Die Vergabeunterlagen haben beträchtliche Bedeutung für die spätere Realisierung des Bauvorhabens. Eine detaillierte Leistungsbeschreibung ist Voraussetzung für die Vergleichbarkeit der Angebote und ist wesentlicher, prägender Bestandteil des abzuschließenden Bauvertrags. Diese Grundleistung birgt für den Ingenieur ein nicht zu unterschätzendes Haftungsrisiko. Fehlerhafte oder unvollständige Leistungsverzeichnisse haben häufig berechtigte Nachtragsforderungen der ausführenden Unternehmen zur Folge, für die der Ingenieur unter Umständen ganz oder teilweise haftet. 107

c) Abstimmen und Koordinieren der Schnittstellen zu den Leistungsbeschreibungen der anderen an der Planung fachlich Beteiligten. Anstelle des Abstimmens und Koordinierens der Verdingungsunterlagen der an der Planung fachlich Beteiligten ist jetzt das **Abstimmen und Koordinieren der Schnittstellen zu den Leistungsbeschreibungen der anderen an der Planung fachlich Beteiligten** vorgesehen. Unklar ist, ob und, wenn ja, in welchem Umfang mit dieser neuen Formulierung eine Änderung des Leistungsumfangs verbunden sein soll. Die amtliche Begründung schweigt dazu. Die anderen Planungsbeteiligten erstellen ihre eigenen Leistungsverzeichnisse. Diese müssen vom Objektplaner **koordiniert** und **aufeinander abgestimmt** werden, um **Widersprüche, Unvollständigkeiten und Überschneidungen zu beheben.** Mengenangaben anderer Planungsbeteiligter, z.B. Stahlmengenberechnungen des Tragwerksplaners, sind auf **Plausibilität** zu überprüfen. 108

d) Festlegen der wesentlichen Ausführungsphasen. Im Rahmen dieser Grundleistung hat der Objektplaner **Angaben zu den zeitlich getrennten Ausführungsabschnitten** zu machen. Dabei sind für die Durchführung der Arbeiten Vorgaben zum Bauablauf zu entwickeln und in die Vergabeunterlagen einzuarbeiten. Nicht zu dieser Leistung gehört das Erstellen eines Bauphasenplans oder einer umfassenden Ablaufplanung. Diese stellen eine **Besondere Leistung** dar. 109

e) Ermitteln der Kosten auf Grundlage der vom Planer (Entwurfsverfasser) bepreisten Leistungsverzeichnisse. Diese Grundleistung ist neu hinzugekommen. Der Wortlaut ist missverständlich, sodass unklar bleibt, welchen Regelungszweck der Verordnungsgeber genau verfolgt hat. Die Regelung dürfte so zu verstehen sein, dass der Objektplaner die **Bepreisung des Leistungsverzeichnisses** für seinen Teil vornimmt und auf dieser Grundlage die Kosten ermittelt. 110

f) Kostenkontrolle durch Vergleich der vom Planer (Entwurfsverfasser) bepreisten Leistungsverzeichnisse mit der Kostenberechnung. Diese Grundleistung war – in etwas anderer Form – in der HOAI 2009 Teil der Leistungsphase 7. Dort war die Kostenkontrolle durch Vergleich der fortgeschriebenen Kostenberechnung mit der Kostenberechnung vorzunehmen. In Leistungsphase 6 war dagegen keine Kostenkontrolle vorgesehen. Auch hier dürfte der missverständliche Wortlaut dahin gehend zu verstehen sein, dass der Objektplaner die **Bepreisung des Leistungsverzeichnisses** für seinen Teil vornimmt und auf dieser Grundlage den Vergleich mit der Kostenberechnung vornimmt. Die Kostenkontrolle erfolgt durch Gegenüberstellung. Der Objektplaner kann auf 111 diese Weise feststellen, ob die Auftragsvergabe (noch) zu den im Rahmen der Entwurfsplanung ermittelten Kosten (Kostenberechnung) erfolgen kann.

112 **g) Zusammenstellen der Vergabeunterlagen.** Diese Grundleistung war bis zur HOAI 2009 der Leistungsphase 7 zugeordnet. Sie beinhaltet die **sachgerechte, systematische Sammlung und Zusammenstellung der für eine ordnungsgemäße Vergabe erforderlichen Unterlagen.** Dies betrifft auch die Leistungsbereiche anderer an der Planung fachlich Beteiligter, d.h. die vom Objektplaner nicht selbst gefertigten Vergabeunterlagen.

113 **3. Besondere Leistungen.** Als Besondere Leistung ist die **detaillierte Planung von Bauphasen bei besonderen Anforderungen** genannt. Hierdurch wird deutlich, dass im Rahmen der Grundleistungen keine Bauphasenpläne zu erstellen sind.

VII. Leistungsphase 7 – Mitwirkung bei der Vergabe

114 Die Leistungsphase 7 betrifft die Phase der **Auswahl und der Beauftragung des geeigneten Vertragspartners für die Bauausführung.** Die Vergabeentscheidung trifft letztlich der Auftraggeber. Dieser hat auch die rechtsgeschäftliche Beauftragung vorzunehmen. Den Objektplaner trifft hierbei aber eine entscheidende beratende Rolle.

115 **1. Neuerungen.** Während die HOAI 2009 im Rahmen der Leistungsphase 7 nur das „Mitwirken bei Verhandlungen mit Bietern" vorgesehen hat, soll nunmehr das **„Führen von Bietergesprächen"** erfolgen. Ebenfalls neu ist die Grundleistung **„Erstellen der Vergabevorschläge, Dokumentation des Vergabeverfahrens"**. Diese Ergänzung ist zurückzuführen auf Änderungen im Vergabeverfahren. Im Rahmen der Erstellung der Vergabevorschläge muss der Ingenieur keine rechtliche Beratung zu einem möglichen Ausschluss einzelner Angebote aufgrund der Verletzung vergaberechtlicher Vorschriften vornehmen. Seine Leistungspflicht endet dort, wo die Rechtsberatung beginnt.[26] Um eine neue Grundleistung handelt es sich schließlich auch bei dem **Vergleichen der Ausschreibungsergebnisse mit den vom Planer bepreisten Leistungsverzeichnissen und der Kostenberechnung.** Dafür sind das Fortschreiben der Kostenberechnung und die Kostenkontrolle durch Vergleich der fortgeschriebenen Kostenberechnung mit der Kostenberechnung entfallen.

2. Die einzelnen Teilleistungen

116 **a) Einholen von Angeboten.** Im Rahmen dieser Grundleistung muss sich der Objektplaner als Vertreter des Bauherrn an die für eine Angebotsabgabe in Betracht kommenden Unternehmer wenden, diesen die Ausschreibungsangebote übermitteln und die bei ihm bzw. dem Auftraggeber eingehenden Angebote sammeln. Die **Vervielfältigung der Ausschreibungsunterlagen** fällt nicht in den Aufgabenbereich des Objektplaners. Hat dieser Aufwendungen im Zusammenhang mit der Vervielfältigung und dem Versenden der Ausschreibungsunterlagen, kann er diese Kosten als **Nebenkosten** erstattet verlangen.

---

26 *Koeble/Zahn*, Rn 181.

b) Prüfen und Werten der Angebote, Aufstellen des Preisspiegels. Hierbei handelt es sich um eine zentrale Leistung des Planers im Rahmen der Vergabe. Der Auftragnehmer hat zu **prüfen, ob die Angebotsbedingungen eingehalten wurden**. Er muss die Angebote **nachrechnen**, um Feststellungen darüber treffen zu können, ob gegenüber der Kostenberechnung zu niedrige (Unterangebote) oder überhöhte Preise abgegeben worden sind. Diese **rechnerische, technische und wirtschaftliche Prüfung** mündet in die **Bewertung**, ob das einzelne Angebot den Bedingungen entspricht und an welcher Stelle das Angebot in der Reihenfolge der geprüften Angebotssummen aller Angebote eines Leistungsbereiches einzuordnen ist. Einzelheiten zur Gestaltung des Preisspiegels gibt die HOAI nicht vor. Es empfiehlt sich hier, eine entsprechende vertragliche Regelung zur Anzahl der im Preisspiegel zu erfassenden Angebote und zum zweckmäßigen Grad der Aufgliederung der Angebote zu treffen. Üblicherweise wird bei öffentlichen Ausschreibungen ein Preisspiegel nur für die in engerer Auswahl stehenden Angebote oder auch für die fünf niedrigsten Angebote erstellt. Da bei öffentlichen Ausschreibungen oft eine Vielzahl von Angeboten abgegeben wird, ist eine solche Beschränkung sinnvoll. Bei beschränkten Ausschreibungen wird der Preisspiegel dagegen zumeist für alle in die Wertung eingegangenen Angebote erstellt. Hier ist die Anzahl der abgegebenen Angebote in der Regel zahlenmäßig gering. Die Aufgliederung der Angebote sollte sich an der Zweckmäßigkeit orientieren. Kalkulatorische Preisunterschiede der Anbieter sollten jedenfalls aus dem Preisspiegel erkenntlich sein. 117

c) Abstimmen und Zusammenstellen der Leistungen der fachlich Beteiligten, die an der Vergabe mitwirken. Diese Grundleistung umfasst die **abschließende Koordinierung** zur Vorbereitung der Vergabeverhandlungen. Bei den an der Vergabe mitwirkenden Beteiligten handelt es sich in erster Linie um den Tragwerkplaner und den Planer der Technischen Ausrüstung. Widersprüche, Lücken oder Überschneidungen in den Unterlagen sind aufzudecken und zu beheben. 118

d) Führen von Bietergesprächen. An die Stelle des Mitwirkens bei Verhandlungen mit Bietern ist das Führen der Bietergespräche getreten. Das Leistungsbild wurde insoweit dem der Objektplanung für Gebäude angepasst. Dort war bereits in der HOAI 2009 die „Verhandlung mit Bietern" vorgesehen. Die Grundleistung wurde demnach erweitert, da der Auftragnehmer nicht mehr nur bei den vom Auftraggeber geführten Verhandlungen mitwirken muss, sondern die **Bietergespräche selbst führen muss**. 119

e) Erstellen der Vergabevorschläge, Dokumentation des Vergabeverfahrens. Diese Leistung wurde bei Gebäuden, Ingenieurbauwerken und Verkehrsanlagen entsprechend dem Abschlussbericht des BMVBS[27] als neue Grundleistung eingefügt. 120

Bisher bestand im Hinblick auf die Objektplanungsleistungen bei Gebäuden Einigkeit, dass der Architekt zwar nicht allgemein dazu verpflichtet ist, die Vermögensinteressen des Bauherrn in jeder Hinsicht wahrzunehmen. Im Zuge der Vergabe besteht jedoch die Verpflichtung, die Angebote sorgfältig zu überprüfen und dem Auftraggeber Bedenken mitzuteilen. Diese Beratungspflicht umfasst auch den Vergabevorschlag, sodass insoweit mit der neuen Grundleistung keine erweiterte Leistungspflicht einhergeht. 121

27 Vgl. Abschlussbericht BMVBS, S. 167, abrufbar unter http://www.bmvi.de/SharedDocs/DE/Anlage/BauenUndWohnen/Bauen/abschlussbericht-evaluierung-hoai-aktualisierung-der-leistungsbilder.pdf?__blob=publicationFile.

122 Die **Dokumentation des Vergabeverfahrens** wurde neu in das Leistungsbild eingefügt, da sie bei öffentlichen Aufträgen für den Auftraggeber aus vergaberechtlichen Gründen erforderlich ist. Die Leistung beinhaltet die Zusammenstellung der Vergabeakte pro Gewerk. Die Dokumentation hat von der Einleitung des Vergabeverfahrens bis zu dessen Abschluss zu erfolgen. Private Auftraggeber werden in der Regel kein Interesse an einer detaillierten Dokumentation der einzelnen Vergabeakte haben. Bei einer Anlehnung der ingenieurvertraglichen Leistungsbeschreibung an die Leistungsbilder der HOAI ist daher davon auszugehen, dass diese Teilleistung gestrichen und dafür das Ingenieurhonorar anteilig gekürzt wird.

123 **f) Zusammenstellen der Vertragsunterlagen.** Dieser Teil der Grundleistung ist in der Leistungsphase 7 verblieben, während die Teilleistung „Zusammenstellen der Vergabeunterlagen" in die Leistungsphase 6 verschoben wurde. Wie das „Zusammenstellen der Vergabeunterlagen" in Leistungsphase 6 (lit. g)) beinhaltet auch das „Zusammenstellen der Vertragsunterlagen" die **sachgerechte, systematische Sammlung und Zusammenstellung der für eine ordnungsgemäße Vergabe, hier für die ordnungsgemäße Zuschlagserteilung, erforderlichen Unterlagen**.

124 **g) Vergleichen der Ausschreibungsergebnisse mit den vom Planer bepreisten Leistungsverzeichnissen und der Kostenberechnung.** Bei dem Vergleichen der Ausschreibungsergebnisse mit den vom Planer bepreisten Leistungsverzeichnissen und der Kostenberechnung handelt es sich um eine weitere neue Grundleistung. Dafür sind das Fortschreiben der Kostenberechnung und die Kostenkontrolle durch Vergleich der fortgeschriebenen Kostenberechnung mit der Kostenberechnung entfallen. Diese Anpassung des Leistungsbildes ist der ebenfalls neuen Grundleistung in Anlage 12.1, Leistungsphase 6, lit. e) geschuldet. Sofern mit dieser Leistung wie bisher nur der Kostenvergleich nach Gewerken gemeint ist – wovon mangels anderer Anhaltspunkte ausgegangen wird –, bedeutet diese Teilleistung keine Erweiterung der Grundleistungen.

125 **h) Mitwirken bei der Auftragserteilung.** Hier handelt es sich lediglich um eine **Mitwirkungshandlung** des Auftragnehmers, denn die Auftragserteilung selbst ist ausschließlich Sache des Bauherrn. Die Mitwirkung des Ingenieurs besteht in der Regel darin, die Auftragsvergabe vorzubereiten und den Auftraggeber bei der Wahl des geeigneten Unternehmers zu unterstützen, indem er ihm neben dem Preisspiegel einen technisch und wirtschaftlich begründeten Vergabevorschlag unterbreitet. Was eine Vergabeempfehlung angeht, so ist zu berücksichtigen, dass es nicht unbedingt sinnvoll sein muss, den Zuschlag auf das preislich niedrigste Angebot zu erteilen. Vielmehr sollte der Ingenieur bei seinem Vergabevorschlag neben dem reinen Angebotspreis auch **technische, wirtschaftliche, gestalterische und funktionsbedingte Aspekte** mitberücksichtigen und anhand dieser seine Empfehlung abgeben. Die Vergabe soll die **bestmögliche Leistung** erwarten lassen und am ehesten die **Gewähr für eine sachgerechte und qualitätsvolle Leistungserbringung** erwarten lassen.

126 Schließlich gehört auch die **Benachrichtigung des Bieters**, der den Auftrag erhalten soll, zumeist zum Aufgabenbereich des Ingenieurs.

VIII. Leistungsphase 8 – Bauoberleitung

127 Die Bauoberleitung hat zum Ziel, die **Ausführung des Bauwerks entsprechend den bislang vorliegenden Plänen zu gewährleisten**. Es handelt sich hierbei um eine Besonderheit der Leistungsbilder Ingenieurbauwerke und Verkehrsanlagen. Der Verord-

nungsgeber hat hier weitgehend die Objekt- bzw. Bauüberwachung der Leistungsbilder Gebäude, Innenräume und Freianlagen übernommen, diese aber in zwei Komponenten gegliedert, die getrennt voneinander zu beauftragen und zu honorieren sind. Zum einen handelt es sich um die in erster Linie **koordinierenden Aufgaben**, die bei der **Bauoberleitung** geregelt sind und die als Grundleistungen mit verbindlichen Honorarvorschriften ausgestaltet sind. Die **Bauüberwachungsaufgaben** aus dem Leistungsbild der Objektüberwachung gem. Anlage 10.1 sind bei den Ingenieurbauwerken und Verkehrsanlagen dagegen aus dem Leistungsbild ausgegliedert und als **„örtliche Bauüberwachung"** den **Besonderen Leistungen**, für die das Honorar frei vereinbart werden kann, zugeordnet worden.[28]

1. Neuerungen. Das Prüfen von Plänen auf Übereinstimmung mit dem auszufüh- 128
renden Objekt wurde auf die **einmalige Prüfung** beschränkt. Die HOAI 2009 hat eine Beschränkung der Prüfungsleistung nicht vorgesehen. Im Hinblick auf die verstärkte Terminplanung und -kontrolle wurde das Fortschreiben des Terminplans neu in das Leistungsbild aufgenommen. Der Auftragnehmer muss jetzt nicht mehr wie bisher die ausführenden Unternehmen in Verzug setzen, sondern es ist ausreichend, das **Inverzugsetzen zu veranlassen und daran mitzuwirken.** Insoweit hat sich die Leistungspflicht des Ingenieurs verringert.

Neu hinzugekommen bei der Kostenkontrolle ist der **Vergleich der Kostenfeststel-** 129
lung mit der Auftragssumme. Die HOAI 2009 sah an dieser Stelle die Kostenkontrolle durch Überprüfen der Leistungsabrechnung der bauausführenden Unternehmen im Vergleich zu den Vertragspreisen und der fortgeschriebenen Kostenberechnung vor. Diese Grundleistung ist entfallen.

Ebenfalls neu aufgenommen in die Leistungsphase 8 wurde das Zusammenstellen 130
und Übergeben der Dokumentation des Bauablaufs, der Bestandsunterlagen und der Wartungsvorschriften. Diese Leistungen waren teilweise der Leistungsphase 9 zugeordnet und wurden jetzt nach vorne gezogen.

2. Die einzelnen Teilleistungen

a) Aufsicht über die örtliche Bauüberwachung, Koordinierung der an der 131
Objektüberwachung fachlich Beteiligten einmaliges Prüfen von Plänen auf Übereinstimmung mit dem auszuführenden Objekt und Mitwirkung bei deren Freigabe. Diese Grundleistung besteht aus drei Leistungsteilen:
- Aufsicht über die örtliche Bauüberwachung,
- Koordinierung der an der Objektüberwachung fachlich Beteiligten und
- (einmaliges) Prüfen von Plänen und deren Freigabe.

Die **Aufsicht über die örtliche Bauüberwachung** kann nur dann erfolgen, wenn die 132
Bauoberleitung und die örtliche Bauüberwachung **getrennt vergeben** wurden. Anderenfalls ergibt diese Leistung keinen Sinn. In der HOAI 2009 war diese Einschränkung auch explizit enthalten. Der Verordnungsgeber der HOAI 2013 hat sie aber nicht übernommen. Dass hiermit eine inhaltliche Veränderung, namentlich eine Erweiterung des Leistungsumfangs verbunden sein soll, ist nicht anzunehmen. Schließlich kann sich ein Inge-

28 Zu der Kritik des Bundesrates an der unverbindlichen Regelung der örtlichen Bauüberwachung s.o. Rn 10 ff.

nieur, der Bauoberleitung und örtliche Bauüberwachung zusammen im Auftrag hat, nicht selbst überwachen. Eine **Honorarkürzung** aufgrund der gemeinsamen Beauftragung der Bauoberleitung der örtlichen Bauüberwachung dürfte allerdings **nicht gerechtfertigt** sein.[29]

133 Das **Koordinieren der an der Objektüberwachung fachlich Beteiligten** beinhaltet in erster Linie die zeitliche Abstimmung der anderen fachlich Beteiligten, also Tragwerksplaner, Fachplaner der Technischen Ausrüstung, andere Objektplaner, Landschaftsplaner, Maschinenbauer usw. und die permanente Information des Bauherrn und der anderen Beteiligten. Die Bauoberleitung hat dafür Sorge zu tragen, dass alle an der Objektüberwachung fachlich Beteiligten über den Bauablauf informiert sind und wissen, ob und wann deren Einsatz erforderlich ist. In der Regel wird die Koordination mittels Baubesprechungen („Bau-Jour-Fixen“) erfolgen, deren Ergebnisse entsprechend zu protokollieren und an die Baubeteiligten zu verteilen sind.

134 Die **Prüfung auf Übereinstimmung mit dem auszuführenden Objekt** hat jetzt nur noch **einmal** zu erfolgen. Es handelt sich hierbei nicht um eine inhaltliche Prüfung der Pläne, da der Ingenieur über das hierfür erforderliche Fachwissen normalerweise nicht verfügt. Gemeint ist eine **Überprüfung der Schnittstellen**, also das maßgebliche **Übereinstimmen der Fachplanung und der Einbaupläne der Maschinenbauer mit der Objektplanung**. Für den fachlichen Inhalt der Pläne sind die Fachplaner und Maschinenbauer vollumfänglich selbst verantwortlich.

Beispiel
Beim Einbau eines vorgefertigten Heizkessels ist zu überprüfen, ob die dafür vorgesehene Montageöffnung ausreichend dimensioniert ist. Ob der Heizkessel für den vorgesehenen Betrieb geeignet oder zweckmäßig ist, fällt nicht unter die Prüfungspflicht der Bauoberleitung.

135 Von daher erfolgt auch die Freigabe der Pläne nur in Bezug auf die maßgebliche Übereinstimmung mit der Objektplanung und beinhaltet darüber hinaus keine weitere fachliche Aussage.

136 **b) Aufstellen, Fortschreiben und Überwachen eines Terminplans (Balkendiagramm).** Der Terminplan wurde bisher als Zeitplan bezeichnet. Inhaltlich besteht kein Unterschied. Der Terminplan ist nunmehr nicht nur aufzustellen und zu überwachen, sondern auch **fortzuschreiben**. Der Terminplan ist bezogen auf die Bauausführung, nicht auf andere Nebenaspekte wie z.B. die Finanzierung. Bei dem Aufstellen des Terminplans hat sich der Ingenieur an den Rahmenbedingungen und den Besonderheiten des Einzelfalls der Baudurchführung zu orientieren, also an üblichen Bauzeiten, ortsüblichen Witterungsverhältnissen oder Vorgaben des Auftraggebers. Hinsichtlich der Form bestehen keine erhöhten Anforderungen. Die Ausgestaltung als Balkendiagramm ist im Leistungsbild angeführt und von daher ausreichend.

137 Die **Überwachung** des Terminplans erfolgt durch den Vergleich der von den ausführenden Unternehmern zu liefernden Ablaufpläne mit dem Terminplan und durch Information des Auftraggebers. Ergeben sich aufgrund verschiedenster Einflüsse auf den Bauablauf (z.B. ungünstige Witterungsbedingungen, unvorhergesehene Erschwernisse, Mehrleistungen) Änderungen im Terminplan, ist dieser fortzuschreiben.

29 Vgl. hierzu im Einzelnen unten Rn 158.

c) Veranlassen und Mitwirken beim Inverzugsetzen der ausführenden Unternehmen. Die HOAI sieht jetzt nicht mehr vor, dass der Auftragnehmer die ausführenden Unternehmen in Verzug setzen muss, sondern es ist ausreichend, das Inverzugsetzen zu veranlassen und daran mitzuwirken. Dies bedeutet eine sinnvolle Erleichterung für den Objektplaner, da das Inverzugsetzen eine rechtsgeschäftliche Handlung ist, die regelmäßig ohnehin dem Auftraggeber obliegt und die sinnvollerweise von diesem selbst vorgenommen wird. 138

Unter Veranlassen und Mitwirken an der Inverzugsetzung ist die **Zuarbeit des Ingenieurs an den Auftraggeber durch entsprechende Information** zu verstehen. Der Auftragnehmer hat dem Auftraggeber mitzuteilen, dass die Leistung eines Unternehmers trotz Fälligkeit und entsprechender Aufforderung nicht termingerecht erbracht wurde. Aus Beweisgründen sollte die Aufforderung zur Leistungserbringung schriftlich erfolgen. Sache des Auftraggebers ist es dann, gegenüber dem Unternehmer eine rechtsgeschäftliche Mahnung auszusprechen. Auch die Mahnung sollte zu Beweiszwecken unbedingt schriftlich erfolgen. 139

Der Begriff des „Verzugs" ist in diesem Zusammenhang nicht unproblematisch in der Handhabung. Verzug bedeutet **Nichtleisten trotz Fälligkeit und Mahnung** (§ 286 Abs. 1 BGB). Wann eine bestimmte Bauleistung fällig wird, ist aber oft nicht eindeutig bzw. rechtsverbindlich geregelt. So stellen Angaben in Bauzeitenplänen nämlich in der Regel keine vertraglichen Fertigstellungstermine dar, sodass die Fälligkeit der Bauleistung nicht durch den Bauzeitenplan bestimmt wird, sondern allenfalls anhand dessen bestimmbar ist. Weitere Voraussetzung des Verzugs ist es, dass der Unternehmer die **Verzögerung schuldhaft verursacht** hat. Auch dies ist nicht immer der Fall. Von daher kommt es vor, dass Fristsetzung und Mahnung den Verzug nicht auslösen, weil es an den rechtlichen Voraussetzungen hierfür fehlt. 140

d) Kostenfeststellung, Vergleich der Kostenfeststellung mit der Auftragssumme. Die Kostenfeststellung ist eine **Zusammenfassung der geprüften Rechnungen**. Sie umfasst damit die tatsächlich entstandenen Kosten des Ingenieurbauwerks. Formvorschriften für die Kostenfeststellung gibt es nicht. 141

Neu ist, dass die Kostenfeststellung im Rahmen der durchzuführenden Kostenkontrolle mit der Auftragssumme zu vergleichen ist. Damit wird festgestellt, ob sich die Bausumme gegenüber dem Zeitpunkt der Auftragsvergabe verändert, z.B. infolge von Nachträgen erhöht hat. 142

e) Abnahme von Bauleistungen, Leistungen und Lieferungen unter Mitwirkung der örtlichen Bauüberwachung und anderer an der Planung und Objektüberwachung fachlich Beteiligter, Feststellen von Mängeln, Fertigung einer Niederschrift über das Ergebnis der Abnahme. Hierbei handelt es sich nicht um die rechtsgeschäftliche Abnahme, welche Sache des Bauherrn ist, sondern um die rein **tatsächliche, technische Abnahme**. Sie besteht im Wesentlichen aus der Überprüfung der Bauleistungen und Baustoffe auf Mangelhaftigkeit. Der Ingenieur stimmt dann den (rechtsgeschäftlichen) Abnahmetermin mit den fachlich Beteiligten ab. 143

f) Überwachen der Prüfungen der Funktionsfähigkeit der Anlagenteile und der gesamten Anlage. Die Prüfung der Funktionsfähigkeit der Anlagenteile als solche unterfällt nicht dem Aufgabenbereich des Objektplaners, sondern die Prüfungen sind von den Herstellern oder Lieferanten selbst bzw. durch die von diesen beauftragten Fachleute durchzuführen. Der Ingenieur **stimmt** lediglich **die Abnahmetermine ab, überwacht die Prüfung** und sollte das **Prüfungsergebnis dokumentieren**. Kommen die 144

Unternehmer ihrer Prüfungspflicht nicht nach, hat der Ingenieur sie dazu aufzufordern. Führt der Ingenieur die Funktionsprüfung selbst durch, ist dies eine Besondere Leistung.

145 **g) Antrag auf behördliche Abnahme und Teilnahme daran.** Diese Grundleistung fällt nur an, wenn aufgrund behördlicher oder gesetzlicher Vorschriften eine Pflicht zur Abnahme besteht. Dies kann z.B. bei Abwasserbehandlungsanlagen der Fall sein, die von der Umweltbehörde abgenommen werden müssen. Der Ingenieur stellt den Abnahmeantrag und stimmt den Abnahmetermin mit dem Auftraggeber und der Behörde ab.

146 **h) Übergabe des Objekts.** Auch die Übergabe des Objekts darf nicht mit der rechtsgeschäftlichen Abnahme verwechselt werden. Hierbei handelt es sich um die **„körperliche“ Übergabe**, die keine rechtsgeschäftliche Wirkung entfaltet.

147 **i) Auflisten der Verjährungsfristen der Mängelansprüche.** Gerade bei komplexen Bauvorhaben können die Verjährungsfristen zu völlig unterschiedlichen Zeitpunkten ablaufen. Für den Bauherrn ist es daher zur Gewährleistungsverfolgung extrem wichtig, eine übersichtliche, chronologische Aufstellung über die unterschiedlichen Verjährungsabläufe zu haben. Diese – nicht immer einfache – Leistung erfordert beim Ingenieur entsprechende Sorgfalt, da er für eine versäumte Gewährleistungsfrist unter Umständen haften muss. Um hier das Haftungsrisiko zu minimieren, sollte der Ingenieur neben der **Gewährleistungsdauer** auch den **Abnahmezeitpunkt** der Bauleistung und den **Ablauftermin** der Verjährung in seiner Auflistung erfassen. Auf Zweifel hinsichtlich des Verjährungsbeginns und des Verjährungsablaufs muss er den Auftraggeber hinweisen.[30]

148 **j) Zusammenstellen und Übergeben der Dokumentation des Bauablaufs, der Bestandsunterlagen und der Wartungsvorschriften.** Die Verordnung macht keine Angaben dazu, um welche Unterlagen es sich konkret handelt. In der Regel kommen folgende Unterlagen infrage, die den Bauablauf dokumentieren und an deren Erhalt der Bauherr ein Interesse hat:

- Bautagebuch,
- geprüfte Schlussrechnungen der Unternehmer,
- Aufmaße,
- Besprechungs-/Bau-Jour-Fix-Protokolle,
- Abnahmeniederschriften/-protokolle,
- Protokolle der Funktionsprüfungen der Anlagen,
- Materialprüfungsprotokolle,
- fortgeschriebene Ausführungsplanung.

149 Die Pflicht zur Übergabe weiterer Unterlagen kann vertraglich vorgesehen werden.

150 Die **Wartungsvorschriften** sind nicht vom Ingenieur selbst zu erstellen, sondern von diesem lediglich anzufordern und zusammenzustellen.

151 **3. Besondere Leistungen.** Es bleibt dabei, dass die **örtliche Bauüberwachung**, die nach der HOAI 2002 eine Grundleistung mit eigenem Leistungsbild (§ 57 HOAI 2002) dar-

30 Locher/Koeble/Frik/*Koeble*, § 34 Rn 259.

stellte, die dann aber durch die HOAI 2009 zur Besonderen Leistung wurde (Anlage 2.8.8 HOAI 2009), den **Besonderen Leistungen** zugeordnet ist. Das Honorar für die örtliche Bauüberwachung kann daher auch weiterhin **ohne preisrechtliche Bindung frei vereinbart** werden.[31]

Das Leistungsbild der örtlichen Bauüberwachung (Leistungsphase 8) bei Ingenieurbauwerken entspricht im Wesentlichen demjenigen der Objektüberwachung bei Gebäuden und Innenräumen mit dem Unterschied, dass Anlage 12.1 die Leistungen der Bauoberleitung und der örtlichen Bauüberwachung trennt. Erstere sind Grundleistungen, Letztere sind den Besonderen Leistungen zugeordnet. Bei der Objektplanung von Ingenieurbauwerken (und Verkehrsanlagen) ist den Vertragspartnern demnach die Möglichkeit eröffnet, das Honorar für die durchaus als zentrale Leistungen zu bezeichnenden Leistungen der Bauüberwachung **frei zu vereinbaren**, während dieselben Leistungen bei der Objektplanung von Gebäuden, Innenräumen und Freianlagen nach den preisrechtlichen Vorgaben zu vergüten sind. Die Qualifizierung als Besondere Leistung und damit das Fehlen preisrechtlicher Vorgaben darf aber nicht darüber hinwegtäuschen, dass die örtliche Bauüberwachung Leistungen umfasst, die **zur ordnungsgemäßen Lösung der Bauaufgabe in der Regel erforderlich** sind, auf deren Beauftragung also nicht leichtfertig verzichtet werden kann. Auch hier zeigt sich, dass die örtliche Bauüberwachung bei einer konsequenten Systematik eigentlich den Grundleistungen (= Leistungen, die zur ordnungsgemäßen Erfüllung eines Auftrags regelmäßig erforderlich sind, § 3 Abs. 2 S. 1) zugeordnet sein müsste. **152**

Anlage 12.1, Leistungsphase 8, rechte Spalte sieht folgende Teilleistungen der örtlichen Bauüberwachung vor: **153**
- Plausibilitätsprüfung der Absteckung,
- Überwachen der Ausführung der Bauleistungen,
  - Mitwirken beim Einweisen des Auftragnehmers in die Baumaßnahme (Bauanlaufbesprechung),
  - Überwachen der Ausführung des Objektes auf Übereinstimmung mit den zur Ausführung freigegebenen Unterlagen, dem Bauvertrag und den Vorgaben des Auftraggebers,
  - Prüfen und Bewerten der Berechtigung von Nachträgen,
  - Durchführen oder Veranlassen von Kontrollprüfungen,
  - Überwachen der Beseitigung der bei der Abnahme der Leistungen festgestellten Mängel,
  - Dokumentation des Bauablaufs,
- Mitwirken beim Aufmaß mit den ausführenden Unternehmen und Prüfen der Aufmaße,
- Mitwirken bei behördlichen Abnahmen,
- Mitwirken bei der Abnahme von Leistungen und Lieferungen,
- Rechnungsprüfung, Vergleich der Ergebnisse der Rechnungsprüfungen mit der Auftragssumme,
- Mitwirken beim Überwachen der Prüfung der Funktionsfähigkeit der Anlagenteile und der Gesamtanlage,
- Überwachen der Ausführung von Tragwerken nach Anlage 14.2 Honorarzone I und II mit sehr geringen und geringen Planungsanforderungen auf Übereinstimmung mit dem Standsicherheitsnachweis.

31 Vgl. i.E. oben Rn 10.

154 Die örtliche Bauüberwachung ist in einer Reihe von Teilleistungen mit Grundleistungen der Objektüberwachung (Bauüberwachung) bei Gebäuden und Innenräumen gem. Anlage 10.1, Leistungsphase 8, **weitgehend identisch.** Das gilt für

- das **Überwachen der Ausführung der Bauleistungen einschließlich des Überwachens der Ausführung des Objektes auf Übereinstimmung mit den zur Ausführung freigegebenen Unterlagen, dem Bauvertrag und den Vorgaben des Auftraggebers,**
- dem **Überwachen der Beseitigung der bei der Abnahme der Leistungen festgestellten Mängel und der Dokumentation des Bauablaufs** sowie für
- die **Rechnungsprüfung** und
- die **Tragwerksüberwachung**.

155 Insoweit kann auf die Kommentierungen zu Anlage 10.1, Leistungsphase 8, verwiesen werden.[32] Bei dem **Prüfen und Bewerten der Berechtigung von Nachträgen** bzw. dem **Prüfen von Nachträgen** handelt es sich auch bei der Objektüberwachung von Gebäuden und Innenräumen um eine Besondere Leistung,[33] die allerdings in der beispielhaften und nicht abschließenden Aufzählung der Anlage 10.1, Leistungsphase 8, rechte Spalte, nicht explizit aufgeführt ist. Gemäß Anlage 10.1, Leistungsphase 8, zählt zu den Grundleistungen der Objektüberwachung bei Gebäuden und Innenräumen das **gemeinsame Aufmaß mit den bauausführenden Unternehmen.** Dieselbe Leistung war auch in der HOAI 2009, Anlage 2.8.8, als Besondere Leistung im Rahmen der örtlichen Bauüberwachung vorgesehen. In der HOAI 2013, Anlage 12.1, Leistungsphase 8, rechte Spalte ist demgegenüber bei der örtlichen Bauüberwachung nur noch das **„Mitwirken beim Aufmaß mit den ausführenden Unternehmen und Prüfen der Aufmaße“** vorgesehen. Ein gemeinsames Aufmaß im Sinne eines von beiden Seiten (des mit der örtlichen Bauüberwachung beauftragten Ingenieurs im Auftrag des Bauherrn und des Unternehmers) durchzuführenden Aufmaßes ist im Rahmen der örtlichen Bauüberwachung damit nicht mehr vorgesehen. Da es sich aber bei der örtlichen Bauüberwachung insgesamt um ein Konglomerat Besonderer Leistungen handelt und die Aufzählung der Besonderen Leistungen in der rechten Spalte der Anlage 12.1 nur beispielhaft und nicht abschließend ist, ist es den Parteien natürlich unbenommen, zu vereinbaren, dass ein gemeinsames Aufmaß geschuldet ist.

156 Bei weiteren Teilleistungen handelt es sich um **„Mitwirkungsleistungen“** bei den Grundleistungen der Bauoberleitung gem. Anlage 12.1, Leistungsphase 8, linke Spalte. Hier sind das **Mitwirken bei der Abnahme von Leistungen und Lieferungen**, das **Mitwirken bei behördlichen Abnahmen** und das **Mitwirken beim Überwachen der Prüfung der Funktionsfähigkeit der Anlagenteile und der Gesamtanlage** zu nennen.

157 Schließlich enthält die örtliche Bauüberwachung für Ingenieurbauwerke **spezifische Teilleistungen**, die keiner Teilleistung der Objektüberwachung bei Gebäuden und Innenräumen entsprechen. Es sind dies die **Plausibilitätsprüfung der Absteckung** und das **Mitwirken beim Einweisen des Auftragnehmers in die Baumaßnahme (Bauanlaufbesprechung)**.

158 Es stellt sich die Frage, ob eventuell eine **Honorarkürzung** in denjenigen Fällen infrage kommt, in denen die Bauoberleitung (Grundleistung) und die örtliche Bauüberwachung (Besondere Leistung) **an denselben Auftragnehmer vergeben** werden. An eine

32 § 34 Rn 394 ff.
33 Vgl. *Seifert*, DAB 11/10.

Honorarminderung ist deshalb zu denken, weil Anlage 12.1, Leistungsphase 8, lit. a) die **Aufsicht über die örtliche Bauüberwachung** als Grundleistung vorsieht. Diese Grundleistung kann jedoch nur dann anfallen, wenn die Bauoberleitung und die örtliche Bauüberwachung von unterschiedlichen Auftragnehmern ausgeführt werden. Liegen die Bauoberleitung und die örtliche Bauüberwachung in einer Hand, **entfällt die Aufsicht über die örtliche Bauüberwachung**, da der Auftragnehmer sich nicht selbst beaufsichtigen kann. Die HOAI 2009 hat daher im Leistungskatalog der Anlage 12, Leistungsphase 8, lit. a) den klarstellenden Zusatz enthalten: *„soweit die Bauoberleitung und die örtliche Bauüberwachung getrennt vergeben werden"*. Dieser Zusatz ist in der HOAI 2013 wieder entfallen. Eine inhaltliche Änderung ist damit jedoch nicht verbunden, da der Zusatz nur klarstellende Funktion hatte. Es ist davon auszugehen, dass **die gemeinsame Vergabe der Bauoberleitung und der örtlichen Bauüberwachung an denselben Auftragnehmer keine Honorarkürzung rechtfertigt**. Der Verordnungsgeber hat dies offensichtlich nicht vorgesehen und daher nicht für geboten erachtet. Anderenfalls wäre davon auszugehen, dass er in der Verordnung eine entsprechende Reduzierung des Bewertungssatzes vorgesehen hätte, wie dies beispielsweise für den Fall der Überschneidung von Objektplanungsleistungen mit Leistungen der Tragwerksplanung in § 43 Abs. 2 geregelt ist. Außerdem handelt es sich bei der Aufsicht über die örtliche Bauüberwachung nur um eine vergleichsweise nachrangige Leistung mit geringem Anteil am Gesamtleistungsbild der Leistungsphase 8. In der Regel kann der in Leistungsphase 8 geschuldete (Teil-)Leistungserfolg auch ohne diese Grundleistung ordnungsgemäß erreicht werden.

IX. Leistungsphase 9 – Objektbetreuung

In der Leistungsphase 9 sind Ingenieurtätigkeiten geregelt, die **nach Abschluss der Baumaßnahme** anstehen. Hintergrund ist die fachkundige Begleitung durch den Objektüberwacher in dem Zeitraum, in welchem dem Bauherrn noch Nacherfüllungs- und Mängelrechte zustehen, bei deren Geltendmachung und Durchsetzung er der Unterstützung durch den Objektplaner ggf. bedarf. 159

Die Objektbetreuung ist von Planerseite äußerst kritisch zu sehen, da die Übernahme dieser Leistungsphase eine **unkalkulierbare Verlängerung der Gewährleistungszeit** nach sich zieht, wenn nicht durch eine entsprechende vertragliche Regelung gegengesteuert wird. Während Auftraggeber im Interesse einer möglichst langen Haftungsdauer darauf Wert legen werden, sollten es Ingenieure nach Möglichkeit vermeiden, die Leistungsphase 9 im Rahmen einer Vollbeauftragung zu übernehmen. In diesem Fall beginnt nämlich die Gewährleistung für die gesamten Architektenleistungen erst nach Abschluss der Leistungsphase 9, d.h. erst nachdem die Verjährung für Ansprüche gegenüber **allen** Bauunternehmern verstrichen ist. Wenn der Auftraggeber gerichtliche Beweisverfahren oder Prozesse mit den Bauunternehmern führt, ist deren Gewährleistungsfrist gehemmt. Bei Verurteilung oder Anerkenntnis beginnt sie neu. Für den Ingenieur bedeutet dies, dass sich der Beginn seiner eigenen Gewährleistungsfrist in gleicher Weise hinausschiebt. Wenn der Auftraggeber auf der Erbringung der Leistungsphase 9 besteht, dann sollte der Ingenieur hierüber entweder einen **eigenen Vertrag** abschließen, der nur auf diese Leistungsphase beschränkt ist, oder eine **stufenweise Beauftragung** wählen, bei der die Leistungsphase 9 eine eigene Stufe darstellt. Eine weitere Möglichkeit ist es, im Vertrag klarzustellen, dass (spätestens) nach der Leistungsphase 8 eine **Teilabnahme** für die bis dahin erbrachten Leistungen erfolgt, mit der auch insoweit die Gewährleistungsfrist zu laufen beginnt. 160

161 **1. Neuerungen.** Aus der Leistungsphase 9 wurden Teilleistungen herausgenommen und in die Leistungsphase 8 bzw. die Besonderen Leistungen verschoben. Insgesamt wurde die Leistungsphase deutlich **„verschlankt“**, was sich auch in der niedrigeren Bewertung der Leistungsphase niederschlägt. Statt mit 3% des Gesamthonorars ist die Objektbetreuung in der HOAI 2013 nur noch **mit 1% bewertet.** Besonders ins Gewicht fällt, dass das **Überwachen der Beseitigung von Mängeln** nunmehr keine Grundleistung mehr ist, sondern daraus eine **Besondere Leistung** geworden ist. Nach der Neufassung ist als Grundleistung nur noch die fachliche Bewertung der innerhalb der Gewährleistungsfrist festgestellten Mängel vorgesehen, dies allerdings in einem Zeitraum von **fünf Jahren** seit Abnahme der Ausführungsleistungen. Die HOAI 2009 ging durchgängig in allen Leistungsbildern von einem 4-Jahres-Zeitraum aus. Außerdem bezog sich dieser 4-Jahres-Zeitraum auf das Auftreten der Mängel. Nach der Formulierung in Anlage 12.1, Leistungsphase 9, lit. a) HOAI 2013 ist der Leistungszeitraum auf fünf Jahre seit der Abnahme der Leistung beschränkt, auch wenn die Mängelbeseitigung länger andauert.

2. Die einzelnen Teilleistungen

162 **a) Fachliche Bewertung der innerhalb der Verjährungsfristen für Gewährleistungsansprüche festgestellten Mängel längstens jedoch bis zum Ablauf von fünf Jahren seit Abnahme der Leistung, einschließlich notwendiger Begehungen.** Die Teilleistung der **„fachlichen Bewertung“** der innerhalb der Verjährungsfristen für Gewährleistungsansprüche festgestellten Mängel wurde **neu in die Leistungsphase 9** aufgenommen. Hierdurch soll sichergestellt sein, dass der beauftragte Architekt oder Ingenieur auch nach Abschluss des Projekts dem Bauherrn bei auftretenden Mängeln zur Seite steht und eine **verursachungsgemäße Inanspruchnahme des Schädigers** ermöglicht wird.[34]

163 Ausgehend von diesen Beweggründen des Verordnungsgebers, die zur Aufnahme dieser Grundleistung in die Leistungsphase 9 geführt haben, muss es sich bei der fachtechnischen Bewertung um eine mit derjenigen eines **Gutachters oder Sachverständigen vergleichbare Tätigkeit** handeln. Denn eine verursachungsgemäße Inanspruchnahme des Schädigers ist dem Bauherrn nur möglich, wenn ihm eine entsprechende fachtechnische Bewertung vorliegt. Ohne diejenige des Objektplaners wäre der Bauherr gezwungen, einen Sachverständigen oder Gutachter hiermit zu betrauen, oder – wenn er über die erforderliche Sachkunde verfügt – die fachtechnische Bewertung selbst vorzunehmen.

164 Im Rahmen der fachlichen Mängelbewertung sind zunächst die Mängel am Bestand zu **erfassen** und anschließend anhand der Projektunterlagen bzw. Projektdokumentation (z.B. Pläne, Bautagebücher, Abnahmeprotokolle) dergestalt **auszuwerten**, dass die Zuordnung des Mangels zu seinem Verursacher ermöglicht ist. Mit der fachlichen Bewertung der Mängel soll in erster Linie die **Zuordnung des Mangels zu einem Bau- oder Planungsbeteiligten aus fachlicher Sicht** sichergestellt werden. Eine Bewertung mit der Qualität und Ausführlichkeit eines Sachverständigengutachtens ist nicht erforderlich.[35]

165 Mit der HOAI 2009 wurde die Frist zur Überwachung der Mängelbeseitigung (die mit der HOAI 2013 zur Besonderen Leistung wurde) auf vier Jahre festgelegt. Diese 4-Jahres-

34 BR-Drucks. 334/13, S. 155.
35 BR-Drucks. 334/13, S. 155.

Frist entspricht der Gewährleistungsdauer nach § 13 Abs. 4 VOB/B. Hierbei hat der Verordnungsgeber aber offenbar übersehen, dass die VOB/B nicht für alle Bauverträge die Vertragsgrundlage bildet, sondern dass auch Bauverträge ohne Einbeziehung der VOB/B abgeschlossen werden oder dass die VOB/B trotz beabsichtigter Einbeziehung des Öfteren aus formalen oder AGB-rechtlichen Gründen nicht zur Anwendung kommt. In diesen Fällen gilt die regelmäßige Verjährungsfrist des BGB-Werkvertragsrechts, die gem. § 634a Abs. 1 Nr. 2 BGB bei Bauwerken und den dazugehörenden Planungs- und Überwachungsleistungen fünf Jahre beträgt. Um diese – offensichtlich unbeabsichtigte – Leistungsbeschränkung im Rahmen der Objektbetreuung zu beheben, wurde die **Frist für die fachliche Bewertung der festgestellten Mängel an § 438 Abs. 1 Nr. 2 BGB auf fünf Jahre angepasst.**[36] Damit ist aber nicht geregelt, dass der Objektplaner in jedem Fall bis zum Ablauf der Gewährleistungsfristen der anderen Bau- und Planungsbeteiligten haftet, denn nach der Formulierung in Anlage 12.1, Leistungsphase 9, lit. a) ist der Leistungszeitraum auf fünf Jahre **seit der Abnahme der Leistung beschränkt.** Die Haftungsdauer der Bau- und Planungsbeteiligten kann aber, insbesondere als Folge einer Verjährungshemmung, unter Umständen weit mehr als fünf Jahre betragen. Auch die Mängelbeseitigung kann länger andauern und erst nach Ablauf von fünf Jahren seit Abnahme der Leistung beendet sein. Diese Fälle führen jedoch **nicht zu einer verlängerten Leistungspflicht des Auftragnehmers,** die Pflicht zur fachlichen Bewertung der festgestellten Mängel endet dennoch **fünf Jahre nach Abnahme der Leistung.**

b) Objektbegehung zur Mängelfeststellung vor Ablauf der Verjährungsfristen für Mängelansprüche gegenüber den ausführenden Unternehmen. Diese Teilleistung ist gegenüber der HOAI 2009 unverändert geblieben. Grundleistung der Leistungsphase 8 ist gem. Anlage 12.1, Leistungsphase 8, lit. i) das Auflisten der Verjährungsfristen der Mängelansprüche. Daher ist es dem Auftragnehmer durch Überprüfung der in Leistungsphase 8 erstellten Auflistung möglich, den Ablauf der Verjährungsfristen rechtzeitig festzustellen. Durch eine **rechtzeitige Objektbegehung** hat er dann dafür Sorge zu tragen, dass die Geltendmachung der Gewährleistungsansprüche für **Mängel, die zwischen Abnahme und Begehung aufgetreten** und die **anlässlich der Objektbegehung erst erkennbar geworden sind,** noch geltend gemacht werden können. 166

Die Objektbegehung zur Mängelfeststellung erfordert eine **sorgfältige Prüfung** des Werkes auf erkennbare Mängel. Eine Besichtigung allein wird hierbei in der Regel nicht ausreichend sein, sondern es ist auch die **Funktionsfähigkeit eingebauter Gegenstände und Anlagen zu prüfen.** Allerdings sind genauere Untersuchungen mit speziellen Untersuchungsgeräten oder -methoden oder unter Einbeziehung von Sonderfachleuten in der Regel nicht erforderlich. Diese sind nur dann geboten und dem Auftraggeber vorzuschlagen, wenn sich bei der Begehung konkrete Anhaltspunkte für das Vorliegen eines Mangels ergeben, eine abschließende Beurteilung aber noch nicht möglich ist.[37] 167

Nach dem Wortlaut von Anlage 12.1, Leistungsphase 9, lit. b) ist zur vollständigen Erbringung dieser Teilleistung nur eine Objektbegehung kurz vor Ablauf der Verjährungsfristen erforderlich. Bei Vorliegen besonderer Umstände des Einzelfalls können allerdings auch **Mehrfachbegehungen** erforderlich werden. Hier ist insbesondere an drei Ausnahmen zu denken: Die erste betrifft den Fall, dass dem Auftragnehmer während der 168

---

36 BR-Drucks. 334/13, S. 156.

37 Allgemeine Meinung, vgl. Locher/Koeble/Frik/*Koeble*, § 34 Rn 263; Korbion/Mantscheff/Vygen/*Korbion*, § 33 Rn 301; *Pott/Dahlhoff/Kniffka/Rath*, § 42 Rn 98.

Gewährleistungszeit, also nach der Abnahme, aber vor der abschließenden Objektbegehung, **Beanstandungen** gemeldet werden, die sich auf nunmehr entdeckte (wenn auch möglicherweise tatsächlich nicht bestehende) Mängel von Unternehmerleistungen beziehen. In diesem Fall muss der Ingenieur diesen Beanstandungen nachgehen. Dies kann es unter Umständen erforderlich machen, das Objekt mehrfach aufzusuchen, nämlich so oft, bis die notwendigen Feststellungen in Bezug auf die erhobenen Rügen getroffen werden können. Die Verpflichtung zur abschließenden Objektbegehung entfällt hierdurch nicht. Die kurz vor Ablauf der Gewährleistungsfrist durchzuführende abschließende Begehung zur Feststellung etwaiger Mängel ist trotzdem durchzuführen. Dabei sind insbesondere auch diejenigen Teile einzubeziehen, welche zwischenzeitlich ausgebessert wurden.[38]

169 Die zweite Ausnahme betrifft den Fall, dass der Ingenieur neben der Leistungsphase 9 auch mit der **örtlichen Bauüberwachung** beauftragt ist, die eine Besondere Leistung i.S.d. Anlage 12.1, Leistungsphase 8, rechte Spalte, 5. Spiegelstrich, ist. Im Rahmen der örtlichen Bauüberwachung ist der Auftragnehmer zum **Überwachen der Beseitigung der bei der Abnahme der Leistungen festgestellten Mängel** verpflichtet. Es kann sein, dass während der Gewährleistungsfrist noch Mängel zu beseitigen sind, welche bei der Abnahme (Anlage 12.1, Leistungsphase 8, lit. e)) festgestellt worden sind. Dann muss der Ingenieur im Rahmen der örtlichen Bauüberwachung die **Mängelbeseitigung des betreffenden Unternehmers überwachen**, was notwendigerweise eine oder auch mehrere Objektbegehungen erfordert. Diese Objektbegehungen sind allerdings der Leistungsphase 8, nicht der Leistungsphase 9 zuzuordnen mit der Folge, dass die Verpflichtung des Ingenieurs bei diesen Objektbegehungen auf die Kontrolle der Mängelbeseitigungsleistung beschränkt ist. Zu einer darüber hinausgehenden Überprüfung des Objekts auf Mängel ist der Ingenieur insoweit nicht verpflichtet. Die abschließende Objektbegehung der Leistungsphase 9 hat demnach eine andere Zielrichtung, sodass die Verpflichtung hierzu wegen der ggf. erforderlichen Mängelbeseitigungskontrolle im Rahmen der Leistungsphase 8 **nicht entfällt**.

170 Schließlich kann es – insbesondere bei großen Bauprojekten – erforderlich sein, die abschließende Objektbegehung **gewerkebezogen getrennt** durchzuführen, und zwar dann, wenn die **Abnahmezeitpunkte bei verschiedenen Gewerken zeitlich weit** – etwa Monate oder gar Jahre – **auseinanderliegen** oder wenn **unterschiedliche Gewährleistungsfristen** – etwa vier Jahre nach VOB/B und fünf Jahre nach BGB – **vereinbart** wurden. In diesem Fall wird sich die abschließende Begehung zur Mängelfeststellung nicht sinnvoll in einem Termin erledigen lassen, da die unterschiedlichen Abnahmetermine zu erheblichen **Unterschieden beim Ablauf der Gewährleistungsfristen** führen. Dies ist insbesondere auch dann der Fall, wenn sich einzelne Gewährleistungsfristen durch **Hemmung** oder **Unterbrechung** verschieben. Gerade aus der Verjährungshemmung – z.B. infolge eines selbstständigen Beweisverfahrens – ergibt sich nicht selten eine mehrjährige Verlängerung des Gewährleistungsablaufs nach hinten. Solche Fallkonstellationen können für den Ingenieur im Extremfall bedeuten, dass er für jeden einzelnen Unternehmer eine **gesonderte Objektbegehung** vorzunehmen hat.

171 Darüber hinaus verlängert sich die Leistungsphase 9 entsprechend. Gesetzt den Fall, es tritt kurz vor Ablauf der Gewährleistungsfrist an einem Gewerk ein Mangel auf, dessen Beseitigung mehrere Jahre in Anspruch nimmt oder hinsichtlich dessen zunächst ein mehrjähriges selbstständiges Beweisverfahren geführt wird: Während der gesamten Zeit

38 OLG Hamm, Urt. v. 9.1.2003 – 17 U 91/01 – IBR 2003, 204.

ist die **Leistung des Ingenieurs aus Leistungsphase 9 nicht beendet**. Fehlt es dann auch noch an der Vereinbarung einer **Teilabnahmeverpflichtung** des Bauherrn nach Leistungsphase 8, so tritt die **Fälligkeit seines Resthonorars erst nach dieser letzten Objektbegehung zur Mängelfeststellung** ein. Noch gewichtiger aus Sicht des Auftragnehmers ist aber sicherlich der Umstand, dass **erst jetzt die Verjährung der Ansprüche gegen den Ingenieur beginnt**. Der Aufwand zur Erfüllung dieser Teilleistung ist insofern für den Auftragnehmer schwer kalkulierbar. Im ungünstigen Fall kann der Aufwand beträchtlich sein und zudem einen wesentlich verzögerten Gewährleistungsbeginn zur Folge haben. Dies sollte auftragnehmerseits angesichts des vergleichsweise geringen Honorars für die Leistungsphase 9 von nur 1% des Gesamthonorars berücksichtigt werden.

c) Mitwirken bei der Freigabe von Sicherheitsleistungen. Gegenüber der HOAI 2009 ist keine Änderung erfolgt. Auch im Rahmen dieser Grundleistung obliegt dem Ingenieur eine **Prüfung des Werkes auf das Vorliegen von Mängeln**. Hierbei hat der Ingenieur vor allem zu prüfen, ob eine dem Auftraggeber gewährte Sicherheitsleistung etwa deshalb weiterhin einbehalten werden muss, weil der Unternehmer noch nicht alle Leistungen erbracht, insbesondere nicht mängelfrei nachgebessert hat. Die Leistung steht damit im engen Zusammenhang mit der Objektbegehung zur Mängelfeststellung vor Ablauf der Gewährleistungsfristen gem. Anlage 12.1, Leistungsphase 9, lit. b) und wird in nicht wenigen Fällen mit dieser verbunden werden können. Ist der Ingenieur mit dieser Grundleistung beauftragt, hat er zu **prüfen** und den **Auftraggeber dahin gehend zu beraten**, ob eine zwischen dem Auftraggeber und dem jeweiligen Unternehmer **vereinbarte Sicherheit freigegeben** bzw. zurückgegeben werden kann oder ob die **Sicherheit wegen noch nicht beseitigter Mängel ganz oder teilweise aufrechtzuerhalten** ist. Ihm obliegt insoweit die **technische Prüfung des Werkes** und diese in Bezug zur Frage der Freigabe oder Aufrechterhaltung der Sicherheit zu setzen. Hierüber hat der Auftragnehmer den Bauherrn **fortlaufend zu informieren** und zu **beraten**. Eine **schuldhafte Verletzung dieser Beratungspflicht** kann eine **Haftung des Ingenieurs aus positiver Vertragsverletzung bzw. §§ 280, 281 BGB** nach sich ziehen.[39] 172

Beispiel
Der Objektplaner einer Hausmülldeponie ist der Meinung, die dem Elektrounternehmer gestellte Sicherheit könne jetzt freigegeben werden, weil er es nach einer Kürzung seiner letzten Abschlagsrechnung auf „0“ nicht mehr eingesehen hat, den – tatsächlich erkennbar mangelbehafteten – Elektroverteiler auf seine Funktionsfähigkeit zu überprüfen. Der beauftragende Zweckverband gibt die Sicherheit zurück. Eine Mängelbeseitigung durch den Elektrounternehmer kommt nicht mehr in Betracht, da dieser inzwischen insolvent ist. Der Zweckverband beauftragt auf seine Kosten ein Drittunternehmen mit dem Austausch des Verteilers. Der Ingenieur ist wegen der schuldhaften Verletzung seiner Beratungspflicht schadensersatzpflichtig. Der Schaden des Zweckverbands liegt im Verlust der Sicherheitsleistungen, welcher bei ihm endgültig zu einem Vermögensverlust geführt hat. Der Schaden haftet in diesem Fall nicht der Sache selbst an, sondern betrifft das sonstige Vermögen des Bauherrn.

Zur **Freigabe der Sicherheitsleistung** selbst ist der **Ingenieur nicht berechtigt**. Dies ist allein **Sache des Auftraggebers**, sofern er den Ingenieur hierzu nicht ausdrücklich bevollmächtigt hat. 173

39 *Neuenfeld*, BauR 1981, 436.

174 **3. Besondere Leistungen.** Neu in der HOAI 2013 ist, dass die Grundleistung *„Überwachen der Beseitigung von Mängeln, die innerhalb der Verjährungsfristen ... auftreten"* durch den Verordnungsgeber **ersatzlos gestrichen** und nunmehr den **Besonderen Leistungen** der Leistungsphase 9 zugeordnet wurde. Der Aufwand für die bisherige Grundleistung sei im Umfang nur schwierig kalkulierbar. Daher soll die Überwachung der Mängelbeseitigung zukünftig als Besondere Leistung z.B. auf **Zeithonorarbasis** beauftragt werden können. Durch die neu aufgenommene Grundleistung der fachlichen Bewertung der Mängel einschließlich notwendiger Begehungen sei sichergestellt, dass der beauftragte Architekt oder Ingenieur auch nach Abschluss des Projekts dem Bauherrn bei auftretenden Mängeln zur Seite steht und eine **verursachungsgerechte Inanspruchnahme des Schädigers ermöglicht** wird.[40]

175 Diese Besondere Leistung umfasst nur die Überwachung der Beseitigung von Mängeln, die **nach der Abnahme** auftreten. Diejenigen Mängel, die bei der Abnahme festgestellt werden, fallen in den Bereich der Objektüberwachung (Leistungsphase 8).

176 **4. Honoraranspruch bei (mit-)verschuldeten Mängeln.** In der Literatur wird die Frage diskutiert, ob dem Ingenieur auch dann ein Honorar für die Leistungsphase 9 zusteht, wenn er die entsprechenden Mängel **selbst oder gemeinsam mit anderen Baubeteiligten verschuldet** hat. Teilweise wird davon ausgegangen, dass ein **Honorar in der Leistungsphase 9 nur bei denjenigen Mängeln anfällt, die vom Architekten/Ingenieur nicht zu vertreten** sind. Sei dies doch der Fall, habe der Architekt/Ingenieur den fraglichen Mangel also (mit-)verursacht, dienten die Mängelfeststellung und die Überwachung der Mängelbeseitigung nur der Nachholung der eigenen Fehlleistung und seien daher ohne besondere Vergütung zu erbringen.[41] Nach der gegenteiligen Auffassung hat der Ingenieur, der mit der Leistungsphase 9 beauftragt ist, **auch dann einen Honoraranspruch, wenn es sich um Mängel handelt, die er allein oder neben anderen Baubeteiligten mitzuverantworten hat.**[42] Derjenige Architekt bzw. Ingenieur, der mit der Leistungsphase 9 beauftragt ist, habe auch dann einen Honoraranspruch, wenn gar keine Mängel vorliegen. Die Überwachungstätigkeit sei keine zentrale Leistung, die es in jedem Fall rechtfertigen würde, einen Abzug vorzunehmen, wenn sie im Einzelfall nicht erforderlich sei. Demnach könne das Honorar auch nicht gemindert werden, wenn Mängel vorliegen, die auf die Leistung des Ingenieurs zurückzuführen sind.[43]

177 Die zuerst genannte Auffassung überzeugt nicht. Sie beruht darauf, dass dem Bauherrn bei vom Ingenieur (mit-)verursachten Fällen ein Nachbesserungsrecht zusteht, sodass ihm nach allgemeinen, hier übergeordneten Grundsätzen keine (weitere) Vergütung und damit auch kein Honorar für die Leistungsphase 9 zuerkannt werden könne. Diese Meinung verkennt, dass die HOAI **lediglich Vergütungstatbestände** enthält. Wenn ein Honoraranspruch im Rahmen der Leistungsphase 9 schon dann entsteht, wenn gar keine Mängel vorliegen, muss dieser konsequenterweise auch bestehen, wenn Mängel vorliegen, die von dem Ingenieur (mit-)verschuldet sind. Die geschuldete Leistung ist dann nämlich erbracht. Die Gewährleistungsrechte, z.B. in Form der (vergütungsfreien) Nacherfüllung stehen dem Bauherrn ungeachtet dessen beim Vorliegen der rechtlichen Voraussetzungen zu. Diese haben aber mit der Frage der Vergütung der Leistungsphase 9 nichts zu tun. Darum ist weder eine Kürzung noch eine völlige Streichung des auf die Leistungsphase 9 entfallenden Honoraranteils gerechtfertigt, sondern der

---

40 BR-Drucks. 334/13, S. 155.
41 Korbion/Mantscheff/Vygen/*Korbion*, § 33 Rn 306; *Neuenfeld*, BauR 1981, 436.
42 Locher/Koeble/Frik/*Koeble*, § 34 Rn 267; *Pott/Dahlhoff/Kniffka/Rath*, § 42 Rn 99.
43 Locher/Koeble/Frik/*Koeble*, § 34 Rn 268.

Bauherr ist auf die **Geltendmachung der ihm zustehenden Gewährleistungsrechte zu beschränken**.

D. Besonderheiten bei der Leistungsbewertung

I. Abweichende Bewertung der Leistungsphase 2 (Abs. 2)

Bei bestimmten Ingenieurbauwerken ergibt sich im Bereich der Leistungsphasen 1 und 2 eine Verlagerung der Leistungen vom Objektplaner auf den Tragwerksplaner und umgekehrt: Abs. 2 sieht vor, dass die Leistungsphase 2 bei **Objekten nach § 41 Nr. 6 und 7**, die eine **Tragwerksplanung erfordern**, abweichend von Abs. 1 Nr. 2 **statt mit 20% nur mit 10% zu bewerten** ist. Objekte nach § 41 Nr. 6 und 7 sind **konstruktive Ingenieurbauwerke für Verkehrsanlagen** und **sonstige Einzelbauwerke mit Ausnahme von Gebäuden und Freileitungsmasten**. Ist für diese Ingenieurbauwerke eine Tragwerksplanung erforderlich, geht der Verordnungsgeber davon aus, dass Teile der Vorplanung des Objektplaners vom Tragwerksplaner erbracht werden und dadurch eine abweichende Bewertung der Leistungsphase 2 veranlasst ist. 178

In diesem Zusammenhang ist darauf hinzuweisen, dass bei diesen Objekten der Verordnungsgeber umgekehrt davon ausgeht, dass die **Klärung der Aufgabenstellung auf dem Gebiet der Tragwerksplanung**, also die **Grundlagenermittlung im Bereich der Tragwerksplanung**, bei diesen Objekten **vom Objektplaner erbracht** wird. **§ 41 Abs. 1** beschränkt insoweit das Leistungsbild der Tragwerksplanung für Ingenieurbauwerke nach § 41 Nr. 6 und 7 auf die **Leistungsphasen 2 bis 6**. 179

II. Abweichende schriftliche Honorarvereinbarung (Abs. 3)

Abs. 3 eröffnet die Möglichkeit für abweichende schriftliche Honorarvereinbarungen in Fällen mit **gesteigertem Kostenaufwand aufseiten des Auftragnehmers**, wenn in der Leistungsphase 4 ein eigenständiges Planfeststellungsverfahren für das Ingenieurbauwerk (Nr. 1) oder in der Leistungsphase 5 ein überdurchschnittlicher Aufwand an Ausführungszeichnungen (Nr. 2) erforderlich ist.[44] 180

1. Eigenständiges Planfeststellungsverfahren (Nr. 1). Im Falle eines **eigenständigen Planfeststellungsverfahrens** kann gem. Nr. 1 für die Leistungsphase 4 ein Honorar von **5% bis zu 8%** vereinbart werden. Hierzu bedarf es einer **schriftlichen Vereinbarung** zwischen den Vertragsparteien, die nach dem Wortlaut von Abs. 3 **nicht bei Auftragserteilung** erfolgen muss, sondern die auch zu einem späteren Zeitpunkt erfolgen kann. 181

2. Überdurchschnittlicher Aufwand an Ausführungszeichnungen (Nr. 2). Das Honorar für die Leistungsphase 5 kann gem. Nr. 2 bei einem **überdurchschnittlichen Anfall von Ausführungszeichnungen** von **15% auf bis zu 35%** durch eine entsprechende Vereinbarung der Vertragsparteien angepasst werden. Mit Abs. 3 Nr. 2 hat die als **„Lex Wasserbau"** bekannte Sonderregelung wieder Eingang in die HOAI gefunden. Der Teilleistungssatz von 15% für die Ausführungsplanung deckt den besonderen Aufwand, den insbesondere schwierige Wasser-, Abwasser- und abfalltechnische Bauwerke und Anlagen häufig erfordern, nicht ab. Deshalb ermöglichte **§ 55 Abs. 4 S. 1 HOAI 1996** im 182

44 BR-Drucks. 334/13, S. 160 f.

Falle einer entsprechenden schriftlichen Vereinbarung bei Auftragserteilung eine Erhöhung des Vomhundertsatzes der Leistungsphase 5 auf bis zu 35% bei Bauwerken und Anlagen der Wasserversorgung, der Abwasserentsorgung, des Wasserbaus und der Abfallentsorgung (sog. „Lex Wasserbau“). Diese Möglichkeit galt nach der HOAI 2009 zwar fort, fand dort aber nur noch bei den Besonderen Leistungen (**Anlage 2 Ziff. 2.8.5 HOAI 2009**) unverbindlich Berücksichtigung. Die Sonderregelung wurde auf Anregung der Facharbeitsgruppen 3 (Ingenieurbauwerke) zur Evaluierung der HOAI – Aktualisierung der Leistungsbilder[45] – in die HOAI 2013 wieder aufgenommen.

183 Gegenüber der Regelung in § 55 Abs. 4 HOAI 1996 hat die Vorschrift zwei Änderungen erfahren, die ihren Anwendungsbereich erheblich erweitern: Zum einen ist die Beschränkung des Geltungsbereichs auf Bauwerke und Anlagen der Wasserversorgung, der Abwasserentsorgung, des Wasserbaus und der Abfallentsorgung entfallen. Abs. 3 Nr. 2 gilt jetzt für **alle Ingenieurbauwerke nach § 41 Nr. 1 bis 7**. Zum anderen sieht die Regelung nicht mehr vor, dass die Honoraranpassung für die Leistungsphase 5 bereits bei Auftragserteilung vereinbart werden muss. Es genügt nunmehr eine **schriftliche Vereinbarung**, die auch zu einem späteren Zeitpunkt als dem der Auftragserteilung getroffen werden kann. Diese Erleichterung wird dem Umstand gerecht, dass der gesteigerte Kostenaufwand des Auftragnehmers durch ein eigenständiges Planfeststellungsverfahren bzw. vermehrte Ausführungszeichnungen zum Zeitpunkt der Auftragserteilung häufig noch nicht, jedenfalls nicht in der für die Berechnung eines angemessenen Honorars erforderlichen Klarheit, abzusehen ist.

§ 44
Honorare für Grundleistungen bei Ingenieurbauwerken

(1) Die Mindest- und Höchstsätze der Honorare für die in § 43 und der Anlage 12 Nummer 12.1 aufgeführten Grundleistungen bei Ingenieurbauwerken sind in der folgenden Honorartafel für den Anwendungsbereich des § 41 festgesetzt:

Anrechenbare Kosten in Euro	Honorarzone I sehr geringe Anforderungen		Honorarzone II geringe Anforderungen		Honorarzone III durchschnittliche Anforderungen		Honorarzone IV hohe Anforderungen		Honorarzone V sehr hohe Anforderungen	
	von Euro	bis	von Euro	bis	von Euro	bis	von Euro	bis	von Euro	bis
25.000	3.449	4.109	4.109	4.768	4.768	5.428	5.428	6.036	6.036	6.696
35.000	4.475	5.331	5.331	6.186	6.186	7.042	7.042	7.831	7.831	8.687
50.000	5.897	7.024	7.024	8.152	8.152	9.279	9.279	10.320	10.320	11.447
75.000	8.069	9.611	9.611	11.154	11.154	12.697	12.697	14.121	14.121	15.663
100.000	10.079	12.005	12.005	13.932	13.932	15.859	15.859	17.637	17.637	19.564
150.000	13.786	16.422	16.422	19.058	19.058	21.693	21.693	24.126	24.126	26.762
200.000	17.215	20.506	20.506	23.797	23.797	27.088	27.088	30.126	30.126	33.417
300.000	23.534	28.033	28.033	32.532	32.532	37.031	37.031	41.185	41.185	45.684
500.000	34.865	41.530	41.530	48.195	48.195	54.861	54.861	61.013	61.013	67.679
750.000	47.576	56.672	56.672	65.767	65.767	74.863	74.863	83.258	83.258	92.354

45 Abschlussbericht, S. 223 ff., abrufbar unter http://www.bmvi.de/SharedDocs/DE/Anlage/BauenUndWohnen/Bauen/abschlussbericht-evaluierung-hoai-aktualisierung-der-leistungsbilder.pdf?__blob=publicationFile.

Anrechenbare Kosten in Euro	Honorarzone I sehr geringe Anforderungen von Euro	bis	Honorarzone II geringe Anforderungen von Euro	bis	Honorarzone III durchschnittliche Anforderungen von Euro	bis	Honorarzone IV hohe Anforderungen von Euro	bis	Honorarzone V sehr hohe Anforderungen von Euro	bis
1.000.000	59.264	70.594	70.594	81.924	81.924	93.254	93.254	103.712	103.712	115.042
1.500.000	80.998	96.482	96.482	111.967	111.967	127.452	127.452	141.746	141.746	157.230
2.000.000	101.054	120.373	120.373	139.692	139.692	159.011	159.011	176.844	176.844	196.163
3.000.000	137.907	164.272	164.272	190.636	190.636	217.001	217.001	241.338	241.338	267.702
5.000.000	203.584	242.504	242.504	281.425	281.425	320.345	320.345	356.272	356.272	395.192
7.500.000	278.415	331.642	331.642	384.868	384.868	438.095	438.095	487.227	487.227	540.453
10.000.000	347.568	414.014	414.014	480.461	480.461	546.908	546.908	608.244	608.244	674.690
15.000.000	474.901	565.691	565.691	656.480	656.480	747.270	747.270	831.076	831.076	921.866
20.000.000	592.324	705.563	705.563	818.801	818.801	932.040	932.040	1.036.568	1.036.568	1.149.806
25.000.000	702.770	837.123	837.123	971.476	971.476	1.105.829	1.105.829	1.229.848	1.229.848	1.364.201

(2) Welchen Honorarzonen die Grundleistungen zugeordnet werden, richtet sich nach folgenden Bewertungsmerkmalen:
1. geologische und baugrundtechnische Gegebenheiten,
2. technische Ausrüstung und Ausstattung,
3. Einbindung in die Umgebung oder in das Objektumfeld,
4. Umfang der Funktionsbereiche oder der konstruktiven oder technischen Anforderungen,
5. fachspezifische Bedingungen.

(3) Sind für Ingenieurbauwerke Bewertungsmerkmale aus mehreren Honorarzonen anwendbar und bestehen deswegen Zweifel, welcher Honorarzone das Objekt zugeordnet werden kann, so ist zunächst die Anzahl der Bewertungspunkte zu ermitteln. Zur Ermittlung der Bewertungspunkte werden die Bewertungsmerkmale wie folgt gewichtet:
1. die Bewertungsmerkmale gemäß Absatz 2 Nummer 1, 2 und 3 mit bis zu 5 Punkten,
2. das Bewertungsmerkmal gemäß Absatz 2 Nummer 4 mit bis zu 10 Punkten,
3. das Bewertungsmerkmal gemäß Absatz 2 Nummer 5 mit bis zu 15 Punkten.

(4) Das Ingenieurbauwerk ist anhand der nach Absatz 3 ermittelten Bewertungspunkte einer der Honorarzonen zuzuordnen:
1. Honorarzone I: bis zu 10 Punkte,
2. Honorarzone II: 11 bis 17 Punkte,
3. Honorarzone III: 18 bis 25 Punkte,
4. Honorarzone IV: 26 bis 33 Punkte,
5. Honorarzone V: 34 bis 40 Punkte.

(5) Für die Zuordnung zu den Honorarzonen ist die Objektliste der Anlage 12 Nummer 12.2 zu berücksichtigen.

(6) Für Umbauten und Modernisierungen von Ingenieurbauwerken kann bei einem durchschnittlichen Schwierigkeitsgrad ein Zuschlag gemäß § 6 Absatz 2 Satz 3 bis 33 Prozent schriftlich vereinbart werden.

(7) Steht der Planungsaufwand für Ingenieurbauwerke mit großer Längenausdehnung, die unter gleichen baulichen Bedingungen errichtet werden, in einem Missverhältnis zum ermittelten Honorar, ist § 7 Absatz 3 anzuwenden.

Anlage 12.2
Grundleistungen im Leistungsbild Ingenieurbauwerke, Besondere Leistungen, Objektliste

12.2 Objektliste Ingenieurbauwerke

Nachstehende Objekte werden in der Regel folgenden Honorarzonen zugerechnet:

Gruppe 1 – Bauwerke und Anlagen der Wasserversorgung	Honorarzone				
	I	II	III	IV	V
– Zisternen	x				
– einfache Anlagen zur Gewinnung und Förderung von Wasser, zum Beispiel Quellfassungen, Schachtbrunnen		x			
– Tiefbrunnen			x		
– Brunnengalerien und Horizontalbrunnen				x	
– Leitungen für Wasser ohne Zwangspunkte	x				
– Leitungen für Wasser mit geringen Verknüpfungen und wenigen Zwangspunkten		x			
– Leitungen für Wasser mit zahlreichen Verknüpfungen und mehreren Zwangspunkten			x		
– Einfache Leitungsnetze für Wasser		x			
– Leitungsnetze mit mehreren Verknüpfungen und zahlreichen Zwangspunkten und mit einer Druckzone			x		
– Leitungsnetze für Wasser mit zahlreichen Verknüpfungen und zahlreichen Zwangspunkten				x	
– einfache Anlagen zur Speicherung von Wasser, zum Beispiel Behälter in Fertigbauweise, Feuerlöschbecken		x			
– Speicherbehälter			x		
– Speicherbehälter in Turmbaumweise				x	
– einfache Wasseraufbereitungsanlagen und Anlagen mit mechanischen Verfahren, Pumpwerke und Druckerhöhungsanlagen			x		
– Wasseraufbereitungsanlagen mit physikalischen und chemischen Verfahren, schwierige Pumpwerke und Druckerhöhungsanlagen				x	
– Bauwerke und Anlagen mehrstufiger oder kombinierter Verfahren der Wasseraufbereitung					x

Gruppe 2 – Bauwerke und Anlagen der Abwasserentsorgung mit Ausnahme Entwässerungsanlagen, die der Zweckbestimmung der Verkehrsanlagen dienen, und Regenwasserversickerung (Abgrenzung zu Freianlagen)	Honorarzone				
	I	II	III	IV	V
– Leitungen für Abwasser ohne Zwangspunkte	x				
– Leitungen für Abwasser mit geringen Verknüpfungen und wenigen Zwangspunkten		x			
– Leitungen für Abwasser mit zahlreichen Verknüpfungen und zahlreichen Zwangspunkten			x		

Gruppe 2 – Bauwerke und Anlagen der Abwasserentsorgung mit Ausnahme Entwässerungsanlagen, die der Zweckbestimmung der Verkehrsanlagen dienen, und Regenwasserversickerung (Abgrenzung zu Freianlagen)	Honorarzone				
	I	II	III	IV	V
– einfache Leitungsnetze für Abwasser		x			
– Leitungsnetze für Abwasser mit mehreren Verknüpfungen und mehreren Zwangspunkten			x		
– Leitungsnetze für Abwasser mit zahlreichen Zwangspunkten				x	
– Erdbecken als Regenrückhaltebecken		x			
– Regenbecken und Kanalstauräume mit geringen Verknüpfungen und wenigen Zwangspunkten			x		
– Regenbecken und Kanalstauräume mit zahlreichen Verknüpfungen und zahlreichen Zwangspunkten, kombinierte Regenwasserbewirtschaftungsanlagen				x	
– Schlammabsetzanlagen, Schlammpolder		x			
– Schlammabsetzanlagen mit mechanischen Einrichtungen			x		
– Schlammbehandlungsanlagen				x	
– Bauwerke und Anlagen für mehrstufige oder kombinierte Verfahren der Schlammbehandlung					x
– Industriell systematisierte Abwasserbehandlungsanlagen, einfache Pumpwerke und Hebeanlagen		x			
– Abwasserbehandlungsanlagen mit gemeinsamer aerober Stabilisierung, Pumpwerke und Hebeanlagen			x		
– Abwasserbehandlungsanlagen, schwierige Pumpwerke und Hebeanlagen				x	
– Schwierige Abwasserbehandlungsanlagen					x

Gruppe 3 – Bauwerke und Anlagen des Wasserbaus ausgenommen Freianlagen nach § 39 Absatz 1	Honorarzone				
	I	II	III	IV	V
– Berieselung und rohrlose Dränung, flächenhafter Erdbau mit unterschiedlichen Schütthöhen oder Materialien		x			
– Beregnung und Rohrdränung			x		
– Beregnung und Rohrdränung bei ungleichmäßigen Boden- und schwierigen Geländeverhältnissen				x	
– Einzelgewässer mit gleichförmigem ungegliedertem Querschnitt ohne Zwangspunkte, ausgenommen Einzelgewässer mit überwiegend ökologischen und landschaftsgestalterischen Elementen	x				
– Einzelgewässer mit gleichförmigem gegliedertem Querschnitt und einigen Zwangspunkten		x			
– Einzelgewässer mit ungleichförmigem ungegliedertem Querschnitt und einigen Zwangspunkten, Gewässersysteme mit einigen Zwangspunkten			x		
– Einzelgewässer mit ungleichförmigem gegliedertem Querschnitt und vielen Zwangspunkten, Gewässersysteme mit vielen Zwangspunkten, besonders schwieriger Gewässerausbau mit sehr hohen technischen Anforderungen und ökologischen Ausgleichsmaßnahmen				x	

Gruppe 3 – Bauwerke und Anlagen des Wasserbaus ausgenommen Freianlagen nach § 39 Absatz 1	Honorarzone				
	I	II	III	IV	V
– Teiche bis 3 m Dammhöhe über Sohle ohne Hochwasserentlastung ausgenommen Teiche ohne Dämme	x				
– Teiche mit mehr als 3 m Dammhöhe über Sohle ohne Hochwasserentlastung, Teiche bis 3 m Dammhöhe über Sohle mit Hochwasserentlastung		x			
– Hochwasserrückhaltebecken und Talsperren bis 5 m Dammhöhe über Sohle oder bis 100.000 m³ Speicherraum			x		
– Hochwasserrückhaltebecken und Talsperren mit mehr als 100.000 m³ und weniger als 5.000.000 m³ Speicherraum				x	
– Hochwasserrückhaltebecken und Talsperren mit mehr als 5.000.000 m³ Speicherraum					x
– Deich und Dammbauten		x			
– schwierige Deich- und Dammbauten			x		
– besonders schwierige Deich- und Dammbauten				x	
– einfache Pumpanlagen, Pumpwerke und Schöpfwerke		x			
– Pump- und Schöpfwerke, Siele			x		
– schwierige Pump- und Schöpfwerke				x	
– Einfache Durchlässe	x				
– Durchlässe und Düker		x			
– schwierige Durchlässe und Düker			x		
– Besonders schwierige Durchlässe und Düker				x	
– einfache feste Wehre		x			
– feste Wehre			x		
– einfache bewegliche Wehre			x		
– bewegliche Wehre				x	
– einfache Sperrwerke und Sperrtore			x		
– Sperrwerke				x	
– Kleinwasserkraftanlagen			x		
– Wasserkraftanlagen				x	
– Schwierige Wasserkraftanlagen, zum Beispiel Pumpspeicherwerke oder Kavernenkraftwerke					x
– Fangedämme, Hochwasserwände			x		
– Fangedämme, Hochwasserschutzwände in schwieriger Bauweise				x	
– eingeschwommene Senkkästen, schwierige Fangedämme, Wellenbrecher					x
– Bootsanlegestellen mit Dalben, Leitwänden, Festmacher- und Fenderanlagen an stehenden Gewässern	x				
– Bootsanlegestellen mit Dalben, Leitwänden, Festmacher- und Fenderanlagen an fließenden Gewässern, einfache Schiffslösch- und -ladestellen, einfache Kaimauern und Piers		x			
– Schiffslösch- und -ladestellen, Häfen, jeweils mit Dalben, Leitwänden, Festmacher- und Fenderanlagen mit hohen Belastungen, Kaimauern und Piers			x		
– Schiffsanlege-, -lösch- und -ladestellen bei Tide oder Hochwasserbeeinflussung, Häfen bei Tide- und Hochwasserbeeinflussung, schwierige Kaimauern und Piers				x	

Gruppe 3 – Bauwerke und Anlagen des Wasserbaus ausgenommen Freianlagen nach § 39 Absatz 1	Honorarzone				
	I	II	III	IV	V
– Schwierige schwimmende Schiffsanleger, bewegliche Verladebrücken					x
– Einfache Uferbefestigungen	x				
– Uferwände und -mauern		x			
– Schwierige Uferwände und -mauern, Ufer- und Sohlensicherung an Wasserstraßen			x		
– Schifffahrtskanäle mit Dalben, Leitwänden, bei einfachen Bedingungen			x		
– Schifffahrtskanäle mit Dalben, Leitwänden, bei schwierigen Bedingungen in Dammstrecken, mit Kreuzungsbauwerken				x	
– Kanalbrücken					x
– einfache Schiffsschleusen, Bootsschleusen		x			
– Schiffsschleusen bei geringen Hubhöhen			x		
– Schiffsschleusen bei großen Hubhöhen und Sparschleusen				x	
– Schiffshebewerke					x
– Werftanlagen, einfache Docks			x		
– schwierige Docks				x	
– Schwimmdocks					x

Gruppe 4 – Bauwerke und Anlagen für Ver- und Entsorgung mit Gasen, Energieträgern, Feststoffen einschließlich wassergefährdenden Flüssigkeiten, ausgenommen Anlagen nach § 53 Absatz 2	Honorarzone				
	I	II	III	IV	V
– Transportleitungen für Fernwärme, wassergefährdende Flüssigkeiten und Gase ohne Zwangspunkte	x				
– Transportleitungen für Fernwärme, wassergefährdende Flüssigkeiten und Gase mit geringen Verknüpfungen und wenigen Zwangspunkten		x			
– Transportleitungen für Fernwärme, wassergefährdende Flüssigkeiten und Gase mit zahlreichen Verknüpfungen oder zahlreichen Zwangspunkten			x		
– Transportleitungen für Fernwärme, wassergefährdende Flüssigkeiten und Gase mit zahlreichen Verknüpfungen und zahlreichen Zwangspunkten				x	
– Industriell vorgefertigte einstufige Leichtflüssigkeitsabscheider		x			
– Einstufige Leichtflüssigkeitsabscheider			x		
– mehrstufige Leichtflüssigkeitsabscheider				x	
– Leerrohrnetze mit wenigen Verknüpfungen			x		
– Leerrohrnetze mit zahlreichen Verknüpfungen				x	
– Handelsübliche Fertigbehälter für Tankanlagen	x				
– Pumpzentralen für Tankanlagen in Ortbetonbauweise			x		
– Anlagen zur Lagerung wassergefährdender Flüssigkeiten in einfachen Fällen			x		

Gruppe 5 – Bauwerke und Anlagen der Abfallentsorgung	Honorarzone				
	I	II	III	IV	V
– Zwischenlager, Sammelstellen und Umladestationen offener Bauart für Abfälle oder Wertstoffe ohne Zusatzeinrichtungen	x				
– Zwischenlager, Sammelstellen und Umladestationen offener Bauart für Abfälle oder Wertstoffe mit einfachen Zusatzeinrichtungen		x			
– Zwischenlager, Sammelstellen und Umladestationen offener Bauart für Abfälle oder Wertstoffe, mit schwierigen Zusatzeinrichtungen			x		
– Einfache, einstufige Aufbereitungsanlagen für Wertstoffe		x			
– Aufbereitungsanlagen für Wertstoffe			x		
– Mehrstufige Aufbereitungsanlagen für Wertstoffe				x	
– Einfache Bauschuttaufbereitungsanlagen		x			
– Bauschuttaufbereitungsanlagen			x		
– Bauschuttdeponien ohne besondere Einrichtungen		x			
– Bauschuttdeponien			x		
– Pflanzenabfall-Kompostierungsanlagen ohne besondere Einrichtungen		x			
– Biomüll-Kompostierungsanlagen, Pflanzenabfall-Kompostierungsanlagen			x		
– Kompostwerke				x	
– Hausmüll- und Monodeponien			x		
– Hausmülldeponien und Monodeponien mit schwierigen technischen Anforderungen				x	
– Anlagen zur Konditionierung von Sonderabfällen				x	
– Verbrennungsanlagen, Pyrolyseanlagen					x
– Sonderabfalldeponien				x	
– Anlagen für Untertagedeponien				x	
– Behälterdeponien				x	
– Abdichtung von Altablagerungen und kontaminierten Standorten			x		
– Abdichtung von Altablagerungen und kontaminierten Standorten mit schwierigen technischen Anforderungen				x	
– Anlagen zur Behandlung kontaminierter Böden einschließlich Bodenluft				x	
– einfache Grundwasserdekontaminierungsanlagen				x	
– komplexe Grundwasserdekontaminierungsanlagen					x

Gruppe 6 – konstruktive Ingenieurbauwerke für Verkehrsanlagen	Honorarzone				
	I	II	III	IV	V
– Lärmschutzwälle ausgenommen Lärmschutzwälle als Mittel der Geländegestaltung	x				
– Einfache Lärmschutzanlagen		x			
– Lärmschutzanlagen			x		
– Lärmschutzanlagen in schwieriger städtebaulicher Situation				x	

Gruppe 6 – konstruktive Ingenieurbauwerke für Verkehrsanlagen	Honorarzone				
	I	II	III	IV	V
– Gerade Einfeldbrücken einfacher Bauart		x			
– Einfeldbrücken			x		
– Einfache Mehrfeld- und Bogenbrücken			x		
– Schwierige Einfeld-, Mehrfeld- und Bogenbrücken				x	
– Schwierige, längs vorgespannte Stahlverbundkonstruktionen					x
– Besonders schwierige Brücken					x
– Tunnel- und Trogbauwerke			x		
– Schwierige Tunnel- und Trogbauwerke				x	
– Besonders schwierige Tunnel- und Trogbauwerke					x
– Untergrundbahnhöfe			x		
– schwierige Untergrundbahnhöfe				x	
– besonders schwierige Untergrundbahnhöfe und Kreuzungsbahnhöfe					x

Gruppe 7 – sonstige Einzelbauwerke sonstige Einzelbauwerke ausgenommen Gebäude und Freileitungs- und Oberleitungsmaste	Honorarzone				
	I	II	III	IV	V
– Einfache Schornsteine		x			
– Schornsteine			x		
– Schwierige Schornsteine				x	
– Besonders schwierige Schornsteine					x
– Einfache Masten und Türme ohne Aufbauten	x				
– Masten und Türme ohne Aufbauten		x			
– Masten und Türme mit Aufbauten			x		
– Masten und Türme mit Aufbauten und Betriebsgeschoss				x	
– Masten und Türme mit Aufbauten, Betriebsgeschoss und Publikumseinrichtungen					x
– Einfache Kühltürme			x		
– Kühltürme				x	
– Schwierige Kühltürme					x
– Versorgungsbauwerke und Schutzrohre in sehr einfachen Fällen ohne Zwangspunkte	x				
– Versorgungsbauwerke und Schutzrohre mit zugehörigen Schächten für Versorgungssysteme mit wenigen Zwangspunkten		x			
– Versorgungsbauwerke mit zugehörigen Schächten für Versorgungssysteme unter beengten Verhältnissen			x		
– Versorgungsbauwerke mit zugehörigen Schächten in schwierigen Fällen für mehrere Medien				x	
– Flach gegründete, einzeln stehende Silos ohne Anbauten		x			
– Einzeln stehende Silos mit einfachen Anbauten, auch in Gruppenbauweise			x		
– Silos mit zusammengefügten Zellenblöcken und Anbauten				x	
– Schwierige Windkraftanlagen				x	
– Unverankerte Stützbauwerke bei geringen Geländesprüngen ohne Verkehrs belastung als Mittel zur Geländegestaltung und zur konstruktiven Böschungssicherung	x				

Gruppe 7 – sonstige Einzelbauwerke sonstige Einzelbauwerke ausgenommen Gebäude und Freileitungs- und Oberleitungsmaste	Honorarzone				
	I	II	III	IV	V
– Unverankerte Stützbauwerke bei hohen Geländesprüngen mit Verkehrsbelastungen mit einfachen Baugrund-, Belastungs- und Geländeverhältnissen		x			
– Stützbauwerke mit Verankerung oder unverankerte Stützbauwerke bei schwierigen Baugrund-, Belastungs- oder Geländeverhältnissen			x		
– Stützbauwerke mit Verankerung und schwierigen Baugrund-, Belastungs- oder Geländeverhältnissen				x	
– Stützbauwerke mit Verankerung und ungewöhnlich schwierigen Randbedingungen					x
– Schlitz- und Bohrpfahlwände, Trägerbohlwände			x		
– Einfache Traggerüste und andere einfache Gerüste			x		
– Traggerüste und andere Gerüste				x	
– Sehr schwierige Gerüste und sehr hohe oder weit gespannte Traggerüste, verschiebliche (Trag-)Gerüste					x
– eigenständige Tiefgaragen, einfache Schacht- und Kavernenbauwerke, einfache Stollenbauten			x		
– schwierige eigenständige Tiefgaragen, schwierige Schacht- und Kavernenbauwerke, schwierige Stollenbauwerke				x	
– Besonders schwierige Schacht- und Kavernenbauwerke					x

Übersicht

A. Überblick

In § 44 Abs. 1 sind die Honorare für die in § 43 und der Anlage 12.1 aufgeführten Grundleistungen bei Ingenieurbauwerken gem. § 41 Nr. 1 bis 7 in einer **Honorartafel** festgesetzt. Die Absätze 2 bis 5 regeln die Festlegung des **Schwierigkeitsgrads** des Ingenieurbauwerks, also die Ermittlung der maßgeblichen **Honorarzone** nach § 5. Abs. 6 sieht vor, dass für Umbauten und Modernisierungen von Ingenieurbauwerken bei einem durchschnittlichen Schwierigkeitsgrad ein **Umbau- bzw. Modernisierungszuschlag** vereinbart werden kann. Abs. 7 enthält schließlich einen **Ausnahmefall** i.S.d. § 7 Abs. 3 für **Ingenieurbauwerke mit großer Längenausdehnung**. 1

§ 44 entspricht weitestgehend § 43 HOAI 2009. In der Überschrift sowie in § 44 Abs. 1 wurde zum Zwecke der Klarstellung im Hinblick auf § 3 Abs. 2 der Begriff der „Grundleistungen" aufgenommen.[1] Die **Objektliste für Ingenieurbauwerke** findet sich nunmehr in der **Anlage 12.2**, während in der HOAI 2009 sämtliche Objektlisten in Anlage 3 enthalten waren, wobei die Objektliste für Ingenieurbauwerke in Ziff. 3.4 der Anlage 3 verortet war. Abs. 5 stellt klar, dass die Anlage 12.2 für die Zuordnung des Objekts zu den Honorarzonen anzuwenden ist. 2

B. Honorartafel (Abs. 1)

I. Vergleich mit früheren Fassungen der HOAI

Die Honorartafel für Grundleistungen bei Ingenieurbauwerken war bis zum Inkrafttreten der HOAI 2009 in § 56 Abs. 1 HOAI 2002 und danach bis zum Inkrafttreten der HOAI 2013 in § 43 Abs. 1 HOAI 2009 enthalten. Gegenüber der Tabelle in der HOAI 2002 wurden in der HOAI 2009 die Tafelwerte durchgängig, also linear um 10% angehoben. Im Vergleich zur HOAI 2009 wurden mit der HOAI 2013 die Honorare für Grundleistungen gemäß der Honorartabelle des Abs. 1 insgesamt erheblich angehoben, und zwar **nicht-linear von 4,13% bis zu 34,06%**. Die größte Erhöhung ist dabei im unteren Bereich der anrechenbaren Kosten im Mindestsatzbereich der Honorarzone I erfolgt, wohingegen die Erhöhung im oberen Bereich der anrechenbaren Kosten, ebenfalls bei den Mindestsätzen der Honorarzone I, die Anhebung am Geringsten ausgefallen ist. Zu den jeweiligen Prozentsätzen wird auf die nachstehende Tabelle gem. Abbildung 4.27 des Abschlussberichts BMVBS verwiesen.[2] 3

1 BR-Drucks. 334/13, S. 161.
2 Quelle: Studie im Auftrag des Bundesministeriums für Wirtschaft und Technologie zum Aktualisierungsbedarf zur Honorarstruktur der Honorarordnung für Architekten und Ingenieure (HOAI) – Hauptdokument, Dresden, Berlin, Cottbus, Kassel, Dezember 2012, S. 129.

Anrechenbare Kosten in Euro	Honorarzone I		Honorarzone II		Honorarzone III		Honorarzone IV		Honorarzone V	
	von	bis	von	bis	von	bis	von	bis	von	bis
25.565	+ 34,06 %	+ 26,99 %	+ 26,99 %	+ 22,46 %	+ 22,46 %	+ 19,10 %	+ 19,10 %	+ 15,73 %	+ 15,73 %	+ 13,87 %
30.000	+ 32,91 %	+ 26,37 %	+ 26,37 %	+ 22,06 %	+ 22,06 %	+ 18,90 %	+ 18,90 %	+ 15,64 %	+ 15,64 %	+ 13,96 %
35.000	+ 32,59 %	+ 26,48 %	+ 26,48 %	+ 22,23 %	+ 22,23 %	+ 19,28 %	+ 19,28 %	+ 16,03 %	+ 16,03 %	+ 14,45 %
40.000	+ 31,94 %	+ 25,93 %	+ 25,93 %	+ 21,94 %	+ 21,94 %	+ 19,19 %	+ 19,19 %	+ 16,02 %	+ 16,02 %	+ 14,46 %
45.000	+ 31,47 %	+ 25,83 %	+ 25,83 %	+ 21,98 %	+ 21,98 %	+ 19,31 %	+ 19,31 %	+ 16,23 %	+ 16,23 %	+ 14,76 %
50.000	+ 31,19 %	+ 25,77 %	+ 25,77 %	+ 22,13 %	+ 22,13 %	+ 19,59 %	+ 19,59 %	+ 16,60 %	+ 16,60 %	+ 15,16 %
75.000	+ 29,46 %	+ 25,03 %	+ 25,03 %	+ 22,02 %	+ 22,02 %	+ 19,88 %	+ 19,88 %	+ 17,24 %	+ 17,24 %	+ 16,03 %
100.000	+ 28,18 %	+ 24,42 %	+ 24,42 %	+ 21,83 %	+ 21,83 %	+ 19,98 %	+ 19,98 %	+ 17,55 %	+ 17,55 %	+ 16,52 %
150.000	+ 26,45 %	+ 23,60 %	+ 23,60 %	+ 21,61 %	+ 21,61 %	+ 20,16 %	+ 20,16 %	+ 18,05 %	+ 18,05 %	+ 17,27 %
200.000	+ 25,17 %	+ 22,94 %	+ 22,94 %	+ 21,38 %	+ 21,38 %	+ 20,24 %	+ 20,24 %	+ 18,35 %	+ 18,35 %	+ 17,74 %
250.000	+ 23,73 %	+ 22,01 %	+ 22,01 %	+ 20,77 %	+ 20,77 %	+ 19,86 %	+ 19,86 %	+ 18,16 %	+ 18,16 %	+ 17,70 %
300.000	+ 23,41 %	+ 22,04 %	+ 22,04 %	+ 21,04 %	+ 21,04 %	+ 20,32 %	+ 20,32 %	+ 18,74 %	+ 18,74 %	+ 18,40 %
350.000	+ 22,11 %	+ 21,04 %	+ 21,04 %	+ 20,27 %	+ 20,27 %	+ 19,72 %	+ 19,72 %	+ 18,28 %	+ 18,28 %	+ 18,03 %
400.000	+ 21,38 %	+ 20,61 %	+ 20,61 %	+ 20,04 %	+ 20,04 %	+ 19,63 %	+ 19,63 %	+ 18,30 %	+ 18,30 %	+ 18,14 %
450.000	+ 21,10 %	+ 20,54 %	+ 20,54 %	+ 20,14 %	+ 20,14 %	+ 19,86 %	+ 19,86 %	+ 18,62 %	+ 18,62 %	+ 18,54 %
500.000	+ 21,09 %	+ 20,73 %	+ 20,73 %	+ 20,48 %	+ 20,48 %	+ 20,29 %	+ 20,29 %	+ 19,15 %	+ 19,15 %	+ 19,12 %
750.000	+ 19,22 %	+ 19,65 %	+ 19,65 %	+ 19,97 %	+ 19,97 %	+ 20,21 %	+ 20,21 %	+ 19,40 %	+ 19,40 %	+ 19,65 %
1.000.000	+ 17,73 %	+ 18,71 %	+ 18,71 %	+ 19,42 %	+ 19,42 %	+ 19,97 %	+ 19,97 %	+ 19,39 %	+ 19,39 %	+ 19,84 %
1.500.000	+ 16,05 %	+ 17,76 %	+ 17,76 %	+ 19,04 %	+ 19,04 %	+ 20,01 %	+ 20,01 %	+ 19,79 %	+ 19,79 %	+ 20,52 %
2.000.000	+ 14,78 %	+ 17,00 %	+ 17,00 %	+ 18,66 %	+ 18,66 %	+ 19,94 %	+ 19,94 %	+ 19,96 %	+ 19,96 %	+ 20,90 %
2.500.000	+ 13,36 %	+ 15,94 %	+ 15,94 %	+ 17,89 %	+ 17,89 %	+ 19,41 %	+ 19,41 %	+ 19,62 %	+ 19,62 %	+ 20,71 %
3.000.000	+ 12,94 %	+ 15,84 %	+ 15,84 %	+ 18,04 %	+ 18,04 %	+ 19,75 %	+ 19,75 %	+ 20,12 %	+ 20,12 %	+ 21,35 %
3.500.000	+ 11,61 %	+ 14,75 %	+ 14,75 %	+ 17,13 %	+ 17,13 %	+ 19,00 %	+ 19,00 %	+ 19,50 %	+ 19,50 %	+ 20,83 %
4.000.000	+ 10,87 %	+ 14,22 %	+ 14,22 %	+ 16,77 %	+ 16,77 %	+ 18,78 %	+ 18,78 %	+ 19,40 %	+ 19,40 %	+ 20,82 %
4.500.000	+ 10,52 %	+ 14,06 %	+ 14,06 %	+ 16,77 %	+ 16,77 %	+ 18,90 %	+ 18,90 %	+ 19,62 %	+ 19,62 %	+ 21,14 %
5.000.000	+ 10,42 %	+ 14,14 %	+ 14,14 %	+ 16,99 %	+ 16,99 %	+ 19,24 %	+ 19,24 %	+ 20,06 %	+ 20,06 %	+ 21,66 %
7.500.000	+ 8,95 %	+ 13,31 %	+ 13,31 %	+ 16,68 %	+ 16,68 %	+ 19,37 %	+ 19,37 %	+ 20,55 %	+ 20,55 %	+ 22,46 %
10.000.000	+ 7,83 %	+ 12,62 %	+ 12,62 %	+ 16,35 %	+ 16,35 %	+ 19,35 %	+ 19,35 %	+ 20,79 %	+ 20,79 %	+ 22,93 %
15.000.000	+ 6,27 %	+ 11,64 %	+ 11,64 %	+ 15,88 %	+ 15,88 %	+ 19,31 %	+ 19,31 %	+ 21,13 %	+ 21,13 %	+ 23,59 %
20.000.000	+ 5,08 %	+ 10,85 %	+ 10,85 %	+ 15,44 %	+ 15,44 %	+ 19,18 %	+ 19,18 %	+ 21,26 %	+ 21,26 %	+ 23,95 %
25.000.000	+ 4,13 %	+ 10,20 %	+ 10,20 %	+ 15,06 %	+ 15,06 %	+ 19,02 %	+ 19,02 %	+ 21,31 %	+ 21,31 %	+ 24,18 %

Beispiel

- Bei anrechenbaren Kosten von 1.000.000 € und der Honorarzone III liegt der Mindestsatz um 19,42% über dem Honorar der HOAI 2009.
- Bei anrechenbaren Kosten von 250.000 € und der Honorarzone II liegt der Mindestsatz um 22,01% über dem Honorar der HOAI 2009.

II. Aufbau der Honorartafel und Honorarberechnung

4 Die Honorartafel ist einer der maßgebenden Honorarparameter (§ 6 Abs. 1 Nr. 4). Für die Ingenieurbauwerke nach § 41 Nr. 1 bis 7 enthält sie – unterteilt in fünf Honorarzonen und berechnet für unterschiedlich hohe anrechenbare Kosten zwischen 25.000,00 € und 25.000.000,00 € – die jeweils preisrechtlich zulässigen **Honorar-Rahmensätze**, die **Mindest- und Höchstsätze**, welche auch **„Von-bis-Sätze"** genannt werden. Hierbei entspricht der Höchstsatz der vorhergehenden Honorarzone dem Mindestsatz der nächsthöheren Honorarzone.

Beispiel

Bei anrechenbaren Kosten in Höhe von 150.000,00 € liegt der Honorarhöchstsatz der Honorarzone I bei 16.422,00 €. Dieser Betrag stellt gleichzeitig den Mindestsatz der Honorarzone II dar. Der Höchstsatz der Honorarzone II beträgt 19.058,00 €. Dies ist gleichzeitig der Mindestsatz der Honorarzone III usw.

5 Liegen die anrechenbaren Kosten außerhalb des in der Honorartafel festgelegten Rahmens, sind die anrechenbaren Kosten also niedriger als 25.000,00 € oder höher als 25.000.000,00 €, gilt das Preisrecht der HOAI nicht. Die Honorare sind dann frei vereinbar (§ 7 Abs. 2).

6 Die nicht in der Honorartafel angegebenen Zwischenwerte zwischen den Mindest- und Höchstsätzen sind durch **lineare Interpolation** nach Maßgabe des § 13 zu ermitteln.

Bei den in der Honorartafel ausgewiesenen Beträgen handelt es sich um Nettobeträge ohne Umsatzsteuer.[3]

Die Honorartabelle des Abs. 1 wird zur Bestimmung des vierten Honorarparameters gem. § 6 Abs. 1 benötigt. Um den jeweiligen Honorarsatz aus der Tafel ablesen zu können, müssen zuvor die anrechenbaren Kosten des Objekts (§ 6 Abs. 1 Nr. 1) und die maßgebliche Honorarzone (§ 6 Abs. 1 Nr. 3) bestimmt worden sein. Erst dann liegen die erforderlichen Parameter vor, die zur Bestimmung des Honorarwertes erforderlich sind. 7

Die in der Honorartabelle genannten Honorare gelten **bei Erbringung sämtlicher Grundleistungen** bei Ingenieurbauwerken, also bei Bearbeitung der Leistungsphasen 1 bis einschließlich 9. Bei Aufträgen mit unvollständigem Leistungsumfang ist nach Maßgabe des § 8 ein entsprechendes **Teilhonorar** zu ermitteln. Werden also nicht alle Leistungsphasen des Leistungsbildes übertragen, so dürfen nur die für die übertragenen Phasen vorgesehenen Prozentsätze in Ansatz gebracht werden (§ 8 Abs. 1). Entfallen Grundleistungen einer einzelnen Leistungsphase, so darf nur ein anteiliges, dem Anteil der erbrachten Leistungen an der gesamten Leistungsphase entsprechendes Teilhonorar berechnet werden (§ 8 Abs. 2). 8

Die in der Honorartafel festgelegten **Mindestsätze** dürfen nur in den von der Verordnung festgelegten Ausnahmefällen **unterschritten** werden (§ 7 Abs. 3).[4] Für Teil 3 Abschnitt 3 enthält § 44 Abs. 7 für **Ingenieurbauwerke mit großer Längenausdehnung** einen ausdrücklich aufgeführten **Ausnahmefall** i.S.d. § 7 Abs. 3. Die in der Honorartafel festgelegten **Höchstsätze** dürfen nur bei außergewöhnlichen oder ungewöhnlich lange dauernden Grundleistungen bei entsprechender schriftlicher Vereinbarung **überschritten** werden (§ 7 Abs. 4).[5] 9

C. Honorarzonen bei Ingenieurbauwerken (Abs. 2 bis 5)

I. Allgemeines

Die Absätze 2 bis 5 regeln die Ermittlung der jeweils maßgeblichen Honorarzone bei Ingenieurbauwerken. Nach § 5 Abs. 1 Nr. 3 handelt es sich um die dritte Stufe der Honorarberechnung für Grundleistungen nach der HOAI. Die Honorarzone bildet damit eine weitere wesentliche Grundlage bei der Honorarermittlung. Wie bereits die HOAI 2009 enthält auch die HOAI 2013 mit § 5 in Teil 1 der Verordnung (Allgemeine Vorschriften) wieder eine **allgemeine Vorschrift zu den Honorarzonen. § 5 Abs. 1** sieht vor, dass die Objektplanung (und damit auch die Grundleistungen bei Ingenieurbauwerken) **fünf Honorarzonen** zugeordnet wird, und zwar: 10

- Honorarzone I: sehr geringe Planungsanforderungen,
- Honorarzone II: geringe Planungsanforderungen,
- Honorarzone III: durchschnittliche Planungsanforderungen,
- Honorarzone IV: hohe Planungsanforderungen,
- Honorarzone V: sehr hohe Planungsanforderungen.

Daneben benennt **§ 5 Abs. 3** die zur Ermittlung der Honorarzone benötigten Parameter, nämlich **Bewertungsmerkmale**, **ggf. Bewertungspunkte** sowie die **Regelbeispiele** 11

3 Zur Umsatzsteuer vgl. die Kommentierung zu § 16.
4 Zu den Voraussetzungen einer zulässigen Mindestsatzunterschreitung vgl. die Kommentierung zu § 7 Abs. 3.
5 Zu den Voraussetzungen einer zulässigen Höchstsatzüberschreitung vgl. die Kommentierung zu § 7 Abs. 4.

in den Objektlisten. Die Festsetzung der Bewertungsmerkmale und die Vorschriften für die Punktebewertung sind in den jeweiligen Fachteilen der Verordnung geregelt. Für die Ingenieurbauwerke sind dies § 44 Abs. 2 bis 4. Die in § 5 Abs. 3 genannten Objektlisten sind in den Anlagen zur HOAI verortet. Die für die Objektplanung von Ingenieurbauwerken maßgebliche Objektliste befindet sich in **Anlage 12.2**.

12 Für die Einordnung des jeweiligen Bauvorhabens in die zutreffende Honorarzone kommt es auf eine **objektive Beurteilung** der für die Bewertung maßgeblichen Kriterien an.[6] Im Grundsatz obliegt die Honorarzonenbestimmung also **nicht der Disposition der Vertragsparteien**. Allerdings gesteht der BGH den Vertragsparteien einen gewissen **Beurteilungsspielraum** bei der Einordnung in die richtige Honorarzone zu: Soweit die Parteien im Rahmen des ihnen durch die HOAI eröffneten Beurteilungsspielraums eine **vertretbare Festlegung der Honorarzone** vorgesehen haben, ist dies vom Richter regelmäßig zu berücksichtigen.[7] Um eine „vertretbare Festlegung" der Honorarzone handelt es sich nicht mehr, wenn das Objekt nach der von der HOAI vorgegebenen Zuordnungsmethode eindeutig in eine bestimmte Honorarzone fällt und bei einer anderen Einordnung eine **Unterschreitung der Mindestsätze** vorliegt.[8]

13 Das bedeutet: Führt die Vereinbarung einer zu niedrigen Honorarzone im Ingenieurvertrag zu einer Unterschreitung der Mindestsätze der HOAI, können sich die Vertragsparteien nicht auf diese Vereinbarung berufen. Die HOAI hat **Mindestpreischarakter**. Darum ist die Vereinbarung einer zu niedrigen Honorarzone, die zu einer Unterschreitung der Mindestsätze der in Betracht kommenden zutreffenden Honorarzone führt, nach allgemeiner Meinung regelmäßig unwirksam.[9] Folglich ist der Ingenieur in diesem Fall nicht verpflichtet, sein Honorar nach der zu niedrigen Honorarzone zu berechnen, sondern der Honorarberechnung ist grundsätzlich **die rechtlich zutreffende Honorarzone zugrunde zu legen**.[10]

14 In diesem Zusammenhang ist zu beachten, dass jedes Bauvorhaben ein dynamischer Vorgang mit ständigem Änderungspotenzial ist.[11] Es ist deshalb denkbar, dass sich die Zuordnung zu einer Honorarzone im Lauf des Planungs- bzw. Baufortschritts ändert. Die zunächst – bei Beginn der Planung oder bei Vertragsabschluss – ermittelte Honorarzone muss mit der Honorarzone des später realisierten Bauvorhabens nicht identisch sein. Maßgeblich ist dann stets die objektiv vorzunehmende Honorarzonen-Ermittlung des **tatsächlich ausgeführten Bauvorhabens**.[12] Legen die Vertragsparteien also bei Vertragsabschluss fehlerhaft eine falsche Honorarzone fest oder ändert sich das Bauvorhaben im Laufe der Planung bzw. Ausführung derart, dass es in eine andere Honorarzone fällt, ist die vertragliche Vereinbarung unwirksam, wenn hierdurch die Mindestsätze der HOAI unterschritten werden.

Beispiel[13]

Die Parteien schließen einen schriftlichen Ingenieurvertrag über die Planung eines Wasserkraftwerks. Für die Berechnung der Vergütung legen sie Honorarzone III, Mittelsatz fest. Nach Abschluss der Arbeiten stellt der Ingenieur seine Honorarschlussrechnung, wobei er – abweichend von der vertraglichen Vereinbarung – Honorarzone IV, Mindestsatz abrechnet. Der Auftraggeber verweigert die Zahlung der Rechnung

6 BGH, Urt. v. 13.11.2003 – VII ZR 362/02 – IBR 2004, 78.
7 BGH, Urt. v. 13.11.2003 – VII ZR 362/02 – IBR 2004, 78.
8 OLG Koblenz, Urt. v. 14.6.2006 – 6 U 994/05 – IBR 2008, 276.
9 OLG Koblenz, Urt. v. 14.6.2006 – 6 U 994/05 – IBR 2008, 276 (m.w.N.).
10 BGH, Urt. v. 13.11.2003 – VII ZR 362/02 – IBR 2004, 78.
11 Werner/Pastor/*Werner*, Rn 911.
12 Werner/Pastor/*Werner*, Rn 911.
13 Nach OLG Koblenz, Urt. v. 14.6.2006 – 6 U 994/05 – IBR 2008, 276.

unter Berufung auf die vertragliche Festlegung der Honorarzone III. Der gerichtlich bestellte Sachverständige stellt in seinem Gutachten fest, dass es sich bei der vorzunehmenden objektiven Beurteilung um ein Bauvorhaben mit überdurchschnittlichem Planungsaufwand handelt. Die Berücksichtigung der Honorarzone III hätte den Mindestsatz deutlich unterschritten. Anhand des Punktesystems gelangt der Sachverständige zu einer Gesamtpunktzahl von 30 Punkten und liegt damit 5 Punkte über der höchstmöglichen Punktzahl, die für Ingenieurbauwerke der Honorarzone III mit maximal 25 Punkten vorgesehen ist.
Der Ingenieur ist demnach trotz entgegenstehender vertraglicher Vereinbarung berechtigt, seine Planungsleistungen nach Honorarzone IV, Mindestsatz abzurechnen. Einen Beurteilungsspielraum muss das Gericht bei der Bewertung nicht berücksichtigen, weil das Bauvorhaben aufgrund der Punktzahl eindeutig in die Honorarzone IV fällt und eine „vertretbare Festlegung" der Honorarzone im Vertrag deshalb nicht vorliegt.

II. Honorarzonenermittlung

Gemäß § 5 Abs. 3 i.V.m. § 44 Abs. 2 bis 5 ergibt sich folgende Vorgehensweise zur Zuordnung der Grundleistungen bei Ingenieurbauwerken zu einer Honorarzone: Für die zutreffende Einordnung in die jeweilige Honorarzone ist zunächst anhand der jeweiligen Objektliste eine **unverbindliche Vorauswahl** zu treffen.[14] Es ist also in einem **ersten Schritt** die **Anlage 12.2** heranzuziehen und zu prüfen, ob das betreffende Objekt in der **Objektliste Ingenieurbauwerke** aufgeführt ist und welcher Honorarzone es danach zuzuordnen ist. Da gem. § 5 Abs. 3 die Honorarzonen anhand der Bewertungsmerkmale in den Honorarregelungen der jeweiligen Leistungsbilder zu ermitteln sind (für Ingenieurbauwerke also anhand der Regelungen in § 44 Abs. 2) und nach § 44 Abs. 5 die Objektliste der Anlage 12.2. lediglich „zu berücksichtigen" ist, kann die Überprüfung der Objektliste lediglich den ersten Schritt bei der Einordnung in die zutreffende Honorarzone darstellen. Die Objektliste dient demnach als **Orientierungshilfe,** ggf. auch als Instrument einer **vorläufigen Honorarzonenzuordnung**. Das Zuordnungsergebnis ist aber weder abschließend noch verbindlich. Es kann jederzeit durch die Bewertung nach den Bewertungsmerkmalen oder durch die unter Umständen vorzunehmende Punktebewertung gem. Abs. 2 bis 4 korrigiert werden. 15

Ist das gesuchte Objekt in Anlage 12.2 als Regelbeispiel aufgeführt, ist in einem **zweiten Schritt** Abs. 2 heranzuziehen und eine **Einzelbewertung** anhand der dort aufgeführten fünf **Bewertungsmerkmale** vorzunehmen. Ist das betreffende Objekt in der Objektliste nicht aufgeführt, ist zunächst eine „Grobbewertung" anhand der in § 5 Abs. 1 genannten, auf der Höhe der Planungsanforderungen basierenden Einteilung und anschließend eine verfeinerte Bewertung anhand der Bewertungsmerkmale des Abs. 2 vorzunehmen. Prüfungsgegenstand ist dabei immer das **konkrete Objekt**, so wie es Vertragsgegenstand geworden ist. Zu berücksichtigen sind **sämtliche in Abs. 2 genannten Bewertungsmerkmale**. Kann das Objekt mithilfe der Bewertungsmerkmale des Abs. 2 und unter Berücksichtigung der Objektliste in Anlage 12.2 eindeutig einer Honorarzone nach § 5 Abs. 1 zugeordnet werden, ist die Prüfung abgeschlossen. Eine objektbezogene Punktebewertung nach Abs. 3 und 4 ist dann nicht mehr nötig. 16

Ist es nicht möglich, die Honorarzone über die Objektliste der Anlage 12.2 und eine Bewertung nach den Bewertungsmerkmalen des Abs. 2 eindeutig zu bestimmen, ist in einem **dritten Schritt** eine **Einzelbewertung mit Bewertungspunkten** nach Maßgabe der Abs. 3 und 4 vorzunehmen. Diese Bewertung ist also nicht zwingend durchzuführen, sondern nur erforderlich, wenn **Bewertungsmerkmale aus mehreren Honorarzonen** 17

14 OLG Koblenz, Urt. v. 14.6.2006 – 6 U 994/05 – IBR 2008, 276.

anwendbar sind und **Zweifel bestehen, welcher Honorarzone das Objekt zugeordnet werden kann** (Abs. 3 S. 1).

Praxistipp
Auch wenn die Regelbeispiele in der Objektliste der Anlage 12.2 nur eine unverbindliche Orientierungshilfe bei der Honorarzonenzuordnung darstellen, ist es zumeist sinnvoll, zunächst eine Einordnung anhand der Objektliste vorzunehmen. Auf diese Weise kann zumindest ein Anhaltspunkt geschaffen werden. Da Ingenieurbauwerke häufiger als andere Objekte standardisiert sind, wird bisweilen bereits anhand der Regelbeispiele eine klare und eindeutige Zuordnung erfolgen können, sodass sich eine weitere Prüfung anhand der Bewertungsmerkmale im Einzelfall erübrigen kann. Bei Zweifeln ist aber die Überprüfung der Zuordnung nach Maßgabe des Abs. 2 und ggf. der Abs. 3 bis 4 unverzichtbar.

III. Objektliste Ingenieurbauwerke (Abs. 5 i.V.m. Anlage 12.2)

18 Die Objektliste Ingenieurbauwerke befindet sich in **Anlage 12.2**. Bisher war die Objektliste für Ingenieurbauwerke (wie auch die Objektlisten für andere Objekte) nach Honorarzonen gegliedert, wobei in jeder der fünf Honorarzonen sieben Objektgruppen aufgeführt waren.[15] Nunmehr werden für die Ingenieurbauwerke **sieben Objektgruppen** gebildet, die im Wesentlichen den Bauwerks- und Anlagengruppen in § 41 Nr. 1 bis 7 entsprechen. Innerhalb der jeweiligen Objektgruppen sind einzelne **Objekttypen** aufgezählt und tabellarisch bestimmten Honorarzonen zugeordnet.

19 Folgende Objektgruppen sind in Anlage 12.2 aufgeführt:
- Gruppe 1: Bauwerke und Anlagen der Wasserversorgung,
- Gruppe 2: Bauwerke und Anlagen der Wasserentsorgung,
- Gruppe 3: Bauwerke und Anlagen des Wasserbaus,
- Gruppe 4: Bauwerke und Anlagen für Ver- und Entsorgung,
- Gruppe 5: Bauwerke und Anlagen der Abfallentsorgung,
- Gruppe 6: konstruktive Ingenieurbauwerke für Verkehrsanlagen,
- Gruppe 7: sonstige Einzelbauwerke.

20 Inhaltlich wurden an der Objektliste gegenüber Anlage 3.4 der HOAI 2009 einige **Veränderungen** vorgenommen, die in nachstehender Tabelle dargestellt sind:

Objekt	**HZ nach HOAI**		**Anmerkung**
	2009 Anl. 3.4	**2013 Anl. 12.2**	
Einfache Deich- und Dammbauten	I	II	Bezeichnung jetzt als „Deich- und Dammbauten“ (Gruppe 3).
Einfacher, insbesondere flächenhafter Erdbau, ausgenommen flächenhafter Ausbau zur Geländegestaltung	I	–	Wurde nicht in Anlage 12.2 übernommen.

15 Vgl. Anlage 3.4 zur HOAI 2009.

Objekt	HZ nach HOAI		Anmerkung
	2009 Anl. 3.4	**2013 Anl. 12.2**	
Stege, soweit Leistungen nach Teil 4 Abschnitt 1 erforderlich sind	I	–	Wurde nicht in Anlage 12.2. übernommen.
Einfache Ufermauern	I	II	Die Unterscheidung zwischen einfachen Ufermauern und Ufermauern gem. Anlage 3.4 HOAI 2009 wurde aufgegeben. Anlage 12.2 enthält in Gruppe 3 jetzt auch die Uferbefestigungen, die der HZ II zugeordnet sind.
Einfache gemauerte Schornsteine	I	II	Bezeichnung jetzt als „einfache Schornsteine“ (Gruppe 7); das Attribut „gemauert“ ist entfallen.
Aufschlepp- und Helgenanlagen	II, III, IV	–	Wurden ersatzlos gestrichen.
Schiffsanlegestellen	III	IV	Bezeichnung jetzt als „Schiffsanlegestellen bei Tide oder Hochwasserbeeinflussung“ (Gruppe 3).
Einfache Schiffsschleusen, Bootsschleusen	III	II	Sind jetzt der HZ II Gruppe 3 der Anlage 12.2. zugeordnet.
Schiffsschleusen	IV	III	Der HZ IV in der Gruppe 3 sind jetzt noch „Schiffsschleusen bei großen Hubhöhen und Sparschleusen“ zugeordnet. „Schiffsschleusen bei geringen Hubhöhen“ gehören dagegen jetzt zur HZ III.
Schwierige Werftanlagen	IV	III	Die Unterscheidung zwischen Werftanlagen und schwierigen Werftanlagen wurde aufgegeben. Anlage 12.2 enthält in Gruppe 3 nur noch das Objekt „Werftanlagen“, das der HZ III zugeordnet wird. Diese waren auch nach Anlage 3.4 der HOAI 2009 der HZ III zugeordnet.
Druckerhöhungsanlagen	IV	III	Der HZ IV sind nunmehr nur noch „schwierige Druckerhöhungsanlagen“ zugeordnet (Gruppe 1).

Objekt	HZ nach HOAI		Anmerkung
	2009 Anl. 3.4	2013 Anl. 12.2	
Mehrfunktionale Düker	IV	III, IV	Statt der „mehrfunktionalen Düker“ wurden in Gruppe 3 „Durchlässe und Düker“ aufgenommen, wobei die „schwierigen Durchlässe und Düker“ der HZ III angehören, die „besonders schwierigen Durchlässe und Düker“ der HZ IV.
Fangedämme und Hochwasserwände	–	III	Gruppe 3. Fangedämme und Hochwasserschutzwände in schwieriger Bauweise sind der HZ IV zugeordnet.
Eingeschwommene Senkkästen, schwierige Fangedämme, Wellenbrecher	–	V	Diese Objekte wurden neu in Anlage 12.2, Gruppe 3 aufgenommen und der HZ V zugeordnet.
Schwierige schwimmende Schiffsanleger, bewegliche Verladebrücken	–	V	Diese Objekte wurden neu in Anlage 12.2, Gruppe 3 aufgenommen und der HZ V zugeordnet.
Schifffahrtskanäle bei schwierigen Bedingungen in Dammstrecken	–	IV	Anlage 3.4 der HOAI 2009 sah ausschließlich „Schifffahrtskanäle“ vor, die der HZ III zugeordnet waren. Diese sind nach Anlage 12.2 der HOAI 2013 unverändert der HZ III zugeordnet.
Schwimmdocks	–	V	Die Schwimmdocks wurden neu in Gruppe 3 der Anlage 12.2 aufgenommen. Anlage 3.4 der HOAI 2009 sah ausschließlich „schwierige Docks“ vor, die der HZ IV zugeordnet waren. Diese sind nach Anlage 12.2 der HOAI 2013 unverändert der HZ IV zugeordnet.
Transportleitungen für Fernwärme	–	I, II, III, IV	Diese Objekte wurden neu in Anlage 12.2, Gruppe 4 aufgenommen. In Abhängigkeit von der Anzahl der Verknüpfungen und Zwangspunkte den HZ I, II, III oder IV zugeordnet.
Schwierige Bauwerke für Heizungsanlagen in Ortbetonbauweise	III	–	Wurde nicht in Anlage 12.2 übernommen.
Schwierige, längs vorgespannte Stahlverbundkonstruktionen	–	V	Diese Objekte wurden neu in Anlage 12.2, Gruppe 6 aufgenommen und der HZ V zugeordnet.

Objekt	HZ nach HOAI		Anmerkung
	2009 Anl. 3.4	**2013 Anl. 12.2**	
Schwierige Windkraftanlagen	–	IV	Diese Objekte wurden neu in Anlage 12.2, Gruppe 7 aufgenommen und der HZ IV zugeordnet.
Stützbauwerke ohne Verkehrsbelastung als Mittel der Geländegestaltung	I	I	Diese sind nach beiden Objektlisten der HZ I zugeordnet. Die in Anlage 3.4 der HOAI 2009 erwähnten „Geländeabstützungen" werden in Anlage 12.2 nicht mehr aufgegriffen. Die „Stützbauwerke" werden in Anlage 12.2. dahin gehend konkretisiert, dass es sich um „unverankerte Stützbauwerke bei geringen Geländesprüngen" handelt.
Stützbauwerke mit Verkehrsbelastungen	II	II	Diese sind nach beiden Objektlisten der HZ II zugeordnet. Die „Stützbauwerke mit Verkehrsbelastungen" werden in Anlage 12.2. dahin gehend konkretisiert, dass es sich um „unverankerte Stützbauwerke bei hohen Geländesprüngen mit Verkehrsbelastungen bei schwierigen Baugrund-, Belastungs- oder Geländeverhältnissen" handelt.
Unverankerte Stützbauwerke bei schwierigen Baugrund-, Belastungs- oder Geländeverhältnissen	–	III	Diese Objekte wurden neu in Gruppe 7 der Anlage 12.2. aufgenommen. Anlage 3.4 der HOAI 2009 sah ausschließlich „Stützbauwerke mit Verankerung" vor, die der HZ III zugeordnet waren. Diese sind in Gruppe 7 der Anlage 12.2 nach wie vor enthalten und unverändert der HZ III zugeordnet.
Stützbauwerke mit Verankerung und schwierigen Baugrund-, Belastungs- oder Geländeverhältnissen	–	IV	Die Objektliste wurde in Gruppe 7 der Anlage 12.2. um diese Objekte erweitert. Anlage 3.4 der HOAI 2009 sah ausschließlich „Stützbauwerke mit Verankerung" vor, die der HZ III zugeordnet waren. Bei der HZ IV der Anlage 3.4 der HOAI 2009 waren keine Stützbauwerke vorgesehen.

Objekt	HZ nach HOAI		Anmerkung
	2009 Anl. 3.4	2013 Anl. 12.2	
Stützbauwerke mit Verankerung und ungewöhnlich schwierigen Randbedingungen	–	V	Die Objektliste wurde in Gruppe 7 der Anlage 12.2. um diese Objekte erweitert. Anlage 3.4 der HOAI 2009 sah ausschließlich „Stützbauwerke mit Verankerung" vor, die der HZ III zugeordnet waren. Bei der HZ V der Anlage 3.4 der HOAI 2009 waren keine Stützbauwerke vorgesehen.
Einfache Traggerüste und andere einfache Gerüste	–	III	Diese Objekte wurden in Gruppe 7 der Anlage 12.2. neu aufgenommen und der HZ III zugeordnet. Die Objektliste der Anlage 3.4 der HOAI 2009 enthielt keine Traggerüste und andere Gerüste.
Traggerüste und andere Gerüste	–	IV	Diese Objekte wurden in Gruppe 7 der Anlage 12.2. neu aufgenommen und der HZ IV zugeordnet. Die Objektliste der Anlage 3.4 der HOAI 2009 enthielt keine Traggerüste und andere Gerüste.
Sehr schwierige Gerüste und sehr hohe oder sehr weit gespannte Traggerüste, verschiebliche (Trag-)Gerüste	–	V	Diese Objekte wurden in Gruppe 7 der Anlage 12.2. neu aufgenommen und der HZ V zugeordnet. Die Objektliste der Anlage 3.4 der HOAI 2009 enthielt keine Traggerüste und andere Gerüste.

IV. Bewertungsmerkmale bei Ingenieurbauwerken (Abs. 2)

21 Die Zuordnung in die zutreffende Honorarzone bei Ingenieurbauwerken erfolgt anhand der **Höhe der Planungsanforderungen.**[16] Diese sind nach den **Bewertungsmerkmalen des § 44 Abs. 2** festzustellen. Die Bewertungsmerkmale sind für alle Honorarzonen gleich. Sie sind als **abschließend** anzusehen, d.h. andere als in Abs. 2 genannte Bewertungskriterien sind bei der Bewertung der Planungsanforderungen grundsätzlich nicht heranzuziehen, auch wenn diese im Einzelfall nicht als ausreichend erscheinen mögen und die Bewertungsmerkmale durchaus auch subjektive Elemente enthalten, was die nach den Vorgaben der Rechtsprechung vorzunehmende objektive (!) Honorarzonen-

16 Vgl. § 5 Abs. 1.

Ermittlung zusätzlich erschwert. Im Einzelnen handelt es sich um folgende fünf Bewertungsmerkmale:
1. geologische und baugrundtechnische Gegebenheiten,
2. technische Ausrüstung und Ausstattung,
3. Einbindung in die Umgebung oder in das Objektumfeld,
4. Umfang der Funktionsbereiche oder der konstruktiven oder technischen Anforderungen,
5. fachspezifische Bedingungen.

Die nachfolgenden Beispiele für unterschiedliche Planungsanforderungen bei den einzelnen Bewertungsmerkmalen erfolgen im Wesentlichen in Anlehnung an die Einstufung bei *Locher/Koeble/Frik*.[17] 22

1. Geologische und baugrundtechnische Gegebenheiten. Hier geht es im um Fragen der **Bodenbeschaffenheit** und deren Wechselwirkungen mit dem auf dem Baugrund zu errichtenden Bauwerk und seiner Umgebung. Von Bedeutung sind hier vor allem Fragen der **Gründung von Bauwerken** und Anlagen, der **Setzungsempfindlichkeit** des Bodens, des **Grundwasserspiegels** und der **Entwässerbarkeit**. 23

– sehr geringe Planungsanforderungen:	gleichmäßiger, gut tragfähiger Untergrund, z.B. Fels
– geringe Planungsanforderungen:	gleichmäßig sandiger, kiesiger Untergrund
– durchschnittliche Planungsanforderungen:	gleichmäßig geschichteter, fester Untergrund, z.B. Kies
– hohe Planungsanforderungen:	ungleichmäßig geschichteter, unterschiedlich fester Baugrund, z.B. auch bei Auffüllungen
– sehr hohe Planungsanforderungen:	ungleichmäßig geschichteter, weicher Baugrund mit Fließneigung oder Baugrund in Hanglage mit Gleitschichtbildung

2. Technische Ausrüstung und Ausstattung. Hier ist die technische Ausrüstung und Ausstattung im Sinne der **Fachplanung gem. Teil 4 Abschnitt 2** bezogen auf die technische Ausstattung von Ingenieurbauwerken gemeint. Im Mittelpunkt steht hier nicht der Schwierigkeitsgrad der technischen Ausrüstung und Ausstattung an sich, sondern der Schwierigkeitsgrad wird durch die Planungsanforderungen bei der **Integration** der Installationen, betriebstechnischen Anlagen und betrieblichen Einbauten in das Ingenieurbauwerk sowie die hiermit verbundene **Koordinierungsleistung** bestimmt. 24

– sehr geringe Planungsanforderungen:	Bauwerke ohne technische Ausrüstung oder Ausstattung
– geringe Planungsanforderungen:	Bauwerke mit einfacher technischer Ausrüstung oder Ausstattung; kein oder nur sehr geringer Wartungs- oder Unterhaltungsaufwand
– durchschnittliche Planungsanforderungen:	Bauwerke mit einer technischen Ausrüstung aus verschiedenen Anlagengruppen oder mit einer durchschnittlichen Ausstattung;

17 Locher/Koeble/Frik/*Zahn*, § 44 Rn 7 ff.

	durchschnittlicher Wartungs- oder Unterhaltungsaufwand
– hohe Planungsanforderungen:	Bauwerke mit einer überdurchschnittlichen technischen Ausrüstung aus verschiedenen Anlagengruppen oder mit einer überdurchschnittlichen Ausstattung; überdurchschnittlicher Wartungs- oder Unterhaltungsaufwand
– sehr hohe Planungsanforderungen:	Bauwerke mit einer vielfältigen, besonders anspruchsvollen technischen Ausrüstung oder mit einer umfangreichen Ausstattung; überdurchschnittlicher Wartungs- oder Unterhaltungsaufwand

25 **3. Einbindung in die Umgebung oder in das Objektumfeld.** Hier sind die Planungsanforderungen im Hinblick auf die **technische, gestalterische, bauordnungsrechtliche** oder **durch Bauherrnwünsche bedingte** Einbindung des Ingenieurbauwerks in seine Umgebung zu bewerten. Von Bedeutung sind **landschaftsbezogene, städtebauliche und verkehrsbezogene Gegebenheiten.**

– sehr geringe Planungsanforderungen:	ohne Bedingungen
– geringe Planungsanforderungen:	mit einfachen Bedingungen
– durchschnittliche Planungsanforderungen:	mit Bedingungen in Bezug auf die Verträglichkeit mit dem Mikroklima und z.B. Verkehrsfluss auf zu kreuzende Verkehrswege
– hohe Planungsanforderungen:	mit Bedingungen in Bezug auf Landschaftsgestaltung und Stadtbild
– sehr hohe Planungsanforderungen:	bei dominanten Bauwerken in besonders zu schützenden Städten und Landschaften

26 **4. Umfang der Funktionsbereiche oder der konstruktiven oder technischen Anforderungen.** Dieses Bewertungsmerkmal betrifft zunächst die **Anzahl** der bei der Planung betroffenen Funktionsbereiche. Es ergeben sich unterschiedliche planerische Anforderungen, je nachdem, in welchem Umfang konstruktive und technische Bezüge zwischen den Funktionsbereichen hergestellt werden und diese funktional miteinander verknüpft werden müssen.

Beispiel[18]

Bei einem Klärwerk werden als Funktionsbereiche z.B. angesehen:
- die Pumpwerke,
- die verschiedenen Einheiten der mechanischen Abwasserreinigung, der biologischen Abwasserreinigung, der Schlammbehandlung und der Reststoffbeseitigung.

Bei Abfallbehandlungsanlagen werden als Funktionsbereiche z.B. angesehen:
- der Eingangsbereich mit Wiegeeinrichtungen und Eingangskontrolle,
- die Abfallspeicherung in Bunkern,
- die Abfallbehandlung und
- die Reststoffbeseitigung.

---

18 Regierungsamtliche Begründung zu § 53 HOAI (2002) – BR-Drucks. 304/90, S. 178.

Daneben sind die **konstruktiven und technischen Anforderungen** zu berücksichtigen. Diese betreffen die technischen und konstruktiven Schwierigkeiten, die sich aus der Planungsaufgabe ergeben. Zu denken ist hier insbesondere an die **Bauweise**, die **Standsicherheit**, die **allgemein anerkannten Regeln der Technik** aber auch an die für die Ausführung maßgeblichen **gesetzlichen Bestimmungen** sowie **behördliche Auflagen**. 27

– sehr geringe Planungsanforderungen:	Bauwerke, die keinen besonderen Anforderungen unterliegen; z.B. Gewölbe, Schwergewichtsstützmauern
– geringe Planungsanforderungen:	Bauwerke, die den üblichen Bedingungen unterliegen
– durchschnittliche Planungsanforderungen:	Bauwerke, die erhöhten technischen Anforderungen genügen; z.B. Spannbetonbauwerke in einem Guss
– hohe Planungsanforderungen:	Bauwerke, die neben erhöhten technischen Anforderungen auch noch zusätzlichen Bedingungen aus der Fertigung unterworfen sind
– sehr hohe Planungsanforderungen:	Bauwerke, die neben den oben genannten noch weiteren Bedingungen für die Konstruktionshöhe unterworfen sind; z.B. bei Herstellung unter besonderen Konstruktionsbedingungen (z.B. Bahnbetrieb)

5. Fachspezifische Bedingungen. Unter fachspezifischen Bedingungen sind **fachliche Anforderungen** zu verstehen, die sich aus dem spezifischen Objekt und dessen Funktion ergeben und die erfüllt sein müssen, um die Baumaßnahme planen und durchführen zu können, die aber **von den übrigen Bewertungsmerkmalen nicht erfasst** sind. Je nach der gestellten Planungsaufgabe und der Funktion des Objekts können diese sehr unterschiedlich sein. Hier ist darauf zu achten, dass im Hinblick auf die anderen, in Abs. 2 Ziff. 1 bis 4 genannten Bewertungsmerkmale **keine doppelte Bewertung** vorgenommen wird. Die „fachspezifischen Bedingungen" umfassen daher keine planerischen Anforderungen, die bereits an anderer Stelle in die Bewertung eingegangen sind. 28

– sehr geringe Planungsanforderungen:	keine Bedingungen vorhanden
– geringe Planungsanforderungen:	z.B. Herstellung der Brücke mit üblichem Traggerüst möglich
– durchschnittliche Planungsanforderungen:	z.B. Herstellung der Brücke mit Traggerüsten mit Öffnungen bis zu 5 m Breite
– hohe Planungsanforderungen:	z.B. Brücke auf üblichem Traggerüst überhöht herstellen und nach dessen Ausbau absenken
– sehr hohe Planungsanforderungen:	Brücke aus Fertigteilen mit Ortbetonergänzung und abschnittsweisem Herstellen

6. Honorarzonenermittlung anhand der Bewertungsmerkmale. Anhand der Bewertungsmerkmale ist eine **Einzelbewertung** des **konkreten Objekts** vorzunehmen, nachdem zuvor eine „Grobzuordnung" anhand der Objektliste in Anlage 12.2 erfolgt ist. Hier sind für alle in Abs. 2 genannten Bewertungsmerkmale die Planungsanforderungen zu bestimmen. Das bedeutet letztlich nichts anderes, als dass für jedes Bewertungsmerkmal eine Honorarzonenzuordnung vorzunehmen ist und die Ergebnisse miteinan- 29 der abzugleichen sind. Kann das Objekt mithilfe der Bewertungsmerkmale des Abs. 2 und unter Berücksichtigung der Objektliste in Anlage 12.2 eindeutig einer Honorarzone nach § 5 Abs. 1 zugeordnet werden, ist die Prüfung abgeschlossen. Eine objektbezogene Punktebewertung nach Abs. 3 und 4 ist dann nicht mehr nötig.

30 Es empfiehlt sich, die Zuordnung anhand eines dem nachfolgenden Beispiel entsprechenden Bewertungsschemas vorzunehmen:

Beispiel

Bewertungsmerkmale:	**Planungsanforderungen**				
	Sehr gering	gering	durch-schnittlich	hoch	sehr hoch
1. Geologische/baugrundtechnische Gegebenheiten				X	
2. technische Ausrüstung und Ausstattung			X		
3. Einbindung in Umgebung/in Objektumfeld			X		
4. Funktionsbereiche, konstruktive/technische Anforderungen			X		
5. fachspezifische Bedingungen				X	

31 In dem vorstehenden Beispielschema sind Bewertungsmerkmale aus mehreren Honorarzonen anwendbar. Die Bewertungsmerkmale 2, 3 und 4 haben durchschnittliche Planungsanforderungen, sind also gem. § 5 Abs. 1 der Honorarzone III zuzuordnen. Die Bewertungsmerkmale 1 und 5 dagegen weisen hohe Planungsanforderungen auf, sodass hier die Honorarzone IV die zutreffende wäre. Nachdem also die Bewertungsmerkmale keine eindeutige Honorarzonen-Zuordnung ermöglichen, wäre in dem Beispielsfall eine objektbezogene Punktebewertung anzuschließen.

V. Punktebewertung bei zweifelhafter Zuordnung (Abs. 3 und 4)

32 Bestehen **Zweifel**, welcher Honorarzone das Objekt zuzuordnen ist, weil die Zuordnung nach den Bewertungsmerkmalen des Abs. 2 zu keinem eindeutigen Ergebnis gekommen ist, sieht Abs. 3 einen weiteren Schritt der Honorarzonen-Ermittlung vor: Es sind bestimmte **Bewertungspunkte** zu ermitteln und die Zuordnung zu der richtigen Honorarzone hat anhand der ermittelten Bewertungspunkte zu erfolgen. Aus Abs. 3 ergibt sich folgende Vorgehensweise:

33 Zunächst ist die **Anzahl der Bewertungspunkte** zu ermitteln. Abs. 3 S. 2 Nr. 1 bis 3 bestimmt, mit welcher Punktzahl jedes der fünf Bewertungsmerkmale des Abs. 2 höchstens bewertet werden kann. Die Maximalgewichtung der Bewertungsmerkmale für die Ermittlung der Bewertungspunkte ist wie folgt angegeben:

Bewertungsmerkmale (§ 44 Abs. 2):	**Höchstpunktzahl (§ 44 Abs. 3)**
1. geologische/baugrundtechnische Gegebenheiten	5
2. technische Ausrüstung und Ausstattung	5
3. Einbindung in Umgebung/in Objektumfeld	5

Bewertungsmerkmale (§ 44 Abs. 2):	Höchstpunktzahl (§ 44 Abs. 3)
4. Funktionsbereiche, konstruktive/technische Anforderungen	10
5. fachspezifische Bedingungen	15

Nachdem die Planungsanforderungen in fünf verschiedene Schwierigkeitsgrade (Honorarzonen) unterteilt sind und es sich bei den genannten Höchstpunktzahlen jeweils um ein Vielfaches der Zahl 5 handelt, ist davon auszugehen, dass die Ermittlung der Bewertungspunkte linear zu erfolgen hat. Sehr geringe Planungsanforderungen sind demnach mit 1 Punkt (bzw. 2 bei Nr. 4 und 3 bei Nr. 5), sehr hohe mit 5 Punkten (bzw. 10 bei Nr. 4 und 15 bei Nr. 5) zu bewerten. Nachfolgende Matrix kann als Bewertungsschema dienen: 34

Bewertungsmerkmale:	Bewertungspunkte/ Planungsanforderungen				
	Sehr gering	gering	durch-schnittlich	hoch	sehr hoch
1. geologische/baugrundtechnische Gegebenheiten	1	2	3	4	5
2. technische Ausrüstung und Ausstattung	1	2	3	4	5
3. Einbindung in Umgebung/in Objektumfeld	1	2	3	4	5
4. Funktionsbereiche, konstruktive/technische Anforderungen	2	4	6	8	10
5. fachspezifische Bedingungen	3	6	9	12	15

Ist für jedes Bewertungsmerkmal anhand vorstehenden Schemas eine Einzelpunktzahl vergeben, ist im zweiten Schritt die **Summe der Bewertungspunkte** zu ermitteln. Diese ist maßgebend für die Zuordnung zu der zutreffenden Honorarzone. Anhand der Gesamtpunktzahl kann dann die abschließende Honorarzonenzuordnung erfolgen. Welche Punktzahl welcher Honorarzone entspricht, ergibt sich aus Abs. 4, welcher folgende Zuordnung festlegt: 35

- bis zu 10 Punkte: Honorarzone I
- 11 bis 17 Punkte: Honorarzone II
- 18 bis 25 Punkte: Honorarzone III
- 26 bis 33 Punkte: Honorarzone IV
- 34 bis 40 Punkte: Honorarzone V

Ausgehend von der ermittelten Gesamtpunktzahl kann schließlich das Objekt einer konkreten Honorarzone zugeordnet werden. Bei einer gleichmäßigen, linearen Punkteverteilung, wie sie der Verordnungsgeber durch die Anzahl der zu vergebenden Bewertungspunkte pro Bewertungsmerkmal nahelegt, ergibt sich für die Honorarzonenbestimmung anhand von Bewertungspunkten für Ingenieurbauwerke folgende Bewertungsmatrix: 36

Honorarzonen:	I	II	III	IV	V
Planungsanforderungen:	sehr gering	gering	durchschnitt-lich	hoch	sehr hoch
Bewertungsmerkmale:					
1. geologische/baugrundtechnische Gegebenheiten	1	2	3	4	5
2. technische Ausrüstung und Ausstattung	1	2	3	4	5
3. Einbindung in Umgebung/in Objektumfeld	1	2	3	4	5
4. Funktionsbereiche, konstruktive/technische Anforderungen	1–2	3–4	5–6	7–8	9–10
5. fachspezifische Bedingungen	1–3	4–6	7–9	10–12	13–15
Punktespanne	5–8	13–16	21–24	29–32	37–40
Summe der Punkte nach Abs. 4	**5–10**	**11–17**	**18–25**	**26–33**	**34–40**

D. Umbauten und Modernisierungen von Ingenieurbauwerken (Abs. 6)

37 Gemäß Abs. 6 kann für Umbauten und Modernisierungen von Ingenieurbauwerken bei einem durchschnittlichen Schwierigkeitsgrad ein **Umbau- bzw. Modernisierungszuschlag** gem. § 6 Abs. 2 **bis 33%** vereinbart werden.

I. Vergleich mit früheren Fassungen der HOAI

38 Ein Zuschlag beim Umbau oder der Modernisierung von Ingenieurbauwerken war auch nach der HOAI in den Fassungen von 2002 und von 2009 vorgesehen. Insoweit hat sich an dem Prinzip, dass beim Bauen im Bestand ein Ausgleich für die grundsätzlich hohen Anforderungen an die Leistungskraft des Ingenieurs (Zeit und Kreativität) zu schaffen ist, nichts geändert.

39 Nach § 59 Abs. 1 S. 3 und 4 HOAI 2002 konnte bei Umbauten und Modernisierungen von Ingenieurbauwerken (und Verkehrsanlagen) bei einem durchschnittlichen Schwierigkeitsgrad ein Umbauzuschlag von 20% bis 33% vereinbart werden. In Ermangelung einer schriftlichen Vereinbarung galt ab einem durchschnittlichen Schwierigkeitsgrad ein Zuschlag von 20% als vereinbart.

40 Die HOAI 2009 enthielt demgegenüber für Umbauten und Modernisierungen von Objekten mit § 35, der gem. § 42 Abs. 2 HOAI 2009 für Ingenieurbauwerke entsprechend galt, eine wesentliche Veränderung gegenüber der Rechtslage nach der HOAI 2002: Die in der HOAI 2002 vorgesehene Erhöhung der anrechenbaren Kosten um einen Wert der mitverarbeiteten vorhandenen Bausubstanz gem. § 10 Abs. 3a HOAI 2002 entfiel. An ihre Stelle war die Möglichkeit eines Umbauzuschlags von bis zu 80% getreten, wobei der Anwendungsbereich des § 35 durch den Verzicht auf Eingriffe in Konstruktion oder Bestand des umzubauenden Objekts erheblich erweitert wurde.

41 Mit der HOAI 2013 ist der Verordnungsgeber hinsichtlich der Leistungen beim Bauen im Bestand wieder weitgehend zu dem Regelungsmodell der HOAI 2002 zurückgekehrt. Die Regelung und Höhe des Umbauzuschlags entspricht im Wesentlichen dem früheren § 24 HOAI 2002, wobei zu beachten ist, dass auch die Definition der Umbauten gegenüber der HOAI 2009 eingegrenzt wurde und somit ebenfalls wieder der HOAI 2002 entspricht. Der Umbau- und Modernisierungszuschlag ist nunmehr unter Berücksichtigung

des Schwierigkeitsgrades der Leistung **schriftlich zu vereinbaren**. Je nach Objekt kann ein Umbauzuschlag von **33%** (z.B. bei Gebäuden, Ingenieurbauwerken, Verkehrsanlagen) oder von **50%** (z.B. bei Innenräumen in Gebäuden und Tragwerksplanung) vereinbart werden. Sofern die Parteien keine schriftliche Vereinbarung treffen, wird nach § 6 Abs. 2 *„**unwiderleglich vermutet**, dass ein Zuschlag von **20% ab einem durchschnittlichen Schwierigkeitsgrad** vereinbart ist“*. Gleichzeitig kann die mitverarbeitete Bausubstanz wieder Berücksichtigung bei den anrechenbaren Kosten finden.

II. Umbauten und Modernisierungen

Die Vereinbarung eines Umbauzuschlags nach Abs. 6 setzt voraus, dass es sich bei dem zu bearbeitenden Objekt um den Umbau oder die Modernisierung eines Ingenieurbauwerks handelt. Eine Definition des Umbaus findet sich in **§ 2 Abs. 5**. Demzufolge sind Umbauten **Umgestaltungen eines vorhandenen Objekts mit wesentlichen Eingriffen in Konstruktion oder Bestand**. Umbauten setzen also wesentliche Eingriffe in Konstruktion oder Bestand des Ingenieurbauwerks voraus. Nur für solche Eingriffe kann ein Umbauzuschlag beansprucht werden. Bei unwesentlichen Eingriffen kann lediglich die mitzuverarbeitende Bausubstanz nach § 4 Abs. 3 angemessen berücksichtigt werden. Ein Umbau liegt schon und immer dann vor, wenn wesentlich in Konstruktion **oder** Bestand eingegriffen wird. Es ist nicht erforderlich, dass die Maßnahme erheblich **in beides** eingreift.[19] **Modernisierungen** sind demgegenüber nach **§ 2 Abs. 6** bauliche Maßnahmen zur nachhaltigen Erhöhung des Gebrauchswertes eines Objekts, soweit diese Maßnahmen nicht als Erweiterungsbau, als Umbau oder als Instandsetzung anzusehen sind.[20] 42

III. Höhe des Zuschlags

§ 6 Abs. 2 verlangt, dass der Umbau- oder Modernisierungszuschlag unter Berücksichtigung des Schwierigkeitsgrades der Leistung schriftlich zu vereinbaren ist, wobei die Höhe des Zuschlags in den jeweiligen Honorarregelungen der Leistungsbilder der Teile 3 und 4 geregelt ist. Sofern **keine schriftliche Vereinbarung** getroffen wurde, wird **unwiderleglich vermutet**, dass ein Zuschlag von **20% ab einem durchschnittlichen Schwierigkeitsgrad** vereinbart ist. § 44 Abs. 6 konkretisiert § 6 Abs. 2 für Ingenieurbauwerke dahin gehend, dass bei Umbauten oder Modernisierungen von Ingenieurbauwerken **bei einem durchschnittlichen Schwierigkeitsgrad** ein Zuschlag **bis 33%** schriftlich vereinbart werden kann. Unter **„durchschnittlichem Schwierigkeitsgrad“** sind Objekte der **Honorarzone III** zu verstehen. 43

Die Höhe des Umbau- bzw. Modernisierungszuschlags hängt also im Ergebnis von folgenden Voraussetzungen ab: 44

- **Schwierigkeitsgrad** der Leistungen,
- Vorhandensein einer **schriftlichen Vereinbarung.**

Folgende Fallkonstellationen sind denkbar:

1. Durchschnittlicher Schwierigkeitsgrad mit schriftlicher Vereinbarung. Bei Objekten mit durchschnittlichem Schwierigkeitsgrad (Honorarzone III) kann gem. Abs. 6 als **Höchstsatz** ein Umbauzuschlag **von 33%** schriftlich vereinbart werden. Die Zuschlagshöhe von 33% ist als **Obergrenze** zu verstehen. Wird ein höherer Prozentsatz ver- 45

19 Für Einzelheiten vgl. die Kommentierung zu § 2 Abs. 5.
20 Für Einzelheiten vgl. die Kommentierung zu § 2 Abs. 6.

einbart, ist die Vereinbarung jedoch nicht ohne Weiteres unwirksam, sondern es ist zu prüfen, ob das Gesamthonorar oberhalb des richtig berechneten Höchstsatzes liegt. Ist dies nicht der Fall, dürfte nach allgemeinen honorarrechtlichen Grundsätzen (Rahmengebühr) die Vereinbarung wirksam sein. Kommt es hingegen zu einer **Höchstsatzüberschreitung**, sind die Parteien so zu stellen, als hätten sie eine Höchstsatzvereinbarung getroffen, d.h. es tritt eine **Kappung des Honorars beim Höchstsatz zzgl. 33% Umbauzuschlag** ein.[21]

46 Umstritten war in den bisherigen Fassungen der HOAI, ob der Prozentsatz von 20% einen **Mindestzuschlag** bei Objekten mit einem durchschnittlichen Schwierigkeitsgrad darstellt oder ob es den Vertragsparteien aus preisrechtlicher Sicht auch möglich war, einen **Umbauzuschlag zwischen 0% und 20%** zu vereinbaren. § 59 Abs. 1 S. 3 HOAI 2002 sah insoweit für Ingenieurbauwerke (und Verkehrsanlagen) vor, dass die Parteien für Objekte der Honorarzone III einen Umbauzuschlag von 20% bis 33% vereinbaren können. Ausgehend von dem – insoweit eindeutigen – Verordnungswortlaut und dem Mindestsatzcharakter der HOAI ging die herrschende Meinung[22] davon aus, dass es sich bei den 20% ab durchschnittlichem Schwierigkeitsgrad um einen Mindestzuschlag handelte, welcher nur in den Fällen des § 4 Abs. 2 HOAI 2002 unterschritten werden konnte.

47 Diese Auffassung wird auch für die HOAI 2009 in der Literatur überwiegend vertreten.[23] Die neue Regelung in § 35 Abs. 1 HOAI 2009 sah einen Zuschlag von bis zu 80% vor. Aufgrund der Formulierung *„... kann ein Zuschlag bis 80% vereinbart werden ...“* konnte zwar nach dem Wortlaut die Annahme vertreten werden, dass ein Zuschlag von 0% bis 80% zulässig vereinbart werden konnte. Dem widerspricht aber die amtliche Begründung zu § 35 HOAI 2009, derzufolge der Zuschlag *„auf 20% bis 80% statt bisher 20% bis 33% erweitert"* wurde. Die herrschende Meinung sah sich also durch die amtliche Begründung bestätigt.

48 Dies hat sich aber mit der HOAI 2013 geändert: Zwar ergibt sich auch aus den Regelungen zur Höhe des Höchstzuschlags in den einzelnen Leistungsbildern immer noch nicht eindeutig, ob es einen Mindestumbauzuschlag von 20% geben soll. In § 44 Abs. 6 heißt es z.B. für die Ingenieurbauwerke nach wie vor *„... kann ein Zuschlag* ***bis 33%*** *vereinbart werden“*. Dass kein preisrechtlicher Mindestzuschlag vorgesehen ist, ergibt sich jetzt aber eindeutig aus § 6 Abs. 2 S. 4. Dort ist nämlich genau geregelt, dass es sich bei dem Zuschlag von 20% lediglich um eine „unwiderlegliche Vermutung“ für den Fall handelt, dass eine vertragliche Vereinbarung zum Umbauzuschlag fehlt. Die vertragliche Vereinbarung hat demnach grundsätzlich Vorrang. Außerdem hat eine „unwiderlegliche Vermutung“ nicht den Charakter einer preisrechtlichen Mindestsatzregelung. Bestätigt wird diese Auffassung dadurch, dass in der HOAI 2013 bei den Objekt- und Fachplanungen durchgängig nur noch der Höchstsatz des Zuschlags („... bis 33%“), aber nicht mehr – wie z.B. in § 59 Abs. 1 S. 3 HOAI 2002 – ein Mindestzuschlag („... **von 20** bis 33 v.H.“) angegeben ist.

49 Darüber hinaus hat der Verordnungsgeber in der amtlichen Begründung zu § 6 Abs. 2 HOAI 2013 nunmehr eindeutig klargestellt, dass die Verordnung **keinen Mindestumbauzuschlag** vorgibt, sondern die Höhe des Zuschlags im Rahmen einer schriftlichen Vereinbarung bei Auftragserteilung[24] sei **frei vereinbar**. Es stehe den Vertragsparteien wie bisher auch frei, bei Auftragserteilung einen Zuschlag von weniger als 20% zu

21 Ebenso: *Koeble/Zahn*, Rn 36.

22 *Werner/Pastor*, 12. Aufl., Rn 720; *Locher/Koeble/Frik*, 9. Aufl., § 24 Rn 14; *Korbion/Mantscheff/Vygen*, 7. Aufl., § 24 Rn 14; Thode/Wirth/Kuffer/*Budde*, S. 785.

23 Vgl. hierzu die Literaturzusammenstellung von *Simmendinger*, IBR 2010, 1446.

24 Zu dem Erfordernis „bei Auftragserteilung“ s.u. Rn 50.

vereinbaren.[25] Eine Honorarvereinbarung mit einem Umbauzuschlag von 0% bis 19% ist also ohne Weiteres wirksam und kann nicht unter Berufung auf den Mindestsatzcharakter der HOAI „nach oben" korrigiert werden.

Im Ergebnis kann also bei Objekten der Honorarzone III gem. Abs. 6 ein Umbauzuschlag von **0% bis 33%** schriftlich vereinbart werden. Der Meinungsstreit in der Literatur ist damit geklärt. 50

2. Durchschnittlicher Schwierigkeitsgrad ohne schriftliche Vereinbarung. Handelt es sich um ein Objekt der **Honorarzone III** (= durchschnittlicher Schwierigkeitsgrad), haben die Parteien aber keine schriftliche Vereinbarung zum Umbau- bzw. Modernisierungszuschlag getroffen, so wird gem. § 6 Abs. 2 **unwiderleglich vermutet**, dass ein Zuschlag von **20%** vereinbart ist. 51

3. Überdurchschnittlicher Schwierigkeitsgrad mit schriftlicher Vereinbarung. 52
Nachdem die Literatur zur HOAI 2002 und zur HOAI 2009 überwiegend davon ausging, dass es sich bei dem Zuschlag nach § 24 Abs. 1 HOAI 2002 bzw. § 35 Abs. 1 HOAI 2009 um einen Mindestzuschlag handelt, wurde auch überwiegend davon ausgegangen, dass der Umbauzuschlag für Objekte der Honorarzonen IV und V zwar frei vereinbar sei, dieser aber 20% nicht unterschreiten dürfe.[26] Nachdem die amtliche Begründung nunmehr aber eindeutig klarstellt, dass § 6 Abs. 2 **keinen Mindestwert** vorgibt, sondern die Höhe des Zuschlags im Wege einer **schriftlichen Vereinbarung frei vereinbar** ist, kann diese Meinung keinen Bestand mehr haben. Mangels eines gesetzlichen Mindestumbauzuschlags muss es daher auch bei Objekten mit einem überdurchschnittlichen Schwierigkeitsgrad (Honorarzonen IV und V) möglich sein, einen Zuschlag von **0% bis 20%** zu vereinbaren.

Nachdem Abs. 6 nur für Ingenieurbauwerke durchschnittlichen Schwierigkeitsgrades (Honorarzone III), nicht aber für überdurchschnittlich schwierige Objekte (Honorarzonen IV und V) gilt, können die Parteien ohne Weiteres einen Umbauzuschlag schriftlich vereinbaren, der **über die in Abs. 6 genannte Obergrenze von 33% hinausgeht**. Hier bestehen **keine preisrechtlichen Beschränkungen**. Es kann ein Zuschlag frei bis zur Grenze der Sittenwidrigkeit vereinbart werden. 53

4. Überdurchschnittlicher Schwierigkeitsgrad ohne schriftliche Vereinbarung. 54
Auch wenn es sich um Ingenieurbauwerke mit einem überdurchschnittlichen Schwierigkeitsgrad handelt, also um solche der Honorarzonen IV und V, wird gem. § 6 Abs. 2 S. 4 **unwiderleglich vermutet**, dass ein Zuschlag von **20%** vereinbart ist. Die Formulierung **„ab einem durchschnittlichen Schwierigkeitsgrad"** zielt darauf, dass auch für die Fälle hoher und sehr hoher Planungsanforderungen unwiderleglich vermutet wird, dass ein Zuschlag von 20% vereinbart ist, wenn eine schriftliche Vereinbarung der Vertragsparteien fehlt.[27]

5. Unterdurchschnittlicher Schwierigkeitsgrad mit schriftlicher Vereinbarung. 55
Bei Ingenieurbauwerken mit einem unterdurchschnittlichen Schwierigkeitsgrad (Honorarzone I oder II) fällt ein Umbauzuschlag nur an, wenn dieser **schriftlich vereinbart** wurde. Die „unwiderlegliche Vermutung" des § 6 Abs. 2 S. 4 gilt nicht. Bei entsprechen-

25 BR-Drucks. 334/13, S. 141.
26 *Simmendinger*, IBR 2010, 1446; Neuenfeld/Baden/Dohna/Groscurth/*Dohna*, § 24 Rn 8.
27 BR-Drucks. 334/13, S. 141; Messerschmidt/Niemöller/Preussner/*Hummel*/*Leidig*, § 44 Rn 7.

der Vereinbarung ist jedoch ein **Zuschlag möglich.**[28] Solche Vereinbarungen über einen Umbauzuschlag sind wirksam, solange sich das Honorar einschließlich des Umbauzuschlags im Rahmen der Mindest- und Höchstsätze der HOAI bewegt. Dies, weil hier – ebenso wie bei jeder anderen von den Mindestsätzen abweichenden Honorarvereinbarung – § 7 gilt. Die Vereinbarung muss demnach gem. **§ 7 Abs. 1 im Rahmen der Mindest- und Höchstsätze** liegen. Darüber hinaus muss die Vereinbarung eines Umbauzuschlags wohl auch „bei Auftragserteilung" getroffen werden, wie dies § 7 Abs. 1 ebenfalls fordert.[29]

56 **6. Unterdurchschnittlicher Schwierigkeitsgrad ohne schriftliche Vereinbarung.** Im Falle **sehr geringer oder geringer** Planungsanforderungen **entfällt** der Umbauzuschlag, wenn keine schriftliche Vereinbarung darüber getroffen wurde.[30]

IV. Form der Vereinbarung

57 Weder § 6 Abs. 2 noch § 44 Abs. 6 sehen nach ihrem Wortlaut vor, dass die Vereinbarung des Umbauzuschlags **bei Auftragserteilung** erfolgen muss. Beide Normen weisen lediglich darauf hin, dass die Vereinbarung **schriftlich** erfolgen muss. Über den Zeitpunkt der Vereinbarung enthält der Verordnungstext nichts. Dies entspricht auch der Rechtslage nach den früheren Fassungen der HOAI von 2002 und von 2009. Dennoch wird in der amtlichen Begründung zu beiden Normen darauf hingewiesen, dass die schriftliche Vereinbarung bei Auftragserteilung erfolgen muss.[31] Es ist davon auszugehen, dass es sich hier um einen **redaktionellen Fehler** des Verordnungsgebers handelt, denn das Erfordernis einer schriftlichen Vereinbarung „bei Auftragserteilung" steht im Widerspruch zur Intention des Verordnungsgebers und kann von daher nicht gewollt sein. Mit der amtlichen Begründung zur HOAI 2013 hat der Verordnungsgeber nämlich klargestellt, dass er keinen Mindestzuschlag von 20% statuiert hat, sondern dass die Höhe des Zuschlags im Wege einer **schriftlichen Vereinbarung frei vereinbar** ist.[32] Daraus ergibt sich, dass es sich bei dem Umbau- und Modernisierungszuschlag nicht um Honorar im Sinne des Preisrechts handelt, sondern um einen von Mindest- und Höchstsatz unabhängigen Preisfaktor. Für einen solchen gelten aber die Wirksamkeitsvoraussetzungen des § 7 Abs. 1 (Schriftlichkeit bei Auftragserteilung) nicht.

58 Die Vereinbarung des Umbau- bzw. Modernisierungszuschlags muss daher zwar **schriftlich, aber nicht bei Auftragserteilung** erfolgen. Es ist ohne Weiteres möglich, einen Umbau- oder Modernisierungszuschlag bereits **vor oder erst nach der Auftragserteilung zu vereinbaren** oder **abzuändern.**[33]

E. Ingenieurbauwerke mit großer Längenausdehnung (Abs. 7)

59 Abs. 7 enthält für Ingenieurbauwerke einen **Ausnahmefall i.S.d. § 7 Abs. 3.** Danach können die Mindestsätze bei Ingenieurbauwerken mit großer Längenausdehnung (z.B. **Deiche, Kaimauern**)[34] unterschritten werden. Voraussetzung für die Möglichkeit zur

---

28 BR-Drucks. 334/13, S. 141.
29 Ebenso: *Koeble/Zahn*, Rn 36.
30 BR-Drucks. 334/13, S. 141.
31 BR-Drucks. 334/13, S. 141, 161.
32 BR-Drucks. 334/13, S. 141, 161.
33 Allgemeine Meinung, vgl. statt aller: *Werner/Siegburg*, BauR 2013, 1507 m.w.N.
34 BR-Drucks. 334/13, S. 161.

Mindestsatzunterschreitung ist zunächst, dass die Ingenieurbauwerke mit großer Längenausdehnung **unter gleichen baulichen Bedingungen** errichtet werden und dass der **Planungsaufwand in einem Missverhältnis zu dem ermittelten Honorar steht**. Dann liegt ein gesetzlich definierter Ausnahmefall i.S.d. § 7 Abs. 3 vor. Wirksam ist die Mindestsatzunterschreitung allerdings nur dann, wenn auch eine den Voraussetzungen des § 7 Abs. 3 genügende **Honorarvereinbarung** getroffen wurde. Das die Mindestsätze unterschreitende Honorar muss demnach **schriftlich** und **bei Auftragserteilung** vereinbart worden sein (§ 7 Abs. 3 i.V.m. Abs. 5).

ABSCHNITT 4
Verkehrsanlagen

§ 45
Anwendungsbereich

Verkehrsanlagen sind

1. **Anlagen des Straßenverkehrs ausgenommen selbstständige Rad-, Geh- und Wirtschaftswege und Freianlagen nach § 39 Absatz 1,**
2. **Anlagen des Schienenverkehrs,**
3. **Anlagen des Flugverkehrs.**

Übersicht

A. Überblick

1 Im Vergleich zur HOAI 2009 haben sich praktisch keine Änderungen ergeben. Die Definition der Verkehrsanlagen in § 45 stimmt weitestgehend mit § 44 der HOAI 2009 überein. Lediglich der Verweis in § 45 Nr. 1 auf die Definition der Freianlagen wurde aktualisiert. Die mit der HOAI 2009 vollzogene regelungstechnische Trennung der Ingenieurbauwerke und Verkehrsanlagen und die damit einhergehende eigenständige Regelung der Verkehrsanlagen in Abschnitt 4 des Teils 3 der HOAI wurde demnach beibehalten. Inhaltlich hat sich dadurch weder im Vergleich mit der HOAI 2002 noch mit der HOAI 2009 etwas geändert.

2 Dem Aufbau und der Systematik der HOAI entsprechend gelten für Verkehrsanlagen neben den Bestimmungen des Teils 3 Abschnitt 4 auch alle Vorschriften des Allgemeinen Teils (§§ 1–16) sowie die Überleitungsvorschriften (§§ 57 f.). Dem Abschnitt 4 zugeordnet ist die **Anlage 13**, welche in dem Teil 13.1 das **Leistungsbild Verkehrsanlagen** enthält und in dem Teil 13.2 die **Objektliste Verkehrsanlagen**.

3 Teil 3 Abschnitt 4 gilt für Verkehrsanlagen, soweit diese in § 45 ausdrücklich aufgeführt sind. Der **Anwendungsbereich** des § 45 umfasst **drei Bauwerksgruppen**, nämlich **Anlagen des Straßenverkehrs, Anlagen des Schienenverkehrs** und **Anlagen des**

Flugverkehrs. Vom Anwendungsbereich ausgenommen sind nach Nr. 1 **selbstständige Rad-, Geh- und Wirtschaftswege** sowie **Freianlagen** (in der Definition des § 39 Abs. 1).

B. Von der Verordnung umfasste Verkehrsanlagen

4 In § 45 sind die vom Anwendungsbereich des Teils 3 Abschnitt 4 umfassten Verkehrsanlagen aufgeführt. Objekte, die in § 45 nicht genannt sind, unterliegen nicht dem Preisrecht. Die Leistungen in diesen Bereichen sind preisrechtlich **nicht gebunden**. Das Honorar für diese Leistungen kann somit **frei vereinbart** werden. Eine preisrechtliche Bindung besteht auch dann nicht, wenn zwar Leistungen für die von § 45 umfassten Objekte erbracht werden, diese aber nicht vom Leistungsbild des § 47 i.V.m. Anlage 13.1 erfasst sind. Dies gilt auch für die in der rechten Spalte der Anlage 13.1 aufgeführten Besonderen Leistungen. Auch hier besteht keine preisrechtliche Bindung.

5 § 45 enthält keine Begriffsdefinitionen. Zur Zuordnung einer Anlage zu den von dem Anwendungsbereich des Teils 3 Abschnitt 4 umfassten Bauwerksgruppen ist es daher hilfreich, die Objektliste der Anlage 13.1 mit heranzuziehen.

I. Anlagen des Straßenverkehrs (Nr. 1)

6 Unter einer Anlage des Straßenverkehrs i.S.v. Nr. 1 ist nach dem allgemeinen Sprachgebrauch eine **funktionsfähige Anlage** zu verstehen. Teil einer Anlage des Straßenverkehrs sind alle Gegenstände, die dem vorausgesetzten Gebrauch der Anlage zum Zweck des Straßenverkehrs dienen. Sie umfasst insbesondere diejenigen **Ausstattungsgegenstände**, die aus **konstruktiven oder rechtlichen Gründen für ihre Nutzung erforderlich** sind.[1] Hierunter fallen z.B. Verkehrsschilder (Anordnung, Beschriftung, Schilderbrücken, Fundamentierungen), Ampelmaste und deren Fundamentierungen, Wartehallen für Haltestellen u.v.m.[2] Beschränkt sich der Planungsauftrag auf Ausstattungsgegenstände, ist also die Planung der Verkehrsanlage selbst gar nicht Gegenstand des Planungsauftrags (**isolierte Planung**), unterfallen die Leistungen dennoch der HOAI, wobei die Ermittlung des Honorars nach den anrechenbaren Kosten der Ausstattung zu erfolgen hat.[3] Für die Einstufung in eine Honorarzone ist nicht auf das Gesamtprojekt, sondern auf die jeweils (isoliert) bearbeiteten Leistungsteile abzustellen.[4]

Beispiel[5]
Ingenieurbüro A wird damit beauftragt, für eine Autobahn die wegweisende sowie verkehrsführende Beschilderung und Markierung nach der StVO sowie die Schutz- und Leiteinrichtungen zu planen. Die Planung des Straßenkörpers erfolgt durch das Planungsbüro B. Auch die Leistungen des Planungsbüros A unterfallen der HOAI, da Auftragsgegenstand der Teil einer Anlage des Straßenverkehrs ist, die dem vorausgesetzten Gebrauch der Anlage zum Zweck des Straßenverkehrs dient. Nicht erforderlich ist es, dass A die Planung der Anlage insgesamt übertragen ist.

---

7 Die in einem Auftrag enthaltenen Leistungen eines Ingenieurs für eine (einzige) Anlage des Straßenverkehrs sind **gemeinsam abzurechnen.**[6] Dies gilt auch dann, wenn

1 BGH, Urt. v. 23.2.2006 – VII ZR 168/04 – IBR 2006, 273.
2 *Pott/Dahlhoff/Kniffka/Rath*, § 44 Rn 1.
3 BGH, Urt. v. 23.2.2006 – VII ZR 168/04 – IBR 2006, 273.
4 BGH, Urt. v. 11.12.2008 – VII ZR 235/06 – IBR 2009, 146, 147, 148.
5 Beispiel nach: BGH, Urt. v. 23.2.2006 – VII ZR 168/04 – IBR 2006, 273.
6 BGH, Urt. v. 11.12.2008 – VII ZR 235/06 – IBR 2009, 146, 147, 148.

der Planungsauftrag nicht umfassend ist, sondern nur Teilplanungsleistungen, die die Planung einzelner Gewerke betreffen, in Auftrag gegeben worden sind. Das heißt: Es ist nicht möglich, das Honorar für unterschiedliche Gewerke bzw. Ausstattungsgegenstände getrennt zu ermitteln, wenn die Planungsleistungen für dieselbe Anlage des Straßenverkehrs erbracht werden. Teile einer Verkehrsanlage sind gemeinsam abzurechnen unabhängig davon, ob sie eine **funktionelle Einheit** bilden.[7]

Bei der Frage, welche Bauwerksteile und Ausstattungsgegenstände einer Anlage des Straßenverkehrs zuzuordnen sind, liefert **§ 1 Abs. 4 des Bundesfernstraßengesetzes (FStrG)** sachdienliche Anhaltspunkte. Danach gehören zu den Bundesfernstraßen der **Straßenkörper**, das sind insbesondere der Straßengrund, der Straßenunterbau, die Straßendecke, Brücken, Tunnel, Durchlässe, Dämme, Gräben, Entwässerungsanlagen, Böschungen, Stützmauern, Lärmschutzanlagen, Trenn-, Seiten-, Rand- und Sicherheitsstreifen. Daneben sind auch der **Luftraum über dem Straßenkörper** und das **Zubehör** (Verkehrszeichen, Verkehrseinrichtungen und -anlagen aller Art, die der Sicherheit oder Leichtigkeit des Straßenverkehrs oder dem Schutz der Anlieger dienen sowie die Bepflanzung) zugehörig. 8

Werden neben der Verkehrsanlage **gesonderte, eigenständige Objekte** i.S.v. § 2 Abs. 1 geplant und errichtet, sind diese voneinander getrennt abzurechnen. Dies gilt insbesondere auch in dem – sich aufgrund der langjährigen Zusammenfassung von Ingenieurbauwerken und Verkehrsanlagen in Teil VII HOAI 2002 nicht unmittelbar aufdrängenden – Fall der **Planung von Verkehrsanlagen und Ingenieurbauwerken innerhalb eines Auftrags**. Der BGH hat schon für die HOAI 2002 entschieden, dass Verkehrsanlagen und Ingenieurbauwerke getrennt voneinander abzurechnen sind, da sie unterschiedlichen Leistungsbereichen angehören. Ingenieurbauwerke sind abrechnungstechnisch von Verkehrsanlagen ebenso geschieden wie etwa von der Tragwerksplanung, der Technischen Ausrüstung oder anderen Ingenieurleistungen, die Gegenstand der Honorarordnung sind.[8] Der BGH führt dies insbesondere auch darauf zurück, dass für Ingenieurbauwerke und Verkehrsanlagen unterschiedliche Honorarregelungen gelten. Die Feststellungen des BGH sind auf die HOAI 2013 übertragbar, wobei die Angehörigkeit der Verkehrsanlagen und Ingenieurbauwerke zu unterschiedlichen Leistungsbereichen in der HOAI 2013 jetzt auch formal durch die eigenständige Regelung der Verkehrsanlagen in Abschnitt 4 des Teils 3 manifestiert ist. 9

Nicht zu den Verkehrsanlagen zählen **Anlagen des Wasserstraßenverkehrs**. Diese sind den Ingenieurbauwerken nach § 41 Nr. 3 zuzuordnen.[9] 10

Ebenfalls nicht zu Anlagen des Straßenverkehrs gehören **Freianlagen** nach § 39 Abs. 1; sie sind nach Nr. 1 ausdrücklich ausgenommen und sind daher **per definitionem** keine Anlagen des Straßenverkehrs.[10] 11

Ausgenommen nach Nr. 1 sind des Weiteren selbstständige **Rad-, Geh- und Wirtschaftswege**. Hier stellt sich die Frage, ob für diese Objekte die HOAI nicht anwendbar, das Honorar für deren Planung demnach frei vereinbar ist, oder ob selbstständige Rad-, Geh- und Wirtschaftswege Freianlagen sind und die Honorarvorschriften des Teils 3 Abschnitt 2 anzuwenden sind. Nach § 38 Nr. 8 sind für Grundleistungen bei Freianlagen die Kosten für **Wege ohne Eignung für den regelmäßigen Fahrverkehr** mit einfachen Entwässerungsverhältnissen anrechenbar. Ebenfalls anrechenbar sind die Kosten für andere Wege (also solche **mit Eignung für den regelmäßigen Fahrverkehr**), die als 12

7 BGH, Urt. v. 11.12.2008 – VII ZR 235/06 – IBR 2009, 146, 147, 148.
8 BGH, Urt. v. 30.9.2004 – VII ZR 192/03 – IBR 2004, 703.
9 Vgl. Gruppe 3 der Anlage 12.2 und amtliche Begründung zu § 51 HOAI 2002.
10 Zur Abgrenzung von Freianlagen zu Verkehrsanlagen s.u. Rn 16 ff.

Gestaltungselement der Freianlagen geplant werden, soweit für sie **keine Leistungen aus Teil 3 Abschnitt 3 und 4 erforderlich** sind. Nachdem die selbstständigen Rad-, Geh- und Wirtschaftswege gem. § 45 Nr. 1 keine Verkehrsanlagen sind, gilt § 38 Nr. 8 für unselbstständige Rad-, Geh- und Wirtschaftswege (die mit anderen Bauten wie Straßen, Bahnlinien und Wasserwegen verbunden geführt sind) sowie für andere Wege.[11] **Wege mit Eignung für den regelmäßigen Fahrverkehr**, bei denen es sich um **selbstständige Rad- oder Wirtschaftswege** handelt, unterfallen daher weder den Regelungen über die Abrechnung des Honorars für die Freianlagenplanung noch den Honorarregeln für Verkehrsanlagen. Das Honorar für solche Wege kann also **frei vereinbart** werden.[12] *Zahn*[13] bezweifelt allerdings, dass dies für **Gehwege** gleichermaßen gilt. Bei diesen sei auch danach zu differenzieren, ob der Weg eine **Eignung für den regelmäßigen Fahrverkehr** (trotz seiner bloßen Eigenschaft als Gehweg) aufweise. Handele es sich um Wege mit Eignung für den regelmäßigen Fahrverkehr, die als Gestaltungselement geplant werden, läge nach der zweiten Variante des § 38 Abs. 1 Nr. 8 eine Freianlage vor.[14] Dieser überzeugenden Auffassung folgend, kann demnach das Honorar für Gehwege mit Eignung für den regelmäßigen Fahrverkehr, die als Gestaltungselement einer Freianlage geplant werden, nicht frei vereinbart werden, sondern ist zwingend nach den Regelungen der §§ 38 ff. zu ermitteln. Lediglich selbstständige Gehwege ohne Eignung für den regelmäßigen Fahrverkehr, welche nicht als Gestaltungselement einer Freianlage geplant werden, unterfallen weder Teil 3 Abschnitt 2 noch Teil 3 Abschnitt 4, sodass das Honorar für diese Wege frei vereinbart werden kann.

II. Anlagen des Schienenverkehrs (Nr. 2)

13 Die Objektliste Verkehrsanlagen in der Anlage 13.2 lit. b) führt unter Anlagen des Schienenverkehrs lediglich **Gleis- und Bahnsteiganlagen** der freien Strecken und der Bahnhöfe auf. Die amtliche Begründung zu § 44 HOAI 2009 stellt aber klar, dass Anlagen des Schienenverkehrs auch **Seilbahnen**, **Standseilbahnen** und **Magnetschwebebahnen** mit einschließen,[15] auch wenn sie über Schienen und Gleise im eigentlichen Sinne nicht verfügen. Für diese Objekte gelten demnach die Vergütungsvorschriften der §§ 45 ff.

III. Anlagen des Flugverkehrs (Nr. 3)

14 Die Objektliste Verkehrsanlagen in der Anlage 13.2 lit. c) unterscheidet bei den Anlagen des Flugverkehrs nach **Verkehrsflächen** für Landeplätze und für Flughäfen. Zu den Verkehrsanlagen rechnen demnach (nur) die **Start- und Landebahnen** von Flugplätzen.

C. Abgrenzungen zu anderen Leistungsbereichen der Verordnung

15 Die Abgrenzung der Verkehrsanlagen zu anderen Leistungsbereichen der HOAI ist abrechnungstechnisch von erheblicher Bedeutung. Dessen ungeachtet zeigt die Praxis, dass bei verschiedenen Objekten, insbesondere bei Verkehrsanlagen, Ingenieurbauwer-

11 Locher/Koeble/Frik/*Locher*, § 38 Rn 20.
12 Locher/Koeble/Frik/*Zahn*, § 45 Rn 14; Korbion/Mantscheff/Vygen/*Seifert*, § 37 Rn 41.
13 Locher/Koeble/Frik/*Zahn*, § 45 Rn 14.
14 Locher/Koeble/Frik/*Zahn*, § 45 Rn 14.
15 BR-Drucks. 395/09, S. 57.

ken und Freianlagen, die Fragen der Zuordnung der Objekte, der Leistungen und der damit verbundenen Anforderungen und Vergütungsparameter in der Abgrenzung erhebliche Unschärfen und Schwierigkeiten bestehen. Die HOAI ordnet eine Vielzahl von Objekten unterschiedlichen Regelungskomplexen zu. Diese eröffnen den Vertragsparteien keine Dispositionsfreiheit zu einer individuellen Vergütungsvereinbarung. Für jedes Objekt und die damit verbundenen Planungsleistungen gibt es nur einen richtig ermittelten Honorarrahmen. Damit führt die fehlerhafte Zuordnung eines Objektes zu einem Regelungskomplex zwangsläufig zu einer fehlerhaften Vergütung. Nachträgliche Vergütungsanpassungen sind die häufige Folge.

I. Abgrenzung zu Freianlagen

§ 39 Abs. 1 enthält eine Legaldefinition der Freianlage. Demnach sind Freianlagen **planerisch gestaltete Freiflächen** und Freiräume sowie entsprechend **gestaltete Anlagen** in Verbindung mit Bauwerken oder in Bauwerken und landschaftspflegerische Freianlagenplanungen in Verbindung mit Objekten. Aus dieser Definition ergibt sich, dass Freianlagen nicht zu den Verkehrsanlagen gehören. Die Freianlagen sind durch raumbezogene **Anforderungen an die planerische Gestaltung** geprägt. Das lässt sich u.a. daran erkennen, dass § 38 Abs. 1 Nr. 1, 3 bis 6 und 8 grundsätzlich bei den Freianlagen nur die Kosten für Objekte zur Gelände- bzw. Landschaftsgestaltung anrechenbar sind. Bei den Verkehrsanlagen stehen dagegen die **Anforderungen an Technik und Funktion** im Vordergrund. Hinzu kommt, dass Leistungen bei Freianlagen als eigenständige Objektplanungsleistungen in den §§ 38 ff. geregelt sind und nach den dort einschlägigen Honorarparametern getrennt abzurechnen sind. 16

Bei vielen Objekten wird aufgrund der Definition des § 39 Abs. 1 und unter Zuhilfenahme der jeweiligen Objektlisten in den Anlagen 11.2 (Freianlagen) und 13.2 (Verkehrsanlagen) eine eindeutige Zuordnung zu den jeweiligen Vergütungsregeln der HOAI möglich sein. Maßgebliches Abgrenzungskriterium ist dabei die Prägung der Aufgabenstellung. Zu unterscheiden ist, ob die **planerische Gestaltung** den Schwerpunkt der Aufgabe bildet oder ob die **Funktionalität** des Objekts bzw. **technisch-konstruktiv geprägte Anforderungen** im Vordergrund stehen.[16] Bei Verkehrsanlagen ist also die Nutzung als Anlage des Straßen-, Schienen- oder Flugverkehrs prägend. 17

Beispiel[17]
Wege auf einem Krankenhausgelände, die nicht nur dem Fußgängerverkehr, sondern auch dem Fahrzeugverkehr dienen und ein rasches, reibungsloses Erreichen der einzelnen Gebäudekomplexe auch mit Fahrzeugen gewährleisten sollen, gehören zu den Verkehrsanlagen. Jedenfalls in einem Fall, bei dem der **verkehrstechnische Aspekt** bei der Planung zu berücksichtigen ist, sind die entsprechenden Anlagen zweifelsfrei unter den Begriff der Verkehrsanlagen i.S.d. Teil 3 Abschnitt 4 HOAI zu zählen. Etwas anderes kann gelten, wenn die Gestaltung des Geländes ein wesentliches Planungsmerkmal und für die Planungsaufgabe prägend ist.

Es verbleiben **Grenzfälle**, in denen **im Zweifel die Freianlagen vorgehen**. Denn durch § 45 Nr. 1 wird klargestellt, dass sich Anlagen des Straßenverkehrs und Freianla- 18

16 Vgl. Heft 20 der AHO-Schriftenreihe zur Abgrenzung der Vergütung von Objektplanungsleistungen der Freianlagen zu Ingenieurbauwerken und Verkehrsanlagen nach Teil 3 der HOAI 2009, S. 6.
17 Beispiel nach: KG, Urt. v. 14.11.1989 – 15 U 1391/89 – BauR 1991, 251.

gen ausschließen.[18] § 45 gilt also nur dann, wenn nicht im Einzelfall eine Freianlage vorliegt.[19] Ist die Zuordnung eines Objektes demnach unklar, ist anhand der Freianlagen-Definition in § 39 Abs. 1 und unter Zuhilfenahme der Objektliste in Anlage 11.2 zu prüfen, ob das fragliche Objekt den Freianlagen zuzuordnen ist. Nur wenn dies ausgeschlossen werden kann, kommt eine Zuordnung des Objekts zu den Verkehrsanlagen in Betracht.

Beispiele
Freianlagen sind regelmäßig:
- Freiflächen,
- Spielwiesen,
- Begleitgrün an Verkehrsanlagen,
- Friedhöfe,
- Sportanlagen,
- Parkanlagen,
- Campingplätze,
- Freibäder,
- Dachgärten,
- zoologische Gärten,
- gestaltete Plätze oder
- Hofbereiche.

---

19 **§ 38 Abs. 2 Nr. 2** nimmt eine konkrete Abgrenzung zu Verkehrsanlagen vor, indem den anrechenbaren Kosten der **Freianlagenplanung von Fußgängerbereichen** lediglich die **Oberflächenbefestigung** zugeordnet wird, nicht aber der **Unter- und Oberbau.** Die Oberflächenbefestigung von Fußgängerbereichen mit Asphalt, Pflaster, Platten oder Pflanzungen unterfällt also den Freianlagen, wohingegen der Unterbau (z.B. Ausgleichungen des Geländeniveaus durch Aufschüttungen) und der Oberbau (Frostschutz- und Tragschichten) den Verkehrsanlagen zuzuordnen sind. § 38 Abs. 2 Nr. 2 gilt nur für Fußgängerbereiche. **Verkehrsberuhigte Bereiche ohne gestalterische Anforderungen** sind dagegen nach überwiegender Meinung den Verkehrsanlagen zuzuordnen.[20]

II. Abgrenzung zu Ingenieurbauwerken

20 Die Unterscheidung von Ingenieurbauwerken und Verkehrsanlagen erweist sich bisweilen als schwierig, ist aber im Hinblick auf die Pflicht zur getrennten Abrechnung und der damit verbundenen Honorarerhöhung bedeutsam. Werden neben einer Verkehrsanlage **gesonderte Ingenieurbauwerke** geplant und errichtet, sind diese **getrennt von der Verkehrsanlage** abzurechnen.[21] Dies gilt auch dann, wenn beide Objekte in einem **einheitlichen Vertrag** beauftragt worden sind.[22] Dies trifft im Regelfall zu für: Lärmschutzwälle, Regenrückhaltebecken, Entwässerungsanlagen für Verkehrsanlagen, Tunnel, Brücken, Unterführungen, Stützmauern, Anlagen des Wasserstraßenverkehrs (z.B. Schleusen, Kanäle, Häfen).

---

18 *Fischer/Krüger*, BauR 2013, 1176.
19 Locher/Koeble/Frik/*Zahn*, § 45 Rn 9.
20 Vgl. *Erhard*, DAB Regional 4/2005, 14.
21 BGH, Urt. v. 30.9.2004 – VII ZR 192/03 – IBR 2004, 703.
22 KG, Urt. v. 11.2.2003 – 15 U 366/01 – IBR 2003, 549.

Beispiel 1[23]
Schallschutz- und Entwässerungsanlagen für Verkehrsanlagen sind gesonderte Ingenieurbauwerke und dementsprechend jeweils **getrennt zu vergüten**. Beim Autobahnbau stellt neben der Verkehrsanlage jeder **Lärmschutzwall** an unterschiedlichen Standorten und jedes räumlich oder funktionell getrennte **Regenrückhaltebecken** ein **eigenes Objekt** dar.

Beispiel 2[24]
Entsprechendes gilt bei **Abwasserentsorgungsanlagen für Verkehrsanlagen**: So handelt es sich bei **Abwassersammlern** um unterirdische Betonrohrleitungen mit Schächten, die zu Regenrückhalte- und Versickerungsbecken führen. Hierbei handelt es sich um getrennte Systeme, die jeweils eine eigenständige Funktion haben. So **dienen** die Abwässerentsorgungsanlagen **funktional nicht dem Verkehr**, sondern der Entsorgung der von der Verkehrsfläche abgeleitet gefassten Abwässer.

Konstruktive Ingenieurbauwerke für Verkehrsanlagen gehören gem. **§ 41 Nr. 6** 21
zu den Ingenieurbauwerken.[25]

III. Abgrenzung zu Verkehrsanlagen in Gebäuden oder Ingenieurbauwerken

Verkehrsanlagen können auch **in Gebäuden oder Ingenieurbauwerken** geplant 22
und hergestellt werden (z.B. Straßen und Wege in Müllverbrennungsanlagen, in Kläranlagen oder an Ufermauern, Verkehrsanlagen in Bahnhöfen). Es stellt sich die Frage, ob solche Verkehrsanlagen nach den §§ 45ff. (gesondert) zu honorieren sind, ob sie Teil des sie umschließenden Gebäudes/Ingenieurbauwerks sind oder ob Teil 3 Abschnitt 4 für sie nicht gilt, das Honorar also frei vereinbart werden kann. Einigkeit besteht in der Literatur nur insoweit, als eine Zusammenfassung der Objekte mit der Folge der zusammengefassten Honorarermittlung nirgendwo in Betracht gezogen wird. Ansonsten wird sowohl die Auffassung vertreten, dass die §§ 45ff. für Verkehrsanlagen in Gebäuden/ Ingenieurbauwerken nicht gelten, demnach also eine völlig freie Vereinbarung des Honorars möglich und bei Fehlen einer Vereinbarung die übliche Vergütung (§ 632 Abs. 2 BGB) geschuldet sei,[26] als auch die Auffassung, dass es sich bei solchen Verkehrsanlagen um **gesonderte, von dem Gebäude/Ingenieurbauwerk getrennte Anlagen** handele und die Vergütung nach Teil 3 Abschnitt 4 zu erfolgen hat.[27]

Der zuletzt genannten Auffassung ist der Vorzug zu geben. Es ist nicht nachzuvoll- 23
ziehen, warum für Verkehrsanlagen in Gebäuden oder in Ingenieurbauwerken die HOAI nicht anwendbar sein soll, wenn die darin zu planenden und zu errichtenden Anlagen ansonsten die Voraussetzungen des § 45 erfüllen, es sich also **qua definitionem** um eine Verkehrsanlage i.S.d. § 45 handelt. Es ist demnach davon auszugehen, dass Verkehrsanlagen in Gebäuden oder Ingenieurbauwerken **ebenso nach den §§ 45ff. zu vergüten sind wie solche außerhalb oder unabhängig von anderen Objekten**. Dies gilt auch in den Fällen, in denen die Gebäude und Ingenieurbauwerke und die in ihm bestehenden Verkehrsanlagen an ein und denselben Auftragnehmer vergeben werden.[28]

23 Beispiel nach: BGH, Urt. v. 30.9.2004 – VII ZR 192/03 – IBR 2004, 703.
24 Beispiel nach: KG, Urt. v. 11.2.2003 – 15 U 366/01 – IBR 2003, 549.
25 Zur Abgrenzung siehe im Einzelnen § 41 Rn 29ff.
26 Locher/Koeble/Frik/*Zahn*, § 45 Rn 10.
27 Korbion/Mantscheff/Vygen/*Mantscheff*, § 44 Rn 2.
28 Korbion/Mantscheff/Vygen/*Mantscheff*, § 44 Rn 2.

D. Abrechnungsbeispiel

24 Beim Bau einer Verkehrsanlage ist regelmäßig zwischen mehreren gesonderten Objekten zu unterscheiden, die nach den jeweilig einschlägigen Teilen der HOAI **getrennt voneinander abzurechnen** und zu vergüten sind.

Beispiel
Neubau einer zwischengemeindlichen Verbindungsstraße mit Querung einer Bundesstraße und Unterführung eines Bachlaufs:

Objekt bzw. Abrechnungseinheit	Abrechnungsgrundlage
Straße einschl. Straßeneinläufe	§ 45 Nr. 1
Brückenbauwerk	§ 41 Nr. 6
Bachdurchlass	§ 41 Nr. 6
Straßenbegleitgrün	§ 38
Lichtzeichenanlagen	§ 53
Beleuchtung	§ 53
Beschilderung	§ 45 Nr. 1
Regenwasserkanal	§ 41 Nr. 2
Regenwasserrückhaltung	§ 41 Nr. 2
Lärmschutzwand	§ 41 Nr. 1
Parkplatz	§ 45 Nr. 1

25 Bei einer üblichen Straßenbaumaßnahme kommen demnach im Regelfall die Honorarvorschriften der Teile 3 Abschnitt 3 und Abschnitt 4 sowie des Teils 4 Abschnitt 2 zur Anwendung, da ein Straßenbauwerk nicht nur aus einer Verkehrsanlage, sondern außerdem auch aus eigenständigen Ingenieurbauwerken und Anlagen der Technischen Ausrüstung besteht.

26 Bei der **Beschilderung** handelt es sich um **Ausstattung** i.S.v. § 46 Abs. 1 S. 2.

27 Hinsichtlich der **Straßenentwässerung** ist zu beachten, dass es auch Elemente der Straßenentwässerung geben kann, die nicht getrennt als eigenständiges Ingenieurbauwerk, sondern als **Ausstattung** oder **Nebenanlage** des Straßenkörpers und damit als Teil der Verkehrsanlage zu betrachten sind. Dies ist bei Anlagen der Fall, die (nur) der Entwässerung der Fahrbahnoberfläche, also ausschließlich der **sicheren Benutzung der Verkehrsanlage** dienen.[29] Dies gilt z.B. für **Straßenabläufe mit Entwässerungsleitungen im Straßenkörper** bis zum Regenwasserkanal.[30] Nur wenn die Entwässerungsanlage jeweils eine eigenständige und selbstständige Funktion erfüllt, können die zu planenden Abwasserentsorgungsanlagen als selbstständige Ingenieurbauwerke abgerechnet werden.[31]

29 KG, Urt. v. 11.2.2003 – 15 U 366/01 – IBR 2003, 549.
30 *Simmendinger*, IBR 2010, 1189.
31 KG, Urt. v. 11.2.2003 – 15 U 366/01 – IBR 2003, 549.

§ 46
Besondere Grundlagen des Honorars

(1) Für Grundleistungen bei Verkehrsanlagen sind die Kosten der Baukonstruktion anrechenbar. Soweit der Auftragnehmer die Ausstattung von Anlagen des Straßen-, Schienen- und Flugverkehrs einschließlich der darin enthaltenen Entwässerungsanlagen, die der Zweckbestimmung der Verkehrsanlagen dienen, plant oder deren Ausführung überwacht, sind die dadurch entstehenden Kosten anrechenbar.

(2) Für Grundleistungen bei Verkehrsanlagen sind auch die Kosten für Technische Anlagen, die der Auftragnehmer nicht fachlich plant oder deren Ausführung der Auftragnehmer nicht fachlich überwacht,
1. vollständig anrechenbar bis zu einem Betrag von 25 Prozent der sonstigen anrechenbaren Kosten und
2. zur Hälfte anrechenbar mit dem Betrag, der 25 Prozent der sonstigen anrechenbaren Kosten übersteigt.

(3) Nicht anrechenbar sind, soweit der Auftragnehmer die Anlagen weder plant noch ihre Ausführung überwacht, die Kosten für
1. das Herrichten des Grundstücks,
2. die öffentliche und die nichtöffentliche Erschließung, die Außenanlagen, das Umlegen und Verlegen von Leitungen,
3. die Nebenanlagen von Anlagen des Straßen-, Schienen- und Flugverkehrs,
4. verkehrsregelnde Maßnahmen während der Bauzeit.

(4) Für Grundleistungen der Leistungsphasen 1 bis 7 und 9 bei Verkehrsanlagen sind
1. die Kosten für Erdarbeiten einschließlich Felsarbeiten anrechenbar bis zu einem Betrag von 40 Prozent der sonstigen anrechenbaren Kosten nach Absatz 1 und
2. 10 Prozent der Kosten für Ingenieurbauwerke anrechenbar, wenn dem Auftragnehmer für diese Ingenieurbauwerke nicht gleichzeitig Grundleistungen nach § 43 übertragen werden.

(5) Die nach den Absätzen 1 bis 4 ermittelten Kosten sind für Grundleistungen des § 47 Absatz 1 Satz 2 Nummer 1 bis 7 und 9
1. bei Straßen, die mehrere durchgehende Fahrspuren mit einer gemeinsamen Entwurfsachse und einer gemeinsamen Entwurfsgradiente haben, wie folgt anteilig anrechenbar:
   a) bei dreistreifigen Straßen zu 85 Prozent,
   b) bei vierstreifigen Straßen zu 70 Prozent und
   c) bei mehr als vierstreifigen Straßen zu 60 Prozent,
2. bei Gleis- und Bahnsteiganlagen, die zwei Gleise mit einem gemeinsamen Planum haben, zu 90 Prozent anrechenbar. Das Honorar für Gleis- und Bahnsteiganlagen mit mehr als zwei Gleisen oder Bahnsteigen kann frei vereinbart werden.

Übersicht

A. Überblick

1 § 46 regelt die **besonderen Grundlagen der Honorarberechnung** für Grundleistungen bei den von § 45 erfassten Verkehrsanlagen. § 46 gilt ergänzend zu den **allgemeinen Regelungen** der Ermittlung der anrechenbaren Kosten in § 4 und der Honorarermittlung in § 6. Während die §§ 4 und 6 diejenigen Grundlagen enthalten, die für die Honorarermittlung bei **allen von der HOAI erfassten Architekten- und Ingenieurleistungen gleichermaßen** gelten, erfasst § 46 **ergänzende Regelungen**, die ausschließlich für die Honorarermittlung bei Verkehrsanlagen Gültigkeit besitzen.

2 In Bezug auf die anrechenbaren Kosten, die den Regelungsgegenstand des § 46 bilden, enthält § 6 Abs. 1 Nr. 1 eine grundlegende Regelung. Dort ist hinsichtlich der anrechenbaren Kosten das sog. **Kostenberechnungsmodell** normiert. Maßgeblich für die Ermittlung der anrechenbaren Kosten ist demnach – wie schon nach der HOAI 2009 – ausschließlich die **Kostenberechnung**. Kostenanschlag und Kostenfeststellung haben für Fragen der Honorarermittlung keine Bedeutung mehr, die Kostenschätzung nur noch in seltenen Fällen.

3 Eine weitere, die Berechnung der anrechenbaren Kosten im Falle des Bauens im Bestand maßgeblich beeinflussende Regelung enthält **§ 4 Abs. 3**. Dort ist festgelegt, dass der Umfang der **mitzuverarbeitenden Bausubstanz** i.S.d. § 2 Abs. 7 bei den anrechenbaren Kosten **angemessen zu berücksichtigen** ist. Diese Regelung entspricht weitgehend **§ 10 Abs. 3a HOAI 2002**, der im Zuge der 6. HOAI-Novelle 2009 gestrichen worden war. Damit war die vorhandene Bausubstanz im Rahmen von Architekten- und Ingeni-

eurverträgen, die auf der Grundlage der HOAI 2009 geschlossen wurden, nicht berücksichtigungsfähig, was in der Praxis teilweise zu massiven Honorarverlusten führte.

§ 46 hat ausschließlich die Ermittlung der anrechenbaren Kosten zum Gegenstand. 4
Weitere Parameter der Honorarermittlung bei Verkehrsanlagen ergeben sich aus dem nachfolgenden § 47 (**Leistungsbild** mit Bewertung der einzelnen Leistungsphasen), aus § 48 (**Honorartafel** und **Honorarzone**) sowie aus der Anlage 13.1 (**Leistungsinhalt der Grundleistungen**), die die Regelung des § 6 Abs. 1 ergänzen bzw. ausfüllen und insofern als weitere „Besondere Grundlagen der Honorarberechnung" bezeichnet werden könnten. Die Honorarermittlung erfolgt somit bei Verkehrsanlagen in **vier Stufen**: Zunächst sind die **anrechenbaren Kosten** nach § 46 zu ermitteln, wobei die (allgemeinen) Grundlagen der Kostenermittlung durch § 4 geregelt sind. Daneben ist anhand von § 48 Abs. 2–5 und der Objektliste in Anlage 13.2 zu bestimmen, welcher **Honorarzone** das Ingenieurbauwerk angehört. Hiernach kann der **Honorartafel** des § 48 Abs. 1 das jeweilige 100%-Honorar im Rahmen der Mindest- und Höchstsätze entnommen werden. Schließlich muss in einem weiteren Schritt anhand des Leistungsbildes der erbrachte **Leistungsanteil** ermittelt werden (Leistungsphasen und ggf. Teilleistungen aus einzelnen Leistungsphasen) und das anteilige Honorar durch **Interpolation** (§ 13) ermittelt werden.

§ 46 enthält vier Arten von anrechenbaren Kosten: Die Kosten der **Baukonstruktion**, welche **voll anrechenbar** sind (Abs. 1 S. 1), die Kosten der **Technischen Anlagen**, welche **teilweise anrechenbar** sind, die in Abs. 1 S. 2 und Abs. 3 genannten Kosten, die **unter bestimmten Voraussetzungen in voller Höhe anrechenbar** sind, und die Kosten für **Erd-** und **Felsarbeiten** sowie für **Ingenieurbauwerke**, welche **teilweise anrechenbar** sind. Andere, nicht in § 46 erwähnte Kosten spielen für die Honorarabrechnung bei den anrechenbaren Kosten für Leistungen bei Verkehrsanlagen keine Rolle. 5

B. Vergleich mit früheren Fassungen der HOAI

I. Änderungen durch die HOAI 2009

§ 45 HOAI 2009 enthält Teile, die § 52 HOAI 2002 entsprechen. Aufgrund der neuen 6
Strukturierung der HOAI – in der Fassung seit 2009 durch Aufgliederung der Honorarordnung in einen „**Allgemeinen**" und einen „**Besonderen**" Teil – sind in § 45 HOAI 2009 nur noch die „**Besonderen Grundlagen**" des Honorars enthalten. Die allgemeinen Grundlagen, die für alle dem Preisrecht unterfallenden Leistungen gelten, finden sich im „Allgemeinen Teil" der HOAI, insbesondere in den §§ 4 und 6 HOAI 2009. In § 45 HOAI 2009 finden sich dagegen die speziellen Honorarermittlungsvorschriften für Verkehrsanlagen.

In § 52 HOAI 2002 waren noch alle Regelungen über die anrechenbaren Kosten ge- 7
bündelt enthalten. Mit der HOAI 2009 wurden dann aber die Leistungsbilder „Ingenieurbauwerke" und „Verkehrsanlagen" getrennt. Waren demnach in § 52 HOAI 2002 noch sämtliche Regelungen zu den anrechenbaren Kosten für Ingenieurbauwerke und Verkehrsanlagen zusammengefasst, enthält § 45 HOAI 2009 nur noch die Honorargrundlagen für Verkehrsanlagen. Für Ingenieurbauwerke gibt es die eigenständige Regelung des § 41 HOAI 2009.

Wesentlicher Unterschied zur HOAI 2002 ist, dass die Kostenermittlung für die Ho- 8
norarberechnung **durchgängig für alle Leistungsphasen** nach der **Kostenberechnung** und nur ausnahmsweise nach der Kostenschätzung zu erfolgen hat (§ 6 Abs. 1 Nr. 1 HOAI 2009). Die in der HOAI 2002 vorgesehene zweigeteilte Ermittlung der anrechenbaren Kosten (Leistungsphasen 1 bis 4 nach der Kostenberechnung und Leistungsphasen 5 bis 9 nach der Kostenfeststellung) ist mit der HOAI 2009 entfallen.

9 Ferner ist der Verordnungsgeber mit der HOAI 2009 dazu übergegangen, die anrechenbaren Kosten in einer **Positivliste** festzulegen. Es wird nicht mehr bestimmt, welche Kosten nicht anrechenbar sein sollen, sondern welche Kosten **voll anrechenbar** sein sollen (Kosten der Baukonstruktion, § 45 Abs. 1 HOAI 2009), welche **gemindert** (Kosten für Technische Anlagen, §§ 45 Abs. 1, 41 Abs. 2 HOAI 2009) und welche **bedingt** (§§ 41 Abs. 1, 41 Abs. 3 HOAI 2009) anrechenbar sein sollen.

II. Änderungen durch die HOAI 2013

10 § 45 Abs. 1 HOAI 2009 enthielt einen Verweis auf die Regelungen des § 41 HOAI 2009, sodass bei den Verkehrsanlagen die besonderen Honorargrundlagen für Ingenieurbauwerke entsprechend galten. Dieser Verweis ist mit der HOAI 2013 entfallen. Stattdessen wurde mit § 46 Abs. 1 bis 3 eine **leistungsbildspezifische Regelung** für die Verkehrsanlagen geschaffen, welche konzeptionell auf die entsprechenden Regelungen für Ingenieurbauwerke in § 42 Abs. 1 bis 3 zurückgeht. Während § 46 Abs. 1 leistungsbildspezifisch die anrechenbaren Kosten für Verkehrsanlagen regelt, behandeln § 46 Abs. 2, 3 und 4 die **Integrationshonorare** bei der Objektplanung von Verkehrsanlagen. In § 46 Abs. 4 wurde eine leistungsbildspezifische Regelung zum Integrationshonorar für Verkehrsanlagen in die Anrechenbarkeit von Kosten für Erdarbeiten und Ingenieurbauwerke neu aufgenommen.[1]

11 § 41 Abs. 3 Nr. 4 HOAI 2009, auf den § 45 Abs. 1 HOAI 2009 verwies, sah vor, dass die **Ausstattung** und **Nebenanlagen von Straßen** sowie die **Ausrüstung** und **Nebenanlagen von Gleisanlagen** bei Objektplanungsleistungen für Verkehrsanlagen nicht anrechenbar waren, sofern der Auftragnehmer diese Anlagen weder plante, noch ihre Ausführung überwachte. Hier hat es eine Änderung dahingehend gegeben, dass § 46 Abs. 1 S. 2 HOAI 2013 – nunmehr in einer positiven Formulierung – vorsieht, dass die Kosten für die Ausstattung von Anlagen des Straßen-, Schienen- und Flugverkehrs einschließlich der darin enthaltenen Entwässerungsanlagen, die der Zweckbestimmung der Verkehrsanlagen dienen, anrechenbar sind, soweit der Auftragnehmer diese Anlagen **plant** oder deren **Ausführung überwacht**. Durch diese Formulierung ist klargestellt, dass die Kosten für Ausstattung nicht zu den Kosten für die Anlagen der Technischen Ausrüstung i.S.d. § 46 Abs. 2 gehören und deshalb nicht nur anteilig anrechenbar sind.[2] Vielmehr sind die Kosten für diese Anlagen **vollständig anrechenbar**, sofern hierfür Planungs- und/oder Überwachungsleistungen erbracht werden. Eine inhaltliche Änderung ist damit nicht verbunden.

12 Eine weitere Änderung ergibt sich aus der neuen, leistungsbildspezifischen Regelung. Diese ist aber durch den Verordnungsgeber vermutlich nicht bewusst erfolgt. Vieles spricht dafür, dass es sich hier um ein redaktionelles Versehen handelt: Die Regelung des § 46 Abs. 4 Nr. 1, welche die teilweise Anrechenbarkeit der Kosten für **Erdarbeiten** einschließlich **Felsarbeiten** zum Gegenstand hat, fand sich in der HOAI 2009 in § 45 Abs. 2 Nr. 1. Nach dem Wortlaut dieser Vorschrift sollten die Kosten für Erd- und Felsarbeiten bis zu einem Betrag von 40% der **„sonstigen anrechenbaren Kosten nach Absatz 1“** (d.h. nach § 45 Abs. 1 HOAI 2009) anrechenbar sein. § 45 Abs. 1 HOAI 2009 verwies auf § 41 HOAI 2009. Nach dieser Regelung wiederum gehörten zu den anrechenbaren Kosten sowohl die Kosten der Baukonstruktion als auch die anteiligen Kosten für die Technischen Anlagen gem. § 41 Abs. 2 HOAI 2009 und die bedingt anrechenbaren

---

1 BR-Drucks. 334/13, S. 161.
2 *Koeble/Zahn*, Rn 194.

Kosten gem. § 41 Abs. 3 HOAI 2009 bei Erbringung von Planungs- oder Überwachungsleistungen. § 45 Abs. 2 Nr. 1 HOAI 2009 wurde in § 46 Abs. 4 Nr. 1 HOAI 2013 wortgleich übernommen. Auch der neue § 46 Abs. 4 Nr. 1 bezieht sich daher hinsichtlich der Anrechenbarkeit der Kosten für Erd- und Felsarbeiten auf die „sonstigen anrechenbaren Kosten nach Absatz 1" mit dem Unterschied, dass § 46 Abs. 1 HOAI 2013 nur noch die Kosten für die Baukonstruktion und die Ausstattung regelt. Damit hätte sich die Bezugsgröße zur Ermittlung der anteiligen anrechenbaren Kosten für Erd- und Felsarbeiten um die reduziert anrechenbaren Kosten für die technischen Anlagen und die bedingt anrechenbaren Kosten verringert. Entsprechend geringer würde daher auch der Kostenanteil für die Erd- und Felsarbeiten ausfallen. In der amtlichen Begründung findet sich kein Hinweis darauf, dass der Verordnungsgeber insoweit eine Honorarkürzung beabsichtigt hätte. Dem Anschein nach handelt es sich um ein **redaktionelles Versehen** dergestalt, dass übersehen wurde, dass der Verweis in § 45 Abs. 1 HOAI 2009 auf alle Absätze des § 41 HOAI 2009 zugunsten einer leistungsbildspezifischen Regelung in § 46 aufgegeben wurde.[3] § 46 Abs. 4 Nr. 1 ist daher, abweichend von seinem Wortlaut, so zu verstehen, dass die Bezugsgröße zur Ermittlung der anteiligen Kosten für Erd- und Felsarbeiten aus den „sonstigen anrechenbaren" Kosten nach den **Absätzen 1, 2 und 3** gebildet wird.

C. Anwendung der DIN 276

I. Kostenermittlung anhand allgemein anerkannter Regeln der Technik

Bei der Frage nach den Grundlagen der Kostenermittlung bzw. den Grundlagen für die Erstellung der Kostenberechnung offenbart sich eine große Schwäche der HOAI 2009, die zu beseitigen der Verordnungsgeber leider versäumt hat und die sich daher in der HOAI 2013 fortsetzt: **13**

Nach dem (auch) für die Ermittlung der anrechenbaren Kosten bei Verkehrsanlagen maßgeblichen **§ 4 Abs. 1 S. 1** sind **anrechenbare Kosten** Teil der Kosten für die Herstellung, den Umbau, die Modernisierung, Instandhaltung oder Instandsetzung von Objekten sowie für die damit zusammenhängenden Aufwendungen. Grundlage für die Ermittlung der anrechenbaren Kosten sind also zunächst einmal die **Herstellungskosten für das Objekt.** § 4 Abs. 1 S. 2 bestimmt weiter, dass die anrechenbaren Kosten nach den **allgemein anerkannten Regeln der Technik** oder nach **Verwaltungsvorschriften (Kostenvorschriften)** auf der Grundlage ortsüblicher Preise zu ermitteln sind. Sofern in der HOAI im Zusammenhang mit der Kostenermittlung die DIN 276 in Bezug genommen wird, so ist die **Fassung vom Dezember 2008 (DIN 276-1:2008-12)** bei der Ermittlung der anrechenbaren Kosten zugrunde zu legen (§ 4 Abs. 1 S. 3). **14**

Der Verordnungsgeber hat sich demnach – in Abkehr von der engen Bestimmung des § 10 Abs. 2 HOAI 2002, der die DIN 276 in der Fassung von April 1981 als **einzige Kostenermittlungsgrundlage** festlegte – mit der HOAI 2009 für eine weite Fassung der Regelung entschieden. Verlangt ist nunmehr nur noch, dass die anrechenbaren Kosten nach **allgemein anerkannten Regeln der Technik** oder nach **Verwaltungsvorschriften** zu ermitteln sind. Eine Bezugnahme auf die DIN 276 oder gar auf eine bestimmte Fassung der DIN 276 erfolgt nicht. Daraus ergibt sich zunächst, dass die DIN 276-1 in der Fassung von 2008 wohl nur noch **eine von mehreren Möglichkeiten** darstellen soll, die anrechenbaren Kosten zu ermitteln. Vielmehr sollen auch andere Kostenermittlungsgrundlagen als die DIN 276 herangezogen werden können. Außerdem dürften damit **15**

3 Ebenso: Locher/Koeble/Frik/*Zahn*, § 46 Rn 4.

auch die **vorherigen Fassungen** der DIN 276 von **April 1981**, von **Juni 1993** und von **November 2006** als Kostenermittlungsgrundlagen in Betracht kommen, jedenfalls solange diese noch als allgemein anerkannte Regeln der Technik anzusehen sind. Aufgrund der beträchtlichen Anzahl noch nicht abgeschlossener „Altverträge“ (d.h. solche auf der Grundlage der HOAI 2002) dürfte dies bis auf Weiteres noch der Fall sein. Das bedeutet im Ergebnis, dass die HOAI 2013 die DIN 276 in der Fassung von 2008 **nicht als alleinige Kostenermittlungsgrundlage** vorsieht.

16 Nimmt allerdings die HOAI im Zusammenhang mit der Kostenermittlung Bezug auf die DIN 276, so ist gem. § 4 Abs. 1 S. 3 die **Fassung von 2008** maßgeblich. Hier stellt sich aber das Problem, dass eine solche **Bezugnahme** in der HOAI durchgängig, so auch in § 46, **fehlt**. In der Literatur ist daher nach Inkrafttreten der HOAI 2009 die Frage aufgeworfen worden, ob es die HOAI 2009 ohne Vereinbarung einer bestimmten Kostenermittlungsmethode überhaupt ermöglicht, einen Mindestsatz festzustellen, oder ob § 4 HOAI 2009 insofern **nicht ausreichend bestimmt** und deshalb **unwirksam** ist.[4] An dieser Problematik hat sich durch die Neufassung der HOAI 2013 nichts geändert, da der Verordnungstext insoweit gleich geblieben ist. In der Literatur werden verschiedene Möglichkeiten der Problemlösung diskutiert, ohne dass eine hiervon als herrschende Meinung ausgemacht werden könnte.[5]

17 Einigkeit besteht aber offenbar insoweit, als nahezu übereinstimmend davon ausgegangen wird, dass **entgegen dem Wortlaut** von § 4 Abs. 1 S. 2 weder dem Auftragnehmer noch den Vertragsparteien gemeinsam ein **Wahlrecht** zwischen verschiedenen Regeln der Technik oder Verwaltungsvorschriften zustehen soll. Vielmehr solle die DIN 276 in der Fassung vom Dezember 2008 die **einzige** und damit maßgebliche **Grundlage für die Ermittlung der anrechenbaren Kosten** sein.[6]

18 Die genannten Auffassungen beruhen auf der Annahme, dass die Anwendung der DIN 276 in der Fassung von 2008 als Kostenermittlungsgrundlage dem **Willen des Verordnungsgebers** entspricht. Dem dürfte soweit zuzustimmen sein. Die „Korrektur“ der unbestimmten Regelung soll dann aber wohl über den Weg der verfassungskonformen Auslegung vorgenommen werden, was – angesichts des hier doch recht eindeutig zu bestimmenden Willens des Verordnungsgebers – in der Tat auch naheliegend erscheint. Außer Acht gelassen wird hierbei jedoch, dass die verfassungskonforme Auslegung ihre Grenzen dort findet, wo sie zum **Wortlaut der Norm** und zum klar erkennbaren Willen des Gesetzgebers **in Widerspruch** treten würde.[7] Die Beschränkung von § 4 Abs. 1 S. 2 auf die DIN 276 in der Fassung von 2008 als einziger Grundlage zur Ermittlung der anrechenbaren Kosten steht im klaren Widerspruch zum Wortlaut der Regelung. Dies wiederum steht der Möglichkeit der verfassungskonformen Auslegung von § 4 entgegen. Ist aber die einschränkende Auslegung von § 4 aus rechtlichen Gründen nicht möglich und muss von der weiten Fassung der Bestimmung (d.h. verschiedene Möglichkeiten zur Ermittlung der anrechenbaren Kosten) ausgegangen werden, spricht viel für die Annahme, dass § 4 Abs. 1 S. 2 **nicht ausreichend bestimmt** und deshalb **unwirksam** ist. Von daher verbleiben insoweit **Zweifel an der Verfassungsmäßigkeit** des Preisrechts der HOAI, die wohl endgültig erst durch eine höchstrichterliche Entscheidung ausgeräumt werden können.

4 Kuffer/Wirth/*Neumeister*, Kap. 10, D. Rn 32.

5 Zum Streitstand im Einzelnen: Kuffer/Wirth/*Neumeister*, Kap. 10, D. Rn 32.

6 Locher/Koeble/Frik/*Koeble*, § 4 Rn 11; Korbion/Mantscheff/Vygen/*Seifert*, § 4 Rn 11; a.A. Kuffer/Wirth/*Neumeister*, Kap. 10., D. Rn 32, der die verfassungsmäßigen Bedenken durch die vorgenannten Auffassungen nicht ausgeräumt sieht.

7 BVerfG, Urt. v. 30.3.2004 – 2 BvR 1520/01, 2 BvR 1521/01 – BVerfGE 110, 226.

II. DIN 276 Teil 4 für Ingenieurbau

19 Bis zum Inkrafttreten der HOAI 2009 war die DIN 276 bei Ingenieurbauwerken und Verkehrsanlagen im Prinzip unbrauchbar, da diese nur die Kosten von Hochbauten, also Gebäuden, regelte. Die Kosten von Verkehrsanlagen wurden daher üblicherweise nach **Verwaltungsvorschriften** ermittelt. Praktisch zeitgleich mit Inkrafttreten der HOAI 2009 erschien dann ein neuer Teil der DIN 276. **Teil 4 der DIN 276 vom August 2009** regelt die **Kosten des Ingenieurbaus**, also von **Ingenieurbauwerken** und **Verkehrsanlagen**.

20 Auch was den neuen Teil 4 der DIN 276 angeht, erweist sich die Regelung des § 4 Abs. 1 S. 3 als unsauber: Es bleibt nämlich dabei, dass die HOAI nur auf den **Teil 1 der DIN 276**, der den **Hochbau** zum Gegenstand hat, Bezug nimmt. Hierauf weist die amtliche Begründung zu § 4 Abs. 1 ausdrücklich hin.[8] Prüfungsmaßstab für die Ermittlung der anrechenbaren Kosten können – so die amtliche Begründung – weiterhin auch **Verwaltungsvorschriften** (**Kostenvorschriften**) sein, da z.B. die Kostenermittlung für den Straßen- und Brückenbau nach der Anweisung zur Kostenberechnung von Straßenbaumaßnahmen (AKS) erfolgt, die durch die BMVBS verbindlich eingeführt ist. Die **DIN 276 Teil 4** bleibt demnach gänzlich **unerwähnt**, die ausschließliche Bezugnahme auf die **DIN 276 Teil 1** wird **bekräftigt**. Dies wirft die Frage auf, ob die DIN 276 Teil 4 für Verkehrsanlagen überhaupt Anwendung finden kann.

21 Hier wurde für die HOAI 2009 in der Literatur die Auffassung vertreten, dass als Grundlage für die Kostenberechnung **„allgemein die DIN 276"** anzuwenden sei, da das Preisrecht anderenfalls unbestimmt und praktisch kaum noch anwendbar sei.[9] Gegen die Übertragbarkeit dieser Auffassung auf die HOAI 2013 spricht, dass der Verordnungsgeber in der amtlichen Begründung zu § 4 Abs. 1 die Beschränkung der Verordnung auf Teil 1 der DIN 276 ausdrücklich bekräftigt. Wieder bleibt die DIN 276 Teil 4 als Instrument der Kostenermittlung **unerwähnt**. Andererseits sind keine Anhaltspunkte oder Gründe dafür ersichtlich, dass der Verordnungsgeber Teil 4 nicht zur Ermittlung der anrechenbaren Kosten für Ingenieurbauwerke herangezogen wissen wollte. Es ist von daher davon auszugehen, dass es sich bei der fehlenden Erwähnung von DIN 276 Teil 4 um ein **redaktionelles Versäumnis** handelt und die Ermittlung der anrechenbaren Kosten für Ingenieurbauwerke auf Grundlage der DIN 276 Teil 4 erfolgen kann.

22 Nicht abschließend beurteilt werden kann derzeit, ob Teil 4 der DIN 276 bereits als **allgemein anerkannte Regel der Technik** angesehen werden kann. Diese werden nämlich definiert als die **Summe** der in einem Fachgebiet, hier dem Bauwesen, **anerkannten wissenschaftlichen, technischen und handwerklichen Erfahrungen, die durchweg bekannt sind und sich als richtig und brauchbar bewährt haben.**[10] Von daher wird eine DIN normalerweise nicht bereits mit ihrer Inkraftsetzung zur allgemein anerkannten Regel der Technik, da die Bewährung in der Praxis dann regelmäßig noch aussteht. Die DIN 276 Teil 4 war darum zum Zeitpunkt ihrer Veröffentlichung im August 2009 mangels Anerkennung in der Praxis ohne Zweifel noch keine allgemein anerkannte Regel der Technik. Dem Verordnungsgeber der HOAI 2009 war dieses Problem im Hinblick auf die DIN 276 Teil 1 vom Dezember 2008 bewusst. Er hat darum in § 2 Nr. 12 HOAI 2009 eine Definition der allgemein anerkannten Regeln der Technik aufgenommen, die von der üblichen Definition abwich und es genügen ließ, dass die Bewährung in der Praxis **nach herrschender Auffassung in überschaubarer Zeit bevorsteht**. Auf diese Weise sollte

8 BR-Drucks. 334/13, S. 140.
9 Korbion/Mantscheff/Vygen/*Seifert*, § 41 Rn 5.
10 Werner/Pastor/*Pastor*, Rn 1966.

(jedenfalls) der DIN 276 Teil 1 zu einer vorzeitigen Anerkennung als Regel der Technik verholfen werden. Da diese Definition auf erheblichen Widerstand gestoßen und darüber hinaus unzutreffend war, hat der Verordnungsgeber die Regelung in der neuen HOAI 2013 wieder gestrichen.

23 Für die DIN 276 Teile 1 und 4 kommt es unter Geltung der HOAI 2013 also allein darauf an, ob sie nach der allgemein geltenden Definition als allgemein anerkannte Regel der Technik zu qualifizieren ist. Dazu müsste sie sich **in der Praxis bewährt** haben. Ob hiervon zwischenzeitlich, rund fünf Jahre nach deren Inkrafttreten, ausgegangen werden kann, lässt sich ohne entsprechende empirische Erhebungen wohl nicht eindeutig feststellen. Dagegen könnte sprechen, dass die DIN 276 Teil 4 in der HOAI 2013 keine Erwähnung gefunden hat, obwohl sie in Systematik und Diktion eindeutig auf die preisrechtlichen Regelungen der HOAI zugeschnitten ist. Von daher verbleiben insoweit **Zweifel**. Zweifel könnten sich im Hinblick auf die Verkehrsanlagen auch daraus ergeben, dass es insbesondere im Straßenbau zahlreiche Kostenvorschriften i.S.d. § 4 Abs. 1 S. 2 gibt, die die DIN 276 Teil 4 möglicherweise verdrängen.

Praxistipp
Zum gegenwärtigen Zeitpunkt ist zu einer vorsichtigen entsprechenden Anwendung der DIN 276 Teil 4 bei der Ermittlung der anrechenbaren Kosten bei Verkehrsanlagen zu raten, da deren Qualifikation als allgemein anerkannte Regel der Technik noch nicht zweifelsfrei feststeht. Im Streitfall muss durch Einholung eines Sachverständigengutachtens geklärt werden, ob sich im Hinblick auf die konkret abzurechnende Verkehrsanlage die Anwendung der DIN 276 Teil 4 in der Praxis durchgesetzt hat.

D. Voll anrechenbare Kosten (Abs. 1 S. 1)

I. Begriff der Baukonstruktion

24 **Voll anrechenbar** sind für Grundleistungen bei Verkehrsanlagen nach § 46 Abs. 1 S. 1 die **Kosten der Baukonstruktion**. Obwohl auch hier – wie überall in der HOAI – in der Formulierung des Verordnungstextes die entsprechende Bezugnahme fehlt, steht allgemein außer Frage, dass die **DIN 276** regelt, welche Kosten zur Baukonstruktion zählen.[11] Für Verkehrsanlagen ist der **Teil 4 „Ingenieurbau"** in der **Fassung von August 2009** (**DIN 276-4:2009-08**) anzuwenden, vorausgesetzt, man schließt sich der Annahme an, dass die DIN 276 Teil 4 zwischenzeitlich den Status einer allgemein anerkannten Regel der Technik erlangt hat.[12] Die Kosten der Baukonstruktion sind in der DIN 276 Teil 4 in der **Kostengruppe (KG) 300** erfasst. Auf welcher Grundlage die Kostenermittlung zu fertigen ist, welche Form sie haben muss und welche Art der Kostenermittlung für die Honorarberechnung maßgeblich ist, regeln die Vorschriften im „Allgemeinen Teil" der HOAI, insbesondere die §§ 4 und 6.

II. Kosten der Baukonstruktion

25 Die Kostengruppen 300 der DIN 276-4 ist mit **„Bauwerk – Baukonstruktionen"** überschrieben und umfasst die Kosten von Bauleistungen und Lieferungen zur **Herstellung des Bauwerkes**, jedoch **ohne die Technischen Anlagen** (KG 400). Die Kosten der Baukonstruktionen sind in der zweiten Gliederungsebene in acht Unterkostengruppen untergliedert, wobei die KG 380 ebenso wie bei der DIN 276-1 unbelegt ist.

11 Vgl. statt aller: Korbion/Mantscheff/Vygen/*Seifert* § 41 Rn 10.
12 Zu dieser Problematik s.o. Rn 16 ff.

1. KG 310 Erdbaumaßnahmen. Zu den Kosten der Kostengruppen 310 „Erdbaumaßnahmen" gehören die Kosten für die **Herstellung** von u.a. **Baugruben, Dämmen, Einschnitten, Wällen, Hangausrichtungen, Unterbauten, Oberbodenabtrag, -sicherung und -auftrag**. Umfasst sind ebenfalls **Umschließungen** (KG 312) und besondere **Verbauarbeiten, Wasserhaltung** (KG 313), **Vortrieb** (KG 314) und **Drainagen** (KG 315). 26

2. KG 320 Gründung. Zu den Kosten der Kostengruppen 320 „Gründung" gehören u.a. **Maßnahmen der Baugrundverbesserung** (KG 321), **Flach- und Tiefgründungen** (KG 322, KG 323), **Unterböden** und **Bodenplatten** (KG 324), **Bodenbeläge** (KG 325), **Bauwerksabdichtungen** (KG 326) und **Drainagen zum Schutz der Gründung** (KG 327). 27

3. KG 330 Vertikale Bauteile. Zu den vertikalen Bauteilen der Kostengruppen 330 zählen u.a. **Wände, Tragkonstruktionen** und **Stützen**. Umfasst sind tragende Konstruktionen (KG 331), nicht tragende Konstruktionen (KG 332), Bekleidungen (KG 333), Öffnungen (KG 334) und Schutzbauteile (KG 335). 28

4. KG 340 Horizontale Bauteile. Mit den horizontalen Bauteilen der KG 340 sind **Decken, Treppen** und **Rampen** oberhalb der Gründung und unterhalb der Dachfläche gemeint, ebenso horizontale Tragglieder und flache oder geneigte Dächer. Erfasst sind die Kosten für tragende Konstruktionen (KG 341), nicht tragende Konstruktionen (KG 342), Beläge (KG 343), Bekleidungen (KG 344), Öffnungen (KG 345) und Schutzbauteile (KG 346). 29

5. KG 350 Räumliche Bauteile. Zu den räumlichen Bauteilen der KG 350 gehören insbesondere **Kuppeln, Tunnel** und **Gewölbe**. Umfasst sind die Kosten für tragende Konstruktionen (KG 351), nicht tragende Konstruktionen (KG 352), Beläge (KG 353), Bekleidungen (KG 354), Öffnungen (KG 355) und Schutzbauteile (KG 356). 30

6. KG 360 Linienbauteile. Die Linienbauteile der KG 360, zu denen auch Kreuzungspunkte zählen, sind für Verkehrsanlagen von besonderer Bedeutung, daneben sind aber auch Ingenieurbauwerke erfasst. Dazu gehören insbesondere Straßenkonstruktionen wie **Straßen, Wege** oder **Plätze** (KG 361), Gleiskonstruktionen wie **Gleise, Weichen** und **Gleisabschlüsse** (KG 362), **Verkehrsflächenkonstruktionen für den Flugverkehr** (KG 363), **Wasserwegekonstruktionen** (KG 364) sowie **Rohr- und Kabelleitungsanlagen** (KG 365 und 366). 31

7. KG 370 Baukonstruktive Einbauten. Zu den baukonstruktiven Einbauten der KG 370 gehören die Kosten der mit dem Bauwerk fest verbundenen Einbauten, jedoch ohne die nutzungsspezifischen Einbauten der KG 470. Diese umfasst verfahrenstechnische Anlagen, insbesondere **Wassergewinnung, Abwasserbehandlung** und **-entsorgung, Reststoff-** und **Abfallbehandlung** sowie **-entsorgung**. 32

8. KG 390 Sonstige Maßnahmen für Baukonstruktionen. KG 390 umfasst sonstige Maßnahmen für Baukonstruktionen. Es handelt sich um eine Mischkostengruppe, die insbesondere Baukonstruktionen und übergreifende Maßnahmen im Zusammenhang mit den Baukonstruktionen umfasst, die nicht einzelnen Kostengruppen der Baukonstruktionen zugeordnet werden können. Hierunter fallen u.a. Kosten der **Baustelleneinrichtung** wie Einrichten, Vorhalten, Betreiben, Räumen der übergeordneten Baustelleneinrichtung, Lager-, Wasch-, Toiletten- und Aufenthaltsräume (KG 391). Des Weiteren **Schutzmaßnahmen zur Absicherung der Baustelle** gegenüber dem allgemeinen Ver- 33 kehrsgeschehen (KG 392), **Sicherungsmaßnahmen an bestehenden Bauwerken** (KG 393), **Abbruch- und Demontagearbeiten** (KG 394), Instandhaltungen und Instandsetzungen, die nicht anderen Kostengruppen zuzuordnen sind (KG 395), **Materialentsorgung** (KG 396) und zusätzliche Maßnahmen bei der Erstellung von Baukonstruktionen (KG 397). Hierunter fallen u.a. Personen- und Sachschutz sowie **Schlechtwetter- und Winterbauschutz.**[13]

34 **9. Nicht in den Kosten der Baukonstruktion enthaltene Kosten.** Die amtliche Begründung stellt klar, dass § 46 Abs. 1 sinngemäß der Regelung zu Besonderen Grundlagen des Honorars für Ingenieurbauwerke in § 42 Abs. 1 entspricht.[14] Ausweislich der amtlichen Begründung zu § 42 Abs. 1 S. 1 sind in den Kosten der Baukonstruktion nicht die **Anschaffungskosten für das Baugrundstück** enthalten (z.B. einschließlich der Kosten des Erwerbs, des Freimachens und der Erschließung) sowie die Kosten der **Vermessung** und **Vermarktung, Winterbauschutzvorkehrungen**, sonstige Maßnahmen bei der Erschließung, beim Bauwerk und bei den Außenanlagen für den Winterbau, Entschädigungen und **Schadensersatzleistungen** sowie die **Baunebenkosten**. Auch die Anschaffungskosten für **Kunstwerke** sind nicht anrechenbar, soweit sie nicht wesentlicher Bestandteil des Objekts sind.[15] Aufgrund der ansonsten völlig parallelen Ausgestaltung der Besonderen Honorargrundlagen für Ingenieurbauwerke und Verkehrsanlagen ist wohl davon auszugehen, dass die Klarstellung in der amtlichen Begründung zu § 42 Abs. 1 in derselben Weise für § 46 Abs. 1 gelten soll.

35 Hinsichtlich der **Winterbauschutzvorkehrungen** besteht allerdings ein Widerspruch zwischen der amtlichen Begründung zu § 42 Abs. 1 und dem Wortlaut des § 46 Abs. 1 S. 1 bzw. der DIN 276 Teil 4: Während Erstere die Kosten für Winterbauschutzvorkehrungen von den Kosten der Baukonstruktion ausdrücklich ausnimmt, ist in § 46 Abs. 1 S. 1 (einschränkungslos) von den „Kosten der Baukonstruktion“ die Rede und führt die DIN 276 Teil 4 die Kosten für den Winterbauschutz in KG 397 „zusätzliche Maßnahmen“ explizit als Kosten der Baukonstruktion auf. Unklar ist, ob der Verordnungsgeber durch den Hinweis auf die sich sinngemäß entsprechenden Regelungen des § 42 Abs. 2 S. 1 und § 46 Abs. 1 S. 1 in der amtlichen Begründung die Kosten für den Winterbauschutz tatsächlich – in Abweichung von der DIN 276 Teil 4 – von den anrechenbaren Kosten bei Verkehrsanlagen ausnehmen wollte oder ob es sich insoweit um ein redaktionelles Versehen handelt. Der Wortlaut von § 46 Abs. 1 S. 1 („die Kosten der Baukonstruktion“) spricht für die Anrechenbarkeit der gesamten KG 300 einschließlich der Winterbauschutzvorkehrungen.

E. Teilweise anrechenbare Kosten (Abs. 2)

36 § 46 Abs. 2 bestimmt, dass für Grundleistungen bei Verkehrsanlagen die **Kosten für Technische Anlagen** teilweise anrechnungsfähig sind. Die geminderte Anrechnungsfähigkeit ist **in jedem Fall** gegeben. Es kommt also nicht darauf an, ob der Auftragnehmer die Technischen Anlagen fachlich plant oder deren Ausführung überwacht. Die Berücksichtigung der Kosten der Technischen Ausrüstung bei den anrechenbaren Kosten trägt dem Umstand Rechnung, dass der Objektplaner von Verkehrsanlagen die Technische Ausrüstung zu koordinieren hat.[16] Es ist also nicht erforderlich, dass der Auftragnehmer

13 Zum Widerspruch mit der amtlichen Begründung s.u. Rn 35.
14 BR-Drucks. 334/13, S. 161.
15 BR-Drucks. 334/13, S. 159.
16 BGH, Urt. v. 30.9.2004 – VII ZR 192/03 – IBR 2004, 703.

neben der Objektplanung für Verkehrsanlagen – z.B. als Generalplaner – auch noch Fachplanungsleistungen der Technischen Ausrüstung erbringt.

Ob dies der Fall ist oder nicht, ist im Übrigen für die Honorarermittlung bei den Objektplanungsleistungen ohne Belang. Umgekehrt gilt entsprechend, dass die Kosten der Technischen Ausrüstung voll anzusetzen sind, wenn der Objektplaner von Verkehrsanlagen zusätzlich Fachplanungsleistungen für die Technische Ausrüstung erbringt. Beide Abrechnungen stehen **unabhängig nebeneinander** und beeinflussen sich gegenseitig nicht. Der Grund hierfür ist, dass es sich bei Verkehrsanlagen und Anlagen der Technischen Ausrüstung um **verschiedenartige Objekte** handelt.[17] Leistungen aus unterschiedlichen Leistungsbildern der HOAI sind grundsätzlich getrennt und voneinander unabhängig nach eigenen anrechenbaren Kosten abzurechnen. **37**

Werden von dem Auftragnehmer neben den Objektplanungsleistungen für Verkehrsanlagen auftragsgemäß auch noch Fachplanungsleistungen der Technischen Ausrüstung gem. § 53 erbracht, dann hat er neben dem Honoraranspruch nach Teil 3 Abschnitt 3 auch Anspruch auf die volle Vergütung nach Teil 4 Abschnitt 2. **38**

Auch die Kosten der Technischen Ausrüstung sind in der **DIN 276 Teil 4** geregelt. Dabei geht es um die Kosten der **Kostengruppen 400**, welche definiert werden als Kosten aller im Bauwerk eingebauten, daran angeschlossenen oder damit fest verbundenen technischen Anlagen oder Anlagenteile. In diesem Fall ist es allerdings gleichgültig, von welchem Teil der DIN 276 man ausgehen will. Die Unterkostengruppen in DIN 276 Teil 1 (Hochbau) und in DIN 276 Teil 4 (Ingenieurbau) sind identisch. Es handelt sich um folgende Technische Anlagen: **39**
- KG 410 Abwasser-, Wasser-, Gasanlagen,
- KG 420 Wärmeversorgungsanlagen,
- KG 430 Lufttechnische Anlagen,
- KG 440 Starkstromanlagen,
- KG 450 Fernmelde- und informationstechnische Anlagen,
- KG 460 Förderanlagen,
- KG 470 Verfahrenstechnische Anlagen (Teil 4) bzw. nutzungsspezifische Anlagen (Teil 1),
- KG 480 Automation (Gebäudeautomation und Automation von Ingenieurbauwerken),
- KG 490 Sonstige Maßnahmen für technische Anlagen.

Für den Bereich der Verkehrsanlagen sind dies beispielsweise folgende **Technische Anlagen**: **40**
- Straßenabläufe mit Entwässerungsleitungen bis zum Regenwasserkanal,
- Flächenheizsysteme oder Taumittelsprühanlagen,
- Straßenbeleuchtung inkl. Masten und Fundament sowie Stromzuführung,
- Park- oder Verkehrsleitsysteme,
- Anlagen zur Verkehrszählung oder Geschwindigkeitsüberwachung,
- Anlagen zur Fahrstreifensignalisierung,
- Anlagen zur Maut- oder Gebührenerfassung.[18]

17 Vgl. § 2 Abs. 1 und § 11 Abs. 1.
18 *Simmendinger*, IBR 2010, 1189 (nur online).

41 Ob auch **Langzeitzählstellen** Anlagen der Technischen Ausrüstung sind oder ob diese als Teil einer Anlage des Straßenverkehrs zur Ausstattung i.S.v. Abs. 1 S. 2 zählen, ist noch nicht abschließend entschieden.[19]

42 Die Kostengruppen 410 bis 490 **entsprechen den in § 53 Abs. 2 Nr. 1 bis 8 aufgezählten Anlagengruppen**. Fachplanungsleistungen für Objekte dieser Anlagengruppen unterfallen gem. § 53 Abs. 1 dem Anwendungsbereich des Teiles 4 Abschnitt 2 (§§ 53ff.). Die Objektliste zur Technischen Ausrüstung (Anlage 15.2) enthält dagegen keine Technischen Anlagen für Verkehrsanlagen.[20]

43 Der Teil der anrechenbaren Kosten für die Technischen Anlagen ergibt sich nach Abs. 2 Nr. 1 aus 25% der sonstigen anrechenbaren Kosten und nach Abs. 2 Nr. 2 mit 50% der 25% übersteigenden sonstigen anrechenbaren Kosten. Das bedeutet, dass von den Kosten der Anlagen der Technischen Ausrüstung bis zu einer **Obergrenze von einschließlich 25%** der sonstigen anrechenbaren Kosten eine **volle Anrechnung** erfolgt und dass für den Fall, dass die Kosten der Anlagen der Technischen Ausrüstung mehr als 25% der sonstigen anrechenbaren Kosten betragen, der **über 25% hinausgehende Betrag** nur **zur Hälfte** angerechnet wird. Bei den **„sonstigen"** anrechenbaren Kosten handelt es sich um die nach Abs. 1 ermittelten **Kosten der Baukonstruktion** sowie um diejenigen **Kosten, die ggf. nach Abs. 3 anrechenbar sind**. Von den oben aufgeführten Kosten der Kostengruppen 400 sind demnach alle berücksichtigungsfähig. Die Vorschrift enthält insoweit keine Beschränkungen.

F. Bedingt anrechenbare Kosten (Abs. 1 S. 2, Abs. 3)

I. Grundsatz

44 **Abs. 1 S. 2** und **Abs. 3** enthalten Leistungen, die entweder gar nicht anrechenbar sind oder anrechenbar sind, wenn der Auftragnehmer hierfür **konkrete Planungs- oder Überwachungsleistungen** erbracht hat. Die Formulierung von Abs. 3 ist so gefasst, dass alle anderen, dort nicht aufgeführten Leistungen unzweifelhaft bei den anrechenbaren Kosten nicht berücksichtigungsfähig sind. Das betrifft z.B. **„Unvorhergesehenes"**, die Kosten des **Baugrundstücks** (außer Herrichten), **Entschädigungen** und **Schadensersatzleistungen** sowie die **Baunebenkosten**.

II. Planung oder Überwachung der Ausführung

45 Die in Abs. 1 S. 2 und in Abs. 3 aufgeführten Kosten sind nur dann anrechenbar, wenn der Auftragnehmer die entsprechende Leistung entweder **plant** oder ihre **Ausführung überwacht**. Der Verordnungsgeber hat sich hier für eine Negativ-Formulierung entschieden („nicht anrechenbar", „nicht plant"). Sachlich macht das keinen Unterschied. Von Bedeutung ist die Formulierung aber für die Darlegungs- und Beweislast. Weil die (Negativ-)Formulierung dem Regel-Ausnahme-Prinzip folgt, trifft den **Auftrag-**

---

19 Eine abschlägige Entscheidung des KG hat der BGH aufgehoben und zur weiteren Aufklärung an das Berufungsgericht zurückverwiesen: BGH, Urt. v. 11.12.2008 – VII ZR 235/06 – IBR 2009, 146, 147, 148.

20 Zu der Abgrenzungsproblematik von Anlagen der Technischen Ausrüstung zur Ausstattung von Anlagen des Straßen-, Schienen- und Flugverkehrs, die durch die amtliche Begründung zu § 46 Abs. 1 S. 2 ausgelöst wurde, vgl. im Einzelnen unten Rn 52ff.

nehmer die **Darlegungs- und Beweislast** dafür, dass einer der genannten Umstände zutrifft, die Voraussetzungen für die Anrechenbarkeit damit gegeben sind.[21]

Es ist ausreichend, dass eines der beiden Merkmale, also **entweder** die **fachliche Planung oder** die **Überwachung der Ausführung**, gegeben ist, damit die Kosten im vollen Umfang anrechnungsfähig sind.[22] Die überwiegende Meinung geht hierbei außerdem davon aus, dass die Kosten **bei allen beauftragten Leistungsphasen** berücksichtigt werden können, nicht nur bei den Leistungsphasen, in denen tatsächlich Planungs- und/oder Überwachungsleistungen erbracht werden.[23] Diese Auffassung überzeugt vor dem Hintergrund, dass es seit der HOAI 2009 für alle Leistungsphasen nur noch eine Abrechnungsgrundlage, nämlich die Kostenberechnung gibt. Von daher erscheint es konsequent, Kosten, die durch das Erfüllen (nur) eines Tatbestandsmerkmals anrechenbar werden, auch durchgängig zu berücksichtigen. 46

1. Planung. Voll anrechenbar sind die Kosten nach Abs. 1 S. 2, Abs. 3 zunächst dann, wenn der Auftragnehmer mit der Planung der Anlagen befasst ist. 47

Fraglich ist hierbei, welchen Umfang und welche Intensität die Planungsleistungen haben müssen, damit die in Abs. 1 S. 2 und Abs. 3 genannten Kosten anrechenbar sind. Streitig ist hier insbesondere, ob es sich um **Fachplanungsleistungen** handeln muss, um zur Anrechenbarkeit zu kommen, oder ob **Objektplanungsleistungen** ausreichend sind. Nach dem BGH ist insoweit der Begriff des Planens **eng** zu verstehen. Gemeint ist nicht die stets erforderliche Koordination und auch nicht die Integration in die Objektplanung oder die bloße Mitberücksichtigung bei der Objektplanung. Planungsleistungen, die eine Erhöhung des Honorars über die Einbeziehung bestimmter Kosten erlauben, können nur **Planungsleistungen für das jeweilige Objekt selbst** sein.[24] 48

Den in der Literatur verbreiteten, weiter gefassten Begriff des Planens, demzufolge eine direkte Planung für das jeweilige Objekt nicht erbracht werden müsse, sondern es ausreiche, dass der Objektplaner seine Planung und die Fachplanung koordiniert und er die Fachplanung in seiner Objektplanung mit berücksichtigt,[25] lehnt der BGH ab. Die Berechnung von Kosten für Leistungen, an denen der Ingenieur typischerweise nicht oder nur am Rande beteiligt ist, wird nach der Systematik der HOAI aus den anrechenbaren Kosten ausgeklammert. Eine Einbeziehung von Kosten, die nicht zum unmittelbaren Leistungsbereich des Ingenieurs gehören, setzt daher auch eine entsprechende Planungsleistung voraus. 49

Auch wenn der BGH dies nicht ausdrücklich ausführt, ist doch aus dem engen Verständnis des Begriffs des Planens zu folgern, dass der Objektplaner **Fachplanungsleistungen** erbringen muss, um die Objektkosten bei seinen anrechenbaren Kosten berücksichtigen zu können. Die Auffassung, dass eine **Koordination und Mitberücksichtigung bei der Objektplanung** ausreichend für die Anrechenbarkeit der Kosten sei, dürfte mit der Rechtsprechung des BGH nicht vereinbar sein und ist von daher **abzuleh-** 50

21 Locher/Koeble/Frik/*Zahn*, § 42 Rn 31 (§ 42 Abs. 3 und § 46 Abs. 3 entsprechen sich im Wortlaut, sodass insoweit auf die Kommentierung zu § 42 Abs. 3 verwiesen werden kann).

22 BR-Drucks. 334/13, S. 159 (zu § 42 Abs. 3, was aufgrund des identischen Wortlauts für § 46 Abs. 3 entsprechend gilt).

23 Locher/Koeble/Frik/*Zahn*, § 42 Rn 32; *Pott/Dahlhoff/Kniffka/Rath*, § 41 Rn 14 (§ 42 Abs. 3 und § 46 Abs. 3 entsprechen sich im Wortlaut, sodass insoweit auf die Kommentierungen zu § 42 Abs. 3 bzw. § 41 Abs. 3 HOAI 2009 verwiesen werden kann).

24 BGH, Urt. v. 30.9.2004 – VII ZR 192/03 – IBR 2004, 703.

25 Locher/Koeble/Frik/*Zahn*, § 42 Rn 33 (§ 42 Abs. 3 und § 46 Abs. 3 entsprechen sich im Wortlaut, sodass insoweit auf die Kommentierung zu § 42 Abs. 3 bzw. § 41 Abs. 3 HOAI 2009 verwiesen werden kann).

nen. Dies auch dann, wenn es sich bei den Objektplanungsleistungen um mehr als eine reine Koordinierungstätigkeit handelt.[26] Es ist daher im Ergebnis davon auszugehen, dass es sich bei den Leistungen, die eine Erhöhung der anrechenbaren Kosten nach Abs. 1 S. 2, Abs. 3 rechtfertigen, um Fachplanungsleistungen handeln muss.[27]

51 **2. Überwachung.** Hier stellt sich die Frage nach dem zu überwachenden Objekt nicht. Aus der Formulierung „ihre Ausführung überwacht" ergibt sich zweifelsfrei, dass der Objektplaner **Überwachungsleistungen** in Bezug auf die **Fachplanung** erbringen muss, damit die in Abs. 1 S. 2 und Abs. 3 genannten Baumaßnahmen bei den anrechenbaren Kosten berücksichtigungsfähig sind.

III. Ausstattung (Abs. 1 S. 2)

52 In Abs. 1 S. 2 wurde die Regelung aufgenommen, dass die Kosten für die **Ausstattung von Anlagen des Straßen-, Schienen- und Flugverkehrs** einschließlich der darin enthaltenen **Entwässerungsanlagen**, die der **Zweckbestimmung der Verkehrsanlagen** dienen, anrechenbar sind, soweit der Auftragnehmer diese plant oder deren Ausführung überwacht. Eine ähnliche Regelung befand sich bereits in § 41 Abs. 3 Nr. 4 HOAI 2009, auf den § 45 Abs. 1 HOAI 2009 verwiesen hat. Neu hinzugekommen sind mit der HOAI 2013 insoweit also lediglich die Entwässerungsanlagen, die der Zweckbestimmung der Verkehrsanlage dienen.

53 Auch bei den Kosten der Ausstattung handelt es sich um bedingt anrechenbare Kosten, d.h. die Kosten für derartige Anlagen sind nicht anrechenbar, wenn der Ingenieur hierfür keine Planungs- oder Überwachungsleistungen erbringt. Als Planungsleistungen in diesem Sinne kommt nur die Planung des **konkreten Gegenstands** in Betracht. Eine reine Koordinierungs- oder Integrationstätigkeit ist nicht ausreichend.[28] Werden vom Auftragnehmer entsprechende Planungs- oder Überwachungsleistungen erbracht, sind die Kosten der Ausstattung **unvermindert in Ansatz zu bringen**. Sie gehören also nicht zu den Technischen Anlagen, für die Abs. 2 lediglich eine anteilige Anrechenbarkeit vorsieht.

54 Nach der amtlichen Begründung zu Abs. 1 fallen unter die Ausstattung von **Anlagen des Straßen- und Flugverkehrs** beispielsweise Signalanlagen, Schutzplanken und Beschilderungen. Unter Ausstattung von **Anlagen des Schienenverkehrs** fallen Oberleitungsanlagen, Signalanlagen, Telekommunikationsanlagen, die den Zugbetrieb beeinflussen, und Weichenheizungsanlagen.[29]

55 Diese beispielhafte Aufzählung von Ausstattungsgegenständen in der amtlichen Begründung stellt die Praxis neben kaum lösbaren **Abgrenzungsproblemen** auch vor eine kritische Honorarsituation. Die Verordnungsbegründung steht im Widerspruch zu den gängigen Begriffsbestimmungen der Ausstattung, der Technischen Anlagen und der Nebenanlagen. Darüber hinaus widerspricht die amtliche Begründung dem Verordnungstext, dem Grundprinzip der HOAI, dass Honorare für mehrere selbstständige Objekte getrennt zu berechnen sind und der hierzu ergangenen Rechtsprechung.

---

26 So die im Ergebnis abzulehnende Auffassung von Locher/Koeble/Frik/*Zahn*, § 42 Rn 33 (§ 42 Abs. 3 und § 46 Abs. 3 entsprechen sich im Wortlaut, sodass insoweit auf die Kommentierung zu § 42 Abs. 3 bzw. § 41 Abs. 3 HOAI 2009 verwiesen werden kann).

27 So auch: Korbion/Mantscheff/Vygen/*Seifert*, § 41 Rn 24; *Pott/Dahlhoff/Kniffka/Rath*, § 32 Rn 26.

28 BGH, Urt. v. 30.9.2004 – VII ZR 192/03 – IBR 2004, 703.

29 BR-Drucks. 334/13, S. 162.

Die **Definition** der zur Technischen Ausrüstung gehörenden Anlagengruppen (§ 53 Abs. 2) folgt üblicherweise der Kostengliederung nach Tabelle 1 der DIN 276 Teil 1 (Hochbau) vom Dezember 2008. In Ergänzung hierzu beschreibt die DIN 276 Teil 4 (Ingenieurbau) vom August 2009 den Ingenieurbau als Gesamtheit von Ingenieurbauwerken und Verkehrsanlagen in den **Kostengruppen 300 „Bauwerk/Baukonstruktionen"** und **400 „Bauwerk/Technische Anlagen"**. Bezüglich der übrigen Kostengruppen (100, 200, 500 bis 700) verweist sie auf Teil 1 der DIN 276. Darüber hinaus enthält die DIN 276 in Teil 1 in der **Kostengruppen 600 „Ausstattung und Kunstwerke"** eine Definition des Begriffes „Ausstattung". Unter **sonstiger Ausstattung** werden z.B. **Schilder, Wegweiser, Orientierungstafeln** und **Werbeanlagen** erwähnt, wobei diese Aufzählung nicht abschließend ist. Dem folgend handelt es sich sowohl bei **Lichtsignalanlagen** als auch bei **Oberleitungs-, Signal-, Telekommunikations-** und **Weichenheizungsanlagen** um **Anlagen der Technischen Ausrüstung**, die zwingend nach den Honorarregeln in Teil 4 Abschnitt 2 zu vergüten sind. Nach der Verordnungsbegründung zu § 46 Abs. 1 soll es sich aber bei allen diesen Anlagen (nur) um Ausstattung von Verkehrsanlagen handeln. Leistungen im Zusammenhang mit solchen Anlagen sollen damit nur im Rahmen der anrechenbaren Kosten der Verkehrsanlage Berücksichtigung finden können. **56**

Nach der Systematik der HOAI ist aber das Honorar für Planungsleistungen bei Objekten i.S.d. § 2 Abs. 1 stets getrennt zu berechnen, d.h. **für jedes Objekt besteht ein gesonderter, unabhängiger Vergütungsanspruch**; die HOAI enthält für die Berechnung der Vergütung dieser unterschiedlichen Objekte jeweils eigenständige Honorarregelungen. Dementsprechend ist es auch gängige Rechtsprechung, dass Anlagen der Technischen Ausrüstung oder Ingenieurbauwerke nicht als Teil einer Verkehrsanlage gelten und diese Objekte damit getrennt voneinander abzurechnen sind.[30] Die Ausführungen in der amtlichen Begründung zu § 46 Abs. 1 hätten damit die **Abkehr von einem der wesentlichen Grundprinzipien der HOAI** im Bereich der Verkehrsanlagen zur Folge. **57**

Es gibt jedoch keine Hinweise darauf, dass der Verordnungsgeber einen solchen Systembruch vornehmen wollte. Auch aus der amtlichen Begründung selbst ergibt sich insoweit nichts, vielmehr wird ausdrücklich klargestellt, dass § 46 auf § 45 der HOAI 2009 aufbaut (der dem Prinzip der getrennten Abrechnung eigenständiger Objekte Rechnung trägt).[31] Gegen diese Annahme spricht des Weiteren, dass die Honorarberechnung auf der Grundlage der Verordnungsbegründung zu § 46 Abs. 1 zu einer deutlichen **Honorarreduzierung** im Bereich des Verkehrsanlagenbaus bzw. der Technischen Ausrüstung führen würde.[32] Dies wiederum stünde im Widerspruch zu dem Ziel des Verordnungsgebers, mit der HOAI 2013 eine **Aktualisierung der Honorarsätze** und deren **Anpassung an den Planungsaufwand** der Auftragnehmer zu erreichen. Dass der Verordnungsgeber tatsächlich derart bedeutsame Änderungen im Honorierungssystem der Verkehrsanlagen vornehmen wollte, ist unwahrscheinlich. **58**

Es ist daher davon auszugehen, dass der Verordnungsgeber von dem Prinzip der getrennten Abrechnung selbstständiger Objekte i.S.v. § 2 Abs. 1 nicht abweichen wollte und dass auch weiterhin unter die Ausstattung von Verkehrsanlagen keine Ingenieurbauwerke oder Anlagen der Technischen Ausrüstung fallen. Der Verordnungstext ist daher insoweit ohne Berücksichtigung der amtlichen Begründung entsprechend auszulegen.[33] **59**

---

30 BGH, Urt. v. 30.9.2004 – VII ZR 192/03 – IBR 2004, 703; BGH, Urt. v. 23.2.2006 – VII ZR 168/04 – IBR 2006, 273; KG, Urt. v. 11.2.2003 – 15 U 366/01 – IBR 2003, 549.

31 BR-Drucks. 334/13, S. 162.

32 Vgl. hierzu im Einzelnen: *Kalte/Wiesner*, DIB 10/2013, 42.

33 Besonders schwerwiegende Honorarprobleme stellen sich in der Praxis derzeit offenbar bei den Ausschreibungen der DB AG. Bis man sich mit dem zuständigen BMWi auf eine Lösung verständigt hat,

Praxistipp
Folgende „Faustformel" empfiehlt sich zur Abgrenzung der Ausstattung von Anlagen der Technischen Ausrüstung: Der **Ausstattung** kann alles zugewiesen werden, **was keiner besonderen eigenständigen Planungsleistung bedarf** (z.B. Beschilderung mit Verkehrszeichen nach der StVO).[34] Falls eine eigenständige Planungsleistung erforderlich ist (z.B. Beschilderung innerhalb eines Wegweisungssystems nach den Richtlinien für wegweisende Beschilderung RWB oder Lichtsignalanlagen sowie Informationsanlagen des Straßen-, Schienen- und Flugverkehrs), so sind diese als Technische Anlagen der Verkehrsanlagen zu behandeln.

60 Bei den **Entwässerungsanlagen** handelt es sich nach der amtlichen Begründung um Straßenabläufe, Sammelleitungen und zugehörige Anschlussleitungen sowie Regenwasserversickerungen, die nicht als eigenständige Objekte in der Objektliste Ingenieurbauwerke, Gruppe 2, aufgeführt sind, vgl. Anlage 12.2.[35]

61 Weiter heißt es in der amtlichen Begründung, dass die Ausstattung von Anlagen des Straßen-, Flug- und Schienenverkehrs einschließlich der Entwässerungsanlagen nicht in der Objektliste der Technischen Ausrüstung enthalten sei. Bei den in der Verordnungsbegründung genannten **Sammelkanälen** handelt es sich aber nach der Rechtsprechung[36] zweifelsfrei um **Ingenieurbauwerke**, was sich auch aus der Objektliste für Ingenieurbauwerke in Anlage 12.2 ergibt, in der solche Kanäle in Gruppe 2 mehrfach genannt sind (Abwasserkanäle). Hier ist die Verordnungsbegründung widersprüchlich, da sie Sammelkanälen die Objektqualität mit der Begründung abspricht, dass sie nicht in Anlage 12.2. genannt seien, was aber nicht zutrifft. Sammelkanäle gehören deshalb nicht zu den Entwässerungsanlagen i.S.d. Abs. 1 S. 2. Es handelt sich um **eigenständige Objekte**, die gesondert als **Ingenieurbauwerke** abzurechnen sind.[37]

62 Gleichfalls nicht zu den Entwässerungsanlagen i.S.d. Abs. 1 S. 2 gehört der **Sammler/Vorfluter**. Handelt es sich bei dem Sammler/Vorfluter um einen Kanal, der auch das Schmutzwasser angeschlossener Gebäude/Objekte transportiert („**Mischsystem**"), ist bereits nach dem Wortlaut die Anwendbarkeit von Abs. 1 S. 2 zweifelhaft, da in diesem Fall der Kanal nicht ausschließlich der „Zweckbestimmung der Verkehrsanlage" dient, sondern auch anderen Zwecken. Da es sich bei den Entwässerungseinrichtungen um einen Unterfall der Ausstattung („einschließlich") der Verkehrsanlage handeln soll, gehören Bauteile nicht hierzu, die einer anderen Zweckbestimmung (Schmutzwassertransport) und daneben lediglich „zusätzlich" auch der Zweckbestimmung der Verkehrsanlage dienen.[38]

63 Schließlich ist davon auszugehen, dass auch der **Kanal**, der nur für die Ableitung des Regenwassers, das auf der Straße anfällt, errichtet wird („**Trennsystem**") keine Entwässerungsanlage i.S.v. Abs. 1 S. 2 ist. Zum einen handelt es sich nicht um eine Anlage „in" der Verkehrsanlage als solcher, da sie sich nicht im Straßenbauwerk als solchem befindet. Die Zuordnung zu Abs. 1 S. 2 erscheint also bereits dem Wortlaut nach fraglich. Hinzu kommt, dass in der Verordnungsbegründung ausgeführt ist, dass zu den Entwässerungsanlagen i.S.v. Abs. 1 S. 2 (nur) solche Anlagen zählen sollen, die nicht als eigenständige Objekte in der Objektliste der Anlage 12.2 (Ingenieurbauwerke) aufgeführt sind.

---

empfiehlt der Arbeitskreis Bahn des VBI, die genannten Leistungen der Technischen Ausrüstung in Angeboten an die DB AG als Besondere Leistung zu bepreisen (siehe dazu unter http://www.vbi.de/aktuelles/newsletter/news/hoai-2013-vbi-weist-auf-folgenschweren-fehler-hin/).

34 Definition der Fachkommission Verkehrsanlagen des AHO.

35 BR-Drucks. 334/13, S. 162.

36 KG, Urt. v. 11.2.2003 – 15 U 366/01 – IBR 2003, 549.

37 Im Ergebnis ebenso: *Simmendinger*, IBR 2010, 1189 (nur online).

38 Locher/Koeble/Frik/*Zahn*, § 46 Rn 14; im Ergebnis ebenso: *Simmendinger*, IBR 2010, 1189 (nur online).

In Anlage 12.2, Gruppe 2 sind aber die **Abwasserleitungen** aufgeführt, denen ein Regenwasserkanal zuzuordnen ist. Diese Bauwerke und Anlagen gehören demnach ebenfalls nicht zu den Entwässerungsleitungen i.S.d. Abs. 1 S. 2, sondern sind gleichfalls als eigenständige Objekte zu qualifizieren, die als Ingenieurbauwerke gesondert abzurechnen sind.[39]

IV. Kosten für das Herrichten des Grundstücks (Abs. 3 Nr. 1)

Zu den bedingt anrechenbaren Kosten zählen nach Abs. 3 Nr. 1 zunächst die Kosten für das Herrichten des Grundstücks. Diese Kosten sind demnach grundsätzlich nicht anrechenbar, es sei denn, der Ingenieur hat die entsprechenden **Maßnahmen geplant** oder deren **Ausführung überwacht**. Nur in diesem Fall sind die durch diese Maßnahmen entstandenen Kosten bei der Objektplanung der Verkehrsanlage anrechenbar. Als Planungsleistungen in diesem Sinne kommen nur solche Maßnahmen in Betracht, die sich **direkt auf das Herrichten des Grundstücks** beziehen. Anderweitige Planungsleistungen des Ingenieurs führen nicht zur Einbeziehung der Herrichtungskosten in die anrechenbaren Kosten, selbst wenn sie die Herrichtung berühren. Das gilt für die Objektplanung des Ingenieurs ebenso wie für die dazugehörende Koordination zwischen der vorbereitenden Herrichtung des Grundstücks und der Errichtung des Objekts.[40] 64

Unter den Kosten für das Herrichten des Grundstücks sind im Wesentlichen diejenigen Kosten zu verstehen, die aufzuwenden sind, um das Grundstück in einen Zustand zu versetzen, der eine ordnungsgemäße Bauausführung ermöglicht. Welche Kosten hierunter im Einzelnen zu verstehen sind, ergibt sich aus der **Kostengruppe (KG) 210** der **DIN 276-1:2008-12**. Es handelt sich im Wesentlichen um folgende Maßnahmen, soweit sie als vorbereitende Maßnahmen (KG 210) anzusehen sind: **Sicherungsmaßnahmen (KG 211)**, wie den Schutz von vorhandenen Bauwerken, Bauteilen, Versorgungsleitungen sowie das Sichern von Bewuchs und Vegetationsschichten, **Abbruchmaßnahmen (KG 212)**, wie das Abbrechen und Beseitigen von vorhandenen Bauwerken, Ver- und Entsorgungsleitungen sowie Verkehrsanlagen. **KG 213** erfasst die **Altlastenbeseitigung**, also das Beseitigen von Kampfmitteln und anderen gefährlichen Stoffen und das Sanieren belasteter und kontaminierter Böden. **KG 214** verzeichnet schließlich die Kosten für das **Herrichten der Geländeoberfläche**, wie das Roden von Bewuchs, Planieren, Bodenbewegungen einschließlich Oberbodensicherung (soweit nicht in KG 500 erfasst). 65

KG 212 führt die Kosten für **Abbrucharbeiten** auf. Hierbei handelt es sich aber nur um Abbrucharbeiten, die im Zusammenhang mit Leistungen für den Neubau, den Wiederaufbau, für Erweiterungsmaßnahmen, Umbauten, Modernisierungen, Instandhaltungen und Instandsetzungen von Objekten i.S.v. § 2 Abs. 1 durchzuführen sind. Wird der Auftraggeber dagegen ausschließlich oder vor der Beauftragung mit Leistungen der Objektplanung im Rahmen von Abbrucharbeiten tätig, kann er hierfür ein Honorar außerhalb der HOAI vereinbaren, da **isoliert erbrachte Abbruchleistungen** eines Architekten oder Ingenieurs **nicht vom Preisrecht der HOAI erfasst** sind. Der **Abbruch** ist nämlich **kein Objekt** i.S.d. § 2 Abs. 1, sodass die HOAI nicht gilt und eine Vergütung für Abbruchleistungen insoweit **frei** und **formlos** vereinbart werden kann. 66

Nicht von Abs. 3 erfasst sind die Kosten für die **Entsorgung von Altlasten**. Diese sind nicht von der KG 213, sondern in der Regel von der **KG 321 „Baugrundverbesse-** 67

39 Locher/Koeble/Frik/*Zahn*, § 46 Rn 14.
40 BGH, Urt. v. 30.9.2004 – VII ZR 192/03 – IBR 2004, 703.

rung" erfasst. Als Bestandteil der KG 300 „Bauwerk – Baukonstruktionen" sind diese Kosten damit unbedingt und voll anrechenbar nach Abs. 1 S. 1.

V. Kosten für die öffentliche und nichtöffentliche Erschließung (Abs. 3 Nr. 2 Alt. 1)

68 **1. Öffentliche Erschließung.** Bei den Kosten für die öffentliche Erschließung handelt es sich um die von **KG 220** der **DIN 276-1:2008-12** erfassten Kosten. Aus den Anmerkungen in Tabelle 1 zu KG 220 ergibt sich, dass es sich bei den Kosten der öffentlichen Erschließung um **Kostenzuschüsse** und **Anschlusskosten**, letztlich also um **Erschließungs- und Anliegerbeiträge** handelt. Ferner erfasst sind Kosten aufgrund **öffentlich-rechtlicher Verträge** für die Beschaffung oder den Erwerb der Erschließungsflächen gegen Entgelt durch den Träger der öffentlichen Erschließung, die Herstellung oder Änderung gemeinschaftlich genutzter technischer Anlagen, z.B. die Ableitung von Abwasser sowie zur Versorgung mit Wasser, Wärme, Gas, Strom und Telekommunikation sowie die erstmalige Herstellung oder den Ausbau öffentlicher Verkehrsflächen, Grünflächen oder sonstiger Freiflächen.

69 Die Kosten der öffentlichen Erschließung sind damit in der Regel nicht anrechenbar. Etwas anderes gilt nur dann, wenn der Auftragnehmer mit der Planung und Überwachung der öffentlichen Erschließung beauftragt wird. Hierbei handelt es sich regelmäßig – abgesehen von der Stromversorgung – um **Ingenieurbauwerke** i.S.v. § 41 oder um **Verkehrsanlagen** i.S.v. § 45. Leistungen, die im Rahmen einer solchen Beauftragung erbracht werden, sind nach den einschlägigen Vorschriften der HOAI zu vergüten.

70 **2. Nichtöffentliche Erschließung.** Bei der nichtöffentlichen Erschließung handelt es sich nach den Anmerkungen zu **KG 230** der **DIN 276-1:2008-12** um die Kosten für Verkehrsflächen und technische Anlagen, die **ohne öffentlich-rechtliche** Verpflichtung der Beauftragung mit dem Ziel der späteren Übertragung in den Gebrauch der Allgemeinheit hergestellt und ergänzt werden.

71 Auch hier ist davon auszugehen, dass diese Kosten nur selten Bestandteil der anrechenbaren Kosten von Verkehrsanlagen sein werden. In der Regel wird es sich nämlich um **eigenständige Ingenieurbauwerke** oder **Verkehrsanlagen** handeln, für die der Auftragnehmer ohnehin einen **eigenständigen Honoraranspruch** nach Maßgabe des gesetzlichen Preisrechts hat.

VI. Kosten für die Außenanlagen (Abs. 3 Nr. 2 Alt. 2)

72 Bei den Außenanlagen handelt es sich um Kosten i.S.d. **Kostengruppe (KG) 500** der **DIN 276-1:2008-12**. Auch bei den Außenanlagen i.S.d. KG 500 kann es sich unter Umständen um eigenständige Objekte im Sinne der HOAI handeln. Insbesondere kommen hier in Betracht **Freianlagen**, **Ingenieurbauwerke** (z.B. KG 530 und 540) oder **Verkehrsanlagen** (KG 520). Hier ist demnach immer darauf zu achten, dass eine sorgfältige **Abgrenzung** vorgenommen wird. Handelt es sich um **eigenständige Objekte**, muss eine **getrennte Honorarabrechnung** erfolgen. Die Kosten für diese Objekte sind dann selbstverständlich vollständig anrechenbar. Erreichen die anrechenbaren Kosten für diese Objekte nicht den unteren Tabellenwert der anrechenbaren Kosten (25.000,00 €), ist das Honorar frei vereinbar, weil die HOAI insoweit nicht gilt. Eine Vergütung der Leistungen durch Erhöhung der anrechenbaren Kosten nach Abs. 3 wäre dann denkbar, weil rechtlich möglich, aber natürlich keineswegs zwingend.

VII. Kosten für das Umlegen und Verlegen von Leitungen (Abs. 3 Nr. 2 Alt. 3)

Diese Bauleistung dürfte bei Verkehrsanlagen praktisch immer vorkommen. Die Umlegung und Verlegung von Leitungen kann sich auf Versorgungsträger aller Art beziehen (beispielsweise auf **Strom-**, **Wasser-** oder **Gasversorgungsleitungen**, **Telefonleitungen** oder **Entwässerungsleitungen**) und kann aus unterschiedlichen Gründen erforderlich sein, sei es zur temporären oder dauerhaften Verlegung aus dem Bereich des zu errichtenden Ingenieurbauwerks oder auch zum Schutz der Leitungen. 73

Zu prüfen ist auch hier, ob es sich bei diesen Bauleistungen um Planungs- oder Überwachungsleistungen für ein **eigenständiges Objekt** handelt. In diesem Fall ist die Maßnahme als eigenständige Anlage der Technischen Ausrüstung bzw. selbstständiges Ingenieurbauwerk gesondert unter Berücksichtigung des Preisrechts abzurechnen. 74

Wie bei allen Leistungen des Abs. 3 muss der Auftragnehmer auch das Umlegen oder Verlegen der Leitungen entweder **fachlich planen** oder **überwachen**, damit die Kosten für diese Baumaßnahme im Rahmen der Objektplanung Ingenieurbauwerke anrechenbar sind. Der BGH stellt hier klar, dass Planungsleistungen nur solche Planungen sind, die das **Umlegen und Verlegen der Leitungen zum Gegenstand** haben. Sofern der Auftragnehmer lediglich für seine Objektplanung oder für deren Koordinierung mit dem Umlegen und Verlegen der Leitung den Leistungsstand ermittelt und bei der Abstimmung der verschiedenen Planungen mitgewirkt habe, komme eine Anrechenbarkeit der Umlegungs- und Verlegungskosten nicht in Betracht.[41] 75

Der BGH stellt an dieser Stelle auch klar, dass die Kosten für das Umlegen einer Gasleitung beim Autobahnbau nicht zu den Installationen, der Betriebstechnik oder den betrieblichen Einbauten der Autobahn zählen (§ 52 Abs. 3 i.V.m. § 10 Abs. 4 HOAI 2002). Diese Leistungen haben in der Regel mit der Autobahn nichts zu tun, sondern müssen im Gegenteil umgelegt werden, weil sie den Autobahnbau stören. Auf die Rechtslage nach der HOAI 2013 übertragen bedeutet dies, dass die Kosten für das Umverlegen einer (Gas-) Leitung nicht zu den **Kosten für Technische Anlagen**, die gem. § 46 Abs. 2 HOAI 2013 auch ohne Planung und ohne Überwachung zumindest teilweise anrechenbar sind, gehören. Werden also von dem Ingenieur Planungsleistungen für das Verlegen und Umlegen von Leistungen erbracht, sind die hierfür anfallenden Kosten nicht nur teilweise, sondern **vollständig anrechenbar**. 76

VIII. Nebenanlagen von Anlagen des Straßen-, Schienen- und Flugverkehrs (Abs. 3 Nr. 3)

Für den Begriff der Nebenanlagen von Straßen enthält **§ 1 Abs. 4 Nr. 4 Bundesfernstraßengesetz (FStrG)** eine Definition. Danach sind Nebenanlagen solche Anlagen, die überwiegend den **Aufgaben der Straßenbauverwaltung** dienen, z.B. Straßenmeistereien, Gerätehöfe, Lager, Lagerplätze, Entnahmestellen, Hilfsbetriebe und -einrichtungen. 77

IX. Verkehrsregelnde Maßnahmen während der Bauzeit (Abs. 3 Nr. 4)

Diese Bauleistung fällt in erster Linie bei Straßenbaumaßnahmen und bei konstruktiven Ingenieurbauwerken für Verkehrsanlagen i.S.d. § 41 Nr. 6 an, kommt aber auch bei anderen Maßnahmen in öffentlichen Verkehrsflächen vor. Die Maßnahmen können bestehen in der Planung und Einrichtung von **Signalanlagen**, **Ampeln**, **Straßensperrun-** 78

41 BGH, Urt. v. 30.9.2004 – VII ZR 192/03 – IBR 2004, 703.

gen und **Umleitungen**, vorläufigen **Schutz**- und **Leiteinrichtungen, Verkehrsschildern, Fahrbahnmarkierungen** und **Straßenbeleuchtung**. In der Regel wird der Objektplaner die Ausführung dieser verkehrsregelnden Maßnahmen während der Bauzeit auch überwachen, sodass insoweit die Anrechnungsfähigkeit der Kosten für diese Maßnahmen zumeist gegeben sein dürfte.

Beispiel
Bei der Sperrung eines Straßenabschnitts zur Durchführung von Kanalarbeiten handelt es sich um eine verkehrsregelnde Maßnahme während der Bauzeit. Anrechenbar sind dann, wenn der Auftraggeber die Maßnahme fachlich plant oder überwacht, die Kosten für das Aufstellen von Baken, Lichtzeichen u.Ä.[42]

G. Weitere Anrechenbarkeit von Kosten (Abs. 4)

79 Abs. 4 enthält für die Leistungsphasen 1 bis 7 und die Leistungsphase 9 **Sondervorschriften** über die anrechenbaren Kosten bei Verkehrsanlagen. Bestimmte Herstellungskosten sollen bei der Planung von Verkehrsanlagen nur teilweise anrechenbar sein.

I. Erd- und Felsarbeiten (Abs. 4 Nr. 1)

80 Abs. 4 Nr. 1 bestimmt, dass die Kosten für Erdarbeiten einschließlich Felsarbeiten bei Verkehrsanlagen für die Leistungsphasen 1 bis 7 und für die Leistungsphase 9 **nur bis 40% der sonstigen anrechenbaren Kosten** nach Abs. 1 **anrechenbar** sind. Abs. 4 Nr. 1 schränkt damit den Grundsatz des § 46 Abs. 1 S. 1 ein, demzufolge die Kosten der Baukonstruktion (KG 300 der DIN 276-4:2009-08), der auch die Erdbaumaßnahmen (KG 310) angehören, für Grundleistungen bei Verkehrsanlagen vollständig anrechenbar sind. Als Grund hierfür nennt der Verordnungsgeber in der amtlichen Begründung, dass der Arbeitsaufwand für Erd- und Felsarbeiten nicht proportional zu den nach § 46 Abs. 1 anrechenbaren Kosten steigt.[43]

81 Für die **Abgrenzung** der Kosten für Erdarbeiten und der sonstigen anrechenbaren Kosten ist auf die **Frostschutzschicht** abzustellen: Zu den sonstigen anrechenbaren Kosten gehören die Kosten für den Straßenoberbau, also für alle Tragschichten einschließlich der Frostschutzschicht. Zu den Erd- und Felsarbeiten zählen demzufolge die unterhalb der Frostschutzschicht auszuführenden Arbeiten, z.B. die Herstellung des Planums unterhalb der Frostschutzschicht.

82 Die Regelung des Abs. 4 Nr. 1 entspricht § 45 Abs. 2 Nr. 1 HOAI 2009. Auch dort stellten die **„sonstigen anrechenbaren Kosten nach Abs. 1"** die Bezugsgröße für diese Begrenzung dar, allerdings mit dem Unterschied, dass der damalige § 45 Abs. 1 die entsprechende Geltung des gesamten § 41 HOAI 2009 (Besondere Grundlagen des Honorars bei Ingenieurbauwerken) vorsah. Die „sonstigen anrechenbaren Kosten" enthielten damit neben den Kosten für die Baukonstruktion auch die Kosten für Technische Anlagen und die bedingt anrechenbaren Kosten nach § 41 Abs. 3. In § 46 Abs. 1 HOAI 2013 sind dagegen nur die Kosten der Baukonstruktion und die Kosten der Ausstattung von Anlagen aufgeführt. Wenn nun also § 46 Abs. 4 Nr. 1 auf Abs. 1 verweist, fallen nach dem Wortlaut der Vorschrift auch nur noch diese Kosten unter die „sonstigen anrechenbaren Kosten". Hierbei handelt es sich wohl um ein **redaktionelles Versehen**.[44] Offenbar hat der Verordnungsgeber übersehen, dass der pauschale Verweis in § 45 Abs. 1 HOAI 2009 aufge-

---

42 *Pott/Dahlhoff/Kniffka/Rath*, § 41 Rn 11.
43 BR-Drucks. 334/13, S. 162.
44 Locher/Koeble/Frik/*Zahn*, § 46 Rn 4, 26.

geben und durch eine leistungsbildspezifische Regelung ersetzt wurde. Unter den „sonstigen anrechenbaren Kosten“ sind daher unverändert die Kosten gem. § 46 Abs. 1 bis 3 zu verstehen.[45]

Ausgenommen von Abs. 4 ist die **Leistungsphase 8 (Bauoberleitung)**. Für diese Leistungsphase bleiben die Kosten für Erdarbeiten voll anrechenbar. Das ergibt sich daraus, dass Abs. 4 eine Vorschrift zur Beschränkung der anrechenbaren Kosten enthält und damit für die Leistungsphase 8, die von dieser Beschränkung ausgenommen ist, die volle Anrechenbarkeit erfolgen muss.[46] 83

II. Ingenieurbauwerke (Abs. 4 Nr. 2)

Von Abs. 4 Nr. 2 sind diejenigen Fälle erfasst, in denen **Ingenieurbauwerke** in eine **Verkehrsanlage zu integrieren** sind, dem Objektplaner der Verkehrsanlage jedoch nicht auch die Grundleistungen für die zu integrierenden Ingenieurbauwerke übertragen werden. In diesem Fall sind die Kosten des Ingenieurbauwerks zunächst bei dem Auftragnehmer anzurechnen, der die Grundleistungen für diese Ingenieurbauwerke übertragen bekommen hat. Allerdings muss der Auftragnehmer, der die Verkehrsanlage plant, das Ingenieurbauwerk in seine Planung einbeziehen, sodass es der Verordnungsgeber für gerechtfertigt erachtet, auch dem Auftragnehmer einen Prozentsatz der Kosten für die Ingenieurbauwerke anzurechnen, dem lediglich Grundleistungen für die Verkehrsanlage übertragen wurden.[47] 84

Die Vorschrift bezieht sich allgemein auf „Ingenieurbauwerke“, sodass die Anrechenbarkeit für **alle Ingenieurbauwerke** i.S.d. § 41, nicht etwa nur für konstruktive Ingenieurbauwerke für Verkehrsanlagen nach § 41 Nr. 6 gegeben ist. Solche konstruktiven Ingenieurbauwerke für Verkehrsanlagen, wie z.B. **Brücken** über Straßen oder Gleisanlagen, **Unterführungsbauwerke** und **Stützmauern**, dürften zwar die häufigsten Anwendungsfälle des Abs. 4 Nr. 2 darstellen. Anrechenbar sind aber auch die Kosten für andere Ingenieurbauwerke, so beispielsweise für die **Wasserversorgung** unterhalb einer Verkehrsanlage (§ 41 Nr. 1), die **Kanalisation** unterhalb einer Verkehrsanlage (§ 41 Nr. 2), die **Regenwasserbehandlung** (§ 41 Nr. 2) oder Gasleitungen unterhalb einer Verkehrsanlage (§ 41 Nr. 4). Voraussetzung für die Anrechenbarkeit ist es aber stets, dass das Ingenieurbauwerk in die Planung der Verkehrsanlage **integriert** bzw. **einbezogen** ist. Kosten für Regenrückhaltebecken dürften von daher in der Regel im Rahmen des Abs. 2 Nr. 2 nicht berücksichtigungsfähig sein. 85

Zu Abs. 4 Nr. 2 zählen zum einen die Fälle, in denen die Objektplanung der Ingenieurbauwerke einem **anderen Auftragnehmer** übertragen wird, sowie zum anderen diejenigen, in denen die Leistungen für die Verkehrsanlage und die zu integrierenden Ingenieurbauwerke zwar an den gleichen Auftragnehmer vergeben werden, die Leistungen aber **nicht gleichzeitig** in Auftrag gegeben werden.[48] 86

Der Auftragnehmer für die Verkehrsanlage kann den **anrechenbaren Kosten für die Verkehrsanlage** nach Abs. 4 Nr. 2 **10% der Kosten der Ingenieurbauwerke hinzusetzen**. Abs. 4 Nr. 2 stellt damit einen Erhöhungstatbestand dar. Damit soll ein Ausgleich dafür geschaffen werden, dass der Objektplaner der Verkehrsanlage die Ingenieurbauwerke in die ihm übertragene Planung der Verkehrsanlage einbeziehen muss, er 87

45 Vgl. auch oben Rn 12.
46 Locher/Koeble/Frik/*Zahn*, § 46 Rn 26; *Pott/Dahlhoff/Kniffka/Rath*, § 45 Rn 4; Korbion/Mantscheff/Vygen/*Mantscheff*, § 46 Rn 6.
47 Vgl. amtliche Begründung zu § 52 Abs. 4 Nr. 2 HOAI 1996.
48 Locher/Koeble/Frik/*Zahn*, § 46 Rn 29.

also so etwas wie einen **„Integrationsaufwand"** hat, der durch die anteilige Berücksichtigung bei den anrechenbaren Kosten für die Verkehrsanlage abgegolten werden soll. Den Ansatz, 10% der Kosten für Ingenieurbauwerke zur Vergütung des Aufwands für die Einbeziehung des Ingenieurbauwerks in die Planung für die Verkehrsanlage zur Anrechnung kommen zu lassen, wenn dem Auftragnehmer nicht gleichzeitig die Objektplanung für das Ingenieurbauwerk übertragen wird, hält der Verordnungsgeber ausweislich der amtlichen Begründung zu § 46 für angemessen.[49]

88 Die **Leistungsphase 8** ist von Abs. 4 Nr. 2 nicht erfasst mit der Folge, dass die anrechenbaren Kosten für die Leistungsphase 8 nicht um 10% der Kosten für Ingenieurbauwerke erhöht werden können.[50] Dies ergibt sich daraus, dass es sich bei Abs. 4 Nr. 2 um eine Sonderregelung zur Honorarerhöhung handelt, die ihre Ursache in dem erhöhten Planungsaufwand hat, der durch die Einbeziehung eines Ingenieurbauwerks in die Verkehrsanlagenplanung resultiert. Die Vorschrift ermöglicht damit – beschränkt auf die Leistungsphasen 1 bis 7 und 9 – die anteilige Berücksichtigung von Kosten, die ansonsten nicht anrechenbar wären. Würde man bei der Leistungsphase 8 eine vollständige Anrechnung der Kosten des zu integrierenden Ingenieurbauwerks zulassen, folgte aus Abs. 4 Nr. 2 keine Honorarerhöhung, sondern eine Honorarminderung, was die Intention des Verordnungsgebers – Kompensation des Integrationsaufwands bei der Planung der Verkehrsanlage – in das genaue Gegenteil verkehren würde.

Beispiel

Vereinfachtes Abrechnungsbeispiel zu § 46 Abs. 4:	
Herstellkosten insgesamt:	**€ 5.000.000,00**
davon Kosten für Erd- und Felsarbeiten:	€ 1.800.000,00
sonstige anrechenbare Kosten:	€ 3.200.000,00
Herstellkosten Ingenieurbauwerk:	**€ 1.000.000,00**
Berechnung anrechenbare Kosten Leistungsphasen 1 bis 7, 9:	
sonstige anrechenbare Kosten:	€ 3.200.000,00
Kosten der Erd- und Felsarbeiten: (€ 1.800.000,00, davon anrechenbar 40% bezogen auf die sonstigen anrechenbaren Kosten):	€ 1.280.000,00
Kosten Ingenieurbauwerk: (10% von € 1.000.000,00)	€ 100.000,00
anrechenbare Kosten Leistungsphasen 1 bis 7, 9:	**€ 4.580.000,00**
Berechnung anrechenbare Kosten Leistungsphase 8:	
gesamte Herstellungskosten Verkehrsanlage: (ohne Ingenieurbauwerk)	**€ 5.000.000,00**

49 BR-Drucks. 334/13, S. 162.
50 A.A. offenbar *Pott/Dahlhoff/Kniffka/Rath*, § 45 Rn 6, der – allerdings ohne Begründung – in seinem Abrechnungsbeispiel zu § 45 Abs. 2 HOAI 2009 die Kosten des Ingenieurbauwerks in voller Höhe den anrechenbaren Kosten für die Leistungsphase 8 zuschlägt.

H. Anrechenbare Kosten bei mehrspurigen Straßen und mehrgleisigen Gleis- und Bahnsteiganlagen (Abs. 5)

Abs. 5 entspricht weitestgehend § 45 Abs. 3 HOAI 2009 bzw. § 52 Abs. 5 HOAI 2002. Die Vorschrift enthält weitere **Beschränkungen der anrechenbaren Kosten** für die Leistungsphasen 1 bis 7 und die Leistungsphase 9. Die teilweise Anrechenbarkeit der Kosten für mehrstreifige Straßen und Gleisanlagen begründet sich dadurch, dass sich bei diesen Verkehrsanlagen Leistungen wiederholen oder einmal erbrachte Leistungen übernommen werden können.[51] Die betroffenen Objekte sind über weite Strecken gleichartig bzw. gleichförmig, sodass der Auftragnehmer z.B. gewisse Berechnungen nur einmal aufzustellen hat und dann immer wieder verwenden kann.[52] 89

Die Beschränkungen des Abs. 5 gelten nicht (wie diejenigen des Abs. 4) für alle Verkehrsanlagen, sondern ausschließlich für **Straßen mit mehreren durchgehenden Fahrspuren** und für **Gleis- und Bahnsteiganlagen mit zwei Gleisen.** Für Straßen mit weniger als drei Spuren sowie für Gleis- und Bahnsteiganlagen mit nur einem Gleis oder mit mehr als zwei Gleisen gilt Abs. 5 nicht. Für solche Objekte sind die vollen Kosten anrechenbar. Die nach den Absätzen 1 bis 4 ermittelten Kosten für Verkehrsanlagen dürfen nach den Bestimmungen des Abs. 5 für die Leistungen der Leistungsphasen 1 bis 7 und für die Leistungsphase 9 nur anteilig, und zwar mit folgenden Prozentsätzen als anrechenbare Kosten angesetzt werden: 90

- bei dreistreifigen Straßen zu 85%,
- bei vierstreifigen Straßen zu 70%,
- bei mehr als vierstreifigen Straßen zu 60%,
- bei Gleis- und Bahnsteiganlagen mit zwei Gleisen zu 90%.

Die Anrechnungsbeschränkungen gelten nur, wenn die Straßen eine **gemeinsame Entwurfsachse** und eine **gemeinsame Entwurfsgradiente** (= Höhenverlauf der Entwurfsachse) haben. Die Gleis- und Bahnsteiganlagen müssen ein **gemeinsames Planum** haben. Das bedeutet, dass die betreffenden Straßen bzw. Gleis- oder Bahnsteiganlagen keine Unterschiede in der Längen- und Höhenentwicklung aufweisen dürfen. Weist der zu planende Straßenkörper demnach **auseinanderliegende Achsen** oder eine sog. **Staffelung** auf, d.h. Spuren einer mehrstreifigen Straße verlaufen in einer Richtung teilweise höher oder tiefer als die Spuren in der anderen Richtung, fehlt es an der gemeinsamen Entwurfsgradiente, sodass die Beschränkungen des Abs. 5 nicht zur Anwendung kommen und die vollen Kosten als anrechenbare Kosten angesetzt werden können. Dasselbe gilt auch bei Gleiskörpern mit weit auseinanderliegenden Achsen oder bei einer Staffelung der einzelnen Gleise z.B. an einem Hang.[53] 91

Die Beschränkungen des Abs. 5 gelten nur für die Leistungsphasen 1 bis 7 und für die Leistungsphase 9. Die **Bauoberleitung (Leistungsphase 8)** ist von den Anrechnungsbeschränkungen nicht betroffen. Hier bleiben die vollen Kosten ohne prozentualen Abschlag anrechenbar. 92

Mit der HOAI 2013 wurde eine Regelung zur **freien vertraglichen Vereinbarkeit** des Honorars für Gleis- und Bahnsteiganlagen mit mehr als zwei Gleisen oder Bahnsteigen neu aufgenommen (Abs. 5 Nr. 2). In diesen Fällen gelten die Anrechnungsbeschränkungen des Abs. 5 nicht, sondern das Honorar für diese Objekte kann frei vereinbart werden. Anders als bei der Straße gibt es im Bereich des Schienenverkehrs häufig mehr 93

51 BR-Drucks. 334/13, S. 162.
52 Vgl. amtliche Begründung zu § 52 Abs. 5 HOAI 1996.
53 Vgl. amtliche Begründung zu § 52 Abs. 5 HOAI 1996.

als vier Gleise, z.B. bei Rangier- und Zugbildungsanlagen. Hier wäre daher eine noch weitere Aufgliederung als bei Straßen notwendig gewesen, um im Ergebnis zu einem angemessenen Honorar zu kommen. Der Verordnungsgeber wollte hier eine einfache und flexible Regelung ermöglichen und hat für diese Fälle daher die freie vertragliche Vereinbarkeit des Honorars vorgesehen.[54]

Beispiel

Vereinfachtes Abrechnungsbeispiel zu § 46 Abs. 5:	
4-spurige Bundesstraße mit baulicher Trennung der Fahrspuren, gemeinsame Entwurfsachse und gemeinsame Entwurfsgradiente:	
anrechenbare Kosten gem. Abs. 1 bis 4:	€ 15.000.000,00
anrechenbare Kosten für die Leistungsphasen 1 bis 7, 9 (70% gem. Abs. 5 Nr. 1b):	**€ 10.500.000,00**
anrechenbare Kosten für die Leistungsphase 8:	€ 15.000.000,00
4-spurige Bundesstraße mit baulicher Trennung der Fahrspuren, Staffelung der Fahrspuren mit Höhenunterschied von 2 m, keine gemeinsame Entwurfsgradiente:	
anrechenbare Kosten gem. Abs. 1 bis 4:	€ 10.000.000,00
anrechenbare Kosten für die Leistungsphasen 1 bis 7, 9 (70% gem. Abs. 5 Nr. 1b):	**€ 10.000.000,00**
anrechenbare Kosten für die Leistungsphase 8:	€ 10.000.000,00

§ 47
Leistungsbild Verkehrsanlagen

(1) § 34 Absatz 1 gilt entsprechend. Die Grundleistungen für Verkehrsanlagen sind in neun Leistungsphasen unterteilt und werden wie folgt in Prozentsätzen der Honorare des § 48 bewertet:

1. **für die Leistungsphase 1 (Grundlagenermittlung) mit 2 Prozent,**
2. **für die Leistungsphase 2 (Vorplanung) mit 20 Prozent,**
3. **für die Leistungsphase 3 (Entwurfsplanung) mit 25 Prozent,**
4. **für die Leistungsphase 4 (Genehmigungsplanung) mit 8 Prozent,**
5. **für die Leistungsphase 5 (Ausführungsplanung) mit 15 Prozent,**
6. **für die Leistungsphase 6 (Vorbereitung der Vergabe) mit 10 Prozent,**
7. **für die Leistungsphase 7 (Mitwirkung bei der Vergabe) mit 4 Prozent,**
8. **für die Leistungsphase 8 (Bauoberleitung) mit 15 Prozent,**
9. **für die Leistungsphase 9 (Objektbetreuung) mit 1 Prozent.**

(2) Anlage 13 Nummer 13.1 regelt die Grundleistungen jeder Leistungsphase und enthält Beispiele für Besondere Leistungen.

54 BR-Drucks. 334/13, S. 162.

Anlage 13.1
Grundleistungen im Leistungsbild Verkehrsanlagen, Besondere Leistungen, Objektliste

13.1 Leistungsbild Verkehrsanlagen

Grundleistungen	Besondere Leistungen
LPH 1 Grundlagenermittlung	
a) Klären der Aufgabenstellung auf Grund der Vorgaben oder der Bedarfsplanung des Auftraggebers b) Ermitteln der Planungsrandbedingungen sowie Beraten zum gesamten Leistungsbedarf c) Formulieren von Entscheidungshilfen für die Auswahl anderer an der Planung fachlich Beteiligter d) Ortsbesichtigung e) Zusammenfassen, Erläutern und Dokumentieren der Ergebnisse	– Ermitteln besonderer, in den Normen nicht festgelegter Einwirkungen – Auswahl und Besichtigen ähnlicher Objekte
LPH 2 Vorplanung	
a) Beschaffen und Auswerten amtlicher Karten b) Analysieren der Grundlagen c) Abstimmen der Zielvorstellungen auf die öffentlich-rechtlichen Randbedingungen sowie Planungen Dritter d) Untersuchen von Lösungsmöglichkeiten mit ihren Einflüssen auf bauliche und konstruktive Gestaltung, Zweckmäßigkeit, Wirtschaftlichkeit unter Beachtung der Umweltverträglichkeit e) Erarbeiten eines Planungskonzepts einschließlich Untersuchung von bis zu 3 Varianten nach gleichen Anforderungen mit zeichnerischer Darstellung und Bewertung unter Einarbeitung der Beiträge anderer an der Planung fachlich Beteiligter Überschlägige verkehrstechnische Bemessung der Verkehrsanlage, Ermitteln der Schallimmissionen von der Verkehrsanlage an kritischen Stellen nach Tabellenwerten Untersuchen der möglichen Schallschutzmaßnahmen, ausgenommen detaillierte schalltechnische Untersuchungen f) Klären und Erläutern der wesentlichen fachspezifischen Zusammenhänge, Vorgänge und Bedingungen g) Vorabstimmen mit Behörden und anderen an der Planung fachlich Beteiligten über die Genehmigungsfähigkeit, gegebenenfalls Mitwirken bei Verhandlungen über die Bezuschussung und Kostenbeteiligung	– Erstellen von Leitungsbestandsplänen – Untersuchungen zur Nachhaltigkeit – Anfertigen von Nutzen-Kosten-Untersuchungen – Wirtschaftlichkeitsprüfung – Beschaffen von Auszügen aus Grundbuch, Kataster und anderen amtlichen Unterlagen

Grundleistungen	Besondere Leistungen
h) Mitwirken bei Erläutern des Planungskonzepts gegenüber Dritten an bis zu 2 Terminen i) Überarbeiten des Planungskonzepts nach Bedenken und Anregungen j) Bereitstellen von Unterlagen als Auszüge aus der Voruntersuchung zur Verwendung für ein Raumordnungsverfahren k) Kostenschätzung, Vergleich mit den finanziellen Rahmenbedingungen l) Zusammenfassen, Erläutern und Dokumentieren	
LPH 3 Entwurfsplanung	
a) Erarbeiten des Entwurfs auf Grundlage der Vorplanung durch zeichnerische Darstellung im erforderlichen Umfang und Detaillierungsgrad unter Berücksichtigung aller fachspezifischen Anforderungen Bereitstellen der Arbeitsergebnisse als Grundlage für die anderen an der Planung fachlich Beteiligten, sowie Integration und Koordination der Fachplanungen b) Erläuterungsbericht unter Verwendung der Beiträge anderer an der Planung fachlich Beteiligter c) Fachspezifische Berechnungen ausgenommen Berechnungen aus anderen Leistungsbildern d) Ermitteln der zuwendungsfähigen Kosten, Mitwirken beim Aufstellen des Finanzierungsplans sowie Vorbereiten der Anträge auf Finanzierung e) Mitwirken beim Erläutern des vorläufigen Entwurfs gegenüber Dritten an bis zu drei Terminen, Überarbeiten des vorläufigen Entwurfs auf Grund von Bedenken und Anregungen f) Vorabstimmen der Genehmigungsfähigkeit mit Behörden und anderen an der Planung fachlich Beteiligten g) Kostenberechnung einschließlich zugehöriger Mengenermittlung, Vergleich der Kostenberechnung mit der Kostenschätzung h) Überschlägige Festlegung der Abmessungen von Ingenieurbauwerken i) Ermitteln der Schallimmissionen von der Verkehrsanlage nach Tabellenwerten; Festlegen der erforderlichen Schallschutzmaßnahmen an der Verkehrsanlage, gegebenenfalls unter Einarbeitung der Ergebnisse detaillierter schalltechnischer Untersuchungen und Feststellen der Notwendigkeit von	– Fortschreiben von Nutzen-Kosten-Untersuchungen – Detaillierte signaltechnische Berechnung – Mitwirken bei Verwaltungsvereinbarungen – Nachweis der zwingenden Gründe des überwiegenden öffentlichen Interesses der Notwendigkeit der Maßnahme (zum Beispiel Gebiets- und Artenschutz gemäß der Richtlinie 92/43/EWG des Rates vom 21. Mai 1992 zur Erhaltung der natürlichen Lebensräume sowie der wildlebenden Tiere und Pflanzen (ABl. L 206 vom 22.7.1992, S. 7) – Fiktivkostenberechnungen (Kostenteilung)

Grundleistungen	Besondere Leistungen
Schallschutzmaßnahmen an betroffenen Gebäuden j) Rechnerische Festlegung des Objekts k) Darlegen der Auswirkungen auf Zwangspunkte l) Nachweis der Lichtraumprofile m) Ermitteln der wesentlichen Bauphasen unter Berücksichtigung der Verkehrslenkung und der Aufrechterhaltung des Betriebs während der Bauzeit n) Bauzeiten- und Kostenplan o) Zusammenfassen, Erläutern und Dokumentieren der Ergebnisse	
LPH 4 Genehmigungsplanung	
a) Erarbeiten und Zusammenstellen der Unterlagen für die erforderlichen öffentlich-rechtlichen Verfahren oder Genehmigungsverfahren einschließlich der Anträge auf Ausnahmen und Befreiungen, Aufstellen des Bauwerksverzeichnisses unter Verwendung der Beiträge anderer an der Planung fachlich Beteiligter b) Erstellen des Grunderwerbsplans und des Grunderwerbsverzeichnisses unter Verwendung der Beiträge anderer an der Planung fachlich Beteiligter c) Vervollständigen und Anpassen der Planungsunterlagen, Beschreibungen und Berechnungen unter Verwendung der Beiträge anderer an der Planung fachlich Beteiligter d) Abstimmen mit Behörden e) Mitwirken in Genehmigungsverfahren einschließlich der Teilnahme an bis zu vier Erläuterungs-, Erörterungsterminen f) Mitwirken beim Abfassen von Stellungnahmen zu Bedenken und Anregungen in bis zu 10 Kategorien	– Mitwirken bei der Beschaffung der Zustimmung von Betroffenen
LPH 5 Ausführungsplanung	
a) Erarbeiten der Ausführungsplanung auf Grundlage der Ergebnisse der Leistungsphasen 3 und 4 unter Berücksichtigung aller fachspezifischen Anforderungen und Verwendung der Beiträge anderer an der Planung fachlich Beteiligter bis zur ausführungsreifen Lösung b) Zeichnerische Darstellung, Erläuterungen und zur Objektplanung gehörige Berechnungen mit allen für die Ausführung notwendigen Einzelangaben einschließlich Detailzeichnungen in den erforderlichen Maßstäben	– Objektübergreifende, integrierte Bauablaufplanung – Koordination des Gesamtprojekts – Aufstellen von Ablauf- und Netzplänen

Grundleistungen	Besondere Leistungen
c) Bereitstellen der Arbeitsergebnisse als Grundlage für die anderen an der Planung fachlich Beteiligten und Integrieren ihrer Beiträge bis zur ausführungsreifen Lösung d) Vervollständigen der Ausführungsplanung während der Objektausführung	
LPH 6 Vorbereiten der Vergabe	
a) Ermitteln von Mengen nach Einzelpositionen unter Verwendung der Beiträge anderer an der Planung fachlich Beteiligter b) Aufstellen der Vergabeunterlagen, insbesondere Anfertigen der Leistungsbeschreibungen mit Leistungsverzeichnissen sowie der Besonderen Vertragsbedingungen c) Abstimmen und Koordinieren der Schnittstellen zu den Leistungsbeschreibungen der anderen an der Planung fachlich Beteiligten d) Festlegen der wesentlichen Ausführungsphasen e) Ermitteln der Kosten auf Grundlage der vom Planer (Entwurfsverfasser) bepreisten Leistungsverzeichnisse f) Kostenkontrolle durch Vergleich der vom Planer (Entwurfsverfasser) bepreisten Leistungsverzeichnisse mit der Kostenberechnung g) Zusammenstellen der Vergabeunterlagen	– detaillierte Planung von Bauphasen bei besonderen Anforderungen
LPH 7 Mitwirken bei der Vergabe	
a) Einholen von Angeboten b) Prüfen und Werten der Angebote, Aufstellen der Preisspiegel c) Abstimmen und Zusammenstellen der Leistungen der fachlich Beteiligten, die an der Vergabe mitwirken d) Führen von Bietergesprächen e) Erstellen der Vergabevorschläge, Dokumentation des Vergabeverfahrens f) Zusammenstellen der Vertragsunterlagen g) Vergleichen der Ausschreibungsergebnisse mit den vom Planer bepreisten Leistungsverzeichnissen und der Kostenberechnung h) Mitwirken bei der Auftragserteilung	– Prüfen und Werten von Nebenangeboten
LPH 8 Bauoberleitung	
a) Aufsicht über die örtliche Bauüberwachung, Koordinierung der an der Objektüberwachung fachlich Beteiligten, einmaliges Prüfen von Plänen auf Übereinstimmung mit dem auszuführenden Objekt und Mitwirken bei deren Freigabe	– Kostenkontrolle – Prüfen von Nachträgen – Erstellen eines Bauwerksbuchs – Erstellen von Bestandsplänen – Örtliche Bauüberwachung: – Plausibilitätsprüfung der Absteckung

Grundleistungen	Besondere Leistungen
b) Aufstellen, Fortschreiben und Überwachen eines Terminplans (Balkendiagramm) c) Veranlassen und Mitwirken daran, die ausführenden Unternehmen in Verzug zu setzen d) Kostenfeststellung, Vergleich der Kostenfeststellung mit der Auftragssumme e) Abnahme von Bauleistungen, Leistungen und Lieferungen unter Mitwirkung der örtlichen Bauüberwachung und anderer an der Planung und Objektüberwachung fachlich Beteiligter, Feststellen von Mängeln, Fertigen einer Niederschrift über das Ergebnis der Abnahme f) Antrag auf behördliche Abnahmen und Teilnahme daran g) Überwachen der Prüfungen der Funktionsfähigkeit der Anlagenteile und der Gesamtanlage h) Übergabe des Objekts i) Auflisten der Verjährungsfristen der Mängelansprüche j) Zusammenstellen und Übergeben der Dokumentation des Bauablaufs, der Bestandsunterlagen und der Wartungsvorschriften	– Überwachen der Ausführung der Bauleistungen – Mitwirken beim Einweisen des Auftragnehmers in die Baumaßnahme (Bauanlaufbesprechung) – Überwachen der Ausführung des Objekts auf Übereinstimmung mit den zur Ausführung freigegebenen Unterlagen, dem Bauvertrag und den Vorgaben des Auftraggebers – Prüfen und Bewerten der Berechtigung von Nachträgen – Durchführen oder Veranlassen von Kontrollprüfungen – Überwachen der Beseitigung der bei der Abnahme der Leistungen festgestellten Mängel – Dokumentation des Bauablaufs – Mitwirken beim Aufmaß mit den ausführenden Unternehmen und Prüfen der Aufmaße – Mitwirken bei behördlichen Abnahmen – Mitwirken bei der Abnahme von Leistungen und Lieferungen – Rechnungsprüfung, Vergleich der Ergebnisse der Rechnungsprüfungen mit der Auftragssumme – Mitwirken beim Überwachen der Prüfung der Funktionsfähigkeit der Anlagenteile und der Gesamtanlage – Überwachen der Ausführung von Tragwerken nach Anlage 14.2 Honorarzone I und II mit sehr geringen und geringen Planungsanforderungen auf Übereinstimmung mit dem Standsicherheitsnachweis
LPH 9 Objektbetreuung	
a) Fachliche Bewertung der innerhalb der Verjährungsfristen für Gewährleistungsansprüche festgestellten Mängel, längstens jedoch bis zum Ablauf von fünf Jahren seit Abnahme der Leistung, einschließlich notwendiger Begehungen b) Objektbegehung zur Mängelfeststellung vor Ablauf der Verjährungsfristen für Mängelansprüche gegenüber den ausführenden Unternehmen c) Mitwirken bei der Freigabe von Sicherheitsleistungen	– Überwachen der Mängelbeseitigung innerhalb der Verjährungsfrist

Übersicht

A. Überblick

I. Vergleich mit der HOAI 2009

1 § 47 entspricht weitgehend § 46 Abs. 1 HOAI 2009. In § 47 Abs. 1 S. 1 wurde der Verweis auf den Umfang des Leistungsbildes „Gebäude und Innenräume", neu § 34 Abs. 1, angepasst. Gemäß § 46 Abs. 3 HOAI 2009 waren die Regelungen der §§ 35 und 36 Abs. 2 HOAI 2009 zum **Bauen im Bestand** und zu **Instandsetzungen** entsprechend anwendbar. Dieser Verweis ist **entfallen** und wird durch die Neuregelung in § 48 Abs. 6 und § 12 Abs. 1 ersetzt.

2 Aufgrund der wieder eingeführten Berücksichtigung der **mitzuverarbeitenden Bausubstanz** und der in § 2 Abs. 5 neu gefassten Definition von **Umbauten** (Umgestaltungen mit **wesentlichen** Eingriffen in Konstruktion und Bestand) ist auch die Prozent-

marge für den **Umbauzuschlag** auf **bis zu 33%** gem. § 59 Abs. 1 HOAI 2002 zurückgeführt worden.

§ 47 Abs. 2 verweist auf die Regelung der Grundleistungen und die Aufzählung von Beispielen für Besondere Leistungen in der **Anlage 13.1.** Dort sind die Grundleistungen jeder Leistungsphase geregelt. Hier hat es Änderungen gegeben. Zunächst einmal wurden die Leistungsbilder Ingenieurbauwerke und Verkehrsanlagen voneinander getrennt. Anders als in der HOAI 2009 werden die Leistungen der Leistungsbilder Ingenieurbauwerke und Verkehrsanlagen nicht mehr einheitlich erfasst. Die Anlage 12 behandelt nunmehr nur noch das Leistungsbild Ingenieurbauwerke und die Anlage 13 ausschließlich das Leistungsbild Verkehrsanlagen. Für das Leistungsbild Verkehrsanlagen wurde also mit Anlage 13.1 ein **eigenständiges Leistungsbild** geschaffen, das allerdings mit dem Leistungsbild Ingenieurbauwerke nahezu identisch ist. Daneben sind den Grundleistungen wieder – wie bereits in der HOAI 2002 und den Vorgängerfassungen – die **Besonderen Leistungen** in einer nicht abschließenden und unverbindlichen Aufzählung gegenübergestellt. Das äußere Erscheinungsbild entspricht also wieder dem der HOAI 2002. 3

Bei dem Leistungsbild Verkehrsanlagen (resp. Ingenieurbauwerke) gibt es inhaltliche Änderungen, deren Umfang allerdings hinter dem bei der Objektplanung Gebäude zurückbleibt. Als sicherlich bedeutsamste Änderungen sind zu nennen, dass in einigen Leistungsphasen **neue Grundleistungen** hinzugekommen sind, sich der Leistungskatalog insoweit erweitert hat. Dies betrifft insbesondere den Bereich der **Kosten- und Terminplanung** und deren **Überwachung.** Hierauf hat der Verordnungsgeber besonderes Augenmerk gelegt. Einige Grundleistungen wurden geändert, einige Grundleistungen wurden einer anderen Leistungsphase zugeordnet. Infolge dessen kommt es zu einer **Veränderung der Prozentsätze** bei einigen Leistungsphasen. 4

Die in der HOAI 2009 in § 3 Abs. 8 vorgesehene **Erörterung des Ergebnisses** jeder Leistungsphase wurde in das **Leistungsbild integriert** und findet sich nun in den Leistungsphasen 1, 2 und 3 jeweils am Ende als **„Zusammenfassen, Erläutern und Dokumentieren der Ergebnisse“**. Auch bei den **Besonderen Leistungen** gab es Änderungen und Erweiterungen des Leistungskatalogs. Diese beziehen sich insbesondere auf den Bereich der **Wirtschaftlichkeit der Planung** und rücken die Tätigkeit des Ingenieurs weiter in die Nähe des Projektsteuerers. Es bleibt abzuwarten, ob dies Abgrenzungsprobleme zwischen den Leistungsbereichen des Planers und des Projektsteuerers nach sich ziehen wird. Zu befürchten ist, dass Auftraggeber bei gleichzeitiger Beauftragung eines Projektsteuerers versuchen werden, das Planerhonorar zu reduzieren. 5

II. Anwendungsbereich

Die Vorschrift regelt das **Leistungsbild Verkehrsanlagen** und ist von daher auf die in § 45 Nr. 1 bis 3 genannten Objekte beschränkt. Andere als die in § 45 genannten Bauwerke und Anlagen sind vom Regelungsbereich der HOAI nicht umfasst. Abs. 1 S. 1 verweist auf **§ 34 Abs. 1,** welcher für Verkehrsanlagen entsprechend gilt. Das Leistungsbild Verkehrsanlagen gilt daher nicht nur bei neu zu errichtenden Bauwerken (**Neubauten**) bzw. **Neuanlagen**, sondern in gleicher Weise auch für **Wiederaufbauten**, **Erweiterungsbauten**, **Umbauten**, **Modernisierungen**, **Instandsetzungen** und **Instandhaltungen**. Die entsprechenden Begriffsdefinitionen finden sich in § 2 Abs. 2 bis 9. 6

Die Festlegung und Prozentsätze der einzelnen Leistungsphasen finden sich in Abs. 1 S. 2. Die Teilleistungen aus den Leistungsbildern sind in der **Anlage 13, Abschnitt 13.1** enthalten. Dort finden sich in der rechten Tabellenspalte auch beispielhaft und nicht abschließend **Besondere Leistungen** aufgeführt. 7

III. Örtliche Bauüberwachung

8 Wie bereits die HOAI 2009 regelt die HOAI in § 47 nur das Honorar für die **Bauoberleitung**. Die örtliche Bauüberwachung ist weiterhin als **Besondere Leistung** aufgeführt, obwohl sie in wesentlichen Punkten der Objektüberwachung (Bauüberwachung) in Leistungsphase 8 der Anlage 10.1 „Grundleistungen im Leistungsbild Gebäude und Innenräume" ähnelt bzw. ihr sogar vollständig entspricht. Bei der örtlichen Bauüberwachung handelt es sich um eine notwendige Leistung, die regelmäßig anfällt. Nach der Definition der Grundleistung in § 3 Abs. 2 S. 1 könnte die örtliche Bauüberwachung daher sogar als Grundleistung bezeichnet werden, von daher wäre dieser Leistungsteil im Grundleistungskatalog der Leistungsphase 8 bei Leistungen für Ingenieurbauwerke unzweifelhaft richtig aufgehoben. Der Verordnungsgeber der HOAI 2009 hat das offenbar anders gesehen und die Vorschrift des **§ 57 HOAI 2002**, mit dem die örtliche Bauüberwachung eine eigenständige Regelung erfahren hatte, **ersatzlos gestrichen** und die entsprechenden Leistungen den Besonderen Leistungen zugeordnet. Das Honorar für die örtliche Bauüberwachung kann daher seit Inkrafttreten der HOAI 2009 **frei vereinbart** werden.

9 Der Bundesrat hat in seinem Beschluss vom 12.6.2009, mit welchem er dem Erlass der HOAI 2009 zustimmte, klargestellt, dass er die Einschätzung der Bundesregierung, dass kein Allgemeininteresse für eine verbindliche Regelung der örtlichen Bauüberwachung bei Ingenieurbauwerken und Verkehrsanlagen bestehe, nicht teile. Die Bundesregierung solle dem Bundesrat daher innerhalb eines Jahres nach Inkrafttreten der novellierten HOAI (2009) über die Entwicklung sowie über mögliche Anpassungsmaßnahmen insbesondere auch im Hinblick auf die Regelung der Objektüberwachung in der HOAI berichten.

10 Obwohl die Wiederaufnahme der örtlichen Bauüberwachung in den verbindlichen Teil der HOAI mit der 7. HOAI-Novelle praktisch einhellig gefordert und befürwortet wurde, kam der Verordnungsgeber dem nicht nach. Er beließ die örtliche Bauüberwachung als Besondere Leistung im unverbindlichen Teil. Der Bundesrat reagierte hierauf „mit Befremden".[1] Er hält die baufachliche Forderung nach einer verbindlichen Regelung der örtlichen Bauüberwachung offenbar nach wie vor für berechtigt und führt in Ziff. 7 des Beschlusses vom 7.6.2013 aus:

> *„Der Bundesrat bittet die Bundesregierung darüber hinaus um **Umsetzung der baufachlichen Forderung**, nach der Regelungen für die örtliche Bauüberwachung für Ingenieurbauwerke und Verkehrsanlagen **als verbindlich in die HOAI aufzunehmen** sind. Stattdessen wurde in der aktuellen HOAI-Novelle die Bauüberwachung für Ingenieurbauwerke und Verkehrsanlagen als ‚Besondere Leistung' definiert (vgl. Anlage 12.1, Abschnitt Lph. 8 sowie Anlage 13.1, Abschnitt Lph. 8)."*[2]

Ob die Bundesregierung dieser Bitte des Bundesrats in absehbarer Zeit nachkommen wird, bleibt abzuwarten.

B. Grundlagen der Honorarberechnung

I. Bedeutung der Leistungsbilder

11 Bei der Arbeit mit der HOAI sollte man sich immer deren Bedeutung bewusst sein: Bei der HOAI handelt es sich um **Preisvorschriften**, nicht um eine Inhaltsbestimmung

1 Bundesrat, Beschl. v. 7.6.2013, BR-Drucks. 334/13, S. 2 f.
2 Bundesrat, Beschl. v. 7.6.2013, BR-Drucks. 334/13, S. 2 f.

des Architekten- bzw. Ingenieurvertrags. Die HOAI regelt demnach nur **Preisrecht**. Das bedeutet: Das „Ob" einer Vergütung des Planers richtet sich nach den Vorschriften des BGB, nur die **Höhe der Vergütung** richtet sich nach der HOAI. Ob ein Architekt oder Ingenieur für seine Leistungen ein Honorar fordern kann, richtet sich allein danach, ob ein **Architekten-** bzw. **Ingenieurvertrag** abgeschlossen wurde. Hierfür sind die Regelungen des BGB maßgeblich. Keinesfalls kann der Inhalt eines Architekten- oder Ingenieurvertrags anhand der Regelungen der HOAI bzw. deren Leistungsbildern bestimmt werden. Erst wenn feststeht, dass zwischen den Parteien eine vertragliche Vereinbarung getroffen wurde und anhand derer das Leistungssoll des Planers ermittelt wurde, kann auf der Grundlage der HOAI die Frage geklärt werden, welche Vergütung für die vertraglich geschuldete Planungsleistung zu bezahlen ist.

Die Parteien können allerdings zur Beschreibung der von dem Architekten/Ingenieur geschuldeten Leistung auf die Leistungsbilder der HOAI verweisen und die Leistungsbilder der HOAI auf diese Weise zum **Vertragsinhalt** machen. Von dieser Möglichkeit wurde in der Vergangenheit in der überwiegenden Anzahl der Architektenverträge Gebrauch gemacht. Unabhängig davon, ob diese Vorgehensweise den Vertragsparteien im Einzelfall zum Vorteil gereicht (häufig wird das gerade nicht der Fall sein), stellt sich die Frage, ob dies auch in der Zukunft für die neuen Leistungsbilder der HOAI 2013 gelten wird. Zweifel hieran erscheinen berechtigt, da die Leistungsbilder mit der HOAI 2013 zwar teilweise erheblich verändert wurden. Dennoch wird in der Literatur – zu Recht – kritisiert, dass die Maßnahmen des Verordnungsgebers einem modernen Leistungsbild und den heutigen komplexen Anforderungen an die Planung nur sehr bedingt gerecht werden.[3] 12

Es ist von daher zu berücksichtigen, dass das Leistungsbild Verkehrsanlagen kein fixes, unabänderliches Bewertungsschema darstellt, sondern letztlich nur allgemeine Vorgaben enthält, das **Anpassungen** an den jeweiligen Einzelfall erfordert und auch ermöglicht. Die in dem Leistungsbild aufgeführten Teilleistungen und deren Bewertungen sind nicht als allgemeingültig aufzufassen, sondern können nur **Anhaltspunkte** für eine bei jedem Bauvorhaben neu zu entwickelnde individuelle Leistungsbeschreibung und vertragliche Gestaltung darstellen. 13

II. Aufbau und Inhalt

Überraschenderweise hat der Verordnungsgeber auch in der HOAI 2013 die Unterteilung des Vollleistungsbildes in insgesamt 9 Leistungsphasen beibehalten. Wie schon die früheren Fassungen der HOAI gliedert § 47 die Planungs- und Überwachungsleistungen bei Verkehrsanlagen demnach in **9 Leistungsphasen** und weist für diese jeweils einen **Bewertungssatz aus der Gesamtleistung** aus. Der Prozentanteil aller Leistungsphasen zusammengenommen ergibt 100%. Dies ist der Ausgangswert der Honorartafel in § 48 Abs. 1. Werden demnach alle Grundleistungen der Leistungsphasen 1 bis 9 vollständig erbracht, beträgt die Vergütung das volle Honorar nach der Honorartabelle des § 48 Abs. 1. 14

Innerhalb der einzelnen Leistungsphasen gibt es jeweils **Teilleistungen**, die in **Anlage 13.1** aufgeführt sind. Für die in Anlage 13.1 aufgeführten Grundleistungen steht dem Ingenieur auch dann ein Honorar zu, wenn die Parteien keine schriftliche (Vergütungs-) Vereinbarung getroffen haben. Dem Auftragnehmer steht dann gem. § 7 Abs. 5 der **Mindestsatz** zu. 15

3 *Werner/Siegburg*, BauR 2013, 1499, 1517 f.

16 Die Aufzählung der jeweiligen, in einer Leistungsphase zusammengefassten Grundleistungen (linke Spalte der Anlage 13.1) ist **abschließend**. Unter Grundleistungen sind nach der Definition des § 3 Abs. 2 S. 1 diejenigen Leistungen zu verstehen, die zur **ordnungsgemäßen Erfüllung eines Auftrags im Allgemeinen erforderlich** sind. Werden nicht alle Grundleistungen einer Leistungsphase übertragen, so darf für die übertragenen Leistungen nur ein Honorar berechnet und vereinbart werden, das dem **Anteil der übertragenen Leistungen** an der gesamten Leistungsphase entspricht (§ 8 Abs. 2 S. 1).

17 Daneben sind in Anlage 13.1 die **Besonderen Leistungen** enthalten (rechte Spalte der Anlage 13.1). Die Aufzählung der Besonderen Leistungen ist nicht abschließend, sondern nur beispielhaft und gehört nicht zum verbindlichen Teil der HOAI. Die Honorare für Besondere Leistungen können daher **frei vereinbart** werden (§ 3 Abs. 3). Die Besonderen Leistungen können auch für Leistungsbilder und Leistungsphasen, denen sie **nicht zugeordnet** sind, vereinbart werden, soweit sie dort keine Grundleistungen darstellen (§ 3 Abs. 3 S. 2).

III. Leistungsphasen und Bewertung

18 Die im Rahmen eines Leistungsbildes im Allgemeinen zu erbringenden Grundleistungen sind zu **Leistungsphasen**, die man als **Gruppe von Teilleistungen** bzw. **Einzelleistungen** bezeichnen könnte, zusammengefasst. Für jede Leistungsphase ist in § 47 Abs. 1 ein **Bewertungssatz** als Prozentsatz des Honorars gemäß der Honorartafel des § 48 Abs. 1 angegeben. Insgesamt werden die Honorare nach den **anrechenbaren Kosten** (§ 46), nach der **Honorarzone** (§ 48) und nach dem **Leistungsumfang** (§ 47) bestimmt.

19 Werden nicht alle Leistungsphasen eines Leistungsbildes übertragen, so dürfen **nur die für die übertragenen Phasen vorgesehenen Prozentsätze** berechnet und vereinbart werden (§ 8 Abs. 1 S. 1). Die Prozentsätze der einzelnen Leistungsphasen bei Ingenieurbauwerken sind in Abs. 1 festgelegt. In nachstehender Tabelle sind der Leistungsphasenbewertung der HOAI 2013 diejenigen der HOAI 2002 bzw. 2009 gegenübergestellt:

Leistungsphase	HOAI 2013	HOAI 2002/2009
1: Grundlagenermittlung	2%	2%
2: Vorplanung	20%	15%
3: Entwurfsplanung	25%	30%
4: Genehmigungsplanung	8%	5%
5: Ausführungsplanung	15%	15%
6: Vorbereitung der Vergabe	10%	10%
7: Mitwirkung bei der Vergabe	4%	5%
8: Bauoberleitung	15%	15%
9: Objektbetreuung	1%	3%

20 Die Anteile einzelner Grundleistungen, die unter den jeweiligen Leistungsphasen zusammengefasst sind, werden von der HOAI nicht festgelegt.

C. Leistungsbild

21 Bis zur HOAI 2009 waren Ingenieurbauwerke und Verkehrsanlagen stets in einem gemeinsamen Leistungsbild geregelt. Mit der HOAI 2013 wurden die Verkehrsanlagen erstmals aus dem gemeinsamen Leistungsbild herausgelöst und in Anlage 13.1 zu einem **eigenständigen Leistungsbild** zusammengefasst. Inhaltliche Änderungen haben sich dadurch praktisch nicht ergeben, sodass die Leistungsbilder Ingenieurbauwerke und Verkehrsanlagen nach wie vor **weitgehend identisch** sind. Soweit also die in Anlage 13.1 dargestellten Grundleistungen und Besonderen Leistungen mit den Grundleistungen und Besonderen Leistungen im Leistungsbild Ingenieurbauwerke in Anlage 12.1 identisch sind, kann auf die Ausführungen zu den Ingenieurbauwerken verwiesen werden.[4] Da insoweit keinerlei Unterschiede bestehen, gelten die Ausführungen zu den Ingenieurbauwerken in derselben Weise auch für die Verkehrsanlagen.

22 Das Leistungsbild Verkehrsanlagen sieht in den Leistungsphasen 2 (Vorplanung) und 3 (Entwurfsplanung) einige weitere verkehrsanlagenspezifische Teilleistungen vor, die im Leistungsbild Ingenieurbauwerke nicht enthalten sind. Auf diese soll nachfolgend im Einzelnen eingegangen werden. Es handelt sich dabei nicht um Grundleistungen oder Besondere Leistungen, die in das Leistungsbild Verkehrsanlagen neu aufgenommen wurden, sondern diese Leistungen gehörten auch bisher schon zum Grundleistungskatalog der Anlage 12 zur HOAI 2009. Anlage 13.1 sieht folgende verkehrsanlagenspezifischen Grundleistungen und Besondere Leistungen vor:

I. Grundleistungen

1. Leistungsphase 2 – Vorplanung

23 **a) Erarbeiten eines Planungskonzepts einschließlich Untersuchung von bis zu 3 Varianten nach gleichen Anforderungen mit zeichnerischer Darstellung und Bewertung unter Einarbeitung der Beiträge anderer an der Planung fachlich Beteiligter (LPH 2 lit. e)).** Hierbei handelt es sich nicht um eine verkehrsanlagenspezifische Grundleistung, sondern die Leistung ist auch im Leistungsbild Ingenieurbauwerke (Anlage 12.1 LPH 2 lit. e)) enthalten. Ein Unterschied besteht aber insoweit, als die Anzahl der durchzuführenden **Variantenuntersuchungen** bei den Verkehrsanlagen **auf 3 beschränkt** ist. In welchem Umfang der Auftragnehmer alternative Möglichkeiten vorschlagen und prüfen muss, ist im Rahmen der Planung von Ingenieurbauwerken ein häufiger Streitpunkt,[5] der bei den Verkehrsanlagen aufgrund der zahlenmäßigen Beschränkung nicht auftreten kann.

24 **b) Überschlägige verkehrstechnische Bemessung der Verkehrsanlage, Ermitteln der Schallimmissionen von der Verkehrsanlage an kritischen Stellen nach Tabellenwerten (LPH 2 lit. e)).** Hier sind vom Auftragnehmer auf der Grundlage vorliegender Verkehrszählungen oder Prognosen überschlägige Bemessungen der Querschnitte, der Kurvenradien im Grundriss und der maximalen Längsneigungen zu konzipieren.[6]

---

4 Vgl. dazu oben § 43 Rn 22 ff.
5 Vgl. dazu oben § 43 Rn 47 f.
6 *Pott/Dahlhoff/Kniffka/Rath*, § 42 Rn 31.

25 **c) Untersuchen der möglichen Schallschutzmaßnahmen, ausgenommen detaillierte schalltechnische Untersuchungen (LPH 2 lit. e)).** Die aus der überschlägigen verkehrstechnischen Bemessung der Verkehrsanlage resultierenden Schallimmissionen sind für eine Vorplanungslösung, die vom Auftraggeber ausgewählt wurde, aus Tabellenwerten zu ermitteln. Es ist im Rahmen dieser Grundleistung daher nur die Frage zu beantworten, ob und inwieweit Schutzmaßnahmen gegen die nach Tabellenwerten ermittelten Schallimmissionen an kritischen Stellen erforderlich und welche nach den Gegebenheiten der Anlage möglich sind. Hierbei sind auch die zur Reduzierung der Emissionen erforderlichen Schallschutzmaßnahmen für die ausgewählte Lösungsmöglichkeit überschlägig festzulegen.[7]

26 **d) Bereitstellen von Unterlagen als Auszüge aus der Voruntersuchung zur Verwendung für ein Raumordnungsverfahren (LPH 2 lit. j)).** Hier sind **auszugsweise Lagepläne bzw. -ausschnitte** einer vom Auftraggeber ausgewählten Lösungsmöglichkeit zur Verfügung zu stellen. Dabei kann es sich nur um eine Vorplanung oder Voruntersuchung handeln, nicht dagegen um eine vollständig abgeschlossene Planung, die für das Raumordnungsverfahren selbstständig verwertbar sein müsste. Dies könnte erst bei der Entwurfsplanung (Leistungsphase 3) der Fall sein.

27 **2. Leistungsphase 3 – Entwurfsplanung.** Die nachstehend unter a) bis f) aufgeführten Grundleistungen sind weitgehend ohne zusätzliche Erläuterungen verständlich. Hiermit werden letztlich die normalen Anforderungen, die an den vollständigen Entwurf einer Verkehrsanlage zu stellen sind, sehr ausführlich festgelegt.[8]

28 **a) Überschlägige Festlegung der Abmessungen von Ingenieurbauwerken (LPH 3 lit. h)).** Die überschlägige verkehrstechnische Bemessung der Verkehrsanlage kann nur anhand von durch den Auftraggeber **vorgegebenen Rahmenbedingungen** oder anhand der Ergebnisse zusätzlich in Auftrag gegebener **Verkehrszählungen** erfolgen.[9] Der endgültige Entwurf der Verkehrsanlage ist unter überschlägiger Angabe der Abmessungen eventueller Bauwerke darzustellen und kartografisch in das Koordinatennetz (Haupt- und Kleinpunkte) einzurechnen.

29 **b) Ermitteln der Schallimmissionen von der Verkehrsanlage nach Tabellenwerten; Festlegen der erforderlichen Schallschutzmaßnahmen an der Verkehrsanlage gegebenenfalls unter Einarbeitung der Ergebnisse detaillierter schalltechnischer Untersuchungen und Feststellen der Notwendigkeit von Schallschutzmaßnahmen an betroffenen Gebäuden (LPH 3 lit. i)).** Im Rahmen der Entwurfsplanung ist bereits das System der Schallschutzmaßnahmen, also die hierzu erforderlichen Bauwerke, festzulegen und darzustellen. Das Ermitteln der Schallimmissionen von der Verkehrsanlage nach Tabellenwerten erfordert nur Berechnungen anhand von **abzulesenden Tabellenwerten (Richtlinien).** Für darüber hinausgehende „detaillierte schalltechnische Untersuchungen, insbesondere in komplexen Fällen" ist ein besonderes Honorar zu vereinbaren. Diese Grundleistung war bereits in den früheren Fassungen der HOAI vorgesehen, da nach Meinung des Verordnungsgebers ohne Planung von Lärmschutzmaßnahmen in der Regel eine Planung von Verkehrsanlagen nicht möglich ist.[10]

---

7 *Pott/Dahlhoff/Kniffka/Rath*, § 42 Rn 31.
8 Korbion/Mantscheff/Vygen/*Seifert*, § 42 Rn 23.
9 Korbion/Mantscheff/Vygen/*Seifert*, § 42 Rn 19.
10 Vgl. amtliche Begründung zu § 55 HOAI 1996.

c) Rechnerische Festlegung des Objekts (LPH 3 lit. j)). Hierunter fallen alle Berechnungen, die für die zeichnerische Darstellung des Objekts, die Bestimmung von Mengen und die spätere Absteckung der Verkehrsanlage notwendig sind. Hierzu zählen die **Berechnung von Lage und Höhe der Anlagenteile, Querprofile, Befestigungsstärke** und **Mengen**. 30

In Anlage 12, LPH 3 lit. i) zur HOAI 2009 ist diese Leistung als „rechnerische Festlegung der Anlage **in den Haupt- und Kleinpunkten**" aufgeführt. Es ist davon auszugehen, dass sich trotz der modifizierten Formulierung keine inhaltliche Änderung ergeben hat, sich die rechnerische Festlegung des Objekts also unverändert auf die Haupt- und Kleinpunkte bezieht. 31

d) Darlegen der Auswirkungen auf Zwangspunkte (LPH 3 lit. k)). Zwangspunkte sind Objekte im Planungsgebiet, die durch die zu errichtende Verkehrsanlage nicht zerstört, beseitigt oder örtlich verschoben werden können oder dürfen, wie z.B. Bebauung, Topographie, andere Verkehrswege oder weitere Trassenkreuzungen. Die Auswirkungen der geplanten Verkehrsanlage auf vorhandene Zwangspunkte sind im **Erläuterungsbericht** zu beschreiben. Erforderlichenfalls ist der Erläuterungsbericht durch entsprechende **Detailzeichnungen** zu konkretisieren. 32

e) Nachweis der Lichtraumprofile (LPH 3 lit. l)). Lichtraumprofile legen den Raum fest, der freigehalten werden muss, um den Verkehr zu ermöglichen und die Sicherheit im öffentlichen Verkehrsraum zu gewährleisten. Sie weisen damit die **Gebrauchsfähigkeit der Verkehrsanlage** nach. Dieser Nachweis erfolgt zeichnerisch auf der Grundlage der Berechnungen der Höhe bzw. Breite einzelner Anlagenteile, ihrer Einpassung in die örtlichen Gegebenheiten und der Art des Verkehrsweges. 33

f) Ermitteln der wesentlichen Bauphasen unter Berücksichtigung der Verkehrslenkung und der Aufrechterhaltung des Betriebs während der Bauzeit (LPH 3 lit. m)). Schließlich wird die Darlegung der Realisation der Verkehrsanlagen in Bauphasen und der erforderlichen Verkehrslenkungsmaßnahmen gefordert. Diese Grundleistung findet sich auch im Leistungsbild Ingenieurbauwerke in Anlage 12.1, LPH 3, lit. h). Die Zuordnung dieser Leistung (auch) zu den Ingenieurbauwerken stellt ein offensichtliches **redaktionelles Versehen** dar.[11] 34

II. Besondere Leistungen

Die Aufzählung der Besonderen Leistungen ist nur beispielhaft und nicht abschließend, sodass auch weitere Besondere Leistungen – dies auch aus anderen Leistungsbildern – hinzutreten können. 35

1. Leistungsphase 1 – Grundlagenermittlung: Ermitteln besonderer, in den Normen nicht festgelegter Einwirkungen. Diese Besondere Leistung ist nicht neu, sondern war ebenfalls bereits in der HOAI 2009 vorgesehen mit dem Unterschied, dass in der Anlage 2.8.1 HOAI 2009 nicht von „Einwirkungen", sondern von „Belastungen" die Rede war. Ob unter „Belastungen" solche im engeren, statisch-konstruktiven Sinne (ständige Lasten, Verkehrslasten) oder solche im Sinne vorgegebener Randbedingungen 36

11 Vgl. dazu oben § 43 Rn 77.

und Planungsdaten zu verstehen sein sollten, war nicht eindeutig geklärt. Insoweit bietet der Begriff der „Einwirkungen" weniger Interpretationsspielraum. Es dürfte daher zukünftig davon auszugehen sein, dass der Verordnungsgeber unter „Einwirkungen" solche Umstände verstanden wissen will, die sich auf die Verkehrsanlage **in besonderer Weise auswirken** und die von daher **im Planungsprozess besonders zu berücksichtigen** sind, die aber nicht aus Normwerken als Planungsgrundlage entnommen werden können, sondern **für den spezifischen Fall zu ermitteln** sind. Beispielsweise kann es sich um besondere Kontaminationen bei Wasser, Abwasser oder Abfall handeln, die aus vorhandenen Unterlagen und Analysen zu ermitteln sind.

37 **2. Leistungsphase 3 – Entwurfsplanung: Detaillierte signaltechnische Berechnung.** Signaltechnische Berechnungen waren auch in früheren Honorarordnungen bei Verkehrsanlagen schon als Besondere Leistung in der Leistungsphase 3 definiert. Hierbei fällt allerdings auf, dass in Anlage 2.8.3 der HOAI 2009 lediglich von einer „signaltechnischen Berechnung" die Rede ist, nicht aber wie in der HOAI 2013 von einer „**detaillierten** signaltechnischen Berechnung". Aus dem **geänderten Wortlaut** könnte man den Schluss ziehen, dass der Verordnungsgeber diese Besondere Leistung enger fassen wollte, dass also zukünftig nur noch „detaillierte" signaltechnische Berechnungen als Besondere Leistung gesondert vergütungsfähig sein sollen, hingegen eine einfache, überschlägige signaltechnische Berechnung zu den Grundleistungen zählen soll. Aus der amtlichen Begründung ergibt sich jedoch ein dahin gehender Wille des Verordnungsgebers nicht. Auch andere Anhaltspunkte dafür sind nicht ersichtlich. Dies spricht für die Annahme, dass mit dem veränderten Wortlaut **keine inhaltliche Veränderung** verbunden sein soll, sondern, dass die Formulierung nur der Klarstellung bzw. Präzisierung dient.

§ 48
Honorare für Grundleistungen bei Verkehrsanlagen

(1) Die Mindest- und Höchstsätze der Honorare für die in § 47 und der Anlage 13 Nummer 13.1 aufgeführten Grundleistungen bei Verkehrsanlagen sind in der folgenden Honorartafel für den Anwendungsbereich des § 45 festgesetzt:

Anrechenbare Kosten in Euro	Honorarzone I sehr geringe Anforderungen von Euro	bis	Honorarzone II geringe Anforderungen von Euro	bis	Honorarzone III durchschnittliche Anforderungen von Euro	bis	Honorarzone IV hohe Anforderungen von Euro	bis	Honorarzone V sehr hohe Anforderungen von Euro	bis
25.000	3.882	4.624	4.624	5.366	5.366	6.108	6.108	6.793	6.793	7.535
35.000	4.981	5.933	5.933	6.885	6.885	7.837	7.837	8.716	8.716	9.668
50.000	6.487	7.727	7.727	8.967	8.967	10.207	10.207	11.352	11.352	12.592
75.000	8.759	10.434	10.434	12.108	12.108	13.783	13.783	15.328	15.328	17.003
100.000	10.839	12.911	12.911	14.983	14.983	17.056	17.056	18.968	18.968	21.041
150.000	14.634	17.432	17.432	20.229	20.229	23.027	23.027	25.610	25.610	28.407
200.000	18.106	21.567	21.567	25.029	25.029	28.490	28.490	31.685	31.685	35.147
300.000	24.435	29.106	29.106	33.778	33.778	38.449	38.449	42.761	42.761	47.433
500.000	35.622	42.433	42.433	49.243	49.243	56.053	56.053	62.339	62.339	69.149
750.000	48.001	57.178	57.178	66.355	66.355	75.532	75.532	84.002	84.002	93.179

Anrechenbare Kosten in Euro	Honorarzone I sehr geringe Anforderungen von Euro	bis	Honorarzone II geringe Anforderungen von Euro	bis	Honorarzone III durchschnittliche Anforderungen von Euro	bis	Honorarzone IV hohe Anforderungen von Euro	bis	Honorarzone V sehr hohe Anforderungen von Euro	bis
1.000.000	59.267	70.597	70.597	81.928	81.928	93.258	93.258	103.717	103.717	115.047
1.500.000	80.009	95.305	95.305	110.600	110.600	125.896	125.896	140.015	140.015	155.311
2.000.000	98.962	117.881	117.881	136.800	136.800	155.719	155.719	173.183	173.183	192.102
3.000.000	133.441	158.951	158.951	184.462	184.462	209.973	209.973	233.521	233.521	259.032
5.000.000	194.094	231.200	231.200	268.306	268.306	305.412	305.412	339.664	339.664	376.770
7.500.000	262.407	312.573	312.573	362.739	362.739	412.905	412.905	459.212	459.212	509.378
10.000.000	324.978	387.107	387.107	449.235	449.235	511.363	511.363	568.712	568.712	630.840
15.000.000	439.179	523.140	523.140	607.101	607.101	691.062	691.062	768.564	768.564	852.525
20.000.000	543.619	647.546	647.546	751.473	751.473	855.401	855.401	951.333	951.333	1.055.260
25.000.000	641.265	763.860	763.860	886.454	886.454	1.009.049	1.009.049	1.122.213	1.122.213	1.244.808

(2) Welchen Honorarzonen die Grundleistungen zugeordnet werden, richtet sich nach folgenden Bewertungsmerkmalen:
1. geologische und baugrundtechnische Gegebenheiten,
2. technische Ausrüstung und Ausstattung,
3. Einbindung in die Umgebung oder das Objektumfeld,
4. Umfang der Funktionsbereiche oder der konstruktiven oder technischen Anforderungen,
5. fachspezifische Bedingungen.

(3) Sind für Verkehrsanlagen Bewertungsmerkmale aus mehreren Honorarzonen anwendbar und bestehen deswegen Zweifel, welcher Honorarzone das Objekt zugeordnet werden kann, so ist zunächst die Anzahl der Bewertungspunkte zu ermitteln. Zur Ermittlung der Bewertungspunkte werden die Bewertungsmerkmale wie folgt gewichtet:
1. die Bewertungsmerkmale gemäß Absatz 2 Nummer 1, 2 mit bis zu 5 Punkten,
2. das Bewertungsmerkmal gemäß Absatz 2 Nummer 3 mit bis zu 15 Punkten,
3. das Bewertungsmerkmal gemäß Absatz 2 Nummer 4 mit bis zu 10 Punkten,
4. das Bewertungsmerkmal gemäß Absatz 2 Nummer 5 mit bis zu 5 Punkten,

(4) Die Verkehrsanlage ist anhand der nach Absatz 3 ermittelten Bewertungspunkte einer der Honorarzonen zuzuordnen:
1. Honorarzone I: bis zu 10 Punkte,
2. Honorarzone II: 11 bis 17 Punkte,
3. Honorarzone III: 18 bis 25 Punkte,
4. Honorarzone IV: 26 bis 33 Punkte,
5. Honorarzone V: 34 bis 40 Punkte.

(5) Für die Zuordnung zu den Honorarzonen ist die Objektliste der Anlage 13 Nummer 13.2 zu berücksichtigen.

(6) Für Umbauten und Modernisierungen von Verkehrsanlagen kann bei einem durchschnittlichen Schwierigkeitsgrad ein Zuschlag gemäß § 6 Absatz 2 Satz 3 bis 33 Prozent schriftlich vereinbart werden.

Anlage 13.2
Grundleistungen im Leistungsbild Verkehrsanlagen, Besondere Leistungen, Objektliste

13.2 Objektliste Verkehrsanlagen

Nachstehende Verkehrsanlagen werden in der Regel folgenden Honorarzonen zugeordnet:

Objekte	Honorarzone				
	I	II	III	IV	V
a) Anlagen des Straßenverkehrs					
Außerörtliche Straßen					
– ohne besondere Zwangspunkte oder im wenig bewegten Gelände		x			
– mit besonderen Zwangspunkten oder in bewegtem Gelände			x		
– mit vielen besonderen Zwangspunkten oder in stark bewegtem Gelände				x	
– im Gebirge					x
Innerörtliche Straßen und Plätze					
– Anlieger- und Sammelstraßen		x			
– sonstige innerörtliche Straßen mit normalen verkehrstechnischen Anforderungen oder normaler städtebaulicher Situation (durchschnittliche Anzahl Verknüpfungen mit der Umgebung)			x		
– sonstige innerörtliche Straßen mit hohen verkehrstechnischen Anforderungen oder schwieriger städtebaulicher Situation (hohe Anzahl Verknüpfungen mit der Umgebung)				x	
– sonstige innerörtliche Straßen mit sehr hohen verkehrstechnischen Anforderungen oder sehr schwieriger städtebaulicher Situation (sehr hohe Anzahl Verknüpfungen mit der Umgebung)					x
Wege					
– im ebenen Gelände mit einfachen Entwässerungsverhältnissen	x				
– im bewegten Gelände mit einfachen Baugrund- und Entwässerungsverhältnissen		x			
– im bewegten Gelände mit schwierigen Baugrund- und Entwässerungsverhältnissen			x		
Plätze, Verkehrsflächen					
– einfache Verkehrsflächen, Plätze außerorts	x				
– innerörtliche Parkplätze		x			
– verkehrsberuhigte Bereiche mit normalen städtebaulichen Anforderungen			x		
– verkehrsberuhigte Bereiche mit hohen städtebaulichen Anforderungen				x	
– Flächen für Güterumschlag Straße zu Straße			x		
– Flächen für Güterumschlag im kombinierten Ladeverkehr				x	

Objekte	Honorarzone				
	I	II	III	IV	V
Tankstellen, Rastanlagen					
– mit normalen verkehrstechnischen Anforderungen	x				
– mit hohen verkehrstechnischen Anforderungen			x		
Knotenpunkte					
– einfach höhengleich		x			
– schwierig höhengleich			x		
– sehr schwierig höhengleich				x	
– einfach höhenungleich			x		
– schwierig höhenungleich				x	
– sehr schwierig höhenungleich					x
b) Anlagen des Schienenverkehrs					
Gleis und Bahnsteiganlagen der freien Strecke					
– ohne Weichen und Kreuzungen	x				
– ohne besondere Zwangspunkte oder in wenig bewegtem Gelände		x			
– mit besonderen Zwangspunkten oder in bewegtem Gelände			x		
– mit vielen Zwangspunkten oder in stark bewegtem Gelände				x	
Gleis- und Bahnsteiganlagen der Bahnhöfe					
– mit einfachen Spurplänen		x			
– mit schwierigen Spurplänen			x		
– mit sehr schwierigen Spurplänen				x	
c) Anlagen des Flugverkehrs					
– einfache Verkehrsflächen für Landeplätze, Segelfluggelände		x			
– schwierige Verkehrsflächen für Landeplätze, einfache Verkehrsflächen für Flughäfen			x		
– schwierige Verkehrsflächen für Flughäfen				x	

Übersicht

A. Überblick

1 In § 48 Abs. 1 sind die Honorare für die in § 47 und der Anlage 13.1 aufgeführten Grundleistungen bei Verkehrsanlagen gem. § 45 Nr. 1 bis 3 in einer **Honorartafel** festgesetzt. Die Absätze 2 bis 5 regeln die Festlegung des **Schwierigkeitsgrads** der Verkehrsanlage, also die Ermittlung der maßgeblichen **Honorarzone** nach § 5. Abs. 6 sieht vor, dass für Umbauten und Modernisierungen von Verkehrsanlagen bei einem durchschnittlichen Schwierigkeitsgrad ein **Umbau- bzw. Modernisierungszuschlag** vereinbart werden kann.

2 § 48 entspricht in den Absätzen 1 bis 3 inhaltlich § 43 der HOAI 2009. In der Überschrift sowie in § 48 Abs. 1 wurde zum Zwecke der Klarstellung im Hinblick auf § 3 Abs. 2 der Begriff der „Grundleistungen" aufgenommen.[1] In Abs. 4 wird die Bepunktung der Bewertungsmerkmale nunmehr eigenständig für Verkehrsanlagen ausgewiesen. Die **Objektliste für Verkehrsanlagen** findet sich nunmehr in der **Anlage 13.2**, während in der HOAI 2009 sämtliche Objektlisten in Anlage 3 enthalten waren, wobei die Objektliste für Verkehrsanlagen in Ziff. 3.5 der Anlage 3 verortet war. Abs. 5 stellt klar, dass die Anlage 13.2 für die Zuordnung des Objekts zu den Honorarzonen anzuwenden ist.

B. Honorartafel (Abs. 1)

I. Vergleich mit früheren Fassungen der HOAI

3 Die Honorartafel für Grundleistungen bei Verkehrsanlagen war bis zum Inkrafttreten der HOAI 2009 in § 56 Abs. 2 HOAI 2002 und danach bis zum Inkrafttreten der HOAI 2013 in § 47 Abs. 1 HOAI 2009 enthalten. Gegenüber der Tabelle in der HOAI 2002 wurden in der HOAI 2009 die Tafelwerte durchgängig, also linear um 10% angehoben. Im Vergleich zur HOAI 2009 wurden mit der HOAI 2013 die Honorare für Grundleistungen gemäß der Honorartabelle des Abs. 1 insgesamt erheblich angehoben, und zwar **nichtlinear von 3,93% bis zu 37,23%**. Die größte Erhöhung ist dabei im unteren Bereich der anrechenbaren Kosten im Mindestsatzbereich der Honorarzone I erfolgt, wohingegen die Erhöhung im oberen Bereich der anrechenbaren Kosten, ebenfalls bei den Mindestsätzen der Honorarzone I, die Anhebung am Geringsten ausgefallen ist. Zu den jeweiligen Prozentsätzen wird auf die Tabelle auf der nächsten Seite gem. Abbildung 4.36 des Abschlussberichts BMVBS verwiesen.[2]

Beispiel
- Bei anrechenbaren Kosten von 1.000.000 € und der Honorarzone III liegt der Mindestsatz um 30,14% über dem Honorar der HOAI 2009.
- Bei anrechenbaren Kosten von 250.000 € und der Honorarzone II liegt der Mindestsatz um 20,64% über dem Honorar der HOAI 2009.

---

1 BR-Drucks. 334/13, S. 161 (dort zu § 44).
2 Quelle: Studie im Auftrag des Bundesministeriums für Wirtschaft und Technologie zum Aktualisierungsbedarf zur Honorarstruktur der Honorarordnung für Architekten und Ingenieure (HOAI) – Hauptdokument, Dresden, Berlin, Cottbus, Kassel, Dezember 2012, S. 136.

Anrechenbare Kosten in Euro	Honorarzone I		Honorarzone II		Honorarzone III		Honorarzone IV		Honorarzone V	
	von	bis	von	bis	von	bis	von	bis	von	bis
25.565	+ 37,23 %	+ 30,14 %	+ 30,14 %	+ 25,42 %	+ 25,42 %	+ 21,93 %	+ 21,93 %	+ 18,45 %	+ 18,45 %	+ 16,64 %
30.000	+ 35,58 %	+ 28,94 %	+ 28,94 %	+ 24,56 %	+ 24,56 %	+ 21,40 %	+ 21,40 %	+ 18,07 %	+ 18,07 %	+ 16,35 %
35.000	+ 34,62 %	+ 28,31 %	+ 28,31 %	+ 24,21 %	+ 24,21 %	+ 21,18 %	+ 21,18 %	+ 18,02 %	+ 18,02 %	+ 16,36 %
40.000	+ 33,37 %	+ 27,46 %	+ 27,46 %	+ 23,42 %	+ 23,42 %	+ 20,59 %	+ 20,59 %	+ 17,41 %	+ 17,41 %	+ 15,87 %
45.000	+ 32,47 %	+ 26,87 %	+ 26,87 %	+ 22,98 %	+ 22,98 %	+ 20,30 %	+ 20,30 %	+ 17,23 %	+ 17,23 %	+ 15,76 %
50.000	+ 32,06 %	+ 26,65 %	+ 26,65 %	+ 22,97 %	+ 22,97 %	+ 20,35 %	+ 20,35 %	+ 17,38 %	+ 17,38 %	+ 15,94 %
75.000	+ 29,28 %	+ 24,85 %	+ 24,85 %	+ 21,81 %	+ 21,81 %	+ 19,57 %	+ 19,57 %	+ 16,93 %	+ 16,93 %	+ 15,74 %
100.000	+ 27,28 %	+ 23,53 %	+ 23,53 %	+ 20,94 %	+ 20,94 %	+ 19,10 %	+ 19,10 %	+ 16,67 %	+ 16,67 %	+ 15,64 %
150.000	+ 24,88 %	+ 22,07 %	+ 22,07 %	+ 20,15 %	+ 20,15 %	+ 18,70 %	+ 18,70 %	+ 16,65 %	+ 16,65 %	+ 15,87 %
200.000	+ 23,66 %	+ 21,45 %	+ 21,45 %	+ 19,90 %	+ 19,90 %	+ 18,72 %	+ 18,72 %	+ 16,86 %	+ 16,86 %	+ 16,27 %
250.000	+ 22,38 %	+ 20,64 %	+ 20,64 %	+ 19,41 %	+ 19,41 %	+ 18,52 %	+ 18,52 %	+ 16,82 %	+ 16,82 %	+ 16,36 %
300.000	+ 22,41 %	+ 21,05 %	+ 21,05 %	+ 20,07 %	+ 20,07 %	+ 19,35 %	+ 19,35 %	+ 17,79 %	+ 17,79 %	+ 17,45 %
350.000	+ 21,52 %	+ 20,47 %	+ 20,47 %	+ 19,72 %	+ 19,72 %	+ 19,18 %	+ 19,18 %	+ 17,75 %	+ 17,75 %	+ 17,51 %
400.000	+ 21,40 %	+ 20,61 %	+ 20,61 %	+ 20,05 %	+ 20,05 %	+ 19,64 %	+ 19,64 %	+ 18,31 %	+ 18,31 %	+ 18,15 %
450.000	+ 21,78 %	+ 21,23 %	+ 21,23 %	+ 20,83 %	+ 20,83 %	+ 20,53 %	+ 20,53 %	+ 19,29 %	+ 19,29 %	+ 19,20 %
500.000	+ 22,48 %	+ 22,12 %	+ 22,12 %	+ 21,87 %	+ 21,87 %	+ 21,68 %	+ 21,68 %	+ 20,52 %	+ 20,52 %	+ 20,50 %
750.000	+ 24,85 %	+ 25,30 %	+ 25,30 %	+ 25,64 %	+ 25,64 %	+ 25,88 %	+ 25,88 %	+ 25,04 %	+ 25,04 %	+ 25,29 %
1.000.000	+ 28,30 %	+ 29,36 %	+ 29,36 %	+ 30,14 %	+ 30,14 %	+ 30,74 %	+ 30,74 %	+ 30,11 %	+ 30,11 %	+ 30,60 %
1.500.000	+ 25,37 %	+ 27,22 %	+ 27,22 %	+ 28,60 %	+ 28,60 %	+ 29,66 %	+ 29,66 %	+ 29,41 %	+ 29,41 %	+ 30,20 %
2.000.000	+ 22,94 %	+ 25,32 %	+ 25,32 %	+ 27,10 %	+ 27,10 %	+ 28,47 %	+ 28,47 %	+ 28,50 %	+ 28,50 %	+ 29,50 %
2.500.000	+ 20,58 %	+ 23,33 %	+ 23,33 %	+ 25,40 %	+ 25,40 %	+ 27,02 %	+ 27,02 %	+ 27,24 %	+ 27,24 %	+ 28,40 %
3.000.000	+ 19,53 %	+ 22,60 %	+ 22,60 %	+ 24,92 %	+ 24,92 %	+ 26,74 %	+ 26,74 %	+ 27,13 %	+ 27,13 %	+ 28,43 %
3.500.000	+ 17,55 %	+ 20,85 %	+ 20,85 %	+ 23,36 %	+ 23,36 %	+ 25,33 %	+ 25,33 %	+ 25,86 %	+ 25,86 %	+ 27,26 %
4.000.000	+ 16,31 %	+ 19,82 %	+ 19,82 %	+ 22,50 %	+ 22,50 %	+ 24,61 %	+ 24,61 %	+ 25,26 %	+ 25,26 %	+ 26,75 %
4.500.000	+ 15,56 %	+ 19,26 %	+ 19,26 %	+ 22,09 %	+ 22,09 %	+ 24,33 %	+ 24,33 %	+ 25,08 %	+ 25,08 %	+ 26,66 %
5.000.000	+ 15,15 %	+ 19,02 %	+ 19,02 %	+ 21,99 %	+ 21,99 %	+ 24,34 %	+ 24,34 %	+ 25,19 %	+ 25,19 %	+ 26,86 %
7.500.000	+ 12,31 %	+ 16,80 %	+ 16,80 %	+ 20,28 %	+ 20,28 %	+ 23,05 %	+ 23,05 %	+ 24,27 %	+ 24,27 %	+ 26,24 %
10.000.000	+ 10,28 %	+ 15,17 %	+ 15,17 %	+ 18,99 %	+ 18,99 %	+ 22,06 %	+ 22,06 %	+ 23,53 %	+ 23,53 %	+ 25,72 %
15.000.000	+ 7,49 %	+ 12,92 %	+ 12,92 %	+ 17,22 %	+ 17,22 %	+ 20,68 %	+ 20,68 %	+ 22,52 %	+ 22,52 %	+ 25,01 %
20.000.000	+ 5,48 %	+ 11,28 %	+ 11,28 %	+ 15,89 %	+ 15,89 %	+ 19,63 %	+ 19,63 %	+ 21,72 %	+ 21,72 %	+ 24,43 %
25.000.000	+ 3,93 %	+ 9,99 %	+ 9,99 %	+ 14,83 %	+ 14,83 %	+ 18,79 %	+ 18,79 %	+ 21,07 %	+ 21,07 %	+ 23,94 %

II. Aufbau der Honorartafel und Honorarberechnung

Die Honorartafel ist einer der maßgebenden Honorarparameter (§ 6 Abs. 1 Nr. 4). Für die Verkehrsanlagen nach § 45 Nr. 1 bis 3 enthält sie – unterteilt in fünf Honorarzonen und berechnet für unterschiedlich hohe anrechenbare Kosten – zwischen 25.000,00 € und 25.000.000,00 €, die jeweils preisrechtlich zulässigen **Honorar-Rahmensätze**, die **Mindest- und Höchstsätze**, welche auch **„Von-bis-Sätze"** genannt werden. Hierbei entspricht der Höchstsatz der vorhergehenden Honorarzone dem Mindestsatz der nächsthöheren Honorarzone. 4

Beispiel
Bei anrechenbaren Kosten in Höhe von 150.000,00 € liegt der Honorarhöchstsatz der Honorarzone I bei 17.432,00 €. Dieser Betrag stellt gleichzeitig den Mindestsatz der Honorarzone II dar. Der Höchstsatz der Honorarzone II beträgt 20.229,00 €. Dies ist gleichzeitig der Mindestsatz der Honorarzone III usw.

Liegen die anrechenbaren Kosten außerhalb des in der Honorartafel festgelegten Rahmens, sind die anrechenbaren Kosten also niedriger als 25.000,00 € oder höher als 25.000.000,00 €, gilt das Preisrecht der HOAI nicht. Die Honorare sind dann **frei vereinbar** (§ 7 Abs. 2). 5

Die nicht in der Honorartafel angegebenen Zwischenwerte zwischen den Mindest- und Höchstsätzen sind durch **lineare Interpolation** nach Maßgabe des § 13 zu ermitteln. Bei den in der Honorartafel ausgewiesenen Beträgen handelt es sich um Nettobeträge ohne Umsatzsteuer.[3] 6

3 Zur Umsatzsteuer vgl. die Kommentierung zu § 16.

7 Die Honorartabelle des Abs. 1 wird zur Bestimmung des vierten Honorarparameters gem. § 6 Abs. 1 benötigt. Um den jeweiligen Honorarsatz aus der Tafel ablesen zu können, müssen zuvor die anrechenbaren Kosten des Objekts (§ 6 Abs. 1 Nr. 1) und die maßgebliche Honorarzone (§ 6 Abs. 1 Nr. 3) bestimmt worden sein. Erst dann liegen die erforderlichen Parameter vor, die zur Bestimmung des Honorarwertes erforderlich sind.

8 Die in der Honorartabelle genannten Honorare gelten **bei Erbringung sämtlicher Grundleistungen** bei Verkehrsanlagen, also bei Erbringung der Leistungsphasen 1 bis einschließlich 9. Bei Aufträgen mit unvollständigem Leistungsumfang ist nach Maßgabe des § 8 ein entsprechendes **Teilhonorar** zu ermitteln. Werden also nicht alle Leistungsphasen des Leistungsbildes übertragen, so dürfen nur die für die übertragenen Phasen vorgesehenen Prozentsätze in Ansatz gebracht werden (§ 8 Abs. 1). Entfallen Grundleistungen einer einzelnen Leistungsphase, so darf nur ein anteiliges, dem Anteil der erbrachten Leistungen an der gesamten Leistungsphase entsprechendes Teilhonorar berechnet werden (§ 8 Abs. 2).

9 Die in der Honorartafel festgelegten **Mindestsätze** dürfen nur in den von der Verordnung festgelegten Ausnahmefällen **unterschritten** werden (§ 7 Abs. 3).[4] Die in der Honorartafel festgelegten **Höchstsätze** dürfen nur bei außergewöhnlichen oder ungewöhnlich lange dauernden Grundleistungen bei entsprechender schriftlicher Vereinbarung **überschritten** werden (§ 7 Abs. 4).[5]

C. Honorarzonen bei Verkehrsanlagen (Abs. 2 bis 5)

I. Allgemeines

10 Die Absätze 2 bis 5 regeln die Ermittlung der jeweils maßgeblichen Honorarzone bei Verkehrsanlagen. Nach § 5 Abs. 1 Nr. 3 handelt es sich um die dritte Stufe der Honorarberechnung für Grundleistungen nach der HOAI. Die Honorarzone bildet damit eine weitere wesentliche Grundlage bei der Honorarermittlung. Wie bereits die HOAI 2009 enthält auch die HOAI 2013 mit § 5 in Teil 1 der Verordnung (Allgemeine Vorschriften) wieder eine **allgemeine Vorschrift zu den Honorarzonen. § 5 Abs. 1** sieht vor, dass die Objektplanung (und damit auch die Grundleistungen bei Verkehrsanlagen) **fünf Honorarzonen** zugeordnet wird, und zwar:

- Honorarzone I: sehr geringe Planungsanforderungen,
- Honorarzone II: geringe Planungsanforderungen,
- Honorarzone III: durchschnittliche Planungsanforderungen,
- Honorarzone IV: hohe Planungsanforderungen,
- Honorarzone V: sehr hohe Planungsanforderungen.

11 Daneben benennt **§ 5 Abs. 3** die zur Ermittlung der Honorarzone benötigten Parameter, nämlich **Bewertungsmerkmale, ggf. Bewertungspunkte** sowie die **Regelbeispiele in den Objektlisten.** Die Festsetzung der Bewertungsmerkmale und die Vorschriften für die Punktebewertung sind in den jeweiligen Fachteilen der Verordnung geregelt. Für die Verkehrsanlagen sind dies § 48 Abs. 2 bis 4. Die in § 5 Abs. 3 genannten Objektlisten sind in den Anlagen zur HOAI verortet. Die für die Objektplanung von Verkehrsanlagen maßgebliche Objektliste befindet sich in **Anlage 13.2.**

---

4 Zu den Voraussetzungen einer zulässigen Mindestsatzunterschreitung vgl. die Kommentierung zu § 7 Abs. 3.

5 Zu den Voraussetzungen einer zulässigen Höchstsatzüberschreitung vgl. die Kommentierung zu § 7 Abs. 4.

Hinsichtlich der Einordnung des jeweiligen Bauvorhabens in die zutreffende Honorarzone gelten für die Verkehrsanlagen keine Besonderheiten gegenüber anderen Objektplanungsleistungen. Es kann daher auf die Ausführungen zu den Ingenieurbauwerken verwiesen werden, die für die Verkehrsanlagen unterschiedslos gelten.[6] 12

II. Honorarzonenermittlung

Die Vorgehensweise zur **Zuordnung der Grundleistungen** bei Verkehrsanlagen zu einer Honorarzone ergibt sich aus § 5 Abs. 3 i.V.m. § 48 Abs. 2 bis 5. Auch bestehen keine Abweichungen gegenüber der Vorgehensweise bei Ingenieurbauwerken, sodass auf die dortigen Ausführungen verwiesen wird.[7] 13

III. Objektliste Verkehrsanlagen (Abs. 5 i.V.m. Anlage 13.2)

Die Objektliste Verkehrsanlagen befindet sich in **Anlage 13.2**. Bisher war die Objektliste für Verkehrsanlagen (wie auch die Objektlisten für andere Objekte) nach Honorarzonen gegliedert, wobei in jeder der fünf Honorarzonen bis zu drei Objektgruppen (Wege bzw. Straßen, Gleisanlagen und Verkehrsflächen) aufgeführt waren.[8] Nunmehr werden für die Verkehrsanlagen **drei Objektgruppen** gebildet, die mit den Anlagengruppen in § 45 Nr. 1 bis 3 korrelieren. Innerhalb der jeweiligen Objektgruppen sind einzelne **Objekttypen** aufgezählt und tabellarisch bestimmten Honorarzonen zugeordnet. Inhaltlich ist die Objektliste ansonsten gegenüber Anlage 3.5 der HOAI 2009 im Wesentlichen unverändert geblieben. Lediglich „Tankstellen und Rastanlagen einfacher Art" sind jetzt als „Tankstellen, Rastanlagen mit normalen verkehrstechnischen Anforderungen" nicht mehr der Honorarzone II, sondern der Honorarzone I zugeordnet. Die Objektgruppe „innerörtliche Gleisanlagen" ist weggefallen. 14

Folgende Objektgruppen sind in Anlage 13.2 aufgeführt: 15

- Gruppe 1: Anlagen des Straßenverkehrs
  - Außerörtliche Straßen
  - Innerörtliche Straßen und Plätze
  - Wege
  - Plätze, Verkehrsflächen
  - Tankstellen, Rastanlagen
  - Knotenpunkte
- Gruppe 2: Anlagen des Schienenverkehrs
  - Gleis- und Bahnsteiganlagen der freien Strecke
  - Gleis- und Bahnsteiganlagen der Bahnhöfe
- Gruppe 3: Anlagen des Flugverkehrs

IV. Bewertungsmerkmale bei Verkehrsanlagen (Abs. 2)

Die Zuordnung in die zutreffende Honorarzone bei Verkehrsanlagen erfolgt anhand der **Höhe der Planungsanforderungen**.[9] Diese sind nach den **Bewertungsmerkmalen des § 48 Abs. 2** festzustellen. Anhand der Bewertungsmerkmale ist eine **Einzelbewer-** 16

6 Vgl. dazu oben § 44 Rn 11 ff.
7 Vgl. dazu oben § 44 Rn 15 ff.
8 Vgl. Anlage 3.5 zur HOAI 2009.
9 Vgl. § 5 Abs. 1.

tung des **konkreten Objekts** vorzunehmen, nachdem zuvor eine „Grobzuordnung" anhand der Objektliste in Anlage 13.2 erfolgt ist. Die Vorgehensweise bei der Honorarzonenermittlung anhand der Bewertungsmerkmale ist dieselbe wie bei den Verkehrsanlagen. Auf die dortigen Ausführungen wird verwiesen.[10]

17 Es besteht lediglich ein Unterschied im Hinblick auf die **Verteilung der Bewertungspunkte** für die einzelnen Bewertungsmerkmale in Abs. 3 Nr. 1 bis 4. Während bei den Verkehrsanlagen das Bewertungsmerkmal **„Einbindung in die Umgebung oder das Objektumfeld"** gem. § 48 Abs. 3 Nr. 2 mit bis zu 15 Punkten bewertet werden kann, entfallen bei Ingenieurbauwerken auf dieses Bewertungsmerkmal maximal fünf Punkte (§ 44 Abs. 3 Nr. 1). Umgekehrt kann das Bewertungsmerkmal **„fachspezifische Bedingungen"** bei Verkehrsanlagen nach § 48 Abs. 3 Nr. 4 höchstens mit fünf Punkten gewertet werden; bei den Ingenieurbauwerken dagegen mit bis zu 15 Punkten (§ 44 Abs. 3 Nr. 3).

18 Der Verordnungsgeber hat damit für die HOAI 2013 wieder den Zustand der HOAI 2002 hergestellt, welche in § 53 Abs. 4 HOAI 2002 dieselbe Punktebewertung wie nunmehr §§ 44 Abs. 3 und 48 Abs. 3 HOAI 2013 vorsah. In der HOAI 2009 dagegen waren die „Anforderungen an die Einbindung in die Umgebung oder das Objektfeld" bei Verkehrsanlagen nur mit fünf Punkten berücksichtigungsfähig, was der Bedeutung von Umgebung und Objektumfeld bei Verkehrsanlagen nicht gerecht wurde. Vermutlich hat es sich dabei um ein Versehen des Verordnungsgebers gehandelt, das er mit der HOAI 2013 wieder behoben hat.[11]

19 Die **Maximalgewichtung** der Bewertungsmerkmale für die Ermittlung der Bewertungspunkte bei Verkehrsanlagen ist damit folgende:

Bewertungsmerkmale (§ 48 Abs. 2):	**Höchstpunktzahl (§ 48 Abs. 3)**
1. Geologische/baugrundtechnische Gegebenheiten	**5**
2. technische Ausrüstung und Ausstattung	**5**
3. Einbindung in Umgebung/in Objektumfeld	**15**
4. Funktionsbereiche, konstruktive/technische Anforderungen	**10**
5. fachspezifische Bedingungen	**5**

20 Infolge der unterschiedlichen Maximalgewichtung ergibt sich in Abweichung zu den Ingenieurbauwerken[12] folgende Matrix als empfohlenes Bewertungsschema:

10 Vgl. dazu oben § 44 Rn 21 ff.
11 Ebenso: Locher/Koeble/Frik/*Zahn*, § 48 Rn 6 (unter Hinweis auf § 47 Rn 6 der Vorauflage).
12 Vgl. dazu oben § 44 Rn 34.

Bewertungsmerkmale:	Bewertungspunkte/ Planungsanforderungen				
	Sehr gering	gering	durch-schnittlich	hoch	sehr hoch
1. Geologische/baugrundtechnische Gegebenheiten	1	2	3	4	5
2. technische Ausrüstung und Ausstattung	1	2	3	4	5
3. Einbindung in Umgebung/in Objektumfeld	3	6	9	12	15
4. Funktionsbereiche, konstruktive/technische Anforderungen	2	4	6	8	10
5. fachspezifische Bedingungen	1	2	3	4	5

Bei einer gleichmäßigen, linearen Punkteverteilung, wie sie der Verordnungsgeber durch die Anzahl der zu vergebenden Bewertungspunkte pro Bewertungsmerkmal nahelegt, ergibt sich für die Honorarzonenbestimmung anhand von Bewertungspunkten für Verkehrsanlagen folgende **Bewertungsmatrix**: 21

Honorarzonen:	**I**	**II**	**III**	**IV**	**V**
Planungsanforderungen:	sehr gering	gering	durch-schnittlich	hoch	sehr hoch
Bewertungsmerkmale:					
1. Geologische/baugrundtechnische Gegebenheiten	1	2	3	4	5
2. technische Ausrüstung und Ausstattung	1	2	3	4	5
3. Einbindung in Umgebung/ in Objektumfeld	1–3	4–6	7–9	10–12	13–15
4. Funktionsbereiche, konstruktive/ technische Anforderungen	1–2	3–4	5–6	7–8	9–10
5. fachspezifische Bedingungen	1	2	3	4	5
Punktespanne	5–8	13–16	21–24	29–32	37–40
Summe der Punkte nach Abs. 4	**5–10**	**11–17**	**18–25**	**26–33**	**34–40**

D. Umbauten und Modernisierungen von Verkehrsanlagen (Abs. 6)

Gemäß Abs. 6 kann für Umbauten und Modernisierungen von Verkehrsanlagen bei einem durchschnittlichen Schwierigkeitsgrad ein **Umbau- bzw. Modernisierungszuschlag** gem. § 6 Abs. 2 **bis zu 33%** vereinbart werden. Die Regelung ist identisch mit der 22

Regelung für Ingenieurbauwerke in § 44 Abs. 6, sodass auf die dortigen Ausführungen verwiesen wird.[13]

Teil 4
FACHPLANUNG

Abschnitt 1
TRAGWERKSPLANUNG

§ 49
Anwendungsbereich

(1) Leistungen der Tragwerksplanung sind die statische Fachplanung für die Objektplanung Gebäude und Ingenieurbauwerke.

(2) Das Tragwerk bezeichnet das statische Gesamtsystem der miteinander verbundenen, lastabtragenden Konstruktionen, die für die Standsicherheit von Gebäuden, Ingenieurbauwerken und Traggerüsten bei Ingenieurbauwerken maßgeblich sind.

Übersicht

A. Anwendungsbereich

I. Was ist ein Tragwerk i.S.d. HOAI?

1 Die Leistungen der Tragwerksplanung umfassen die statische Fachplanung für die Objektplanung Gebäude und Ingenieurbauwerk, wobei zu den Gebäuden auch die zugehörigen baulichen Anlagen zählen.[1]

2 In § 2 ist weder das Gebäude noch das Tragwerk definiert. Nach § 2 Nr. 1 ist ein Tragwerk ein Objekt. Der Begriff Tragwerk lässt sich nicht durch Ergänzung der Begriffsbestimmungen des § 2 ermitteln, sondern erfolgt durch Definition bei der Fachplanung in § 49 Abs. 2. § 2 definiert nur die für die HOAI maßgeblichen Begriffe, nicht jedoch den jeweiligen Vertragsgegenstand.[2] Die HOAI nennt noch die Traggerüste, für die ein besonderer Honorartatbestand in § 50 Abs. 4 besteht. Nach DIN 4421 zählen zu den Traggerüsten auch die lotrechten Schalungen.

3 Das **Tragwerk** bezeichnet das statische Gesamtsystem der miteinander verbundenen, lastabtragenden Haupttragkonstruktionen, die für die Standsicherheit von Gebäuden, Ingenieurbauwerken und Traggerüsten bei Ingenieurbauwerken maßgeblich sind.

4 Die dem Tragwerk zugrunde liegende Planung bezieht sich auf die Teile der Baukonstruktionen von Gebäuden und zugehörigen baulichen Anlagen sowie von Ingenieur-

13 Vgl. dazu oben § 44 Rn 37 ff.

1 Locher/Koeble/Frik/*Koeble*, § 49 Rn 2.
2 BGH, Urt. v. 12.1.2006 – VII ZR 2/04 – IBR 2006, 208.

bauwerken, die Eigenlasten, Verkehrslasten, Wind- und Schneelasten sowie alle sonstigen Belastungen des Objekts ableiten, sowie auf den Baugrund selbst.

Mehrere Tragwerke liegen vor, wenn die Lasteinleitung in den Baugrund mittels voneinander unabhängiger statischer Systeme erfolgt. Die Tragwerksplanung dient der Verkehrssicherheit eines Bauwerkes. Dessen Konstruktion muss den Anforderungen aus Eigen- und Fremdlasten auf Dauer standhalten. Ziel der **Tragwerksplanung** ist es, dem Bauwerk durch konkrete Lasteinleitung in den Baugrund die notwendige Stabilität zu geben. 5

Soweit für die Berechnung die Beurteilung der Wechselwirkung zwischen Baugrund und Bauwerk sowie seiner Umgebung erforderlich ist, oder wenn Sicherungsmaßnahmen für sog. Baubehelfe zu planen sind, ist es erforderlich, dass ein Fachingenieur für Geotechnik vom Auftraggeber eingeschaltet wird. 6

Fachplanungen wie die Tragwerksplanung für Bohrpfähle oder für die Gründungsplatte oder auch die Baugrunderkundungen sind bei einem üblichen Planungsvertrag für Gebäude nicht vom Objektplaner zu leisten. 7

Die Objektplanung der Gründung des Gebäudes stellt dagegen keine Fachplanung dar, sondern einen Teil der Gebäudeplanung. Soweit die Einholung eines Bodengutachtens dafür erforderlich ist, muss er dem Bodengutachter die notwendigen Angaben machen, insbesondere zur Gründungstiefe.[3] 8

II. Mitwirkungspflichten des Auftraggebers

Grundsätzlich ist der Auftraggeber verpflichtet, die Baugrundprüfung beizustellen. Der Baugrund ist ein vom Bauherrn gelieferter „Stoff".[4] Dazu muss er einen Sonderfachmann beauftragen. Es ist grundsätzlich Sache des Architekten, ein Baugrundgutachten einzuholen bzw. vom Bauherrn einholen zu lassen.[5] In Ermangelung eines Bodengutachtens darf der Tragwerksplaner mit angenommenen Werten rechnen, muss jedoch auf die insoweit offene Überprüfung hinweisen.[6] Daneben muss der Tragwerksplaner bei seiner Planung alle ihm zur Verfügung stehenden Informationen und Erkenntnisquellen berücksichtigen, auch solche, die er aus früheren Tätigkeiten für den Bauherrn hat.[7] 9

Praxistipp
Viele Bauherrn scheuen die Kosten eines Baugrundgutachtens und verweisen auf die Üblichkeit des Baugrundes. In diesen Fällen genügt der Tragwerksplaner seinen vertraglichen Pflichten, wenn er von einer den Umständen nach sachgerechten Bodenbelastbarkeit ausgeht und den Bauherrn auf die Erforderlichkeit der Überprüfung der Annahmen vor Ort ggf. durch ein Baugrundgutachten schriftlich hinweist.

Der Tragwerksplaner schuldet eine geeignete und funktionsfähige Planung, die den anerkannten Regeln der Technik entspricht und zu einem zweck- und funktionsgerechten Bauerfolg führt. Will er von den anerkannten Regeln der Technik abweichend planen, treffen ihn Aufklärungs- und Beratungspflichten über Risiken und Gefahren, die 10

3 OLG Koblenz, Urt. v. 28.1.2008 – 12 U 1107/06 – IBR 2008, 399.
4 OLG Koblenz, Urt. v. 8.6.2012 – 8 U 1183/10 –; BGH, Beschl. v. 25.9.2013 – VII ZR 198/12 – Nichtzulassungsbeschwerde zurückgewiesen, IBR 2013, 730.
5 OLG Jena, Urt. v. 27.7.2011 – 7 U 937/10 –; BGH, Beschl. v. 9.8.2012 – VII ZR 181/11 – Nichtzulassungsbeschwerde zurückgewiesen, IBR 2012, 656.
6 OLG Koblenz, Urt. v. 27.7.2004 – 3 U 575/03 – BauR 2005, 422.
7 OLG Jena, Urt. v. 27.7.2011 – 7 U 937/10 –; BGH, Beschl. v. 9.8.2012 – VII ZR 181/11 – Nichtzulassungsbeschwerde zurückgewiesen, IBR 2012, 656.

dem Auftraggeber eine sorgfältige Abwägungsentscheidung für oder gegen die Ausführung ermöglichen.[8]

B. Gegenstand des Vertrages

11 Der geschuldete Leistungsumfang wird ausschließlich durch den Vertrag bestimmt. Die geschuldeten Leistungen sind vertragsrechtlich zu beschreiben. Hierbei können sich die Parteien an den Leistungen orientieren, die in der Anlage 14.1. aufgeführt sind und diese auch durch ausdrückliche vertragliche Einbeziehung zur vertraglichen Leistungspflicht machen. In § 50ff. sind nur die Grundlagen des Honorars für Leistungen bei Gebäuden und zugehörigen baulichen Anlagen, Leistungen bei Ingenieurbauwerken und bei **Traggerüsten** geregelt. Bei Ingenieurbauwerken nach § 41 Nummer 6 und 7 wird die Grundlagenermittlung nicht vom Tragwerksplaner, sondern vom Architekten oder Ingenieur erbracht, sodass der Tragwerksplaner auf grundsätzliche Überlegungen, die auch Kostenauswirkungen haben, keinen Einfluss hat.

12 Aufgabe des Architekten ist es, die gestalterische Planung eines Objekts in Übereinstimmung mit den geltenden Baubestimmungen, den geltenden Regeln der Technik und den Bauherrenwünschen umzusetzen. Aufgabe des Tragwerksplaners ist es, auf Basis der Architektenpläne und damit der Ideen des Architekten für dessen Auftraggeber eine **Tragwerksplanung** nicht nur statisch-konstruktiv, sondern auch unter den Gesichtspunkten der **Wirtschaftlichkeit** und der Gebrauchsfähigkeit zu entwickeln.[9]

13 Will z.B. ein Gebäudeplaner eine spezielle Planung einer Tiefgründung nicht ausführen, muss er dies aus seinen Vertragspflichten ausnehmen. Die Planung der Gründung ist grundsätzlich Sache des Architekten.[10] Der Auftragsgegenstand, das Objekt, bestimmt sich nach dem jeweiligen Vertragsgegenstand.[11] Dieser wird durch die vertragliche Vereinbarung bestimmt.

14 Die vertragliche Leistungspflicht eines Planungsvertrages kann durch Bezugnahme auf die Leistungsbilder oder Leistungsphasen der HOAI vereinbart werden. Diese stellen dann eine Auslegungshilfe zur Bestimmung der vertraglich geschuldeten Leistung dar.[12] Der Tragwerksplaner schuldet wie jeder Werkunternehmer ein mangelfreies Werk. Dazu gehört, dass die Planung funktionstauglich ist und den anerkannten Regeln der Technik entspricht.[13] Ein Tragwerk ist nicht deshalb fehlerfrei, weil das Objekt standsicher ist, sondern erst dann, wenn es auf der Grundlage der Architektenpläne auch wirtschaftlich ist und keine Gebrauchstauglichkeitsmängel, z.B. nicht mehr normgerechte Rissigkeiten, aufweist, da der Planungsvertrag grundsätzlich so auszulegen ist, dass übermäßiger Aufwand zu vermeiden ist.[14]

---

8 OLG München, Urt. v. 14.4.2010 – 27 U 31/09 –; BGH, Beschl. v. 14.6.2012 – VII ZR 75/10 – Nichtzulassungsbeschwerde zurückgewiesen, IBR 2012, 524.
9 BGH, Urt. v. 22.1.1998 – VII ZR 259/96 – IBR 1998, 157.
10 OLG Frankfurt a.M., Urt. v. 13.4.2007 – 19 U 131/05 –; BGH, Beschl. v. 10.8.2008 – V II ZR 94/07 – Nichtzulassungsbeschwerde zurückgewiesen.
11 BGH, Urt. v. 12.1.2006 – VII ZR 2/04 – IBR 2006, 208.
12 BGH, Urt. v. 26.7.2007 – VII ZR 42/05 – IBR 2007, 564.
13 OLG Köln, Urt. v. 23.8.2006 – 11 U 165/05 – IBR 2007, 205.
14 BGH, Urt. v. 9.7.2009 – VII ZR 130/07 – IBR 2009, 521.

§ 50
Besondere Grundlagen des Honorars

(1) Bei Gebäuden und zugehörigen baulichen Anlagen sind 55 Prozent der Baukonstruktionskosten und 10 Prozent der Kosten der Technischen Anlagen anrechenbar.

(2) Die Vertragsparteien können bei Gebäuden mit einem hohen Anteil an Kosten der Gründung und der Tragkonstruktionen schriftlich vereinbaren, dass die anrechenbaren Kosten abweichend von Absatz 1 nach Absatz 3 ermittelt werden.

(3) Bei Ingenieurbauwerken sind 90 Prozent der Baukonstruktionskosten und 15 Prozent der Kosten der Technischen Anlagen anrechenbar.

(4) Für Traggerüste bei Ingenieurbauwerken sind die Herstellkosten einschließlich der zugehörigen Kosten für Baustelleneinrichtungen anrechenbar. Bei mehrfach verwendeten Bauteilen ist der Neuwert anrechenbar.

(5) Die Vertragsparteien können vereinbaren, dass Kosten von Arbeiten, die nicht in den Absätzen 1 bis 3 erfasst sind, ganz oder teilweise anrechenbar sind, wenn der Auftragnehmer wegen dieser Arbeiten Mehrleistungen für das Tragwerk nach § 51 erbringt.

Übersicht

A. Allgemeine Regelungen

1 Der Begriff „Besondere Grundlagen" wurde mit der HOAI 2009 eingeführt. In der Bundestagsdrucksache 395/09[1] wurde begründet, dass das Wort „besondere" als Klarstellungshinweis dient. Damit soll deutlich werden, dass diese Regelungen neben den allgemeinen Grundlagen des Honorars in § 6 im Allgemeinen Teil gelten. Grundsätzlich bestimmt der Vertragsgegenstand das Objekt. Auch die anrechenbaren Kosten werden durch den Vertragsgegenstand bestimmt.[2]

2 § 6 Abs. 1 Nr. 1 geht von dem Regelfall aus, dass der Honorarermittlung die Kostenberechnung zugrunde zu legen ist bzw., soweit diese noch nicht vorliegt, die Kostenschätzung. Das Honorar richtet sich weiter nach der Honorarzone und der Honorartafel. § 3 Abs. 2 verweist auf die Leistungsbilder, in denen die Grundleistungen verbindlich aufgeführt sind. Dies gilt somit auch für die Honorarberechnung des Tragwerkplaners.

1 BR-Drucks. 395/09 v. 30.4.2009, S. 190.
2 BGH, Urt. v. 11.12.2008 – VII ZR 235/06 – BauR 2009, 521.

3 Der mit den Grundleistungen des Leistungsbildes der Anlage 14.1 zu § 51 Abs. 1 beauftragte Tragwerksplaner hat die Grundlagen seines Honorars nach § 6 Abs. 1 Ziff. 1 nicht selbst herzustellen. Weder in der Leistungsphase 2 (Vorplanung) noch in der Leistungsphase 3 (Entwurfsplanung) hat der Tragwerksplaner eine eigene **Kostenermittlungspflicht.**[3] Er ist nicht verpflichtet, die Kostenberechnung nach DIN 276 selbst zu erstellen. Für Ingenieurbauwerke regelt § 50 Abs. 3 und 4 die Ermittlung der anrechenbaren Kosten abweichend zu § 50 Abs. 1, der nur für die anrechenbaren Kosten von Gebäuden gilt. Zu beachten ist, dass der Tragwerksplaner dem Objektplaner nur die **Kostenbeiträge** aus seinem Fachbereich für die von diesem zu erstellende Kostenberechnung liefert. Nur insoweit hat er Einfluss auf die Art und Weise der Erstellung der Kostenberechnung. Er muss durch seine Mitwirkung nur die Grundlagen für die Kostenermittlung des Tragwerks liefern.

4 Für die Definition der Kostenberechnung ist auf § 2 Abs. 11 zu verweisen. Dort ist als **Mindestgliederungstiefe** die zweite Ebene der Kostengliederung vorgegeben. Eine bestimmte Fassung der DIN 276 ist nicht vorgegeben, da in § 50 nur Baukonstruktionskosten und technische Anlagen als anrechenbare Kosten genannt sind. Soweit § 4 Abs. 1 als allgemeine Vorschrift regelt, dass in den Fällen, in denen die Verordnung in Zusammenhang mit der Kostenermittlung die DIN 276 in Bezug nimmt, diese Anwendung findet, soll es sich nur um die DIN 276-1:2008-12 handeln. Für Ingenieurbauwerke ist die DIN 276-1:2008-12 nicht unmittelbar anwendbar. Für Ingenieurbauwerke und Verkehrsanlagen gilt die DIN 276-4:2009-08, die in der Verordnung nicht erwähnt ist, aber allgemein Anwendung findet, weil sie sich auf den Ingenieurbau bezieht und allgemein zur Berechnung der anrechenbaren Kosten bei Ingenieurbauten tauglicher ist. Zudem dient die DIN 276 vornehmlich der Kostenplanung, also dem Interesse des Auftraggebers, weniger dem Honorarinteresse.[4] Fraglich ist, ob sie überhaupt bei Ingenieurbauwerken als anerkannte Regel der Technik für die Honorarermittlung zur Anwendung kommen kann, was man wohl verneinen muss, insbesondere weil anerkannte Regel der Technik im Zusammenhang mit der bautechnischen Ausführung als Qualitätskriterium zu verstehen ist, nicht als eine Berechnungsgrundlage für das Honorar. Soll die DIN 276-4:2009-08 als Grundlage für die Kostenberechnung herangezogen werden, bedarf dies einer ausdrücklichen Vereinbarung.

5 Die **DIN 276 Teil 4** ermöglicht, dass, sofern es die Umstände des Einzelfalls zulassen oder erfordern, die Kosten vorrangig ausführungsorientiert gegliedert werden, indem bereits die Kostengruppen der ersten Ebene der Kostengliederung (Kostenschätzung nach § 2 Abs. 10) nach ausführungs- oder gewerkeorientierten Strukturen unterteilt werden. Dies entspricht bereits der 2. Ebene der Kostengliederung.

6 Grundsätzlich können Honorarvereinbarungen schriftlich und bei Auftragserteilung hinsichtlich ihrer Berechnungsfaktoren frei gestaltet werden, sofern das rechnerische Ergebnis dazu führt, dass sich das Honorar innerhalb der verbindlichen Mindest- und Höchstsätze der HOAI bewegt, wie sich aus § 7 Abs. 1 ergibt.[5] Auch der Tragwerksplaner kann nach frei gewählten Kostengrundlagen, z.B. auf Stundensatzbasis oder nach Pauschalhonorar, abrechnen, sofern eine Vergleichsberechnung ergibt, dass sich die schriftliche Vereinbarung bei Auftragserteilung im zulässigen Rahmen von § 7 Abs. 1 bewegt.

7 Eine Anwendung von § 6 Abs. 3 auf die Tragwerksplanung, der dem öffentlichen Auftraggeber die Vereinbarung fixer, jedoch nachprüfbarer Baukosten ermöglichen soll,

---

3 OLG Düsseldorf, Urt. v. 25.5.2008 – 5 U 68/07 – IBR 2009, 1296.

4 BGH, Urt. v. 18.6.1998 – VII ZR 189/97 – IBR 1998, 441; BGH, Urt. v. 11.11.2004 – VII ZR 128/03 – IBR 2005, 96; KG, Urt. v. 24.6.2004 – VII ZR 259/02 – IBR 2005, 513.

5 BGH, Urt. v. 17.4.2009 – VII ZR 164/07 – IBR 2009, 535.

wenn zum Zeitpunkt der Vereinbarung noch keine Planungen als Voraussetzung für eine Kostenschätzung oder eine Kostenberechnung vorliegen, ist, nachdem der BGH entschieden hat, dass der wortgleiche § 6 Abs. 2 HOAI 2009 von der gesetzlichen Ermächtigungsgrundlage in Art. 10 §§ 1 ff. und MRVG nicht gedeckt und damit unwirksam ist, wohl nicht mehr möglich.[6] Mit einer **Baukostenvereinbarung** sollen Baukosten, nicht anrechenbare Kosten, vereinbart werden können, wenn sich der Auftraggeber im Vertrag ausdrücklich auf diese Regelung bezieht. Häufig geben öffentliche Auftraggeber in Verträgen aber nur anrechenbare Kosten vor und fordern ein pauschales Honorarangebot, ohne dass eine Bezugnahme auf § 6 Abs. 3 erfolgt. In diesen Fällen wird zu prüfen sein, ob damit eine zulässige Honorarvereinbarung getroffen wurde, die sich an den Mindestsätzen zu orientieren hat.

Die Kostenplanung soll einerseits durch das Zusammenwirken der Baubeteiligten stattfinden. Die anrechenbaren Kosten stehen andererseits nicht zur Disposition der Parteien, weil das Honorar sich auch aus der Höhe der anrechenbaren Kosten berechnet. Sollen wegen vereinbarter anrechenbarer Kosten die tatsächlichen anrechenbaren Kosten keine Berücksichtigung finden, widerspricht dies den eindeutigen Regelungen der HOAI zur Ermittlung der anrechenbaren Kosten als Honorargrundlage auf Basis der Kostenberechnung. Soll somit eine spätere Anpassung der Abrechnung an die tatsächlichen anrechenbaren Kosten ausgeschlossen sein, kann es sich um eine verbindliche **Bausummenvereinbarung** handeln, die aber nicht zu einer verdeckten unzulässigen Unterschreitung der verbindlichen Mindestsätze der HOAI führen darf. **8**

In den Leistungsphasen 2 und 3 der Anlage 14.1 zu § 51 ist die Mitwirkungspflicht des Tragwerksplaners an der Kostenberechnung festgelegt. Da der Tragwerksplaner in aller Regel die technischen Anlagen und andere beabsichtigte Ausführungen bei seiner Beauftragung nicht kennt, ist er zu einem frühen Zeitpunkt häufig nicht in der Lage, zu den ihn betreffenden Kostengruppen 300 und 400 sichere Kostengrundlagen zu ermitteln. Selbst wenn er für seinen Vertrag „fixe" anrechenbare Kosten vereinbaren würde und damit eine Unterschreitung der verbindlichen Mindestsätze bei Feststellung tatsächlich höherer anrechenbarer Kosten nach der Kostenberechnung in Kauf nimmt, ist er an einer späteren Abrechnung nach Mindestsätzen meist nicht gehindert. Zwar verhält er sich dann widersprüchlich, wenn er das höhere Honorar auf Basis der Kostenberechnung geltend macht. Zumindest der öffentliche Auftraggeber kann sich aber nicht auf **Treu und Glauben** berufen, weil er den Mindestpreischarakter der HOAI kennt und somit keinen Schutz genießt.[7] **9**

Wegen der Mitwirkungspflicht des Tragwerksplaners an der Ermittlung der anrechenbaren Kosten durch den Architekten bzw. Ingenieur dürfte ohnehin fraglich sein, ob der Auftraggeber mit jedem Planungsbeteiligten seine eigenen Vereinbarungen über die der Honorarberechnung zugrunde zu legenden anrechenbaren Kosten treffen kann. Ohne vertragliche Vereinbarung wird es auch nicht möglich sein, die Fachplaner an eine Vereinbarung über Kostengrundlagen mit dem Objektplaner zwingend zu binden, auch dann nicht, wenn der Auftraggeber wegen der Pauschalierung des Honorars mit dem Architekten auf eine Kostenberechnung verzichtet hat. **10**

---

6 BGH, Urt. v. 24.4.2014 – VII ZR 164/13 – IBR 2014, 353.

7 OLG Rostock, Urt. v. 2.4.2012 – 7 U 29/09 –; BGH, Beschl. v. 12.9.2013 – VII ZR 107/12 – Nichtzulassungsbeschwerde zurückgewiesen; OLG Hamm, Urt. v. 14.1.2014 – 24 U 186/12 – IBR 2015, 371.

B. Ermittlung der anrechenbaren Kosten

I. Anrechenbare Kosten nach § 4

11 § 4 Abs. 1, der auf die **allgemein anerkannten Regeln der Technik** oder die einschlägigen Verwaltungsvorschriften (Kostenvorschriften) als weitere Ermittlungsart der anrechenbaren Kosten verweist, eignet sich nicht als sichere Berechnungsgrundlage, da nicht klar ist und sich hierzu auch keine Begründung in der Bundesratsdrucksache[8] findet, auf welche Normen sich die Verweisung überhaupt bezieht und welche Folgen Änderungen dieser Normen nach sich ziehen.

12 Die anrechenbaren Kosten bestimmen sich objektiv nach dem Vertragsgegenstand und sind der **Dispositionsfreiheit** der Parteien entzogen.[9] Für die anrechenbaren Kosten sind die Kosten maßgeblich, die durch den Vertragsgegenstand bestimmt und begrenzt werden.

13 Anrechenbare Kosten können auch nach besonderen Verwaltungsvorschriften ermittelt werden (AKS Straßenbau). Die **Kostengliederungssystematik** ist ggf. im Vertrag des Objektplaners vorgegeben und dementsprechend auch mit dem Tragwerksplaner zu vereinbaren. Für den Tragwerksplaner gilt im Übrigen § 4 Abs. 2. In den Fällen des § 4 Abs. 2 soll dem Tragwerksplaner ein Ausgleich dafür geschaffen werden, dass aufgrund besonderer Umstände in der Sphäre des Auftraggebers Baukosten anfallen, die geringer sind, als die, die üblicherweise anzusetzen sind und auf die der Tragwerksplaner keinen Einfluss hat. Wegen der weiteren Einzelheiten wird auf die Kommentierung unter § 4 Rn 25ff. verwiesen.

II. Vorlagepflicht des Auftraggebers

14 Der Auftraggeber hat dem Tragwerksplaner die Kostenermittlungen rechtzeitig und prüfbar zur Verfügung zu stellen, anderenfalls kann der Tragwerksplaner vom Auftraggeber Einsichtnahme in die oder **Herausgabe** derjenigen Unterlagen verlangen, auf deren Grundlage er abrechnen muss. Kommt der Auftraggeber dieser Verpflichtung nicht nach, kann der Tragwerksplaner die Kosten selbst aufstellen, da der Auftraggeber keine Vorteile daraus ziehen soll, dass er sich treuwidrig verhält.[10]

15 Die eigene **Schätzung** muss dann sorgfältig erfolgen.[11] Der Tragwerksplaner kann auch über die sog. Rohbaukostentabellen abrechnen. Alternativ kann der Tragwerksplaner eine **Auskunftsklage** erheben, die aber langwierig und teuer und deshalb nicht zu empfehlen ist.[12] Fraglich ist, ob er seine Rechnung korrigieren muss, wenn der Auftraggeber ihm erst nach erstellter Rechnung die Kostengrundlagen zur Verfügung stellt.

16 Hat der Auftraggeber mit dem Architekten eine Pauschalhonorarvereinbarung getroffen, nach der eine Kostenberechnung nicht zu erstellen ist, kann dies nicht zum Nachteil des Tragwerksplaners gehen, da er selbst nicht verpflichtet ist, die Kostenberechnung aufzustellen. Stellt der Auftraggeber dem Tragwerksplaner aber die zur Erstellung seiner Abrechnung erforderlichen Rechnungen der Bauunternehmen zur Verfügung, ist es Aufgabe des Tragwerksplaners, daraus die für seine Abrechnung erforderlichen anrechen-

---

8 BR-Drucks. 343/13 v. 7.6.2013.
9 BGH, Urt. v. 12.1.2006 – VII ZR 2/04 – IBR 2006, 206.
10 OLG Hamm, Urt. v. 11.3.1994 – 12 U 9/93 – IBR 1994, 241.
11 OLG Düsseldorf, Urt. v. 15.5.2008 – 5 U 68/07 – IBR 2009, 1296 (nur online).
12 OLG Hamm, Urt. v. 11.3.1994 – 12 U 9/93 – IBR 1994, 241.

baren Kosten zu ermitteln.[13] Erfolgt dies nicht bzw. erhält er auf Anforderung keine Kostengrundlagen, ist er berechtigt, nach **ortsüblichen Preisen** abzurechnen. Ungeklärt ist, ob er in diesem Fall für diese nach seinem Leistungskatalog nicht geschuldete Kostenermittlung eine besondere Vergütung beanspruchen kann.

III. Gebäude und zugehörige bauliche Anlagen (Abs. 1)

Bedeutsam ist die Abgrenzung, ob ein Gebäude oder ein Ingenieurbauwerk vorliegt, da das Honorar für die Tragwerksplanung für ein Gebäude in der Regel nach § 50 Abs. 1 und für ein Ingenieurbauwerk nach § 50 Abs. 3 zu ermitteln ist, obwohl sich die Tragwerksplanung nur auf tragende, nicht auf nicht tragende Bauteile bezieht. Für die Definition des Begriffs Gebäude kann zunächst die Objektliste in der Anlage 10, Nr. 10.2 und 10.3 herangezogen werden. Eine Definition der Begriffe ist in der HOAI nicht enthalten. Zum Gebäudebegriff zählen auch Gerüste, Baugrubenumschließungen, Absteifungen, Gebäudeabsprießungen und Betonschalungen.[14] Eine Definition der **zugehörigen baulichen Anlagen** fehlt. Es handelt sich dabei um Anlagen, die in engem Zusammenhang mit dem Gebäude stehen, selbst aber nicht Gebäude sind. Die Ingenieurbauwerke sind in § 41 definiert. Klare Anhaltspunkte geben auch die Regelbeispiele in der Anlage 12.2. Insoweit wird auf die Ausführungen unter Rn 41 ff. zu § 41 verwiesen. 17

Das Leistungsbild Tragwerksplanung enthält die tragwerksplanerischen Leistungen für Gebäude- und Ingenieurbauwerke, wobei § 50 Abs. 1 als Honorargrundlage Bezug nimmt auf die **anrechenbaren Kosten**, die sich nach § 33 i.V.m. § 4 ergeben. Die amtliche Begründung zu § 48 HOAI a.F.[15] führte aus, dass die Kostengruppen DIN 276 KGen 300 und 400 zugrunde zu legen sind. In Verbindung mit § 4 Abs. 1 wurde damit klargestellt, dass die Kostengruppen 300 der DIN 276-1:2008-12 maßgeblich ist. Die Bauwerk-Baukonstruktionen sind alle Kosten der Kostengruppen 300. Die Kostengruppen sind in der DIN 276 detailliert aufgeschlüsselt. 18

Maßgebend sind die anrechenbaren Kosten nach der Kostenberechnung, wenn keine andere Vereinbarung über die anrechenbaren Kosten bei Auftragserteilung getroffen wurde. Dann sind 55 v.H. der Kosten aller Bauwerks-Baukonstruktionen, mithin alle Kosten der Kostengruppen 300 der DIN 276-1:2008-12 sowie 10 v.H. aller Kosten der technischen Anlagen der Kostengruppen 400 der DIN 276-I:2008-12 Grundlage der Honorarberechnung. Der Bezug auf die DIN 276 ergibt sich aus der Begründung, da es an einer expliziten Erwähnung im Verordnungstext fehlt. Da bereits mit der 6. HOAI-Novelle die Umstellung auf die DIN 276-1:2008-12 sowohl in der Kostengruppen 300 als auch in der Kostengruppen 400 und damit eine Ausweitung der Kostenanteile erfolgt ist, ist eine Anhebung der Prozentsätze der anrechenbaren Kosten trotz des veränderten Leistungskatalogs nicht erfolgt. 19

In der Bundesratsdrucksache 395/09 wurde ausgeführt, dass der Prozentsatz der **technischen Anlagen** gemindert wurde, da die KG 400 umfangreicher geworden ist als die bis dahin anrechenbaren Kostenanteile. Der exakte Minderungsfaktor lasse sich rechnerisch nur vorläufig in der HOAI festlegen und sei daher nach den Feststellungen eines Gutachtens abschließend festzustellen. Die Regelung ist jedoch unverändert, sodass ein Anpassungsbedarf offensichtlich nicht gesehen wurde. 20

13 OLG Oldenburg, Beschl. v. 18.8.2004 – 2 U 70/04 – IBR 2004, 577.
14 Locher/Koeble/Frik/*Koeble*, 11. Aufl., § 48 HOAI a.F. Rn 8.
15 BR-Drucks. 395/09 v. 30.4.2009.

IV. Anrechenbare Kosten bei Gebäuden mit einem hohen Anteil an den Kosten der Gründung und der Tragkonstruktion (Abs. 2)

21 § 50 Abs. 2 sieht eine Ausnahme vom Regelfall des Abs. 1 vor, der die anrechenbaren Kosten pauschaliert. Ergeben sich bei einem Gebäude, auch bei Umbaumaßnahmen, hohe Kosten für die Gründung oder Tragkonstruktion, können die Parteien die anrechenbaren Kosten abweichend von Abs. 1 ermitteln. Die Regelung kommt nur zur Anwendung, wenn die Parteien eine schriftliche Vereinbarung bei Auftragserteilung treffen und als weitere Voraussetzung Gebäude mit einem hohen Anteil an **Kosten der Gründung** und der Tragkonstruktionen vorliegen. Wenn die Parteien trotz Vorliegens der Voraussetzungen keine Vereinbarung nach Abs. 2 treffen, hat dies keine Mindestsatzunterschreitung zur Folge. Die Vertragsparteien können bei Vorliegen der Voraussetzungen die anrechenbaren Kosten entsprechend den Reglungen bei Ingenieurbauwerken nach Abs. 3 zugrunde legen.

22 Abs. 2 soll dem Tragwerksplaner einen Ausgleich schaffen, wenn wegen eines geringen Ausbauanteils bei der Berechnung nach Abs. 1 sonst unangemessen niedrige Honorare die Folge wären. Unklar ist aber, wie die Höhe bestimmt wird, die maßgebend dafür ist, wann ein hoher Anteil an Kosten der Gründung bzw. der Tragkonstruktion vorliegt. Erforderlich für die Entscheidung, ob eine solche Vereinbarung zu treffen ist, ist eine Vergleichsberechnung zum **Zeitpunkt der Auftragserteilung**, ob wegen Vorliegens eines hohen Anteils an **Kosten der Gründung** und der Tragkonstruktion der Tragwerksplaner bei Anwendung des Abs. 1 ein deutlich geringeres Honorar erzielt als bei Anwendung des Abs. 3. Dies setzt aber voraus, dass zum Zeitpunkt der Beauftragung eine Vergleichsgrundlage vorliegt, aus der sich ableiten lässt, dass die Abrechnung nach Abs. 3 erforderlich ist, um zu einem auskömmlichen Honorar zu führen. Zudem müssen beide Voraussetzungen vorliegen, d.h. ein hoher Anteil einerseits an den Kosten der Gründung und andererseits an der Tragkonstruktion. Wird der Auftrag zu einem Zeitpunkt erteilt, zu dem noch keine Kostengrundlagen durch den Objektplaner vorgelegt wurden, kann eine solche Berechnung nicht erfolgen.

23 Eine prozentuale Definition, wann ein **hoher Anteil** vorliegt, wird nicht gegeben. Es ist immer eine Vergleichsberechnung erforderlich, um das Wahlrecht auszulösen. Ohne Vergleichsberechnung können im Falle des uneingeschränkten Wahlrechts die gesetzlichen Honorare unter- bzw. überschritten werden. Da die Vereinbarung zu einem frühen Zeitpunkt zu treffen ist, können die Maßnahmen der Gründung oft nicht eingeschätzt werden. Deren Einschätzung setzt das Vorliegen eines Gründungsgutachtens voraus, damit die Gründungsempfehlung konkret in die Planung einbezogen und die Kosten berücksichtigt werden können.

24 Die anrechenbaren Kosten können nach den Prozentsätzen des § 50 Abs. 3 ermittelt werden, der für Ingenieurbauwerke gilt. Es sind die Kostengruppen der DIN 276, 310 und 320 betroffen. Die Definitionen basieren wieder auf § 33 i.V.m. § 4. Die Vereinbarung ist schriftlich und bei Auftragserteilung zu treffen.

Praxistipp

Wenn zum Zeitpunkt des Vertragsschlusses bei Aufträgen für Gebäude mit einem hohen Anteil an Kosten der Gründung und der **Tragkonstruktion** ein Kostenvergleich dahin noch nicht möglich ist, ob eine Abrechnung nach Abs. 3 zu einem höheren Honorar führt als eine Abrechnung nach Abs. 1, sollten die Parteien folgende Regelung aufnehmen:

„Stellt sich nach Erstellung der Kostenberechnung heraus, dass die Voraussetzungen des § 50 Abs. 3 vorliegen, wird das Honorar des Tragwerksplaners nach den anrechenbaren Kosten entsprechend § 50 Abs. 3 abgerechnet."

V. Anrechenbare Kosten bei Ingenieurbauwerken

§ 50 Abs. 3 wurde neu gefasst und die bisher komplizierte Berechnung von vollständig anrechenbaren Kosten und nicht anrechenbaren Kosten aufgegeben. Nach § 50 Abs. 3 sind bei Ingenieurbauwerken anrechenbare Kosten 90% der Bauwerks-Baukonstruktionen KGen 300 und 15% der Kosten der technischen Anlagen KGen 400. Die Bezugsgröße KG 400 soll zur Vermeidung von Auslegungsschwierigkeiten einheitlich „Technische Anlagen" lauten. Der Begriff technische Ausrüstung soll nicht mehr verwendet werden, da er ohnehin inhaltlich identisch ist. Nach der Begründung wird darauf verwiesen, dass die Tragwerksplanung nach der **Kostenberechnung gem. § 6 Abs. 1** zu erfolgen hat und deshalb notwendigerweise die anrechenbaren Kosten der Kostenaufgliederung in der Kostenberechnung folgen sollen. Dies soll aber nicht bedeuten, dass anrechenbare Kosten nach Fachlosen abgerechnet werden könnten, wenn die Parteien dies nicht ausdrücklich schriftlich vereinbart haben. Kostenberechnungen können nach der DIN 276 nach dem Bauelementverfahren bzw. nach ausführungsorientierten Verfahren erstellt werden. 25

VI. Die Ermittlung der anrechenbaren Kosten

Das Honorar wird nach § 6 Abs. 1 nach den anrechenbaren Kosten des Objekts auf der Grundlage der Kostenberechnung ermittelt oder, sofern keine Kostenberechnung vorliegt, auf der Grundlage der **Kostenschätzung**, der Honorarzone, der das Tragwerk angehört, der Honorartafel nach § 52 HOAI, dem beauftragten Leistungsumfang und danach, ob die Tragwerksplanung für Gebäude und zugehörige bauliche Anlagen oder für Ingenieurbauwerke Gegenstand der Leistungserbringung ist. 26

Für die Berechnung der anrechenbaren Kosten gilt § 4. Die Definition der Baukonstruktionskosten und die Kosten der technischen Anlagen ergeben sich aus den Kostengruppen der DIN 276-1:2008-12 KG 300 und 400. Zu den anrechenbaren Kosten gehören in der Regel auch die Gerüstbauarbeiten, die unter sonstige Maßnahmen KG 392 aufgeführt sind. Ebenso sind Bestandteil der anrechenbaren Kosten auch **Nebenkosten** sowie Berechnungen, **Werkstattpläne** etc., die ein Bauunternehmer nach dem Werkvertrag erstellt und in seine Baupreise einkalkuliert. Die Kostenberechnung als alleinige Honorarbemessungsgrundlage gem. § 6 Abs. 1 ist vom Objektplaner zu erstellen, und zwar entsprechend § 4 Abs. 1 nach anerkannten Regeln der Technik, Kostenrichtwerten oder, soweit die HOAI die DIN 276 in den einzelnen Vorschriften in Bezug nimmt, nach der DIN 276-1 in der Fassung 2008-12. Die Grundlage der Kostenermittlung kann aber nicht im Belieben der Parteien stehen. Wenn der Verordnungsgeber den Parteien die Möglichkeit eröffnet, in den Fällen, in denen in der Verordnung die DIN 276 nicht erwähnt ist, eine Kostenberechnungsgrundlage zu vereinbaren, dann würde sich die Mindestsatzberechnung nach den jeweils vereinbarten Grundlagen ermitteln. Weder in § 33 noch in § 42 ist nämlich die DIN 276 in Bezug genommen. Die DIN 276-4:2009-8, die in § 4 Abs. 1 nicht erwähnt ist, sollte jedoch als Grundlage für die preisrechtliche Ermittlung nach § 4 für die Objektplanung Ingenieurbauwerke und Verkehrsanlagen für deren Fachplanung herangezogen werden, da anderenfalls eine sichere Grundlage für eine verbindliche Mindestsatzberechnung fehlt. 27

Auf die konkrete Vertragsvereinbarung über die **Kostengliederungssystematik** hat der Tragwerksplaner keinen Einfluss, weil dies entweder im Vertrag des Objektplaners vereinbart ist oder der Objektplaner die Art und Weise selbst bestimmt. 28

C. Anrechenbare Kosten für Traggerüste

29 Nach § 50 Abs. 4 ist das Honorar für die Tragwerksplanung von Traggerüsten bei Ingenieurbauwerken nach den Herstellkosten einschließlich der zugehörigen Kosten für die **Baustelleneinrichtung** zu berechnen. Auch wenn die Tragwerksplanung für Traggerüste bei Ingenieurbauwerken nicht zu den Grundleistungen im Leistungsbild des § 51 gehört, sind sie bei der Ermittlung der anrechenbaren Kosten der Tragwerksplanung des Ingenieurbauwerks zu berücksichtigen. Von § 50 Abs. 4 nicht erfasst sind verschiebbare Traggerüste. Da bei Traggerüsten regelmäßig nur die Kosten für Abschreibung und Montage in die Angebotspreise der Unternehmer für die Baustelleneinrichtung eingerechnet werden und damit zu den Herstellkosten gehören, bestimmt § 50 Abs. 4 S. 2, dass bei mehrfach verwendeten Bauteilen von Gerüsten jeweils der Neuwert anrechenbar ist, auch wenn der Unternehmer dies anders ausweist. Die in die **Herstellkosten** des Objekts eingerechneten Kosten der Traggerüste würden sonst als Berechnungsgrundlage nicht immer zu auskömmlichen Honoraren führen. Bei **mehrfach verwendeten Bauteilen** ist der Neuwert anrechenbar, auch wenn es sich um gebrauchte Traggerüste handelt, die der Unternehmer zum Einsatz bringt.

30 Zu berücksichtigen sind Erdarbeiten und Gründung der **Traggerüste**, der Neuwert aller verwendeten Gerüstbauteile, der Neuwert der kompletten Schalung und die Montage für Gerüst und Schalung. Die Kosten für Vermietung oder Abschreibung sowie Abbau des Traggerüstes sind nicht erfasst.

31 Diese Form der Ermittlung der anrechenbaren Kosten erfolgt auch bei mehrfeldrigen Überbauten, wenn eine abschnittsweise Ausführung vorgesehen ist und die auf der Baustelle befindlichen Gerüstteile mehrfach verwendet werden. Dies begründet sich darin, dass für jedes Gerüst von dem Tragwerksplaner vollständige Unterlagen erstellt werden müssen. Daneben können auch noch Werkstattzeichnungen im Stahl- und Holzbau erforderlich werden. Für Sonderkonstruktionen wie z.B. Flächen-, Trag- oder Raumgerüste bzw. Konstruktionen zum Überspannen ganzer Gebäudeteile sind erforderlichenfalls besondere Vereinbarungen zu treffen.

D. Vereinbarungen über Mehrleistungen

32 Nach § 50 Abs. 5 können die Vertragsparteien für die Ermittlung der anrechenbaren Kosten vereinbaren, dass Kosten von Arbeiten, die nicht in den Absätzen 1 bis 3 erfasst sind, ganz oder teilweise zu den anrechenbaren Kosten gehören, wenn der Auftragnehmer wegen dieser Arbeiten Mehrleistungen erbringt. Es sind somit anrechenbare Kosten einzubeziehen, die nicht in die Kostengruppen 300 oder 400 der DIN 276 fallen, so z.B. Kosten von Sonderanfertigungen. Es muss sich um einen erhöhten Aufwand bei der Bearbeitung der vertraglich geschuldeten Leistung handeln. Dafür ist ausreichend, dass nur bei einem Teil der dortigen Arbeiten Mehraufwand entsteht, jedoch muss es sich wegen der Bezugnahme auf Abs. 1 und 3 um Leistungen handeln, die mit der Bearbeitung des Tragwerks nach § 51 verbunden sind, für die der Tragwerksplaner also Grundleistungen nach § 51 im Auftrag hat. Es besteht dann die Möglichkeit, die anrechenbaren Kosten zu erhöhen, nicht die Honorare. Die anrechenbaren Kosten umfassen alle Kosten, die der Tragwerksplaner bei seiner Leistung von vorneherein berücksichtigen muss, weil sie etwa tragende Teile berühren oder von ähnlicher Bedeutung für die Statik sind.[16]

16 OLG Hamm, Urt. v. 22.9.1994 – 17 U 34/93 – IBR 1995, 253, 254.

I. Was sind Mehrleistungen?

Honorarvorschriften der HOAI sind nach Sinn und Zweck ihrer Regelung auszulegen.[17] Mehrleistungen sind z.B. die Beurteilung der Auswirkung von Verpressdrücken auf bereits vorhandene Tragwerksteile. Dies führt dann zur Anrechenbarkeit der Kosten der Einpressarbeiten. Mehrleistungen bei der Tragwerksplanung von Gebäuden können notwendig werden bei Pfahlgründungen, bei besonderen Anforderungen der Baugrubenverkleidung, bei Nachweis der Aufnahme von Streifenkräften aus der Baugrubenverkleidung durch das Tragwerk oder für den Nachweis der Auftriebssicherheit eines Gebäudes. 33

Als **Mehrleistung** gilt auch generell die koordinierende Überprüfung der Planungen der bauausführenden Firmen auf Übereinstimmung mit der Tragwerksplanung, z.B. für Baugrubenverkleidungen. 34

In vielen Landesbauordnungen (z.B. § 56 Abs. 2 LBauO RLP; § 57 BayBO) sowie in den von öffentlichen Auftraggebern häufig geforderten zusätzlichen Vertragsbestimmungen ist eine solche Koordination durch den Tragwerksplaner vertraglich vorgesehen. 35

Eine höhere Vergütung kann durch teilweise oder vollständige Hinzurechnung zu den ohnehin anrechenbaren Kosten erreicht werden. Da die **Mehrleistungen** durch zusätzliche Bearbeitung bei Leistungen für das Tragwerk und die erforderliche Koordination in der Regel erheblich sein können, ist eine gesonderte Honorarvereinbarung sinnvoll. § 50 Abs. 5 lässt aber nur die zusätzliche Einbeziehung von anrechenbaren Kosten zu, die nicht bereits in den Abs. 1 bis 3 erfasst sind. Die Forderung, dass die Vereinbarung bereits bei Auftragserteilung zu treffen ist, ist problematisch, weil bei Abschluss des Ingenieurvertrages für die Tragwerksplanung in den meisten Fällen nicht absehbar ist, ob entsprechende Leistungen des Tragwerksplaners anfallen. Zudem ist die Formulierung „bei" Ermittlung der anrechenbaren Kosten missverständlich, da sich die anrechenbaren Kosten aus der Kostenberechnung ableiten, die der Architekt zu liefern hat und die erst bei Abschluss der Leistungsphase 3 des § 34 Abs. 2 vorliegt. Es fehlt für den Zeitpunkt eines früheren Vertragsschlusses an jedem nachvollziehbaren Anhaltspunkt, wie Tätigkeiten, die nur in erhöhtem Koordinierungsaufwand bestehen, durch Erhöhung von anrechenbaren Kosten ausgeglichen werden könnten, da gerade dafür keine nachvollziehbaren Grundlagen geschaffen werden können. 36

Praxistipp
Die Parteien können folgende Vereinbarung treffen:
„Folgende Kosten werden zu den anrechenbaren Kosten hinzugerechnet, wenn der Auftragnehmer wegen dieser Arbeiten Mehrleistungen für das Tragwerk nach § 50 HOAI erbringt."

II. Erhöhter Arbeitsaufwand

Die vorgeschlagene Vereinbarung entbindet den Tragwerksplaner nicht von der Verpflichtung, den **Nachweis** zu führen, dass überhaupt Mehrleistungen angefallen sind. Die Parteien können auch eine Vereinbarung darüber treffen, wie und auf welche Art und Weise diese dann nachzuweisen sind. Entstehen sie nicht bzw. können sie nicht nachgewiesen werden, besteht kein Anspruch auf Berücksichtigung der anrechenbaren Kosten, auch nicht, wenn zuvor eine Vereinbarung über eine Erhöhung der anrechenba- 37

17 OLG Hamm, Urt. v. 22.9.1994 – 17 U 34/93 – IBR 1995, 253, 254.

ren Kosten getroffen wurde. Der Nachweis kann sich nur aus der vertragsrechtlich beschriebenen Leistungsverpflichtung gegenüber der dann tatsächlich erbrachten Leistung ergeben. Bei Pauschalhonorarvereinbarungen kann wegen der pauschalierten Leistungsverpflichtung die Regelung kaum Wirkung entfalten.

E. Die Vereinbarung über die anrechenbaren Kosten

I. Voraussetzungen

38 § 50 Abs. 2 und Abs. 5 sehen die Möglichkeit vor, dass die Parteien über die Ermittlung der anrechenbaren Kosten eine Vereinbarung treffen, die unter den Voraussetzungen des Abs. 2 schriftlich und bei Auftragserteilung zu treffen ist, während Abs. 5 dem Wortlaut nach lediglich eine Vereinbarung fordert.

II. Schriftformerfordernis

39 Die **Schriftform** bei Auftragserteilung ist nur bei Vorliegen der Voraussetzungen des Abs. 2 im Verordnungstext zwingend vorgeschrieben. Ihr Fehlen führt dazu, dass die Vereinbarung unwirksam ist. Bei Abs. 5 ist die Schriftform dem Wortlaut nach nicht vorgeschrieben. Die Vereinbarung ist als **Kannvorschrift** ausgestaltet, sodass daraus geschlossen werden könnte, dass die Parteien frei sind, ob und wann sie die Vereinbarung schließen. Zunächst ergibt sich aus der Verwendung des Wortes „kann", dass der Tragwerksplaner auch bei Vorliegen der Vorrausetzungen keinen Anspruch auf eine solche Vereinbarung hat. Der Verordnungstext ist wortgleich mit § 48 Abs. 6 HOAI a.F. Änderungen in der Anwendung gegenüber der vorhergehenden Fassung sind aus der Begründung des Bundesrates nicht ersichtlich. Aus der Verweisung auf Abs. 2 wurde bei der HOAI a.F. geschlossen, dass auch die Vereinbarung nach Abs. 5 schriftlich und bei Auftragserteilung zu treffen ist und das Wort „können" sich nur auf die **Wahlmöglichkeit** hinsichtlich der Vereinbarung als solcher, nicht aber auf den Zeitpunkt bezieht.[18] Dies wird mit dem Schriftformerfordernis für Honorarvereinbarungen oberhalb der Mindestsätze begründet. Zwingend erscheint dies jedoch nicht. Wenn die Mehrleistungen erst während der Vertragsdurchführung erkennbar werden, müsste sich auch ein Anspruch auf Vereinbarung einer Anpassung der anrechenbaren Kosten ergeben, da es sich bei den notwendigen Mehrleistungen um konkludente Anordnungen des Auftraggebers handeln dürfte.

40 Deshalb könnte ein Anspruch auch ohne Vereinbarung dem Grunde nach begründet sein, auch wenn dies nicht bei Auftragserteilung vereinbart wurde, sofern die Leistungen erst während der Vertragserfüllung notwendig werden. Der Tragwerksplaner muss Leistungen nicht umsonst ausführen, nur weil ihre Erforderlichkeit zum Zeitpunkt des Vertragsschlusses noch nicht erkennbar ist. Werkvertraglich ist mit dem vereinbarten Honorar nur abgegolten, was zum Zeitpunkt der Beauftragung Gegenstand der Leistungsbeschreibung ist. Darüber hinausgehende Leistungen müssen nicht vergütungsfrei erbracht werden. Will der Auftraggeber, dass Leistungen erbracht werden, die zuvor nicht vorhersehbar und deshalb nicht beauftragt waren, könnte sich diesbezüglich ein Honoraranspruch auch nach § 10 Abs. 1 rechtfertigen, der aber zumindest eine vorhergehende Einigung der Parteien voraussetzt. Diese muss aber nicht bei Auftragserteilung, sondern vor der **Auftragserweiterung** getroffen werden.

---

18 So Locher/Koeble/Frik/*Koeble*, § 50 Rn 30 mit Verweis auf § 7 Rn 55ff.

III. Inhalt der Vereinbarung

41 Geht man aber davon aus, dass die HOAI das Schriftformerfordernis als Anspruchsvoraussetzung bei Auftragserteilung bindend regelt, wäre bereits zu einem frühen Zeitpunkt eine vorsorgliche Vereinbarung anzuraten. Können die Parteien keine konkreten Mehrleistungen bezeichnen, welche als Inhalt einer Vereinbarung für die Einhaltung der Schriftform bei Auftragserteilung ausreichend sind, gehen die Parteien aber von späteren **Mehrleistungen** aus, kann die Vereinbarung nicht in allen Einzelheiten getroffen werden. Es dürfte wohl ausreichend sein, wenn in diesen Fällen bei Vertragsschluss in der schriftlichen Honorarvereinbarung der Wortlaut von § 50 Abs. 5 wieder gegeben wird. Der Tragwerksplaner muss im Zweifel ohnehin nachweisen, dass die Voraussetzungen bei Auftragserteilung vorgelegen haben.

Praxistipp
Die Parteien können folgende Vereinbarung treffen: Muss der Auftragnehmer während der Vertragsdurchführung Mehrleistungen wegen Arbeiten für das vertragsgegenständliche Tragwerk erbringen, deren Kosten nicht nach den Kostengruppen DIN 276-1:2008-12 in der Kostenberechnung zu berücksichtigen sind, hat der Auftragnehmer Anspruch darauf, dass auch diese anrechenbaren Kosten als Kostengrundlage seiner Honorarabrechnung voll bzw. bei geringem Umfang teilweise berücksichtigt werden.

F. Baubehelfe und freie Honorarvereinbarung

42 Baubehelfe, z.B. Spundwände, Traggerüste für Behelfsbrücken etc., werden häufig dem Rohbauunternehmer beauftragt. Dieser schuldet dann auch den Standsicherheitsnachweis[19] als unentgeltliche Nebenleistung. Sie stellen in der Regel das vom Unternehmer geschuldete **Bausoll** dar. Nach der DIN 18331 gehört zu den unentgeltlichen **Nebenleistungen** das Anfertigen von Zeichnungen für Baubehelfe. Soll der Tragwerksplaner tätig werden, bedarf es eines besonderen Auftrags. Daran ändert sich auch nichts, wenn vertraglich vom Unternehmer geschuldete Baubehelfe, so z.B. verkehrstechnische Behelfsbrücken, von einem Prüfstatiker abgenommen werden müssen.[20]

43 Baugrubenverkleidungsarbeiten gelten ebenfalls gem. DIN 18303, Ziff. 4.2 als Nebenleistung des ausführenden Unternehmers. Sie fallen damit nicht in den Leistungsbereich des Tragwerksplaners des Gebäudes. Werden neben Leistungen für das Tragwerk auch Tragwerksplanungsaufgaben für die **Baugrubenverkleidungen** oder Traggerüste beauftragt, ist dafür ein gesondertes Honorar zu vereinbaren. Hat der Gebäudeplaner eine spezielle Planung z.B. für eine Tiefergründung im Vertrag ausgeschlossen,[21] hat dies zur Folge, dass die Kosten der Gründung dann nicht beim Objektplaner anrechenbar sind und die Anforderungen dort keine Honorarrelevanz haben.

G. Fassadenkonstruktionen

44 Grundsätzlich ist es sinnvoll, auch **untergeordnete Bauteile**, die für die Standsicherheit des Gebäudes/Ingenieurbauwerks keine Rolle spielen, z.B. Geländer, Fassadenkonstruktionen etc., einer statischen Untersuchung zu unterziehen. Soll der Tragwerks-

19 OLG München, Urt. v. 21.2.2006 – 28 U 1823/04 –; nachfolgend BGH, Urt. v. 26.10.2006 – VII ZR 75/06 – IBR 2007, 1.
20 OLG Celle, Urt. v. 23.12.2004 – 14 U 71/04 – IBR 2005, 131.
21 BGH, Urt. v. 11.12.2008 – VII ZR 235/06 – IBR 2009, 146, 147, 148; BGH, Urt. v. 12.1.2006 – VII ZR 2/04 – IBR 2006, 208.

planer diese Ausführungen mit in seine Berechnungen einbeziehen, bedarf dies einer ausdrücklichen Vereinbarung. Wegen der zum Teil aufwändigen Konstruktionen und deren möglichen Auswirkungen auf die Statik sollte er in jedem Fall mit einer koordinierenden Prüfung beauftragt werden, wenn die statische Berechnung von einem Fachunternehmen vorgelegt wird.

45 Der mit der Bauüberwachung beauftragte Architekt muss beachten, dass bei einer vorgehängten Natursteinfassade der Statik und der Haltbarkeit der Gerüstanker besondere Bedeutung zukommen, weshalb zumindest eine stichprobenartige Überprüfung von seiner Seite erfolgen muss.[22]

46 Eine Vergütung für diese Tätigkeiten ist in der HOAI nicht geregelt. Diese ist zwischen dem Tragwerksplaner und dem Auftraggeber frei zu vereinbaren. Voraussetzung dafür, dass Tragwerksplanungsleistungen für die Fassadenkonstruktion und die **Baugrubenverkleidungsarbeiten** erbracht werden können, ist das Vorliegen von Objektplanungsarbeiten.

§ 51
Leistungsbild Tragwerksplanung

(1) Die Grundleistungen der Tragwerksplanung sind für Gebäude und zugehörige bauliche Anlagen sowie für Ingenieurbauwerke nach § 41 Nummer 1 bis 5 in den Leistungsphasen 1 bis 6 sowie für Ingenieurbauwerke nach § 41 Nummer 6 und 7 in den Leistungsphasen 2 bis 6 zusammengefasst und werden wie folgt in Prozentsätzen der Honorare des § 52 bewertet:

1. für die Leistungsphase 1 (Grundlagenermittlung) mit 3 Prozent,
2. für die Leistungsphase 2 (Vorplanung) mit 10 Prozent,
3. für die Leistungsphase 3 (Entwurfsplanung) mit 15 Prozent,
4. für die Leistungsphase 4 (Genehmigungsplanung) mit 30 Prozent,
5. für die Leistungsphase 5 (Ausführungsplanung) mit 40 Prozent,
6. für die Leistungsphase 6 (Vorbereitung der Vergabe) mit 2 Prozent.

(2) Die Leistungsphase 5 ist abweichend von Absatz 1 mit 30 Prozent der Honorare des § 52 zu bewerten

1. im Stahlbetonbau, sofern keine Schalpläne in Auftrag gegeben werden,
2. im Holzbau mit unterdurchschnittlichem Schwierigkeitsgrad.

(3) Die Leistungsphase 5 ist abweichend von Absatz 1 mit 20 Prozent der Honorare des § 52 zu bewerten, sofern nur Schalpläne in Auftrag gegeben werden.

(4) Bei sehr enger Bewehrung kann die Bewertung der Leistungsphase 5 um bis zu 4 Prozent erhöht werden.

(5) Anlage 14 Nummer 14.1 regelt die Grundleistungen jeder Leistungsphase und enthält Beispiele für Besondere Leistungen. Für Ingenieurbauwerke nach § 41 Nummer 6 und 7 sind die Grundleistungen der Tragwerksplanung zur Leistungsphase 1 im Leistungsbild der Ingenieurbauwerke gemäß § 43 enthalten.

---

22 KG, Urt. v. 6.1.2005 – 27 U 267/03 – IBR 2006, 153.

Anlage 14.1 Grundleistungen im Leistungsbild Tragwerksplanung, Besondere Leistungen, Objektliste

14.1 Leistungsbild Tragwerksplanung

Grundleistungen	Besondere Leistungen
LPH 1 Grundlagenermittlung	
a) Klären der Aufgabenstellung auf Grund der Vorgaben oder der Bedarfsplanung des Auftraggebers im Benehmen mit dem Objektplaner b) Zusammenstellen der die Aufgabe beeinflussenden Planungsabsichten c) Zusammenfassen, Erläutern und Dokumentieren der Ergebnisse	
LPH 2 Vorplanung (Projekt- u. Planungsvorbereitung)	
a) Analysieren der Grundlagen b) Beraten in statisch-konstruktiver Hinsicht unter Berücksichtigung der Belange der Standsicherheit, der Gebrauchsfähigkeit und der Wirtschaftlichkeit c) Mitwirken bei dem Erarbeiten eines Planungskonzepts einschließlich Untersuchung der Lösungsmöglichkeiten des Tragwerks unter gleichen Objektbedingungen mit skizzenhafter Darstellung, Klärung und Angabe der für das Tragwerk wesentlichen konstruktiven Festlegungen für zum Beispiel Baustoffe, Bauarten und Herstellungsverfahren, Konstruktionsraster und Gründungsart d) Mitwirken bei Vorverhandlungen mit Behörden und anderen an der Planung fachlich Beteiligten über die Genehmigungsfähigkeit e) Mitwirken bei der Kostenschätzung und bei der Terminplanung f) Zusammenfassen, Erläutern und Dokumentieren der Ergebnisse	– Aufstellen von Vergleichsberechnungen für mehrere Lösungsmöglichkeiten unter verschiedenen Objektbedingungen – Aufstellen eines Lastenplans, zum Beispiel als Grundlage für die Baugrundbeurteilung und Gründungsberatung – Vorläufige nachprüfbare Berechnung wesentlicher tragender Teile – Vorläufige nachprüfbare Berechnung der Gründung
LPH 3 Entwurfsplanung (System- u. Integrationsplanung)	
a) Erarbeiten der Tragwerkslösung, unter Beachtung der durch die Objektplanung integrierten Fachplanungen, bis zum konstruktiven Entwurf mit zeichnerischer Darstellung b) Überschlägige statische Berechnung und Bemessung c) Grundlegende Festlegungen der konstruktiven Details und Hauptabmessungen des Tragwerks für zum Beispiel Gestaltung der tragenden Querschnitte, Aussparungen und Fugen; Ausbildung der Auflager- und Knotenpunkte sowie der Verbindungsmittel	– Vorgezogene, prüfbare und für die Ausführung geeignete Berechnung wesentlich tragender Teile – Vorgezogene, prüfbare und für die Ausführung geeignete Berechnung der Gründung – Mehraufwand bei Sonderbauweisen oder Sonderkonstruktionen, zum Beispiel Klären von Konstruktionsdetails – Vorgezogene Stahl- oder Holzmengenermittlung des Tragwerks und der kraftübertragenden Verbindungsteile

Grundleistungen	Besondere Leistungen
d) Überschlägiges Ermitteln der Betonstahlmengen im Stahlbetonbau, der Stahlmengen im Stahlbau und der Holzmengen im Ingenieurholzbau e) Mitwirken bei der Objektbeschreibung bzw. beim Erläuterungsbericht f) Mitwirken bei Verhandlungen mit Behörden und anderen an der Planung fachlich Beteiligten über die Genehmigungsfähigkeit g) Mitwirken bei der Kostenberechnung und bei der Terminplanung h) Mitwirken beim Vergleich der Kostenberechnung mit der Kostenschätzung i) Zusammenfassen, Erläutern und Dokumentieren der Ergebnisse	für eine Ausschreibung, die ohne Vorliegen von Ausführungsunterlagen durchgeführt wird – Nachweise der Erdbebensicherung
LPH 4 Genehmigungsplanung	
a) Aufstellen der prüffähigen statischen Berechnungen für das Tragwerk unter Berücksichtigung der vorgegebenen bauphysikalischen Anforderungen b) Bei Ingenieurbauwerken: Erfassen von normalen Bauzuständen c) Anfertigen der Positionspläne für das Tragwerk oder Eintragen der statischen Positionen, der Tragwerksabmessungen, der Verkehrslasten, der Art und Güte der Baustoffe und der Besonderheiten der Konstruktionen in die Entwurfszeichnungen des Objektplaners d) Zusammenstellen der Unterlagen der Tragwerksplanung zur Genehmigung e) Abstimmen mit Prüfämtern und Prüfingenieuren oder Eigenkontrolle f) Vervollständigen und Berichtigen der Berechnungen und Pläne	– Nachweise zum konstruktiven Brandschutz, soweit erforderlich unter Berücksichtigung der Temperatur (Heißbemessung) – Statische Berechnung und zeichnerische Darstellung für Bergschadenssicherungen und Bauzustände bei Ingenieurbauwerken, soweit diese Leistungen über das Erfassen von normalen Bauzuständen hinausgehen – Zeichnungen mit statischen Positionen und den Tragwerksabmessungen, den Bewehrungsquerschnitten, den Verkehrslasten und der Art und Güte der Baustoffe sowie Besonderheiten der Konstruktionen zur Vorlage bei der bauaufsichtlichen Prüfung anstelle von Positionsplänen – Aufstellen der Berechnungen nach militärischen Lastenklassen (MLC) – Erfassen von Bauzuständen bei Ingenieurbauwerken, in denen das statische System von dem des Endzustands abweicht – Statische Nachweise an nicht zum Tragwerk gehörende Konstruktionen (zum Beispiel Fassaden)
LPH 5 Ausführungsplanung	
a) Durcharbeiten der Ergebnisse der Leistungsphasen 3 und 4 unter Beachtung der durch die Objektplanung integrierten Fachplanungen b) Anfertigen der Schalpläne in Ergänzung der fertig gestellten Ausführungspläne des Objektplaners	– Konstruktion und Nachweise der Anschlüsse im Stahl- und Holzbau – Werkstattzeichnungen im Stahl- und Holzbau einschließlich Stücklisten, Elementpläne für Stahlbetonfertigteile einschließlich Stahl- und Stücklisten

Grundleistungen	Besondere Leistungen
c) Zeichnerische Darstellung der Konstruktionen mit Einbau- und Verlegeanweisungen, zum Beispiel Bewehrungspläne, Stahlbau- oder Holzkonstruktionspläne mit Leitdetails (keine Werkstattzeichnungen) d) Aufstellen von Stahl- oder Stücklisten als Ergänzung zur zeichnerischen Darstellung der Konstruktionen mit Stahlmengenermittlung e) Fortführen der Abstimmung mit Prüfämtern und Prüfingenieuren oder Eigenkontrolle	– Berechnen der Dehnwege, Festlegen des Spannvorganges und Erstellen der Spannprotokolle im Spannbetonbau – Rohbauzeichnungen im Stahlbetonbau, die auf der Baustelle nicht der Ergänzung durch die Pläne des Objektplaners bedürfen
LPH 6 Vorbereitung der Vergabe	
a) Ermitteln der Betonstahlmengen im Stahlbetonbau, der Stahlmengen im Stahlbau und der Holzmengen im Ingenieurholzbau als Ergebnis der Ausführungsplanung und als Beitrag zur Mengenermittlung des Objektplaners b) Überschlägiges Ermitteln der Mengen der konstruktiven Stahlteile und statisch erforderlichen Verbindungs- und Befestigungsmittel im Ingenieurholzbau c) Mitwirken beim Erstellen der Leistungsbeschreibung als Ergänzung zu den Mengenermittlungen als Grundlage für das Leistungsverzeichnis des Tragwerks	– Beitrag zur Leistungsbeschreibung mit Leistungsprogramm des Objektplaners[x] – Beitrag zum Aufstellen von vergleichenden Kostenübersichten des Objektplaners – Beitrag zum Aufstellen des Leistungsverzeichnisses des Tragwerks [x] diese Besondere Leistung wird bei Leistungsbeschreibung mit Leistungsprogramm Grundleistung. In diesem Fall entfallen die Grundleistungen dieser Leistungsphase
LPH 7 Mitwirkung bei der Vergabe	
	– Mitwirken bei der Prüfung und Wertung der Angebote Leistungsbeschreibung mit Leistungsprogramm des Objektplaners – Mitwirken bei der Prüfung und Wertung von Nebenangeboten – Mitwirken beim Kostenanschlag nach DIN 276 oder anderer Vorgaben des Auftraggebers aus Einheitspreisen oder Pauschalangeboten
LPH 8 Objektüberwachung	
	– Ingenieurtechnische Kontrolle der Ausführung des Tragwerks auf Übereinstimmung mit den geprüften statischen Unterlagen – Ingenieurtechnische Kontrolle der Baubehelfe, zum Beispiel Arbeits- und Lehrgerüste, Kranbahnen, Baugrubensicherungen – Kontrolle der Betonherstellung und -verarbeitung auf der Baustelle in besonderen Fällen sowie Auswertung der Güteprüfungen – Betontechnologische Beratung

Grundleistungen	Besondere Leistungen
	– **Mitwirken bei der Überwachung der Ausführung der Tragwerkseingriffe bei Umbauten und Modernisierungen**
LPH 9 Dokumentation und Objektbetreuung	
	– **Baubegehung zur Feststellung und Überwachung von die Standsicherheit betreffenden Einflüssen**

Übersicht

A. Die Leistungsbewertung der Tragwerksplanung

I. Allgemein

1 § 51 Abs. 1 und die zugehörige Anlage 14 bestimmen inhaltlich die Vergütung der Leistungen. Das Leistungsbild Tragwerksplanung ist gegenüber der Anlage 13 der HOAI a.F. teilweise geändert worden. Änderungen wurden auch in den Absätzen 3 bis 6 vorgenommen.

II. Honorargrundlagen

Für die Tragwerksplanung bei Gebäuden und baulichen Anlagen sowie für Ingenieurbauwerke nach Nr. 1–5 des § 41 sind die **Grundleistungen** in der Anlage 14 in den Leistungsphasen 1–6 und für die Ingenieurbauwerke nach § 41 Nr. 6 und 7 in den Leistungsphasen 2–6 beschrieben. Für Ingenieurbauwerke nach § 41 Nr. 6 und 7 entfällt die Leistungsphase 1, weil sie im Leistungsbild der Objektplanung Ingenieurbauwerke im Abschnitt III in § 43 enthalten ist. 2

Die Bewertung der einzelnen Leistungsphasen ist in Abs. 1 festgelegt. Die Prozentsätze der anrechenbaren Kosten der Baukonstruktionen und der Technischen Anlagen in § 50 Abs. 1 und 3 wurden gegenüber der HOAI a.F. nicht verändert. 3

Die prozentualen Bewertungen der Leistungsphasen wurden in den Leistungsphasen 3, 5 und 6 geändert. Aufgrund der digitalen Bearbeitung sind in der Leistungsphase 3 weitaus mehr Informationen bereitzustellen, weshalb eine stärkere Gewichtung der Leistungsphase 3 von bisher 12 auf 25% erfolgte. 4

B. Die Systematik der Anlage 14

I. Leistungen

Anlage 14.1 enthält das aktualisierte Leistungsbild für die Tragwerksplanung. 5

Sie ist gegliedert in Grundleistungen und Besondere Leistungen, die den einzelnen Leistungsphasen zugeordnet sind. Der Katalog der Besonderen Leistungen ist erheblich erweitert worden. Die Vergütung kann der Höhe nach frei und die Leistungen selbst auch noch nach Vertragsschluss vereinbart werden. Grundsätzlich regelt die Beschreibung im Vertrag die Leistungspflichten. Die Parteien können aber auch die **Leistungsbilder** oder Leistungsphasen zum Gegenstand der vertraglichen Leistungspflicht machen, indem sie auf die entsprechenden Bestimmungen der HOAI Bezug nehmen. Diese gelten dann als **Auslegungshilfe** für die geschuldete Leistungspflicht.[1] Der Tragwerksplaner muss nicht alle in den einzelnen Leistungsphasen aufgezählten Leistungen erbringen, um an sein vollständiges Honorar zu gelangen. Vielmehr ist zu prüfen, ob der geschuldete Erfolg eingetreten ist.[2] Würde jede nicht erforderliche **Teilleistung** aus der beispielhaften Aufzählung zu einer entsprechenden Honorarminderung führen, müsste bei jeder Vollbeauftragung der Tragwerksplaner für die Vertragserfüllung an und für sich unsinnige Leistungen erbringen, nur damit er an sein volles Honorar gelangt. Dem widerspricht § 3 Abs. 2 S. 1, der davon ausgeht, dass in den Leistungsbildern die Leistungen erfasst sind, die im Allgemeinen zur ordnungsgemäßen Erfüllung des Auftrags erforderlich sind. Handelt es sich um wesentliche Leistungen, die nicht erforderlich sind, und werden diese vertraglich nicht übertragen, hat der Tragwerksplaner nur Anspruch auf Vergütung der Leistungen, die ihm beauftragt wurden. Ohne entsprechende vertragliche Herausnahme von Teilleistungen kann der Auftraggeber ggf. eine Honorarminderung über Leistungsstörungsrecht geltend machen.[3] Über die konkrete Höhe des Abzugs macht die HOAI nur insoweit Vorgaben, als ein Verhältnis des Honorars zwischen den herausgenommenen und den übertragenen Leistungen zum Gesamthonorar der Leistungsphase bestehen muss. 6

1 BGH, Urt. v. 26.7.2007 – VII ZR 42/05 – IBR 2007, 564.
2 OLG Düsseldorf, Urt. v. 25.2.2005 – 22 U 141/03 – IBR 2005, 598.
3 BGH, Urt. v. 24.6.2004 – VII ZR 259/02 – BauR 2004, 1640.

7 Aufgabe des Tragwerkplaners ist es, seine Berechnungen und Feststellungen, ggf. auch **Alternativvorschläge**, dem Auftraggeber bzw. dessen Architekten vorzulegen. Der Auftraggeber und/oder sein Architekt entscheiden sodann über die tatsächliche Umsetzung der aufgezeigten Möglichkeiten, also über das „Ob“ und das „Wie“.[4]

8 Die Nichteinhaltung der in der HOAI vorgesehenen chronologischen Reihenfolge der Grundlagenermittlung bis zur Ausführungsplanung seiner Tragwerksplanung stellt für sich genommen keinen Mangel der Leistung dar. Die HOAI regelt nicht den Inhalt von Verträgen. Entscheidend ist allein, ob eine etwaige Abweichung zu einem Mangel des Werkes führt.[5]

9 Der mit dem Leistungsbild der Anlage 14 beauftragte Tragwerksplaner hat nicht die Grundlagen seines Honorars nach § 6 Abs. 1 Ziff. 1 herzustellen.

10 Weder in der Leistungsphase 2 (Vorplanung) noch in der Leistungsphase 3 (Entwurfsplanung) trifft ihn eine eigene **Kostenermittlungspflicht**. Er ist verpflichtet, an den Kostenermittlungen des Objektplaners mitzuwirken, nicht aber eine Kostengrundlage nach DIN 276 selbst herzustellen. Zur Erzielung von Kostensicherheit benötigt der Objektplaner die aus der Entwurfsplanung abgeleiteten Angaben zur Erstellung einer den Anforderungen und Qualitäten (zweite Ebene gemäß DIN 276) entsprechenden Kostenberechnung (§ 2 Abs. 11).

11 Die Grundleistung **Dokumentation und Erläuterung der Ergebnisse** wurde in den Leistungsphasen 1–3 präzisiert und auf diese Leistungsphasen begrenzt, weil das verbindlich verpreiste Leistungsbild in der Leistungsphase 6 endet. Das Erläutern ist damit bei Beauftragung nur der Grundleistungen im erforderlichen Umfang geschuldet. Dies bedeutet, dass sich der Tragwerksplaner nicht darauf beschränken kann, dem Architekten zuzuarbeiten. Er muss selbst aktiv auf seinen Auftraggeber zugehen und ihm seine Fachplanung erläutern. Hinsichtlich der **Dokumentation** ist nicht geklärt, wie weitgehend diese sein muss. Die Dokumentation dient der Transparenz im Verfahrensablauf. Sie sollte daher Angaben über den Inhalt der notwendigen Entscheidungen, Erläuterungen und eine Zusammenfassung der Ergebnisse beinhalten. Zweckmäßigerweise sollte sie schriftlich vorliegen und vom Auftraggeber abgezeichnet werden. Darüber hinausgehende Leistungen bedürfen einer gesonderten Beauftragung.

II. Beauftragung von Teilleistungen

12 Wenn nichts anderes zwischen den Parteien vereinbart ist, hat der Tragwerksplaner alle Leistungen aus den Leistungsphasen zu erbringen, die notwendig sind, um den Werkerfolg herbeizuführen.

13 Werden dem Auftragnehmer entsprechend § 8 Abs. 1 nicht alle Leistungsphasen gem. § 51 Abs.1 übertragen oder gem. § 8 Abs. 2 nicht alle Grundleistungen aus einer Leistungsphase, darf ein Honorar nur berechnet und vereinbart werden, das dem Anteil der übertragenen Leistungen entspricht. Diese Regelung ist nur anwendbar, wenn von vorneherein feststeht, dass nicht alle Leistungsphasen bzw. Leistungen übertragen werden. Sie betrifft nicht die Fälle, in denen der Tragwerksplaner ihm übertragene Leistungen nicht erbringt.[6] Die Vereinbarung hat schriftlich zu erfolgen, wobei in den Fällen, in denen ganze Leistungsphasen nicht übertragen werden, ein Honoraranspruch auch ohne schriftliche Vereinbarung nicht besteht. Dies ergibt sich aus der Anwendung des Werk-

4 OLG Celle, Urt. v. 26.10.2011 – 14 U 59/11 – NZBau 2012, 246 ff.
5 OLG Celle, Urt. v. 26.10.2011 – 14 U 59/2011 – IBR 2012, 390; BGH, Urt. v. 24.6.2004 – VII ZR 259/02 – IBR 2004, 513.
6 Siehe hierzu auch oben Rn 4.

vertragsrechts. Soweit eine gesonderte Vergütung für einen **zusätzlichen anfallenden Koordinierungsaufwand** getroffen werden soll, ist diese schriftlich zu vereinbaren. Fehlt es an einer Vereinbarung über den zusätzlichen Koordinierungsaufwand, liegt keine Mindestsatzunterschreitung vor. Der Koordinierungsaufwand stellt auch keine Besondere Leistung dar.[7] Der Tragwerksplaner hat dann keinen Anspruch auf Vergütung, auch wenn er solche Leistungen erbracht hat.

Eine isolierte Bewertung von Teilleistungen unter Einbezug Besonderer Leistungen ist unzulässig. Bei regulierten und nicht regulierten Leistungen kommt es bei einer Gesamtbetrachtung für die Zulässigkeit einer Honorarvereinbarung nur auf den regulierten Teil an.[8] Im Übrigen wird zu den weiteren Voraussetzungen auf die Kommentierung unter § 8 Rn 4 ff. verwiesen. 14

C. Das Leistungsbild

I. Leistungsphase 1

1. Grundleistungen. In der Leistungsphase 1 ist die Aufgabenstellung aufgrund der Vorgaben oder der **Bedarfsplanung** des Auftraggebers mit dem Objektplaner zu klären. 15

Die teilweise Verzahnung von Grundleistungen des Leistungsbildes für die Objektplanung gem. § 43 bei Ingenieurbauwerken mit den entsprechenden Leistungen des Leistungsbildes der Tragwerksplanung ist in der Leistungsphase 1 erkennbar. Der Tragwerksplaner darf bei Ingenieurbauwerken kein Honorar für die Leistungsphase 1 berechnen. 16

Weiter ist das Zusammenstellen der die Aufgabe beeinflussenden Planungsabsichten geschuldet. Das neu aufgenommene **Zusammenfassen, Erläutern und Dokumentieren** der Ergebnisse bedeutet, dass eine Besprechung mit dem Auftraggeber bzw. seinem beauftragten Bevollmächtigten nach Abschluss der Arbeiten erforderlich ist. Dabei muss der Tragwerksplaner auch standortbezogene Einflüsse der Bodenverhältnisse mit seinem Auftraggeber erörtern.[9] Ohne eine Grundlagenermittlung und Vorplanung des Tragwerksplaners kann „nur bei sehr einfachen Bauwerken" eine ordnungsgemäße Werkplanung vom Architekten vorgenommen werden. Im Rahmen der Grundlagenermittlung ist auch die **zeitliche Abfolge** der Leistungserbringung festzulegen. Leistungen der Entwurfsplanung sind für die Erstellung der Werkplanung durch den Architekten nicht notwendig.[10] 17

Der Tragwerksplaner muss in eigener Verantwortung prüfen, welche Gründungsmaßnahmen aufgrund der örtlichen Verhältnisse erforderlich sind und dazu auch die Beschaffenheit der Boden- und Grundwasserverhältnisse ermitteln.[11] Die Untersuchung darf sich nicht nur auf das konkrete Baugrundstück beschränken. Sie muss auch mögliche schadensträchtige Umwelteinflüsse einbeziehen, soweit diese Einfluss auf die **Standsicherheit** des geplanten Bauwerks haben können.[12] Soll der Auftraggeber die Verantwortung für die **Baugrundverhältnisse** übernehmen, z.B. ob die berechneten Bodenpressungen aufgenommen werden können oder ob mit Grundwasser zu rechnen ist, muss der Tragwerksplaner diesen über das bestehende Risiko und die wirtschaftlichen Folgen 18

7 Locher/Koeble/Frik/*Koeble*, § 8 Rn 13.
8 BGH, Urt. v. 9.2.2012 – VII ZR 31/11 – IBR 2012, 206.
9 BGH, Urt. v. 20.6.2013 – VII ZR 4/12 – IBR 2013, 545.
10 OLG Stuttgart, Urt. v. 19.4.2007 – 13 U 180/06 – IBR 2008, 223.
11 LG Berlin, Urt. v. 15.11.2002 – 5 O 317/01 – IBR 2003, 1042.
12 BGH, Urt. v. 20.6.2013 – VII ZR 4/12 – IBR 2013, 545.

aufklären und belehren. Formelhafte Hinweise oder Vorbehalte, die Baugrundannahme sei vor der Ausführung vom ausführenden Unternehmer bzw. vom überwachenden Architekten alleinverantwortlich zu prüfen, können eine wirksame Risikoverlagerung nicht herbeiführen.[13]

19 **2. Besondere Leistungen.** Mögliche Besondere Leistungen sind in der Anlage 14 nicht aufgeführt. Dies schließt aber die Vereinbarung Besonderer Leistungen nicht aus. Hier können z.B. **Bestandsaufnahmen** von bereits vorhandenen Konstruktionen vereinbart werden.

II. Leistungsphase 2

20 **1. Grundleistungen.** Im Rahmen der Vor- und Entwurfsplanung muss zwar keine ausführungsreife Lösung mit der Bestimmung aller Einzelheiten vorliegen, jedoch müssen alle Festlegungen getroffen werden, die für eine änderungsfreie Weiterplanung nötig sind. Dazu gehört auch die Planung der Wanddurchführungen. Fehlen in der Planung notwendige Angaben, die sich bei der Ausführung des Bauwerks auswirken, muss sich der Bauherr dies gegenüber dem Architekten gem. § 254 BGB entgegenhalten lassen,[14] weil er die Tragwerksplanung dem Architekten schuldet.

21 Das **Beraten** in statisch-konstruktiver Hinsicht unter Berücksichtigung der Standsicherheit, der Gebrauchsfähigkeit und der **Wirtschaftlichkeit** muss nur diese Kriterien umfassen. Bezugsobjekt ist ausschließlich das Tragwerk. Allerdings fällt unter die Verpflichtung zum Beraten die Wahl des Tragwerks ebenso wie die zu verwendenden Materialien. Die vorzulegenden Objektpläne sind im Rahmen der Machbarkeit umzusetzen und zu prüfen. Es ist aber nicht die Aufgabe des Tragwerksplaners, die vorgegebene Konstruktion auf Übereinstimmung mit bauordnungsrechtlichen Anforderungen zu prüfen, sofern diese das Tragwerk nicht betreffen. Allerdings ist er verpflichtet, die **Nachbarbebauung** zu berücksichtigen und eine Gründung zu wählen, die jede Gefährdung ausschließt.[15]

22 Drängt sich aus der gestalterischen Planung deren Gebrauchsuntauglichkeit oder deren Unwirtschaftlichkeit auf, muss der Tragwerksplaner im Rahmen der ihm obliegenden **Kooperationspflicht** erkennbare Mängel gegenüber dem Objektplaner beanstanden. Eine Warnpflicht besteht aber nur bei Risiken und Zweifeln, die offensichtlich auf der Hand liegen und die Umsetzung der Planung in das Tragwerk gefährden. Die **Aufklärungsberatung** über Risiken und Gefahren einer von den anerkannten Regeln der Technik abweichenden Planung ist jedoch zwingend geboten.[16]

23 Liegt bereits ein Bodengutachten vor, darf der Tragwerksplaner auf der fachlichen Vorarbeit nur dann aufbauen, wenn er keinen Anlass für Bedenken hat.[17]

24 Liegt kein oder kein schlüssiges Bodengutachten vor, muss er auf problematische Bodenverhältnisse hinweisen und auf die Beauftragung eines solchen Gutachtens drängen. Anderenfalls ist seine Planung mangelhaft. Der Architekt und damit der Bauherr, dessen Erfüllungsgehilfe der Architekt ist, schuldet dem Tragwerksplaner die erforderli-

---

13 BGH, Urt. v. 25.5.2013 – VII ZR 257/11 – IBR 2013, 457.
14 OLG Frankfurt a.M., Urt. v. 16.3.2010 – 14 U 31/04 –; BGH, Beschl. v. 6.9.2012 – VII ZR 60/10 – Nichtzulassungsbeschwerde zurückgewiesen, IBR 2012, 717.
15 BGH, Urt. v. 12.7.1996 – VII ZR 280/97 – IBR 1996, 468.
16 OLG München, Urt. v. 14.4.2010 – 27 U 31/09 – IBR 2012, 524.
17 KG, Urt. v. 3.7.2009 – 7 U 97/08 – IBR 2010, 215.

chen Angaben zur Berechnung der Grundwasserverhältnisse.[18] **Bedenken** muss er anmelden, wenn sich ein Risiko aus der Tragwerksplanung selbst ergibt, z.B. wegen fehlender Baugrunduntersuchung, möglichem, nicht normgerechtem Reißens durch gestalterische Eigenarten des Objekts oder einer suboptimalen Gestaltung des Objektes unter Wirtschaftlichkeitsgesichtspunkten, die sich auf das Tragwerk auswirken kann.

Beauftragt der Bauherr sowohl den Tragwerksplaner als auch seinen Architekten mit 25
der Konzipierung einer Spezialkonstruktion, kann der Bauherr ohne Weiteres davon ausgehen, dass die jeweils geschuldeten Leistungen aufeinander abgestimmt werden.[19]

Alternativlösungen sind kein Selbstzweck. Sie sind nur dann geschuldet, wenn die 26
konkrete Baumaßnahme ein Erfordernis begründet, dem Auftraggeber **Alternativen** vorzustellen.

Weitere Leistung ist das **Mitwirken** bei dem Erarbeiten eines Planungskonzepts 27
einschließlich Untersuchung der Lösungsmöglichkeiten des Tragwerks unter gleichen Objektbedingungen mit skizzenhafter Darstellung, Klärung und Angabe der für das Tragwerk wesentlichen konstruktiven Festlegungen für Baustoffe, Bauarten und Herstellungsverfahren, Konstruktionsraster und Gründungsarten etc. Ebenso muss er die Anzahl der vorgegebenen Dehnfugen seitens des Architekten prüfen und für den Fall, dass diese nicht ausreichen, um Risse zu vermeiden, mindestens entsprechende Hinweise an den Auftraggeber geben.[20] Wärmedämmmaßnahmen an tragenden Bauteilen sind vom Tragwerksplaner, nicht vom Architekten vorzusehen.[21]

Das **Mitwirken** bei Vorverhandlungen mit Behörden und anderen an der Planung 28
fachlich Beteiligten über die Genehmigungsfähigkeit betrifft Gespräche mit Behörden, dem Prüfstatiker und anderen an der Planung fachlich Beteiligten. Beim Mitwirken bei der Kostenschätzung geht es um die Kosten des Tragwerks, die der Architekt insoweit nicht ermitteln muss, als die Einflüsse des Tragwerks auf die Kosten überschlägig zu ermitteln sind. Geschuldet ist keine eigene Kostenschätzung, sondern nur die erforderlichen **Kostenangaben.**

Neu aufgenommen wurde das Mitwirken bei der **Terminplanung** sowie das Zusam- 29
menfassen, Erläutern und Dokumentieren der Ergebnisse. Bei der Terminplanung reduziert sich die Mitwirkung auf die Einflüsse der Statik auf die Terminplanung. Nicht gemeint ist die Vereinbarung eines Terminplanes für die Vorlage der eigenen Pläne.

2. Besondere Leistungen. Als Besondere Leistungen kommen Vergleichsberech- 30
nungen in Betracht über die günstigste Lösung bei Vorliegen von Alternativplanungen, die Erstellung eines Lastenplans als Grundlage für den Geologen sowie ggf. eine vorläufige nachprüfbare Berechnung der Gründung.

III. Leistungsphase 3

1. Grundleistungen. Geschuldet ist das Erarbeiten der Tragwerkslösung unter Be- 31
achtung der durch die Objektplanung integrierten Fachplanungen bis zum konstruktiven Entwurf mit zeichnerischer Darstellung. Alternative Untersuchungen sind nicht mehr geschuldet. Aufgrund der heute üblichen digitalen Bearbeitung sind in der Leistungsphase 3 weitaus mehr Informationen bereitzustellen. Es handelt sich um eine Verschiebung der Leistungsphase 5 in die Leistungsphase 3.

---

18 OLG Düsseldorf, Urt. v. 23.10.2014 – 5 U 84/10 – IBRRS 2014, 3209.
19 OLG Celle, Urt. v. 19.8.2009 – 7 U 257/08 – IBR 2009, 1245 (nur online).
20 OLG München, Urt. v. 12.12.2007 – 27 U 17/07 – IBR 2008, 585.
21 OLG Frankfurt a.M., Urt. v. 28.6.1990 – 1 U 102/88 – IBR 1992, 53.

32 Neben der überschlägigen statischen Berechnung und Bemessung schuldet der Tragwerksplaner **grundlegende Festlegungen** der konstruktiven Details und Hauptabmessungen des Tragwerks z.B. für die Gestaltung der tragenden Querschnitte, Aussparungen und Fugen[22] sowie die Ausbildung der Auflager- und Knotenpunkte und der Verbindungsmittel. Der Entwurf muss genehmigungsfähig sein.

33 Zur Erzielung von **Kostensicherheit** benötigt der Objektplaner die aus der Entwurfsplanung abgeleiteten Angaben zur Erstellung einer den Anforderungen und Qualitäten entsprechenden Kostenberechnung. Maßgebend ist dabei die DIN 276-1 in der jeweils gültigen Fassung. Erfasst sind die KG 300, KG 320 und KG 330–360. So stellen beispielsweise die Kosten von Betonstahl eine wichtige Größe dar.

34 Neu eingeführt wurde das überschlägige Ermitteln der **Betonstahlmengen** im Stahlbetonbau, der Stahlmengen im Stahlbau und der Holzmengen im Ingenieurbau. Dadurch soll gewährleistet werden, dass der Objektplaner eine bessere Zuarbeit vom Tragwerksplaner erhält. Weiter wurde unter Ziff. g) das Mitwirken bei der Terminplanung aufgenommen. **Terminbezogene Leistungen** sind als Grundleistungen in den Leistungsphasen 2, 6 und 8 des Objektplaners jeweils mit Fortschreibungspflicht enthalten. Diesem obliegt auch die Koordinierung bezüglich der an der Planung fachlich Beteiligten. An dieser **Terminplanung** soll der Tragwerksplaner mitwirken, ohne dass klargestellt ist, welchen Beitrag er daran leisten soll. Es fehlt an Angaben, ob es nur um den Ablauf seiner eigenen Planungsleistung geht, weil der Objektplaner die Planung der Planung schuldet, oder ob auch die Terminplanung hinsichtlich der Ausführung vom Tragwerksplaner für seinen Leistungsbereich erstellt werden soll. Gegen letztere Annahme spricht, dass die Grundleistungen in der Leistungsphase 6 enden. Der Tragwerksplaner ist somit nur an der konkreten Bauausführung beteiligt, wenn er mit den Besonderen Leistungen der Leistungsphase 8 beauftragt ist.

35 Auch in dieser Leistungsphase ist das Zusammenfassen, Erläutern und Dokumentieren der Ergebnisse geschuldet. Der Tragwerksplaner hat aber weitere **Mitwirkungspflichten** gegenüber dem Objektplaner zu erfüllen, so das Mitwirken bei der Objektbeschreibung bzw. dem Erläuterungsbericht, das Mitwirken bei Verhandlungen mit Behörden und anderen an der Planung fachlich Beteiligten über die Genehmigungsfähigkeit sowie das Mitwirken beim Vergleich der Kostenberechnung mit der Kostenschätzung.

36 **2. Besondere Leistungen.** Besondere Leistungen betreffen vorgezogene, prüfbare und für die Ausführung geeignete Berechnungen wesentlich tragender Teile und der Gründung, ein vom Auftraggeber verursachter Mehraufwand bei Sonderbauweisen oder **Sonderkonstruktionen,** z.B. Klären von Konstruktionsdetails und vorgezogene Stahl- oder Holzmengenermittlung des Tragwerks und der kraftübertragenden Verbindungsteile für eine Ausschreibung, die ohne Vorliegen von Ausführungsplänen durchgeführt wird, sowie Nachweise der Erdbebensicherung.

IV. Leistungsphase 4

37 **1. Grundleistungen.** Hier ist das Aufstellen der prüffähigen statischen Berechnungen für das Tragwerk unter Berücksichtigung der vorgegebenen bauphysikalischen Anforderungen geschuldet. Für die **Prüffähigkeit** gilt der bautechnische Maßstab. Zu erbringen ist der Nachweis über die Standsicherheit und die Gebrauchsfähigkeit. Der Tragwerksplaner ist verpflichtet, dem Prüfingenieur, der die Geeignetheit der Nachweise

22 OLG München, Urt. v. 12.12.2007 – 27 U 17/07 – IBR 2008, 585.

beurteilen muss, sachlich zutreffende Entscheidungshilfen vorzulegen, die so beschaffen sind, dass sie auch nach einer Baufreigabe einer Nachprüfung standhalten.[23] Die Pläne sind zu vervollständigen, wenn dies von den Prüfämtern verlangt wird.

Praxistipp
Der Tragwerksplaner sollte sich bei komplizierten Planungen frühzeitig und schon vor Abschluss seiner Planung mit dem Prüfingenieur abstimmen.

Einerseits vermeidet er dadurch den Aufwand für spätere Änderungen. Andererseits **38** können ggf. noch nicht erkannte Kostenfolgen ermittelt und mit dem Auftraggeber besprochen werden. Zudem entspricht dies auch der Pflicht zur Mitwirkung bei der Terminplanung, um zu vermeiden, dass durch Anordnungen des Prüfstatikers erforderliche zusätzliche Maßnahmen den Terminplan infrage stellen. Die Angaben des **Prüfingenieurs** entbinden aber nicht davon, die eigene Leistung sorgfältig fertigzustellen und auch die Vorgaben des Prüfstatikers zu hinterfragen.[24]

Bei Ingenieurbauwerken ist das Erfassen von normalen Bauzuständen Grundleis- **39** tung, aber nur, soweit das statische System nicht von dem des Endzustands abweicht. Dann ist es Besondere Leistung. Die Darstellung von Bauzuständen bei Gebäuden ist immer Besondere Leistung.

Das Anfertigen der **Positionspläne** für das Tragwerk betrifft das Fixieren der in der **40** statischen Berechnung enthaltenen Tragwerksteile. Weiter geschuldet ist das Eintragen der statischen Positionen, der Tragwerksabmessungen, der Verkehrslasten, der Art und Güte der Baustoffe und der Besonderheiten der Konstruktionen in die Entwurfszeichnungen des Objektplaners. Es sind die Zahlen der einzelnen Tragelemente zu übertragen, die sich aus der Berechnung ergeben. Um Unübersichtlichkeit durch die Eintragung zu vermeiden, kann als Besondere Leistung eine Neuanfertigung der Übersichtszeichnungen beauftragt werden.

Unter **Zusammenstellen der Unterlagen der Tragwerksplanung** zur Genehmi- **41** gung fällt das Abstimmen und Ordnen der statischen Berechnungen und der Positionspläne. Die Leistung wurde unter Buchstabe d) allgemeiner gefasst, da es sich bei den erforderlichen Genehmigungen nicht ausschließlich nur um solche der Bauaufsicht handelt. Gegenüber der bisherigen Verpflichtung, Verhandlungen zu führen, ist jetzt ein Abstimmen mit Prüfämtern und Prüfingenieuren oder eine Eigenkontrolle gefordert.

In der Grundleistung Vervollständigen und Berichtigen der Berechnungen der Pläne **42** sind Leistungen nicht erfasst, die über die Leistungen der Leistungsphase 4 hinausgehen, so z.B. besondere Auflagen des Prüfingenieurs, ausgenommen bei Bauwerken der Honorarzone IV und V.

2. Besondere Leistungen. Die Liste der Besonderen Leistungen ist aktualisiert wor- **43** den. Das Anfertigen der bauphysikalischen Nachweise zum Brandschutz ist Besondere Leistung.

Die Nachweise zum **konstruktiven Brandschutz** umfassen die Beachtung und **44** Einarbeitung der Anforderungen bei Vorentwurf und Entwurf des Tragwerks aus den Leistungsphasen 1 und 2 sowie den schriftlichen Nachweis der Einhaltung der Anforderungen für die einzelnen Tragelemente, entweder tabellarisch oder unter Bezug auf die

23 OLG Dresden, Urt. v. 25.3.2004 – 10 U 902/00 –; BGH, Beschl. v. 10.11.2005 – VII ZR 110/04 – Nichtzulassungsbeschwerde zurückgewiesen, IBR 2006, 37.
24 BGH, Urt. v. 9.2.2012 – VII ZR 31/11 – IBR 2012, 207.

einschlägigen Normen, soweit erforderlich unter Berücksichtigung der Temperatur (Heißbemessung) z.B. von Stahlbetonstürzen nach der DIN 4102.

45 Unter der statischen Berechnung und zeichnerischen Darstellung für Bergschadensicherungen und Bauzustände bei Ingenieurbauwerken, soweit diese Leistungen über das Erfassen von normalen Bauzuständen hinausgehen, sind die Fälle erfasst, in denen das statische System von dem des Endzustands abweicht und deshalb zusätzliche Leistungen erforderlich werden.

46 Bei der Besonderen Leistung Zeichnungen mit statischen Positionen und den Tragwerksabmessungen, den Bewehrungsquerschnitten, den Verkehrslasten und der Art und Güte der Baustoffe sowie Besonderheiten der Konstruktionen zur Vorlage bei der bauaufsichtlichen Prüfung anstelle von Positionsplänen handelt es sich um **vereinfachte Ausführungszeichnungen**, die bei einfachen Bauvorhaben die Ausführungsplanung ersetzen sollen.

47 Das Aufstellen der Berechnungen nach militärischen und Lastenklassen (MLC) dient der Berücksichtigung von Lastbildern für Militärfahrzeuge entweder als besonderer Lastfall oder im Wege der nachträglichen Prüfung der erstellten Tragwerksplanung auf die höchst zulässige Militärlastenklasse.

48 Das **Erfassen von Bauzuständen** bei Ingenieurbauwerken, in denen das statische System von dem des Endzustands abweicht, ist bei Gebäuden immer Besondere Leistung. Fertigt der Tragwerksplaner aus Gründen der besseren Übersichtlichkeit nicht nur Positionspläne, sondern eigene Zeichnungen mit allen statischen Positionen, Bewehrungsquerschnitten, Verkehrslasten sowie Art und Güte der Baustoffe an, sind dies ebenfalls immer Besondere Leistungen.

49 Aus der Aufführung der statischen Nachweise an nicht zum Tragwerk gehörenden Konstruktionen (z.B. **Fassaden**) ist zu entnehmen, dass Fassadenverkleidungen als eigenes Tragwerk mit eigenen anrechenbaren Kosten anzusehen sind.

V. Leistungsphase 5

50 **1. Grundleistungen.** Übernimmt der Auftragnehmer die Statik erst ab der Leistungsphase 5, ist er nicht verpflichtet, die bis dahin erbrachte Statik zu überarbeiten.[25]

51 Ansonsten erfolgt das Durcharbeiten der Ergebnisse der Leistungsphasen 3 und 4 unter Beachtung der durch die Objektplanung integrierten Fachplanungen durch Sichten, Zusammenfassen und Bewerten, jedoch nicht das Ergänzen der Planung aus vorhergehenden Leistungsphasen. Leistungen über die Genehmigungsplanung hinaus vor Erteilung der Baugenehmigung rechtfertigen nur einen Honoraranspruch, wenn der Bauherr das Vorziehen der Leistungsphase 5 ausdrücklich verlangt und das Risiko übernommen hat, dass diese vorgezogenen Leistungen später nicht benötigt werden, weil sie mangels Baugenehmigung überflüssig sind.[26]

52 Das **Anfertigen der Schalpläne** in Ergänzung der fertiggestellten Ausführungspläne des Objektplaners betrifft die Schalpläne für den Beton nebst Angabe der Dicken, Mauerwerksqualitäten sowie die Übernahme der Durchbrüche und Aussparungen aus den Ausführungsplänen der Fachplanungen. Diese Leistung kann nur erbracht werden, wenn alle Ausführungspläne in endgültiger Fassung vorliegen. Der Architekt muss die Schalpläne zwar auf Übereinstimmung mit seinen Planvorgaben prüfen, für die plangerechte Umsetzung ist aber der Tragwerksplaner allein verantwortlich.[27] In der Regel sind

---

25 OLG Celle, Urt. v. 7.10.2008 – 16 U 49/08 – IBR 2008, 746.
26 OLG Koblenz, Urt. v. 18.11.2010 – 24 U 19/10 – IBR 2011, 147.
27 OLG Hamm, Urt. v. 22.6.1999 – 21 U 115/98 – IBR 2001, 554.

die **Schalpläne** lediglich Ergänzungen zu den Ausführungsplänen. Will der Auftraggeber, dass auf der Baustelle einheitliche Ausführungspläne vorliegen, die alle für die Ausführung des Rohbaus erforderlichen Details ausweisen, müssen Rohbauzeichnungen erstellt werden, die nicht mehr zu den Grundleistungen gehören.

Praxistipp
Die Lieferung von Schalplänen, die alle für die Ausführung erforderlichen Angaben enthalten, ist im Vertrag gesondert zu vereinbaren und rechtfertigt einen zusätzlichen Honoraranspruch, den die Vertragsparteien frei vereinbaren können.

Die Bewehrungspläne müssen alle für die Standsicherheit erforderlichen Bewehrungen ausweisen. Im Beton- und Stahlbetonbau sind Bewehrungspläne zu übergeben, die alle erforderlichen Angaben und Vermaßungen enthalten und durch eine Verlegeanweisung ergänzt werden. In der Begründung zur Novellierung ist ausgeführt, dass der moderne Ingenieurholzbau sich wesentlich vom Zimmermannsholzbau durch neue Produkte und Anschlusstechniken unterscheidet. Die Kürzung des v.H.-Honoraranteils beschränkt sich auf zimmermannsmäßige Ausführungen, deren Konstruktionen in den Ausführungsplänen nur eine einfache Darstellung z.B. in Form einer **Übersichtszeichnung** erfordern. Dagegen erfordert die Darstellung im modernen Ingenieurholzbau einen erheblich höheren Aufwand. 53

Durch das Aufstellen von Stahl- oder Stücklisten als Ergänzung zur zeichnerischen Darstellung der Konstruktionen mit Stahlmengenermittlung soll die Grundlage für die Bestellung und Abrechnung geschaffen werden. Durch den Einsatz von EDV und CAD stellt diese Teilleistung keine besonderen Anforderungen. 54

Unter Buchstabe c) wurden für die Leistung, die die zeichnerische Darstellung der Konstruktionen umfasst, klarstellend auch **Leitdetails** aufgenommen. Leitdetails stellen einen Teil der Ausführungsplanung dar, mit denen z.B. bestimmte Werkstoffe vorgegeben werden. 55

Praxistipp
Durch den allgemeinen Begriff „Leitdetails" ist die im Einzelnen geschuldete Planungstiefe nicht klar geregelt. Es sollte vertraglich festgelegt werden, welche Leitdetails die Planung enthalten soll, insbesondere ob auch Anschlüsse geplant werden sollen.

Weitere Grundleistung sind Werkstattzeichnungen im Stahl- und Holzbau einschließlich Stücklisten, Elementpläne für Stahlbetonfertigteile unter Einbezug von Stahl- und Stücklisten. Werkstattzeichnungen sind Stückzeichnungen mit ausführlicher Darstellung aller Einzelheiten und Maße. Elementpläne für Stahlbetonfertigteile sind Schal- und Bewehrungspläne, aus denen alle notwendigen Einbauteile und Angaben hinsichtlich Oberflächenqualitäten, Herstellung, Transport und Montage ersichtlich sind. 56

Bei der Teilleistung Berechnen der Dehnwege, Festlegen des Spannvorganges und Erstellen der Spannprotokolle im Spannbetonbau handelt es sich um den Spannvorgang, wobei die Kräfte für die Vorspannung zu messen sind aufgrund der genauen Lage der Spannglieder in Grund- und Aufriss. In der Regel wird diese Leistung aber vom **ausführenden Unternehmer** erbracht. 57

Die Rohbauzeichnungen im Stahlbetonbau, die auf der Baustelle nicht der Ergänzung durch die Pläne des Objektplaners bedürfen, sind die Pläne, die außer den Mindestinhalten eines **Schalplans** alle weiteren Angaben für die Herstellung des Tragwerks enthalten. 58

59 **2. Besondere Leistungen.** Als Besondere Leistungen gelten die Konstruktion und Nachweise der Anschlüsse im Stahl- und Holzbau. Leistungsinhalt ist eine Einzeldarstellung jedes Konstruktionsdetails in größerem Maßstab einschließlich der Anschlüsse.

60 Werden Vertragsgrundlagen geändert und ist infolge dessen eine Änderung der bereits abschließend erbrachten Leistungen der Genehmigungs- und Ausführungsplanung für das Tragwerk notwendig, so handelt es sich bei diesen notwendig werdenden Leistungen grundsätzlich nicht um solche, die noch von den vertraglichen Leistungen erfasst sind, es sei denn, dass dies im Vertrag ausdrücklich anderweitig geregelt ist.

61 Dies bedingt in der Regel erhebliche **Planungsänderungen** nach bereits erfolgter Fertigstellung der Pläne auf Verlangen des Auftraggebers. Planungsleistungen des Tragwerksplaners im Rahmen der Ausführungsplanung, die er auf Verlangen des Auftraggebers in Folge einer von diesem veranlassten Änderung der Planung zu erbringen hat, ohne dass diese Änderungen vom Tragwerksplaner zu vertreten sind, stellen entsprechend der Auflistung in Anlage 14 eine Besondere Leistung der Leistungsphase 5 dar,[28] obwohl es sich, wenn bis dahin ordnungsgemäß geplant wurde, in der Regel um **wiederholende Grundleistungen**, also um einen neuen Auftrag, handeln dürfte.[29] Die Vergütung würde sich dann ohne besondere Vereinbarung nach den Grundleistungen unter Berücksichtigung der Regelungen in § 8 Abs. 2 richten, sodass eine Vereinbarung eines „freien“, außerhalb des Preisrechts liegenden Honorars nicht in Betracht kommt. Die Zuordnung der Änderung der Ausführungsplanung nach geänderter Zielvorstellung des Auftraggebers zu den Besonderen Leistungen ist somit ein Systembruch in der HOAI.[30]

62 Zudem hat nahezu jede **Änderung einer anderen Fachplanungsleistung** der technischen Ausrüstung auch eine neue statische Leistung zur Folge, weil die Verlegung von bereits geplanten Leitungsführungen notwendigerweise zur Herstellung neuer Schlitze führt. Diese Leistungen erfordern fast immer die Wiederholung von Teilleistungen aus den vorhergehenden Leistungsphasen des Tragwerksplaners.

63 Die Auffassung, dass Änderungen aufgrund EDV-Vorarbeiten ohne großen Aufwand möglich sind, wird durch die HOAI nicht gestützt.

64 Unter den vertraglichen Voraussetzungen können auch solche Leistungen gesondert zu vergüten sein, die deshalb notwendig werden, weil der Auftragnehmer auf Anordnung des Auftraggebers Leistungen bereits erbracht hat, obwohl die zugrunde liegende Objektplanung und Entwurfsplanung für das Tragwerk noch nicht abgeschlossen waren. Eine unzureichende Koordinierung geht vorbehaltlich abweichender vertraglicher Vereinbarungen nicht zulasten des Tragwerkplaners.[31] Leistungen für die Erdbebensicherheit sind ebenfalls Besondere Leistungen.

VI. Leistungsphase 6

65 **1. Grundleistungen.** Grundleistung ist das Ermitteln der Betonstahlmengen im Stahlbetonbau und der Holzmengen im Ingenieurbau als Ergebnis der Ausführungsplanung und als Beitrag zur Mengenermittlung des Objektplaners. Auf den Ergebnissen der Ausführungsplanung aufbauend werden die Grundlagen der **Mengenermittlungen** zusammengestellt. Der Tragwerksplaner schuldet neben den Mengenangaben auch dazugehörige technische Details und Bezeichnungen, nicht jedoch das Leistungsverzeichnis als solches. Dieses ist vom Objektplaner zu erstellen.

---

28 OLG Düsseldorf, Urt. v. 15.5.2008 – 5 U 68/07 – IBR 2009, 459.
29 OLG Hamm, Urt. v. 25.11.1993 – 17 U 193/91 – IBR 1994, 114.
30 OLG Düsseldorf, Urt. v. 15.5.2008 – 5 U 68/07 – IBR 2009, 459.
31 BGH, Urt. v. 26.7.2007 – VII ZR 42/05 – IBR 2007, 563.

Er muss überschlägig die Mengen der konstruktiven Stahlteile und statisch erforderlichen Verbindungs- und Befestigungsmittel im Ingenieurbau ermitteln. Die Verbindungs- und Befestigungsmittel müssen ebenfalls nur überschlägig ermittelt werden, weil sie in der Regel in die Einheitspreise eingerechnet werden. 66

Bei dem **Mitwirken beim Erstellen der Leistungsbeschreibung** als Ergänzung zu den Mengenermittlungen als Grundlage für das Leistungsverzeichnis des Tragwerks ist eine Beschreibung aller für das Tragwerk erforderlichen Leistungen geschuldet. Durch die Einfügung des Begriffs Mitwirken unter Buchstabe c) wird klargestellt, dass die Leistungsbeschreibungen durch den Objektplaner aufgestellt werden und der Tragwerksplaner hierbei lediglich mitwirkt. Der Tragwerksplaner schuldet durch seine Beschreibung eine Hilfestellung für den Objektplaner bei der Ausschreibung. 67

2. Besondere Leistungen. Als Besondere Leistung gilt der Beitrag zur Leistungsbeschreibung mit Leistungsprogramm des Objektplaners, die die vorgenannte Leistung ersetzen kann. 68

Genannt sind weiter der Beitrag zum **Aufstellen von vergleichenden Kostenübersichten** des Objektplaners und der Beitrag zum Aufstellen des Leistungsverzeichnisses des Tragwerks. Hier geht es im Wesentlichen um das Ermitteln von Mengen und Kosten für Planungsvarianten sowie das Aufstellen von Leistungsbeschreibungen anstelle des Objektplaners bzw. unter maßgeblicher Mitwirkung und Abstimmung der Ergebnisse. 69

D. Die Leistungsphasen 7–9

I. Allgemein

Es sind keine Grundleistungen beschrieben. Die in den Leistungsphasen 7 bis 9 aufgeführten Besonderen Leistungen zählen nicht zum verbindlichen Teil der HOAI, da sie ohne Bewertung preisrechtlich nicht reguliert sind. Sie sind in der Anlage 14 dennoch erfasst, weil durch das Auflisten der Besonderen Leistungen insbesondere eine Abgrenzung zu den Grundleistungen und auch den Aufgaben des Objektplaners deutlich gemacht werden soll. Zudem dienen sie der preisrechtlichen Zuordnung von Leistungen zu Gebührentatbeständen bzw. zur freien Preisvereinbarung. 70

II. Aufzählung Besonderer Leistungen

1. Leistungsphase 7. Besondere Leistung ist das Mitwirken bei der Prüfung und Wertung der Angebote, Leistungsbeschreibung mit Leistungsprogramm des Objektplaners. Darunter sind die Prüfung der Standsicherheit und der Gebrauchsfähigkeit der angebotenen Leistung zu verstehen, also die technische Prüfung und Wertung der Angebote. 71

Das Mitwirken bei der Prüfung und **Wertung von Nebenangeboten** ist ebenfalls keine Grundleistung. Auch wenn bei Nebenangeboten der Unternehmer Planverantwortung für seinen Vorschlag übernimmt,[32] ist die technische Gleichwertigkeit der angebotenen mit der ausgeschriebenen Leistung zu prüfen. 72

Das Mitwirken beim Kostenanschlag nach DIN 276 oder anderer Vorgaben des Auftraggebers aus Einheitspreisen oder Pauschalangeboten ist Besondere Leistung. Der Kos- 73

32 OLG Schleswig, Urt. v. 5.8.1993 – 11 U 197/99 – IBR 1995, 374; OLG Brandenburg, Urt. v. 14.8.2013 – 4 U 191/11 – IBR 2013, 679.

tenanschlag basiert auf den Ausschreibungsergebnissen. Soweit hier Ergänzungen erforderlich sind, ist der Tragwerksplaner einzuschalten.

74 **2. Leistungsphase 8. Die Leistungsphase 8 beinhaltet die Ingenieurtechnische Kontrolle** der Ausführung des Tragwerks auf Übereinstimmung mit den geprüften statischen Unterlagen. Diese Aufgabe ist trotz der teilweise hohen Komplexität der Bauvorhaben Besondere Leistung geblieben. Es geht um die Kontrolle der Bewehrung. Nur bei einfachen Tragwerken der Honorarzone I und II fällt die Überwachung in den Aufgabenbereich des Objektplaners. Sofern ein Prüfstatiker eingeschaltet ist, hat er im öffentlichen Interesse die Aufgabe zu prüfen, ob die Bewehrung nach der tragwerksplanerischen Berechnung richtig und vollständig verlegt ist. Die ingenieurtechnische Prüfung betrifft die Frage, ob die Bewehrung nach den Plänen vollständig verlegt ist. Erfasst sind u.a. die Kontrolle der Betonquerschnitte, die Bewehrung der Stahlbetonkonstruktionen und die Stahlgüten, die Holzkonstruktionen und die Kontrolle des Mauerwerks.

75 Die Leistung Ingenieurtechnische Kontrolle der **Baubehelfe,** z.B. Arbeits- und Leergerüste, Kranbahnen, Baugrubensicherungen, ist nur möglich, wenn geprüfte statische Unterlagen vorliegen.

76 Die Leistung Kontrolle der Betonherstellung- und -verarbeitung auf der Baustelle in besonderen Fällen sowie Auswertung der Güteprüfungen kommt in Betracht, wenn die einzusetzenden Betone besondere Anforderungen erfüllen müssen.

77 **Die Betontechnologische Beratung** erfasst die Anforderungen an die Herstellung und Nachbehandlung des Betons.

78 Besondere Leistung ist auch das Mitwirken bei der Überwachung der Ausführung der Tragwerkseingriffe bei Umbauten und Modernisierungen.

79 **3. Leistungsphase 9.** Erfasst ist die Baubegehung zur Feststellung und Überwachung von die Standsicherheit betreffenden Einflüssen. Bezogen auf die Standsicherheit entspricht dies der Besonderen Leistung **Baubegehung** durch den Objektplaner nach Abnahme. Die Beauftragung macht nur Sinn, wenn auch die Besonderen Leistungen der Leistungsphasen 7 und 8 beauftragt wurden.

80 In der allgemeinen Regelung des § 3 Abs. 3 wird verdeutlicht, dass die Leistungen nur beispielhaft aufgezählt sind und der Leistungskatalog offen ist. Sie sind nur Besondere Leistungen, wenn sie nicht in anderen Leistungsphasen Grundleistungen sind. Das Honorar kann frei vereinbart werden, sodass diese Regelung neben den allgemeinen Grundlagen des Honorars in § 6 gilt. Dies gilt für alle Besonderen Leistungen, die in der Anlage 14 bei den jeweiligen Grundleistungen aufgeführt sind (§ 3 Abs. 3). In der HOAI sind keine verbindlichen Zeithonorare vorgesehen. Soweit die Leistungen nicht verbindlich verpreist sind, ist die Honorarvereinbarung frei. Wird nach Stundensätzen abgerechnet, gilt im Werkvertragsrecht, dass der Unternehmer eine wirtschaftliche Betriebsführung schuldet, die er, wenn der Auftraggeber diese substantiiert infrage stellt, nachweisen muss.[33]

III. Weitere Besondere Leistungen und Honorarvereinbarung

81 Auch für die Tragwerksplanung gilt, dass Besondere Leistungen im Sinne des werkvertraglichen Erfolgs notwendig für den Werkerfolg sein können, ohne dass die Parteien dies im Vertrag ausdrücklich vereinbart haben. In diesen Fällen ist dann fraglich, ob der

---

33 OLG Düsseldorf, Urt. v. 28.2.2012 – 23 U 59/11 – IBR 2012, 1181 (nur online).

Tragwerksplaner **Anspruch** auf Beauftragung und auf **Abschluss einer Honorarvereinbarung** hat, wenn er die Notwendigkeit dieser Leistungen vor Ausführung anmeldet. Fraglich ist weiter, ob er die Leistungen verweigern kann, wenn der Auftraggeber es ablehnt, eine Honorarvereinbarung abzuschließen. Dies kann eine Verletzung der im Werkvertrag allgemein geltenden Kooperationspflicht darstellen.[34] Zu den weiteren Grundlagen des Honoraranspruchs siehe Rn 17ff. zu § 3 Abs. 3.

Zusätzlich zur Standsicherheit der tragenden Elemente eines Gebäudes oder eines **82**
Ingenieurbauwerks ist es häufig auch erforderlich, **untergeordnete Bauteile,** die für die Standsicherheit des Gebäudes/Ingenieurbauwerks keine Rolle spielen, einer statischen Untersuchung zu unterziehen. Dies sollte im Vertrag vereinbart werden und auch die Vergütung dafür festgelegt werden. Ebenfalls ist im Rahmen der vertraglichen Vereinbarung zu regeln, ob und inwieweit der Tragwerksplaner Unterfangungsarbeiten angrenzender Gebäude zu planen hat (Baugrubenplanung).

Es ist auch festzulegen, ob der Tragwerksplaner die Gebrauchstauglichkeit der tra- **83**
genden Konstruktionen, die sich aus den vorgegebenen Funktionen und der Nutzung des Gebäudes ergeben, zu untersuchen hat.

Nicht zum statischen System gehören Ausbauteile wie Treppen- und Balkongelän- **84**
der, Fassaden oder Fassadenbekleidungen. Mangels Zugehörigkeit zum statischen System eines Gebäudes/Ingenieurbauwerks besteht ebenfalls keine Preisbindung bei sog. **Baubehelfen,** also bei für einen vorübergehenden Zweck hergestellten Hilfskonstruktionen wie z.B. Arbeits- und Hilfsbrücken, Gerüste oder Einschalungen. Dem steht nicht entgegen, dass die Kosten für derartige Baubehelfe den anrechenbaren Kosten zugerechnet werden können. Sofern derartige Baubehelfe im Einzelfall eine Tragwerksberechnung erfordern, sind die dafür erbrachten Leistungen nicht von der HOAI erfasst und deshalb einer freien Honorarvereinbarung zugänglich, soweit sie nicht zu den **Traggerüsten** gehören.

Die Verwendung bestimmter Baumaterialen kann insbesondere in Übergangsberei- **85**
chen zu Abgrenzungsproblemen der Planungspflichten des Tragwerksplaners mit dem Architekten führen. Soll der Tragwerksplaner neben reinen Standsicherheitsfragen auch die konstruktiven Besonderheiten von Baumaterialien in seiner Planung mitberücksichtigen, sollte hierüber eine klare vertragliche Vereinbarung getroffen werden.[35]

E. Abnahme

Maßgebender Zeitpunkt für die Beurteilung der Mangelfreiheit der Planungsleistung **86**
ist die Abnahme, die nach § 15 Abs. 1 auch **Fälligkeitsvoraussetzung** für den Honoraranspruch ist, soweit die Parteien nichts anderes schriftlich vereinbart haben. Ändern sich zwischen Vertragsschluss, Genehmigungszeitpunkt und Abnahme der Leistung **technische Normen** bzw. die anerkannten Regeln der Technik, muss der Tragwerksplaner dem Auftraggeber die Folgen unmissverständlich aufzeigen.[36] Die Änderung ist dem Auftraggeber indirekt zuzuordnen, ohne dass es einer Veranlassung bedarf. Ist die Planung anzupassen, kann eine gesondert zu vergütende Planungsänderung vorliegen. Eine schriftliche Anzeige an den Auftraggeber ist dringend anzuraten, verbunden mit der Aufforderung zu erklären, ob die Planung an die geänderten Voraussetzungen angepasst werden soll.

---

34 OLG Frankfurt a.M., Urt. v. 21.9.2011 – 1 U 154/10 – IBR 2011, 690.
35 OLG Hamm, Urt. v. 9.7.2010 – 19 U 43/10 – IBR 2010, 1363 (nur online).
36 OLG Dresden, Urt. v. 9.6.2010 – 1 U 745/90 –; BGH, Beschl. v. 28.7.2011 – VII ZR 106/10 – Nichtzulassungsbeschwerde zurückgewiesen, IBR 2012, 90.

87 Dem Tragwerksplaner steht für die Betreuung der Sicherungsmaßnahmen während eines Baustillstandes ein Honorar für diese Leistung zu. **Objektsicherungsmaßnahmen** stehen im seltensten Fall in direktem Zusammenhang mit der Errichtung des Bauwerks. Derartige Tätigkeiten sind vom eigentlichen Planungsauftrag unabhängig und per Definition keine Besondere Leistung, sondern zusätzliche Leistungen.[37]

F. Zusammenarbeit mit den anderen an der Planung fachlich Beteiligten

I. Mitwirkungspflichten des Auftraggebers

88 Den Auftraggeber trifft grundsätzlich die Obliegenheit, dem Tragwerksplaner die für die mangelfreie Erstellung der Statik erforderlichen Angaben zu den Boden- und Grundwasserverhältnissen zu machen. Es ist Aufgabe seines Architekten, die Bodenverhältnisse zu untersuchen.[38] Der Tragwerksplaner darf aber dann nicht von normalen Bodenverhältnissen ausgehen, wenn ihm bei der Erstellung der Statik Bedenken gekommen sind bzw. hätten kommen müssen.[39] Die **Baugrundprüfung** obliegt zwar in erster Linie dem Objektplaner, den Tragwerksplaner trifft aber die Pflicht, auf die Erforderlichkeit eines Gutachtens hinzuweisen und seiner Planung sachgerechte Annahmen zugrunde zu legen.[40] Hat der Auftraggeber unzutreffende Angaben gemacht und ist deshalb die Statik mangelhaft, trifft den Auftraggeber für einen daraus entstehenden Schaden eine Mithaftung wegen Verschuldens gegen sich selbst.[41] Der Auftraggeber kann das Baugrundrisiko durch vertragliche Vereinbarung auf den Bauunternehmer übertragen.[42]

II. Tragwerksplaner und Objektplaner

89 Der Objektplaner darf sich auf die Berechnungen des Tragwerksplaners verlassen, muss aber prüfen, ob dieser die maßgebende (letzte) Architektenplanung zugrunde gelegt hat.[43] Eine Zusammenarbeit des Statikers und des Architekten ist erforderlich, da zur Erstellung der Positionspläne die tragwerksrelevanten Bauteile, wie tragende Wände, Stützen etc., geprüft werden müssen. Hinweise des Statikers sind sinnvoll, wenn abzusehen ist, dass wesentliche Planungsergebnisse der technischen Anlagen noch nicht vorliegen, die Statik somit nur unter Vorbehalt aufgestellt werden kann und mit an Sicherheit grenzender Wahrscheinlichkeit damit zu rechnen ist, dass **Nachtragsleistungen** des Tragwerksplaners entstehen. Es ist dann Aufgabe des Bauherrn zu entscheiden, ob die Statik zurückgestellt werden soll, bis die notwendigen Angaben vorliegen oder nicht. Anderenfalls ist es sinnvoll, frühzeitig Regelungen zu treffen.

Praxistipp
Die Vertragsparteien können, um unnötige und teure Änderungsleistungen bei der Tragwerksplanung zu vermeiden, vereinbaren, dass die endgültige Genehmigungsstatik erst nach Abschluss der rohbaurelevanten Ausführungsplanung des Objektplaners zu erstellen ist.

---

37 OLG Koblenz, Urt. v. 28.1.2008 – 12 U 1107/06 – IBR 2008, 399.
38 OLG Düsseldorf, Urt. v. 12.5.2000 – 22 U 191/99 – IBR 2000, 450; BGH, Urt. v. 15.5.2013 – VII ZR 257/11 – IBR 2013, 476.
39 OLG Düsseldorf, Urt. v. 12.5.2000 – 22 U 191/99 – IBR 2000, 450.
40 OLG Jena, Urt. v. 27.7.2011 – 7 U 937/10 –; BGH, Beschl. v. 9.8.2012 – VII ZR 181/11 – Nichtzulassungsbeschwerde zurückgewiesen, IBR 2012, 656.
41 BGH, Urt. v. 15.5.2013 – VII ZR 257/11 – IBR 2013, 476.
42 OLG Jena, Urt. v. 25.5.2010 – 5 U 622/09 – IBR 2012, 586.
43 OLG Köln, Urt. v. 17.8.2011 – 11 U 16/11 – IBR 2011, 704.

Bei solchen Vereinbarungen ist auch die geplante Bauzeit zu berücksichtigen. Es kann auch sinnvoll sein, dass der Tragwerksplaner die Schalpläne zeitlich weitgehend parallel zu Architektenwerkplänen erstellt. Dann handelt es sich für den Tragwerksplaner um eine Besondere Leistung. Auch insoweit ist eine vertragliche Vereinbarung zu empfehlen. 90

Der Tragwerksplaner schuldet nicht die **Brandschutzplanung**. Er ist kein Brandschutzfachmann.[44] 91

G. Honorarminderungen bzw. -erhöhungen

I. Honorarminderungen

§ 51 Abs. 2 regelt wie bisher Kürzungen der prozentualen Bewertung einzelner Leistungsphasen. Die Leistungsphase 5 ist abweichend von § 51 Abs. 1 anstelle von 40% nur mit 30% zu bewerten. 92

1. Stahlbau. Im Stahlbau gilt dies, sofern der Tragwerksplaner die Werkstattzeichnungen nicht auf Übereinstimmung mit der Genehmigungsplanung und den Ausführungszeichnungen nach Anlage 14.1 überprüft. Hintergrund ist nach der Bundesratsbegründung, 93

> *„dass die **Werkstattzeichnungen** regelmäßig durch Stahlbauunternehmen erbracht werden und durch den Auftragnehmer auf Übereinstimmung mit seinen Ausführungsplänen überprüft werden. Dazu zählt insbesondere die Übernahme des Konstruktionsprinzips, um die Standsicherheit zu gewährleisten".*

2. Holzbau. Beim Holzbau mit unterdurchschnittlichem Schwierigkeitsgrad sind Tragwerke der Honorarzone I und II gemeint. Nach der Begründung soll eine Kürzung bei den Honorarzonen III-V nicht erfolgen, da die Anforderungen im modernen Ingenieurholzbau gegenüber dem zimmermannsmäßigen Holzbau besonders hoch sind.[45] 94

3. Schalpläne als Einzelleistung. § 51 Abs. 3 regelt, dass die Leistungsphase 5 abweichend von Abs. 1 mit 20% des Honorars des § 52 zu bewerten ist, sofern nur Schalpläne in Auftrag gegeben werden. Das Erstellen der Schalpläne als Einzelleistung ist mit 20% zu bewerten. Die Veränderung der Zeichnungserstellung (Zeichenbrett-CAD) bedingt, dass Schal-Bewährungs-Stahl- und Holzbaupläne jeweils auf einer Datenbasis beruhen. 95

Dabei sind die Schalpläne die Grundlage für die Erstellung der weiteren Pläne. Werden die **Schalpläne** nicht beauftragt, muss dennoch ein wesentlicher Teil davon als Grundlage für die weiteren Pläne erarbeitet und abgestimmt werden. 96

Weiter geschuldet ist das Fortführen der Abstimmung mit Prüfämtern und Prüfingenieuren oder Eigenkontrolle. 97

II. Enge Bewährung § 51 Abs. 4

Bei sehr enger Bewehrung kann die Bewertung der Leistungsphase 5 um bis zu 4% erhöht werden. Hierbei handelt es sich um eine der wenigen echten Teilleistungsbewertungen in der HOAI, die ansonsten als kleinste Berechnungseinheit für das Honorar nur 98

44 OLG Celle, Urt. v. 4.1.2012 – 14 U 126/11 – IBR 2013, 627.
45 Begründung BR-Drucks. 334/13, S. 166.

die Leistungsphase nennt. Alle sonstigen Teilleistungen sind unter Anwendung von § 9 Abs. 2 aus unverbindlichen Tabellen[46] zu ermitteln oder der vertraglichen Vereinbarung der Parteien unterstellt. Für die Vereinbarung von Teilleistungsbewertungen eignen sich die Tabellen, auch wenn sie nicht verbindlich sind.[47]

99 Unter Berücksichtigung der Tatsache, dass die Dichtebewährung in der Regel nicht durchgängig vorhanden sein wird, hatte sich die FAG 3[48] einvernehmlich auf die Möglichkeit eines Zuschlages von bis zu 4% geeinigt. Die Erhöhung setzt nach der Begründung eine Einigung der Parteien voraus.[49] Es wird auch die Auffassung vertreten, dass der Anspruch automatisch entsteht, wenn eine sehr enge Bewehrung vorliegt.[50] Sie soll berücksichtigen, dass bei geringen Bewehrungsabständen untereinander bzw. engen Bewehrungsknoten der Aufwand bei der Erstellung der Bewehrungspläne z.B. aufgrund der stärkeren Durchdringungen und aufwändigeren **Verlegeanweisungen** stark ansteigt. Da dies nicht durchgehend der Fall ist, ist die Vereinbarungsmöglichkeit auf 4% begrenzt.

III. Ingenieurbauwerke nach § 41 Nr. 6 und 7

100 Nach § 51 Abs. 5 hat der Tragwerksplaner bei Bauwerken, die unter § 41 Nr. 6 und 7 fallen, keinen Anspruch auf Beauftragung mit den Grundleistungen der Leistungsphase 1, weil diese bereits im Leistungsbild des § 43 enthalten ist.[51]

H. Besondere Honorartatbestände

I. Begrenzter Auftrag

101 § 9 Abs. 1 regelt die Berechnung des Honorars bei Beauftragung von Einzelleistungen. Die Vorschrift ist weitgehend unverändert geblieben. Sie betrifft jetzt allerdings auch die Tragwerksplanung. Es wird wegen der Einzelheiten auf die Kommentierung unter § 9 verwiesen.

II. Mehrere Tragwerke

102 **1. Wann liegen mehrere Tragwerke vor?** Das Tragwerk ist nach § 2 Abs. 1 ein Objekt. Damit kann ein Bauwerk oder Ingenieurbauwerk auch mehrere Tragwerke im technischen Sinn aufweisen. Es gibt keine Beschränkung darauf, dass zu jedem Gebäude oder Ingenieurbauwerk nur ein Tragwerk gehören kann.

103 § 11 Abs. 1 findet Anwendung, wenn ein Auftragnehmer **mehrere Tragwerke** zu planen hat. Dann gilt der Grundsatz der getrennten Berechnung. Mehrere Tragwerke liegen vor, wenn die Lasteinleitung in den Baugrund mittels voneinander unabhängiger statischer Systeme erfolgt. Mit dem statischen System werden die grundsätzlichen Anforderungen und Randbedingungen, z.B. Spannweiten, Auflagermöglichkeiten, Verkehrs-, Schnee- und Windlasten, an das Tragwerk beschrieben.

46 Siehe z.B. Siemon-Tabelle, abrufbar unter http://www.baulinks.de; Teilleistungstabellen v. *Heinz Simmerdinger*, abrufbar unter http://www.ibr-online.de.
47 BGH, Urt. v. 16.12.2004 – VII ZR 174/03 – IBR 2005, 159.
48 Facharbeitsgruppe zur Modernisierung der Leistungsbilder.
49 Begründung BR-Drucks. 334/13, S. 166.
50 Siehe hierzu Locher/Koeble/Frik/*Koeble*, § 51 Rn 86.
51 Zur Definition der Ingenieurbauwerke siehe die Kommentierung bei § 41 Rn 41 ff.

Auszugehen ist vom Ziel der Tragwerksplanung, die die gesamten statischen Einflüsse so zu berücksichtigen hat, dass mit der konkreten Lasteinleitung in den Baugrund die notwendige Stabilität des Gebäudes sichergestellt wird. Somit ist auch der Baugrund elementarer Bestandteil der Tragwerksplanung. Es ist zu untersuchen, ob im technischen Sinne **getrennte Tragwerke** zu planen sind, d.h. dass sie unter Berücksichtigung der Anschauung des täglichen Lebens konstruktiv und funktionell selbstständig sind und konstruktiv verschiedene Tragwerke aufweisen.[52] Ob neben der konstruktiven Trennung auch eine funktionelle Selbstständigkeit zu fordern ist, hat der BGH jedoch offengelassen.[53] **104**

2. Anwendung von § 11 Abs. 2. Für die Anwendung des § 11 Abs. 2 ist maßgebend, ob die Erfordernisse des Gebäudes oder des Ingenieurbauwerks, das einer Tragwerkslösung bedarf, vergleichbar sind. **105**

Umfasst ein Auftrag zwar mehrere Tragwerke, sind diese aber im Wesentlichen **vergleichbar**, weisen weitgehend die gleichen **Planungsbedingungen** auf und sind sie der gleichen Honorarzone zuzuordnen und sollen sie in zeitlichem und örtlichem Zusammenhang mit einer Gesamtmaßnahme geplant und errichtet werden, sind die anrechenbaren Kosten zusammenzurechnen. Dies ergibt sich aus § 11 Abs. 2. Dabei ist zu berücksichtigen, dass die genannten Voraussetzungen kumulativ vorliegen müssen. **106**

Die **Vergleichbarkeit** muss in diesen Fällen über die ohnehin genannten Voraussetzungen der gleichen Honorarzone und der zeitgleichen Planung und Umsetzung hinausgehen. Ob **konstruktive Gleichwertigkeit** der Tragwerke vorliegt, hängt vom Umfang der notwendigen Änderungen ab. Zudem muss eine Ersparnis bei der Planungsleistung durch das Zusammentreffen der genannten Voraussetzungen beim Tragwerksplaner eintreten. Ist die Planung verschiedener Tragwerke weder technisch geboten, noch vom Auftraggeber gefordert, hat eine Zusammenrechnung der anrechenbaren Kosten zu erfolgen. **107**

Sollen eine Tiefgarage und darauf aufstehend zwei Gebäude geplant werden, handelt es sich dennoch nur um den Auftrag für ein einziges Tragwerk der gesamten baulichen Konstruktion. Die anrechenbaren Kosten werden zusammenaddiert. Eine isolierte Berechnung der Standsicherheit der einzelnen Gebäude betrifft jeweils nur ein Tragwerkselement, da die **Lasteinleitung** in den Baugrund für die gesamte betriebliche Konstruktion gemeinsam über die Gründung der Tiefgarage stattfindet. Hierbei kann die Tiefgarage nicht etwa im übertragenen Sinn als Gründung bzw. Baugrund für die aufstehenden Gebäude verstanden werden. **108**

Anders ist der Fall zu beurteilen, wenn ein Neubau in zwei zeitlich gestreckten Bauabschnitten erstellt wird. Dann liegen i.S.d. § 11 Abs. 1 zwei Objekte der Tragwerksplanung vor, wenn die Lasteinteilung der beiden jeweiligen Konstruktionen je für sich alleine in den Baugrund erfolgt, die beiden Baukonstruktionen also statisch unabhängig sind. § 11 Abs. 2 gilt auch für Tragwerke bei Ingenieurbauwerken mit im Wesentlichen gleichen statisch-konstruktiven Verhältnissen. Im Übrigen wird auf die Kommentierung zu § 11 verwiesen. **109**

3. § 11 Abs. 3. Nach § 11 Abs. 3 finden Honorarminderungen Anwendung, wenn der Tragwerksplaner mehrere im Wesentlichen **gleiche Tragwerke**, die im zeitlichen oder **110**

52 KG, Urt. v. 18.12.2001 – 7 U 10247/00 – IBR 2002, 490.
53 BGH, Urt. v. 9.2.2012 – VII ZR 31/11 – IBR 2012, 206.

örtlichen Zusammenhang unter gleichen baulichen Verhältnissen geplant und errichtet werden sollen, oder mehrere Objekte nach **Typenplanung** oder Serienbauten Auftragsgegenstand sind. Hier liegt der Schwerpunkt der Betrachtung auf dem Wiederholungsgesichtspunkt, wobei aus der Formulierung „im Wesentlichen gleiche Tragwerke" geschlossen werden kann, dass unwesentliche Abweichungen der einzelnen Tragwerke voneinander, die unwesentlichen Arbeitsaufwand verursachen und die keinen Einfluss auf das statische Konzept haben, ohne Bedeutung für die Anwendung sind.

§ 52
Honorare für Grundleistungen der Tragwerksplanung

(1) Die Mindest- und Höchstsätze der Honorare für die in § 51 und der Anlage 14 Nummer 14.1 aufgeführten Grundleistungen der Tragwerksplanungen sind in der folgenden Honorartafel festgesetzt:

Anrechenbare Kosten in Euro	Honorarzone I sehr geringe Anforderungen		Honorarzone II geringe Anforderungen		Honorarzone III durchschnittliche Anforderungen		Honorarzone IV hohe Anforderungen		Honorarzone V sehr hohe Anforderungen	
	von Euro	bis	von Euro	bis	von Euro	bis	von Euro	bis	von Euro	bis
10.000	1.461	1.624	1.624	2.064	2.064	2.575	2.575	3.015	3.015	3.178
15.000	2.011	2.234	2.234	2.841	2.841	3.543	3.543	4.149	4.149	4.373
25.000	3.006	3.340	3.340	4.247	4.247	5.296	5.296	6.203	6.203	6.537
50.000	5.187	5.763	5.763	7.327	7.327	9.139	9.139	10.703	10.703	11.279
75.000	7.135	7.928	7.928	10.080	10.080	12.572	12.572	14.724	14.724	15.517
100.000	8.946	9.940	9.940	12.639	12.639	15.763	15.763	18.461	18.461	19.455
150.000	12.303	13.670	13.670	17.380	17.380	21.677	21.677	25.387	25.387	26.754
250.000	18.370	20.411	20.411	25.951	25.951	32.365	32.365	37.906	37.906	39.947
350.000	23.909	26.565	26.565	33.776	33.776	42.125	42.125	49.335	49.335	51.992
500.000	31.594	35.105	35.105	44.633	44.633	55.666	55.666	65.194	65.194	68.705
750.000	43.463	48.293	48.293	61.401	61.401	76.578	76.578	89.686	89.686	94.515
1.000.000	54.495	60.550	60.550	76.984	76.984	96.014	96.014	112.449	112.449	118.504
1.250.000	64.940	72.155	72.155	91.740	91.740	114.418	114.418	134.003	134.003	141.218
1.500.000	74.938	83.265	83.265	105.865	105.865	132.034	132.034	154.635	154.635	162.961
2.000.000	93.923	104.358	104.358	132.684	132.684	165.483	165.483	193.808	193.808	204.244
3.000.000	129.059	143.398	143.398	182.321	182.321	227.389	227.389	266.311	266.311	280.651
5.000.000	192.384	213.760	213.760	271.781	271.781	338.962	338.962	396.983	396.983	418.359
7.500.000	264.487	293.874	293.874	373.640	373.640	466.001	466.001	545.767	545.767	575.154
10.000.000	331.398	368.220	368.220	468.166	468.166	583.892	583.892	683.838	683.838	720.660
15.000.000	455.117	505.686	505.686	642.943	642.943	801.873	801.873	939.131	939.131	989.699

(2) Die Honorarzone wird nach dem statisch-konstruktiven Schwierigkeitsgrad anhand der in Anlage 14 Nummer 14.2 dargestellten Bewertungsmerkmale ermittelt.

(3) Sind für ein Tragwerk Bewertungsmerkmale aus mehreren Honorarzonen anwendbar und bestehen deswegen Zweifel, welcher Honorarzone das Tragwerk zugeordnet werden kann, so ist für die Zuordnung die Mehrzahl der in den jeweiligen Honorarzonen nach Absatz 2 aufgeführten Bewertungsmerkmale und ihre Bedeutung im Einzelfall maßgebend.

(4) Für Umbauten und Modernisierungen kann bei einem durchschnittlichen Schwierigkeitsgrad ein Zuschlag gemäß § 6 Absatz 2 Satz 3 bis 50 Prozent schriftlich vereinbart werden.

(5) Steht der Planungsaufwand für Tragwerke bei Ingenieurbauwerken mit großer Längenausdehnung, die unter gleichen baulichen Bedingungen errichtet werden, in einem Missverhältnis zum ermittelten Honorar, ist § 7 Absatz 3 anzuwenden.

Anlage 14.2
Grundleistungen im Leistungsbild Tragwerksplanung, Besondere Leistungen, Objektliste

14.2 Objektliste Tragwerksplanung

Nachstehende Tragwerke können in der Regel folgenden Honorarzonen zugeordnet werden:

	Honorarzone				
	I	II	III	IV	V
Bewertungsmerkmale zur Ermittlung der Honorarzone bei der Tragwerksplanung					
– Tragwerke mit sehr geringem Schwierigkeitsgrad, insbesondere einfache statisch bestimmte ebene Tragwerke aus Holz, Stahl, Stein oder unbewehrtem Beton mit ruhenden Lasten, ohne Nachweis horizontaler Aussteifung	x				
– Tragwerke mit geringem Schwierigkeitsgrad, insbesondere statisch bestimmte ebene Tragwerke in gebräuchlichen Bauarten ohne Vorspann- und Verbundkonstruktionen, mit vorwiegend ruhenden Lasten		x			
– Tragwerke mit durchschnittlichem Schwierigkeitsgrad, insbesondere schwierige statisch bestimmte und statisch unbestimmte ebene Tragwerke in gebräuchlichen Bauarten und ohne Gesamtstabilitätsuntersuchungen			x		
– Tragwerke mit hohem Schwierigkeitsgrad, insbesondere statisch und konstruktiv schwierige Tragwerke in gebräuchlichen Bauarten und Tragwerke, für deren Standsicherheit- und Festigkeitsnachweis schwierig zu ermittelnde Einflüsse zu berücksichtigen sind				x	
– Tragwerke mit sehr hohem Schwierigkeitsgrad, insbesondere statisch und konstruktiv ungewöhnlich schwierige Tragwerke					x
Stützwände, Verbau					
– unverankerte Stützwände zur Abfangung von Geländesprüngen bis 2 m Höhe und konstruktive Böschungssicherungen bei einfachen Baugrund-, Belastungs- und Geländeverhältnissen	x				
– Sicherung von Geländesprüngen bis 4 m Höhe ohne Rückverankerungen bei einfachen Baugrund-, Belastungs- und Geländeverhältnissen wie z.B. Stützwände, Uferwände, Baugrubenverbauten		x			
– Sicherung von Geländesprüngen ohne Rückverankerungen bei schwierigen Baugrund-, Belastungs- oder Geländeverhältnissen oder mit ein-			x		

	Honorarzone				
	I	II	III	IV	V
facher Rückverankerung bei einfachen Baugrund-, Belastungs- oder Geländeverhältnissen wie z.B. Stützwände, Uferwände, Baugrubenverbauten					
– schwierige, verankerte Stützwände, Baugrubenverbauten oder Uferwände				x	
– Baugrubenverbauten mit ungewöhnlich schwierigen Randbedingungen					x
Gründung					
– Flachgründungen einfacher Art		x			
– Flachgründungen mit durchschnittlichem Schwierigkeitsgrad, ebene und räumliche Pfahlgründungen mit durchschnittlichem Schwierigkeitsgrad			x		
– schwierige Flachgründungen, schwierige ebene und räumliche Pfahlgründungen, besondere Gründungsverfahren, Unterfahrungen				x	
Mauerwerk					
– Mauerwerksbauten mit bis zur Gründung durchgehenden tragenden Wänden ohne Nachweis horizontaler Aussteifung		x			
– Tragwerke mit Abfangung der tragenden beziehungsweise aussteifenden Wände			x		
– Konstruktionen mit Mauerwerk nach Eignungsprüfung (Ingenieurmauerwerk)				x	
Gewölbe					
– einfache Gewölbe			x		
– schwierige Gewölbe und Gewölbereihen				x	
Deckenkonstruktionen, Flächentragwerke					
– Deckenkonstruktionen mit einfachem Schwierigkeitsgrad, bei vorwiegend ruhenden Flächenlasten		x			
– Deckenkonstruktionen mit durchschnittlichem Schwierigkeitsgrad			x		
– schiefwinklige Einfeldplatten				x	
– schiefwinklige Mehrfeldplatten					x
– schiefwinklig gelagerte oder gekrümmte Träger				x	
– schiefwinklig gelagerte, gekrümmte Träger					x
– Trägerroste und orthotrope Platten mit durchschnittlichem Schwierigkeitsgrad				x	
– schwierige Trägerroste und schwierige orthotrope Platten					x
– Flächentragwerke (Platten, Scheiben) mit durchschnittlichem Schwierigkeitsgrad				x	
– schwierige Flächentragwerke (Platten, Scheiben, Faltwerke, Schalen)					x
– einfache Faltwerke ohne Vorspannung				x	

	Honorarzone				
	I	II	III	IV	V
Verbund-Konstruktionen					
– einfache Verbundkonstruktionen ohne Berücksichtigung des Einflusses von Kriechen und Schwinden			x		
– Verbundkonstruktionen mittlerer Schwierigkeit				x	
– Verbundkonstruktionen mit Vorspannung durch Spannglieder oder andere Maßnahmen					x
Rahmen- und Skelettbauten					
– ausgesteifte Skelettbauten			x		
– Tragwerke für schwierige Rahmen- und Skelettbauten sowie turmartige Bauten, bei denen der Nachweis der Stabilität und Aussteifung die Anwendung besonderer Berechnungsverfahren erfordert				x	
– einfache Rahmentragwerke ohne Vorspannkonstruktionen und ohne Gesamtstabilitätsuntersuchungen			x		
– Rahmentragwerke mit durchschnittlichem Schwierigkeitsgrad				x	
– schwierige Rahmentragwerke mit Vorspannkonstruktionen und Stabilitätsuntersuchungen					x
Räumliche Stabwerke					
– räumliche Stabwerke mit durchschnittlichem Schwierigkeitsgrad				x	
– schwierige räumliche Stabwerke					x
Seilverspannte Konstruktionen					
– einfache seilverspannte Konstruktionen				x	
– seilverspannte Konstruktionen mit durchschnittlichem bis sehr hohem Schwierigkeitsgrad					x
Konstruktionen mit Schwingungsbeanspruchung					
– Tragwerke mit einfachen Schwingungsuntersuchungen				x	
– Tragwerke mit Schwingungsuntersuchungen mit durchschnittlichem bis sehr hohem Schwierigkeitsgrad					x
Besondere Berechnungsmethoden					
– schwierige Tragwerke, die Schnittgrößenbestimmungen nach der Theorie II. Ordnung erfordern				x	
– ungewöhnlich schwierige Tragwerke, die Schnittgrößenbestimmungen nach der Theorie II. Ordnung erfordern					x
– schwierige Tragwerke in neuen Bauarten					x
– Tragwerke mit Standsicherheitsnachweisen, die nur unter Zuhilfenahme modellstatischer Untersuchungen oder durch Berechnungen mit finiten Elementen beurteilt werden können					x
– Tragwerke, bei denen die Nachgiebigkeit der Verbindungsmittel bei der Schnittkraftermittlung zu berücksichtigen ist					x

	Honorarzone				
	I	II	III	IV	V
Spannbeton					
– **einfache, äußerlich und innerlich statisch bestimmte und zwängungsfrei gelagerte vorgespannte Konstruktionen**			x		
– **vorgespannte Konstruktionen mit durchschnittlichem Schwierigkeitsgrad**				x	
– **vorgespannte Konstruktionen mit hohem bis sehr hohem Schwierigkeitsgrad**					x
Trag-Gerüste					
– **einfache Traggerüste und andere einfache Gerüste für Ingenieurbauwerke**		x			
– **schwierige Traggerüste und andere schwierige Gerüste für Ingenieurbauwerke**				x	
– **sehr schwierige Traggerüste und andere sehr schwierige Gerüste für Ingenieurbauwerke, zum Beispiel weit gespannte oder hohe Traggerüste**					x

Übersicht

A. Die Honorartafel

1 Die Honorartafel des § 52 Abs. 1 regelt die Mindest- und Höchstsätze für die in der Anlage 14 aufgeführten Leistungen. Unterhalb und oberhalb der in der Tabelle angegebenen Tafelwerte ist das Honorar nicht reguliert und damit frei vereinbar. Eine Fortschreibung der Honorartafeln ist in der HOAI nicht vorgesehen.

2 Die Mindest- und Höchstsätze der einzelnen Honorarzonen wurden bei gleichzeitiger Glättung der Tafelwerte in den Honorartafeln festgelegt.[1] Bei Ingenieurbauwerken wurde die Bemessungsgrundlage entsprechend dem Bericht und den Vorschlägen aus dem BMVBS-Bericht geändert.

3 Die vom Tragwerksplaner erstellte statische Berechnung bezieht sich immer nur auf das konkrete im Vertrag genannte Bauvorhaben. Eine **mehrfache Verwendung** ist nicht gestattet und nach den Grundsätzen der ungerechtfertigten Bereicherung zu vergüten, wenn sie ohne Zustimmung des Tragwerksplaners erfolgt.[2]

1 Begründung aus der BR-Drucks. 334/13, S. 167.
2 LG Armsberg, Urt. v. 4.5.2011 – 3 S 1/11 – IBR 2012, 1403 (nur online).

B. Die Honorarzone

I. Anlage 14.2

Die Honorarzone wird nach § 52 Abs. 2 bei der Tragwerksplanung nicht mehr nach dem statisch konstruktiven Schwierigkeitsgrad, sondern nach Bewertungsmerkmalen ermittelt. Die Tragwerksplanung mithilfe einer Objektliste zu bestimmen, wurde wegen der zu großen Streuung der Beispiele nicht weiterverfolgt. 4

In der Anlage 14.2 in Verbindung mit § 5 sind die Bewertungskriterien aufgeführt. Entsprechend der Darstellung der Objektlisten werden die Tragwerke tabellarisch den Honorarzonen zugeordnet und in der Anlage 14.2 dargestellt. Die **Bewertungsmerkmale** wurden in Bezug auf ihre Anwendung bei Ingenieurbauwerken angepasst und um spezifische Merkmale für Ingenieurbauwerke, wie z.B. Stütz- und Uferwände, Baugrubenverbau, ergänzt. Auch die aktuellen Rechenmethoden wurden berücksichtigt: So ist z.B. der Aufwand zur Berechnung von **Fachwerken** (mit gelenkigen Knoten) oder Stabwerken (mit biegesteifen Knoten) mit computergestützten Methoden kein vorhersehbares Kriterium mehr. 5

Teilweise entstehen durch die neuen Texte jedoch geringere Honorarbewertungen durch Einstufung in niedrigere Honorarzonen. Aufwandsminderungen sollen durch verbesserte Rechenmethoden und zum Teil durch Veränderung der Honorare ausgeglichen werden. 6

Honorarzonen unterscheiden nach dem **Schwierigkeitsgrad** der Tragwerksplanung. Die Bewertung hat allein nach statisch-konstruktiven Bezügen zu erfolgen. Die Bewertungsmerkmale beinhalten sowohl allgemeine als auch baustofftechnologische und konstruktive Gesichtspunkte. 7

Die Honorarzone ist als objektives Honorarkriterium grundsätzlich nicht verhandelbar.[3] Der Schwierigkeitsgrad der einzelnen Tragwerke eines Objektes ist häufig erst nach der Vorplanung im Rahmen der Entwurfsplanung erkennbar, wenn der Tragwerksplaner nach der Untersuchung verschiedener Varianten der **Tragwerksausbildung** die endgültig wirtschaftlichste und konstruktiv feste Lösung erarbeitet hat. 8

Praxistipp
Annahmen bezüglich der Honorarzonenzuordnung sollten konkretisiert werden. Es sollte vertraglich vereinbart werden, dass die Honorarzone sich danach richtet, in welche Honorarzone das Ergebnis der Tragwerksplanung einzuordnen ist oder alternativ bei Festlegung einer Honorarzone im Vertrag ein Vorbehalt für den Fall aufgenommen werden, dass eine höhere oder niedrigere Einstufung des Tragwerks während der Ausführung auf Verlangen eines Vertragspartners zu prüfen ist.

II. Zweifelsfälle

Ergeben sich Zweifel hinsichtlich der Zuordnung, weil Bewertungsmerkmale aus mehreren Honorarzonen anwendbar sind, bestimmt sich die Zuordnung nach Abs. 2. Eine Punktebewertung gibt es nicht. 9

Für Fälle, bei denen für ein Tragwerk Bewertungsmerkmale aus mehreren Honorarzonen anwendbar sind, gilt: Entscheidend für die Zuordnung ist, zu welcher Honorarzone die Mehrzahl der im Einzelfall zutreffenden Bewertungsmerkmale gehört und welche Bedeutung ihnen im Einzelfall zukommt (Veranlassung des Bundesrates). Die Be- 10

3 LG Stuttgart, Urt. v. 18.10.1996 – 1501/96 – IBR 1996, 74.

deutung der Bewertungsmerkmale ist grundsätzlich innerhalb der zutreffenden Honorarzone frei vereinbar. Jedes Tragwerk eines Gebäudes oder Ingenieurbauwerks ergibt sich normalerweise aus einer Summe von Einzeltragwerken.

C. Anrechenbare Kosten bei Umbauten (Abs. 4)

I. Voraussetzungen

11 Vorhandene Bausubstanz besteht aus durch Bauleistung hergestellten Bauteilen und Anlagen. Nach der Definition des Umbaus in § 2 Abs. 5 sind Umgestaltungen mit wesentlichen Eingriffen in Konstruktion oder Bestand erforderlich. Die mitzuverarbeitende Bausubstanz ist bei der Ermittlung der anrechenbaren Kosten zu berücksichtigen. Ab einem durchschnittlichen Schwierigkeitsgrad (Honorarzone III) kann gem. § 6 Abs. 2 S. 3 ein Zuschlag von 20 bis 50% vereinbart werden. Ob daraus der Schluss gezogen werden kann, dass unterhalb der Honorarzone III kein **Zuschlag** in Betracht kommt, kann angesichts der früheren Regelungen der HOAI 1996, der die Regelungen wieder nachgebildet sind, nicht angenommen werden. Wird vorhandene Bausubstanz technisch, konstruktiv, funktional, gestalterisch oder ökologisch zu berücksichtigender Bestandteil des Objekts, ist sie **mitverarbeitete Bausubstanz**. Sie ist objektspezifisch zu ermitteln über BRI, Flächen, Längen oder über Einzelbauteile. In dem Abschlussbericht zur HOAI 2013 wurde ausgeführt, dass der Umfang im Einzelfall vertraglich zu vereinbaren und „angemessen" zu berücksichtigen ist. Der Umfang der Anrechnung soll sich danach richten, welche Teile wie Neubauteile mit verarbeitet werden und in den **Umbau** eingehen. So soll z.B. die rohe Mauerwerksstütze, wenn sie wieder verwendet wird, nach ihrem Neubaupreis ohne Putz und Anstrich angesetzt werden, weil dies für die Statik bedeutungslos ist. Allerdings wurden verbindliche Rechengrößen nicht vorgegeben.

II. Sonderfälle/geringer Umfang

12 Die Integration vorhandener Bausubstanzen, vorhandener Bauteile und Baustoffe in das neue Objekt führt zu zusätzlichen Erschwernissen, die auch zusätzliche Honoraransprüche nach sich ziehen müssen. Berechnungsgrundlage sind aber nur die tatsächlichen Werte der **Bausubstanz.**

13 Es kann auch vorkommen, dass ein bestehendes Gebäude einer neuen Nutzung zugeführt wird, ohne dass Eingriffe in das bestehende Tragwerk erforderlich sind. Das bestehende Tragwerk wird lediglich untersucht. Der Aufwand entspricht dem Aufwand für die Neuherstellung des Tragwerks. Da an dem Tragwerk nichts geändert wird, entstehen keine anrechenbaren Kosten, obwohl der Tragwerksplaner, um die Untersuchung durchführen zu können, die **vorhandene Konstruktion** vollständig einschließlich aller Bestandsunterlagen überprüfen muss.

14 Stellt sich heraus, dass eine völlig neue statische Berechnung erstellt werden muss, ist dies kein Problem. Allerdings muss auch für die Fälle, in denen eine statische Neuberechnung nicht erforderlich ist, das Honorar nach den Leistungen im Bestand abgerechnet werden. Für Fälle, in denen Kosten für Umbau oder Verstärkungsmaßnahmen nur in geringem Umfang oder gar nicht anfallen, fehlt eine ausreichende Grundlage für eine leistungskonforme Abrechnung bei der Tragwerksplanung. Erfolgt die Tragwerksplanung für **bestehende Bauteile**, die im Rahmen von Erweiterungen und Aufstockungen konstruktiv mitverarbeitet werden, fehlen ebenfalls entsprechende anrechenbare Kosten.

Praxistipp
Die Parteien sollten die anrechenbaren Kosten für die Umbaumaßnahme bereits im Vertrag festlegen bzw. geeignete Ermittlungsfaktoren vereinbaren, die die vorgegebenen Fakten berücksichtigen.

Daneben gibt es Umbau- und Modernisierungsmaßnahmen mit sehr geringem Anteil an Leistungen der Tragwerksplanung und geringen Rohbaukosten, bei denen sich bei Anwendung des Regelfalls des Abs. 4 gelegentlich unangemessen hohe Honorare für den Tragwerksplaner ermitteln. Auch dann sollte zuvor eine schriftliche Vereinbarung über die anrechenbaren Kosten und die Höhe des Zuschlags getroffen werden. 15

Wird aber z.B. das Tragwerk eines vorhandenen Bauwerks bei einer Umsetzung völlig überprüft und durchgerechnet, so können auch die Kosten des Tragwerks voll angerechnet werden. 16

III. Schriftliche Vereinbarung

Der **Zuschlag** ist der Höhe nach bis zu 50% schriftlich zu vereinbaren. Über den Zeitpunkt der Vereinbarung ist nichts geregelt. Da es sich aber um eine Vereinbarung abweichend von den Mindestsätzen handelt, dürfte neben der Schriftform die Vereinbarung bei Auftragserteilung erforderlich sein (§ 7 Abs. 1). Zur Frage, ob ein Anspruch auf Berücksichtigung der zusätzlich zu berücksichtigenden anrechenbaren Kosten der vorhandenen Bausubstanz auch ohne schriftliche Vereinbarung besteht, siehe die Kommentierung zu § 4 Rn 41. 17

IV. Objektüberwachung

Da das Leistungsbild Tragwerksplanung bereits mit der Leistungsphase 6 endet, gibt es keinen Prozentsatz für die Objektüberwachung, der erhöht werden könnte. Es gibt auch keine Empfehlungen in der Begründung zur Höhe der Vergütung. Die **Objektüberwachung** kann bei der Tragwerksplanung nur als Besondere Leistung und damit der Höhe nach frei vereinbart werden. Die Parteien sind gehalten, eine Honorarregelung zu treffen, die jedoch nicht der HOAI unterliegt. Die Ausführungsüberwachung von Tragwerken nach § 50 Abs. 2 Nr. 1 und 2 (Tragwerke der Honorarzone I und II) gehört zu den Grundleistungen des Leistungsbildes Objektplanung Gebäude/Innenräume, da die Leistungen des Tragwerksplaners mit der Leistungsphase 6 enden und ansonsten eine Regelungslücke entstehen würde. 18

V. Ingenieurbauwerke mit großer Längenausdehnung (Abs. 5)

Das Honorar bei Tragwerken von Ingenieurbauwerken mit großer Längenausdehnung, z.B. für Deiche, Dämme, Ufer- und/oder Stützwände, die unter gleichen baulichen Verhältnissen errichtet werden, kann nach § 7 Abs. 3 unterhalb der Mindestsätze vereinbart werden, wenn der Planungsaufwand in einem **Missverhältnis** zum ermittelten Honorar stehen würde. Auch bei weitgehend gleichbleibenden statisch-konstruktiven Verhältnissen, bei denen kein ausgewogenes Verhältnis zwischen dem Honorar, das nach den vollen anrechenbaren Kosten ermittelt wird, und den Leistungen des Tragwerksplaners besteht, kann § 7 Abs. 3 zur Anwendung kommen, d.h. die Mindestsätze der HOAI dürfen durch schriftliche Vereinbarung unterschritten werden. Bei gleichartigen Bauwerken z.B. bei Brücken im Zuge von zweibahnigen Straßen mit getrennten Überbauten und im Wesentlichen gleichen bzw. gleichen statisch-konstruktiven Verhältnissen ist § 11 19

Abs. 1 bzw. 11 Abs. 2 anzuwenden. Bei sonstigen Ingenieurbauwerken ist sinngemäß zu verfahren. Da es sich um eine Mindestsatzunterschreitung handelt, muss die Vereinbarung **schriftlich** und **bei Auftragserteilung** geschlossen werden, anderenfalls hat der Auftraggeber keinen Anspruch auf Berücksichtigung.

Abschnitt 2
TECHNISCHE AUSRÜSTUNG

§ 53
Anwendungsbereich

(1) Die Leistungen der Technischen Ausrüstung umfassen die Fachplanungen für Objekte.

(2) Zur Technischen Ausrüstung gehören folgende Anlagengruppen:

1. Abwasser-, Wasser- und Gasanlagen,
2. Wärmeversorgungsanlagen,
3. Lufttechnische Anlagen,
4. Starkstromanlagen,
5. Fernmelde- und informationstechnische Anlagen,
6. Förderanlagen,
7. nutzungsspezifische Anlagen und verfahrenstechnische Anlagen,
8. Gebäudeautomation und Automation von Ingenieurbauwerken.

Übersicht

A. Sachlicher Anwendungsbereich (Abs. 1)

§ 53 Abs. 1 betrifft die **Fachplanung der Technischen Ausrüstung für Objekte** i.S.d. § 2 Nr. 1. Aus der Begründung des Verordnungsgebers und dem Wortlaut des § 54 Abs. 1 ergibt sich, dass nur die Objekte i.S.d. § 2 Nr. 1 S. 1 und nicht solche nach § 2 Nr. 1 S. 2 gemeint sind. 1

Das Leistungsbild umfasst somit die Technische Ausrüstung für 2
- Gebäude (§ 34),
- Innenräume (§ 34),
- Ingenieurbauwerke (§ 41) und
- Verkehrsanlagen (§ 45).

B. Persönlicher Anwendungsbereich

Für die Praxis ist von der Rechtsprechung des BGH auszugehen. Die Honorarregelungen der §§ 53ff. sind daher nicht nur dann anwendbar, wenn Ingenieure und Ingenieurinnen bzw. Architekten und Architektinnen die Technische Ausrüstung planen, sondern **auch wenn Berufsfremde solche Planungsleistungen erbringen.**[1] 3

§ 1 stellt auf die Erbringung von Ingenieur- und Architekten-**Leistungen** ab und nicht auf das (zulässige) Führen der deutschen **Berufsbezeichnungen** Ingenieur/Ingenieurin bzw. Architekt/Architektin. Nur bei einem leistungsbezogenen Verständnis ist es den Ingenieuren und Ingenieurinnen bzw. Architekten und Architektinnen möglich, gegen das Preisdumping Berufsfremder wettbewerbsrechtlich vorzugehen.[2] 4

Wären die Berufsfremden gar nicht an die HOAI-Mindestsätze gebunden, würde einem **ruinösen Preiswettbewerb** zulasten der Qualität Vorschub geleistet, der durch die HOAI aber gerade verhindert werden soll. 5

Ausnahme: Bauträger und Generalunternehmer, die nicht nur Planungsleistungen, sondern auch Bauleistungen übernehmen, unterliegen nicht der HOAI.[3] Dahinter steht offenbar der Gedanke, dass ein **Gesamtpreis** vereinbart wird und nicht in die Kalkulationsfreiheit der Bauträger und Generalunternehmer eingegriffen werden soll, wie dieser Gesamtpreis intern ermittelt wird. Überzeugend ist die Auffassung nicht, da sie zur Umgehung der preisrechtlich verbindlichen HOAI einlädt. 6

Für **Fälle mit Auslandsberührung** gilt: Plant eine deutsche Ingenieurgesellschaft von Deutschland aus die Technische Ausrüstung für ein Objekt im Ausland und gilt für 7

---

1 BGH, Urt. v. 22.5.1997 – VII ZR 290/95 – IBR 1997, 286.
2 OLG Hamburg, Urt. v. 27.10.2010 – 5 U 178/08 – IBR 2011, 29: Mindesthonorarunterschreitungen sind wettbewerbswidrig nach § 4 Nr. 11 UWG i.V.m. § 7 HOAI; das gilt auch bei Online-Ausschreibungen.
3 OLG Hamm IBR 2014, 547; Franke/Kemper/Zanner/Grünhagen/*Kemper*, vor § 1 VOB/B Rn 26.

den Planervertrag deutsches Recht, ist die HOAI anzuwenden.[4] Auch dann liegt ein von § 1 erfasster Inlandssachverhalt vor.

C. Zusammenarbeit mit Objektplanern und weiteren Fachplanern

I. Zusammenarbeit mit Objektplanern

8 Das **Koordinieren der fachlich Beteiligten** ist vorrangig Aufgabe des Objektplaners. Die Koordination umfasst den planungs-, termin- und kostengerechten Ablauf aller Leistungsbereiche.[5]

9 Die **Zusammenarbeit des TA-Planers mit dem Architekten** ist aber keine Einbahnstraße. Vielmehr ist im Rahmen der Ausführungsplanung ein stetiger Austausch zwischen Objektplaner und TA-Planer erforderlich. Der **TA-Planer als Spezialist** muss gegenüber dem Objektplaner auf fachspezifische Gefahren der von ihm geplanten Einrichtungen hinweisen. Auch muss er die Ausführungspläne des Objektplaners kritisch darauf überprüfen, ob die TA-Anforderungen ausreichend berücksichtigt werden.[6]

II. Zusammenarbeit mit weiteren Fachplanern

10 Wie der BGH klargestellt hat, existiert neben der Koordinierungspflicht des Objektplaners auch eine **Koordinierungspflicht des Auftraggebers** selbst, insbesondere wenn dieser fachkundig ist.[7] Werden parallel vom Auftraggeber mehrere TA-Planer beauftragt, ist es eine Frage der Vertragsauslegung, ob der Auftraggeber selbst für die Koordination und Integration der Fachplanungsleistungen zuständig ist (Koordination der 1. Stufe) und der Objektplaner dann nur für die Koordination und Integration dieser kollisionsgeprüften Fachplanung in die Objektplanung (Koordination der 2. Stufe) oder ob beide **Koordinationsstufen** den Planern als gemeinschaftliche Aufgabe obliegen. Für jeden beteiligten TA-Planer leitet sich hieraus die Frage ab, mit wem er sich (vorrangig) abstimmen muss.

Praxistipp
Der Umfang der **wechselseitigen Koordinationspflichten** sollte als Teil der vertraglichen Schnittstellenregelungen klar geregelt werden. Nicht nur die Fragen einer gesonderten Vergütung sind zu regeln (Besondere Leistung), sondern auch die damit verbundenen Fragen der Haftung sowie eines ausreichenden Versicherungsschutzes.

D. Anlagengruppen (Abs. 2)

I. Übersicht

11 Die **Anlagengruppen** 1 bis 6 sind unverändert geblieben.

12 Die Anlagengruppen 7 und 8 sind im Vergleich zur HOAI 2009 erweitert worden. Die Anlagengruppen 7 umfasst jetzt nutzungsspezifische Anlagen und verfahrenstechnische Anlagen, d.h. die Verfahrens- und Prozesstechnik gehört zur TA-Planung. In der Anla-

---

4 Brandenburgisches OLG, Urt. v. 25.1.2012 – 4 U 112/08 – NZBau 2012, 302; OLG Braunschweig, Urt. v. 16.12.2010 – 8 U 123/08 – IBR 2012, 462.
5 OLG Düsseldorf, Urt. v. 17.11.2011 – I-5 U 8/11, 5 U 8/11 – IBR 2012, 402.
6 OLG Düsseldorf, Urt. v. 25.10.2012 – I-5 U 162/11, 5 U 162/11 – IBR 2013, 420.
7 BGH, Beschl. v. 31.7.2013 – VII ZR 59/12 – IBR 2013, 624.

gengruppen 8 ist zur Gebäudeautomation die Automation von Ingenieurbauwerken hinzugekommen.

Beispiel
Zur Automation von Ingenieurbauwerken in der Anlagengruppen 8 gehört u.a. das **Prozessleitsystem**.

II. Anlagengruppen 1 – Abwasser-, Wasser- und Gasanlagen

1. TA für Gebäude und Innenräume. Unter Einbeziehung der DIN 276-1:2008-12 gehört zu dieser Anlagengruppe u.a. folgende **Technische Ausrüstung für Gebäude und Innenräume** (KG 410): 13
- **Abwasseranlagen** (KG 411)
  - Abläufe, Abwasserleitungen, Abwassersammelanlagen, Abwasserbehandlungsanlagen, Hebeanlagen;
- **Wasseranlagen** (KG 412)
  - Wassergewinnungs-, Aufbereitungs- und Druckerhöhungsanlagen, Rohrleitungen, dezentrale Wassererwärmer, Sanitärobjekte;
- **Gasanlagen** (KG 413)
  - Gasanlagen für Wirtschaftswärme: Gaslagerungs- und Erzeugungsanlagen, Übergabestationen, Druckregelanlagen sowie Gasleitungen, soweit sie nicht den nutzungsspezifischen Anlagen zuzurechnen sind;
- **Sonstige Abwasser-, Wasser- und Gasanlagen** (KG 419)
  - Installationsblöcke, Sanitärzellen, Abdichtung von Duschtassen;[8]
- **Schwimmbadtechnik.**[9]

2. TA für Ingenieurbauwerke und Verkehrsanlagen. Nach der DIN 276-4:2009-08 gehört zu dieser Anlagengruppe folgende **Technische Ausrüstung für Ingenieurbauwerke und Verkehrsanlagen** (KG 400): 14
- Abläufe, Schächte, Leitungen bis zum Sammler/Vorfluter, Wasseranlagen, Gasanlagen.

III. Anlagengruppen 2 – Wärmeversorgungsanlagen

1. TA für Gebäude und Innenräume. Unter Einbeziehung der DIN 276-1:2008-12 gehört zu dieser Anlagengruppe u.a. folgende **Technische Ausrüstung für Gebäude und Innenräume** (KG 420): 15
- **Wärmeerzeugungsanlagen** (KG 421)
  - Brennstoffversorgung, Wärmeübergabestationen, wärmegeführte BHKW, Schornsteine, Zentralheizungen, Solarthermie, Zeolith-Gas-Wärmepumpen;
- **Wärmeverteilnetze** (KG 422)
  - Pumpen, Verteiler, raumlufttechnische Anlagen;
- **Raumheizungen** (KG 423)
  - Heizkörper, Flächenheizsysteme;
- **Sonstige Wärmeerzeugungsanlagen** (KG 429)
  - Schornsteine, soweit nicht in anderen Kostengruppen erfasst.

8 OLG Düsseldorf, Urt. v. 25.10.2012 – I-5 U 162/11, 5 U 162/11 – IBR 2013, 420.
9 OLG Dresden, Urt. v. 23.8.2010 – 10 U 1054/08 – IBR 2012, 589.

16 **2. TA für Ingenieurbauwerke und Verkehrsanlagen.** Nach der DIN 276-4:2009-08 gehört zu dieser Anlagengruppe folgende **Technische Ausrüstung für Ingenieurbauwerke und Verkehrsanlagen** (KG 420):
- Wärmeerzeugungsanlagen, Wärmeverteilnetze, Heizflächen.

IV. Anlagengruppen 3 – Lufttechnische Anlagen

17 **1. TA für Gebäude und Innenräume.** Unter Einbeziehung der DIN 276-1:2008-12 gehört zu dieser Anlagengruppe u.a. folgende **Technische Ausrüstung für Gebäude und Innenräume** (KG 430):
- **Lüftungsanlagen** (KG 431)
  - Abluftanlagen, Zuluftanlagen, Entrauchungsanlagen;
- **Teilklimaanlagen** (KG 432)
  - Anlagen mit zwei oder drei thermodynamischen Luftbehandlungsfunktionen;
- **Kälteanlagen** (KG 433)
  - Kälteanlagen für lufttechnische Anlagen;
- **Sonstige lufttechnische Anlagen** (KG 439)
  - Lüftungsdecken, Kühldecken, Abluftfenster, Installationsdoppelböden, soweit nicht in anderen Kostengruppen erfasst.

18 **2. TA für Ingenieurbauwerke und Verkehrsanlagen.** Nach der DIN 276-4:2009-08 gehört zu dieser Anlagengruppe folgende **Technische Ausrüstung für Ingenieurbauwerke und Verkehrsanlagen** (KG 430):
- Lüftungsanlagen, Klimaanlagen, Kälteanlagen für lufttechnische Anlagen.

V. Anlagengruppen 4 – Starkstromanlagen

19 **1. TA für Gebäude und Innenräume.** Unter Einbeziehung der DIN 276-1:2008-12 gehört zu dieser Anlagengruppe u.a. folgende **Technische Ausrüstung für Gebäude und Innenräume** (KG 440):
- **Hoch- und Mittelspannungsanlagen** (KG 441)
  - Schaltanlagen, Transformatoren;
- **Eigenstromversorgungsanlagen** (KG 442)
  - Stromerzeugungsaggregate einschließlich Kühlung, Abgasanlagen und Brennstoffversorgung, zentrale Batterie- und unterbrechungsfreie Stromversorgungsanlagen, PV-Anlagen, stromgeführte BHKW;
- **Niederspannungsschaltanlagen** (KG 443)
  - Niederspannungshauptverteiler, Blindstromkompensationsanlagen, Maximumüberwachungsanlagen;
- **Niederspannungsinstallationsanlagen** (KG 444)
  - Kabel, Leitungen, Unterverteiler, Verlegesysteme, Installationsgeräte;
- **Beleuchtungsanlagen** (KG 445)
  - Ortsfeste Leuchten, Sicherheitsbeleuchtung;
- **Blitzschutz- und Erdungsanlagen** (KG 446)
  - Auffangeinrichtungen, Ableitungen, Erdungen, Potenzialausgleich;
- **Sonstige Starkstromanlagen**
  - Frequenzumformer.

2. TA für Ingenieurbauwerke und Verkehrsanlagen. Nach der DIN 276-4:2009-08 gehört zu dieser Anlagengruppe folgende **Technische Ausrüstung für Ingenieurbauwerke und Verkehrsanlagen** (KG 430): 20
- Hoch- und Mittelspannungsanlagen, Eigenstromversorgungsanlagen.

VI. Anlagengruppen 5 – Fernmelde- und informationstechnische Anlagen

1. TA für Gebäude und Innenräume. Unter Einbeziehung der DIN 276-1:2008-12 gehört zu dieser Anlagengruppe u.a. folgende **Technische Ausrüstung für Gebäude und Innenräume** (KG 450): 21
- **Telekommunikationsanlagen** (KG 451);
- **Such- und Signalanlagen** (KG 452)
  - Personenrufanlagen, Lichtruf- und Klingelanlagen, Türsprech- und Türöffneranlagen;
- **Zeitdienstanlagen** (KG 453)
  - Uhren- und Zeiterfassungsanlagen;
- **Elektroakustische Anlagen** (KG 454)
  - Beschallungsanlagen, Konferenz- und Dolmetscheranlagen, Gegen- und Wechselsprecheinrichtungen;
- **Fernseh- und Antennenanlagen** (KG 455);
- **Gefahrmelde- und Alarmanlagen** (KG 456)
  - Brand-, Überfall-, Einbruchsmeldeanlagen, Wächterkontrollanlagen;
- **Übertragungsnetze** (KG 457)
  - Netze zur Übertragung von Daten, Sprache und Bild, soweit nicht in anderen Kostengruppen erfasst;
- **Sonstige Fernmeldeanlagen** (KG 459)
  - Parkleitsysteme, Fernwirkanlagen.

2. TA für Ingenieurbauwerke und Verkehrsanlagen. Nach der DIN 276-4:2009-08 gehört zu dieser Anlagengruppe folgende **Technische Ausrüstung für Ingenieurbauwerke und Verkehrsanlagen** (KG 450): 22
- Telekommunikationsanlagen, Such- und Signalanlagen, Zeitdienstanlagen, Elektroakustische Anlagen, Fernseh- und Antennenanlagen, Gefahrmelde- und Alarmanlagen, Übertragungsnetze, Telematikanlagen, Maut-/Gebührenerfassungssysteme, Langzeitzählstellen, Parkleitsysteme, Fernwirkanlagen.

VII. Anlagengruppen 6 – Förderanlagen

1. TA für Gebäude und Innenräume. Unter Einbeziehung der DIN 276-1:2008-12 gehört zu dieser **Anlagengruppe** u.a. **folgende Technische Ausrüstung für Gebäude und Innenräume** (KG 460): 23
- **Aufzugsanlagen** (KG 461)
  - Personenaufzüge, Lastenaufzüge;
- **Fahrtreppen, Fahrsteige** (KG 462);
- **Befahranlagen** (KG 463)
  - Fassadenaufzüge und andere Befahranlagen;
- **Transportanlagen** (KG 464)
  - Automatische Warentransportanlagen, Aktentransportanlagen, Rohrpostanlagen;
- **Krananlagen** einschließlich Hebezeuge (KG 465);

- **Sonstige Förderanlagen** (KG 469)
  - Hebebühnen.

24 **2. TA für Ingenieurbauwerke und Verkehrsanlagen.** Nach der DIN 276-4:2009-08 gehört zu dieser Anlagengruppe folgende **Technische Ausrüstung für Ingenieurbauwerke und Verkehrsanlagen** (KG 460):
- Aufzugsanlagen, Fahrtreppen, Fahrsteige, Befahranlagen, Transportanlagen, Krananlagen.

VIII. Anlagengruppen 7 – nutzungsspezifische Anlagen und verfahrenstechnische Anlagen

1. TA für Gebäude und Innenräume

25 **a) Nutzungsspezifische Anlagen.** Die Verordnungsbegründung bezeichnet diese Anlagen als **Anlagengruppen 7.1**. Diese Gliederung findet sich auch in der Objektliste zur Technischen Ausrüstung (**Anlage 15.2 zur HOAI 2013**). Bei den nutzungsspezifischen Anlagen handelt es sich um solche, die **mit dem Gebäude fest verbunden** sind.

26 Unter Einbeziehung der DIN 276-1:2008-12 gehört zu dieser Anlagengruppe u.a. folgende **Technische Ausrüstung für Gebäude und Innenräume** (KG 470):
- **Küchentechnische Anlagen** (KG 471)
  - Anlagen zur Speise- und Getränkezubereitung, -ausgabe und -lagerung einschließlich zugehöriger Kälteanlagen;
- **Wäscherei und Reinigungsanlagen** (KG 472)
  - Einschließlich zugehöriger Wasseraufbereitung, Desinfektions- und Sterilisationseinrichtungen;
- **Medienversorgungsanlagen** (KG 473)
  - Medizinische und technische Gase, Druckluft, Vakuum, Flüssigchemikalien, Lösungsmittel, vollentsalztes Wasser einschließlich Lagerung, Erzeugungsanlagen, Übergabestationen, Druckregelanlagen, Leitungen und Entnahmearmaturen;
- **Feuerlöschanlagen** (KG 475)
  - Sprinkler-, Gaslöschanlagen, Löschwasserleitungen, Wandhydranten, Handfeuerlöscher;
- **Badetechnische Anlagen** (KG 476)
  - Aufbereitungsanlagen für Schwimmbeckenwasser, soweit nicht in KG 410 erfasst;
- **Prozesswärme-, kälte- und -luftanlagen** (KG 477)
  - Wärme-, Kälte- und Kühlwasserversorgungsanlagen für Industrie-, Gewerbe- und Sportanlagen, Absauganlagen;
- **Entsorgungsanlagen** (KG 478)
  - Abfall- und Medienentsorgungsanlagen, Staubsauganlagen;
- **Sonstige nutzungsspezifische Anlagen** (KG 479)
  - Bühnentechnische Anlagen, Tankstellen und Fahrzeugwaschanlagen;
- **Lagertechnische Anlagen.**[10]

10 Siehe Objektliste Technische Ausrüstung, Anlage 15.2 zur HOAI 2013.

b) Verfahrenstechnische Anlagen. Die Verfahrenstechnik ist eine **Stoffumwandlungstechnik** und basiert auf der technischen Chemie und dem Maschinenbau. Für Gebäude und Innenräume hat sie bisher kaum praktische Bedeutung. 27

2. TA für Ingenieurbauwerke und Verkehrsanlagen

a) Nutzungsspezifische Anlagen. Als Beispiele aus der Objektliste zur Anlagengruppen 7.1 sind zu nennen: 28
- **Taumittelsprühanlagen** und Enteisungsverfahren.[11]

b) Verfahrenstechnische Anlagen. Die verfahrenstechnischen Anlagen finden sich als **Anlagengruppen 7.2** in der Objektliste Technische Ausrüstung.[12] Sie entsprechen von der Struktur im Wesentlichen der Nomenklatur der DIN 276-4:2009-08: 29
- **Einfache Wasseraufbereitung**
  - Belüftung, Enteisenung, Entsäuerung;
- **Einfache Abwasserreinigung**
  - Aerobe Stabilisierung;
- **Einfache Schlammbehandlungsanlagen**
  - Schlammabsetzung;
- **Einfache Wassergewinnung;**
- **Einfache Ver- und Entsorgung mit Gasen;**
- **Einfache Abfallentsorgung.**

IX. Anlagengruppen 8 – Gebäudeautomation und Automation von Ingenieurbauwerken

1. TA für Gebäude und Innenräume. Unter Einbeziehung der DIN 276-1:2008-12 gehört zu dieser Anlagengruppe u.a. folgende **Technische Ausrüstung für Gebäude und Innenräume** (KG 480): 30
- Herstellerneutrale **Gebäudeautomationssysteme** (KG 481);
- **Schaltschränke** einschließlich Kabeln und Leitungen (KG 482);
- **Management- und Bedieneinrichtungen** (KG 483);
- **Automatisationssysteme** mit anlagengruppenübergreifender Systemintegration.[13]

2. TA für Ingenieurbauwerke und Verkehrsanlagen. Die Anlagengruppen 8 bezieht sich nur auf die **Automation von Ingenieurbauwerken.** Gemeint ist die spezielle Prozess- und Verfahrenstechnik für Ingenieurbauwerke.[14] 31

Die DIN 276-4:2009-08 bezieht sich in **KG 480** auch auf **Verkehrsleit- und -sicherungsanlagen** als Teil der anlagen- und bauwerksübergreifenden Automation. 32

X. Zweifelsfälle und Abgrenzungsfragen

1. Ingenieurbauwerke. Die HOAI 2013 sieht für Ingenieurbauwerke in der Anlage 12.1 als Besondere Leistung der Leistungsphase 5 das Planen von Anlagen der **Pro-** 33

11 *Koeble/Zahn*, Rn 234, wollen Taumittelsprühanlagen und Enteisungsanlagen den sonstigen nutzungsspezifischen Anlagen zuordnen.
12 Anlage 15.2 zur HOAI 2013.
13 Siehe Objektliste Technische Ausrüstung, Anlage 15.2 zur HOAI 2013.
14 Siehe dazu unter http://www.ghv-guetestelle.de/ghv/redmedia/neues_in_der_hoai_2013.pdf.

zess- und Verfahrenstechnik für Ingenieurbauwerke gem. § 41 Nr. 1 bis 3 und 5 vor. Betroffen sind u.a. Bauwerke und Anlagen der Wasserversorgung, Abwasserentsorgung und der Abfallentsorgung. Hier können sich Abgrenzungsschwierigkeiten sowohl zu den verfahrenstechnischen Anlagen i.S.v. § 53 Abs. 2 Nr. 7 (Anlagengruppen 7) als auch zur Automation von Ingenieurbauwerken gem. § 53 Abs. 2 Nr. 8 (Anlagengruppen 8) ergeben, die sich auch honorarmäßig auswirken. Für Besondere Leistungen kann das Honorar nach § 3 Abs. 3 S. 3 frei vereinbart werden.

34 **2. Verkehrsanlagen.** Abgrenzungsprobleme ergeben sich auch bei den Verkehrsanlagen. Das Abgrenzungsproblem betrifft insbesondere die **Unterscheidung von Ausstattung und Technischer Ausrüstung bei Ausschreibungen der DB AG.**[15] **In der amtlichen Begründung zu § 46 werden Oberleitungsanlagen, Signalanlagen, Telekommunikationsanlagen, die den Zugbetrieb beeinflussen, und Weichenheizungsanlagen als Ausstattung qualifiziert**, wodurch eine separate Vergütung der Planung der Technischen Ausrüstung ausgeschlossen würde. In der Praxis würde das für alle Ausschreibungen der DB AG bedeuten, dass das sich aus den anrechenbaren Kosten von Technischer Ausrüstung und Verkehrsplanung ergebende Honorar zwischen Verkehrsplaner und Fachplaner der Technischen Ausrüstung aufgeteilt werden müsste.

Praxistipp
Die vorstehenden Fragen werden wohl erst gerichtlich geklärt werden müssen. Soweit machbar, sollten die **Zweifelsfragen** bis dahin vertraglich geregelt werden, ggf. als **Honorarvorbehalt** für den Fall einer späteren gerichtlichen Klärung in einem „Musterfall". Dabei ist auch an die Anspruchsverjährung zu denken.

---

§ 54
Besondere Grundlagen des Honorars

(1) Das Honorar für Grundleistungen bei der Technischen Ausrüstung richtet sich für das jeweilige Objekt im Sinne des § 2 Absatz 1 Satz 1 nach der Summe der anrechenbaren Kosten der Anlagen jeder Anlagengruppe. Dies gilt für nutzungsspezifische Anlagen nur, wenn die Anlagen funktional gleichartig sind. Anrechenbar sind auch sonstige Maßnahmen für Technische Anlagen.

(2) Umfasst ein Auftrag für unterschiedliche Objekte im Sinne des § 2 Absatz 1 Satz 1 mehrere Anlagen, die unter funktionalen und technischen Kriterien eine Einheit bilden, werden die anrechenbaren Kosten der Anlagen jeder Anlagengruppe zusammengefasst. Dies gilt für nutzungsspezifische Anlagen nur, wenn diese Anlagen funktional gleichartig sind. § 11 Absatz 1 ist nicht anzuwenden.

(3) Umfasst ein Auftrag im Wesentlichen gleiche Anlagen, die unter weitgehend vergleichbaren Bedingungen für im Wesentlichen gleiche Objekte geplant werden, ist die Rechtsfolge des § 11 Absatz 3 anzuwenden. Umfasst ein Auftrag im Wesentlichen gleiche Anlagen, die bereits Gegenstand eines anderen Vertrags zwischen den Vertragsparteien waren, ist die Rechtsfolge des § 11 Absatz 4 anzuwenden.

(4) Nicht anrechenbar sind die Kosten für die nichtöffentliche Erschließung und die Technischen Anlagen in Außenanlagen, soweit der Auftragnehmer diese nicht plant oder ihre Ausführung nicht überwacht.

---

15 Siehe hierzu ausführlich *Lenke*, BauR 2015, 754.

(5) Werden Teile der Technischen Ausrüstung in Baukonstruktionen ausgeführt, so können die Vertragsparteien schriftlich vereinbaren, dass die Kosten hierfür ganz oder teilweise zu den anrechenbaren Kosten gehören. Satz 1 ist entsprechend für Bauteile der Kostengruppe Baukonstruktionen anzuwenden, deren Abmessung oder Konstruktion durch die Leistung der Technischen Ausrüstung wesentlich beeinflusst wird.

Übersicht

A. Ergänzung der allgemeinen Honorargrundlagen

1 § 54 regelt für die Technische Ausrüstung die Besonderen Honorargrundlagen, die folgende allgemeine Regelungen zur Honorarermittlung ergänzen und modifizieren:[1]

–	§ 2	Abs. 1	Objekt
–	§ 4	Abs. 1–3	Anrechenbare Kosten
–	§ 11	Abs. 1–4	Auftrag für mehrere Objekte

Im Einzelnen ergeben sich folgende Modifikationen:

I. Anrechenbare Kosten (Abs. 1)

2 **1. Prüfschema.** Seit der HOAI 2013 gibt es wieder Grundleistungen. Aus dem geänderten Wortlaut ergibt sich folgende Prüfreihenfolge zur Ermittlung der anrechenbaren Kosten für die Technische Ausrüstung:

Checkliste
- Schritt 1: Ermittlung, ob **unterschiedliche Objekte** vorliegen.
- Schritt 2: Ermittlung, ob diesen Objekten mehrere Anlagen zugeordnet sind, die **unter funktionalen und technischen Kriterien eine Einheit** bilden.
- Schritt 3: **Bildung der Summe der anrechenbaren Kosten** für die funktional und technisch einheitlichen Anlagen je objektzugehöriger Anlagengruppe.
- Schritt 4: Bei nutzungsspezifischen Anlagen muss zusätzlich geprüft werden, ob sie **funktional gleichartig** sind; ansonsten sind die in der Objektliste (Anlage 15.2 zur HOAI) genannten zwölf Untergruppen getrennt abzurechnen.

1 *Pott/Dahlhoff/Kniffka/Rath*, § 52 Rn 1.

Diese Überlegungen werden nachstehend vertieft:

3 **2. Objekte.** Wie § 53 Abs. 1 klarstellt, geht es um die Technische Ausrüstung **für Objekte,** und zwar solche **i.S.d. § 2 Abs. 1 Nr. 1**, also:
- Gebäude (§ 34);
- Innenräume (§ 34);
- Ingenieurbauwerke (§ 41) und
- Verkehrsanlagen (§ 45).

4 Die teilweise zur HOAI 2009[2] und auch zur HOAI 2013[3] vertretene Auffassung, die Anlage selbst sei in § 54 Abs. 1 als „Objekt" gemeint, trifft weder dem Wortlaut noch Sinn und Zweck der Neuregelung nach zu.[4] Bereits der Wortlaut verweist ausschließlich auf Objekte i.S.d. § 2 Abs. 1 S. 1, also gerade nicht auf § 2 Abs. 1 S. 2 (Tragwerke und Anlagen der Technischen Ausrüstung). **Auch ist vom Verordnungsgeber nicht gewollt, dass die anrechenbaren Kosten aller Anlagen eines Objekts zu einem einzigen Kostenblock zusammengerechnet werden.**

5 Nach § 54 Abs. 1 ist das Honorar für das jeweilige Objekt zu bestimmen (Trennungsprinzip). Ob ein Objekt oder **mehrere Objekte** – also z.B. ein oder mehrere Gebäude – vorliegen, richtet sich nach den gleichen Kriterien wie bei § 11 Abs. 1. Nach zutreffender Auffassung kommt es darauf an, ob die Bauteile **nach funktionalen und technischen Kriterien zu einer Einheit** zusammengefasst sind.[5] Hierfür spielt auch die **zeitliche Komponente** eine Rolle.

6 **3. Anlagengruppen.** Hinsichtlich der Frage, was jeweils zu einer der acht Anlagengruppen gehört, kann auf die vorstehende Kommentierung zu § 53 Abs. 2 sowie DIN 276-1:2008-12 und DIN 276-4:2009-08 mit ihren jeweiligen Kostengruppen verwiesen werden.

7 Ergänzend kann die **Objektliste Technische Ausrüstung** (Anlage 15.2 zur HOAI 2013) zur Abgrenzung herangezogen werden.

8 **4. Nutzungsspezifische Anlagen.** Bei den nutzungsspezifischen Anlagen setzt sich das **Trennungsprinzip** des § 54 Abs. 1 S. 1 fort. Nutzungsspezifische Anlagen sind hinsichtlich der anrechenbaren Kosten getrennt zu erfassen, es sei denn, die Anlagen sind funktional vergleichbar.

9 In der Objektliste Technische Ausrüstung finden sich als Untergruppen 7.1 insgesamt zwölf verschiedene **nutzungsspezifische Anlagengruppen**:
- **Küchentechnische Geräte;**
- **Wäscherei- und Reinigungsgeräte;**
- **Medizin- und labortechnische Anlagen;**
- **Feuerlöschgeräte;**
- **Entsorgungsanlagen;**
- **Bühnentechnische Anlagen;**
- **Medienversorgungsanlagen;**
- **Badetechnische Anlagen;**
- **Prozesswärme- und -kälteanlagen;**

---

2 *Pott/Dahlhoff/Kniffka/Rath*, § 52 Rn 2.
3 *Koeble/Zahn*, Rn 220.
4 BT-Drucks. 334/13, S. 168.
5 BGH, Beschl. v. 20.12.2007 – VII ZR 114/07 – IBR 2008, 162; BGH, Urt. v. 12.1.2006 – VII ZR 293/04 – IBR 2006, 209; BGH, Urt. v. 16.12.2004 – VII ZR 16/03 – IBR 2005, 213.

- **Prozessluftanlagen;**
- **Technische Anlagen für Tankstellen, Fahrzeugwaschanlagen;**
- **Lagertechnische Anlagen;**
- **Taumittelsprühanlagen und Enteisungsanlagen.**

Nach der amtlichen Begründung wird das Honorar für jede dieser zwölf Anlagengruppen gesondert ermittelt.[6] Die zwölf vorgenannten Anlagengruppen sind nach der Vorstellung des Verordnungsgebers grundsätzlich gegenseitig nicht als funktional gleichartig zu betrachten.[7] 10

Nur wenn eine der zwölf nutzungsspezifischen Anlagengruppen beim konkreten Auftrag mehrere Anlagen umfasst, sind diese nach der Vorstellung des Verordnungsgebers als funktional vergleichbar bei den anrechenbaren Kosten zusammenzurechnen.[8] 11

Im Ergebnis werden die **zwölf sekundären Anlagengruppen der primären Anlagengruppen 7 hinsichtlich des Trennungsprinzips so behandelt, als seien sie selbst jeweils eine primäre Anlagengruppe,** bei der jede Anlagengruppe getrennt abzurechnen ist, aber innerhalb der Anlagengruppe eine Addition der anrechenbaren Kosten erfolgt. Anders als gelegentlich befürchtet, führt das zu kohärenten Ergebnissen. 12

Versteht man § 54 Abs. 1 S. 2 so, dass mit „Anlagengruppe" auch jede der in der Objektliste genannten sekundären Anlagengruppen gemeint ist, lässt sich diese Auffassung auch mit dem Wortlaut dieser Vorschrift vereinbaren. Für ein solches Verständnis spricht, dass die **Anlagengruppen 7 nach der zugehörigen Objektliste ohnehin schon in zwei Untergruppen** unterteilt ist, nämlich die Untergruppen 7.1 Nutzungsspezifische Anlagen sowie die Untergruppen 7.2 Verfahrenstechnische Anlagen. 13

II. Mehrere Anlagen (Abs. 2)

1. Prüfschema. § 54 Abs. 2 betrifft den Fall, dass ein **Auftrag für unterschiedliche Objekte mehrere Anlagen umfasst,** die unter funktionalen und technischen Kriterien eine Einheit bilden. Dann werden die anrechenbaren Kosten der Anlagen jeder Anlagengruppe zusammengerechnet. Für nutzungsspezifische Anlagen gilt das nur, wenn diese Anlagen funktional gleichartig sind. § 11 Abs. 1 ist nicht anzuwenden. Daraus ergibt sich folgende Prüfreihenfolge: 14

Checkliste
- Schritt 1: Ermittlung, ob **ein oder mehrere Aufträge** vorliegen.
- Schritt 2: **Ermittlung der Objekte,** für die die anrechenbaren Kosten der TA zu ermitteln sind.
- Schritt 3: **Ermittlung** der den Objekten jeweils **zugehörigen Anlagengruppen.**
- Schritt 4: **Bildung der Summe der anrechenbaren Kosten** je objektzugehöriger Anlagengruppe.
- Schritt 5: Bei **nutzungsspezifischen Anlagen** muss zusätzlich geprüft werden, ob sie **funktional gleichartig** sind; ansonsten sind die in der Objektliste genannten zwölf Untergruppen getrennt abzurechnen.

2. Auftrag. Mit § 54 Abs. 2 soll die **Möglichkeit der getrennten Honorarabrechnung** mehrerer Anlagen eingeschränkt werden. 15

6 BT-Drucks. 334/13, S. 168.
7 BT-Drucks. 334/13, S. 168.
8 BT-Drucks. 334/13, S. 168.

16 Nach dem Wortlaut dieser Vorschrift greift die Einschränkung der getrennten Honorarabrechnung aber nur dann ein, wenn ein Auftrag vorliegt. Nach dem Wortlaut genügt **ein** Auftrag für die Technische Ausrüstung. Der **einheitliche Auftrag** muss sich nicht zwangsläufig auch auf die Objekte beziehen, für die die Technische Ausrüstung bestimmt ist.

17 Das ist sicher dann der Fall, wenn **eine Vertragsurkunde über den Gesamtauftrag unterzeichnet wird, insbesondere im Falle der Generalplanung** für die betroffenen Objekte und die zugehörige Technische Ausrüstung.

18 Aber auch bei **getrennten Vertragsurkunden** kann ein Auftrag vorliegen, wenn ein entsprechender **Einheitlichkeitswille der Parteien** vorliegt. Wie bei § 139 BGB dürfte es darauf ankommen, ob die beauftragten Maßnahmen „*miteinander stehen und fallen*" sollen.[9] Die von der Rechtsprechung zu §139 BGB aufgestellte Vermutungsregel, dass getrennte Vertragsurkunden für das Vorliegen mehrerer Aufträge sprechen, dürfte auch hier gelten.

19 Für öffentliche Auftraggeber ist aber auch das **Umgehungsverbot des § 3 Abs. 2 VgV** zu beachten. Aufträge dürfen nicht willkürlich aufgeteilt werden, um damit den jeweils aktuellen **EU-Schwellenwert** für die Vergabe von Planungsleistungen nach der VOF zu unterlaufen. Dieser liegt in den Jahren 2014 und 2015 bei 207.000 € netto.

20 Führt dieser Prüfungsschritt zur Erkenntnis, dass mehrere Aufträge vorliegen, ist § 54 Abs. 2 jedenfalls direkt nicht anwendbar.

21 **3. Objekte.** Auch § 54 Abs. 2 S. 1 verweist auf die Objekte nach § 2 Abs. 1 S. 1, also
- Gebäude (§ 34),
- Innenräume (§ 34),
- Ingenieurbauwerke (§ 41) und
- Verkehrsanlagen (§ 45).

22 Nach dem Wortlaut **„unterschiedliche Objekte"** käme § 54 Abs. 2 nur dann zur Anwendung, wenn ein Auftrag betreffend die Technische Ausrüstung mindestens zwei der vorgenannten Objektkategorien umfasst. Darüber hinaus dürften nicht nur „unterschiedliche" Objekte, also solche unterschiedlicher Objektkategorien, sondern auch **„mehrere Objekte"** derselben Objektkategorie gemeint sein.[10]

Beispiele
- **Unterschiedliche Objekte**: Ein Auftrag zur Planung der Technischen Ausrüstung für ein Ingenieurbauwerk und ein hiervon funktions-unabhängiges dauerhaft nutzbares Gebäude.
- **Mehrere Objekte**: Für mehrere Gebäude auf einem Grundstück ist die Technische Ausrüstung zu planen.

23 Wie schon bei § 54 Abs. 1 kommt es für die Prüfung, ob mehrere Objekte betroffen sind, darauf an, ob die **Bauteile nach funktionalen und technischen Kriterien zu einer Einheit zusammengefasst** sind.[11] Hierfür spielt auch die **zeitliche Komponente** eine Rolle.

9 Siehe zu § 139 BGB: BGH, Urt. v. 24.10.2006 – XI ZR 216/05 – NJW-RR 2007, 395.
10 *Wiesner/Kalte/Schürmann*, DIB 1-2-2015, 50, 51.
11 BGH, Beschl. v. 20.12.2007 – VII ZR 114/07 – IBR 2008, 162; BGH, Urt. v. 12.1.2006 – VII ZR 293/04 – IBR 2006, 209; BGH, Urt. v. 16.12.2004 – VII ZR 16/03 – IBR 2005, 213; OLG Köln IBRRS 2015, 0246; *Theis*, DIB 3–2015, 50.

24 **4. Funktionale und technische Anlageneinheit.** Während in Schritt 1 anhand des Kriteriums der funktionalen und technischen Einheit geprüft wird, ob mehrere Objekte i.S.d. § 2 Abs. 1 S. 1 vorliegen, bezieht sich der 3. Prüfschritt auf die Frage, ob trotz mehrerer Objekte **mehrere Anlagen vorliegen, die unter funktionalen und technischen Kriterien eine Einheit bilden.**

Beispiel
Mehrere Gebäude eines Krankenhauskomplexes werden durch eine Heizzentrale mit Wärme und Warmwasser versorgt. Die anrechenbaren Kosten aller zur Wärme- und Warmwasserversorgung gehörigen Anlagen werden bei den anrechenbaren Kosten zusammengerechnet, wenn ein einheitlicher Planungsauftrag zugrunde liegt.[12]

---

25 **5. Nutzungsspezifische Anlagen.** Hier gelten die gleichen Überlegungen wie schon bei § 54 Abs. 1. Die **zwölf sekundären Anlagengruppen** der primären Anlagengruppen 7 sind untereinander grundsätzlich nicht funktional vergleichbar. Innerhalb der sekundären Anlagengruppen sind die verschiedenen Anlagen dieser Gruppe dagegen grundsätzlich miteinander vergleichbar.

26 Damit eine Zusammenrechnung der anrechenbaren Kosten dieser Anlagen innerhalb einer sekundären Anlagengruppe erfolgt, ist zusätzlich erforderlich, dass diese Anlagen **einerseits zwar mehrere Objekte** i.S.d. § 2 Abs. 1 S. 1 betreffen, **andererseits aber – jeweils – eine funktionale Einheit im Sinne einer Infrastruktur für alle darüber verbundenen Objekte** bilden.

27 Ist das der Fall, erfolgt innerhalb der sekundären Anlagengruppe eine Zusammenrechnung der anrechenbaren Kosten. Ansonsten wird getrennt abgerechnet.

III. Serienplanung (Abs. 3 S. 1)

28 **1. Prüfschema.** § 54 Abs. 3 HOAI betrifft Fälle der **Serienplanung für die Technische Ausrüstung.** Unter den dort genannten Voraussetzungen sind die Prozentsätze für die Leistungsphasen 1 bis 6 für die erste bis vierte **Wiederholung** um 50%, für die fünfte bis siebte Wiederholung um 60% und ab der achten Wiederholung um 90% zu mindern **(Rechtsfolgenverweis auf § 11 Abs. 3).**

29 Der Wiederholungsfaktor kommt unter folgenden Voraussetzungen zur Anwendung:

Checkliste
- Schritt 1: Ermittlung, ob der Auftrag **im Wesentlichen gleiche Anlagen** betrifft.
- Schritt 2: Ermittlung, ob die Planung unter weitgehend vergleichbaren Bedingungen stattfindet.
- Schritt 3: Ermittlung, ob die Planung der Technischen Ausrüstung **im Wesentlichen gleiche Objekte** betrifft.

---

30 **2. Anlagen. Im Wesentlichen gleiche Anlagen** liegen vor, wenn sie sich in Funktion und Konstruktion nur unerheblich unterscheiden. Hierzu können auch spiegelbildliche Technische Ausrüstungen gehören.[13]

31 **3. Planung. Nur die Planung, nicht die Errichtung vorgenannter Anlagen muss unter weitgehend vergleichbaren Bedingungen stattfinden.**

---

12 Die Frage ist zwischen GHV und AHO streitig, siehe *Wiesner/Kalte/Schürmann*, DIB 1-2-2015, 50, 51 f.
13 Siehe § 22 Abs. 2 HOAI 2002; OLG Köln, IBRRS 2015, 0246.

32 Die amtliche Begründung zu § 11 Abs. 2 nennt als Beispiele für vergleichbare Planungsbedingungen für die dortigen Objekte (Gebäude, Ingenieurbauwerke, Verkehrsanlagen, Tragwerke): **Baugrund, Nutzungsart, bauliche Gestaltung**. Da es sich bei der Technischen Ausrüstung um die Fachplanung für die vorgenannten Objekte handelt, ist die **Vergleichbarkeit der Planungsbedingungen im Hinblick auf die technische Ausrüstung selbst und die Objekte, auf die sie sich bezieht**, zu prüfen. Hierzu gehört auch die Frage, welche Rückwirkungen sich aus den Objekten für die Planung der jeweiligen Technischen Ausrüstung ergeben und ob diese Rückwirkungen weitgehend vergleichbare Planungsbedingungen schaffen.

33 **4. Objekte.** Die Objekte, für die die Technische Ausrüstung geplant wird, müssen als weitere Voraussetzung für die **Anwendung des Wiederholungsfaktors** ebenfalls im Wesentlichen gleich sein. Das wird **regelmäßig nur innerhalb einer der vier nachstehenden Objektgruppen** geprüft und ggf. bejaht werden können:
- Gebäude (§ 34),
- Innenräume (§ 34),
- Ingenieurbauwerke (§ 41) und
- Verkehrsanlagen (§ 45).

34 Für die Prüfung kommt es hier nicht auf die Planungsbedingungen an, sondern darauf, **ob das Ergebnis der Planung – also die zu vergleichenden Objekte – im Wesentlichen gleich** sind. Insoweit sind die äußere Gestaltung und die Funktionalität zu vergleichen.

35 Liegen alle vorgenannten Voraussetzungen vor, mindert sich die Vergütung für die Wiederholungsplanung.

Beispiel
- Planung der Technischen Ausrüstung für eine Reihenhaussiedlung.

IV. Anderer Auftrag (Abs. 3 S. 2)

36 Umfasst ein Auftrag im Wesentlichen gleiche Anlagen, die **bereits Gegenstand eines anderen Vertrags zwischen den gleichen Vertragsparteien** waren, sind die geminderten Prozentsätze des § 54 Abs. 3 S. 1 auf den neuen Auftrag auch dann anzuwenden, wenn die Grundleistungen hierfür nicht im zeitlichen oder örtlichen Zusammenhang erbracht werden. Das ergibt sich aus dem Rechtsfolgenverweis in § 54 Abs. 3 S. 2 auf § 11 Abs. 4.

V. Nichtöffentliche Erschließung und Außenanlagen (Abs. 4)

37 § 54 Abs. 4 bestimmt als weitere besondere Honorargrundlage für die Technische Ausrüstung, dass
- die **Kosten für die nichtöffentliche Erschließung** (KG 230) und
- die **Kosten für die Technische Ausrüstung in Außenanlagen** (KG 540)

nur dann zu den anrechenbaren Kosten gehören, wenn der Auftragnehmer diese **entweder plant oder ihre Ausführung überwacht.**

38 Die Rechtslage ist insoweit im Vergleich zur HOAI 2009 unverändert geblieben.

VI. Technische Ausrüstung in Baukonstruktionen (Abs. 5)

§ 54 Abs. 5 enthält eine **Sonderregelung** für den Fall, dass entweder **Teile der Technischen Ausrüstung in Baukonstruktionen ausgeführt** werden oder dass **Teile der Baukonstruktion in ihrer Abmessung oder Konstruktion wesentlich durch die Technische Ausrüstung beeinflusst werden.** 39

Die Vertragsparteien können dann **schriftlich** vereinbaren, dass Kosten aus der **KG 300 Baukonstruktion** ganz oder teilweise zu den anrechenbaren Kosten nach § 54 Abs. 1 hinzugerechnet werden. Nach richtiger Auffassung hat die **Schriftform Beweisfunktion, ist aber nicht Wirksamkeitsvoraussetzung** für einen zusätzlichen Honoraranspruch. Auch eine entsprechende mündliche Abrede genügt und muss ggf. durch Zeugen bestätigt werden. 40

Praxistipp
Entsprechende Vereinbarungen sind insbesondere für die Fälle zu empfehlen, bei denen falsche Vorgaben des TA-Planers zu einer **Überdimensionierung der Baukonstruktion** und damit zu einem Schaden für den Bauherrn führen können. Dem erhöhten Haftungsrisiko steht dann ein erhöhtes Honorar gegenüber.

B. Planungsänderungen, Bauzeitverlängerung

Wie Planungsänderungen honorarrechtlich zu behandeln sind, regeln § 10 Abs. 1 und 2. Diese Regelungen sind neben § 54 Abs. 1 bis 3 anwendbar. Liegt eine Serienplanung i.S.v. § 54 Abs. 3 vor und werden Grundleistungen wiederholt, kann es über § 10 Abs. 2 zu einer **doppelten Honorarminderung** kommen. 41

Auch aus einer Bauzeitverlängerung kann sich ein Anspruch auf Ersatz von Mehraufwendungen ergeben.[14] 42

§ 55
Leistungsbild Technische Ausrüstung

(1) Das Leistungsbild Technische Ausrüstung umfasst Grundleistungen für Neuanlagen, Wiederaufbauten, Erweiterungsbauten, Umbauten, Modernisierungen, Instandhaltungen und Instandsetzungen. Die Grundleistungen bei der Technischen Ausrüstung sind in neun Leistungsphasen zusammengefasst und werden wie folgt in Prozentsätzen der Honorare des § 56 bewertet:
1. **für die Leistungsphase 1 (Grundlagenermittlung) mit 2 Prozent,**
2. **für die Leistungsphase 2 (Vorplanung) mit 9 Prozent,**
3. **für die Leistungsphase 3 (Entwurfsplanung) mit 17 Prozent,**
4. **für die Leistungsphase 4 (Genehmigungsplanung) mit 2 Prozent,**
5. **für die Leistungsphase 5 (Ausführungsplanung) mit 22 Prozent,**
6. **für die Leistungsphase 6 (Vorbereitung der Vergabe) mit 7 Prozent,**
7. **für die Leistungsphase 7 (Mitwirkung bei der Vergabe) mit 5 Prozent,**
8. **für die Leistungsphase 8 (Objektüberwachung – Bauüberwachung) mit 35 Prozent,**
9. **für die Leistungsphase 9 (Objektbetreuung) mit 1 Prozent.**

---

14 OLG Naumburg, Urt. v. 23.4.2015 – 1 U 94/14 – IBR 2015, 434.

(2) Die Leistungsphase 5 ist abweichend von Absatz 1 Satz 2 mit einem Abschlag von jeweils 4 Prozent zu bewerten, sofern das Anfertigen von Schlitz- und Durchbruchsplänen oder das Prüfen der Montage- und Werkstattpläne der ausführenden Firmen nicht in Auftrag gegeben wird.

(3) Anlage 15 Nummer 15.1 regelt die Grundleistungen jeder Leistungsphase und enthält Beispiele für Besondere Leistungen.

Anlage 15.1 Grundleistungen im Leistungsbild Technische Ausrüstung, Besondere Leistungen, Objektliste

15.1 Grundleistungen und Besondere Leistungen im Leistungsbild Technische Ausrüstung

Grundleistungen	Besondere Leistungen
LPH 1 Grundlagenermittlung	
a) Klären der Aufgabenstellung auf Grund der Vorgaben oder der Bedarfsplanung des Auftraggebers im Benehmen mit dem Objektplaner b) Ermitteln der Planungsrandbedingungen und Beraten zum Leistungsbedarf und gegebenenfalls zur technischen Erschließung c) Zusammenfassen, Erläutern und Dokumentieren der Ergebnisse	– Mitwirken bei der Bedarfsplanung für komplexe Nutzungen zur Analyse der Bedürfnisse, Ziele und einschränkenden Gegebenheiten (Kosten-, Termine und andere Rahmenbedingungen) des Bauherrn und wichtiger Beteiligter – Bestandsaufnahme, zeichnerische Darstellung und Nachrechnen vorhandener Anlagen und Anlagenteile – Datenerfassung, Analysen und Optimierungsprozesse im Bestand – Durchführen von Verbrauchsmessungen – Endoskopische Untersuchungen – Mitwirken bei der Ausarbeitung von Auslobungen und bei Vorprüfungen für Planungswettbewerbe
LPH 2 Vorplanung (Projekt- und Planungsvorbereitung)	
a) Analysieren der Grundlagen Mitwirken beim Abstimmen der Leistungen mit den Planungsbeteiligten b) Erarbeiten eines Planungskonzepts, dazu gehören zum Beispiel: Vordimensionieren der Systeme und maßbestimmenden Anlagenteile, Untersuchen von alternativen Lösungsmöglichkeiten bei gleichen Nutzungsanforderungen einschließlich Wirtschaftlichkeitsvorbetrachtung, zeichnerische Darstellung zur Integration in die Objektplanung unter Berücksichtigung exemplarischer Details, Angaben zum Raumbedarf c) Aufstellen eines Funktionsschemas bzw. Prinzipschaltbildes für jede Anlage d) Klären und Erläutern der wesentlichen fachübergreifenden Prozesse, Randbedingungen	– Erstellen des technischen Teils eines Raumbuches – Durchführen von Versuchen und Modellversuchen

Grundleistungen	Besondere Leistungen
und Schnittstellen, Mitwirken bei der Integration der technischen Anlagen e) Vorverhandlungen mit Behörden über die Genehmigungsfähigkeit und mit den zu beteiligenden Stellen zur Infrastruktur f) Kostenschätzung nach DIN 276 (2. Ebene) und Terminplanung g) Zusammenfassen, Erläutern und Dokumentieren der Ergebnisse	
LPH 3 Entwurfsplanung (System- und Integrationsplanung)	
a) Durcharbeiten des Planungskonzepts (stufenweise Erarbeitung einer Lösung) unter Berücksichtigung aller fachspezifischen Anforderungen sowie unter Beachtung der durch die Objektplanung integrierten Fachplanungen, bis zum vollständigen Entwurf b) Festlegen aller Systeme und Anlagenteile c) Berechnen und Bemessen der technischen Anlagen und Anlagenteile, Abschätzen von jährlichen Bedarfswerten (z.B. Nutz-, End- und Primärenergiebedarf) und Betriebskosten; Abstimmen des Platzbedarfs für technische Anlagen und Anlagenteile; Zeichnerische Darstellung des Entwurfs in einem mit dem Objektplaner abgestimmten Ausgabemaßstab mit Angabe maßbestimmender Dimensionen Fortschreiben und Detaillieren der Funktions- und Strangschemata der Anlagen Auflisten aller Anlagen mit technischen Daten und Angaben zum Beispiel für Energiebilanzierungen Anlagenbeschreibungen mit Angabe der Nutzungsbedingungen d) Übergeben der Berechnungsergebnisse an andere Planungsbeteiligte zum Aufstellen vorgeschriebener Nachweise; Angabe und Abstimmung der für die Tragwerksplanung notwendigen Angaben über Durchführungen und Lastangaben (ohne Anfertigen von Schlitz- und Durchführungsplänen) e) Verhandlungen mit Behörden und mit anderen zu beteiligenden Stellen über die Genehmigungsfähigkeit f) Kostenberechnung nach DIN 276 (3. Ebene) und Terminplanung g) Kostenkontrolle durch Vergleich der Kostenberechnung mit der Kostenschätzung h) Zusammenfassen, Erläutern und Dokumentieren der Ergebnisse	– Erarbeiten von besonderen Daten für die Planung Dritter, zum Beispiel für Stoffbilanzen, etc. – Detaillierte Betriebskostenberechnung für die ausgewählte Anlage – Detaillierter Wirtschaftlichkeitsnachweis – Berechnung von Lebenszykluskosten – Detaillierte Schadstoffemissionsberechnung für die ausgewählte Anlage – Detaillierter Nachweis von Schadstoffemissionen – Aufstellen einer gewerkeübergreifenden Brandschutzmatrix – Fortschreiben des technischen Teils des Raumbuches – Auslegung der technischen Systeme bei Ingenieurbauwerken nach Maschinenrichtlinie – Anfertigen von Ausschreibungszeichnungen bei Leistungsbeschreibung mit Leistungsprogramm – Mitwirken bei einer vertieften Kostenberechnung – Simulationen zur Prognose des Verhaltens von Gebäuden, Bauteilen, Räumen und Freiräumen
LPH 4 Genehmigungsplanung	
a) Erarbeiten und Zusammenstellen der Vorlagen und Nachweise für öffentlich-rechtliche	

Grundleistungen	Besondere Leistungen
Genehmigungen oder Zustimmungen einschließlich der Anträge auf Ausnahmen oder Befreiungen sowie Mitwirken bei Verhandlungen mit Behörden b) Vervollständigen und Anpassen der Planungsunterlagen, Beschreibungen und Berechnungen	
LPH 5 Ausführungsplanung	
a) Erarbeiten der Ausführungsplanung auf Grundlage der Ergebnisse der Leistungsphasen 3 und 4 (stufenweise Erarbeitung und Darstellung der Lösung) unter Beachtung der durch die Objektplanung integrierten Fachplanungen bis zur ausführungsreifen Lösung b) Fortschreiben der Berechnungen und Bemessungen zur Auslegung der technischen Anlagen und Anlagenteile Zeichnerische Darstellung der Anlagen in einem mit dem Objektplaner abgestimmten Ausgabemaßstab und Detaillierungsgrad einschließlich Dimensionen (keine Montage- oder Werkstattpläne) Anpassen und Detaillieren der Funktions- und Strangschemata der Anlagen bzw. der GA-Funktionslisten Abstimmen der Ausführungszeichnungen mit dem Objektplaner und den übrigen Fachplanern c) Anfertigen von Schlitz- und Durchbruchsplänen d) Fortschreibung des Terminplans e) Fortschreiben der Ausführungsplanung auf den Stand der Ausschreibungsergebnisse und der dann vorliegenden Ausführungsplanung des Objektplaners, Übergeben der fortgeschriebenen Ausführungsplanung an die ausführenden Unternehmen f) Prüfen und Anerkennen der Montage- und Werkstattpläne der ausführenden Unternehmen auf Übereinstimmung mit der Ausführungsplanung	– Prüfen und Anerkennen von Schalplänen des Tragwerksplaners auf Übereinstimmung mit der Schlitz- und Durchbruchsplanung – Anfertigen von Plänen für Anschlüsse von beigestellten Betriebsmitteln und Maschinen (Maschinenanschlussplanung) mit besonderem Aufwand (zum Beispiel bei Produktionseinrichtungen) – Leerrohrplanung mit besonderem Aufwand (zum Beispiel bei Sichtbeton oder Fertigteilen) – Mitwirkung bei Detailplanungen mit besonderem Aufwand, zum Beispiel Darstellung von Wandabwicklungen in hochinstallierten Bereichen – Anfertigen von allpoligen Stromlaufplänen
LPH 6 Vorbereitung der Vergabe	
a) Ermitteln von Mengen als Grundlage für das Aufstellen von Leistungsverzeichnissen in Abstimmung mit Beiträgen anderer an der Planung fachlich Beteiligter b) Aufstellen der Vergabeunterlagen, insbesondere mit Leistungsverzeichnissen nach Leistungsbereichen, einschließlich der Wartungsleistungen auf Grundlage bestehender Regelwerke c) Mitwirken beim Abstimmen der Schnittstellen zu den Leistungsbeschreibungen	– Erarbeiten der Wartungsplanung und -organisation – Ausschreibung von Wartungsleistungen, soweit von bestehenden Regelwerken abweichend

Grundleistungen	Besondere Leistungen
der anderen an der Planung fachlich Beteiligten d) Ermitteln der Kosten auf Grundlage der vom Planer bepreisten Leistungsverzeichnisse e) Kostenkontrolle durch Vergleich der vom Planer bepreisten Leistungsverzeichnisse mit der Kostenberechnung f) Zusammenstellen der Vergabeunterlagen	
LPH 7 Mitwirkung bei der Vergabe	
a) Einholen von Angeboten b) Prüfen und Werten der Angebote, Aufstellen der Preisspiegel nach Einzelpositionen, Prüfen und Werten der Angebote für zusätzliche oder geänderte Leistungen der ausführenden Unternehmen und der Angemessenheit der Preise c) Führen von Bietergesprächen d) Vergleichen der Ausschreibungsergebnisse mit den vom Planer bepreisten Leistungsverzeichnissen und der Kostenberechnung e) Erstellen der Vergabevorschläge, Mitwirken bei der Dokumentation der Vergabeverfahren f) Zusammenstellen der Vertragsunterlagen und bei der Auftragserteilung	– Prüfen und Werten von Nebenangeboten – Mitwirken bei der Prüfung von bauwirtschaftlich begründeten Angeboten (Claimabwehr)
LPH 8 Objektüberwachung (Bauüberwachung) und Dokumentation	
a) Überwachen der Ausführung des Objekts auf Übereinstimmung mit der öffentlich-rechtlichen Genehmigung oder Zustimmung, den Verträgen mit den ausführenden Unternehmen, den Ausführungsunterlagen, den Montage- und Werkstattplänen, den einschlägigen Vorschriften und den allgemein anerkannten Regeln der Technik b) Mitwirken bei der Koordination der am Projekt Beteiligten c) Aufstellen, Fortschreiben und Überwachen des Terminplans (Balkendiagramm) d) Dokumentation des Bauablaufs (Bautagebuch) e) Prüfen und Bewerten der Notwendigkeit geänderter oder zusätzlicher Leistungen der Unternehmer und der Angemessenheit der Preise f) Gemeinsames Aufmaß mit den ausführenden Unternehmen g) Rechnungsprüfung in rechnerischer und fachlicher Hinsicht mit Prüfen und Bescheinigen des Leistungsstandes anhand nachvollziehbarer Leistungsnachweise	– Durchführen von Leistungsmessungen und Funktionsprüfungen – Werksabnahmen – Fortschreiben der Ausführungspläne (zum Beispiel Grundrisse, Schnitte, Ansichten) bis zum Bestand – Erstellen von Rechnungsbelegen anstelle der ausführenden Firmen, zum Beispiel Aufmaß – Schlussrechnung (Ersatzvornahme) – Erstellen fachübergreifender Betriebsanleitungen (zum Beispiel Betriebshandbuch, Reparaturhandbuch) oder computer-aided Facility Management-Konzepte – Planung der Hilfsmittel für Reparaturzwecke

Grundleistungen	Besondere Leistungen
h) Kostenkontrolle durch Überprüfen der Leistungsabrechnungen der ausführenden Unternehmen im Vergleich zu den Vertragspreisen und dem Kostenanschlag i) Kostenfeststellung j) Mitwirken bei Leistungs- u. Funktionsprüfungen k) fachtechnische Abnahme der Leistungen auf Grundlage der vorgelegten Dokumentation, Erstellung eines Abnahmeprotokolls, Feststellen von Mängeln und Erteilen einer Abnahmeempfehlung l) Antrag auf behördliche Abnahmen und Teilnahme daran m) Prüfung der übergebenen Revisionsunterlagen auf Vollzähligkeit, Vollständigkeit und stichprobenartige Prüfung auf Übereinstimmung mit dem Stand der Ausführung n) Auflisten der Verjährungsfristen der Ansprüche auf Mängelbeseitigung o) Überwachen der Beseitigung der bei der Abnahme festgestellten Mängel p) Systematische Zusammenstellung der Dokumentation, der zeichnerischen Darstellungen und rechnerischen Ergebnisse des Objekts	
LPH 9 Objektbetreuung	
a) Fachliche Bewertung der innerhalb der Verjährungsfristen für Gewährleistungsansprüche festgestellten Mängel, längstens jedoch bis zum Ablauf von fünf Jahren seit Abnahme der Leistung, einschließlich notwendiger Begehungen b) Objektbegehung zur Mängelfeststellung vor Ablauf der Verjährungsfristen für Mängelansprüche gegenüber den ausführenden Unternehmen c) Mitwirken bei der Freigabe von Sicherheitsleistungen	– Überwachen der Mängelbeseitigung innerhalb der Verjährungsfrist – Energiemonitoring innerhalb der Gewährleistungsphase, Mitwirkung bei den jährlichen Verbrauchsmessungen aller Medien – Vergleich mit den Bedarfswerten aus der Planung, Vorschläge für die Betriebsoptimierung und zur Senkung des Medien- und Energieverbrauches

Übersicht

A. Anwendungsbereich (Abs. 1)

I. Neuanlagen

Die HOAI hat den Begriff der **Grundleistungen** wieder eingeführt. Die Technische Ausrüstung umfasst zunächst die Technische Ausrüstung für Neuanlagen. **Neuanlagen** sind in § 2 Abs. 2 definiert als Objekte, die neu errichtet oder neu hergestellt werden. 1

Gemeint ist auch hier die Technische Ausrüstung für folgende neu errichtete bzw. hergestellte Objekte: 2

- Gebäude (§ 34),
- Innenräume (§ 34),
- Ingenieurbauwerke (§ 41) und
- Verkehrsanlagen (§ 45).

II. Wiederaufbauten

Wiederaufbauten sind gem. § 2 Abs. 3 S. 1 Objekte im vorgenannten Sinne, bei denen die zerstörten Teile auf noch vorhandene Bau- oder Anlagenteile wiederhergestellt werden. 3

Praxistipp
Wiederaufbauten gelten nach § 2 Abs. 3 S. 2 als Neubauten, sofern eine neue Planung erforderlich ist.

III. Erweiterungsbauten

Erweiterungsbauten sind nach § 2 Abs. 4 Ergänzungen eines vorhandenen Objekts. § 55 Abs. 1 betrifft den Fall, dass für einen solchen Erweiterungsbau auch die Technische Ausrüstung zu planen ist. 4

IV. Umbauten

5 **Umbauten** sind nach § 2 Abs. 5 Umgestaltungen eines vorhandenen Objekts mit wesentlichen Eingriffen in Konstruktion oder Bestand. Den Umbauzuschlag für die Technische Ausrüstung regeln § 6 Abs. 2 und § 56 Abs. 5.[1]

V. Modernisierungen

6 **Modernisierungen** sind gem. § 2 Abs. 6 bauliche Maßnahmen zur nachhaltigen Erhöhung des Gebrauchswertes eines Objekts, soweit diese Maßnahmen weder als Erweiterungsbauten noch als Umbauten oder Instandsetzungen zu beurteilen sind. Zur Abgrenzung wird auf die Kommentierung zu § 2 Abs. 6 verwiesen.

VI. Instandsetzungen

7 **Instandsetzungen** sind nach § 2 Abs. 8 Maßnahmen zur Wiederherstellung des zum bestimmungsgemäßen Gebrauch geeigneten Zustandes (Soll-Zustandes) eines der vorstehend unter I. genannten Objekte (Rn 2), es sei denn, diese Maßnahmen reichen soweit, dass es sich schon um einen Wiederaufbau nach § 2 Abs. 3 S. 2 handelt.

VII. Instandhaltungen

8 **Instandhaltungen** sind nach § 2 Abs. 9 Maßnahmen zur Erhaltung des Soll-Zustandes eines der unter I. genannten Objekte (Rn 2).

B. Leistungsbild (Abs. 1 bis 3, Anlage 15.1)

I. Übersicht

9 Das Leistungsbild zur Fachplanung Technische Ausrüstung ergibt sich aus der **Anlage 15.1** zur HOAI 2013.

10 Gegenüber der HOAI 2009 haben sich die **Prozente** zur Bewertung der Grundleistungen wie folgt geändert:

Leistungsphase	**HOAI 2009**	**HOAI 2013**
LPH 1 Grundlagenermittlung	3%	2%
LPH 2 Vorplanung	11%	9%
LPH 3 Entwurfsplanung	15%	17%
LPH 4 Genehmigungsplanung	6%	2%
LPH 5 Ausführungsplanung	18%	22%
LPH 6 Vorbereitung der Vergabe	6%	7%
LPH 7 Mitwirkung bei der Vergabe	5%	5%
LPH 8 Objektüberwachung	33%	35%
LPH 9 Objektbetreuung	3%	1%

1 Siehe zu den anrechenbaren Kosten für die TA bei mitverwerteter Bausubstanz: LG Görlitz IBR 2014, 1059 (nur online).

Die geänderte Bewertung lässt sich nur teilweise mit einer **geänderten Aufgabenerstellung** erklären. Insoweit wird auf die nachstehenden Erläuterungen zu den einzelnen Leistungsphasen verwiesen. 11

Bei den Leistungsphasen 2, 3, 5, 6, 7 und 8 wurde die bisherige Beschränkung der Grundleistungen des TA-Planers auf ein „Mitwirken" bei der Beschreibung des Leistungsbilds in den einzelnen Leistungsphasen aufgegeben. In der Vergangenheit war das Leistungsbild allein darauf ausgerichtet, dass der Planer der Technischen Ausrüstung als Fachplaner Beiträge für den Objektplaner liefert. Allerdings werden in der Praxis Aufträge an den Fachplaner der Technischen Ausrüstung vergeben, ohne dass ein Objektplaner eingeschaltet ist. So sieht das jetzt auch die HOAI 2013 vor. Dies trägt der **höheren Anerkennung der TA-Planer als auch deren gestiegener (Einzel-)Verantwortung** Rechnung. 12

II. Leistungsphase 1 – Grundlagenermittlung

1. Grundleistungen. Das Klären der Aufgabenstellung als Grundleistung a) erfolgt nunmehr aufgrund der Vorgaben oder der **Bedarfsplanung (DIN 18205)** des Auftraggebers. Soweit ein Objektplaner eingeschaltet ist, hat sich der TA-Planer mit diesem ins Benehmen zu setzen. Die Bedarfsplanung ist mithin Aufgabe des Bauherrn. Soll der TA-Planer an der Erstellung mitwirken, handelt es sich um eine Besondere Leistung. 13

Neu hinzugekommen sind als Grundleistung b) das Ermitteln der **Planungsrandbedingungen** und das Beraten zum **Leistungsbedarf** und ggf. zur technischen Erschließung. 14

Das Zusammenfassen, Erläutern und Dokumentieren der Ergebnisse am Ende der Leistungsphase 1 regelt jetzt die Anlage 15.1 als Grundleistung c) anstelle der übergreifenden Regelung in § 3 Abs. 8 HOAI 2009. 15

Praxistipp

Diese Grundleistung (Zusammenfassen, Erläutern und Dokumentieren) ist am Ende jeder der neun Leistungsphasen zu erbringen und wird daher nachstehend nicht nochmals gesondert erwähnt.

---

2. Besondere Leistungen. Durch das Mitwirken bei der **Bedarfsplanung für komplexe Nutzungen** übernimmt der TA-Planer eine erhöhte Verantwortung für Kosten und Termine. Auch der Fachplaner muss sich über die wirtschaftlichen Verhältnisse und konkreten Zielvorstellungen seines Auftraggebers informieren.[2] Je nach Objekt kann die Technische Ausrüstung 50% und mehr des Gesamtbudgets ausmachen. 16

Praxistipp

Zu beachten ist, dass nach einer Vielzahl der Allgemeinen Versicherungsbedingungen für die Berufshaftpflichtversicherungen sowohl eine Deckung für die Überschreitung von Planungsterminen (**Zeitüberschreitungsklausel**) als auch für die Budgetüberschreitung bei **Sowieso-Kosten** (**Vor- und Kostenanschlagsklausel**) ausgeschlossen ist. Bei schuldhaften Pflichtverstößen haftet der TA-Planer dann persönlich mit seinem Privatvermögen![3]

Zu den Besonderen Leistungen gehört des Weiteren das Mitwirken bei der Ausarbeitung von Auslobungen und bei Vorprüfungen für Planungswettbewerbe. 17

2 BGH, Urt. v. 21.3.2013 – VII ZR 230/11 – IBR 2013, 284.
3 Wird die Planungsleistung durch eine GmbH oder eine PartGmbB erbracht, ist die Haftung bei Vorlage der sonstigen gesetzlichen Voraussetzung auf das Gesellschaftsvermögen beschränkt.

III. Leistungsphase 2 – Vorplanung (Projekt- und Planungsvorbereitung)

18 **1. Grundleistungen.** Die Grundleistung a) **Mitwirken beim Abstimmen der Leistungen mit den Planungsbeteiligten** kommt dann zum Tragen, wenn es weitere beteiligte Planer, insbesondere einen Objektplaner gibt. Ansonsten ist der TA-Planer nach der HOAI 2013 hierfür **alleine verantwortlich.**[4]

19 Als Ausdruck der gestiegenen Kostenverantwortung des TA-Planers umfasst die Grundleistung b) die **Vordimensionierung der Systeme** und maßgeblichen Anlagenteile.

Praxistipp

Ist bei der Planung der Neuerrichtung einer elektrotechnischen Anlage bereits bekannt, dass dem aktuellen Bauabschnitt 1 ein Bauabschnitt 2 folgen wird, bei dem weitere Kälteanlagen angeschlossen werden, dann ist bei der Dimensionierung der Kabeltrassen das Anforderungsprofil der Gesamtanlage zugrunde zu legen. Sind die Kabeltrassen unterdimensioniert und kommt es dadurch zu einer Havarie, haftet der Planer hierfür.[5]

---

20 Als Grundleistung c) ist das **Aufstellen eines Funktionsschemas** für jede Anlage vorgesehen.

21 Das Klären und Erläutern der Schnittstellen dient als Grundleistung d) der **Integration der Fachplanung in die Objektplanung**.

22 Das **Vorverhandeln mit den zu beteiligenden Stellen der Infrastruktur** (Ver- und Entsorgungsunternehmen) wird als Grundleistung e) regelmäßig anfallen; Vorverhandlungen mit Behörden zur Genehmigungsfähigkeit hingegen nur, wenn überhaupt eine Genehmigungspflicht besteht.

23 Die **Kostenschätzung** als Grundleistung f) umfasst jetzt die **2. Gliederungsebene nach DIN 276** und als neue Grundleistung auch die **Terminplanung**. Die bei der Leistungsphase 1 aufgezeigten Fragen der Haftung und des (fehlenden) Versicherungsschutzes setzen sich hier fort.

24 **2. Besondere Leistungen.** Als Besondere Leistungen der Leistungsphase 2 nennt die HOAI 2013:
- Erstellen des technischen Teils des Raumbuches,
- Durchführen von Versuchen und Modellversuchen.

Beispiel
- Raumströmungsversuche für lufttechnische Anlagen.

IV. Leistungsphase 3 – Entwurfsplanung (System- und Integrationsplanung)

25 **1. Grundleistungen.** Zur Grundleistung a) gehört das **Durcharbeiten des in der Leistungsphase 2 entwickelten Planungskonzepts** unter Beachtung der durch den Objektplaner integrierten weiteren Fachplanungen bis hin zum fertigen Entwurf der TA-Planung.

26 Das **Festlegen aller Systeme und Anlagenteile** funktioniert als Grundleistung b) nur, wenn alle weiteren Fachplanungen auf gleichem Planungsniveau integriert sind.

---

4 *Koeble/Zahn*, Rn 253.
5 OLG Naumburg, Urt. v. 23.8.2012 – 2 U 133/11 – IBR 2013, 33.

Neben der **Abstimmung des Platzbedarfs** für technische Anlagen und Anlagenteile mit dem Objektplaner – oder wenn es einen solchen nicht gibt mit dem Auftraggeber – gehört zur Grundleistung c) nunmehr auch das **Abschätzen von jährlichen Bedarfswerten**, insbesondere für den Nutz-, End- und Primärenergiebedarf. Der TA-Planer soll einen **nennenswerten Beitrag zur Energiewende** leisten. Das gilt auch für die energieeffiziente Beschaffung. 27

Praxistipp
Leistungen im Bestand, Gebäudesanierungen, gerade auch im haustechnischen Bereich, gewinnen zunehmend in der Baupraxis an Bedeutung. Gerade in diesen Fällen dürfen sich die Grundleistungen des TA-Planers nach der amtlichen Begründung zur HOAI 2013 nicht auf ein bloßes Mitwirken beschränken.[6] Auch für Projekte, in denen sowohl ein Objektplaner als auch ein Fachplaner tätig werden, ändert dies nach der Vorstellung des Verordnungsgebers nichts an dem durch den Fachplaner geschuldeten Leistungsumfang, sodass in diesen Fällen eine Minderung der prozentualen Ansätze für die jeweiligen Leistungsphasen ausscheidet. Auch diese Erkenntnis gilt dann wieder für alle Leistungsphasen 1 bis 9.

Die Grundleistung d) umfasst die **Übergabe der Berechnungsergebnisse** an die anderen Planungsbeteiligten zum Aufstellen vorgeschriebener Nachweise sowie die Angabe und Abstimmung der für die Tragwerksplanung notwendigen Daten über Durchführungen und Lastangaben jedoch ohne Anfertigen von Schlitz- und Durchführungsplänen. Wichtig ist das insbesondere für **Versorgungsschächte**. 28

Die Grundleistungen e) **Verhandlungen** und f) **Erläutern** bauen auf der Leistungsphase 2 auf, sodass auf die dortigen Ausführungen verwiesen werden kann. 29

Als Grundleistung f) sieht die Anlage 15.1 für den TA-Planer die **Kostenberechnung bis zur 3. Ebene nach DIN 276** sowie die Terminplanung für die Technische Ausrüstung vor. Es handelt sich sowohl um eine eigenständige Leistung des TA-Planers als auch um eine Grundlage für die Integrationsplanung des Objektplaners. 30

Noch gesteigert wird die Kostenverantwortung des TA-Planers durch die Grundleistung g) **Kostenkontrolle durch Vergleich der Kostenberechnung mit der Kostenschätzung**. Hier ist wiederum auf den Praxistipp zur Leistungsphase 1 betreffend der Frage der Haftung und des nur eingeschränkten Deckungsschutzes für Kostenüberschreitungen hinzuweisen. Mittlerweile werden am Markt auch Policen ohne entsprechende Ausschlussklauseln angeboten. 31

2. Besondere Leistungen. Als Auswahl sind an neu hinzugekommenen Besonderen Leistungen zu erwähnen: 32
- detaillierte Betriebskostenberechnungen,
- Aufstellen einer gewerkeübergreifenden Brandschutzmatrix,
- Auslegung der technischen Systeme nach der Maschinenrichtlinie.[7]

V. Leistungsphase 4 – Genehmigungsplanung

1. Grundleistungen. Hier ergeben sich im Vergleich zur HOAI 2009 keine nennenswerten Änderungen. 33

6 BT-Drucks. 334/13, S. 200.
7 Der Text der Maschinenrichtlinie ist unter folgendem Link zu finden: http://eur-lex.europa.eu/LexUriServ/LexUriServ.do?uri=OJ:L:2006:157:0024:0086:de:PDF.

34 Die Grundleistung a) umfasst das Erarbeiten und Zusammenstellen der **Nachweise für die öffentlich-rechtlichen Genehmigungen** und Befreiungen einschließlich des Mitwirkens bei Verhandlungen mit Behörden. **Ziel ist die Gesamtgenehmigungsfähigkeit des Objekts, für die die Technische Ausrüstung bestimmt ist.**

Praxistipp
Bei Sanitär-, Feuerlösch-, Heizungs-, Lüftungs- oder Aufzugsanlagen sind vom TA-Planer regelmäßig Beiträge für die Genehmigungsplanung des Architekten auszuarbeiten. Auf den Umfang des Beitrags kommt es dabei nicht an. Hierzu hat das OLG Rostock entschieden, dass eine gesonderte Genehmigungsplanung für die Technischen Ausrüstung bei genehmigungsfreien Arbeiten nicht notwendig ist, um als TA-Planer die Leistungsphase 4 abzurechnen. **Vielmehr genügt es, dass der TA-Planer für seinen Bereich die erforderlichen Unterlagen für ein Genehmigungs- oder Zustimmungsverfahren zusammenstellt und bei Bedarf anpasst.**[8]

---

35 **2. Besondere Leistungen.** Die Anlage 15.1 nennt selbst keine Besonderen Leistungen für die Leistungsphase 4. Da die dortige Aufzählung nicht abschließend ist (§ 3 Abs. 3), kommt als Besondere Leistungen die **fachliche Unterstützung des Auftraggebers im bauordnungsrechtlichen Widerspruchsverfahren** in Betracht.

36 Auch die Unterstützung bei der Vorbereitung einer Funktionalausschreibung nach § 7 Abs. 13 bis 15 VOB/A kann Gegenstand einer Besonderen Leistung der Leistungsphase 4 sein.[9]

VI. Leistungsphase 5 – Ausführungsplanung

37 **1. Grundleistungen.** Die Grundleistung a) **Erarbeiten der Ausführungsplanung** auf der Grundlage der Ergebnisse der Leistungsphasen 3 und 4 (stufenweise Erarbeitung und Darstellung der Lösung) betrifft zunächst den Fall der Einzelbeauftragung des TA-Planers. Ist ein Objektplaner und/oder ein weiterer Fachplaner beauftragt, muss die **ausführungsreife Lösung mit der durch den Objektplaner integrierten sonstigen Planung** koordiniert werden.

38 Die Grundleistung b) regelt neu das **Fortschreiben der Berechnungen und Bemessungen,** insbesondere im Hinblick auf die Dimensionierung der Technischen Ausrüstung. Damit die Koordination mit den weiteren Planungs- und Baubeteiligten gelingt, muss die zeichnerische Darstellung der Anlagen **in einem mit dem Objektplaner abgestimmten Ausgabemaßstab und Detaillierungsgrad** erfolgen, jedoch grundsätzlich ohne Montage und Werkstattpläne.[10]

39 Auch wenn das im Text der HOAI 2013 nicht klar zum Ausdruck kommt, ist damit auch gemeint, dass die **Datenformate** so zu wählen sind, dass sie eine Planungsintegration ermöglichen (z.B. Format GAEB, DATANORM, StLK/StLB). Ein wesentlicher Faktor zur erfolgreichen Realisierung eines Bauprojektes ist der korrekte **Datenaustausch** zwi-

---

8 OLG Rostock, Urt. v. 23.5.2007 – 2 U 2/06 – IBR 2008, 163.

9 Siehe zu den Anforderungen an eine funktionale Ausschreibung von Generalplanerleistungen: OLG Düsseldorf, Beschl. v. 12.6.2013 – VII-Verg 7/13, Verg 7/13 – ZfBR 2013, 716.

10 Von besonderer Bedeutung ist das Building Information Modeling (BIM). Das ist eine Methode zur IT-gestützten Planung von Bauvorhaben auf der Grundlage von Modellen, deren einzelnen (Bau-)Elementen nicht nur technische, sondern auch physikalische, kalkulatorische und sonstige Eigenschaften zugewiesen werden können, sodass eine Basis für ein neuartiges Datenmanagement geschaffen werden kann. Ziel ist eine bessere Kosten- und Terminsicherheit sowie die Etablierung einer besseren Schnittstellenkoordination zwischen den Planungs- und Ausführungsbeteiligten. Siehe zu den Koordinierungspflichten auch: *Fischer*, BauR 2014, 1998.

schen den Beteiligten. Dies erfordert bei allen Beteiligten Softwareanwendungen, die miteinander kommunizieren können. Das gilt erst recht für **cloudbasierte Simulationstechnologie** in Konstruktion und Planung, etwa für die Ausreifung von Belüftungskonzepten.

Zur Grundleistung b) gehört des Weiteren das **Anpassen und Detaillieren der Funktions- und Strangschemata** der Anlagen bzw. der **Gebäudeautomation (GA) nach VDI 3814**. Neben dem GA-Automationsschema und der GA-Funktionsliste enthält die VDI 3814 insbesondere Verknüpfungen zum **technischen Gebäudemanagement**.[11] 40

Die Grundleistung c) umfasst das **Anfertigen der Schlitz- und Durchbruchspläne**. 41

Als Ausdruck der erhöhten Terminverantwortlichkeit des TA-Planers sieht die Grundleistung d) eine **Fortschreibung des Terminplans** vor. 42

Neu ist in der Grundleistung e) das **Fortschreiben der Ausführungsplanung auf den Stand der Ausschreibungsergebnisse** und der – bei entsprechender Beauftragung – dann vorliegenden Ausführungsplanung des Objektplaners. Hier stellt sich die Frage, wie mit grundsätzlichen **Planungsänderungen des Objektplaners** umzugehen ist. Soweit vertraglich nichts anderes geregelt ist, wird man nach der bisherigen Rechtsprechung des BGH davon ausgehen müssen, dass dem TA-Planer dann ein **Anspruch auf eine zusätzliche Vergütung** zusteht.[12] Das gilt erst recht, wenn die Planungsänderung auf einen Planungsfehler des Objektplaners zurückgeht. 43

Auch das **Prüfen der Montage- und Werkstattpläne** der ausführenden Unternehmen auf Übereinstimmung mit der Ausführungsplanung gehört jetzt zu den Grundleistungen der Leistungsphase 5, wie sich aus Anlage 15 zur HOAI LPH 5 lit. f) und § 55 Abs. 2 ergibt. Gemäß der HOAI 2009 war das noch eine Besondere Leistung. 44

2. Besondere Leistungen. Zu den Besonderen Leistungen gehören jetzt insbesondere die **Maschinenanschlussplanung und die Lehrrohrplanung mit besonderem Aufwand**. Das gilt auch für **Stromlaufpläne**. 45

In der Praxis werden diese Planungsaufgaben jedoch regelmäßig nicht vom Fachplaner erbracht, sondern vom ausführenden Unternehmen. Das Überprüfen dieser Pläne durch den TA-Planer kann dann wieder eine Grundleistung im Sinne der vorstehenden Ziff. 1 sein. 46

VII. Leistungsphase 6 – Vorbereitung der Vergabe

1. Grundleistungen. Auch in der Leistungsphase 6 ist die Verantwortung des TA-Planers deutlich gestiegen. Soweit dort vom „Planer" die Rede ist, ist damit nicht der Objektplaner, sondern der Fachplaner selbst gemeint.[13] 47

Wenn ein Objektplaner und/oder andere Fachplaner mit an der Planung des Objekts beteiligt sind, muss der TA-Planer die **Mengenermittlung als Grundlage für das Aufstellen des Leistungsverzeichnisses** in Abstimmung mit diesem Planungsteam erbringen. Ansonsten ist er hierfür alleine verantwortlich. 48

Gleiches gilt für die **Aufstellung des Leistungsverzeichnisses** aufgeteilt nach Leistungsbereichen einschließlich – soweit vom Auftraggeber gewünscht – der **Wartungsleistungen auf der Grundlage bestehender Regelwerke**. Zu beachten ist insbesondere die DIN 31051. Die Instandhaltung umfasst gemäß **DIN 31051** alle „Maßnahmen zur Bewahrung und Wiederherstellung des Soll-Zustandes sowie zur Feststellung und Beurtei- 49

11 Siehe dazu: http://de.wikipedia.org/wiki/VDI_3814.
12 BGH, Urt. v. 26.7.2007 – VII ZR 42/05 – IBR 2007, 565.
13 *Koeble/Zahn*, Rn 267.

lung des Ist-Zustandes von technischen Mitteln eines Systems". Diese Maßnahmen werden seitens der DIN 31051 in vier Grundmaßnahmen untergliedert:
- Wartung;
- Inspektion;
- Instandsetzung;
- Schwachstellenbeseitigung oder auch Verbesserung.

50 **Wartungsmaßnahmen** dienen dabei der Verzögerung des Abbaus des Abnutzungsvorrats.[14]

51 **2. Besondere Leistungen.** Als Besondere Leistungen der Leistungsphase 6 nennt die Anlage 15 zur HOAI 2013 die Erarbeitung der **Wartungsplanung und -organisation.** Eine gute Arbeitshilfe hierfür bieten die vom Arbeitskreis Maschinen und Elektrotechnik (**AMEV**) herausgegebenen Broschüren und Vertragsmuster.[15]

52 Weiter gehört zu den explizit genannten Besonderen Leistungen die **Ausschreibung von Wartungsleistungen,** soweit sie von bestehenden Regelwerken abweicht.

53 Die Wartung wird zunehmend in umfassende **Facility Management-Konzepte** eingebunden.[16] Auch die Vorbereitung einer solchen Ausschreibung ist als Besondere Leistung des TA-Planers möglich. Hierbei kann auf die von der **GEFMA** entwickelten Leistungsbilder zurückgegriffen werden.[17]

VIII. Leistungsphase 7 – Mitwirkung bei der Vergabe

54 **1. Grundleistungen.** Die Grundleistung a) **Einholen von Angeboten** hat besondere Bedeutung, wenn die Technische Ausrüstung gesondert vergeben wird und der TA-Planer mit der Durchführung des Vergabeverfahrens beauftragt wird. Erfolgt eine **Generalunternehmervergabe in Verantwortung des Objektplaners,** beschränkt sich die Verantwortung des TA-Planers – bei entsprechender vertraglicher Einschränkung – auf eine Mitwirkung bei der Angebotseinholung. Lässt sich dem TA-Planervertrag eine solche Einschränkung nicht deutlich entnehmen, so bleibt der TA-Planer im Zweifelsfall selbst voll in der Verantwortung für die eigenständige Einholung der Angebote für die Technische Ausrüstung. Das gilt entsprechend für die weiteren Grundleistungen der Leistungsphase 7.

55 Neu aufgenommen wurden in die Grundleistung b) das **Prüfen und Werten der Angebote für zusätzliche und geänderte Leistungen der ausführenden Unternehmen und der Angemessenheit der Preise.** Hier geht es um die **klassische Nachtragsprüfung einschließlich der Prüfung von Bauzeitennachträgen.**

56 Die vorgenannte Prüfung der **Angemessenheit der Preise** bezieht sich nicht nur auf Nachträge, sondern auch auf das **Ursprungsangebot.** Gemäß § 16 Abs. 6 Nr. 1 VOB/A bzw. VOB/A EG[18] darf auf Angebote, deren **Preise im offensichtlichen Missverhältnis zur Leistung** stehen, der Zuschlag nicht erteilt werden. Erscheint ein Angebotspreis unangemessen niedrig und ist anhand vorliegender Unterlagen über die Preisermittlung die Angemessenheit nicht zu beurteilen, ist **in Textform vom Bieter Aufklärung über**

---

14 *Schröder*, 1.2.11.
15 Siehe dazu unter http://www.amev-online.de.
16 Siehe DIN EN 15221-1.
17 Siehe dazu unter http://www.gefma.de.
18 Der Schwellenwert, ab dem öffentliche Auftraggeber i.S.d. § 98 GWB ein europaweites Vergabeverfahren nach der VOB/A EG durchzuführen haben, beträgt seit 1.1.2014 5.186.000 €.

die Ermittlung der Preise für die Gesamtleistung oder für Teilleistungen zu verlangen, ggf. unter Festlegung einer zumutbaren Antwortfrist. Bei der Beurteilung der Angemessenheit sind die Wirtschaftlichkeit des Bauverfahrens, die gewählten technischen Lösungen oder sonstige günstige Ausführungsbedingungen zu berücksichtigen (§ 16 Abs. 6 Nr. 2 VOB/A bzw. VOB/A EG).

Je nach Beauftragung wird aus der **Mitwirkung bei den Bietergesprächen** eine ei- 57
genständige Grundleistung für den TA-Planer, der die Bietergespräche dann eigenständig allein zu führen hat. Beschränkt sich die Grundleistung c) auf die Mitwirkung des TA-Planers, kann hierfür ein niedrigerer Prozentsatz vereinbart werden. Wird die Leistungsphase 7 jedoch ohne Einschränkungen beauftragt, steht dem TA-Planer auch die volle Vergütung zu.[19] Unter dem Führen von Bietergesprächen sind vorrangig **Aufklärungsgespräche i.S.v. § 15 Abs. 1 VOB/A bzw. VOB/A EG** zu verstehen. Echte Verhandlungen sind im Offenen Verfahren nach § 15 Abs. 3 VOB/A bzw. VOB/A EG nur zulässig, wenn sie aufgrund eines Leistungsprogramms (Funktionalausschreibung) nötig sind, um **unumgängliche technische Änderungen geringen Umfangs** und daraus sich ergebende Änderungen der Preise zu vereinbaren. Mehr Verhandlungsspielraum besteht dagegen bei **echten Verhandlungsverfahren** i.S.v. § 3a Abs. 1 Nr. 3 VOB/A EG.

Die Mitwirkung beim Kostenanschlag ist entfallen. In der Grundleistung d) hat der 58
TA-Planer nunmehr eine **Kostenkontrolle durch den Vergleich der Ausschreibungsergebnisse mit den in der Leistungsphase 6 erstellten bepreisten Leistungsverzeichnisse sowie mit der Kostenberechnung** durchzuführen. Der Verordnungsgeber verspricht sich hiervon eine präzisere Kostenkontrolle im Sinne eines verbesserten **Schutzes des Auftraggebers vor vermeidbaren Kostensteigerungen** („Verbraucherschutz"). Das ändert in der Praxis aber nichts an der Schwierigkeit, Kostenplanungsfehler von marktbedingten Kostensteigerungen abzugrenzen.

Die Grundleistung e) umfasst das **Erstellen der Vergabevorschläge** sowie das 59
Mitwirken bei der Dokumentation des Vergabeverfahrens. Die Vergabevorschläge müssen sich dabei aus der Prüfung und Wertung der Angebote nachvollziehbar ergeben. Anderenfalls liegt ein **Dokumentationsmangel** vor. Zu beachten ist, dass der TA-Planer hinsichtlich der Vergabevorschläge nur eine Empfehlung aussprechen kann. Die Letztentscheidung über die Vergabevorschläge liegt hingegen beim Auftraggeber selbst. Hinsichtlich des **Mindestinhaltes der Dokumentation** kann auf § 20 VOB/A bzw. VOB/A EG verwiesen werden. Zu beachten ist, dass die Landesvergabegesetze teilweise Vorgaben für die zu verwendenden Formulare machen. So sieht beispielsweise das Landesvergabegesetz von Sachsen-Anhalt vor, dass die dort genannten Auftraggeber die Formblätter des **„Vergabe- und Vertragshandbuches für die Baumaßnahmen des Bundes"** und des **„Handbuches über die Vergabe und Ausführung von Bauleistungen im Straßen- und Brückenbau"** in der jeweils geltenden Fassung entsprechend anzuwenden haben.[20] Zu beachten ist insoweit des Weiteren auch, dass ggf. auch **ergänzende Formblätter und Eigenerklärungen nach den Landesvergabegesetzen** notwendig sind.[21]

---

19 BT-Drucks. 334/13, S. 200.
20 § 5 des Gesetzes über die Vergabe öffentlicher Aufträge in Sachsen-Anhalt (Landesvergabegesetz – LVG LSA) v. 19.11.2012, GVBl. LSA 2012, 536, zuletzt geändert durch Gesetz v. 30.7.2013, GVBl. LSA 2013, 402 i.V.m. § 1 der Verordnung über die Anwendung des Formularwesens bei der Vergabe öffentlicher Bauaufträge v. 30.4.2013, GVBl. LSA 2013, 190.
21 Siehe z.B. § 2 des Gesetzes über die Vergabe öffentlicher Aufträge in Sachsen-Anhalt (Landesvergabegesetz – LVG LSA) v. 19.11.2012, GVBl. LSA 2012, 536, zuletzt geändert durch Gesetz v. 30.7.2013, GVBl. LSA 2013, 402 i.V.m. § 2 der Verordnung über die Anwendung des Formularwesens bei der Vergabe öffentlicher Bauaufträge v. 30.4.2013, GVBl. LSA 2013, 190.

60 Die abschließende Grundleistung der LPH 7 f) umfasst nach dem Wortlaut der HOAI das ***„Zusammenstellen der Vertragsunterlagen und bei der Auftragserteilung“***. Anscheinend liegt insoweit ein Redaktionsversehen vor. Gemeint ist offenbar **„und das Mitwirken bei der Auftragserteilung“**.[22]

61 **2. Besondere Leistungen.** Als Besondere Leistung der Leistungsphase 7 sieht die Anlage 15.1 zur HOAI 2013 das **Prüfen und Werten von Nebenangeboten** vor sowie das Mitwirken bei der Prüfung von bauwirtschaftlich begründeten Angeboten als Teil der **Claimabwehr**. Die vom Verordnungsgeber gewählte Formulierung deutet darauf hin, dass hiermit allein die bauwirtschaftliche Mitprüfung gemeint ist und nicht die juristische Mitprüfung, ob angemeldete Nachträge gerechtfertigt sind.

IX. Leistungsphase 8 – Objektüberwachung (Bauüberwachung) und Dokumentation

62 **1. Grundleistungen.** Die Grundleistung a) der Leistungsphase 8 umfasst die eigentliche **Bauüberwachung** in Form der Überprüfung der Ausführung des Objektes auf **Übereinstimmung mit der öffentlich-rechtlichen Genehmigung oder Zustimmung**, den **mit den ausführenden Unternehmen abgeschlossenen (Bau-)Verträgen, den Ausführungsunterlagen, den Montage- und Werkstattplänen sowie den einschlägigen Vorschriften und den allgemein anerkannten Regeln der Technik**. Schon bei einfachen gängigen Tätigkeiten der ausführenden Unternehmen, die für die Funktionalität der Gesamtleistung nicht wichtig sind, besteht zumindest die Verpflichtung, **Stichproben** vorzunehmen. Bei **schwierigen oder gefahrträchtigen Arbeiten** muss die Bauausführung in besonderer, gesteigerter Weise beobachtet und durch den TA-Planer überprüft werden. Nach einer aktuellen Entscheidung des OLG Düsseldorf **führen auch die erkennbare Unzuverlässigkeit oder technische Schwächen des ausführenden Unternehmens zu erhöhten Anforderungen an die Bauüberwachungstätigkeit**.[23]

63 Die Grundleistung b) sieht das **Mitwirken des TA-Planers bei der Koordination der am Projekt Beteiligten** vor. Hinsichtlich dieser Koordinationspflichten kann auf die vorstehenden Ausführungen verwiesen werden.

64 Die bloßen Mitwirkungspflichten des TA-Planers bei der **Terminplanung** ist in der Grundleistung c) in eine **eigenständige Pflicht des TA-Planers** umgewandelt worden. Auch insoweit kann selbstverständlich vertraglich etwas anderes vereinbart werden. Wird die Grundleistung unverändert übernommen, muss der TA-Planer einen **eigenen Terminplan aufstellen, fortschreiben und die Termine überwachen**. Der Terminplan ist – soweit nichts anderes vereinbart wird – als **Balkendiagramm** aufzustellen. Die Erstellung eines **Netzplanes** kann als Besondere Leistung vereinbart werden.

65 Gemäß der Grundleistung d) ist nunmehr auch die **Dokumentation des Bauablaufes in Form eines Bautagebuches** eine eigenständige Pflicht des TA-Planers. Das wird zeitlichen Mehraufwand mit sich bringen. Die HOAI 2013 sieht keine Form vor, wie das Bautagebuch zu führen ist. Nach der Rechtsprechung soll das Bautagebuch nach seinem Zweck **alle wesentlichen Einzelheiten, wie den Einsatz in personeller und sachlicher Beziehung, die Witterung, besondere Vorkommnisse, Arbeitsbehinderungen, Überprüfungen und Beanstandungen** zuverlässig und beweiskräftig festhalten.[24] Die Eintragungen müssen dabei nicht täglich erfolgen, sondern es genügt, wenn sie in dem

---

22 *Eich*, S. 157; OLG Dresden, Urt. v. 23.8.2010 – 10 U 1054/08 – BauR 2012, 1837.
23 OLG Düsseldorf, Urt. v. 21.12.2012 – I-23 U 18/12, 23 U 18/12 – IBR 2014, 30.
24 KG, Urt. v. 14.2.2012 – 7 U 53/08 – IBR 2013, 222.

Rhythmus vorgenommen werden, der sich aus der Überwachungspflicht als solcher ergibt. **Bei gesteigerten Überwachungspflichten ist also auch das Bautagebuch intensiver zu führen.**

Als Grundleistung e) ist das **Prüfen und Bewerten der Notwendigkeit geänderter zusätzlicher Leistungen** der Unternehmer und der Angemessenheit der Preise hinzugekommen. 66

Praxistipp
Die Nachtragsprüfung ist regelmäßig auch mit der Bewertung juristischer Fragestellungen verbunden. In der Kostengruppen 719 der DIN 276-1:2008-12 ist die Rechtsberatung den Bauherrnaufgaben zugeordnet. Soweit nichts anderes vertraglich vereinbart wurde, gehört die rechtliche Prüfung der Nachträge daher grundsätzlich nicht zu den Aufgaben des TA-Planers.

Die Grundleistung f) sieht das **gemeinsame Aufmaß des TA-Planers mit den ausführenden Unternehmen** vor. Ist der TA-Planer mit der Bauüberwachung beauftragt, gilt er nach der Rechtsprechung als bevollmächtigt, für den Auftraggeber das Aufmaß verbindlich zu erstellen.[25] Die unberechtigte Verweigerung der Durchführung eines gemeinsamen Aufmaßes i.S.d. § 14 Abs. 2 S. 1 VOB/B kann zu **Schadensersatzansprüchen** führen oder die **Umkehr der Beweislast** zur Folge haben. Erfolgt die Aufmaßfeststellung im gemeinsamen Einverständnis, so ist das für die Vertragsparteien bindend. Im Regelfall liegt dann ein **Schuldanerkenntnis** i.S.d. § 781 BGB vor.[26] 67

Die Grundleistung g) umfasst die **Rechnungsprüfung in technischer und fachlicher Hinsicht mit Prüfen und Bescheinigen des Leistungsstandes** anhand nachvollziehbarer Leistungsnachweise. Die entsprechenden Pflichten der ausführenden Unternehmen zur nachprüfbaren Rechnungslegung ergeben sich bei entsprechender Vereinbarung aus § 14 Abs. 1 VOB/B. Die Rechnungsprüfung umfasst dabei für den TA-Planer sowohl die Pflicht **Abschlagsrechnungen** zu überprüfen als auch die **Schlussrechnung.**[27] 68

Als Bestandteil der gesteigerten Kostenverantwortung des TA-Planers sieht die Grundleistung h) die **Kostenkontrolle durch Überprüfen der Leistungsabrechnungen der ausführenden Unternehmen im Vergleich zu den Vertragspreisen und dem Kostenanschlag** sowie die Grundleistung i) die **Kostenfeststellung** vor. Juristische Vorfragen im Hinblick auf die maßgebenden Vertragspreise hat wiederum der Bauherr und nicht der TA-Planer zu klären. 69

Die Grundleistung j) sieht vor, dass der TA-Planer bei **Leistungs- und Funktionsprüfungen** mitwirkt. Hierfür kann auf anerkannte Checklisten zurückgegriffen werden, wie sie beispielsweise die **VDI-Richtlinie 3809** Blatt 2 Prüfung gebäudetechnischer Anlagen für Feuerwehraufzüge vorsieht. 70

Auf dieser Grundlage sieht die Grundleistung k) die **fachtechnische Abnahme** der Leistungen auf der Grundlage der vorgelegten Dokumentation, die **Erstellung des Abnahmeprotokolls**, das **Feststellen von Mängeln** und das Erteilen einer Abnahmeempfehlung durch den TA-Planer vor. Die fachtechnische Abnahme ist dabei **nicht zu verwechseln mit der rechtlichen Abnahme** i.S.d. § 12 VOB/B, sondern bereitet diese nur vor. Zum Ablauf einer solchen Abnahmeprüfung kann beispielhaft auf die **DIN EN 12599** „Lüftung von Gebäuden – Prüf- und Messverfahren für die Übergabe eingebauter raumlufttechnischer Anlagen" verwiesen werden. 71

---

25 BGH, Urt. v. 15.2.1960 – VII ZR 10/59 – juris.
26 BGH, Urt. v. 20.4.1967 – III ZR 59/65 – WM 1967, 824.
27 § 16 Abs. 1 Nr. 1 VOB/B, § 632a BGB.

72 Die Grundleistung l) sieht den **Antrag auf behördliche Abnahmen** und die Teilnahme des TA-Planers daran vor. Hinzuweisen ist insoweit insbesondere auf die **Abnahme der sicherheitstechnischen Gebäudeausrüstungen** durch die in den Bauordnungen hierfür bestimmten Prüfsachverständigen. Zu den sicherheitstechnischen Ausrüstungen in diesem Sinne zählen regelmäßig die **Lüftungsanlagen**, die **CO-Warnanlagen**, die **Rauch- und Wärmeabzugsanlagen**, die **Feuerlöschanlagen**, die **Brandmelde- und Alarmierungsanlagen** sowie die **Sicherheitsstromversorgungsanlagen**.

73 Nach der Grundleistung m) hat der TA-Planer die übergebenden **Revisionsunterlagen auf Vollzähligkeit und Vollständigkeit zu prüfen** sowie eine stichprobenartige Prüfung auf Übereinstimmung mit dem Stand der Ausführung vorzunehmen. Die in der HOAI 2009 noch vorgesehene Grundleistung „Zusammenstellen“ ist dagegen entfallen.

74 Eine eigenständige Pflicht des TA-Planers anstelle der bloßen Mitwirkungspflicht begründet die Grundleistung n) für das **Auflisten der Verjährungsfristen** in Bezug auf die Mängelbeseitigungsansprüche. Soweit das ausführende Unternehmen ein „Bauwerk“ zu erbringen hat, beträgt die Verjährungsfrist gem. § 13 Abs. 4 Nr. 1 S. 1 VOB/B im Grundsatz vier Jahre.[28] Entscheidend ist nach der Rechtsprechung die **Bedeutung der erbrachten Leistung für die Funktion, die Konstruktion, den Bestand, die Haltbarkeit und die Benutzbarkeit des Bauwerkes, soweit die Bauteile mit dem Gebäude fest verbunden werden**. Bei der Lieferung und dem Einbau eines mangelhaften Blockheizkraftwerkes wurde das vom OLG Hamm mit der Begründung abgelehnt, dass nur die maschinellen Teile der Anlage betroffen seien.[29] In einem solchen Fall gilt dann nur eine zweijährige Verjährung. Eine **abgekürzte Verjährungsfrist** von zwei Jahren gilt bei VOB-Verträgen des Weiteren für die vom Feuer berührten Teile von Feuerungsanlagen sowie die Teile von maschinellen und elektrotechnischen/elektronischen Anlagen oder Teilen davon, bei denen die Wartung Einfluss auf Sicherheit und Funktionsfähigkeit hat, wenn der Auftraggeber sich dafür entscheidet, dem Auftragnehmer die Wartung für die Dauer der Verjährungsfrist nicht zu übertragen.[30]

75 Die Grundleistung o) umfasst das **Überwachen der Beseitigung der bei der Abnahme festgestellten Mängel**. Anders als bei der Grundleistung k) ist hier nicht die technische Abnahme i.S.d. § 4 Abs. 10 VOB/B, sondern die **rechtsgeschäftliche Abnahme** nach § 12 VOB/B gemeint, konkret die im Abnahmeprotokoll vorbehaltenen Mängel. Nicht erfasst sind hingegen die erst nach der Abnahme festgestellten Mängel.

76 Ebenso wie auch bei anderen Leistungsbildern wurde die Teilleistung betreffend die **Dokumentation** aus der Leistungsphase 9 in die Leistungsphase 8 verschoben und umfasst dort als Grundleistung p) die systematische Zusammenstellung der Dokumentation, der zeichnerischen Darstellungen und rechnerischen Ergebnisse des Objekts. Diese Dokumentation dient den **Prüfungs-, Gewährleistungs-, Nutzungs- und Bewirtschaftungsinteressen** des Auftraggebers. Das betrifft insbesondere die **spätere Erweiterung oder den Umbau** der ausgeführten Anlagen sowie die **Verwertung** des Objektes, für das die Anlagen bestimmt sind.

28 Beim BGB-Vertrag 5 Jahre nach § 634a Abs. 1 Nr. 2 BGB.
29 OLG Hamm, Urt. v. 3.6.1997 – 34 U 148/96 – IBR 1998, 254.
30 § 13 Abs. 4 Nr. 1 S. 2 sowie Nr. 2 VOB/B.

2. Besondere Leistungen. Als Besondere Leistung sieht die HOAI 2013 für die Leistungsphase 8 vor: 77

- Durchführen von Leistungsmessungen und Funktionsprüfungen;
- Werksabnahmen;
- Fortschreiben der Ausführungspläne (z.B. Grundrisse, Schnitte, Ansichten) bis zum Bestand;
- Erstellen von Rechnungsbelegen anstelle der ausführenden Firmen, z.B. Aufmaß;
- Schlussrechnung (Ersatzvornahme);
- Erstellen fachübergreifender Betriebsanleitungen (z.B. Betriebshandbuch, Reparaturhandbuch) oder computer-aided Facility Management-Konzepte;
- Planung von Hilfsmittel für Reparaturzwecke.

Hinsichtlich der Durchführung von Leistungsmessungen und Funktionsprüfungen 78 kann für raumlufttechnische Anlagen auf die **VDI-Richtlinien 2079 und 2080** verwiesen werden.

X. Leistungsphase 9 – Objektbetreuung

1. Grundleistungen. In der Leistungsphase 9 haben sich erhebliche Änderungen 79 ergeben. Die Grundleistung a) umfasst nunmehr **nur noch die fachliche Bewertung der innerhalb der Verjährungsfristen für Gewährleistungsansprüche festgestellten Mängel**, längstens jedoch bis zum Ablauf von **fünf Jahren seit Abnahme** der Leistung einschließlich notwendiger Begehungen. Die Überwachung der Beseitigung der **nach Abnahme auftretenden Mängel** ist hingegen als Grundleistung entfallen. Hintergrund dieser Änderung ist die Überlegung, dass sich die Überwachung der Mängelbeseitigung nur schlecht für einen pauschalierten Honoraransatz eignet. Allerdings kann man sich fragen, ob die Grundleistung a) dann nicht hätte ganz entfallen sollen.[31] Gemeint ist mit der fachlichen Bewertung eine **Beurteilung der Verursachungsanteile** am Mangel, ohne dass die Stellungnahme des TA-Planers die Qualität eines Gutachtens erreichen müsste.

Unverändert geblieben ist die Grundleistung b). Sie umfasst die **Objektbegehung** 80 **zur Mängelfeststellung vor Ablauf der Verjährungsfristen** für Mängelansprüche gegenüber den ausführenden Unternehmen.

Praxistipp
Als „Checkliste" dient hierbei die in der Leistungsphase 8 als Grundleistung n) erstellte Auflistung der Verjährungsfristen. Es empfiehlt sich die Objektbegehungen so rechtzeitig einzuplanen, dass der Auftraggeber hinsichtlich festgestellter Mängel bei Bedarf noch verjährungshemmende Maßnahmen etwa in Form eines selbstständigen Beweisverfahrens ergreifen kann.

Die Grundleistung c) sieht das Mitwirken des TA-Planers bei der **Freigabe von Si-** 81 **cherheitsleistungen** vor. Gemeint sind hiermit im Wesentlichen Gewährleistungssicherheiten, weil etwaige Vertragserfüllungssicherheiten schon vorher zurückzugeben sind. Auch hier beschränkt sich die Aufgabe des TA-Planers auf die fachtechnische Mitwirkung. Streitige Rechtsfragen, etwa ob die einer Gewährleistungsbürgschaft zugrunde liegende Sicherungsabrede nichtig ist, hat der Bauherr hingegen selbst zu klären.

31 *Weber*, BauR 2013, 1747, 1751 Rn 27.

82 **2. Besondere Leistungen. Das Überwachen der Mängelbeseitigung innerhalb der Verjährungsfrist stellt nunmehr eine Besondere Leistung dar.** Hierfür kann ein Zeithonorar oder ein Pauschalhonorar vereinbart werden.

83 Als Besondere Leistung sieht die Anlage 15 zur HOAI 2013 auch das **Energiemonitoring innerhalb der Gewährleistungsphase** sowie die Mitwirkung bei der jährlichen Verbrauchsmessung aller Medien vor. In Betracht kommt das beispielsweise bei **Energiespar-Contracting-Vorhaben**, bei denen ein Energiedienstleistungsunternehmen Maßnahmen zur Energieeinsparung in öffentlichen Gebäuden plant, realisiert und finanziert und seine Aufwendungen und Investitionen durch eine Beteiligung an den eingesparten Energiekosten refinanziert. Ausgehend von einer vorher definierten Baseline kann der TA-Planer bei entsprechender Beauftragung überprüfen, wie hoch diese Einsparung ausfällt.[32]

84 Als weitere Besondere Leistungen kommen auch der **Vergleich mit den Bedarfswerten** aus der Planung, **Vorschläge für die Betriebsoptimierung** und zur Senkung der Medien- und Energieverbräuche in Betracht. Gerade angesichts steigender Energiekosten bietet sich diese Form des **Facilitymanagements** auch für TA-Planer an. Hierdurch kann insbesondere auch ein dauerhaftes Vertragsverhältnis zum Auftraggeber begründet werden.

§ 56
Honorar für Grundleistungen bei der Technischen Ausrüstung

(1) Die Mindest- und Höchstsätze der Honorare für die in § 55 und der Anlage 15.1 aufgeführten Grundleistungen bei einzelnen Anlagen sind in der folgenden Honorartafel festgesetzt:

Anrechenbare Kosten in Euro	Honorarzone I geringe Anforderungen von Euro	bis	Honorarzone II durchschnittliche Anforderungen von Euro	bis	Honorarzone III hohe Anforderungen von Euro	bis
5.000	2.132	2.547	2.547	2.990	2.990	3.405
10.000	3.689	4.408	4.408	5.174	5.174	5.893
15.000	5.084	6.075	6.075	7.131	7.131	8.122
25.000	7.615	9.098	9.098	10.681	10.681	12.164
35.000	9.934	11.869	11.869	13.934	13.934	15.869
50.000	13.165	15.729	15.729	18.465	18.465	21.029
75.000	18.122	21.652	21.652	25.418	25.418	28.948
100.000	22.723	27.150	27.150	31.872	31.872	36.299
150.000	31.228	37.311	37.311	43.800	43.800	49.883
250.000	46.640	55.726	55.726	65.418	65.418	74.504
500.000	80.684	96.402	96.402	113.168	113.168	128.886
750.000	111.105	132.749	132.749	155.836	155.836	177.480
1.000.000	139.347	166.493	166.493	195.448	195.448	222.594

32 Siehe zum Ganzen auch http://www.kompetenzzentrum-contracting.de/praxishilfen/energiespar-contracting.

Anrechenbare Kosten in Euro	Honorarzone I geringe Anforderungen von	bis	Honorarzone II durchschnittliche Anforderungen von	bis	Honorarzone III hohe Anforderungen von	bis
	Euro		Euro		Euro	
1.250.000	166.043	198.389	198.389	232.891	232.891	265.237
1.500.000	191.545	228.859	228.859	268.660	268.660	305.974
2.000.000	239.792	286.504	286.504	336.331	336.331	383.044
2.500.000	285.649	341.295	341.295	400.650	400.650	456.296
3.000.000	329.420	393.593	393.593	462.044	462.044	526.217
3.500.000	371.491	443.859	443.859	521.052	521.052	593.420
4.000.000	412.126	492.410	492.410	578.046	578.046	658.331

(2) Welchen Honorarzonen die Grundleistungen zugeordnet werden, richtet sich nach folgenden Bewertungsmerkmalen:
1. Anzahl der Funktionsbereiche,
2. Integrationsansprüche,
3. technische Ausgestaltung,
4. Anforderungen an die Technik,
5. konstruktive Anforderungen.

(3) Für die Zuordnung zu den Honorarzonen ist die Objektliste der Anlage 15 Nummer 15.2 zu berücksichtigen.

(4) Werden Anlagen einer Gruppe verschiedenen Honorarzonen zugeordnet, so ergibt sich das Honorar nach Absatz 1 aus der Summe der Einzelhonorare. Ein Einzelhonorar wird dabei für alle Anlagen ermittelt, die einer Honorarzone zugeordnet werden. Für die Ermittlung des Einzelhonorars ist zunächst das Honorar für die Anlagen jeder Honorarzone zu berechnen, das sich ergeben würde, wenn die gesamten anrechenbaren Kosten der Anlagengruppe nur der Honorarzone zugeordnet würden, für die das Einzelhonorar berechnet wird. Das Einzelhonorar ist dann nach dem Verhältnis der Summe der anrechenbaren Kosten der Anlagen einer Honorarzone zu den gesamten anrechenbaren Kosten der Anlagengruppe zu ermitteln.

(5) Für Umbauten und Modernisierungen kann bei einem durchschnittlichen Schwierigkeitsgrad ein Zuschlag gemäß § 6 Absatz 2 Satz 3 bis 50 Prozent schriftlich vereinbart werden.

(6) Steht der Planungsaufwand für die Technische Ausrüstung von Ingenieurbauwerken mit großer Längenausdehnung, die unter gleichen baulichen Bedingungen errichtet werden, in einem Missverhältnis zum ermittelten Honorar, ist § 7 Absatz 3 anzuwenden.

Anlage 15.2
Grundleistungen im Leistungsbild Technische Ausrüstung, Besondere Leistungen, Objektliste

Anlage 15.2 Objektliste

	Honorarzone		
	I	II	III
Anlagengruppen 1 Abwasser-, Wasser- oder Gasanlagen			
– Anlagen mit kurzen einfachen Netzen	x		
– Abwasser-, Wasser-, Gas- oder sanitärtechnische Anlagen mit verzweigten Netzen, Trinkwasserzirkulationsanlagen, Hebeanlagen, Druckerhöhungsanlagen		x	
– Anlagen zur Reinigung, Entgiftung oder Neutralisation von Abwasser, Anlagen zur biologischen, chemischen oder physikalischen Behandlung von Wasser, Anlagen mit besonderen hygienischen Anforderungen oder neuen Techniken (zum Beispiel Kliniken, Alten- oder Pflegeeinrichtungen) – Gasdruckreglerstationen, mehrstufige Leichtflüssigkeitsabscheider			x
Anlagengruppen 2 Wärmeversorgungsanlagen			
– Einzelheizgeräte, Etagenheizung	x		
– Gebäudeheizungsanlagen, mono- oder bivalente Systeme (zum Beispiel Solaranlage zur Brauchwassererwärmung, Wärmepumpenanlagen) – Flächenheizungen – Hausstationen – verzweigte Netze		x	
– Multivalente Systeme – Systeme mit Kraft-Wärme-Kopplung, Dampfanlagen, Heißwasseranlagen, Deckenstrahlheizungen (zum Beispiel Sport- oder Industriehallen)			x
Anlagengruppen 3 Lufttechnische Anlagen			
– Einzelabluftanlagen	x		
– Lüftungsanlagen mit einer thermodynamischen Luftbehandlungsfunktion (zum Beispiel Heizen), Druckbelüftung		x	
– Lüftungsanlagen mit mindestens zwei thermodynamischen Luftbehandlungsfunktionen (zum Beispiel Heizen oder Kühlen), Teilklimaanlagen, Klimaanlagen – Anlagen mit besonderen Anforderungen an die Luftqualität (zum Beispiel Operationsräume) – Kühlanlagen, Kälteerzeugungsanlagen ohne Prozesskälteanlagen – Hausstationen für Fernkälte, Rückkühlanlagen			x
Anlagengruppen 4 Starkstromanlagen			
– Niederspannungsanlagen mit bis zu zwei Verteilungsebenen ab Übergabe EVU einschließlich Beleuchtung oder Sicherheitsbeleuchtung mit Einzelbatterien – Erdungsanlagen	x		
– Kompakt-Transformatorenstationen, Eigenstromerzeugungsanlagen (zum Beispiel zentrale Batterie- oder unterbrechungsfreie Stromversorgungsanlagen, Photovoltaik-Anlagen)		x	

	Honorarzone		
	I	II	III
– Niederspannungsanlagen mit bis zu drei Verteilebenen ab Übergabe EVU einschließlich Beleuchtungsanlagen – zentrale Sicherheitsbeleuchtungsanlagen – Niederspannungsinstallationen einschließlich Bussystemen – Blitzschutz- oder Erdungsanlagen, soweit nicht in HZ I oder HZ III erwähnt – Außenbeleuchtungsanlagen			
– Hoch- oder Mittelspannungsanlagen, Transformatorenstationen, Eigenstromversorgungsanlagen mit besonderen Anforderungen (zum Beispiel Notstromaggregate, Blockheizkraftwerke, dynamische unterbrechungsfreie Stromversorgung) – Niederspannungsanlagen mit mindestens vier Verteilebenen oder mehr als 1.000 A Nennstrom – Beleuchtungsanlagen mit besonderen Planungsanforderungen (zum Beispiel Lichtsimulationen in aufwendigen Verfahren für Museen oder Sonderräume)			x
– Blitzschutzanlagen mit besonderen Anforderungen (zum Beispiel für Kliniken, Hochhäuser, Rechenzentren)			x
Anlagengruppen 5 Fernmelde- oder informationstechnische Anlagen			
– Einfache Fernmeldeinstallationen mit einzelnen Endgeräten	x		
– Fernmelde- oder informationstechnische Anlagen, soweit nicht in HZ I oder HZ III erwähnt		x	
– Fernmelde- oder informationstechnische Anlagen mit besonderen Anforderungen (zum Beispiel Konferenz- oder Dolmetscheranlagen, Beschallungsanlagen von Sonderräumen, Objektüberwachungsanlagen, aktive Netzwerkkomponenten, Fernübertragungsnetze, Fernwirkanlagen, Parkleitsysteme)			x
Anlagengruppen 6 Förderanlagen			
– Einzelne Standardaufzüge, Kleingüteraufzüge, Hebebühnen	x		
– Aufzugsanlagen, soweit nicht in Honorarzone I oder III erwähnt, Fahrtreppen oder Fahrsteige, Krananlagen, Ladebrücken, Stetigförderanlagen		x	
– Aufzugsanlagen mit besonderen Anforderungen, Fassadenaufzüge, Transportanlagen mit mehr als zwei Sende- oder Empfangsstellen			x
Anlagengruppen 7 Nutzungsspezifische oder verfahrenstechnische Anlagen			
7.1. Nutzungsspezifische Anlagen			
– Küchentechnische Geräte, zum Beispiel für Teeküchen	x		
– Küchentechnische Anlagen, zum Beispiel Küchen mittlerer Größe, Aufwärmküchen, Einrichtungen zur Speise- oder Getränkeaufbereitung, -ausgabe oder -lagerung (keine Produktionsküche) einschließlich zugehöriger Kälteanlagen		x	
– Küchentechnische Anlagen, zum Beispiel Großküchen, Einrichtungen für Produktionsküchen einschließlich der Ausgabe oder Lagerung sowie der zugehörigen Kälteanlagen, Gewerbekälte für Großküchen, große Kühlräume oder Kühlzellen			x

	Honorarzone		
	I	II	III
– Wäscherei- oder Reinigungsgeräte, zum Beispiel für Gemeinschaftswaschküchen	x		
– Wäscherei- oder Reinigungsanlagen, zum Beispiel Wäschereieinrichtungen für Waschsalons		x	
– Wäscherei- oder Reinigungsanlagen, zum Beispiel chemische oder physikalische Einrichtungen für Großbetriebe			x
– Medizin- oder labortechnische Anlagen, zum Beispiel für Einzelpraxen der Allgemeinmedizin	x		
– Medizin- oder labortechnische Anlagen, zum Beispiel für Gruppenpraxen der Allgemeinmedizin oder Einzelpraxen der Fachmedizin, Sanatorien, Pflegeeinrichtungen, Krankenhausabteilungen, Laboreinrichtungen für Schulen		x	
– Medizin- oder labortechnische Anlagen, zum Beispiel für Kliniken, Institute mit Lehr- oder Forschungsaufgaben, Laboratorien, Fertigungsbetriebe			x
– Feuerlöschgeräte, zum Beispiel Handfeuerlöscher	x		
– Feuerlöschanlagen, zum Beispiel manuell betätigte Feuerlöschanlagen		x	
– Feuerlöschanlagen, zum Beispiel selbsttätig auslösende Anlagen			x
– Entsorgungsanlagen, zum Beispiel Abwurfanlagen für Abfall oder Wäsche	x		
– Entsorgungsanlagen, zum Beispiel zentrale Entsorgungsanlagen für Wäsche oder Abfall, zentrale Staubsauganlagen			x
– Bühnentechnische Anlagen, zum Beispiel technische Anlagen für Klein- oder Mittelbühnen		x	
– Bühnentechnische Anlagen, zum Beispiel für Großbühnen			x
– Medienversorgungsanlagen, zum Beispiel zur Erzeugung, Lagerung, Aufbereitung oder Verteilung medizinischer oder technischer Gase, Flüssigkeiten oder Vakuum			x
– Badetechnische Anlagen, zum Beispiel Aufbereitungsanlagen, Wellenerzeugungsanlagen, höhenverstellbare Zwischenböden			x
– Prozesswärmeanlagen, Prozesskälteanlagen, Prozessluftanlagen, zum Beispiel Vakuumanlagen, Prüfstände, Windkanäle, industrielle Ansauganlagen			x
– Technische Anlagen für Tankstellen, Fahrzeugwaschanlagen			x
– Lagertechnische Anlagen, zum Beispiel Regalbediengeräte (mit zugehörigen Regalanlagen), automatische Warentransportanlagen			x
– Taumittelsprühanlagen oder Enteisungsanlagen		x	
– Stationäre Enteisungsanlagen für Großanlagen, zum Beispiel Flughäfen			x
7.2. Verfahrenstechnische Anlagen			
– Einfache Technische Anlagen der Wasseraufbereitung (zum Beispiel Belüftung, Enteisenung, Entmanganung, chemische Entsäuerung, physikalische Entsäuerung)		x	
– Technische Anlagen der Wasseraufbereitung (zum Beispiel Membranfiltration, Flockungsfiltration, Ozonierung, Entarsenierung, Entaluminierung, Denitrifikation)			x

	Honorarzone		
	I	II	III
– Einfache Technische Anlagen der Abwasserreinigung (zum Beispiel gemeinsame aerobe Stabilisierung)		x	
– Technische Anlagen der Abwasserreinigung (zum Beispiel für mehrstufige Abwasserbehandlungsanlagen)			x
– Einfache Schlammbehandlungsanlagen (zum Beispiel Schlammabsetzanlagen mit mechanischen Einrichtungen)		x	
– Anlagen für mehrstufige oder kombinierte Verfahren der Schlammbehandlung			x
– Einfache Technische Anlagen der Abwasserableitung		x	
– Technische Anlagen der Abwasserableitung			x
– Einfache Technische Anlagen der Wassergewinnung, -förderung, -speicherung		x	
– Technische Anlagen der Wassergewinnung, -förderung, -speicherung			x
– Einfache Regenwasserbehandlungsanlagen		x	
– Einfache Anlagen für Grundwasserdekontaminierungsanlagen		x	
– Komplexe Technische Anlagen für Grundwasserdekontaminierungsanlagen			x
– Einfache Technische Anlagen für die Ver- und Entsorgung mit Gasen (zum Beispiel Odorieranlage)		x	
– Einfache Technische Anlagen für die Ver- und Entsorgung mit Feststoffen		x	
– Technische Anlagen für die Ver- und Entsorgung mit Feststoffen			x
– Einfache Technische Anlagen der Abfallentsorgung (zum Beispiel für Kompostwerke, Anlagen zur Konditionierung von Sonderabfällen, Hausmülldeponien oder Monodeponien für Sonderabfälle, Anlagen für Untertagedeponien, Anlagen zur Behandlung kontaminierter Böden)		x	
– Technische Anlagen der Abfallentsorgung (zum Beispiel für Verbrennungsanlagen, Pyrolyseanlagen, mehrfunktionale Aufbereitungsanlagen für Wertstoffe)			x
Anlagengruppen 8 Gebäudeautomation			
– Herstellerneutrale Gebäudeautomationssysteme oder Automationssysteme mit anlagengruppenübergreifender Systemintegration			x

Übersicht

A. Einführung

§ 56 regelt die Einordnung der zu erbringenden TA-Leistungen in **drei Honorarzonen**, die hierfür anzuwendende Honorartafel, den Umbau- und Modernisierungszuschlag in Ergänzung zu § 6 sowie die Möglichkeit zur Mindestsatzunterschreitung beim 1

Planungsaufwand für die Technische Ausrüstung von Ingenieurbauwerken mit großer Längenausdehnung.

2 Die Absätze 1, 2 und 4 des § 56 entsprechen im Wesentlichen den Regelungen des § 54 der HOAI 2009. Neu aufgenommen wurden die Absätze 3, 5 und 6.

3 Die **Tafelwerte** wurden angepasst. Gerade im unteren und mittleren Bereich der anrechenbaren Kosten ergeben sich durch die HOAI 2013 spürbare Honoraranhebungen von bis zu 34,51%. Bei anrechenbaren Kosten ab 2,5 Mio. € ergeben sich im Bereich der Mindestsätze hingegen sogar Honorarkürzungen. Auch die veraltete Objektliste wurde angepasst und findet sich nunmehr in der Anlage 15.2 zur HOAI 2013.

B. § 56 Abs. 1 – Honorarzonen

4 Gemäß § 6 Abs. 1 richtet sich das Honorar für Grundleistungen nach
- den anrechenbaren Kosten,
- dem Leistungsbild,
- der Honorarzone und
- der dazugehörigen Honorartafel.

5 Die **anrechenbaren Kosten** ergeben sich grundsätzlich aus der Kostenberechnung (§ 6 Abs. 1 Nr. 1). Die anrechenbaren Kosten können hingegen nicht durch eine Baukostenvereinbarung i.S.v. § 6 Abs. 2 festgelegt werden. Nach der Rechtsprechung des BGH ist § 6 Abs. 2 von der gesetzlichen Ermächtigungsgrundlage in Art. 10 §§ 1 und 2 MRVG nicht gedeckt und damit unwirksam[1] (Nr. 1 bzw. Abs. 3 i.V.m. § 54).

6 Welche Leistungen aus dem Leistungsbild Technische Ausrüstung konkret beauftragt sind, richtet sich nach den **vertraglichen Vereinbarungen** (§ 7 Abs. 1).

7 Die Honorartafel des § 56 Abs. 1 sieht für die Technische Ausrüstung drei Honorarzonen vor. Diese betreffen:
- Honorarzone I: geringe Planungsanforderungen;
- Honorarzone II: durchschnittliche Planungsanforderungen;
- Honorarzone III: hohe Planungsanforderungen.

8 Nach der allgemeinen Regelung des § 5 Abs. 3 sind die Honorarzonen anhand der **Bewertungsmerkmale der jeweiligen Leistungsbilder** zuzuordnen sowie unter Berücksichtigung der **Regelbeispiele in den Objektlisten** vorzunehmen. Die Bewertungsmerkmale ergeben sich für die Zuordnung zur einschlägigen Honorarzone aus § 56 Abs. 2 bis 4 sowie der Anlage 15.2 zur HOAI 2013.

9 Die Honorartafel zeigt für die jeweiligen anrechenbaren Kosten die Mindestsätze und die Höchstsätze auf. Welcher Satz zugrunde zu legen ist, richtet sich wiederum nach der vertraglichen Vereinbarung (§ 7 Abs. 1). Wird nichts anderes vereinbart, gilt der einschlägige Mindestsatz als vereinbart (§ 7 Abs. 5). Wird ein anderer Satz als der Mindestsatz oder der Höchstsatz vereinbart, ist das maßgebende Honorar durch **Interpolation aus den Tabellenwerten** zu ermitteln.

10 Bei der **Vergabe von Planungsaufträgen** hat der öffentliche Auftraggeber nach herrschender Meinung Vorgaben zu allen vorgenannten Honorarparametern zu machen. Das gilt auch für die Honorarzone, da nur dann vergleichbare Angebote möglich sind

1 BGH, IBR 2014, 353. Ähnliches kann aber durch die Vereinbarung einer Baukostenobergrenze als vereinbarte Beschaffenheit erreicht werden. Siehe zu erweiterten Honorartafeln: *Flemming*, BauR 2014, 469.

und ein ungewöhnliches Wagnis der Bewerber ausgeschlossen wird.[2] Das wird neuerdings durch das OLG Koblenz in Zweifel gezogen. Der Auftraggeber von Planungsleistungen sei nicht verpflichtet – und wegen der Unanwendbarkeit der HOAI auf Planer mit Sitz in anderen Mitgliedstaaten der EU wohl auch nicht berechtigt –, den Bietern die anzuwendende Honorarzone verbindlich vorzugeben.[3] Diese Auffassung würde jedoch dazu führen, dass die Angebote im Hinblick auf die Honorarzone nicht mehr vergleichbar wären. Das dürfte ein Verstoß gegen das Wettbewerbsprinzip darstellen.

Eine **unzutreffende Honorarzone** kann zu einer mittelbaren Mindestsatzunterschreitung führen. Nach der Rechtsprechung des BGH liegt eine Mindestsatzunterschreitung jedoch nur dann vor, wenn das für die vertraglichen Leistungen **insgesamt vereinbarte Honorar** unterhalb des nach den Mindestsätzen der HOAI ermittelten Honorars liegt. Eine isolierte Prüfung, ob einzelne in der Honorarordnung vorgesehene Abrechnungseinheiten unterhalb der Mindestsätze honoriert werden, soll dagegen nicht zulässig sein.[4] 11

C. § 56 Abs. 2 – Bewertungsmerkmale

Die für die Zuordnung zur zutreffenden Honorarzone heranzuziehenden **Bewertungsmerkmale** werden in § 56 Abs. 2 wie folgt konkretisiert: 12

- Anzahl der **Funktionsbereiche;**
- **Integrationsansprüche;**
- Technische Ausgestaltung;
- Anforderungen an die Technik;
- Konstruktive Anforderungen.

Eine Punkte**bewertung** ist anders als bei anderen Leistungsbildern **nicht vorgesehen.** 13

D. § 56 Abs. 3 – Objektliste

Die **Objektliste in Anlage 15.2** zur HOAI 2013 ist eine **große Praxishilfe** und ermöglicht in vielen Fällen eine schnelle Zuordnung zu den Honorarzonen I bis III. **Die Objektliste ist nicht abschließend.** Es handelt sich um Regelbeispiele. Sie schließt auch eine andere Einordnung der dort genannten Anlagen der Technischen Ausrüstung in die Honorarzone nicht aus (§ 56 Abs. 2 i.V.m. § 5 Abs. 3). 14

Die Objektliste ist dabei **entsprechend den Anlagengruppen 1 bis 8** i.S.d. § 53 Abs. 2 **gegliedert** und nennt je Anlagengruppe in aufsteigender Reihenfolge die Zuordnung der Anlagen zur Honorarzone. Das gilt auch hinsichtlich der nutzungsspezifischen Anlagen (7.1) und der verfahrenstechnischen Anlagen (7.2). Hinsichtlich der Beispiele aus der Objektliste kann daher auf die Kommentierung zu § 53 verwiesen werden. 15

Die neue Objektliste berücksichtigt die **heute üblichen Technologien**, insbesondere in den Bereichen Heizung und Lüftung. Solaranlagen zur Brauchwassererwärmung und Wärmepumpenanlagen werden jetzt eindeutig der Honorarzone II zugeordnet. Gleiches gilt für Eigenstromerzeugungsanlagen, z.B. in Form von Photovoltaikanlagen. Nach 16

2 VK Sachsen, Beschl. v. 18.4.2013 – 1/SVK/009-13 – IBR 2013, 491.
3 OLG Koblenz, Beschl. v. 29.1.2014 – 1 Verg 14/13 –; VergabeR 2014, 475; a.A. VK Nordbayern, Beschl. v. 22.1.2015 – 21.VK-3194–37/14 – juris Rn 142: Die Honorarzone muss als Teil des Zuschlagskriteriums „Honorar" zwingend vorgegeben werden!
4 BGH, Urt. v. 9.2.2012 – VII ZR 31/11 – BGHZ 192, 305.

der HOAI 2009 wurden solche „neuen" Technologien noch überwiegend der Honorarzone III zugeordnet.

E. § 56 Abs. 4 – Verschiedene Honorarzonen

17 § 56 Abs. 4 regelt den Fall, dass die beauftragten Anlagen einer Anlagengruppe **verschiedenen Honorarzonen** zuzuordnen sind. Das Honorar wird dann gem. § 56 Abs. 1 **aus der Summe der Einzelhonorare** bestimmt.

18 Nach zutreffender Auffassung gilt das entsprechend, wenn es sich um **mehrere selbstständige Bestandteile einer in einer Anlagengruppe enthaltenen Anlage** handelt.[5]

19 Die Honorarberechnung nach § 56 Abs. 4 erfolgt in verschiedenen Stufen:

Checkliste
- Schritt 1: Zunächst werden die anrechenbaren Kosten aller Anlagen der Anlagengruppe addiert (**Fiktivkosten**).
- Schritt 2: Für jede der in dieser Anlagengruppe einschlägigen Honorarzonen wird auf der Grundlage dieser addierten anrechenbaren Kosten ermittelt, welches Honorar sich hierfür ergibt (**Fiktivhonorar**).
- Schritt 3: Die anrechenbaren Kosten der jeweiligen Anlage werden **geteilt durch die Fiktivkosten und dann multipliziert mit dem für jede betroffene Honorarzone ermittelten Fiktivhonorar** und ergeben so die Einzelhonorare.
- Schritt 4: Die so ermittelten **Einzelhonorare** werden **anschließend addiert.**

20 Zur Veranschaulichung soll folgendes Beispiel dienen:

Beispiel
Anlagengruppen 1 Abwasser-, Wasser oder Gasanlagen

Schritt 1:

Anlage	Anrechenbare Kosten
Gas	250.000 €
Wasser	100.000 €
Abwasser	150.000 €
Summe	500.000 €

Schritt 2:

Anlage	Anrechenbare Kosten	Honorarzone	Honorarsatz	Honorar
Gas	500.000 €	III	Mindestsatz	113.168 €
Wasser	500.000 €	II	Mindestsatz	96.402 €
Abwasser	500.000 €	I	Mindestsatz	80.684 €

5 Locher/Koeble/Frik/*Locher*, § 56 Rn 20.

Schritte 3 und 4:

Anlage	Verhältnisbildung	Einzelhonorar
Gas	250.000 €/500.000 € × 113.168 €	56.584 €
Wasser	100.000 €/500.000 € × 96.402 €	19.280 €
Abwasser	150.000 €/500.000 € × 80.684 €	24.205 €
Summe		100.069 €

F. § 56 Abs. 5 – Umbauten/Modernisierungen

§ 56 Abs. 5 ergänzt beim **Umbau oder der Modernisierung** einer technischen Anlage die allgemeine Regelung des § 6 Abs. 2. 21

Bei einem **durchschnittlichen Schwierigkeitsgrad** kann ein **Zuschlag bis zu 50% schriftlich vereinbart** werden. Bei einem höheren Schwierigkeitsgrad kann auch ein über 50% hinausgehender Zuschlag schriftlich vereinbart werden (§ 6 Abs. 2 S. 2). Schriftlich bedeutet für den Fachplanervertrag die **Unterzeichnung der Parteien auf derselben Vertragsurkunde**. Bei mehreren gleichlautenden Urkunden allerdings genügt es, wenn jede Partei nur die für die andere Partei bestimmte Urkunde unterzeichnet. Die Schriftform kann durch notarielle Beurkundung ersetzt werden (§ 126 BGB). 22

Ab einem durchschnittlichen Schwierigkeitsgrad wird ohne schriftliche Vereinbarung ein Umbauzuschlag von 20% unwiderleglich vermutet. Das gilt dann auch für Fälle hoher oder sehr hoher Planungsanforderungen. Nach der amtlichen Begründung ist aufgrund dieser gesetzlichen Vermutung die schriftliche Vereinbarung gem. § 7 Abs. 1 über einen anderen Umbauzuschlag als 20% **bereits bei Auftragserteilung notwendig**. 23

Der Verordnungsgeber hat in der amtlichen Begründung klargestellt, dass die 20% **keinen Mindestumbauzuschlag** darstellen, sondern dass auch ein darunterliegender Umbauzuschlag vereinbart werden kann. Diese Klarstellung bezieht sich auch auf die HOAI 2009.[6] Die Höhe des Zuschlags ist im Wege einer schriftlichen Vereinbarung bei Auftragserteilung frei vereinbar. 24

G. § 56 Abs. 6 – Honorarreduzierung

Anders als der vorstehende Abs. 5 regelt § 56 Abs. 6 keinen Fall der Honorarerhöhung, sondern der **Honorarreduzierung**. Die Regelung ist beschränkt auf die **Technische Ausrüstung von Ingenieurbauwerken mit großer Längenausdehnung**, die unter gleichen baulichen Bedingungen errichtet werden und bei denen der Planungsaufwand in einem Missverhältnis zum Honorar steht. Das betrifft z.B. Deiche oder Kaimauern, bei denen die Längenausdehnungen zu erheblichen anrechenbaren Kosten führt. 25

Das **VHF Bayern** – Stand April 2015 – sieht für diese Fälle einen prozentualen Abschlag vom Grundhonorar vor.[7] 26

Der Verweis auf § 7 Abs. 3 zeigt, dass diese **Abweichung von den Mindestsätzen** nach unten nur dann zum Tragen kommt, wenn dies zwischen den Vertragsparteien schriftlich vereinbart wurde. Ob es sich um einen zulässigen Ausnahmefall i.S.d. § 7 27

6 BT-Drucks. 334/13, S. 141.

7 Siehe dazu unter https://www.innenministerium.bayern.de/assets/stmi/buw/bauthemen/iiz5_vergabe_freiberuflich_vhf_bayern.pdf, dort unter VII108.1 (5).

Abs. 3 handelt, ist zweifelhaft.[8] Da es nach der Auffassung des BGH auf die schriftliche Vereinbarung bei Auftragserteilung ankommt, dürfte eine **nachträgliche Honorarreduzierung unwirksam** sein.[9]

Teil 5
ÜBERGANGS- UND SCHLUSSVORSCHRIFTEN

§ 57
Übergangsvorschrift

Diese Verordnung ist nicht auf Grundleistungen anzuwenden, die vor ihrem Inkrafttreten vertraglich vereinbart wurden; insoweit bleiben die bisherigen Vorschriften anwendbar.

Übersicht

A. Zeitlicher Geltungsbereich

1 Die durch die HOAI 2013 festgelegten Vergütungsregelungen für den in § 1 definierten sachlichen, persönlichen und räumlichen Geltungsbereich finden in § 57 eine weitere, nämlich zeitliche Dimension. Die Verordnung ist nur auf solche Architekten- und Ingenieurleistungen anwendbar, die seit ihrem Inkrafttreten vertraglich vereinbart wurden. Gemeint ist hiermit der Zeitpunkt des **Vertragsschlusses.**[1] Die negative Fassung des Verordnungstextes, die definiert, wann die HOAI 2013 nicht anwendbar ist, macht deutlich, dass ein Vertragsschluss **am Tag des Inkrafttretens** bereits zur Anwendung der HOAI 2013 führt. Da die Novellierung am 17.7.2013 in Kraft getreten ist (vgl. dazu unten § 58 Rn 1), sind nur die Verträge von der neuen HOAI betroffen, die an diesem Tag oder danach abgeschlossen wurden.

2 Dass § 57 von **Grundleistungen** spricht, könnte zu der Annahme verleiten, dass Besondere Leistungen nicht gemeint und Beratungsleistungen wiederum auch erfasst sind, soweit dort ebenfalls der Begriff Grundleistungen Verwendung findet.[2] Damit wäre ein Teil der preislich nicht verordneten Honorare von § 57 erfasst und ein anderer Teil nicht. Dass dies keinen Sinn macht und auch nicht gemeint ist, liegt auf der Hand. Offenbar wurde der in § 55 HOAI 2009 verwendete Begriff der „Leistungen" schlicht durch „Grund-

8 Siehe zur Unwirksamkeit von § 6 Abs. 2 – BGHZ 201, 32.
9 Siehe z.B. BGH, Urt. v. 21.1.1988 – VII ZR 239/86 – BauR 1988, 364.

1 Dagegen unterscheidet *Deckers* zwischen Vertragsschluss und Leistungsvereinbarung und wendet die Übergangsregelung nur auf Letztere an, vgl. *Deckers*, Der zeitliche Geltungsbereich der HOAI 2009, online abrufbar unter http://www.werner-baurecht.jurion.de/meine-inhalte/foren/hoai/fachbeitraege-forum-hoai/.
2 Was durchgängig der Fall ist, vgl. Ziff. 1.1.1 für die Umweltverträglichkeitsstudie, Ziff. 1.2.1 für die Bauphysik, Ziff. 1.3.2 für die Geotechnik und 1.4.2 für die Ingenieurvermessung.

leistungen“ ersetzt, nachdem jener Terminus wieder Eingang in die Verordnung finden sollte.[3] Dabei wurde nicht bedacht, dass nicht nur die Grundleistungskataloge überarbeitet wurden, sondern auch die Besonderen Leistungen Veränderungen erfahren haben. Die Abgrenzung zwischen dem verbindlichen Preisrecht und den der freien Vereinbarung überlassenen Leistungen entspricht deshalb nicht mehr der Vorgängerfassung, sodass auch die **neue Zuordnung zu Grund- und Besonderen Leistungen** Gegenstand des § 57 sein muss. Die Beschränkung im Verordnungstext auf Grundleistungen erweist sich insoweit als **Redaktionsversehen**.[4]

Entscheidend für die Anwendbarkeit der HOAI 2013 ist der **Vertragsschluss**, für den 3
die HOAI im Unterschied zu vereinzelten, die Höhe des Honorars beeinflussenden Vereinbarungen keine besonderen Formvorschriften verlangt. Daher genügt grundsätzlich auch ein **mündlicher**[5] oder gar nur **konkludenter**[6] Vertragsschluss.[7] Allerdings darf nicht übersehen werden, dass nicht schriftlich gefasste Verträge zu Beweisschwierigkeiten führen können, wenn der Auftraggeber einen Vertragsschluss bestreitet und etwa nur akquisitorisches Tätigwerden des Architekten behauptet. Die **Beweislast** für einen Vertragsschluss trägt prinzipiell der Auftragnehmer.[8] Im Zusammenhang mit dem Inkrafttreten einer neuen HOAI-Fassung werden hingegen umgekehrte Beobachtungen gemacht. Ist die neue Version – wie in der Regel – mit einer Honoraranhebung verbunden, hat der Auftraggeber das Interesse, einen schon vor Inkrafttreten geschlossen Vertrag nachzuweisen, während der Auftragnehmer eher dazu neigt, seine bis dahin erbrachten Leistungen dem Akquisitionsbereich zuzuordnen. In dieser Konstellation verbleibt die Beweislast zwar beim Auftragnehmer für die Tatsache des Vertragsschlusses, wozu auch die zeitliche Einordnung gehört. Macht der Auftraggeber aber einen Vertragsschluss vor dem Inkrafttreten geltend, ist er dafür beweispflichtig.

Praxistipp
Die letzten beiden Novellen der HOAI haben gezeigt, dass mit einem Inkrafttreten zu einem fixen künftigen Tag nicht immer zu rechnen ist. Je näher ein möglicher Termin einer künftigen Novellierung rückt, desto eher ist auf einen schriftlichen Vertragsschluss zu achten.

Probleme ergeben sich bei der Beurteilung des Vertragsschlusses aber auch dann, 4
wenn ein schriftlicher Vertrag vorliegt. Diesem geht nicht selten eine längere **Phase der Vertragsverhandlungen** voraus, die sich durchaus über mehrere Wochen und zuweilen auch über Monate hinziehen kann. Sind sich die Parteien über die Inhalte des Vertrages einig geworden, kann bereits darin der mündliche Vertragsschluss liegen, sodass der später schriftlich gefasste Vertrag lediglich **Dokumentationszwecke** besitzt. Allerdings müssen in einem derartigen Fall die Umstände genau betrachtet werden. Gegen einen mündlichen Vertrag würde es beispielsweise sprechen, wenn zu den Vertragsinhalten auch die Vereinbarung eines über dem Mindestsatz liegenden Honorars gehört, denn es ist nicht anzunehmen, dass der Auftragnehmer entgegen § 7 Abs. 1 einen mündlichen Vertrag schließen wollte, wenn das über dem Mindestsatz liegende Honorar wirksam nur schriftlich bei Auftragserteilung vereinbart werden kann. Ebenso kann nicht davon aus-

---

3 Vgl. BR-Drucks. 334/13, S. 139.
4 Ebenso *Fuchs/Berger/Seifert*, NZBau 2013, 729, 730; Zweifel hingegen hegt *Scholtissek*, § 57 Rn 4.
5 Locher/Koeble/Frik/*Koeble*, § 57 Rn 1.
6 Irmler/*Irmler*, § 55 Rn 4.
7 Anders dagegen bei besonderen Formvorschriften, wie sie im Kommunalrecht, im Kirchenrecht oder für viele juristische Personen des öffentlichen Rechts gelten.
8 BGH, Urt. v. 5.6.1997 – VII ZR 124/96 – IBR 1997, 462; OLG Düsseldorf, Urt. v. 20.12.2011 – 21 U 41/10 – IBR 2013, 155; OLG Celle, Urt. v. 7.3.2011 – 14 U 7/11 – IBR 2011, 341.

gegangen werden, dass die völlige Loslösung von den Honorarparametern mit der daraus zwangsläufig resultierenden Abweichung vom Mindestsatz (dazu unten B, Rn 10ff.), die ebenfalls nur schriftlich nach § 7 Abs. 1 erfolgen kann, von den Parteien mündlich und damit in nicht wirksamer Form vereinbart werden soll. Das trifft z.B. zu auf Pauschalhonorare oder auf die Vergütung sämtlicher Leistungen über Stundennachweis als Zeithonorar.

Beispiel 1
Der Auftragnehmer legt für eine angefragte Leistung ein Honorarangebot im Juni 2013 vor. Die Gespräche über Einzelheiten der zu erbringenden Leistungen und des dafür nach HOAI 2009 entstehenden Honorars ziehen sich hin, ohne dass alle Honorarfragen geklärt sind. Am 18.7.2013 erhält der Auftragnehmer ein unterschriebenes Vertragsexemplar mit Datum 15.7.2013, welches das Angebot des Auftragnehmers vollständig berücksichtigt.
Das Vertragsexemplar stellt die Annahme des vorangegangenen Angebotes dar. Es kommt jedoch nicht auf den Zeitpunkt der Unterschrift, sondern den des Zugangs beim Auftragnehmer an (§ 130 Abs. 1 S. 1 BGB), sodass auf diesen Vertrag die HOAI 2013 anzuwenden ist.

Beispiel 2
Im Beispiel 1 erzielen beide Seiten in einer Besprechung am 15.7.2013 Einigkeit darüber, dass sie den Vertrag zu den Angebotskonditionen schließen wollen. Dieser mündliche Vertragsschluss schließt die Anwendung der HOAI 2013 aus.

Beispiel 3
Das Angebot aus Beispiel 1 sieht für einen Teil der Leistungen den Mittelsatz vor, beide Seiten einigen sich hierauf am 15.7.2013 mündlich. Das am 18.7.2013 erhaltene Vertragsexemplar unterschreibt der Auftragnehmer noch am selben Tag. Aufgrund der Abweichung vom Mindestsatz musste dem Auftraggeber klar sein, dass der Auftragnehmer auf eine schriftliche Auftragserteilung Wert legen würde. Ein mündlicher Vertrag war deshalb am 15.7. noch nicht geschlossen, sodass auf den Vertrag die HOAI 2013 anwendbar ist.

5 Eine willkürliche **Rückdatierung** eines schriftlichen Vertrags zu dem Zweck, einen Vertragsschluss vor Inkrafttreten vorzutäuschen, ist nicht zulässig, und zwar auch dann nicht, wenn sich der Auftragnehmer damit einverstanden erklärt. Denn der zeitliche Geltungsbereich der HOAI 2013 steht nicht zur Disposition der Vertragsparteien und kann deshalb nicht einvernehmlich umgangen werden. Davon zu unterscheiden ist jedoch der Fall, dass beide Seiten über alle Inhalte des auf dem Mindestsatz beruhenden Vertrages einig sind und gleichzeitig eine schriftliche Dokumentation wünschen, die lediglich **aus organisatorischen Gründen nicht sofort vollzogen** werden kann und vom Inkrafttreten der Neufassung überholt wird. Haben die Parteien für diesen Fall auf den Tag des mündlichen Vertragsschlusses zurückdatiert, ist dieser Schritt nicht willkürlich, sodass die HOAI 2013 nicht anwendbar ist. Allerdings kann sich die Rückdatierung in diesem Fall nur auf wenige Tage beziehen, die für die organisatorische Ausfertigung benötigt werden. Ein längerer Zeitabstand deutet darauf hin, dass eben doch nicht alle Vertragsinhalte bereits geklärt waren.

Beispiel 4
Der Auftragnehmer legt für eine angefragte Leistung ein Honorarangebot im Juni 2013. Nachdem der Auftraggeber zunächst nicht reagiert hat, sendet er dem Auftragnehmer am 18.7.2013 ein unterschriebenes Vertragsexemplar mit Datum 15.7.2013 und veranlasst ihn, seiner Unterschrift ebenfalls das Datum 15.7.2013 beizufügen.
Der Vertrag ist auf der Grundlage der HOAI 2013 zu vergüten, weil eine frühere Annahme des Honorarangebotes nicht feststellbar ist. Die unwirksame Rückdatierung ändert daran nichts.

Beispiel 5
Im Beispiel 4 erzielen beide Seiten in einer Besprechung am 15.7.2013 Einigkeit darüber, dass sie den Vertrag zu den Angebotskonditionen auf Mindestsatzbasis schließen wollen. Sie halten eine schriftliche Niederlegung der Vertragsinhalte für sinnvoll, zu der es erst am 18.07.2013 kommt. Der Vertrag ist bereits mündlich am 15.7.2013 geschlossen, sodass die nachfolgende schriftliche Abfassung auf diesen Tag zurückdatiert werden kann.

Gewöhnlich entfaltet das **Datum eines schriftlichen Vertragsstücks** Indizwirkung 6
dafür, dass es den Zeitpunkt des Vertragsschlusses zutreffend wiedergibt. Liegen für die Unterschriften verschiedene Datumsangaben vor, so ist davon auszugehen, dass der Vertrag erst mit dem späteren Datum zustande gekommen ist.[9] Liegt das Inkrafttreten der neuen HOAI zwischen beiden Daten, gilt für den Vertrag die Neufassung der Verordnung.[10]

Besteht wie bei **Verträgen mit Gemeinden** die Notwendigkeit einer schriftlichen 7
Beauftragung, kommt es auf den Zeitpunkt einer mündlichen Einigung nicht an. Ein Vertrag ist nicht zustande gekommen, solange es keine Unterschrift des Bürgermeisters, seines Stellvertreters oder einer anderen vertretungsberechtigten Person gibt. Da das Kommunalrecht auf die Erklärung abstellt, die eine Verpflichtung der Gemeinde begründet, bedarf es mindestens eines Schreibens des Bürgermeisters, mit welchem der Auftrag erteilt wird. Ging diesem Auftragsschreiben ein Angebot des Auftragnehmers voraus, kann in dem unterzeichneten Annahmeschreiben bereits eine wirksame Beauftragung liegen. Anderenfalls stellt sich das Schreiben des Bürgermeisters selbst als Angebot dar, welches noch der Annahme durch den Architekten oder Ingenieur bedarf.

Beispiel 6
Der Auftragnehmer richtet für eine angefragte Leistung im Juni 2013 ein Honorarangebot an die Gemeinde. In einer Besprechung am 15.7.2013 erzielt er mit dem Bürgermeister Einigkeit darüber, den Vertrag zu den Angebotskonditionen zu schließen. Am 18.7.2013 geht dem Auftragnehmer ein vom Bürgermeister unterschriebenes Vertragsexemplar mit Datum 15.7.2013 zu.
Auf den Vertrag ist die HOAI 2013 anzuwenden. Die mündliche Einigung steht kommunalrechtlich dem Vertragsschluss entgegen, und für die Übersendung des schriftlichen Vertragsexemplars als Annahme des Angebots kommt es auf den Zugang an (§ 130 Abs. 1 S. 1 BGB).

Beispiel 7
Das Angebot des Auftragnehmers stammt vom Januar 2013, der Gemeinderat berät mehrfach über die Maßnahme, bis schließlich der Bürgermeister das Angebot mit Schreiben vom 15.7.2013 annimmt. Das Schreiben geht dem Auftragnehmer am 16.7.2013 zu. Den Eingang und die Beauftragung bestätigt der Auftragnehmer mit Schreiben vom selben Tag, welches am 18.7.2013 bei der Gemeinde eingeht.
Auch auf diesen Vertrag ist die HOAI 2013 anwendbar. Das Angebot vom Januar konnte am 15.7.2013 nicht mehr angenommen werden, weil der Auftragnehmer damit nicht mehr rechnen konnte (§ 147 Abs. 2 BGB). Die verspätete Annahme gilt als neuer Antrag (§ 150 Abs. 1 BGB), welchen sodann der Auftragnehmer zwar noch am 16.7.2013 angenommen hat. Jedoch ging seine Annahmeerklärung erst am 18.7.2013 bei der Gemeinde ein, sodass der Vertrag frühestens zu diesem Zeitpunkt geschlossen werden konnte.

Nicht entscheidend ist, ob der Auftragnehmer bereits vor dem Inkrafttreten der 8
HOAI 2013 Leistungen erbracht hat. Denn aus dem **Tätigwerden** selbst kann noch nicht

9 *Jochem/Kaufhold*, § 55 Rn 2.
10 OLG Düsseldorf, Urt. v. 17.8.2001 – 22 U 223/00 – BauR 2002, 510.

der Abschluss eines Vertrages hergeleitet werden.[11] Allerdings wird in jedem Einzelfall zu prüfen sein, ob jedenfalls dann, wenn Leistungen vom Auftraggeber abverlangt werden, bereits ein konkludenter Vertragsschluss vorliegt.[12] Haben sich die Parteien hingegen auf die Schriftform geeinigt oder wird diese gesetzlich vorgeschrieben, entfaltet das bloße Tätigwerden keinerlei vertragsbegründende Wirkung.

9 Über die Frage der anzuwendenden Fassung hinaus stellt sich auch die Frage nach den beauftragten Leistungen. Denn wird, wie in Übergangsfällen nicht selten, die Leistungsbeschreibung noch unter Rückgriff auf das Leistungsbild der HOAI 2009 ausgerichtet, obwohl die HOAI 2013 anzuwenden ist, entsteht ein Spannungsfeld aufgrund der **fehlenden Korrelation** zwischen dem Honorar nach HOAI 2013 und dem Leistungsbild nach HOAI 2009.[13] Das Honorarrecht ist jedoch kein Vertrags-, sondern Preisrecht und legt deshalb nicht automatisch fest, dass die gegenüber früheren Fassungen der HOAI neu hinzugetretenen Grundleistungen ebenfalls zu erbringen sind. Können sie auch nach Anwendung der üblichen Auslegungsgrundätze (§§ 133, 157 BGB) nicht als beauftragt gelten, handelt es sich nach § 8 Abs. 2 S. 1 um eine **Teilreduzierung** des Leistungsbilds, sodass auch das Honorar, das sich korrekterweise nach HOAI 2013 bemisst, anteilig zu kürzen ist.

B. Zulässigkeit abweichender Vereinbarungen

10 Da die HOAI nicht vorschreibt, dass Vergütungsvereinbarungen genau den Honorarermittlungsweg der Verordnung einhalten müssen, lässt die Rechtsprechung auch **abweichende Berechnungswege** oder Honorargrundlagen zu.[14] Das ermöglicht nicht nur die Vereinbarung von **Pauschalhonoraren,**[15] sondern auch von **Zeithonoraren** selbst für solche Leistungen, für die ein Mindest- und Höchsthonorar vorgeschrieben ist.[16] Die Verordnung bestimmt nur den Rahmen der Vergütung, sodass auch die Verständigung auf abweichende Honorarparameter zulässig ist.[17] Unwirksam wird die Vergütungsabrede erst dann, wenn sie insgesamt das gesetzlich vorgeschriebene Mindesthonorar unterschreitet.[18]

I. Anwendung früherer Fassungen der HOAI auf Neuverträge

11 Ausgehend von diesen Grundsätzen ist es nicht von vornherein unzulässig, **anstelle der** nach § 57 bindend anzuwendenden **HOAI 2013 die Fassung von 2009** zur Honorargrundlage zu bestimmen.[19] Ob eine solche Vereinbarung wirksam ist, bemisst sich eben-

---

11 BGH, Urt. v. 5.6.1997 – VII ZR 124/96 – IBR 1997, 462; OLG Celle, Urt. v. 7.3.2011 – 14 U 7/11 – IBR 2011, 341.

12 OLG Jena, Urt. v. 9.1.2008 – 2 U 413/07 – IBR 2009, 392; Irmler/*Irmler*, § 55 Rn 6.

13 Korbion/Mantscheff/Vygen/*Korbion*, § 55 Rn 1.

14 BGH, Urt. v. 17.4.2009 – VII ZR 164/07 – IBR 2009, 334; BGH, Urt. v. 16.12.2004 – VII ZR 16/03 – IBR 2005, 213; dazu *Randhahn*, BauR 2011, 1086; *Randhahn*, BauR 2012, 1706.

15 BGH, Urt. v. 8.3.2012 – VII ZR 195/09 – IBR 2012, 268; BGH, Urt. v. 21.1.1988 – VII ZR 239/86 – BauR 1988, 364; OLG Düsseldorf, Urt. v. 28.3.2008 – 22 U 2/08 – IBR 2010, 94.

16 BGH, Urt. v. 17.4.2009 – VII ZR 164/07 – IBR 2009, 334.

17 BGH, Urt. v. 9.2.2012 – VII ZR 31/11 – IBR 2012, 206; BGH, Urt. v. 16.12.2004 – VII ZR 16/03 – IBR 2005, 213; OLG Jena, Urt. v. 3.2.2010 – 4 U 431/02 – BauR 2010, 1641.

18 BGH, Urt. v. 9.2.2012 – VII ZR 31/11 – IBR 2012, 206; BGH, Urt. v. 16.12.2004 – VII ZR 16/03 – IBR 2005, 213; OLG Jena, Urt. v. 3.2.2010 – 4 U 431/02 – BauR 2010, 1641; OLG Rostock, Urt. v. 25.2.2009 – 2 U 21/07 – IBR 2010, 339.

19 Das gilt letztlich auch in förmlichen Ausschreibungsverfahren, a.A. aber offenbar KG, Beschl. v. 1.9.2014 – Verg 18/13 – IBR 2014, 628, das die Anwendung der HOAI 2009 im Geltungsbereich der HOAI 2013 für einen Verstoß gegen das vergaberechtliche Transparenzgebot hält.

falls allein danach, ob die damit erzielbare Vergütung im Rahmen der nach der HOAI 2013 zu ermittelnden Mindest- und Höchstsätze bleibt. Dazu sind einerseits sämtliche Honorarparameter und Berechnungsfaktoren der HOAI 2013 und andererseits alle Vergütungsbestandteile aus der geschlossenen Vereinbarung einzubeziehen, um über eine **Vergleichsberechnung** festzustellen, ob der vorgeschriebene Honorarrahmen eingehalten wurde.[20] In diese Berechnung sind auch festgelegte Honorare für Besondere Leistungen einzustellen.[21] Da diese auch zum Nulltarif erbracht werden dürfen,[22] sind sie bei der Ermittlung des Mindesthonorars mit dem Wert Null anzusetzen. Dasselbe muss für sog. Beratungsleistungen aus der Anlage 1 sowie für alle weiteren, im selben Vertrag übertragenen Leistungen gelten, für die ein frei zu vereinbarendes Honorar bestimmt wurde. Nebenkosten hingegen sind kein Honorarbestandteil,[23] sie müssen daher bei der Vergleichsberechnung unberücksichtigt bleiben. Aufgrund dieser Umstände kann nicht allgemein davon ausgegangen werden, dass die deutliche Honoraranhebung von im Schnitt 17%[24] zwangsläufig eine Unterschreitung des Mindesthonorars nach sich zieht, wenn abweichend von § 57 die HOAI 2009 als Bemessungsgrundlage vereinbart wird. Denn die weiteren Honorarbestandteile für ungeregelte Leistungen können das Manko aus den preislich niedriger liegenden Honorartafeln der HOAI 2009 im Einzelfall kompensieren.[25]

Beispiel

Im Vertrag über die Ingenieurleistungen für eine durchschnittlich schwierige Instandsetzung einer Umgehungsstraße mit anrechenbaren Kosten von 2,5 Mio. € wird vereinbart, dass die Berechnung des Honorars nach der HOAI 2009 zu erfolgen hat. Die Kosten für vorhandene und mitverarbeitete Bausubstanz betragen 0,5 Mio. €, werden aber ausgeschlossen. Beauftragt werden außerdem die örtliche Bauüberwachung sowie Leistungen für Koordination und Sicherheits- und Gesundheitsschutz nach Baustellenverordnung. Die Vergleichsberechnung ergibt folgendes Bild:

Leistungen	Vereinbartes Honorar	Honorar HOAI 2013
Grundleistungen Leistungsphasen 1–9	140.099,00 €	190.636,00 €
Örtliche Bauüberwachung (Pauschale)	48.000,00 €	0,00 €
Leistungen nach BaustellV (Pauschale)	6.500,00 €	0,00 €
Summe:	194.599,00 €	190.636,00 €

Das nach den Bestimmungen der HOAI 2009 und den weiteren vertraglichen Vereinbarungen ermittelte Gesamthonorar bei 2,5 Mio. € anrechenbaren Kosten liegt oberhalb des nach HOAI 2013 mit 3,0 Mio. € anrechenbarer Kosten (einschließlich vereinfachter Zugrundelegung der Kosten aus vorhandener Bausubstanz) ermittelten Mindesthonorars. Daher ist die Vereinbarung wirksam.

Ob auch der **Umbauzuschlag** mit einem bestimmten Anteil in die Vergleichsberechnung einzustellen ist oder wie Besondere Leistungen gedanklich den Wert Null besitzt, ist umstritten. Vertreten wird in der Literatur, ihn mit dem für den konkreten Vertrag objektiv **angemessenen Zuschlag** in Ansatz zu bringen, sodass weder die Ver- 12

20 OLG Frankfurt a.M., Urt. v. 2.5.2013 – 3 U 212/11 – IBR 2013, 477; *Randhahn*, BauR 2012, 1706; *Steffen/Averhaus*, NZBau 2012, 417, 419.
21 *Fuchs*, IBR 2012, 206; *Steffen/Averhaus*, NZBau 2012, 417, 419.
22 *Boldt*, NZBau 2012, 482, 484; *Steeger*, IBR 2010, 69.
23 BGH, Urt. v. 25.9.2003 – VII ZR 13/02 – IBR 2004, 23.
24 BR-Drucks. 334/13, S. 135.
25 *Steffen/Averhaus*, NZBau 2012, 417, 419; zu Berechnungsproblemen *Randhahn*, BauR 2012, 1706, 1710 ff.

mutungsregel des § 6 Abs. 2 mit 20% noch die geringstmögliche Marge von 0% oder die Obergrenze von 33% zum Zuge käme.[26] Wenn aber auch ein Umbauzuschlag unter 20% zulässigerweise vereinbart werden darf,[27] ist weder die ohnehin schwer zu fassende Angemessenheit noch der Ansatz von 20% der zutreffende Maßstab. Erst recht kann die Obergrenze nicht zugrunde gelegt werden, zumal sie nur für die durchschnittliche Schwierigkeit Gültigkeit besitzt. Diskutiert werden mag deshalb noch, ob aufgrund der Formulierung in § 6 Abs. 2 überhaupt irgendein Zuschlag zu vereinbaren „ist", womit ein Umbauzuschlag von 0% auszuschließen wäre, oder ob es letzthin keinen spürbaren Unterschied ausmacht, ob ein geringfügiger Zuschlag von 1% oder gar einem Bruchteil davon dem Ausschluss des Zuschlags so nahe kommt, dass **für die Vergleichsberechnung** auch **der Faktor Null berücksichtigt werden muss**. Letzteres wird hier vertreten, weil eine Orientierung an einem angemessenen Umbauzuschlag zwar der Sache nach wünschenswert wäre, sich aber dem Verordnungstext nicht entnehmen lässt, nachdem der dort benannte Schwierigkeitsgrad auf die Honorarzone verweist und damit allenfalls ein Teilaspekt für die Frage angesprochen wird, welcher Zuschlag angemessen ist. Die Erschwernis, die mit dem Umbau typischerweise verbunden ist, lässt sich über die Honorarzone gerade nicht abbilden, anderenfalls bedürfte es des Zuschlags nicht. Darf aber ein unter 20% liegender Zuschlag vereinbart werden, so muss dies in der Vergleichsberechnung ebenfalls berücksichtigt werden. Mangels bestimmbarer Untergrenze wird man um den Faktor Null nicht vorbeikommen.

13 Dass mit einer kalkulatorischen Nullbewertung der preislich ungeregelten Leistungen wie auch des Umbauzuschlags Zweifel an der **Wirtschaftlichkeit** der Leistungserfüllung für das Planungsbüro bestehen, steht auf einem anderen Blatt, berührt aber nicht die rechtliche Wirksamkeit der Vereinbarung. Insofern bleibt es eine Forderung an die Rechtsprechung, künftig nicht die Gesamtvergütung als Vergleichsgröße zuzulassen, sondern sich auf die preisgebundenen Vertragsgegenstände zu beschränken.

II. Anwendung der HOAI 2013 auf Altverträge

14 § 57 eröffnet im Unterschied zu den Übergangsregelungen des § 103 HOAI 1996 keine Möglichkeit, im Wege einer vertraglichen Vereinbarung festzulegen, dass Leistungen aus Altverträgen nach der jetzt gültigen Fassung honoriert werden können, die erst nach dem Inkrafttreten erbracht werden (vgl. dazu § 103 Abs. 2 HOAI 1996). Entscheidend bleibt allein das **Datum des Vertragsschlusses**, auf den **Zeitpunkt der Leistungserbringung** kommt es deshalb nicht an. Allerdings schließt dies nicht aus, auch insoweit einer abweichenden vertraglichen Vereinbarung Wirksamkeit zuzubilligen, wenn sie im Ergebnis den Rahmen der jeweils zu betrachtenden Mindest- und Höchsthonorare wahrt.[28] Haben die Vertragsparteien beispielsweise im Jahr 2012 vereinbart, die Leistungen nach der neuen HOAI zu vergüten, welche nach deren Inkrafttreten erbracht werden, so ist der honorarrechtliche Rahmen insgesamt zwar nach der HOAI 2009 zu beurteilen, die Vereinbarung bleibt aber wirksam, soweit sie nicht das Höchsthonorar übersteigt.

---

26 *Rauch* in: FS Englert, S. 343, 353.
27 Dazu oben Einl. Kap. 2 Rn 13.
28 *Werner/Siegburg*, BauR 2013, 1499, 1558.

Beispiel
Bei Inkrafttreten noch nicht erbrachter Leistungen der Gebäudeplanung (anrechenbare Kosten 1,0 Mio. €, Honorarzone III) sollen nach der HOAI 2013 vergütet werden. Am 17.7.2013 standen die Leistungsphasen 8 und 9 noch aus. Das führt zu folgendem Honoraranspruch:
LPH 1 bis 7 nach HOAI 2009 = 57.493,92 €
LPH 8, 9 nach HOAI 2013 = 39.329,50 € Summe: 96.823,42 €.
Die Vergleichsberechnung ergibt für die Leistungsphasen 1 bis 9 ein Höchsthonorar nach HOAI 2009 von 109.650,00 €. Die vertragliche Vereinbarung ist daher wirksam.

Überschreitet die vertragliche Festlegung, dass für die Frage der anzuwendenden HOAI-Fassung auf den Leistungszeitpunkt abzustellen ist, das Höchsthonorar, kann der Auftragnehmer nur das Höchsthonorar verlangen.[29] 15

Beispiel
Bei Inkrafttreten noch nicht erbrachter Leistungen der Gebäudeplanung (anrechenbare Kosten 1,0 Mio. €, Honorarzone III) sollen nach der HOAI 2013 vergütet werden. Am 17.7.2013 waren erst die Leistungsphasen 1 bis 2 erbracht. Das führt zu folgendem Honoraranspruch:
LPH 1 bis 2 nach HOAI 2009 = 8.711,20 €
LPH 3 bis 9 nach HOAI 2013 = 105.264,25 € Summe: 113.975,45 €.
Die Vergleichsberechnung ergibt für die Leistungsphasen 1 bis 9 ein Höchsthonorar nach HOAI 2009 von 109.650,00 €. Die vertragliche Vereinbarung ist daher unwirksam hinsichtlich des höheren Differenzbetrages.

Soll dieses Ergebnis vermieden werden, können die Parteien den Vertrag **einvernehmlich aufheben** und für die restlichen Leistungen einen **Neuvertrag** schließen. Auf diesen ist die HOAI 2013 unbeschränkt anwendbar.[30] 16

C. Sonderfälle

I. Bedingte Auftragserteilung

Verträge können nach § 158 Abs. 1 BGB unter einer **aufschiebenden Bedingung** geschlossen werden (Einzelheiten dazu oben Teil 1 Einleitung Kap. 6 Rn 1ff.). Auch wenn die Bedingung erst zu einem Zeitpunkt eintritt, zu welchem bereits die HOAI 2013 in Kraft getreten war, fällt der zuvor geschlossene Vertrag nicht unter die Neufassung, sondern richtet sich nach der im Zeitpunkt der getroffenen Vereinbarung geltenden alten HOAI. Zwar tritt nach § 158 Abs. 1 BGB die Wirkung des Vertrages erst mit Erfüllung der Bedingung ein, was jedoch nichts daran ändert, dass der hierauf gerichtete Vertrag bereits geschlossen wurde. 17

Beispiel
Im Jahr 2012 schließen Ingenieur und Gemeinde einen Vertrag über die Leistungsphasen 1 bis 4 nach § 42 HOAI 2009 zur Erweiterung der örtlichen Kläranlage und vereinbaren, dass die Leistungsphasen 5 bis 9 erst als beauftragt gelten, wenn die beantragten Zuwendungen bewilligt werden. Der Bewilligungsbescheid wird am 18.7.2013 erteilt. Weil es sich bei der Vertragsvereinbarung um eine Bedingung hinsicht-

---

29 BGH, Urt. v. 11.10.2007 – VII ZR 25/06 – IBR 2007, 685.
30 *Jochem/Kaufhold*, § 55 Rn 2, die eine Aufhebung und Neuvereinbarung auch hinsichtlich schon erbrachter Leistungen für denkbar halten.

lich der Leistungsphasen 5 bis 9 handelt, findet auf den gesamten Vertrag noch die Regelung der HOAI 2009 Anwendung.

II. Stufenweise Beauftragung

18 Im Falle eines **echten Stufenvertrages** (dazu näher Teil 1 Einleitung Kap. 6 Rn 7) wird nicht das gesamte vorgesehene Leistungsspektrum unmittelbar beauftragt, sondern ein Teil daraus. Für diesen sofort zum Vertragsinhalt definierten Teil gilt die Fassung, welche im Zeitpunkt dieses Vertragsschlusses in Kraft ist, insoweit ist auf die Erläuterungen oben unter A) Bezug zu nehmen (vgl. Rn 1). Die mit der stufenweisen Beauftragung typischerweise verbundenen Fragen stellen sich regelmäßig für die weiteren Stufen, wenn deren Abruf erst nach dem Inkrafttreten einer Neufassung erfolgt.

Beispiel
Im Jahr 2012 schließen Ingenieur und Gemeinde einen Vertrag über die Planungsleistungen zur Erweiterung der örtlichen Kläranlage und vereinbaren, dass die Leistungsphasen 1 bis 4 beauftragt werden und dass die Gemeinde ohne Rechtsanspruch für den Auftragnehmer beabsichtigt, die Leistungsphasen 5 bis 9 einzeln oder im Ganzen zu beauftragen. Mit Schreiben vom 18.7.2013 werden dem Ingenieur die Leistungsphasen 5 bis 7 übertragen.

19 Welche Fassung der HOAI anzuwenden ist, hängt wesentlich davon ab, wie die **vertragliche Vereinbarung im Ausgangsvertrag auszulegen** ist. Wird ihr ein rechtsverbindlicher Charakter auch hinsichtlich der Folgestufen zugeschrieben, so handelte es sich um einen einheitlich zu bewertenden Vertrag, mit welchem dem Auftraggeber ein einseitiges Leistungsbestimmungsrecht zum Abruf späterer Leistungsstufen eingeräumt wird bzw. der hinsichtlich der weiteren Stufen als unter einer aufschiebenden Bedingung abgeschlossen zu sehen ist. Danach bliebe das Inkrafttreten einer späteren Novellierung irrelevant.[31] Eine weitere Meinung hält ebenfalls die alte HOAI-Fassung auch für spätere Leistungsstufen für anwendbar und beruft sich auf den Wortlaut des § 57, der von einer vertraglichen Vereinbarung und nicht von der Auftragserteilung spricht.[32] Daran trifft zwar zu, dass es für die Gesetzesauslegung Bedeutung haben kann, wenn verschiedene Begrifflichkeiten verwendet werden. Allerdings müsste ausgeschlossen werden können, dass der Verordnungsgeber nur eine redaktionelle Sprachvielfalt entwickelt hat, er also verschiedene Begriffe mit Bedacht verwendet hat, um einerseits den Vertragsschluss (Auftragserteilung, z.B. § 7 Abs. 1) und andererseits eine davon abzuschichtende Leistungsvereinbarung zu betonen. Das kann indessen nicht festgestellt werden. Schon die Vorgängernorm in § 55 HOAI 2009 hat von vertraglicher Vereinbarung gesprochen, während die Übergangsregelung der HOAI 1996/2002 (§ 103 Abs. 1 a.F.) den klareren Begriff des Vertragsabschlusses gewählt hatte. Dass der Verordnungsgeber mit seinem Terminus aber keine andere Bedeutung verbunden hatte, zeigt ein Blick in die Regierungsbegründung der HOAI-Novelle 2009, in der schlicht mitgeteilt wird, dass der bisherige § 103 als § 55 gefasst wurde.[33] Offenbar sollte also gerade kein anderes Begriffsverständnis zugrunde gelegt werden, weshalb schon mit der Novelle 2009 unverändert

31 So Irmler/*Irmler*, § 55 Rn 9; *Jochem*, Jahrbuch BauR 2010, 291, 343; *Jochem/Kaufhold*, § 55 Rn 3; Korbion/Mantscheff/Vygen/*Korbion*, § 55 Rn 1; *Kuhn*, ZfBR 2014, 3 ff.; *Messerschmidt* in: FS Koeble, S. 393 f.
32 *Deckers*, Der zeitliche Geltungsbereich der HOAI 2009, online abrufbar unter http://www.wernerbaurecht.jurion.de/meine-inhalte/foren/hoai/fachbeitraege-forum-hoai/, S. 2.
33 BR-Drucks. 395/09, S. 208.

auf den Vertragsschluss abzustellen war, woran sich auch durch die HOAI 2013 nichts geändert hat.[34]

Für Stufenverträge kommt es also allein auf die Frage des Vertragsschlusses an, also die **rechtsgeschäftliche Bindung** für die jeweiligen Stufen. Nach überwiegender Ansicht handelt es sich bei den einzelnen Stufen um **Einzelverträge**, wobei insoweit dahingestellt bleiben kann, ob der Ausgangsvertrag als Hauptvertrag und die Vereinbarungen für die Folgestufen als Vorvertrag qualifiziert werden. Denn auch beim Vorvertrag kommt es auf den Zeitpunkt an, zu dem die vorvertraglich geregelten Leistungen tatsächlich in den Architekten- oder Ingenieurvertrag münden (unten Rn 24). Auch die Annahme eines Optionsvertrages hinsichtlich der späteren Stufen führt zu keiner anderen Einschätzung, weil auch erst die Optionsausübung gegenseitige vertragliche Leistungspflichten begründet. Folglich geht die herrschende Meinung wie auch die Rechtsprechung **zutreffend** davon aus, dass bei der stufenweisen Beauftragung der **Zeitpunkt des Stufenabrufs maßgeblich** ist und deshalb eine inzwischen in Kraft getretene Neufassung Maßstab für den zwingend anzuwendenden Honorarrahmen aus Mindest- und Höchstsätzen ist.[35] Im Beispielfall oben unterliegen die mit Schreiben vom 18.7.2013 übertragenen Leistungsphasen 5 bis 7 dem Preisrecht der HOAI 2013. **20**

Freilich ist damit noch nichts darüber gesagt, ob die im Ausgangsvertrag niedergelegte Honorarvereinbarung unwirksam ist. In aller Regel wird sich die dort getroffene Honorarvereinbarung auch hinsichtlich der späteren Leistungsstufen auf die Altfassung der HOAI beziehen. Damit haben die Parteien für ab dem 17.7.2013 abgerufene Stufen eine Honorarvereinbarung getroffen, die von der HOAI 2013 zwangsläufig abweicht. **21**

Beispiel
Im Jahr 2012 schließen Ingenieur und Gemeinde einen Vertrag über die Planungsleistungen zur Erweiterung der örtlichen Kläranlage und vereinbaren, dass die Leistungsphasen 1 bis 4 beauftragt werden und dass die Gemeinde ohne Rechtsanspruch für den Auftragnehmer beabsichtigt, die Leistungsphasen 5 bis 9 einzeln oder im Ganzen zu beauftragen. Für alle Leistungsphasen wird bereits im Jahr 2012 eine Honorarermittlung nach der HOAI 2009 vereinbart. Mit Schreiben vom 18.7.2013 werden dem Ingenieur die Leistungsphasen 5 bis 7 übertragen.

Geht man wie dargestellt davon aus, dass mit Leistungsabruf am 18.7.2013 für die Leistungsphasen 5 bis 7 ein neuer Vertrag zustande gekommen ist, auf den die HOAI 2013 Anwendung findet, weicht die im Jahr 2012 getroffene Honorarvereinbarung davon ab. In der Praxis wird sie mit dem Leistungsabruf auch nicht wiederholt.[36] Unwirksam wäre die in 2012 getroffene Honorarvereinbarung folglich bereits dann, wenn sie entgegen § 7 Abs. 1 nicht „bei Auftragserteilung" getroffen ist, sodass ohne Weiteres die Mindestsätze der HOAI 2013 anzuwenden wären. Allerdings ist die Wendung „bei Auftragserteilung" so zu verstehen, dass die Honorarvereinbarung „spätestens bei Auftrags- **22**

---

34 Auch die amtliche Begründung zur HOAI 2013 beruft sich ausdrücklich noch auf § 103 der HOAI 1996, vgl. BR-Drucks. 334/13, S. 170.

35 BGH, Urt. v. 18.12.2014 – VII ZR 350/13 –; OLG Köln, Urt. v. 19.9.2013 – 24 U 15/10 – juris Rn 42; OLG Düsseldorf, Urt. v. 21.5.1996 – 12 U 116/95 – BauR 1997, 340; *Eschenbruch/Legat*, BauR 2014, 772, 774; *Fuchs/Berger/Seifert*, NZBau 2014, 9, 16; *Grams/Weber*, NZBau 2010, 337, 340 f.; Locher/Koeble/Frik/*Koeble*, § 57 Rn 3; *Löffelmann/Fleischmann*, Kap. 1 Rn 5; *Motzke*, NZBau 2013, 742, 743; *Nossek/Heiliger*, NJW 2014, 821, 823; *Pauly*, MDR 2014, 198; *Preussner*, BauR 2010, 340, 354; *Rauch* in: FS Englert, S. 343, 351; *Werner/Siegburg*, BauR 2013, 1499, 1558.

36 *Motzke*, NZBau 2013, 742, 744 weist zutreffend darauf hin, dass mit der Beauftragung der weiteren Stufe noch eine Anpassung der Honorarvereinbarung an die HOAI 2013 vorgenommen werden könnte. In der Praxis wird von dieser Möglichkeit regelmäßig kein Gebrauch gemacht.

erteilung" getroffen sein muss.[37] Mithin ist es also grundsätzlich zulässig, eine Honorarvereinbarung schon vor der eigentlichen Auftragserteilung zu schließen. Dass diese in der Regel auf der HOAI 2009 beruhende Vereinbarung von der HOAI 2013 abweicht, liegt auf der Hand. Wurde die Honorarvereinbarung im Ausgangsvertrag schriftlich getroffen, ist die damit verbundene Abweichung von den gesetzlichen Honorarparametern i.S.v. § 7 Abs. 1 unschädlich. Wie bereits oben dargelegt (Rn 11ff.), ist es auch **zulässig, eine ältere Fassung der HOAI zum Vertragsinhalt zu machen**. Das gilt auch für Stufenverträge: Wird vereinbart, dass die HOAI 2009 auch für die Stufen gelten soll, welche nach Inkrafttreten der HOAI 2013 abgerufen werden, kann die Unwirksamkeit der Vereinbarung nicht allein aus der Zugrundelegung der Altfassung hergeleitet werden. Vielmehr muss konkret dargelegt werden, dass mit der auf die abgerufene Stufe bezogenen Honorarvereinbarung der gesetzlich bindende Rahmen zwischen Mindest- und Höchstsätzen der HOAI 2013 verlassen wurde. Im Falle einer **Unterschreitung des Mindesthonorars** kann sich der Auftragnehmer auf das höhere Mindesthonorar der HOAI 2013 berufen, sofern er sich damit nicht treuwidrig verhält,[38] bei einer **Überschreitung des Höchsthonorars** im Bereich der Grundleistungen der Auftraggeber darauf, nur das Höchsthonorar zahlen zu müssen.[39] Bewegt sich die auf HOAI 2009 beruhende Honorarvereinbarung aber in dem Rahmen, den die HOAI 2013 definiert, bleibt sie unverändert wirksam.[40]

Beispiel

Aus einem gestuften Ingenieurvertrag über den Neubau einer Umgehungsstraße (anrechenbare Kosten 1,5 Mio. €, Honorarzone III) werden am 18.7.2013 die Leistungsphasen 5 bis 9 und die mit 2,3% der anrechenbaren Kosten vereinbarte örtliche Bauüberwachung abgerufen. Das führt zu folgender Gegenüberstellung mit dem Mindesthonorar nach HOAI 2013:

Leistungen	Vereinbartes Honorar	Honorar HOAI 2013
Grundleistungen Leistungsphasen 5–9	41.281,92 €	49.770,00 €
Örtliche Bauüberwachung	34.500,00 €	0,00 €
Summe:	75.781,92 €	49.770,00 €

Die Vergleichsberechnung zeigt, dass die auf HOAI 2009 beruhende vertragliche Vereinbarung einschließlich des Honorars für die Besondere Leistung der Örtlichen Bauüberwachung nicht unter dem Mindesthonorar nach HOAI 2013 liegt. Das für die Grundleistungen fehlende Honorar in Höhe von 8.488,08 € wird durch die Vergütung für die örtliche Bauüberwachung kompensiert. Sie ist daher wirksam. Wäre die örtliche Bauüberwachung nicht abgerufen worden, hätte sich ein anderes Bild ergeben.

23 Haben die Parteien einen **unechten Stufenvertrag** (Teil 1 Einleitung Kap. 6 Rn 8) geschlossen, liegt nur eine umfassende Beauftragung hinsichtlich aller Leistungen vor. Liegt der darauf gerichtete Vertragsschluss vor dem 17.7.2013, gilt für ihn die frühere Fassung der HOAI. Daran ändert sich auch nichts dadurch, dass einzelne Leistungsstufen erst nach dem Inkrafttreten der HOAI 2013 abgerufen werden.[41]

---

37 BGH, Urt. v. 27.11.2008 – VII ZR 211/07 – IBR 2009, 144; näher oben Einl. Kap. 6 Rn 11.
38 Dazu näher die Kommentierung oben zu § 7.
39 Ebenso *Grams/Weber*, NZBau 2010, 337, 341; Locher/Koeble/Frik/*Koeble*, § 57 Rn 7; *Messerschmidt* in: FS Quack, S. 147, 156; *Motzke*, NZBau 2013, 742, 744.
40 *Eschenbruch/Legat*, BauR 2014, 772, 774; *Nossek/Heiliger*, NJW 2014, 821, 825; *Rauch* in FS Englert, S. 343, 352.
41 *Eschenbruch/Legat*, BauR 2014, 772, 774; *Motzke*, NZBau 2013, 742, 745.

III. Vorvertrag

Haben die Vertragsparteien zunächst einen Vorvertrag geschlossen, um auf dessen Grundlage später den Hauptvertrag zu schließen, werden gegenseitige Rechte und Pflichten erst mit dem Hauptvertrag begründet. Insbesondere Honoraransprüche lassen sich aus dem Vorvertrag nicht herleiten (vgl. näher Teil 1 Einleitung Kap. 6 Rn 13). Daher wäre es verfehlt, für die Frage der anzuwendenden HOAI auf den Zeitpunkt des Vorvertrages abzustellen. **Entscheidend ist allein der Abschluss des Hauptvertrages.**[42] 24

Allerdings bedeutet auch das nicht, dass die mit dem Hauptvertrag nicht geänderte Honorarvereinbarung aus dem Vorvertrag unwirksam würde. Wie beim Stufenvertrag bedarf es dazu des Nachweises, dass die vorvertragliche Vereinbarung, welche ebenfalls das Kriterium „bei Auftragserteilung" erfüllt (Teil 1 Einleitung Kap. 6 Rn 16), das Mindesthonorar nach Maßstab der HOAI 2013 nicht unterschreitet. 25

Beispiel
Im schriftlichen Vorvertrag über die Errichtung eines größeren Bürogebäudes vereinbaren die Parteien im Jahr 2012 ein Honorar, dass sich nach anrechenbaren Kosten von 20 Mio. €, der Honorarzone III und dem Dreiviertelsatz ergeben soll. Der Vollauftrag führt damit nach HOAI 2009 zu einem Honorar von 1.653.383,00 €. Der Hauptvertrag wird im August 2013 mündlich geschlossen. Das Mindesthonorar nach HOAI 2013 beträgt für das Vorhaben 1.641.513,00 €. Damit bleibt die Vereinbarung aus dem Vorvertrag wirksam.

IV. Rahmenvertrag

Da ein Rahmenvertrag noch keine Beauftragung mit einem konkreten Projekt umfasst, fällt der nach dem zwischenzeitlichen Inkrafttreten einer Neufassung geschlossene Einzelvertrag unter den Anwendungsbereich der neuen HOAI.[43] Dass der Rahmenvertrag unter Umständen lange vorher geschlossen wurde, ändert daran nichts, weil darin gerade keine verbindlichen hauptvertraglichen Ansprüche enthalten sind. Weicht die im Einzelvertrag nicht abgeänderte Honorarregelung der Rahmenvereinbarung von der neuen HOAI ab, bleibt sie wirksam, solange es dadurch zu keiner unzulässigen Unterschreitung des Mindesthonorars kommt.[44] 26

V. Optionsvertrag

Macht ein Vertragspartner von einer im Vertrag vorgesehenen Option Gebrauch, ist damit noch nichts über den Zeitpunkt ausgesagt, zu welchem der Vertrag wirksam geworden ist. Da der Begriff des Optionsvertrags unscharf ist, muss genauer untersucht werden, um welche Art der Optionsausübung es jeweils geht (vgl. Teil 1 Einleitung Kap. 6 Rn 21). Während der nach Inkrafttreten der HOAI 2013 erfolgte **Abruf bereits zuvor fest beauftragter Leistungsteile** kein neues Vertragsverhältnis begründet und der Abrufvertrag deshalb nur einheitlich nach der alten Fassung der HOAI betrachtet werden kann, 27

42 *Grams/Weber*, NZBau 2010, 337, 340; Irmler/*Irmler*, § 55 Rn 15; Locher/Koeble/Frik/*Koeble*, § 57 Rn 5; *Preussner*, BauR 2010, 340, 354; *Scholtissek*, § 57 Rn 6; a.A. *Deckers*, Der zeitliche Geltungsbereich der HOAI 2009, online abrufbar unter http://www.werner-baurecht.jurion.de/meine-inhalte/foren/hoai/fachbeitraege-forum-hoai/, S. 4.
43 Ebenso *Deckers*, Der zeitliche Geltungsbereich der HOAI 2009, a.a.O.; Irmler/*Irmler*, § 55 Rn 13; Locher/Koeble/Frik/*Koeble*, § 57 Rn 5; *Motzke*, NZBau 2013, 742, 745; *Pauly*, MDR 2014, 198, 199; *Preussner*, BauR 2010, 340, 354; *Scholtissek*, § 57 Rn 7.
44 *Grams/Weber*, NZBau 2010, 337, 340; *Motzke*, NZBau 2013, 742, 745.

liegen die Dinge beim **echten Stufenvertrag** anders, weil hier jede Optionsausübung ein neues Vertragsverhältnis begründet (oben Rn 20ff.).

§ 58
Inkrafttreten, Außerkrafttreten

Diese Verordnung tritt am Tag nach der Verkündung in Kraft. Gleichzeitig tritt die Honorarordnung für Architekten und Ingenieure vom 11. August 2009 (BGBl. I S. 2732) außer Kraft.

Übersicht

A. Inkrafttreten

1 Die Vorschrift legt fest, zu welchem Stichtag die HOAI 2013 in Kraft tritt, ab wann sie also verbindlich anzuwenden ist. Satz 1 bestimmt dazu den Tag nach der Verkündung. Da nicht nur Gesetze, sondern auch Verordnungen im Bundesgesetzblatt zu verkünden sind, wenn nichts anderes bestimmt ist (Art. 82 Abs. 1 S. 2 GG), genügen andere Dokumente offizieller Art nicht, also auch nicht die Veröffentlichung in den Bundesratsdrucksachen. Andere Festlegungen bestehen nicht, sie müssten in der zugrundeliegenden Ermächtigungsnorm verankert sein, also in Art. 10 des Gesetzes zur Verbesserung des Mietrechts und zur Begrenzung des Mietanstiegs sowie zur Regelung von Ingenieur- und Architektenleistungen (MRVG).[1] Weder dort noch in dem Gesetz über die Verkündung von Rechtsverordnungen und Bekanntmachungen (Verkündungs- und Bekanntmachungsgesetz)[2] sind verbindliche Festlegungen über anderweitige Veröffentlichungen getroffen. Von der nach § 2 des Verkündungs- und Bekanntmachungsgesetzes möglichen Veröffentlichung im Bundesanzeiger wurde kein Gebrauch gemacht. § 4 des Verkündungs- und Bekanntmachungsgesetzes sieht ein Inkrafttreten mit dem vierzehnten Tag nach Ablauf des Tages vor, an dem eine Verordnung im Verkündungsorgan veröffentlicht worden ist, allerdings nur dann, wenn die Rechtsverordnung selbst keine andere Regelung trifft. Gerade das ist aber mit § 58 der Fall. Nachdem die Verkündung im Bundesgesetzblatt am 16.7.2013 erfolgte,[3] **gilt die Neufassung ab** dem Folgetag, **dem 17.7.2013.**

2 § 58 erlangt insbesondere im Zusammenspiel mit § 57 Bedeutung, der klarstellt, dass die neue HOAI nicht auf Grundleistungen anzuwenden ist, die vor dem Inkrafttreten vertraglich vereinbart wurden. Auch die Übergangsvorschrift des § 57 gilt erst ab dem 17.7.2013. Das bedeutet, dass die Regelungen der HOAI 2013 erst auf Verträge anzuwenden sind, die ab dem 17.7.2013 geschlossen wurden.[4]

---

1 Gesetz v. 4.11.1971, BGBl. I v. 9.11.1971 S. 1745; dazu Einl. Kap. 1 Rn 1 ff.

2 Gesetz v. 30.1.1950, BGBl. I v. 1.2.1950 S. 23, zuletzt geändert durch Art. 1 des Gesetzes v. 22.12.2011 (BGBl. I S. 3044).

3 BGBl. I Nr. 37 v. 16.7.2013 S. 2276.

4 Zu den sich dabei stellenden Fragen in Bezug auf Altverträge vgl. die Kommentierung zu § 57 Rn 14 ff. und 18 ff.

B. Außerkrafttreten

Satz 2 regelt das Außerkrafttreten der Vorgängerfassung, der HOAI 2009, und legt fest, dass sie „gleichzeitig" außer Kraft tritt. Damit entfällt die Verbindlichkeit der Altfassung mit Ablauf des 16.7.2013. Auch insoweit darf die Vorschrift nicht isoliert für sich, sondern nur im Zusammenhang mit § 57 betrachtet werden. Dort ist festgelegt, dass für Leistungen, die vor dem Inkrafttreten vertraglich vereinbart wurden, die bisherigen Vorschriften anwendbar bleiben. Verträge, die im zeitlichen Geltungsbereich der HOAI 2009 geschlossen wurden, sind damit auch weiterhin nach jener Verordnung zu beurteilen. Wurden Verträge vor dem 18.8.2009 geschlossen, bleiben insoweit sogar noch die Vorschriften der HOAI von 1976 in der jeweils geltenden Fassung anwendbar.[5] 3

5 Verordnung v. 17.9.1976 (BGBl. I S. 2805) in der Fassung der Vierten Änderungsverordnung v. 13.12.1990 (BGBl. I S. 2707), der Fünften Änderungsverordnung v. 21.9.1995 (BGBl. I S. 1174) bzw. in der Fassung des Neunten Euro-Einführungsgesetzes v. 10.11.2001 (BGBl. I S. 2992). Zu den einzelnen Änderungsverordnungen siehe Locher/Koeble/Frik/*Koeble*, § 58 Rn 3 ff.

Teil 3
Unverbindliche Beratungsleistungen

Anlage 1.2
Bauphysik

1.2.1
Anwendungsbereich

(1) Zu den Grundleistungen für Bauphysik können gehören:
- Wärmeschutz und Energiebilanzierung,
- Bauakustik (Schallschutz),
- Raumakustik.

(2) Wärmeschutz und Energiebilanzierung kann den Wärmeschutz von Gebäuden und Ingenieurbauwerken und die fachübergreifende Energiebilanzierung umfassen.

(3) Die Bauakustik kann den Schallschutz von Objekten zur Erreichung eines regelgerechten Luft- und Trittschallschutzes und zur Begrenzung der von außen einwirkenden Geräusche sowie der Geräusche von Anlagen der Technischen Ausrüstung umfassen. Dazu kann auch der Schutz der Umgebung vor schädlichen Umwelteinwirkungen durch Lärm (Schallimmissionsschutz) gehören.

(4) Die Raumakustik kann die Beratung zu Räumen mit besonderen raumakustischen Anforderungen umfassen.

(5) Die Besonderen Grundlagen der Honorare werden gesondert in den Teilgebieten Wärmeschutz und Energiebilanzierung, Bauakustik, Raumakustik aufgeführt.

1.2.2
Leistungsbild Bauphysik

Die Grundleistungen für Bauphysik können in sieben Leistungsphasen unterteilt und wie folgt in Prozentsätzen der Honorare in Nummer 1.2.3 bewertet werden:
1. für die Leistungsphase 1 (Grundlagenermittlung) mit 3 Prozent,
2. für die Leistungsphase 2 (Mitwirken bei der Vorplanung) mit 20 Prozent,
3. für die Leistungsphase 3 (Mitwirken bei der Entwurfsplanung) mit 40 Prozent,
4. für die Leistungsphase 4 (Mitwirken bei der Genehmigungsplanung) mit 6 Prozent,
5. für die Leistungsphase 5 (Mitwirken bei der Ausführungsplanung) mit 27 Prozent,
6. für die Leistungsphase 6 (Mitwirken bei der Vorbereitung der Vergabe) mit 2 Prozent,
7. für die Leistungsphase 7 (Mitwirken bei der Vergabe) mit 2 Prozent.

(2) Das Leistungsbild kann sich wie folgt zusammensetzen:

Grundleistungen	Besondere Leistungen
LPH 1 Grundlagenermittlung	
a) Klären der Aufgabenstellung b) Festlegen der Grundlagen, Vorgaben und Ziele	– Mitwirken bei der Ausarbeitung von Auslobungen und bei Vorprüfungen für Wettbewerbe – Bestandsaufnahme bestehender Gebäude, Ermitteln und Bewerten von Kennwerten – Schadensanalyse bestehender Gebäude – Mitwirken bei Vorgaben für Zertifizierungen
LPH 2 Mitwirkung bei der Vorplanung	
a) Analyse der Grundlagen b) Klären der wesentlichen Zusammenhänge von Gebäuden und technischen Anlagen einschließlich Betrachtung von Alternativen c) Vordimensionieren der relevanten Bauteile des Gebäudes d) Mitwirken beim Abstimmen der fachspezifischen Planungskonzepte der Objektplanung und der Fachplanungen e) Erstellen eines Gesamtkonzeptes in Abstimmung mit der Objektplanung und den Fachplanungen f) Erstellen von Rechenmodellen, Auflisten der wesentlichen Kennwerte als Arbeitsgrundlage für Objektplanung und Fachplanungen	– Mitwirken beim Klären von Vorgaben für Fördermaßnahmen und bei deren Umsetzung – Mitwirken an Projekt-, Käufer- oder Mieterbaubeschreibungen – Erstellen eines fachübergreifenden Bauteilkatalogs
LPH 3 Mitwirkung bei der Entwurfsplanung	
a) Fortschreiben der Rechenmodelle und der wesentlichen Kennwerte für das Gebäude b) Mitwirken beim Fortschreiben der Planungskonzepte der Objektplanung und Fachplanung bis zum vollständigen Entwurf c) Bemessen der Bauteile des Gebäudes d) Erarbeiten von Übersichtsplänen und des Erläuterungsberichtes mit Vorgaben, Grundlagen und Auslegungsdaten	– Simulationen zur Prognose des Verhaltens von Bauteilen, Räumen, Gebäuden und Freiräumen

Grundleistungen	Besondere Leistungen
LPH 4 Mitwirkung bei der Genehmigungsplanung	
a) Mitwirken beim Aufstellen der Genehmigungsplanung und bei Vorgesprächen mit Behörden b) Aufstellen der förmlichen Nachweise c) Vervollständigen und Anpassen der Unterlagen	– Mitwirken bei Vorkontrollen in Zertifizierungsprozessen – Mitwirken beim Einholen von Zustimmungen im Einzelfall
LPH 5 Mitwirkung bei der Ausführungsplanung	
a) Durcharbeiten der Ergebnisse der Leistungsphasen 3 und 4 unter Beachtung der durch die Objektplanung integrierten Fachplanungen b) Mitwirken bei der Ausführungsplanung durch ergänzende Angaben für die Objektplanung und Fachplanungen	– Mitwirken beim Prüfen und Anerkennen der Montage- und Werkstattplanung der ausführenden Unternehmen auf Übereinstimmung mit der Ausführungsplanung
LPH 6 Mitwirkung bei der Vorbereitung der Vergabe	
Beiträge zu Ausschreibungsunterlagen	
LPH 7 Mitwirkung bei der Vergabe	
Mitwirken beim Prüfen und Bewerten der Angebote auf Erfüllung der Anforderungen	– Prüfen von Nebenangeboten
LPH 8 Objektüberwachung und Dokumentation	
	– Mitwirken bei der Baustellenkontrolle – Messtechnisches Überprüfen der Qualität der Bauausführung und von Bauteil- oder Raumeigenschaften
LPH 9 Objektbetreuung	
	– Mitwirken bei Audits in Zertifizierungsprozessen

1.2.3 Honorare für Grundleistungen für Wärmeschutz und Energiebilanzierung

(1) Das Honorar für die Grundleistungen nach Nummer 1.2.2 Absatz 2 kann sich nach den anrechenbaren Kosten des Gebäudes gemäß § 33 nach der Honorarzone nach § 35, der das Gebäude zuzuordnen ist, und nach der Honorartafel in Absatz 2 richten.

(2) Die Mindest- und Höchstsätze der Honorare für die in Nummer 1.2.2 Absatz 2 aufgeführten Grundleistungen für Wärmeschutz und Energiebilanzierung können anhand der folgenden Honorartafel bestimmt werden:

Anrechenbare Kosten in Euro	Honorarzone I sehr geringe Anforderungen		Honorarzone II geringe Anforderungen		Honorarzone III durchschnittliche Anforderungen		Honorarzone IV hohe Anforderungen		Honorarzone V sehr hohe Anforderungen	
	von Euro	bis	von Euro	bis	von Euro	bis	von Euro	bis	von Euro	bis
250.000	1.757	2.023	2.023	2.395	2.395	2.928	2.928	3.300	3.300	3.566
275.000	1.789	2.061	2.061	2.440	2.440	2.982	2.982	3.362	3.362	3.633
300.000	1.821	2.097	2.097	2.484	2.484	3.036	3.036	3.422	3.422	3.698
350.000	1.883	2.168	2.168	2.567	2.567	3.138	3.138	3.537	3.537	3.822
400.000	1.941	2.235	2.235	2.647	2.647	3.235	3.235	3.646	3.646	3.941
500.000	2.049	2.359	2.359	2.793	2.793	3.414	3.414	3.849	3.849	4.159
600.000	2.146	2.471	2.471	2.926	2.926	3.576	3.576	4.031	4.031	4.356
750.000	2.273	2.617	2.617	3.099	3.099	3.788	3.788	4.270	4.270	4.614
1.000.000	2.440	2.809	2.809	3.327	3.327	4.066	4.066	4.583	4.583	4.953
1.250.000	2.748	3.164	3.164	3.747	3.747	4.579	4.579	5.162	5.162	5.579
1.500.000	3.050	3.512	3.512	4.159	4.159	5.083	5.083	5.730	5.730	6.192
2.000.000	3.639	4.190	4.190	4.962	4.962	6.065	6.065	6.837	6.837	7.388
2.500.000	4.213	4.851	4.851	5.745	5.745	7.022	7.022	7.916	7.916	8.554
3.500.000	5.329	6.136	6.136	7.266	7.266	8.881	8.881	10.012	10.012	10.819
5.000.000	6.944	7.996	7.996	9.469	9.469	11.573	11.573	13.046	13.046	14.098
7.500.000	9.532	10.977	10.977	12.999	12.999	15.887	15.887	17.909	17.909	19.354
10.000.000	12.033	13.856	13.856	16.408	16.408	20.055	20.055	22.607	22.607	24.430
15.000.000	16.856	19.410	19.410	22.986	22.986	28.094	28.094	31.670	31.670	34.224
20.000.000	21.516	24.776	24.776	29.339	29.339	35.859	35.859	40.423	40.423	43.683
25.000.000	26.056	30.004	30.004	35.531	35.531	43.427	43.427	48.954	48.954	52.902

(3) Für Umbauten und Modernisierungen kann bei einem durchschnittlichen Schwierigkeitsgrad ein Zuschlag bis 33 Prozent auf das Honorar schriftlich vereinbart werden.

1.2.4
Honorare für Grundleistungen der Bauakustik

(1) Die Kosten für Baukonstruktionen und Anlagen der Technischen Ausrüstung können zu den anrechenbaren Kosten gehören. Der Umfang der mitzuverarbeitenden Bausubstanz kann angemessen berücksichtigt werden.

(2) Die Vertragsparteien können vereinbaren, dass die Kosten für besondere Bauausführungen ganz oder teilweise zu den anrechenbaren Kosten gehören, wenn hierdurch dem Auftragnehmer ein erhöhter Arbeitsaufwand entsteht.

(3) Die Mindest- und Höchstsätze der Honorare für die in Nummer 1.2.2 Absatz 2 aufgeführten Grundleistungen der Bauakustik können anhand der folgenden Honorartafel bestimmt werden:

Anrechenbare Kosten in Euro	Honorarzone I geringe Anforderungen von	bis	Honorarzone II durchschnittliche Anforderungen von	bis	Honorarzone III hohe Anforderungen von	bis
	Euro		Euro		Euro	
250.000	1.729	1.985	1.985	2.284	2.284	2.625
275.000	1.840	2.113	2.113	2.431	2.431	2.794
300.000	1.948	2.237	2.237	2.574	2.574	2.959
350.000	2.156	2.475	2.475	2.847	2.847	3.273
400.000	2.353	2.701	2.701	3.108	3.108	3.573
500.000	2.724	3.127	3.127	3.598	3.598	4.136
600.000	3.069	3.524	3.524	4.055	4.055	4.661
750.000	3.553	4.080	4.080	4.694	4.694	5.396
1.000.000	4.291	4.927	4.927	5.669	5.669	6.516
1.250.000	4.968	5.704	5.704	6.563	6.563	7.544
1.500.000	5.599	6.429	6.429	7.397	7.397	8.503
2.000.000	6.763	7.765	7.765	8.934	8.934	10.270
2.500.000	7.830	8.990	8.990	10.343	10.343	11.890
3.500.000	9.766	11.213	11.213	12.901	12.901	14.830
5.000.000	12.345	14.174	14.174	16.307	16.307	18.746
7.500.000	16.114	18.502	18.502	21.287	21.287	24.470
10.000.000	19.470	22.354	22.354	25.719	25.719	29.565
15.000.000	25.422	29.188	29.188	33.582	33.582	38.604
20.000.000	30.722	35.273	35.273	40.583	40.583	46.652
25.000.000	35.585	40.857	40.857	47.008	47.008	54.037

(4) Für Umbauten und Modernisierungen kann bei einem durchschnittlichen Schwierigkeitsgrad ein Zuschlag bis 33 Prozent auf das Honorar schriftlich vereinbart werden.

(5) Die Leistungen der Bauakustik können den Honorarzonen anhand folgender Bewertungsmerkmale zugeordnet werden:

1. Art der Nutzung,
2. Anforderungen des Immissionsschutzes,
3. Anforderungen des Emissionsschutzes,
4. Art der Hüllkonstruktion, Anzahl der Konstruktionstypen,
5. Art und Intensität der Außenlärmbelastung,
6. Art und Umfang der Technischen Ausrüstung.

(6) § 52 Absatz 3 kann sinngemäß angewendet werden.

(7) Objektliste für die Bauakustik

Die nachstehend aufgeführten Innenräume können in der Regel den Honorarzonen wie folgt zugeordnet werden:

Objektliste – Bauakustik	Honorarzone		
	I	II	III
Wohnhäuser, Heime, Schulen, Verwaltungsgebäude oder Banken mit jeweils durchschnittlicher Technischer Ausrüstung oder entsprechendem Ausbau	x		
Heime, Schulen, Verwaltungsgebäude mit jeweils überdurchschnittlicher Technischer Ausrüstung oder entsprechendem Ausbau		x	
Wohnhäuser mit versetzten Grundrissen		x	
Wohnhäuser mit Außenlärmbelastungen		x	
Hotels, soweit nicht in Honorarzone III erwähnt		x	
Universitäten oder Hochschulen		x	
Krankenhäuser, soweit nicht in Honorarzone III erwähnt		x	
Gebäude für Erholung, Kur oder Genesung		x	
Versammlungsstätten, soweit nicht in Honorarzone III erwähnt		x	
Werkstätten mit schutzbedürftigen Räumen		x	
Hotels mit umfangreichen gastronomischen Einrichtungen			x
Gebäude mit gewerblicher Nutzung oder Wohnnutzung			x
Krankenhäuser in bauakustisch besonders ungünstigen Lagen oder mit ungünstiger Anordnung der Versorgungseinrichtungen			x
Theater-, Konzert- oder Kongressgebäude			x
Tonstudios oder akustische Messräume			x

1.2.5 Honorare für Grundleistungen der Raumakustik

(1) Das Honorar für jeden Innenraum, für den Grundleistungen zur Raumakustik erbracht werden, kann sich nach den anrechenbaren Kosten nach Absatz 2, nach der Honorarzone, der der Innenraum zuzuordnen ist, sowie nach der Honorartafel in Absatz 3 richten.

(2) Die Kosten für Baukonstruktionen und Technische Ausrüstung sowie die Kosten für die Ausstattung (DIN 276-:2008-12, Kostengruppen 610) des Innenraums können zu den anrechenbaren Kosten gehören. Die Kosten für die Baukonstruktionen und Technische Ausrüstung werden für die Anrechnung durch den Bruttorauminhalt des Gebäudes geteilt und mit dem Rauminhalt des Innenraums multipliziert. Der Umfang der mitzuverarbeitenden Bausubstanz kann angemessen berücksichtigt werden.

(3) Die Mindest- und Höchstsätze der Honorare für die in Nummer 1.2.2 Absatz 2 aufgeführten Grundleistungen der Raumakustik können anhand der folgenden Honorartafel bestimmt werden:

Anrechenbare Kosten in Euro	Honorarzone I sehr geringe Anforderungen		Honorarzone II geringe Anforderungen		Honorarzone III durchschnittliche Anforderungen		Honorarzone IV hohe Anforderungen		Honorarzone V sehr hohe Anforderungen	
	von Euro	bis	von Euro	bis	von Euro	bis	von Euro	bis	von Euro	bis
50.000	1.714	2.226	2.226	2.737	2.737	3.279	3.279	3.790	3.790	4.301
75.000	1.805	2.343	2.343	2.882	2.882	3.452	3.452	3.990	3.990	4.528
100.000	1.892	2.457	2.457	3.021	3.021	3.619	3.619	4.183	4.183	4.748
150.000	2.061	2.676	2.676	3.291	3.291	3.942	3.942	4.557	4.557	5.171
200.000	2.225	2.888	2.888	3.551	3.551	4.254	4.254	4.917	4.917	5.581
250.000	2.384	3.095	3.095	3.806	3.806	4.558	4.558	5.269	5.269	5.980
300.000	2.540	3.297	3.297	4.055	4.055	4.857	4.857	5.614	5.614	6.371
400.000	2.844	3.693	3.693	4.541	4.541	5.439	5.439	6.287	6.287	7.136
500.000	3.141	4.078	4.078	5.015	5.015	6.007	6.007	6.944	6.944	7.881
750.000	3.860	5.011	5.011	6.163	6.163	7.382	7.382	8.533	8.533	9.684
1.000.000	4.555	5.913	5.913	7.272	7.272	8.710	8.710	10.069	10.069	11.427
1.500.000	5.896	7.655	7.655	9.413	9.413	11.275	11.275	13.034	13.034	14.792
2.000.000	7.193	9.338	9.338	11.483	11.483	13.755	13.755	15.900	15.900	18.045
2.500.000	8.457	10.979	10.979	13.501	13.501	16.172	16.172	18.694	18.694	21.217
3.000.000	9.696	12.588	12.588	15.479	15.479	18.541	18.541	21.433	21.433	24.325
4.000.000	12.115	15.729	15.729	19.342	19.342	23.168	23.168	26.781	26.781	30.395
5.000.000	14.474	18.791	18.791	23.108	23.108	27.679	27.679	31.996	31.996	36.313
6.000.000	16.786	21.793	21.793	26.799	26.799	32.100	32.100	37.107	37.107	42.113
7.000.000	19.060	24.744	24.744	30.429	30.429	36.448	36.448	42.133	42.133	47.817
7.500.000	20.184	26.204	26.204	32.224	32.224	38.598	38.598	44.618	44.618	50.638

(4) Für Umbauten und Modernisierungen kann bei einem durchschnittlichen Schwierigkeitsgrad ein Zuschlag bis 33 Prozent auf das Honorar vereinbart werden.

(5) Innenräume können nach den in Absatz 6 genannten Bewertungsmerkmalen folgenden Honorarzonen zugeordnet werden:

1. Honorarzone I: Innenräume mit sehr geringen Anforderungen,
2. Honorarzone II: Innenräume mit geringen Anforderungen,
3. Honorarzone III: Innenräume mit durchschnittlichen Anforderungen,
4. Honorarzone IV: Innenräume mit hohen Anforderungen,
5. Honorarzone V: Innenräume mit sehr hohen Anforderungen.

(6) Für die Zuordnung zu den Honorarzonen können folgende Bewertungsmerkmale herangezogen werden:

1. Anforderungen an die Einhaltung der Nachhallzeit,
2. Einhalten eines bestimmten Frequenzganges der Nachhallzeit,
3. Anforderungen an die räumliche und zeitliche Schallverteilung,
4. akustische Nutzungsart des Innenraums,
5. Veränderbarkeit der akustischen Eigenschaften des Innenraums.

(7) Objektliste für die Raumakustik

Die nachstehend aufgeführten Innenräume können in der Regel den Honorarzonen wie folgt zugeordnet werden:

Objektliste – Raumakustik	Honorarzone				
	I	II	III	IV	V
Pausenhallen, Spielhallen, Liege- und Wandelhallen	x				
Großraumbüros		x			
Unterrichts-, Vortrags- und Sitzungsräume					
– **bis 500 m³**		x			
– **500 bis 1.500 m³**			x		
– **über 1.500 m³**				x	
Filmtheater					
– **bis 1.000 m³**		x			
– **1.000 bis 3.000 m³**			x		
– **über 3.000 m³**				x	
Kirchen					
– **bis 1.000 m³**		x			
– **1.000 bis 3.000 m³**			x		
– **über 3.000 m³**				x	
Sporthallen, Turnhallen					
– **nicht teilbar, bis 1.000 m³**		x			
– **teilbar, bis 3.000 m³**			x		
Mehrzweckhallen					
– **bis 3.000 m³**				x	
– **über 3.000 m³**					x
Konzertsäle, Theater, Opernhäuser					x
Tonaufnahmeräume, akustische Messräume					x
Innenräume mit veränderlichen akustischen Eigenschaften					x

(8) § 52 Absatz 3 kann sinngemäß angewendet werden.

Übersicht

A. EnEV – Wärmeschutz

I. Überblick

Die Anlage 1 der HOAI 2013 wurde im Vergleich zur HOAI 2009 grundlegend überarbeitet. Im neuen Leistungsbild zu Leistungen der Bauphysik wurden vor allem die bisherigen Leistungsbilder „Thermische Bauphysik“ (vgl. Nr. 1.2 der HOAI 2009) und „Schallschutz und Raumakustik“ (vgl. Nr. 1.3 und 1.4 der HOAI 2009) zusammengeführt und auch deshalb umfassend überarbeitet. 1

Die HOAI regelt keine Beratungsleistungen mehr. Es entfällt deshalb die (staatlich verordnete) Verpreisung von Beratungsleistungen für thermische Bauphysik, Schallschutz, Raumakustik, Bodenmechanik und vermessungstechnische Leistungen in der HOAI. Die bisherigen leistungsbezogenen Honorarregelungen können dabei jedoch noch als Empfehlung für die Beauftragung und Abrechnung derartiger Leistungen dienen. 2

Es wurde in der HOAI 2013 ein einheitliches Bewertungssystem der Leistungsphasen mit jedoch differenzierten Grundleistungen eingeführt. Hierbei entfallen frühere Teilleistungen, andere wurde aufgenommen. Dieses eingeführte einheitliche Bewertungssystem der Leistungsphasen, entsprechend den Leistungsbildern für Gebäude und Innenräume (§ 34) sowie für technische Ausrüstung (§ 55) gegliedert, macht den Bezug und die vorhandenen Schnittstellen zu diesen Leistungsbildern deutlich. 3

Der gemeinsamen Leistungsbildbeschreibung zugeordnet werden in Nr. 1.2.3 die spezifischen Empfehlungen für Honorare- und Tafelwerte für Leistungen zur Bauphysik genannt, die dem veränderten Beratungsaufwand aufgrund maßgeblicher Veränderungen im gesetzlich geforderten Umfang Rechnung tragen. 4

5 Komplett neu eingeführt wird für das Leistungsbild der Bauphysik ein **Zuschlag für Umbauten und Modernisierungen bei Bestandsobjekten** sowie eine Empfehlung zur angemessenen **Berücksichtigung der mitzuverarbeitenden Bausubstanz** bei den anrechenbaren Kosten nach § 33 HOAI.

6 Die derzeit gültige EnEV 2013 löste bereits 2002 die bis dahin gültige Wärmeschutzverordnung und die Heizungsanlagenverordnung ab, an welchen noch das in der HOAI 2009 enthaltene Leistungsbild der Thermischen Bauphysik angelehnt war. Durch die Einführung der EnEV wurden eine grundlegende Neuausrichtung und weitreichende Erweiterung der Leistungen bei Maßnahmen zum energiesparenden Einsatz von Energieträgern in Gebäuden notwendig.

7 Gegenüber der Wärmeschutzverordnung (Wärmeschutzverordnung) vom 16.8.1994 wurden die Anforderungen wie folgt erweitert:

- Die Anforderungen an den Heizenergiebedarf von neuen Gebäuden wurden um 30% gegenüber dem Anforderungsniveau der Wärmeschutzverordnung (Wärmeschutzverordnung 1995) angehoben und wird in der zweiten Stufe zur Novellierung der EnEV 2013 Anfang 2016 nochmals um 25% erhöht werden.
- Mit der EnEV 2007 wurde ein umfangreiches neues Berechnungsverfahren nach DIN V 18599 eingeführt, welches die energetische Bewertung von Wohn- und Nichtwohngebäude getrennt betrachtet.
- Eine Unterscheidung der Bilanzierungsverfahren bei bestehenden und neu zu errichtenden Gebäuden wurde eingeführt.
- Eine Unterscheidung der Bilanzierungsverfahren bei Wohn- und Nichtwohngebäude wurde eingeführt.
- Seit der letzten HOAI-Anpassung wurden ebenfalls weitreichende Vorgaben zur Reduzierung des Primärenergiebedarfs eingeführt wie:
  - die Einbeziehung der Anlagentechnik in die Energiebilanz,
  - eine detaillierte Berücksichtigung von Wärmebrücken,
  - die Berücksichtigung zu Maßnahmen zum sommerlichen Wärmeschutz und solaren Energiegewinnen.

8 Aus der so entstandenen Vielfalt der Berechnungsmodalitäten und durch den damit verbundenen **erhöhten Abstimmungsbedarf zu den Leistungsbereichen** der technischen Gebäudeausrüstung folgt ein entsprechend höherer Bedarf an Detaillierung bei der Beratung in diesem Leistungsbild und einer differenzierteren Bewertung des damit verbundenen Honorars.

9 Auch die bereits erwähnte **Unterscheidung zwischen Baumaßnahmen in Bestandsgebäude und neu zu errichtenden Gebäuden** macht eine Neubewertung des damit verbundenen Honorars notwendig. So sind bei der zunehmenden Zahl von Maßnahmen im Gebäudebestand weitere Wechselwirkungen zwischen den unterschiedlichen Zielen und Anforderungen zu berücksichtigen (z.B. ökonomische Ziele des Bauherrn, Denkmalschutzanforderungen, Ausnahmetatbestände in Fällen unbilliger Härte etc.) als bei einer Maßnahme im Neubaubereich.

10 Diese neuen Anforderungen wirken sich unterschiedlich in allen beschriebenen Leistungsphasen der HOAI aus. Abhängig von der Tiefe des notwendigen Untersuchungsgrades des Gebäudes ergibt sich ein unterschiedlich zu bewertender Umfang der Leistungen und eine daraus resultierende differenzierte Honorarhöhe.

11 Die vorliegende Grundlage zur Berechnung der Honorare im Bereich der Bauphysik und vor allem im Bereich der Grundleistungen für Wärmeschutz und Energiebilanzierung sind als wenig detailliert und daher problematisch in deren Anwendung zu bewerten. Deutlich wird dieser Zusammenhang bei der energetischen Bewertung von Nicht-

wohngebäuden, die auf Basis der DIN V 18599 zu berechnen sind. Hier spielt die Tatsache eine wesentliche Rolle, in wie viele Zonen ein Gebäude unterteilt wird und welche anlagentechnische Konzeption zu bewerten ist. Die anrechenbaren Kosten der mitzuverarbeitenden Bausubstanz gem. § 35 hier als Grundlage der erweiterten Vergütung heranzuziehen, erweist sich in der Praxis zwar als unbürokratisch umzusetzende Möglichkeit, jedoch steht bei Gebäuden mit mehreren Gebäudezonen der Berechnungsaufwand in einem immer schlechteren Verhältnis zur daraus resultierenden Honorarhöhe. Es sollte vielmehr berücksichtigt werden, dass das Honorar bei einer Bewertung eines Nichtwohngebäudes im Verhältnis zu der Anzahl an zu bewertenden Gebäudezonen und der damit verbundenen technischen Ausrüstung des Gebäudes ansteigt. Unter der Kommentierung des Punktes 1.2.3 der HOAI wird deshalb ein mögliches **Konzept zur Anpassung der Honorare im Hinblick auf Zonenanzahl und Standard zum technischen Ausbau** des Gebäudes vorgestellt.

Eine in der Praxis bereits bewährte Form der Honorierung für Leistungen nach der EnEV für Neubauten und Bestandsgebäude wird auch in der Schriftenreihe des AHO, Heft 23 beschrieben, auf welches hier im Besonderen hingewiesen werden kann. 12

II. Kommentierung

1. Anwendungsbereich Leistungsbereich Bauphysik (Abs. 1). Hier werden die Teilbereiche benannt, die im Leistungsbereich Bauphysik zur Anwendung kommen. Es werden die Teilbereiche 13
- Wärmeschutz und die Energiebilanzierung,
- die Bauakustik (Schallschutz) und
- die Raumakustik

unterschieden.

Im Folgenden werden in diesem Teil des Kommentars die Teilbereiche des Wärmeschutzes und der Energiebilanzierung behandelt. Für die Differenzierung im Bau- und Raumakustikbereich wird auf das nachfolgende Kapitel des Kommentars verwiesen. 14

2. Das Leistungsbild Wärmeschutz und Energiebilanzierung (Abs. 2). Neu aufgenommen in diesen Anwendungsbereich werden Leistungen für die **fachübergreifende Energiebilanzierung.** Das Leistungsbild Wärmeschutz und Energiebilanzierung erfährt dadurch eine erhebliche Erweiterung, jedoch wurde die Beschreibung des Leistungsbildes im Vergleich zu Nr. 1.2.1 der HOAI 2009 weitreichend gekürzt. Es ist deshalb angebracht, im Rahmen der Kommentierung detailliert auf das Leistungsbild einzugehen. 15

3. Anwendungsbereich Leistungsbereich Bauphysik (Abs. 5). Im Abs. 5 stellt die HOAI zum Verständnis klar, dass die Grundlagen der Honorare in den jeweiligen Nummern der Teilgebiete Wärmeschutz und Energiebilanzierung, Bauakustik, Raumakustik aufgeführt sind. 16

4. Leistungsbild Bauphysik (1.2.2; Abs. 1). In Nr. 1.2.2 Abs. 1 sind die Leistungsphasen der Bauphysik zusammengefasst und prozentual bewertet. Neu hinzugetreten sind die Leistungsphasen 1 (Grundlagenermittlung) und 2 (Mitwirken bei der Vorplanung). Die neuen einheitlich geltenden Leistungsphasen ersetzen damit die bisher für die drei Leistungsbilder unterschiedlich ausgestalteten und bewerteten Teilleistungen. 17

18 Die Bewertung für die einzelnen Leistungsphasen beträgt
1. für die Leistungsphase 1 (Grundlagenermittlung) mit 3%,
2. für die Leistungsphase 2 (Mitwirken bei der Vorplanung) mit 20%,
3. für die Leistungsphase 3 (Mitwirken bei der Entwurfsplanung) mit 40%,
4. für die Leistungsphase 4 (Mitwirken bei der Genehmigungsplanung) mit 6%,
5. für die Leistungsphase 5 (Mitwirken bei der Ausführungsplanung) mit 27%,
6. für die Leistungsphase 6 (Mitwirkung bei der Vorbereitung der Vergabe) mit 2%,
7. für die Leistungsphase 7 (Mitwirkung bei der Vergabe) mit 2%.

19 Der Auftragnehmer für die Fachplanung der technischen Gebäudeausrüstung hat jedoch die Leistungen nach Anlage 1.2 nicht als Grundleistung nach § 33 zu erbringen. Handelt es sich bei dem Fachplaner zugleich um den Objektplaner, ist er aufgrund dessen auch ohne ausdrückliche Honorarvereinbarung zusätzlich zu vergüten. Dies kann im Rahmen speziell vereinbarter Besonderer Leistungen im Leistungsbild des jeweiligen Gewerkes stattfinden oder eine Beratungsleistung nach dieser Anlage vereinbart werden.

20 Auch wenn der Objektplaner, Tragwerksplaner oder Fachplaner technischer Gebäudeausrüstung auf Erhebungen und Daten zurückgreift,[1] die er im Rahmen seiner Erbringung der Grundleistungen ohnehin hat erbringen müssen, stünde ihm in diesem Leistungsbild eine zusätzliche Vergütung auf Basis von Besonderen Leistungen neben den Leistungen für Objekt- oder Tragwerksplanung und der technischen Gebäudeausrüstung zu.[2]

21 Wesentliche nach der EnEV zu erbringende Leistungen sind:
- Beratung im Hinblick auf nach den gesetzlichen Vorgaben eventuell erforderlichen Aufwand für zusätzliche Leistungen wie z.B. Nachweis der Luftdichtheit durch einen Blower-Door-Test oder explizite Wärmebrückenberechnungen für Einzelbauteile und -konstruktionen, Abstimmen der Anlagenaufwandszahl;
- Klären der Anforderungen des Auftraggebers oder Nutzers in wärmeschutztechnischer Hinsicht;
- Entwurf des baulichen Wärmeschutzes und Mitwirken beim Entwurf des anlagentechnischen Teils in Abstimmung mit dem Objektplaner und dem Fachplaner Technische Gebäudeausrüstung parallel zu deren Leistungsphase 3 (Gleichschaltung);
- überschlägige Bemessungen von Einzelbauteilen, Mitwirken beim Ausarbeiten von wärmeschutztechnisch relevanten Details;
- Erstellen eines Bauteilkatalogs, Festlegen des Aufbaus von Einzelbauteilen, Beratung bei der Glasauswahl, Mitwirken bei den Flächenermittlungen;
- Beschreibung des Querschnittsaufbaus der Einzelelemente hinsichtlich Materialdefinitionen, ggf. auch Beratung zu Produkten, Rohdichte, Schichtdicke, Wärmeleitzahl;
- Beraten zum sommerlichen Wärmeschutz, Sonnenschutzmaßnahmen;
- Taupunktberechnungen von Einzelbauteilen;
- Erstellen der Baustoffliste;
- Aufstellen des prüffähigen Nachweises: Der Energieeinsparnachweis verlangt gegenüber dem Wärmeschutznachweis wesentlich erweiterte Angaben z.B. zum sommerlichen Wärmeschutz, zur Anlagenaufwandszahl, zur Luftdichtheit etc. Die im Baugenehmigungsverfahren vorzulegenden Nachweise einschließlich der Baustofflisten dienen regelmäßig zugleich dem Fachplaner für die Technische Ausrüstung

1 Neuenfeld/Baden/Dohna/Groscurth/*Baden*, § 78 Rn 3.
2 OLG Düsseldorf, Urt. v. 25.4.2000 – 20 U 113/99 – NZBau 2000, 578; *Jochem/Kaufhold*, § 78 Rn 1.

als Grundlage für die Dimensionierung der Heizungs-, Lüftungs- und Klimaanlagen. Gemäß der EnEV ist der Energieeinsparnachweis in Abstimmung mit der Objektplanung und der zuvor erstellten Bauteillisten sowie der Einarbeitung der Angaben des Fachplaners TGA (Anlagenaufwandszahl) zu erstellen;
– Abstimmen der geplanten Maßnahmen mit der Planung und der Vergabe, Mitwirken bei der Objektüberwachung: Die Abstimmung ist kein einmaliger punktueller Vorgang, sondern ein kontinuierliches Verfahren.

5. Leistungsbild Bauphysik (1.2.2; Abs. 2). Nr. 1.2.2 Abs. 2 fasst das Leistungsbild 22
Bauphysik zusammen, ordnet die Grundleistungen den Leistungsphasen 1 bis 9 zu und benennt beispielhaft Besondere Leistungen. Das Leistungsbild Bauphysik wird durch die Energiebilanzierung ergänzt.

a) Leistungsphase 1: Grundlagenermittlung. Grundleistung sind das Klären der 23
Aufgabenstellung und Festlegen der Grundlagen, Vorgaben und Ziele. Dabei handelt es sich im Wesentlichen um die Grundsatzklärungen zu den Anforderungen des Wärmeschutzes nach der Energieeinsparverordnung und weiteren bauordnungsrechtlichen Vorgaben sowie der Zielsetzung zur Erreichung etwaiger energetischer Standards in puncto Nachhaltigkeit und Energieeffizienz (z.B. **KfW-Standards, Passivhausstandards, DGNB-Gütesiegel, Leeds** etc.).

Besondere Leistung, und deshalb auch gesondert zu vergüten, sind Leistungen die- 24
ser Leistungsphase, die sich mit der Erarbeitung eines **Energiekonzeptes** ergeben, um einen bestimmten **energetischen Standard** zu erreichen. Anders als in der Grundleistung, wo bestehende Kennwerte vorgegeben sind, ist die individuelle Beratung hinsichtlich **Zertifizierungsvorgaben** gesondert vergütungswürdig.

Grundlage der Grundleistungen ist auch das Vorhandensein entsprechender **Plan-** 25
unterlagen zur Baumaßnahme. Stehen entsprechende Unterlagen beispielsweise bei einer Sanierung nicht zur Verfügung, ist im Rahmen dieser Leistungsphase die **Aufnahme des Bestandes** als Besondere Leistung zusätzlich zu vergüten. Der damit verbundene Aufwand stellt sich in der Praxis auch als schwer kalkulierbare Größe dar.

Praxistipp
Besondere Leistungen zur **Bestandsaufnahme** bestehender Gebäude und deren technischer Kennwerte sollten im Rahmen von Honorarvereinbarungen auf Stundenbasis festgelegt werden, da in der Praxis eine Beurteilung des notwendigen Aufwandes im Vorhinein kaum möglich ist. Dies kann vor allem im Bereich der technischen Gebäudeausrüstung am deutlichsten festgestellt werden. Die Regelung des § 6 HOAI 1996 zu den Stundensätzen wurde zwar ersatzlos gestrichen, d.h. die neue HOAI enthält keine Bestimmungen mehr zur Vereinbarung von Zeithonoraren. Gleichwohl sollen Zeithonorare nach wie vor zulässig sein. Sie sollen zwischen den Parteien künftig in jeder Hinsicht frei vereinbart werden können. Für die Honorargestaltung bei Zeithonoraren bestehen deshalb künftig – vor allem nach unten hin – keinerlei Begrenzungen mehr, um wirksam vereinbart werden zu können.

---

b) Leistungsphase 2: Mitwirkung bei der Vorplanung. Grundleistungen dieser 26
Leistungsphase beinhalten zunächst nicht die Prüfung physikalischer Grundlagen im Hinblick auf privat vereinbarte Gebrauchstauglichkeiten von Gebäuden oder Gebäudeteilen und die Einhaltung bestimmter energetischer Kennwerte im Rahmen von **Fördermittelanträgen oder Zuschussverfahren**.

Grundleistungen dieser Leistungsphase beschränken sich vorwiegend auf die Klä- 27
rung der wesentlichen Zusammenhänge von Gebäude und technischen Anlagen einschließlich **Betrachtung von Alternativen** im Rahmen der gesetzlichen Vorschriften.

28 Das energetische **Vordimensionieren der relevanten Bauteile** (das sind in der Regel die Bauteile der thermischen Gebäudehülle) des Gebäudes sowie deren **Abstimmung mit den fachspezifischen Planungskonzepten** der Objektplanung und der Fachplanungen wird als Grundleistung bezeichnet, nicht jedoch die **Mitwirkung bei Ausbaubeschreibungen** im Hinblick auf deren energetischen Qualitäten und der Mitwirkung zur Klärung von Vorgaben für Fördermaßnahmen.

29 An dieser Stelle sei vor allem auf den Zusammenhang mit den **Förderprogrammen des Bundes zum energieeffizienten Bauen und Sanieren** hingewiesen. Die dort geregelte Richtlinie beinhaltet nicht nur die Regularien zum Zugang zum Förderprogramm über **die Expertenliste für Bundesförderprogramme**, sondern stellt auch weitreichende Anforderungen an die technische Ausführung energiesparender Gebäudehülle und Anlagentechnik. Diese technischen Mindestanforderungen werden in regelmäßigen Abständen entsprechend den EnEV-Novellierungen geändert, sodass eine entsprechende Prüfung der Voraussetzungen zum Zugang in jedem Fall vorangestellt werden muss, die jedoch als Besondere Leistung bewertet wird.

Praxistipp

Es empfiehlt sich bei der vertraglichen Vereinbarung mit dem Bauherrn, keine detaillierten Absprachen zur energetischen Qualität des Endproduktes zu treffen, bevor nicht die Leistungsphasen 1–7 abgeschlossen sind. Anderenfalls besteht die Möglichkeit, dass preisrechtliche Vertragsteile leistungsrechtlich verbindlich werden.

---

30 **c) Leistungsphase 3: Mitwirkung bei der Entwurfsplanung.** Als wesentliche Grundleistungen dieser Leistungsphase ist die Bemessung der Bauteile des Gebäudes und deren Festlegung in **Übersichtsplänen** im Rahmen der Entwurfsplanung zu nennen, sowohl in gebäudetechnischer als auch anlagentechnischer Hinsicht.

31 Als Mindestanforderung an den wärmeschutztechnischen Entwurf ist die **Festlegung bauphysikalisch und anlagentechnisch** relevanter Bauteile und Aggregate gemeint. Dies sind exemplarisch Bauteildaten wie Wärmedurchlasswiderstände, Rohdichten und Massen, Raumgruppenanordnungen, Zonen und Flächen, Volumen und deren Bauteilzuordnungen, Leistungsangaben von Wärmeerzeugern, Endenergieträger, Kenntnisse zu Konzepten der Warmwasserbereitung und Beheizung des Gebäudes.

32 Wesentliche Grundleistungen sind auch die **Ermittlung der Gebäudezonen** und **Festlegen von Systemgrenzen** inclusive der erforderliche Abstimmungen mit anderen an der Planung fachlich Beteiligten in Bezug auf **Nutzungsprofile** (Raum-Solltemperatur während der Kühlperiode/Heizperiode, Nutzungszeit, technologische Anforderungen etc.) und **Beleuchtungsbereiche**. Auch die Festlegung von Zonenteilungskriterien und technische Bewertung der Wärmeübergabe, Warmwassererzeuger, Wärmeverteilung, Anzahl an Verteilerkreise, Art und Größe raumlufttechnischer Anlagen, eventuell vorhandene Raumkühlung einschließlich Primär- und Rückkühlkreise und Kälteerzeuger mit Hinwirken auf das Ziel, den Primärenergiebedarf zu begrenzen, gehören zu den Grundleistungen.

33 In der Praxis werden vor allem im Nichtwohngebäudebereich zunehmend **Simulationen** erforderlich, die das thermische Verhalten von Bauteilen und Räumlichkeiten abbilden. Damit werden in der Regel vertraglich vereinbarte Zustände zwischen Käufer/Mieter/Pächter einer Immobilie und dem Ersteller des Gebäudes abgesichert. Solche Simulationsrechnungen können sich mitunter zeitlich sehr aufwändig gestalten. Derartige Prognosen zu Raumtemperatur- und Feuchteverhalten sind als Besondere Leistung zu vergüten.

d) Leistungsphase 4: Mitwirkung bei der Genehmigungsplanung. In dieser Leistungsphase wird als Leistung maßgeblich beschrieben, was man als Anforderungen an den Wärmeschutz durch bauordnungsrechtliche Vorschriften bezeichnet. Hier handelt es sich um den formalen Akt der **Nachweisführung**. Anforderungen ergeben sich aus der derzeit gültigen EnEV 2013, die wiederum auf Einzelanforderungen in technischen Regelwerken verweist. Das maßgebliche Ziel der EnEV ist der möglichst geringe Primärenergiebedarf unter Einbeziehung der Anlagentechnik und den damit verbundenen Energieträgern. Oft ergeben sich dabei jedoch haftungsrechtliche Konfliktpunkte. Aufgrund unterschiedlicher Interessenslagen beim Auftraggeber kann es dazu kommen, dass das maximal mögliche **Wirtschaftlichkeitspotenzial** bei der technischen Gebäudeausrüstung und/oder des Wärmeschutzes nicht ausgeschöpft wird. Im Rahmen der Honorarvereinbarung sollte eindeutig herausgestellt werden, dass man zur Erreichung dieses Zieles wirtschaftlichen Gesichtspunkten folgt. 34

Praxistipp
Im Rahmen der Honorarvereinbarungen sollten Möglichkeiten zur Vergütung wiederholender Wirtschaftlichkeitsbetrachtungen geschaffen werden. Vor allem sollte der Auftragnehmer sich aber bei Abweichungen vom geplanten Wärmeschutzkonzept zum maximal möglichen wirtschaftlichen Wärmeschutzkonzept aus haftungsrechtlichen Gründen schriftlich absichern.

Als unbedingte Grundleistungen ist schon alleine aus den Voraussetzungen der EnEV die **Berücksichtigung des sommerlichen Wärmeschutzes** entscheidend. Der Nachweis über einen ausreichenden sommerlichen Wärmeschutz ist bei der Schaffung von Räumlichkeiten zum dauernden Aufenthalt von Menschen unabdingbar und mittlerweile auch verordnungsrechtlich vorgeschrieben. Der Abgrenzung von privatrechtlich vereinbarten bauphysikalischen Zuständen wie Raumtemperatur und Raumfeuchte zu den öffentlich-rechtlichen Belangen aus der EnEV ist bei der Festlegung von Grund- und Besonderer Leistung Rechnung zu tragen. Während der öffentlich-rechtliche Teil wie erwähnt den Grundleistungen zuzuordnen ist, sind die erforderlichen Leistungen im Zusammenhang mit den gesonderten Vereinbarungen zu Raumzuständen auch gesondert zu vergüten. 35

Leistungen, die Zustimmungen im Einzelfall bedürfen, wie **Ausnahmeanträge nach ZVEnEV**[3] sind nicht Bestandteil der Grundleistungen dieser Leistungsphase, sondern sind als Besondere Leistung gesondert zu vergüten. 36

e) Leistungsphase 5: Mitwirkung bei der Ausführungsplanung. Der geplante und nachgewiesene Wärmeschutz ist in die Ausführungspläne des Objektplaners von diesem einzuarbeiten.[4] Der Berater hat dabei die im Rahmen der Entwurfsplanung getroffenen Festlegungen zum Wärmeschutz nochmals abzustimmen. Der Aufbau von Bauteilen/Aggregaten und Bauelementen ist im Rahmen der Erbringung der Grundleistung eindeutig zu kennzeichnen. Mithilfe von Baustofflistennummern, einer Detailzeichnung oder der Beschriftung in den Ausführungsplänen ist der Aufbau unmissverständlich festzulegen. Entgegen der bisherigen Praxis ist die Erstellung eines maßnahmespezifischen **Bauteilkataloges** nicht mehr als Besondere, sondern als Grundleistung zu be- 37

3 Bayerische Verordnung zur Regelung der Zuständigkeiten und zur Durchführung der Verordnung über energiesparenden Wärmeschutz und energiesparende Anlagentechnik bei Gebäuden (Zuständigkeits- und Durchführungsverordnung EnEV – ZVEnEV) v. 22.1.2002, GVBl. 2002, S. 18, zuletzt geändert durch Verordnung v. 19.1.2011, GVBl. 2011, S. 42.
4 So auch Neuenfeld/Baden/Dohnaa/Groscurth/*Baden*, § 78 Rn 7.

zeichnen. Die mittlerweile vorhandenen Möglichkeiten der am Markt befindlichen Software begründen hier den bisher erforderlichen erhöhten Aufwand nicht mehr.

38 Nach wie vor bleibt jedoch die **Mitwirkung bei der Prüfung der Montage- und Werkstattplanung** der ausführenden Unternehmen im Besonderen Leistungsteil, der eine gesonderte Vergütung begründet. Dieser Fall kommt in der Praxis doch relativ häufig vor, weil sich in der Regel der Objektplaner durch eine nochmalige Prüfung durch den Nachweisersteller des baulichen Wärmeschutzes über die korrekte Anwendung der Ausführungsvorgaben absichern will. Schon allein durch die Übertragung haftungsrechtlicher Pflichten wird eine gesonderte Vergütung begründet.

Praxistipp
In der Praxis hat sich bewährt, dass bereits zum Zeitpunkt der Honorarvereinbarung mit dem Auftraggeber ein Zeithonorar zur Prüfung von Montage- und Werkstattzeichnungen von ausführenden Unternehmen vereinbart wird. Aufgrund des zusätzlich übernommenen Haftungsrisikos ist die Vergütung auf Basis einer Besonderen Leistung begründbar.

39 **f) Leistungsphase 6–9: Die Leistungen zur Mitwirkung bei der Vorbereitung der Vergabe, bei der Vergabe und der Objektüberwachung sowie Dokumentation.** Die Leistungen in diesen Leistungsphasen sind gleichzusetzen mit den Leistungsphasen aus der Objektplanung. Es wird insofern auf die Kommentierung zu § 34 verwiesen.

40 Lediglich bei der Objektüberwachung und Dokumentation ist anzumerken, dass das **messtechnische Überprüfen** von vorher festgelegten Qualitäten der Bauausführung und Bauteil- und Raumqualitäten eine Besondere Leistung darstellt und somit eine gesonderte Vergütung erfordert.

41 **6. Honorare für Grundleistungen für Wärmeschutz und Energiebilanzierung (1.2.3; Abs. 1).** Der Verweis der anrechenbaren Kosten des Gebäudes gem. § 33 und Honorarzonen gem. § 35 begründet hier ebenfalls den Hinweis darauf, dass auch bei Leistungen des Wärmeschutzes und der Energiebilanzierung für Bestandsobjekte die **mitzuverarbeitende Bausubstanz** angemessen bei den anrechenbaren Kosten berücksichtigt werden kann. Jedoch ist man sich in Fachkreisen noch uneins über eine entsprechende Anrechnung, sodass die Anwendung dieser Maßgabe aufgrund der Unschärfe zur Festlegung der mitzuverarbeitenden Bausubstanz in der Praxis noch nicht eindeutig geklärt ist.

Praxistipp
Es wird somit empfohlen, schon bereits bei der Honorarverhandlung die Kostengruppen in Anlehnung zur DIN 276 zu benennen, die eine Berücksichtigung bei der mitzuverarbeitenden Bausubstanz finden. Alternativ dazu hat sich auch bewährt, einen Honorarpauschalbetrag festzulegen, dessen Höhe ersatzweise auch nach der Leistungsphase 5 zwischen den Vertragspartnern fixiert werden kann. Der Honoraranspruch ist jedoch dem Grunde nach bei Auftragserteilung zu vereinbaren.

42 Vor allem bei Leistungen zur Energiebilanzierung ist die Anwendung der §§ 33, 35 noch zu unspezifisch. Aus Erfahrungswerten hat sich bewährt, im Rahmen der frei vereinbarten Besonderen **Leistungen zur Energiebilanzierung von Nichtwohngebäuden** sog. Korrekturfaktoren zur Honorarermittlung heranzuziehen.

43 Hier wird bei der Ermittlung der mitzuverarbeitenden Bausubstanz und zur Festlegung der Honorarzone I-V zunächst verfahren, wie unter § 35 Rn 8 ff. beschrieben.

44 Anschließend wird das damit ermittelte Grundhonorar (GH) mit Honorarzuschlägen (hz) zur Berechnung des tatsächlichen Honorars (tH) multipliziert. Dabei entspricht der

maximal erreichbare Faktor in nachfolgender Tabelle zur Ermittlung des tatsächlichen Honorars bei Bestandsgebäuden mit 1,37 in etwa dem maximal möglichen schriftlich zu vereinbarenden **Schwierigkeitszuschlag** aus 1.2.3 Abs. 3 der HOAI.

a) Ermittlung des tatsächlichen Honorars bei Neubauten im Nichtwohngebäude bei Anwendung der DIN V 18599

$tH_N = GH * hz_N$ **45**

Tabelle 1: Honorarzuschlag hz_N bei Neubauten in Abhängigkeit von Konditionierungsarten und Zonenanzahl

arithmetisch gemittelte Anzahl der Konditionierungsarten nach DIN V 18599	Zonenanzahl nach DIN V 18599				
	1	2–5	6–8	9–15	>15
1	0,80	1,1	1,12	1,15	1,18
2–2,5	0,85	1,1	1,15	1,18	1,21
2,5–3,5	0,90	1,15	1,18	1,21	1,24
3,5–4,5	–	1,18	1,21	1,24	1,27
> 4,5	–	1,21	1,24	1,27	1,3

b) Ermittlung des tatsächlichen Honorars bei Bestandsbauten im Nichtwohngebäude bei Anwendung der DIN V 18599

$tH_B = GH * hz_B$ **46**

Tabelle 2: Honorarzuschlag hz_B bei Bestandsbauten in Abhängigkeit von Konditionierungsarten und Zonenanzahl

arithmetisch gemittelte Anzahl der Konditionierungsarten nach DIN V 18599	Zonenanzahl nach DIN V 18599				
	1	2–5	6–8	9–15	>15
1	0,88	1,15	1,19	1,23	1,25
2–2,5	0,93	1,15	1,23	1,25	1,28
2,5–3,5	0,98	1,23	1,25	1,28	1,31
3,5–4,5	–	1,25	1,28	1,31	1,34
> 4,5	–	1,28	1,31	1,34	1,37

Beispiel 1
Vorgaben:
Neubaubilanzierung eines Nichtwohngebäudes mit **7 Zonen:**
1 Zone mit 1 Konditionierungsart (Heizen)
2 Zonen mit 3 Konditionierungsarten (Heizen, Lüftung, Beleuchtung)
4 Zonen mit 4 Konditionierungsarten (Heizen, Kühlen, Lüftung, Beleuchtung)
Ermitteltes Grundhonorar auf Grundlage der Honorartafel zu 1.2.3, Honorarzone III, Vonsatz: 2.793,00 €
Ermitteltes Grundhonorar auf Grundlage § 33 HOAI: 2.500,00 €
Berechnung:
arithmetisches Mittel: ((1*1) + (2*3) + (4*4)) / 7 = *3,29*
Grundhonorar: 5.293,00 €
Korrektur: tH_N = GH * hz_N = 5.293,00 € * 1,18 = 6.245,74 €

Beispiel 2
Vorgaben:
Bestandsbilanzierung eines Nichtwohngebäudes mit **9 Zonen:**
1 Zone mit 1 Konditionierungsart (Heizen)
1 Zonen mit 3 Konditionierungsarten (Heizen, Lüftung, Beleuchtung)
7 Zonen mit 4 Konditionierungsarten (Heizen, Kühlen, Lüftung, Beleuchtung)
Ermitteltes Grundhonorar auf Grundlage der Honorartafel zu 1.2.3, Honorarzone III, Vonsatz: 4.159,00 €
Ermitteltes Grundhonorar auf Grundlage §33 HOAI: 5.000,00 €
Berechnung:
arithmetisches Mittel: ((1*1) + (1*3) + (7*4)) / 7 = *4,57*
Grundhonorar: 9.159,00 €
Korrektur: tH_N = GH * hz_N = 9.159,00 € * 1,34 = 12.273,06 €

B. Bau- und Raumakustik, Schallimmissionsschutz

I. Allgemeines

47 Die Begrifflichkeiten im Bereich der Bau- und Raumakustik führen regelmäßig zu Verwirrungen; die Formulierungen im Abschnitt 1.2.1 und 1.2.4 in Anlage 1 sorgen hier leider nicht für Klarheit. Im Abschnitt 1.2.1 werden „Bauakustik (Schallschutz)“ und „Raumakustik“ als Grundleistungen der Bauphysik genannt. In Abschnitt 1.2.4 (5) wird dann überwiegend Immissions- und Emissionsschutz beschrieben.

48 Der klägliche Versuch, den Immissionsschutz dann im Abschnitt 1.2.1 (3) der Bauakustik „unterzuschieben“, muss als unglücklich bezeichnet werden. Tatsächlich beinhalten die **Grundleistungen in der Bauphysik** die Themengebiete „Wärmeschutz und Energiebilanzierung“, „Bauakustik“, „Raumakustik“ und (!) „Schallimmissionsschutz“.

49 Die Bauakustik behandelt die Themen Luft- und Trittschalldämmung sowie Geräusche aus haustechnischen Anlagen und von Wasserinstallationen. Hierzu gehört auch Schalleinwirkung von Verkehrswegen auf das Gebäude (Schallschutz gegen Außenlärm).

50 Der Schallimmissionsschutz behandelt die Themen der Schallabstrahlung eines Gebäudes oder technischer Anlagen auf die Nachbarschaft. Die Raumakustik behandelt die Planung einer für die jeweilige Raumnutzung geeigneten Nachhallzeit und Schallausbreitung in den Räumen (gute Hörsamkeit, siehe DIN 18041). Im Fall von Werkstätten und sonstigen Räumen mit lauten Geräuschquellen können raumakustische Maßnahmen auch zur Senkung der Schallpegel erforderlich sein.

51 Der erforderliche Aufwand im Bereich des Immissionsschutzes ist sehr stark von der Anzahl und Lage der schallabstrahlenden technischen Geräte sowie teilweise der Erfas-

sung des umgebenden Bestandes (Vorlast) abhängig und kann nicht sinnvoll mit pauschalen Ansätzen in Abhängigkeit von anrechenbaren Kosten bewertet werden.

Ähnlich sieht es im Bereich der Bau- und Raumakustik aus, insbesondere wenn Beratungsleistungen im Bestand zu erbringen sind. Hier sind in der Regel messtechnische Untersuchungen erforderlich, die sich ebenfalls nicht mit pauschalen Ansätzen bewerten lassen, sondern im Einzelfall festgelegt werden müssen. **52**

Praxistipp
Bezüglich der Bauakustik ist vorsorglich darauf hinzuweisen, dass sich die Nachweisverfahren in Kürze ändern werden und der Aufwand hierfür deutlich steigen wird. Bezüglich bestimmter Konstruktionen (leichte Außenwandkonstruktionen in Ziegelbauweise) wurde das Nachweisverfahren bereits vor Jahren aktualisiert.

Aus schalltechnischer Sicht ist die stichprobenartige messtechnische Überprüfung der Bauausführung nach Fertigstellung sinnvoll. Hierdurch kann nicht nur die Planung, sondern auch die Bauausführung überprüft und beispielsweise im Wohnungsbau in einem Schallschutzausweis dokumentiert werden (siehe Schallschutzausweis gemäß DEGA-Empfehlung 103). **53**

II. „Verbannung" in den Anhang

Jede Medaille hat zwei Seiten und so kann man der unveränderten „Verbannung“ der Bauphysik aus dem verbindlichen Teil in den Anhang der HOAI Positives und Negatives abgewinnen. Die Herausnahme aus dem Hauptteil und der Bindung an die Honorartabellen eröffnet zunächst die Möglichkeit, das Honorar frei zu vereinbaren. **54**

Dabei denkt man in der Regel an ein höheres Honorar, als durch die Honorartabellen vorgegeben. Kluge Bauphysiker haben bereits bisher versucht, außerhalb der HOAI höhere Honorare zu vereinbaren, denn im Bereich der Bauphysik waren in der Vergangenheit die Honorare selten auskömmlich. **55**

Dies hat mehrere Ursachen, liegt jedoch insbesondere an den veränderten Nachweisverfahren, die sowohl im Bereich der thermischen Bauphysik als auch im Bereich der Bauakustik und im Immissionsschutz deutlich aufwändiger und zeitintensiver geworden sind. **56**

Dies blieb bei den Anpassungen der Honorartabellen offensichtlich unberücksichtigt; der allgemeine Anstieg der Kosten in Ingenieurbüros wurde zwar ausgeglichen, mehr jedoch vermutlich nicht. Bei der letzten Fassung 2013 ist sogar zu unterstellen, dass noch nicht einmal die massiv gestiegenen Personalkosten in den letzten Jahren ausreichend bei der Anpassung der Honorartabellen berücksichtigt wurden. **57**

Natürlich kann auch ein freies Honorar unterhalb der Honorartabellen vereinbart werden. Unerfahrene Ingenieurbüros mögen sich dazu hinreißen lassen, in der Regel wird dann eine fachgerechte und gute Projektbearbeitung nicht möglich sein. **58**

Zusammenfassend ist eine **verbindliche Honorartabelle mit marktgerechten Preisen** unbedingt der bessere Weg. Dadurch werden unerfahrene Büros geschützt und dem kalkulatorischen Wildwuchs wird etwas Einhalt geboten. **59**

In den vergangenen Jahren haben die Themen der Bauphysik zunehmend die Baubeteiligten beschäftigt und viele der praktischen Bauprobleme verursacht. Dies hat mehrere sich teilweise überlagernde Ursachen: moderne architektonische Details teilweise ohne Rücksicht auf bauphysikalische Zusammenhänge, immer mehr und unübersichtlichere Baustoffe in einem fast nicht zu überblickenden Wirrwarr aus internationalen Zulassungen, eine zunehmende Regulierung durch sich in kurzen Abständen ändernde **60** nationale und internationale Normen sowie weitere Regelwerke und steigende Ansprüche der Bauherrn genährt durch steigende Preise und durchgesetzt durch zunehmende juristische Auseinandersetzungen. Diese Entwicklung fordert hohe Fachkompetenz und Überzeugungskraft der Bauphysiker.

III. Problem Besprechungsteilnahme

61 In den vergangenen Jahren ist zunehmend ein fehlendes Verständnis der Fachbereiche untereinander festzustellen. Die unterschiedlichen Arbeitsweisen scheinen häufig zu kollidieren, was verschiedene Ursachen hat. Zunächst ist festzustellen, dass die Tätigkeiten im Bereich der Bauphysik nahezu vollständig in der Übertragung und Abbildung von physikalischen Gesetzmäßigkeiten auf das zu planende Gebäude bestehen, die im Büro und nur zu einem sehr geringen Teil in Planungsbesprechungen geschehen.

Praxistipp
Betrachtet man die Honorartabellen, wird klar, dass die Honorare der Bauphysik je nach Baukosten zwischen 1,5 bis 4% der Planungshonorare der Architekten liegen, d.h. es steht in etwa $^1/_{30}$ bis $^1/_{50}$ der Bearbeitungszeit zur Verfügung, wenn man vereinfachend von einem reinen Zeitansatz ausgehen würde. Insbesondere in der Anfangsphase eines Projektes sind erfahrungsgemäß häufigere und intensivere Planungsbesprechungen auch mit den Bauphysikern nötig.

62 Dies wird jedoch überhaupt nicht durch die Verteilung des Honorars auf die Leistungsphasen abgebildet und führt häufig insbesondere in der sensiblen Anfangsphase der Projekte zu Meinungsverschiedenheiten. Verschärft wird dies durch die **stufenweise Beauftragung** der Projekte, sodass ein „Gegenrechnen“ mit späteren Leistungsphasen nicht möglich ist. In Zeiten einer vollständigen Beauftragung gab es die Problematik auch, jedoch etwas entschärft bei einer Betrachtung und Verteilung des Honorars auf die gesamte Projektlaufzeit.

63 Das ist wirtschaftlich nicht richtig und geht einseitig zulasten der Ingenieurbüros. Ein weiteres Problem der stufenweisen Beauftragung liegt in den häufig sehr langen Pausen zwischen den Leistungsphasen und der anschließend erforderlichen erneuten Einarbeitung in den letzten Projektstand.

Baukosten	Planungshonorar	Bauakustik	Wärmeschutz
Anteil Baukosten	100%	80%	80%
1.000.000 €	130.000 €	4.400 € (1/30 = 3,4%)	3.500 € (1/37 = 2,7%)
10.000.000 €	1.000.000 €	19.900 € (1/50 = 2,0%)	14.500 € (1/70 = 1,5%)

Vergleich Honorartabellen: Mittlere Zone, Mitte

IV. Anmerkungen zu konkreten Ziffern

64 **1. Zu Ziff. 1.2.1 (4): Besondere raumakustische Anforderungen.** Die Formulierung *„die Raumakustik kann die Beratung zu Räumen mit besonderen raumakustischen Anforderungen umfassen“* ist aus technischer Sicht als besonders verunglückt zu bezeichnen.

Zum einen entsteht der Eindruck, dass nur für Räume mit **besonderen** raumakustischen Anforderungen Beratungsleistungen erforderlich wären. Planer wiegen sich dann in der falschen Sicherheit, dass für Räume mit **normalen** raumakustischen Anforderungen keine Beratungsleistungen erforderlich wären. 65

In der Praxis führt dies in der Regel zu zufälligen raumakustischen Lösungen oder zu einseitigen Lösungen eines Herstellers. Eine objektive und für den Bauherrn gute raumakustische Lösung entsteht dabei in der Regel nicht. 66

Zum anderen wird nicht angegeben, was die HOAI unter **„besonderen raumakustischen“** Anforderungen versteht und so sind alle Baubeteiligten der freien Auslegung des Begriffs ausgeliefert. 67

Praxistipp
Tatsächlich sind gemäß DIN 18041 „Hörsamkeit in kleinen und mittelgroßen Räumen“ raumakustische Maßnahmen in Schulen, Kindergärten und Kindertagesstätten zwingend erforderlich und hierbei handelt es sich eindeutig nicht um besondere Anforderungen.

Von besonderen Anforderungen aus raumakustischer Sicht kann man bei besonderen Raumnutzungen wie beispielsweise einer Mehrzwecknutzung in Sälen oder großen Hallen sprechen. Auch die barrierefreie Planungsausführung öffentlicher Gebäude, die auch verschärfte Anforderungen an die Raumakustik bringen, stellt aus raumakustischer Sicht eine besondere Anforderung dar. 68

Dies darf jedoch nicht darüber hinwegtäuschen, dass praktisch alle Räume, in denen Menschen arbeiten (z.B. Einzel- und Mehrpersonenbüros, Großraumbüros), lernen (z.B. Schulen, Kitas, Kindergärten, Hochschulen) oder sich erholen (Sporthallen, Schwimmbäder, Gaststätten), raumakustischen Anforderungen unterliegen. 69

Auch in Produktionsstätten oder Schalterhallen sind zur Senkung der Schallpegel in der Regel raumakustische Maßnahmen erforderlich. Diese Anforderungen sind in der Regel frequenzabhängig formuliert und können nicht durch einfaches „Baukastenprinzip“ aus dem Materialregal eines Herstellers eingehalten werden. 70

Praxistipp
Aus den Formulierungen der HOAI entsteht jedoch leider bei Bauherrn und Planern der falsche Eindruck, dass raumakustische Maßnahmen eher selten und nur in Ausnahmefällen erforderlich sind.

---

2. Zu Ziff. 1.2.2 (2): Grundleistungen und Besondere Leistungen für Bau- und Raumakustik. Die Änderung der Leistungsphasen gegenüber der alten HOAI und die Anpassung an die Leistungsphasen der Planer bringt eine Erweiterung (9 bzw. 7 statt bisher 5 Leistungsphasen) und eine Verschiebung der Schwerpunkte: 71

<table>
<tr><th>LPH</th><th colspan="2">HOAI 2013</th><th colspan="2">HOAI 2009</th></tr>
<tr><td>1</td><td>Grundlagenermittlung</td><td>3%</td><td rowspan="2">Planungskonzept, Festlegen der Anforderungen</td><td rowspan="2">10%</td></tr>
<tr><td>2</td><td>Vorplanung</td><td>20%</td></tr>
<tr><td>3</td><td>Entwurfsplanung</td><td>40%</td><td rowspan="2">Entwurfsplanung und Nachweise des Schallschutzes</td><td rowspan="2">35%</td></tr>
<tr><td>4</td><td>Genehmigungsplanung</td><td>6%</td></tr>
<tr><td>5</td><td>Ausführungsplanung</td><td>27%</td><td>Mitwirken bei der Ausführungsplanung</td><td>30%</td></tr>
</table>

LPH	HOAI 2013		HOAI 2009	
6	Vorbereitung der Vergabe	2%	Mitwirken bei der Vorbereitung und der Vergabe	5%
7	Mitwirkung bei der Vergabe	2%		
8	Objektüberwachung	–	Mitwirken bei der Überwachung schalltechnisch wichtiger Ausführungsarbeiten	20%
9	Objektbetreuung	–	–	–

72 Gegenüber der HOAI 2009 entfallen ist die frühere Leistungsphase 5 „Mitwirken bei der Überwachung schalltechnisch wichtiger Ausführungsarbeiten" (20%). Diese Leistung wurde als Besondere Leistung in die Leistungsphase 8 „Objektüberwachung" verschoben.

73 **a) Leistungsphase 1.** Die Grundlagenermittlung ist eine sehr wichtige Phase für die weitere Dimensionierung der Bauteile und Gebäudeplanung. Dies gilt insbesondere für die **Bauakustik**, weil durch die sehr stark vernetzten und komplexen Übertragungswege in Gebäuden bei späteren Änderungen des Anforderungsniveaus weitreichende Eingriffe in die Bausubstanz erforderlich werden, die in späteren Leistungsphasen meist nicht mehr oder nur mit erheblichem Planungsaufwand umsetzbar sind.

Praxistipp
Deshalb ist hier besondere Fachkompetenz und intensive Beratung zur Festlegung der Anforderungen erforderlich. Durch die höchstrichterliche Rechtsprechung im Bereich des Wohnungsbaus und die aktuell vorliegenden Normen und Richtlinien (DIN 4109, Beiblatt 2 zu DIN 4109, VDI 4100, DEGA-Empfehlung 103) ist dringend anzuraten, bereits in Leistungsphase 1 das gewünschte Anforderungsniveau festzulegen.

74 Auch um Nichtwohnbereich sollte früh Klarheit zu fremden Mietbereichen und dem gewünschten Schallschutz im eigenen Bereich (Vertraulichkeit) geschaffen werden. In die Diskussion und Entscheidungsfindung müssen auch andere Fachplaner einbezogen werden, weil teilweise deren Belange betroffen sind.

Praxistipp
Bei der Raumakustik sind auch in dieser frühen Phase wichtige Entscheidungen zu treffen, beispielsweise, ob und in welchem Umfang Räume barrierefrei ausgeführt werden sollen. Dies erfordert die Einhaltung strengerer raumakustischer Anforderungen und hat Konsequenzen für die weitere Planung.

75 **b) Leistungsphase 2.** In der Vorplanung soll eine erste und grobe Dimensionierung der Bauteile vorgenommen werden. Aufgrund der sich in Zukunft verändernden Nachweisverfahren in der **Bauakustik** ist dies jedoch technisch kaum möglich, d.h. es wird bereits in dieser frühen Phase eine detaillierte Dimensionierung und Berechnung erforderlich werden. Damit werden in weiten Bereichen bereits hier Leistungen der Leistungsphasen 3 und 5 erbracht. Früher fand die erste Dimensionierung erst in Leistungsphase 3 (Entwurf) statt.

76 In der Raumakustik erfolgt eine erste grobe Dimensionierung der erforderlichen Flächen und sonstigen Maßnahmen.

c) Leistungsphase 3. Die Entwurfsplanung sieht die Fortschreibung der bereits in Leistungsphase 2 dimensionierten Bauteile vor. Hierzu ist eine enge Abstimmung mit den Planern, anderen Fachplanern und den Auftraggebern erforderlich. Spätestens hier sollten detaillierte Nachweise der Luft-und Trittschalldämmung und konkrete raumakustische Modelle erstellt werden. **77**

d) Leistungsphase 4. Leistungen zur Genehmigungsplanung sind in der Raumakustik in der Regel nicht erforderlich, in der Bauakustik in seltenen Fällen. Förmliche Nachweise oder umfangreiche Gespräche mit Behörden sind in der Regel nicht erforderlich. Im Regelfall resultieren aus den Auflagen der Baugenehmigung förmliche Nachweise, beispielsweise für den Schallschutz gegen Außenlärm, die dann im weiteren Verlauf der Planung erstellt werden. **78**

Diesen förmlichen Nachweis bereits in diesem frühen Stadium der Planung zu erstellen, ist wenig sinnvoll, weil die letztliche Ausführung erst in der Leistungsphase 5 „Ausführungsplanung" erfolgt und wie beim Wärmeschutznachweis den tatsächlich ausgeführten Zustand berücksichtigen muss. **79**

Letztlich kann in dieser Leistungsphase nur ein grober Entwurf der förmlichen Nachweise erfolgen, der in Leistungsphase 5 angepasst werden muss. Das auf diese Leistungsphase entfallende Honorar von 6% wird häufig hier nur zu einem Teil und ansonsten in der Leistungsphase 5 anfallen. **80**

Am häufigsten werden Leistungen im Zusammenhang mit der Genehmigung im Bereich des Immissionsschutzes erforderlich. In der Regel gibt es Auflagen in der Genehmigung, dann muss ein Immissionsschutznachweis erstellt werden, allerdings in der Regel nicht vor, sondern nach der Genehmigung. **81**

e) Leistungsphase 5. In der Ausführungsplanung erfolgt eine letzte Anpassung unter Berücksichtigung der Planung und der Erfordernisse der anderen Fachplaner. Hier werden auch konkrete Ausführungsdetails festgelegt, um die festgelegten Anforderungen zu erreichen. Da der Planungsstand in dieser Leistungsphase abschließend festgelegt wird, ist es sinnvoll, die erforderlichen förmlichen Nachweise abschließend zu bearbeiten und vorzulegen. **82**

f) Leistungsphase 6 und 7. Während der Vorbereitung zur Vergabe und während der Vergabe sind erfahrungsgemäß Rücksprachen oder kleinere Anpassungen erforderlich. Mit dieser Leistungsphase endet nun der Leistungsumfang der Bauphysik, alle weiteren Tätigkeiten stellen Besondere Leistungen dar. **83**

g) Leistungsphase 8. In die Phase der Objektüberwachung fällt die früher in der Leistungsphase 5 enthaltene „Mitwirkung bei der Überwachung schalltechnisch wichtiger Ausführungsarbeiten". Diese Überwachung kann in Form von Baustellenbegehungen oder auch durch schalltechnische Messungen erfolgen und ist als Besondere Leistung anzubieten und zu vergüten. **84**

Praxistipp

Diese Leistungsphase ist besonders wichtig, weil ein großer Teil der später festgestellten Schallmängel tatsächlich Ausführungsmängel sind, die problemlos durch stichprobenartige Überprüfungen festgestellt werden könnten. Da die Dokumentation einer messtechnischen Überprüfung gegenwärtig nur im Wohnungsbau in einem Schallschutzausweis vorgesehen ist (siehe Schallschutzausweis gemäß DEGA-Empfehlung 103) fehlt hier bisher die Akzeptanz und Erkenntnis der Notwendigkeit.

---

85 **3. Zu Ziff. 1.2.4 (1): Anrechenbare Kosten.** Die Bauakustik ist ein im Gebäude weitverzweigtes und weitreichendes Fachgebiet. Sie greift in viele Bereiche des Gebäudes ein und umfasst deshalb nicht nur den Bereich der Baukonstruktion, sondern grundsätzlich alle technischen Anlagen und Einbauten. Regelmäßig sind dies mindestens die Kostengruppen 300 und 400 gemäß DIN 276.

86 Gegenüber der HOAI 2009, die keine „mitverarbeitende Bausubstanz" berücksichtigt hat, ist diese nun wieder enthalten, was besonders bei Bestandsgebäuden eine wesentliche Rolle spielen kann. Sind zur Erfassung der schalltechnischen Qualität des Bestandes bau- oder raumakustische Messungen erforderlich, sind diese zusätzlich zu vergüten und können nicht über die Gebäudekosten pauschaliert angesetzt werden.

87 **4. Zu Ziff. 1.2.4 (2): Besondere Bauausführungen.** Besondere Bauausführungen (z.B. Gebäudelagerungen wegen Erschütterungseinwirkungen oder Immissionsschutznachweise) können über die Berücksichtigung der Kosten bei den anrechenbaren Kosten in das Honorar integriert werden. Erfahrungsgemäß werden hier jedoch zusätzlich messtechnische Voruntersuchungen und Berechnungen erforderlich, die in der Regel gesondert angeboten und abgerechnet werden.

88 Ähnlich verhält es sich mit zusätzlichen Leistungen im Bereich des Immissionsschutzes. Diese werden in der Regel ebenfalls gesondert angeboten und abgerechnet, auch wenn eine Berücksichtigung über die Kosten möglich wäre.

89 **5. Zu Ziff. 1.2.4 (5): Bewertungsmerkmale Bauakustik.** Bei der Aufzählung der Bewertungsmerkmale wurden leider die entscheidenden Punkte, die große Auswirkung auf den erforderlichen Aufwand haben, übersehen. Beispielsweise hat das bauakustische Niveau, auf dem ein Gebäude geplant und erstellt wird, großen Einfluss auf den Aufwand der Beratungsleistung und die Nachweisführung.

Beispiel
Ein Wohnhaus, das beispielsweise in Schallschutzstufe II nach VDI 4100 oder Schallschutzklasse B der DEGA-Empfehlung 103 erstellt werden soll, kann keinesfalls in Honorarzone I eingruppiert werden!

90 Wichtig ist auch die Anzahl und Art der verschiedenen Nutzungseinheiten. Die aufgeführten Bewertungsmerkmale sind geprägt vom Immissionsschutz, der jedoch kaum über pauschale Ansätze in Abhängigkeit der Gebäudekosten sinnvoll bewertet werden kann. Wohngebäude weisen in der Regel keine oder nur ganz wenige immissionsrelevante Geräuschquellen auf.

91 **6. Zu Ziff. 1.2.5 (6): Bewertungsmerkmale Raumakustik.** Bei der Aufzählung der Bewertungsmerkmale wurde eine möglich Mehrzwecknutzung übersehen, diese hat großen Einfluss auf die Eingruppierung.

Anlage 1.3
Geotechnik

1.3.1
Anwendungsbereich

(1) Die Leistungen für Geotechnik können die Beschreibung und Beurteilung der Baugrund- und Grundwasserverhältnisse für Gebäude und Ingenieurbauwerke im Hinblick auf das Objekt und die Erarbeitung einer Gründungsempfehlung umfassen. Dazu gehört auch die Beschreibung der Wechselwirkung zwischen Baugrund und Bauwerk sowie die Wechselwirkung mit der Umgebung.

(2) Die Leistungen können insbesondere das Festlegen von Baugrundkennwerten und von Kennwerten für rechnerische Nachweise zur Standsicherheit und Gebrauchstauglichkeit des Objektes, die Abschätzung zum Schwankungsbereich des Grundwassers sowie die Einordnung des Baugrunds nach bautechnischen Klassifikationsmerkmalen umfassen.

1.3.2
Besondere Grundlagen des Honorars

(1) Das Honorar der Grundleistungen kann sich nach den anrechenbaren Kosten der Tragwerksplanung nach § 50 Absatz 1 bis 3 für das gesamte Objekt aus Bauwerk und Baugrube richten.

(2) Das Honorar für Ingenieurbauwerke mit großer Längenausdehnung (Linienbauwerke) kann ergänzend frei vereinbart werden.

1.3.3
Leistungsbild Geotechnik

(1) Grundleistungen können die Beschreibung und Beurteilung der Baugrund- und Grundwasserverhältnisse sowie die daraus abzuleitenden Empfehlungen für die Gründung einschließlich der Angabe der Bemessungsgrößen für eine Flächen- oder Pfahlgründung, Hinweise zur Herstellung und Trockenhaltung der Baugrube und des Bauwerks, Angaben zur Auswirkung des Bauwerks auf die Umgebung und auf Nachbarbauwerke sowie Hinweise zur Bauausführung umfassen. Die Darstellung der Inhalte kann im Geotechnischen Bericht erfolgen.

(2) Die Grundleistungen können in folgenden Teilleistungen zusammengefasst und wie folgt in Prozentsätzen der Honorare der Nummer 1.3.4 bewertet werden:

1. für die Teilleistung a (Grundlagenermittlung und Erkundungskonzept) mit 15 Prozent,
2. für die Teilleistung b (Beschreiben der Baugrund- und Grundwasserverhältnisse) mit 35 Prozent,
3. für die Teilleistung c (Beurteilung der Baugrund- und Grundwasserverhältnisse, Empfehlungen, Hinweise, Angaben zur Bemessung der Gründung) mit 50 Prozent.

(3) Das Leistungsbild kann sich wie folgt zusammensetzen:

Grundleistungen	Besondere Leistungen
Geotechnischer Bericht	
a) Grundlagenermittlung und Erkundungskonzept – **Klären der Aufgabenstellung, Ermitteln der Baugrund- und Grundwasserverhältnisse auf Basis vorhandener Unterlagen** – **Festlegen und Darstellen der erforderlichen Baugrunderkundungen** **b) Beschreiben der Baugrund- und Grundwasserverhältnisse** – **Auswerten und Darstellen der Baugrunderkundungen sowie der Labor- und Felduntersuchungen** – **Abschätzen des Schwankungsbereichs von Wasserständen und/oder Druckhöhen im Boden** – **Klassifizieren des Baugrunds und Festlegen der Baugrundkennwerte** **c) Beurteilung der Baugrund- und Grundwasserverhältnisse, Empfehlungen, Hinweise, Angaben zur Bemessung der Gründung** – **Beurteilung des Baugrunds** – **Empfehlung für die Gründung mit Angabe der geotechnischen Bemessungsparameter (zum Beispiel Angaben zur Bemessung einer Flächen- oder Pfahlgründung)** – **Angabe der zu erwartenden Setzungen für die vom Tragwerksplaner im Rahmen der Entwurfsplanung nach § 49 zu erbringenden Grundleistungen** – **Hinweise zur Herstellung und Trockenhaltung der Baugrube und des Bauwerks sowie Angaben zur Auswirkung der Baumaßnahme auf Nachbarbauwerke** – **Allgemeine Angaben zum Erdbau**	– **Beschaffen von Bestandsunterlagen** – **Vorbereiten und Mitwirken bei der Vergabe von Aufschlussarbeiten und deren Überwachung** – **Veranlassen von Labor- und Felduntersuchungen** – **Aufstellen von geotechnischen Berechnungen zur Standsicherheit oder Gebrauchstauglichkeit, wie zum Beispiel Setzungs-, Grundbruch- und Geländebruchberechnungen** – **Aufstellen von hydrogeologischen, geohydraulischen und besonderen numerischen Berechnungen** – **Beratung zu Dränanlagen, Anlagen zur Grundwasserabsenkung oder sonstigen ständigen oder bauzeitlichen Eingriffen in das Grundwasser** – **Beratung zu Probebelastungen sowie fachtechnisches Betreuen und Auswerten** – **geotechnische Beratung zu Gründungselementen, Baugruben- oder Hangsicherungen und Erdbauwerken, Mitwirkung bei der Beratung zur Sicherung von Nachbarbauwerken** – **Untersuchungen zur Berücksichtigung dynamischer Beanspruchungen bei der Bemessung des Objekts oder seiner Gründung sowie Beratungsleistungen zur Vermeidung oder Beherrschung von dynamischen Einflüssen** – **Mitwirken bei der Bewertung von Nebenangeboten aus geotechnischer Sicht** – **Mitwirken während der Planung oder Ausführung des Objekts sowie Besprechungs- und Ortstermine** – **geotechnische Freigaben**

Grundleistungen	Besondere Leistungen
– **Angaben zur geotechnischen Eignung von Aushubmaterial zur Wiederverwendung bei der betreffenden Baumaßnahme sowie Hinweise zur Bauausführung**	

1.3.4 Honorare Geotechnik

(1) Honorare für die in Nummer 1.3.3 Absatz 3 aufgeführten Grundleistungen können nach der folgenden Honorartafel bestimmt werden:

Anrechenbare Kosten in Euro	Honorarzone I sehr geringe Anforderungen		Honorarzone II geringe Anforderungen		Honorarzone III durchschnittliche Anforderungen		Honorarzone IV hohe Anforderungen		Honorarzone V sehr hohe Anforderungen	
	von Euro	bis	von Euro	bis	von Euro	bis	von Euro	bis	von Euro	bis
50.000	789	1.222	1.222	1.654	1.654	2.105	2.105	2.537	2.537	2.970
75.000	951	1.472	1.472	1.993	1.993	2.537	2.537	3.058	3.058	3.579
100.000	1.086	1.681	1.681	2.276	2.276	2.896	2.896	3.491	3.491	4.086
125.000	1.204	1.863	1.863	2.522	2.522	3.210	3.210	3.869	3.869	4.528
150.000	1.309	2.026	2.026	2.742	2.742	3.490	3.490	4.207	4.207	4.924
200.000	1.494	2.312	2.312	3.130	3.130	3.984	3.984	4.802	4.802	5.621
300.000	1.800	2.786	2.786	3.772	3.772	4.800	4.800	5.786	5.786	6.772
400.000	2.054	3.179	3.179	4.304	4.304	5.478	5.478	6.603	6.603	7.728
500.000	2.276	3.522	3.522	4.768	4.768	6.069	6.069	7.315	7.315	8.561
750.000	2.740	4.241	4.241	5.741	5.741	7.307	7.307	8.808	8.808	10.308
1.000.000	3.125	4.836	4.836	6.548	6.548	8.334	8.334	10.045	10.045	11.756
1.500.000	3.765	5.827	5.827	7.889	7.889	10.041	10.041	12.103	12.103	14.165
2.000.000	4.297	6.650	6.650	9.003	9.003	11.459	11.459	13.812	13.812	16.165
3.000.000	5.175	8.009	8.009	10.842	10.842	13.799	13.799	16.633	16.633	19.467
5.000.000	6.535	10.114	10.114	13.693	13.693	17.428	17.428	21.007	21.007	24.586
7.500.000	7.878	12.192	12.192	16.506	16.506	21.007	21.007	25.321	25.321	29.635
10.000.000	8.994	13.919	13.919	18.844	18.844	23.983	23.983	28.909	28.909	33.834
15.000.000	10.839	16.775	16.775	22.711	22.711	28.905	28.905	34.840	34.840	40.776
20.000.000	12.373	19.148	19.148	25.923	25.923	32.993	32.993	39.769	39.769	46.544
25.000.000	13.708	21.215	21.215	28.722	28.722	36.556	36.556	44.063	44.063	51.570

(2) Die Honorarzone kann bei den geotechnischen Grundleistungen auf Grund folgender Bewertungsmerkmale ermittelt werden:

1. **Honorarzone I: Gründungen mit sehr geringem Schwierigkeitsgrad, insbesondere gering setzungsempfindliche Objekte mit einheitlicher Gründungsart bei annähernd regelmäßigem Schichtenaufbau des Untergrunds mit einheitlicher Tragfähigkeit und Setzungsfähigkeit innerhalb der Baufläche;**

2. Honorarzone II: Gründungen mit geringem Schwierigkeitsgrad, insbesondere
- **setzungsempfindliche Objekte sowie gering setzungsempfindliche Objekte mit bereichsweise unterschiedlicher Gründungsart oder bereichsweise stark unterschiedlichen Lasten bei annähernd regelmäßigem Schichtenaufbau des Untergrunds mit einheitlicher Tragfähigkeit und Setzungsfähigkeit innerhalb der Baufläche,**
- **gering setzungsempfindliche Objekte mit einheitlicher Gründungsart bei unregelmäßigem Schichtenaufbau des Untergrunds mit unterschiedlicher Tragfähigkeit und Setzungsfähigkeit innerhalb der Baufläche;**

3. Honorarzone III: Gründungen mit durchschnittlichem Schwierigkeitsgrad, insbesondere
- **stark setzungsempfindliche Objekte bei annähernd regelmäßigem Schichtenaufbau des Untergrunds mit einheitlicher Tragfähigkeit und Setzungsfähigkeit innerhalb der Baufläche,**
- **setzungsempfindliche Objekte sowie gering setzungsempfindliche Bauwerke mit bereichsweise unterschiedlicher Gründungsart oder bereichsweise stark unterschiedlichen Lasten bei unregelmäßigem Schichtenaufbau des Untergrunds mit unterschiedlicher Tragfähigkeit und Setzungsfähigkeit innerhalb der Baufläche,**
- **gering setzungsempfindliche Objekte mit einheitlicher Gründungsart bei unregelmäßigem Schichtenaufbau des Untergrunds mit stark unterschiedlicher Tragfähigkeit und Setzungsfähigkeit innerhalb der Baufläche;**

4. Honorarzone IV: Gründungen mit hohem Schwierigkeitsgrad, insbesondere
- **stark setzungsempfindliche Objekte bei unregelmäßigem Schichtenaufbau des Untergrunds mit unterschiedlicher Tragfähigkeit und Setzungsfähigkeit innerhalb der Baufläche,**
- **setzungsempfindliche Objekte sowie gering setzungsempfindliche Objekte mit bereichsweise unterschiedlicher Gründungsart oder bereichsweise stark unterschiedlichen Lasten bei unregelmäßigem Schichtenaufbau des Untergrunds mit stark unterschiedlicher Tragfähigkeit und Setzungsfähigkeit innerhalb der Baufläche;**

5. Honorarzone V: Gründungen mit sehr hohem Schwierigkeitsgrad, insbesondere
stark setzungsempfindliche Objekte bei unregelmäßigem Schichtenaufbau des Untergrunds mit stark unterschiedlicher Tragfähigkeit und Setzungsfähigkeit innerhalb der Baufläche.

(3) § 52 Absatz 3 kann sinngemäß angewendet werden.

(4) Die Aspekte des Grundwassereinflusses auf das Objekt und die Nachbarbebauung können bei der Festlegung der Honorarzone zusätzlich berücksichtigt werden.

Übersicht

A. Allgemein

Die Darstellung des Leistungsbildes und der Honorarempfehlungen wurden redaktionell überarbeitet und an die Struktur der anderen Leistungsbilder angepasst. Es handelt sich aber nur um Empfehlungen mit dem Hinweis, dass diesen gefolgt werden „kann". Als Begründung dafür, dass die Leistungen der Geotechnik in der bisherigen HOAI trotz nachhaltiger Forderungen der Ingenieurkammern wiederum nicht verbindlich verpreist wurden, wurde angeführt, dass es im Blick zu halten gilt, dass nicht die Leistungen selbst aufgegeben werden sollen, sondern nur ihre preisrechtliche Regulierung in einer staatlichen Verordnung. Es handele sich nicht um Planung, da unter Planung der systematische Prozess zur Festlegung von Zielen und künftigen Handlungen zu verstehen ist.[1] Planung soll damit regelmäßig die Schaffung von etwas Neuem bedeuten, was beim Leistungsbild Geotechnik nicht der Fall sein soll. **1**

Das Gegenargument, es könne kein Zweifel daran bestehen, dass es im Schwerpunkt planerische Tätigkeiten sind, die in diesem Leistungsbild beschrieben sind, hat sich nicht durchgesetzt. Die Geotechnik unterscheidet sich deutlich von **sonstigen Beratungsleistungen**. Das Leistungsbild ist in Grundleistungen und Besondere Leistungen gegliedert, um dadurch nach der Begründung des Verordnungsgebers eine einheitliche und übersichtliche Gestaltung zu erreichen. **2**

Eine Empfehlung zum **Umbauzuschlag** und zur mitzuverarbeitenden Bausubstanz ist nicht erfolgt. Grundleistungen der Geotechnik beziehen sich immer auf eine vorhandene Situation im Boden. Insofern ist eine Unterscheidung zwischen Neubau, Umbau und Modernisierung bei der Honorarbemessungsgrundlage nicht ersichtlich. **3**

B. Anwendungsbereich (1.3.1)

Die Leistung für Geotechnik kann die Beschreibung und Beurteilung der Baugrund- und Grundwasserverhältnisse für Gebäude und Ingenieurbauwerke im Hinblick auf das Objekt und die Erarbeitung einer **Gründungsempfehlung** umfassen. Dazu gehört auch die Beschreibung der Wechselwirkung zwischen Baugrund und Bauwerk sowie die Wechselwirkung mit der Umgebung. **4**

Lediglich klarstellenden Charakter hat die ausdrückliche Bezugnahme auf die „Grundwasserverhältnisse". Inhaltlich umfasst ist die Beurteilung der Wechselwirkung von Kräften und Verformungen, z.B. zwischen einem Tunnelbauwerk und dem umgebenden Felsen, zwischen dem Baugrund und dem darauf aufstehenden Gebäude sowie der Beeinflussung durch technische Maßnahmen und der Berechnung der erforderlichen **Bodenkennwerte**. **5**

Die Leistungen können insbesondere das Festlegen von Baugrundkennwerten und von Kennwerten für rechnerische Nachweise zur Standsicherheit und Gebrauchstauglichkeit des Objektes, die Abschätzung zum Schwankungsbereich des Grundwassers sowie die Einordnung des Baugrundes nach bautechnischen Klassifikationsmerkmalen umfassen. **6**

In der Regel fallen neben der Baugrundbeurteilung und der Gründungsberatung auch sonstige Leistungen für **Bodenmechanik**, Erd- und Grundbau an. **7**

---

1 BR-Drucks. 343/13 v. 25.4.2013, S. 186.

Praxistipp
Zweckmäßigerweise sind alle erforderlichen Leistungen gemeinsam an einen Auftragnehmer zu vergeben. Das Honorar ist frühzeitig zu vereinbaren, wobei die Berechnungsgrundlagen für die Honorare der Bemessung eines auskömmlichen Honorars dienen sollen.

8 Für Leistungen der Baugrundbeurteilung und Gründungsberatung sind die erforderlichen Aufschlussarbeiten Bauleistungen i.S.v. § 1 VOB/B. Im Rahmen eines Auftrages zur Anfertigung eines Baugrund- und Gründungsgutachtens einschließlich einer Empfehlung für die Erd- und Gründungsmaßnahmen schuldet der Ingenieur die Unterbreitung eines realisierbaren Ausführungsvorschlages. Soweit hierzu Standsicherheitsberechnungen erforderlich sind, müssen diese ausgeführt werden.

9 Bei der Ausführung von Wärmepumpen für Geothermieanlagen sind häufig **hydrogeologische Bodengutachten** erforderlich. Geschuldet wird die zuverlässige Erkundung der hydrogeologischen Situation. Hierbei ist auch die Verockerungsgefahr zu berücksichtigen, nämlich, ob diese der Verwirklichung des geplanten Vorhabens entgegensteht. Allgemeine Vorbehalte zur Aufweichung des Gutachtens helfen hier nicht.[2] Als Grundlage für die Bemessung der Gründung durch den Tragwerksplaner, soweit diese Leistungen nicht durch Anwendung von Tabellen oder anderen Angaben z.B. in den bauordnungsrechtlichen Vorschriften erbracht werden können, sind alle Untersuchungen und Berechnungen geschuldet, die für die Durchführung der Maßnahme erforderlich sind.[3]

10 Es müssen auch Gründungsprobleme beachtet werden, die sich außerhalb der untersuchten Flächen ergeben können, z.B. Gleitschichten bei einer Hangbefestigung im Rahmen von Straßenbauarbeiten.[4]

C. Besondere Grundlagen des Honorars (1.3.2)

11 Das Honorar der Grundleistungen kann sich nach den anrechenbaren Kosten der Tragwerksplanung nach § 52 Abs. 1 bis Abs. 3 für das gesamte Objekt aus Bauwerk und Baugrube richten.

12 Das Honorar für **Ingenieurbauwerke mit großer Längenausdehnung** (Linienbauwerke) kann ergänzend frei vereinbart werden.

13 Weiterhin wird gegenüber der bisherigen Empfehlung klargestellt, dass „das gesamte Objekt aus Bauwerk und Baugrube" die Bezugsgröße für die anrechenbaren Kosten darstellt.

14 In Nr. 1.3.2 werden nunmehr unter Bezeichnung „Besondere Grundlagen des Honorars" die bisher in Nr. 1.4.2 Abs. 4 und Abs. 5 der HOAI a.F. enthaltenen Honorarempfehlungen zusammengezogen.

15 Die Inhalte der Nr. 1.4.2 Abs. 4 und Abs. 6 der HOAI 2009 werden nicht übernommen. Für die unverbindliche Anlage 1.3 entfällt ein Bedürfnis für die dort getroffenen Verweisungen auf den Allgemeinen Teil der HOAI a.F.

2 OLG Saarbrücken, Urt. v. 22.2.2011 – 4 U 155/09 – IBR 2011, 416.
3 OLG Celle, Urt. v. 28.11.2003 – 7 U 93/03 – IBR 2006, 340.
4 OLG Bamberg, Urt. v. 19.7.2006 – 3 U 193/04 –; BGH, Beschl. v. 12.4.2007 – VII ZR 170/06 – Nichtzulassungsbeschwerde zurückgewiesen, IBR 2007, 1224 (nur online).

D. Leistungsbild (1.3.3)

Grundleistungen können die Beschreibung und Beurteilung der Baugrund- und Grundwasserverhältnisse sowie die daraus abzuleitenden Empfehlungen für die Gründung einschließlich der Angabe der Bemessungsgrößen für eine Flächen- oder **Pfahlgründung**, Hinweise zur Herstellung und Trockenhaltung der Baugrube und des Bauwerks, Angaben zur Auswirkung des Bauwerks auf die Umgebung und auf Nachbarbauwerke sowie Hinweise zur Bauausführung umfassen. 16

Nr. 1.3.3 Abs. 1 beschreibt in Satz 1 den wesentlichen Inhalt der Grundleistungen. In Satz 2 wird klargestellt, dass die Darstellung dieser Inhalte im geotechnischen Bericht erfolgen kann. Erdbauwerke, Frei- und Verkehrsanlagen sind ausgenommen, weil dafür der Leistungsumfang von den hier definierten Grundleistungen abweicht. Sie sind der Objektplanung zugeordnet. 17

E. Leistungsbeschreibung

I. 1.3.3 Abs. 1, Empfehlungen

Der Vertrag über Leistungen der Geotechnik ist ein **Werkvertrag.**[5] Die Leistungen sind eindeutig und erschöpfend zu beschreiben. Die unverbindlichen Empfehlungen der Anlagen zu § 3 Abs. 3 betreffend der Leistungsbilder und Leistungskataloge der HOAI sind zu berücksichtigen. Es müssen nicht die Begriffe von 1.3.1 Abs. 3 verwendet werden. 18

Die Aufzählung der in der Praxis vorkommenden Leistungen der Geotechnik konzentriert sich in Nr. 1.3.1 Abs. 3 inhaltlich auf die bislang in Nr. 1.4.1 Abs. 2 Nr. 1 der HOAI 2009 aufgeführten Leistungen der „Baugrundbeurteilung Gründungsberatung". Die bisher in Nr. 1.4.1 Abs. 2 Nr. 2 bis 9 aufgezählten Leistungen, die nicht von der Honorarempfehlung der Anlage 1 erfasst waren, konnten zur weiteren Vereinfachung entfallen. 19

Mit der in Nr. 1.3.2 Abs. 2 ausgesprochenen spezifischen Empfehlung für die Honorierung geotechnischer Leistungen im Zusammenhang mit Ingenieurbauwerken mit großer Längenausdehnung, wie z.B. Ufermauern, Kaimauern oder Tunnel, soll dem vergleichsweise deutlich höheren Aufwand für die Darstellung der Auswertung der **Baugrunderkundungen** sowie für deren geotechnische Bewertung Rechnung getragen werden. Klargestellt wird, dass das Honorar für diese Leistungen ergänzend zu den Honorarempfehlungen der Nr. 1.3.4 frei vereinbar sein kann. 20

II. 1.3.3 Abs. 2

Nr. 1.3.3 Abs. 2 übernimmt inhaltlich unverändert die bisher in Nr. 1.4.2 Abs. 1 der HOAI 2009 zugrunde gelegte Aufteilung in drei Teilleistungen. Die prozentuale Gewichtung der Teilleistungen bleibt auch unter Berücksichtigung der Änderungen in Teilleistung c), Abs. 3, unverändert. Neu aufgenommen ist entsprechend dem Vorgehen in den anderen Leistungsbildern jeweils eine eigene Bezeichnung der drei Teilleistungen. 21

Die Grundleistungen können nach Abs. 2 in folgenden Teilleistungen zusammengefasst und wie folgt in Prozentsätzen der Honorare der Nr. 1.3.4 bewertet werden: 22

1. für die Teilleistung a) (Grundlagenermittlung und Erkundungskonzept) mit 15%,
2. für die Teilleistung b) (Beschreiben der Baugrund- und Grundwasserverhältnisse) mit 35%,

---

5 OLG Bamberg, Urt. v. 19.7.2006 – 3 U 193/04 –; BGH, Beschl. v. 12.4.2007 – VII ZR 170/06 – Nichtzulassungsbeschwerde zurückgewiesen, IBR 2007, 1224 (nur online).

3. für die Teilleistung c) (Beurteilung der Baugrund- und Grundwasserverhältnisse, Empfehlungen, Hinweise, Angaben zur Bemessung der Gründung) mit 50%.

III. 1.3.3 Abs. 3

23 Das Leistungsbild kann sich wie folgt zusammensetzen:

Grundleistungen	Besondere Leistungen
Geotechnischer Bericht	
a) Klären der Aufgabenstellung, Ermitteln der Baugrund- und Grundwasserverhältnisse auf Basis vorhandener Unterlagen Festlegen und Darstellen der erforderlichen Baugrunderkundungen b) Auswerten und Darstellen der Baugrunderkundungen sowie der Labor- und Felduntersuchungen Abschätzen des Schwankungsbereiches von Wasserständen und/oder Druckhöhen im Boden Klassifizieren des Baugrunds und Festlegen der Baugrundkennwerte c) Beurteilung des Baugrunds Empfehlung für die Gründung mit Angabe der geotechnischen Bemessungsparameter (z. B. Angaben zur Bemessung einer Flächen- oder Pfahlgründung) Angabe der zu erwartenden Setzungen für die vom Tragwerksplaner im Rahmen der Entwurfsplanung nach § 49 zu erbringenden Grundleistungen Hinweise zur Herstellung und Trockenhaltung der Baugrube und des Bauwerks sowie Angaben zur Auswirkung der Baumaßnahme auf Nachbarbauwerke Allgemeine Angaben zum Erdbau Angaben zur geotechnischen Eignung von Aushubmaterial zur Wiederverwendung bei der betreffenden Baumaßnahme sowie Hinweise zur Bauausführung	– Beschaffen von Bestandsunterlagen – Vorbereiten und Mitwirken bei der Vergabe von Aufschlussarbeiten und deren Überwachung – Veranlassen von Labor- und Felduntersuchungen – Aufstellen von geotechnischen Berechnungen zur Standsicherheit oder Gebrauchstauglichkeit, wie z.B. Setzungs-, Grundbruch- und Geländebruchberechnungen – Aufstellen von hydrogeologischen, geohydraulischen und besonderen numerischen Berechnungen – Planen von Dränanlagen, Anlagen zur Grundwasserabsenkung oder sonstigen ständigen oder bauzeitlichen Eingriffen in das Grundwasser – Planen, fachtechnisches Betreuen und Auswerten von Probebelastungen – geotechnisches Planen von Gründungselementen, Baugruben- oder Hangsicherungen und Erdbauwerken, Mitwirkung bei der Planung zur Sicherung von Bachbarbauwerken – Untersuchungen zur Berücksichtigung dynamischer Beanspruchungen bei der Bemessung des Objekts oder seiner Gründung sowie Planungsleistungen zur Vermeidung oder Beherrschung von dynamischen Einflüssen – Mitwirken bei der Bewertung von Nebenangeboten aus geotechnischer Sicht – Mitwirken während der Planung und/oder Ausführung des Objekts sowie Besprechungs- und Ortstermine – geotechnische Freigaben

Die bisherige Beschreibung der Grundleistungen bleibt im Bereich der Teilleistung 1 und Teilleistung 2 im Wesentlichen unverändert. Die sprachliche Ergänzung in Teilleistung 1a) durch das Wort „Grundwasserverhältnisse" hat lediglich klarstellende Bedeutung, weil mit der „Baugrundbeurteilung Gründungsberatung" die Klärung der **Grundwasserverhältnisse** mit eingeschlossen ist. 24

Der Begriff der „Bodenkennwerte" in Teilleistung b) wurde durch den weitergehenden Begriff der **„Baugrundkennwerte"** ersetzt. Durch die allgemeine Bezugnahme auf den „Baugrund" wird klargestellt, dass hierbei auch z.B. der Fels mit umfasst ist. 25

Inhaltliche Änderungen ergeben sich aufgrund der durch geänderte Planungsprozesse erforderlichen Ergänzungen in der Teilleistung c). Die Teilleistungen „Angaben zum Erdbau" und „Angaben zur geotechnischen Eignung von Aushubmaterial zur Wiederverwendung bei der betreffenden Baumaßnahme sowie Hinweise zur Bauausführung" unter Teilleistung c) sind neu. Mit der letztgenannten Leistung wird u.a. den aktuellen (auch umweltschutzbedingten) Anforderungen nach einer möglichen **Wiederverwendung** von Bodenaushub entsprochen. 26

Soweit z.B. das Aushubmaterial verwendbar ist, weil es die geotechnischen Eigenschaften erfüllt, die eine Verfüllung auf dem Baugelände erfordern (z.B. Sickerfähigkeit als kapillarbrechende Schicht, Verdichtungseignung, Tragfähigkeit je nach Einzelfall), kann es wieder verwendet werden. Das gilt auch für Aushubmaterial in verschiedenen Lagevorkommen mit geotechnisch ggf. unterschiedlichen Eigenschaften. „Hinweise auf die Bauausführung" können sich u.a. auf die Art der Wiederverwendung oder die Arbeitsfolge des Einbaus beziehen. 27

Weiterhin wurde die beispielhafte Aufzählung der Besonderen Leistungen präzisiert und unter Berücksichtigung der Anforderungen der heutigen Planungspraxis um einige Leistungen erweitert, insbesondere wurde das **„Mitwirken bei der Auswertung"** neu aufgenommen. 28

IV. Umbauzuschlag

Leistungen der Geotechnik beziehen sich immer auf eine vorhandene Situation im Boden, sodass ein Umbauzuschlag nicht in Betracht kommt. Nach der Definition des Umbaus in § 2 Abs. 5 ist immer ein Eingriff in Konstruktion oder Bestand erforderlich. 29

F. Honorare Geotechnik (1.3.4)

I. Die Honorartafel (Abs. 1)

Nr. 1.3.4 Abs. 1 aktualisiert die bisher in Nr. 1.4.3 Abs. 3 der HOAI 2009 enthaltene Honorarempfehlung. 30

II. Honorarzonen (Abs. 2)

Die Empfehlung zur Honorarzonenzuordnung in Nr. 1.3.4 Abs. 2 entspricht Nr. 1.4.3 der HOAI a.F. 31

Honorarzone I 32

Gründung mit sehr geringem Schwierigkeitsgrad, insbesondere

– gering setzungsempfindliche Bauwerke mit einheitlicher Gründungsart bei annähernd regelmäßigem Schichtenaufbau des Untergrundes mit einheitlicher Tragfähigkeit (Scherfestigkeit) und **Setzungsfähigkeit** innerhalb der Baufläche.

33 **Honorarzone II**

Gründungen mit geringem Schwierigkeitsgrad, insbesondere

- setzungsempfindliche Bauwerke sowie gering setzungsempfindliche Bauwerke mit bereichsweise unterschiedlicher Gründungsart oder bereichsweise stark unterschiedlichen Lasten bei annähernd regelmäßigem Schichtenaufbau des Untergrundes mit einheitlicher Tragfähigkeit und Setzungsfähigkeit innerhalb der Baufläche;
- gering setzungsempfindliche Bauwerke mit einheitlicher Gründungsart bei unregelmäßigem Schichtenaufbau des Untergrundes mit unterschiedlicher Tragfähigkeit und Setzungsfähigkeit innerhalb der Baufläche.

34 **Honorarzone III**

Gründungen mit durchschnittlichem Schwierigkeitsgrad, insbesondere

- stark setzungsempfindliche Bauwerke bei annähernd regelmäßigem Schichtaufbau des Untergrundes mit einheitlicher Tragfähigkeit und Setzungsfähigkeit innerhalb der Baufläche;
- setzungsempfindliche Bauwerke sowie gering setzungsempfindliche Bauwerke mit bereichsweise unterschiedlicher Gründungsart oder bereichsweise stark unterschiedlichen Lasten bei unregelmäßigem Schichtenaufbau des Untergrundes mit unterschiedlicher Tragfähigkeit und Setzungsfähigkeit innerhalb der Bauflächen;
- gering setzungsempfindliche Bauwerke mit einheitlicher Gründungsart bei unregelmäßigem Schichtenaufbau des Untergrundes mit stark unterschiedlicher Tragfähigkeit und Setzungsfähigkeit innerhalb der Baufläche.

35 **Honorarzone IV**

Gründungen mit überdurchschnittlichem Schwierigkeitsgrad, insbesondere

- stark setzungsempfindliche Bauwerke bei unregelmäßigem Schichtenaufbau des Untergrundes mit unterschiedlicher Tragfähigkeit und Setzungsfähigkeit innerhalb der Baufläche;
- setzungsempfindliche Bauwerke sowie gering setzungsempfindliche Bauwerke mit bereichsweise unterschiedlicher Gründungsart oder bereichsweise stark unterschiedlichen Lasten bei unregelmäßigem Schichtenaufbau des Untergrundes mit stark unterschiedlicher Tragfähigkeit und Setzungsfähigkeit innerhalb der Baufläche.

36 **Honorarzone V**

Gründungen mit sehr hohem Schwierigkeitsgrad, insbesondere

- stark setzungsempfindliche Bauwerke bei unregelmäßigem Schichtenaufbau des Untergrundes mit stark unterschiedlicher Tragfähigkeit und Setzungsfähigkeit der Baufläche.

III. 1.3.4 Abs. 3

37 § 52 Abs. 3 kann sinngemäß Anwendung finden. Bestehen Zweifel, welcher Honorarzone das Tragwerk zuzuordnen ist, weil es Merkmale aus mehreren Honorarzonen erfüllt, ist für die Zuordnung die Mehrzahl der in den jeweiligen Honorarzonen aufgeführten Bewertungsmerkmale und ihre Bedeutung im Einzelfall maßgebend.

38 Die in Nr. 1.3.4 Abs. 2 getroffene Empfehlung für die Honorarzonenzuordnung in Zweifelsfällen entspricht inhaltlich Nr. 1.4.3 Abs. 1 der HOAI 2009.

IV. 1.3.4 Abs. 4

Nr. 1.3.4 Abs. 4 ergänzt die Empfehlung zur Honorarzonenzuordnung um die Aspekte des „Grundwassereinflusses“ und der „Nachbarbebauung“, die bei der Ermittlung der Honorarzone zusätzlich berücksichtigt werden können. **39**

Beim Bauen mit dem Baugrund wird dieser als Baustoff, etwa für Deiche oder Dämme, eingesetzt. Hier befasst sich die Geotechnik u.a. mit deren Dichtigkeiten und der Berechnung der Standsicherheiten. **40**

G. Abgrenzung zu den Leistungen bei der Gebäudeplanung

Ein Architekt muss keine besonderen Kenntnisse der Bodenmechanik haben.[6] Er muss aber auf die Beauftragung eines Baugrundgutachters bei entsprechender Veranlassung drängen.[7] Er darf sich auf ein Baugrund- und Gründungsgutachten verlassen, wenn es in sich stimmige und plausible Anweisungen gibt. **41**

Die für die Erstellung eines Baugrundgutachtens erforderlichen Untersuchungen hängen von den Baugrundverhältnissen unter Berücksichtigung örtlicher Erfahrungen und vorhandener Aufschlüsse sowie davon ab, inwieweit sie durch geologische **Baugrundkarten** und örtliche Erfahrungen als bekannt angenommen werden können. Des Weiteren werden sie durch Art, Größe und Konstruktion des geplanten Bauvorhabens beeinflusst. Örtliche Kenntnisse in Form von Karten, Plänen, statischen Berechnungen von Nachbargebäuden sind zu beschaffen bzw. anzufordern.[8] **42**

Enthält ein Baugrundgutachten Vorgaben für den Aushub einer Baugrube, insbesondere in einem Hangbereich, so darf der für die Ausführung verantwortliche Architekt sich grundsätzlich darauf verlassen, dass auch die Standsicherheit von Nachbargrundstücken ausreichend berücksichtigt wurde.[9] **43**

Praxistipp
Wird ein Baugrundgutachten beauftragt, sollte der Sonderfachmann auch in die **planbegleitende Bauüberwachung** eingebunden werden, damit die Wechselwirkung zwischen Bauwerk und Baugrund unter Berücksichtigung des jeweiligen, möglicherweise auch geänderten Planungsstandes einer fortlaufenden Kontrolle unterliegt.

Sieht ein Baugrundgutachten mehrere geeignete Ausführungsvarianten vor und wählt der Architekt für die spezielle Nutzung eine dieser Varianten als geeignet aus, haftet er für die Tauglichkeit, wenn es zu Schäden kommt.[10] **44**

Bei der Planung ist auch zu beachten, ob **Grundstücksvertiefungen** bei der Umsetzung erforderlich werden, z.B. durch Baugrubenaushub, Abtragen eines Hangfußes, Mitnahmesetzungen durch Auflasten oder Abgrabungen. Der Gründungsvorschlag des Baugrundgutachters muss vom Bauunternehmer nicht geprüft werden, außer auf offenkundige Fehler. Er darf sich auf die Vorschläge eines spezialisierten Sonderfachmanns verlassen.[11] **45**

---

6 BGH, Urt. v. 26.1.1996 – V ZR 264/94 – IBR 1996, 200.
7 OLG Naumburg, Urt. v. 16.11.2010 – 9 U 196/09 – IBR 2011, 471.
8 OLG Düsseldorf, Urt. v. 26.2.2002 – 23 U 74/01 –; BGH, Beschl. v. 28.11.2002 – VII ZR 97/02 – Nichtzulassungsbeschwerde zurückgewiesen, IBR 2003, 148.
9 BGH, Urt. v. 26.1.1996 – VII ZR 264/96 – IBR 1996, 200.
10 LG Stuttgart, Urt. v. 9.10.2008 – 26 U 205/07 – IBR 2009, 1039 (nur online).
11 OLG München, Urt. v. 13.8.2003 – 21 U 5348/02 – IBR 2003, 602.

46 Eine Vertiefung durch „Abschieben“ kann zulässig sein.[12] Die Planung kann Aufgabe des Baugrundgutachters sein.

47 Wird ein Architekt mit der Ausführung von Rammkern-Sondierbohrungen und **Rammsondierung** zum Zwecke der Baugrunderkundung sowie mit der Erstellung eines Baugrund- und Gründungsgutachtens nebst Ausführungsvorschlägen mit Kostenschätzungen beauftragt, so sind die geschuldeten erfolgsbezogenen Leistungen werkvertraglich einzuordnen. Standsicherheitsberechnungen fallen nicht nur im Rahmen des Leistungsbildes Tragwerksplanung an, sondern vor allem im Zusammenhang mit der Baugrundbeurteilung und Gründungsberatung.

48 Architekt und Baugrundgutachter sind dem Bauherrn gegenüber beide verpflichtet, wenn das Baugrundgutachten offensichtlich fehlerhaft ist und der Architekt dies nicht beanstandet, obwohl dies nach dem von ihm zu erwartenden Kenntnissen erkannt werden musste.[13] In den Verträgen sollten die jeweiligen Prüfpflichten sowie die Pflicht zur Abstimmung im Einzelnen festgelegt werden.

12 OLG Koblenz, Urt. v. 11.2.1999 – 5 U 833/98 – IBR 2000, 81.
13 OLG Brandenburg, Urt. v. 8.4.2004 – 12 U 158/03 – IBR 2005, 222.

Anlage 1.4
Ingenieurvermessung

1.4.1
Anwendungsbereich

(1) Leistungen der Ingenieurvermessung können das Erfassen raumbezogener Daten über Bauwerke und Anlagen, Grundstücke und Topographie, das Erstellen von Plänen, das Übertragen von Planungen in die Örtlichkeit sowie das vermessungstechnische Überwachen der Bauausführung einbeziehen, soweit die Leistungen mit besonderen instrumentellen und vermessungstechnischen Verfahrensanforderungen erbracht werden müssen. Ausgenommen von Satz 1 sind Leistungen, die nach landesrechtlichen Vorschriften für Zwecke der Landesvermessung und des Liegenschaftskatasters durchgeführt werden.

(2) Zur Ingenieurvermessung können gehören:

1. Planungsbegleitende Vermessungen für die Planung und den Entwurf von Gebäuden, Ingenieurbauwerken, Verkehrsanlagen sowie für Flächenplanungen,
2. Bauvermessung vor und während der Bauausführung und die abschließende Bestandsdokumentation von Gebäuden, Ingenieurbauwerken und Verkehrsanlagen,
3. sonstige vermessungstechnische Leistungen:
   - Vermessung an Objekten außerhalb der Planungs- und Bauphase,
   - Vermessung bei Wasserstraßen,
   - Fernerkundungen, die das Aufnehmen, Auswerten und Interpretieren von Luftbildern und anderer raumbezogener Daten umfassen, die durch Aufzeichnung über eine große Distanz erfasst sind, als Grundlage insbesondere für Zwecke der Raumordnung und des Umweltschutzes,
   - vermessungstechnische Leistungen zum Aufbau von geographisch-geometrischen Datenbasen für raumbezogene Informationssysteme sowie
   - ermessungstechnische Leistungen, soweit sie nicht in Absatz 1 und Absatz 2 erfasst sind.

1.4.2
Grundlagen des Honorars bei der Planungsbegleitenden Vermessung

(1) Das Honorar für Grundleistungen der Planungsbegleitenden Vermessung kann sich nach der Summe der Verrechnungseinheiten, der Honorarzone in Nummer 1.4.3 und der Honorartafel in Nummer 1.4.8 richten.

(2) Die Verrechnungseinheiten können sich aus der Größe der aufzunehmenden Flächen und deren Punktdichte berechnen. Die Punktdichte beschreibt die durchschnittliche Anzahl der für die Erfassung der planungsrelevanten Daten je Hektar zu messenden Punkte.

(3) Abhängig von der Punktdichte können die Flächen den nachstehenden Verrechnungseinheiten (VE) je Hektar (ha) zugeordnet werden:

sehr geringe Punktdichte	(ca. 70 Punkte/ha)	50 VE
geringe Punktdichte	(ca. 150 Punkte/ha)	70 VE
durchschnittliche Punktdichte	(ca. 250 Punkte/ha)	100 VE
hohe Punktdichte	(ca. 350 Punkte/ha)	130 VE
sehr hohe Punktdichte	(ca. 500 Punkte/ha)	150 VE.

(4) Umfasst ein Auftrag Vermessungen für mehrere Objekte, so können die Honorare für die Vermessung jedes Objekts getrennt berechnet werden.

1.4.3 Honorarzonen für Grundleistungen bei der Planungsbegleitenden Vermessung

(1) Die Honorarzone kann bei der Planungsbegleitenden Vermessung auf Grund folgender Bewertungsmerkmale ermittelt werden:

a) Qualität der vorhandenen Daten und Kartenunterlagen

sehr hoch	1 Punkt
hoch	2 Punkte
befriedigend	3 Punkte
kaum ausreichend	4 Punkte
mangelhaft	5 Punkte

b) Qualität des vorhandenen geodätischen Raumbezugs

sehr hoch	1 Punkt
hoch	2 Punkte
befriedigend	3 Punkte
kaum ausreichend	4 Punkte
mangelhaft	5 Punkte

c) Anforderungen an die Genauigkeit

sehr gering	1 Punkt
gering	2 Punkte
durchschnittlich	3 Punkte
hoch	4 Punkte
sehr hoch	5 Punkte

d) Beeinträchtigungen durch die Geländebeschaffenheit und bei der Begehbarkeit

sehr gering	1 bis 2 Punkte
gering	3 bis 4 Punkte
durchschnittlich	5 bis 6 Punkte
hoch	7 bis 8 Punkte
sehr hoch	9 bis 10 Punkte

e) Behinderung durch Bebauung und Bewuchs

sehr gering	1 bis 3 Punkte
gering	4 bis 6 Punkte
durchschnittlich	7 bis 9 Punkte
hoch	10 bis 12 Punkte
sehr hoch	13 bis 15 Punkte

f) Behinderung durch Verkehr

sehr gering	1 bis 3 Punkte
gering	4 bis 6 Punkte
durchschnittlich	7 bis 9 Punkte
hoch	10 bis 12 Punkte
sehr hoch	13 bis 15 Punkte

(2) Die Honorarzone kann sich aus der Summe der Bewertungspunkte wie folgt ergeben:

Honorarzone I	bis 13 Punkte
Honorarzone II	14 bis 23 Punkte
Honorarzone III	24 bis 34 Punkte
Honorarzone IV	35 bis 44 Punkte
Honorarzone V	45 bis 55 Punkte.

1.4.4 Leistungsbild Planungsbegleitende Vermessung

(1) Das Leistungsbild Planungsbegleitende Vermessung kann die Aufnahme planungsrelevanter Daten und die Darstellung in analoger und digitaler Form für die Planung und den Entwurf von Gebäuden, Ingenieurbauwerken, Verkehrsanlagen sowie für Flächenplanungen umfassen.

(2) Die Grundleistungen können in vier Leistungsphasen zusammengefasst und wie folgt in Prozentsätzen der Honorare der Nummer 1.4.8 Absatz 1 bewertet werden:
1. für die Leistungsphase 1 (Grundlagenermittlung) mit 5 Prozent,
2. für die Leistungsphase 2 (Geodätischer Raumbezug) mit 20 Prozent,
3. für die Leistungsphase 3 (Vermessungstechnische Grundlagen) mit 65 Prozent,
4. für die Leistungsphase 4 (Digitales Geländemodell) mit 10 Prozent.

(3) Das Leistungsbild kann sich wie folgt zusammensetzen:

Grundleistungen	Besondere Leistungen
1. Grundlagenermittlung	
a) Einholen von Informationen und Beschaffen von Unterlagen über die Örtlichkeit und das geplante Objekt b) Beschaffen vermessungstechnischer Unterlagen und Daten c) Ortsbesichtigung d) Ermitteln des Leistungsumfangs in Abhängigkeit von den Genauigkeitsanforderungen und dem Schwierigkeitsgrad	– Schriftliches Einholen von Genehmigungen zum Betreten von Grundstücken, von Bauwerken, zum Befahren von Gewässern und für anordnungsbedürftige Verkehrssicherungsmaßnahmen
2. Geodätischer Raumbezug	
a) Erkunden und Vermarken von Lage- und Höhenfestpunkten b) Fertigen von Punktbeschreibungen und Einmessungsskizzen c) Messungen zum Bestimmen der Fest- und Passpunkte d) Auswerten der Messungen und Erstellen des Koordinaten- und Höhenverzeichnisses	– Entwurf, Messung und Auswertung von Sondernetzen hoher Genauigkeit – Vermarken auf Grund besonderer Anforderungen – Aufstellung von Rahmenmessprogrammen

Grundleistungen	Besondere Leistungen
3. Vermessungstechnische Grundlagen	
a) Topographische/morphologische Geländeaufnahme einschließlich Erfassen von Zwangspunkten und planungsrelevanter Objekte b) Aufbereiten und Auswerten der erfassten Daten c) Erstellen eines digitalen Lagemodells mit ausgewählten planungsrelevanten Höhenpunkten d) Übernehmen von Kanälen, Leitungen, Kabeln und unterirdischen Bauwerken aus vorhandenen Unterlagen e) Übernehmen des Liegenschaftskatasters f) Übernehmen der bestehenden öffentlich-rechtlichen Festsetzungen g) Erstellen von Plänen mit Darstellen der Situation im Planungsbereich mit ausgewählten planungsrelevanten Höhenpunkten h) Liefern der Pläne und Daten in analoger und digitaler Form	– Maßnahmen für anordnungsbedürftige Verkehrssicherung – Orten und Aufmessen des unterirdischen Bestandes – Vermessungsarbeiten unter Tage, unter Wasser oder bei Nacht – Detailliertes Aufnehmen bestehender Objekte und Anlagen neben der normalen topographischen Aufnahme wie zum Beispiel Fassaden und Innenräume von Gebäuden – Ermitteln von Gebäudeschnitten – Aufnahmen über den festgelegten Planungsbereich hinaus – Erfassen zusätzlicher Merkmale wie zum Beispiel Baumkronen – Eintragen von Eigentümerangaben – Darstellen in verschiedenen Maßstäben – Ausarbeiten der Lagepläne entsprechend der rechtlichen Bedingungen für behördliche Genehmigungsverfahren – Übernahme der Objektplanung in ein digitales Lagemodell
4. Digitales Geländemodell	
a) Selektion der die Geländeoberfläche beschreibenden Höhenpunkte und Bruchkanten aus der Geländeaufnahme b) Berechnung eines digitalen Geländemodells c) Ableitung von Geländeschnitten d) Darstellen der Höhen in Punkt-, Raster- oder Schichtlinienform e) Liefern der Pläne und Daten in analoger und digitaler Form	

1.4.5
Grundlagen des Honorars bei der Bauvermessung

(1) Das Honorar für Grundleistungen bei der Bauvermessung kann sich nach den anrechenbaren Kosten des Objekts, der Honorarzone in Nummer 1.4.6 und der Honorartafel in Nummer 1.4.8 Absatz 2 richten.

(2) Anrechenbare Kosten können die Herstellungskosten des Objekts darstellen. Diese können entsprechend § 4 Absatz 1 und

1. bei Gebäuden entsprechend § 33,
2. bei Ingenieurbauwerken entsprechend § 42,
3. bei Verkehrsanlagen entsprechend § 46

ermittelt werden.

Anrechenbar können bei Ingenieurbauwerken 100 Prozent, bei Gebäuden und Verkehrsanlagen 80 Prozent der ermittelten Kosten sein.

(3) Die Absätze 1 und 2 sowie die Nummer 1.4.6 und Nummer 1.4.7 finden keine Anwendung für vermessungstechnische Grundleistungen bei ober- und unterirdischen Leitungen, Tunnel-, Stollen- und Kavernenbauwerken, innerörtlichen Verkehrsanlagen mit überwiegend innerörtlichem Verkehr, bei Geh- und Radwegen sowie Gleis- und Bahnsteiganlagen. Das Honorar für die in Satz 1 genannten Objekte kann ergänzend frei vereinbart werden.

1.4.6
Honorarzonen für Grundleistungen bei der Bauvermessung

(1) Die Honorarzone kann bei der Bauvermessung auf Grund folgender Bewertungsmerkmale ermittelt werden:

a) Beeinträchtigungen durch die Geländebeschaffenheit und bei der Begehbarkeit
   - sehr gering .... 1 Punkt
   - gering .... 2 Punkte
   - durchschnittlich .... 3 Punkte
   - hoch .... 4 Punkte
   - sehr hoch .... 5 Punkte

b) Behinderung durch Bebauung und Bewuchs
   - sehr gering .... 1 bis 2 Punkte
   - gering .... 3 bis 4 Punkte
   - durchschnittlich .... 5 bis 6 Punkte
   - hoch .... 7 bis 8 Punkte
   - sehr hoch .... 9 bis 10 Punkte

c) Behinderung durch Verkehr
   - sehr gering .... 1 bis 2 Punkte
   - gering .... 3 bis 4 Punkte
   - durchschnittlich .... 5 bis 6 Punkte
   - hoch .... 7 bis 8 Punkte
   - sehr hoch .... 9 bis 10 Punkte

d) Anforderungen an die Genauigkeit
   - sehr gering .... 1 bis 2 Punkte
   - gering .... 3 bis 4 Punkte
   - durchschnittlich .... 5 bis 6 Punkte

hoch .... 7 bis 8 Punkte
sehr hoch .... 9 bis 10 Punkte

e) **Anforderungen durch die Geometrie des Objekts**
sehr gering .... 1 bis 2 Punkte
gering .... 3 bis 4 Punkte
durchschnittlich .... 5 bis 6 Punkte
hoch .... 7 bis 8 Punkte
sehr hoch .... 9 bis 10 Punkte

f) **Behinderung durch den Baubetrieb**
sehr gering .... 1 bis 3 Punkte
gering .... 4 bis 6 Punkte
durchschnittlich .... 7 bis 9 Punkte
hoch .... 10 bis 12 Punkte
sehr hoch .... 13 bis 15 Punkte.

(2) Die Honorarzone kann sich aus der Summe der Bewertungspunkte wie folgt ergeben:

Honorarzone I	bis 14 Punkte
Honorarzone II	15 bis 25 Punkte
Honorarzone III	26 bis 37 Punkte
Honorarzone IV	38 bis 48 Punkte
Honorarzone V	49 bis 60 Punkte.

1.4.7
Leistungsbild Bauvermessung

(1) Das Leistungsbild Bauvermessung kann die Vermessungsleistungen für den Bau und die abschließende Bestandsdokumentation von Gebäuden, Ingenieurbauwerken und Verkehrsanlagen umfassen.

(2) Die Grundleistungen können in fünf Leistungsphasen zusammengefasst und wie folgt in Prozentsätzen der Honorare der Nummer 1.4.8 Absatz 2 bewertet werden:

1. für die Leistungsphase 1 (Baugeometrische Beratung) mit 2 Prozent,
2. für die Leistungsphase 2 (Absteckungsunterlagen) mit 5 Prozent,
3. für die Leistungsphase 3 (Bauvorbereitende Vermessung) mit 16 Prozent,
4. für die Leistungsphase 4 (Bauausführungsvermessung) mit 62 Prozent,
5. für die Leistungsphase 5 (Vermessungstechnische Überwachung der Bauausführung) mit 15 Prozent.

(3) Das Leistungsbild kann sich wie folgt zusammensetzen:

Grundleistungen	Besondere Leistungen
1. Baugeometrische Beratung	
a) Ermitteln des Leistungsumfanges in Abhängigkeit vom Projekt b) Beraten, insbesondere im Hinblick auf die erforderlichen Genauigkeiten und zur Konzeption eines Messprogramms	– Erstellen von vermessungstechnischen Leistungsbeschreibungen – Erarbeiten von Organisationsvorschlägen über Zuständigkeiten, Verantwortlichkeit und Schnittstellen der Objektvermessung

Grundleistungen	Besondere Leistungen
c) Festlegen eines für alle Beteiligten verbindlichen Maß-, Bezugs- und Benennungssystems	– Erstellen von Messprogrammen für Bewegungs- und Deformationsmessungen einschließlich Vorgaben für die Baustelleneinrichtung
2. Absteckungsunterlagen	
a) Berechnen der Detailgeometrie anhand der Ausführungsplanung, Erstellen eines Absteckungsplanes und Berechnen von Absteckungsdaten einschließlich Aufzeigen von Widersprüchen (Absteckungsunterlagen)	– Durchführen von zusätzlichen Aufnahmen und ergänzenden Berechnungen, falls keine qualifizierten Unterlagen aus der Leistungsphase vermessungstechnische Grundlagen vorliegen – Durchführen von Optimierungsberechnungen im Rahmen der Baugeometrie (zum Beispiel Flächennutzung, Abstandsflächen) – Erarbeitung von Vorschlägen zur Beseitigung von Widersprüchen bei der Verwendung von Zwangspunkten (zum Beispiel bauordnungsrechtliche Vorgaben)
3. Bauvorbereitende Vermessung	
a) Prüfen und Ergänzen des bestehenden Festpunktfelds b) Zusammenstellung und Aufbereitung der Absteckungsdaten c) Absteckung: Übertragen der Projektgeometrie (Hauptpunkte) und des Baufelds in die Örtlichkeit d) Übergabe der Lage- und Höhenfestpunkte, der Hauptpunkte und der Absteckungsunterlagen an das bauausführende Unternehmen	– Absteckung auf besondere Anforderungen (zum Beispiel Archäologie, Ausholzung, Grobabsteckung, Kampfmittelräumung)
4. Bauausführungsvermessung	
a) Messungen zur Verdichtung des Lage- und Höhenfestpunktfeldes b) Messungen zur Überprüfung und Sicherung von Fest- und Achspunkten c) Baubegleitende Absteckungen der geometriebestimmenden Bauwerkspunkte nach Lage und Höhe d) Messungen zur Erfassung von Bewegungen und Deformationen des zu-	– Erstellen und Konkretisieren des Messprogramms – Absteckungen unter Berücksichtigung von belastungs- und fertigungstechnischen Verformungen – Prüfen der Maßgenauigkeit von Fertigteilen – Aufmaß von Bauleistungen, soweit besondere vermessungstechnische Leistungen gegeben sind

Grundleistungen	Besondere Leistungen
erstellenden Objekts an konstruktiv bedeutsamen Punkten e) Baubegleitende Eigenüberwachungsmessungen und deren Dokumentation f) Fortlaufende Bestandserfassung während der Bauausführung als Grundlage für den Bestandplan	– Ausgabe von Baustellenbestandsplänen während der Bauausführung – Fortführen der vermessungstechnischen Bestandspläne nach Abschluss der Grundleistungen – Herstellen von Bestandsplänen
5. Vermessungstechnische Überwachung der Bauausführung	
a) Kontrollieren der Bauausführung durch stichprobenartige Messungen an Schalungen und entstehenden Bauteilen (Kontrollmessungen) b) Fertigen von Messprotokollen c) Stichprobenartige Bewegungs- und Deformationsmessungen an konstruktiv bedeutsamen Punkten des zu erstellenden Objekts	– Prüfen der Mengenermittlungen – Beratung zu langfristigen vermessungstechnischen Objektüberwachungen im Rahmen der Ausführungskontrolle baulicher Maßnahmen und deren Durchführung – Vermessungen für die Abnahme von Bauleistungen, soweit besondere vermessungstechnische Anforderungen gegeben sind

(4) Die Leistungsphase 4 ist abweichend von Absatz 2 bei Gebäuden mit 45 bis 62 Prozent zu bewerten.

1.4.8 Honorare für Grundleistungen bei der Ingenieurvermessung

(1) Die Honorare für die in Nummer 1.4.4 Absatz 3 aufgeführten Grundleistungen der Planungsbegleitenden Vermessung können sich nach der folgenden Honorartafel richten:

Verrechnungseinheiten	Honorarzone I sehr geringe Anforderungen		Honorarzone II geringe Anforderungen		Honorarzone III durchschnittliche Anforderungen		Honorarzone IV hohe Anforderungen		Honorarzone V sehr hohe Anforderungen	
	von Euro	bis	von Euro	bis	von Euro	bis	von Euro	bis	von Euro	bis
6	658	777	777	914	914	1.051	1.051	1.170	1.170	1.289
20	953	1.123	1.123	1.306	1.306	1.489	1.489	1.659	1.659	1.828
50	1.480	1.740	1.740	2.000	2.000	2.260	2.260	2.520	2.520	2.780
103	2.225	2.616	2.616	3.007	3.007	3.399	3.399	3.790	3.790	4.182
188	3.325	3.826	3.826	4.327	4.327	4.829	4.829	5.330	5.330	5.831
278	4.320	4.931	4.931	5.542	5.542	6.153	6.153	6.765	6.765	7.376
359	5.156	5.826	5.826	6.547	6.547	7.217	7.217	7.939	7.939	8.609
435	5.881	6.656	6.656	7.437	7.437	8.212	8.212	8.994	8.994	9.768

Verrechnungseinheiten	Honorarzone I sehr geringe Anforderungen von Euro	bis	Honorarzone II geringe Anforderungen von Euro	bis	Honorarzone III durchschnittliche Anforderungen von Euro	bis	Honorarzone IV hohe Anforderungen von Euro	bis	Honorarzone V sehr hohe Anforderungen von Euro	bis
506	6.547	7.383	7.383	8.219	8.219	9.055	9.055	9.892	9.892	10.728
659	7.867	8.859	8.859	9.815	9.815	10.809	10.809	11.765	11.765	12.757
822	9.187	10.299	10.299	11.413	11.413	12.513	12.513	13.625	13.625	14.737
1.105	11.332	12.667	12.667	14.002	14.002	15.336	15.336	16.672	16.672	18.006
1.400	13.525	14.977	14.977	16.532	16.532	18.086	18.086	19.642	19.642	21.196
2.033	17.714	19.597	19.597	21.592	21.592	23.586	23.586	25.582	25.582	27.576
2.713	21.894	24.217	24.217	26.652	26.652	29.086	29.086	31.522	31.522	33.956
3.430	26.074	28.837	28.837	31.712	31.712	34.586	34.586	37.462	37.462	40.336
4.949	34.434	38.077	38.077	41.832	41.832	45.586	45.586	49.342	49.342	53.096
7.385	46.974	51.937	51.937	57.012	57.012	62.086	62.086	67.162	67.162	72.236
11.726	67.874	75.037	75.037	82.312	82.312	89.586	89.586	96.862	96.862	104.136

(2) Die Honorare für die in Nummer 1.4.7 Absatz 3 Grundleistungen der Bauvermessung können sich nach der folgenden Honorartafel richten:

Anrechenbare Kosten in Euro	Honorarzone I sehr geringe Anforderungen von Euro	bis	Honorarzone II geringe Anforderungen von Euro	bis	Honorarzone III durchschnittliche Anforderungen von Euro	bis	Honorarzone IV hohe Anforderungen von Euro	bis	Honorarzone V sehr hohe Anforderungen von Euro	bis
50.000	4.282	4.782	4.782	5.283	5.283	5.839	5.839	6.339	6.339	6.840
75.000	4.648	5.191	5.191	5.734	5.734	6.338	6.338	6.881	6.881	7.424
100.000	5.002	5.586	5.586	6.171	6.171	6.820	6.820	7.405	7.405	7.989
150.000	5.684	6.349	6.349	7.013	7.013	7.751	7.751	8.416	8.416	9.080
200.000	6.344	7.086	7.086	7.827	7.827	8.651	8.651	9.393	9.393	10.134
250.000	6.987	7.804	7.804	8.621	8.621	9.528	9.528	10.345	10.345	11.162
300.000	7.618	8.508	8.508	9.399	9.399	10.388	10.388	11.278	11.278	12.169
400.000	8.848	9.883	9.883	10.917	10.917	12.066	12.066	13.100	13.100	14.134
500.000	10.048	11.222	11.222	12.397	12.397	13.702	13.702	14.876	14.876	16.051
600.000	11.223	12.535	12.535	13.847	13.847	15.304	15.304	16.616	16.616	17.928
750.000	12.950	14.464	14.464	15.978	15.978	17.659	17.659	19.173	19.173	20.687
1.000.000	15.754	17.596	17.596	19.437	19.437	21.483	21.483	23.325	23.325	25.166
1.500.000	21.165	23.639	23.639	26.113	26.113	28.862	28.862	31.336	31.336	33.810
2.000.000	26.393	29.478	29.478	32.563	32.563	35.990	35.990	39.075	39.075	42.160
2.500.000	31.488	35.168	35.168	38.849	38.849	42.938	42.938	46.619	46.619	50.299
3.000.000	36.480	40.744	40.744	45.008	45.008	49.745	49.745	54.009	54.009	58.273
4.000.000	46.224	51.626	51.626	57.029	57.029	63.032	63.032	68.435	68.435	73.838
5.000.000	55.720	62.232	62.232	68.745	68.745	75.981	75.981	82.494	82.494	89.007
7.500.000	78.690	87.888	87.888	97.085	97.085	107.305	107.305	116.502	116.502	125.700
10.000.000	100.876	112.667	112.667	124.458	124.458	137.559	137.559	149.350	149.350	161.140

1.4.9
Sonstige vermessungstechnische Leistungen

Für sonstige vermessungstechnische Leistungen nach Nummer 1.4.1 kann ein Honorar ergänzend frei vereinbart werden.

Übersicht

A. Vorbemerkung

I. Allgemeines

1 Mit der Novellierung 2013 sollte die Ingenieurvermessung (bisher vermessungstechnische Leistungen) gemäß der einstimmigen Feststellung im Abschlussbericht zur Evaluierung der HOAI des Bundesbauministeriums (BMVBS) wieder in den verbindlichen Teil verlagert werden. Dieser Abschlussbericht ordnet die Ingenieurvermessung den geistig-schöpferischen Planungsleistungen zu, da diese regelmäßig zusammen mit anderen Planungen zu erbringen sind. Die bisherige Unverbindlichkeit führt für die Verwaltungen zu einem erheblichen Mehraufwand. Damit hat sich diese Regelung nicht bewährt. Das für die HOAI federführende Wirtschaftsministerium (BMWi) konnte der Empfehlung der Gutachter, allen Verbänden und sonstigen Stellen nicht folgen und beließ unter Nennung nicht belegbarer europäischer Einwände die Ingenieurvermessung im **unverbindlichen Teil** 1.4.

2 In der Formulierung der Anlage 1.4 (Ingenieurvermessung) sind alle Leistungen als „Kann"-Bestimmungen tituliert. Damit soll zum Ausdruck gebracht werden, dass diese Regelungen unverbindlich sind. Nachfolgend wird diese Kann-Bestimmung nicht mehr expliziert genannt.

II. Leistungsbilder

3 Die HOAI 2013 beinhaltet trotz der Unverbindlichkeit eine Überarbeitung und Neuausrichtung der Leistungsbilder. Grundleistungen wie z.B. „Absteckung für den Entwurf" (aus der ehemaligen Entwurfsvermessung) sind gestrichen oder, wie die „Absteckunterlagen", in die Bauvermessung verschoben worden. Mit dieser Neuausrichtung der Leistungsbilder wurden diese an die **neuen Mess- und Arbeitsmethoden** angepasst.

4 Parallel dazu wurde der Katalog der Besonderen Leistungen deutlich erweitert. Damit stellt der Gesetzgeber klar, dass diese keine Grundleistungen sind und damit einen eigenen Honorartatbestand darstellen.

5 Daneben sind die Formulierungen modernisiert worden. Damit werden die Messmethoden nicht mehr vorgegeben. Entscheidend ist das Ergebnis und nicht der Weg dorthin. Man spricht z.B. vom geodätischen Raumbezug statt vom Festpunktfeld. Dies ist der Entwicklung geschuldet, dass die Bestimmung der Festpunkte auf vielfältige Weise erfolgen kann, z.B. durch konventionelle Tachymetermessungen oder GNSS-Messungen (Positionierung mit Satellitentechnik). Die bisherigen Formulierungen orientierten sich an zum Teil veralteten Technologien. Dies galt es, zu überarbeiten.

6 Durch die massiven Deregulierungen im Baurecht (in den einzelnen Bundesländern wird dies unterschiedlich gehandhabt) wachsen die Ansprüche an Planungsleistungen.

Im Bereich der Planungsbegleitenden Vermessung und der Bauvermessung wurden diese neuen Anforderungen abgebildet.

III. Honorartabellen

Die Übernahme der Honorartabellen aus dem vom BMWI eigens dafür beauftragten Gutachten führt zu nicht marktgerechten Honoraren. Die Gutachter sind zu der Erkenntnis gelangt, dass durch **Anpassungsfaktoren** lediglich die Tabelle von der HOAI 2009 mit einem generellen Zuschlag von ca. 16% zu versehen ist. Dabei blieb unberücksichtigt, dass der Aufwand nicht linear mit der steigenden Bausumme wächst (im Gegensatz zu anderen Fachbereichen). Für die Planungsbegleitenden Vermessungen sind für Ortslagen außer Betracht geblieben, dass dort die Punktdichten wesentlich höher sind als die maximal angegeben von 500 Pkte/ha. Die von Fachkommissionen Vermessung im AHO entwickelten Tabellen wurden unvollständig übernommen oder ganz verworfen. Die Verantwortung hierfür ist dem BMWI zuzuordnen. 7

B. Anwendungsbereich Ingenieurvermessung (gem. Ziff. 1.4.1 der Anlage 1)

I. Allgemeines (Abs. 1)

Der Abs. 1 gibt im Wesentlichen den gleichen Wortlaut der HOAI 1996 wieder. 8

Zu den Leistungen nach 1.4 gehören Leistungen, die nicht mit einfachen Messmitteln durchgeführt werden können. Diese werden z.B. im Rahmen von Handwerkerleistungen selbst erbracht. **Ingenieurvermessungen** zeichnen sich dadurch aus, dass für die Aufgabenerledigung eine spezialisierte Ausrüstung oder spezielles Fachwissen notwendig ist. Dazu gehören insbesondere Tachymeter, Nivellierinstrumente oder GNSS-Empfänger, aber auch Spezialinstrumentarien wie z.B. Inklinometer, Schlauchwagen, Präzisionsmaßbänder oder Spezialmesseinrichtungen nebst dazu notwendiger Spezialsoftware. 9

Diese Software zeichnet sich auch dadurch aus, dass sie Schnittstellen zu den Daten der amtlichen Stellen beinhaltet. Der Kostenaufwand für den Erwerb, die Schulungen und die Pflege dieser Software kann erheblich sein. 10

Wie bisher werden Leistungen, die nach Landesrecht für Aufgaben der **Landesvermessung** oder des **Liegenschaftskatasters** erbracht werden, von den Regelungen der HOAI ausgenommen. Diese werden entweder von öffentlich bestellten Vermessungsingenieuren oder von Vermessungsbehörden wahrgenommen. Weitere Teilleistungen, die von Dritten für die Katastervermessung erbracht werden, unterliegen ebenso den jeweiligen landesrechtlichen Kosten- oder Gebührenordnungen. 11

II. Leistungsbereiche (Abs. 2)

Im Abs. 2 findet man eine Aufzählung der unter Abs. 1 beschriebenen Leistungen. 12

1. Planungsbegleitende Vermessungen (Bestandsaufnahme). Planungsbegleitende Vermessungen verkörpern **Bestandsaufnahmen** von Objekten, die die Grundlagen für Planungsleistungen und den Entwurf von Gebäuden, Ingenieurbauwerken, Verkehrsanlagen bzw. Flächenplanungen liefern. Sie bestehen aus Angaben über die Abmessungen nach Lage und Höhe des zu vermessenden Objektes. Meist werden diese Daten im Ergebnis digital in Layerstrukturen zur Verfügung gestellt. Dies erfolgt in standardisierten Datenaustauschformaten (z.B. DWG- oder DXF-Dateien). 13

14 Gegenüber der ursprünglichen Version der HOAI wurden die Planungsbegleitenden Vermessungen auf die **Flächenplanungen** ausgedehnt. Da Planungsbegleitende Vermessungen für Projektentwicklungen unabhängig vom Zweck oder einer Bausumme erfolgen, wurden die verschiedenen Aufgabenbereiche analog in diese Verordnung gleichrangig eingeführt.

15 Die modernen Anforderungen an die Planung setzen generell fundierte Basisdaten voraus. Eine Unterscheidung, zu welchem Zweck – Gebäude, Ingenieurbauwerke, Verkehrsanlagen oder Flächenplanungen – diese Leistungen erbracht werden, ist nicht erkennbar. Der Widerspruch der bisherigen Fassung, wonach das Honorar „Planungsbegleitende Vermessung" als Grundlage für Straßenplanungen und für Bebauungspläne unterschiedliche Abrechnungsgrundlagen hatte, ist nun beseitigt.

16 **2. Bauvermessungen.** Bauvermessungen stehen im direkten Zusammenhang mit der Baumaßnahme. Dabei werden Gebäude, Verkehrsanlagen und Ingenieurbauwerke abgesteckt, in ihrer geometrischen Ausführung überwacht und dokumentiert. Zu unterscheiden sind dabei Absteckungen und Überwachungsmaßnahmen, die gemäß den **Landesbauverordnungen** erbracht werden, und Leistungen, die baubegleitend zur Fortführung der Baumaßnahme erforderlich sind.

17 **3. Sonstige Leistungen.** Hier sind die sonstigen vermessungstechnischen Leistungen zusammengefasst, die außerhalb der Entwurfs- oder Bauphase Objekte erfassen oder überwachen. Sie werden benötigt, um den Betrieb, die Verwaltung oder Unterhaltung von Objekten sicherzustellen. Dazu können gehören:

- langfristige **Überwachungsmessungen** (z.B. mit Monitoring) und die dazugehörigen Dokumentationen;
- Vermessungen zu wissenschaftlichen Zwecken;
- **Mengenermittlungen** und die dazugehörigen Messungen.
- Vermessungen im Bereich der **Wasserstraßen** lassen sich nach Ansicht der Bundeswasserstraßenverwaltung nicht in ein Preisbindungsrecht einordnen. Die Anforderungen dafür sind wegen der Besonderheiten von Wasserstraßen (Land- und Wasserflächen) nicht so zu fassen, wie die unter Rn 13 aufgeführten Bereiche. Ingenieurbauwerke, die im Zusammenhang mit Wasserstraßen geplant und errichtet werden sollen, unterliegen den üblichen Verfahren der Planungsbegleitenden Vermessung (Punkt 1) und der Bauvermessung (Punkt 2).
- Vermessungen mittels **Fernerkundung** oder **Photogrammetrie** (Bildvermessung) sind ebenfalls als sonstige Vermessungsleistungen einzuordnen. Dies geschieht mit speziellen Messkammern oder mit Laserscanner. Sie dienen als Grundlage für die Erstellung von Geobasisdaten außerhalb konkreter Projektentwicklungen.
- Aufmaße von **Fassaden** zählen ebenso dazu wie großräumige Aufnahmen aus Flugzeugen heraus (z.B. für die Herstellung von Landkarten).
- Aufbau, Einrichtung und Laufendhaltung von **Geoinformationssystemen** sind als sonstige Vermessungsleistungen keinem Preisbindungsrecht unterworfen. Geoinformationssysteme erfassen Objekte und verknüpfen diese mit Sachinformationen. Geoinformationssysteme werden klassisch zum Betrieb und zur Verwaltung von Leitungen und Kanälen aller Art eingesetzt. Der Aufbau von Datenbanksystemen und die Visualisierung der erfassten Objekte gehören ebenfalls dazu. Dies geschieht außerhalb der Entwurfsphase einer Objektplanung und ist nicht zu verwechseln mit Grundleistungen aus den Planungsbegleitenden Vermessungen (1.4.4, Abs. 3, Punkt 3d).
- Vermessungen zur Erfassung und Darstellung von Gebäuden (**Architekturvermessung**) gehören ebenfalls zu den sonstigen Vermessungsleistungen. Dabei wird nicht

nur die Kontur erfasst. Insbesondere das gesamte Innenleben eines Gebäudes mit allen Wänden, Wandöffnungen, Oberflächenbeschaffenheiten, Decken- und Bodenhöhen etc. steht hier im Vordergrund. Derartige Vermessungen werden sowohl für **Gebäudeverwaltungssysteme** (z.B. Grundlage für Facility-Management) als auch für Sanierungsmaßnahmen gebraucht. Während die Erfassung der Gebäudekontur im Rahmen der Planungsbegleitenden Vermessung erbracht wird, sind die Vermessungen innerhalb der Gebäude als sonstige Leistungen anzusehen (vgl. auch Ziff. 1.4.4 Abs. 3 Rn 76).
- Ebenso sind **Fassadenvermessungen** und deren Auswertung und Darstellung als Besondere Leistungen einzuordnen.

C. Grundlagen des Honorars bei der Planungsbegleitenden Vermessung (gem. Ziff. 1.4.2 der Anlage 1)

I. Grundsatz der Honorargestaltung (Abs. 1)

Planungsbegleitende Vermessungen unterliegen einheitlichen Grundsätzen unabhängig von der Projektart, für die sie durchgeführt werden. Die Grundlage des Honorars bildet die aufzunehmende Fläche, die Punktedichte und die Honorarzone. Damit folgt der Gesetzgeber der Forderung, dass **gleichwertige Planungsbegleitende Vermessungen** gleich zu honorieren sind. **18**

Die bisherige Regelung der „Entwurfsvermessung" orientierte sich an einer Bausumme, die zum Zeitpunkt dieser Leistungsphase meist noch unbekannt war. Die neue Regelung entkoppelt die Planungsbegleitenden Vermessungen von einer Bausumme. **19**

Die Summe der Verrechnungseinheiten, die Honorarzone (nach Ziff. 1.4.3) und die Honorartafel (nach Ziff. 1.4.8. Abs. 1) bildet die Grundlage des Honoraransatzes. Damit wird deutlich, dass verschiedene Bereiche des aufzunehmenden Objektes unterschiedliche Punktedichten haben können, die dann zu einzelnen Verrechnungseinheiten führen. **20**

II. Verrechnungseinheiten (Abs. 2)

Die Verrechnungseinheiten ergeben sich aus der aufzunehmenden Fläche und der Punktdichte. Die Anzahl der Punkte wird auf 1 ha aufzunehmender Fläche bezogen. **21**

Der Bereich der planungsrelevanten Daten bezieht sich nicht nur auf das betreffende Objekt, sondern auch auf die Bereiche, die Bedeutung für die Planung haben. Dies sind meist die **Erschließungssituation** (Topographie des Straßenraumes und erkennbare Sparteneinrichtungen), aber auch **nachbarliche Gebäudeteile**, die in Grenznähe stehen. Dazu sind mindestens die beiden dem Baugrundstück zugewandten Gebäudeecken aufzunehmen. Dies kann nur mit einem angemessenen zusätzlichen Streifen geschehen, zumindest mit der Breite, in der die Nachbarwand dem Baugrundstück zurücksteht. Diese Fläche der Bearbeitung ist von den Teilen zu unterscheiden, die über diesen Bereich hinausgehen (vgl. Ziff. 1.4.4 Abs. 3 Nr. 3 – Besondere Leistung „Aufnahmen über den festgelegten Planungsbereich hinaus"). **22**

Bei **Verkehrsanlagen** sind meist Korridore entlang der Trasse aufzunehmen, deren Breite durchaus 100 m oder mehr betragen kann. **23**

Die Punktanzahl ergibt sich aus den tatsächlich aufgemessenen Punkten. Bestehen Einzelobjekte aus mehreren Punkten (z.B. Sockel und Leib eines Gebäudes), dann ist jeder Punkt anzurechnen. **24**

III. Zuordnung der Punktedichten zu den Verrechnungseinheiten (Abs. 3)

25 Dieser Absatz gibt vor, wie die Verrechnungseinheiten berechnet werden. Ausgehend von der **Punkteanzahl** und der aufzunehmenden Fläche ergibt sich eine **Punktedichte**. Diese wird auf 10.000 m² normiert (= 1 ha). Daraus ergibt sich die Klasse der Punktedichte. Dieser Klasse sind Verrechnungseinheiten je Hektar zugeordnet. Über die Fläche gelangt man zu den Verrechnungseinheiten, mit denen dann in der Honorartabelle nach Ziff. 1.4.8 Abs. 1 das Grundhonorar ermittelt wird.

Beispiel

Aufzunehmende Fläche: 2.000 m², Punkteanzahl: 75.

Daraus ergibt sich eine Punktedichte von 375 Punkten je Hektar (= 75 × 10.000 / 2.000). Damit gelangt man zu der Punktedichteklasse „hohe Punktdichte" nach Ziff. 1.4.2 Abs. 3. Dieser Klasse sind 130 Verrechnungseinheiten (VE) je Hektar zugeordnet. Multipliziert mit der aufzunehmenden Fläche ergeben sich 26 VE (130 × 2.000 / 10.000).

---

26 Bei der Berechnung der Punktedichteklasse wird man in der Regel nicht den exakt vorgegebenen Wert treffen. Die vorgegebenen Klassen grenzen sich jeweils in der Mitte zwischen den jeweiligen Werten ab. Eine Interpolation ist nicht vorgesehen. Das bedeutet, dass im Grenzbereich die Punktedichteklasse springt.

27 Das heißt: Eine sehr geringe Punktedichte geht von 0–109 Pkte/ha, die geringe Punktedichte von 110–199 Pkte/ha, durchschnittliche Punktedichte von 200–299 Pkte/ha, hohe Punktedichte von 300–424 Pkte/ha und sehr hohe Punktedichte ab 425 Pkte/ha. Die Grenzen zwischen den einzelnen Klassen ist das jeweilige Mittel der angegebenen Werte.

28 Die vorliegenden Zuordnungen sind jedoch nicht richtig. In Kombination mit den Honorartafeln Ziff. 1.4.8 Abs. 1 führt dies meist zu geringen Honoraren. Das liegt daran, dass die obere Grenze von 500 Pkte/ha viel zu niedrig ist. Dies wird sofort erkennbar, wenn man eine aufzunehmende Fläche von 1.000 m² betrachtet. Schon mit 50 aufzunehmenden Punkten befindet man sich bereits in der höchsten Klasse (50 × 10.000/ 1.000).

29 Das bedeutet: Da über die Honorarzone die Rahmenbedingungen wie z.B. Kartengrundlagen oder Begehbarkeit geregelt werden, aber nicht die Punktedichte, sind alle dichteren Aufnahmen über 500 Pkte/ha (z.B. innerstädtische Hinterhofsituationen) nicht vergütbar.

30 Der AHO hat in seiner Neuauflage HOAI-Ingenieurvermessung (Heft 31) eine anwendbare Fortschreibung entwickelt.

IV. Behandlung mehrere Objekte (Abs. 4)

31 Hier wird geregelt, dass bei Vermessungen mehrerer Objekte, die gleichzeitig beauftragt wurden, die aufzunehmende Fläche, die Punkteanzahl und die Honorarzone getrennt ermittelt werden. Danach werden die Honorare für die einzelnen Objekte getrennt berechnet.

32 Es wurde bewusst darauf verzichtet, einen Tatbestand für gleichartige Objekte einzuführen, da dies unverhältnismäßig wäre.

D. Honorarzonen für Grundleistungen bei der Planungsbegleitenden Vermessung (gem. Ziff. 1.4.3 der Anlage 1)

Dieser Punkt enthält die Vorgaben, wie sich die Honorarzonen definieren. Die Systematik wurde dabei im Wesentlichen aus der alten HOAI übernommen. Die Struktur des **Punktebewertungssystems** wurde jedoch übersichtlicher gestaltet. **33**

I. Bewertungskriterien (Abs. 1)

Der bisherige Unterpunkt „Topographiedichte“ entfällt, da dieser durch die Punktedichte in den Verrechnungseinheiten abgebildet wird. **34**

Die Unterpunkte d) (Beeinträchtigung durch Geländebeschaffenheit und der Begehbarkeit), e) (Behinderung durch Bebauung und Bewuchs) und f) (Behinderung durch Verkehr) haben mit 10 bzw. 15 Punkten ein deutliches Übergewicht gegenüber den Unterpunkten a)–c) (Qualität der vorhandenen Daten und Kartenunterlagen, Qualität des geometrischen Raumbezuges und Anforderung an die Genauigkeit). Dieses Übergewicht tritt auf, weil durch die Produktivitätssteigerung in den Messmethoden und die Verbesserung in der Verfügbarkeit der Katasterunterlagen die äußeren Rahmenbedingungen wie Sichthindernisse, Begehbarkeit oder Verkehrsaufkommen die Arbeiten stärker beeinflussen als die unter a)–c) genannten Faktoren. **35**

II. Festlegung der Honorarzonen (Abs. 2)

Abs. 2 legt fünf Honorarzonen fest. Diese ergeben sich aus der Summe der unter Abs. 1 gewonnenen sechs Bewertungsmerkmale. **36**

E. Leistungsbild Planungsbegleitende Vermessung (gem. Ziff. 1.4.4 der Anlage 1)

I. Allgemeines (Abs. 1)

Für die Projektentwicklung von Gebäuden, Ingenieurbauwerken, Verkehrsanlagen und Freianlagen sind Planungsbegleitende Vermessungen als Grundlage der Planungen unentbehrlich. Diese werden traditionell aus terrestrischen Messungen gewonnen. Aber auch Laser-Scan-Messungen oder Methoden der Fernerkundung können zu den gewünschten Ergebnissen führen. Daher nimmt die HOAI keinen Einfluss mehr auf das Messverfahren, sondern einzig auf das Ergebnis. **37**

Das Ergebnis muss nicht zwingend digital erbracht werden. Damit können in einzelnen Fällen die Ergebnisse auch in analoger Form erfolgen. **38**

II. Bewertung der Leistungsphasen (Anlage 2)

Die Planungsbegleitenden Vermessungen werden in vier Leistungsphasen eingeteilt. Diese Leistungsphasen werden mit ihren maximalen Vomhundertsätzen festgelegt. **39**

Dabei können abweichend von diesen Regelungen niedrigere Sätze angenommen werden, wenn nicht alle Teilleistungen der jeweiligen Leistungsphase erbracht werden. **40**

Gegenüber der alten Regelung wurde auf die Leistungsphase **„Absteckung für den Entwurf“** ganz verzichtet. Die Praxis hat gezeigt, dass diese Leistung kaum in Anspruch genommen wurde und wenn, dann nur bei Verkehrsanlagen. Dies entspricht aber nicht **41** einer Grundleistung im Sinne einer HOAI-Systematik, der zufolge Grundleistungen, die in der Regel immer vorkommen, dort Eingang finden sollen.

42 Die Leistungsphase **„Absteckunterlagen“** wird man nun bei der Bauvermessung finden. Dies ist jedenfalls sinnvoll, da Absteckunterlagen ursächlich den Absteckungen und nicht Planungsbegleitenden Vermessungen zuzuordnen sind.

43 Die Reduzierung auf vier Leistungsphasen hat zur Folge, dass die wegfallenden Vomhundertsätze auf die verbleibenden vier Leistungsphasen verteilt werden.

44 Die Unterscheidung der Teilleistungen in **Grundleistungen** und in **Besondere Leistungen** trägt dem Umstand Rechnung, dass bei der Vermessung einige Tätigkeiten nur fallweise zum Tragen kommen. Einige lassen sich dem Preisbindungsrecht unterwerfen, andere jedoch nicht. Diese sind als Besondere Leistungen frei verhandelbar. Dies liegt daran, dass der Umfang dieser Besonderen Leistungen häufig von Landes- oder kommunalrechtlichen Belangen abhängt, die sich in ein bundeseinheitliches Honorarbild nicht einordnen lassen.

45 Die Erbringung der Teilleistungen führt häufig dazu, diese einzelnen Vomhundertsätzen zuzuordnen, die dann in Summe den in Abs. 2 vorgegeben Wert nicht übersteigen dürfen. Grundsätzlich widerspricht dies dem Grundgedanken der HOAI, der darauf abzielt, dass alle Teilleistungen einer Leistungsphase in der Regel erbracht werden. Im Bereich der Ingenieurvermessung ist es jedoch durchaus üblich, dass nicht alle Teilleistungen erbracht werden. So wird etwa die Grundleistung 3d) „Übernahme von Kanälen, Leitungen, Kabeln und unterirdischen Bauwerken aus vorhandenen Planunterlagen“ nur auf besondere Anforderung des Auftraggebers beauftragt.

46 Die **Gewichtung der einzelnen Grundleistungen** innerhalb der Leistungsphasen wird vom Gesetzgeber ganz bewusst nicht vorgegeben.

III. Beschreibung der Leistungsbilder (Abs. 3)

47 **1. Grundlagenermittlung.** Die Beschaffung von Grundlagendaten bildet die Voraussetzung, um die nachfolgenden Aufgaben zu bewältigen.

48 **a) Das Einholen von Informationen und Beschaffenheit von Unterlagen über die Örtlichkeit und das geplante Objekt.** Diese Grundleistung fällt immer an. Auch bei „Routine-Arbeiten“ müssen Unterlagen zum Auftrag gesichtet, ggf. beschafft und geordnet werden.

49 **b) Beschaffen vermessungstechnischer Unterlagen und Daten.** Diese Unterlagen oder Daten können solche über das Kataster, aber auch sonstige Daten über **geodätische Netze** sein. Der Datenabruf von Katasterdaten erfolgt bundesweit vollständig oder zum Teil elektronisch per Datenleitung. Dennoch ist es in Einzelfällen immer noch nötig, weitere Unterlagen beim zuständigen Kataster-/Vermessungsamt einzusehen. Diese zusätzlichen Unterlagen sind z.B. Hand- oder Feldrisse, Fortführungsnachweise oder alte Flurkartenausschnitte. Die Beurteilung dieser Katasterdaten erfordert ein profundes Fachwissen.

50 **c) Ortsbesichtigung.** Diese Grundleistung fällt immer dann an, wenn in Kombination mit Grundleistung a) intensive Vorarbeiten notwendig sind, um Messkonzepte für die Planungsbegleitende Vermessung zu entwickeln (vgl. Grundleistung d)).

51 **d) Ermitteln des Leistungsumfangs in Abhängigkeit von den Genauigkeitsanforderungen und dem Schwierigkeitsgrad.** Diese Grundleistung kann in der Regel nur

dann erbracht werden, wenn die Grundleistungen a)–c) erbracht sind. Denn mit diesen Vorleistungen ist erst ein fundiertes Konzept zur Leistungserbringung möglich.

e) Besondere Leistungen. Als Besondere Leistung wird das schriftliche Einholen von Genehmigungen zum **Betreten von Grundstücken**, von Bauwerken, zum Befahren von Gewässern und für anordnungsbedürftige **Verkehrssicherungsmaßnahmen** genannt. Diese Leistung ist oft von Unwägbarkeiten geprägt. Um den Zutritt für das geplante Objekt zu erlangen, ist ein oft nicht unerheblicher Aufwand von Nöten. 52

2. Geodätischer Raumbezug. Der geodätische Raumbezug kann durch moderne Technologien auf verschiedene Weisen hergestellt werden. Damit ist die Einpassung in ein vorgegebenes **Bezugssystem** gemeint. Häufig ist dieses Bezugssystem das amtliche Koordinatensystem. 53

Mithilfe des Festpunktfeldes, das dann im benannten Bezugssystem vorliegt, können alle nachfolgenden Aufnahmen erfolgen. 54

Die Messungen und mathematische Situierung des Netzes in das benannte Bezugssystem mit Überprüfung der **Einpassgenauigkeit** und deren Dokumentation ist zentrales Element dieser Leistungsphase. 55

a) Erkunden und Vermarken von Lage- und Höhenfestpunkten. Das Erkunden eines Festpunktfeldes erfordert Erfahrung und Sachverstand unter Berücksichtigung der anstehenden Arbeiten. Ein **dauerhaftes Netz** für die Dauer der Bauphase ist ein wichtiger Garant für die Sicherung der Qualität. 56

Dies gilt in gleicher Weise für die Vermarkung. 57

b) Fertigen von Punktbeschreibungen und Einmessungsskizzen. Die **Dokumentation** der unter a) eingerichteten Festpunkte ist ein weiteres Merkmal von Qualitätssicherung. Damit sollen die Punkte eindeutig auffindbar sein, um sie schnell und sicher zu finden, aber auch, um Verwechslungen zu vermeiden. 58

c) Messungen zum Bestimmen der Fest- und Passpunkte. Mit den Messungen werden die Bezüge zwischen den Festpunkten und den **Anschlusspunkten** hergestellt. Auch wenn dies mit Satelliten-Technologie geschieht, so sind zur Einpassung Anschlüsse notwendig, indem auf bestehende Festpunkte oder Anschlusspunkte zurückgegriffen wird. Diese gibt es zum Teil auf Ebene der Landesvermessung bzw. Katastervermessung als virtuelle Anschlusspunkte, die zur Einpassung verwendet werden können. 59

d) Auswertung der Messungen und Erstellen des Koordinaten- und Höhenverzeichnisses. Im Ergebnis entsteht eine Koordinatenliste der Festpunkte im angegebenen Benennungssystem. Dabei kommen mathematische Transformationsansätze zur Anwendung, die auch Auskunft über die Einpassgenauigkeit liefern. 60

e) Besondere Leistungen

aa) Entwurf, Messung und Auswertung von Sondernetzen hoher Genauigkeit. Hier ist die Rede von **Präzisionsnetzen**, die in ihren Anforderungen die übliche Genauigkeit übersteigt. Diese liegt dann meist in wenigen Millimetern bzw. im Submillimeterbereich. 61

62 **bb) Vermarken aufgrund besonderer Anforderung.** Ein Präzisionsnetz erfordert auch **Festpunkte hoher Stabilität**. Dies können z.B. betonierte Bodenpunkte sein oder aber auch Festpunktpfeiler. Die Anforderungen an so eine besondere Vermarkung hängen von der Aufgabenstellung ab. Diese sind keine Grundleistungen und daher separat zu vergüten.

63 **cc) Aufstellen von Rahmenmessprogrammen.** Das Aufstellen von Rahmenmessprogrammen ist dann erforderlich, wenn zur Messung dieser Netze ein besonderes Prozedere einzuhalten ist.

64 **3. Vermessungstechnische Grundlagen.** Die Neuformulierung der bisherigen Grundleistungen „vermessungstechnische Lage- und Höhenpläne" beseitigen gewisse Anwendungsunsicherheiten. Die zu erbringenden Leistungen können auf verschiedene Art erbracht werden. Klassische terrestrische Messmethoden konkurrieren mit Laser-Scan-Verfahren, satellitengestützten Verfahren oder Methoden der Fernerkundung.

65 **a) Topographische/morphologische Geländeaufnahme einschließlich Erfassen von Zwangspunkten und planungsrelevanter Objekte.** Diese Grundleistung beinhaltet im Wesentlichen die **Außendienstarbeiten** zur Erfassung des Objektes.

66 **Zwangspunkte** bezeichnen die Teile des Objektes, die für das anstehende Projekt lage- oder höhenbestimmend sind. Dazu gehören z.B. grenznahe Nachbarwände sowie **Gelände- oder Straßenanschlusshöhen**.

67 **b) Aufbereiten und Auswerten der erfassten Daten.** Diese Grundleistung ist erforderlich, um die unter a) gewonnenen Daten für die Weiterverarbeitung in Form eines **digitalen Lagemodells** aufzubereiten. Dies kann in häuslicher Arbeit erfolgen. Moderne Messsysteme sind in der Lage, diese Ergebnisse mit dem Messvorgang direkt zu liefern. Im Ergebnis stehen die Daten zur Weiterverarbeitung zur Verfügung, der Weg dorthin ist nicht vorgegeben.

68 **c) Erstellen eines digitalen Lagemodells mit ausgewählten planungsrelevanten Höhenpunkten.** Hierbei handelt es sich um die Ausarbeitung eines digitalen Planes mit Darstellung der **Grundrisse mit Höhenkoten**.

69 Damit besteht die Möglichkeit, diesen Plan im geeigneten Maßstab auf Papier auszugeben (Plotten, vgl. h).

70 **d) Übernehmen von Kanälen, Leitungen, Kabeln und unterirdischen Bauwerken aus vorhandenen Planunterlagen.** Mit den unter a) aufgemessenen und unter b) ausgewerteten Punkten lassen sich die genannten unterirdischen Objekte aus Planunterlagen rekonstruieren.

71 **e) Übernehmen des Liegenschaftskatasters.** Hierzu gehören die Angaben zu rechtlichen **Grundstücksgrenzen**, Grundstücksbezeichnungen (z.B. Flurstücksnummer), Grenzpunkte etc.

72 **f) Übernehmen der bestehenden öffentlich-rechtlichen Festsetzungen.** Dies bedeutet, dass diese Daten bereits vorliegen müssen. Sie wurden mit den Leistungen aus Phase 1 (Grundlagenermittlung) erhoben oder werden von dem Auftraggeber zur Verfügung gestellt.

g) Erstellen von Plänen mit Darstellung der Situation im Planungsbereich mit ausgewählten planungsrelevanten Höhenpunkten. Diese Grundleistung ist notwendig, um die unter c) entstandenen digitalen Daten zu **visualisieren** und für den Versand bereitzustellen. 73

h) Liefern der Pläne und Daten in analoger und digitaler Form. Hier sind die Aufwendungen gemeint, die notwendig sind, diese Pläne auch in Papierform zu liefern. Üblicherweise erfolgt dies digital. 74

i) Besondere Leistungen. Der Katalog an Besonderen Leistungen ist umfangreich, deshalb werden exemplarisch einige behandelt: 75

Das Aufmaß von Gebäuden (**Innenaufmaß**), deren Fassaden und Gebäudeschnitte sind keine Grundleistungen. Dazu gehört auch die Auswertung und digitale Aufbereitung dieser Daten (vgl. auch Ziff. 1.4.1 Abs. 3, Rn 17 – Architekturvermessung). 76

Erfassen von zusätzlichen Merkmalen, z.B. **Baumkronen**, ist keine Grundleistung. Zusätzliche Merkmale sind stark von den kommunalen bzw. staatlichen Regelungen geprägt. Daher ist eine Honorierung dafür frei verhandelbar (Zuschlag zum Grundhonorar). 77

Je nach Landesvorschriften sind z.B. **Lagepläne zum Bauantrag** auszuarbeiten. Dies geschieht in aller Regel auf Basis der Aufnahmen und Ausarbeitungen nach den Punkten a)–c). 78

4. Digitales Geländemodell (DGM). Ein digitales Geländemodell unterscheidet sich von der Grundleistung 3c) oder 3g) dadurch, dass hier die unter 3.3 ermittelten Grundrissdaten in eine **3D-Visualisierung** überführt werden. Dies geschieht mit einem **digitalen Geländemodell**, für dessen Erstellung besondere Software und entsprechendes Fachwissen notwendig ist. 79

a) Die Selektion der die Geländeoberfläche beschreibenden Höhenpunkte und Bruchkanten aus der Geländeaufnahme. Die Selektion von Punkten, die das Gelände repräsentieren, ist eine wesentliche Vorarbeit, bevor das digitale Geländemodell entstehen kann. Dazu gehören z.B. die Definition von **Bruchkantenlinien, In- und Umringe, freizustellende Flächen** (z.B. Gebäude) und die Berücksichtigung von Geländesprüngen (z.B. bei Stützmauern). 80

b) Berechnung des digitalen Geländemodells. Es ist Stand der Technik, dass aus den vorselektierten Punkten (vgl. a) und den definierten Kanten das DGM automatisch erzeugt wird. Dazu sind jedoch eine spezielle Software und Fachwissen Voraussetzung. 81

c) Ableitung von Geländeschnitten. Auf Basis eines DGM lassen sich Schnitte entwickeln. Dies geschieht mit Softwareunterstützung und setzt voraus, dass die Teilleistungsphasen a) und b) im Vorfeld erbracht wurden. 82

d) Die Darstellung der Höhen in Punkt-, Raster- oder Schichtlinienform. Dies ist das klassische Ergebnis eines DGM. Mit den **Schichtlinien** kann z.B. die Höhenentwicklung des Geländes visualisiert werden. 83

e) Die Lieferung der Daten und Ergebnisse in analoger und digitaler Form. Während die digitalen Daten z.B. als PDF (portable Data Format) per E-Mail versandt werden können, müssen die Ergebnisse eines DGM und seine Folgeprodukte erst geplottet und die Auswertungen dazu gedruckt werden. Manche Auftraggeber verlangen eine 84

überprüfungsfähige Unterlage, aus der eine Kontrolle des DGM möglich ist. Dies kann im Gegensatz zur Lieferung eines Bestandsplanes nach Punkt 3 erheblichen Umfang annehmen.

F. Grundlage des Honorars bei der Bauvermessung (gem. Ziff. 1.4.5 der Anlage 1)

I. Allgemeines (Abs. 1)

85 Die Regelungen zur Honorierung von Bauvermessungen wurden im Grundsatz aus der vorherigen übernommen. Das heißt, dass sich das Honorar nach den anrechenbaren Baukosten, der Honorarzone nach Ziff. 1.4.6 und den Honorartafeln nach Ziff. 1.4.8 Abs. 2 richtet.

II. Anrechenbare Kosten (Abs. 2)

86 Die anrechenbaren Kosten entsprechen den Herstellungskosten des Objektes. Diese errechnen sich nach den Bestimmungen des § 33 für Gebäude, des § 42 für Ingenieurbauwerke und des § 46 bei Verkehrsanlagen.

87 Wie bisher sind für Gebäude und Verkehrsanlagen 80% und für Ingenieurbauwerke 100% der **Herstellungskosten** anrechenbar. Damit ergibt sich als Grundlage der anrechenbaren Kosten folgende Systematik.

88 Aus der Bausumme (Kostengruppen 300 und 400 netto) sind nach §§ 33, 42 oder 46 die anrechenbaren Herstellungskosten zu ermitteln. Die anrechenbaren Kosten ergeben sich aus dem Objekttyp: 80% davon bei Gebäuden und Verkehrsanlagen; 100% bei Ingenieurbauwerken.

III. Ausgenommene Bauvermessungen (Abs. 3)

89 Hier werden die Objekte benannt, die von diesen Regelungen ausgenommen sind. Dazu gehören ober- und unterirdische **Leitungen, Tunnel- oder Stollen- oder Kavernenvermessungen**, innerörtliche **Verkehrsanlagen** mit überwiegend innerörtlichem Verkehr, bei Rad- und Gehwegen sowie **Gleis- und Bahnanlagen**. In diesen genannten Fällen ist das Honorar frei zu vereinbaren. Diese genannten Objekte weisen Besonderheiten auf, die eine allgemeine Honorareinordnung nicht zulassen.

G. Honorarzonen für Grundleistungen bei der Bauvermessung (gem. Ziff. 1.4.6 der Anlage 1)

I. Bewertungsmerkmale (Abs. 1)

90 Analog der Ziff. 1.4.3 wird hier mit **Bewertungsmerkmalen** die Honorarzone ermittelt. Diese sind:

a) Beeinträchtigung durch die Geländebeschaffenheit und bei der Begehbarkeit,
b) Behinderung durch Bebauung und Bewuchs,
c) Behinderung durch Verkehr,
d) Anforderungen an die Genauigkeit,
e) Anforderungen durch die Geometrie des Objektes,
f) Behinderung durch den Baubetrieb.

Letzteres schlägt mit maximal 15 Punkten deutlich mehr zu Buche als die Beeinträchtigung durch Geländebeschaffenheit und bei der Begehbarkeit mit 5 Punkten. Alle anderen werden gleichwertig mit maximal 10 Punkten bewertet. 91

II. Einordnung in Honorarzonen (Abs. 2)

Abs. 2 legt fünf Honorarzonen fest. Diese ergeben sich aus der Summe der unter Abs. 1 gewonnen sechs Bewertungsmerkmale. 92

H. Leistungsbild Bauvermessung (gem. Ziff. 1.4.7 der Anlage 1)

I. Leistungsumfang (Abs. 1)

Der Abs. 1 definiert das Leistungsspektrum von Bauvermessungen. Diese sind Absteckarbeiten für den Bau von Gebäuden, Ingenieurbauwerken oder Verkehrsanlagen, aber auch die Bestandsdokumentation fertig erstellter Bauteile. 93

II. Leistungsphasen (Abs. 2)

Die Grundleistungen lassen sich in fünf Leistungsphasen einteilen, deren Summe der Vomhundertsätze vom Grundhonorar über die anrechenbaren Kosten nach Ziff. 1.4.5, Honorarzone nach Ziff. 1.4.6 und Honorartabelle nach Ziff. 1.4.8 Abs. 2 zum Honorar Bauvermessung führt. 94

Wesentliche Neuerung ist, dass die Leistungsphase 2 **„Absteckunterlagen“** von der Entwurfsvermessung in die Bauvermessung verschoben wurde. Der ursprüngliche Ansatz, dass diese Leistung schon bei der Absteckung für den Entwurf gebraucht wird, fand in der Praxis kaum Anwendung. Nachdem diese Grundleistung vollkommen gestrichen wurde, war es nur folgerichtig, die Absteckunterlagen im direkten Zusammenhang mit Absteckarbeiten in die Bauvermessung zu verlagern. Durch die Verlagerung ändert sich das Gesamthonorar nicht. 95

Durch Anpassung der Vomhundertsätze wurden die aus der Praxis sich entwickelnden Forderungen umgesetzt. Während die Leistungsphasen 4 und 5 um 4% bzw. 3% reduziert wurden, wurde die Leistungsphase 3 um 2% erhöht. Damit trägt man dem Umstand Rechnung, dass bei der dort angesiedelten **Hauptachsenabsteckung** mit der Komplexität der Aufgabenerledigung das **Haftungsrisiko** steigt. Damit war es auch möglich, die Absteckunterlagen mit 5% in die Bauvermessung einzugliedern. 96

III. Beschreibung der Leistungsbilder (Abs. 3)

1. Baugeometrische Beratung. Die dort genannten Grundleistungen beziehen sich auf Tätigkeiten, die bei Projektentwicklungen meist anfallen. 97

Die Besonderen Leistungen beinhalten Aufgaben, die bei besonders umfangreichen Baumaßnahmen im Sinne einer **Bauoberleitung** erbracht werden müssen. Diese lassen sich aufgrund dieser Besonderheiten keinem allgemeinen Honorarrecht unterwerfen und sind daher frei verhandelbar. 98

2. Absteckunterlagen. Die Berechnung der **Detailgeometrie** anhand der Ausführungsplanung ist eine unabdingbare Voraussetzung, um Absteckarbeiten vornehmen zu können. Mit einer Planung kann auch eine **genehmigte Bauvorlage** gemeint sein. 99

100 Das Ziel ist es, auf Basis einer vorgeschalteten Planungsbegleitenden Vermessung einen **Absteckplan** zu generieren, der alle wesentlichen Absteckelemente beinhaltet. Dazu gehört auch, die notwendigen Festlegungs- und Gebäudemaße verantwortlich zu überprüfen. Dies ist schon deshalb erforderlich, weil die Haftungsfrage in diesem Punkt beim Auftragnehmer liegt, der damit gegenüber dem Bauherrn eine letzte Kontrollinstanz für die Planmaße darstellt.

101 Dabei sind etwaige Fehler in den Planunterlagen aufzuspüren und aufzuzeigen. Die Tiefe der Überprüfungspflicht hängt von dem Aufgabenfeld ab, das mit diesen Absteckungen zu erfüllen ist. Sollen z.B. damit Hauptachsen und ein Höhenfestpunkt angegeben werden, wie es in manchen Fällen die **Bauaufsichtsbehörden** verlangen, so genügen die **Hauptabmessungen**, die **Grenzabstände** und sonstigen Festlegungsmaße sowie die Höhenlage.

102 Sollen jedoch Details im Sinn einer baubegleitenden Vermessung abgesteckt werden, so sind auch diese Details aufzubereiten und etwaige Fehler aufzuzeigen.

103 **3. Besondere Leistungen.** Für den Fall, dass keine Planungsbegleitende Vermessung im Vorfeld stattgefunden hat, kann diese in Form einer Besonderen Leistung „nachgeholt" werden. Diese Phase ist dann frei verhandelbar. In der Praxis kommt dies häufig bei privaten Bauherrn vor, die sich keine qualifizierte Planungsgrundlage haben fertigen lassen. In den früheren Regelungen haben dann die Sätze der Entwurfsvermessung gegriffen, die im Zusammenhang mit den entsprechenden Bausummen zu überhöhten Honoraren geführt haben. Nun kann dies mit einem angemessenen Honorarzuschlag erledigt werden. Dabei geht es meist um die Überprüfung des geodätischen Raumbezuges (Katasterbezug) und einer vereinfachten Höhenaufnahme als Grundlage der Höhenfestlegung.

104 Eine weitere Besondere Leistung stellt die Durchführung von Optimierungsberechnungen im Rahmen der Baugeometrie dar. Dies gilt insbesondere für **Abstandsflächenberechnungen.** Diese erfordern einen besonderen Sachverstand.

105 Wenn Planvorlagen Fehler beinhalten, sind Lösungen zu erarbeiten. Da Art und Umfang nicht pauschal abschätzbar sind, hat der Gesetzgeber dies als Besondere Leistung eingeführt. Damit stellt er klar, dass die Beseitigung von Fehlern, z.B. die Neuberechnung der Absteckunterlagen, keine Grundleistung ist, die unentgeltlich zu erbringen wäre. Diese Leistungen sind separat zu vergüten.

4. Bauvorbereitende Vermessung

106 **a) Das Prüfen und Ergänzen eines bestehenden Festpunktfeldes.** Dies fällt immer dann an, wenn der AG ein solches zur weiteren Verwendung zur Verfügung stellt, oder eine lange Zeitspanne zwischen der Planungsbegleitenden Vermessung und der Bauvermessung liegt.

107 **b) Das Zusammenstellen und Aufbereiten der Absteckdaten.** Dies ist von der Leistungsphase 2 (Absteckunterlagen) zu trennen. Hier geht es vielmehr darum, die unter der Leistungsphase 2 ermittelten Daten für die Außendienstarbeiten zusammenzustellen und für die Protokollierung vorzubereiten.

108 **c) Übertragung der Projektgeometrie (Hauptpunkte) in die Örtlichkeit.** Die Kernaufgabe dieser Leistungsphase besteht darin, die **Projektgeometrie** und das Baufeld in die Örtlichkeit zu übertragen. Dabei wird keine Detailgeometrie abgesteckt, sondern nur die **Hauptpunkte** bzw. die **Hauptachsen**. Dies ist deutlich von baubegleitenden Ver-

messungen zu trennen, bei denen z.B. alle Achsen eines Projektes auf Anforderung der Baustelle abgesteckt werden.

Ein weiteres Unterscheidungsmerkmal zur Leistungsphase 4 „Bauausführungsvermessung“ ist die Tatsache, dass diese Angaben dazu dienen sollen, das Bauwerk in seiner Gesamtheit an die richtige Stelle im Baufeld zu platzieren. Damit soll u.a. gewährleistet werden, dass **baurechtliche Anforderungen** eingehalten werden. **109**

Zu dieser Leistungsphase gehört auch die Angabe eines verbindlichen **Höhenfestpunktes,** der die grundsätzliche Höhenlage des Neubaus festlegt. Damit ist analog zu den Hauptachsen keine Höhenfestpunktverdichtung gemeint. Wie bei den Hauptachsen soll dieser Höhenfestpunkt auch baurechtliche Belange sicherstellen. **110**

d) Die Übergabe der Lage- und Höhenfestpunkte und der Absteckunterlagen an das bauausführende Unternehmen. Dies beinhaltet im Wesentlichen das zur Absteckung zu fertigende **Protokoll**. Damit soll gegenüber den ausführenden Firmen die Absteckung zweifelsfrei dokumentiert werden. **111**

e) Besondere Leistungen. Als Besondere Leistungen werden Absteckarbeiten aufgeführt, die nur auf besondere Anforderung hin zu erbringen sind. Dazu gehören z.B. die **Grobabsteckung** oder Absteckungen zur Kampfmittelräumung oder Rodung. Damit stellt der Gesetzgeber klar, dass diese Leistungen keine Grundleistungen sind. **112**

5. Bauausführungsvermessung. Diese Leistungsphase zielt auf die in der VOB Teil C Nr. 4.1.3 angesprochenen Nebenleistungen ab. Diese werden, falls eigene Fachkräfte nicht vorhanden sind, von Vermessungsbüros erbracht. **113**

a) Messungen zur Verdichtung des Lage- und Höhenfestpunktfeldes. Diese Grundleistung bezieht sich auf Aufwendungen, um ein bereits bestehendes **Lage- und Höhenfestpunktfeld** für die weiteren Aufgaben weiter zu verdichten oder zu erneuern. **114**

b) Messungen zur Überprüfung und Sicherung von Fest- und Achspunkten. Diese Grundleistung bezieht sich darauf, dass die der Absteckung zu Grunde liegenden **Fest- und Achspunkte** zu überprüfen sind, um nachfolgende Absteckungen nahtlos an die vorhergehenden anknüpfen können. **115**

c) Baubegleitende Absteckungen der geometriebestimmenden Bauwerkspunkte nach Lage und Höhe. Die angegebenen Grundleistungen a)-c) fallen im Falle einer Beauftragung immer an. Denn **baubegleitende Absteckarbeiten** lassen sich nur durchführen, wenn ein Festpunktfeld ständig zur Verfügung steht. Dies gelingt nur, wenn dieses Festpunktfeld ständig nachgeführt und verdichtet wird. **116**

d) Die Messungen zur Erfassung von Bewegungen und Deformationen an konstruktiv bedeutsamen Punkten. Dies tritt meist dann auf, wenn z.B. die **Rohbautoleranzen** überprüft werden müssen, um die Genauigkeitsanforderungen der Nachfolgegewerke einzuordnen. **117**

e) Baubegleitende Eigenüberwachungsvermessung und deren Dokumentation. **Eigenüberwachungsmessungen** sind in der Regel fester Bestandteil jeder Absteckarbeit. Diese Grundleistung signalisiert, dass zu den eigentlichen Absteckarbeiten diese weitergehenden Leistungen gehören, um die Qualität zu sichern. **118**

119 **f) Fortlaufende Bestandserfassung während der Bauphase als Grundlage für den Bestandsplan.** Die **fortlaufende Bestandserfassung** während der Bauphase ist eine Grundleistung, die von der eigentlichen Bestandsplanerstellung zu trennen ist. Während die Messarbeiten sich an dem Umfang des Objektes orientieren und die Honorierung sich dafür anhand der anrechenbaren Kosten abbilden lässt, sind bei der Ausarbeitung keine einheitlichen Standards vorgebbar. Daher ist die Planerstellung als Besondere Leistungen eingeführt.

120 **g) Besondere Leistungen.** Als Besondere Leistungen sei die Position „Fortführung der vermessungstechnischen Bestandspläne nach Abschluss der Grundleistungen" erwähnt. Hier wird darauf abgezielt, dass Nachfolgearbeiten gesondert vergütet werden müssen, wenn die Grundleistungen (f) bereits abgeschlossen sind.

6. Vermessungstechnische Überwachung der Bauausführung

121 **a) Kontrolle der Bauausführung durch stichprobenartige Messungen an Schalungen und entstehenden Bauteilen (Kontrollmessungen).** Hier wird zum Ausdruck gebracht, dass der Bauherr sich über die Güte der **Abmaße** der Bauausführung ein Bild machen möchte. Daher wird in der Regel der Bauherr Auftraggeber sein, während die Leistungsphase 4 eher von bauausführenden Firmen beauftragt wird. Der Unterschied zwischen 4d und 5a liegt daher eher in der Position des Auftraggebers.

122 Außerdem kann es durchaus geschehen, dass diese hier genannten Kontrollmessungen von einem anderen Vermessungsbüro wahrgenommen werden als von denjenigen, die die Bauausführungsvermessung vornehmen.

123 **b) Das Fertigen von Messprotokollen.** Messprotokolle stellen die Ergebnisse der unter a) erhaltenen Befunde dar.

124 **c) Stichprobenartige Bewegungs- und Deformationsmessungen an konstruktiv bedeutsamen Punkten des zu erstellenden Objektes.** Im Unterschied zu a) sind hier mehrere Messzyklen notwendig, um etwaige Deformationen festzustellen.

125 **d) Besondere Leistungen.** Bei den Besonderen Leistungen sind drei Positionen genannt:

- Die Prüfung von **Mengenermittlungen** ist eine Aufgabe, die nicht mit der eigentlichen Aufstellung einer Mengenermittlung (sonstige vermessungstechnische Leistung nach Ziff. 1.4.1 Abs. 2 Nr. 3 Rn 17 – Mengenermittlung) zu verwechseln ist.
- Beratungsleistungen bei langfristigen **Objektüberwachungsvermessungen** sind gesondert zu vergüten und nicht automatisch in der Grundleistung c) enthalten.
- Die Vermessung für die Abnahme von Bauleistungen, soweit besondere vermessungstechnische Anforderungen gegeben sind, gehört dazu. Diese Besondere Leistung kommt hauptsächlich im Bereich der **bauaufsichtlichen Überwachungsvermessungen** vor. Dazu zählt z.B. die sog. **Sockelkontrolle**, bei der vor Anlegen der Erdgeschosswände die baurechtlich bedeutsamen Gebäudeeckpunkte des fertig errichteten Kellers stichprobenartig nach Lage und Höhe auf Übereinstimmung mit der Baugenehmigung überprüft und bescheinigt werden. Ähnliches gilt für **Dachhöhenüberprüfungen** oder **Einmessbescheinigungen**, die die gesamte fertiggestellte Gebäudehülle untersuchen.

IV. Abweichende Bewertung bei Gebäuden (Abs. 4)

Abs. 4 eröffnet die Möglichkeit, die Leistungsphase 4 (Bauausführungsvermessung) mit 45–65% zu bewerten. Diese Regelung betrifft nur den Abs. 3 Punkt 4. Diese Regelung ist nicht nachvollziehbar, denn bei Leistungsreduzierungen sind ohnehin anteilige Vomhundertsätze anzurechnen. **126**

I. Honorare für Grundleistungen bei der Ingenieurvermessung (gem. Ziff. 1.4.8 der Anlage 1)

I. Tabelle für die Vergütung der Planungsbegleitenden Vermessungen (Abs. 1)

Dieser Absatz regelt die Vergütung der Planungsbegleitenden Vermessungen. Nach Ziff. 1.4.2 wurden Verrechnungseinheiten ermittelt, die nun per Interpolation in der vorliegenden Tabelle in der jeweiligen Honorarzone zu einem Honorar führen, das bei 100% Leistungserbringung anfällt. Die ermittelten Vomhundertsätze aus Ziff. 1.4.4 Abs. 3 sind auf dieses Grundhonorar anzuwenden. Danach ergibt sich das Honorar für die Planungsbegleitende Vermessung. **127**

II. Tabelle für die Vergütung der Bauvermessungen (Abs. 2)

Abs. 2 stellt eine Honorartabelle zur Verfügung, aus der mit den anrechenbaren Kosten nach Ziff. 1.4.5 Abs. 2 und der Honorarzone nach Ziff. 1.4.6 ein Grundhonorar für 100% per Interpolation und der entsprechenden Einordnung der Honorarzone geliefert wird. Die unter Ziff. 1.4.7 gefundenen Vomhundertsätze sind auf dieses Grundhonorar anzuwenden und führen somit zu dem Honorar Bauvermessung. **128**

III. Anmerkung

Das BMWi hat bei der Novellierung der HOAI ohne Prüfung und entgegen der bereits beschlossenen Tabellen der Fachkommission Vermessung im AHO die auf wissenschaftliche Erkenntnisse beruhenden Tabellen übernommen. Diese wissenschaftlichen Ergebnisse orientierten sich nicht an einer marktgerechten Honorierung, sondern an einer Fortschreibung der HOAI von 1996, die schon damals zu nicht marktgerechten Honoraren führte. Während die vom AHO vorgeschlagene Tabelle für die Planungsbegleitende Vermessung übernommen wurde, hat man an einer falschen Anordnung der Bildung der Verrechnungseinheiten festgehalten. Die Honorare dafür sind daher meist nicht auskömmlich. Auf der anderen Seite wurde für die Bauvermessung die von den Gutachtern vorgeschlagene Tabelle eingeführt, die zu nicht marktgerechten Honoraren führt. Dem Berufsstand der Geodäten ist es vollkommen unverständlich, dass dem BMWi diese gravierenden handwerklichen Fehler unterlaufen sind. **129**

J. Sonstige vermessungstechnische Leistungen (gem. Ziff. 1.4.9 der Anlage1)

Diese Formulierung wurde im Wesentlichen übernommen und bietet die Möglichkeit, für diese sonstigen Leistungen nach Ziff. 1.4.1 Abs. 3 ein Honorar frei zu vereinbaren. **130**

Stichwortverzeichnis

Die Zahlen und Buchstaben in Fettdruck beziehen sich auf die Teile bzw. die Kommentierungen des Werkes, die Ziffern beziehen sich auf die Randnummern innerhalb der Teile bzw. Kommentierungen.

B

C

I

N

Q

R

U

www.ingramcontent.com/pod-product-compliance
Lightning Source LLC
LaVergne TN
LVHW080850300926
849162LV00003B/385